火电厂节能减排手册

减排与清洁生产部分

李　青　李猷民　编著

内 容 提 要

本书以火力发电厂烟气脱硫技术、烟气脱硝技术、节水技术与应用、清洁生产与循环经济、除尘技术、灰渣综合利用为主线，主要介绍了火电厂湿法烟气脱硫工艺、半干法脱硫工艺、干法脱硫工艺、循环流化床脱硫技术、氮氧化物的控制技术概述、烟气脱硝技术、烟气脱硫技术分析、锅炉补给水的预处理、水的化学除盐、火力发电厂废水处理、清洁生产概论、清洁生产的审核、循环经济、除尘基本原理与特性、除尘器改造技术、粉煤灰的综合利用、脱硫副产品的综合利用。

本书内容丰富，涉及面广，可供电厂运行人员、节能减排管理人员、企业计划统计人员及工程技术人员参考，也可作为大中专院校的选修教材。

图书在版编目（CIP）数据

火电厂节能减排手册．减排与清洁生产部分/李青，李猷民编著．—北京：中国电力出版社，2015.2

ISBN 978-7-5123-6650-3

Ⅰ.①火… Ⅱ.①李…②李… Ⅲ.①火电厂-节能-技术手册 Ⅳ.①TM621-62

中国版本图书馆 CIP 数据核字(2014)第 238774 号

中国电力出版社出版、发行

（北京市东城区北京站西街 19 号 100005 http://www.cepp.sgcc.com.cn）

航远印刷有限公司印刷

各地新华书店经售

*

2015 年 2 月第一版 2015 年 2 月北京第一次印刷

787 毫米×1092 毫米 16 开本 38.25 印张 943 千字

印数 0001—3000 册 定价 **110.00** 元

前　言

在资源逐渐减少，环境污染问题日益突出的今天，电力行业消耗中国原煤消耗量的一半以上，二氧化硫和氮氧化物排放量也分别占全国排放量的40%以上，烟尘排放量占到全国排放量30%左右，因此电力行业节能减排工作显得尤为突出。笔者出版了《火力发电厂节能减排手册》。本次修订，删掉了其中的节能部分，增加了减排内容。例如删掉了对中华人民共和国节约能源法、清洁生产促进法、可再生能源法解读内容，删掉了对火力发电企业能源计量器具配备和管理要求、节能技术监督导则、常规燃煤发电机组单位产品能源消耗限额解读内容，删掉了节能政策综述、减排政策综述内容。删掉了火电厂对标管理技术，删掉了干渣风冷技术、等离子点火技术、汽动给水泵改成电动给水泵、汽轮机优化改造、供热改造、辅机调速等节能改造技术。

本书论述了火电厂成熟的湿法烟气脱硫工艺及其应用实例，如石灰石/石膏法、海水脱硫法、氧化镁法、亚硫酸钠循环法和氨法；论述了火电厂成熟的半干法脱硫工艺及其应用实例，如旋转喷雾半干法、炉内喷钙尾部增湿活化法和新型一体化工艺；论述了火电厂成熟的干法脱硫工艺及其应用实例，如荷电干式吸收剂喷射法、电子束法、活性炭（焦）吸附法和循环流化床法。论述了烟气脱硫工艺的优化运行和电耗的控制方法；论述了烟气脱硫技术经济分析方法和对脱硫工程的建议。

本书论述了火电厂成熟的烟气脱硝技术及其应用实例，如选择性催化还原法、选择性非催化还原法、脱硫脱硝一体化技术；论述了烟气脱硝工艺的优化运行方法，脱硝催化剂与还原剂的应用，脱硝催化剂的失活因素与再生方法，低氮燃烧器的应用，等等。

本书论述了火电厂高效电除尘器的原理、特性、维护与检修，论述了除尘器的增容改造技术、袋式除尘器应用技术、电袋复合式除尘器应用技术和转动电极除尘器应用技术，以及电厂除尘器选型建议。本书论述了火电厂粉煤灰的综合利用技术和脱硫副产品的综合利用技术。

本书论述了火电厂节水技术与应用，特别是反渗透水处理装置的设计和应用，火电厂废水处理方法等。

本书论述了火电厂清洁生产理论、指标体系、评价、审核、管理，清洁生产审核报告的编写方法，火电厂循环经济理论、主要特征、指标体系，以及循环经济实施方案编制方法。

本书论述了火电厂烟气、二氧化硫、氮氧化物、二氧化碳、烟尘、灰渣等污染物排放量的计算与核查方法。

本书举例说明火电厂企业环境报告书的编写方法和环境影响评价书的编制方法。

本书第一篇至第四篇由李青同志编写，本书第五篇至第七篇由李猷民同志编写。

在编写过程中，得到了华能山东发电有限公司安全生产部、国网威海供电公司的大力协助，并对本书提出许多宝贵意见，在此谨致谢意。

由于水平所限，书中不妥之处在所难免，敬请读者批评指正。

编　者

2014 年 7 月

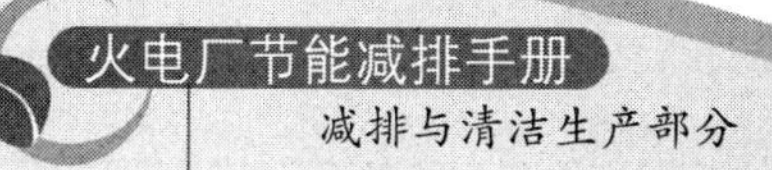

目　录

第二篇　烟气脱硝技术

第三篇 除 尘 技 术

第四篇 灰 渣 综 合 利 用

第五篇 节水技术与应用

第六篇　清洁生产与循环经济

第七篇　环 境 影 响 评 价

第一篇 火力发电厂烟气脱硫技术

第一章 二氧化硫污染与治理现状

第一节 燃煤造成的二氧化硫污染

一、二氧化硫排放量

空气是所有生物生存的必需物质之一，空气受到污染，人类就会患上各种疾病，生物的生长也会受到影响。按体积计算，干净空气的主要组分：氮为78.09%，氧为20.95%，二氧化碳为0.03%，氩为0.93%。人类生活和工业生产会将大量有害或有毒气体排入大气。1988年，世界卫生组织和联合国环境规划署公布的调查报告指出：根据15年来60多个国家监测获得的统计资料显示，由人类制造的二氧化硫每年达1.8亿t，比烟尘等悬浮物1.21亿t还多，已成为大气环境的第二大污染物（见表1-1）。世界主要国家二氧化硫历年排放量见表1-2，中国比世界污染物第一排放大国美国低24%。但是，到了1995年，中国二氧化硫排放量已达到2370万t，已超过了美国，成为世界二氧化硫排放第一大国。

2013年，全国二氧化硫排放总量2352.7万t，较2012年下降3.48%；氮氧化物排放总量2227.3万t，较2012年下降4.72%，均远超出环境承载能力。目前，火电行业二氧化硫和氮氧化物排放量均占全国排放总量的40%以上，见表1-3。

表1-1　　世界每年排入大气的污染物总量

污染物	污染物来源	排放量（亿t）	占总排放量比例（%）
煤烟尘	燃煤设备	1.21	16.5
二氧化硫	燃油燃煤设备	1.8	24.5
一氧化碳	汽油、燃油燃烧不完全产生的废气	2.6	35.4
二氧化碳	煤炭、汽油、燃油燃烧不完全产生的废气	220	20
氮氧化物	煤炭、汽油、燃油在高温燃烧时产生的废气	0.6	8.2
碳氢化物	汽车、燃油设备和化工设备产生的废气	1.05	14.3
硫化氢	化工设备产生的废气	0. 04	0.5
氨	化工厂废气	0. 05	0.6

表1-2　　世界主要国家SO_2的排放量　　万t/a

国　家	1990年	1992年	1995年	1997年	1998年	1999年	2000年	2001年	2002年	2006年	2008年
美国	2093.6	2003.2	1689.2	1709.1	1718.9	1601.3	1480.2	1432.4	1366.9	1225.8	1036.8
中国	1494	1685	2370	2266	2090.4	1857.5	1995.1	1947.8	1926.6	2588.8	2321.2
德国	532.2	330.3	193.4	103.6	83.3	73.3	63.1	64.0	60.8	55.8	49.6
英国	272.2	346.4	236.4	167.0	160.8	123.0	119.0	111.6	100.3	67.6	51.6
西班牙	217.7	213.3	180.7	173.9	160.7	163.9	188.5	187.6	196.8	117.0	534.2
意大利	177.4	155.7	128.7	115.1	101.7	92.2	77.2	73.7	66.5	38.9	29.4
澳大利亚	163.6	177.8	179.6	184.1	182.8	192.5	242.5	251.8	280.3	90.5	64.2
法国	136.8	131.0	103.8	86.7	88.2	76.3	68.6	62.9	59.6	51.4	40.0
罗马尼亚	101.8	79.3	83.8	83.1	66.7	59.2	57.7	62.2	65.1	49.7	54.0
日本	100.1	94.7	93.8	90.4	89.5	84.8	85.7	85.7	85.7	84.0	78.3
希腊	49.1	54.4	53.5	51.5	52.4	53.7	49.0	49.8	50.9	53.6	44.8
比利时	35.5	34.7	25.6	22.6	21.4	17.6	16.9	15.9	15.1	11.2	9.78

表 1-3　　近几年全国和火电厂排放的二氧化硫情况

年份	2002	2003	2004	2005	2006	2007	2008	2009	2010	2011	2012
火电装机容量（万 kW）	26 555	28 977	32 490	39 137.6	48 405	55 607	60 286	65 205	70 967	76 834	81 968
火电发电量（亿 kWh）	13 522	15 790	18 073	20 437.3	23 573	27 206.6	28 030	29 922	34 166.3	39 003	39 255
全国原煤消耗量（万 t）	141 600.5	169 232.1	193 596.0	231 851.1	255 065.5	272 745.9	281 095.9	295 833.1	312 236.5	34 295.2	312 236.5
全国 SO_2 排放量（万 t）	1926.6	2158.7	2254.9	2549.4	2588.8	2468.1	2321.2	2214.4	2185.1	2217.9	2117.6
工业 SO_2 排放量（万 t）	1562.0	1791.4	1891.4	2168.4	2234.8	2140.0	1991.4	1865.9	1864.4	2017.2	1911.7
火电燃煤量（万 t）	73 284	84 950	95 665.95	108 000	13 198.4	143 721	146 634.9	154 629.6	175 740.3	200 644	197 415
火电 SO_2 排放量（万 t）	932.9	1105.3	1080	1277.2	1350	1202	1050	1028	956	913（960）	883（906.2）

注　此表根据《中国能源统计年鉴》、《中国电力统计年鉴》和《中国环境统计年鉴》数据整理而成。括号内数据为环保部门统计数据。

二、二氧化硫污染

煤中的 S 在高温下与氧发生反应，生成二氧化硫 SO_2，其反应方程式为

$$RS+O_2 \longrightarrow R+SO_2$$

$$S+O_2 \longrightarrow SO_2$$

煤中的硫在燃烧后生成两倍于煤中硫重量的 SO_2，因此煤中每 1%的硫含量就会在烟气中生成约 2000mg/m^3 的二氧化硫。在空气过剩系数为 1.15，燃用含硫量为 2%的煤时，标准状况下烟气（标准状况干燥基氧的体积浓度为 6%）中二氧化硫含量约为 4000mg/m^3。此时，如果环境保护法要求的排放标准是 400mg/m^3，则在烟气排放入大气之前达到的脱硫效率就是 90%。

我国煤炭产量的一半用于发电，因此发电厂的二氧化硫排放量巨大。截至 2006 年，全国二氧化硫排放总量高达 2588.8 万 t，居世界第一位，比 2000 年增加了 27%。其中工业二氧化硫排放量为 2234.8 万 t，火力发电达到 1350 万 t，占我国二氧化硫排放总量的 52.1%。

气体二氧化硫会通过叶面气孔进入植物体，使植物体的光合作用降低，影响体内物质代谢和酶的活性，引起树叶枯死。空气中二氧化硫浓度达到 286mg/m^3 时，各种植物会在短期内死亡。

气体二氧化硫随同空气被吸入人体可直接作用于呼吸道黏膜，也可以作用于体液中，引发或加重呼吸系统的种种疾病，如鼻炎、气管鼻炎、哮喘等。当空气中二氧化硫浓度达到 30mg/m^3 时，有明显刺激感，引起咳嗽和流泪；达到 200mg/m^3 时，会引起肺组织障碍；空气中二氧化硫浓度达到 400～500mg/m^3 时，立刻引起人严重中毒，呼吸道闭塞而窒息死亡。研究表明，大气中二氧化硫浓度每增加 10μg/m^3，呼吸系统疾病的死亡率人数将增加 5%。

据统计，我国有 60%以上的城市中的 SO_2 浓度超过 WHO 推荐的上限值 60μg/m^3；全球污染最严重的城市有一半在中国，中国受大气污染最重的 10 个城市均在世界污染最严重的 20 个城市之列；我国 7 条大江大河中有 4 条污染严重，湖泊中 2/3 以上被污染。近几年来的酸雨（pH 值小于 5.6 的降水）发展速度也十分惊人，已占到国土面积的 40%，在我国经济发达地区已形成了局部酸

雨（主要在长江以南、青藏高原以东的广大地区和四川盆地、华中、华南、华东地区）和SO_2污染区。《全国环境质量报告书》指出，华东沿海酸雨区北起青岛、南至厦门，以厦门、福州、杭州、上海、南京等为代表，pH年值在4.5～5.6之间，酸雨出现频率在30%～70%之间。

化石燃料燃烧产生的二氧化硫随烟气排入大气，是形成酸雨的主要物质之一。酸雨会使湖泊变成酸性，引起水生物死亡。二氧化硫排放形成的酸雨面积已占我国国土面积的30%以上，空气质量达标城市仅占1/3。当湖水或河水的pH值小于4.5时，各种鱼类、两栖动物、水草会死亡；酸雨会使大面积森林死亡，如1982年夏季重庆连降酸雨，6月18日夜的一场酸雨过后，1300多公顷水稻叶片突然枯黄，重庆南山的马尾松死亡率达46%；酸雨会使地面水成酸性，水中金属含量增加，对人体健康产生危害；酸雨还加速了建筑结构、桥梁、水坝、工业设备和名胜古迹的腐蚀与损坏。酸雨可使土壤微生物种群发生变化，分解有机质及其蛋白质的主要微生物细菌数量降低，生长繁殖速度降低，影响营养元素的良性循环，造成农业减产。试验表明，pH值为3.5的酸雨会引起小麦减产13.7%。据专家估计，我国南方七省大豆因酸雨受灾面积达2380万亩（1亩=666.7m^2），减产达20万t。

早在20世纪80年代初，美国专家估算每排放1t SO_2造成的经济损失约为220美元；1988年，我国社会科学院技术经济研究所曾经做过估算，每排放1t SO_2造成的经济损失约为420元。而到了90年代后期这一数据已上升到了原来数值的5倍。据世界银行《公元2000年中国环境预测与对策研究》报告，以1993年为基础，污染造成中国的经济损失达380亿美元，占同期国民生产总值的6.75%。也就是说，我国每年由于环境污染和生态破坏造成的损失高达2000多亿元，成为制约我国经济和社会发展的重要因素。

二氧化硫是燃煤电厂的主要污染排放物，2012年我国火电二氧化硫排放总量857万t，较2011年下降10.8%。我国燃煤电厂二氧化硫排放量占全国工业总排放量的40%～50%左右。

第二节 火力发电厂脱硫技术概况

我国是世界上最大的煤炭生产国和消费国，是世界上以煤炭为主要能源的九个国家之一。我国年生产煤炭为20亿t。硫是煤中的有害物质，煤中的硫可以分为无机硫和有机硫两大部分，我国煤中大约有60%～70%的硫为无机硫，30%～40%为有机硫，单质硫的比例很低。在无机硫中绝大多数是黄铁矿FeS_2，硫酸盐硫占的比例很少；煤中的有机物（$C_xH_yS_z$）主要由硫醇、烷基硫化物和噻吩硫三部分组成。我国燃煤含硫量基本情况见表1-4。

表1-4 我国燃煤含硫量基本情况

含硫量（%）	燃用煤量的比例（%）	燃煤的总硫量（%）	含硫量（%）	燃用煤量的比例（%）	燃煤的总硫量（%）
<1.0	46.3	16.8	3.0～4.0	4.7	12.0
1.0～2.0	35.0	38.2	4.0～5.0	1.9	6.3
2.0～3.0	10.0	18.2	≥5.0	2.1	8.5

在一般情况下，机组单位容量（kW）的排烟量大约为3～4m^3/h，未经处理的烟气各组分及其含量见表1-5。1台300MW机组的锅炉排烟量约为100万m^3/h。根据统计资料，一座容量为1000MW的火电厂，日燃煤10 000t，如果煤中灰分含量为25%，除尘器效率为99%，含硫量为1%，其中可燃硫占全硫含量的90%，则每天产生的灰渣总量为10 000×25%=2500t，相当于每小时产生的灰渣总量为104.2t/h。设从炉底排出的炉渣量占全部灰渣量的10%，则每天将有

2500×90%=2250t 粉煤灰通过除尘器，从烟囱排到大气中的烟尘量为 2250×（1−99%）=22.5t，相当于每小时排放的烟尘量为 0.938t/h。每天燃煤总硫量为 10 000×1%=100t，可燃硫为 100×90%=90t，因此产生的二氧化硫为 2×90=180t，相当于每小时排放的二氧化硫量为 7.5t/h。1000MW 机组烟气量约为 340 万 m^3/h，由此也就能推算出烟气中各种污染物的排放浓度。1000MW 的火电厂污染物排放量见表 1-6。

表 1-5　　未经处理的烟气各组分及其含量

组分	N_2(%)	O_2(%)	SO_2(g/m^3)	CO_2(%)	水蒸气	NO(mg/m^3)	SO_3(mg/m^3)	HCl(mg/m^3)	粉尘(g/m^3)
浓度	75	5～9	3～6	1015	3～10	<600	30～50	20～30	20～40

表 1-6　　1000MW 的火电厂污染物排放量　　t/a

污染物	燃煤	燃油	天然气
二氧化硫	3800	2100	21
氮氧化物	18 500	1650	15 500
二氧化碳	42 200	620 000	620 000
烟尘	820	260	115

注　设年利用小时数为 5500h。

2010 年，我国火电厂单位发电量中 SO_2、NO_x 及烟尘平均排放率分别为 2.98、2.66g/kWh 和 0.58g/kWh，与工业发达国家相比，差距越来越小，见表 1-7。

表 1-7　　我国与世界其他国家火电厂单位发电量污染物排放量的比较　　g/kWh

项　目	中国（2010）	中国（2004）	美国（2004）	原西德（1995）	日本（2002）
单位发电量 SO_2 排放量	2.98	6.64	3.8	0.5	0.2
单位发电量 NO_x 排放量	2.66	3.68	1.4	0.7	0.3
单位发电量烟尘排放量	0.58	1.77	0.3	—	—

一、烟气污染治理政策

1. 发达国家烟气污染治理

为了控制二氧化硫的排放，一些工业发达的国家从 20 世纪 60 年代起相继制定了严格的法规和标准，从而开始了二氧化硫治理技术的研究和开发，以限制火力发电厂排放二氧化硫等污染物。日本由于国土狭小，人口众多，所以日本是首批十分关注空气污染控制的国家，成为最早大规模应用 FGD 装置的国家。1968 年，日本政府制定了《空气污染预防法》，1974 年 11 月起制定了控制排放总量的标准。日本是世界上对空气污染控制要求最严格的国家，其环境空气质量标准中二氧化硫日平均浓度为 0.114mg/m^3，其他国家均在0.286mg/m^3以上。早在 20 世纪 60 年代，日本先后在 3 个电厂应用了目前主要的脱硫工艺——石灰石—石膏法。日本 98%的脱硫装置为湿法脱硫（其中 75%是石灰石—石膏回收法）。日本目前烟气脱硫控制量已达 50000MW，国内燃煤电厂除 10 多台燃用低硫煤（0.2%～0.3%）的机组外均采用烟气脱硫装置。

美国自 20 世纪 70 年代初开始制定二氧化硫排放标准，1970 年制定了大气净化法（CAA），并于 1977 年颁布了《新污染源限制标准（NSPS）》。该标准要求，1978 年 9 月 18 日以后建造的所有发电燃煤锅炉必须装设除硫设备，二氧化硫排放浓度不得超过 1238mg/m^3。1979 年，美国环保局对原标准进行了修订，修订后的标准对燃高硫煤的电厂标准不变，但是燃中低硫煤的电厂要严格控制二氧化硫排放浓度不得超过 619mg/m^3。1973～1990 年耗煤量由 3.5 亿 t 增加到 7.3 亿 t，增长 107%，而二氧化硫排放量却由 2890 万 t 减少到 2120 万 t，降低了 27%。1990 年，美国通过了洁净空气法修正案（CAAA），要求全国范围内在 2000 年后将二氧化硫排放量降低到 810 万 t，并维持不变，这表明从 1984 年的 2400 万 t 将要减少 1590 万 t。在美国，92%的脱硫装置采用湿法脱硫，86%湿法脱硫采用石灰石（石灰）抛弃法，到1990年底FGD控制容量达71 782MW,超过日本成为世界第一，但美国脱硫机组只占发电装机容量的30%。西德于20世纪70年代后期在引进日本、美国先进技术的同时，立足本国技术的开发，于70年代末，开始在电站锅炉上安装FGD装置，1983年6月颁布了大型燃烧装置环境保护法规，要求二氧化硫排放极限为400mg/m³，大于110MW的燃煤电厂在1988年之前均达到85%脱硫效率；对于早期运行的机组规定5年内补装脱硫设备或2年内改用低硫煤；对于德国东部则相应推迟一年。因此，德国烟气脱硫技术（FGD）发展也很快，成为世界上脱硫技术最先进的三个国家之一。从1983年环保法规颁布到1989年约6年的时间里，火电厂二氧化硫排放量即从150万t/年下降到22万t/年，到1988年底，已投产的脱硫装置占火电机组总容量的95%，控制容量已达34 298MW，到1990年则达到100%。美国和德国90%的脱硫技术是采用湿法脱硫，见表1-8。

表1-8 美国和德国（西部）应用烟气脱硫装置情况（1990年底）

项目		德国	美国
运行FGD系统数量（座）		123	159
FGD系统控制容量（MW）		34 298	71 782
工艺分类（占控制容量的比例，%）	湿式石灰/石灰石烟气脱硫装置（抛弃法）	26.7	77
	湿式石灰/石灰石烟气脱硫装置（回收法）	65.1	5
	其他湿式烟气脱硫装置	7.1	9
	干法和半干法烟气脱硫装置	1.1	9

目前，国际上已实现工业应用的燃煤电厂烟气脱硫技术主要有：①湿法脱硫技术，占85%左右，其中石灰石—石膏法约占36.7%，其他湿法脱硫技术约占48.3%；②喷雾干燥脱硫技术，约占8.4%；③吸收剂再生脱硫法，约占3.4%；④炉内喷射吸收剂/增湿活化脱硫法，约占1.9%；⑤海水脱硫技术、电子束脱硫技术、烟气循环床脱硫技术以及其他脱硫技术占1.3%。

2. 中国烟气污染治理

为了抑制酸雨和二氧化硫污染的发展趋势，我国从20世纪70年代末开始了酸雨监测，90年代初开展了全国酸雨防治工作，对燃煤烟气脱硫技术和设备进行了攻关研究。1992年，国务院批准两省九市进行工业燃煤二氧化硫排污收费试点。1995年8月，全国人大常委会通过了修订的《中华人民共和国大气污染防治法》；1996年3月批准1997年1月开始实施GB 13223—1996《火电厂大气污染物排放标准》，该标准规定火电厂各烟囱二氧化硫最高允许排放浓度不大于2100mg/m³（燃料收到基硫分小于或等于1.0%时）和1200mg/m³（燃料收到基硫分大于1.0%时）；扩、改建火电厂300MW及以上机组固态排渣煤粉炉NO_x排放量不得超过650mg/m³。1998年1月，国务院批复了关于《酸雨控制区和二氧化硫污染控制区划分方案》，两控区总面积为109万km²，其中酸雨控制区为80万km²。为此，国家环保总局制定了综合防治行动方案，要求燃煤含硫量大于1%的电厂，要在2000年前采取减排二氧化硫的措施，在2010年前分期分批建成脱硫设施或采取其他相应效果的减排二氧化硫的措施。其中两控区的控制目标为两控区2000年二氧化硫排放总量控制在1995年水平，2010年二氧化硫排放总量控制在1400万t之内。2002年1月，国家环保总局、国家经贸委、科技部批准发布了《燃煤二氧化硫排放污染防治技术政策》（环发〔2002〕26号）。该技术政策所采取的技术路线是对燃用中、高硫分煤的电厂锅炉必须配套安装烟气脱硫设施进行脱硫。对新、扩、改建燃煤电厂，应在建厂同时配套建设烟气脱硫设施，实现达标排放，并满足二氧化硫排放总量控制要求，烟气脱硫设施应在主机投运的同时投入使用。对于已建的火电机组，若二氧化硫排放未达到排放标准或未达到排放总量许可要求且剩余寿命（按设计寿命计算）大于10年的，应补建烟气脱硫设施，实现达标排放。对于已建的火电机组，若二氧化硫排放未达到排放标准或未达到排放总量许可要求且剩余寿命（按设计寿命计算）低于10年的，可采用低硫煤替代或其他具有同样二氧化硫减排效果的措施，实现达标排放，否则应提前退役停运。对于超期服役的火电机组，若二氧化硫排放未达到排放标准或未达到排放总量许可要求，应予以淘汰。燃用含硫量为2%的煤的机组，或大容量机组（200MW）的电厂锅炉建设烟气脱硫设施时，宜优先考虑采用湿式石灰石—石膏法工艺，脱硫率应保证在90%以上，投运率应保证在电厂正常发电时间的95%以上；燃用含硫量小于2%的煤的中小电厂锅炉（<200MW），或是剩余寿命低于10年的老机组建设烟气脱硫设施时，在保证达标排放的前提下，宜优先采用半干法、干法或其他费用较低的成熟技术，脱硫率应保证在75%以上，投运率应保证在电厂正常发电时间的95%以上；火电机组烟气排放应配备二氧化硫和烟尘等污染物在线连续监测装置，并与环保行政主管部门的管理信息系统联网。建设烟气脱硫设施时，应同时考虑副产品的回收和综合利用，减少废弃物的产生量和排放量；不能回收利用的脱硫副产品禁止直接堆放，应集中进行安全填埋处置，并达到相应的填埋污染控制标准；烟气脱硫中的脱硫液应采用闭路循环，减少外排。脱硫副产品过滤、增稠和脱水过程中产生的工艺水应循环使用；烟气脱硫外排液排入大海或其他水体时，脱硫液应经无害化处理，并需达到相应污染控制标准要求，应加强对重金属元素的监测和控制，不得对海域或水体生态环境造成有害影响。

2003年12月，国家环保总局公布了GB 13223—2003《火电厂大气污染物排放标准》，对火电厂大气污染物排放浓度提出了更严格的强制性要求。规定2004年1月起，通过建设项目环境影响报告书审批的新建、扩建、改建燃煤火电厂建设项目的燃煤锅炉烟尘最高允许排放浓度为$50mg/m^3$，二氧化硫最高允许排放浓度为$400mg/m^3$，与欧盟和德国燃煤火电厂污染物排放浓度相当，欧盟和德国燃煤火电厂SO_2、NO_x与烟尘排放标准分别为400、200、$50mg/m^3$，折算到单位发电量SO_2、NO_x及烟尘排放分别为1.399、0.699、0.175g/kWh；2004年以前环境报告书已批复的脱硫机组，以及位于西部非两控区的燃用特低硫煤的坑口电站锅炉烟尘最高允许排放浓度为$100mg/m^3$，二氧化硫最高允许排放浓度为$1200mg/m^3$；以煤矸石等为主要燃料的资源综合利用火力发电厂燃煤锅炉烟尘最高允许排放浓度为$200mg/m^3$，二氧化硫最高允许排放浓度为$800mg/m^3$。燃油锅炉烟尘最高允许排放浓度为$50mg/m^3$，二氧化硫最高允许排放浓度要求同燃煤锅炉，燃油锅炉氮氧化物最高允许排放浓度为$200mg/m^3$。对于燃煤锅炉，当$V_{daf}<10\%$时，氮氧化物最高允许排放浓度为$1100mg/m^3$；当$10\%\leqslant V_{daf}\leqslant 20\%$时，氮氧化物最高允许排放浓度为$650mg/m^3$；当$V_{daf}>20\%$时，氮氧化物最高允许排放浓度为$450mg/m^3$。

2003年1月，国务院发布了《排污费征收使用管理条例》，自2003年7月1日起施行，规定在全国范围内开始征收二氧化硫排污费，二氧化硫排污费征收标准：2003年7月起为0.21元/kg，2004年7月起为0.42元/kg，2005年7月起为0.63元/kg；规定氮氧化物排污费标准：2004年7月起为0.63元/kg；规定烟尘排污费标准：0.275元/kg。

2007年6月，根据国务院印发《节能减排综合性工作方案》的要求，火电厂SO_2的排污费在2010年进一步提高到1.26元/kg。2008年各省级环保厅开始下发《关于进一步做好二氧化硫排污费缴纳工作的通知》，如山东省鲁环函〔2008〕61号文规定，自2008年7月1日起，山东省废气排污费征收标准由每当量0.6元提高到每当量1.2元，即二氧化硫排污费和氮氧化物排污费标准均为1.26元/kg，烟尘排污费标准为0.55元/kg。

2011年9月21日，经过第三次修订的《火电厂大气污染物排放标准》（GB 13223—2011）（简称“新标准”）进入公众视野。新标准将代替原环保总局2003年发布的《火电厂大气污染物排放标准》（GB 13223—2003），自2012年1月1日起实施。本次修订的内容主要有以下几方面：首先，新标准区分了现有和新建火电建设项目，并分别规定了对应的排放控制要求，同时为现有火电企业设置了两年半的达标排放过渡期，给企业一定时间进行机组改造。新标准规定，自2012年1月1日起，新建火力发电锅炉及燃气轮机组开始执行污染物新排放限值；自2014年7月1日起，现有火力发电锅炉及燃气轮机组开始执行污染物新排放限值。其次，新标准大幅收紧了氮氧化物、二氧化硫和烟尘的排放限值，提高了新建机组和现有机组烟尘、二氧化硫、氮氧化物等污染物的排放控制要求。在氮氧化物方面，新标准将全部燃煤锅炉排放限值定为100mg/m^3；二氧化硫排放方面，新建燃煤锅炉与现有燃煤锅炉排放限值分别为100mg/m^{3}和200mg/m^3；烟尘排放方面，燃煤锅炉全部执行30mg/m^{3}的限值标准。而根据2003年版标准规定，火力发电锅炉二氧化硫最高允许排放浓度为400mg/m^3；燃煤锅炉氮氧化物最高允许排放浓度为450mg/m^3；燃煤锅炉烟尘最高允许排放浓度为50mg/m^3。实施新标准后，到2015年，电力行业氮氧化物排放可减少580万t；电力行业二氧化硫排放可减少618万t。

目前，我国工业废气治理的基本技术政策和发展方向是：

（1）新建、扩建燃煤发电锅炉，应在建设的同时配套建设烟气脱硫设施，烟气脱硫设施应在主机投运时同步投入使用，实现达标排放，并满足二氧化硫排放总量控制要求。

（2）优化电力工业电源结构、发展清洁能源。中国发电装机以煤电为主，截至2012年底，全口径发电装机容量11.44亿kW，其中，水电2.49亿kW，火电8.19亿kW，核电1257万kW，风电6237万kW。清洁能源比例偏低，火电比例偏高。中国发电装机容量及构成比较见表1-9。截至2012年底，全国可再生能源发电装机达到3.13亿kW，同比提高11.22%，占总装机容量的比例较上年同期增加0.85个百分点。其中水电装机24890万kW，同比增长6.8%；风电（并网）6083万kW，同比增长35.0%；太阳能发电（并网）328万kW，同比增长53.3%。

表1-9　中国发电装机容量及构成比较

项目			2005年	2006年	2007年	2008年	2009年	2010年	2009年	2010年	2011年
煤电		装机(MW)	31 380	312 956	312 738	313 322	314 294	316 800	599 410	654 970	706 670
		占比(%)	32.04	31.73	31.43	31.02	30.47	30.06	68.57	67.77	66.93
油电		装机(MW)	58 548	58 097	56 068	57 445	56 781	55 647	8230	8230	8230
		占比(%)	5.99	5.89	5.64	5.69	5.51	5.28	0.94	0.85	0.78
气电		装机(MW)	385 124	390 550	395 189	399 455	403 204	409 729	26 296	26 420	32 650
		占比(%)	39.38	39.60	39.72	39.54	39.09	38.88	3.01	2.73	3.09
核电		装机(MW)	99 988	100 334	100 266	100 755	101 004	101 167	9078.2	10 824	12 570
		占比(%)	10.22	10.17	10.08	9.97	9.80	9.60	1.04	1.10	1.19
水电	水电	装机(MW)	98 888	99 282	99 771	99 788	100 678	101 024	196 290.2	216 057	230 510
		占比(%)	10.11	10.07	10.03	9.88	9.76	9.59	22.46	22.4	21.83
	其中抽水蓄能	装机(MW)	21 347	21 461	21 886	21 858	22 160	22 199	14 530	16 930	18 360
		占比(%)	2.18	2.18	2.20	2.16	2.15	2.11	1.66	1.75	1.74

续表

项目			2005年	2006年	2007年	2008年	2009年	2010年	2009年	2010年	2011年
新能源	新能源	装机(MW)	21 205	24 113	30 069	38 466	54 590	68 575	20 450	35 862	53 220.2
		占比(%)	2.17	2.45	3.02	3.81	5.29	6.51	2.34	3.71	5.04
	其中风电	装机(MW)	9149	11 635	16 824	25 170	35 086	40 274	17 599.4 (25 805.3)	29 575.5 (44 733.3)	45 050 (62 364.2)
		占比(%)	0.09	1.18	1.69	2.49	3.40	3.82	2.0	3.1	4.27
	太阳能发电	装机(MW)	4790	6240	8305	11 685	16 416	25 196	25 (373)	450 (860)	2140 (3600)
		占比(%)	0.05	0.06	0.08	1.16	1.59	0.24		0.03	0.20
	地热发电	装机(MW)	2653	2687	2849.6	2910.6	3086.6	3101.6	24.2	24.2	24.2
		占比(%)	0.27	0.27	0.29	0.29	0.30	0.29			
合计		装机(MW)	978 020	986 215	994 888	1 010 171	1 031 438	1 053 826	874 097.2	966 413	1 055 760

注 新能源包括风能、太阳能、地热、燃料电池、生物质能和垃圾发电等。括号内为并网容量和分布式容量合计。

(3) 发展高参数大容量机组，火电建设今后发展以600MW、1000MW为主的高参数、大容量、低污染机组，淘汰一些200MW以下容量的中小机组，或改造成供热机组，提高热效率，降低煤耗。经国家能源局核定，2011年，全国关停小火电机组800万kW左右，加上“十一五”期间全国共关停小火电机组7683万kW，中国共关停小火电机组8480万kW，这些机组关停后，同等电量都转由大机组发，每年将减少原煤消耗11 100万t，减少二氧化硫排放188万t，减少二氧化碳排放22 100万t。截止到2011年底，全国在运百万千瓦超超临界燃煤机组达到40台，数量居世界第一，30万kW及以上火电机组占全部火电机组容量的74.4%，比2005年提高了20%，电力装机平均容量为109MW。

二、烟气脱硫设施在中国的发展

从20世纪70年代开始，我国电力、冶金、化工等部门开始对大型锅炉烟气脱硫技术进行研究开发，经过“七五”“八五”“九五”攻关等，对国际上现有的烟气脱硫技术的主要类型都进行了研究试验，并且自主开发了一些新技术。例如，西南电力设计院等单位经过“七五”攻关，已建成自动化水平高、全套设备国产化用于中高硫煤的70 000m^3/h“旋转喷雾干燥法”中试装置，安装在四川内江电厂，烟气中二氧化硫含量为0.35%，脱硫率为80%，每年减少二氧化硫排放量3300t。中国科学院上海原子核研究所等单位在1997年完成了电子束辐射法25m^3/h的小试，目前中国工程物理研究院环保工程研究中心建成了2000～12 000m^3/h的实验装置，安装在中国工程物理研究院自备燃煤电厂，二氧化硫脱除率大于95%。四川省环境科学院、四川大学、西安热工研究所等单位经过“七五”攻关，在四川豆坝电厂完成了5000m^3/h磷铵肥法中试，该法是我国自主开发的一种烟气脱硫技术，其特点是利用天然磷矿石和氨为原料，烟气脱硫过程中的副产品为磷铵复合肥料，系统总效率大于95%。目前，在该技术基础上已建成100 000m^3/h工业性示范工程。在“七五”“八五”期间，国家环保总局组织的“喷钙脱硫成套技术开发”的科技攻关，由哈尔滨电站设备成套设计研究所、北京轻工业学院、哈尔滨锅炉厂等单位组成的课题组完成了该项工艺主要环节的试验研究和20t/h锅炉的工业示范试验，并于1995年10月通过了国家环保总局组织的鉴定验收，示范工程在贵州轮胎厂动力分厂4号锅炉上运行，脱硫效率在80%以上，具体见表1-10。

表 1-10　　国内开发脱硫技术的发展及应用

开发时间	脱硫技术	地点	运行状况
1977～1979年	湿式石灰石一石膏法（烟气量 2500m^3/h 吸收剂石灰石）	上海闸北电厂	脱硫效率为80%～90%，完成中试。因结垢、腐蚀等问题试运行后即停运
1974～1976年	铁离子液相催化脱硫回收法（烟气量500m^3/h 吸收剂硫酸和Fe^{3+}）	上海南市电厂	脱硫效率为90%，完成小试。因动力消耗大、体积大和腐蚀严重等问题而停运
1978～1981年	亚硫酸钠循环法（烟气量10 000m^3/h吸收剂纯碱）	湖南省会同发电厂	脱硫效率为90%，完成中试。因动力消耗大、运行费用高和腐蚀严重等问题而停运
1976～1981年	水洗再生活性炭脱硫法（烟气量5000m^3/h 吸收剂含碘活性炭）	湖北松木坪电厂	脱硫效率为90%，完成中试。因设备庞大、电耗大、操作复杂和腐蚀严重等问题而停运
1990～1993年	旋转喷雾干燥烟气脱硫工艺[烟气量 5000～70 000m^3/h 吸收剂$Ca(OH)_2$]	四川白马电厂	脱硫效率为85%，完成中试。钙硫比为1.4～1.7时，脱硫效率达80%，停运
1985～1990年	磷铵肥法（烟气量5000m^3/h 吸收剂磷矿粉）	四川豆坝电厂	脱硫效率为95%，完成中试。停运
1992～1993年	湿式除尘脱硫技术（文丘里水膜除尘器喉部喷入钙基吸收剂）	贵阳电厂等	脱硫效率为75%～85%完成中试
1985～1995年	炉内喷钙脱硫（20t/h锅炉吸收剂石灰石）	贵州轮胎厂动力分厂	完成工业性试验，脱硫效率达60%以上
1990～1997年	电子束辐射法（烟气量25m^3/h 吸收剂NH_3）	中国工程物理研究院自备燃煤电厂	二氧化硫脱除率大于90%
2002	石灰石一石膏法（烟气量122.6万m^3/h）	北京国电龙源环保工程有限公司山东黄台电厂	二氧化硫脱除率大于95%
2006	海水脱硫(烟气量105.2万m^3/h)	东方锅炉集团公司福建嵩屿电厂	脱硫率大于95%

我国从20世纪70年代后期开始从国外引进烟气脱硫装置，已投运的有：1978年，南化公司从日本引进的用2×160t/h锅炉烟气“氨—硫铵法”烟气脱硫装置，总投资为530万美元；1981年，南京钢铁厂从日本引进的处理烧结烟气量50 000m^3/h的“碱式硫酸铝法”烟气脱硫装置，总投资为280万美元；1993年，重庆华能珞璜电厂从日本引进的处理2×360MW机组锅炉烟气的“湿法石灰石—石膏法”烟气脱硫装置，设备总投资为3660万美元；1994年，山东黄岛电厂从日本引进的处理210MW机组锅炉烟气的“旋转喷雾干法”烟气脱硫装置，日本投资为36.5亿日元，中方提供1.5亿人民币配套；1996年，山西太原第一热电厂从日本引进简易石灰

石一石膏法脱硫装置；1997 年，成都热电厂从日本引进的处理 100MW 机组锅炉烟气的“电子束辐射法”烟气脱硫装置，投资达 1.04 亿元，具体见表 1-11。

表 1-11　国外脱硫技术在中国的应用

烟气脱硫技术	用　户	烟气量(m^3/h)	脱硫率(%)	制造公司
氨一硫铵法 吸收剂 NH_3	胜利油田化工厂(1979 年)	2 100 000	90	日本东洋公司
碱式硫酸铝法 吸收剂 $Al_2(SO_4)_3$	南京钢铁厂 (1981 年)	51 800	95	日本同和公司
石灰石一石膏湿法 吸收剂石灰石	重庆华能珞璜电厂(1992 年)	1087000(360MW)	95	日本三菱重工
	北京第一热电厂(2000 年)	1 100 000(2×410t/h)	95	德国斯坦米勒
	杭州半山电厂(2001 年)	1 230 000(2×125MW)	95.7	德国斯坦米勒
旋转喷雾干燥 法吸收剂石灰	沈阳黎明发动机制造公司(1990 年)	50 000(35t/h)	80	丹麦 Niro 公司
	山东黄岛电厂(1995 年)	300 000(210MW)	70	日本能源开发
石灰/石灰石简易湿法	太原第一热电厂(1996 年)	600 000(300MW)	80	日本日立 BPDC
	山东潍坊化工厂(1995 年)	100 000(2×35t/h)	70	日本三菱重工
	广西南宁化工厂(1995 年)	50 000(35t/h)	70	日本川崎重工
海水脱硫 吸收剂海水	深圳妈湾电厂(1999 年)	1 100 000(300MW)	90	挪威 ABB
	福建后石电厂(2000 年)	1 916 000(600MW)	90	日本三菱
烟气循环流化床脱硫	云南小龙潭电厂(2001 年)	487 000(100MW)	90	丹麦 Smith
	广州恒运电厂(2002 年)	783 400(200MW)	85	德国 WULFF 公司
炉内喷石灰石增湿法	南京下关电厂(1989 年)	544 000(125MW)	70	芬兰 IVO 公司
	浙江钱清电厂(2000 年)	550 000(125MW)	65	比晓夫公司
电子束烟气 脱硫脱硝	四川成都热电厂(1997 年)	300 000(200MW)	80	日本荏原公司
	杭州协联热电厂(2002 年)	305 400(3×130t/h)	85	日本荏原公司
荷电干式喷射 脱硫工艺	杭州钢铁集团(1997 年)	60 000(35t/h)	70	美国 Alanco
	山东德州电厂(1995 年)	100 000(75t/h)	70	
GSA	云南小龙潭电厂(2001 年)	487 000(100MW)	90	丹麦斯密斯穆勒公司

国外脱硫技术一方面在中国火电厂得到应用；另一方面，被我国的脱硫工程公司引进，逐步形成了各有特色的脱硫工程公司，脱硫工程公司引进脱硫技术情况见表 1-12。

表 1-12　脱硫工程公司引进脱硫技术情况

序号	技术引进方	技术提供方	脱硫技术类型
1	北京国电龙源环保工程有限公司	FBE（原德国 STEIMULLER 公司） Smith 公司（丹麦）	石灰石/石灰一石膏法（喷淋空塔和双循环吸收塔） 烟气循环流化床法
2	重庆远达环保集团公司	三菱公司（日本） AE&E 公司（奥地利）	石灰石/石灰一石膏法（液柱塔） 石灰石/石灰一石膏法（喷淋空塔）
3	武汉凯迪电力股份有限公司	B&W 公司（美国） WULFF 公司（德国）	石灰石/石灰一石膏法（带托盘喷淋塔） 回流式循环流化床法

续表

序号	技术引进方	技术提供方	脱硫技术类型
4	北京国华荏原环境工程公司	BISCHOFF（德国）	石灰石/石灰—石膏法（空塔）
5	北京国华博奇电力科技有限公司	千代田公司（日本） 川琦公司（日本）	石灰石/石灰—石膏法（鼓泡塔） 石灰石/石灰—石膏法（空塔）
6	浙江天地环保公司	B&W 公司（美国）	石灰石/石灰—石膏法（带托盘喷淋塔）
7	北京华电工程公司	MARSULEX 公司（美国）	石灰石/石灰—石膏法（喷淋空塔）
8	山东三融环保工程公司	川琦公司（日本） BISCHOFF 公司（德国）	石灰石/石灰—石膏法（喷淋塔） 石灰石/石灰—石膏法（空塔）
9	上海龙净环保科技有限公司	BISCHOFF 公司（德国）	石灰石/石灰—石膏法（喷淋空塔） 烟气循环流化床法
10	美国（上海）常净公司	MARSULEX 公司（美国）	石灰石/石灰—石膏法（喷淋空塔）
11	浙大兰天环保工程公司	IDRECO 公司（意大利）	石灰石/石灰—石膏法（喷淋空塔）
12	浙大网新电子信息有限公司	IDRECO 公司（意大利）	石灰石/石灰—石膏法（喷淋空塔）
13	武汉天澄环保公司	石川岛公司（日本）	石灰石/石灰—石膏法（喷淋空塔）
14	上海石川岛公司	石川岛公司（日本）	石灰石/石灰—石膏法（喷淋空塔）
15	广东电力设计院	AE&E 公司（奥地利）	石灰石/石灰—石膏法（喷淋空塔）
16	浙江菲达机电集团公司	DUCON 公司（美国） ABB 公司（挪威）	石灰石/石灰—石膏法 NID 法（干法）
17	江苏苏源环保有限公司	川琦公司（日本）	石灰石/石灰—石膏法（喷淋塔）
18	四川东方锅炉集团公司	BISCHOFF（德国）	石灰石/石灰—石膏法（喷淋空塔）

2012 年，全国二氧化硫排放总量 2117.6 万 t，其中电力二氧化硫排放量占 41.7%。按照煤中硫分释放到空气中的系数为 0.85 核定，2012 年，全国电力二氧化硫排放量核定值为 883 万 t，比 2005 年降低约 30.86%。单位火电发电量二氧化硫排放量为 2.25g/kWh 时，好于美国 2010 年水平（美国 2010 年为 2.9g/kWh）。2013 年，新投运脱硫机组装机容量 3600 万 kW，全国脱硫机组装机容量 7.2 亿 kW，占煤电装机容量的比重由 2010 年的 82.6%提高到 91.6%，比美国 2010 年高 36 个百分点。即使如此，按照 2013 年经济发展模式和二氧化硫控制水平，到 2020 年，能源消费总量将达到 35 亿 t 标准煤，原煤消费量约需 25 亿～30 亿 t，二氧化硫产生量将达 4200 万～4800 万 t，二氧化硫排放量将达 2800 万 t，超过大气环境容量约 1400 万 t，将对生态环境和人类健康造成严重影响。

我国已有石灰石—石膏湿法、旋转喷雾干燥法、常压循环流化床法、海水脱硫法、炉内喷钙尾部烟气增湿活化法、电子束法、烟气循环流化床等十多种工艺的脱硫装置在商业化运行或进行了工业示范。可以说，世界上先进、成熟的火电厂脱硫工艺在我国基本都有。在这些技术中，主流的脱硫技术仍为石灰石—石膏湿法脱硫技术，通过试点、示范工程的建设以及市场的竞争作用，一些脱硫技术已逐渐淘汰出局。我国火电厂主要脱硫工艺的按脱硫界面有无液相介入分类见表 1-13，虽然流化床法从根本上讲也属于干法工艺，但是由于它的特殊性，所以单独分为一类。

表 1-13　　我国火电厂主要脱硫工艺的分类

湿　法	半干法	干　法	流化床法
石灰/石灰石—石膏	喷雾干燥法（SDA）	活性焦炭法	循环流化床锅炉
海水脱硫	炉内喷钙增湿活化法	电子束照射法（EBA）	烟气循环流化床法
氨法、碱法、磷铵肥法、钠法		炉内喷钙法	
氧化镁法			

经过近几年的技术引进和完善发展，我国烟气脱硫技术不但得到质的飞跃，从原来的纯粹引进，已经可以自主开发，而且烟气脱硫施工队得到壮大，我国目前烟气脱硫工程总承包能力基本上已满足国内火电厂烟气脱硫工程建设的需要，根据中国电力企业联合会的调查，具有一定技术、资金，且拥有100MW及以上机组烟气脱硫业绩的公司30多家。

第三节　火力发电厂脱硫工艺分类

通常，将脱硫工艺分为燃烧前脱硫、燃烧中脱硫和燃烧后脱硫。燃烧前脱硫主要是洗煤，燃烧中脱硫主要是炉内脱硫，燃烧后脱硫即烟气脱硫。

一、燃烧前脱硫

燃烧前脱硫工艺是利用物理、化学或生物的方法去除原煤中的硫分、灰分等杂质。燃烧前脱硫工艺包括洗选处理、型煤加工、水煤浆和煤炭气化。据资料统计，我国所采煤炭中约7%为高硫煤（S大于3%），由高硫煤燃烧产生的SO_2约占总数的20%～25%。常规的燃烧前脱硫工艺可以脱去20%～40%的硫。煤中硫分以无机硫和有机硫的形式存在于原煤中。有机硫以硫羟基、硫化基等形式存在于煤的大分子中，无机硫主要是黄铁矿（只要成分是FeS_2，密度为5000kg/m^3，是纯煤密度的3倍以上，无磁性），以不同粒度与煤共生，可以通过重力分选将黄铁矿分离出来。从当前国内外选煤（选煤是指除去或减少原煤中所含的灰分、矸石、硫分等杂质，并按不同煤种、灰分、热值和粒度分成若干品种等级，以满足不同用户的需要）脱硫技术看，煤炭的洗选主要是采用物理方法脱除无机硫，其脱除率一般在50%～70%。算下来，实际能脱掉的硫，仅相当于煤中全硫的27%～38%，还有很大一部分仍残留在煤中。

长期以来，我国选煤工艺落后，常见的选煤工艺脱硫效率不高，只能选出煤中粒度大于25mm的矸石；而且入选率低，世界上主要产煤国普遍实行洗煤，如英国、德国、日本等国的原煤几乎全部入选，美国、俄罗斯两国原煤入洗率也高达50%，而我国原煤入洗率仅为20%。

1. 物理法

（1）机械浮选法选煤。机械浮选法是利用煤粉中煤（煤的相对密度为1.2）与煤中硫铁矿（硫铁矿相对密度为4.7）相对密度不同，用浮选剂将硫铁矿浮选分离出来，水是常用的浮选剂，通常在水浆液中通入气泡，煤粒向气泡黏附并浮起，而矸石颗粒不易与气泡黏附，仍留在煤浆中，这样就达到煤与矸石的分离。该法主要用于回收大量细粒炼精煤。

（2）重介质法选煤。重介质法是采用磁铁矿粉与水配置的悬浮液作为选煤的分选介质，这种液体介质密度介于煤与矸石之间。重介质法分选效率高，分选密度调节范围宽，适应性强，可用于分选难选煤。但需要对重介质净化回收，设备磨损比较严重。

（3）跳汰选煤。多种密度、粒度及形状的物料在不断变化的流体作用下使物料床层与水之间发生相对脉动，从而实现轻重物料的分层和分离。跳汰法可以省掉许多工序和大量设备，因此建设投资少，成本低，工作可靠，主要用于块煤排矸。

(4) 型煤加工。该法即用机械方法用黏结剂将粉煤和低品位煤制成具有一定粒度和形状的煤制品，在高硫煤成型时加入适量的固硫剂或助燃剂，以减少烟尘和二氧化硫的排放。型煤燃烧可以节煤20%，减少烟尘50%以上。添加了脱硫剂的型煤还可以减少 SO_2 约40%～50%。2005年，我国型煤产量约为7000万t。

(5) 水煤浆。为解决以煤代油的世界范围内替代能源技术的开发，将磨得极细的固体煤与水混合而成的水煤浆技术早已成熟。在国内油价攀升的今天，已完全具有竞争性。水煤浆是指把灰分很低而挥发分高的煤经过湿法磨制成颗粒直径为50～200μm的煤粉浆，再经过浮选净化处理，除去其中大部分灰分和硫分，然后经过过滤和脱水，加入化学添加剂调制成合格的水煤浆成品燃料。高浓度水煤浆（coal water fuel，CWF）是1979～1981年瑞典、美国率先研制成功的一种低污染、高效率、流动性强的代油煤基新型流体燃料，它是由约65%～70%的煤、30%～35%的水和1%～2%的添加剂通过物理加工而成的浆体状燃料，具有与油一样易于装卸、储存、管道输送及直接雾化燃烧的特点；燃烧时，其着火温度比干煤粉低100℃。20世纪中期，在日本一台600MW燃油锅炉用水煤浆作燃料已稳定运行多年，成为第一台长期连续运行直接掺烧煤浆的大型电站锅炉。在1988年，原苏联建成制浆能力500万t的大型制浆厂和1200MW发电能力的大型电厂水煤浆燃烧工程，成为世界第一个用管道（260km）运输直接燃烧的大型水煤浆示范工程。

我国1982年进行“六五”水煤浆技术课题组，进行水煤浆燃烧试验。“七五”期间，在我国建起了几座水煤浆制备厂，并在一些工业锅炉上进行试烧。“八五”期间，在电站锅炉开始试烧，如华能白杨河电厂3号炉（230t/h，50MW）烧油改烧水煤浆工程，于1993年正式开工，主要完成了燃烧技术、改炉关键技术、防水煤浆储存时的沉降技术、喷嘴和运行技术的开发研究及应用。1995年12月底完成连续72h试运行，1999年6月通过国家电力公司主持的国家级科技成果鉴定。整个工程投入资金达1.4亿人民币。3号炉燃用水煤浆时的锅炉效率达到90%，水煤浆燃烧效率达到98%以上，负荷从40%～100%区间变化时，水煤浆均能稳定燃烧。之后又完成了1号炉改烧水煤浆工程，该工程投资2000万元人民币，1号炉燃用水煤浆时的锅炉效率达到91%，水煤浆燃烧效率达到99%以上，飞灰含碳量稳定在10%以内，带满负荷全燃浆时灰渣含碳量稳定在5%以内。

水煤浆中的含硫量仅为0.5%，并且在水煤浆中再加入3%～5%的石灰乳，通过燃烧可实现炉内再脱硫，加石灰乳后可使二氧化硫排放量降低50%。1999年，山东电力研究院检测：水煤浆燃烧二氧化硫排放浓度为627.4mg/m³，加石灰乳后二氧化硫排放浓度为255.4mg/m³。由于水煤浆含有30%的水分，燃浆时的火焰温度比煤粉低150℃，能够实现低 NO_x 燃烧。实践证明，水煤浆不但便于管道输送、节约电厂占地和投资，还能减少污染。

1）燃用水煤浆提高了燃料使用过程中的安全性，水煤浆可在常温下运输、储存和泵送，并且水煤浆因含有30%的水分，相对于易燃易爆的煤粉和燃油来说，其使用安全性大大提高。

2）燃用水煤浆具有与燃油基本相同而优于燃煤的低负荷稳燃性能和调峰能力。

3）低灰分的特性使灰场的容量、除尘、除灰均比常规燃煤电厂下降75%左右，低灰分的特性对锅炉受热面的磨损将大幅度降低。

2. 化学法

(1) 煤的气化。煤炭是世界上储量最丰富的化石能源。但是，煤炭开发和利用中带来的区域性和全球性严重污染，已为各国普遍关注。煤的气化不仅可以提高煤的利用率，而且能够减少用煤过程中造成的环境污染。煤的气化是指把经过适当处理的煤送入反应器，在一定温度（800℃以上温度）和压力下，通过加入气化剂而将煤炭转化为可燃气体的过程，它包括煤的热解、气化和燃烧。在气化反应产生煤气的同时，煤的硫分全部转化为硫化氢，将硫化氢分离出去就会得到洁净燃料。早在18世纪末到19世纪初，英国已用煤生产煤气，接着美国、德国、比利时等国也相继开发使用。20世纪70年代初出现石油危机后，许多发达国家意识到了完全依赖石油的不稳定性，而且石油资源远不及煤丰富，为此，作为能源技术战略，美国、德国、日本、英国等国家大量投资开发煤气化新工艺。

我国煤炭气化技术的研究开发工作始于1956年，目前煤气生产以常压固定床气化为主，生产和研究都落后于世界先进水平。2006年，西安热工研究院负责的国家“十五”863计划重点课题“干煤粉加压气化技术”通过国家科技部的验收，并已制定出1000～2000t/d的两段式干煤粉加压气流床气化炉开发计划和工艺设计。

(2) 煤的液化。煤炭的直接液化技术起源于德国，1913年德国人柏吉乌斯（Bergius）首先发现在高温（400～450℃）、高压（20MPa）下加氢，煤可转化为液体燃料。从1927年在德国的洛伊纳（Leuna）建成第一座煤液化厂（规模年产液体达到10×10^4 t/a）到第二次世界大战结束，德国先后建有12个煤加氢液化厂，年产液体达到400万t，为发动第二次世界大战的德国提供了2/3的航空燃料和50%的汽车用油。战后由于世界范围内的石油资源的大规模开发和廉价的石油供应，使这一工艺逐渐失去竞争力。但是进入70年代后发生的2次石油危机，使各国普遍开始对未来能源中煤炭的战略地位重新认识，制定了相应法规和政策，并明显加大了对煤的液化技术的开发力度。

煤的液化是把煤转化为高效洁净利用、便于运输的液体或化工原料的以制取液体烃类为主要产品的技术。煤的液化是煤在适当的温度和压力下，催化加氢裂化成液体烃类，生成少量的气体烃，脱除煤中的氮、氧、硫等杂原子的深度转化过程。该工艺过程包括原料煤的破碎与干燥、煤浆制备、加氢液化、固液分离、气体净化、液体产物分馏和精制等部分。直接液化的主要产品是优质汽油、喷气燃料油、柴油和芳烃以及碳素化工原料，并副产燃料气、液化石油气、硫黄和氨等。目前成熟的煤液化工艺包括南非Sasol公司的F-T（Fischer-Tropsch）合成技术，使用该技术已建成3座生产厂，年处理煤炭4600万t，年产各种油品和化工产品为760多万t；荷兰Shell公司的中间馏分油（SMDS）技术，于1993在马来西亚建成以天然气为原料，生产能力为50万t/a的合成油工厂；美国Mobil公司开发的甲醇转化油MTG（Methanol-To-Gasoline）技术，已在新西兰建成一座以天然气为原料的年产57万t的汽油生产厂。我国自20世纪80年代初开始由中科院山西煤化所系统地进行煤间接液化技术的开发研究，并于90年代建成年产2000t合成汽油的工业示范装置。我国神华集团公司于2002年6月建设设计规模为年产750t级合成油的煤炭间接液化中试装置，科技部863计划能源技术领域办公室于2005年10月通过了对该装置的验收。国家于2002年批准了神华集团公司在内蒙古鄂尔多斯建设年产100万t煤炭直接液化项目科研报告，该示范工程投资100亿元，是世界上首个工业化煤炭直接液化项目。

3. 微生物法

微生物法脱硫是近几年在国际上出现的脱硫新技术。煤中无机硫大多数以黄铁矿（FeS_2）的形态存在，在微生物的直接作用下，无机硫被氧化、溶解而脱除。该过程涉及两个方面的作用：①微生物的直接作用；②中间产物引起的纯粹化学作用。无机硫脱除原理：首先微生物附着在黄铁矿表面发生氧化溶解作用，生成硫酸和Fe^{2+}，然后Fe^{2+}被氧化成Fe^{3+}，由于Fe^{3+}具有氧化性，又与其他的黄铁矿发生化学氧化作用，自身被还原成Fe^{2+}，同时生成单质硫。单质硫在微生物作用下被氧化成硫酸而除去。在这一循环氧化还原反应过程中，铁离子是中介体，而微生物的重要作用在于使Fe^{2+}变成Fe^{3+}的铁氧化作用，以及使单体硫变成硫酸的硫氧化作用。而中间产物（Fe^{2+}和单体硫）又能被微生物用作能源，促进微生物繁殖。目前，已知能脱除无机

硫的微生物有氧化亚铁硫杆菌、氧化硫杆菌，以及能在70℃高温下生长发育的古细菌，总的反应式为

$$2FeS_2+15/2O_2+H_2O\xrightarrow{\text{细菌}}2Fe^{3+}+4SO_4^{2-}+2H^+$$

微生物法脱硫工艺在欧洲已有4家，我国第一家微生物法脱硫工艺在江苏宜兴协联热电厂建成投产。该热电厂有一个柠檬酸厂，而微生物脱硫技术恰好可以利用柠檬酸生产过程中产生的高浓度废水作为电厂微生物脱硫工艺中微生物的能源，最终把烟气中的二氧化硫转化为优质单体硫，脱硫率高达98%，并可再次去除烟尘。该工艺消耗了柠檬酸生产过程中的大量废水，把对环境的污染降低到尽可能低的程度，实现了清洁生产。微生物法脱硫工艺运行成本低，比石灰石—石膏法运行费用至少降低30%以上。

二、燃烧中脱硫

燃烧中脱硫是指脱硫反应主要在锅炉炉膛内燃烧过程中完成的一类脱硫工艺，主要方法是在燃烧过程中向锅炉炉膛加入钙基类固硫剂，如炉内喷钙、循环流化床燃烧法（CFBC）、炉内喷钙尾部活化法（LIFAC）。

三、燃烧后脱硫

燃烧后脱硫即通常所说的烟气脱硫（Flue Gas Desulfurization，FGD），是世界上最广泛采用的火电厂脱硫技术，一般按吸收剂处理状态分为湿法、干法和半干法等。干法烟气脱硫技术包括电子束照射法（EBA）和荷电干式吸收剂喷射法等。半干法烟气脱硫主要是指喷雾干燥法，因其所用脱硫剂为浆液湿态而产生的副产品为干态而得名，是仅次于石灰石—石膏湿法应用最广泛的脱硫工艺。湿法烟气脱硫是世界上应用最广泛、技术最成熟的脱硫工艺。它最突出的优点是有长期运行经验，脱硫率和吸收剂利用率高。湿法烟气脱硫工艺很多，但它们共同的特点是用脱硫吸收剂溶液来洗涤烟气。脱硫效率在较低的钙硫比下也高达90%以上，如石灰石（石灰）洗涤法、海水洗涤法化学脱硫工艺等。

目前开发的多种烟气脱硫技术，尽管设备构造和工艺流程各不相同，但基本原理都是以碱性物质作SO_2的吸收剂。按脱硫剂分类的烟气脱硫技术见图1-1。

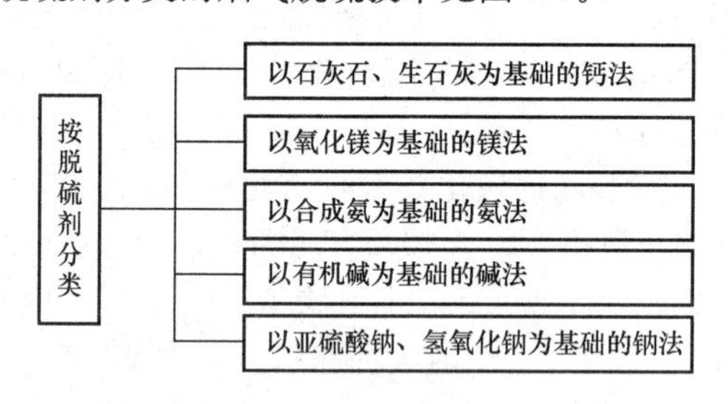

图1-1 按脱硫剂分类的烟气脱硫技术

第二章 火电厂湿法烟气脱硫工艺

第一节 石灰石—石膏法

湿法烟气脱硫是指在脱硫过程中，脱硫剂和脱硫生成物均是湿态。湿法烟气脱硫主要工艺是石灰石法、海水脱硫法、氧化镁法等。

石灰石法是世界上开发最早、应用最广、技术最成熟的一种脱硫工艺，它首先是由英国皇家化学公司在20世纪50年代开发出来的。石灰石法在世界脱硫市场上占有75%左右的份额。日本在20世纪60年代末开始大规模在火电厂安装烟气脱硫装置FGD装置，所用技术以石灰石/石膏法为主，占75%以上。美国自70年代初期开始在火电厂安装FGD装置，脱硫系统中石灰石/石膏法占80%。1992年投运的华能重庆珞璜电厂一期工程2台360MW脱硫装置和二期工程2台360MW脱硫装置均采用日本三菱重工石灰石—石膏法烟气脱硫工艺。

一、基本原理

石灰石/石膏法的吸收剂是石灰石，基本流程是将粉状石灰石制成浆液，喷入到脱硫反应塔中，吸收烟气中的二氧化硫，未反应完全的浆液进行再循环，反应生成的亚硫酸铵经氧化后生成硫酸铵，含有$CaSO_4 \cdot 2H_2O$的洗涤排除液经浓缩脱水生成副产品石膏，见图2-1。石灰石湿法脱硫机理比较复杂，主要反应为烟气中的二氧化硫先溶解于吸收液中，然后离解成H^+和

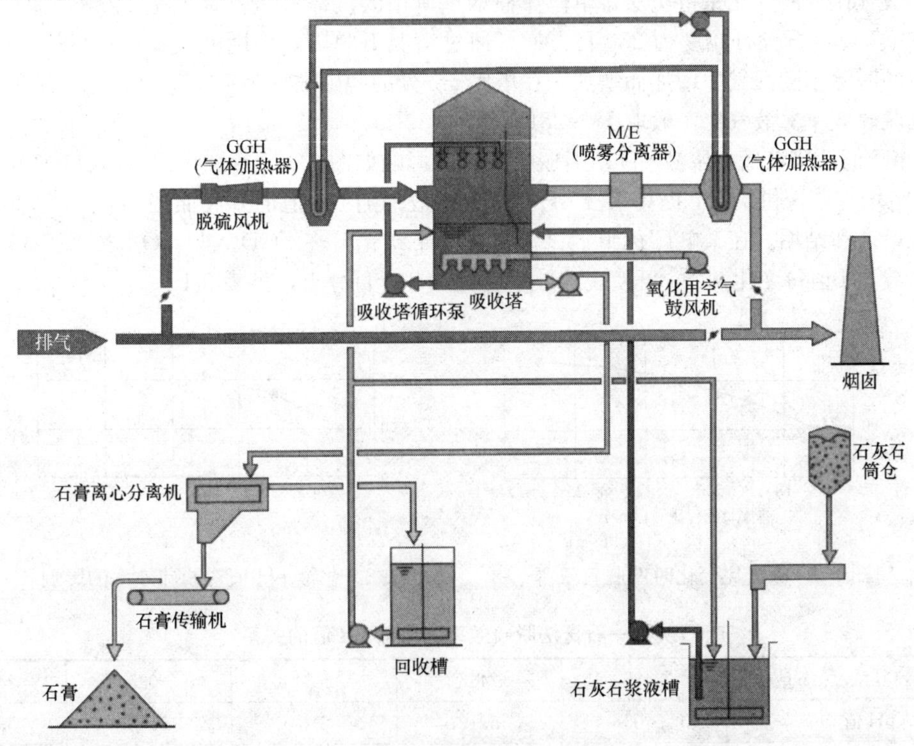

图2-1 石灰石—石膏法烟气脱硫工艺

HSO_3^-，即

$$SO_2(气)+H_2O \longrightarrow SO_2(液)+H_2O$$

$$SO_2(液)+H_2O \longrightarrow H^+ + HSO_3^- \longrightarrow SO_3^{2-} + 2H^+$$

同时，固相石灰石 $CaCO_3$ 在水中溶解，即

$$CaCO_3 \longrightarrow Ca^+ + CO_3^{2-}$$

$$CO_3^{2-} + H_2O \longrightarrow OH^- + HCO_3^- \longrightarrow 2OH^- + CO_2$$

由吸收塔底部的浆液槽中鼓入的空气将生成的二氧化碳带走，并将生成的 SO_3^{2-} 氧化，最后生成石膏（$CaSO_4 \cdot 2H_2O$）沉淀物，即

$$H^+ + OH^- \longrightarrow H_2O$$

$$SO_3^{2-} + 1/2O_2 \longrightarrow SO_4^{2-}$$

$$Ca^{2+} + SO_4^{2-} + 2H_2O \longrightarrow CaSO_4 \cdot 2H_2O$$

吸收剂吸收 SO_2 的基本方程式为

$$CaCO_3 + SO_2 + 1/2H_2O \longrightarrow CaSO_3 \cdot 1/2H_2O + CO_2$$

浆液槽中物质是由石灰石、碳酸氢钙和石膏等组成的浆状混合物，其中部分被强制循环，部分作为产物排出，同时补充新鲜的石灰石浆液以维持 pH 值的稳定，以上反应主要在吸收塔和浆液槽中发生，其总的反应方程式为

$$SO_2 + CaCO_3 + 1/2O_2 + 2H_2O \longrightarrow CaSO_4 \cdot 2H_2O + CO_2$$

同时与 SO_2 类似，气相的 HCl 和 HF 也参加反应并最终生成氯化钙和氟化钙，工艺过程生成的氯化钙溶于水，并随废水一起排放。

石灰石法烟气脱硫的影响因素如下：

（1）液气比。液气比是指洗涤每单位体积烟气所用的洗涤液量，单位是 L/m^3。图 2-2 表示了在 100%负荷、石灰石粒度为 250 目、90%通过情况下脱硫效率随液气比（L/G）的关系图。二氧化硫的脱除率随液气比增加而增加，在塔底 5m 处的脱硫效率为 70%，所以增加吸收塔高度可以提高脱硫效率。液气比一般取 $18 \sim 28L/m^3$。

（2）pH 值。浆液槽中浆液 pH 值对脱硫效率的影响如图 2-3 所示。在 FGD 入口 SO_2 浓度基本不变时，增加浆液供给量，提高浆液 pH 值，脱硫效率随 pH 值的升高而提高。pH 值低可能会引起系统堵塞和结垢。在某电厂机组上试验得到如下结论：在 FGD 入口 SO_2 浓度基本不变时，吸收塔浆液 pH 值每变化 0.1，可使脱硫效率变化 0.8 个百分点，见表 2-1。

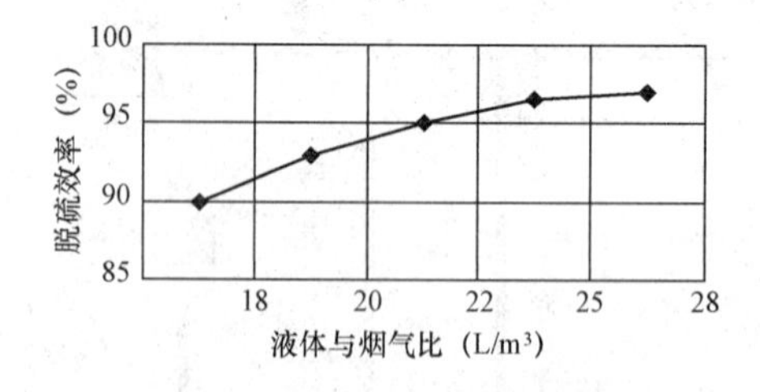

图 2-2 液气比变化时的脱硫效率

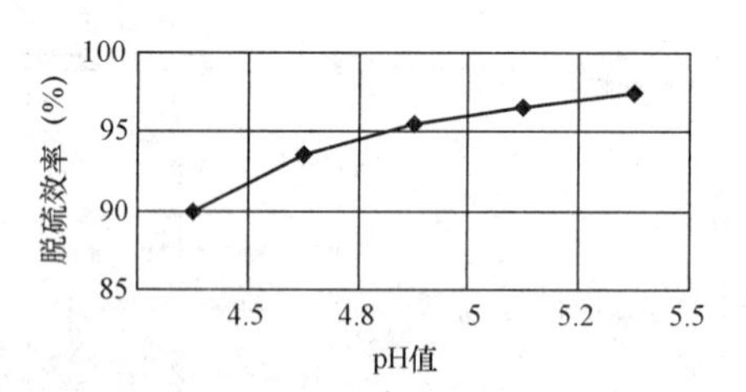

图 2-3 浆液 pH 值对脱硫效率的影响

表 2-1 石灰石—石膏法脱硫效率与浆液 pH 值的关系

FGD 入口 SO_2 浓度（mg/m^3）	2425	2438	2414	2025	2451
pH 值	5.05	5.12	5.2	5.33	5.47
脱硫效率（%）	90.49	91.08	92.03	93.35	94.26

（3）入塔烟温。烟气进塔温度低，一方面，有利于 SO_2 气体溶于浆液，形成 HSO_3^-；另一方面，由于脱硫反应是放热反应，温度低有利于向生成硫酸钙方向进行。两者因素都有利于二氧化硫的吸收，但温度过低会使 H_2SO_3 和 $CaCO_3$ ［或 Ca（$OH)_2$］间的反应速度降低。江苏某电厂在保持脱硫系统液气比不变、进口烟气 SO_2 浓度和氧量基本不变的工况下，当进入吸收塔的烟温为 95℃时，脱硫效率为 93.4%；当进入吸收塔的烟温升高到 105℃时，脱硫效率下降到 83.5%；当原烟气温度高于运行规定最大值时，吸收塔内的设备则因高温而损坏。烟气进塔温度对脱硫效率的影响如图 2-4 所示。

（4）锅炉负荷（烟气量）。锅炉负荷越大，烟气量越多，吸收液提供的传质表面积相对减小，脱硫效率越低。某电厂 200MW 机组（配 2 台 410t/h 锅）变负荷对 FGD 运行影响试验数据表明，机组负荷由 100、120、140、160、180MW 上升到 200MW 时，对应的 FGD 脱硫效率分别为 98%、97.9%、97.7%、97.4%、97.0%和 96.6%，如图 2-5 所示。

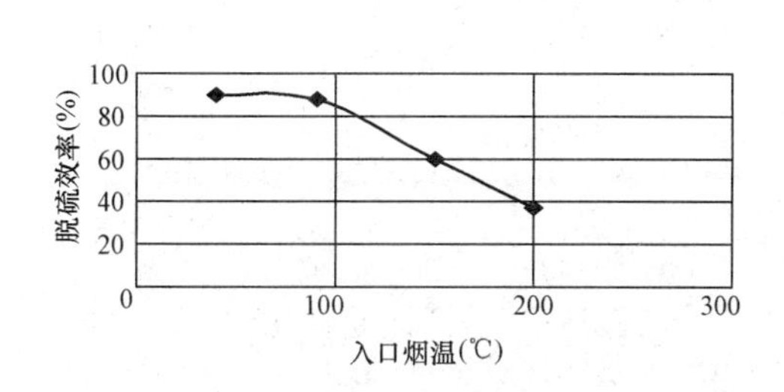

图 2-4　烟气进塔温度对脱硫效率的影响

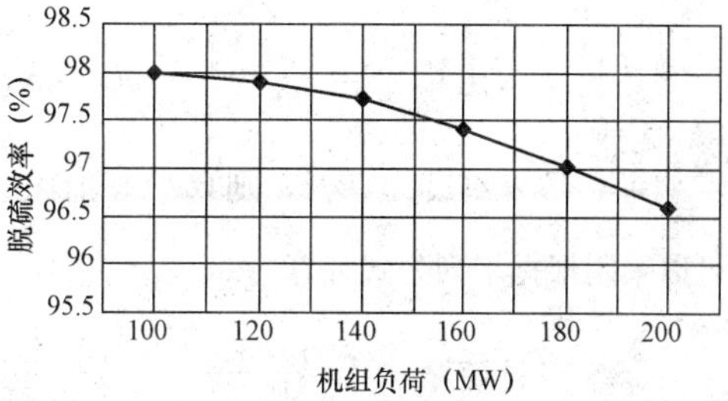

图 2-5　锅炉负荷对脱硫效率的影响

（5）石灰石颗粒。脱硫剂的转化率和它的粒度分布关系非常密切。因为石灰石的颗粒分布与其有效的反应面积有关。从反应面积角度看，颗粒的粒径越小，其反应面积越大，脱硫的转化率越高。对于大颗粒的石灰石，在二氧化硫扩散到颗粒内部之前，它与颗粒表面生成的硫酸钙已堵塞了扩散通道，因此大颗粒的石灰石利用率低。

（6）钙硫摩尔比。根据反应式 $SO_2+CaCO_3+1/2O_2+2H_2O \longrightarrow CaSO_4 \cdot 2H_2O+CO_2$，在理论上脱硫 1mol 的硫需要 1mol 的钙，或者说每脱除 1kg 的硫需要 3.2kg 的石灰石，但是由于石灰石并不是百分之百的 $CaCO_3$，而且 $CaCO_3$ 也不是全部参加反应，还要取决于石灰石本身的反应活性、燃烧温度、石灰石颗粒度、反应物浓度和停留时间等。因此所需钙的摩尔数总比硫的摩尔数多一些，多余的钙所占的比例叫过剩率。

钙硫摩尔比详细计算步骤如下：

1）入口烟气中 SO_2 量的计算公式为

$$A=G\times\frac{100-W}{100}\times\frac{S}{10^6}\times\frac{1}{22.4}=\frac{G\times S\times(100-W)}{22.4\times10^8}$$

式中　A——入口烟气中 SO_2 量度，kmol/h；

G——标准状态下入口湿烟气量，m^3/h；

S——入口烟气中 SO_2 浓度，$\mu L/L$；

W——入口烟气中 H_2O 含量，%。

2）$CaCO_3$ 消耗量的计算公式为

$$B=A\times\eta\times\frac{1}{1-K}$$

式中　B——$CaCO_3$ 消耗量，kmol/h；

A——入口烟气中 SO_2 量度，kmol/h；

η——脱硫效率，%；

K——化验分析得出的 $CaCO_3$ 过剩率，%。

3）钙硫摩尔比的计算公式为

$$Ca/S=\frac{B}{A} \quad (mol/mol)$$

例 2-1：某机组石灰石—石膏湿法烟气脱硫装置，在标准状态下进入装置烟气量为 1 129 680m³/h(湿)，SO_2 浓度为 3500μL/L，入口烟气中 H_2O 含量为 5.59%，脱硫效率为 96.9%，吸收塔排出浆液中化验分析得出的 $CaCO_3$ 过剩率为 7%，求钙硫摩尔比和 $CaCO_3$ 消耗量。

解：

$$A=\frac{1\ 129\ 680\times3500\times(100-5.59)}{22.4\times10^8}=166.65\ (kmol/h)$$

$$B=166.65\times0.969\times\frac{1}{1-0.07}=173.64\ (kmol/h)$$

则钙硫摩尔比 $Ca/S=\frac{173.64}{166.65}=1.04\ (mol/mol)$

如果 $CaCO_3$ 纯度为 90%，则 $CaCO_3$ 消耗量=173.64kmol/h=$\frac{173.64}{0.9}\times100$=19 293kg/h=19.3t/h，也可以采用根据下列公式计算，即

$$钙硫摩尔比=\frac{32}{100.09}\times\frac{石灰石耗量(t/h)\times石灰石碳酸钙纯度(\%)}{燃煤量(t/h)\times燃煤含硫量(\%)}$$

例 2-2：某 360MW 燃煤机组，燃煤含硫量为 4.02%，燃煤量为 143t/h，石灰石纯度为 90%，石灰石耗量为 21t/h，求钙硫摩尔比。

解：

$$钙硫摩尔比=\frac{32}{100.09}\times\frac{21(t/h)\times90(\%)}{143(t/h)\times4.02(\%)}=1.05$$

一般情况下，脱硫效率越高，要求的钙硫摩尔比也越高。

（7）入口烟气 SO_2 浓度。当燃料含硫量增加时，排烟 SO_2 浓度随之上升，在石灰石 FGD 工艺中，在其他运行条件不变的情况下，脱硫效率将下降。当吸收塔入口 SO_2 浓度增加较大，而鼓入浆池的氧化空气量未随之增加，特别当其浓度超过设计值，氧化空气量不能再增加时，由于严重氧化不足，浆液中会出现过量的 HSO_3^-，过量 HSO_3^- 会降低 $CaCO_3$ 的溶解度。这样会出现如图 2-6 所示的脱硫率急剧下降的现象。

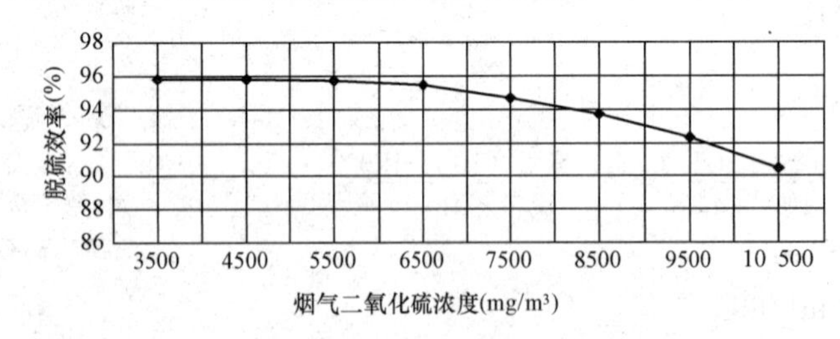

图 2-6 烟气 SO_2 浓度与脱硫效率的关系
（烟气流量为 1760000m³/h，设计烟气 SO_2 浓度为 7600mg/m³）

（8）添加剂。在典型石灰石—石膏法 FGD 系统运行中，若采用适当的添加剂，其脱硫效率和防垢性能将得到有效的提高和改善，使 FGD 系统运行费用降低。添加剂分无机添加剂和有机添加剂两类。

无机添加剂包括钠基、氨基和镁基，如 Na_2SO_4、$(NH_4)_2SO_4$、$MgSO_4$、MgO、$Mg(OH)_2$ 等。研究表明，向石灰石—石膏系统脱硫浆液添加硫酸镁等，能促进 SO_2 的吸收和石灰石的溶解，从而提高脱硫效率。在川崎重工的 KHI 脱硫工艺中，使用氢氧化镁代替了 0.4%～0.5%的石灰浆，在同样的情况下，由于脱硫效率提高 3%，使液气比和吸收塔体积等减少。

选择有机添加剂，多为有机酸，如二元酸、己二酸、甲酸、苯甲酸等。二元酸（Dibasic Acids，DBA）是迄今使用最多的添加剂，是生产己二酸时的副产品，己二酸主要用于尼龙的生产。研究表明，使用己二酸，可在较低的 pH 值下可保持所需的脱硫率。在同样的情况下，由于添加有机添加剂 DBA，则脱硫效率可从 90%提高到 95%。

同时使用有机添加剂，如甲酸，能减小新脱硫系统吸收塔的尺寸，而且使液气比减小 20%～25%，降低循环泵的能耗。

另外，使用有机添加剂，可使 WFGD 系统在烟气 SO_2 浓度波动很大时，仍能保持平稳运行。根据中试数据，进口烟气中 SO_2 浓度为 2000ppm 时，湿法脱硫率为 90%；当进口烟气中 SO_2 浓度为 4000ppm 时，对于不加有机添加剂，湿法脱硫率为 84%；添加 500ppm 甲酸盐时，系统的脱硫率恢复到原有水平。

（9）烟尘。烟尘中含有的 F^- 容易与 Ca^{2+} 发生反应生成 CaF_2。另外，飞灰中的 Al^{3+} 溶解进入脱硫塔内的浆液中，由于这些 AlF_n 多核络合物阻碍了 Ca 的离子化，使得与 SO_2 的吸收反应无法进行，导致钙的供给量不足，脱硫浆液 pH 值降低，脱硫效率下降。表 2-2 是太原热电厂在 12 号机组脱硫装置上进行的烟尘浓度的变化影响脱硫效率的测试情况。

表 2-2　烟尘浓度的变化影响脱硫效率的测试情况（标准状态下）

电除尘器运行方式	除尘器出口粉尘浓度（mg/m^3）	FGD 入口 SO_2 浓度（ppm）	pH 值变化	脱硫效率（%）	烟尘浓度增加量（mg/m^3）	脱硫效率值（%）
电场全运行	280	1545	5.5～5.4	83.3	基准值	基准值
电场全运行	400	1620	5.5～5.4	81.6	120	1.7
停运末级电场	599	1097	5.5～5.1	79.9	319	3.4
停运后两级电场	873	1545	5.1～4.8	76.07	593	7.23

注　1ppm（SO_2）＝1μL/L（SO_2）＝2.86mg/m^3（SO_2）。

二、工艺系统

1. 吸收剂制备系统

吸收剂制备系统主要包括制粉和制浆。首先将石灰石制成粉状，一般要求石灰石粉 90%通过 325 目筛（44μm）和 95%通过 250 目筛（63μm），并将石灰石粉用罐车运输到粉仓储存。然后通过称重皮带给料机输送石灰石颗粒，并会同由滤液水泵输送来的滤液水（或工艺水）及二级旋流器的底流浓浆一起进入球磨机筒体，被球磨机内的钢球撞击、挤压和碾磨成浆液。该浆液经旋流器进行水力旋流粗细分离，浆液中的大颗粒被分离到旋流器的底部形成底流浓浆，从入口回到球磨机被再次碾磨，而浆液中的小颗粒则从顶部溢出形成稀浆进入石灰石浆液箱备用。根据不同设计要求，水力旋流可分为一级或两级（图 2-7 所示为两级）。为保证系统物料平衡、浆液浓度和细度合格，旋流系统设有再循环管道及浓度、液位、

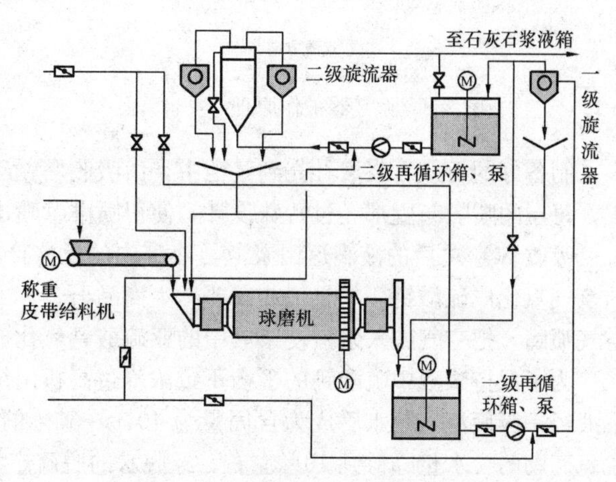

图 2-7　脱硫制浆系统组成及工艺流程

细度调节阀门。系统还设有冲洗水用于设备停止或切换时冲洗泵、管路和旋流器。配置好的新鲜的石灰石浆液（浓度为20%～30%）通过石灰石浆液泵和管道送入脱硫岛的浆液循环系统，用于补充消耗的吸收剂。

2. 吸收塔

吸收塔是烟气脱硫系统的核心装置，要求气液接触面积大，气体的吸收反应应良好，压力损失小。吸收剂浆液吸收二氧化硫生成 HSO_3^-，在大量空气中氧的作用下，几乎所有的亚硫酸根被氧化，形成稳定的 $CaSO_4 \cdot 2H_2O$（二水石膏）。

吸收塔顶部有除雾器，一般采用折流板除雾器，见图 2-8。当带有液滴的烟气通过曲折的挡板，流线多次偏转，液滴则由于惯性而撞击在挡板上被捕集下来。经过净化处理的烟气流经除雾器，将其中所携带的浆液微滴除去，尽可能地保护后面的管路及设备不受腐蚀与沾污。一般要求脱硫后烟气中残余水分不超过100mg/m^3。

根据吸收塔形式的不同，石灰石/石灰—石膏工艺又可分为 3 类，即逆流喷淋塔、顺流填料塔和喷射式鼓泡塔。

(1) 逆流喷淋塔工艺。逆流喷淋塔采用磨细的石灰石作为吸收剂，吸收剂在塔外预先制成含固量为 10%～15%的浆液，补充到吸收塔底部的浆液池中。

逆流塔的大部分设计均无内部构件，称为空塔，但有些设计安装了一些带孔托盘，有的采用了一个漏斗隔板等，主要是增加气液的接触面，或者是便于反应的控制。

喷淋塔内从上到下布置了除雾器、喷淋联箱、烟气入口和浆池，见图 2-9。烟气经烟气一烟气换热器降温后通过烟气入口进入吸收塔，与喷淋层喷下的液滴逆流混合，吸收烟气中的 SO_2。洗涤后的烟气通过除雾器除去液态雾滴，再经过烟气一烟气换热器加温后通过烟囱排放。

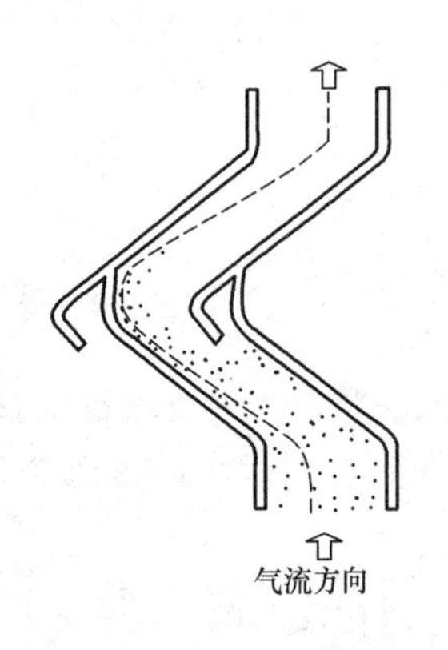

图 2-8 除雾器工作原理

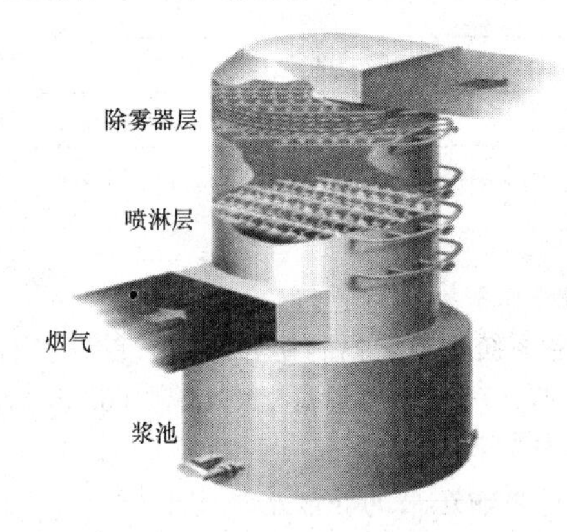

图 2-9 吸收塔结构

制备好的石灰石浆液补充到浆池中，由吸收塔循环泵送到喷淋层。喷淋层由 2～4 层喷嘴组成，每层的喷嘴布置都经过特殊设计，使得喷淋嘴喷出的浆液能均匀地覆盖吸收塔的断面。

吸收 SO_2 之后的液滴返回浆池，液滴中的反应产物以亚硫酸钙为主，其中一部分由烟气中的氧气氧化成硫酸钙。如果工艺需要产生商品石膏，那么在浆池中布置氧化风机鼓气管道或压缩空气喷嘴，把空气鼓入浆液使浆液中的亚硫酸钙氧化成硫酸钙。

为了保持浆液中硫酸钙的平衡不致浓度过高析出结垢，必须从浆池中抽出部分浆液。这部分浆液经一级旋流器脱水后成为含固量为 40%～50%的厚浆，再经皮带脱水机或离心脱水机，使脱硫产物的含水量降低到 10%左右。经脱水的脱硫产物主要成分是石膏。

有些制造商为了提高脱硫效率，对逆流喷淋塔作了一些改进，如 Babcock & Wilcox 的托盘式吸收塔和原 Noell 公司的双回路吸收塔。

托盘式吸收塔在反应区中安装了一个带孔的托盘，用机械方式保证烟气在抬升中分布很均匀，以利烟气和浆液更有效地接触。

双回路塔则用一个漏斗体将塔分隔成冷却段和吸收段两部分，每部分有不同的 pH 值以适应各自最佳的反应条件。

逆流喷淋塔的优点：①无内部构件，结垢可能性小；②运行阻力相对较低；③负荷跟踪特性比填料塔好。它的缺点是体积比填料塔大。

（2）顺流填料塔。顺流填料塔是较早开发的湿法洗涤工艺之一。与逆流喷淋塔相比，其区别主要是烟气与浆液顺流混合，然后经过填料层，通过填料增加气/固两相的接触时间。塔中的填料可采用各种耐腐蚀材料做成的格栅或其他的形状。填料层的厚度根据要求的脱硫率的高低进行调整。填料塔喷淋喷嘴可采用低压喷嘴，并可提高浆液的含固量至 15%～25%。

填料塔的优点：①烟气流速可提高，塔的体积减小，节省占地面积；②采用低压喷嘴因而减低了循环泵的电耗；③喷嘴寿命较长。

填料塔的缺点：①塔内构件多，运行中容易产生结垢现象；②对负荷跟踪性能较差；③系统阻力大。

（3）喷射式鼓泡塔。烟气通过喷射器直接喷散到吸收剂浆液中，取消了浆液喷淋装置和再循环泵。经处理后的烟气经抬升进入上层的混气室，然后经除雾器和烟囱排出。由于取消了复杂的浆液再循环系统，简化了工艺过程，也降低了能耗，因而使投资和运行费用均有所下降。

JBR（Jet Bubbling Reactor，喷射式鼓泡塔）是 CT-121 工艺的核心部分（如图 2-10 所示），在传统的 FGD 中，烟气是连续的，液态吸收剂通过喷射进入烟气或通过塔内的填料或塔盘与烟气接触，扩散到烟气中去。这种方式会导致脱硫率的边际效应，致使传质过程和化学反应弱化，从而引起运行过程中的结垢和堵塞。而 CT-121 工艺正好与传统的概念相反，在其设计中，液态吸收剂是连续相的，而烟气是扩散相的。这一设计理念通过其专利技术 JBR 来实现，烟气通过 JBR 喷射到塔内的吸收浆液中去。在这种情况下，临界传质和临界化学反应速度的局限性没有了，从而消除了结垢和堵塞，形成了较高的脱硫效率。

JBR 容器中的浆液分为两部分：①鼓泡区；②反应区。这是一个非常重要的设计特点，正因为如此，二氧化硫的吸收、亚硫酸氧化成硫酸、硫酸中和形成石膏、石膏晶体的 4 种反应在 JBR 中同时发生。

鼓泡区是一个由大量不断形成和破碎气泡组成的连续气泡层。原烟气流经喷射管进入 JBR，在浆液内部产生气泡，从而形成气泡层。在鼓泡区或气泡层，形成了气—液接触区，在这个区域中，烟气中的 SO_2 溶解在气泡表面的液膜中。烟气中的飞灰也在接触液膜后被除去。气泡的直径为 3～20mm（在这样大小的气泡中存在小液滴）。大量的气泡产生了巨大的接触面积，使 JBR 成为一个非常高效的多级气—液接触器。

CT-121 工艺是日本千代田公司在 1971 年开发的 CT-101 工艺基础上发展起来的新工艺，目前约有 30 多套以上 CT-121 工艺的 FGD 系统投入商业化运行，总装机容量为 5.1GW，最大一套的容量为 350MW，脱硫效率达到 95%。CT-121 也是美国 CCT 计划的试验项目之一，试验机组的容量为 100MW，燃煤含硫量为 2.5%，脱硫效率达到 90%。

CT-121 工艺与传统的湿式石灰石工艺的化学反应大致相似，但化学反应的机理不同，两者之间最大的区别在于运行中的 pH 值。JBR 的运行 pH 值设计为 4～6，这种相对较低的 pH 值通过增强石灰石的溶解和亚硫酸盐的氧化显著提高了石灰石的利用率，JBR 的浆液中基本不存在固

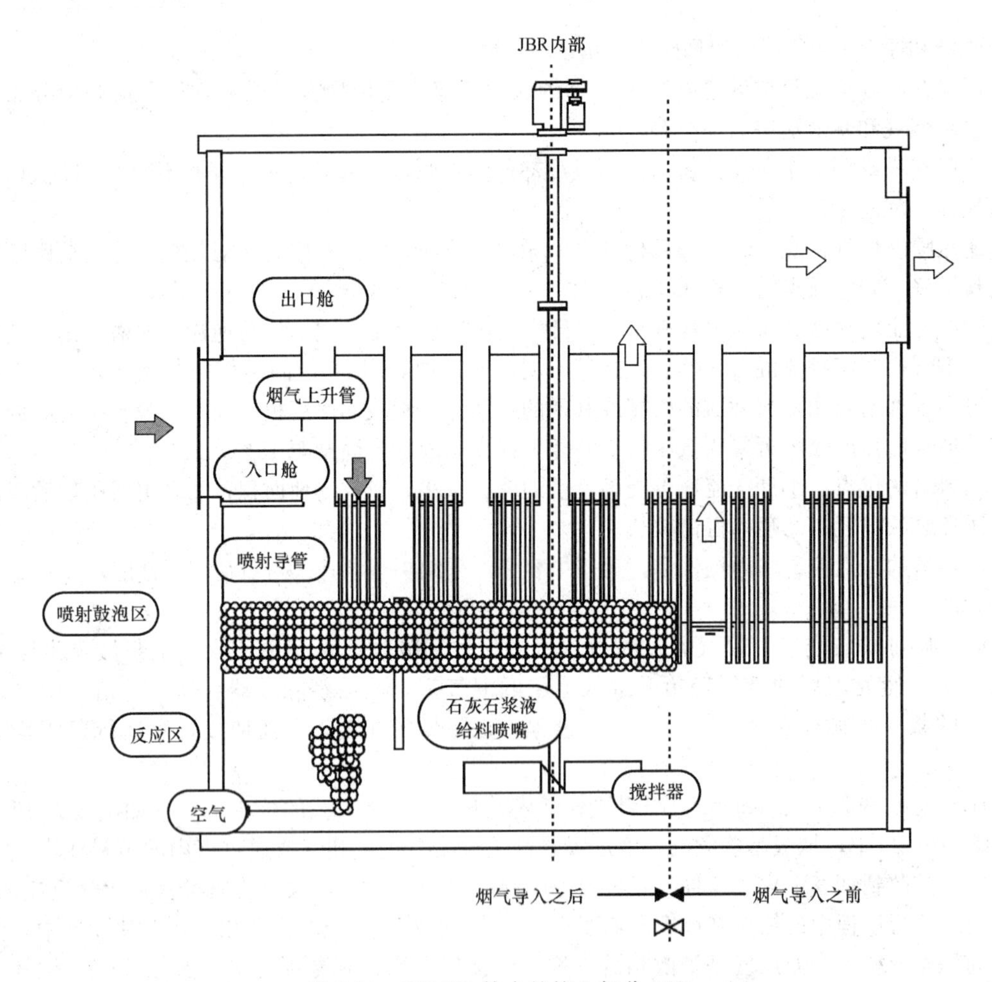

图 2-10　CT-121 技术的核心部分 JBR

态的碳酸钙，石灰石的利用率在 98%～100%之间，避免了除雾器结垢，并使产品易于脱水和充分氧化。此外，在低 pH 值下，由于 H^+ 和 HSO_3^- 的浓度增大，氧化速度也大大加快。同样，在低 pH 值下，金属触媒的转化浓度增大了，使氧化过程加快并更完全。在 JBR 中，氧化过程与 SO_2 的吸收过程在同一区域进行，因而提高了 SO_2 的传质速率，这种快速的氧化过程保证了液体中 SO_2 的低浓相，使得在低 pH 值的条件下，有更多的气态 SO_2 被吸收。JBR 内浆液中固形物浓度保持为 10%～25%。

总之，CT-121FGD 工艺有以下特点：

1）SO_2 脱除率高。

2）粉尘脱除率高。

3）不易结垢。

4）装置简化、可靠性高。

5）优异的烟气流量分配。

6）石灰石利用率极高。

7）高效和可靠的除雾器功能。

8）维护保养方便。

9）大颗粒、高质量的石膏晶体。

采用这3种反应塔的FGD工艺的特性比较（见表2-3）。

表2-3　　3种反应塔的FGD工艺特性比较

特　　性	FGD工艺		
	逆流喷淋塔	顺流填料塔	喷射式鼓泡塔
脱硫效率	90%～95%以上	90%～95%以上	90%～95%以上
使用的吸收剂	石灰或石灰石	石灰或石灰石	石灰或石灰石
脱硫副产品的处置和利用	堆入灰场 占地回填 商业化石膏	堆入灰场 占地回填 商业化石膏	堆入灰场 占地回填 商业化石膏
对电厂现有设备的影响	对除尘器没有影响 烟气压降为1.2～1.4kPa 烟气对烟道和烟囱有腐蚀	对除尘器没有影响 烟气压降为1.2～1.4kPa 烟气对烟道和烟囱有腐蚀	对除尘器没有影响 烟气压降为2.4～3.6kPa 烟气对烟道和烟囱有腐蚀
对发电机组的影响	电耗大 水耗增加	电耗大 水耗增加	电耗大 水耗增加
运行经验	许多电厂应用实例 多年运行经验 许多制造商可选	若干电厂应用实例 若干运行经验 有若干有经验的供货商	若干电厂应用实例 若干运行经验 仅有一个供货商
费用	投资占电厂12% 运行费用高	投资占电厂12% 运行费用高	投资占电厂12% 运行费用高

3. 烟气再热系统

烟气经过湿法FGD系统洗涤后，温度降至45～55℃，低于露点温度，容易造成设备低温腐蚀。日本和欧洲的烟气系统一般采用气—气换热器（GGH），气—气换热器将入口烟气降到脱硫吸收反应所需的温度，再将出口烟气加热到一定的温度以利于烟气扩散，充分利用热资源。

烟气再热系统提高了出口烟气温度，较大程度上保护了其后管道和烟囱免受腐蚀，但烟气再热器本身却面临严重的腐蚀问题，大大增加了制造成本和维护费用。因此自20世纪80年代以来，美国的FGD大多取消了GGH，而采用湿烟囱排放工艺。湿烟囱排放工艺一般采用双钢管外围混凝土烟囱，在内表面采用防腐措施，烟囱防腐措施方案比较见表2-4。虽然烟囱钢管内衬镍基合金板方案比内衬玻璃鳞片方案投资大，但维护费用、运行经济性等方面均优于玻璃鳞片方案，比使用钛合金钢板投资小，耐温又没有限制，因此现代大型火电机组取消GGH后，湿烟囱一般采用钢管内衬镍基合金板方案。

表2-4　　烟囱防腐措施方案比较

项　　目	衬玻璃鳞片	使用钛合金钢板	衬镍基合金钢板
投资（万元）	1200	3400	2000
使用寿命（年）	10～15	30	30
耐温（℃）	<180	不限	不限
维护	维护费用高	维护费用少	维护费用少

目前，烟气再热器有管式烟气再热器和回转式烟气再热器两种形式。管式烟气再热器通常用在200MW以下容量的机组锅炉烟气脱硫中，原烟气通过管壁的热传导作用加热净烟气，无烟气泄漏，但传热系数较小，烟气处理量小，易发生低温腐蚀、堵灰和磨损等问题。而回转式烟气再热器在200MW以上容量锅炉的烟气脱硫中获得广泛应用。回转式烟气再热器不是靠传导作用传热的，而是通过转子这一蓄热体，以0.75～2r/min的速度旋转在原烟气区吸热，转至净烟气区放热来实现热量传递的，烟气处理量大，但漏风量大。过去漏风率一般在10%以上，随着技术的发展，特别是固定的不可调扇形板和双密封技术的应用，漏风率已降至6%以下。

回转式烟气再热器同锅炉尾部受热面回转式空气预热器的原理和结构几乎完全一样，只是加强了GGH的防腐措施：对接触烟气的静态部件采取玻璃鳞片树脂涂层保护，对转子格仓等回转部件采用厚板考登钢，板厚15～20mm，密封片采用高级不锈钢，换热元件采用碳钢镀搪瓷。300MW和600MW机组脱硫装置GGH技术参数见表2-5。

表2-5　　300MW和600MW机组脱硫装置GGH技术参数

300MW		600MW	
指　　标	技术参数	指　　标	技术参数
GGH型式	回转再生式	GGH型式	回转再生式
泄漏量（原→净）	＜1%	泄漏量（原→净）	＜1%
吹扫介质	压缩空气、水	吹扫介质	压缩空气、水
原烟气入口流量	1 049 570m³/h（标准状况下湿态）	原烟气入口流量	2 187 611m³/h（标准状况下湿态）
原烟气入口温度	137.7℃	原烟气入口温度	125.1℃
原烟气出口温度	97.4℃	原烟气出口温度	87.5℃
原烟气入口压力	3207Pa（表压）	原烟气入口压力	3600Pa（表压）
原烟气侧压降	＜500Pa	原烟气侧压降	＜500Pa
原烟气管口尺寸（宽×高）	10 640mm×3705mm	原烟气管口尺寸（宽×高）	15 748mm×6109mm
转速	1.5r/min	转速	1.25r/min
吹扫空气流量	1470m³/h（标准状况下）	吹扫空气流量	1470m³/h（标准状况下）
净烟气入口流量	1 113 838m³/h（标准状况下湿态）	净烟气入口流量	2 307 237m³/h（标准状况下湿态）
净烟气入口温度	45.6℃	净烟气入口温度	45.3℃
净烟气出口温度	≥80℃	净烟气出口温度	≥80℃
净烟气管口尺寸（宽×高）	10 640mm×3705mm	净烟气管口尺寸（宽×高）	15 748mm×6109mm
换热元件	碳钢片镀搪瓷，仓格式	换热元件	碳钢片镀搪瓷，仓格式
传热量	13 980kW	传热量	29 930kW
传热表面积	10 586m²	传热表面积	28 863m²
GGH质量	139t	GGH质量	298t
壳体材料	碳钢涂玻璃鳞片树脂	壳体材料	碳钢涂玻璃鳞片树脂

烟气再热系统在整个脱硫装置投资中占有5%～10%的比例，在太原第一热电厂简易石灰石—石膏法烟气脱硫工艺中将烟气再热系统去掉，省去了很大一部分投资。目前，国内新建石灰石法烟气脱硫系统有取消GGH的趋势，主要原因是GGH是烟气脱硫系统的主要事故点，影响FGD的安全、高效运行。以600MW的石灰石法烟气脱硫系统为例（烟气量，湿基为2 205 900m³/h，FGD入口烟温为118℃，FGD入口SO_2浓度为2110mg/m³），无GGH-FGD与有GGH-FGD的主要区别在于：

(1) 工艺水量增加，有 GGH 的水耗为 65m^3/h，无 GGH 的水耗为 98.6m^3/h，多耗水 45%左右。

(2) 烟道长度增加 1 倍，烟气总压损下降，增压风机功率也随之下降，有 GGH 的烟气总压损为 3457Pa，增压风机功率为 4600kW，无 GGH 的烟气总压损为 2229Pa，增压风机功率为 3000kW。

(3) 有 GGH 系统的耐腐蚀能力好，无 GGH 的会出现腐蚀现象。

(4) 有 GGH 系统的排烟温度大于或等于 70℃，无 GGH 系统的排烟温度大于或等于 45℃。

(5) 有 GGH 系统的烟气泄漏率增加 0.5%，无 GGH 的为 0。

(6) 有 GGH 系统由于 GG 部件的腐蚀和换热元件堵塞造成的增压风机的运行故障多，运行可靠性差，无 GGH 系统同时减少了与 GGH 相配套的蒸汽吹扫系统、压缩空气、冲洗水系统，因此运行可靠性好。

(7) 有 GGH 系统增加 GGH 投资 1800 万元，烟道及 GGH 支架投资 300 万元，无 GGH 的烟囱内衬镍基合金板需投资 920 万元，节省 1180 万元。

(8) 有 GGH 系统的年运行费用为 380 万元（厂用电增加 300 万元），无 GGH 的年运行费用为 30 万元，节省 350 万元。

4. 烟气旁路系统

在锅炉电除尘器后，有两个通道供烟气流动：一个是 FGD 烟气通道，有进口和出口两个烟气挡板，从锅炉来的原烟气分别由烟道引至 FGD 系统，见图 2-11。FGD 系统运行时，旁路挡板门关闭，FGD 进出口挡板门打开，原烟气被导入增压风机升压后进入 GGH，原烟气的热量在 GGH 中被交换。在典型设计工况下，其温度由 140℃降至 100℃左右，冷却了的原烟气进入吸收塔进行脱硫反应。反应后原烟气被进一步降低到 47℃，进入 GGH 被加热温度升至 80℃以上再经过净烟气通道、净烟气挡板和烟囱排放到大气中；另一个是 FGD 旁路挡板，当 FGD 故障停运时，烟气通过 FGD 旁路挡板从烟囱直接排放到大气中。

对于不太严格的 SO_2 排放，允许一部分烟气不经过吸收塔与处理后的烟气进行混合，这样可以取消 GGH。旁路烟气法可用于燃用低硫煤的锅炉。

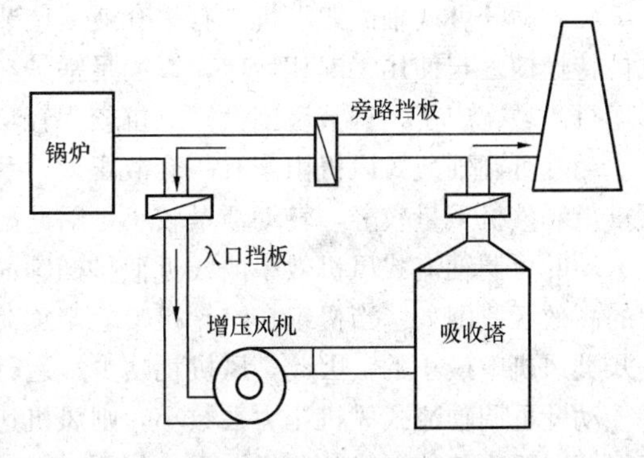

图 2-11 烟气旁路系统

5. 增压风机

脱硫装置运行后，烟气要经历 GGH、脱硫塔后再进入烟囱排入大气。由于烟气流程增长，原设计的克服锅炉烟道阻力的引风机的压头，已不足以克服脱硫装置所增加的阻力（约为 2940Pa），因而在脱硫系统中必须设置增压风机，也叫脱硫风机。一般将脱硫风机置于脱硫岛的入口（北京第一热电厂），特点是风机无腐蚀，风机的寿命长。但是因为在 FGD 系统中此处的烟气温度最高，所以体积流量是最大的，这样就导致风机容量的增大，与布置在净烟气侧的风机相比，无论风机容量还是电耗都要大得多。另外，此位置烟尘的含量也最大，磨损问题也应在考虑范围内，可以选用维护率非常低的静叶可调风机，或能耗比较低的动叶可调风机。

有的脱硫风机置于出口（珞璜电厂），特点是风机烟气体积流量大大降低了，且无磨损。但是此时温度已经低于露点温度，腐蚀性最强，风机必须采用适当的防腐措施，所以风机投资稍高一些。应当说此处的运行条件是最恶劣的。常见增压风机分为离心式和轴流式两种。

(1) 离心式风机。由于该风机压头高、流量大、效率高、结构简单、易于维护，体积较小、容易布置，对烟气中粉尘不敏感等优点而得到广泛应用。但它也有一个明显的缺点就是高效区相对较窄，当机组处于低负荷运转时，风机的效率往往很低，不能满足节能的需求。另外，对于300MW以上机组中使用的离心式风机叶轮直径相对大，对电厂的安全运行也是一个隐患。因此，增压风机一般选用轴流式增压风机。

(2) 静叶可调轴流式风机。该风机是一种以叶轮子午面的流道，沿着流动方向急剧收敛，气流速度迅速增加获得动能，并通过后导叶、扩压器将部分动能转换成静压能的轴流式风机，扩压器的设计是风机性能的关键。风机对叶轮入口条件不太敏感，采用简单的入口导向器调节方式可以获得较好的调节性能。风机结构比较简单，转速比动叶可调轴流式风机低，简单地说，静叶可调轴流式风机在结构和性能上都介于动叶可调轴流式风机和离心式风机之间。

静叶可调轴流式风机效率曲线近似呈圆面，风机运行的高效区范围介于动叶可调轴流式风机和离心式风机之间。在带基本负荷并可调峰的锅炉机组上，其与动调风机的电耗相差不大。当机组在汽轮机带额定负荷工况或更低负荷下运行时，风机效率下降的幅度比动叶可调轴流式风机大。

静叶可调轴流式风机转子外沿的线速度较低，对入口含尘量的适应性比动叶可调轴流式风机要好，当含尘量在400mg/m^{3}下时，叶片寿命不低于2万h。理论和实验均表明，风机叶轮的耐磨寿命与风机转子速度的平方成反比，因此作为引风机静叶可调轴流式风机有其优势。

静叶可调轴流式风机的结构比较简单，需要维护的部分少。后导叶是最主要的易磨件，通常后导叶设计成可拆卸式，更换方便。同时叶轮叶片经过1～2个大修期后还可在原轮毂上实现3～4次更换叶片处理，进一步延长叶轮的寿命。

静叶可调轴流式风机可以采用滚动轴承油脂润滑，轴承座采用强制通风冷却。这与动叶可调轴流式风机的带循环油站的滚动或滑动轴承结构相比，运行维护费用均大大降低。尤其目前国产液压元件质量不稳定，其可靠性高的优点更为突出。

(3) 动叶可调轴流式风机。有一套液压调节系统，可以在运行中调节动叶片的安装角，改变风机特性使之与使用工况相适应，以满足锅炉在负荷变动的情况下改变风机的出力，风机的等效率运行区域宽广了，调节范围大。风机较为轻巧，但转子外沿线速度较高，风机转速较高。

动叶可调轴流式风机由于有一套液压调节系统，因此结构上比较复杂。该风机转速较高，转子重量和整机重量较轻，转动惯量较小，因此配用电动机较小。

动叶可调轴流式风机效率曲线近似呈椭圆面，长轴与烟风系统的阻力曲线基本平行，风机运行的高效区范围大。当机组在汽轮机带额定负荷工况或更低负荷下运行时，风机效率下降的幅度是几类风机中最小的，因此，风机耗功少，运行费用低。

动叶可调轴流式风机压力系数小，则风机达到相同风压所需要的转子外沿线速度高，相应的磨损情况要比其他形式的风机严重。如不对动叶片等部件进行耐磨处理，则不能承受含尘量超过150mg/m^{3}的工况。即使进行了耐磨处理，一般要求的烟气含尘量不超过300mg/m^3。

由于动叶可调轴流式风机有一套复杂的液压调节机构，其相应的检修工作量较大（主要是液压缸密封件的检修维护、油系统漏油问题）。需要经常检修维护的部件主要是动叶片。因此动叶可调轴流式风机结构复杂，制造费用高，而且维护技术要求高和维护费用高，叶片磨损比较严重。

大容量锅炉的增压风机或吸风机宜选用静叶可调轴流式风机。当风机进口烟气含量能满足风机要求，且技术经济比较合理时，可采用动叶可调轴流式风机或选用变频调速静叶可调轴流式风机。表2-6为1台300MW机组2台不同形式增压风机年运行费用，表2-7为增压风机为静叶可调轴流式风机时的运行数据对比。300MW 机组脱硫装置用增压风机技术参数见表 2-8。

表 2-6　　1台300MW机组2台不同形式增压风机年运行费用

2台增压风机	每次大修费用（万元）	年平均检修费用（万元）	变频器年平均检修费用（万元）	年总耗电量（万 kWh）	年总耗电费（万元）	年合计费用（万元）
轴流变频	20	3	10	750	262.5	279.5
轴流动叶	40	5	0	1000	350	363
离心变频	15	5	10	800	280	298

注　按5年一次大修、电费为0.35元/kWh计。

表 2-7　　增压风机为静叶可调轴流式风机时的运行数据对比

项　　目	静叶可调轴流式风机变频运行	静叶可调轴流式风机工频运行
机组负荷（MW）	280	294
风量（万 m^3/h）	110	116
额定功率（kW）	2240	2240
额定转速（r/min）	415	415
运行转速（r/min）	415	171
风机运转电流（A）	264	168

表 2-8　　300MW机组脱硫装置用增压风机技术参数

指　　标	技术参数	指　　标	技术参数
风机形式	动叶可调轴流式	电动机冷却方式	空冷
布置方式	垂直进风，水平出风	进口温度	135℃
流量（湿态）	1500km³/h	叶轮直径	3548mm
设计压头	3848Pa	轴功率	2250kW
效率	87.42%	电动机转速	746r/min
转速	735r/min	轴材料	42CrMo-5
电动机电压	6000V	叶片、叶轮材料	15MnTi
负荷范围	25%～110%	风机质量	55t（不包括电动机）

综上所述，静叶可调风机在初投资和维修方面具有优势，而动叶可调轴流式风机在运行性能方面有优势。例如某电厂 2×1000MW 机组选用增压风机比较见表 2-9。假定年运行 7780h，其中 100%负荷工况 4200h，70%负荷工况 2100h，50%负荷工况 1180h，40%负荷工况 300h。从表2-9 可以看出，动叶可调轴流式风机比静叶可调风机的运行费用节省了 37.81 万元/年；但初投资高出约 100 万元，按照 6%的银行利息计算，每年动叶可调轴流式风机比静叶可调风机多支出 6 万元；另外每年维修费用，动叶可调轴流式风机比静叶可调风机多支出 25 万元，则动叶可调轴流式风机年收益＝年节省电费－（动叶可调轴流式风机比静叶可调风机多支出维修费用）－动叶可调轴流式风机比静叶可调风机多支出财务费用＝37.81－25－6＝6.81（万元/年）。

表 2-9　　动叶可调增压风机与静叶可调增压风机节电效益分析

项目		工况 1	工况 2	工况 4	工况 3
锅炉负荷（%）		100	70	50	40
静叶可调风机	效率（%）	85.0	79.6	60.3	40.7
	轴功率（kW）	4500	2124	1473	1052
	输入功率（kW）	4688	2236	1567	1169
	投运台数（台）	2	2	2	2
动叶可调风机	效率（%）	86.7	83.1	70.0	51.0
	轴功率（kW）	4411	2034	1269	763
	输入功率（kW）	4595	2141	1350	848
	投运台数（台）	2	2	2	2
动叶可调风机少耗功率（kW）		93	95	217	321
年运行小时（h）		4200	2100	1180	300
动叶可调风机节省电量（kWh）		391 475	201 288	256 060	96 367
动叶可调风机年节省电量（kWh）		945 190			
动叶可调风机年节省电费（元/kWh）		37.81			

即使增压风机选择动叶可调轴流式风机比静叶可调风机节电，但是由于增压风机容量大，每年消耗的电能也是不可忽视的，根据近几年实际情况，对于 300MW 及以上新建机组，一般不单独设置增压风机，增压风机与吸风机二合一，而且仍需要对静叶可调引风机进行变频调节；对于现役机组，一般选用静叶可调增压风机，并进行变频调节。对于 300MW 以下机组，增压风机可以选用动叶可调轴流式风机，不需要再进行变频调节。

6. 石膏脱水系统

石膏脱水系统包括：水力旋流器、真空皮带脱水机、真空泵、滤液箱、废水箱、石膏仓等。水力旋流器结构见图 2-12，其工作原理是：利用离心水和重力作用，按照石膏颗粒的粒度对石膏浆液分选。

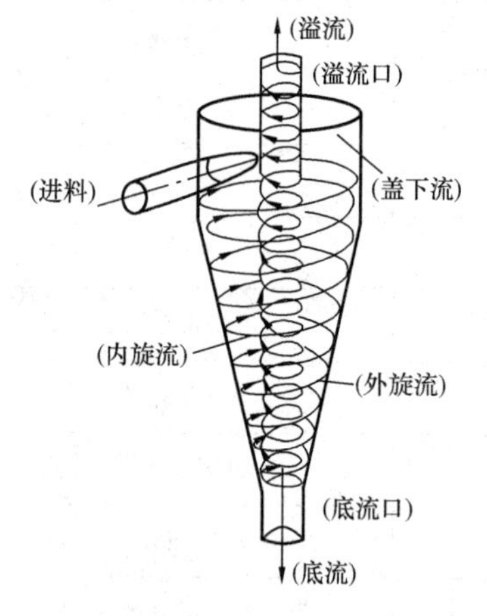

图 2-12　水力旋流器工作原理

在吸收塔液槽中石膏不断产生，为了是浆液密度保持在设定的运行范围内，将石膏浆液（15%～20%固体含量）通过石膏浆液泵打入旋流器，使石膏浆液通过离心旋流而脱水分离，石膏水分含量从 80%降到 40%～50%，并沿旋流器锥体壁成螺旋状向下运动，最后从锥体末端排出。

从石膏旋流子锥体末端排出的石膏浆液再送到真空皮带过滤机过滤脱水，分离出成品石膏。成品石膏为二水硫酸钙晶体，含水量小于或等于 10%，石膏晶体的粒径为 1～250μm。

对于抛弃法，只需将石膏浆液浓缩后再排弃，不需真空皮带过滤机过滤脱水。

7. 废水处理系统

所有石灰石—石膏法工艺均产生废水，主要是烟气中的氯化物和石灰石中的镁溶解于脱硫吸收液中。氯离子浓度增加带来两方面不利的影响：一方面降低了吸收液的 pH 值，从而引起脱硫率的下降和 $CaSO_4$ 结垢倾向增大；另一方面，在生产商用石膏的回收工艺中，对副产品的杂质含量有一定的要求，氯离子浓度过高将影响石膏的品质。一般控制吸收液氯离子含量低于 20 000mg/L。

FGD 装置废水主要来自石膏分离系统的旋流器溢流液和真空皮带机的脱水滤液。脱硫废水处理工艺流程见图 2-13。废水处理首先将脱硫废水送入中和池（pH 值调整箱），添加石灰浆液

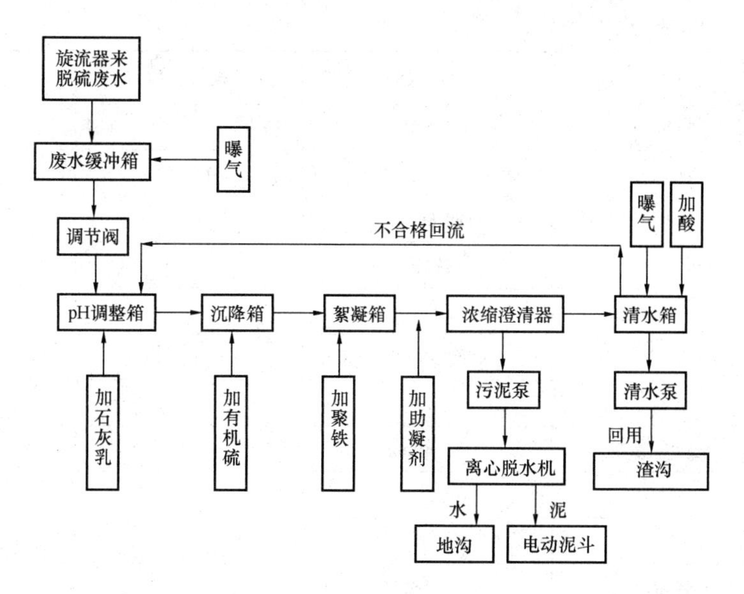

图 2-13 脱硫废水处理工艺流程

[主要是加入 $Ca(OH)_2$ 作中和剂] 调整 pH 值（一般控制在 9.5±0.3），使废水中的重金属离子生成不溶于水的氢氧化物并以沉淀形式进行分离。为了汞、镉重金属需要在沉淀池（沉淀箱）中按比例加入硫化物，使汞、镉重金属形成微细的絮凝体。

沉淀池的氢氧化物和其他固形物极细地分散在体系中，难以沉降。为了提高絮凝效果，需要向絮凝箱中加入混凝剂，絮凝后的废水进入澄清池时进行浓缩分离。澄清池的溢流进入清水箱，用稀盐酸调节 pH 值后排放或回用。

三、典型工艺应用

1. 设计参数

华能重庆珞璜电厂石灰石—石膏法烟气脱硫一期工程是我国第一次引进国外先进的烟气脱硫技术和设备。珞璜电厂 4 台 360MW 燃煤机组（锅炉主蒸汽流量为 1099.3t/h，过热蒸汽压力为 18.4MPa，过热蒸汽温度为 540℃，汽轮机热耗率为 7902kJ/kWh）燃用本地高硫无烟煤。4 台 360MW 燃煤机组每年耗煤 370 万 t，如不采取措施，则每年向大气排放二氧化硫达 25 万 t 左右。珞璜电厂采用日本三菱重工株式会社的石灰石—石膏法烟气脱硫工艺，与电厂锅炉单元配置，2×360MW 工程采用 2 套湿法顺流填料塔，2 套脱硫装置设备投资 34 274 万元，占地面积为 85×150m²，脱硫场地标高为 210m，比主厂房标高还高出 4m，1989 年 11 月开始安装，1990 年 12 月 1 号装置及公用系统完成安装和单机分步试运转，1992 年 10 投入运行。珞璜电厂一期 2×360MW FGD 主要设计参数见表 2-10。

表 2-10 珞璜电厂一期 2×360MW FGD 主要设计参数

项　目	设计煤种	校核煤种	备　注
收到基挥发分	9.31%	5.4%~10.21%	
固定碳	55.94%	54.8%~61.86%	
灰分	30.45%	25.45%~35.45%	
水分	4.22%	2.50%~8.0%	
收到基硫分	4.02%	3.5%~5.0%	

续表

项　　目	设计煤种	校核煤种	备　　注
收到基低位发热量	21 604kJ/kg	19 929～23 279kJ/kg	
入口烟气量（干态，引风机出口）	1 066 530m^3/h	1 170 000m^3/h	
入口烟气量（湿态，引风机出口）	1 129 680m^3/h		
引风机出口压力	170Pa		
锅炉排烟温度（入口烟气温度）	142℃	147℃	
入口烟气二氧化硫含量（干态）	10 010mg/m^3（3500ppm）	9566mg/m^3	最大 13 440mg/m^3
入口烟气 H_2O 含量	5.59%		
入口烟气三氧化硫含量	3～8ppm		
入口烟气 O_2 含量	4.94%		
入口烟气 N_2 含量	75.94%		
入口烟气 CO_2 含量	13.18%		
出口烟气温度	≥92℃		保证值 90℃
入口烟气含尘量（干态）	273mg/m^3		
出口烟气含尘量	54.6mg/m^3		
钙硫比	1.02		
液气比	26L/m^3		
脱硫效率	≥96.9%		设计保证值 95%
出口烟气水雾	≤50mg/m^3		
钙有效利用率	93%		
石灰石浆液浓度	28%～32%		
二水石膏纯度	≥90%		
石膏产量	30t/h		
石灰石耗量	19.8t/h		纯度 90%计
年发电量	468 000 万 kWh		
年利用小时	6500h		
水耗	168t/h 台		石膏抛弃时为 153t/h 台
废水产生量	50t/h		
电力消耗	6400kW		
使用年限	30 年		

在表 2-10 中：

(1) SO_2 浓度有时用 mg/m^3 表示，有时用 ppm 表示，但是 mg/m^3 和 ppm 之间并不是相等的，它们之间的换算系数是 2.86。分析如下：1mol 任何气体在标准状态下的体积均为 $22.4l \times 10^{-3} m^3$，二氧化硫分子量为 64，则 1mol 二氧化硫的质量为 64g，因此 1ppm＝64/22.4mg/m^3＝2.86mg/m^3。其他物质的质量浓度 mg/m^3 与 ppm 换算关系见表 2-11。

表 2-11　几种物质的浓度单位 mg/m^3 与 ppm 间的换算关系

分子式	相对分子质量	标准状态		常温常压	
		由 mg/m^3 换算成 ppm	由 ppm 换算成 mg/m^3	由 mg/m^3 换算成 ppm	由 ppm 换算成 mg/m^3
H_2	2	11.2	0.089 3	12.2	0.081 8
NH_3	17	1.32	0.759	1.44	0.695
HF	20	1.12	0.893	1.22	0.818
O_2	32	0.70	1.43	0.764	1.31
N_2	28	0.80	1.25	0.873	1.14
NO	30	0.747	1.34	0.815	1.23
N_2O	44	0.51	1.96	0.556	1.795
H_2S	34	0.659	1.52	0.719	1.39
F_2	38	0.589	1.70	0.643	1.55
CO	28	0.80	1.25	0.873	1.145
CO_2	44	0.509	1.96	0.556	1.80
NO_2	46	0.487	2.05	0.532	1.88
O_3	48	0.467	2.14	0.509	1.96
SO_2	64	0.35	2.86	0.382	2.62
Cl_2	71	0.315	3.17	0.344	2.90

（2）单位 m^3 是标准状态下的体积，规定锅炉烟气压力为 101 325Pa、温度为 273.16K 时的状态为标准状态，简称“标态”。

（3）通常所指的标准状态：油的干烟气的标准状态的含氧量为 3%，而煤的干烟气的标准状态的含氧量为 6%。在实际工作中，测量是在不同工作状态下进行的，特别是在烟气中氧含量变化时，由于氧含量不同必然使测试结果不具有可比性，这时就需要用下面的方法进行转换。不同基准氧含量的 NO_x 或 SO_2 值换算公式为

$$(NO_x)_{待核值}=(NO_x)_{测量值}\times\frac{20.9-(O_2)_{待核值}}{20.9-(O_2)_{测量值}}$$

$$(SO_2)_{待核值}=(SO_2)_{测量值}\times\frac{20.9-(O_2)_{待核值}}{20.9-(O_2)_{测量值}}$$

式中　O_2——氧的含量，%。

例如，在含氧量为 5% 的烟气中测得 NO_x 值为 200ppm，核算到以含氧量为 0% 为基准的值为

$$(NO_x)_{待核值}=200\text{ppm}\times\frac{20.9-0}{20.9-5}=263\text{ppm}=539.2\text{mg/m}^3$$

（4）ppm 不是法定计量单位，但现在在工程上还是经常使用，1ppm 是指所测气体在烟气中的容积是百万分之一，即 1ppm＝0.0001%＝1μL/L。例如对于 500ppm 的 CO，可以换算为 0.05% 或 500μL/L。根据表 2-11，500ppm 的 CO 相当于 $625mg/m^3$ 的 CO。

（5）原烟气（FGD 入口）二氧化硫排放浓度计算公式为

$$C_{SO_2}\ (\text{mg/m}^3)=\frac{2\times S_{ZS}\times 10^3\times K}{0.3678}=5438KS_{ZS}$$

$$S_{ZS}=\frac{S_{ar}}{Q_{net,ar}}\times 1000$$

$$A_{ZS}=\frac{A_{ar}}{Q_{net,ar}}\times 1000$$

$$K=63+34.5\times 0.99^{A_j}$$

$$A_j=0.1\times \alpha_{fh}A_{ZS}\ (7CaO+3.5MgO+Fe_2O_3)$$

式中 0.367 8——当过量空气系数为1.4时，煤每1MJ发热量产生的干烟气容积为$0.3678m^3/MJ$左右；

S_{ar}、A_{ar}——煤的收到基硫分和灰分，%；

S_{ZS}、A_{ZS}——煤的折算含硫量和折算含灰量，g/MJ；

A_j——煤的碱度；

α_{fh}——煤灰中飞灰所占的份额，一般取$\alpha_{fh}=0.85\sim 0.90$；

CaO、MgO、Fe_2O_3——灰中氧化钙、氧化镁和氧化铁的百分比，%；

$Q_{net,ar}$——煤的收到基低位发热量，MJ/kg；

K——烟气中SO_2的排放系数，即在煤燃烧过程中不采取脱硫措施时排放出的SO_2浓度与原始总生成的SO_2浓度之比，%。

例2-3：某锅炉燃用烟煤，$S_{ar}=1.95\%$，$A_{ar}=32.5\%$，$Q_{net,ar}=17.69MJ/kg$。煤灰中CaO、MgO、Fe_2O_3含量分别为20%、4%和10%，求其二氧化硫排放浓度。

解：

$$S_{ZS}=\frac{1.95\%}{17.69}\times 1000=1.102\ (g/MJ)$$

$$A_{ZS}=\frac{32.5\%}{17.69}\times 1000=18.37\ (g/MJ)$$

$$A_j=0.1\times 0.9\times 18.37\ (7\times 20+3.5\times 4+10)\ =271.14$$

$$K=63+34.5\times 0.99^{271.14}=65.26\ (\%)$$

$$C_{SO_2}\ (mg/m^3)\ =5438KS_{ZS}=5438\times 0.6526\times 1.102=3910.8\ (mg/m^3)$$

在国家环保标准中，二氧化硫、氮氧化物排放浓度一般都将燃煤锅炉按过量空气系数为1.4进行折算，如果实测的过量空气系数不等于规定值，则应按下列公式进行折算，即

$$C_{ZS}=C_{SC}\times\frac{\text{实测的过量空气系数}}{\text{规定的过量空气系数}}$$

例2-4：某锅炉在过量空气系数为1.2时，实测的二氧化硫排放浓度$C_{SC}=4562.6mg/m^3$，求其过量空气系数为1.4时的二氧化硫排放浓度。

解：$C_{ZS}=4562.6\times\frac{1.2}{1.4}=3910.8\ (mg/m^3)$

2. 石灰石浆制备系统

一期2套脱硫装置用吸收剂石灰石细粉为19.7t/h，CaO含量大于50.4%（相当于$CaCO_3$纯度大于90%）。石灰石粉细度250目筛余5%，采用15t从3.5km外的定点厂用自卸封罐车运输，送入石灰石粉仓，粉仓库容为$1750m^3$，可供2套装置3天的用量。

在粉仓储存的石灰石粉从粉仓下部出来，经给粉机及输粉机送入制浆槽。每台机组设1套制浆系统，在浆液泵出口处设有2套制浆系统的联络管，以增加系统运行的灵活性。

调节给水量控制浆液浓度，一般要求质量浓度为28%～32%。每套制浆系统配备2台浆液泵（1用1备）。

石灰石消耗量计算公式为

$$m_{CaCO_3}=\frac{V_{rg}\times C_{SO_2\,in}\times\eta}{1\ 000\ 000}\times\frac{M_{CaCO_3}}{M_{SO_2}}\times\frac{S_t}{F_r}$$

式中 V_{rg}——干烟气标准体积流量，m^3/h；

m_{CaCO_3}——石灰石耗量（含湿量等于0的石灰石耗量），kg/h；

$C_{SO_2\,in}$——FGD入口 SO_2 浓度，mg/m^3；

η——FGD脱硫效率，%；

S_t——钙硫摩尔比；

M_{SO_2}——二氧化硫摩尔质量，取64.06kg/kmol；

M_{CaCO_3}——$CaCO_3$ 摩尔质量，取100.09kg/kmol；

F_r——石灰石纯度，%。

例2-5：珞璜电厂脱硫一期工程在校核煤种下，入口烟气量（干态）为1 066 530m^3/h，入口 SO_2 浓度为10 010mg/m^3，脱硫效率为96.9%，石灰石纯度为90%，钙硫摩尔比为1.02，求石灰石 $CaCO_3$ 消耗量。

解：石灰石 $CaCO_3$ 耗量 $=\frac{1\ 066\ 530\times10\ 010\times0.969}{1\ 000\ 000}\times\frac{100.09}{64.06}\times\frac{1.02}{0.9}=18\ 319$（kg/h）

3. 烟气再热系统

烟气再热系统采用烟气—烟气热交换器GGH，引风机出口的烟气在热交换器吸热侧冷却到100℃左右，进入吸收塔净化后的烟气经热交换器加热侧将温度增加到近90℃，由增压风机引入烟囱。

在锅炉启动过程中或脱硫系统出现故障时，引风机出口烟温走旁路烟道直接进烟囱。此时相当于无烟气脱硫装置的锅炉运行方式。

4. 烟气洗涤吸收系统

当降温后的烟气进入吸收塔，烟气中的二氧化硫主要在格栅的界面上与石灰石浆液接触，并发生吸收反应。

采用顺流填料塔，塔高30.7m，塔身断面为11.2m×7.2m，在标高21.7m处安装有180个低水头大口径溢流型喷嘴，塔内装有两层3m高的聚丙烯格栅填料，底部有容积为1500m^3 的反应槽。吸收塔液气比为26L/m^3。吸收塔和烟道以树脂鳞片内衬为防腐措施。

制浆系统所需浓度的石灰石浆液送入吸收液槽，与塔内未反应完的吸收液和部分石膏晶体混合，用循环泵送至吸收塔上部喷嘴，喷入塔内。在塔内经过一系列化学反应，最终获得副产品石膏。

5. 石膏脱水系统

2套脱硫装置的石膏产量为60t/h，年产石膏33万t。从吸收塔排出的较稀的石膏浆，用泵送入水力旋流器浓缩到含水40%，然后送往真空皮带过滤机，脱水后的石膏粉含水量小于10%，纯度可达90%以上，用皮带机送往石膏贮仓。贮仓可容纳2套脱硫系统3天的产出的石膏量。库内备用2台铲斗容积为1.4m^3 的装载机，供石膏外运时装车用。

如果脱硫石膏废弃，则将石膏经水力旋流器增稠，由9级串联离心泵送至5.5km外灰场堆放。

6. 脱硫废水系统

2套脱硫系统产生废水约为25～50t/h。废水pH值为5～7，Cl^- 浓度为1000mg/L，SS浓度为20 000mg/L，COD浓度为160mg/L。

该厂1期不设置单独的废水处理设施，采用废水与废弃石膏混合排至灰场的办法。

7. 除尘系统

为了除去燃煤烟气中的飞灰，采用三电场静电除尘器，其除尘效率为99.2%，电除尘器后烟气中的含尘量（干态）为273mg/m^3，脱硫系统还有80%的除尘率，因此脱硫系统出口烟气的含尘量（干态）为54.6mg/m^3，低于当时的排放标准。

必须说明FGD投运的前提是烟气中不能含有油尘，所以当锅炉启动或投油助燃时，FGD关闭烟气走旁路。

四、工艺完善

1. 烟气—烟气热交换器

原设计作用是将锅炉排烟温度降低到103℃，以适应脱硫要求，由于实际工况不同，换热器降温幅度在40℃以上，出口烟温低于烟气的露点温度，大量的二氧化硫在管束表面凝结，使设备长期处于酸性工况中工作，管束腐蚀脱落严重。后选用耐低温露点的ND钢，并加厚基管管壁和筋片厚度，腐蚀速度明显降低。

2. 石膏浆液泵改造

2套FGD装置共有7台石膏浆液泵，均为美国BGA公司有防腐橡胶内衬的渣浆泵。由于系统介质条件复杂，浆液泵磨损、汽蚀、损坏严重，过流部件备件质量问题严重，致使运行时间长不足3个月，短不足7天就不能继续使用。为此，采用石家庄某水泵厂技术进行改造，将吸收塔再循环泵中易损的橡胶叶轮改为抗腐蚀性良好的A49合金材料；将吸收塔排出泵、滤液接收泵等6台泵均更换为抗腐蚀性良好的国产泵。其中的抛浆泵改造后从根本上解决了进口泵长期不能解决的高压（4MPa）密封问题。

五、湿式石灰石/石灰脱硫系统的几个技术问题

（1）堵塞和结垢。结垢主要包括以下几种类型：碳酸盐结垢、亚硫酸盐结垢、硫酸盐结垢。前两种结垢可以通过将pH值保持在9以下，从而得到很好的控制。防止硫酸盐结垢的方法是使大量的石膏和粉尘进行反复循环从而使得沉积发生在晶体表面而不是在塔内表面上。目前在美国运行的大多数FGD系统中，浆液中固体颗粒浓度一般在7%～15%范围内。在日本，常常加入晶种以提供硫酸盐结晶的场地。可通过加入添加剂防止结垢。该厂运行初期曾出现结垢现象，后来经过运行参数优化，基本解决了结垢问题。

（2）腐蚀。烟气脱硫系统的防腐措施一般为用合金材料制造设备和管道、玻璃纤维增强热固性能树脂等。该厂运行初期气—气换热器降温段腐蚀严重，换用耐腐蚀材料ND钢，基本解决了该问题。

（3）烟尘质量浓度高。气/气换热器吸热侧翅间积灰使烟气阻力增加直至报警，加强清吹后有所改善。烟尘浓度高直接导致石膏品质下降，加之当地市场石膏供求关系的原因，现石膏脱水制备系统基本停运，排浆浓缩抛弃。

六、主要运行指标

珞璜电厂脱硫一期2×360工程主要运行指标见表2-12。

表2-12　　珞璜电厂脱硫一期2×360工程主要运行指标

序号	项目	单位	数值
1	机组容量	MW	2×360
2	装置投运时间	年/月	1992.9/1993.4
3	脱硫法		石灰石—石膏

续表

序号	项目	单位	数值
4	技术合作厂家		日本三菱重工
5	耗煤量	t/h	2×143
6	脱硫工程投资	万元	34 274
7	入口烟气温度	℃	160
8	出口烟气温度	℃	101.2
9	出口烟气液滴量（水雾）	mg/m^3	7
10	耗电量	kW	2×4978
11	厂用电率	%	1.38
12	吸收剂消耗量	t/h	2×21
13	石膏纯度	%	93
14	石膏水分	%	6.83
15	脱硫效率	%	95.9
16	年脱硫量	万 t	2×4.86
17	吸收剂化学计量		1.05
18	年运行费用	万元	8188
19	单位脱除成本	元/tSO_2	842
20	初投资成本	元/kW	476.0
21	燃煤含硫量	%	3.5～5.0
22	吸收剂	分子式	$CaCO_3$
23	副产品	分子式	$CaSO_4 \cdot 2H_2O$
24	石膏纯度	%	93

在表 2-12 中：

（1）脱硫前烟气中 SO_2 含量根据下式计算，即

$$M_{SO_2}=2\times K\times B_g\times\left(1-\frac{\eta_{SO_2}}{100}\right)\times\left(1-\frac{q_4}{100}\right)\times\frac{S_{ar}}{100}$$

式中 M_{SO_2}——脱硫前烟气中的 SO_2 含量，t/h；

K——燃煤中含硫量燃烧后氧化成 SO_2 的份额，一般取 $K=0.85\sim0.9$；

q_4——锅炉机械未完全燃烧的热损失，%，如果没有数据，可取 $q_4=1\%$；

S_{ar}——燃料煤的收到基硫分，%；

η_{SO_2}——除尘器的脱硫效率，%，对于电除尘器取 0%，洗涤式水膜除尘器取 5%，文丘里水膜除尘器取 15%；

B_g——锅炉 BMCR 负荷时的燃煤量，t/h。

例 2-6：按例 2-5，求珞璜电厂脱硫前烟气中 SO_2 含量。

解：

$$M_{SO_2}=2\times0.9\times143\times\left(1-\frac{0}{100}\right)\times\left(1-\frac{1}{100}\right)\times\frac{4.02}{100}=10.2\ (t/h)$$

（2）脱硫装置的脱硫量为

$$M'_{SO_2}=M_{SO_2}\times\eta$$

式中 M_{SO_2}——脱硫前烟气中的 SO_2 含量，t/h；

η——脱硫装置的脱硫效率,%；

M'_{SO_2}——脱硫装置的脱硫量，t/h。

例 2-7：按例 2-5，求珞璜电厂脱硫量。

解：脱硫量 $M'_{SO_2}=M_{SO_2}\times\eta=10.2\times95\%=9.73$ (t/h)

2 台机组年脱硫量=2×9.73×5000h=97300（t）

七、简易湿法烟气脱硫技术应用

1. 设计参数

中日合作太原第一热电厂高速水平流简易湿法烟气脱硫装置，是由日本电源开发株式会社（EPDC）与中国电力部共同进行的烟气脱硫试验项目。该脱硫装置由日本日立—Babcock 公司总包提供技术和工艺设计，并指导设备安装和调试。脱硫装置安装太原第一热电厂 12 号波兰进口 1025t/h 塔式低倍率复合循环锅炉上（300MW），燃用山西西山煤，锅炉燃煤量为 137.7t/h，该锅炉配有 2 台波兰进口的 4 电场静电除尘器，除尘效率为 99%。设计处理烟气量约为 600 000m³/h（相当于 190MW 机组容量），烟气处理后再与未处理的烟气混合升温后经烟囱排放。工程于 1994 年 5 月开工，占地面积为 2542m²，1996 年 4 月竣工，2000 年 3 月通过验收，设计参数见表 2-13。

表 2-13　设 计 参 数

燃煤收到基硫含量	2.12%	烟尘入口浓度	500mg/m³
收到基水分	1.4%	烟尘出口浓度	<50mg/m³
收到基灰分	25.4%	烟气入口温度	140℃
收到基固定碳	61.6%	烟气出口温度	45℃（烟气饱和温度）
收到基高位发热量	25 246kJ/kg	出口烟气带水量	<150mg/m³
烟气总量	1 115 000m³/h	石灰石 $CaCO_3$ 含量	≥90%
处理烟气量（湿）	600 000m³/h	石灰石粒度（100 目通过率 95%）	<149μm
处理烟气量（干）	576 000m³/h	石灰石过剩率	<10%
出口烟气量（湿）	647 440m³/h	石灰石耗量	4.64t/h
出口烟气量（干）	580 670m³/h	耗水量	64.28t/h
进口烟气含湿量	4%	排水量	27.23t/h
出口烟气含湿量	10.3%	脱硫率	≥80%
入口 SO_2 浓度	2000ppm（5720mg/m³）	石膏纯度	>85%
出口 SO_2 浓度	400ppm（1144mg/m³）	石膏含水率	15%

2. 脱硫工艺

脱硫工艺流程见图 2-14，由吸收剂供应系统、烟气系统、SO_2 吸收系统、脱硫石膏回收系统等组成，占地面积为 2542m²。

（1）吸收剂供应系统。直径为 50mm 的石灰石（CaO 含量为 51.02%～54.7%）吸收剂运至石灰石料仓，经皮带给料机进入破碎机进行破碎。破碎至 6mm 以下的石灰石经斗式提升机送入球磨机，经球磨机磨细的石灰石粉由埋刮板输送机提升至选粉机进行粗细粉分选，符合设计要求的石灰石粉由埋刮板输送机送到石灰石粉仓储存。分选出的粗粉由卸料阀、埋刮板输送机送回球磨机重新磨制。

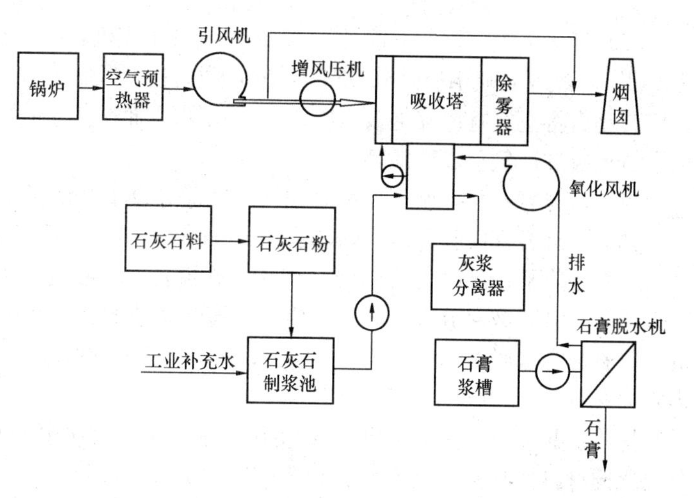

图 2-14 简易湿法烟气脱硫工艺

石灰石粉仓中的石灰石粉经卸料阀和给粉机送入制浆池，与进入池内的工业补充水混合，由立式搅拌机搅拌制成石灰石浆液备用。由吸收剂供浆泵向吸收塔内供浆，并根据吸收剂浆液 pH 值调整供给流量。给粉机由变频器控制，供浆泵出口装有浆液浓度测量仪，根据浓度设定值来调节给粉机转速，以保证石灰石浆液浓度为 30%左右。

(2) 烟气系统。被处理的烟气从引风机出口经卷帘式挡板门进入脱硫增压风机，脱硫增压风机用于克服脱硫系统阻力。烟气经过烟道进入脱硫吸收塔。洗涤脱硫后的低温烟气经两级除雾器除去雾滴后进入主烟道，与未处理的高温烟气混合，最终由烟囱排入大气。当脱硫系统故障或停运检修，系统关闭进出口挡板门。烟气经原烟道旁路进入烟囱。

脱硫增压风机为离心式风机，装有烟气流量调节系统，使机组在不同的负荷工况下，进入脱硫装置的烟气量保持在 600 000m^3/h。

(3) SO_2 吸收系统。采用高速水平流式喷淋吸收塔，吸收塔由水平布置的喷淋吸收段和氧化反应罐组成，集冷却、除尘、吸收、氧化为一体。从烟气进入吸收塔吸收区至除雾区出口烟气流向全程为水平流动。吸收塔入口装有 3 层浆液喷淋层，形成了 3 道矩形水雾区。第 1 层浆液喷口为顺流方向（烟气流向与浆液流向一致），第 2、3 层浆液喷口与烟气逆流方向。

吸收剂供应系统中石灰石浆池中的石灰石浆液经管道送入吸收塔氧化反应罐中。烟气在吸收塔入口处以 7～12m/s 的速度水平通过喷淋段，在喷淋段，氧化反应罐中的吸收剂浆液由浆液循环泵输入吸收塔两侧浆液母管、喷淋联箱分配管、水平三层雾化喷嘴，对流经的烟气进行洗涤净化，并使烟气降至饱和温度，经气液接触烟气中的二氧化硫溶解与浆液中的 $CaCO_3$ 反应，生成 $CaSO_3$。洗涤液由喷淋段底部流入氧化反应罐内。为使不稳定的 $CaSO_3$ 生成稳定的 $CaSO_4$，在吸收塔下部通过罗茨风机鼓入空气，并经氧化搅拌机使 O_2 分散溶解于洗涤浆液中，使 $CaCO_3$ 生成石膏。

吸收系统装有 3 台浆液循环泵，每台流量为 4.5km^3/h，2 台运行，1 台备用，母管制。3 层喷淋总量为 9km^3/h，液气比 L/G 为 15L/m^3。吸收塔装有 2 台 pH 计，以监测浆液池中浆液的 pH 值。为了浆液 pH 值保持在 5.4～5.6 范围内，自动调节装置根据烟气量、烟气中 SO_2 浓度和 pH 值信号的计算来调节石灰石浆液向吸收塔内的供给量，以维持 pH 值，保证脱硫效率。

(4) 除雾系统。在吸收塔出口装有两级除雾器，用来除去烟气在洗涤过程中带出的水雾。在此过程中烟气携带的烟尘和其他固体颗粒也被除雾器捕获，主要原理是烟气中的水雾滴、石膏、粉尘颗粒通过撞击在折板上，并聚集增大而落入塔池。两级除雾器都设有水冲洗喷嘴，定期对其进行水冲洗，避免除雾器堵塞。为防止因进入吸收塔的烟温过高对塔内内衬防腐的破坏，在吸收塔喷淋段入口设有紧急冷却水喷嘴，以便在烟气温度过高时喷水降温。

除雾器的冲洗采用程控控制，分段、分区轮番冲洗，以达到除雾器的清洁，冲洗后的水排入吸收塔浆池中。

(5) 氧化系统。该FGD配置了3台罗茨氧化风机，2台运行，1台备用。氧化风机出口风温为110℃，经减温喷水后降到80℃。空气通过搅拌机轴套空气管进入鼓入搅拌机叶轮后，随同叶轮旋转动力将空气打成碎泡鼓入浆液中，从而增加空气与浆液的接触面积，起到强制氧化效果，使大量亚硫酸钙氧化成硫酸钙。

由于塔池容积小，循环停留时间短，因此装设了6台氧化搅拌机。

(6) 脱硫石膏回收系统。固体含量为15%～20%的石膏浆从吸收塔氧化反应罐底部排浆管排出，由排浆泵送入水力旋流器。在水力旋流器内，石膏浆被浓缩，固体含量为40%之后排入石膏浆池，溢流液回流入吸收塔反应罐。石膏浆池的石膏浆由石膏浆泵经管道送至真空皮带脱水机。将石膏含水脱至10%～15%。含水10%～15%的脱水石膏落入石膏储仓中。脱水废液由泵排入冲灰系统进入电厂灰场。

排浆泵共2台，1台运行，1台备用。水力旋流器为6个旋流子组成，在旋流子内壁衬有复合碳化硅材料。石膏纯度为85%以上，产量为8.26t/h。

(7) 废水系统。脱硫废液和皮带冲洗废水经泵及管道排入脱硫废液。部分脱硫废液由泵送回吸收塔反应罐内，其余由泵排入电厂冲灰水系统或废水处理系统。脱硫废液排放量为27.23t/h，Cl^-浓度小于5000mg/L。

3. 工艺特点

(1) 采用高速平流型喷雾的卧式喷雾塔代替常规的立式喷雾塔，塔径只有常规湿法的3/4，消除了上升和下降的复杂烟道系统，简化了结构，节省钢材。

(2) 增大烟气流速，流速为常规湿法的2倍（设计烟气流速为10.36m/s），使吸收塔变得紧凑，塔体小型化。

(3) 烟气洗涤比为66%，即处理烟气只有锅炉烟气量的2/3，另外1/3的烟气走旁路，用它将净化后的烟气升温，因而省去了烟气换热装置，降低系统复杂化程度和初投资。

(4) 喷雾塔具有较高的除尘性能，其后部无需除尘器，减少投资。

(5) 吸收剂粒径较粗，石灰石粒度比常规湿法粒度（40～50μm）约大2倍，以降低电耗。

4. 主要存在的问题

运行中存在的主要问题如下：

(1) 石灰石过剩率偏高。主要原因是石灰石中白云石含量高，活性低，既增加了石灰石消耗，又影响了石膏品质。

(2) 循环液pH值偏低。尽管石灰石按需要量投入，但吸收塔循环液pH值逐渐下降，脱硫率也随之降低。即使提高石灰石过剩率，pH值也不能立刻恢复正常，严重时系统无法运转，只能更换浆液，重新启动，主要原因是：①脱硫系统设计不够完善；②吸收剂纯度的把握不严格；③锅炉及电除尘器的运行稳定性还不够好。

(3) 浆液循环泵入口管带气出力低，对循环泵入口带气问题通过改造入口管挡水板得以解决，压力低问题通过启动3台泵运行解决。

(4) 副产品石膏含水率偏高。设计要求脱水后石膏含水率不超过15%，但实际运行中基本上都超过，其原因：①脱硫系统附属设备的冷却水和轴封水没有回收，而是排入一次浓缩后的石膏浆池，加大了脱水机的负担；②石灰石过剩率高，石膏颗粒细小，堵塞了脱水机皮带滤孔，使脱水效率下降。

5. 主要运行数据

太原第一热电厂脱硫工程主要运行数据见表2-14。

表 2-14　　太原第一热电厂脱硫工程主要运行数据

序　　号	项　　目	单　　位	数　　值
1	机组容量	MW	300
2	投运时间	年/月	1996/10
3	脱硫法		简易石灰石法
4	技术合作厂家		日本日立
5	耗煤量	t/h	137.7
6	脱硫工程投资	万元	13 125(16 日元=1 元人民币)
7	处理烟气量（湿）	m^3/h	601 000
8	处理烟气量（干）	m^3/h	568 000
9	进口烟气含湿量	%	5
10	出口烟气含湿量	%	11. 4
11	入口烟气温度	℃	135
12	出口烟气温度	℃	47
13	入口 SO_2 浓度	mg/m^3	4087
14	出口 SO_2 浓度	mg/m^3	686. 4
15	入口烟尘浓度	mg/m^3	270
16	出口烟尘浓度	mg/m^3	103
17	烟气夹带水分量	mg/m^3	121～140
18	耗电量	kWh/h	2910
19	吸收剂消耗量	t/h	4. 64
20	浆液循环停留时间	min	1. 16
21	石灰石纯度	%	92. 7
22	石灰石细度（<140μm）	%	>98. 3
23	石灰石过剩率	%	9～17
24	脱硫效率	%	83. 2
25	年脱硫量	t	16 500（6000h 计）
26	年运行费用	万元	1500
27	初投资成本	元/kW	662. 9
28	单位脱除成本	元/tSO_2	940
29	吸收剂	分子式	CaO
30	副产品	分子式	$CaSO_4$、$CaSO_3$
31	石膏纯度	%	85
32	亚硫酸钙残留度	%	2～3
33	石膏含水率	%	16. 3
34	吸收剂钙硫比		1. 09～1. 17
35	耗水量	t/h	55
36	厂用电率	%	1. 45

第二节 海水脱硫法

海水脱硫是利用海水中的自然碱度来洗涤烟气中的二氧化硫，该技术具有技术成熟、工艺简单、系统运行可靠、脱硫效率高、运行费用低等特点。国外一些沿海国家很早就开始研究利用海水进行脱硫。早在20世纪60年代末，美国加州伯克利大学就研究了海水脱硫的工艺机理。由于海水脱硫需要很少的专门脱硫剂，甚至不需要另购脱硫剂，对沿海电厂很有吸引力，但是人们担心海水脱硫会对海洋造成污染，因此影响了海水脱硫技术的发展。海水脱硫工艺有两种：一种是不添加任何化学物质的海水洗涤工艺，以挪威ABB-Flakt公司Flakt-Hydro工艺为代表；另一种是向海水中添加一定量的石灰以调节吸收液碱度的脱硫方法，以美国Bechtel公司的工艺为代表，这种工艺在美国Colstrip的3、4号机组上于1983年和1985年建成示范工程，但未推广应用。挪威绝大多数的FGD装置都采用Flakt-Hydro海水脱硫工艺，机组容量约为2000MW。

挪威ABB-Flakt公司于1974年成功地应用于Porsgrunn的工业燃油锅炉烟气脱硫工程中，1988年和1994年在印度孟买Tata电力公司的Trombay电厂先后建成了两套500MW机组1/4烟气的海水脱硫装置，燃煤含硫量为0.35%，脱硫效率为85%；1995年，西班牙Unelco公司在Gran Canaria燃油电厂2×80MW机组和Tenerife燃油电厂2×80MW机组建成4套海水脱硫装置，燃油含硫量为2.7%，脱硫效率为91%；1999年，印度尼西亚在东爪哇Paiton电厂投产了2×670MW机组烟气脱硫装置，燃煤含硫量为0.4%，脱硫效率为92%，这是世界上最大的烟气海水脱硫工程。目前，世界已有20 000MW的海水脱硫工艺投入运行，单机容量为700MW。深圳西部电厂2×300MW采用挪威ABB公司Flakt-Hydro海水烟气脱硫工艺于1999年投入运行，这是我国首家采用海水脱硫技术；华电青岛发电厂2×300MW采用阿尔斯通电力挪威公司（APN）海水脱硫工艺，工程总投资达3.8亿元，每年将减少排放二氧化硫约18 000t，脱硫效率高达90%以上，成为我国北方地区第一个采用海水脱硫技术的电厂。我国北京国电龙源环保工程有限公司、东方锅炉（集团）股份有限公司和武汉晶源环境工程有限公司也相继开发出拥有自主知识产权的烟气海水脱硫工艺。目前，烟气海水脱硫工艺除关键设备外，80%的设备均为国产设备。

一、基本原理

雨水将陆上岩层的碱性物质带到海水，天然海水中含有大量的可溶盐，其中主要成分是氯化物和硫酸盐，也含有一定的可溶性碳酸盐。海水通常呈碱性，自然碱度约为1.2～2.5mmol/L，海水盐度为2.3%～3.5%，具有天然的缓冲能力和吸收二氧化硫的能力。国外一些脱硫公司利用海水这些性质，开发并成功地应用海水洗涤烟气中的二氧化硫，达到净化烟气的目的。

锅炉排出的烟气经除尘器除尘后，由脱硫风机送入气—气热交换器的热侧降温，然后送入吸收塔，在吸收塔中用海水洗涤烟气，烟气中的二氧化硫在海水中发生以下化学反应，即

吸收塔内：

$$SO_2\text{（气）}+H_2O \longrightarrow H_2SO_3$$

$$H_2SO_3 \longrightarrow H^+ + HSO_3 \longrightarrow 2H^+ + SO_3^{2-}$$

曝气池内：

$$2SO_3^{2-} + O_2 \longrightarrow SO_4^{2-}$$

以上反应中产生的H^+与海水中的碳酸盐发生如下反应，即

$$CO_3^{2-} + H^+ \longrightarrow HCO_3^-$$

$$HCO_3^- + H^+ \longrightarrow H_2CO_3 \longrightarrow H_2O + CO_2\uparrow$$

吸收塔内洗涤烟气后的海水呈酸性，含有较多的SO_3^{2-}，不能直接排放，需要进行处理。废海水进入曝气池和新鲜海水混合，并通入大量空气，使SO_3^{2-}氧化成SO_4^{2-}，并将海水中的CO_2

赶出，恢复脱硫海水中的 pH 值和含氧量。混合处理后的海水 pH 值、COD 等达到排放标准后排入大海。

进曝气池未脱硫的新鲜海水量与排水 pH 值的关系见图 2-15，曝气风量与排水 pH 值的关系见图 2-16。

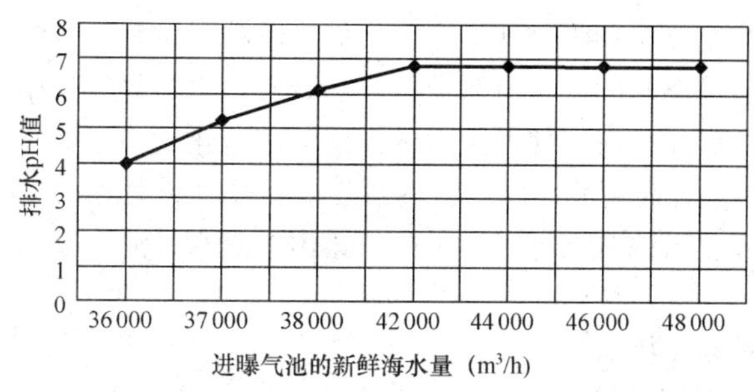

图 2-15　进曝气池未脱硫的新鲜海水量与排水 pH 值的关系（单机 300MW）

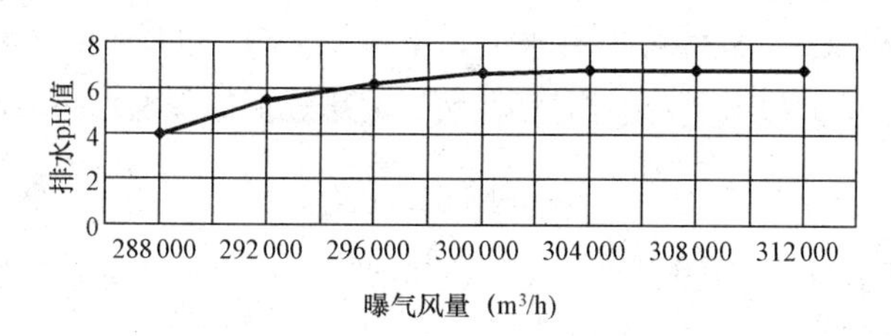

图 2-16　曝气风量与排水 pH 值的关系（单机 300MW）

二、工艺流程

在 Flakt-Hydro 工艺中，海水采用一次直流的方式在吸收塔内吸收烟气中的二氧化硫，然后进入曝气池，在曝气池中注入大量的海水和空气，将二氧化硫氧化成硫酸根离子。而硫酸盐是海水的天然成分，将含硫酸盐的海水排入大海，其硫酸盐成分只稍微提高，当离开排放口一定距离后，这种浓度的差异就会消失。海水脱硫工艺主要有烟气系统、二氧化硫吸收系统、海水供排及恢复系统等（如图 2-17 所示）。

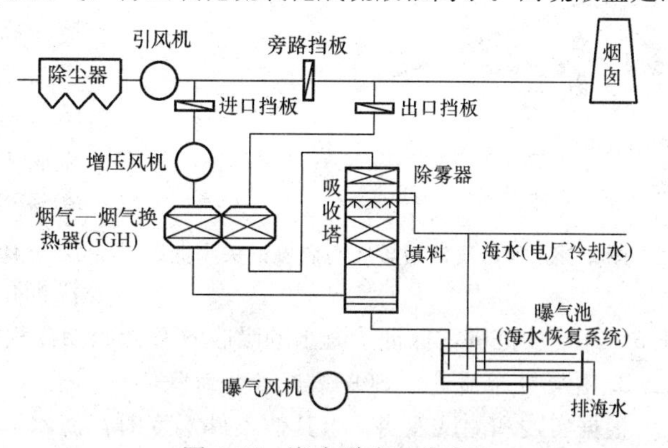

图 2-17　海水脱硫工艺流程

1. 烟气系统

烟气系统包括脱硫增压风机、气—气热交换器及烟道等。烟气系统一般设置 100%旁路系统，进入除尘器的烟气经进口挡板门、增压风机进入气—气热交换器降温后，自下而上流经吸收塔。经气—气热交换器冷却的目的是，提供合适的吸收温度，以提高吸收塔内的二氧化硫吸收率，并防止塔内体受到热破坏，以最大限度地采用较便宜的防腐材料和轻质填料。

在吸收塔顶部由除雾器除去雾滴的洁净烟气经气—气热交换器升温后（70℃）由烟囱排入大气。

2. 二氧化硫吸收系统

二氧化硫吸收系统包括吸收塔、海水喷淋装置等。冷却后的烟气自吸收塔下部进入，向上流入吸收区，在吸收塔内与由吸收塔上部均匀喷入的海水逆向充分接触反应，海水将烟气中的二氧化硫吸收生成硫酸根离子。净化后的烟气经塔顶部的除雾器除去水滴后排出塔体。洗涤烟气的海水收集在塔底部，并依靠重力排入海水恢复装置。

3. 海水供排及恢复系统

海水供排及恢复系统主要包括曝气池、海水供排水泵、升压泵等。海水恢复系统主要设备是曝气池，来自吸收塔的酸性海水和来自凝汽器排出的碱性海水在曝气池中充分混合，同时通过曝气系统向池中鼓入适量的压缩空气，使海水中的亚硫酸盐转化成稳定无害的硫酸盐，同时释放出二氧化碳，使海水的pH值升高到6.5以上，达到要求后排放到大海。洗涤烟气的海水来自循环冷却水，经升压泵送入吸收塔内洗涤烟气，吸收塔排出的海水自流入曝气池，处理合格后的海水经排水泵排出。

三、影响脱硫效率的重要因素

1. 稳定和降低吸收温度是提高脱硫效率的重要因素

根据亨利定律，在一定的压力条件下，气体在水溶液中的溶解度随温度的升高而降低，海水脱硫是利用海水来吸收SO_2，SO_2溶于海水后，生成H_2SO_3，H_2SO_3又离解为H^+、HSO_3^-，因此SO_2的吸收，除满足亨利定律外，也与H_2SO_3的离解常数有关，其平衡浓度计算式为

$$C_{SO_2}=55.56p_{SO_2}/H_{SO_2}+(55.56K_{a1}\times p_{SO_2}/H_{SO_2})^{0.5}$$

式中　C_{SO_2}——SO_2在水溶液中达到吸收平衡时的浓度，mol/L；

p_{SO_2}——SO_2平衡分压；

H_{SO_2}——亨利常数；

K_{a1}——H_2SO_3一级离解平衡常数。

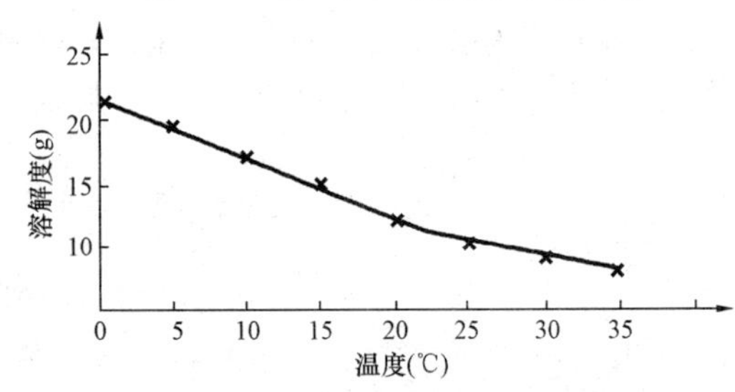

图2-18　SO_2气体溶解度与温度的关系曲线

实践证明，当吸收塔在系统中的工作条件确定后，海水吸收SO_2的能力主要与海水在吸收塔内的温度有关。图2-18所示SO_2气体溶解度与温度的关系曲线。因此，海水脱硫工艺使烟气通过气—气回转式换热器（GGH），将烟温由123℃降至85℃，利用随季节温度控制在30～38℃的循环水排水，保证SO_2的吸收温度稳定在相应较低的温度水平。据实测，即使在深圳的夏季，海水的吸收温度也能维持在34.5～38℃的范围，保证了海水的吸收效率，如果在我国北方沿海地区，其吸收效果将会更好。

2. 脱硫效率随进口SO_2浓度增加而降低

根据实践和测试表明，当其他条件不变时，海水脱硫效率随系统进口SO_2浓度的增加而降低，其趋势如图2-19所示，其物理意义为：当进口烟气SO_2浓度变化时，吸收塔的吸收剂量并无大的变化，烟气中较低浓度的SO_2将被较充分的吸收，而被吸收SO_2的比率则会增高，因而脱硫效率提高。这也是为什么海水脱硫更适合于中低含硫量燃煤的原因。现在各电厂使用的燃煤，其烟气SO_2的质量分数一般均在600μL/L以内，因此其脱硫效率达到了92%以

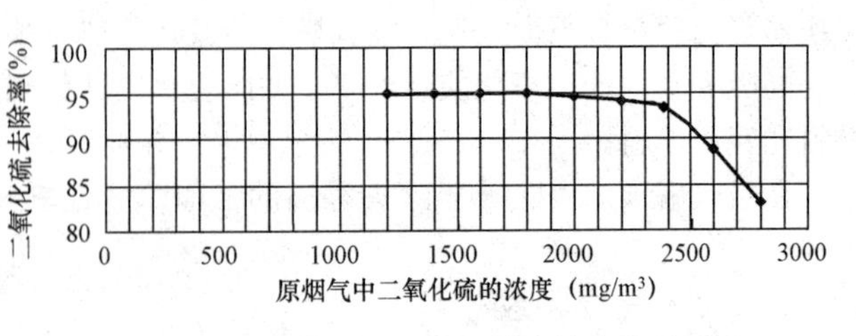

图2-19　进口SO_2浓度与脱硫效率的关系

上，能满足环保对脱硫效率的要求。

3. 脱硫效率随入炉燃料含硫量的升高而降低

入炉燃料含硫量升高，进入脱硫装置烟气中 SO_2 的浓度增加，脱硫效率降低，见表 2-15。

表 2-15　　脱硫效率与入炉燃料含硫量的关系（干基标准状态，6%O_2）

燃料含硫量（%）	0.6	0.7	0.8	0.9	1	1.1	1.2	1.3	1.4
脱硫效率（%）	95.6	95.5	95.4	94.9	94.5	94.1	92.8	88.7	83

4. 脱硫效率随吸收塔烟气流量的增加而降低

随着进入吸收塔烟气流量的增加，需要脱除的 SO_2 量也相应增加，脱硫效率降低，见表 2-16。

表 2-16　　脱硫效率与吸收塔烟气流量的关系（干基标准状态，6%O_2）

入塔烟气流量（%）	30	40	50	60	70	80	90	100	110
脱硫效率（%）	95	94.8	94.6	94.5	94.3	94.2	93.9	93	88.5

四、工艺特点

Flakt-Hydro 海水脱硫工艺适用于沿海且燃用中、低硫燃料的电厂，尤其在淡水资源和石灰石资源比较缺乏的地区其优点更为突出。

（1）无需采购、运输、制备其他的添加剂，技术成熟，工艺简单。

（2）无磨损、堵塞和结垢问题，系统可靠性高。

（3）不需要设置陆地废弃物处理场，最大限度减少了对环境的负面影响，而且占地面积小。

（4）脱硫效率高，可达 90%以上。

（5）节约淡水。

（6）由于该工艺在运行过程中只需要天然海水和空气，不需要添加任何化学物质，因此投资和运行费用低，一般投资占电厂投资的 7%～8%。

海水脱硫技术作为一种减少大气污染的方法，是否有可能给海洋环境带来二次污染，受到人们的广泛关注。某电厂海水脱硫装置进口海水和处理后的海水水质比较见表 2-17。

表 2-17　　海水脱硫装置进出口海水和处理后的海水水质比较

参数	进口海水	处理后的海水	参数	进口海水	处理后的海水
温度(℃)	25	26	溶解氧(mg/L)	6.7	6.0
pH 值	8	7	增量悬浮物(mg/L)	0	0.2～2
溶解性硫酸盐(mg/L)	2700	2750～2770	增量可沉降固形物(mg/L)	0	0
增量 COD(mg/L)	0	2.5	盐度(%)	3.3	3.3

因热烟气与吸收海水在吸收塔内不仅发生了气—液传质过程，同时也发生了热交换过程，所以稀释混合后的排水水温略有上升；排水 pH 值由 8 降为 7，经与受纳海域初混区混合后，pH 值升为 7.8，处于海水固有的水质变化范围之内；溶解性硫酸盐增加 70mg/L，不足总量的 3%，作为海水的固有组分，这一增量也被认为是可以接受的；排水中有微量的未氧化产物使其 COD 略有增加，但水质恢复系统充分地曝气充氧，已使这一增量被限制在曝气工艺的 COD 残量限度之内；2mg/L 的悬浮物反映的是采用电除尘器的海水脱硫可能携带的悬浮物量；在处理过的海水

中没有可沉降的固形物，所以盐度保持不变。长期海洋生态监测证明，排放的海水对海洋无影响。

五、工艺应用

深圳西部电厂位于深圳市南头半岛的妈湾港码头区，装机容量为2×300MW，电厂采用HG-1025/18.2-YM6型国产燃煤锅炉，采用晋北烟煤，汽轮机在TECR工况时，锅炉耗煤量为114.4 t/h，锅炉在BMCR工况时，锅炉耗煤量为126.9 t/h。在TECR工况下的锅炉烟气量为$1.1\times10^6 m^3/h$（标准状态），校核煤种时锅炉BMCR工况下的烟气量为$1.22\times10^6 m^3/h$（标准状态）。电除尘器为兰州电力修造厂生产的双室4电场静电除尘器，除尘效率为99%。根据原电力部的要求，深圳西部电厂4号300MW机组需同期建设脱硫装置，经充分论证后，采用挪威ABB公司Flakt-Hydro海水脱硫工艺，脱硫系统主要设备按锅炉BMCR工况设计，项目从1996年7月开始实施，于1999年9月建成通过验收，工艺参数见表2-18。

表2-18　海水脱硫工艺参数

序号	设计参数	设计值	校核值	备注
1	锅炉燃煤量（t/h）	114.4（TECR工况）	114.0	BMCR工况126.9
2	燃煤硫分（%）	0.63	0.75	晋北烟煤
3	处理烟气量（万m^3/h）	110	110	BMCR工况122
4	入口烟气温度（℃）	123	104～145	
5	FGD系统出口烟气温度（℃）	≥70		
6	入口烟气SO_2浓度（mg/m^3）	1450		
7	入口烟尘浓度（mg/m^3）	190	190	
8	海水流量（m^3/h）	43 200	43 200	
9	海水盐分（%）	2.3	1.8	
10	曝气池出口排放海水pH值	7.5	6.5	
11	凝汽器出口海水温度（最低/最高，℃）	27.1/40.7	27.1/40.7	
12	耗氧量（COD）（mg/L）	≤5		
13	溶解氧（mg/L）	≥3		
14	SO_3^{2-}氧化率	≥90%		
15	脱硫效率（%）	≥90	≥70	
16	电耗功率（kW）	4500		

海水脱硫工艺由烟气系统、SO_2吸收系统、海水供排系统、恢复系统和电气系统等组成。

1. 烟气系统

烟气自4号机组引风机出口联络烟道引出，系统进出口挡板之间设置旁路挡板。FGD系统停止运行时，旁路烟道开启，FGD系统进出口挡板门关闭，烟气直接由烟囱排出。FGD系统正常运行时，旁路挡板门关闭，全部烟气经脱硫后由烟囱排出。

系统进出口挡板为双层百叶窗型，设置压力密封装置。旁路挡板为单层百叶窗型，带自密封装置。

增压风机为动叶可调轴流式风机，采用液压调节叶片，布置在烟气—烟气换热器热段进口，与锅炉引风机串联运行。

烟气—烟气换热器（GGH）为再生、二分仓式，具有较高的换热效率，良好的机械性能、高耐腐蚀性，并配置一套多喷嘴、多组可收缩装置，允许分别执行，具体有：①压缩空气吹扫；②高压在线或非在线水清洗等。

烟气由1台2400kW增压风机送入回转蓄热式GGH换热器降温，然后进入吸收塔，被来自电厂循环冷却系统的部分海水洗涤吸收二氧化硫。再经除雾器除去液滴后进入GGH升温后通过烟囱排放。

2. SO_2 吸收系统

FGD系统的吸收塔采用填料塔型，钢筋混凝土结构，吸收塔规格为13m（长）×13m（宽）×12m（高）。吸收塔上部设置平板式除雾器。烟气自吸收塔下部引入，向上流经吸收区，在塔上部的填料格栅表面被喷入吸收塔的海水充分洗涤，净化后的烟气经顶部的除雾器除去水滴后排放。

取4号机组凝汽器循环冷却海水作为脱硫吸收剂，海水流量设计值为12m^3/s，海水盐度为2.3%。

3. 海水供排系统

循环冷却水由4号取水口取深层海水供4号机组使用。FGD系统用水直接取自4号机组凝汽器排出口的虹吸井，一部分海水进入升压泵吸水池，经2台海水升压泵抽取的1/3凝汽器排放海水向烟气吸收塔配水管供水，然后海水被引导流向吸收塔内的栅格以吸收烟气中的二氧化硫。另一部分海水进入曝气池。吸收 SO_2 的海水由吸收塔底部自流进入曝气池前段，与其余部分循环水在曝气池经充分混合后，进行曝气处理。

海水升压泵为卧式离心泵，每台泵容量为吸收塔供水量的50%，不设备用泵。海水升压泵的吸水管和出水管分别设置电动阀门，出口阀为缓闭阀，以防止水锤现象的发生。

4. 海水恢复系统

吸收二氧化硫后酸性海水将会被收集于吸收塔内的水槽自流进入曝气池，并与凝汽器排出的碱性海水在曝气池充分混合。同时通过2台1000kW曝气风机向曝气池引入空气，使被吸收二氧化硫形成亚硫酸盐氧化为无害的稳定的硫酸盐，并释放出二氧化碳。当海水的含氧量已达到饱和，同时酸碱度恢复中性后，才会通过4号机组的排水沟排回海洋。

曝气风机共2台，每台容量为总曝气容量的50%，不设备用风机，2台曝气风机并列运行。曝气池占地面积为37m×70m。

5. 电气系统

FGD系统用电电压为6kV和380V，不小于200kW的电动机采用6kV供电，200kW以下的电动机采用380V供电。

运行时，FGD系统中的各设备耗电量见表2-19。由表2-19中数据可知，FGD系统的耗电量一般不超过发电量的1.1%。

表2-19　　FGD系统中的各设备耗电量

机组负荷（MW）	188	215	232	267	385
增压风机（kW）	1021	1026.6	1157	1987	2049
增压风机冷却风机（kW）	5.5×2	5.5×2	5.5×2	5.5×2	5.5×2
增压风机油泵（kW）	11	11	11	11	11
GGH驱动器（kW）	7.2×2	7.2×2	7.2×2	7.2×2	7.2×2
GGH密封风机（kW）	7.5	7.5	7.5	7.5	7.5
吸收泵（kW）	207+213	217×2	206+212	205+210	206+212
曝气风机（kW）	232×2	238×2	233×2	233×2	233×2
占发电量的比例（%）	1.04	0.98	0.9	1.09	1.04

六、运行结果

1999年7月，中国环境监测总站组织对深圳西部电厂环保设施竣工验收，对4号机组脱硫排水水质进行了监测，结果表明，曝气池出口排水中各项指标均满足GB 8978—1996《污水综合排放标准》中的一级标准和GB 3097—1997《海水水质标准》中的第三类标准要求，其中温升、Cu、Cd、Zn、Ni、Cr、As等项目满足第一类标准。脱硫工艺排水的pH值取决于烟气中SO_2浓度、脱硫效率和海水恢复系统的效率。海水正常的pH值为7.5左右，吸收塔出口的海水pH值为3.1，这是由于海水在吸收塔内吸收了SO_2。吸收塔流出的酸性海水在进入曝气池前先与虹吸井中剩余的海水混合，混合后的海水pH值为5～6，再经曝气处理，pH值达到7.26。由于海水具有很强的酸碱缓冲能力，在离开排放口较短的距离后，pH值迅速恢复到正常水平，不会对附近海域造成明显影响。深圳西部电厂冷却水平均取水温度为27.5℃，海水脱硫工艺后排水温度提高约为0.8℃，脱硫系统的温升满足第一类标准。吸收塔出口海水中COD_{Mn}的浓度增量较大，由取水池的0.91mg/L增加到10.31mg/L，这主要是残留SO_3^{2-}造成的，因为SO_3^{2-}具有较强的还原性，表现为化学耗氧量。脱硫海水在曝气池经过混合氧化，COD_{Mn}的浓度降为2.93mg/L，比取水池增加了2.02mg/L，满足第二类海水标准的要求。SO_3^{2-}在自然界海水中浓度极低，取水池中SO_3^{2-}的浓度仅为0.015mg/L，但是在吸收塔出口中平均浓度高达130mg/L，这说明脱硫过程中的SO_2已被有效吸收。在曝气池出口处SO_3^{2-}的浓度降至0.011mg/L，表明在曝气池中的亚硫酸盐已转化为硫酸盐，因此SO_2不会逸出。烟气中的SO_2被海水吸收后最终以硫酸盐的形式进入大海。取水池中海水SO_4^{2-}的浓度为1620mg/L，曝气池出口SO_4^{2-}的浓度为1930mg/L，比取水池增加了17%，这表明SO_3^{2-}在海水中的铁锰铜等元素的催化作用下被溶解氧化为SO_4^{2-}。烟气中的SO_2最终以硫酸盐的形式排入大海。可见，海水脱硫工艺不会对环境造成较大的影响。

表2-20为4号机组脱硫前后的排放量及减排量实际值，从表2-20可以看出脱硫效果是十分显著的。表2-21是4号机组脱硫工程主要运行数据。

表2-20　4号机组海水脱硫前后二氧化硫的排放量及减排量实际值

项　目	脱硫前	脱硫后	减排量
小时排放量（t/h）	1.423	0.1145	1.309
年排放量（t/a）	8538	687	7851
排放质量浓度（mg/m^3）	1160	93	1067

表2-21　4号机组海水脱硫工程主要运行数据

项　目	单　位	数　值
机组容量	MW	1×300
投运时间	年/月	1999/5
脱硫法		海水脱硫
技术合作厂家		挪威ABB公司
脱硫工程投资	万元	19 640
处理烟气量	m^3/h	1 400 000
系统排烟温度	℃	75～87

续表

项　　目	单　　位	数　　值
入口烟气温度	℃	145
入口烟气 SO_2 浓度	mg/m^3	406
电耗功率	kW	4000
吸收剂消耗量	t/h	43 200（海水）
脱硫效率	%	92～97
年脱硫量	t	7260
初投资成本	元/kW	654.7
年运行费用	万元	1000
单位脱除成本	元/tSO_2	1377
厂用电率	%	1.3
吸收剂	分子式	NaCl（海水）
副产品	分子式	SO_4^{2-}（硫酸盐）
pH 值		6.7～6.9
耗氧量（COD）	mg/L	0～0.2
溶解氧	mg/L	3～6
SO_3^{2-} 氧化率	%	94～99

注　海水脱硫工艺投资已大幅度降低，2008 年威海电厂 2×300 海水脱硫工艺总投资已降低为 2.1 亿元。

七、海水脱硫的能耗问题

关于海水脱硫的能耗问题，根据 DL/T 5196—2004《火力发电厂烟气脱硫设计技术规程》条文说明 3.0.2 中认为“海水脱硫，以海水中的碱性物质作为脱硫剂，宜采用海水循环水排水，经升压泵升压后送至吸收塔，脱硫后的海水经曝气等处理后排回海域。当海水中的碱性物质满足要求时，不需另添加脱硫剂；系统简单，投资少，厂用电低，约 1%；运行费用少；脱硫效率可达 90%～95%”。而且西部电厂海水脱硫工程实践似乎也证明该结论的正确性，但是，对于燃烧含硫量为 1%以上煤炭的北方地区来说，“厂用电低，约 1%”可能就不正确了。

一般地，北方的发电机组设计正常运行只需要一台循环水泵就能满足汽轮机排汽冷却要求，在夏季温度较高的短时间开启两台循环水泵冷却汽轮机排汽。一些电厂根据机组运行情况，进行了循环水泵节能改造，在冬季时只需要开启一台低速循环水泵或通过变频降低一台泵的出力就能满足要求。但海水脱硫需要足量的原海水，因此循环水泵需要恢复到节能改造前的大流量状态。为了满足脱硫用海水量需要，即使在低负荷期间也需要同时开启两台循环水泵，循环水泵开启后增加了电厂的厂用电量。某海滨电厂两台 300MW 机组的海水脱硫系统配备的主要电力设备包括增压风机 2×2400kW，海水升压泵 3×800kW，曝气风机 2×1400kW+1×800kW。在机组负荷率为 75%、煤炭含硫量为 1%时，需要同时开启 2 台增压风机、2 台海水升压泵、2 台 1400kW 曝气风机、脱硫厂用电率约为 1.5%。本来 75%负荷 2 台机组需要开启 2 台循环水泵即可满足蒸汽冷凝要求，但是由于脱硫需要再增开一台循环水泵，因增开一台循环水泵，厂用电率需要再增加 0.2 个百分点，这样，脱硫厂用电率共增加约 1.7 个百分点。此外，由于脱硫设计中未考虑增设凝汽器循环水旁路，在脱硫系统投运时，两台循环水泵的水全部流经凝汽器，造成汽轮机过冷度过大，导致发电机组效率降低，发电煤耗增加。通过计算，海滨电厂由于海水脱硫系统的运行，供电煤耗率增加6g/kWh左右，海水脱硫对于全厂的经济运行造成了较大的影响。

解决海水脱硫能耗问题的方案如下：

(1) 海水脱硫工程要在设计阶段综合考虑由于运行两台循环水泵带来的厂用电的影响。

(2) 设计时增设凝汽器循环水旁路，减小由于过冷度大对机组的经济性影响。

(3) 设备选型要采用节能型设备，如增压风机选用动叶可调式，并进行变频调节等。

第三节 氧 化 镁 法

氧化镁湿法烟气脱硫工艺最早起源于美国，由美国开米科公司于1968年开始研究。1982年，美国化学基础公司（Chemico-Basic）开发出氧化镁洗涤—再生法，并得到应用，已经成为一种很成熟的脱硫工艺，目前在美国、日本、德国都有成功的应用。氧化镁法烟气脱硫方法也分为洗涤—抛弃法和洗涤—再生法两种工艺，由副产物不同可分为$MgO\text{-}MgSO_4$工艺和$MgO\text{-}MgSO_3$。日本最早于1984年在Tokyo电站3号锅炉采用氧化镁湿法烟气脱硫工艺，处理烟气量为56 930m^3/h。目前，美国有3台氧化镁法烟气脱硫装置在运行，总容量为724MW。

一、氧化镁洗涤—抛弃法的原理

氧化镁法烟气脱硫技术是用氧化镁作为脱硫剂进行烟气脱硫的一种湿法脱硫方式。氧化镁的脱硫机理与氧化钙的脱硫机理相似，都是碱性氧化物与水反应生成氢氧化物，再与二氧化硫溶于水生成的亚硫酸溶液进行酸碱中和反应，反应生成亚硫酸镁和硫酸镁，亚硫酸镁氧化后生成硫酸镁，其主要化学反应过程如下。

氧化镁浆液制浆过程的化学反应为

$$MgO+H_2O=\!=\!=Mg(OH)_2$$

烟气（SO_2、H_2O、CO_2、O_2）在吸收塔内洗涤过程的化学反应为

$$SO_2+H_2O=\!=\!=H_2SO_3 \qquad 2H_2SO_3+O_2=\!=\!=2H_2SO_4$$

一部分的HSO_3^-被烟气中的O_2氧化成SO_4^{2-}；在吸收塔底部浆液槽内，剩余的HSO_3^-被完全氧化，生成M_gSO_4。镁法烟气脱硫过程的基本化学反应为

$$Mg(OH)_2+SO_2=\!=\!=MgSO_3+H_2O \qquad MgSO_3+H_2O+SO_2=\!=\!=Mg(HSO_3)_2$$

$$MgO+Mg(HSO_3)_2\longrightarrow MgSO_3+H_2O \qquad MgSO_3+1/2O_2=\!=\!=MgSO_4$$

$$MgSO_3+6H_2O=\!=\!=MgSO_3\cdot 6H_2O\downarrow \qquad MgSO_3+7H_2O+1/2O_2=\!=\!=MgSO_4\cdot 7H_2O\downarrow$$

在$MgO\text{-}MgSO_3$工艺中，为保证式$MgO+Mg(HSO_3)_2\longrightarrow MgSO_3+H_2O$的完成，需MgO有5%的过量。另外，由于烟气中有部分氧和SO_3的存在，也会生成少量的$MgSO_4$，即

$$MgSO_3+1/2O_2\longrightarrow MgSO_4 \qquad MgO+SO_3\longrightarrow MgSO_4$$

$MgO-MgSO_3$工艺与$MgO\text{-}MgSO_4$工艺的重要区别在于，$MgO\text{-}MgSO_3$工艺在吸收槽中不进行强制氧化，相反，还要采取措施抑制$MgSO_3$的自然氧化。因为在再生工序中热分解$MgSO_4$需要的温度比$MgSO_3$高，而温度的控制对MgO的性质影响很大，因此，需控制$MgSO_3$的氧化，不使$MgSO_4$过多生成。抑制$MgSO_3$氧化的方法之一是直接向吸收槽浆液中加硫乳化剂。硫与亚硫酸镁共煮时，将缓慢生成硫代硫酸镁，即

$$MgSO_3+S\longrightarrow MgS_2O_3\longrightarrow Mg^{2+}+S_2O_3^{2-}$$

由硫的含氧酸及其盐的电势关系可知，硫代硫酸根离子比亚硫酸根离子容易被氧气氧化，氧化后生成连三硫酸根（$S_3O_6^{2-}$）、副产物连四硫酸根（$S_4O_6^{2-}$）和连五硫酸根（$S_5O_6^{2-}$）。此外，

飞灰中的 Fe_2O_3、MnO_2、V_2O_5 等的催化作用将促进氧化反应的进行，即

$$S_2O_3^{2-}+O_2 \longrightarrow S_3O_6^{2-}+S_4O_6^{2-}+S_5O_6^{2-}$$

$S_3O_6^{2-}$、$S_4O_6^{2-}$、$S_5O_6^{2-}$ 均不稳定，将与水缓慢反应，再次生成 $S_2O_3^{2-}$ 和少量的 SO_4^{2-}。例如 $S_3O_6^{2-}$ 与水缓慢反应为

$$S_3O_6^{2-}+H_2O \longrightarrow S_2O_3^{2-}+SO_4^{2-}+2H^+$$

$S_2O_3^{2-}$ 循环往复，耗去溶解于吸收槽中的 O_2，阻止 SO_3^{2-} 氧化成 SO_4^{2-}，从而达到抑制氧化的目的。另外，采取密闭的容器将 $MgSO_3$ 由电厂运输到硫酸生产厂，也有利于防止 $MgSO_3$ 的氧化。

二、工艺流程

按照上述脱硫原理，其工艺流程（见图 2-20）为：90％通过 325 目筛的氧化镁粉在熟化罐中配置成浓度为 20％～25％的氢氧化镁浆液，由浆液泵打入吸收塔中。锅炉烟气由增压风机送入吸收塔。塔内的一组喷淋母管将吸收浆液采用液柱式喷入烟气中。

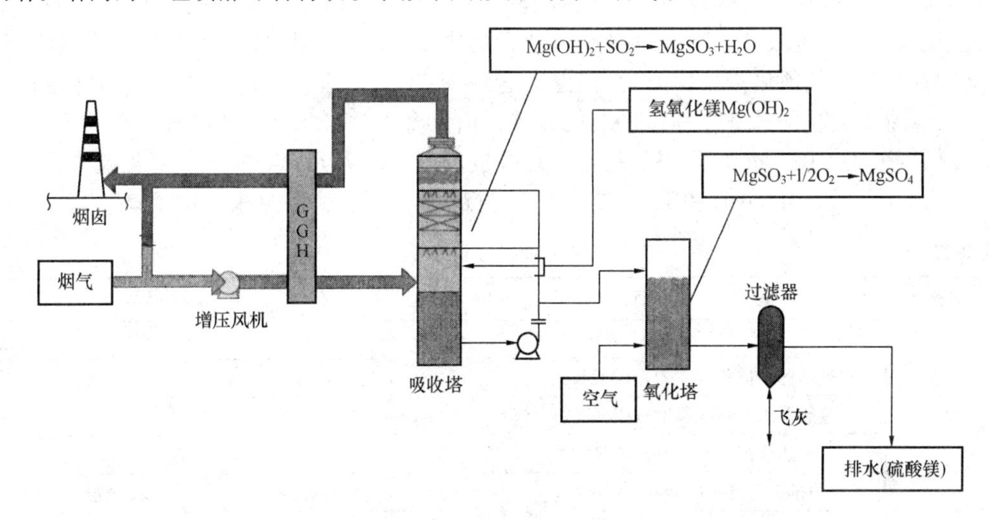

图 2-20　氧化镁法脱硫抛弃工艺

吸收塔下部的浆液槽内的氧化系统将反应生成的 HSO_3^- 氧化成 SO_4^{2-}，然后与氢氧化镁浆液反应生成硫酸镁（$MgSO_4$）浆液。在喷淋母管下面的格栅加速了烟气流在喷淋塔内的 SO_2 脱除反应。净烟气将通过除雾器除去所含的水滴，然后经升温由烟囱排入大气中。吸收塔排出的产物浆液在氧化槽中，未氧化的 $MgSO_3$ 被进一步氧化成 $MgSO_4$。同时在氧化槽内进行 pH 值调整，在槽中加助滤剂（硅藻土）后泵入真空或压力悬浮固体过滤设备进行过滤和脱水，废水进入企业废水处理系统。废水的性能指标：pH＝6～9，SS≤150mg/L，COD≤100mg/L，$MgSO_4$ 约为 2％。该工艺能达到 95％的脱硫率。

三、氧化镁洗涤—再生法的原理

美国化学基础公司（Chemico-Basic）开发的氧化镁洗涤—再生法发展较快，工业应用较好。该法前面部分与抛弃法完全相同，得到含结晶水的亚硫酸镁和硫酸镁的固体吸收产物，经脱水、干燥和煅烧还原后，再生出氧化镁，煅烧温度为 900℃左右，同时加入少量的焦炭。

干燥的化学反应为

$$MgSO_3 \cdot 6H_2O \longrightarrow MgSO_3+6H_2O\uparrow$$

$$MgSO_4 \cdot 7H_2O \longrightarrow MgSO_4+7H_2O\uparrow$$

煅烧的化学反应为

$$MgSO_3 \longrightarrow MgO + SO_2 \uparrow$$

$$MgSO_4 + C + 1/2\ O_2 \longrightarrow MgO + SO_2 \uparrow + CO_2 \uparrow$$

$$MgSO_4 + 1/2C \longrightarrow MgO + SO_2 \uparrow + 1/2CO_2 \uparrow$$

煅烧出来的 MgO 水合为 $Mg(OH)_2$ 后循环使用，同时副产高浓度二氧化硫气体。整个系统需补充 MgO 为 10%～20%。煅烧气 SO_2 含量为 10%～15%，可用于制酸或硫黄。

四、氧化镁法烟气脱硫工艺应用

华能某电厂二期 2×225MW 凝汽式汽轮发电机组配 2×670t/h 燃煤锅炉，根据环保要求，需进行烟气脱硫技术改造工作，建设两套湿式氧化镁法烟气脱硫装置，开创了中国第一个采用氧化镁作为脱硫剂用于电厂烟气脱硫的先例。烟气脱硫装置的出力按在锅炉 BMCR 工况下，燃用设计煤种进行设计，脱硫装置的最小可调能力与单台炉不投油最低稳燃负荷（55%BMCR 工况，燃用设计煤种的烟气流量）相适应；烟气脱硫装置能在锅炉 BMCR 工况及进烟温度为 160℃的条件下安全连续运行。事故状态下，烟气脱硫装置的进烟温度不得超过 180℃（每年两次，每次 20min，仅在锅炉空气预热器故障时）。当温度达到 180℃时，全流量的旁路挡板门立即自动打开。2 套全烟量处理的湿式氧化镁法烟气脱硫装置由六合天融（北京）环保科技有限公司设计、配套、提供，采用美国 Ducon 公司的技术，总投资为19 690 万元。年减排二氧化硫为 23 345t，减排烟尘为 95t，2007 年 10 月和 11 月投于生产运行。有关设计参数见表 2-22 和表 2-23。

表 2-22　　锅炉及辅机设计参数

设备名称	参数名称	单位	参数	
锅炉	过热器蒸发量（BMCR）	t/h	670	
	过热器出口蒸汽压力（BMCR）	MPa	13.7	
	过热器出口蒸汽温度（BMCR）	℃	540.2	
	再热器出口流量（BMCR）	t/h	587.3	
	锅炉排烟温度（BMCR，修正后）	℃	（设计煤种）120.2	（校核煤种）120.2
	锅炉实际耗煤量（BMCR）	t/h	（设计煤种）83.89	（校核煤种）94.16
除尘器	数量（每台炉）	台	2	
	形式		双室三电场静电除尘	
	除尘效率	%	设计 99.85；实际 99.25	
	引风机出口灰尘浓度	mg/m^3	<200（设计煤种）	<200（校核煤种）
现有引风机	形式及配置（BMCR）		静叶可调轴流式	
	电动机功率	kW	1120	
	风量	m^3/s	（计算）162.2	（选型）194.7
	风压	kPa	（计算）3.42	（选型）4.27
煤成分分析	收到基碳 C_{ar}	%	56.56	51.14
	收到基全硫 $S_{t,ar}$	%	1.32	1.82
	全水分 M_t	%	7.1	8.5
	收到基灰分 A_{ar}	%	29.04	33.43
	空气干燥基水分 M_{ad}	%	1.32	1.89
	干燥无灰基挥发分 V_{daf}	%	19.61	15.47
	收到基低位发热量 $Q_{net,ar}$	MJ/kg	21.43	19.52

表 2-23　　　　**FGD 设 计 参 数**

项　　目		单　位	锅炉 BMCR 工况	
			设计煤种	校核煤种
FGD 入口烟气参数	O_2	%（干 Vol）	6.098	5.70
	N_2	%（干 Vol）	80.39	75.19
	SO_2	%（干 Vol）	0.1015	0.17
	H_2O	%（湿 Vol）	6.20	6.51
	锅炉空气预热器出口	m^3/s	（BMCR）203.6	（BMCR）215.5
			（50%MCR）123	（50%MCR）134
	锅炉空气预热器出口	℃	（BMCR）120	（BMCR）126
			（50%MCR）120	（50%MCR）126
	引风机出口烟气温度（FGD 入口烟气温度）	℃	120.2	120.2
	入口 SO_2 浓度	mg/m^3	2918.25	
	入口 SO_3 浓度	mg/m^3	87.55	
	入口烟尘浓度（引风机出口）	mg/m^3	196	
	烟气量（湿基）	m^3/h	732 960	
	烟气量（干基）	m^3/h	687 516	
	SO_2 浓度	%（Vol）	0.101 5	
	入口 HCl，以 Cl 表示	mg/m^3	57	
	入口 HF，以 F	mg/m^3	21	
	除雾器出口烟气携带的水滴含量	mg/m^3	≤75	
	SO_2 脱除率	%	≥95	
	脱硫装置出口 SO_2 浓度	mg/m^3	146	
	脱硫装置出口 SO_3 浓度	mg/m^3	43	
	出口 HCl，以 Cl 表示	mg/m^3	1.15	
	出口 HF，以 F 表示	mg/m^3	0.41	
	出口烟尘	mg/m^3	48.26	
	电量消耗	kW	2×1423	
	氧化镁消耗量	t/h	2×1.65	2×2.57
	工艺水消耗量	t/h	2×42.5	
	总压损（含尘运行）	Pa	3500	
	主吸收塔压损（包括除雾器）	Pa	1250	
	预处理塔	Pa	1750	
	化学计量比 MgO/去除的 SO_2	mol/mol	1.05	
	烟囱前烟温	℃	48.6	
脱硫副产物品质（以无游离水分的脱硫副产物作为基准）	$MgSO_3 \cdot 3H_2O$ 含量	%	75.3	
	$MgSO_3 \cdot 6H_2O$ 含量	%	0	
	$MgSO_4$ 含量	%	7.03	
	自由水分含量	%	<10	
	脱硫副产物中灰尘含量	%	0.005	

该厂镁法烟气脱硫装置的设计工艺流程为再生工艺，见图 2-21，包括烟气系统、氧化镁脱硫剂浆液的制备与输送系统、二氧化硫吸收系统、脱硫塔排空系统、亚硫酸镁脱水系统、供水与排

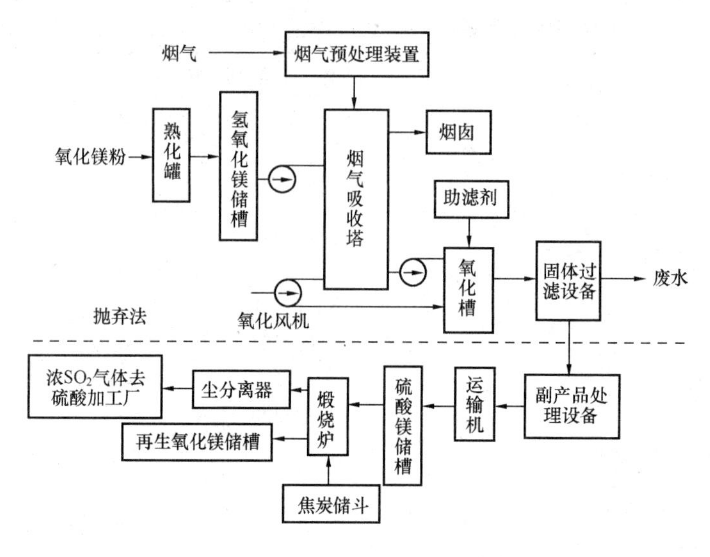

图 2-21　氧化镁洗涤—再生法

水系统、杂用和仪用压缩空气系统等组成。该工艺流程是，先将粒径符合一定要求的氧化镁配制成氢氧化镁和重碳酸镁浆液，送入脱硫塔；锅炉烟气引入烟气脱硫预处理装置，去除部分烟尘、氢卤酸、氢氟酸、三氧化硫等成分后送入脱硫塔；在脱硫塔中，烟气中的二氧化硫与脱硫剂浆液中的氢氧化镁和重碳酸镁反应，生成亚硫酸镁，从而将烟气中的二氧化硫去除；当脱硫吸收循环过程稳定后，循环浆液即可进入副产品处理系统。

1. 烟气系统

烟气系统主要由烟气脱硫装置的进出口烟气挡板、烟气旁路挡板、烟气预处理装置、烟道、烟囱等组成。烟气从锅炉引风机后的总烟道上引出，通过吸收塔前烟气预处理装置进行降温、除尘、除杂后(并配有相应的监测系统)进入二氧化硫吸收塔，在吸收塔内脱硫净化，经除雾器除去水雾后直接通过烟道由烟囱排入大气。在烟道上设置旁路挡板门，当锅炉启动、进入烟气脱硫装置的烟气超温或脱硫装置故障停运时，旁路挡板打开，烟气可由旁路直接经烟囱排放。所有的烟气挡板门应易于操作，在最大压差的作用下具有100%的严密性，且能承受各种工况下烟气的温度和压力而不会有变形或泄漏。挡板和驱动装置的设计能承受所有运行条件下工作介质可能产生的腐蚀。

2. 氧化镁脱硫剂浆液的制备与输送系统

细度为200目氧化镁粉从矿山由26t散装罐车运输直接运送到厂内，通过气力输送系统将氧化镁粉送至一个氧化镁粉仓(混凝土结构)，在粉仓下部分出两个出口，氧化镁粉经过混合罐混合后进入氢氧化镁浆液罐(2个，有效容积为120m^3)，脱硫剂在浆液罐内按一定比例加水并搅拌配制成一定浓度(15%～25%)的氢氧化镁脱硫剂浆液，而后再由离心式脱硫剂供给泵(3台，轴功率为3.5kW，扬程为150kPa，体积流量为12m^3/h)送入吸收塔。氧化镁粉的供应量是由浆液罐内浆液的pH值通过控制氧化镁给料机来调节实现的。

两台炉共设计1座氧化镁粉仓。氧化镁粉仓的设计必须有除尘通风系统，氧化镁粉仓的容量按两台锅炉在机组燃用校核煤种时BMCR工况运行5天(每天按24h计)的脱硫剂耗量设计(有效储存容积为700m^3)。粉仓的通风除尘器为布袋除尘器，除尘后的洁净气体中最大含尘量小于50mg/m^3。除尘器过滤效率大于99.95%，排气侧粉尘排放浓度不大于50mg/m^3，过滤风速不大于0.8m/min。

3. 二氧化硫吸收系统

二氧化硫吸收系统包括预处理装置、脱硫塔、脱硫塔浆液循环及搅拌、脱硫废液排出、烟气除雾及辅助的放空、排空设施等，主要设备是二氧化硫吸收塔，吸收塔设计采用喷雾塔，其基本结构上部为除雾器，中部为浆液喷淋层，底部为浆液池。浆液在吸收塔内不断循环(每个吸收塔配2台离心式吸收塔循环泵，轴功率为245kW，扬程为181.48kPa，体积流量为2890m^3/h)，一运一备，当浆液浓度达到一定时输送到副产物处理系统内。脱硫塔内浆液最大氯离子浓度为

10g/L。

吸收塔采用喷雾塔，吸收塔吸收区直径为9.2m，吸收塔吸收区高度为9.0m，吸收塔总高度为26.1m，液/气比(L/G)为6.03L/m^3，浆液循环停留时间为5min，烟气流速为4.03m/s，烟气在吸收塔内有效停留时间为2.2 s。

在吸收塔前设置预洗涤除尘装置(文丘里喷淋塔，喷头数量为2×36，灰尘去除率为70%)，以降低烟气温度及除去灰尘和其他气体杂质，保证脱硫系统后烟气烟尘含量小于或等于50mg/m^3。

吸收塔浆池与塔体为一体结构。吸收塔包括吸收塔壳体、喷嘴及所有内部构件、吸收塔搅拌装置、除雾器、塔体防腐及保温紧固件等。吸收塔设计为气密性结构，防止液体泄漏；吸收塔搅拌系统设计确保在任何时候都不会造成塔内脱硫剂浆液的沉淀、结垢或堵塞；吸收塔烟道入口段能防止烟气倒流和固体物堆积；吸收塔系统还包括所有必需的就地和远方测量装置，提供足够的吸收塔液位(双重冗余)、pH值(双重冗余)、温度(双重冗余)、浆液密度(双重冗余)、压力、除雾器压差等测点，以及脱硫剂氢氧化镁浆液和脱硫副产物浆液的流量测量装置。

吸收塔壳体由碳钢制作，内表面进行衬胶防腐设计。吸收塔浆池部位衬2mm×4mm丁基合成橡胶；喷淋区域衬2mm×4mm丁基合成橡胶；除雾器下方的吸收塔壁衬1mm×4mm丁基合成橡胶。

4. 脱硫塔排空系统

脱硫装置设计脱硫塔排空系统是为了在事故时，能在短时间内将脱硫塔内的浆液排空，以防浆液在脱硫塔内沉淀结块造成堵塞。在脱硫岛内设置1个事故浆液池，事故浆液池的容量可满足一个脱硫塔检修排空和其他浆液排空的要求(有效容积为720m^3)。事故浆液池设有浆液返回泵能将浆液再送回到脱硫塔。事故浆液池设置一台搅拌器(搅拌器功率为20kW)，以防止事故浆液池内的浆液沉淀。

事故浆液池为钢筋混凝土结构，以玻璃鳞片防腐。

5. 亚硫酸镁脱水系统

本工艺所要得到的副产品是亚硫酸镁。从脱硫塔排出的浆液含固量为15%，主要的固体成分是亚硫酸镁，并有少量的$MgSO_4$和MgO。排出的浆液必须脱水后才能进一步处理方可得到所要的副产品。脱水系统包括浆液排出泵、3台离心脱水机(每台离心脱水机的容量为对应一台机组BMCR工况下燃用设计煤种时副产品产出量的100%)、2台输送皮带、2台热空气干燥旋风筒。

每个吸收塔设置2台浆液排出泵(2×2台离心式吸收塔浆液排出泵，轴功率为8.8kW，扬程为150kPa，体积流量为35m^3/h)，一运一备。吸收塔浆液排出泵的叶轮采用防腐耐磨的材料制作。吸收塔浆液排出泵可以在10h之内排空吸收塔内的全部浆液。

吸收塔内的脱硫浆液通过浆液排出泵送入离心脱水机，经离心脱水机浓缩后的脱硫副产物用皮带输送至热空气干燥旋风筒，干燥旋风筒出口含水约10%的副产品以皮带送至副产物储存室。副产品脱水系统可灵活接受两个脱硫塔排出的浆液，离心排稀浆液可灵活返脱硫塔。管路的管材耐磨耐腐蚀。

热空气干燥旋风筒原理是，接收从离心机出口含水约25%～30%的亚硫酸镁混合物，顺向鼓入从锅炉空气预热器引出的少量不低于300℃的热空气，对亚硫酸镁混合物进行干燥，使亚硫酸镁混合物含水量降低到约10%，然后将亚硫酸镁颗粒存入副产品库。

6. 供水系统

供水系统是为烟气脱硫装置正常运行和事故工况下提供充足的用水。氧化镁湿法烟气脱硫装置的用水主要为烟气降温需蒸发的水、降低氯离子浓度需排放的水、清洗所有的除雾器(预处理塔除雾器和主脱硫塔除雾器)及预处理塔水平衡所需的补给水、用于制备浆液和设备冲洗的用水、事故喷淋用水等。设备、管道及箱罐的冲洗水和设备的冷却水回收至集水坑或浆池重复使用，节约用水。旁路挡板后设置事故喷淋装置，喷淋水由厂区消防水提供或事故喷淋泵提供。

7. 脱硫废水处理系统

脱硫装置浆液内的水在不断循环的过程中，会富集重金属元素和 F^-、Cl^- 等，一方面加速脱硫设备的腐蚀；另一方面影响脱硫副产物的品质，因此，脱硫装置要排放一定量的废水，进入脱硫废水处理系统。废水处理量为 $8m^3/h$。脱硫废水处理系统按照两班制，运行 16h，实行自动运行。中和废水所需的碱，将选用石灰乳 $Ca(OH)_2$，加入的碱量由 pH 测量值控制，其他化学物质(有机硫/絮凝剂/凝聚助剂/盐酸/氧化剂)的加药量将根据废水量调节控制。

废水进口/出口流量和污染物浓度将进行测量控制，污染物中将监控 pH 值、悬浮物、COD-Cr、石油类、硫化物、氟化物等。出水管装设 pH、悬浮物和 COD 在线检测仪表。

废水处理系统采用中和→反应→沉淀→过滤的处理工艺。污水先进入格栅井，在格栅井内格栅机对污水中的粗大悬浮物及漂浮物进行分离，然后经提升泵提升进入中和池，在中和池中自动检测 pH 值，石灰乳投加同 pH 计进行联动控制，采用压缩空气搅拌，使污水 pH 值调至中性，在中和池内污水与石灰乳充分混合，污水中 SO_4^{2-}、SO_3^{2-} 和 F^- 与 Ca^{2+} 充分反应生成难溶物 $CaSO_4$、$CaSO_3$ 和 CaF_2，污水经过与石灰乳中和反应后进入反应池，反应池中投加絮凝剂，污水中的难溶物在絮凝剂作用下形成粗大的絮状体进入沉淀池进行固、液分离，上清液流入集水井后再泵入砂滤器进行过滤处理后进入电厂工业废水处理站清水池，在过滤器出水管处安装 pH 计、悬浮物和 COD 在线检测仪表对排放水进行实时检测。沉淀排放污泥先进入污泥浓缩池进行浓缩处理，浓缩池上清液排回格栅池，污泥经过压滤机处理后外运。

8. 杂用和仪用压缩空气系统

本工程单独设立脱硫空压机站，总气量为 $3.6m^3/min$，压缩空气的用途主要分为仪表和杂用。仪表和氧化镁粉仓流化用高纯度、无油、无水的压缩空气。杂用空气用于布袋除尘器反吹。

9. 脱硫剂的再生

在再生的过程中将干燥的 $MgSO_3$ 和 $MgSO_4$ 进行煅烧，使其热分解，可得到 MgO，同时析出 SO_2。煅烧温度对 MgO 的性质影响很大，适合于 MgO 再生的煅烧温度一般为 660～870℃，当温度超过 1200℃时，MgO 会被“烧结”，MgO 的表面微孔特征因此而破坏。烧结的 MgO 不能再作为脱硫剂。$MgSO_3$ 约在 650℃左右开始分解，而 $MgSO_4$ 分解温度约为 1100℃，但在 C 的催化作用下，可降低至 900℃左右。再生后的 MgO 可重新运回电厂用于脱硫。

五、该脱硫装置的设计特点

(1) 脱硫装置采用一炉一塔，每套脱硫装置的烟气处理能力为一台锅炉 100% BMCR 工况时的烟气量，脱硫剂浆液制备和脱硫副产物处理装置为脱硫系统公用。设计脱硫效率不小于 95%，脱硫装置出口 SO_2 浓度不超过 $225mg/m^3$。

(2) 脱硫装置不设增压风机。由于该电厂的用地空间非常紧张，为了减少占地空间采用对原静叶可调式引风机进行改造，更换为离心式采用液力耦合器调节的容量大一些的引风机，以增大引风机出口的压力来克服脱硫装置的阻力引起的烟气压力下降。

(3) 脱硫装置不设烟气换热设备(GGH)。脱硫塔布置在引风机后，烟气以饱和湿态形式排放，排放温度为 49℃。为了防止脱硫装置后的烟道和烟囱内产生露点腐蚀，该电厂将废除原烟囱而重建一个新烟囱，且新建烟囱内采用玻璃钢内衬防腐。

(4) 脱硫装置的核心脱硫塔的设计特点是采用 Ducon 公司专利产品文丘里棒层技术。该技术在很低的液气比的条件下提供很高的 SO_2 去除效率，它采用两层文丘里棒层和两层喷淋。

(5) 在脱硫塔前设计预处理塔(为 Ducon 专利 A33 洗气塔)，具有高效除尘、压降小等特点，其主要目的是去除烟气中的烟尘、气体杂质和降低烟气温度，提高脱硫副产品的品质，保证副产品的综合利用。

(6) 旁路挡板后设置事故喷淋装置。为了避免脱硫装置故障时高温烟气对烟囱内玻璃钢内衬的损坏，启动事故喷淋装置使烟气降温。

(7) 脱硫装置所用的生产用水来自于电厂循环水的排水，以降低新鲜水的消耗，达到尽量节水的目的。

(8) 脱硫塔喷嘴及内部件、脱硫塔除雾器、脱硫塔搅拌设备、离心脱水机(备用采用国产)、旁路挡板门执行机构等关键设备和材料由于国内不能制造或达不到性能要求，因此设计采用国外产品。整个装置的设计对防腐、耐磨、防堵等都做了周密细致的考虑。

(9) 脱硫剂采用厂外购买成品 200 目、纯度为 85%的氧化镁粉；脱硫副产物亚硫酸镁运至附近的硫酸厂制取硫酸，硫酸厂利用亚硫酸镁分解产生的氧化镁电厂回收重复利用。

(10) 脱硫系统设置 100%烟气旁路，以保证脱硫装置在任何情况下不影响发电机组的安全运行。

六、镁法烟气脱硫工艺的技术优点

1. 原料来源充足

我国氧化镁的含量十分可观，目前已探明的氧化镁储藏量约为 160 亿 t，占全世界的 80%左右，其资源主要分布在辽宁、山东、四川、河北等省。因此，利用氧化镁作为脱硫剂应用于电厂的脱硫系统中在我国具有非常广阔的市场前景，必将随着我国烟气脱硫产业的发展而得到广泛的应用。

2. 脱硫效率高

氧化镁的活性好，脱硫效率高。根据监测结果表明，3 号锅炉脱硫塔出口烟尘、SO_2、NO_x 排放浓度分别为 125、25、25mg/m^3；4 号锅炉脱硫塔出口烟尘、SO_2、NO_x 排放浓度分别为 182、25、25mg/m^3。3、4 号锅炉脱硫塔脱硫效率分别为 88.8%、88.8%；除尘效率分别为 88.8%、88.8%。

3. 投资费用少

由于氧化镁作为脱硫剂本身有其独特的优越性，液气比相对于石灰石法可减少 1/3，因此在吸收塔的结构设计、循环浆液量的大小、系统的整体规模、设备的功率等都可以相应较小，设备数量大大减少，初投资费用较低。

4. 运行可靠

镁法烟气脱硫工艺可以克服脱硫工艺系统中的结垢和堵塞问题，能保证整个脱硫系统安全有效的运行，同时镁法烟气脱硫工艺 pH 值控制在 7.0 左右，在这种条件下设备腐蚀问题也得到了一定程度的解决。总的来说，镁法烟气脱硫技术在实际工程中的安全性能拥有非常有力的保证。

5. 副产物利用前景广阔

利用 MgO 水溶液或浆液作为脱硫剂对烟气进行洗涤脱硫，吸收了 SO_2 以后的副产品 $MgSO_3$，做进一步的氧化、浓缩等二次处理，生产肥料级 $MgSO_4 \cdot 1H_2O$，并可加工成工业用的 $MgSO_4 \cdot 7H_2O$ 后外销。目前该工程脱硫副产品亚硫酸镁年产生量为 6.5t/a。

如果 $MgSO_4 \cdot 7H_2O$ 外销有困难或是其他原因，建议采用 MgO-$MgSO_3$ 工艺。吸收了 SO_2 以后的 $MgSO_3$ 和少量的 $MgSO_4$、$Mg(HSO_3)_2$ 在一定温度下会分解而产生富 SO_2 气体，而 $MgSO_3$ 可以直接煅烧生成纯度较高的二氧化硫气体来制硫酸，煅烧产物氧化镁也可作脱硫剂循环使用，可作为制造硫酸的原料。

但是该法运行费用高。虽然用氧化镁做吸收剂的吸收塔比石灰石作吸收剂的吸收塔小约1/3，但氧化镁原料价格高达600元/t，设计耗氧化镁量2台锅炉为3.3t/h，每年仅吸收剂一项投资就近千万元；同时，由于氧化镁资源局限于少数地区，再生能耗高，难以大范围推广应用。通过镁法烟气脱硫实际运行表明：进入预处理塔的烟气含灰量超出设计要求循环泵、喷嘴等磨损严重；在烟气含硫量超过4000mg/m^{3}时，或者氧化镁品质变差时，脱水干燥系统会出现板结或堵塞现象。

总之，镁法烟气脱硫技术是一种工艺成熟、运行稳定的脱硫技术，且其工艺流程简单、专用设备少、投资费用较低，易实现国产化；同时其副产品回收价值高、脱硫剂氧化镁易得等。因此，镁法烟气脱硫技术是一种新老锅炉都适用的脱硫方式，尤其在富产氧化镁的地区应有良好的市场前景。

第四节　亚硫酸钠循环法

亚硫酸钠循环法即Wellman-Lord法(威尔曼洛德法简写为W-L法)是美国威尔曼洛德公司创造的，在美国、德国和日本得到应用。第一台亚硫酸钠循环工艺于1972年在日本的Kobe燃油锅炉上应用，处理烟气量30 000m^3/h。日本脱硫装置中有20%属于亚硫酸钠循环工艺。

一、亚硫酸钠循环法原理

采用的Na_2CO_3或NaOH只作开始时的吸收剂，它们吸收SO_2后生成亚硫酸钠Na_2SO_3和$NaHSO_3$。在循环过程中起吸收作用的主要是亚硫酸钠Na_2SO_3。亚硫酸钠与氨相比，由于其阳离子是非挥发性的，不存在吸收剂在洗涤过程中挥发产生铵雾的问题，而且Na_2SO_3和$NaHSO_3$的溶解度特性更适宜于加热解吸过程。

开始阶段：

$$2NaOH + SO_2 \longrightarrow Na_2SO_3 + H_2O$$

$$Na_2CO_3 + SO_2 \longrightarrow Na_2SO_3 + CO_2$$

Na_2SO_3溶液吸收SO_2阶段：

$$Na_2SO_3 + SO_2 + H_2O \longrightarrow 2NaHSO_3$$

$$Na_2SO_3 + SO_2 \longrightarrow 2Na_2S_2O_5$$

由于烟气中有氧，部分Na_2SO_3将被氧化成Na_2SO_4：

$$Na_2SO_3 + 1/2O_2 \longrightarrow Na_2SO_4$$

随着Na_2SO_3转变为$NaHSO_3$和$Na_2S_2O_5$的过程，溶液的pH值将逐渐下降。当吸收液中pH值降低到一定程度(即Na_2SO_3减少到一定程度)时，溶液的吸收能力降低，吸收率开始下降。这时将吸收液送去在94℃温度下加热再生(解吸)。利用亚硫酸氢钠的不稳定性，使SO_2很容易从中解吸出来，Na_2SO_3得以重新生成。解吸反应式如下：

$$2NaHSO_3 \xrightarrow{\triangle} SO_2\uparrow + Na_2SO_3 + H_2O$$

$$Na_2S_2O_5 \xrightarrow{\triangle} SO_2\uparrow + Na_2SO_3$$

$$2NaHSO_3 + 2Na_2SO_3 \longrightarrow 2Na_2SO_4 + Na_2S_2O_3 + H_2O$$

$Na_2S_2O_3$在高温下，还会与$NaHSO_3$反应生成单体硫。

$$Na_2S_2O_3 + 2NaHSO_3 \longrightarrow 2Na_2SO_4 + H_2O + 2S$$

硫代硫酸钠($Na_2S_2O_3$)的生成主要发生在再生过程，生成量随温度升高而增加。

研究表明，在130℃以上的温度下，$Na_2S_2O_3$与$NaHSO_3$才反应生成单质硫。在145℃以上的温度下，吸收液中的$NaHSO_3$将转变为Na_2SO_4，几乎完全丧失吸收SO_2的能力，因此在高温下进行再生是不适当的。再生温度为120℃时，还有少量的$Na_2S_2O_3$生成。再生温度在100～110℃时，就不存在这些问题了。

解吸出来的SO_2可加工成液体SO_2、硫磺或硫酸。其中生产液态SO_2成本最低，还原为硫磺费用最高。

在Na_2SO_3和$NaHSO_3$溶液中，由于Na_2SO_3的溶解度小得多，故可在再生器中让Na_2SO_3结晶出来，然后用冷凝水溶解并返回吸收系统循环使用，继续吸收SO_2。

由于氧化副反应而生成的Na_2SO_4增加，会使吸收液的吸收率降低，因此，当Na_2SO_4浓度达到5%时，必须排出一部分母液，同时补充部分新鲜碱液。为了降低碱耗，应尽力减少氧化，这是降低操作费用的关键之一。

由于亚硫酸钠循环法的化学吸收性能优越，不产生结垢堵塞问题，在FGD技术中占有重要地位，但由于钠碱价格较贵，且供应短缺，所以钠碱法往往采用回收循环使用。

亚硫酸钠循环法的优点是脱硫效率高(90%～98%)，可用于高硫煤，回收价值较高的硫磺和硫酸。缺点是系统复杂，操作不易掌握，初投资高，能耗大，亚硫酸钠循环法初投资为433美元/kW，能耗占发电量的5.8%(包括电耗和热耗)，在常用的FGD工艺中能耗是最高的，因此，推广应用受到限制。

二、亚硫酸钠循环法工艺流程

亚硫酸钠循环法工艺流程见图2-22。

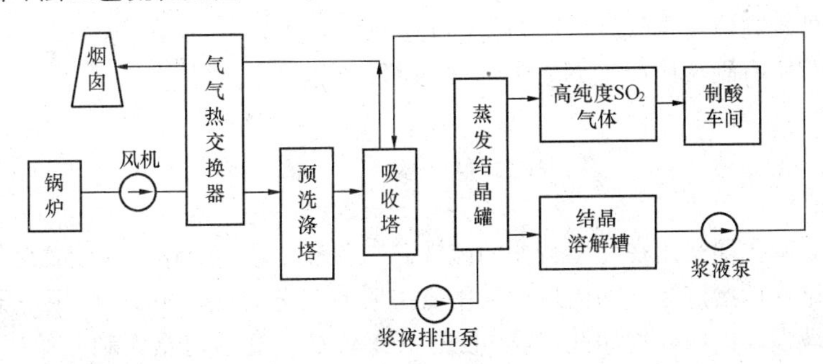

图2-22 W-L法工艺流程

1. 烟气预洗涤

烟气首先进入换热器和文丘里预洗涤塔，降温并除去氯化物和烟尘，使烟气中固体颗粒质量分数在5%以下。

在文丘里预洗涤塔里可除去70%～80%的飞灰和90%～95%的氯化物，烟气的温度也从150℃降至55℃。

2. SO_2的吸收

预洗涤后的烟气进入吸收塔，脱除SO_2。由于再生后的吸收液具有很低的SO_2分压力，吸收能力很强，可使烟气中的SO_2脱除到符合排放标准。最后经过除雾器和气—气热交换器再热后排入烟囱。

3. 解吸再生

解吸过程是在强制循环蒸发结晶系统中进行的。为了防止系统结垢和提高热交换器的效率，采用轴流泵作大流量循环。

来自吸收系统的饱和吸收液经换热器加热至100～110℃后进入蒸发器，由2级蒸发器解吸出来的含有SO_2的湿蒸汽送至冷凝器将水蒸气冷凝后，得到浓SO_2气体，可制成硫酸或液体SO_2

等副产品。

经过蒸发器浓缩的含亚硫酸钠晶体的溶液送至离心机，将 Na_2SO_3 结晶分离出来。Na_2SO_3 晶体经水溶解后，返回吸收塔循环使用。

4. 废水处理

废水处理主要是向废水中加石灰以调节废水的 pH 值，使硫酸根沉淀下来，同时将废水中的氨离子转变成 NH_3 再加以利用。处理后的废水可作为锅炉的冲灰水。

以 500MW 机组为例，燃煤含硫量 4%为设计基础，主要设计参数如下：烟气量 217 万 m^3/h，SO_2 入口浓度 $8637mg/m^3$，设计脱硫率 90%。

吸收剂：苏打粉，100%Na_2CO_3，用量 984kg/h。

抗氧化剂：100%Na_4EDTA(乙二胺四乙酸钠)，用量 66kg/d。

副产品：Na_2SO_4 为 1402 kg/h，SO_2 为 16211kg/h。

三、工艺特点

（1）系统设备较多，投资和运行费用较传统的石灰石法高，但该工艺能够回收元素硫、液体 SO_2 或硫酸，是回收工艺中较为成熟的一种技术。

（2）工艺系统采用全封闭回路运行，废料少，基本无泄漏。

（3）吸收剂 Na_2SO_3 溶液可循环使用，消耗较少。

（4）吸收塔内不会产生结垢、堵塞等问题，设备可用率高。

（5）适用于处理高硫煤烟气，SO_2 脱除率可达 90%以上。

（6）吸收过程中有副反应产生 Na_2SO_4，需要将它除去。

第五节 氨　　法

早期的氨法脱硫主要是用在化工行业的硫铁矿制硫酸工艺中，作为该装置尾气脱硫使用。目前，国内大多数钢铁厂冶炼尾气的治理均采用氨法脱硫工艺。氨法 FGD 应用于电厂烟气脱硫领域，其发展比较缓慢，国内外均如此。20 世纪 70 年代初，日本与意大利开始研制氨法 FGD 工艺并相继获得成功，第一台装置是由德国克卢伯（Krupp Kroppers）公司开发并应用的 Walther 工艺。但是由于种种方面的原因，在世界上应用较少。进入 90 年代后，随着技术的进步和对氨法脱硫观念的转变，氨法脱硫技术的应用呈上升趋势。氨法脱硫工艺分为湿式氨法、电子束氨法、脉冲电晕氨法、简易氨法等。

一、氨法脱硫工艺原理

氨法脱硫就是以碱性强、活性高的液氨（或氨水）作吸收剂，吸收烟气中的二氧化硫，最终转化为硫酸铵化肥的湿法烟气脱硫工艺。氨法脱硫包括两种基础反应：

吸收反应：在吸收塔中，烟气中的 SO_2 与氨水(25%浓度)逆向接触，SO_2 被氨水吸收，生成脱硫中间产物亚硫酸铵[$(NH_4)_2SO_3$]和亚硫酸氢铵。

$$SO_2 + H_2O + 2NH_3 = (NH_4)_2SO_3$$

$$SO_2 + H_2O + (NH_4)_2SO_3 = 2NH_4HSO_3$$

氧化反应：在吸收塔底部浆液槽，鼓入压缩空气，将亚硫酸(氢)铵氧化成硫酸铵[$(NH_4)_2SO_4$]。

$$2(NH_4)_2SO_3 + O_2 = 2(NH_4)_2SO_4$$

$$2NH_4HSO_3 + O_2 + 2NH_3 = 2(NH_4)_2SO_4$$

由浆液槽排出的硫酸铵溶液，先经过灰过滤器滤去飞灰，再在结晶反应器中析出硫酸铵结晶液，经脱水浓缩、分离、干燥，得到硫酸铵化肥。

氨法脱硫工艺不但能脱除90%以上的硫，而且可以脱除20%的氮氧化物。氨水和烟气中的氮氧化物发生反应并生成氮气，反应如下：

$$4NO + 4NH_3 + O_2 = 4N_2 + 6H_2O$$

$$2NO_2 + 4NH_3 + O_2 = 3N_2 + 6H_2O$$

$$6NO + 4NH_3 = 5N_2 + 6H_2O$$

$$6NO_2 + 8NH_3 = 7N_2 + 12H_2O$$

较成熟的、已工业化的氨法烟气脱硫工艺有以下几种类型：

1. 电子束氨法与脉冲电晕氨法

电子束氨法（EBA法，其流程见图2-23）与脉冲电晕氨法（PPCP法）分别是用电子束和脉冲电晕照射喷入水和氨，已降温至70℃左右的烟气，在强电场作用下，部分烟气分子电离，成为高能电子，高能电子激活、裂解、电离其他烟气分子，产生－OH、－O等多种活性粒子和自由基。在反应器里，烟气中的SO_2、NO被活性粒子和自由基氧化为高阶氧化物SO_3、NO_2，与烟气中的H_2O相遇后形成H_2SO_4和HNO_3，在有NH_3或其他中和物注入情况下生成$(NH_4)_2SO_4$或NH_4NO_3的气溶胶，再由收尘器收集。脉冲电晕放电烟气脱硫脱硝反应器的电场本身同时具有除尘功能。这两种氨法的能耗和效率尚需改进，主要设备如大功率的电子束加速器和脉冲电晕发生装置还在研制阶段。

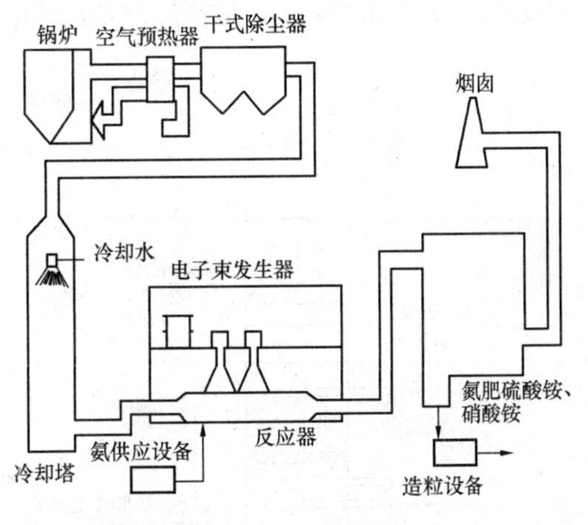

图2-23 电子束氨法脱硫工艺流程

2. Walther氨法

Walther工艺由克卢伯公司开发，于1989年在德国建成65MW示范装置，其流程见图2-24。除尘后的烟气先经过热交换器，从上方进入洗涤塔，与氨气（25%）并流而下，氨水落入池中，用泵抽入吸收塔内循环喷淋烟气。烟气则经除雾器后进入一座高效洗涤塔，残存的盐溶液被洗涤出来，最后经热交换器加热后的清洁烟气（脱硫减氮）排入烟囱。

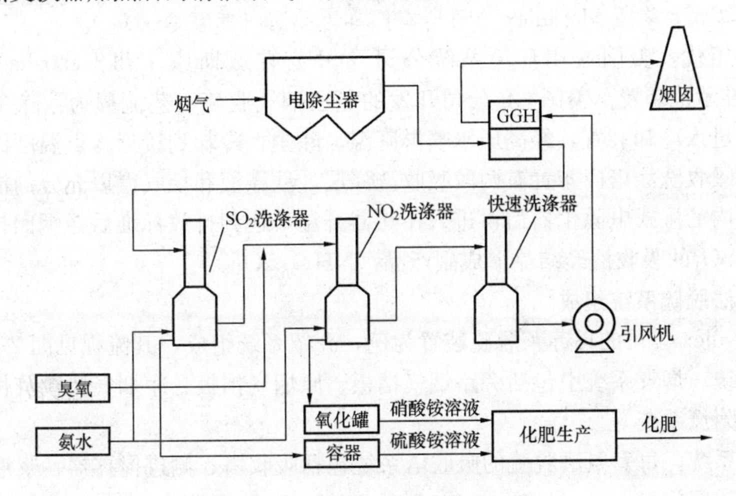

图2-24 Walther氨法脱硫工艺

3. AMASOX 氨法

Walther 氨法烟气脱硫工艺的主要问题之一是净化后的烟气中存在气溶胶。德国的能捷斯-比晓夫公司（Lentjes Bischoff）买断 Walther 氨法烟气脱硫工艺后，对 Walther 氨法烟气脱硫工艺进行了改造和完善，称为 AMASOX 氨法。AMASOX 氨法是将传统的多塔流程改为结构紧凑的单塔流程，并在塔内安置了湿式电除雾器以解决气溶胶的问题，其流程见图 2-25。

4. NKK 氨法

NKK 氨法是日本钢管公司（NKK）开发的工艺，在 20 世纪 70 年代中期建成了 200MW 和 300MW 两套机组，其流程见图 2-26。该吸收塔从下往上分三段，下段是预洗涤除尘和冷凝降温，此段未加入吸收剂。中段是加入吸收剂的第一吸收段，上段为第二吸收段，但不加吸收剂，只加工艺水。吸收处理后的烟气经加热器升温后由烟囱排放。亚硫酸铵的氧化在单独的氧化反应器中进行。氧化用的氧由压缩空气补充，氧化后的剩余气体排向吸收塔。

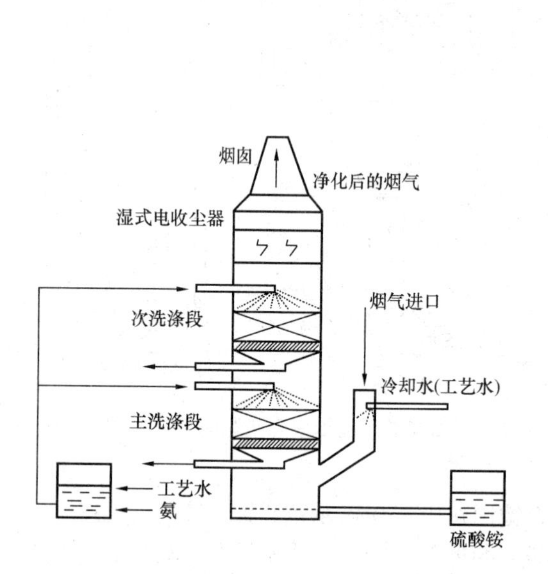

图 2-25 AMASOX 氨法脱硫工艺流程

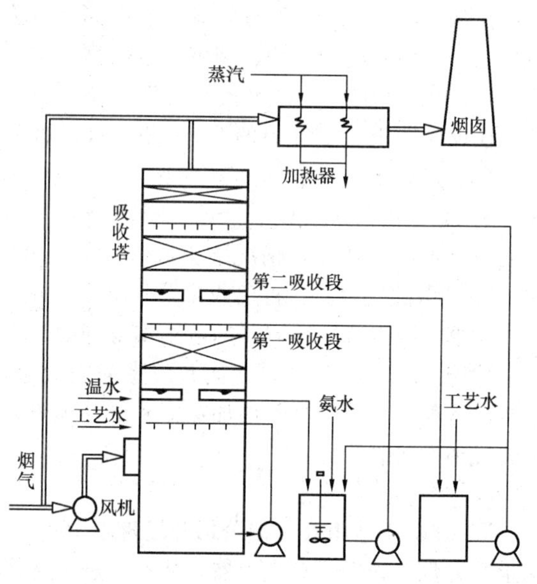

图 2-26 NKK 氨法脱硫工艺

5. GE 氨法（后为美国 Marsulex 公司所有，称为美国玛苏莱氨法）

20 世纪 90 年代，美国通用环境系统公司（GE）在威斯康辛州 Kenosha 电厂建成一座 500MW 的工业性示范装置。美国 GE 公司开发的氨法烟气脱硫工艺流程为：除尘后的电厂锅炉烟气经换热器后进入冷却装置，经高压水喷淋降温、除尘，冷却到接近露点温度的洁净烟气再进入吸收洗涤塔。吸收洗涤塔内布置有两段吸收洗涤层，洗涤液和烟气得以充分的混合接触，脱硫后的烟气经过塔内的湿式电除尘器后再进入换热器升温，达到排放标准后经烟囱排入大气。脱硫后含有 $(NH_4)_2SO_4$ 的吸收液经结晶形成副产品 $(NH_4)_2SO_4$。

二、典型氨法脱硫系统组成

以美国 Marsulex 公司的玛苏莱脱硫装置为例，介绍系统组成，其流程见图 2-27。

(1) 烟气系统。烟气系统中包括旁路烟气挡板、原烟气挡板、净烟气挡板及相应的烟道、膨胀节及相关设备附属系统等。

(2) 吸收塔系统。每套氨法脱硫的吸收塔系统包括吸收塔、侧进搅拌器、浆液循环泵、氧化风机及相应的管道阀门等。

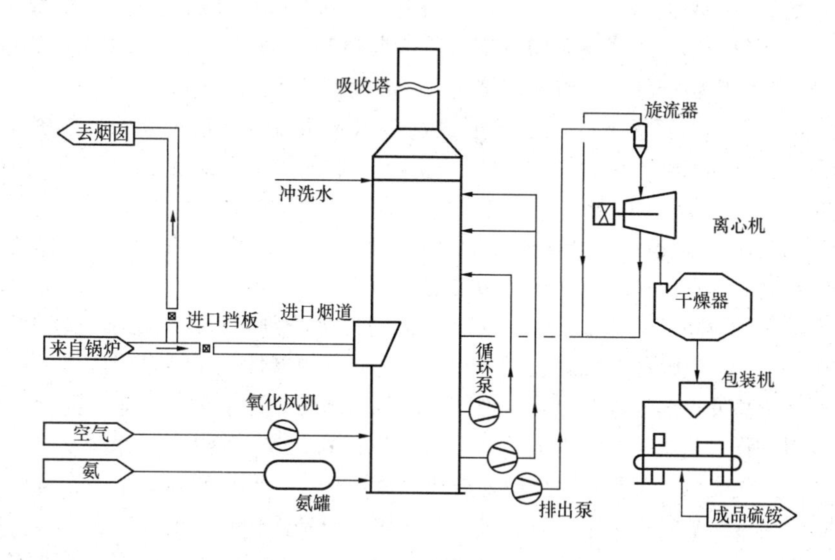

图 2-27 氨法工艺流程图

(3) 氨储运系统。氨储运系统主要是对系统需要的吸收剂（液氨或氨水）进行储存和输送，设置 1 个较大的液氨储罐和 2 个较小的氨水储罐。采用氨水时，氨水直接注入吸收塔浆池中部。采用液氨时，从液氨储罐来的液氨在氨蒸发器中汽化，汽化后的气态氨与加入到吸收塔的氧化空气混合后一同进入吸收塔。氨储运系统主要包括液氨储槽、氨蒸发器、事故吸收罐和氨水罐等设备。

(4) 硫酸铵脱水干燥系统。从吸收塔排出的浆液含固浓度 5%（质量比），由吸收塔排出泵泵入旋流器中，经旋流器浓缩、离心机脱水后，形成硫酸铵粗产品。

(5) 硫酸铵包装储运系统。硫酸铵粗产品去干燥器，进一步干燥成含水率小于 0.2%的硫酸铵成品，经自动包装码垛后，堆放在硫酸铵仓库储存。该系统设置 2 台大型全自动包装机和 1 台码垛机，硫酸铵仓库可容纳两脱硫塔装置 10 天的硫酸铵生产量。

(6) 排放系统。脱硫岛内的排水坑用来收集系统正常运行时，清洗和检修过程中产生的排出物。排水坑液位较高时，排水坑泵自动将其中的液体输送至吸收塔或氨水罐。脱硫岛内没有设置事故浆液箱，吸收塔浆池检修需要排空时，吸收塔的浆液由吸收塔排出泵输送至另 1 座吸收塔，或输送至 2 台氨水罐。氨水罐内的浆液可以由氨水泵送回吸收塔作为晶种。

(7) 工艺水系统。工艺水系统设置 3 台工艺水泵（2 用 1 备），其主要用户为：除雾器冲洗用水；氧化风机和其他设备的冷却用水及密封水；吸收塔补给水；所有浆液输送设备、输送管路、储存箱的冲洗用水；离心机冲洗用水。

三、氨法工艺的技术特点

(1) 作为原料的氨来源丰富。氨（NH_3）是由氮气和氢气化学合成而得，又称合成氨。氨在常温常压下是气体，容易液化，通常液化储存和使用，也称液氨。氨易溶于水，常温常压下可得到 28%浓度的水溶液。35%以下浓度的氨水为不燃气体，不属于重大危险源辨识范围。合成氨是我国煤化工和天然气化工的主要产品，有 500 多家生产企业，产能超过 6500 万 t，年产量 5200 多万 t，合成氨产能过剩超过 1000 万 t。目前我国火电厂年排放二氧化硫约 1000 万 t，即使全部采用氨法脱硫，用氨量不超过 500 万 t/年，因此氨法脱硫原料供应充足。

(2) 氨法对煤中硫含量适应性广。对低、中、高硫含量的煤种，氨法脱硫均能适应，特别适合于中高硫煤的脱硫。采用石灰石—石膏法脱硫时，煤的含硫量越高，石灰石用量就越大，费用也就越高；而采用氨法时，特别是采用废氨水作为脱硫吸收剂时，由于脱硫副产物的价值较高，煤中含硫量越高，脱硫副产品硫酸铵的产量越大，也就越经济。

(3) 无二次污染。以氨为原料，实现烟气脱硫，生产化肥，不消耗新的自然资源，不产生新的废弃物和污染物（如石灰石法每脱除 1t 二氧化硫会排放出 0.7t 二氧化碳），变废为宝，化害为利，为绿色生产技术，可产生明显的环境和经济效益。因此，氨法与石灰石/石膏法具有明显的区别。氨法属于回收法，石灰石/石膏法属于抛弃法。抛弃法的缺点是消耗新的自然资源，产生新的废弃物和污染物，具有明显的二次环境污染问题。

(4) 系统简单、设备体积小。氨是一种良好的碱性吸收剂，从吸收化学机理上分析，SO_2的吸收是酸碱中和反应，吸收剂碱性越强，越利于吸收，氨的碱性强于钙基吸收剂；而且从吸收物理机理上分析，钙基吸收剂吸收 SO_2是一种气—固反应，反应速率慢、反应不完全、吸收剂利用率低，需要大量的设备进行磨细、雾化、循环等，以提高吸收剂利用率，系统复杂，能耗高。而氨吸收烟气中的 SO_2是气—液反应，反应速度快、反应完全，吸收剂利用率高；可以达到很高的脱硫效率，同时相对钙基脱硫工艺而言，其系统简单，设备体积小。

(5) 脱硫塔不易结垢。由于氨具有更高的反应活性，且硫酸铵具有极易溶解的化学特性，因此氨法脱硫系统不易产生结垢现象。

(6) SO_2的可资源化。可将污染物 SO_2回收成为高附加值的商品化产品，其脱硫副产品为直径 0.2～0.6mm 的硫酸铵晶体。硫酸铵是一种农用肥料，在我国具有很好的市场前景，硫酸铵的销售收入能冲抵吸收剂的成本。特别是对于自身富产液氨或有废氨水的企业来说，可以利用液氨或废氨水作为脱硫吸收剂，达到用废水治理废气的目的。1t 液氨可以反应生成 3.83t 硫酸铵化肥，其销售价格 1200 元/t。

(7) 能耗低。氨水可直接与 SO_2反应，中间没有吸收剂输送、磨制等过程，而且反应中吸收剂利用率高，约为 90%。每脱除 1tSO_2，由于氨水 90%利用，需要 0.59tNH_3。如果是湿法石灰石/石膏脱硫工艺，每脱除 1tSO_2，由于 $Ca(OH)_2$只能 50%被利用，则需要 4.6t$Ca(OH)_2$。氨法脱硫塔的阻力低，因此氨法脱硫装置可以利用原锅炉引风机的潜力，一般不需新配增压风机；另外循环泵的功耗降低了近 70%，因此能耗只是湿法石灰石/石膏脱硫工艺的 50%。

(8) 可与脱硝实现协同控制。氨法脱硫的同时，具有一定的脱硝效果，可与 SCR 等脱硝工艺共用一套液氨供应系统。

(9) 氨利用充分。氨水无论是以液态还是以气态参与反应，同 SO_2之间都是均相反应，反应完全程度较其他脱硫技术较为完全；氨水在工艺过程中可以不断循环，只有得到反应完成的产物（硫酸铵）才移出系统，氨水利用率可达到 90%以上。

四、氨法脱硫需克服的几个问题

(1) 氨的易挥发性。氨法脱硫的特殊之处，与石灰石/石膏法脱硫的本质区别是前者的脱硫剂在常温常压下是气体，是易挥发的，而后者是固体，是不挥发的。氨法烟气脱硫采取的吸收剂氨水在常温下容易挥发，其挥发损失受浓度、气温及容器密闭程度等因素的影响。氨水浓度越高，放置时间越长，液面暴露越多，则氨的挥发损失越多，氨的挥发不但影响脱硫效率，而且会对空气造成二次污染，形成气溶胶。因此在脱硫工艺中，要减少氨的挥发逃逸。

(2) 亚硫酸铵氧化的困难。向亚硫酸铵水溶液鼓入空气直接氧化，便可得到硫酸铵。但是亚硫酸铵氧化和其他亚硫酸盐相比明显不同，$(NH_4)_2SO_3$对氧化过程有阻尼作用，主要原因是$(NH_4)_2SO_3$显著阻碍 O_2在水溶液中的溶解。当盐浓度≤0.5mol/L（约 5%质量比）时，亚硫酸铵氧化速率随其浓度增加而增加，而当超过这个极限值时，氧化速率随浓度增加而降低。

（3）硫酸铵结晶析出困难。氨法脱硫工艺的副产物硫酸铵在肥料行业有很大的市场，如果以合适的价格出售出去，将会抵消一部分工艺上的资本消耗。由于硫酸铵在水中的溶解度随温度的变化不大，如表 2-24 所示。因此，工业上结晶析出硫酸铵的方法一般采取蒸发结晶，消耗外部蒸汽。但由于受蒸发结晶条件的影响，硫酸铵晶体往往出现如晶粒过小，晶体出现多种颜色等问题。因此，如何控制过程的工艺条件使硫酸铵饱和结晶，从而降低能耗，是该方法的第三个技术关键。

表 2-24　　硫酸铵的溶解度

水溶液温度（℃）	20	30	40	60	80	100
溶解度，%质量比	43	43.82	44.75	46.81	48.80	50.81

（4）容易产生亚硫酸氢铵气溶胶。氨法脱硫过程中，烟气中的二氧化硫是用氨水吸收的，由于氨会挥发，挥发出来的氨气与烟气中未被吸收掉的二氧化硫发生气相反应，生成固体的亚硫酸氢铵：

$$NH_3(g)+SO_2(g)+H_2O(g)=\!=\!=NH_4HSO_3(s)$$

又由于有水汽的存在，从而形成亚硫酸氢铵小液滴悬浮在吸收塔上段，再加上气流运动的影响，许多小液滴的不断碰撞形成直径较大的液滴，最终形成“气溶胶”状态，导致最后排放的烟气中含有不稳定的亚硫酸氢铵，排出烟囱后会被分解而形成二次污染，而且也导致吸收液氨的浪费。可以通过调整吸收液的 pH 值、氧化程度和氨的加入方式等解决排放烟气中的“气溶胶”问题。

（5）腐蚀。由于硫酸铵具有腐蚀性，所以对设备的防腐要求较为严格。通常预洗涤塔和吸收塔采用玻璃钢、内衬玻璃鳞片树脂制造，也可以采用合金钢制造。加拿大奥尔贝塔省的辛克鲁德电厂（500MW）氨法脱硫装置的吸收塔就是用 A59 合金钢制造的，无内衬。

五、影响脱硫效率的因素

为了确定 pH 值、烟气流速、液气比、入口 SO_2 浓度以及盐浓度等因素对脱硫效率的影响，以直径 150mm 的脱硫塔为实验装置加以研究。实验中在研究液气比、pH 值、烟气流速、入口 SO_2 浓度对脱硫效率影响时，为避免盐浓度积累对实验造成一定的误差，故将脱硫塔出口阀门保持一定的开度。实验中采用的烟气流量为 $110m^3/h$，SO_2 浓度为 $4000mg/m^3$，吸收液 pH 控制在 4.5～6.5。

1. 液气比（L/G）

试验表明，随着 L/G 的增加，烟气脱硫率不断增加。这是因为液气比对传质性能的影响主要是通过改变传质过程中液气接触的比表面积来实现的。液气比越大，液气之间的传质面积就越大，有效接触面积也就越大，从而传质速率增强，能够得到较高的脱硫效率。但当液气比不能够无限增大，增加到一定程度时，将使液滴的凝聚增强，实际的有效比表面积增加甚微，这就能够充分解释图 2-28 中液气比在 $2L/m^3$ 左右时增长幅度降低、趋势平缓的现象。通过两组数据的比较发现，在 pH 值较低的情况下，液气比对脱硫效率的影响更为明显。这是因为，在吸收液液量较少的情况下，吸收液的总碱度变化较为明显，对 SO_2 的吸收能力较强。

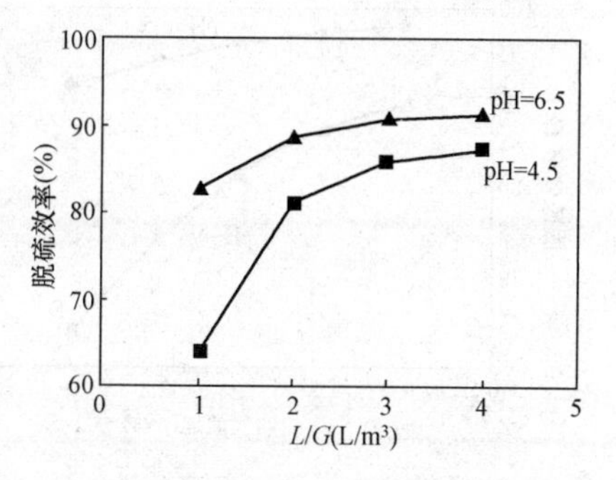

图 2-28　液气比对脱硫效率的影响

2. pH值

pH值是氨法脱硫工艺系统运行重点控制的化学参数之一，它对于SO_2的溶解扩散、吸收过程中的传质以及后续工艺中$(NH_4)_2SO_3$的氧化、$(NH_4)_2SO_4$的结晶均有一定的影响，实验时pH值对脱硫效率的影响如图2-29所示，其中采用的烟气流量为$110m^3/h$，SO_2浓度为$4000mg/m^3$，循环吸收液流量为200～400L/h。

实验表明，脱硫效率随pH值的增大而增大，并且在pH值为5.5以下时，脱硫效率随pH值的增加升高的趋势较明显；而pH值大于5.5以后，则变化趋势较为平缓。这是因为pH值较低时，H^+浓度高，抑制H_2SO_3电离，故SO_2的溶解度低。但pH值不应过大，过大会造成氨的挥发，形成气溶胶。因此应将pH值控制在一定范围内。

3. 入口SO_2浓度

入口烟气中SO_2浓度与脱硫效率的关系如图2-30所示。烟气流量为$110m^3/h$，循环吸收液流量为200L/h，控制进口吸收液pH值在4.5～6.5之间。试验表明，在其他条件一定的情况下，脱硫效率随入口SO_2浓度的增大而减小。这是因为增大入口SO_2浓度有利于SO_2的吸收。但是，由于体系中不再持续补入新的吸收剂的情况下，吸收液的总碱度保持恒定，即吸收液对于SO_2的吸收能力是一定的。因此，尽管SO_2的浓度和吸收量增加了，但是吸收液吸收SO_2的能力受到了限制。总体来讲，脱硫效率仍然随入口浓度的增大而减小。在高pH值下，脱硫效率随入口浓度的变化与低pH值下相比，较为缓慢。这是因为低pH值下，液相的总碱度较低，入口浓度的增加将迅速消耗液相中的碱度，导致液膜阻力增加，脱硫效率下降迅速，而高pH值下溶液碱度大，脱硫效率下降较为缓慢。

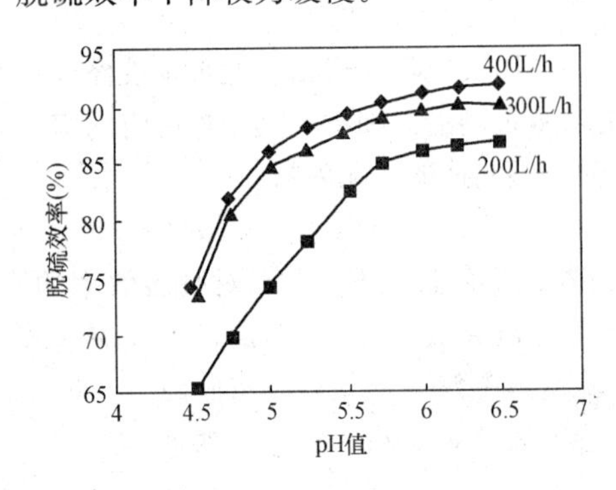

图2-29 吸收液pH值对脱硫效率的影响

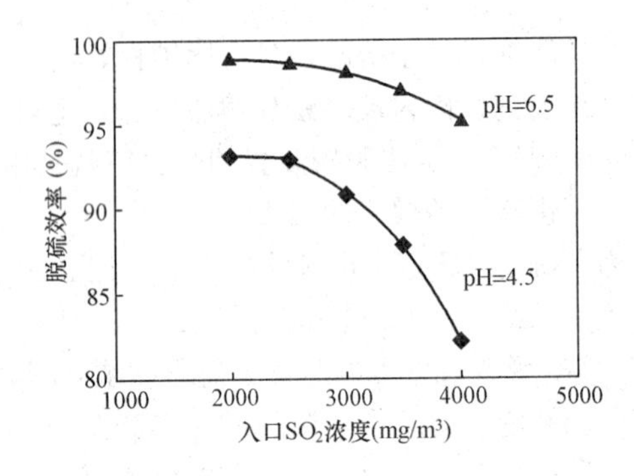

图2-30 SO_2浓度对脱硫效率的影响

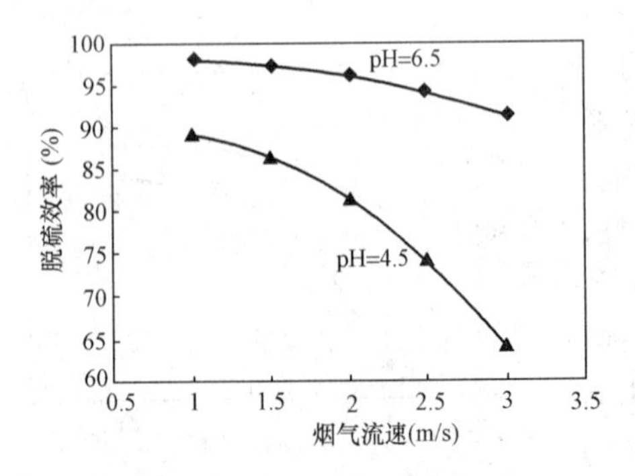

图2-31 烟气流速对脱硫效率的影响

4. 烟气流速

在实际烟气脱硫系统运行中，需要考虑由于锅炉负荷、煤质的变化引起入口烟气流量发生变化的情况。同时，塔内烟气流速也是脱硫系统重要的设计参数。本实验中烟气流速对脱硫效率的影响关系如图2-31所示。其中循环吸收液流量为200L/h，SO_2浓度为$4500mg/m^3$，调节烟气进口阀门，控制烟气流速在1～3m/s之间。

试验表明，在一定条件下，随着烟气流速的增加，脱硫效率不断下降。烟气流速对于传质过程有一定的影响。一方面，在其他参数恒定的情况下，提高烟气流速可提高气液两相的湍动，降低烟气与液滴间的膜厚度，提高传质系数；另一方面，烟气流速的增加，又会使烟气在塔内的停留时间降低，气液接触时间缩短。另外，烟气流速的增加相当于在单位时间内烟气流量的增加，由于吸收液总碱度并没有增加，其吸收 SO_2 的能力也没有增加，因此随着烟气流速的增加，脱硫效率随之下降，这种现象在低 pH 值下更为明显。

六、氨法脱硫技术的应用

1. 氨法脱硫装置简介

某石化热电厂 1～4 号机组配套 4×410t/h 燃煤锅炉（各配 100MW 汽轮机），采用美国 MARSULEX 公司的玛苏莱氨法脱硫技术，2009 年 8 月投产。该装置采用 2 炉 1 塔配置，1 号和 2 号锅炉对应 1 号脱硫系统，其流程见图 2-27。烟气参数设计值如表 2-25 所示。脱硫塔设计处理烟气量为 $88.00\times10^4 m^3/h$（标态，湿基，6%O_2），设计燃煤含硫量 $S_{ar}=1.8\%$ 或入口 SO_2 浓度 $4200mg/m^3$（标态，干基，6%O_2），设计脱硫效率不低于 97.6%。

表 2-25　单台锅炉及单台脱硫系统设计参数

项　目	参　数	项　目	参　数
锅炉额定蒸发量（t/h）	410	入口烟气 CO 含量（mg/m^3）	平均 60
过热蒸汽温度（℃）	540	入口烟气 NO_x 含量（mg/m^3）	平均 610
过热蒸汽压力（MPa）	9.81	出口排烟烟尘浓度（mg/m^3）	50
锅炉效率（%）	90.95	脱硫效率（%）	95
燃料总消耗量（t/h）	53.04	脱硫岛压力降（Pa）	≤1200
烟气温度（℃）	147（除尘前）	氨流量（t/h）	≤3.78
烟气流量（m^3/h）	440 000	工艺补水量（t/h）	≤105
入口烟气 SO_2 浓度（mg/m^3，干基，6%O_2）	≤4200	吸收液 pH 值	5.2～5.8
		出口烟气中的氨（NH_3）逃逸量（mg/m^3）	≤0.1
出口烟气 SO_2 浓度（mg/m^3，干基，6%O_2）	≤100		
		硫酸铵氮含量（%，干基）	≥20.5
入口烟气 CO_2 含量（%）	平均 13.7	硫酸铵产量（万 t/年）	9.23

（1）每套氨法脱硫的吸收塔系统包括 1 座吸收塔、3 台侧进搅拌器（每台 37kW）、3 台浆液循环泵（型号 LC550/50Ⅱ离心式，$Q=6369m^3/h$，$H=22/24/26m$，电动机 630/710/800kW）、2 台氧化风机（每台 250kW）及相应的管道阀门等。

吸收塔采用单回路喷淋塔设计，吸收塔尺寸为 $\phi13.44/10.34\times39.36m$，壁厚 10～20mm，材质为碳钢衬鳞片。氧化空气管网的浆池直接布置在吸收塔下部，塔内吸收段设置三层喷淋，塔上部设置二级除雾器（$\phi11.05m$，PP）。烟气进入吸收塔，穿过三层逆流喷淋层后，再连续流经两层 Z 字形除雾器除去所含浆液雾滴。在一级除雾器的上、下各布置一层清洗喷嘴。工艺水（洗涤水）的喷淋将带走一级除雾器顺流面和逆流面上的固体颗粒。烟气经过一级除雾器后，进入二级除雾器。二级除雾器下部也布置一层洗涤喷淋层。穿过二级除雾器后，经洗涤和净化约 57℃的烟气通过出口流出吸收塔，经过出口烟道排入烟囱。

（2）吸收塔浆液池中的氧化空气管网以及 3 台侧进式搅拌器使浆液中的固体颗粒保持悬浮状态，以保证反应充分。

（3）氨储运系统主要是对系统需要的吸收剂（液氨或氨水）进行储存和输送，该工程设 1 个 $1000m^3$ 的液氨储罐和 2 个 $350m^3$ 的氨水储罐。

（4）硫酸铵脱水干燥系统。脱水干燥系统包括2台一级旋流器、1个一级底流箱及其搅拌器、2台一级底流箱泵（1运1备）、1台二级旋流器、1台二级底流分配箱。一级旋流器为单元制操作系统，每台吸收塔对应1台一级旋流器；一级底流箱以后则为2座吸收塔公用，2台离心机、1套干燥系统。从吸收塔排出的浆液含固浓度5%（质量比），由吸收塔产出泵（2台，泵型号LCF150/350，离心式，$Q=200m^3/h$，$H=35m$，每台75kW）泵入一级旋流器中，经两级旋流器浓缩、离心机脱水后为含水5%左右的粗产品。

（5）工艺水由电厂循环水总管引入氨法脱硫系统的工艺水箱，4台机组共用1台工艺水箱，有效容积为$110m^3$。4台机组2台工艺水泵，型号为200S-63离心式，$Q=260m^3/h$，$H=65m$，电动机功率75kW。

2. 运行结果

（1）高硫煤脱硫效率情况。

表2-26所示为1号脱硫反应塔在2010年6月的每日脱硫效率。由表2-26中看出脱硫效率最高达到99.9%，最低为95.0%，平均为97.6%，可见脱硫效率是非常高的。

表2-26　　1号脱硫塔月度脱硫效率平均值

代表日	烟气流量（$\times10^3m^3/h$）		SO_2排放浓度（mg/m^3）		脱硫效率（%）	脱除SO_2量（t）	氨水用量（t/h）
	入口	出口	入口	出口			
1日	654.66	482.7	1792	25.0	98.6	28.67	5.1
17日	642.0	478.0	2511	125	95.0	36.76	10.0
21日	672	507	2311	2	99.9	37.24	3.3
29日	627	470	2164	24	98.9	32.2	6.7
月均	652.50	485.71	2102.94	51.464	97.6	32.07	6.34

（2）低硫煤脱硫效率情况。

2010年10月考核试验数据见表2-27，表中表明，出口SO_2浓度为$107mg/m^3$，接近$100mg/m^3$的设计值；额定工况下脱硫效率达95.0%；出口烟气中的氨逃逸量为$6.2mg/m^3$，远低于$8mg/m^3$的国家标准。

表2-27　　测试结果汇总表

序号	项　目	单位	保证/设计值	现场测试值
1	脱硫系统烟气量			
	标态，湿基，实际O_2	m^3/h		98.60×10^4
	标态，湿基，6%O_2	m^3/h	880 000	86.11×10^4
	标态，干基，6%O_2	m^3/h		80.08×10^4
2	净烟气粉尘浓度（标态，干基，6%O_2）	mg/m^3	≤50	808.72
3	净烟气NH_3排放浓度（标态，湿基）	mg/m^3	≤8	6.2
4	原烟气SO_2浓度（标态，干基，6%O_2）	mg/m^3	4200	2134
5	净烟气SO_2浓度（标态，干基，6%O_2）	mg/m^3	≤100	107
6	净烟气硫酸铵排放浓度（标态，湿基）	mg/m^3	—	659.63
7	除雾器出口烟气携带的水滴含量（干态）	mg/m^3	<75	363.0
8	浆液中氯离子浓度	ppm	—	39 958

续表

序号	项　　目	单位	保证/设计值	现场测试值
9	氨水质量浓度	%	17	16.69
10	1号锅炉负荷	t/h	410	392
11	2号锅炉负荷	t/h	410	393
12	电耗	kW	—	2818（2台）
13	工艺水耗量（不包括氨罐冷却用水）	t/h	≤105（2台炉）	162.28（2台炉）
14	耗氨量	t/h	≤3.78（2台炉）	1.558（2台炉）

石化热电厂氨法脱硫装置自2009年8月生产出合格的硫酸铵以来，一直运行稳定，各项指标良好。副产品硫酸铵颜色洁白，颗粒均匀，化验报告表明其氮含量、水分、游离酸等指标均优于GB 535一级品的相应指标，部分批次达到GB 535优等品的指标，年产优质硫酸铵产品达10万t以上。但是氨法脱硫装置设备存在缺陷，工艺参数也存在需要进一步改善的地方。比如硫酸铵对设备和管道有较强的腐蚀性，硫酸铵在一级旋流器内结晶堵塞，反应塔浆液循环时耗电量比较大等问题。

第三章 半干法脱硫工艺

第一节 旋转喷雾半干法

半干法烟气脱硫市场占有率仅次于湿法，列第二位，约占FGD装置总量的11%。其中旋转喷雾烟气脱硫占8.5%，炉内喷钙尾部增湿活化法占2%。该种工艺采用湿态吸收剂，产生干粉状的脱硫产物，无废水产生。主要工艺旋转喷雾烟气脱硫，其投资一般低于传统湿法。旋转喷雾烟气脱硫最早是由美国JOY公司和丹麦Niro Atomier公司共同开发的，自1978年在北美安装了第一套工业装置以来，发展迅速。世界使用旋转喷雾法的FGD总容量约有20 000MW，仅德国就有16台5843MW容量的燃煤机组采用旋转喷雾半干法烟气脱硫装置，美国和欧洲有50台机组11 930MW正在运行。最大的单机容量为美国Sherburne County电厂的3号机组865MW，其他如丹麦Stadsrnp电厂的2台350MW和美国的Grand River电厂的520MW机组都已安装并运行了许多年，可用率达到97%以上。这种装置相对于石灰石—石膏法来说，具有设备简单、投资较低、占地面积较小等特点，但是脱硫率相对较低。

一、工作原理

旋转喷雾半干法烟气脱硫工艺（Rotary Atomization Semi-gry Desulfurization Method）分四个步骤：①吸收剂浆液制备与供应；②吸收剂浆液雾化；③雾粒和烟气混合，吸收SO_2并干燥；④废渣排出除尘和再利用。

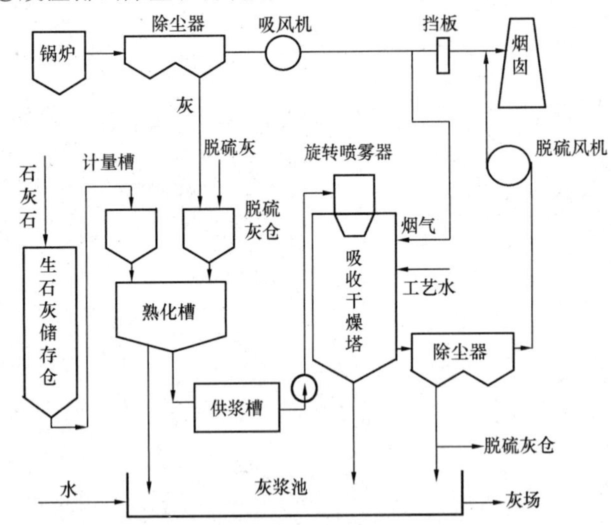

图3-1 旋转喷雾半干法烟气脱硫

旋转喷雾半干法（RASD）烟气脱硫是利用喷雾干燥的原理，吸收剂（石灰石）经浆液制备装置，熟化成具有较好反应能力的熟石灰浆液，随后泵入高位给料箱，浆液自流入旋转喷雾器，经分配管均匀地注入高速旋转的雾化轮。浆液在离心力作用下喷射成均匀的雾粒云雾，以雾状形式喷入吸收塔内，这些雾粒是具有很大表面积的分散微粒，一旦同烟气接触，便发生强烈的热交换和吸收SO_2化学反应，同时大部分水分迅速被高温烟气蒸发，形成含水量很少的固体灰渣。如果微粒没有完全干燥，则在吸收塔之后的烟道和除尘器中可继续发生吸收SO_2的化学反应，最后完成脱硫后的废渣以干态灰渣形式排出，见图3-1，其主要的化学反应如下

生石灰制浆 $CaO+H_2O \longrightarrow Ca(OH)_2$

SO_3被液滴吸收 $SO_2+H_2O \longrightarrow H_2SO_3$

氢氧化钙与SO_2反应 $Ca(OH)_2+SO_2+H_2O \longrightarrow CaSO_3 \cdot 1/2H_2O+3/2H_2O$

$$CaSO_3 \cdot 1/2\ H_2O + O_2 = CaSO_4 \cdot 1/2\ H_2O$$

$$Ca(OH)_2 + SO_3 + H_2O = CaSO_4 \cdot 1/2\ H_2O + 3/2\ H_2O$$

在脱硫过程中溶解的 $Ca(OH)_2$ 不断消耗，同时 $Ca(OH)_2$ 固体不断溶解补充，以维持脱除 SO_2 的反应继续进行。

二、影响脱硫效率的主要因素

比差温度、雾滴粒径、化学当量比等是影响 SO_2 吸收的关键参数。

1. 吸收塔出口比差温度

比差温度 ΔT 是出口烟气温度和烟气饱和温度的差值。比差温度越小，脱硫效率越高，见图 3-2。反应的基本条件是吸收剂雾滴必须有水分，吸收塔出口在接近饱和温度下运行，可增加干燥过的固体颗粒中的水分，烟气越接近饱和温度，则烟气的湿度越大，脱硫效率越高。国外试验表明，在烟气接近饱和温度(烟气的露点约为 50℃)15℃附近，出口烟气温度降低 5～8℃，脱硫效率可提高 10%左右。但是当烟气温度过于接近或低于饱和温度，会加剧烟道和设备的腐蚀，因此有一个合理的接近饱和温度即出口比差温度，在美国 ΔT 一般在 10～18℃之间。

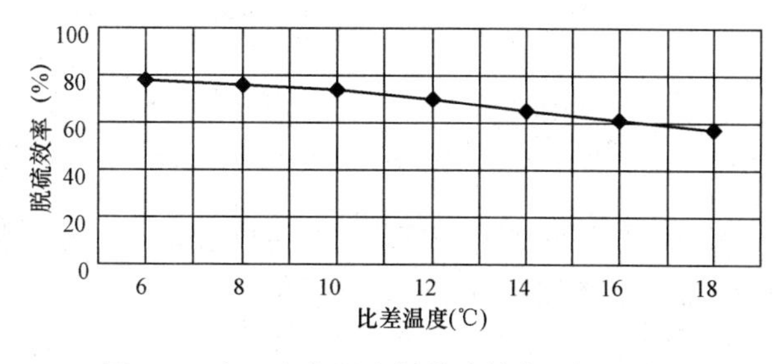

图 3-2 出口比差温度与脱硫效率之间的关系

2. 钙硫比

钙硫比即进入系统内的 $Ca(OH)_2$ 与进入系统内的 SO_2 的化学当量比，其大小表示加入到吸收塔中吸收剂量的多少。大量试验表明，随着钙硫比的增加，脱硫效率也增加，其增大的幅度由大到小，最后趋于平稳，见图 3-3。当钙硫比小于 1，即所提供的$Ca(OH)_2$不足以完全吸收 SO_2 时，随着 $Ca(OH)_2$ 的增加，脱出的 SO_2 几乎成比例地增加；当喷入的$Ca(OH)_2$过量之后(钙硫比大于 1)，在 $Ca(OH)_2$ 增加的同时，进料率、含固量、黏度反应生成物浓度也同时增加，这些因素都有碍于 SO_2 的吸收，使脱硫率增加逐步减缓，石灰利用率也下降，最后趋于饱和(Ca/S 比在 2 左右时，脱硫率变化不大)，因此应有一个合适的钙硫比。根据美国高硫煤试验中心(HSJC)试验结果表明，当燃煤含硫量为 2.8%，烟气中 SO_2 浓度约 2500mg/L 时，最佳 Ca/S 比在 1.3～1.6 之间。因此需要控制石灰吸收剂的加入量，在此范围内，Ca/S 比每增加 0.1，脱硫效率约增加 2～3 个百分点。

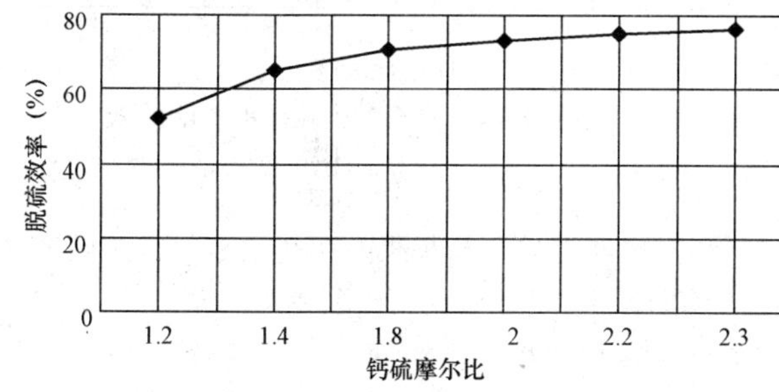

图 3-3 钙硫比与脱硫效率之间的关系

3. 雾滴粒径

反应必须有一定水分，雾滴粒径越小，反应物接触面积越大，这就需要有良好的雾化效果和极细的雾滴粒径。但是雾滴粒径又必须大到一定程度，以保证在产生满意反应之前不至于干涸。因此存在一个合理的雾滴粒径，应根据入口烟温、塔内滞留时间选定，一般以 0.05～0.10mm 为宜。

4. 石灰的熟化

石灰的熟化过程就是生石灰在过量水中转化成熟石灰 $Ca(OH)_2$ 的过程。熟化过程的质量决定了石灰颗粒的大小、孔隙的多少和反应能力的大小，石灰颗粒孔表面积大小是喷雾干燥的关键。如果熟化时间太长或者用水质较差的水进行熟化，将导致熟化石灰颗粒较大且孔隙较小，致使反应减慢。因此，应在运行中认真控制熟化时间、熟化起始温度和熟化压力等参数。

5. 烟气进口 SO_2 浓度

图 3-4 表示了进口烟气温度为 160℃、钙硫比为 1.5 和出口比差温度 ΔT=11℃的条件下，不同初始 SO_2 浓度的脱硫率的试验曲线。吸收塔进口烟气二氧化硫浓度对系统的脱硫率影响较大，浓度越高，脱硫率越低。在相同的吸收塔进、出口温度条件下，高的入口烟气 SO_2 浓度需要更多的新鲜石灰加入量。虽然入口烟气 SO_2 浓度增高，可以增加吸收剂加入量，使脱硫率增加，但是由于 SO_2 浓度增高和生成物浓度增高，使吸收剂和 SO_2 分子无法充分接触，造成脱硫率降低。

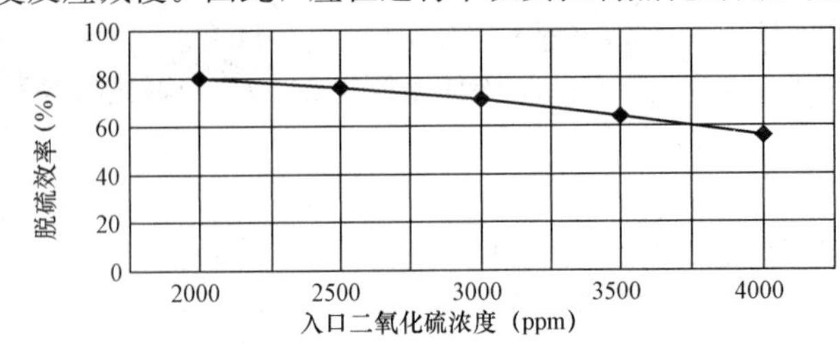

图 3-4 不同初始 SO_2 浓度的脱硫率的试验曲线

（注：对于烟气 1000ppm≈5700mg/m³）

6. 烟气入口温度

图 3-5 所示为入口烟气 SO_2 浓度为 2500mg/m³、钙硫比为 1.5 和 ΔT=11℃的条件下，不同的烟气温度对脱硫率的影响曲线。较高的入口烟气温度，使吸收剂和二氧化硫之间反应加快，使脱硫率提高。

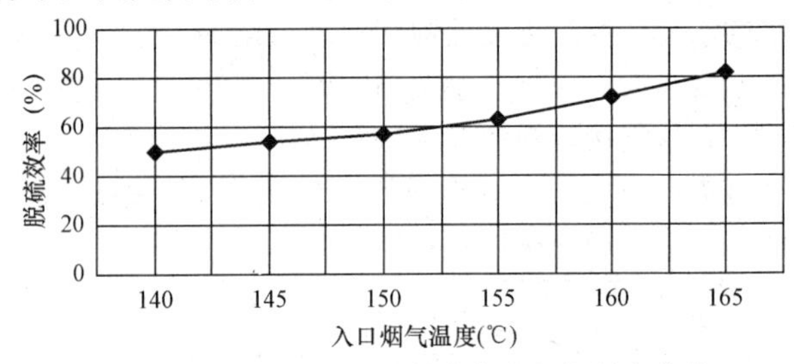

图 3-5 不同的烟气温度对脱硫率的影响曲线

三、主要设备及系统

1. 吸收塔系统

喷雾干燥吸收塔由吸收塔筒体、烟气分配器和雾化器组成。石灰浆液在其中雾化，并同烟气中的 SO_2 反应脱硫，同时液滴干燥生成能自由流动的粉末(亚硫酸钙、硫酸钙和飞灰)。

吸收塔的尺寸由许多因素决定，如喷雾器类型、雾化器出口液滴速度、烟气量、SO_2 浓度、出口比差温度、烟气停留时间等。为了达到一定的脱硫效率和完成产物干燥的工艺要求，就必须有足够的停留时间，而停留时间取决于塔径和塔高。一般情况下塔径 D 按下式确定，即

$$D \geqslant (2\sim2.8)R_{99}$$

式中 R_{99}——旋转雾化器雾矩半径，m。

塔高 H 按下式确定，即

$$H/D=1\sim3$$

2. 雾化器

当前采用较多的是气流式喷嘴和旋转式雾化器。压缩空气或蒸汽以很高的速度和压力(300m/s、490～630kPa)从喷嘴喷出，靠气液两相间速度差所产生的摩擦力使浆液分裂为雾滴。压力越高，产生液滴越细，但能耗越高。各喷嘴可独立运行，可以在线维护，喷嘴设计简单，但缺点是要求高速浆液摩擦的表面耐磨性高，在采用再循环系统时要求特别耐磨，因为飞灰比石灰液浆磨损更为厉害。

旋转式雾化器是指吸收浆液从中央通道输入到高速转盘(圆周速度为 100～250m/s)中，受离心力作用从盘的边缘甩出雾化。一般一个吸收塔只需一个雾化器，雾化轮直径为 200～400mm，转速为 10 000～20 000r/min。

3. 固体灰渣的分离与处置

喷雾干燥烟气脱硫的副产物是亚硫酸钙、硫酸钙、飞灰和未反应的吸收剂等混合物，为粉末

状固体物质。其中大部分粗粉落到吸收塔底部星形阀而排出，剩余的细粉随烟气排出吸收塔，被随后设置的除尘设备如袋式除尘器或电除尘器收集。

未反应的吸收剂主要以 $Ca(OH)_2$ 形式存在。副产物主要为带半个结晶水的亚硫酸钙及少量带 2 个结晶水的硫酸钙。亚硫酸钙和硫酸钙比例在(2～3)：1 之间。

喷雾干燥烟气脱硫灰渣的处理方法分为抛弃法和综合利用法两种。在抛弃法系统中，收集到的干态灰渣从灰斗用气力输送设备送至电厂就地储仓。就地储仓是密闭的圆柱形或矩形结构。干态灰渣在从储仓送往灰场之前要经过喷水湿化处理。

灰渣的综合利用途径包括建筑填料、替代水泥、稳定路基、制砖等。

4. 烟气除尘装置

袋式除尘器与电除尘器相比的优点：沉积在袋上的未反应的石灰可与烟气残余 SO_2 反应，脱硫率可达到系统总脱硫效率的 15%～30%。作为喷雾干燥脱硫系统尾部设备的袋式除尘器，其压力降和单纯除尘时基本相同，尽管粉尘负荷增加了 5 倍或更多，但滤袋压力降并没有出现较大的变化，其原因是喷雾干燥的固态生成物的粒径大于煤飞灰，这些粗颗粒形成了具有良好的阻力特性的过滤层。袋式除尘器要求烟气入口温度在 60～110℃范围内。

根据喷雾干燥脱硫产物的特性，在很多情况下，可以采用电除尘器（ESP）。喷雾干燥 FGD 可以加装在现有 ESP 前面。如做老电厂改造，则不需要对 ESP 本身做大的改动。通过中间试验，已确认 ESP 脱硫率占总脱硫率的 10%～15%。

四、工艺应用

在山东黄岛电厂进行的中日合作项目（日本三菱重工神户造船所）高硫煤烟气脱硫试验装置采用的就是这种旋转喷雾半干法烟气脱硫技术。在黄岛电厂进行工业性试验，建设和试验及其他费用合计为 36 亿日元，建设投资为 17.3 亿日元。处理前苏联塔干罗戈红色锅炉厂生产的 670t/h 锅炉的部分烟气量，相当于容量 100MW，脱硫场地面积为 1920m^2，1993 年 5 月开始施工，1994 年 10 完成调试。这台装置从黄岛电厂 4 号 210MW 机组吸风机后引出，1998 年 4 月日方技术人员撤离黄岛电厂之后，黄岛电厂环保公司克服种种困难，在本厂脱硫人员的努力下，脱硫设施运行情况基本良好，年累计运行时间约为 6500h。

1. 设计参数

RASD 主要设计参数见表 3-1。

表 3-1 **RASD 主要设计参数**

项　目	参　数	项　目	参　数
锅炉燃煤量	88t/h	烟气 Cl^- 浓度	23μL/L
锅炉排烟量	800 000m^3/h	出口烟气温度（吸收塔）	高于烟气饱和点温度为 12℃
生石灰粒度	≤150mm	电除尘器出口烟尘浓度	300mg/m^3
生石灰纯度（CaO）	≥70%	化学计量比（Ca/S）	≤1.4
石灰用量	3.07t/h	入口烟气温度	145℃
处理烟气量（湿态）	3×10^5m^3/h	耗电量	850kW
入口烟气 SO_2 浓度（干态）	5720mg/m^3	旋转雾化器转速	8000r/min
入口烟气含尘量（干态）	600mg/m^3	除尘器出口烟气含尘量（干态）	300mg/m^3
入口烟气水分体积比	6%	电除尘器出口脱硫效率	≥70%
入口烟气 O_2 体积比（干态）	8.5%	脱硫塔出口脱硫效率	≥65%

2. 工艺流程

脱硫工艺系统由生石灰接受储存、生石灰投入、浆液制造和供给、脱硫反应塔、静电除尘器、脱硫灰再循环和灰处理等部分组成，见图 3-6。

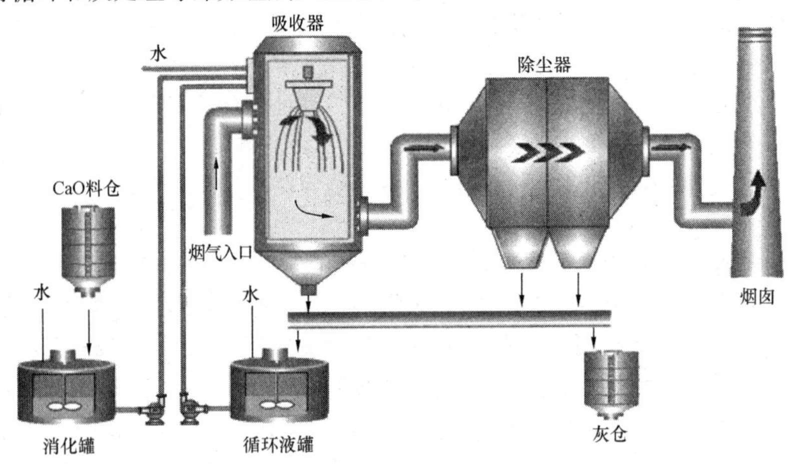

图 3-6 电厂旋转喷雾半干法烟气脱硫工艺组成

(1) 生石灰接受储存。150mm 以下的块状生石灰被送入环锤式破碎机（出力为 10t/h），加工成 4mm 的粒状，经生石灰输送机（出力为 10t/h）和斗式提升机送到 $304m^3$ 的生石灰储存仓。选择生石灰储存仓的计算过程：3.07t/h×24＝73.7t/天，考虑到 10%的余量和生石灰，则 3 天需要 1.1×73.7×3＝243.2t，考虑到生石灰溶剂密度为 $0.8t/m^3$，则生石灰储存仓容积为 243.2/0.8＝$304m^3$。

(2) 浆液制造和供给。生石灰储存仓的粒状生石灰经螺旋输送机、斗式提升机送到高位料仓，经计量仓计量后进入生石灰熟化槽，在一定的参数下和水混合搅拌，并视情况掺入一定数量的飞灰和脱硫灰渣。完成熟化后经过滤进入浆液供给槽，然后泵入脱硫反应塔高位料箱，经分离残渣后进入旋转喷雾器。由于受浆液输送方面的限制，浆液浓度一般不高于 30%，因此该工艺对于燃用高硫煤的电厂，脱硫效率受到一定限制。

(3) 脱硫反应塔。吸收塔有效高度为 23m，塔径为 8.6m，塔内烟气流速为 2.22m/s，烟气停留时间较长为 10s。一般传统的脱硫反应塔采用较低的高径比（一般为 1），为占地较大的矮胖型，基于节约占地面积考虑，黄岛电厂试验采用大的高径比（接近 3），从而成了细长型塔。吸收塔上方的工艺水用于调节烟气出口温度。旋转喷雾器采用 400mm 的雾化轮，旋转喷雾器驱动装置采用 190kW 高速变频电动机驱动，设计转速为 6000～10 000r/min，雾化粒径为 50～100μm，通过试验确定最佳转速为 8000r/min。旋转喷雾器通过高速旋转，产生巨大的离心力，使进入雾化轮的吸收剂浆液从喷嘴（共 30 个喷嘴）甩出，破碎成细小的颗粒云雾。反应塔喷浆量为 $14.53m^3/h$，所需脱硫剂（石灰耗量）为 3.07t/h。

例 3-1： 旋转喷雾吸收塔入口 SO_2 浓度为 2000ppm、化学计量比 Ca/S＝1.4，处理烟气量（湿态）为 300 $000Nm^3/h$，水分为 6%，生石灰纯度为 70%，生石灰损耗为 8%，求脱硫剂需求量。

解： $$入口\ SO_2\ 量=\frac{入口二氧化硫浓度(ppm)\times 处理干烟气量(m^3/h)\times 10^{-6}}{22.4\times 10^{-3}}$$

$$=\frac{2000(ppm)\times 300\ 000(m^3/h)\times(1-0.06)\times 10^{-6}}{22.4\times 10^{-3}}$$

$=25\ 179(\text{mol/h})$

所需钙量=入口 SO_2 量×化学计量比=25 179×1.4=35 251 (mol/h)

$$所需脱硫剂=56\times35\ 251\times\frac{100}{70}\times\frac{100}{100-8}=3.065\ (\text{t/h})$$

(4) 烟气系统。烟气从锅炉引风机后引出，经和浆液接触反应后从反应塔底部引出，然后经电除尘器（两室两电场，集尘面积为 $5000m^2$，排尘浓度为 $300mg/m^3$，除尘效率为 98.27%）除尘，再由脱硫风机（600kW）引向电厂烟囱。

(5) 脱硫灰再循环和灰处理。灰处理采用抛弃法，从脱硫电除尘器收集的脱硫灰（亚硫酸石膏），一部分经气力输送到脱硫灰仓，再经磨细加水搅拌后加入到熟化槽内做循环利用；其余部分及反应塔底部排出的灰由冲灰管冲入电厂的除灰渣系统。脱硫灰再循环量为 7.5%。

(6) 除尘系统。脱硫电除尘器置于脱硫反应塔之后，设计除尘效率为 98.27%，设计出口排尘浓度为 $300mg/m^3$（干态）。电除尘器为 2 室 2 电场，集尘面积为 $5000m^2$。脱硫风机在脱硫系统的尾部，脱硫电除尘器后，功率为 600kW。

五、完善与改造

(1) 完善吸收塔。该工艺选用占地面积小的细高型脱硫吸收塔，由于细高型脱硫吸收塔的塔径变小了，从旋转喷雾器到塔壁的距离大为缩短，吸收剂微粒很容易在被干燥之前就碰到塔壁，黏附在塔壁上形成集灰结垢层，造成塔底频繁堵塞，严重地干扰了正常运行。因此如何解决细小塔径和结垢的矛盾，是关系到黄岛电厂脱硫工艺设计成功的关键。通过试验结果，结垢的主要原因是塔内烟气流场分布不均匀，存在严重偏流，使吸收剂微粒来不及充分干燥就被带到塔壁造成的，同时原设计不足造成塔底部灰斗易阻塞，当结垢厚度过大时，成块脱落，由于灰块较湿、块径较大，不易破碎致使下部灰斗排灰机跳闸。为此作了如下完善补救措施：

1）改善塔内部流场，抑制塔内偏流。如设置了脱硫塔入口整流板，将排烟出口由原来的侧壁改到了脱硫塔中心部。

2）设置旁路烟道。从塔内主烟道引出部分烟气（10%～15%），从脱硫塔上侧壁进入塔内，直接干燥侧壁湿灰。

3）设置灰块破碎装置。在脱硫塔底部灰斗处安装了灰块破碎机（代替原来的排灰机），在破碎机上方安装了撞碎灰块的铁格子，使下落的灰块先经过铁格子自行撞碎后再经过破碎机进一步破碎，解决了塔底部灰斗阻塞问题。

4）降低烟气量。烟气量降低使入口烟速相应降低，脱硫塔内流场得以改善，烟气和吸收剂混合干燥较好，同时由于原设计中部分设备选型容量偏小，造成在恶劣工况下难以满足稳定运行的需要，因此从 1996 年 8 月起，调整烟气量到 $2.0\sim2.5\times10^5m^3/h$。

(2) 改良旋转喷雾器。旋转喷雾器存在两个缺陷：一是振动；二是堵塞。

1）旋转喷雾器喷嘴易结垢，严重影响雾化效果。喷雾器喷嘴结垢主要原因是存在滞流区，喷嘴附近的生成物得不到直接冷却而固化沉积。为了防止喷嘴结垢并改善雾化效果，减少了喷嘴个数和层数，并对喷嘴进行了改型。

2）旋转喷雾器振动较大，经常超过警戒值（$100\mu m$）而停机，除了轴承制作精度原因外，排烟温度高，热落差大，使固定旋转喷雾器底板的螺栓松动也是主要原因之一。为此将旋转喷雾器圆盘侧板与底板制造为一体，从而使振动控制在 $30\mu m$ 以下。

(3) 副产品飞灰再循环试验。试验结果表明，在新鲜石灰浆液中加入适量的副产品飞灰，既可提高钙的有效利用率，又可节省石灰，降低运行费用。加入适量的副产品飞灰可提高脱硫率 10%左右。

六、主要运行数据

黄岛电厂脱硫工程主要运行数据见表3-2。

表3-2 黄岛电厂脱硫工程主要运行数据

序号	项目	单位	数值	
			工业试验成本	去掉工业试验特殊性后成本
1	机组容量	MW	1×210	1×210
2	装置投运时间	年/月	1994.10	1994.10
3	脱硫法		喷雾半干法	喷雾半干法
4	技术合作厂家		日本三菱公司	日本三菱公司
5	耗煤量	t/h	88	88
6	脱硫工程投资	万元	10 860	7406
7	处理烟气量	m^3/h	300 000	250 000
8	处理容量相当电力输出	MW	100	83.3
9	入口 SO_2 浓度	ppm	2000	1500
10	出口 SO_2 浓度	ppm	600	450
11	耗电量	kWh/h	782	781
12	吸收剂消耗量	t/h	1.69	1.3
13	耗水量	t/h	15.6	13.3
14	脱硫效率	%	70	70
15	脱硫量	t/h	1.2（7200t/年）	1.1（6600t/年）
16	钙硫比	Ca/S	1.4以下	
17	年运行费用	万元	1850	1476
18	单位脱除成本	元/tSO_2	2569	2236
19	初投资成本	元/kW	1086	889
20	燃煤含硫量	%	0.97	0.97
21	厂用电率	%	0.8	0.94
22	吸收剂	分子式	CaO	
23	副产品	分子式	$CaSO_4$、$CaSO_3$	

七、应用前景

(1) 投资费用较高，半干法脱硫工程造价约为电厂总投资的15%。虽然黄岛脱硫工程总投资为1.08亿元人民币，但年度运行费用高达1850万元。由于该工程的特殊性，装置本身含有较多成分的研究因素，排除这一特殊原因外，年度运行费用将降低到1500元以下。

(2) 占地面积小，半干法脱硫工程的占地面积约为湿法占地面积的60%。这对那些预留脱硫场地不足的电厂很有吸引力。

(3) 能耗低，旋转喷雾半干法脱硫运行厂用电耗约为1%，湿法为1.2%。

(4) 脱硫效率不高，只在70%左右，在环保要求严格的场合受到限制。脱硫灰渣只有利用现有的冲灰系统抛弃排放。由于灰渣中含有比例较高的石灰$Ca(OH)_2$，当湿排放时，灰管结垢严重。

（5）该法的最大问题是吸收塔内结垢、旋转喷雾器堵塞、喷嘴磨损严重等。

第二节　炉内喷钙尾部增湿活化法

炉内喷钙脱硫法早在20世纪60年代就由美国、日本和欧洲一些国家相继开发出来，但是由于脱硫效率低（一般在30%以下），一直未得到广泛应用，直到80年代后，随着技术的进步在炉内喷钙的基础上开发出CFBC、LIFAC等才得到较多的应用。炉内喷钙尾部增湿活化法脱硫工艺（Limestone Injection into the Furnace and Activation of Calcium Oxide，LIFAC）是由芬兰TAMPELLA公司与IVO公司于80年代共同研究开发的一种烟气净化技术，LIFAC工艺主要由炉内喷钙系统和尾部烟气活化增湿系统组成，磨成一定细度的石灰石粉喷入炉膛上部，碳酸钙受热变成氧化钙吸收烟气中的二氧化硫，未反应完的氧化钙在尾部活化器内增湿变成氢氧化钙继续吸收烟气中的二氧化硫。LIFAC脱硫效率一般在60%～85%范围内，在发展初期，脱硫效率较低，氧化钙易烧结，经过改进后脱硫效率逐渐提高，如果利用增湿后的脱硫灰进行循环，可使系统的脱硫效率到达80%（Ca/S大于2时）。1986年TAMPELLA公司与IVO公司合作在IVO公司的INKOO电厂的4号炉（250MW）上进行了第一次大型全尺寸试验，抽出其中相当于70MW的烟气进行增湿活化，脱硫效率为76%。1988年又在该机组上抽出相等于125MW的烟气量进行增湿活化，新的活化器钙硫比为2～2.5∶1时，脱硫效率为75%～80%。到2000年，世界上约有10套LIFAC投入运行，如芬兰IVO公司INKOO电厂4号250MW炉燃煤含硫量为1%、处理烟气量为900 000m^3/h、脱硫效率为70%，1989年投运；加拿大的SHAND电厂300MW机组燃煤含硫量为0.5%、处理烟气量为597 600m^3/h、脱硫效率为60%～70%，1992年6月投运。我国南京下关电厂引进了2套LIFAC装置用于改造的2台125MW机组上。法国目前有1台600MW火电机组实施了炉内喷钙尾部增湿脱硫工艺。

LIMB（Limestone Injection Multistage Burner）是美国环保局（EPA）在20世纪80年代主持研究开发的炉内喷射石灰石和多级燃烧器技术。该技术在脱硫方面的原理与LIFAC相同，只不过把炉内喷钙脱硫和多级燃烧技术相结合，达到控制二氧化硫和氮氧化物的目的。LIMB由于采用了分级送风，使炉内局部温度降低，不仅减少了氮氧化物的生成量，还减少了脱硫剂表面的“烧死”（如果煅烧温度过高或在高温下的时间过长，新生的CaO微晶灰逐渐聚结，而使微孔丧失，表面积减少，活性迅速降低，此过程称为烧结或烧死），增加了反应表面积，提高了脱硫效率。1998年在美国White Water Valley电站2号机组上完成了LIMB工艺的示范工程，脱硫反应在炉膛内和活化器内同时进行，脱硫效率约为75%～80%。

一、LIFAC工艺原理

炉内喷钙是把干的吸收剂直接喷到锅炉炉膛的气流中去（见图3-7）。典型的吸收剂有石灰石粉($CaCO_3$)、消石灰[$Ca(OH)_2$]和白云石($CaCO_3 \cdot MgCO_3$)。在LIFAC工艺炉内喷钙阶段，磨细到325目左右的石灰石粉用气力喷射到锅炉炉膛的上部、温度为900～1250℃的区域，碳酸钙$CaCO_3$等吸收剂受热分解或煅烧生成为CaO，即

$$CaCO_3 = CaO + CO_2\uparrow$$

$$Ca(OH)_2 = CaO + H_2O\uparrow$$

$$CaCO_3 \cdot MgCO_3 = CaO \cdot MgO + 2CO_2\uparrow$$

约在700℃以上有氧的气氛下，锅炉烟气中的部分SO_2和SO_3与CaO或CaO·MgO反应生成$CaSO_4$，即

$$2SO_2 + 2CaO + O_2 = 2CaSO_4$$

$$SO_3 + CaO = 2CaSO_4$$

$$CaO \cdot MgO + 2SO_2 = CaSO_4 + MgSO_4$$

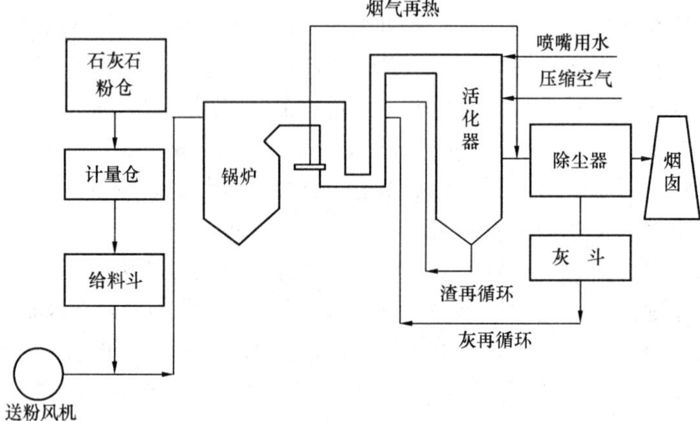

图 3-7 LIFAC 工艺流程

该阶段中二氧化硫的吸收率不高，因为 $CaCO_3$ 生成 CaO 粒子的表面被 $CaSO_4$ 覆盖，使反应不能进行到内部，石灰石的微粒越细，表面积越大，反应越高；但是石灰石或石灰微粒不能做到微米级，因为它们容易凝集成大的颗粒。新生成的 $CaSO_4$ 和未反应的 CaO 与飞灰随烟气(包括未被吸收的 SO_2)一起流到锅炉下游，参与第二阶段的反应。

第二阶段即尾部活化阶段，烟气在一个专门设计的活化器中经喷嘴喷入雾化水，进行增湿。用压缩空气对水进行雾化。烟气中未反应的 CaO 与水反应生成在低温下有很高活性的 $Ca(OH)_2$。这些 $Ca(OH)_2$ 与烟气中剩余的 SO_2 反应生成亚硫酸钙。部分亚硫酸钙被氧化成硫酸钙，最后形成稳定的脱硫产物，即

$$CaO + H_2O = Ca(OH)_2$$

$$2Ca(OH)_2 + 2SO_2 + O_2 = 2CaSO_4 + 2H_2O$$

二、工艺系统

1. 吸收剂制备系统

由于石灰石粉在炉内经过合适温度区的时间很短，要求石灰石粉有很高的比表面，以便在极短的时间内完成燃烧及吸收二氧化硫的反应，因此对石灰石粉细度有一定要求。

要求石灰石粉 $CaCO_3$ 含量大于 90%，80%以上的粒度小于 40μm。

2. 炉内喷钙系统

炉内喷钙系统主要设备有石灰石粉仓、计量给料系统、助推风机等。这一阶段的脱硫效率约为 20%～30%。计量给料系统由计量仓给料斗变频调速螺旋给料机等组成，控制着石灰石粉喷入炉膛内的数量。助推风机用来保证石灰石粉气流与烟气主气流混合均匀，保证喷射速度为 60～90m/s。

3. 烟气活化增湿系统

通过活化器内水喷雾与烟气充分混合，使烟气中没有发生反应的氧化钙与水发生水合反应生成氢氧化钙，由于氢氧化钙有很好地活性，能很好地吸收二氧化硫，最终形成硫酸钙或亚硫酸钙，这一阶段的脱硫效率约为 60%，约占整个系统脱硫率的 50%。本系统主要包括活化器、雾

化水系统、烟气再热系统、脱硫飞灰再循环系统等。

4. 脱硫飞灰再循环系统

脱硫飞灰再循环系统将活化器底部的渣和除尘器收集的部分灰再送入活化器内进行循环利用，以提高吸收剂的利用率。

LIFAC工艺的脱硫灰是干粉末，主要成分是飞灰(60%～70%)，未反应的剩余吸收剂和反应物使飞灰中含有CaO、$Ca(OH)_2$，因此可以重新输入到活化器中进行再循环，提高吸收剂的利用率。

5. 加热系统

从活化器出来的增湿后的烟气温度为55～60℃，为了防止在电除尘器和烟囱中因烟温进一步降低到低于露点，从而产生腐蚀问题，在活化器出口和电除尘器的入口之间增加了一个烟气再热装置，以提高烟温，防止结露。

6. 除尘系统

虽然烟气的增湿有利于烟尘的捕集，但由于烟尘入口浓度的成倍增加，烟尘排放浓度将超标。因此，LIFAC脱硫后的ESP既要充分利用烟气量和烟气特性变化的有利因素，又要克服特性变化造成的不利因素，使得ESP具有更高的烟尘捕集效率。LIFAC脱硫后的ESP要求具有如下特性：

(1) 运行温度不低于70℃。一方面是为了防止结露；另一方面是为了防止产生低比电阻烟尘($<10^8\Omega\cdot cm$)，减少非振打和振打二次携带，因此，脱硫后的烟气(55～60℃)必须采用加热措施，将烟温提高到70℃以上。

(2) 能适用于高浓度[$>$50g(标准状况)/m^3]烟尘的捕集。为了避免高浓度烟尘严重的抑制电场的电晕电流，产生电晕闭塞现象，ESP的第一电场和第二电场，特别是第一电场应具有便于烟尘荷电的低电压高电流的特性。因此，ESP前级电场应用窄间距，采用强度高、电气性能好、放电点不易粘灰、电流密度分布均匀的电晕线，采用合理的振打机构等。

(3) 细颗粒特点是，亚微米颗粒的烟尘具有较好的捕集效率。由于LIFAC脱硫后的ESP前级电场能捕集高浓度烟尘中80%～90%的大于10μm的烟尘，使得进入后级电场的烟尘中细颗粒和亚微米烟尘的含量很大，因此后级电场应采取措施，如采用宽间距、特殊的电晕线，使之具有便于捕集细颗粒烟尘的高电压低电流的特性。

由于喷入了一定量的吸收剂，在二氧化硫的吸收反应中也产生了新的固体颗粒，加上飞灰再循环使电除尘器的入口粉尘浓度大大增加，因此必须增加一个电场。

7. 灰渣处理系统

LIFAC脱硫灰渣的化学性质与喷雾干燥脱硫相近，两者的处理方法基本相同，也分为抛弃法和综合利用法两种。综合利用主要作为建筑和筑路材料。

三、影响脱硫的因素

1. 吸收剂类型与钙硫摩尔比

脱硫效率依白云石、石灰石、消石灰顺序依次升高（见图3-8），但氢氧化物比较贵，选择吸收剂时应考虑购买、运输和储存成本。例如某中试结果表明，用石灰石作吸收剂，在炉膛喷入区域的温度为1100℃，钙硫比为2，对炉内喷石灰石，停留时间为1.0s，脱硫效率为45%；当

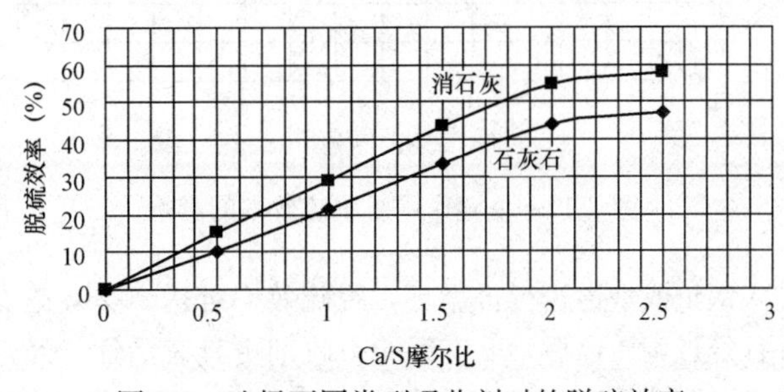

图3-8 选择不同类型吸收剂时的脱硫效率

采用消石灰作吸收剂时，脱硫效率为55%。

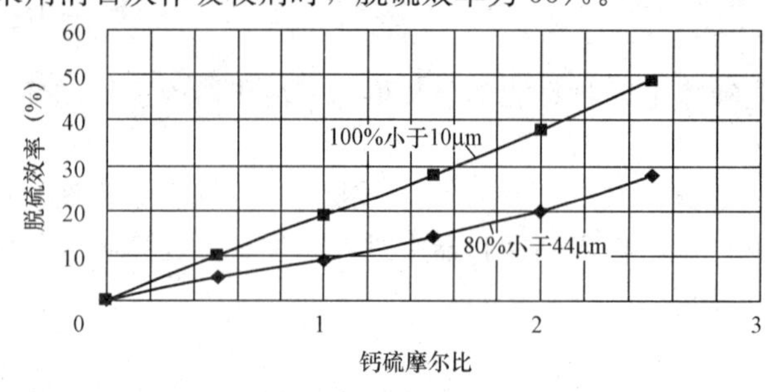

图3-9 不同颗粒尺寸的脱硫效率

钙硫摩尔比增加，脱硫效率增加（见图3-9）。值得注意的是高的钙硫摩尔比使锅炉固体载荷和废弃物处理量迅速增大，因此过高的钙硫摩尔比不可取，钙硫摩尔比为2常常被商业运行所采用。

2. 颗粒尺寸

颗粒尺寸越小，吸收剂比表面积越大，脱硫效率越高，见图3-9。为了达到合理的脱硫效率，脱硫剂的颗粒度应该小于70μm，其中11μm的应超过50%。

3. 反应温度与停留时间

在一定温度范围内，反应速率随温度的升高而增大，但温度超过某一值，烧结就会越来越严重，因此存在一个最佳反应温度。炉内喷钙过程中石灰石反应的临界温度范围，在燃烧区和炉膛上部980～1230℃的区域内，如图3-10所示。

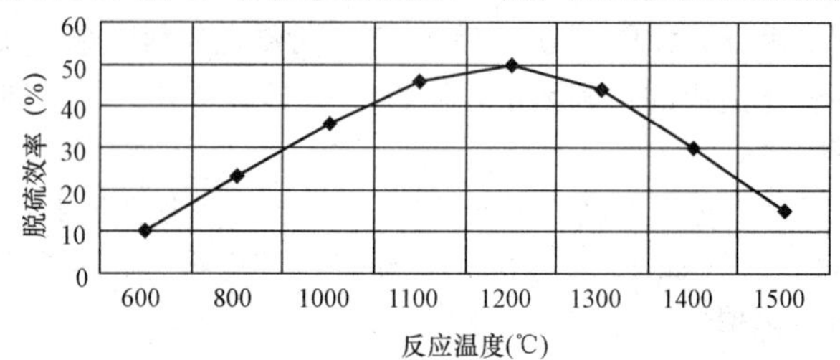

图3-10 反应温度与脱硫效率的关系

一旦生成了活性的石灰（CaO），则必须在临界温度范围内具有足够的时间（至少为1.0s）。例如某中试结果表明，用石灰石作吸收剂，反应温度为1000℃，钙硫比为2，停留时间从0.5s提高到1s，脱硫效率从30%增加到45%。

炉内喷钙的关键是要控制石灰石分解的温度，既要保证完全分解，又要防止CaO表面烧结失去活性，因此石灰石不应与煤粉混合喷入，而应单独喷射到炉膛的上部。炉后增湿部分应控制增湿水量，保证比差温度ΔT（实际烟气温度与露点温度之差）不小于10℃，比差温度越低，脱硫效率越高，但是比差温度过低又会带来结垢与腐蚀问题。

4. 增湿

在炉内喷钙过程中，水在电除尘器（ESP）之前喷入管道使烟气增湿，一方面可以提高ESP性能，这是因为炉内喷钙反应产物的比电阻很高，通过对烟气增湿，使烟气温度达到趋近绝热饱和温度约为72～83℃时，将使ESP性能保持不变。另一方面，通过增湿，使烟气中未反应的CaO具有活性，它和SO_2反应能提高总的脱硫效率。由图3-11可知，在钙硫摩尔比为2时，增湿作用使脱硫效率从55%（$\Delta T=11$℃）增加到63%。

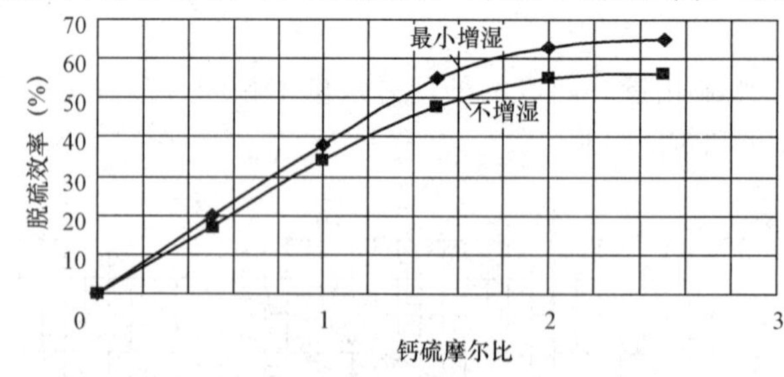

图3-11 增湿作用对脱硫效率的影响

5. 反应后的吸收剂再循环

反应后的吸收剂经过或者不经过调质进入锅炉或烟道进行再循环，脱硫效率可达90%，这是由于反应后的吸收剂中含有活性的CaO，并且经过调质以后，反应后的吸收剂更具有活性，经过再循环送回锅炉进一步与二氧化硫反应，提高了脱硫效率和钙的利用率。通过炉内喷钙可得到25%～35%的脱硫效率，干灰再循环可提高脱硫效率10个百分点。而经过活化塔增湿和脱硫灰再循环共同作用，脱硫效率可达到75%。

6. 喷射位置

美国B&W公司于1983年曾在一台煤粉炉上对脱硫剂的最佳喷射点选择进行现场试验。试验采用的是美国俄亥俄州6号烟煤，石灰石为脱硫剂，平均粒径为11μm，停留时间为2.25s，过量空气系数为1.16～1.19，在炉膛的三个不同位置喷射石灰石，试验结果见图3-12。由图3-12可知，在燃烧器上方的炉膛上部喷射石灰石效果最好，而石灰石与煤粉一起从燃烧器喷入效果最差。大量试验表明，最佳的脱硫剂喷射点的位置选择在燃烧器上方800～1200℃温度区域的炉膛上部。

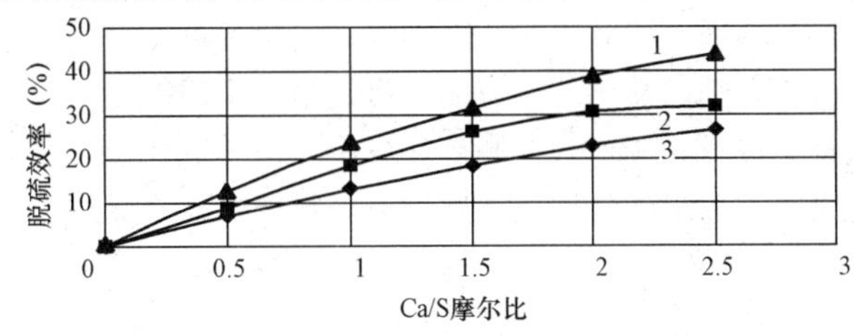

图3-12 脱硫剂喷射点的位置对脱硫效率的影响

1—炉膛上部；2—燃烧器之间；3—与煤粉同时从燃烧器喷入

四、炉内喷钙脱硫工艺特点

（1）炉内喷钙脱硫工艺比较适合含硫量为0.8%～2.0%的煤种，占地面积小，对燃中硫煤及缺水的寿命相对较短的老电厂改造很有吸引力。

（2）最佳锅炉容量为50～300MW，钙硫摩尔比为1.5～2时，采用干灰再循环或灰浆再循环，总脱硫效率可达75%～80%。

（3）工艺简单，操作方便，可与循环流化床工艺结合。

（4）耗水量低，无废水排放。

（5）具有投资少的特点，LIFAC系统的设备投资仅为湿法脱硫系统投资的32%，运行费用为湿法脱硫的78%。

但是炉内喷钙脱硫工艺会引起锅炉效率下降1.6个百分点，原因有三个方面。第一个方面：SO_2与CaO反应虽然是放热反应，但实际过程中，炉内的硫酸盐化效率仅在10%～30%之间，反应所放出的热量不足以弥补剩余70%～90%的$CaCO_3$分解的吸热量。1摩尔$CaCO_3$分解需要热量177.9kJ，1摩尔SO_2与CaO完全反应放出热量500.6kJ；假设炉膛内$CaCO_3$分解率为85%，炉内脱硫反应率为25%，钙硫摩尔比为2.5，燃用煤的含硫量为1.2%，低位发热量为20 280kJ/kg，则1kg煤产生的SO_2在炉内与CaO反应放出热量为500.6×(1000×0.012/32)×0.25=46.9kJ；炉内$CaCO_3$分解需要热量为177.9×(1000×2.5×0.012/32)×0.85=141.8kJ。石灰石煅烧吸热与固硫反应净热量差使锅炉效率下降(141.8-46.9)/20 280=0.47%。

第二个方面：吸收剂喷射过程造成了过剩空气量。喷钙脱硫系统为了输送石灰粉，需要输送室温下的冷空气，未经空气预热器直接进入炉膛，引起排烟温度升高，实践证明，脱硫系统投运后一般要比停运后的排烟温度升高6～8℃，锅炉效率会下降1.3%左右。

第三个方面：虽然脱硫系统投运后飞灰可燃物变化很小，但是飞灰会增加50%，从而引起锅炉效率下降0.15%左右。

炉内喷钙脱硫工艺会造成灰特性变化，一方面使灰中CaO和MgO的含量增加，将使飞灰的比电阻增大；另一方面，烟气中的SO_3的量将减小，也都使飞灰的比电阻上升；第三，飞灰排放量增加；第四，飞灰的颗粒变细；第五，使电除尘器负荷增加。以上五方面因素都会引起锅炉电除尘器除尘效果下降。在温度小于200℃时，标准灰的比电阻为10^8～$10^{12}\Omega\cdot cm$，而炉内喷钙后，比电阻值约增加3～4个数量级；因此当使用炉内喷钙脱硫技术时，将使煤灰的比电阻值增大，导致静电除尘器的除尘效率下降约8%。但通过尾部烟气增湿可以降低灰尘比电阻，提高除尘效率约5个百分点。另外，采取增大电除尘器的比集尘面积、控制SO_3的生成量、对烟气进行吸热冷却等措施可进一步提高电除尘器的除尘效率。

炉内喷钙脱硫工艺会引起锅炉受热面磨损。炉内喷钙一方面使灰量增加，引起冲刷磨损；另一方面，炉内喷钙使飞灰的性质发生了本质变化。当吸收剂喷入炉内后，在高温下，石灰石迅速煅烧生成石灰 CaO，在脱硫反应中，由于利用率很低，因此仍有大量 CaO 存在，这部分 CaO 将与飞灰中的铝酸盐发生凝硬反应，形成含有水泥成分的改性飞灰，这种产物对受热面的磨损非常严重。

炉内喷钙、喷雾干燥和 CFB 工艺的出口烟气温度都在烟气露点温度以上 5～15℃。我国排放标准中没有对烟囱出口的最后排烟温度做出规定。为了增加烟囱出口烟气抬升高度，使除尘器、引风机和烟囱不出现水凝结现象，在这些脱硫工艺系统中应采取某种形式的烟气再热装置，把 FGD 系统出口烟气加热到 75℃左右。

五、工艺应用

南京下关电厂 2 台 125MW 在原址建设，以取代原有的小机组，实现“以大代小”工程。结合改造工程，从芬兰 IVO 公司引进两套 LIFAC 烟气脱硫工艺（见图 3-13）。LIFAC 系统主要分布在炉前和炉后区域，炉前喷钙系统设置在 16m 平台处，活化器设置在炉后与电除尘器之间，1997 年 7 月动工，分别于 1998 年 6 月和 12 月投运，脱硫场地面积为 600m^2，主要技术参数见表 3-3。

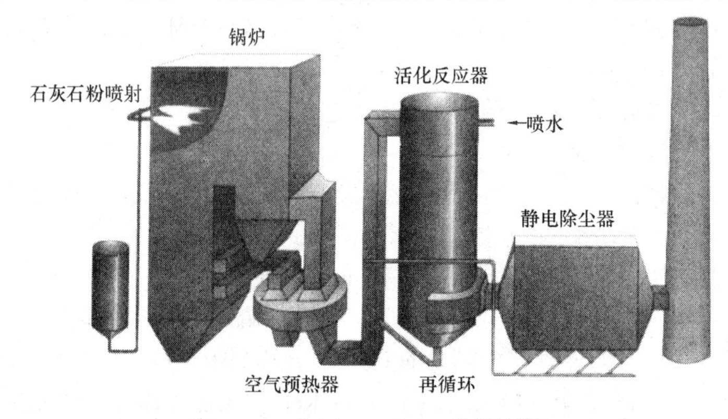

图 3-13 电厂 LIFAC 工艺原理图

表 3-3 **主要技术参数**

项目	参数	项目	参数
锅炉容量	420t/h	石灰石细度	80%（≤40μm）
燃煤含硫量	0.92%	石灰石 $CaCO_3$ 含量	≥93%
每台锅炉燃煤量	63.67t/h	静电除尘器前粉尘浓度	＜72g/m^3
入口烟气温度	140℃	静电除尘器后粉尘浓度	＜200mg/m^3
空气预热器后处理烟气量	54 400m^3/h	除尘器除尘效率	＞90%
活化器后烟气量	57 600m^3/h	静电除尘器前烟气温度	＞70℃
入口 SO_2 浓度	2700mg/m^3	活化器入口烟气温度	140℃
出口 SO_2 浓度	750mg/m^3	活化器出口烟气温度	＞55℃
年运行时间	5500h	活化器压力损失	＜1300Pa
钙硫比	2.5	影响锅炉效率	＜0.61%
脱硫效率	75%	电耗量	＜760kW
每台石灰石消耗量	4.92t/h	耗水	33t/h

出口 SO_2 浓度设计值：当 125MW 负荷时，SO_2 的排放浓度为 750mg/m^3，110MW 负荷时，SO_2 的排放浓度为 800mg/m^3，70MW 负荷时，SO_2 的排放浓度为 1030mg/m^3。

1. 吸收剂制备系统

选用江宁县孟墓村的石灰石矿作为烟气脱硫工程的吸收剂原料。在离矿 3km 处建设一个年产 6.4 万 t、细度 325 目的小型石灰石制粉厂。石灰石块（块度控制在 350mm）进厂后需经粗碎（颚式破碎机，粒度控制在 80mm）→中间仓 1→细碎（冲击式细粉机，出料粒度约为 5mm）→中间仓 2→粉磨→选粉→粉库等几道工序。中间仓 2 储存后石灰石进入管磨机，在磨机内进行细磨，磨出的粉料由选粉机分选，分选后不合格的粗粉返回管磨机内再磨，合格粉被气箱式脉冲袋收尘器收集后进入粉库待运。成品粉用 15t 散装水泥车运到下关电厂。

石灰石中 $CaCO_3$ 含量在 95%以上，细度要求在 325 目筛余小于 20%。

2. 给料系统

石灰石粉用压缩空气输送到容积为 300m^3 的主料仓，再由柱塞流单仓泵送到设置在炉前的计量仓和给料斗。计量仓和给料斗之间设有气动挡板门，由压力平衡阀及设定的料位控制卸料。给料斗设置变频调速螺旋给料机，给料机将粉料送入混合器，再由罗茨风机（70kPa，20m^3/min）将粉料送入炉膛。

3. 炉内喷钙系统

在炉内喷钙系统中，除石灰石粉中 $CaCO_3$ 含量、粒度及活性等因素外，使粉料喷入合适的温度区是一个重要因素。经过模拟计算，选择喷钙点在炉前标高为 27.7m 和 32.2m 处，在这两处各设置一排，每排 5 个喷嘴。运行时一排喷嘴在用，当负荷变化引起最佳反应温度场位置变化时，可以切换上下排喷嘴。同时，为使石灰石粉气流与烟气主气流均匀混合，在每个喷嘴处设置二次风作为助推空气，使粉流喷射速度保持在 60～90m/s，喷射区炉膛温度为 900～1250℃。

4. 烟气活化增湿系统

烟气活化增湿系统的作用是通过在活化器内喷雾与烟气充分混合，使烟气中没有发生反应的 CaO 与 H_2O 反应生成 $Ca(OH)_2$，由于 $Ca(OH)_2$ 有很好的活性，能在较低温度下与烟气剩余的 SO_2 反应最终生成 $CaSO_4$ 和 $CaSO_3$，进一步达到脱硫的目的。

活化器本体是一个直径为 11m、高为 43m 的圆柱体塔，外壁有保温。烟气从塔顶进入，下部排出。烟气在顶部穿过水雾区，使烟气中未反应的 CaO 发生吸收反应。活化器内的水雾分布要均匀，在活化器内设立 9 组喷嘴，每组 6 个喷嘴，用压缩空气作介质，由喷嘴雾化成细小的水滴。为保证干态的脱硫灰和最佳的脱硫效率，对喷水量和水滴直径有严格的要求(液滴直径约为 50～100μm)。

5. 雾化水系统

活化器的雾化水来自厂工业水系统，2 台常规水泵，一台运行，一台备用，要求水质不含杂质，以免堵塞喷嘴。每台活化器雾化水量为 23t/h。

6. 压缩空气系统

压缩空气系统提供活化器两相流喷嘴的雾化气源以及其他非仪用气源。每台炉配 4 台螺杆压缩空气机，3 台运行、1 台备用，系统配有一个储气罐。每台活化器压缩空气耗量为 5900m^3/h。每一套 LIFAC 系统主要电力负荷是空气压缩机，约 600kW，其他设备正常运行负荷约为 162.2kW，合计耗电为 762.2kW。

7. 飞灰再循环系统

在活化器中有一些粗大的颗粒会落在活化器底部形成底渣，底渣中含有未反应的 CaO、$Ca(OH)_2$，因此将此底渣在活化器底部经过破碎机输送到烟道中，依靠烟速的携带再次进入活化器进行底渣再循环。这样可以提高吸收剂的利用率，降低运行成本。

将静电除尘器收集的飞灰送入活化器内，可提高吸收剂的利用率和脱硫效率。本系统将静电除尘器收集的飞灰通过负压集中收集在一个灰库内，其容积为1350m^3，可满足3天的储灰量，并设有4个排灰口。从其中一个排灰口排出的灰由1台可调速的给料机送入混合器内，再用1台罗茨风机将飞灰吹入活化器进口烟道，实现再循环。由于给料机是调速，因此再循环灰量可根据负荷变化进行在线调整。每台炉再循环灰渣量为5.47t/h。

8. 烟气加热系统

使用没有经过活化器的高温烟气与干净烟气混合加热，会降低系统脱硫效率，因此本系统采用把空气预热器出口热空气直接与干净烟气混合加热，温度提高10～15℃，保证烟气不低于70℃后排放，缺点是增加了送风机、吸风机的风量。再热空气量为36 000m^3/h。

9. 烟尘系统

脱硫后的烟气由电除尘器捕集烟尘，然后经引风机排入烟囱。除尘器捕集的脱硫副产物和飞灰的混合物由负压气力输送装置集中送至集灰库，集灰库的出灰中的一部分通过罗茨风机送回到活化器前的垂直烟道，进行飞灰再循环，以提高钙的利用率。

该厂脱硫试验表明：

(1) 石灰石的反应性随着本身表面积的增大而增大，在最大的表面积和孔隙度下达到饱和值，脱硫率接近50%时不再增加。

(2) 最大石灰石表面积和孔隙度只受喷入温度的影响，脱硫的最佳温度(炉壁温度)是1100℃。随着温度的上升，石灰石的活性会大大下降，这是因为经煅烧与烧结后，烧结石灰的表面积和孔隙度减小的缘故；而喷入温度降低也会使脱硫效率下降，这是因为二氧化硫和烧石灰之间的反应速度较低的缘故。

(3) 当吸收剂添加量增至Ca/S=2.5～3.0时，脱硫效率有所增加，当大于3.5时，脱硫效率趋于稳定，不再升高。

下关电厂脱硫工程实际运行燃煤含硫量为0.54%左右，出口二氧化硫浓度为500ppm左右，实际脱硫效率为60%，年运行费用为1000多万元。

六、主要问题

试运行期间出现的主要问题：

(1) 实际烟气量比设计值小，使烟道中烟气流速过低，活化器入口垂直烟道底部双挡板门的下灰量太多，约为6～8kg/h。目前，2号炉已根据外方的建议进行了改造，处理方法是缩小了垂直烟道下部截面积，以增加流速，基本解决该问题，下灰量明显减少，2号炉双挡板门下灰量约为1～2kg/h。

(2) 吸收剂会降低灰熔点温度，加剧了过热器结垢和结渣，使锅炉排烟温度超过设计值。设计排烟温度为140℃，实际排烟温度在160℃以上，使活化器进口烟道挡板门因保护而无法开启，不适用于低灰熔点燃料的锅炉。

(3) 活化器雾化喷嘴清扫装置卡塞、个别喷嘴积灰，甚至堵塞等原因，造成雾化水分布不均，活化器内顶温度不均，局部水量偏大，与之接触的烟尘含水量增加，活化器双挡板门下灰量增大。

(4) 由于脱硫灰含湿量高流动性差，且负压出灰系统在设计时对脱硫灰的输送特性估计不足，造成出灰困难。

(5) 石灰石喷粉系统运行不稳定，主要原因可能是石灰石粒径过细，流动性欠佳，且所用压缩空气的压力不够稳定，从而影响了控制阀等关键设备的正常开闭。

(6) 在机组负荷相同的情况下，炉内喷钙降低了锅炉效率 0.5 个百分点。

(7) 增加烟气中的飞灰含量，加剧锅炉受热面的磨损。

七、主要运行数据

下关电厂脱硫工程主要运行数据见表 3-4。

表 3-4　　下关电厂脱硫工程主要运行数据(1 号炉)

序　号	项　　目	单　位	数　　值
1	机组容量	MW	125
2	投运时间	年/月	1998/12、1999/10
3	脱硫法		炉内喷钙尾部增湿
4	技术合作厂家		芬兰 TAMPELLA 公司
5	耗煤量	t/h	63.7
6	脱硫工程投资	万元	1235/2 套
7	电除尘器入口烟气量	m^3/h	492 260/套
8	活化器压力损失	Pa	824
9	入口 SO_2 浓度	mg/m^3	3000
10	出口 SO_2 浓度	mg/m^3	750
11	耗电量	kW	735
12	耗水量	t/h	22.15
13	活化器出口烟气温度	℃	56
14	电除尘器入口烟气温度	℃	78
15	电除尘器入口烟尘浓度	g/m^3	46.0
16	吸收剂消耗量	t/h	5.17
17	脱硫效率	%	61.8
18	脱硫量	t/h	9680t/年台
19	吸收剂钙硫比		2.5
20	年运行费用	万元	1785.5/台
21	单位脱除成本	元/t SO_2	1844/台
22	初投资成本	元/kW	494.0
23	燃煤含硫量	%	0.99
24	吸收剂	分子式	$CaCO_3$
25	副产品	分子式	CaO、$CaSO_4$、$CaSO_3$
26	厂用电率	%	0.59

第三节　新型一体化工艺

一、工艺原理

新型一体化工艺 NID(Novel Integrated Desulfurization)是瑞典的 Alstom Power 公司借鉴双流体喷嘴的喷雾干燥工艺的经验，开发成功的一种新的脱硫除尘一体化技术。1994 年，Alstom/

ABB公司成功地进行了NID脱硫除尘的中间试验，第一、二套商业化装置分别于1996年和1997年在波兰Electrownia Laziska电厂(2×120MW)1、2号机组投运，燃煤含硫量为1.4%，处理烟气流量为2×518 000m^3/h，烟气温度为165℃，入口SO_2浓度为4000mg/m^3，SO_2脱除率为80%(实测达到90%)，吸收剂为CaO，除尘器入口烟尘浓度(包括再循环灰)为22 000mg/m^3，除尘器出口烟尘浓度为50mg/m^3。第三套装置在芬兰Vaasa电厂(37MW)柴油机组于1997年投运，处理烟气流量为145 000m^3/h，烟气温度为120℃，入口SO_2浓度为3432mg/m^3，SO_2脱除率为93%。1999年第三套装置在英国的Fifoots Point燃煤电厂3×125MW投运，处理烟气流量为3×450 000m^3/h，烟气温度为135℃，入口SO_2浓度为2288mg/m^3，SO_2脱除率为80%。1998年浙江菲达机电集团公司与瑞典ABB公司签订了NID脱硫技术生产许可证转让合同。

NID工艺以生石灰(CaO)或熟石灰[$Ca(OH)_2$]粉末为脱硫剂，将电除尘器捕集的碱性飞灰与脱硫剂混合、增湿，然后注入除尘器入口侧的烟道反应器，使之均布于热态烟气中。此时吸收剂被干燥，烟气被冷却、增湿，其中的SO_2、HCl等酸性组分被吸收，生成$CaSO_3 \cdot 1/2H_2O$和$CaCl2 \cdot 2H_2O$，呈干粉状。用它与未反应的吸收剂一道加入增湿器，同时添加新吸收剂混合进入再循环，以达到提高脱硫剂利用率的目的。

$$CaO + H_2O = Ca(OH)_2$$

$$Ca(OH)_2 + SO_2 = CaSO_3 \cdot 1/2H_2O$$

$$Ca(OH)_2 + 2HCl = CaCl_2 \cdot 2H_2O$$

$$CaSO_3 \cdot 1/2H_2O + 3/2H_2O + 1/2O_2 = CaSO_4 \cdot 2H_2O$$

各酸性组分吸收的原理如下：

(1) HCl吸收。熟石灰$Ca(OH)_2$吸收HCl形成氯化钙$CaCl_2$，一定的湿度是反应的条件。

(2) SO_2吸收。SO_2是烟气中反应较慢的成分，与熟石灰$Ca(OH)_2$反应生成亚硫酸钙$CaSO_3$、硫酸钙$CaSO_4$。通过维持较高的湿度，使SO_2吸收过程和$Ca(OH)_2$的利用率达到最佳。

在NID反应器之后，烟气进入布袋除尘器，固体颗粒被吸收；同时在布袋上形成的灰层中，较难脱除的酸性成分被布袋除尘器吸收，有害成分二噁英/呋喃类(Dioxins&Furan)及重金属物也被再次吸收。最后洁净的烟气通过引风排烟系统排入大气。而布袋除尘器收集的灰粉颗粒，其主要部分通过增湿被再循环到NID反应器，继续参与反应。这样做的好处有：①提高石灰的利用率；② 通过灰和新制熟石灰夹带着加入到NID反应器中的水，可使水和固体颗粒的比例被控制得很低，以便灰尘能自由流动，从而避免出现糊状或浆状；③通过喷嘴加入的水会在固体颗粒表面形成一层薄膜，这层薄膜将会加大水的表面积，从而确保安全快速蒸发，使烟气温度迅速降低，加强烟气的吸收。布袋上灰层的厚度是通过作用在布袋上的脉冲压力来控制的。灰斗料位控制系统控制着进入灰仓的最终副产品的量。脱酸副产品$CaSO_3$、$CaSO_4$、$CaCl_2$等及灰渣经过一个中间仓，经灰固化处理系统装车外运。

在传统的喷雾干燥FGD工艺中，石灰浆液被雾化喷入吸收塔。NID技术采用的是含水率仅为百分之几的石灰粉末，且操作的循环量比传统的半干法高得多。由于水分蒸发的表面积很大，干燥时间大大缩短，因此反应器体积可减小，约为传统的半干法或烟气循环流化床反应器的10%~20%，并与除尘器入口烟道构成一个整体。虽然烟气在反应器的停留时间不超过2s，但由于循环灰的蒸发表面很大，且反应段钙硫比很高，所以烟气的冷却效果和脱硫效率与传统半干法相同，SO_3、HCl和HF等的去除率可高达98%以上。

二、工艺流程

NID装置由烟道反应器、除尘器、混合增湿器、脱硫剂添加和再循环系统、副产品处理及操作控制6个子系统组成，工艺流程如图3-14所示。

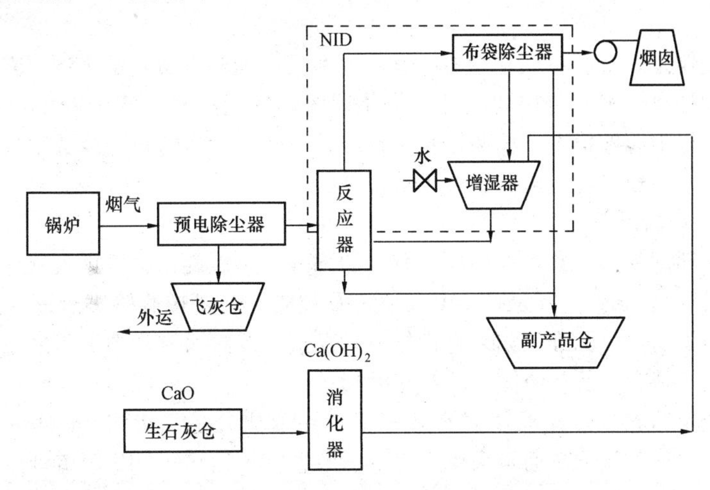

图3-14 NID工艺流程

锅炉烟气经空气预热器进入烟道反应器(实际上就是袋式除尘器的一段入口烟道)，与添加的石灰和部分脱硫灰的混合物充分反应，然后，通过除尘器和引风机送往烟囱排放。反应器、增湿器和再循环系统是NID工艺的主要部分。典型的NID装置采用袋式除尘器，也可以用电除尘器。混合增湿器是NID的关键设备。除尘器捕集下来的循环灰与补充的吸收剂在增湿器内加水增湿并混合均匀。为保证增湿的吸收剂能均匀地分布到烟气流中，增湿混合后的混合灰应呈自由流动状态。因此，控制混合灰的含湿量极为关键，含湿量过高，不利于均匀分布和SO_2的吸收；含湿量过小，虽然流动性好，但循环灰中CaO的消化不完全，不能有效地转化为活性高的$Ca(OH)_2$，不利于气、固、液三相反应，同样也不利于SO_2的吸收。因此，吸收剂的含湿量有一个最佳值，应用经验表明，循环灰的临界含湿量以3%～7%为最佳。添加的吸收剂可以是CaO或$Ca(OH)_2$粉。如果采用CaO作为吸收剂，必须先经过消化，使之成为$Ca(OH)_2$。

由于再循环物料的倍率可达30～50，保证了气、固之间足够的接触时间，因而确保了吸收剂高利用率和高脱硫率。增湿水量以控制反应器出口烟温高于露点温度10～20℃为宜，即出口烟温一般为70℃。

1. 石灰消化器/增湿搅拌机

吸收剂生石灰CaO要在消化器中消化成$Ca(OH)_2$。消化器安装在NID系统主要部件之一的增湿搅拌机上，两者组合在一起免除了内部输送。石灰CaO、再循环飞灰和水在受控状态下在石灰消化器中进行混合，并达到保证吸收效率的烟气出口温度。

2. 预除尘

在反应器前安装旋风预除尘器。锅炉出来的烟气夹带大量粉尘，经过旋风分离器预除尘后，再经反应器底部进入反应器。旋风分离器分离效率为40%～50%。

3. NID反应器

除尘器入口竖直烟道布置反应器。增湿搅拌机与反应器紧密相连，一体化确保了吸收剂均匀地分布在烟道的横断面上，避免出现局部缺钙。在反应器的入口管道，安装了一个螺旋输送机，目的是剔除那些落在上面较大粒径的物质。

NID反应器设计形成足够的湍流，使烟气和吸收剂在整个负荷变化范围内能有效地混合，粉料及烟气的分布对本工艺工程的运行效果至关重要。

反应器底部排灰与除尘器的部分脱硫灰汇入副产品储仓，然后外运。

4. 布袋除尘器

NID脱硫除尘器是一个仓室式除尘器，它布置在反应器的下游。烟气进入布袋除尘器，由袋外至袋内，粉尘被分离出来并留在滤袋外。净化后的烟气通过每个箱体的出口从布袋除尘器排出。为了在正常运行中能够检查、监测以及进行维护工作，除尘器被分成数个独立的仓室，按照要求有备用的仓室，滤袋可在运转状态下更换。

5. 副产品储存和输送系统

布袋除尘器底部排灰部分参与再循环，剩余的部分通过螺旋输送机进入灰仓；此外，NID反应器底部的脱酸副产品 $CaSO_3$、$CaSO_4$、$CaCl_2$ 等及灰渣也通过螺旋输送机进入灰仓。这些副产品及灰渣不符合相关的排放标准，如果直接排放就会造成二次污染，本工程采用混凝土加螯合物对其进行固化处理，副产品及灰渣固化后装车外运填埋。

NID脱硫副产品的成分见表3-5，脱硫副产品的主要成分是飞灰和 $CaSO_3 \cdot 1/2H_2O$ ，对环境不会造成影响，这种脱硫干灰通常采用气力输送装置密闭运输。NID脱硫副产品可用于矿坑回填或筑路。

表3-5　　NID脱硫副产品的成分

成　分	无预除尘器	有预除尘器	成　分	无预除尘器	有预除尘器
$CaSO_3 \cdot 1/2H_2O$	20	60	$CaCO_3$	3	5
$CaSO_4 \cdot 2H_2O$	5	10	$Ca(OH)_2$	5	10
$CaCl_2 \cdot 4H_2O$	2	5	飞灰	65	10

6. 石灰储存系统

石灰储存系统包括石灰储仓、石灰计量设备、石灰输送机、管道及部件。石灰储仓顶上装有1台袋式除尘器，在装料时除尘器应自动投入运行，也可手动投入。除尘器用压缩空气清扫。

7. NID控制系统

此系统是由一个PLC及相关仪表所组成的。PLC依据NID系统上下游入口烟气的状况，优化石灰的消耗和烟气排放等级。PLC同时控制系统各个部分的开启和关闭。仪表包括烟气分析仪、温度、位置监测器等。NID系统自动工作，确保设备按要求工作。

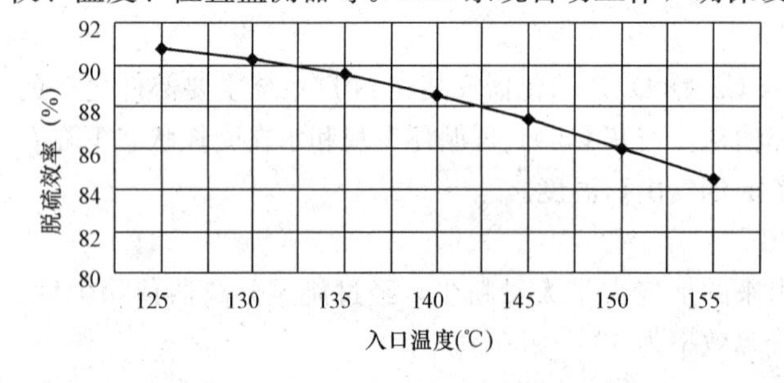

图3-15　烟气入口温度与脱硫效率的关系
（钙硫比为1.3，出口温度为69℃）

三、影响脱硫因素

1. 烟气入口温度

烟气入口温度与脱硫效率的关系见图3-15。烟气入口温度升高，使得操作温度升高，脱硫效率下降。

2. 烟气出口温度

烟气出口温度与脱硫效率的关系见图3-16，烟气出口温度升高，脱硫效率下降。由于 SO_2 和 $Ca(OH)_2$ 是离子化学反应，操作温度接近于露点，使得循环物料中的吸收剂表面水分能持续更长时间，对脱除 SO_2 有利。实践表明，正常运行时操作温度控制在露点温度以上15℃即可，脱硫效率为85%左右。

3. 钙硫比

钙硫比对脱硫效率的影响见图3-17，在钙硫比小于1时，脱硫效率随钙硫比增加基本上直线增加；在1～1.5区域，随着钙硫比增加，脱硫效率的提高有减缓趋势，但已能达到85%～95%；钙硫比超过1.5，再增加脱硫剂对脱硫效率的贡献已不明显。

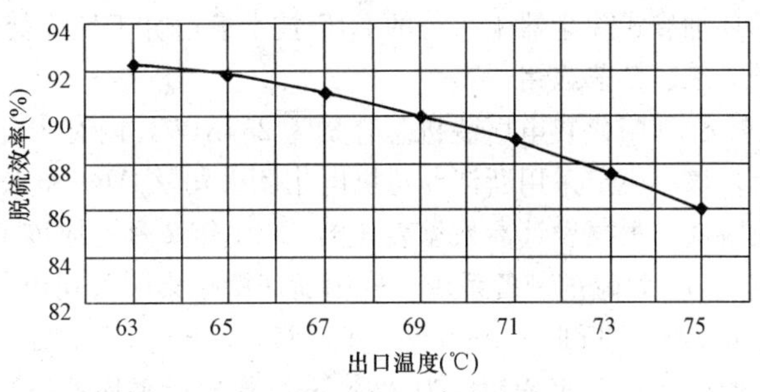

图3-16 烟气出口温度与脱硫效率的关系(钙硫比为1.3)

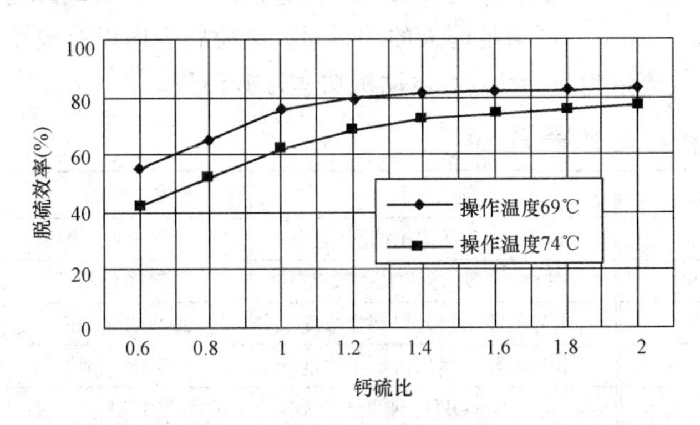

图3-17 钙硫比对脱硫效率的影响

4. 入口 SO_2 浓度

随着入口烟气 SO_2 浓度的增加，脱硫效率下降，见图3-18。

四、工艺特点

NID脱硫技术是一种集脱硫、除尘为一体的先进技术，它的主要特点如下：

(1) 以添加生石灰(CaO)或熟石灰[$Ca(OH)_2$]和除尘器捕集的循环灰作为脱硫剂，全部脱硫剂在混合增湿器装置中增湿到最佳含湿量(3%～7%)，此时CaO快速消化成 $Ca(OH)_2$，吸收剂的利用率达95%以上。

(2) 增湿器置于袋式除尘器的下方，并与除尘器的入口烟道构成一个整体，除尘器入口垂直烟道即是反应器，结构紧凑，实现多组分烟气治理收尘的一体化。

(3) 脱硫效率高(80%～90%)，去除 SO_3、HCl和HF的效率更高，达98%以上。脱硫效率可通过调节吸收剂的加入量和再循环灰量以及操作温度来确定，以保证达到排放标准。

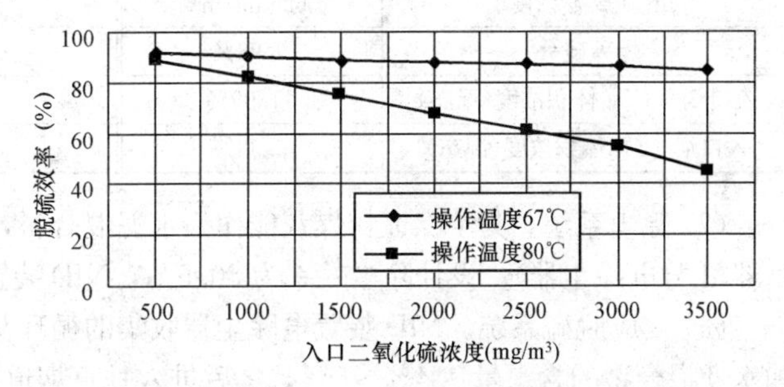

图3-18 入口烟气 SO_2 浓度与脱硫效率的关系

(4) 系统结构和工艺流程简单，组成设备少，无需雾化装置，投资费用低，在现有机组改造时，不必改动主体设备。投资费用只占电厂总投资的4%，而湿法脱硫装置则占电厂总投资的8%。

(5) 可利用活性较差的吸收剂，也可用电石渣等废物。脱硫产品呈干粉状，便于综合利用。

(6) 不产生废水，无水处理设施，用于中、低硫煤时最为经济。每脱除 $1tSO_2$ 仅需费用400～800元。

(7) 占地面积小，辅助设备可布置在袋式除尘器下方，无需占用空间。

(8) NID典型配置的除尘设备是袋式除尘器，由于布袋表面吸附的粉尘与 SO_2 等接触相当于一个固定床反应器，所以与布袋匹配时脱硫效率特别高(占总脱硫效率的15%～20%)，尤其当灰中带有活性炭等吸附剂时，能非常有效地吸附二噁英等有毒物质。因此，这种集半干法、灰循环加袋式除尘器于一身的 NID 技术最适合于垃圾焚烧烟气处理。

五、工艺应用

浙江衢化热电厂装机总容量为 254MW，内有 3 台 60MW 机组，各配 280t/h 锅炉 1 台。1998 年，该厂决定采用浙江菲达机电集团公司从 Alstom 公司引进的 NID 技术对其中 1 台锅炉进行烟气脱硫，主要设计参数见表 3-6，2001 年 2 月完成该工程。

(1) 脱硫剂制备系统。采用浙江衢化集团公司电化厂堆放的电石渣作脱硫剂，其成分：CaO 为 69.48%[折成 $Ca(OH)_2$，91.8%]，Fe 为 0.1%，S 为 0.058%，Cl 为 0.05%。堆积密度为 1.848g/cm³，平均粒径为 23.8μm，粉碎后平均粒径为 11.86μm，电石渣耗量为 1.4t/h。电石渣干燥和细磨在单独的制粉车间完成，制得合格干粉储存于一个 300m³ 储仓内。干粉采用气力输送装置送到脱硫现场的高位料仓，其容积为 45m³，可满足两天的用料量。高位料仓内设有电动布袋除尘器，以除去输料气流中的干粉，气流量为 500m³/h，电动机功率为 1.5kW。

表 3-6　　主要设计参数

项　目	参　数	项　目	参　数
锅炉蒸发量	280t/h	入口烟气 H_2O 体积浓度(湿态)	7.95%
锅炉耗煤量	36.72t/h	入口烟气 N_2 体积浓度(湿态)	74.04%
锅炉效率	91.3%	1 号电除尘器入口烟尘浓度	26 800mg/m³
进口烟气量	300 400m³/h	2 号电除尘器出口烟尘浓度	150mg/m³
入口烟气温度	138℃	$Ca(OH)_2$ 纯度	91.8%
出口烟气温度	75℃	钙硫比	1.3
入口 SO_2 浓度	3130mg/m³	电石渣粉粒径	11.86μm
出口 SO_2 浓度	626mg/m³	电石渣耗量	1.4 t/h
煤种硫分	0.98%	水耗量	12.2 t/h
入口烟气 CO_2 体积浓度(湿态)	11.99%	耗电量	500kW
入口烟气 O_2 体积浓度(湿态)	5.52%	脱硫效率	80%

(2) 除尘系统。为了保证粉煤灰能作为水泥混合料，该厂在 NID 装置前加装 1 台 1 电场电除尘器(1 号电除尘器)，设计除尘效率为 80.5%，NID 装置采用 3 电场电除尘器(2 号电除尘器)。

(3) 反应脱硫系统。NID 装置电除尘器收集的循环灰与电石渣干粉混合进入增湿器，并在此加水使混合物的含水量达 4%～5%，之后进入垂直烟道反应器。垂直烟道反应器尺寸为 1900mm×2000mm×17 430mm，由于循环物料有极好的流动性，可省去喷雾干燥法复杂的制浆系统，并避免了可能出现的粘壁现象。大量含钙循环灰进入反应器后，由于具有极大的蒸发表面，水分很快蒸发。烟气温度在极短的时间内从 130～150℃冷却到 70℃左右，烟气湿度则很快增加到 40%～50%，形成较好的脱硫环境。大量的脱硫灰进行再循环，可充分利用其中的 $Ca(OH)_2$。由于反应器中 $Ca(OH)_2$ 浓度很高，有效钙硫比很大，因此，能保证在 1s 左右时间内使脱硫效率大于 80%。但大量脱硫灰再循环，使得烟道反应器出口烟气含尘量达 800～1000g/m³。

(4) SO_2 控制系统。SO_2 采用定值控制。通过检测排出烟气中 SO_2 浓度和烟气量与 SO_2 浓度设定值相比较，调节反应器底部螺旋给料器(电动机为 4kW)的脱硫剂的给定量，使 SO_2 浓度排放值逼近设定值，实现烟气中 SO_2 排放量的控制。

(5) 温度和再循环控制。为了高效脱硫，必须控制反应器的温度高于其露点温度。因此，检测 NID 反应器入口和 NID 电除尘器出口烟温、烟气流量，控制进入 NID 混合增湿器的工艺水量和再循环灰量，使反应器的温度逼近设定值。

六、运行数据

在不加脱硫剂，仅以增湿和石灰含量为3.6%的脱硫灰循环的情况下，可获得35%～56%的脱硫效率，运行数据见表3-7。

表3-7 运行数据

项目	数据	项目	数据
入口烟气量	207 000m^3/h	脱硫后烟气湿度	40%～50%
出口烟气量	225 000m^3/h	露点温度	48.7℃
入口烟气温度	130～143℃	反应器出口粉尘浓度	1000g/m^3
出口烟气温度	70～80℃	2号ESP出口粉尘浓度	20～150mg/m^3
反应器压力	960Pa	增湿工艺用水量	7060kg/h
入口SO_2浓度	1056mg/m^3	工艺用水压力	1.27MPa
出口SO_2浓度	78mg/m^3	吸收剂用量	500kg/h
1号ESP收尘量	6.5t/h	流化风压力	16kPa
脱硫效率	85%～94%	耗电量	500kW
钙硫比	1.2～1.3	脱硫工程静态投资(包括制和1号ESP)	2600万元
1号ESP入口烟尘浓度	27 000mg/m^3	年运行费用(包括脱硫剂费用，脱硫剂单价75元/t)	219.8万元
1号ESP出口烟尘浓度	5200mg/m^3	单位机组脱硫投资	433元/kW
1号ESP除尘效率	80.5%	单位脱硫成本	445元/t

第四章 干法脱硫工艺

第一节 荷电干式吸收剂喷射法

国际上比较成熟的烟气脱硫技术是湿法和半干法，但是由于这两种技术工艺流程复杂，投资大，运行成本高，因此绝大部分中小型企业经济难以承受。成立于1969年的美国阿兰柯环境资源公司(Alanco Environmental Resources Corp.)，于1978年开始研究大气污染控制技术，90年代初期开发出荷电干吸收剂喷射法烟气脱硫技术(Charged Dry Sorbent Injection System，CDSI)。CDSI技术的第一套工业装置已应用于美国亚利桑那州Prescortt的沥青窑炉的烟气脱硫等工程项目。CDSI系统自1993年介绍到中国以来，已在德州热电厂和杭州钢铁厂自备热电厂上安装了2套CDSI装置。1997年，广州造纸有限公司热电厂与美国阿兰柯环境技术公司签署了脱硫技术和设备的供货合同，为220 t/h的燃煤锅炉(燃煤量为32.0t/h，设计燃煤含硫量为0.9%)安装脱硫设备。CDSI装置具有投资少、占地面积小、工艺简单、运行成本低的特点。

一、荷电干式吸收剂喷射法烟气脱硫原理

普通干式吸收剂喷射法烟气脱硫技术是一种传统技术，但是存在两个技术问题：①反应温度与滞留时间，在通常的锅炉烟气温度低于200℃条件下，只能产生慢速亚硫酸盐化学反应，充分反应时间在4s以上。而烟气的流速通常为10～15m/s，这就需要在烟气进入除尘设备之前至少要有40～60m的烟道，无论从占地面积还是烟气温度下降方面均是不现实的。②即使有足够长的烟道，也很难使吸收剂悬浮在烟气中与SO_2充分反应，因为粒度较小的吸收剂颗粒在进入烟道后会重新聚集在一起形成较大的颗粒，这样反应只发生在大颗粒的表面，反应机会大大降低，而且大的吸收剂颗粒会由于自重的原因落到烟道底部。对于传统的干式吸收剂喷射脱硫技术来说，这两个技术难题是很难解决的，脱硫效率一般在50%左右。CDSI干式脱硫工艺利用先进技术使这两个技术难题得到解决，从而使在通常烟气温度下的脱硫成为可能。

CDSI干式吸收剂喷射法烟气脱硫技术使钙基吸收剂高速流过喷射单元产生的高压静电电晕充电区，吸收剂因此得到强大的静电荷，当吸收剂通过喷射单元的喷管被喷到烟气流中，吸收剂颗粒由于都带同一符号的电荷(一般为负电荷)，因而相互排斥，很快在烟气中形成均匀独立的悬浮状态，使每个吸收剂粒子与SO_2的反应机会大大增加，从而提高了脱硫效率。

荷电干式吸收剂喷射法烟气脱硫工艺共分三步：第一步，$Ca(OH)_2$分离为CaO和H_2O；第二步，CaO和SO_2、O_2之间反应，产生$CaSO_4$(简称石膏)；第三步，副反应，当烟气温度较低时，发生亚硫酸盐化反应。

$$Ca(OH)_2 \longrightarrow CaO + H_2O$$

$$2CaO + 2SO_2 + O_2 \longrightarrow 2CaSO_4$$

$$Ca(OH)_2 + 2SO_2 \longrightarrow CaSO_3 + H_2O$$

为了提高脱硫效率，可以掺入喷射液氨，反应式为

$$2(NH_3) + SO_2 + H_2O \longrightarrow (NH_4)_2SO_3$$

在荷电干式吸收剂喷射法烟气脱硫的同时，荷负电的吸收剂粒子把烟气中的细小灰尘(亚微米级)吸收在表面，形成较大的颗粒，提高了烟气中粉尘的平均直径，这样就提高了相应除尘设

备对亚微米级颗粒的除去效率。

二、CDSI 脱硫工艺

CDSI 干式吸收剂喷射法烟气脱硫系统（如图 4-1 所示）包括吸收剂喷射系统、吸收剂给料系统、粉尘预处理装置、二氧化硫自动检测装置和控制系统等。

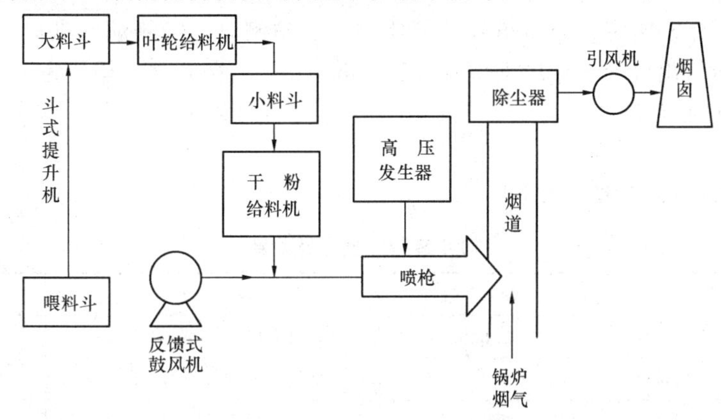

图 4-1　荷电干式吸收剂喷射法烟气脱硫工艺

1. 吸收剂喷射系统

吸收剂喷射系统包括反馈式鼓风机、二次风、高压电源和喷枪主体等。反馈式鼓风机使给料机下来的石灰粉，随空气按一定的气固比进入喷枪的充电区。当吸收剂粉末以高速流过喷射主体产生的高压静电电晕充电区时，使吸收剂粒子都带上负电荷。当荷电吸收剂粉末通过喷枪的喷管被喷射到烟气流中后，吸收剂颗粒由于都带有相同电荷而相互排斥，很快在烟气中扩散，形成均匀的悬浮状态，使每个吸收剂粒子的表面充分暴露在烟气中，与 SO_2 反应几率大大增加，从而提高了脱硫效率；而且吸收剂粒子表面的电晕大大提高了吸收剂的活性，降低了与 SO_2 完全反应所需要的时间，一般在 2s 左右即可完成慢硫化反应，从而有效地提高了二氧化硫的除去效率。根据除尘器的类型不同，脱硫效率也不同，当采用静电除尘器时，脱硫效率为 70%～80%；当采用布袋除尘器时，脱硫效率为80%～90%。

二次风的作用是自动清扫充电区，以防止充电部分被吸收剂黏附。高压电源的作用是将高压电加在荷电枪上，形成强充电区。

2. 吸收剂给料系统

吸收剂给料系统包括喂料斗、斗式提升机、吸收剂大料斗、小料斗、叶轮给料机和干粉给料机等。

CDSI 装置的大料斗是用来储存吸收剂的，其容积一般为 24～48h 连续运行所需的吸收剂量，叶轮给料机将大料斗的吸收剂输送给小料斗，干粉给料机一般为无级变速容积式给料机，根据烟气中 SO_2 总量的多少来调节吸收剂的给料量。

3. 二氧化硫自动检测装置和控制系统

二氧化硫自动检测装置是测量 CDSI 装置前后 SO_2 的浓度和烟气量，并将数据自动输入计算机控制系统。由计算机控制系统根据设定的钙硫摩尔比及其他参数自动调节吸收剂的喷射量。

CDSI 装置吸收剂的喷射量是根据烟气中 SO_2 含量来决定的。控制吸收剂喷射量的方法有两种：①最准确的控制方法，它通过高精度的 SO_2 测定仪，连续检测烟气中 SO_2 含量及烟气流量，并把检测的数据输入计算机，计算机根据设定的程序自动调整吸收剂的喷射量。②简单实用的控制方法，对电站锅炉来说，负荷一般在一定范围内变化，而同一批煤中的含硫量变化不大，因此，可根据锅炉的负荷来调节吸收剂的喷射量。

三、工艺应用

山东德州热电厂装有4台中温中压煤粉锅炉，1993年在75t/h(6MW背压式汽轮机)炉上首家采用了美国阿兰柯公司的荷电干式吸收剂喷射法烟气脱硫技术，设备投资为123.2万元人民币(占整套机组投资的3.5%)，占地面积为80m²(占整个锅炉总占地的1/6)，1995年调试投运，1996年12月通过专家鉴定。经山东省环境监测中心站测试，实测烟气进口SO_2浓度平均为3364.9mg/m³，烟气出口SO_2浓度平均为1026.3mg/m³，脱硫效率平均值为69.5%，脱硫效率最高为85.7%，最低为57.9%。

1. 设计参数

CDSI装置主要设计参数见表4-1。

表4-1　　CDSI装置主要设计参数

项　　目	参　　数	项　　目	参　　数
燃煤含硫量	0.82%	烟气入口SO_2浓度(干态)	4000mg/m³
干燥粉状$Ca(OH)_2$的纯度	≥90%	烟气出口SO_2浓度(干态)	1200mg/m³
干粉吸收剂含水量	≤0.5%	处理烟气量	160 000m³/h
$Ca(OH)_2$粒度	30～50μm	入口烟气含尘量	≤10mg/m³
Ca/S摩尔比	1.5	喷枪放电电压	45～70kV
烟气入口温度	150℃	高压发生器输入电压	380V
脱硫效率	≥70%	额定喷射量	340kg/h

2. 工艺流程

CDSI干式吸收剂喷射法烟气脱硫系统安装在锅炉烟气出口附近适当位置，从吸收剂喷入位置到除尘设备入口之间的烟道长度应能保证吸收剂2s中的滞留时间。为了能提高吸收剂的利用率，使带电的吸收剂粒子不会因为过多的粉尘撞击而失去电荷，要求吸收剂喷入位置处的粉尘浓度不应超过10g/m³，否则应考虑增加粉尘预处理装置来降低粉尘浓度。为了节省运行费用，该厂吸收剂采用石灰CaO粉而不是熟石灰，除尘效率变化不大。

吸收剂由人工放入斗式提升机的喂料斗，通过斗式提升机将吸收剂送入大料斗内，大料斗内有上下两个料位指示器，分别指示上下料位，当低于下料位时，报警提醒人工上料，高于上料位时报警提醒人工停料。小料斗的作用是使大料斗中的吸收剂重量产生的重力不直接作用在吸收剂干粉给料机的转子上，并有计量作用，小料斗也有上下两个料位指示器。吸收剂进入干粉给料机后，操作人员将根据燃煤量和含硫量，决定吸收剂的喷射量。吸收剂通过一个专用喷嘴与专用鼓风机出口的高压气流汇合，并以一定的气固比进入充电的喷枪，使进入喷枪的吸收剂亚微米级粒子带上强大的静电并进入烟道，带同性电荷的吸收剂粒子进入烟道后由于相斥原理而均匀扩散，从而有效提高脱硫效率。

3. 运行成本计算

使用高纯度$Ca(OH)_2$，每脱除1kg二氧化硫的费用为0.857元。

以电石灰渣取代高纯度$Ca(OH)_2$，电石灰渣中$Ca(OH)_2$含量在95%以上，经干燥后制成干粉剂，不但满足脱硫剂的技术要求，而且降低脱硫成本，使每脱除1kg二氧化硫的费用由原来的0.857元降到0.6元。

例4-1：德州热电厂煤中的含硫量S=1.66%，耗煤量B=12.58t/h，脱硫效率η=69.5%，钙硫比取1.35，$Ca(OH)_2$纯度取0.93，$Ca(OH)_2$价格为410元/t，运输、装卸费用为65元/h。

电力消耗 17.5kW，电价 0.34 元/kWh，脱硫设备投资 1 231 755 元，人员维护费 4.17 元/h。求 SO_2 除去量、运行总费用和二氧化硫脱除成本。

解： SO_2 除去量 $M_{SO_2}=B\times\eta\times S\times\frac{64}{32}=12.58\times0.695\times0.0166\times2=0.290$ t/h

每小时需 $Ca(OH)_2$ 量=[(74/64)×(1.35×0.290)]/0.93=0.487(t/h)

$Ca(OH)_2$ 到厂费 0.487t/h ×(410+65)元/t=231.33 元/h。

电力消耗 17.5kW×0.34=5.97 元/h

设备折旧 1 231 755×0.05÷365÷24=7.03 元/h

合计运行总费用=231.33+5.97+7.03+4.17=248.5(元/h)

每脱 1kg SO_2 的费用为 248.5÷290=0.857(元/kg)

4. 运行数据

德州热电厂脱硫工程主要运行数据见表 4-2。

表 4-2　德州热电厂脱硫工程主要运行数据

序号	项目	单位	数值
1	机组容量	MW	6
2	投运时间	年/月	1995
3	脱硫法		荷电干式喷射
4	技术合作厂家		美国阿兰柯公司
5	年耗煤量	万吨	8.4(14t/h)
6	脱硫工程投资	万元	123.2(设备费 10 万美元)
7	处理烟气量	m^3/h	103 262
8	燃煤含硫量	%	1.66
9	入口 SO_2 浓度	mg/m^3	3364.9
10	出口 SO_2 浓度	mg/m^3	1026.3
11	耗电量	kW	17.57
12	吸收剂消耗量	t/h	0.34
13	脱硫效率	%	69.5
14	年脱硫量	t	1740
15	钙硫比		1.35
16	年运行费用	万元	248.42
17	单位脱除成本	元/tSO_2	857
18	初投资成本	元/kW	205.0
19	燃煤含硫量	%	1.66
20	吸收剂	分子式	CaO
21	副产品	分子式	$CaSO_4$、$CaSO_3$
22	厂用电率	%	0.29

四、主要问题

CDSI 干式吸收剂喷射法烟气脱硫系统运行初期出现了以下一些问题：

(1) 料仓结露受潮，供料系统易堵塞。

(2) 对高硫燃料，脱硫效率更差。

(3) 较多的吸收剂未经反应便由电除尘器排出，增加了运行费用，恶化了引风机运行工况。

(4) 自动控制采用负荷阶状调节，虽减少了投资，但不易控制钙硫比。

(5) 要求高特性指标的吸收剂。

(6) 改造吸收剂输送装置，将现有的斗式输送机改为螺旋输送机，减少漏料。

五、结论

(1) 投资少，运行费用低，一般企业在经济上可以承受。

(2) 占地面积小，不仅适用新建电厂，更适用老电厂改造。由于粉煤灰中含有未反应完全的CaO，使灰水的pH值增加，并引起灰管道结垢，因此不适应湿排灰的电厂。

(3) 工艺简单，便于操作，运行稳定，脱硫效率满足要求。

(4) 对干除灰的电厂最为有利，由于采用干法脱硫，粉煤灰中的熟石灰和石膏增加，使粉煤灰的强度增加，比一般的粉煤灰具有更广泛的用途，有利于粉煤灰的利用。

第二节　电　子　束　法

1970年，日本荏原(Ebara)公司首先提出电子束脱硫技术，并进行开发。1974年荏原公司在藤泽中央研究所建成了处理烟气量为1000m^3/h(燃烧重油电厂)的小型中试厂，证明通过加氨能将污染物转化为硫酸铵和硝酸铵；1977年，荏原公司在新日钢八幡制铁所建成了处理烟气量为3000m^3/h的示范厂，初步证明电子束法的商业可行性。1980年，美国能源部开始对电子束法进行研究，1983年美国政府和荏原公司合作在美国印第安纳州的E. W. Stout燃煤电厂建立了处理烟气量为24 000m^3/h的中试装置。1992年，波兰核化学与工艺研究所(INCT)在Kaweczyn电厂建成了20 000m^3/h的燃煤烟气处理中试装置，并于1997年在华沙某燃煤电厂(100MW)建成了处理烟气量为27万m^3/h的工业示范装置。1999年10月，日本中部电力公司和荏原公司，利用在爱知县飞岛材中部电力公司西名古火电厂的1号机组(220MW)，合作建成了电子束烟气处理装置，处理烟气量为62万m^3/h，投资约为35亿日元。日本荏原公司为推进电子束技术在中国的应用，决定筹资在我国建造电子束技术工业示范厂，且得到我国政府的支持，1995年9～10月双方签订在成都实施电子束脱硫工业示范工程的技术协议和合同，处理烟气量为30万m^3/h，1998年5月中日合作的成都热电厂200MW机组电子束法脱硫示范工程通过国家竣工验收，各项指标均达到设计要求，示范取得比较圆满成功，迄今电子束烟气脱硫已有20多套装置运行。

一、电子束烟气脱硫原理

电子束烟气脱硫工艺(Electronic Beam Flue Gas Desulfurization，EBA)是锅炉所产生的烟气一般由N_2、CO_2、O_2、水蒸气等主要成分以及SO_2、NO_x等微量成分组成。烟气经过集尘器除尘后流入冷却塔，在冷却塔内喷射冷却水，将烟气冷却到适合的反应温度约为60～70℃，然后进入反应器，在高能电子束的照射下，加速的电子使烟气中的N_2、O_2和水分子爆炸，生成大量化学活性微粒(O、OH、HO_2、O_2^+、N、e等)，烟气中的硫氧化物和氮氧化物在极短的时间内被氧化，在有水蒸气时形成硫酸和硝酸，这些酸再与注入反应器的氨反应，生产固体颗粒硫酸铵和硝酸铵，生成的副产品被干式静电除尘器收集，经造粒处理后送到副产品仓，经净化后的烟气排入大气，大致可分为三个反应过程，见图4-2，整个过程大约需要1s。

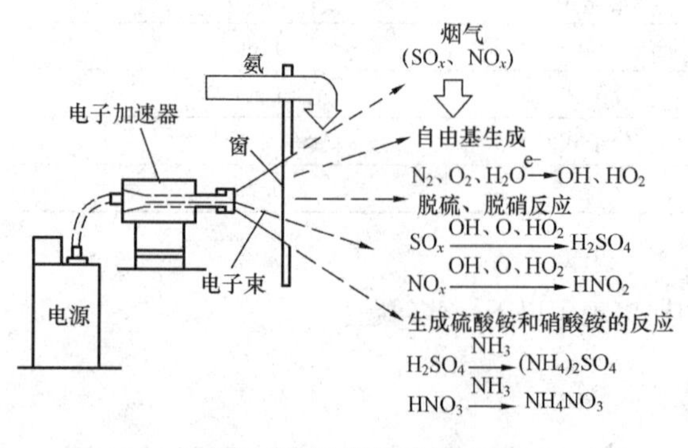

图4-2　反应机理与过程

活性基团的生成，即

$$N_2、O_2、H_2O+e \longrightarrow O、OH、O_3、HO_2、N、e$$

活性基团与气态污染物反应为

$$SO_2+OH \longrightarrow HSO_3(HSO_3+OH \longrightarrow H_2SO_4)$$

$$SO_2+O \longrightarrow SO_3(SO_3+H_2O \longrightarrow H_2SO_4)$$

$$NO+OH \longrightarrow HNO_2(HNO_2+O \longrightarrow HNO_3)$$

$$NO+HO_2 \longrightarrow NO_2+OH(NO_2+OH \longrightarrow HNO_3)$$

$$NO+O \longrightarrow NO_2$$

$$NO_2+OH \longrightarrow HNO_3$$

与氨反应生成硫铵和硝铵，即

$$H_2SO_4+2NH_3 \longrightarrow (NH_4)_2SO_4$$

$$HNO_3+NH_3 \longrightarrow NH_4NO_3$$

$$SO_2+2NH_3+H_2O+1/2O_2 \longrightarrow (NH_4)_2SO_4$$

从电子束照射到硫酸铵和硝酸铵生成所需时间仅为1s。中国是世界合成氨产量最大的国家，有较大的潜力为电子束烟气脱硫提供液氨。电子束烟气脱硫的吸收剂是液氨，副产品是硫铵和硝铵。不同规模机组采用电子束烟气脱硫所需的液氨及硫铵产量见表4-3。

表4-3　　电子束烟气脱硫所需的液氨及硫铵产量

机组功率（MW）	年燃煤量（万t）	年脱 SO_2（万t）	年需液氨（万t）	备　注
100	30	1.22	0.65	燃煤含硫量为2.5%，脱硫率为90%，年运行时间为6000h
200	49	1.98	1.05	
300	77	3.12	1.66	
600	146	5.91	3.14	

二、工艺流程

电子束烟气脱硫工艺流程由烟气系统、反应器与氨的供应系统、电子束照射系统和副产品处理系统组成，见图4-3。

1. 反应器

反应器是用于在烟气添加氨，进行电子束照射的容器，在反应器内部设置排烟整流装置、二次烟气冷却装置和副产品排出装置。在反应器的上部或侧面外部设置电子加速器，通过钛制的照射窗，对反应器内的烟气照射电子束。为了防止产生X射线，设置了混凝土及铁板组成的屏蔽装置。

2. 烟气系统

烟气系统包括烟气冷却装置、集尘装置、脱硫增压装置等。电子束烟气脱硫系统从锅炉引风机后引出烟气，经脱硫系统进口挡板进入脱硫岛烟道，经冷却塔高压喷淋水雾使烟气降温、除尘后，进入反应器脱硫，再由除尘器将脱硫副产品与烟气分离，净化后的烟气由脱硫增压风机送烟囱排出，故障时经旁路烟道从烟囱排出。

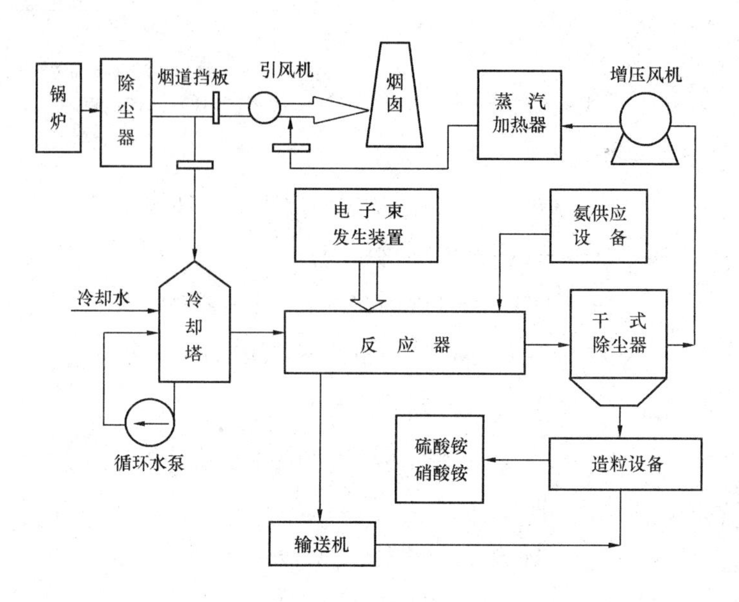

图 4-3 电子束烟气脱硫工艺流程

3. 电子束系统

电子束发生装置由发生电子束的直流高压电源、电子加速器和窗箔冷却装置组成。电子在高真空的加速管里通过高压加速。加速后的电子通过保持高真空的扫描管透射过一次窗箔及二次窗箔（均为 30～50μm 的金属箔）照射烟气。窗箔冷却装置是向窗箔间喷射空气进行冷却，控制因电子束透过的能量损失引起的窗箔温度的上升。美国已经生产出单台功率为 500kW、束流为 600mA 的高频高压型加速器。

据报道，我国在烟气脱硫超大功率电子加速器的关键技术研究方面获得重大进展。上海原子核研究所成功研制出用于治理 100～300MW 级燃煤电厂烟气污染的电子束烟气脱硫脱硝技术示范装置，这将彻底打破国外在超大功率电子加速器关键技术方面的垄断。

上海原子核研究所研究的新型百毫安级、长寿命、高品质电子枪是烟气脱硫电子加速器的关键技术项目，为研制流强达 300mA 的电子加速器奠定了必要的技术基础，其技术指标已远远领先于国内同类用途的电子枪。该所还完成了基于工频变压器型的能长期稳定地运行于 800kV×800mA 的直流高压发生器的全部设计，总体设计中采用了高效率、低纹波的创新设计思想，既保证了电子加速器输出电子扫描均匀度的要求，又降低了整体成本和体积，提高了整体运行的安全性。

4. 冷却塔

冷却塔将烟气冷却至适合于电子束反应的温度。冷却方式有以下两种，但均不产生废水。一种是完全蒸发型，对烟气直接喷水进行冷却，喷雾水完全蒸发；另一种是水循环型，对烟气直接喷水进行冷却，喷雾水循环使用。其中一部分水进入反应器作为二次烟气冷却水使用，这部分水完全被蒸发。

5. 副产品处理系统

从电除尘器及反应器收集的脱硫副产品（主要是硫酸铵和硝酸铵），由链式输送机和埋刮板机送到造粒设备，进行压缩、打散、造粒加工，完成造粒后送到副产品储存间，储存间的副产品可直接作为肥料使用。

只要适当增加电除尘器的面积，即使不设置袋式过滤器，也能使出口粉尘量减到低于允许排放标准。

6. 氨的供应系统

氨的供应系统主要是储存液氨和使氨汽化并使之充入烟气的设备，包括液氨储存槽、液氨输送泵、液氨供应槽、氨汽化器等。储存槽经氨汽化器蒸发为气氨，氨气经设置在反应器中的喷头投加入烟气中。

三、主要特点

经过烟气脱硫示范工程证明，该法：

(1) 能同时脱硫（脱硫率大于 90%）脱硝（脱硝率大于 80%）。调节电子束剂量和烟气温度，脱硫率可设定在任何水平，并适用于各种含硫量的煤种。

(2) 全过程为干法处理过程，不产生废水、废渣。

(3) 流程简单，操作方便，主要设备为冷却塔、反应器、加速器。系统对负载变化有较好的适应性，启动和停车方便。

(4) 副产品硫铵和硝铵是优良的基础肥料。

(5) 占地面较小，工程造价和运行费用较低。

四、影响脱硫脱硝的因素

(1) 辐照剂量对脱硫的影响。辐照剂量由 0kGy（1Gy = 1J/kg）升到 9kGy，脱硫率显著增加。辐照剂量再高时，脱硫率趋于稳定，见图 4-4（入口烟气 SO_x浓度为 1800ppm）。

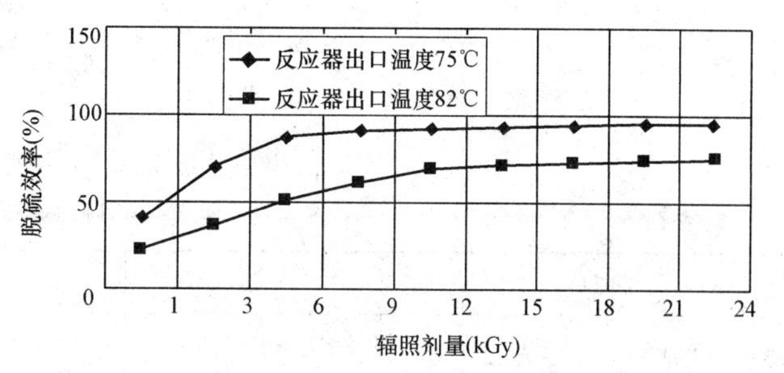

图 4-4 反应器出口脱硫效率与辐照剂量的关系

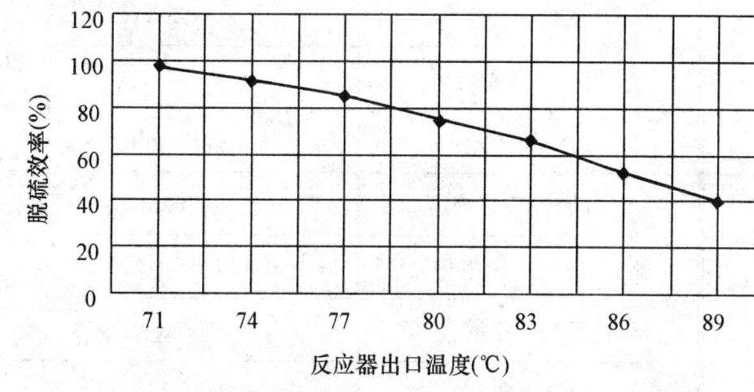

图 4-5 电子束脱硫效率与反应器出口温度的关系

(2) 烟气温度对脱硫的影响。烟气温度每升高 5℃，脱硫效率约下降 10%，见图 4-5（剂量为 18kGy，NH_3化学计量为 0.85～1.0）。

(3) 辐照剂量对脱硝的影响。脱硝率随着辐照剂量的增加而增加，辐照剂量为 27kGy 时，脱硝率可达到 90%，见图 4-6（反应器出口温度为 75℃）。

五、工艺应用

成都热电厂采用日本荏原（Ebara）公司首先提出的电子束脱硫技术，在 200MW 机组锅炉引风机后引出一股流量为 30 万 m^3/h 的烟气（烟气总流量约为 90 万 m^3/h，相当于 70MW 机组容量的烟气），进入冷却塔使烟气降温，烟气经高压喷淋水雾降温除尘后，再进入反应器脱硫，出来的烟气经除尘器将脱硫副产品与烟气分离，净化后的烟气再经过脱硫增压风机送入烟囱排出，见图 4-7。该项目投资费用为 9430 万元（直接投资为 7200 万元），1996 年 3 月动工，脱硫场地面积为 2255m^2（55m×41m）。1997 年 9 月，中日合作的成都热电厂 200MW 机组电子束法脱硫示范工程投入运行，主要设计参数见表 4-4。

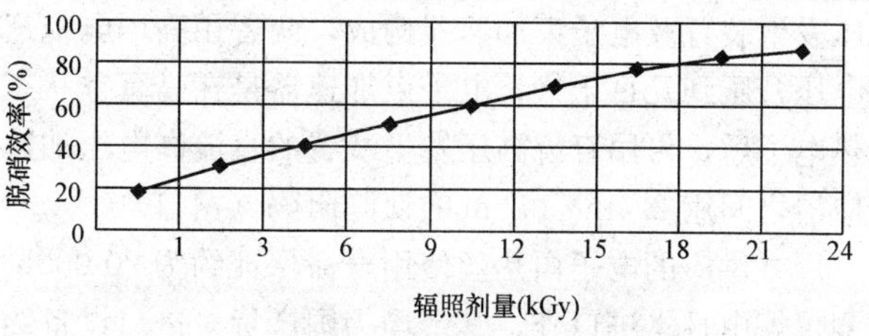

图 4-6 脱硝效率与辐照剂量的关系

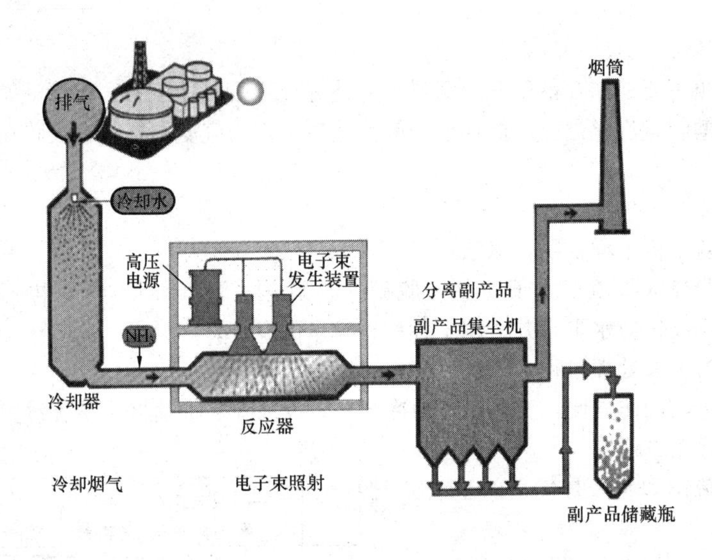

图 4-7 电厂 EBA 脱硫脱硝工艺

表 4-4 主要设计参数

项　目	参　数	项　目	参　数
处理烟气量（湿态）	30 万 m^3/h	水耗量	16t/h
入口烟气温度	132℃	液氨耗量	654kg/h
入口烟气 SO_x浓度	1800ppm（5148mg/m^3）	EB 剂量	4kGy
入口烟气 NO_x浓度	680mg/m^3	EB 系统能量输出	2×320kW
出口烟气 NO_x浓度	610mg/m^3	出口烟气温度	61℃
入口烟气含尘量	390mg/m^3	副产品产量	2470kg/h
吸收剂化学计量	0.8	出口烟气残氨浓度	50ppm
脱硫反应器出口温度	61℃	电耗量（厂用电率）	1900kW（1.7%）
脱硝效率	10%	蒸汽消耗量	2000kg/h
脱硫效率	80%	燃煤含硫量	1.1%

（1）电子束发生装置。电子束发生装置容量为 2 台 800kV×400mA。电子束发生装置由直流高压发生装置及电子束加速器构成，两者用高压电缆连接。直流高压发生装置将输入的 380V 交流电压升压到几百千伏，电子束加速器是在高真空状态下由加速管端部的白热丝发热而生产小能量热电子后，再用直流高压发生装置的直流高电压加速，并通过照射窗射入反应器内。加速器与反应器之间用 2.4m×0.3m 的钛膜阻隔（窗口）。

厂方供应的电子白热丝使用寿命保证约为 20 000h。该项目除电子加速器、造粒机和 X 射线监测仪等由日本进口外，其余均为国产货，进口设备约占整个工程造价的 22%。为屏蔽 X 射线，按国家辐射防护标准，反应器四周设有厚度为 1.0～1.3m 的混凝土防护墙，在窗口上覆盖 7 张 50mm 厚的钢板。

（2）烟气系统。200MW 锅炉烟气经电除尘器除尘后，由引风机下游旁路烟道引出一半的烟气，进入蒸发型喷雾冷却塔。在塔中，由塔顶喷嘴喷出的雾化水被烟气的热量完全蒸发，使烟气在绝热条件下增湿（从6.0%增湿到10.5%），并且烟温从132℃降温到58℃。然后进入反应器，先与氨气混合，再接受两级高能电子束辐射，同时向反应器喷入雾化软化水吸收硫酸的反应热，使反应器出口烟气温度保持在61℃。反应后的烟气进入静电除尘器（平行干式卧型，三电场，除尘效率为97.8%，输入功率为380V×325A×3），洁净烟气由脱硫风机（增压风机，碳钢+树脂衬里，800kW、6510m^3/min、3.5kPa）升压，并与其余未经处理的烟气混合升温到95℃经烟囱排出。

（3）工业水和软化水系统。自电厂引接的工业水主要有三路：①进入冷却塔喷水储罐后，由冷却塔喷水泵送至冷却塔顶，由众多喷嘴喷射成雾状水滴，达到冷却烟气和除尘的目的；②经软水器软化后，进入软化水箱，由二次烟气冷却泵送至反应器内，以吸收脱硫反应时产生的热量；③作为设备的冷却和清洗用水，如引风机、电子束发生装置、空气压缩机等。

（4）压缩空气系统。脱硫装置自备有独立的压缩空气系统。由空气压缩机（功率250kW）产生的压缩空气分三路：一路作为设备的清扫用气，如冷却塔内部的清扫布袋除尘器的冲洗；一路压缩空气与氨混合后，用于雾化软化水；一路经储气罐和干燥器后，送给其他使用空气的用户。

（5）热风冷风系统。为了维护电子加速器的运行，保持电子窗箔的洁净，电子束发生装置配备有窗冷却风机和窗冷却风加热器，以冷却电子枪和清扫窗箔。窗冷却风最后经窗冷却风排气风机排入烟道。

（6）蒸汽系统。从电厂引来的蒸汽，压力为0.5MPa，温度为280℃，主要有四个用途：①加热电子束发生装置的窗清扫风和冷却风；②加热电除尘器的灰斗，避免副产品黏结；③至氨汽化器作为液氨气化的热源；④作为各种设备的伴热蒸汽。

（7）副产品输送系统。从电除尘器（三电场收集率为97.8%）及反应器收集的脱硫副产品硫酸铵和硝酸铵，由链式输送机和埋刮板输送机送至造粒间。在造粒间完成造粒工作，粒度为1～3mm，密度为0.8t/m^3，然后送至产品储存间（容积7天容量，约415t）。

副产物为91.9%的硫酸铵、0.8%的硝酸铵和7.3%的粉煤灰。副产物储存间内由于可能产生副产品产物二次飞扬，所以在顶部设有布袋除尘器。

（8）液氨供应系统。吸收剂为液氨，纯度为90%。液氨储槽（1台，容积130t）的氨气经氨油分离器分离后进入氨气压缩机（1台，190.4m^3/h）升压，然后经二级氨油分离器、气氨操作台压入氨罐车，在此气氨的压力作用下，专用槽车的液氨经液氨操作台被卸入液氨储存罐。液氨储存罐中的液氨用泵输送到EBA工程区内的液氨供给槽，再用氨转移泵送至氨汽化器，汽化后的氨与压缩空气混合后直接进入反应器。

六、问题

主要问题如下：

（1）水中有杂质和藻类，使冷却塔喷嘴堵塞。加强水的过滤，基本解决该问题。

（2）输送系统液氨、气氨阀门有泄漏现象。换用不锈钢阀门和进口密封材料，基本解决该问题。

（3）由于脱硫产物及烟尘性质比常规烟尘有所改变，对电除尘器运行产生影响，如振打强度不足、阴极肥大、除尘效率降低等。

（4）脱硫副产品的袋装环境和运输条件差，需进一步改善。

（5）副产物出料不畅，加强振动和维护，基本解决该问题。

七、运行数据

电子枪灯丝寿命保证约为2万h。正常工况窗箔1年更换1次。整套装置的检修基本上与电厂大小修同步。经测试脱硫脱硝率和排烟残余氨浓度达到设计要求。电子束发生装置在800kV、2×400mA工况下运行时，屏蔽室周围辐射线强度在0.1～0.2μS V/h之间，低于国家标准中不大于0.6μS V/h的规定。副产品养分（含氮量）为18%～20%，重金属含量远低于农用粉煤灰重金属含量国家标准。成都热电厂脱硫工程主要运行数据见表4-5。

表4-5 成都热电厂脱硫工程主要运行数据

序号	项目	单位	数值
1	机组容量	MW	1×200
2	投运时间	年/月	1997/7
3	脱硫法		电子束
4	技术合作厂家		日本茌原
5	耗煤量	t/h	75
6	脱硫工程投资	万元	9430
7	处理烟气量	m^3/h	300 833
8	冷却塔入口 SO_x浓度	ppm	1542
9	ESP出口 SO_x浓度	ppm	181
10	进口烟气 NO_x 浓度	mg/m^3	464
11	出口烟气 NO_x 浓度	mg/m^3	382
12	冷却塔入口烟气温度	℃	102
13	ESP出口烟气温度	℃	70
14	烟气中残氨浓度	ppm	9.2
15	排出烟尘浓度	mg/m^3	137.2
16	蒸汽耗量	kg/h	990
17	工业水耗量	kg/h	8800
18	耗电量	kWh/h	1736
19	吸收剂(氨)消耗量	kg/h	240
20	脱硫效率	%	88
21	脱硝效率	%	18
22	脱硫量	t/h	1.17(7020t/年)
23	吸收剂化学计量		0.8
24	年运行费用	万元	665(762减去副产品收入)，并未计设备折旧
25	单位脱除成本	元/tSO_2	947.3(1085)
26	初投资成本	元/kW	1347.1
27	燃煤含硫量	%	2.0
28	吸收剂	分子式	NH_3
29	副产品	分子式	NH_4NO_3、$(NH_4)_2SO_4$
30	副产品产量	t/h	0.9

注 如果知道了烟气流量300 833m^3/h、入口SO_x浓度1542ppm和出口SO_x浓度181ppm，则脱硫量为300 833×(1542−181)×2.86×10^{-6}=1170.8kg/h。

运行期间，燃煤含硫量一般在0.8%～3.5%之间，烟气中二氧化硫浓度在500～2400ppm范围。即使入口二氧化硫浓度有很大变化，通过自动调节喷水量和喷氨量仍能保持80%以上的脱硫率。温度对脱硫率有明显的影响，电除尘器出口温度越低，脱硫率越高。为能达到80%的脱硫率，温度设定在61℃，氨添加当量比为0.8，吸收剂为外购液氨，纯度为90%。副产品为硫铵（91.9%）和硝铵（0.8%）及少量飞灰（7.3%），含氮量接近化肥硫铵标准（20.5%），目前我国已有1/3的土壤缺硫，因此硫铵具有广阔的前景。该工艺年运行净成本为665万元（年运行总费用——副产品销售收入）。

试验证明：

（1）在选择的电子射线照射量和烟气温度控制适当的情况下，脱硫率可达94%以上，脱硝率可达80%以上。

（2）脱硫脱硝效率随电子射线照射量增加而提高。

（3）脱硫率随烟气温度的降低而提高，烟气温度对脱硫率的影响比电子射线照射量的影响大，这是因为脱硫是依赖于游离基反应和热化学反应两方面，当烟温低时热化学反应更强烈所至；但是脱硝率与烟气温度关系不大。

（4）烟气入口的二氧化硫浓度与脱硫效率几乎无关，但是脱硝效率随烟气入口的NO_x浓度的降低而提高。

运行中存在如下问题：

（1）脱硫副产物出料不畅，需要加强振动。

（2）水中有杂质和藻类，使冷却塔喷嘴堵塞，需要加强水的过滤。

（3）氨系统有泄漏现象，更换不锈钢阀门和进口密封材料，可基本解决。

（4）厂用电率高达3.46%。设计电耗为1900kW，实际上，对电子束进行加速所用直流高压电源设计输出功率为800kV×0.8A，即640kW；电除尘器设计输入功率为380V×325A×3（室），即370kW；升压风机为800kW；空气压缩机为250kW；冷却塔喷水泵为200kW。这些主要设备设计电耗已达2260kW，这还不包括清扫风机、化肥输送系统、硫铵造粒机、氮压机及其他小型用电设备，而且仅处理相当于70MW机组的烟气量，使厂用电率提高3.46以上。

第三节　活性炭(焦)吸附法

早在1955年，西德、美国就开始研究活性炭催化氧化烟气脱硫技术。日本从1965年开始研究。1978年，日本电源开发公司和住友重机械工业公司合作，在日本竹原电厂1号机上进行10 000m^3/h规模的试验，在该成果技术上，在日本松岛1号机上进行了300 000m^3/h（相当于90MW）规模的工业试验。目前，世界上约有10多套活性炭烟气净化工业装置，2002年日本在Isogo 1号电站投运了当时最大的活性炭干法烟气脱硫装置（2×600MW，烟气量为1 806 000m^3/h，脱硫装置进口SO_2浓度为1364mg/m^3，脱硫装置出口SO_2浓度为57.2mg/m^3，脱硫装置出口NO_x浓度为40.2mg/m^3，出口粉尘浓度为10mg/m^3）。美国ADA-ES公司和荷兰Norit Americas Inc公司合作，在2005年下半年将该工艺用于美国三家电站（机组容量为780、550MW和300MW）。

为使活性炭吸附烟气脱硫技术应用于燃煤电厂，我国也开展了一系列的研究和工业试验，并取重要进展。20世纪80年代初，西安热工研究所和四川省环境保护研究所开展了活性炭吸附烟气脱硫并制取磷肥的试验研究。具体工艺是，烟气经调温调湿后进入吸收塔，活性炭作为吸附催化剂将SO_2吸附，并在O_2存在的条件下进一步将SO_2催化氧化成SO_3，当吸附接近饱和时经水喷淋洗涤得到一定浓度的稀硫酸。洗涤再生后的活性炭吸收剂可继续使用，脱硫率达70%（一级脱硫）。在一级脱硫生成的稀 H_2SO_4 中添加天然磷矿粉，反应后经过滤生成 H_3PO_4，加 NH_3 中和后得 $(NH_4)_2HPO_4$，再将 $(NH_4)_2HPO_4$ 通入一级脱硫后的烟气，进一步吸收、中和烟气中剩余的 SO_2（二级脱硫），使系统的总脱硫率达90%以上。二级脱硫后的副产物为磷铵固体复合肥 $NH_4H_2PO_4/(NH_4)_2SO_4$，品位为35%。此种活性炭吸附脱硫同时制取磷铵复合肥技术也称磷铵肥法（PAFP）。经中试考核运行后发现，磷铵肥法烟气脱硫技术脱硫效率虽较高，但工艺流程过长、环节较多，将使电厂烟气脱硫的运行管理更复杂和困难，极大地影响了该方法的推广应用。为进一步巩固和扩大已取得的成果和进展，扬长避短，充分利用并突出其脱硫率高的优点，简化副产品生产工艺流程，在四川省环保局、电力局主持下，由四川龙源电力开发公司环境脱硫工程部承担，1997年在宜宾发电总厂豆坝电厂建成1套 $10\times10^4m^3/h$ 烟气量的活性炭吸附脱硫工业试验装置。

本次工业性试验有2个特点：①以活性炭吸附脱硫即一级脱硫为主，取消二级脱硫；②将加磷矿粉和液氨生成固体复合肥，改为利用电厂锅炉排渣中分选出的铁粉（颗粒）制成副产品硫酸亚铁，就地取材、工艺简单。该方法即为活性炭吸附烟气脱硫，现介绍活性炭吸附烟气脱硫工业性试验的技术特点、工艺流程和试验结果。

一、活性炭吸附 SO_2 工业试验

1. 活性炭吸附原理

当烟气分子运动接近吸附剂固体表面时，受到固体表面分子剩余介力（化学吸附）和非极性的范德华力（物理吸附）的吸引而附着其上，被吸附的气体分子停留在吸附剂固体表面，受热后会脱离固体表面，重新回到气体中。

活性炭吸附 SO_2 时，由于活性炭表面覆盖了稀硫酸，阻碍其吸附能力，需用萃取、加热手段赶走稀硫酸，才能恢复吸附活性。按活性炭吸附的操作温度可分为3种方式：低温吸附（20～100℃）、中温吸附（100～160℃）、高温吸附（大于250℃）。不同温度下活性炭吸附法的比较见表4-6。

表4-6　不同温度下活性炭吸附法的比较

活性炭吸附	低温吸附	中温吸附	高温吸附
吸附方式	主要物理吸附	主要化学吸附	几乎全是化学吸附
效率影响因素	取决于活性表面，H_2O 能提高 SO_2 的吸收率	取决于活性表面，H_2O 能提高 SO_2 的吸收率	形成硫的表面络合物，能提高效率，能分解吸附物
再生技术	水洗产 H_2SO_4，氨水洗产 $(NH_4)_2SO_4$	加热至250～350℃释出 SO_2	高温，产生碳的氧化物、含硫化合物及硫
优点	催化吸附剂的分解和损失很小	气体不需预处理	气体不需预处理
缺点	仅一小部分表面起作用	一部分表面起作用，再生需损失碳，可能中毒	再生需损失碳，可能中毒

活性炭具有较大的比表面积和足够的表面活性。活性炭在100～160℃温度下吸收 SO_2 的主要化学反应为

$$SO_2(气态)\longrightarrow SO_2(物理吸附)$$

$$O_2(气态)\longrightarrow O_2(物理吸附)$$

$$SO_2(\text{吸附态})+O_2(\text{吸附态})\longrightarrow 2SO_3(\text{化学吸附})$$

$$SO_3(\text{吸附态})+H_2O(\text{吸附态})\longrightarrow H_2SO_4(\text{化学吸附})$$

总的方程式为 $SO_2+1/2O_2+H_2O\longrightarrow H_2SO_4$

SO_2转化为硫酸吸附在活性炭孔隙内，完成烟气脱硫净化，并不是活性炭适用于所有的有害气体，按吸附效果的优劣列于表 4-7。

表 4-7　　活性炭净化有害物质的适用性

有害物质	允许浓度（mg/m^3）	适用性	有害物质	允许浓度（mg/m^3）	适用性
氨	38	处理效果不好	氯化氢	8.15	处理效果不好
氟化氢	2.67	处理效果不好	二氧化氮	10.25	能处理
一氧化碳	62.5	无效	二氧化硫	14.3	能有效处理
甲醛	6.7	处理效果不好	氯气	3.17	能有效处理
甲醇	286	能有效处理	二氧化碳	67.8	能有效处理
硫化氢	15.2	能处理	苯	87.0	能有效处理
磷化氢	0.46	处理效果不好	甲基硫醇	21.4	能有效处理

吸附法的后道工序是吸附剂的再生，再生工序之所以重要，一是获取解吸的产物；二是使吸附剂重复使用。通常采用的再生办法有加热再生和水洗再生两种。

加热再生法以德国化学组合公司 Reinluft 净气法为代表。这是用活性炭进行低浓度 SO_2 烟气脱硫较著名的方法。活性炭在 100～160℃进行 SO_2 吸附，解吸时，以 400℃的惰性气体吹出 SO_2，从而得到副产物 SO_2，再生需要耗碳，即

$$H_2SO_4\longrightarrow SO_3+H_2O$$

$$2SO_3+C\longrightarrow 2SO_2+CO_2$$

总的方程式为

$$2H_2SO_4+C\xrightarrow[\text{惰性气体}]{400℃}2SO_2+2H_2O+CO_2$$

经过解吸的活性炭，被冷却至 120℃以下，由物料输送机送至吸附脱硫反应器循环使用。解吸释放出来的高浓度 SO_2 气体可根据市场需求加工生产出多种含硫元素的商品级产品，如硫酸、硫黄、单质硫、化肥或液体 SO_2 等，不对环境造成二次污染。

水洗再生法以鲁奇制酸为代表。水洗解吸最为简便，活性炭无化学消耗，又能直接制得硫酸。但水洗产酸的浓度很低，仅为 10%～15%，因此稀酸的浓缩和应用成了主要问题，必须将稀酸浓缩至 70%左右才有较多的用场。

2. 工艺流程

1997 年底建成的 $10\times10^4 m^3/h$ 烟气量的活性炭吸附脱硫工业性试验装置，比“七五”期间的磷铵肥法烟气脱硫课题所进行的中间试验规模扩大 20 倍，其烟气量已接近于 25MW 机组锅炉烟气量，试验结果将更具代表性和实用性。

活性炭吸附烟气脱硫工艺流程简短，见图 4-8，主要包括 2 部分：

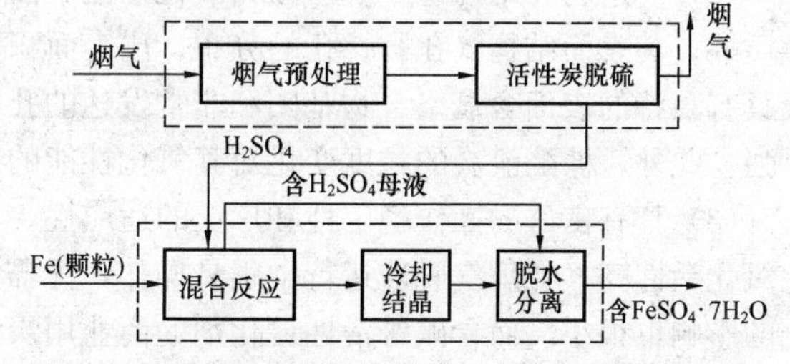

图 4-8　活性炭吸附烟气脱硫工业性试验工艺流程

（1）烟气脱硫。烟气经预处理（除尘、

调温、调湿）后送入载有活性炭的吸附脱硫塔中，烟气通过活性炭时 SO_2 被吸附，活性炭表面的催化剂可活化 SO_2 成激发态，在 O_2 存在的条件下 SO_2 被氧化成 SO_3；所用渣炭活性炭表面天然存在的酚羟基和醌羰基等活性基团能加快 O_2 的传递速度，进一步加快 SO_2 氧化成 SO_3 的过程。吸附接近饱和时，采用水喷淋洗涤生成稀 H_2SO_4（质量分数约为 30%），脱硫后的烟气经烟囱排入大气。活性炭经再生后可重复使用。

（2）生成副产品硫酸亚铁。将电厂锅炉排渣中分离出的铁粉（颗粒）与稀 H_2SO_4 按反应计量比例送入混合反应槽，加热后生成硫酸亚铁，经浓缩、冷却、结晶、分离，得到纯度为 94% 以上的固体硫酸亚铁（$FeSO_4 \cdot 7H_2O$）。这两部分中的脱硫是主要的基本工艺流程，副产品生产加工是附属性的，可根据各地、各厂具体情况对副产品种类和工艺流程进行相应的改变。副产品既可增收以弥补部分脱硫运行费用，又有良好的环境效益，避免稀硫酸等排放污染环境。

3. 活性炭种类及性能

活性炭的吸附及催化氧化性能是活性炭吸附烟气脱硫技术的关键。1979 年，我国在湖北松木坪电厂建成了活性炭中试装置，采用浸碘 0.43% 的活性炭吸附处理电厂 25MW 机组的 1/30 的烟气（5000m³/h），燃煤含硫量为 4%～5%，烟气中 SO_2 浓度最高可达 12 000mg/m³，脱硫效率达到 90% 以上。但存在的问题是耗电量大（约占电厂容量的 2.76%），含碘活性炭耗量为 0.27kg/h，含碘活性炭价格昂贵。因此推广活性炭吸附法的主要问题是找到价廉的吸附剂。

在“七五”期间的磷铵肥法烟气脱硫课题中，中科院大连化学物理研究所等对活性炭吸附剂进行了专题研究，筛选出烟气脱硫用的新型活性炭催化剂——糠醛渣炭（简称渣炭）。该渣炭由生产糠醛的废渣（玉米芯制糠醛的废料）经特殊改性处理后制成，因系废物利用，其成本比一般商业活性炭（如含碘、含氮活性炭等）降低 40%。在活性炭吸附烟气脱硫工业试验中就是采用这种糠醛渣炭作为 SO_2 吸附催化剂。

糠醛渣炭的物理特性及其影响因素如下：

（1）对烟气 SO_2 具有强氧化能力。活性炭对 SO_2 的催化氧化作用主要取决于炭表面含氧络合物基团的种类和数量，活性炭表面氧化物含量越多，对 SO_2 氧化活性也越高。一般的商业用活性炭的共同特点是氧化 SO_2 所需的表面含氧络合物基团均不充足，如用于烟气脱硫则活性不足和效率不高，通常采取在活性炭上添加活性组分以增强和提高其氧化 SO_2 的活性，如含碘、含氮活性炭。这些措施虽能在一定程度上弥补炭的活性不足，但在实际应用中这些外加的活性组分往往因操作不当而流失，且价格又偏高难以用于工业应用。为进一步提高糠醛渣炭氧化 SO_2 的活性对其进行了改进处理，即对糠醛渣炭的生产工艺条件进行改进和调整，通过改变生产条件和处理方式，促使炭表面上形成氧化络合物的不饱和键与氧的结合上发生重排，有利于氧化 SO_2 的含氧化合物基团更多地形成。经改性后的糠醛渣炭表面的含氧络合物主要是酚羟基和醌羰基，基团数量提高使其对 SO_2 具有很强的催化氧化能力，在烟气 SO_2 质量浓度为 8500mg/m³ 时，SO_2 脱除率大于等于 70%。

（2）发达的孔结构进一步增强其氧化性能。活性炭作为吸附剂或催化剂使用时，除表面化学性质外，其表面结构（孔容、孔的分布、比表面积等）也是重要的影响因素。由于糠醛渣炭的原炭具有独特的表面含氧络合物基团和非常发达的孔结构，经改性后对 SO_2 的吸附、催化氧化能力更强。此外，糠醛渣炭的粒度变化对其氧化性能的影响很小。

（3）具有良好的操作稳定性和广泛的适应性。和一般商业活性炭不同，糠醛渣炭由于自身催化氧化活性高，在烟气脱硫运行中很易操作，无需添加活性催化剂（碘、氮等），受运行工况变化的影响也很小。而含碘等活性催化剂的商业用炭，因操作不当或运行工况的变化极易导致碘流失，使炭的活性下降，催化氧化性能失效。曾对糠醛渣炭操作稳定性进行 540h 的运行监测，

SO_2转化率（90%）可一直保持不变。

（4）烟气条件的影响。一般在活性炭干燥的表面上有利于SO_2与O_2发生氧化反应；而炭上微孔中的水分有利于产物H_2SO_4的转移。如烟气含湿量过低，则烟气带水能力过高，导致活性表面干燥过快，影响产物正常转移；反之，烟气含湿量过高，则炭表面的干燥度不足，降低SO_2氧化速度。试验表明，当烟气含湿量大于等于14%时，SO_2的氧化速度明显下降。活性炭床温小于50℃时，SO_2的氧化速率有所降低。运行中适当调节烟气含湿量和床温，可最大限度地改善催化氧化能力，充分发挥炭的催化活性。烟气含氧量对SO_2的反应有明显的影响，SO_2和O_2吸附在活性炭上，催化活化后SO_2被O_2氧化成SO_3，在这个反应中O_2的传递是控制步骤，因为O_2在活性炭上的吸附量比SO_2小2个数量级，在氧化反应中O_2起着关键作用。烟气含氧量小于3%时，SO_2氧化速率明显降低。

（5）可再生，使用寿命长。脱硫塔内的活性炭吸附饱和后，可在烟气连续通过状态下进行洗涤再生。用一酸一水2次洗涤方式，由于水与酸的交换效率极高，洗涤再生后无需蒸汽加热，依靠烟气温度即可使炭床干燥恢复其吸附活性，对SO_2的催化氧化性能保持不变。糠醛渣炭可连续使用12 000h以上，脱硫效率保持70%。

4. 试验结果

$10\times10^4 m^3/h$烟气量活性炭烟气脱硫工业性试验装置于1997年11月底建成，12月起开始部分试运行，1998年4月试运行结束。试运行期间经对试验装置反复调试、改进，装置已具备全流程连续运行条件。1998年5、7、9月分别通过连续72h运行的现场考核、技术鉴定和项目验收。考核期间，装置处理烟气量为$8.0\times10^4\sim13.3\times10^4 m^3/h$，平均为$10.82\times10^4 m^3/h$；烟气入口$SO_2$质量浓度为4810～7747$mg/m^3$，平均为5794$mg/m^3$；脱硫率为67.1%～86.9%，平均为72.1%。按年运行6000h计，SO_2年脱除量可达2700t。

5. 技术特点

（1）糠醛渣炭一次性投入可连续使用2年以上，运行管理简便，启动速度快，与常用的烟气脱硫方法不同，无需随时投加石灰石、石灰、氨等脱硫吸收剂，没有脱硫剂原料的现场制备、存储和运输等工序，这样既节省场地、资金，也减少许多故障几率。

（2）所用活性炭糠醛渣炭系利用生产糠醛的废渣经改性处理制成，成本比低再生容易，使用寿命长。渣炭表面丰富的含氧络合物对烟气SO_2具有很强的催化氧化能力，在现场工业性试验工况下，脱硫效率可达70%以上。

（3）应用范围广，不仅适用于高硫煤，也适用于烟囱入口SO_2质量浓度小于等于2860mg/m^3的烟气处理。SO_2浓度较低时，活性炭吸附量相对减少，可通过调节烟气流速提高SO_2氧化反应效率，确保脱硫率大于等于70%。

（4）可因地制宜地开展脱硫资源综合利用。本次工业性试验主要利用电厂锅炉排渣中的析铁生产$FeSO_4\cdot7H_2O$。脱硫副产物H_2SO_4是基本化工原料，用途广泛，可根据本厂、本地区的资源生产相应的产品，如加磷矿粉生产磷铵复合肥等。以生产$FeSO_4\cdot7H_2O$为例，仅按年产1000t计，即可获得直接经济收益30万元。此外，还可生产附加值更高的产品。脱硫副产物稀H_2SO_4也可中和高pH值废水使其达标或用于酸洗。

（5）无二次污染。该工艺无脱硫剂原料的现场制备、存储、运输，也无废水废渣排放，属清洁生产工艺。

（6）从脱硫技术研究开发、设计到设备、仪表、材料等全部实现国产化。该工艺开发的不加活性组分的新型活性炭催化剂及再生技术水平先进，系统还实现了自动控制与在线监测，符合我国关于烟气脱硫装置国产化要求。

6. 投资及效益

活性炭吸附烟气脱硫工业性试验装置处理烟气量相当于25MW发电机组锅炉(130t/h)烟气量，装置建设费用为1245.3万元，单位建设费用为498元/kW；发电量脱SO_2成本为0.01元/kWh,未扣除合利用收益；运行费用为154万元/年，该工业性试验装置年脱除SO_2 2700t，脱SO_2费用为570元/t。随着活性炭脱硫工艺进一步工程化、产业化，建设费用可降至300～400元/kW，运行成本也会相应降低。

二、活性焦吸附SO_2工业应用

在国家“十五”863计划的支持下，南京电力自动化设备总厂、煤炭科学研究总院北京煤化工研究分院和贵州宏福实业开发有限总公司合作，在贵州宏福实业开发有限总公司的自备热电厂自1998年以来，经过试验研究、中试试验，到承担“863”计划“可资源化烟气脱硫技术”课题，2004年3月开始施工，到2005年3月试运，完成了活性焦烟气脱硫示范装置。该公司自备热电厂现有2台75t/h循环流化燃煤锅炉，设计燃煤量为30t/h，燃用贵州当地煤，煤种含硫量高达4.5%以上，烟气量为178 000m^3/h（相当于45MW），排烟温度为160℃左右，2台锅炉共用一套脱硫装置，其他参数见表4-8。贵州宏福实业开发有限总公司是我国最大的磷化工企业，生产需要大量的硫酸，采用活性焦脱硫工艺，回收的SO_2全部用于生产硫酸，形成一个环保产业链。

表4-8　宏福实业开发有限总公司活性焦脱硫示范装置运行技术参数

序号	项目名称	单位	数量
1	锅炉蒸发量	t/h	2×75
2	标准状态烟气量	m^3/h	178 000（相当于45MW机组烟气量）
3	烟气温度	℃	160
4	排烟温度	℃	＞120
5	烟尘出口浓度	mg/m^3	800
6	再生气体SO_2浓度	%	＞20%
7	脱硫效率	%	95
8	厂用电消耗	kW	341.6
9	活性焦消耗	kg/h	253.8（＜160kg/tSO_2）
10	冷却水消耗	t/h	2.6
11	蒸汽量消耗（300～420℃）	t/h	20.5
12	回收SO_2量	t/h	1.7

活性焦为直径5～9mm圆柱状炭质吸附材料，与活性炭相比，耐压、耐磨损、耐冲击能力高，比表面积小，具有很好的脱硫、脱硝性能。特别是活性焦在解吸过程中，吸附和催化活性不但不会降低，而且还会有一定程度的提高。因此，活性焦用于烟气脱硫不仅经济效益好，而且使用寿命长。活性焦脱硫反应和解吸反应与活性炭完全一样。SO_2转化为硫酸吸附在活性焦孔隙内，同时活性焦吸附层相当于高效颗粒层过滤器，在惯性碰撞和拦截效应作用下，烟气中的大部分粉尘颗粒在床层内部不同部位被捕集，完成烟气脱硫除尘净化过程。

2005年7月，贵州省环境监测中心站对该套装置的净化性能进行了监测，监测结果见表4-9。结果表明，示范装置的脱硫除尘性能优良。

表 4-9　　示范装置的脱硫除尘性能监测结果

监测项目	单　位	进　口	出口 1	出口 2
大气压力	kPa	90.8	90.8	90.8
烟气温度	℃	123	105	107
干基标准状态烟气流量	m^3/h	173 656	91 805	89 358
SO_2浓度	mg/m^3	10 276	414	426
SO_2流量	kg/h	1784.49	38.01	38.07
烟尘浓度	mg/m^3	1044	251	329
烟尘流量	kg/h	181.30	23.04	29.40
脱硫效率	%		95.97	95.85
除尘效率	%		75.96	68.49

活性焦催化脱硫反应放出大量反应热，为了防止活性焦过热，使脱硫塔内活性焦床层温度处于最佳反应温度区间，需采用工艺水雾化蒸发方式对入塔前原烟气进行降温增湿，因此每小时需要消耗 2.6t 冷却水。若生产 98%工业硫酸，每处理 1tSO_2 约需要 0.14t 水，因此该装置每小时需要 0.24t 工艺水。

工业示范装置处理烟气量为 178 000m^3/h，相当于 45MW 机组烟气量，年脱除 SO_2 10 200t，工程建设直接投资为 2050 万元，单位建设投资为 2050/4.5=456 元/kW。

年运行费用：活性炭为 1.161 分/kWh，工艺水为 0.003 分/kWh，冷却水为 0.001 分/kWh，电为 0.147 分/kWh，气为 0.082 分/kWh，蒸汽为 0.237 分/kWh，设备折旧及维修费为 0.114 分/kWh，人员工资及管理费为 0.073 分/kWh，SO_2 收益为−1.0 分/kWh，合计 0.818 分/kWh，按年运行 6000h 计，年运行费用为 220.9 万元，单位脱除成本为 216.6 元/tSO_2。

活性焦干法烟气脱硫和石灰石湿法脱硫工艺比较，技术上有以下优点：

（1）在脱硫的同时还能脱硝及脱除有害重金属。

（2）烟气脱硫反应在 100～160℃进行，不需要对出口烟气加热。

（3）脱硫过程中基本上不用水，适用于水资源缺乏地区。

（4）脱硫剂以煤炭为原料生产，可再生循环利用。

（5）副产品高浓度 SO_2（干基体积分数大于 20%）是用途广泛的化工原料。

（6）虽然初投资高，但运行费用少。例如，2×600MW 褐煤机组采用活性焦干法烟气脱硫和石灰石湿法脱硫工艺经济比较见，表 4-10。

表 4-10　　2×600MW 褐煤机组采用两种烟气脱硫工艺经济比较

项　目	单　位	活性焦法	石灰石—石膏法
工程投资费用	万元	38 160	29 880
单位造价	元/kW	318	249
造价差别	万元	+8280	基准
运行费用	万元	3265	9734
运行费用差别	万元	−6469	基准

由表 4-10 比较可知，2×600MW 褐煤机组，采用活性焦干法烟气脱硫比石灰石—石膏烟气脱硫工艺增加投资 8280 万元，但每年运行费用减少 6469 万元。如果同步安装脱硝设备，活性焦干法烟气脱硫工艺的优势更加明显。

第五章　循环流化床脱硫技术

第一节　循环流化床锅炉发展概况

一、循环流化床锅炉技术的发展

循环流化床锅炉技术在国外早已流行。循环流化床锅炉技术是在流化床技术基础上发展起来的，它是在流化床锅炉上增加了二次风和分离回燃措施等新技术。20 世纪 70 年代初期出现的中东石油危机，使世界各国将能源结构的比例从燃油向燃煤转移。但燃煤带来严重的环境污染，促使新一代的燃烧技术——具有高效低污染、煤种适应性好的循环流化床燃烧技术应运而生。1979 年，芬兰奥斯龙（Ahlstrom）公司开发了世界上第一台 20t/h 的流化床锅炉，接着美国也开始研究开发该项技术，并与芬兰奥斯龙公司合作于 1987 年投运了一台 110MW420t/h 的循环流化床锅炉。德国鲁奇公司（Lurgi）研制的 270t/h（带 95.8MW 发电机组）循环流化床锅炉于 1985 年 9 月在德国杜易斯堡（Duisburg）电站投入运行。1995 年在法国普罗旺斯（Provence）电站投运了当时容量最大的 250MW 循环流化床锅炉（700t/h、16.3MPa、565℃/565℃）。

我国从 20 世纪 80 年代初开始研究开发循环流化床锅炉，1985 年中科院研制的 2.8MW 循环流化床锅炉通过技术鉴定。国家“七五”重点科技攻关项目的我国第一台 35t/h 循环流化床锅炉于 1988 年 12 月在山东明水热电厂投入运行，从此填补了国内发电锅炉应用循环流化床技术的空白，接着它们研制的 75t/h 循环流化床锅炉于 1991 年 11 月在锦西热电厂运行供热。目前，国内已投运的 35～220t/h 中小型循环流化床锅炉约为 500 多台，1996 年 6 月，我国引进的第一台 100MW 循环流化床锅炉在四川内江（高坝电厂）建成投产，1997 年哈尔滨锅炉厂制造的一台 220t/h 循环流化床锅炉在杭州协联热电有限公司投运。同年，东方锅炉股份有限公司利用美国引进技术，制造的两台 220t/h 循环流化床锅炉在宁波中华纸业有限公司先后投运。这标志着我国的循环流化床锅炉开始向大型锅炉发展。

2003 年 2 月，我国与法国阿尔斯通（ALSTOM/STEN）公司签署了 300MW 循环流化床锅炉的技术引进合同，作为技术引进的依托工程——四川内江市白马电厂 1×300MW 机组工程由 ALSTOM/STEN 公司总承包。按照合同规定，ALSTOM/STEN 公司与东方锅炉股份有限公司（简称东锅）共同为四川白马电厂提供 1 台中国最大的 CFB 锅炉。

哈尔滨锅炉厂有限责任公司（简称哈锅）在技术引进的同时，还一直不遗余力地进行自有技术的开发工作，哈锅和西安热工研究院合作开发研制的国产 100MW CFB 锅炉，安装在江西分宜电厂，于 2003 年 6 月 19 日成功投入商业运行。在成功研制国产 100MW CFB 锅炉的基础上，西安热工研究院和哈锅合作，开发研制了 210MW CFB 锅炉于 2006 年 7 月 7 日在江西分宜发电厂成功投运。2006 年 5 月哈锅与江西分宜电厂签订了国产首台最大的具有自主知识产权的 330MW CFB 锅炉供货合同。

上海锅炉厂有限责任公司（简称上锅）与 ALSTOM 公司于 2001 年 8 月签订了 CFB 锅炉技术转让合同，并利用该技术相继生产了多台 440t/h 等级 CFB 锅炉。2007 年 12 月，上锅为内蒙蒙西电厂设计供货了 300MW 亚临界循环流化床煤矸石锅炉，燃用燃料由 30％～40％的洗中煤和

60%～70%的煤矸石混合而成。

无锡华光锅炉股份有限公司（简称无锡锅炉厂）与中科院合作开发设计的具有自主知识产权的首台国产化150MW等级超高压带中间再热CFB锅炉，于2004年12月在内蒙古乌达发电厂顺利投运。为了缩小与国外大型CFB锅炉在设计、运行等方面的差距，无锡锅炉厂于2006年8月1日与美国FW公司（FOSTER-WHEELER，FW）签订了技术转让合同。目前无锡锅炉厂完全具备根据引进技术，自行设计燃用不同燃料的300MW CFB锅炉的能力。

2013年4月，东方锅炉厂自主研制的世界首台最大容量的600MW超临界循环流化床锅炉在神华国能集团四川白马循环流化床示范电站有限责任公司顺利通过168h满负荷试运行。这标志着我国在大容量、高参数循环流化床洁净煤燃烧技术方面走在了世界前列。

二、循环流化床锅炉特点

大量资料表明，循环流化床锅炉的性能指标可达到：燃烧效率为95%～99%，锅炉热效率为85%～92%，Ca/S=2时的脱硫效率为85%～90%。循环流化床锅炉的主要优点如下：

（1）燃料的适应性广。循环流化床锅炉中按质量的百分比计，新加入的燃料仅为床料的1%～3%，其余是不可燃的固体颗粒，如脱硫剂、灰渣或砂等。循环流化床锅炉的特殊流体动力特性使得气—固和固—固混合得非常好，因此，即使是很难着火燃烧的燃料，进入炉膛后由于很快与灼热的床料混合，被迅速加热至高于着火温度，这就决定了循环流化床锅炉不需辅助燃料既可以燃烧优质煤，也可燃烧劣质煤。

（2）燃烧效率高，可与粉煤炉相媲美。沸腾炉燃烧效率一般在90%以下，锅炉效率不足80%，主要是飞灰含碳量高。循环流化床锅炉由于采用分级燃烧技术，对于较大的煤粒，循环流化床锅炉能够通过分离装置将这些颗粒分离下来，送回燃烧室进行循环燃烧，使锅炉效率可达到90%。

（3）低污染，脱硫效率高。炉内加石灰石、白云石等脱硫剂，可以脱去燃料在燃烧过程中生成的二氧化硫。根据燃料中含硫量的大小确定加入脱硫剂量，可使脱硫达到90%，二氧化硫排放量为200～400mg/m^3。另外，由于循环流化床锅炉燃烧温度一般控制在800～950℃的范围内，这不仅有利于脱硫，而且可以抑制氮氧化物的形成。在一般情况下，循环流化床锅炉氮氧化物的生成量仅为煤粉炉的1/4～1/3，标准状态下氮氧化物的排放量可以控制在100～400mg/m^{3}左右。粉尘可以降低到为50mg/m^3。

（4）负荷调节范围大。沸腾炉由于流化速度限制，再加上受热面绝大部分在床内，为了保证流化和燃烧温度，最低负荷一般为满负荷的50%。而循环流化床锅炉由于流化速度高，且燃烧风分成一、二次风，受热面又远离床层，因此稳定燃烧的负荷调节范围可达到25%～100%。即使在20%负荷情况下，有的循环流化床锅炉也能保持燃烧稳定，甚至可以压火备用。此外，由于截面风速高和吸热控制容易，循环流化床锅炉的负荷调节速度也很快，变化速率一般可达4%～10%/min。

（5）灰渣综合利用性能好。由于循环流化床锅炉燃烧温度低，灰渣不会软化和黏结，活性较好，而且飞灰含碳量低，灰可以用作水泥的掺合料。

（6）投资费用低。循环流化床锅炉燃烧强度比常规锅炉高得多，炉膛单位截面积的热负荷可达3～6MW/m^2，是链条炉的2～6倍；炉膛容积热负荷可达1.5～2MW/m^3，是煤粉炉的8～11倍，所以循环流化床锅炉可以减少炉膛体积，降低金属消耗，投资省。表5-1列出了不同容量的循环流化床锅炉与链条炉的能耗比较情况。

通过表5-1比较不难发现，循环流化床锅炉虽然在投资上要比链条炉大，但其产出更大。

表 5-1 不同容量的循环流化床锅炉与链条炉的能耗比较情况

锅炉参数	锅炉类型	热效率（%）	耗煤量（t/年）	耗电量（万 kWh/年）	耗能费用（万元/年）			节约能源费用（万元/年）
					煤	电	合计	
10t/h 1.27MPa 350℃	链条炉	70	13 403	36.83	670.15	16.57	686.72	—
	化床锅炉	76	12 345	62.30	617.25	28.04	645.29	41.43
	循环流化床锅炉	87	10 784	62.30	539.20	28.04	567.24	119.49
35t/h 3.92MPa 450℃	链条炉	72	52 357	116.90	2617.85	52.61	2670.46	—
	化床锅炉	78	48 330	199.50	2416.50	89.78	2506.28	164.19
	循环流化床锅炉	89	42 356	199.50	2117.80	89.78	2207.58	462.88

注 表中煤价为 500 元/t，电价为 0.45 元/kWh。

三、循环流化床锅炉存在的问题

（1）锅炉效率稍低。分离器效率不足，导致小颗粒物料飞损增大和循环物料量的不足，因而造成悬浮段细灰量及其传热量不足，炉膛各部温度梯度加大，使锅炉出力达不到额定值，同时造成飞灰可燃物含量增大，影响锅炉效率。例如，一台煤粉锅炉 NG-220/9.81/540 设计锅炉效率为 89.19%，实际运行热效率为 86.77%；而一台循环流化床锅炉 HG-220/9.81/540 设计锅炉效率为 89.45%，但是实际运行热效率为 84.92%。

（2）磨损问题。循环流化床锅炉炉膛下部卫燃带与水冷壁交界处磨损比较严重，主要原因是在该区域内壁沿壁面下流的固体物料与炉内向上运动的固体物料运行方向相反，在局部产生涡旋流；沿壁面下流的固体物料在交界区域产生流动方向的改变，对水冷壁管壁产生磨损。为此需要在水冷壁上加焊鳍片来破坏向下流动的固体物料流，从而达到防磨目的；在卫燃带以上 600～1000mm 水冷壁管壁进行超音速电弧喷涂防磨金属合金材料。另外，金属壁面的磨损速度与颗粒速度成立方关系，与颗粒直径成平方关系。因此要严格控制燃料的粒径。燃料粒径越小，无疑有利于煤粉燃尽，提高锅炉效率，降低对流管束磨损，但这也意味着增加碎煤设备能耗。

（3）结焦问题。几乎所有的循环流化床锅炉都不同程度地受到此问题的困扰，而且结焦大多发生在炉床部位，也可能出现在高温旋风分离器的灰斗内。少数情况可能波及返料装置和给煤口处。如果不及时清焦，会损坏设备。发生结焦的主要原因是流化风量不足，床料局部温度超过灰熔点或烧结温度而结焦；运行中为了提高锅炉出力，投煤量过大，床内存煤量过多，煤燃烧后引起床温急剧升高，温度超过灰熔点而结焦；燃料制备系统不完善，造成燃料颗粒偏大造成密相区床温过高而结焦，或是由于放料管堵塞造成流化不良引起超温结焦。运行期间当发现床温超过正常值时，要立即停止给煤，加大一次风量，待床温恢复正常时，再调节风量和煤量。

返料器结焦是因为料层过薄，空气穿透力太强，使燃烧室内燃烧不稳，细颗粒上升比例增加，使返料器温升过高，导致返料器结焦。因此，运行过程中要保持合适的料层厚度，根据负荷的变化控制料层厚度。

（4）厂用电率高。循环流化床锅炉的分离循环系统比较复杂，布风板及系统阻力增大，锅炉自身耗电量大，约为机组发电量的 7%，导致运行费用增加。根据统计结果，220t/h 煤粉炉的厂用电率约为 7%，而循环流化床锅炉的厂用电率约为 10%，循环流化床锅炉的耗电率高于煤粉炉。

（5）飞灰可燃物高。燃烧无烟煤、贫煤的循环流化床锅炉飞灰可燃物普遍较高（根据实践经验，贫煤循环流化床锅炉的飞灰可燃物含量一般比煤粉炉高 3～5 个百分点，导致机械未完全燃烧热损失比煤粉炉高 2.5 个百分点），这是采用循环流化床燃烧技术目前至今无法解决的问题。煤粒进入流化床后，受到床料加热，水分蒸发，挥发分析出，受热固化的颗粒表层崩裂而破碎。

挥发分高的煤（烟煤），极易析出着火，易于燃尽；反之，挥发分低的煤（无烟煤、贫煤）不易燃尽。灰分高的煤，灰分在煤粒外形成的灰壳层较厚，阻隔了氧量和热量的传递，加热灰壳层消耗部分热量，降低了燃烧速率，不易燃尽。有关几个电厂锅炉设计煤种及燃烧实际煤种时，锅炉运行床温、炉膛出口氧量、飞灰可燃物等参数见表5-2和表5-3。某厂HG-465/13.7-L.PM7型循环流化床锅炉，其干燥基挥发分可从8%变化至近30%，飞灰含碳量由20%降低至10%。因此可以得到如下结论：煤种的变化对循环流化床锅炉飞灰含碳量的影响较大，在保证燃烧稳定的前提下，提高煤质，特别是提高挥发分含量，对降低飞灰含碳量有显著作用。

表5-2　135MWCFB锅炉煤质特性和运行参数（烟煤）

名　称	单位	华能济宁电厂			义马锦江能源公司			河南蓝光环保公司		
		设计	校核	实际	设计	校核	实际	设计	校核	实际
煤种		烟煤	烟煤	烟煤	烟煤	烟煤	烟煤	烟煤	烟煤	烟煤
全水分	%	7.90	9.00	6.80	13.08	14.72	12.82	10.0	10.0	6.91
收到基灰分	%	19.91	19.52	21.80	27.25	37.69	30.09	48.74	54.43	48.51
干燥无灰基挥发分	%	39.0	38.10	38.73	26.62	23.30	24.58	36.03	37.23	38.66
收到基低位发热量	MJ/kg	22.95	22.75	23.01	16.77	12.53	16.32	12.40	10.02	13.73
锅炉型号		SG440/13.7-M563			DG440/13.7-Ⅱ			HG440/13.7-LMG8		
机组电负荷	MW	134.73			135.1	136.2		138.9	134.3	
炉膛平均床温（中/下部）	℃	832.0/818.4			807.3/849.8	792.6/835.7		923	898	
预热器入口氧量	%	2.8			2.7/2.9	2.8/2.2		2.8	1.7	
飞灰含碳量	%	7.25/8.14			3.30	3.40		3.43/3.58	14.69/14.65	
炉渣含碳量	%	1.07			0.50	0.52		2.94	2.21	

表5-3　135MWCFB锅炉煤质特性和运行参数（贫煤）

名　称	单位	华能白杨河电厂			新乡豫新发电公司			开封火电厂		
		设计	校核	实际	设计	校核	实际	设计	校核	实际
煤种		贫煤	贫煤	贫煤	贫煤	贫煤	贫煤	贫煤	贫煤	贫煤
全水分	%	5.8	4.9	4.10	7.35	4.95	5.60	8.0	9.0	6.44
收到基灰分	%	28.4	32.58	31.74	18.46	31.29	36.93	26.54	31.62	34.62
干燥无灰基挥发分	%	12.81	14.81	21.17	15.24	18.60	16.22	17.48	13.83	17.77
收到基低位发热量	MJ/kg	22.32	20.06	20.47	25.49	21.01	18.20	21.38	18.82	19.34
锅炉型号		HG465/13.7-L.PM（抽凝135/纯凝145）			HG440/13.7-L.P4			HG440/13.7-L.P4		
机组电负荷	MW	135.3	136.2		134.2	134.0		133	133	
炉膛平均床温（中/下部）	℃	885.5	886.6		960.7	963.2		901	891	
预热器入口氧量	%	1.98/3.56	2.4/3.56		2.5/3.1	2.1/3.1		4.15/4.3	3.45/3.56	
飞灰含碳量	%	13.94	13.80		12.4/12.8	15.0/13.1		10.18	10.89	
炉渣含碳量	%	1.24	1.24		0.50	0.57		0.30	0.24	

对于燃烧烟煤的循环流化床锅炉，床温一般为830～850℃，由于河南蓝光环保公司锅炉燃烧掺煤矸石的劣质烟煤，床温高些，达到900℃左右，炉膛出口氧量为3%左右，飞灰可燃物为3%～7%；当炉膛出口氧量为1.7%左右时，飞灰可燃物为14%以上。由义马锦江能源公司135MW机组也可以看到，随着炉膛出口氧量减小，飞灰可燃物急剧升高。对于燃烧贫煤的循环流化床锅炉，床温一般为900℃，当炉膛出口氧量为3.5%～4%时，飞灰可燃物为10%左右；当炉膛出口氧量低于3.5%时，飞灰可燃物达到12%～15%。

四、循环流化床锅炉原理

当气流速度较小时，燃料基本不动，气流只在静止的燃料颗粒之间的缝隙中通过，这时的状态称为固定床。当气流速度增加到某一速度后，床层开始松动，锅炉气体对床料颗粒的作用力与颗粒的重力相平衡，这时床层开始进入流化态，对应的气流速度称为最小流化速度或临界流态化速度。此时每个颗粒可以在床层中自由运动，整个床层具有许多液体状态性质。当气体流速超过最小流化速度时，除了轻而细的颗粒会均匀膨胀外，大部分床料内将出现大量气泡，气泡不断上移，聚集成较大的气泡穿过料层并破碎。此时，颗粒不再由布风板所机械支持，而是全部由气流的摩擦力所承托。此时的床层称为鼓泡流化床。

气流速度达到一定数值后，床料颗粒将被夹带流动，此时对应的气流速度称为颗粒的终端速度。当气流速度超过终端速度时，大量未燃尽的燃料颗粒和灰颗粒将被气流带出流化层和炉膛。为了稳定燃烧，维持床料稳定，必须用分离器把这些颗粒从气流中分离出来，然后送回并混入流化床继续燃烧，这就形成了循环流化床燃烧。

循环流化床燃烧主要依靠流态化特性。流化床内物质分为两部分——流体介质和固体颗粒，当流体向上流过颗粒层时，其运行状态是变化的，流速较低时，颗粒静止不动，流体只在颗粒之间的缝隙中通过；当流速增大到某一速度之后，颗粒不再受布风板的支持，所有的颗粒被上升的气流悬浮起来，就整个床层而言，具有了类似流体的性质，这种状态称为流态化，简称流化。

循环流化床锅炉原理：在循环流化床锅炉炉膛下部的密相区内存在一定量的灼热的物料，一次风由流化风机经布风板向上喷出，使物料呈强烈的翻滚、搅动的流化态。煤经给煤系统送入炉膛后，迅速被灼热物料包围，通过热交换被加热到着火温度，燃烧放热。较大的煤粒在燃烧室内“沸腾”燃烧，较小的煤粒被烟气夹带出流化床密相区，在燃烧室上部悬浮燃烧。被夹带出燃烧室的一部分细小颗粒通过分离器后被收集下来，由返料器送回炉膛循环燃烧，烟气则进入尾部受热面完成热交换，最后经除尘器净化排向大气。燃料经过反复燃烧，使锅炉燃烧效率得到大幅度提高。由于燃烧温度控制在850℃左右，因此炉内温度场很均匀，为添加石灰石脱硫提供了良好的条件。

循环流化床锅炉原理见图5-1。循环流化床锅炉可分为两个部分：第一部分由炉膛（流化床燃烧室）、气固分离设备（分离器）、固体物料再循环设备（返料装置、返料器）和外置换热器

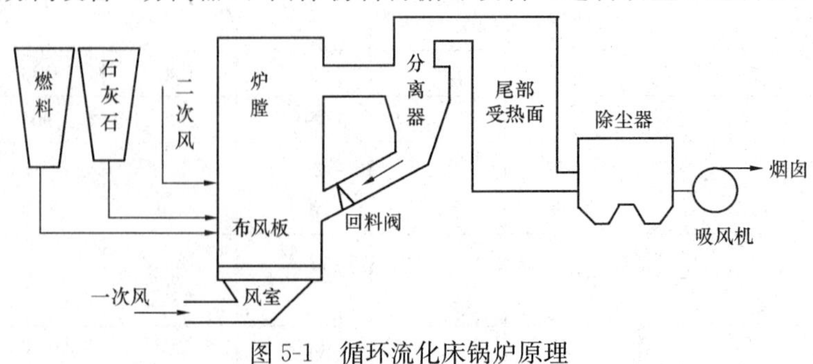

图5-1 循环流化床锅炉原理

（有些循环流化床锅炉没有该设备）等组成，上述部件形成了一个固体物料循环回路；第二部分为尾部对流烟道，布置过热器、再热器、省煤器和空气预热器等，与常规煤粉炉基本一样。

德国鲁奇公司（Lurgi）开发的Lurgi型循环流化床锅炉一般带有外置流化床热交换器，内置再热器和过热器。运行时，通过调节燃料量与经过外置换热器的热灰流量，控制炉膛温度和蒸汽温度。在炉膛出口设置高温旋风分离器，分离器捕集的固体颗粒可以直接返回燃烧室或进入外置热交换器然后再返回燃烧室，通过调节进入这个换热器的物料量来调节床温。采用分段送风燃烧方式。负荷调节比一般设计为3∶1或4∶1。

芬兰奥斯龙公司（Ahlstrom）Pyroflow型循环流化床锅炉通常不设外置热交换器。一、三级过热器布置在炉膛顶部或尾部烟道上方，二级过热器用钢管制成，布置在炉膛中部。一、二次风各占50%，分别由各自风机供给，采用高循环倍率，因此该炉燃用的煤种极广，如烟煤、泥煤、褐煤、无烟煤、油页岩等，对于高硫煤，脱硫效率为90%，对于低硫煤，脱硫效率为70%，负荷调节比一般设计为3∶1或4∶1。负荷变化率在升负荷时为7%MCR/min，降负荷时为10%MCR/min。分离器采用其独特专利技术的方形分离器。

德国巴布科克公司（Babcock）Circofluid型循环流化床锅炉不布置外置热交换器，但在二次风口以上布置了屏式过热器、管式过热器、蒸发受热面和省煤器。燃烧室密相区床温为850℃，而炉膛出口烟温降至400℃，烟气在400℃以下温度进入旋风分离器，这样分离器可采用钢结构。由于旋风分离器工作条件改善，烟气体积较小，因而分离器尺寸较小，能耗也低一些。二次风在密相床上部分两层送入，第一层为刚满足理论空气量的要求；第二层使过剩空气量达20%，以促使CO燃尽，悬浮段中气流速度为3～4m/s，以保证颗粒有足够长的停留时间，因此循环倍率可以取得较低一些，仅为10～15，负荷调节比一般设计为4∶1。

国外循环流化床锅炉主要炉型运行参数和指标见表5-4。

表5-4　国外循环流化床锅炉主要炉型运行参数和指标

炉型	流化风速（m/s）	一次风率（%）	一次风压头（kPa）	过剩空气量（%）	床温（℃）	飞灰循环倍率	燃料粒度（mm）	燃烧效率（%）	负荷调节率（min^{-1}）	锅炉效率（%）	钙硫比	脱硫效率（%）	NO_x排放量（mg/m^3）
鲁奇Lurgi型	5～9	40～50	18～30	15～20	850～900	30～40	0.2～6	>99	<5%	>90	1.5	90	<200
奥斯龙Pyroflow型	4～8	40～60	13～20	18～20	830～870	40～120	0.1～6	>99	<7%	>90	1.8	90	<200
巴布科Circofluid型	3.5～5.5	60	15～19	20～25	850～900	10～20	0～8	>98	5%	>90	1.5～2.0	85～90	<200

第二节　循环流化床锅炉的主要设备与系统

循环流化床锅炉的受热面布置与煤粉炉大致相似，两者的主要区别在于燃烧系统及设备。循环流化床锅炉的燃烧系统和设备主要包括燃烧室、布风装置、点火启动装置等。循环流化床锅炉包括燃烧系统、物料循环系统、给煤系统、风烟系统、汽水系统和除灰渣系统等。其中，不同厂家生产锅炉的风烟系统和汽水系统差别不大，将在下一节典型的循环流化床锅炉中进行介绍。

一、燃烧系统

1. 燃烧室

为了控制循环流化床锅炉燃烧污染物的排放，除将整个炉膛温度控制在850～950℃以利于脱硫剂的脱硫反应之外，还往往采用分级燃烧方式，即将占全部燃烧空气比例50%～70%的一次风，由一次风室通过布风板从炉膛底部进入炉膛，在炉膛下部使燃料最初的燃烧阶段处于还原性气氛，以控制NO_x的生成，其余的燃烧空气则以二次风形式在上部位置送入炉膛，保证燃烧的完全进行。这样，循环流化床锅炉炉膛被分为两个区域：二次风口之下为密相区，即大颗粒还原气氛燃烧区；二次风口之上为稀相区，即为小颗粒氧化气氛燃烧区。为了减轻水冷壁受热面的磨损，目前已投运的锅炉均在炉膛下部密相区水冷壁内侧衬有耐磨耐火材料，厚度一般小于50mm，高度根据锅炉容量大小和流化状态确定，一般在2～4m范围内。

还原气氛燃烧区布置有燃料、石灰石、循环灰进口。燃烧室底部有布风板，其作用是使一次风均匀地送入炉内。燃料的燃烧过程、脱硫过程、氮氧化物的生成和分解过程主要在燃烧室内完成。

一次风占总量的55%～65%，压头比其他锅炉大得多，约为13 000～17 000Pa；二次风占总量的35%～45%，压头约为6000～9000Pa，其风速一般为60～80m/s。二次风在循环流化床锅炉中的作用不仅是燃烧，它也可以控制污染、调节床温，对炉内传热有影响。

有的循环流化床锅炉，其燃烧室上部布置过热器或再热器等受热面，以便加强热交换。

2. 布风板

循环流化床锅炉燃烧需要的一次风由风机、风道、风室、布风板、调节挡板和测量装置等组成。布风板就是常说的炉箅，布风板的作用：①支撑静止的床料；②给通过布风板的气流一定的阻力，使其在布风板上具有均匀的气流速度分布，维持流化层的稳定；③把那些基本烧透，流化性能差，有在布风板上沉积倾向的大颗粒及时排出，避免流化不良。

目前，我国广泛应用风帽式布风装置。风帽式布风装置由风室、布风板、风帽和耐火层组成。由风机送入的空气从位于布风板下部的风室（风室是布风板下部的空间）通过风帽底部的通道，从风帽上部径向分布的小孔流出，由于小孔的总截面积远小于布风板面积，因此，小孔出口处的气流速度和动能很高。气流进入床层底部，使风帽周围和帽头顶部产生强烈的扰动，并形成气流垫层，使床料中的煤粒与空气均匀混合，强化了气固间热质交换过程，延长了煤粒在床内的停留时间，建立了良好的流化状态。

耐火保护层布置在布风板上，一般为100～150mm厚，以防止布风板受热变形、扭曲。

安装在布风板的风帽的作用是使进入流化床的空气产生第二次分流并具有一定的动能，以减少初始气泡的生成和使底部粗颗粒产生强烈的扰动，避免粗颗粒的沉积，减少冷渣含碳损失。同时还有产生足够的压降，均匀布风的作用。

一次风室连接在布风板下，起着稳压和均流的作用，使从风管进入的气体降低流速，将动压转为静压，风室具有以下特点：

（1）具有一定的强度和较好的气密性，在工作条件下不变形，不漏风。

（2）具有较好的稳压和均流作用。

（3）结构简单，便于维护检修。

3. 点火装置

循环流化床锅炉的冷态启动通常需要用燃油或者燃用天然气的燃烧器，该燃烧器称作启动燃烧器或点火燃烧器。锅炉点火之前，要加入一定厚度的床料，一般为200～350mm，启动燃烧器先投运，加热床料，在流态化的状态下将床料加热到一定温度，然后逐渐投煤，相应减少燃烧器的燃油量或者燃气量，直到最后停止启动燃烧器运行，并将床温稳定在850～950℃的范围内，这就是循环流化床锅炉的点火过程。

二、物料循环系统

物料循环系统是循环流化床锅炉独有的系统。该系统主要包括物料分离器、立管和回料阀等部分。循环流化床锅炉的关键部件是分离器。分离器是循环流化床锅炉的关键部件之一，它的性能直接影响到锅炉的安全和经济运行。循环流化床锅炉的燃烧室内气动力特性、传热特性、循环倍率、燃烧效率、锅炉出力和蒸汽参数，负荷的调节范围，石灰石的脱硫效率和利用率以及锅炉的启停性能，散热损失，运行维修费用均与分离器的性能有关。分离器的结构形式和布置位置，决定了循环流化床锅炉的整体布置形式与紧凑性，成为区别循环流化床锅炉技术流派的重要标志之一。

分离效率或者循环倍率并不是越高越好，分离循环的目的有两个：①提高燃烧效率和脱硫效率；②增加炉内传热。在炉内，物料沿炉中部上升而沿四周下降，正是这种炉内循环增强了水冷壁的吸热，使炉内上下温度更趋于均匀，加强了混合。分离循环需要消耗动力，而随着循环倍率的提高，到一定程度其所带来的效益和所消耗的电力将达到平衡，此时再提高循环倍率就得不偿失了。

简单地说，物料循环系统的作用是将高温烟气携带的固体物料从气流中分离下来并返回炉内，以维持燃烧室的快速流态化状态，保证燃料和脱硫剂多次循环，反复燃烧。

1. 分离器

分离器一般采用旋风分离器。旋风分离器分为绝热旋风分离器和汽（水）冷旋风分离器、方形分离器、惯性分离器四种形式。分离器是利用旋转的含尘烟气产生的离心力作用，将烟气中的尘粒分离出来的气－固分离装置。

旋风分离器（如图5-2所示）的工作原理：从炉膛出口出来的高温烟气，分左、右两股进入两个旋风分离器，沿筒体的切线方向（进气口）导入，经过转弯烟道提高烟气流速，在圆筒体与中心筒组成的环形通道内旋转向下，进入圆锥体，到达锥体的端点前，返转向上，由中心筒排出。烟气中颗粒在旋转过程中产生的离心力作用下，被甩向壁面，流速减小，再加上自身的重力，这些颗粒就被分离出来，落入下面的返料器中。

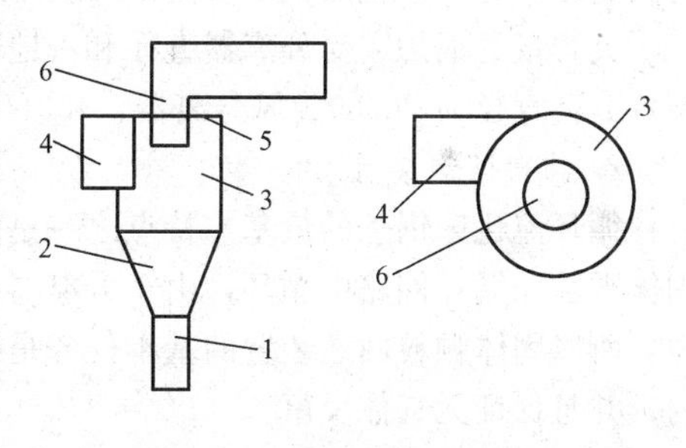

图5-2 旋风分离器结构
1—下料管；2—圆锥体；3—圆筒体；4—进气口；5—顶盖；6—中心筒

（1）绝热旋风分离器。绝热旋风分离器是由钢板外壳内衬耐磨材料和保温材料制成，总计厚度达300～400mm，其中耐火材料厚120～160mm，中质保温材料如珍珠砖或保温浇筑料约为140～180mm，轻质保温材料如硅酸铝纤维约为40～60mm。这种分离器入口烟温在850℃左右，具有相当好的分离性能。但这种分离器旋风筒内衬厚，锅炉冷态点火启动时间长；而且在燃用挥发分较低或活性较差等难以着火的煤种时，分离器旋风筒内的燃烧容易导致分离后的物料温度上升，引起旋风筒及回料腿、回料阀内超温结焦。

（2）汽（水）冷旋风分离器。由于绝热旋风分离器耐火层很厚，如果启动升温或降温太快，耐火层内外温差太大，常导致耐火层开裂剥落，因此锅炉制造商都严格限定锅炉启动时间不能低于多少小时，国外在10h以上，国内也要求在6h以上。为了缩短启动时间，节约点火燃料和水、电消耗，保证快速供汽和发电，最早由美国福斯特惠勒（FW）公司开发了一种用蒸汽（水）冷却管作为旋风筒外壁面的新型旋风分离器。这种分离器用鳍片管焊接而成，内壁含有销钉，用磷酸盐烧结的刚玉（氧化铝）进行涂层，厚度为50～70mm。由于密集销钉的导热，耐火材料内外温差不到200℃，启动时间可以大大缩短，约为4～5h，与常规煤粉炉类似。这种汽（水）冷旋风分离器可以吸收一部分热量，分离器内的物料温度不会上升，甚至略有下降，较好地解决了旋风筒内结焦问题。以一台高温绝热旋风分离器的75t/h锅炉为例，采用2根油枪床下点火，一般设计每小时耗油量为600kg左右，启动时间在6h左右。如果将分离器做成汽冷或水冷的，只要2～3h就足够了，这样每次启动都可以节省1～3t的轻柴油。当然，任何一种设计都难以尽善尽美，FW水（汽）冷旋风分离器的问题是容易造成飞灰可燃物升高，制造工艺复杂，生产成本高。

(3) 方形分离器。为了克服水（汽）冷旋风分离器生产成本高的问题，芬兰Ahlstrom公司开发出方形分离器。分离器壁面是由膜式水冷壁围成。膜式水冷壁可用自动焊，因而制造简单，且可与炉膛形成一整体，成为炉膛水冷壁水循环系统的一部分。由于分离器冷却介质是水，因此分离器可以与炉膛水冷壁一起膨胀，可以省去膨胀节。同时，由于方形分离器可紧靠炉膛布置，从而使整个循环流化床锅炉的体积大为减少。方形分离器水冷壁表面敷设了一层薄的耐火层，这使得分离器起到传热的作用，并使锅炉启动和冷却速度加快。但是这种分离器由于是方形的，四角存在涡流，分离效率比圆形分离器低，适用于燃用褐煤、生物燃料等易燃燃料。而燃用贫煤、无烟煤时，飞灰含碳量较高一些。

(4) 百叶窗分离器。它属于惯性分离器，主要部分是一系列平行排列的对来流气体呈一定倾角的叶栅，其基本原理是从入口来的含尘气流依次流过叶栅，当气流绕过叶片时，尘粒因惯性作用撞击在叶栅表面并反弹而与气流脱离，从而实现气固分离，被净化的气体从另一侧离开百叶窗分离器，被分离的尘粒集落到叶栅的尾部。由于百叶窗分离器的效率较低，一般作两级分离系统的高温级，分离较粗的粒子，而第二级用分离效率较高的旋风分离器分离较细粒子。

大容量的锅炉因受分离器直径和占地面积的限制，往往需要布置多台分离器，如220t/h锅炉布置2台直径为7m的旋风分离器，400t/h锅炉布置3台直径更大的旋风分离器。

2. 物料回送装置

循环流化床锅炉的最基本特点之一是大量固体颗粒在燃烧室、旋风分离器和返料器所组成的固体颗粒在循环回路中循环，由于分离器中固体颗粒出口的压力低于炉膛内固体颗粒入口处的压力，所以固体颗粒回送装置的基本任务是将分离器分离的高温颗粒稳定地送回压力较高的燃烧室内，并且保证无气体反窜。

返料器在循环系统中起着相当大的作用：①将循环灰由低压区(返料器)送入高压区(燃烧室)。②起密封作用，保证水冷料腿及返料器中的循环灰朝炉膛方向流动，避免炉膛烟气短路进入分离器，破坏物料循环。③自动调节平衡循环灰的输送量，使锅炉出力适应负荷的需要。

物料回送装置主要包括立管（料腿）和回料器（返料器）。立管的作用主要是形成足够的压差来克服分离器与炉膛之间的压差，防止气体反窜。回料器则起到启闭和调节固体颗粒流动的作用。

由于高温旋风分离器分离下来的飞灰量较大，而且温度高（约800～850℃），若采用机械式物料回送装置，机械装置在高温下会产生膨胀，加上固体颗粒的卡塞，同时由于固体颗粒的运动，对高温下工作的阀会产生严重磨损，因此国内外的循环流化床锅炉目前一般选用非机械式物料回送装置。非机械式物料回送装置主要有“U”阀回料器和“L”阀回料器等。

(1) L阀回料器。L阀回料器原理见图5-3 (a)。L阀由垂直的立管和连接炉膛的短管组成，立管和分离器相连，被分离器收集下来的固体颗粒首先暂存在于立管之中，立管中的物料由比连接短管中心轴线稍高的充压点的充压气体所控制，当充气压力大于密集的物料流向炉膛的阻力时，L阀打开工作，立管中的物料以移动床方式工作。充压气体流量增大时，物料流量会增大，流化床内密相区的高度会增大，床内物料浓度增大，流化床的物料外循环量增大，物料外循环浓度会在一个新的工况下达到平衡。当充气压力小于密集的物料流向炉膛的阻力时，L阀关闭。

(2) U阀回料器。U阀回料器原理见图5-3 (b)。U阀回料器一般采用两点充气，充气点中的一点在出口室的正下方，另一点在立管的侧面（小型锅炉没有该点充气）。U阀出口管中物料处于快速流化状态，立管中物料的高度可以平衡阀的压降以及分离器和炉膛的压力差，即立管中的料位可以自行调节，料位升高，则输送流率高；料位下降，则输送流率小，直到新的平衡。当充气量大于某一定值时，U阀打开；当充气量小于某一定值时，U阀由于喉部噎塞而关闭。

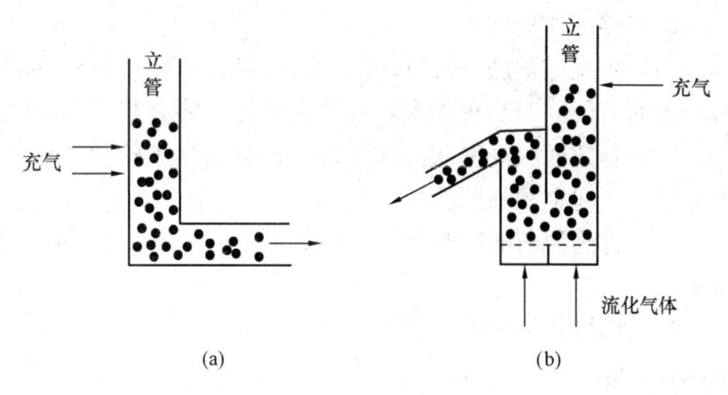

图5-3 回料阀
(a) L阀回料器原理；(b) U阀回料器原理

3. 外置换热器

部分循环流化床锅炉采用外置换热器。外置换热器的作用是使分离下来的物料部分或全部（取决于锅炉的运行工况和蒸汽参数）通过它，并将其冷却到500℃左右，然后通过回料器送至床内再燃烧。流化风自布风板下送入，流化风速在1m/s左右。热物料自分离器落入外置式换热器后即与受热面进行换热，加热工质并被冷却后送入炉膛。外置换热器内布置蒸发受热面，以及过热器和再热器等受热面。这对于高参数大容量循环流化床电站锅炉解决过热器、再热器受热面布置不下的困难有重要意义。

三、燃料制备系统

循环流化床锅炉燃用的煤先经破碎，粒度一般控制在10mm以下。对于挥发分高的褐煤可放宽到13mm，而对贫煤、无烟煤最好控制在8mm以下。此外，对于筛分也有一定的要求，小于0.1mm的煤粒燃烧后生成的灰较难分离，因而要求其份额最好不超过10%，而大于5mm的煤粒燃烧时间较长，因而要求其份额最好也不超过10%，中间颗粒尤其是0.5～3mm的煤粒份额应尽可能的多。

循环流化床锅炉燃煤粒径比煤粉炉要求的粒径大得多。因此，循环流化床锅炉的煤粉制备系统远比煤粉炉的制粉系统简单。

目前，循环流化床锅炉煤粉制备系统流程一般是采用锤击式破碎机（一级破碎机）破碎原煤，然后经振动筛筛分。一级破碎机将原煤破碎至35mm以下，经过振动筛将大于13mm的大颗粒送入二级破碎机继续破碎，二级破碎机出口的燃煤全部进入锅炉的入炉煤仓。

四、除渣除灰系统

在循环流化床锅炉燃烧过程中，物料一部分飞出炉膛参与循环或者进入尾部烟道，一部分在炉内循环。为保证锅炉正常运行，沉积于床底部较大粒径的颗粒需要及时排出，或者炉内料层较厚时也需要从炉床底部排出一定量的炉渣。这些炉渣从炉膛底部的出渣口排出。循环流化床锅炉排出的炉渣温度略低于床温，但仍然具有很大的灰渣物理显热，如不加以利用，可造成锅炉效率降低，因此，需要对其进行冷却。冷却灰渣的设备称作冷渣器。通常用冷渣器将灰渣冷却至200℃以下，然后再用刮板输送机将灰渣输送至渣仓内。

冷渣器的作用如下：

（1）实现锅炉底渣排放连续均匀可控，以保持炉膛存料量，一方面排掉大渣改善流化质量；另一方面若能同时实现细颗粒分选和回送，将有利于提高燃烧和脱硫效率。

（2）有效回收高温灰渣的物理热，提高锅炉的热效率。例如：加热给水，起省煤器的作用；加热空气，起空预器的作用。

（3）将高温灰渣冷却至可操作的温度（通常为200℃）以下，以便采用机械或气力方式输送灰渣。

（4）保持灰渣活性，便于灰渣的综合利用。尽可能减少高温灰渣的热污染，改善劳动条件，消除安全隐患。

水冷螺旋冷渣器是最常见的水冷式冷渣器，又称水冷蛟龙，其结构与螺旋输粉机基本一致，不同的是：螺旋轴为空心轴，内部通有冷却水，外壳也为双层结构，中间有水通过。当850℃左右的炉渣进入水冷螺旋冷渣器后，一边被旋转搅拌输送，一边被轴内和外壳层内流动的冷却水冷却。为了增加螺旋冷渣器的冷却面积，防止叶片过热变形，螺旋叶片也制成空心叶片，与空心轴连成一体充满冷却水。有的冷渣器采用双螺旋轴，炉渣进入该水冷蛟龙后，在两根相反转动的螺旋叶片作用下，做复杂的空间螺旋运动，运动着的热灰渣不断地与空心叶片、空心轴及空心外壳接触，其热量由在空心叶片、空心轴及空心外壳内流动的冷却水带走。最后，冷却下来的灰渣经出口排掉。

冷渣器还有风水共冷式冷渣器，主要应用于大型锅炉；另外一种是滚筒式冷渣器，主要应用于中小型锅炉，也有的应用于大型锅炉。风水共冷式冷渣器原理：利用流化床的气固两相流特性传热，气固间及床层与受热面间的传热强烈，以风、水联合冷却，冷渣效果好。

第三节 循环流化床锅炉炉内脱硫

一、炉内脱硫

燃煤燃烧后，硫分生成SO_2和SO_3，但生成的SO_3只占SO_2的0.5%～2%，即1%～2%的硫分生成SO_3。

循环流化床锅炉脱硫原理见图5-4：是将石灰石（以$CaCO_3$为主要成分）或白云石（以$CaCO_3 \cdot MgCO_3$为主要成分）脱硫剂破碎至一定粒度（0～2mm），在燃烧过程中投入到沸腾层内，石灰石分解成CaO和CO_2，反应式为

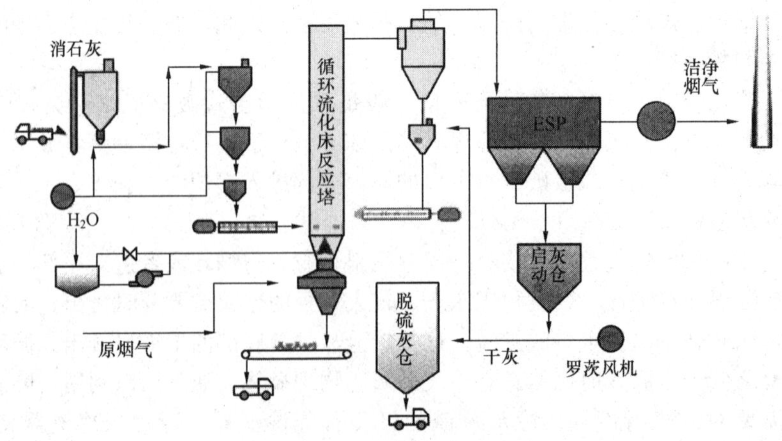

图5-4 循环流化床锅炉脱硫原理

$$CaCO_3 \longrightarrow CaO + CO_2$$

接着煅烧生成多孔状的 CaO，在氧化性气氛中与烟气中的 SO_2 结合生成 $CaSO_4$，反应式为

$$CaO + SO_2 + 1/2O_2 \longrightarrow CaSO_4$$

在还原性气氛中与烟气中的 H_2S 结合生成 CaS，反应式为

$$CaO + H_2S \longrightarrow CaS + H_2O$$

$$CaCO_3 + H_2S \longrightarrow CaS + H_2O + CO_2$$

在煤粉炉和燃油锅炉中，SO_2 的排放浓度一般为 1000～6000mg/m^3；在循环流化床锅炉中，SO_2 的排放浓度一般为 100～500mg/m^3。

影响脱硫效率的因素如下：

(1) 床层温度。试验表明，循环流化床存在一个脱硫最佳温度范围：820～930℃，当温度高于或低于这一范围时，脱硫效率将会降低，见图 5-5。石灰石进行燃烧的最低温度为 750℃，当床层温度低于 750℃时，脱硫反应不再进行；当床层温度高于 950℃时，CaO 表面产生结壳现象而失去吸收 SO_2 的活性，当床层温度高于 1000℃时，又会由于 $CaSO_4$ 的再分解放出 SO_2 而脱硫。

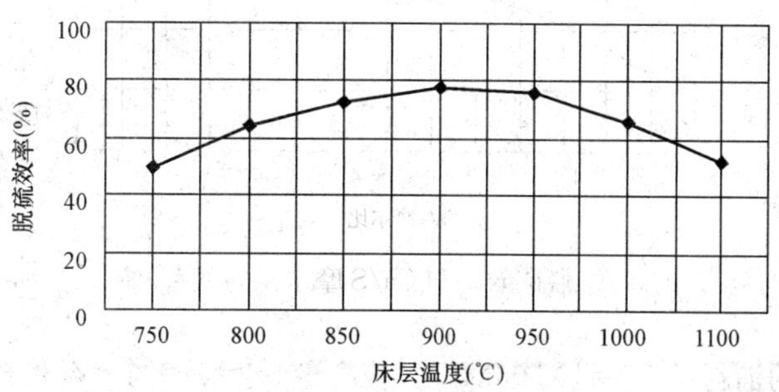

图 5-5　脱硫效率与床层温度的关系

(2) 石灰石颗粒。减小脱硫剂的粒径，脱硫气固反应的表面积增大，脱硫效率提高。颗粒太粗，CaO 和 SO_2 反应在颗粒表面形成 $CaSO_4$ 致密层，而且反应表面积少，CaO 也得不到充分利用。但从停留时间的角度看，因为脱硫反应的速度与燃烧速度相比是非常慢的，如果石灰石的粒径太小，在颗粒还没有来得及与二氧化硫反应时就已被烟气带出炉膛造成脱硫剂的大量浪费。因此，石灰石的最佳粒径分布应该是能保证一定的循环次数的最小粒径。试验表明，石灰石粒径在小于 0.5mm 时，脱硫效率快速提高，而在 1.0～2.5mm 范围内变化时，脱硫效率基本不变，见图 5-6。石灰石最佳颗粒直径一般为 0.12～0.5mm。

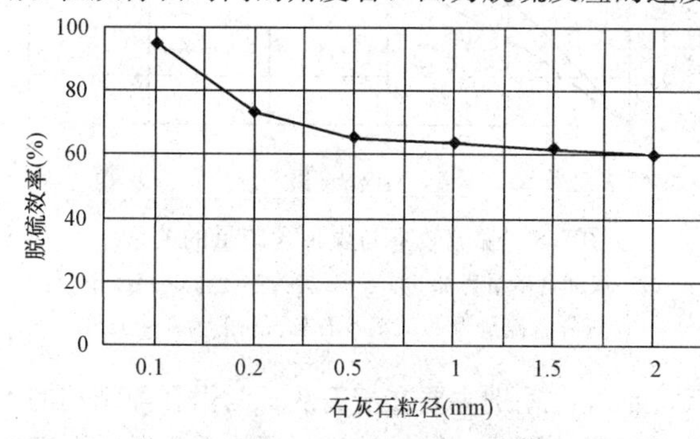

图 5-6　石灰石粒径与脱硫效率的关系

(3) 钙硫比 Ca/S 影响。钙硫比是指投入炉膛脱硫剂所含钙与煤中硫的摩尔之比，用 Ca/S 表示，计算公式为

$$\text{Ca/S 摩尔比} = \frac{G \times CaO(\%) \times 32}{B_g \times S(\%) \times 56}$$

式中　B_g——燃料的消耗量，t/h；

G——为达到一定的脱硫效率需要向流化床中加入的脱硫剂量，t/h；

S——燃料中含硫量的质量百分数，%；

CaO——脱硫剂中 CaO 含量的质量百分数，%；

56——CaO 的分子量；

32——S 的分子量。

如果不知道 CaO 的含量，而是知道了 $CaCO_3$ 的含量，则

$$\text{Ca/S 摩尔比} = \frac{32}{100} \times \frac{G \times CaCO_3(\%)}{B_g \times S(\%)}$$

式中 $CaCO_3$——脱硫剂中 $CaCO_3$ 含量的质量百分数，%；

100——$CaCO_3$ 的分子量。

反过来，如果知道了 Ca/S 摩尔比，为达到一定的脱硫效率需要向流化床中加入的脱硫剂量为

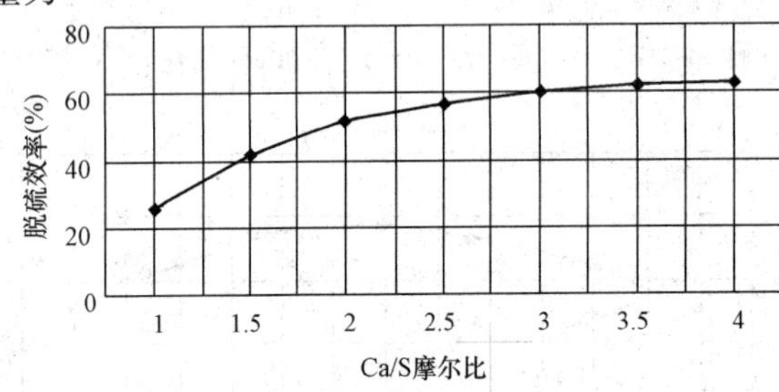

图 5-7 脱硫效率与 Ca/S 摩尔比的关系

$$G = \frac{100}{32} \times \frac{S \times B_g(\%)}{CaCO_3(\%)} \times \text{Ca/S 摩尔比}$$

在其他工况不变的情况下，随着Ca/S摩尔比的增加，脱硫效率增加，并且当 Ca/S 摩尔比小于 3 时，脱硫效率增加得很快。当继续增加 Ca/S 摩尔比，脱硫效率增加缓慢，见图 5-7。常压循环流化床锅炉的 Ca/S 摩尔比一般为 1.5～2.5。

例 5-1：某 75t/h 循环流化床锅炉，燃料的消耗量 B_g＝12 500kg/h，硫含量 S_{ar}＝1.9%，石灰石加入量为 1700kg/h，石灰石中 CaO 含量为 50%，求 Ca/S摩尔比。

解：

$$\text{Ca/S 摩尔比} = \frac{1700 \times 0.5/56}{12\,500 \times 0.019/32} = 2.05$$

(4) 煤含硫量。图 5-8 为脱硫效率与煤中含硫量的关系曲线。曲线 1 和曲线 2 是在同一台循环床锅炉中，采用同一种石灰石和相同颗粒分布下，当锅炉燃烧含硫量不同的煤种时的脱硫效率与 Ca/S 摩尔比的关系。比较曲线 1 和曲线 2，在相同的 Ca/S 摩尔比下，含硫量越高的煤，其脱硫效率也越高，这是因为高硫煤会使炉膛内产生高的 SO_2 浓度，因而增加了脱硫反应的速度。

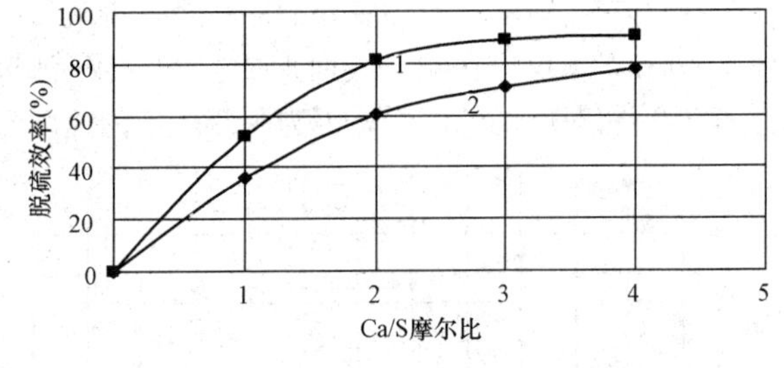

图 5-8 脱硫效率与煤种含硫量的关系

1—煤样含硫量为 2.03%，石灰石粒度为 0～5mm；

2—煤样含硫量为 1.55%，石灰石粒度为 0～5mm

(5) 石灰石的反应活性。不同的石灰石对二氧化硫的吸收作用是不同的。试验表明，反应活性的差别主要在于石灰石的微孔隙结构的不同。一般说来，晶体型的石灰石主要由大块的碳酸钙晶体组成，结构致密，煅烧后生成的石灰的微孔结构很不理想，反应面积较小，因此反应活性较差。非晶体型的石灰石是由小块碳酸钙晶体黏结在一起形成的非晶体结构，因此煅烧后形成的微孔比较理想，可以参与反应的面积大，所以其活性较好。由此可见，对于燃烧高硫燃料如石油焦，为了保证高的脱硫效率，用作脱硫剂的石灰石的选择十分重要。

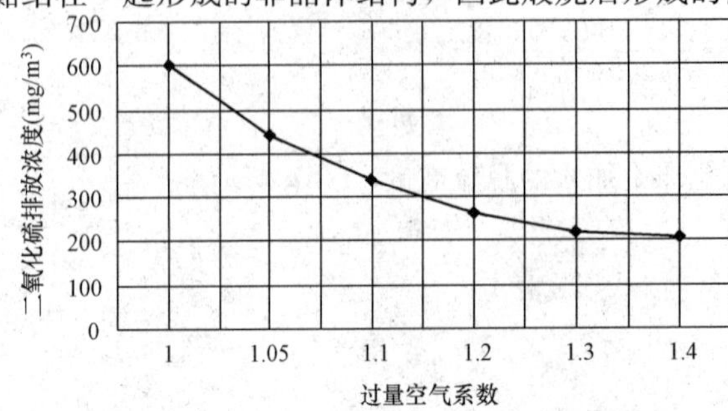

图 5-9 过量空气系数与脱硫效率的关系

(6) 过量空气系数。试验表明，过量空气系数越大，SO_2 生成量越多，但是由于过量空气系数使烟气体积增加，因此 SO_2 排放浓度随着过量空气系数增加而降低，见图 5-9。

(7) 循环倍率。图 5-10 所示为循环倍

率与脱硫效率的关系。由图 5-10 可以看出，随着循环倍率的升高，达到一定脱硫效率的石灰石投料量下降，也就是说，循环倍率越大，脱硫效率越高。因为飞灰再循环延长了石灰石在床内的停留时间（反应时间），提高了钙利用率（钙利用率是指已经反应的钙摩尔数占脱硫剂中钙摩尔数的百分比，也就是钙硫比的倒数）。提高循环倍率同时还提高了悬浮空间的颗粒浓度，使脱硫效率升高；但是悬浮空间的颗粒浓度大于 30kg/m^3 后进一步增加循环倍率时，脱硫效率增加缓慢。因为此时细颗粒的逃逸的可能性增加，密相区颗粒浓度也可能稍有减少，而使总体的气固反应物在接触中吸收的总量基本保持不变，因此对循环流化床锅炉存在一个有利脱硫的循环倍率范围。

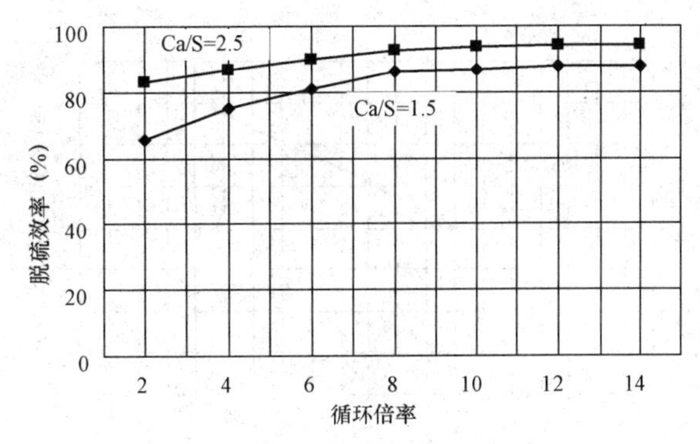

图 5-10　循环倍率与脱硫效率的关系

二、NO_x的排放控制

煤燃烧过程中煤中的氮化合物与空气中的氧反应产生的氮氧化物 NO_x，NO_x 主要是 NO 和 NO_2，此外还有少量的 N_2O（氧化二氮，俗称笑气）。在生成的氮氧化物中，NO 占 90%以上，NO_2 占 5%～10%，N_2O 只占 1%。在煤粉炉和燃油锅炉中，NO_x 的排放浓度一般为 400～1500mg/m^3；在循环流化床锅炉中，生成的 NO_x 主要是燃料型 NO_x，NO_x 的排放浓度一般为 50～400mg/m^3。例如，美国佛罗里达州 JEA 北方电站 300MWCFB 锅炉设计 NO_x 的排放浓度为 220mg/m^3，SO_2 的排放浓度为 130mg/m^3。

采用分级燃烧的方式，将燃烧所需的空气分成一、二次风送入，一次风由布风板在密相区内送入，使密相区内呈还原性气氛，不足的空气由二次风在燃烧室周围送入。在密相区内，由于空气不足，一次风只能供给部分燃料燃烧，因而床层温度较低。另外，床层中还有大量没有燃烧的燃料和大量未完全燃烧产物存在，因此氮氧化物生成量很小。

在二次风送入时，由于炉内的冷却作用，烟气温度已经降低，虽有剩余的氧气，但由于温度低，NO_x 的生成反应很慢，可有效地控制 NO_x 的产生。由于 NO_x 和挥发分 N 中的 HCN、NCO 发生反应生成的 N_2O，因此 N_2O 的产量也减少。

在二级燃烧时，由于密相区内呈欠氧状态，在生成 NO_x 的同时，将产生大量的 NH_3、CO 等还原性气体及大量的未燃烧完全含有碳的颗粒，随烟气一起进入稀相区空间，其中碳和 NH_3 是 NO_x 的良好的还原剂，可利用碳和 NH_3 对氮氧化物进行分解，其反应过程为

$$NO + CO \longrightarrow N_2 + CO_2 \uparrow$$

$$C + NO \longrightarrow N_2 + CO \uparrow$$

$$4NH_3 + 6NO \longrightarrow 5N_2 + 6H_2O \uparrow$$

影响氮氧化物的主要因素如下：

（1）过量空气系数的增加，NO_x 和 N_2O 的生成量都将增加，见图 5-11。

（2）床温。运行床温提高时，NO_x 排放量升高，而 N_2O 排放量将下降，见图 5-12。N_2O 排放量将下降的主要原因是 N_2O 的热分解，即

$$N_2O \longrightarrow N_2 + O$$

（3）脱硫剂。为了提高脱硫效率，在循环流化床锅炉运行中需要投入更多的石灰石。但研究表明，富余的 CaO 是燃料 N 和注氨 N 转化为 NO 和 N_2 的强催化剂，因此将增加 NO_x 排放量。

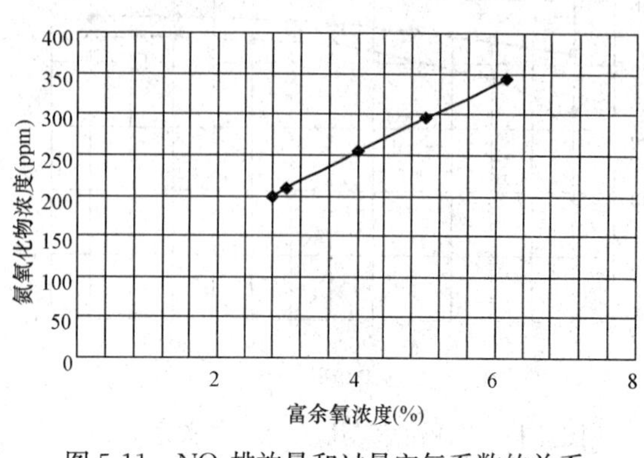

图 5-11　NO_x 排放量和过量空气系数的关系

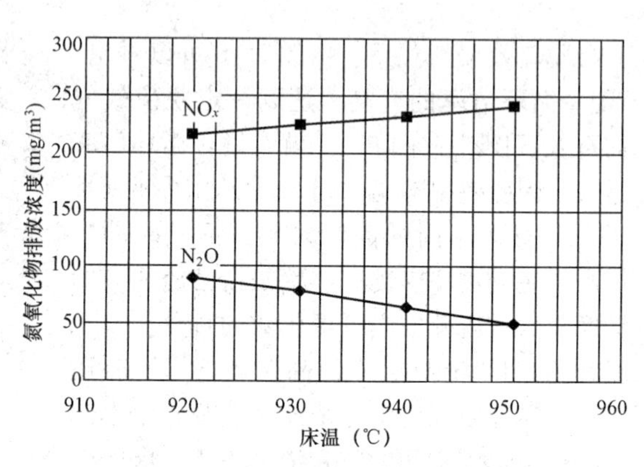

图 5-12　氮氧化物与床温的关系

（4）循环倍率。提高循环倍率可以增加悬浮段的焦炭浓度，从而加强了 NO 与焦炭的反应，反应式为

$$2C + NO \longrightarrow N_2 + 2CO \qquad C + 2NO \longrightarrow N_2O + CO$$

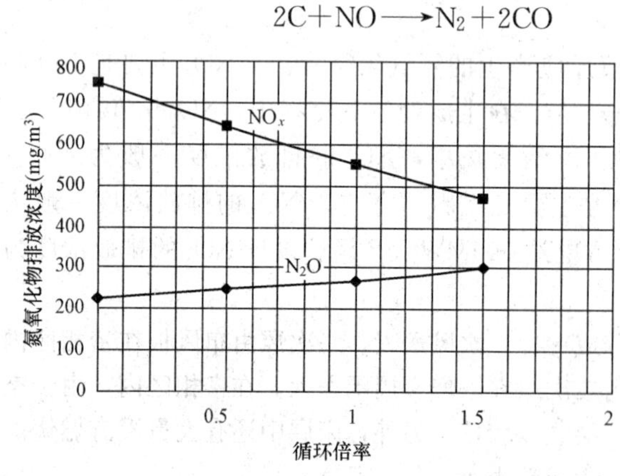

图 5-13　循环倍率与 N_2O 和 NO_x 排放量的关系

在这两个反应的作用下，NO_x 排放量下降，而 N_2O 排放量将升高。但总的来看，N_2O 排放量升高幅度有限，主要是 NO_x 排放量的下降，见图 5-13。

三、CO 的排放

循环流化床锅炉的 CO 的排放值约为 50～300mg/m³，在低负荷时由于床温较低，CO 的排放值约为 200～300mg/m³；在高负荷时由于床温较高，CO 的排放值约为 50～150mg/m³。在低负荷时，唯一可降低 CO 排放值的方法是增加床温。

四、脱硫效率与锅炉效率的关系

石灰石（$CaCO_3$）在炉膛内的高温煅烧生成石灰（CaO）的过程是一个吸热反应，而石灰与 SO_2 的脱硫反应则是一个放热反应。

石灰石煅烧吸热反应：$CaCO_3 \longrightarrow CaO + CO_2$

石灰脱硫放热反应：$CaO + SO_2 + O_2 \longrightarrow CaSO_4$

石灰脱硫反应释放出的热量大于石灰石煅烧所吸收的热量，最后两者的平衡是增加了锅炉的热效率还是降低了锅炉热效率，取决于与脱硫所用的钙硫比，因为石灰的脱硫反应所释放出的热量是石灰石煅烧所吸收的热量的一倍，因此，钙硫比较低时，投入炉内的石灰石较少，石灰石煅烧吸热反应所吸收的热量小于石灰的脱硫反应所释放出的热量，因而总的效果是改善了锅炉效率。如果钙硫比较大，则有可能使吸热大于放热，从而降低了锅炉的热效率。

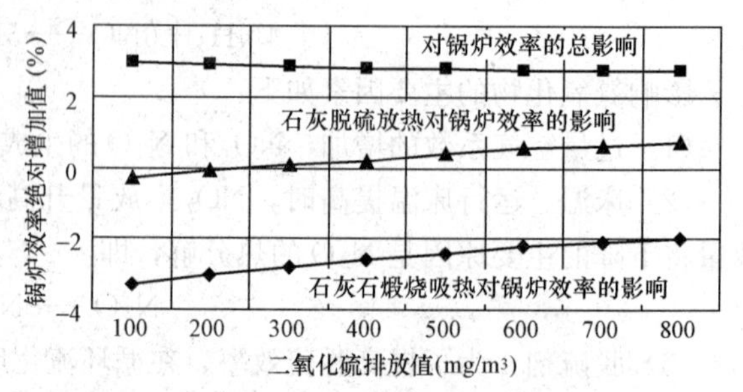

图 5-14　SO_2 排放值对锅炉效率的影响

图 5-14 表示 SO_2 排放值（脱硫效率）对锅炉效率的影响。当石灰石煅烧吸热反应对

锅炉效率的影响从 200mg/m³时的－3%降至 SO_2 排放值 800mg/m³时的－2%。而石灰的脱硫放热反应对锅炉效率的影响从 200～800mg/m³时均为＋3%左右。因而在 SO_2 排放值为 200mg/m³时脱硫对锅炉效率基本没有影响，在 SO_2 排放值为 800mg/m³时锅炉效率可提高 0.7 个百分点。总之，SO_2 排放值要求越低，脱硫效率越高，钙硫比就越高，对锅炉的影响越大。一般说来，在钙硫比低于 2.6 时，脱硫会改善锅炉效率，在钙硫比大于 2.6 时，脱硫会略微降低锅炉效率。

第四节 循环流化床锅炉的运行调整

循环流化床锅炉顾名思义，一要流化；二要循环。流化不正常锅炉无法运行，不循环或循环量少，就会导致锅炉出力达不到。锅炉正常运行中，为保证其安全经济运行，要做到“四勤”、“四稳”（勤检查、勤调整、勤联系、勤分析、汽压稳、汽温稳、水位稳、燃烧稳）。在循环流化床锅炉的运行中，床温、风量、燃料粒度和料层高度及返料器温度的控制是几个最为关键的参数。

一、床温的控制

流化床温度是指密相区料层的温度，简称床温。维持正常床温是循环流化床锅炉稳定运行的关键。循环流化床锅炉在床温为 800～1000℃范围内都能稳定运行。在正常的床温范围内，随着床温升高，则炉内整体温度水平就高。在一定过量空气下，高床温有利于燃烧效率的提高，使炉内燃烧更加完全，炉底渣和飞灰可燃物减少，但床温不能无限制地升高，过高的床温可能导致高温结焦而造成事故停炉；同时，床温的升高还受灰熔点及脱硫的限制。因此，在保证其他运行参数的同时，尽量使床温靠近上限运行。循环流化床锅炉在运行过程中，若床温过高，容易使流化体结焦造成停炉事故；而床温低则会使燃烧不完全，而且床温太低易发生灭火，因此必须严格控制床层温度在合理的范围内。床温是通过布置在密相区各处的热电偶来监测的。在锅炉运行中，当床温发生变化时，可通过调节给煤量、一次风量和送回燃烧室的回料量来实现，调整料层温度在控制范围之内。燃烧无烟煤时床温一般控制在 900～1000℃，燃烧烟煤时床温一般控制在 850～950℃，采用石灰石炉内脱硫时床温一般控制在 830～930℃。

锅炉床温的调节手段一般有以下几种：

（1）可以通过改变一、二次风的比率来调节床温。增大一次风量，减小二次风量，可降低床温；减小一次风量，增大二次风量，可提高床温。当一次风比例增大时，更多的颗粒被抛向床层上方离开密相区，使密相区的温度降低。一旦因断煤造成床温下降，减小一次风量，可减缓床温的下降。有时在运行中给煤粒度过大，会造成密相区温度升高，运行人员往往采用加大一次风量减少二次风量，总风量不变，来平抑床温。否则容易造成大颗粒沉积，由于此时燃烧效率不高，投煤量相对该负荷较大，因此容易造成过热蒸汽超温现象。由此看来，保持合理的燃料粒度，更有利于床温较好的控制。

（2）通过增加床料量或石灰石量，也可降低床温；增大排渣量，床温下降；物料量减少，可使床温升高。

（3）如果是因为床料平均粒度过大造成的床温较高，可以通过增大排渣量，排除较大粒径的床料，通过加料系统加入合格的床料或通过石灰石系统加入符合设计要求的石灰石，替换原来粒度不合格的床料，使床温恢复正常值。

（4）当煤的湿度增大时，会造成床温降低；当煤的湿度减少时，会造成床温升高。如果是因为天气阴雨，可以使燃料专业通过煤场配煤来实现煤种和湿度的调整，满足燃烧要求。

（5）调节给煤量。给煤量增加，床温升高，但是给煤量过多或过少，都会使燃烧恶化，床温降低。锅炉在正常运行时，负荷确定以后，风量一般不变。床温的波动，可以通过改变给煤量来调整。当煤质变化不大时，用“前期调节法”来控制，即床温有上升或下降的趋势时，提前控制给煤量适应床温的变化，调整的原则是少调、勤调，使床温控制稳定。当煤质变化较大时用“冲量调节法”，应及时调整给煤量，保证输入热量不变，采取瞬间多量增加或减少给煤量，先控制住床温下降或上升的趋势，再稍加调整，使床温控制稳定。当增加负荷时，应先增加风，再增加煤，在减负荷时，应先减煤、后减风，并采用“少量多次”的方式进行调整，防止床温变化大，造成燃烧损失。

（6）控制灰循环流量。在循环流化床锅炉密相区内不布置受热面，循环流化床锅炉密相区的放热靠循环灰来吸收。在密相区内，燃料燃烧放热，其中一部分用来加热新燃料和空气，其余大部分热量必须被循环物料带走，才能保证热量平衡，保持床温的稳定。如果循环量不足，就会导致流化床温度过高，负荷上不去。如果循环量太大，会造成无谓的循环，使锅炉的磨损和风机电耗增加，同时降低了床温。因此，合理的返料量，充足的循环量是控制床温的有效手段。

（7）冷灰再循环系统。为了便于调节床温，有的锅炉将电除尘器灰斗收集的部分飞灰由仓泵经双通阀门送入再循环灰斗，再由螺旋卸灰机或其他形式的输灰机械排出并由高压风送入燃烧室，这个系统叫作冷灰再循环系统。当炉温突升时，增大进入炉床的飞灰循环量，可迅速抑制床温的上升。

（8）根据煤质变化及时调整燃烧。燃用高灰分煤种时，因可循环物料量大，床温会下降，此时，应及时加大放灰量，以保持床温的稳定。反之，燃用低灰分煤种时，因循环物料量不足，可以少放或不放灰，用提高循环倍率的方法保持床温稳定。燃用挥发分较高的煤种时，煤易着火，燃烧比较稳定，所以投较少的煤即可保持床温维持在正常范围内。若燃用挥发分较低的无烟煤时，由于不易着火和燃烧，对煤粒要求细一些，才能控制床温稳定。实际运行中，每班对所上原煤进行分析，并将分析结果及时在OA上公布，使运行人员熟悉煤种变化情况，以便在操作中及时进行燃烧调整，保证锅炉在最佳状态下运行。

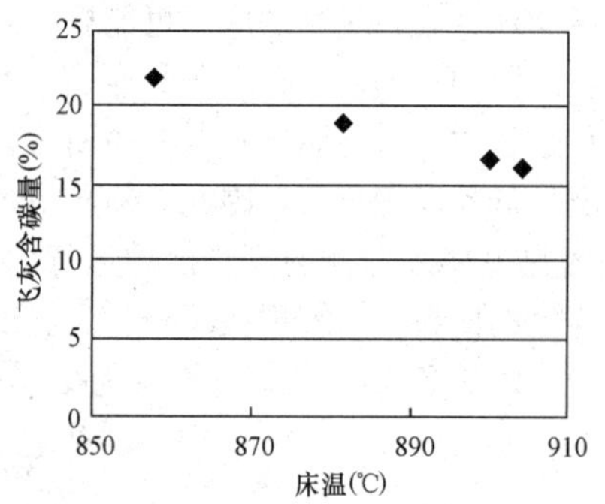

图5-15 床温与飞灰含碳量的关系曲线

如图5-15所示，床温从855℃升高到905℃时，飞灰含碳量下降5.5%，效果十分明显。因此，提高运行床温，可以有效地降低飞灰含碳量，建议床温保持在880～910℃之间。

二、料层差压的控制

料层差压是表征流化床料层厚度的量，料层差压是指一次风室压力（简称风室压力）减去二次风上沿的压力（简称床面压力），简称床压。床压直接反映了炉内的料层高度，一定的料层厚度对应一定的料层差压。监控料层厚度的主要参数有风室压力、床层压力、料层差压等。维持合适的床压，既要避免料层厚度过低，使燃烧不稳定，也要控制料层厚度不要过高。料层差压过高（床层过厚），虽然会使底渣含碳量降低，但易造成底部粗颗粒沉积，流化质量下降，使实际送入床层风量减少，床层缺氧，危机安全运行。同时为保证流化质量，还必须增大风室压力、床层压力、料层差压等参数，这将导致一次风机、二次风机出口风压过高，风机电流增大，厂用电率增加。另外，一次风过大会使较细的未完全燃烧的煤飞出炉膛，造成飞灰含碳量增加。料层差压过低，流化床内物料保有量少，一次风穿透力太强，也使流化质量下降，同时随气流带出炉膛的飞灰含碳量就增加。因此，在正常运行中应当保持合理的料层差压值，一般控制风室压力为9～12kPa，床层差压为4～6kPa，床面压力为6～8kPa（随着锅炉容量的增加而增加）。改变料层差压可用炉底排渣来实现，但都要在合适的范围内调节，否则将影响到正常的流化燃烧。由炉底放渣的调节原则是少放、勤放，最好的选择采用冷渣器排渣，始终保持合适的料层厚度，能保证床层良好的膨胀特性，使炉膛内烟气轴向和横向良好的混合，对水冷壁的传热将产生积极的影响。

循环流化床锅炉保持合适的料层厚度，对锅炉运行稳定以及燃烧控制有非常重要的意义。料层厚度过高将导致流化效果不好，一般控制床层折算静止厚度为500～750mm，床层差压控制在4～6kPa，这样保持合适的一次风压头，起到降低一次风机电流的目的；同时二次风机电流也会有不同程度的降低。在低负荷时，控制参数在以上范围的下限；在高负荷时，控制参数在以上范围的上限。一般情况下，床层压力每降低1.1kPa，料层折算静止厚度降低100mm，则每台一次风机电流降低3～4A，二次风机电流降低1～2A；两台一次风机电流共降低6～8A，两台二次风机电流降低2～4A，这样就能在一定程度上降低厂用电率。

锅炉的渣量较大时可采用连续排渣方式，这时冷渣器内必须始终保持一定的床料高度，以保证渣的冷却时间。连续排渣方式的排渣速度由冷渣器排渣管上的排渣控制阀确定，一般排渣控制阀采用旋转球阀。

通过实际运行调整表明，随着床压的升高，固体未完全燃烧损失减少（停留时间增加）。

综合考虑床层流化、排渣、风机电耗及炉内磨损等因素条件下，适当提高运行床压，有利于降低灰中的含碳量，提高煤粒的燃烧效率。床压与底渣含碳量的关系曲线见图5-16。

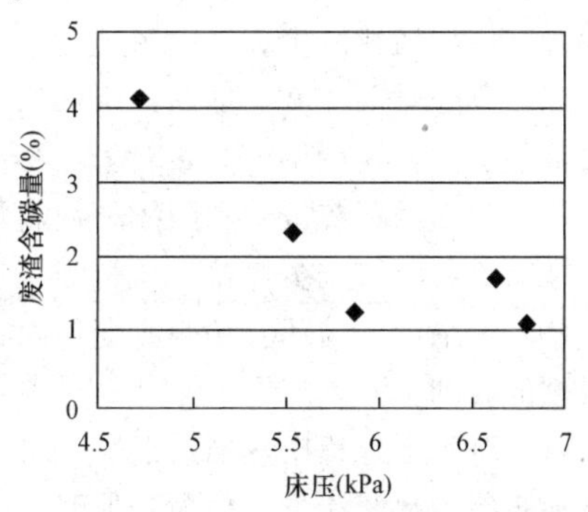

图5-16　床压与底渣含碳量的关系曲线

三、炉膛差压的控制

在循环流化床锅炉中，炉膛差压是指二次风上沿与炉膛出口之间的差压，也叫炉室差压，该差值间接反映了炉内灰浓度和灰循环量的大小，影响到炉内传热。炉膛差压是表征流化床上部悬浮物料浓度的量，物料循环量越大，流化床上部悬浮物料浓度越大，炉膛差压值越高。因此，炉膛差压值在一定程度上反映了锅炉物料循环量的大小，它在运行中监视直观方便，通过炉膛差压值的变化，可及时了解循环流化床锅炉的燃烧特性、传热特性与变工况特性。这是由于流化床上部悬浮段物料浓度与该处水冷壁传热系数近似同步变化，因此，炉膛差压值对应一定的锅炉出力，炉膛差压值越大，锅炉出力越大，反之则越小。

改变物料循环量，还可调节炉膛内的热量分配。若床温过高时，加大物料循环量，由于循环灰进入炉内吸收热量，使床温降低，而且将燃烧室内热量带到炉膛上部，增加了炉膛上部的燃烧份额与传热。大量实践证明，循环量的多少将使炉膛上部温度有较大的不同，也就是说，循环量越大，由密相区带出的热量越多，在炉膛上部传热特性越好。因此，物料循环量常作为调节床内热量平衡的手段。

此外，炉膛差压还是一个反映返料装置工作是否正常的参数，当返料装置堵塞，返料停止后，炉膛差压会突然降低，甚至为零，因此运行中需要特别注意。

负荷增加，煤含灰量增加，分离器分离效率高，增加密相层厚度，增加一次风比例和过量空气系数，这些因素都会使炉膛差压升高。

炉膛差压可以通过一次风量和返料器底部放循环灰来调节。炉膛差压一般控制在0.3～6kPa范围内。

四、锅炉出力的调节

循环流化床锅炉负荷调节性好是其一大优点，当外界工况变化时，要求锅炉能在较大范围内进行负荷调节，循环流化床锅炉负荷一般可在30%～110%范围内调节。在循环流化床锅炉中，存在大量的物料循环，具有较好的热量分配特性，而物料循环量可以在较大范围内改变，因而循环流化床锅炉具有很好的负荷调节特性。循环流化床锅炉负荷调节方法如下：

（1）改变给煤量、送风量是最常用的负荷调节方法。调整时，遵循“以风定荷，以煤定温”的原则。增负荷时，先加风，再加煤；减负荷时，先减煤，再减风，防止燃烧工况滞后。以增负荷为例，增负荷时增加二次风量及给煤量，炉膛上部燃烧加强，锅炉物料循环量增加，从密相区携带的热量增加，增加了炉膛上部燃烧份额和传热，这些高温固体颗粒与受热面之间传热系数提高，换热量增加，使锅炉负荷增加。当减负荷时向相反的方向变化。

（2）改变一、二次风比，以改变炉内物料浓度分布，从而达到调节负荷的目的。一次风保证正常流化燃烧所需风量，基本保持不变，二次风控制总风量作为调整负荷的变量。一般随着负荷的增加，一次风比减少，二次风比要增加。

（3）改变床层高度。提高或降低床层高度，可以改变密相区和受热面的传热量，从而达到调节负荷的目的，这种调节方式对于密相区布置埋管受热面的锅炉比较方便。

（4）改变循环灰量。利用循环灰收集器或炉前渣斗，在增加负荷时可增加煤量、风量和灰渣量；在减负荷时可减少煤量、风量和灰渣量。

（5）采用烟气循环方法。改变炉内物料流化状态和供氧量，从而改变物料燃烧份额，达到调节负荷的目的。

（6）对于有外置换热器的锅炉，可通过调节冷热物料量分配比例来实施。负荷增加时，增加外置换热器的热灰流量；负荷降低时，减少外置换热器的热灰流量。外置换热器的热负荷最高可达锅炉总热负荷的25%～30%。

对于220t/h的循环流化床锅炉，负荷率由70%开始每增加10%，床温上升10～20℃，炉膛出口烟温上升30～40℃，排烟温度上升6℃。

五、过热蒸汽压力的调整

锅炉运行时，汽压的稳定取决于锅炉蒸发量和外界负荷这两个因素，汽压是衡量锅炉蒸发量与外界负荷是否平衡的标志。过热蒸汽压力是蒸汽质量的重要指标，在锅炉运行中，汽压是必须监视和控制的主要运行参数之一，如果汽压波动过大，会直接影响锅炉和汽轮机的安全。运行中，应根据锅炉负荷的变化，调整过热蒸汽压力在“额定值$^{+0.1}_{-0.2}$MPa”范围内变化。

如果发现汽压下降，可通过以下几种方法调整：

（1）一般情况下的汽压下降，应提高给煤机转速，增加给煤机的下煤量，适当增加总风量。

（2）煤质改变燃烧工况恶化引起的汽压下降，要进行综合性的燃烧调整，增加煤量时要用少量多次的方法。

（3）停止排污（锅炉满水时除外）。

（4）给煤机故障造成断煤而引起汽压下降时，应适当减少一次风量，及时投入油枪，保持床温，并根据情况降低负荷。

如果发现汽压升高，可通过以下几种方法调整：

（1）一般情况下的汽压升高，应适当减少给煤机的下煤量，查明汽压上升的原因。如果汽压不见下降，可停止一台给煤机运行，但要注意防止床温变化过大。

（2）必要时，可先减少总风量（减少一次风量对降低汽压有一定作用），再减少煤量。

（3）经调整汽压仍无明显降低时，联系值长增加电负荷。

（4）如汽压升高，当过热器压力升高到超过报警值（如SG-440/13.7-M563炉为14.2MPa）时，应汇报值长，手动开启对空排汽电动一、二次阀，使汽压降至规定值。

六、过热蒸汽温度的调整

一般说来，过热蒸汽温度随床温的升高而升高，随床温的降低而降低。由于循环流化床床料蓄热能力很大，当负荷发生大幅度变化时床温变化并不很大，所以循环流化床锅炉的过热蒸汽温度相对来说比较容易控制。运行中，应根据锅炉负荷的变化，调整过热蒸汽温度在“额定值$^{+5}_{-10}$℃”范围内变化。过热蒸汽温度的调整应首先通过调整运行风量、床料量，改变一二次风比率、吹灰次数，改变循环灰量，加大物料流量等方式进行控制，其次考虑采用减温水来调整，此时应注意两侧温度相等，两侧减温水量数值应相差不大。

锅炉运行过程中，汽温下降的原因很多，主要如下：

（1）锅炉汽压下降。

（2）增加负荷过快，燃烧调整还没适应。

（3）锅炉汽包水位过高或者发生汽水共腾，汽包内水滴被蒸汽大量带走，过热蒸汽温度急剧下降。

（4）减温水调节阀失灵，发生内漏（易造成单管汽温下降）。

（5）燃料系统上的煤质有很大改变。

（6）汽轮机高压加热器投入。

（7）汽轮机到给水泵操作时。

（8）运行人员误操作造成。

（9）过热器或再热器积灰严重造成。

锅炉运行过程中，如果发现汽温下降，则调整方法如下：

（1）适当关小减温水。

（2）在燃烧稳定时可适当增加送入燃烧室的空气量。

（3）适当提高炉膛负压。

（4）如果判断为炉膛积灰，可以进行蒸汽吹灰。

（5）汽压下降影响到汽温下降，应查明原因及早处理，必要时申请降低锅炉负荷。

（6）汽包水位升至水位上限时将自动打开事故放水阀（水位保护投入时），否则应手动打开，以防止汽温急剧下降。

锅炉运行过程中，汽温升高的原因很多，主要如下：

（1）汽压升高。

（2）给煤系统加煤过多、过快。

（3）锅炉调整不当，造成缺风严重或尾部受热面二次燃烧。

（4）给水压力、给水温度降低。

（5）减温调节阀故障。

（6）炉膛负压过大。

（7）锅炉严重缺水。

锅炉运行过程中，如果发现汽温升高，调整方法如下：

（1）当汽温升高时，相应地增加减温水量，保持汽温在正常范围内变化，避免汽温变化幅度过大。

（2）提高给水泵转速但应注意汽包水位。

（3）当用减温水不能维持正常汽温时，可适当减少送入燃烧室内的空气量，增加二次风比例。

七、燃料颗粒的控制

1. 燃料颗粒在炉内的作用

（1）燃料颗粒作为燃烧反应的反应物。

（2）颗粒可以保证床的轴向和横向的热交换，使床内温度分布均匀。

（3）颗粒的存在，可以强化传热，颗粒浓度的高低可以控制传向炉膛壁面的热流大小，这就要求有充足的颗粒在循环回路中循环。因此，循环流化床锅炉燃料粒度应与燃料在燃烧室上下的燃烧份额，流化速度，一、二次风配比，燃烧室上下受热面布置，再循环物料量，分离器的分离效率等相匹配，以满足循环燃烧系统内物料循环和热负荷的合理分配的要求。

2. 燃料粒度对燃烧的影响

（1）入炉燃料颗粒度太大，大大超过允许值，随着时间的延长，冷渣沉积过多，锅炉负荷会逐渐下降。原因就是给煤粒度过大，大量的粗颗粒会沉积在密相区床面上，参与循环的物料减少，这种情况往往不能维持正常的循环灰量，造成锅炉出力不足。为了稳定负荷，必须增大流化风量；另外，单位质量的燃料与空气接触面积减小，加热时间长，在炉内燃尽时间长，大量未燃尽煤粒被排出炉膛，使得底渣含碳量明显增加，燃烧效率降低；同时颗粒沉积，炉底影响正常流化，严重时会因大量热量沉积造成局部结焦；床料粒度偏大，同等厚度的物料，需要增加一次风压头才能保证流化良好，这增大了一次风电耗和排渣电耗。

（2）燃煤粒度小，单位质量外表面积增大，在炉内燃烧时间短，燃烧效率增加，但是燃煤粒度太小，送入炉后就会被流化风夹带飞出密相区，甚至飞出炉膛来不及燃烧；运行中会造成料层减薄或吹空，也使流化质量下降；运行过程中床压容易造成波动。

（3）各级粒径配比不合适，燃煤的颗粒特性对循环流化床锅炉燃烧、炉内传热、受热面磨损和锅炉负荷高低的影响都很大。如大颗粒太多，循环量少，锅炉出力达不到，同时由于下部密相区燃烧份额比例大，造成密相区床温升高，为了避免结焦不得不减煤，导致出力降低。若细小颗粒占的比例大，循环灰量增加，会造成返料器堵塞；或者因为炉膛二次风上部的燃烧份额增加，使悬浮段有超温结焦的危险。细煤粉（小于0.1mm）分布过多，分离器收集飞灰较困难，飞灰易被烟气带走，飞灰不完全燃烧损失增大。

欧洲在实际操作中，循环流化床锅炉的入炉煤粒度要求为0～10mm，最大不超过13mm，且

$$V_{daf}+A=85\%\sim90\%$$

式中 V_{daf}——燃煤干燥无灰基挥发分，%；

A——入炉颗粒中小于1mm的份额，%。

根据长期循环流化床锅炉的运行经验，考虑到我国循环流化床锅炉运行的实际情况和特殊性，我国煤种挥发分的变化对燃煤粒径分布的影响与国外不同，入炉煤粒径按下式来制备，即

$$V_{daf}+A=65\%\sim75\%$$

且入炉煤粒要求为0～15mm，即我国入炉煤中粒径小于或等于1mm的煤粒所占的百分数比欧美的小，一般为30%左右、大于15mm煤粒比例应小于5%。也就是说，在燃烧室内流化速度相同的情况下，我国循环流化床锅炉的飞灰循环倍率比欧美国家的低。煤中挥发分高些时，粒径可以适当大些；煤中挥发分低些时，粒径可以适当细些，这样既保证了燃烧，又降低了厂用电率。

八、风量调整

循环流化床锅炉送风的作用是保证炉内物料的正常流化和充分有效的燃烧。适量提高过量空气系数，增加燃烧区的氧气浓度，有助于提高燃烧效率。但是，当炉膛出口过量空气系数超过1.15以后，燃烧效率几乎不变，当超过1.4以后，燃烧效率将向相反方向发展，并会加剧炉内受热面的磨损，风机电耗增大，排烟热损失增高，锅炉热效率和经济性降低。

对风量的调整原则是，在一次风量满足流化的前提下，相应地调整二次风。对二次风量的调整主要依据烟气中含氧量多少，一般控制氧量在3%～5%，而且尽量靠下限运行。氧量过小时，燃料由于氧气不足而使化学不完全热损失增大；氧量过大时，一方面烟气流量增加，增大尾部排

烟量；另一方面炉内温度水平降低，对着火不利，使排烟热损失增大，而且氧量过大，导致烟气流速增加，炉内磨损加剧。

在运行中，如果增加风量、床温，则汽温、汽压上升，这说明风量不足，煤量偏多，应及时调整减少煤量；若增加风量后床温下降汽压先升后降，这说明风多煤少，应及时增大煤量。通过勤调细调使得各项参数达到一个平衡状态，这样既能保证燃烧充分，又可降低风机电耗。

由图5-17可知，炉膛出口氧量从0.6%增大至3.5%时，飞灰含碳量下降了6.2个百分点，而氧量继续增大时，飞灰含碳量下降并不明显。

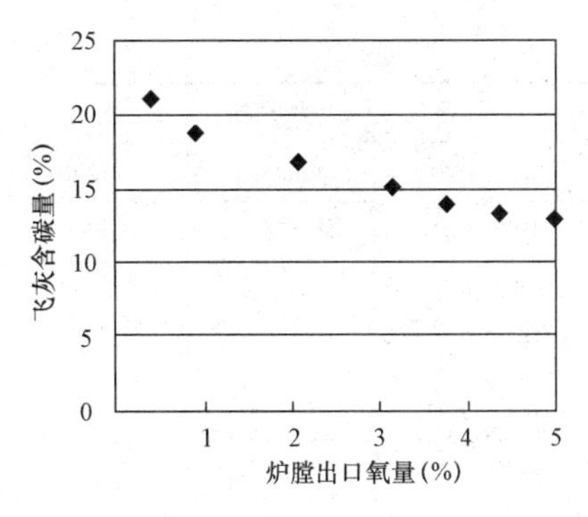

图5-17　炉膛出口氧量与飞灰含碳量的关系曲线

九、一、二次风配比

一次风的主要作用是保证物料处于良好的流化状态，提供炉膛下部密相区一定的氧，为燃料初始燃烧提供氧气。一次风是通过布风板和风帽进入炉膛的，由于布风板、风帽及床料阻力很大，要使床料正常流化起来，保证密相区的燃烧份额和该区域的温度，一次风量不能太低。一次风量偏少时，一是床料流化不好；二是从密相区携带出的热量少，可使床温升高而发生结焦。当一次风量过大时，从密相区携带出的热量大于燃料燃烧产生的热量，床温也要下降；同时，烟气流速也较大，对受热面磨损加剧。

二次风量主要根据烟气含氧量调整，补充燃烧所需空气，起到扰动作用，加强了气固两相混合，二次风可分多段送入，下层二次风压高于上层二次风压（约高于2kPa），一、二次风从不同位置分别送入流化床。

调整好一、二次风的比例是有效降低灰渣含碳量，保证经济运行的重要手段。一般情况下从低负荷到满负荷，一次风占总风量的比例为60%～50%，二次风占的比例为40%～50%。不同负荷、不同煤种时风量的分配有很大区别，总的分配原则是低负荷、燃料热值低时，一次风占的比例大些；高负荷、燃料热值高时，二次风占的比例大些。对于煤的颗粒度小、煤粉相对较多的煤，运行中可使一次风量相应地小些，以免煤粉在旋风分离器聚集燃烧，分离器出口烟温过高，造成主汽温超温；对于颗粒较大的煤，运行中相应增加一次风量，以保证良好的流化工况，并增加二次风量，以降低床温，避免高温结焦。

在调整二次风量的同时，还应特别注意二次风压的调整，使二次风具有一定的刚度，以保证二次风的穿透深度。

十、低负荷时单台风机运行

大型循环流化床锅炉因为风机数量多、压头高，导致厂用电率高。例如，DG440/13.7-Ⅱ2型135MW汽轮发电机组，所用大型高压风机多达15台，额定功率共计为9095kW，是同容量煤粉锅炉的4倍，正常运行厂用电率高达11%～12%。DG440/13.7-Ⅱ2型循环流化床锅炉重要风机具体参数见表5-5。均采用液力耦合器或挡板调节，节流损失大。将一次风机由液力耦合器改为变频调节后，节电率达40%以上。如果将其他挡板调节的风机改造为变频调节，则厂用电率将大幅度降低。

表5-5　DG 440/13.7-Ⅱ2循环流化床锅炉重要风机具体参数

项　目	一次风机	二次风机	引风机	播煤风机	冷渣风机	点火风机	J阀风机
数量（台）	2	2	2	2	2	2	3

续表

项　　目	一次风机	二次风机	引风机	播煤风机	冷渣风机	点火风机	J阀风机
电压（V）	6000	6000	6000	6000	6000	380	380
电流（A）	156	83	161	36	62.6	295	127
功率（kW）	1400	710	1400	315	450	160	75
转速（r/min）	1480	1490	950	2972	495	1485	2970
压头（Pa）	24 400	15 397	8263.9	21 182	29 100	6540	58 500
流量（m^3/h）	169 164	132 516	486 720	32 976	43 140	62 568	2666
调整方式	液力耦合器	液力耦合器	液力耦合器	挡板	挡板	挡板	挡板
运行方式	均运行	均运行	均运行	均运行	1运1备	均运行	2运1备

同时，锅炉引风机、一次风机、二次风机都采用了2台运行，中间由联络门和联络母管相连，在低负荷时，风量过剩。对此，将原来联络风道截面扩大为原来的2倍。扩容前，单台风机运行只能满足40MW以下负荷的一次风需求；扩容后在90MW以下负荷时采用单台引风机，单台一、二次风机运行，开启联络母管上的联络风门。在很大程度上降低了厂用电率。

十一、冷渣器调整

冷渣器冷却热渣后的热风通过侧墙送回炉膛参与燃烧。在低负荷时，采取间断排渣方式，不排渣时停用冷渣器流化风机，减少了冷风进入炉膛而影响炉膛整体温度水平，强化了燃烧，降低了厂用电率。

冷渣风是由单独的离心风机供给的，在运行中由于冷渣风压低，为了保证冷渣器不结焦，冷渣风量是很大的。大量的回风使炉膛温度有明显的降低，而且对回风口处水冷壁磨损非常厉害，可能发生水冷壁磨损泄漏而被迫停炉。可以将冷一次风作为冷渣风。冷一次风未经过空气预热器，在进入冷渣器时风压相对较高、风量较小，在冷却底渣返回炉膛时动能较大，射程较远，排渣口处的磨损相对轻了许多。采用一次风后，虽然一次风电流有所增加，但停止冷渣风机运行后，整个厂用电量每小时可降低500kW，而且冷渣器运行比以前更稳定，水冷壁基本不磨损。

第五节　RCFB烟气循环流化床法

烟气循环流化床法CFB-FGD（Circulating Fluidized-Bed Flue Gas Desulphurization）技术在最近几年有所发展，200MW烟气循环流化床脱硫系统于1987在德国波肯电厂投运（烟气处理量为62万m^3/h，脱硫效率为97%）。目前，德国至少有4台火电厂的机组正在使用这种技术，总容量约为1000MW。该技术在世界达到工业化应用主要有三种流程：①德国Lurgi公司开发的烟气脱硫技术（CFB）；②丹麦史密斯（F. L. Smith）公司开发的气体悬浮吸收（GSA）技术；③德国Graf-Wulff公司开发的回流式循环流化床烟气（RCFB）脱硫技术。它们在原理上基本一样。早在20世纪70年代初，擅长于冶金工业工程的德国鲁奇（Lurgi）公司就采用了烟气循环流化技术对炼铝设备的尾气处理。20世纪80年代中期在此基础上又开发了烟气循环流化脱硫工艺用于锅炉尾气处理上，这种工艺在很低的钙硫比的情况下（Ca/S=1.1～1.2）可以达到与湿法工艺相同的脱硫效率（95%）。德国Wulff公司的创始人是原Lurgi公司的主要负责人，脱离Lurgi公司后创立了专门从事烟气循环流化脱硫工艺的开发工作。目前，在德国和瑞士已有10套这种装置投入运行。

与Lurgi公司相比，RCFB工艺具有独特的流场和塔顶结构，在RCFB吸收塔内烟气和吸收剂颗粒的向上运动中会有一部分因回流从塔顶向下返回塔中。这股向下的固体回流与烟气的方向相反，而且它是一股很强的内部湍流，从而增加了烟道与吸收剂接触时间，实际上可以认为这是一种与外部循环相似的内部再循环，脱硫效率得以提高。RCFB工艺的塔内回流，大大降低了吸收塔出口的含尘浓度，RCFB吸收塔的内部回流的固体物通量约为外部循环的30%～50%，这样与一般的烟气CFB工艺相比出口烟气中的含尘浓度可降低15%～30%，由于出口烟气含尘浓度降低，一般情况下可以取消了Lurgi公司CFB工艺中机械预除尘器和GSA工艺中的旋风分离器，这样不但简化了工艺，节省了投资，而且由于外部再循环灰量的减少而减少了运行费用。

循环流化床烟气脱硫技术是近几年发展起来的一种新技术，它是从循环流化床锅炉的基础上开发出来的，但和循环流化床锅炉是截然不同的两种脱硫工艺。循环流化床烟气脱硫法是用石灰作为吸收剂，从锅炉尾部出来的烟气引入到循环流化床反应塔中，增湿的石灰和烟气中二氧化硫反应，生成亚硫酸钙，未反应完全的吸收剂颗粒经除尘器收集再回到循环流化床循环利用，该法吸收剂利用率高，钙硫比为1.2左右，脱硫率可达90%以上。而循环流化床锅炉燃烧法，是将石灰石和煤一起送入循环流化床锅炉内进行燃烧，炉膛温度控制在830～950℃，未燃尽的煤粉和未被利用的石灰石颗粒用高温旋风分离器分离出，再返回高速高密度的流化床内，实行循环燃烧和脱硫，脱硫效率可达90%以上，并具有脱硝功能。

一、工作原理

烟气循环流化床的工作原理是利用循环流化锅炉的原理，用增湿的消石灰[$Ca(OH_2)$]作为吸收剂。流化床吸收塔的底部为一文丘里装置，烟气经文丘里管后速度加快，并与很细的吸收剂粉末相互混合。它们之间的相对滑动速度很大，加上吸收剂颗粒的密度很大，因此颗粒之间、气体与颗粒之间有着剧烈的摩擦，形成流态化。吸收剂在吸收塔中吸收烟气中的二氧化硫，生成亚硫酸钙。经脱硫后带有大量固体颗粒的烟气由吸收塔的顶部排出。烟气中的未反应颗粒经电除尘器分离出来经过一个中间灰仓从吸收塔顶部再送回到吸收塔中循环，这股向下的固体气流与烟气的方向相反，在吸收塔中形成一股很强的高密度、高流速的湍流的流化床，脱硫效率能达到90%以上。由于大部分颗粒被循环多次，因此固体吸收剂的滞留时间很长，一般可达30min以上，吸收剂利用率高。

吸收剂以干粉的形式送入流化床吸收塔的同时，还要喷入一定量的水以提高气体和固体的脱硫效率。烟气循环流化脱硫工艺的主要副产品是飞灰$CaSO_4$、$CaSO_3$、$CaCO_3$，以及未反应完的氢氧化钙（2%～4%）。

CFB脱硫技术具有占地小、系统简单、投资少、脱硫效率高（大于90%）、无废水排放的突出优点。但是运行费用高，脱硫副产品较难综合利用。该工艺在大容量锅炉上应用的事例不多，比较适合现有中小型锅炉的烟气脱硫改造。

CFB脱硫工艺采用高纯度的消石灰粉作吸收剂，对吸收剂的要求较高，要求有效CaO不低于90%。

二、工艺流程

烟气循环流化床脱硫工艺流程是由吸收剂制备、吸收塔、吸收剂再循环、除尘器及烟气系统等组成，见图5-18。有的RCFB中增加了一台脱硫风机以克服FGD系统和除尘器的阻力。

1. 烟气系统

锅炉产生的烟气经预除尘器、电除尘器、引风机、脱硫系统入口挡板接入脱硫系统。经流化床吸收塔脱硫后，含大浓度烟尘的烟气进入电除尘器除尘，净化后的烟气由脱硫增压风机排向电厂烟囱。在锅炉启动过程中和脱硫系统解列时，脱硫系统进出口挡板关闭，机组烟气经引风机和旁路烟道直接排入烟囱。

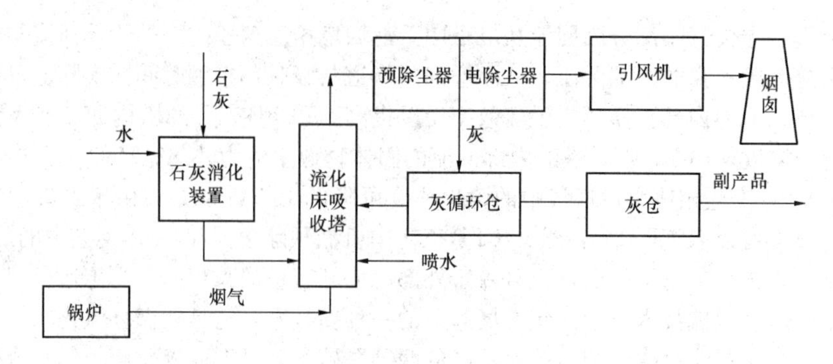

图 5-18　烟气循环流化床法 RCFB 工艺流程

2. 吸收剂制备

烟气循环流化床脱硫工艺采用普通的消石灰，由于消石灰粉颗粒很细，不需要进入磨细。该方案采用将消石灰在干消化器内加少量水进行干消化。运输来的生石灰送至石灰仓中储存，通过输送机和提升机送到消化器内消化，消化好的吸收剂送入吸收塔。

3. 吸收塔

流化床吸收塔是 RCFB 脱硫技术的关键设备。由锅炉排出的未经过处理的烟气从底部经过一文丘里管进入流化床吸收塔，同时将一定量的工艺水从塔体底部喷入吸收塔，制好的消石灰粉也从塔体底部补充进来。烟气和细小的吸收剂颗粒互相混合，经脱硫后带大量颗粒的烟气由吸收塔顶部排出。颗粒被除尘器收集下来再送回吸收塔内循环。吸收塔内吸收剂颗粒密度很大，能达到 $1500g/m^3$，相对流速很高，呈流化态，气体和颗粒之间有剧烈摩擦，具有良好的传热和传质效果，从而达到良好的脱硫目的。该工艺脱硫灰循环倍率很高，大部分脱硫灰被循环多次，一般来说，塔内部回流的固体物量为外部再循环量的 30%～50%。固体吸收剂的滞留时间很长，一般可达 30min 以上。吸收塔内温度由工艺水控制，可视脱硫效率需要选择合适的温度。

4. 吸收剂再循环

吸收剂再循环系统包括一个中间仓、气力流化斜槽等。吸收剂再循环系统将从除尘器收集下来的固体颗粒用气力流化斜槽送回吸收塔内进行再循环，并根据吸收剂的供给量及除尘效率，按比例将部分固体颗粒排出再循环回路。

三、影响脱硫效率的因素

1. 固体颗粒浓度

循环流化床具有较高的脱硫效率，其中一个很重要的原因就是在反应器中存在飞灰、粉尘和石灰的高浓度接触反应区，其浓度通常在 $500\sim2000g/m^3$，相当于一般反应器的 50～100 倍。试验结果表明，随着床内固体颗粒物浓度的逐渐升高，脱硫效率也随之升高，见图 5-19。这是由于床内强烈的湍流状态以及高的颗粒循环速率，提供了气液固三相连续接触面，颗粒之间的碰撞使得吸收剂表面的反应产物不断地磨损剥落，从而避免了空隙堵塞造成的吸收剂活性下降。新的石灰表面连续暴露在气体中，强化了床内的传质和传热。

2. Ca/S 摩尔比

脱硫效率随着 Ca/S 摩尔比的增加而增加，如图 5-20 所示。Ca/S 摩尔比的增加意味着增加了脱硫剂的量和可获得反应场点的数量。

3. 烟气停留时间

如图 5-21 所示，当 Ca/S 摩尔比为 1.5 时，烟气在 RCFB 反应器中的停留时间由 3s 增加到 4s，脱硫效率有所增加，但增加幅度较小，这表明在循环流化床里，SO_2脱除反应大部分都发生在 1～3s 的浆滴蒸发期内，当液相蒸发完毕时，反应基本停止。

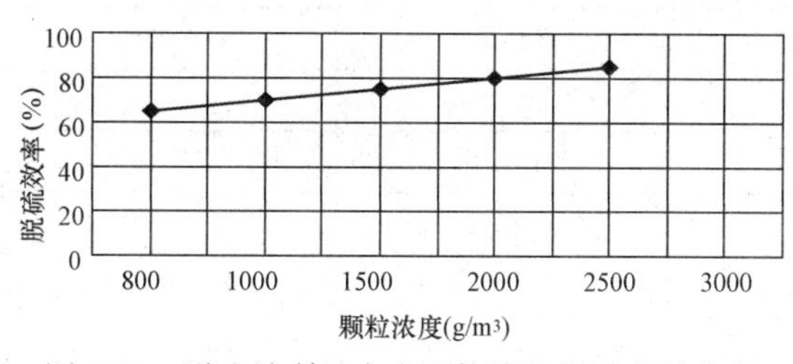

图 5-19 脱硫效率随床内固体颗粒物浓度的变化

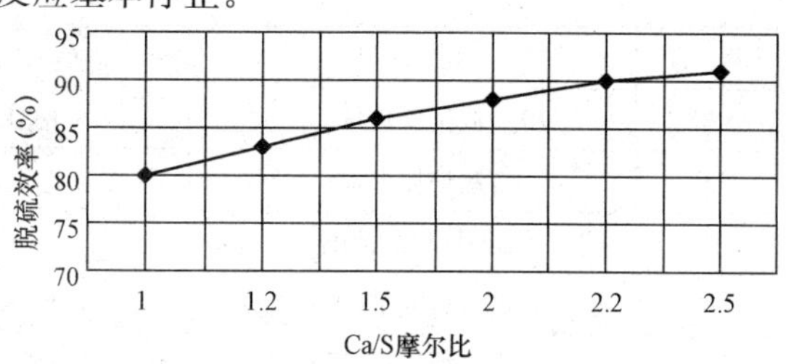

图 5-20 脱硫效率随着 Ca/S 摩尔比的变化关系

4. 床层温度

在循环流化床烟气脱硫工艺中，可用 RCFB 出口烟气温度与相同状态下的绝热饱和温度（约为 50～55℃）之差 ΔT 来表示床层温度的影响。图 5-22 表明脱硫效率随着 ΔT 的下降而增大。ΔT 下降，浆滴液相蒸发缓慢，SO_2 与吸收剂的反应时间增大，脱硫效率和钙的利用率增大，但是 ΔT 过低，会引起烟气结露。

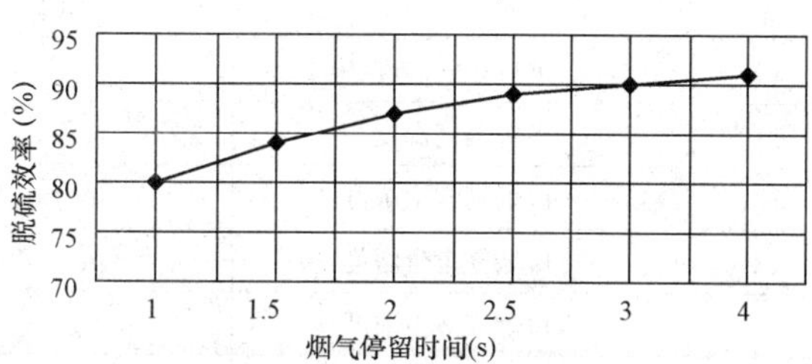

图 5-21 脱硫效率随烟气停留时间的变化关系

5. 循环倍率

喷入脱硫塔内的消石灰不可能一次充分利用，这就需要将没有反应的消石灰回收回来再循环以提高消石灰利用率。但并不是循环倍率越高越好，实际上当循环倍率达到一定值后，再循环意义就不大了。循环倍率应根据实际情况不同而有所不同，通常在 100～150 倍之间。循环倍率对脱硫效率的影响见图 5-23。

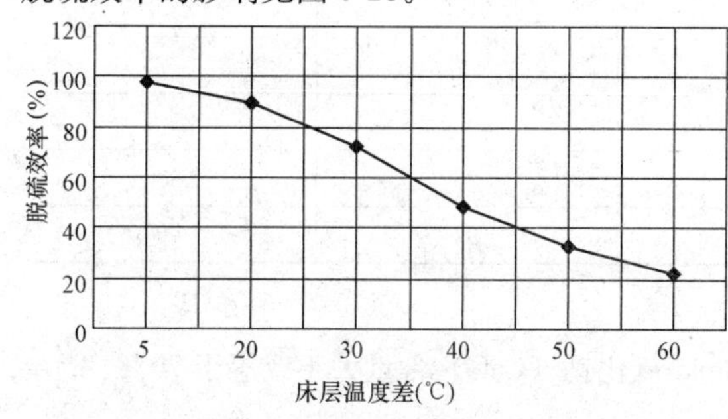

图 5-22 床层温度之差对脱硫效率的影响

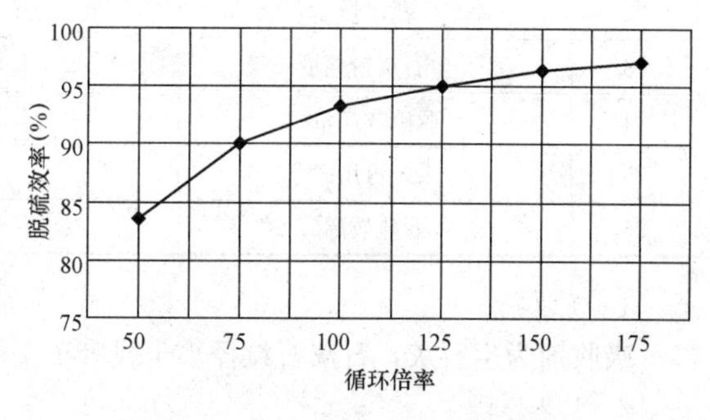

图 5-23 循环倍率对脱硫效率的影响

四、工艺应用

华能榆社电厂 2×300MW 空冷机组循环流化床烟气脱硫工艺（RCFB）是 2003 年由福建龙净环保股份有限公司设计、制造的，2004 年 10 月和 11 月两套脱硫系统分别与锅炉同步投运，主要设计参数见表 5-6。

表 5-6 脱硫工艺主要设计参数

序 号	项 目	单 位	设计煤种	校核煤种
1	煤种		贫煤	混煤
2	收到基全硫	%	1.4	1.8

续表

序 号	项 目	单 位	设计煤种	校核煤种
3	低位发热量	kJ/kg	22 278	23 026
4	锅炉耗煤量	t/h	131.46	137.16
5	FGD负荷范围	%	40～100	40～100
6	进口烟气量(干)	m^3/h	1 024 455	1 009 711
7	进口烟气量(湿)	m^3/h	1 100 034	1 083 532
8	出口烟气量(干)	m^3/h	750 000	
9	入口压力	kPa	86.1	86.1
10	进口烟气温度	℃	118	120
11	出口烟气温度	℃	75	75
12	入口烟气含尘浓度	mg/m^3	6480	6600
13	出口烟气含尘浓度	mg/m^3	≤100	≤100
14	入口烟气 SO_2 浓度	mg/m^3	3610	4860
15	出口烟气 SO_2 浓度	mg/m^3	324.9	486
16	入口烟气 SO_3 浓度	mg/m^3	40	50
17	入口烟气 CO_2 浓度	%(Vol)	13.36	13.35
18	入口烟气 O_2 浓度	%(Vol)	6.07	5.92
19	Ca/S摩尔比		1.22	1.26
20	脱硫除尘岛压降	kPa	2.5	2.5
21	电耗功率	kW	2600	2600
22	耗水量	t/h	31.8	33.2
23	生石灰粉耗量	t/h	4.4	5.75
24	脱硫灰产量	t/h	23.2	25.1
25	系统可用率	%	98	98
26	脱硫效率	%	91	90

1. 吸收剂

吸收剂为生石灰，石灰石粒径小于或等于1mm，氧化钙（CaO）含量大于或等于70%。

2. 工艺原理

锅炉烟气从吸收塔的底部与加入的吸收剂和脱硫灰混合后，通过文丘里管的加速度而悬浮起来，形成激烈的湍动状态，使颗粒与烟气之间剧烈摩擦、碰撞，从而极大地强化了气固间的传热、传质。同时，通过向吸收塔内喷水，冷却烟气温度，增湿的 $Ca(OH_2)$ 与烟气中的 SO_2、SO_3、HCl、HF和 CO_2 反应，生成 $CaSO_3 \cdot 1/2H_2O$ 等，可获得90%以上的 SO_2 脱除率和99%以上的 SO_3、HCl、HF脱除率，其反应式为

$$CaO + H_2O \longrightarrow Ca(OH)_2$$

$$Ca(OH)_2 + SO_2 \longrightarrow CaSO_3 \cdot 1/2H_2O + 1/2H_2O$$

$$Ca(OH)_2 + SO_3 \longrightarrow CaSO_4 \cdot 1/2H_2O + 1/2H_2O$$

$$CaSO_3 \cdot 1/2H_2O + 1/2O_2 \longrightarrow CaSO_4 \cdot 1/2H_2O$$

$$2Ca(OH)_2 + 2HCl \longrightarrow CaCl_2 \cdot Ca(OH)_2SO_3 \cdot 2H_2O$$

$$Ca(OH)_2+2HF \longrightarrow CaF_2 \cdot 2H_2O$$
$$Ca(OH)_2+CO_2 \longrightarrow CaCO_3+H_2O$$

3. 系统组成

（1）吸收系统。吸收塔为文丘里空塔碳钢结构。吸收塔的流化床反应段的直径为10.5m，吸收塔总高度为59m。吸收塔流化床入口采用7个文丘里管结构。由于烟气中几乎所有的SO_2都被脱除并始终在烟气露点温度20℃以上运行，所以吸收塔内部不需要任何的防腐内衬。通过调节清洁烟气烟道上的调节风挡，自动调节经过吸收塔的烟气量不低于750 000m^3/h（干）（相当于75%锅炉负荷的烟气量），以确保吸收塔流化床的稳定运行。吸收塔的出口温度要求十分稳定，一般为±1℃，如果吸收塔出口温度高于设定值，脱硫效率将下降。如果温度过低，将导致系统内部结露，严重时导致停机。

（2）除尘系统。反应产物从吸收塔上部随烟气流出经预电除尘器除尘，除下的脱硫剂等由空气斜槽送回反应塔循环使用，烟气经脱硫除尘器进一步除尘后经烟囱排出。预电除尘器采用山西电力公司电力环保设备总厂生产的RWD/YS262×2×1-2型板卧式电除尘器，通流面积为262.4m^2，两台双室单电场，采用405mm宽极距，新RS管形芒刺线，阳极板采用480C型极板，本体阻力小于或等于200Pa，处理烟气量为984 322m^3/h，设计除尘效率为80.2%。

脱硫除尘器采用电除尘器。采用福建龙净环保股份有限公司生产的BS470/2-4/38/400/15.425/4×11-LC型板卧式电除尘器，通流面积为470m^2，双室四电场，长5.28m，宽15.2m，高15.425m，各电场阴极线分别采用V40、V25、V15、V15型400mm芒刺线，阳极板采用ZT24型极板，为双室四电场，本体阻力为250Pa，阳极采用ZT24型，阴极采用V形线，设计效率为99.99%。

（3）吸收剂制备系统。脱硫剂为消石灰粉[$Ca(OH)_2$]，一般通过采用粉状生石灰CaO，生石灰仓的有效容积为550m^3；然后通过安装在仓底的石灰消化器生成$Ca(OH)_2$干粉，通过气力输送到消石灰仓储存。消石灰仓的有效容积为300m^3，满足满负荷运行7天的用量。石灰消化器采用卧式双轴搅拌式干式消化器，设计消化能力为10t/h，消石灰粉含水率低于1.5%。

（4）物料再循环及排放系统。脱硫除尘器收集的脱硫灰大部分通过空气斜槽返回吸收塔进行再循环。该项目设有2条循环空气斜槽，通过控制物料循环量，使吸收塔整体压降在1600～2000Pa。

脱硫除尘器灰斗共设2个外排灰点，脱硫电除尘器的一电场和二电场灰斗下分别安装2台仓泵，通过各自的输灰管道将灰输送到灰库。一电场仓泵容积为2.0m^3，二电场仓泵容积为1.5m^3。采用正压浓相气力仓泵输送系统输送灰，输送能力按实际灰量的200%设计，对应配套2条输送管道将脱硫灰输送到灰库储存。气力输灰是根据气固两相流的气力输送原理，利用压缩空气的静压和动压高浓度、高效率输送物料。飞灰在仓泵内必须得到充分流化，而且是边流化边输送。

（5）工艺水系统。脱硫除尘岛的工艺水包括吸收塔脱硫反应用水和石灰消化用水。吸收塔脱硫反应用水通过2台高压水泵以一定的压力通过回流式喷嘴注入吸收塔内，高压水泵的流量为60m^3/h，压力为410MPa，通过喷水控制吸收塔内的反应温度在最佳范围70～80℃。吸收塔的喷水量大于或等于15m^3/h。石灰石消化用水采用计量泵，根据消化器入口生石灰的加入量进行控制。

（6）控制系统。

1）SO_2浓度控制系统。根据脱硫塔入口SO_2、脱硫除尘器ESP2排放SO_2浓度和烟气量等来控制吸收剂的加入量，以保证达到SO_2排放浓度。

2）脱硫塔反应温度控制系统。通过控制喷水量来控制脱硫塔内的反应温度在最佳反应温度70～80℃。

3）脱硫塔压降控制系统。通过控制物料循环量，控制吸收塔整体压降在1600～2000Pa。

这3个控制系统回路相互独立，互不影响。

五、运行情况

由于榆社电厂燃用贫煤和混煤，实际含硫量高于设计和校核煤种，约为2.5%，在考核运行时，脱硫除尘岛的入口二氧化硫浓度最高达到7000mg/m³（标准状态），但通过加大Ca/S摩尔比，可以确保90%的脱硫效率。同时脱硫后，电除尘器出口粉尘排放浓度（标准状态）在20～50mg/m³之间，满足环保要求，运行主要指标见表5-7。

表5-7　　主要运行指标

序　号	项　目	单　位	数　值	备　注
1	机组容量	MW	2×300	
2	工程投资	亿元	1.21	仅设备投资
3	吸收塔进口烟气量(干标)	m³/h	1 100 000～1 150 000	
4	吸收塔进口烟气量(湿标)	m³/h	1 240 000～1 310 000	
5	吸收塔进口烟气温度	℃	130～148	
6	吸收塔出口烟气温度	℃	76～78	
7	电除尘器出口粉尘浓度	mg/m³	30～48	
8	吸收塔入口烟气SO_2浓度	mg/m³	4000～6000	
9	电除尘出口烟气SO_2浓度	mg/m³	100～400	
10	吸收塔压降	Pa	1900～2200	
11	Ca/S摩尔比		1.2～1.4	
12	脱硫效率	%	90～98	
13	吸收剂耗量/吸收剂年费	t/h/万元	2×4.4/2×825	按设计煤种
14	耗水量/水年费	t/h/万元	2×31.8/2×19.08	按设计煤种
15	电耗量/电年费	kW/万元	2×2600/2×682.5	
16	厂用电率	%	8.7	
17	人员数/人员年费用	人/万元	12/36	
18	年大修费	万元	180	按1.5%计
19	年折旧费	万元	570	按20年计
20	年运行小时	h	7500	
21	年脱硫总成本	万元	3839.16	
22	年发电量	亿kWh	45	
23	年脱硫量	万t	2.5	按设计煤种
24	脱硫成本	元/tSO_2	1535	
25	单位千瓦投资	元/kW	200	
26	生产厂厂用电率	%	8.04	
27	供电煤耗	g/kWh	357.91	
28	采暖供热量	GJ	65 424.3	

六、RCFB 工艺主要特点

（1）脱硫剂无需制浆，这比其他湿法脱硫工艺可节省 60%的设备投资。和湿法烟气脱硫相比，造价低，如果全部设备由德国供货，则全套循环流化床烟气脱硫系统，包括电除尘在内，在交钥匙工程的单位造价是 50 美元/kW，而湿法烟气脱硫系统包括电除尘在内的单位造价是 120 美元/kW。

（2）吸收剂采用石灰浆液，而不是石灰粉，大大提高了反应速率，钙硫比低，仅为1.1～1.3，脱硫效率高达 85%～90%。适应范围广，在循环流化床内可以保证将任意高浓度的二氧化硫含量降低到环保要求的范围。

（3）可在 100%～30%的锅炉负荷的范围内运行。如果在吸收剂中加入少量的铁基催化剂，则可得到 90%的脱氮效率。

（4）电耗低，约为湿法工艺的 50%，其系统简单，结构紧凑，运行可靠，维护简便。

（5）运行费用低。运行费用只有石灰石—石膏法的 70%。

（6）脱硫剂与脱硫副产品均为干态，副产品可利用范围广泛，无二次污染。

（7）维修工作量小，设备可用率高。

（8）占地面积小，适合新老机组，特别是中、小机组烟气脱硫改造。

RCFB 工艺的主要缺点如下：

（1）副产品中含有较多量的亚硫酸钙。亚硫酸钙的化学性能不稳定，在自然环境下会逐渐氧化为硫酸钙，同时体积会增大。这对原有的粉煤灰的综合利用有一定影响。

（2）烟气脱硫系统的压降较大。RCFB 工艺系统总压降约为 2000～3000Pa，一般现有电厂的引风机的压头裕量不能克服如此大的压降，需要增加脱硫风机。

（3）吸收塔内的压降波动较大。由于吸收塔内的大量物料不断湍动，因此吸收塔的压降有较大波动，可能会影响锅炉炉膛内的负压的稳定，一般可把脱硫增压风机设置在吸收塔的上游，这样可降小压降波动对炉膛内的负压的影响。

第六章 WFGD优化运行技术及故障处理

第一节 WFGD运行参数调整

WFGD系统在正常运行中，运行人员应该按照表6-1来控制FGD系统的主要参数。

表6-1　　WFGD主要控制参数

主要控制参数	优 化 值	主要控制参数	优 化 值
脱硫效率	≥95%	烟囱入口烟气温度	≥80℃
吸收剂利用率	≥95%	石膏品质	石膏表面水质量百分比小于或等于10% $CaCO_3$残留质量百分比小于或等于3% 亚硫酸盐质量百分比小于或等于0.4% 溶解于石膏中的Cl^-含量低于100mg/L（以干石膏为基准）
浆液pH值	5～5.5		
浆液密度	1050～1150 kg/m³		
液气比	10～18		

一、脱硫效率

脱硫效率表示FGD系统能力的大小，在数值上等于单位时间内烟气脱硫系统脱除的二氧化硫量与进入脱硫系统时烟气中的二氧化硫量之比。脱硫效率计算公式为

$$\eta=\frac{C_{1SO_2}-C_{2SO_2}}{C_{1SO_2}}\times100\%$$

式中　η——脱硫效率，%；

C_{1SO_2}——折算到标准状态、干态氧量6%以下的原烟气中二氧化硫浓度，mg/m³；

C_{2SO_2}——折算到标准状态、干态氧量6%以下的净烟气中二氧化硫浓度，mg/m³。

脱硫效率是由许多因素决定的，诸如FGD系统运行的钙硫比、液气比、烟气状态（烟气量、烟温、含水量、含硫量等），以及煤种变化。但是SO_2排放标准则决定了最低的脱硫效率仍应满足环保要求。当脱硫效率下降，除了加强控制浆液pH值调整外，还可从以下几个方面寻找原因或采取措施：

（1）原烟气参数，如烟尘浓度、烟气成分、GGH出口烟温等是否异常。

（2）检查关键设备如循环泵、氧化风机的运行状态，通过它们可间接了解是否发生循环管喷嘴堵塞或氧化空气量不足等情况。

（3）在线监测仪如吸收塔浆液pH计、密度仪的示值准确性和稳定性，必要时重新校验。

（4）分析石灰石粉的细度和纯度、工艺水水质等。表6-2列出了WFGD运行中常见处理脱硫效率低的方法。

表6-2　　WFGD脱硫效率低的原因和解决方法

影响因素	具体原因	解决方法
SO_2测量仪表	二氧化碳浓度测量仪表不准	校准SO_2测量仪表

续表

影响因素	具体原因	解决方法
pH 值测量	pH 值测量不准	校准 pH 值的测量
烟气流量	烟气流量增大	若可能，增加一层喷淋层
烟气 SO_2 浓度	烟气 SO_2 浓度增大	若可能，增加一层喷淋层
吸收塔浆液的 pH 值	pH 值小于 5.0	增加石灰石的投配，检查石灰石的反应活性
液气比	减少了循环浆液的流量	检查泵的运行数量，检查泵的出力

二、吸收剂利用率

吸收剂利用率是指用于脱除的吸收剂占加入 FGD 系统吸收剂总量的质量分数，与钙硫摩尔比有密切关系。达到一定脱硫效率时所需要的钙硫摩尔比 Ca/S 越低，钙的利用率越高，所需吸收剂数量及产生脱硫产物的量也越小，可大大降低 FGD 系统的运行费用。

FGD 系统对吸收剂 $CaCO_3$ 原料有一定要求，首先是吸收剂的纯度，高纯度的吸收剂有利于脱硫并且能产生优质脱硫石膏；其次是吸收剂的粒度，粒度越小，单位体积的表面积越大，利用率相对较高。通常要求吸收剂纯度大于或等于 90%，粒度控制在 300～400 目之间。过高的吸收剂纯度和过细的吸收剂粒度会导致吸收剂制备价格上升，使系统运行成本增加。

在保持吸收剂纯度和粒度、液气比不变的情况下，Ca/S 比增大，注入吸收塔吸收剂的量增大，将引起浆液 pH 值上升，从而可增大中和反应的速率，使 SO_2 吸收量增加，提高了脱硫效率。但由于吸收剂 $CaCO_3$ 的溶解度较低，其供给量的增加将导致浆液浓度的提高，从而会引起吸收剂的过饱和凝聚，使反应的表面积相对减小，最终导致吸收剂利用率下降，增加 FGD 系统的运行费用。实践证明，吸收塔浆液浓度为 20%～30%，Ca/S 比在 1.02～1.05 之间时，吸收剂利用率最高。

三、浆液 pH 值

SO_2 的吸收反应大部分在烟气与喷淋浆液接触的瞬间就完成，而石灰石的溶解和石膏结晶则需要一定时间才能达到平衡，吸收塔浆液中有 HSO_3^-、SO_3^{2-}、CO_3^{2-}、SO_4^{2-}、Ca^{2+}、Mg^{2+}、Cl^- 等离子，pH 值对它们相互之间的反应影响很大。高 pH 值的浆液有利于 SO_2 的吸收，但调试中发现，当 pH＞5.9 时，石灰石中 Ca^{2+} 的溶出就减慢，SO_3^{2-} 的氧化也受到抑制，浆液中 $CaSO_3 \cdot 1/2H_2O$ 就会增加，易发生管道结垢现象。反之，如果浆液 pH 值降低，有利于吸收剂碳酸钙的溶解，石灰石中 Ca^{2+} 的溶出就容易，而且对 SO_3^{2-} 的氧化非常有利，保证了石膏的品质。pH 值在 4～6 之间时，碳酸钙溶解速率随 pH 值降低按近似线性关系加快，直至 pH＝4 为止。但低 pH 值（pH＜4）使 SO_2 的吸收受到抑制，脱硫效率将大大降低，SO_2 排放量显著提高，难以达到排放标准；另一方面，低 pH 值，设备腐蚀也会显著加剧，不能保证设备和运行安全。高 pH 值运行时，有利于 SO_2 的吸收，SO_2 排放量显著降低，pH 值高还有利于硫酸盐的生成。但 pH 值太高会使脱硫设备内部固体颗粒堆积而结垢，使设备堵塞，无法正常运行，不能保证设备安全运行。当 pH 值过高，还会使石膏结晶向小颗粒方向发展，不利于高品质的石膏产生，因此，石膏结晶过程中应控制浆液 pH 值。

可见，浆液 pH 值是湿法脱硫的一个关键工艺参数，它对 SO_2 吸收、石膏结晶与碳酸钙的溶解的影响是逆向的。经验表明，如果设计脱硫率在 90%以上，则其浆液 pH 值一般应控制在 5.2～5.6。

由于 DCS 系统能根据测量到的 pH 值来自动控制石灰石浆液的输入量及石膏浆液的输出量，可以说 pH 值是脱硫系统正常运行的关键参数，它反映了吸收塔浆液中各种物质的含量，并据此来调整运行。但在运行过程中有时受吸收塔内水质等因素的影响，吸收塔内各部分的pH值不同，以及进入pH仪管路堵塞等影响，测量出来的pH值会存在较大误差，从而影响其他参数的变化，影响到脱硫效果和石膏品质。影响pH值的因素如下：

（1）烟气中灰尘含量。影响吸收塔内水质的原因之一是烟气中灰尘含量太大。有时由于除尘效果不理想，进入脱硫系统的烟气中灰尘大量进入吸收塔内，与塔内石灰石、石膏浆液混合在一起，阻碍了石灰石对SO_2吸收，同时成品石膏中也含有大量灰尘，石灰石的比例也相应增加，影响石膏品质。

（2）煤质的影响。由于燃煤品质不同，煤中所含的微量物质也不同，某些燃煤烟气中HCl、HF含量较高，吸收塔内浆液浓度在20%左右，HCl、HF就会溶解于浆液中而使F^-、Cl^-含量增加，从而影响石灰石浆液对SO_2吸收，影响pH值的测量。

（3）石灰石品质的影响。石灰石中除了$CaCO_3$以外，还含有SiO_2、MgO、Al_2O_3等物质，这些物质含量不同，会对pH值测量的正确性及脱硫效果产生很大影响。

在烟气进入吸收塔的开始阶段要先设定一浆液pH值，自控系统会自动调节石灰石浆液的加入量，但此时需要关注浆液的化学成分，如果$CaCO_3$含量偏高（石灰石溶解不完全）或$CaSO_4 \cdot 2H_2O$含量偏低，就需要将pH设定值适当降低；同样，在石膏品质合格的前提下，则应尽可能升高pH值，以提高脱硫率，但应控制合适的钙硫比。总之，浆液pH值的调整应兼顾脱硫率、钙硫比、石膏品质三者的要求。

运行时要密切注意pH计的运行情况。如果两个pH计都有故障，则必须人工每小时化验一次，然后根据实际的pH值及烟气脱硫率来控制石灰石浆液的加入量。若$pH<4.6$，则必须将石灰石浆液量增加约15%；若$pH>6.2$，则必须将石灰石浆液量减少约10%。如果运行中pH计指示不准，则按表6-3的方法进行处理。

表6-3　pH计指示不准处理方法

故障种类	产生原因	处理方法
pH计指示不准	pH计电极污染、损坏、老化	清洗检查pH计电极并调校表计
	pH计供浆量不足	检查是否连接管线堵塞，检查排浆泵各阀位是否正确
	pH计供浆中混入工艺水	检查冲洗水阀是否泄漏
	pH计变送器零点偏移	清洗检查pH计电极并调校表计

四、吸收塔浆液密度

石灰石湿法烟气脱硫技术中，由于吸收剂在水中的溶解度很小，它们在水中形成溶液的脱硫容量不足满足工程的要求，因此采用含有固体颗粒的浆液来吸收SO_2。常用的石灰石湿法烟气脱硫装置中气液接触时间很短，因此石灰石浆液的初始吸收速率对脱硫装置的脱硫效率有很大影响。吸收塔浆液浓度如果太高，可能造成管道及泵的磨损、腐蚀结垢及堵塞，从而影响脱硫装置的正常运行；若浆液浓度太低，会影响石膏品质。

在FGD系统运行过程中，随着烟气与吸收剂反应的进行，吸收塔的浆液密度不断升高，通过吸收塔浆液化学反应的取样分析结果可知，当密度大于$1200kg/m^3$时，混合浆液中$CaCO_3$、$CaSO_4 \cdot 2H_2O$的浓度已趋于饱和，$CaSO_4 \cdot 2H_2O$对SO_2的吸收有抑制作用，脱硫率会有所下降；同时，密度过高易造成石灰石浆液泵及管道磨损堵塞，对石灰石浆液箱搅拌器和衬胶也极为不利。石膏浆液密度过低（小于$1050kg/m^3$）时，说明浆液中$CaSO_4 \cdot 2H_2O$的含量较低，$CaCO_3$的含量相对升高，此时如果浆液排出吸收塔，将导致石膏中$CaCO_3$含量增高，品质下降，而且浪费了吸收剂石灰石。密度过低可能出现吸收塔给浆调节阀门完全打开，但石灰石量仍满足不了要求的情况。另外，石膏旋流站运行的压力、旋流子磨损程度均受脱水之前石膏浆液密度的影响。底流的石膏浆液密度越高，石膏旋流站的运行压力越高，旋流效果越好，但旋流子磨损越大。因此，运行中应严格控制石膏浆液密度在一定合适的范围内（1050～1200kg/m^3），对应浓度一般为30%左右，这样有利于FGD系统的高效且经济运行。

石灰石浆液密度调节可采用自动和手动2种方法。自动调节通常应用于1台球磨机对应1台密度计，手动调节通常应用于多台球磨机对应1台密度计。自动调节是通过控制进入一级再循环箱滤液水（或工艺水）量及调节阀门开度来实现的。滤液水（或工艺水）量根据密度设定、石灰石给料量、已进入系统水量等在线监测数据来计算。近似计算公式为

$$A=B/C-B-D-E\pm F$$

式中 A——进入一级再循环箱滤液水（或工艺水）量，t；

B——石灰石给料量，t；

C——设定密度对应的浓度，%；

D——进入球磨机入口滤液水量，t；

E——其他进入系统水量如冷却水，t；

F——密度反馈修正量，t。

手动调节的计算公式与自动调节大致相同。因多台球磨机共用1台密度计，为避免反馈量相互干扰，影响制浆系统物料平衡和细度调节，所以密度反馈修正量不用在线监测数据改为手动设定修正量，计算公式为

$$A=B/C-B-D-E\pm G$$

式中 A——进入一级再循环箱滤液水量，t；

B——石灰石给料量，t；

C——设定密度对应的浓度，%；

D——进入球磨机入口滤液水量，t；

E——其他进入系统水量如冷却水，t；

G——手动设定修正量，t。

必要时，2种调节方法均可人为解除自动调节器，改为直接人工控制调节阀开度，强制调节浓度。但此种情况应用极少。

如果吸收塔浆液浓度低，应将石膏旋流器底流切换至回吸收塔，加大石膏旋流器底部回流；开大阀门开度，减小溢流回流；开大石灰石浆液给浆阀，增大石灰石浆液给浆量；减小进入吸收塔的工艺水量。反之相反。因此运行中应严格控制吸收塔浆液浓度为13%～17%（设计值为15%时）、17%～22%（设计值为20%时）。

五、液气比

液气比是指与流经吸收塔单位体积烟气量相对应的浆液喷淋量，在数值上等于烟气脱硫系统在单位时间内吸收剂浆液喷淋量和单位时间内吸收塔入口的标准状态湿烟气体积流量之比。它直接影响设备尺寸和操作费用。液气比决定酸性气体吸收剂所需要的吸收表面，在其他参数一定的情况下，提高液气比相当于增加了吸收塔内的喷淋密度，使液气间的接触面积增大，脱硫效率也将增大。要提高吸收塔的脱硫效率，则提高液气比是一个重要的技术手段。目前广泛使用的喷淋塔内持液量很小，要保证较高的脱硫效率，就必须有足够大的液气比。根据美国电力研究院的FGD－PRISM程序的优化计算，液气比以16.57L/m^{3}为宜。根据理论计算可知在pH＝7时，液气比为15L/m^{3}时，脱硫效率已达到95%以上了；液气比超过15.5L/m^{3}后，脱硫效率的提高非常缓慢，通常单纯喷雾性吸收塔，其液气比不会大于25L/m^3，带筛孔板的液气比不会大于18.5L/m^3。在实际工程中，提高液气比将使浆液循环泵的流量增大，从而增加

设备的投资和能耗。同时液气比还会使吸收塔内压力损失增大，增加风机能耗。

运行人员可根据FGD接受的烟气量和SO_2浓度的具体情况增减或调换循环泵，从而调节系统的液气比。当只接受一台炉烟气脱硫或锅炉负荷大幅度减少时，投运2台循环泵即可；当烟气中SO_2浓度不高时，不必启动扬程最高的循环泵，可以少开1台循环泵。如果吸收塔循环泵流量降低，则按照表6-4的方法进行处理。

表6-4　吸收塔循环泵流量下降的处理方法

故障种类	产生原因	处理方法
吸收塔循环泵流量下降	管路堵塞	清理管路
	吸收塔循环泵运行台数不足	启动备用泵
	喷嘴堵塞	清洗喷嘴
	相关阀门开、关不到位	检查并校正阀门状态

六、烟囱入口烟气温度

脱硫后饱和湿烟气直接排放不仅对烟囱造成结露腐蚀，而且还会引起环境污染，具体表现如下：

(1) 湿烟气的温度比较低，抬升高度较小，造成地面污染浓度相对较高。

(2) 凝结水可能造成烟囱下风向的降水，影响局部地区的气候。

如果脱硫后湿烟气加热不充分，这些影响依然存在，只不过影响程度有所减缓，因此，脱硫后湿烟气应尽量加热到规定温度。国内普遍采用脱硫后烟囱入口烟气温度不低于80℃的规定。

运行人员要密切注意烟囱入口烟气温度的变化，如发现其温度低于80℃，应尽快查明原因。例如，GGH积灰影响换热效果，或者脱硫后烟气含水较多等，应尽快处理使烟囱入口烟温达到排放标准。

七、石膏品质

脱硫石膏品质好坏取决于整个工艺的运行状态，若在运行中控制足够的石膏结晶时间、稳定的pH值积灰及适当的石膏浆液密度，则较易形成大于100μm的菱形的石膏晶体，此种石膏易于分离和脱水。

若石膏水分含量大于10%，则应及时调整脱水机给浆量及脱水机带速（调整变频器频率），保证脱水机真空度和石膏厚度在合格范围内。同时分析SiO_2成分，因为SiO_2会对石膏脱水造成不利的影响。

运行人员在皮带机的运行维护中，必须准确调节皮带滑动水、真空盒密封水、真空泵密封冷却水以及滤布的冲洗水量，水量过大或过小都会影响皮带机的运行状况及真空度。同时，要检查滤布冲洗喷嘴的出水量及出水角度，以保证冲洗效果。真空泵的真空度过高，石膏的含水量会增大，此时可适当调整石膏层的厚度或提高排出石膏浆液的密度，保证石膏含水低于10%。

碳酸钙及亚硫酸盐是吸收塔内化学反应的残留物，直接影响石膏品质。如果石膏中$CaSO_3$过多，应及时调整氧化空气量，以保证吸收塔中$CaSO_3$充分氧化，保证石膏中亚硫酸盐的含量低于0.4%。如果石膏中$CaSO_3$过多，增大氧化空气量，以保证$CaSO_3$充分氧化，并分析石灰石给浆量的变化原因，联系化学化验石灰石浆液品质及石灰石原料品质；如果石灰石浆液粒径过粗，应调整细度在合格范围。如果石灰石原料中杂质过多，应通知有关部门，保证石灰石原料品质在合格范围。

若石膏中SiO_2含量过多，则检查FGD入口烟气中烟尘含量是否超标，化学分析石灰石来料中SiO_2是否超标。若浆液中氯离子含量过高，则检查石膏冲洗水系统是否正常运行（流量和压力是否达到设计值）。

八、石灰石特性

石灰石与 SO_2 的反应速度主要取决于石灰石颗粒和纯度。高纯度的吸收剂有利于产生优质的脱水石膏；吸收剂粒度越小，单位体积的表面积越大，脱硫剂的转化率越高，有利于脱硫。通常要求吸收剂纯度在90%以上，粒度在325目以上，过筛率在95%以上。然而过高纯度的吸收剂和过细的颗粒会导致吸收剂制备价格的上升，使系统运行成本增加。运行中有时出现pH值异常的情况，可能是加入的石灰石成分变化较大引起的。正常运行要求石灰石中CaO质量分数为51%～55%，浆液中石灰石质量分数为30%。如果运行中发现石灰石中CaO质量分数小于50%，应对其纯度进行系统修正。另外，石灰石中过多的杂质，如二氧化硅等虽不参加反应，但会增加循环泵、旋流子等设备的磨损，破坏真空皮带机的正常运行。

石灰石浆液中颗粒细度越细，则等量石灰石浆液在吸收塔中化学反应接触面积越大，反应越充分。脱硫效率、石膏浆液品质、脱水效果相应就会更好。目前，脱硫石灰石浆液细度根据工艺设计不同，一般在30～60μm之间，其中以90%颗粒小于32μm最为广泛。

调整石灰石浆液细度的途径如下：

（1）保持合理的钢球装载量和钢球配比。石灰石是靠钢球撞击、挤压和碾磨成浆液，若钢球装载量不足，细度将很难达到要求。运行中可通过监视球磨机主电动机电流来监视钢球装载量，若发现电流明显下降则需及时补充钢球。球磨机在初次投运时钢球质量配比应按设计进行。经验表明，钢球补充一般只补充直径最大的型号，因为磨损后不同直径的钢球可计入其他型号之列。

（2）控制进入球磨机中的石灰石粒径的大小，使之处于设计范围。一般湿式球磨机进料粒径为90%颗粒小于10mm。

（3）调节球磨机入口进料量。一般为降低电耗，球磨机应经常保持在额定工况下运行，但有时由于种种原因，钢球补充不及时，则需根据球磨机主电动机电流降低情况适当减小给料量，才能保证浆液粒径合格。

（4）调节进入球磨机入口滤液水（或工艺水）量。球磨机入口滤液水的作用之一是在筒体中流动带动石灰石浆液流动，若滤液水量大则流动快，碾磨时间相对较短，浆液粒径就相对变大；反之变小。在通常情况下，进入球磨机的石灰石和滤液水质量比例在1.3～1.5较合适。

（5）调节旋流器水力旋流强度。旋流器入口压力越大，旋流强度则越强，底流流量相对变小，但粒径变大；反之粒径变小。因此在运行中要密切监视旋流器入口压力在适当范围内。对于调节旋流器入口压力，若再循环泵采用变频泵则可调节泵的转速；若旋流器由多个旋流子组成，则可调节投入个数。

（6）适当开启旋流器稀浆收集箱至浓浆的细度调节阀，使一部分稀浆再次进入球磨机碾磨。

（7）加强化学监督，定期化验浆液细度，为细度调节提供依据。

九、浆液中 Cl^- 浓度

煤中含有少量的氯化物，我国煤种氯含量一般为0.02%～0.5%，以化合物形态存在。当煤中化合态的氯在高温下分解，最终80%以上的氯能转化生成HCl气体，所有的HCl气体均能迅速溶解到燃烧产物水蒸气中形成盐酸，随烟气一同排出。盐酸的腐蚀破坏性极大，它的排放对环境和生态也会带来不利影响。石灰石—石膏法脱硫工艺的 $CaCO_3$ 与烟气中的 SO_2、H_2SO_3、H_2SO_4 反应生成 $CaSO_4$，$CaSO_4$ 的溶解度很小，吸收浆液中的 $CaSO_4$ 浓度不大于1000mg/L，而烟气中的HCl与 $CaCO_3$ 与反应生成的 $CaCl_2$ 极溶于水。因此，通常情况下，随石膏处理而带走的氯量非常有限，由于脱硫系统水的循环使用，Cl^- 在吸收浆液中逐渐富集，浓度可达几万毫克每升，Cl^- 的存在大大加快脱硫系统设备的腐蚀破坏，同时 Cl^- 又是引起金属孔蚀、缝隙腐蚀的主要原因。当氯化物含量高于20 000mg/L时，不锈钢已经不能使用，要选用氯丁橡胶、玻璃钢等防腐蚀材料等。

浆液 Cl^- 对系统性能的影响是潜在的，达到一定程度时才会显现，主要是干扰了离子间的反应。通常 Cl^- 的设计上限为 20 000mg/L，实际上一般当 Cl^- 高于 12 000mg/L 时，就表现出对 FGD 运行的一些负面影响，如降低 SO_2 的去除能力，改变吸收浆液的 pH 值；吸收剂的消耗量随氯化物浓度增高而增大；氯化物浓度增高会引起后续石膏脱水困难，引起副产物石膏中 $CaCO_3$ 和 Cl^- 含量增加等。浆液 Cl^- 浓度高低与原烟气中 HCl 的含量直接相关，也与系统的废水排放量有关。

如果考虑石膏的综合利用，则要求石膏中氯含量极限值为 100mg/L，否则应加大冲洗水量，以排除石膏中多余的氯。当浆液中 Cl^- 浓度升高超限，应将废水排放量逐渐提高，使 Cl^- 的升高速度减慢，直至稳定在某一水平。

同时，严格控制氯化物和煤灰等杂质不要混入石灰石料中，以免影响 FGD 系统的正常运行和脱硫石膏的品质。

十、烟气粉尘

虽然脱硫前烟气经过静电除尘器，但烟气中的粉尘浓度仍较高，吸收塔进口的粉尘质量浓度基本在 100～300mg/m^3 之间。经过吸收塔洗涤之后，烟气中大部分粉尘都留在浆液中。飞灰在一定程度上阻碍了 SO_2 与脱硫剂的接触，降低了石灰石中 Ca^{2+} 与 HSO_3^- 的反应。如果因除尘、除灰设备故障，引起浆液中的粉尘、重金属杂质过多，则会影响石灰石的溶解，导致浆液 pH 值降低，脱硫效率将下降，影响石膏品质。另外，粉尘会磨损喷淋管道和吸收塔内壁的玻璃鳞片。实际运行中发现，如果烟气粉尘浓度过高，脱硫效率可从 98%降至 75%，并且石膏中 $CaSO_4 \cdot 2H_2O$ 的含量降低，影响了石膏品质。若出现这种情况，应开启真空皮带机或增大排放废水的流量，连续排除浆液中的杂质，脱硫效果即可恢复正常。为了有效防止烟气中粉尘含量过高，可采用以下方法进行调整。

(1) 运行人员应关注煤种的变化，调整好燃烧风量，特别是在锅炉吹灰时，应对各电场晃动进行手动控制。

(2) 为避免除尘器连续振打所引起的二次飞扬，正常运行时振打应在 PLC 控制下运行，如需要检查振打运行情况，也应尽量缩短手动振打时间。

(3) 加强对电除尘器各电场一次电压、一次电流、二次电压、二次电流的闪频情况的监控，使闪络频率控制在 10 次/min 以内。

(4) 尽可能抬高二、三电场的运行参数，确保电除尘器的高效运行，以达到有效控制烟气中粉尘含量的目的。

十一、结垢和堵塞

结垢和堵塞是湿法脱硫系统的一大难题，比较容易发生堵塞的有喷嘴、旋流器、石膏浆液管、GGH 和吸收塔壁等。结垢的主要原因：①吸收塔中石膏最终产物超过了悬浮液的吸收极限，石膏就会以晶体的形式开始沉淀。②吸收液 pH 值急剧变化。低 pH 值时，亚硫酸盐溶解度急剧上升，硫酸盐溶解度略有降低，导致石膏在很短时间内大量产生并析出，产生硬垢；而高 pH 值时，亚硫酸盐溶解度降低，会引起亚硫酸盐析出产生软垢。在碱性 pH 值运行时，还会产生碳酸钙硬垢。因此，应防止结垢和堵塞。

1. 除雾器

除雾器堵塞不仅会导致除雾器本身的损坏，还可导致通过除雾器的气速增高，除雾效果变差，更多的石膏液滴夹带进入出口烟道，沉积在 GGH 上引起堵塞。除雾器堵塞的原因如下：

(1) 除雾器得不到有效冲洗是主要原因，常见是水平衡被破坏。如果阀门内漏及系统用水量大等造成吸收塔水平衡被破坏，就会影响到除雾器的水冲洗，长期以往将会造成除雾器结垢堵塞甚至引起坍塌。尤其在机组低负荷情况下，吸收塔液位居高不下，使除雾器无法及时冲洗，造成除雾器堵塞并加剧结垢。

（2）FGD入口粉尘含量高。吸收塔的除尘效率有限，当FGD入口粉尘含量增大时，进入和黏附在除雾器上的粉尘也会增加。

（3）烟气流场不均匀。烟气流速不均匀，局部区域烟气流速超过除雾器的临界流速，造成在板片上淤积了由浆液带来的固体物，最终可能堵塞部分流道，部分流道的堵塞又提高了其他区域的流速，从而造成恶性循环。

（4）吸收塔喷淋层的设计和浆液特性。最上层喷淋层的布置和浆液雾滴尺寸也会对除雾器有很大影响。

（5）除雾器阀门内漏，冲洗管路、喷嘴破损、短缺等，造成除雾器冲洗管道卸压，除雾器冲洗压力降低，除雾板不能有效冲洗干净，致使除雾器结垢进而堵塞。

（6）冲洗水喷嘴堵塞。系统经长时间运行后，衬胶或衬塑管道的防腐层会逐渐磨损，磨损脱落后随冲洗水进入喷嘴内，进而堵塞喷嘴，喷嘴所对应处除雾板无法冲洗，造成除雾器的局部堵塞。

防止除雾器叶片结垢、堵塞和超温，维持系统正常运行，应做好如下工作：

（1）优化除雾器系统运行，防止除雾器结垢、堵塞。

1）根据机组负荷、原净烟气流量，选择除雾器不同负荷冲洗程序运行，除雾器差压高于100Pa时，手动增加除雾器冲洗水运行时间，保证除雾器差压正常，无特殊原因严禁停止除雾水泵运行。

2）当工艺水、除雾水系统阀门存在内漏或废水不能外排等原因，造成吸收塔液位高，除雾器冲洗程序不能正常投入时，应及时处理，确保除雾器冲洗程序正常投入。

3）合理控制除雾器冲洗水压力，既要保证冲洗水压力足够，冲洗效果良好，又要控制冲洗水压力不能过高，避免除雾器冲洗管超压爆裂或因冲击焊口脱开，影响冲洗效果。一般控制冲洗母管水压力为0.4～0.5MPa，以提高冲洗水雾化效果。

4）保证除雾器冲洗正常，根据机组负荷，投入程控运行。但在一路冲洗水管完成冲洗，冲洗阀门关闭后，另一路冲洗水管阀门未开启的过程中，由于大多数脱硫系统除雾水没有设置自动调压，就造成除雾水系统压力高，有时超过1.2MPa，这样下一路冲洗阀门开启时，对管道冲击很大，经常发生管道超压爆裂或因冲击焊口脱开，严重影响冲洗效果，造成除雾器堵塞。为解决此问题，可在除雾器冲洗水母管上，加装弹簧式机械调压装置。加装后在整个除雾器冲洗过程中，冲洗水压力基本能够控制在0.5MPa左右，不会再发生管道超压爆裂或因冲击焊口脱开的异常，冲洗效果非常好。

5）除雾器冲洗水喷嘴堵塞也是造成冲洗效果不好的一个主要因素，因此，只要脱硫系统有停运的机会，就要对冲洗水喷嘴进行清理，保证冲洗效果。

6）确定合适的除雾器冲洗周期。由于除雾器冲洗期间会导致烟气带水量加大（一般为不冲洗时的3～5倍），所以冲洗不宜过于频繁，但也不能间隔时间太长，否则易产生结垢现象。除雾器冲洗周期主要根据烟气特征及吸收剂确定，一般不超过2h为宜。

7）控制吸收塔浆液浓度在10%～25%的含固量（对应的石灰石浆液密度为1067～1187mg/m^3），吸收塔浆液浓度过高造成烟气携带浆液量剧增，从而引起除雾器结垢。

8）严格控制pH值，吸收塔pH值控制在设计范围内（5.4～5.6），切不可长期高pH值运行。

（2）优化除雾器系统运行，防止除雾器超温。

1）原烟气温度超过限值，除雾器可能超温发生变形，阻力增加，影响除雾效果，净烟气湿度升高，加剧GGH积灰。因此要采取措施防止除雾器超温。

2）加强原烟气温度监视，当烟气温度超过175℃时，及时联系进行燃烧调整或减低机组负荷。

3）旁路未拆除的脱硫机组、原烟气入口烟温超过180℃时，检查旁路自动开启，否则手动打开。

4）旁路已拆除的脱硫机组，原烟气入口烟温超过180℃时，及时投入事故喷淋和除雾器冲洗。

2. GGH

在运行中应采取措施，减轻积灰，延长运行时间。

（1）根据GGH差压，制定吹灰制度。

1）正常运行满负荷时，GGH单侧差压小于400MPa，机组正常运行时吹灰频率为8h一次，每次吹灰时间不少于一个来回行程。

2）当正常运行满负荷时，GGH单侧差压大于400MPa时，每班要及时增加1～2次吹灰次数。若GGH单侧差压继续升高时，要及时投入GGH蒸汽连续吹灰。

3）吹灰压力维持在1.0～1.2MPa，最高蒸汽吹灰压力不得大于1.3MPa。

（2）高压水冲洗。

1）当正常运行满负荷，GGH单侧差压达到560Pa时，及时进行在线高压水冲洗。冲洗频率为8h一次，在高压水冲洗一个行程结束后，要及时投入连续蒸汽吹灰，重复以上过程1～2次。观察GGH差压有降低趋势时，继续执行以上操作。

2）高压冲洗水压力为10.5MPa。任何时候不得高于15MPa，否则可能对搪瓷传热元件造成严重伤害。

3）若上述操作后GGH差压仍不变时，停止高压水冲洗，高压水冲洗按正常的定期工作执行，投入蒸汽吹灰程序，并增加蒸汽吹灰次数。

4）利用停机机会对GGH进行化学冲洗，彻底清除GGH内灰垢。

（3）技术改造。

1）有的电厂通过对GGH换热片的更换、改造，对缓解GGH积灰结垢取得了明显效果。改造前GGH换热片全部为波浪式，且换热片之间间隙较小，蒸汽或高压水冲洗时，均不能冲透，换热片中间部分灰垢比较严重。针对这一问题，将换热片更换为波浪式与平板式相间的换热片形式，增大了通流间隙，蒸汽或高压水冲洗效果得到了很大改善。GGH能够正常连续运行的周期由原来的一个月延长到一个检修周期。

2）将换热元件换成大通道防堵型式的。例如某电厂在660MW机组检修期间，采用无锡巴克杜尔生产的大通道波纹板（L型）替代原来紧凑型波纹板，该板形在烟气流通方向是直通的，没有小的波纹。改造后GGH设计工况下总压降（原烟气、净烟气侧压降之和）从1000Pa降低到750Pa以下。

3）为了提高除雾效率，应增设第三级除雾器，降低净烟气中的石膏颗粒物。

（4）优化运行。

1）运行中要合理控制吸收塔液位，如发现吸收塔起泡，应及时添加消泡剂，防止吸收塔“虚假液位”引起泡沫进入烟道和GGH。例如某电厂660MW机组脱硫吸收塔设计正常运行液位为11.7m，最大值为12.2m，最小值为11.2m，为了尽量减少浆液进入GGH引起堵塞，同时考虑到浆液循环泵的设计参数，电厂将脱硫吸收塔正常运行液位改为控制在9.5±0.5m，同时将吸收塔溢流管位置从原来的12.6m降低到11.3m，确保吸收塔运行液位合适。吸收塔运行最低液位控制应该考虑到浆液循环泵的设计参数，防止浆液循环泵发生气蚀。

2）防止排烟温度过高。过高的烟气温度能很快使进入吸收塔入口烟道、GGH的石膏浆液脱水沉积而造成结垢。

第二节 脱硫装置的优化运行

一、脱硫装置运行现状

目前，许多脱硫装置运行可靠性差、可用率不高，脱硫效果不佳，厂用电率高，脱硫剂消耗量大，副产品的品质低。出现这些问题的主要原因是脱硫装置没有经济运行，其原因是多方面的。

1. 设计存在不足

如增压风机选型不合理，GGH设计过分保守；烟道布置不流畅；弯头多，无导流板，对冲布置；吸收塔、烟道断面小，烟气流速过高，压力损失大；喷淋层配置不合理，运行不灵活；氧化系统设计不合理，氧化风利用率低，能耗高；工艺系统繁琐，各种缓冲箱过多；设备空耗能量大；等等。

对于设计方面的原因，只能通过技术改造消除缺陷，但受到投入资金和检修停运时间的限制，代价较高。因此在脱硫装置设计之初，优化设计就必须得到重视，不能等设备投入运行后再进行大的改造。

2. 生产管理不到位

如没有合理掺混或掺烧燃煤；设备缺陷多，检修维护不及时，带病运行（比如GGH和旁路挡板漏风大、浆液泵磨损腐蚀严重、喷淋层喷嘴堵塞等）；运行制度不合理，没有有效的奖惩管理办法；脱硫剂的品质（纯度、活性、粒径）波动；锅炉、除尘器不能稳定高效运行，漏风大，氧量高；运行表计不准，日常化学监督跟不上；文明生产存在漏洞（杂物进入系统等），造成堵塞；优化调整方式执行不力，导致运行不经济。

对于生产管理方面的原因，可以通过加强生产管理加以改善，这是成本最低、见效最快的措施。例如：

（1）制定行之有效的烟气脱硫装置生产及技术管理制度，如配煤掺混掺烧制度、节能运行竞赛制度、运行检修人员不同专业技术交流制度等。

（2）运行中加强监视并及时调整。及时根据脱硫工况变化情况，调整运行参数和运行方式。

（3）建立设备健康及维修档案。加强脱硫缺陷管理，每月对统计的设备缺陷进行分析，找规律、定措施，并统计消缺率、缺陷复现率和缺陷复现时间间隔。

3. 运行方式不合理

没有进行优化调整试验，没有合理的运行方式。

对于运行方面的原因，则可以通过制定运行优化策略、改进运行方式以取得显著的节能降耗效果。

二、优化运行的衡量标准

1. 脱硫装置运行的依据

脱硫装置运行的主要依据是GB 13223《火电厂大气污染物排放标准》，大气污染物排放浓度不能超过标准限额；另一方面是要兼顾经济利益。

脱硫装置优化运行的主要目的就是保障企业在环保效果和经济效益两方面最佳配合。

2. 优化运行的衡量标准

优化运行的衡量标准是相对生产成本。脱硫（FGD）装置的各项成本费用主要包括电费、脱硫剂费用、水费和管理费用。其中，电费、脱硫剂费用、水费与运行工况紧密相关；此外，FGD装置的运行方式还会影响 SO_2 的排污缴费和石膏销售收入。将受脱硫运行方式影响的这些因素累加起来，称为相对生产成本。其中电费、脱硫剂费用权重较大。

$$C=C_1+C_2+C_3+C_4-C_5$$

式中 C——相对生产成本，元/h；

C_1——系统电费，元/h；

C_2——脱硫剂费用，元/h；

C_3——用水费用，元/h；

C_4——SO_2 排污缴费，元/h；

C_5——脱硫副产物的销售收入，元。

在满足环保要求的前提下，尽量降低能耗。运行优化的策略是：在满足当地环保要求的前提下，使得脱硫相对生产成本（C）最低。在此原则下，针对脱硫装置负荷、燃料硫分变化的不同工况，实行最优的运行方式。

三、吸收系统的运行优化

吸收系统运行优化的内容有浆液循环泵的运行优化、pH值的运行优化、氧化风量的运行优化、吸收塔液位的运行优化等。其中影响相对生产成本幅度最大的是浆液循环泵和氧化风机的优化运行。

1. 浆液循环泵的优化运行方式

某电厂1台300MW机组配套的烟气脱硫装置，设置4台浆液循环泵，从低到高分别为ABCD。入口 SO_2 浓度的正常变化范围为1500～4500mg/m³，习惯运行方式为BCD浆液循环泵运行，对脱硫效率没有要求，只需要满足400mg/m³出口排放浓度要求。当负荷为300MW、入口 SO_2 浓度为4000mg/m³时，循环泵组合运行数据见表6-5。根据表6-5可以得到图6-1。根据表6-5和图6-1，可知投运2台浆液循环泵时，出口 SO_2 浓度全部超过400mg/m³，不符合排放浓度限额要求。投运4台浆液循环泵时，出口 SO_2 浓度很低，但是相对生产成本太高，企业承受不起。只有投运ABC浆液循环泵时，脱硫效率为91.8%，出口 SO_2 浓度为328mg/m³，不但满足排放浓度限额要求，而且相对生产成本最低，为3726元/h；投运ABD浆液循环泵方式次之。

表6-5 负荷为300MW、入口 SO_2 浓度为4000mg/m³时循环泵组合运行

工况	投运循环泵	脱硫效率（%）	出口 SO_2 浓度（mg/m³）	电耗量（kW）	石灰石消耗量（t/h）	石灰石成本（元/h）	电费成本（元/h）	水费成本（元/h）	排污缴费（元/h）	石膏收益（元/h）	总的相对成本（元/h）
1	ABCD	95.6	176	4502	8.13	2032	1711	168	133	140	3904
2	BCD	93.6	256	4081	7.96	1989	1551	168	194	137	3765
3	ACD	93.0	280	4032	7.91	1976	1532	168	212	136	3752
4	ABD	92.4	304	3983	7.85	1964	1514	168	230	135	3740
5	ABC	91.8	328	3929	7.80	1951	1493	168	248	134	3726
6	CD	88.8	448	3612	7.55	1887	1373	168	339	130	3637
7	BD	88.1	476	3558	7.49	1872	1352	168	360	129	3624
8	BC	87.4	504	3508	7.43	1857	1333	168	382	128	3612
9	AD	86.7	532	3511	7.37	1842	1334	168	403	127	3621
10	AC	86.1	556	3459	7.32	1830	1314	168	421	126	3607
11	AB	85.4	584	3408	7.26	1815	1295	168	442	125	3595

在300MW负荷、入口二氧化硫浓度为3000mg/m³时，浆液循环泵的不同组合方式相对运行成本变化见图6-2。由图6-2可以看出，在满足出口排放浓度的前提下，浆液循环泵组合方式为AC时最为经济；AD方式次之。

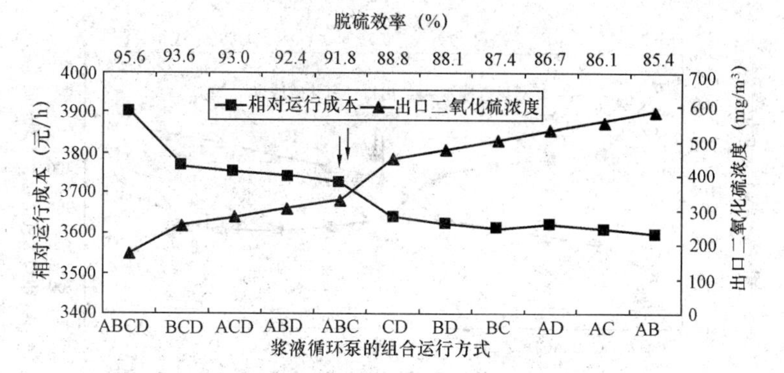

图 6-1 浆液循环泵的不同组合方式相对运行成本变化
（300MW 负荷、入口二氧化硫浓度为 4000mg/m³时）

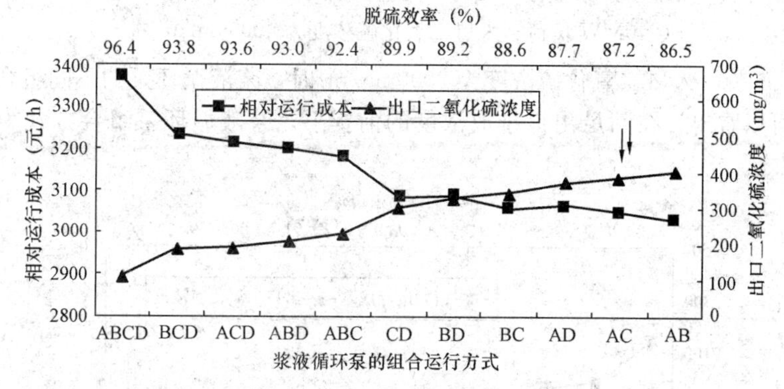

图 6-2 浆液循环泵的不同组合方式相对运行成本变化
（300MW 负荷、入口二氧化硫浓度为 3000mg/m³时）

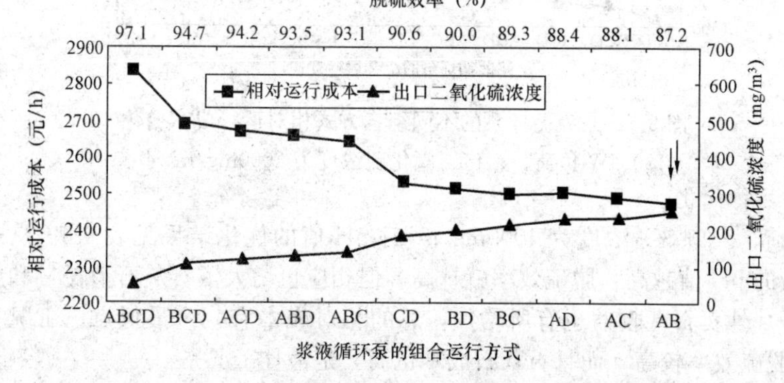

图 6-3 浆液循环泵的不同组合方式相对运行成本变化
（300MW 负荷、入口二氧化硫浓度为 2000mg/m³时）

在 300MW 负荷、入口二氧化硫浓度为 2000mg/m³时，浆液循环泵的不同组合方式相对运行成本变化见图 6-3。由图 6-3 可以看出，在满足出口排放浓度的前提下，浆液循环泵组合方式为 AB 时最为经济；AC 方式次之。

在 240MW 负荷、入口二氧化硫浓度为 4000mg/m³时，浆液循环泵的不同组合运行情况见图 6-4。由图 6-4 可以看出，在满足出口排放浓度的前提下，浆液循环泵组合方式为 CD 时最为经济；ABC 方式次之。

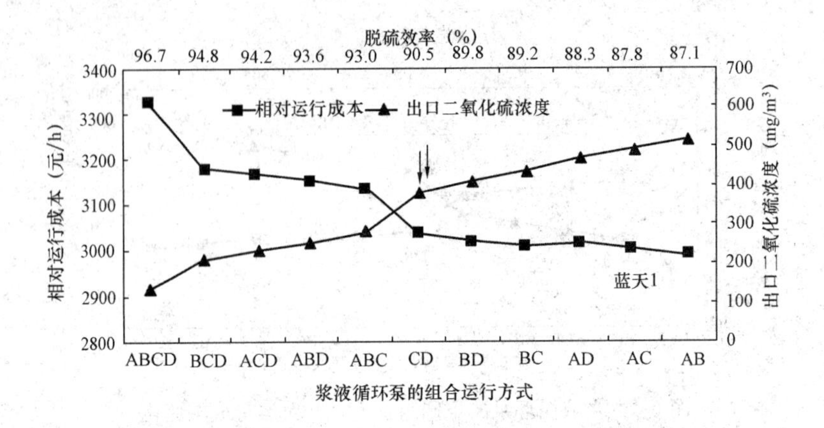

图 6-4　浆液循环泵的不同组合方式相对运行成本变化

（240MW 负荷、入口二氧化硫浓度为 4000mg/m^3 时）

在 180MW 负荷、入口二氧化硫浓度为 2000mg/m^3 时，浆液循环泵的不同组合运行情况见图 6-5。由图 6-5 可以看出，在满足出口排放浓度的前提下，浆液循环泵组合方式为 AC 时最为经济；AD 方式次之。

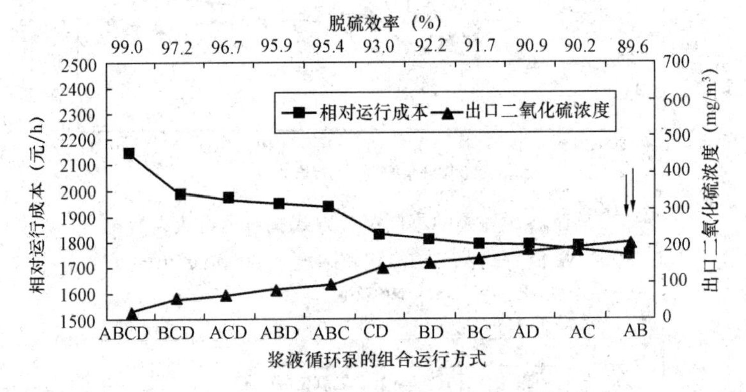

图 6-5　浆液循环泵的不同组合方式相对运行成本变化

（180MW 负荷、入口二氧化硫浓度为 2000mg/m^3 时）

2. pH 值的运行优化

300MW 负荷、入口 SO_2 浓度为 4000mg/m^3 时 pH 值的优化结果见表 6-6。从表 6-6 可以看出，吸收塔浆液的 pH 值越高，脱硫效率就越高，但相应也增大了石灰石消耗量和成本。另外排污缴费却减少了，外卖石膏收益也有所增加，总的相对成本有一个最低点。工况 3 的 pH 值为 5.4，这时不但脱硫效率较高，而且石灰石成本也高，是最佳工况。

表 6-6　　不同 pH 值时的相对运行成本

工况	投运循环泵	pH 值	脱硫效率（%）	出口 SO_2 浓度（mg/m^3）	石灰石		电费成本（元/h）	水费成本（元/h）	排污缴费（元/h）	石膏收益（元/h）	总的相对运行成本（元/h）
					耗量（t/h）	成本（元/h）					
1	ABC	5.0	88.8	448	7.49	1872	1493	168	339	129	3744
2	ABC	5.2	90.4	384	7.64	1910	1493	168	291	131	3730
3	ABC	5.4	91.8	328	7.80	1951	1493	168	248	134	3726
4	ABC	5.6	92.6	296	7.97	1993	1493	168	224	137	3741
5	ABC	5.8	93.4	264	8.21	2053	1493	168	200	141	3773

3. 吸收塔浆液密度的优化

石灰石湿法烟气脱硫技术中，由于吸收剂在水中的溶解度很小，它们在水中形成溶液的脱硫容量不能满足工程的要求，故采用含有固体颗粒的浆液来吸收 SO_2。常用的石灰石湿法烟气脱硫装置中气液接触时间很短，因此石灰石浆液的初始吸收速率对脱硫装置的脱硫效率有很大影响。

在 FGD 系统运行过程中，随着烟气与吸收剂反应的进行，吸收塔的浆液密度不断升高，通过吸收塔浆液化学反应的取样分析结果可知，当密度大于 1200kg/m^3 时，混合浆液中 $CaCO_3$、$CaSO_4 \cdot 2H_2O$ 的浓度已趋于饱和，$CaSO_4 \cdot 2H_2O$ 对 SO_2 的吸收有抑制作用，脱硫率会有所下降；同时密度过高易造成石灰石浆液泵及管道磨损堵塞，对石灰石浆液箱搅拌器和衬胶也极为不利。石膏浆液密度过低（小于 1050kg/m^3）时，说明浆液中 $CaSO_4 \cdot 2H_2O$ 的含量较低，$CaCO_3$ 的含量相对升高，此时如果浆液排出吸收塔，将导致石膏中 $CaCO_3$ 含量增高，石膏品质下降，而且浪费了吸收剂石灰石。密度过低可能出现吸收塔给浆调节阀门完全打开，但石灰石量仍满足不了要求的情况。因此运行中应严格控制石膏浆液密度在合适的范围内（1050～1180kg/m^3），对应浓度一般为 30%左右，这样有利于 FGD 系统的高效、经济运行。

某电厂在优化试验期间，石膏浆液密度为 1060～1180kg/m^3，根据多次石膏取样分析结果，认为石膏品质良好。但石膏浆液密度对吸收塔循环泵电量消耗有一定影响，随着浆液密度的增加，循环泵电流增加。当浆液密度从 1063kg/m^3 上升到 1175kg/m^3 过程中，A、B、C 浆液循环泵的电流分别升高 6.86、7.15 和 7.04A。因此，建议石膏浆液密度应控制在 1080～1110kg/m^3 之间。石灰石浆液和石膏浆液含固量与密度对照见表 6-7 和表 6-8。

表 6-7　石灰石浆液含固量、密度对照表（石灰石 2700kg/m^3）

含固量（%）	密度（kg/m^3）	含固量（%）	密度（kg/m^3）	含固量（%）	密度（kg/m^3）	含固量（%）	密度（kg/m^3）
1	1006	26	1196	51	1473	76	1918
2	1013	27	1205	52	1487	77	1941
3	1019	28	1214	53	1501	78	1965
4	1026	29	1223	54	1515	79	1990
5	1033	30	1233	55	1530	80	2015
6	1039	31	1243	56	1545	81	2041
7	1046	32	1252	57	1560	82	2067
8	1053	33	1262	58	1575	83	2095
9	1060	34	1272	59	1591	84	2123
10	1067	35	1283	60	1607	85	2151
11	1074	36	1293	61	1624	86	2181
12	1082	37	1304	62	1640	87	2211
13	1089	38	1315	63	1657	88	2243
14	1097	39	1325	64	1675	89	2275
15	1104	40	1337	65	1693	90	2308
16	1112	41	1348	66	1711	91	2342
17	1120	42	1360	67	1730	92	2377
18	1128	43	1371	68	1749	93	2413
19	1136	44	1383	69	1768	94	2450
20	1144	45	1395	70	1788	95	2488
21	1152	46	1408	71	1808	96	2528
22	1161	47	1420	72	1829	97	2569
23	1169	48	1433	73	1851	98	2611
24	1178	49	1446	74	1872	99	2655
25	1187	50	1459	75	1895	100	2700

表 6-8 石膏浆液含固量、密度对照表（石膏 2300kg/m³）

含固量（%）	密度（kg/m³）	含固量（%）	密度（kg/m³）	含固量（%）	密度（kg/m³）	含固量（%）	密度（kg/m³）
1	1006	26	1172	51	1405	76	1753
2	1011	27	1180	52	1416	77	1771
3	1017	28	1188	53	1428	78	1788
4	1023	29	1196	54	1439	79	1807
5	1029	30	1204	55	1451	80	1825
6	1035	31	1212	56	1463	81	1844
7	1041	32	1221	57	1475	82	1864
8	1047	33	1229	58	1488	83	1884
9	1054	34	1238	59	1500	84	1904
10	1060	35	1247	60	1513	85	1925
11	1066	36	1255	61	1526	86	1946
12	1073	37	1264	62	1539	87	1967
13	1079	38	1274	63	1553	88	1990
14	1086	39	1283	64	1567	89	2012
15	1093	40	1292	65	1581	90	2035
16	1099	41	1302	66	1595	91	2059
17	1106	42	1311	67	1610	92	2083
18	1113	43	1321	68	1624	93	2108
19	1120	44	1331	69	1639	94	2134
20	1127	45	1341	70	1655	95	2160
21	1135	46	1351	71	1670	96	2186
22	1142	47	1362	72	1686	97	2214
23	1149	48	1372	73	1702	98	2242
24	1157	49	1383	74	1719	99	2270
25	1165	50	1394	75	1736	100	2300

4. 吸收塔液位的优化

在浆液循环泵流量不变的情况下，吸收塔高液位运行可以增大浆液泵入口的压力，在一定范围内可以降低循环泵的运行电流，起到节能的作用。同时，吸收塔高液位运行有利于吸收塔内吸收反应的进行，并增加吸收塔浆液的停留时间（相当于增大了浆池容积），增加氧化效果，促进石膏晶体的生长，有利于形成较大颗粒石膏晶体，并利于石膏脱水。但是，吸收塔液位的高低对氧化风机电量消耗有一定的影响，液位高时氧化空气压力升高，氧化风机电流增加。另外，吸收塔高液位运行增加了脱硫系统溢流的风险，特别是浆液循环泵或氧化风机突然跳闸、塔内气液相平衡出现较大波动的情况下，这种风险概率会显著增加。

从优化系统运行的角度，在保证吸收塔不出现溢流的前提下，应尽量维持吸收塔在高液位运行。对于 600MW 机组，建议吸收塔液位控制在 9.5～10.0m。例如某 600MW 机组在 550MW 负荷、入口二氧化硫浓度为2000mg/m³时，ABD三台循环泵运行，吸收塔液位由8.45m升高到9.80m，ABD三台浆液循环泵总电流减少4.3A，循环泵和氧化风机电耗合计减少44kWh，见表6-9。此负荷下吸收塔液位控制在9.5～9.8m为宜。

表6-9　ABD三台浆液循环泵运行时吸收塔液位对电耗的影响

序号	投运循环泵	吸收塔液位（m）	循环泵电流之和（A）	氧化风机电流之和（A）	循环泵电耗（kWh）	氧化风机电耗（kWh）	两项电耗之和（kWh）
1	ABD	8.0	160.52	25.32	2363	373	2736
2	ABD	8.20	169.39	25.48	2347	375	2722
3	ABD	8.45	158.10	25.65	2382	378	2706
4	ABD	8.69	156.90	25.89	2310	381	2691
5	ABD	9.07	155.81	26.23	2294	386	2680
6	ABD	9.50	154.72	26.69	2278	393	2671
7	ABD	9.80	153.80	27.04	2264	398	2662

5. 吸收系统的优化运行卡片

用同样的方法，再进行其他工况下的浆液循环泵组合运行方式优化、pH值运行优化、氧化风机运行方式优化，就可以得到表6-10所示的300MW机组脱硫系统最佳运行操作卡片，以及表6-11所示的600MW机组脱硫系统最佳运行操作卡片。

表6-10　300MW机组脱硫系统最佳运行操作卡片（脱硫效率大于90%）

负荷（MW）	运行设定值	入口 SO_2 浓度（mg/m³）			
		＞4500	4000	3000	≤2000
300	浆液循环泵运行方式	ABCD	ABC/ABD	AC/AD	AB/AC
	pH值	5.4	5.4	5.4	5.2
	出口 SO_2 浓度（mg/m³）	350	300	280	170
	脱硫效率（%）	92	92	92	91
	吸收塔液位	高	高	中	中
	氧化风机运行方式	2台	2台	2台	1台
240	浆液循环泵运行方式	BCD/ACD	CD/ABC	AB/AC	AB/AC
	pH值	5.4	5.4	5.3	5.2
	出口 SO_2 浓度（mg/m³）	400	350	280	180
	脱硫效率（%）	91	91	91	91
	吸收塔液位	高	中	中	低
	氧化风机运行方式	2台	2台	2台	1台
180	浆液循环泵运行方式	CD/ABC	BC/BD	AD/BC	AC/AD
	pH值	5.4	5.3	5.2	5.2
	出口 SO_2 浓度（mg/m³）	400	350	300	200
	脱硫效率（%）	91	91	90	90
	吸收塔液位	中	中	低	低
	氧化风机运行方式	2台	2台	1台	1台

表 6-11　　600MW 机组脱硫系统最佳运行操作卡片（脱硫效率大于 90%）

负荷（MW）	运行设定值	入口 SO_2 浓度（mg/m^3）			
		≤1300	1300～1700	1800～2100	>2100
600	浆液循环泵运行方式	AC/AD	ABC/ABD	ABC/ABD	ABD/ACD
	pH 值	5.4	5.5	5.5	5.6
	吸收塔液位（m）	9.6	9.7	9.8	10.0
550	浆液循环泵运行方式	AB	AC/AD	ABC	ABD/ACD
	pH 值	5.4	5.5	5.5	5.6
	吸收塔液位（m）	9.5	9.6	9.7	9.9
500	浆液循环泵运行方式	AB	AB	AC	AC/AD
	pH 值	5.4	5.5	5.5	5.6
	吸收塔液位（m）	9.8	9.9	10	10.1
450	浆液循环泵运行方式	AB	AB	AB	AC/AD
	pH 值	5.4	5.5	5.5	5.6
	吸收塔液位（m）	9.7	9.8	9.9	10.0
400	浆液循环泵运行方式	AB	AB	AB	AC/AD
	pH 值	5.4	5.5	5.5	5.6
	吸收塔液位（m）	9.6	9.7	9.8	9.9
300	浆液循环泵运行方式	AB	AB	AB	AB/AC
	pH 值	5.3	5.3	5.4	5.4
	吸收塔液位（m）	9.4	9.5	9.6	9.7

制定吸收系统最优运行卡片时需要注意的是：

(1) 要合理选择机组负荷和入口 SO_2 浓度的范围，既要涵盖脱硫装置的运行工况，也要简洁易读。

(2) 要合理进行试验工况选择。各种工况下和各种因素的组合方式是非常多的，要分清主辅，合理取舍，尽量减少试验工况，浆液循环泵组合方式和 pH 值优化是重点。

(3) 应根据脱硫设备的状态变化情况不断对运行卡片进行修正。

(4) 考虑到在实际运行中，检修、电动机启动频率等因素的影响，每个工况应推荐两种浆液循环泵的组合运行方式。

第三节　脱硫系统电耗的控制

一、脱硫系统电耗的特点

烟气脱硫装置的转机设备按电压等级可分为 6kV 高压设备和 400V 低压设备两大类，脱硫系统 6kV 高压设备有增压风机和吸收塔浆液循环泵；400V 低压设备主要包括工艺水系统、石灰石制浆系统、吸收系统、石膏脱水系统等公用系统的转机设备等。在烟气脱硫系统中，6kV 高压转机设备少，但电动机功率很大，是脱硫系统主要耗电设备，增压风机和浆液循环泵的耗电量占脱硫系统总电耗的 80%以上；400V 低压转机设备众多，但电动机功率都较小，所有 400V 低压设备耗电量只占脱硫系统总电耗的 15%～20%。表 6-12 是某电厂 2×600MW 喷淋塔脱硫系统的主要设备及电功率数据。该脱硫系统各种设备的名义总电功率为16364.8kW，设计满负荷平均电耗为12190kW，即设计脱硫厂用电率为1.01%。

表6-12　某电厂2×600MW喷淋塔脱硫系统的主要设备及电功率

序号	名　称	单台电功率（kW）	数量（台）			
			1号机	2号机	公用	总计
一	烟气系统					
1	挡板密封空气风机	55	2	2		4
2	挡板密封空气加热器	140	1	1		2
3	增压风机	5000	1	1		2
4	增压风机密封空气风机	15	2	2		4
5	入口挡板（电动双百叶）	3.7	1	1		2
6	出口挡板（电动双百叶）	3.7	1	1		2
7	旁路挡板（电动单百叶）	3.7	1	1		2
二	GGH系统					
1	烟气换热器	19.2	1	1		2
2	GGH在线冲洗水泵	30			1	1
3	GGH低泄漏风机	55	1	1		2
4	GGH密封风机	11	1	1		2
三	石灰石制备系统					
1	湿式球磨机	250			2	2
2	磨机浆液箱搅拌器	3			2	2
3	磨机浆液泵	37			4	4
4	石灰石浆液箱搅拌器	7.5			1	1
5	石灰石浆液泵	15			4	4
四	吸收系统					
1	吸收塔浆液循环泵	610/550/500	3	3		6
2	氧化风机	180	2	2		4
五	石膏脱水系统					
1	石膏排出泵	45	2	2		4
2	真空泵	110			2	2
3	滤液水泵	22			2	2
4	石膏冲洗水泵	1.5			2	2
5	缓冲箱搅拌器	1.5			1	1
6	废水泵	7.5			2	2
7	石膏仓卸料装置	90			1	1
六	公用系统					
1	工艺水泵	75			2	2
七	排空系统					

续表

序号	名　　称	单台电功率（kW）	数量（台）			
			1号机	2号机	公用	总计
1	事故浆液箱搅拌器	30			1	1
2	事故浆液泵	30			1	1
3	吸收塔排水坑搅拌器	3	1	1		2
4	吸收塔排水坑泵	5.5	1	1		2
5	GGH 冲洗水坑搅拌器	5.5			1	1
6	GGH 废水泵	11			1	1
7	石灰石制备系统排水坑搅拌器	3			1	1
8	石灰石制备系统排水坑泵	11			1	1
9	石膏脱水系统排水坑搅拌器	2.2			1	1
10	石膏脱水系统排水坑泵	7.5				

从表 6-12 可以看出，增压风机电功率占名义总电功率的比例最大，达到 61.11%；其次是吸收塔浆液循环泵，占比达到 20.29%；然后是氧化风机，占比为 4.4%；第 4 位是球磨机，占比为 3.06%；第 5 位是挡板密封空气加热器，占比为 1.71%，五项合计超过 90%。由于不同电厂机组容量大小、燃煤含硫量多少、脱硫设备选型略有差别，设备的数量和功率也会有所变化，但是总的来说，湿法脱硫系统的运行电耗绝大多数消耗在增压风机、氧化风机、浆液循环泵和球磨机上。

二、主要系统设备节电措施

1. 烟气系统

增压风机是脱硫系统最主要的耗电设备，其电耗所占的比重在 45%～65%范围内，因此降低增压风机电耗是降低脱硫厂用电率的主要手段，主要节电措施包括：

（1）设计阶段尽量选高效区宽的增压风机，根据实际情况合理选择风机的裕量。虽然选用的大多是高效的轴流式风机，但在实际应用中，由于种种原因，仍有相当多的风机运行效率不高，因此提高增压风机运行效率是节电的一个重要途径。首先，要选择与系统匹配的风机，避免“大马拉小车”的情况出现。通常，增压风机的风量裕量一般都选取 10%，风压裕量一般都选取 20%。

（2）调整好锅炉的燃烧。增压风机的主要作用是为烟气提供压升，烟气流量的降低就意味着增压风机所做的总功降低，其电耗也将下降。因此控制锅炉排烟氧量，减少烟气质量流量，对降低增压风机电耗的影响是不可忽视的。

（3）减少系统漏风量。对于煤粉锅炉，其系统都是负压运行的，并且炉膛与引风机前的烟道内都是负压，这样外界空气就不可避免地在各连接部位向系统内漏风。漏风会增大烟气的质量流量，增加增压风机电耗。要想降低增压风机电耗，一方面需要加强各连接处的严密性；另一方面控制炉膛负压及烟道负压不要过大，以减少系统内外的压差。一般情况下，控制入口烟气压力在－100～－150Pa 之间运行；若锅炉原烟气为正压，则调整入口烟气压力为正压或微负压，此时应特别注意不要负压过大。

（4）尽量降低脱硫系统入口的烟气温度。在锅炉负荷一定、烟气质量流量不变的情况下，烟气温度越高，则烟气的体积流量越大，从而烟气在脱硫系统内的流速将越大，而烟气在系统内流动产生的流动阻力与其速度的平方成正比，流速越高，阻力越大，增加风机为克服阻力所需要提供的压升和所做的功就越大，电耗也就越高。因此通过优化锅炉受热面的设计与布置，以及良好的运行调整，可以保证锅炉较高的换热效率，以及较低的排烟温度。

（5）优化脱硫系统设计，减少系统阻力。脱硫系统阻力主要分布在烟道转弯处、吸收塔、GGH、除雾器等处。要降低系统的阻力，首先要对烟道进行优化设计与布置，尽量减少烟道弯头；同时，还要在烟道内合理布置导流板，减少烟气在烟道内的涡流阻力损失。此外，必须在运行中加强冲洗，降低并缓解 GGH 及除雾器结垢和堵塞引起的阻力增加。

（6）增压风机与引风机串联运行优化调整。增压风机与引风机为串联运行方式，两风机共同克服锅炉烟气系统加脱硫烟气的阻力。要避免出现一个风机在高效区运行，而另一个风机在低效区运行的情况。应通过试验，在机组和脱硫系统安全运行的前提下，找出不同负荷时两风机最节能的联合运行方式（增压风机和引风机电流之和为最小值）。某电厂一台 220MW 机组配套石灰石—石膏法脱硫装置，在 100%负荷工况下，将脱硫系统入口负压的设定值由－0.25kPa 逐步上调至 0kPa，锅炉引风机投自动。虽然引风机电流略有上升，但是增压风机电流下降明显，增压风机电流与引风机电流之和是逐步减小的，在入口负压的设定值为 0kPa 时，电流之和降低 21.2A，达到最小，见表 6-13。一般情况下，在 100%负荷下，脱硫系统入口负压的设定在－0.05～0kPa，是风机运行最经济的工况。

表 6-13　增压风机与引风机串联运行优化情况

原烟气挡板处压力（kPa）	增压风机电流（A）	增压风机动叶开度（%）	A 引风机电流（A）	B 引风机电流（A）	A 引风机变频器赫兹比（%）	B 引风机变频器赫兹比（%）	增压风机电流与引风机电流之和（A）
－0.25	279.2	82.7	122	117	91	91	518.2
－0.20	272.4	80.0	124	116	92	92	512.4
－0.15	269.0	79.7	122	116	93	93	507
－0.10	262.5	77.6	123	117	93	93	502.5
－0.05	258	78.1	125	116	94	94	499
0.0	254	75.8	125	118	93	93	297

同理，在负荷发生变化或脱硫系统阻力发生变化时，也可以找到使两风机最节能的联合运行方式，最终归纳出两风机的最佳运行卡片，用于指导运行操作。

（7）运行后更多的是进行风机本体改造和加装变频器。如取消增压风机，与引风机合二为一。或者在设计中，设置两台脱硫增压风机并联运行，在脱硫系统低负荷运行时，仅开启一台增压风机。或者设计一个全尺寸的增压风机小旁路，当机组负荷低于 50%时，增压风机不运行，而只是开启增压风机小旁路，烟气动力由引风机提供，从而达到节能降耗的目的。

挡板密封风机和挡板密封风加热器也是脱硫系统中的主要耗电设备，其电耗占 3%～6%。挡板密封风的主要作用是在烟气挡板关闭时对挡板进行密封隔离，防止烟气挡板的一侧向另一侧泄漏。密封风通常都是通过专门的密封风管道进入烟气挡板双百叶窗结构内部的腔室中，密封风的压力要比烟气挡板两侧的气体压力略高（密封风压力一般为 500Pa 左右），这样挡板两侧的气体便无法泄漏到挡板的另一侧，从而达到将挡板两侧气体隔离密封的目的。在脱硫系统旁路挡板关闭运行期间，挡板密封风机一般都是连续运行的。密封风加热器是用来对密封风进行加热的，使密封风的温度保持在烟气露点温度之上（通常在80℃以上），以免热烟气在挡板处出现冷凝而对挡板造成腐蚀。挡板密封风加热器通常都是间歇式运行，当密封风温度低于设定的低值时启动加热；当密封风温度高于设定的高值时停止加热。

在脱硫系统中，所有烟气挡板都配有密封空气系统。每套烟气系统设置一个密封空气站，设低压密封空气风机2台，1运1备。密封空气站配有电加热器，功率为140～200kW。由于设计上一般要求将密封风温度加热到80℃，这样单台加热器年耗电量将接近1台氧化风机的水平。某电厂对各机组采取不同的密封风运行温度，通过一段时间的观察来确定加热器的最终设定温度。具体方案如下：1～4号机组（4×300MW）密封风温度设置为70℃；5、6号机组（2×600MW）密封风温度设置为60℃（位于烟气露点温度以上）；通过后期对各台机组小修发现，密封风机温度降低后烟气挡板并无腐蚀加剧及形变发生，并且达到了节约电能的目的。

此外，要降低挡板密封风机的电耗，就需要减少密封风的损失，这就需要烟气挡板的密封片在制造时保证其加工质量，并采用合适的材质，减轻低温腐蚀。同时在现场安装、调试时，也要对烟气挡板进行精确的调整定位，确保烟气挡板本身的机械严密性，减少密封风的损失。提高烟气挡板机械严密性还可以降低挡板密封风加热器的电耗，因为烟气挡板机械严密性提高后，会使密封风系统形成一个相对封闭的空间，被加热到一定温度的密封风在这个空间内相对静止，因此其温度降低的速度会大大降低，从而也就使密封风加热器的电耗大大降低。此外，合理设置密封风温度高、低值也会带来一定的节能效果。在保持密封风温度在烟气露点温度之上的同时，尽可能降低密封风温度高、低值，有利于减少系统与外界空气间的温差，能降低散热速率和散热损失。通常情况下，密封风加热器的启动加热温度设定在82～85℃，停止加热温度设定在100℃较为合理。

2. GGH系统

在设置GGH的湿法石灰石脱硫系统中，GGH换热元件不可避免地会产生积灰和积浆结垢而导致GGH堵塞，GGH堵塞后系统阻力大增，导致增压风机电耗大幅上升。尤其是在高负荷（300MW以上）下，当GGH总压差达到2kPa以上时，会导致增压风机电流大幅上升，增压风机电耗大增。以某电厂2×330MW机组石灰石－石膏湿法烟气脱硫系统为例，2700kW增压风机电流与GGH压差变化曲线见图6-6。

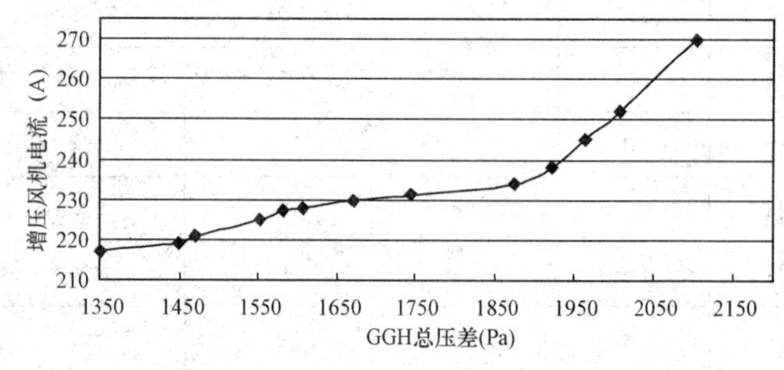

图6-6　2700kW增压风机电流与GGH压差曲线（300MW负荷）

为了降低增压风机电耗，就必须延缓GGH堵塞，控制GGH压差，为此，在GGH的日常运行维护上，运行时大幅提高了GGH压缩空气吹扫的频率，同时将在线高压水冲洗也作为日常运行维护措施使用，有效地延缓了GGH堵塞。如将设计厂家要求的吹扫1次/6h提高至吹扫2次/班；每天在负荷较低的夜班进行一次在线高压水冲洗。某发电厂300MW脱硫系统，通过运行方式的调整和GGH、除雾器的离线冲洗，GGH差压较之前下降明显，在满负荷工况下前后差压总和降幅可达1100Pa；在75%负荷工况下前后差压总和降幅可达800Pa；增压风机电流同一工况下下降30A左右，降低了厂用电的消耗量，而且更有利于整个脱硫系统安全与稳定地运行，见表6-14。

表 6-14 某发电厂脱硫系统 GGH 差压对照表

工况	负荷（MW）	GGH 原烟气压差（Pa）	GGH 净烟气压差（Pa）	增压风机电流（A）
运行优化前	240	621	754	281
	325	729	927	341
	320	700	879	323
运行优化后	245	286	298	213
	328	322	353	307
	310	305	320	268

进行 GGH 低泄漏风机启停方式的优化。GGH 低泄漏风机的电动机功率较大，是脱硫 400V 低压设备中电耗仅次于氧化风机的转动机械，原设计中低泄漏风机和 GGH 同步启停。由于 FGD 启动时 GGH 要先于增压风机启动，FGD 停运时 GGH 则需要在增压风机停运 2h 后可停运，而 GGH 低泄漏风机只有在增压风机启动后才能起到防泄漏的作用。因此，运行方面对 GGH 低泄漏风机的启停进行了如下优化：FGD 启动时将低泄漏风机的启动放在增压风机启动后，FGD 停运时增压风机停运后接着就停运低泄漏风机。这样就减少了低泄漏风机的运行时间，降低了低泄漏风机电耗。

吸收塔除雾器的除雾效果也直接影响到 GGH 的压差，如果除雾器堵塞，除雾效果差，净烟气会携带大量的石膏浆液进入 GGH 导致 GGH 堵塞。因此，为控制并延缓 GGH 堵塞，必须保证除雾器先不能堵塞，为此，运行方面采取了以下措施：

（1）加强除雾器冲洗，在吸收塔液位允许的条件下每班冲洗除雾器 2～3 次，控制除雾器压差在 160Pa 以下。

（2）如果除雾器压差超过 160Pa，说明除雾器已有堵塞，原冲洗效果变差，此时采取延长除雾器冲洗时间的措施来强化冲洗效果，清除除雾器堵塞。

3. 吸收系统

吸收系统中的主要耗电设备有浆液循环泵、氧化风机、吸收塔搅拌器等，其中浆液循环泵电耗占脱硫系统的 18%～25%，因此降低浆液循环泵电耗是至关重要的。降低浆液循环泵电耗的主要措施是：

（1）吸收塔浆液循环泵的优化运行。吸收塔浆液循环泵的作用是将吸收塔底部浆池中的浆液抽出，再将浆液向上打入吸收塔顶部的喷淋层，对烟气进行喷淋脱硫。常见的脱硫项目大多采用 3～4 台循环泵，而且循环泵大多采用单元制配管设计，即每一台浆液循环泵都单独对应一个喷淋层，任意两台循环泵的管路都是不连通的，这种设计为节能降耗提供了有利条件。在脱硫系统负荷不是很大时，完全没有必要仍然保持所有的浆液循环泵都运行，而是可以适当停运一台或几台浆液循环泵，只要保证液气比在要求的范围内即可。例如某发电厂三期 2×600MW 机组脱硫系统，5、6 号机组每台吸收塔设浆液循环泵 3 台，罗茨型氧化风机 3 台（2 用 1 备）。FGD 入口 SO_2设计浓度 1900mg/m^3，出口 SO_2设计浓度 100mg/m^3，脱硫效率不小于 90%。在煤质条件不变的条件下，吸收塔入口 SO_2浓度随机组负荷的下降而下降，在低负荷情况下，仅运行 2 台浆液循环泵（停运 1 台）不会对机组及脱硫系统运行的安全性造成影响。表 6-15 为在不同工况下的实验数据。

表 6-15 5 号吸收塔停运一台浆液循环泵实验

机组负荷（MW）	入口 SO_2浓度（mg/m^3）	不同循环泵组合运行条件下的脱硫效率（%）				
		ABC	AB	AC	BC	2 泵运行出口 SO_2浓度（mg/m^3）
370	1000	98.4	94.6	—	95.5	49.5
550	1100	97.1	93.2	93.6	—	72.6
600	1200	95.8	91.8	—	92.7	93.0

以上结果表明，在低负荷，低入口 SO_2浓度的情况下，停运一台浆液循环泵可以满足环保排放的要求。因此，日常运行中可以通过调整浆液循环泵的运行方式来节约脱硫系统厂用电量。

（2）如果场地允许的话，采用“矮胖形”的吸收塔。这样能降低吸收塔喷淋层的高度，那么浆液循环泵的扬程要求就会降低，运行电耗也会下降。但是仅仅降低吸收塔的喷淋层高度是不行的，为了满足烟气在吸收塔内停留时间的要求，就得使吸收塔直径变大。从降低浆液循环泵电耗的角度讲，“矮胖形”的吸收塔比“瘦高形”的更节能。

（3）合理控制吸收塔浆液浓度。吸收塔浆液浓度对循环泵的运行电耗影响很大，浆液浓度大，则循环泵运行电流大，电耗多。在运行过程中，要合理控制吸收塔浆液浓度，目前大多控制在 20%以下。

（4）目前脱硫系统一般设计成变频浆液循环泵，因此要利用变频浆液循环泵进行吸收塔液气比调节，充分发挥变频浆液循环泵的节能效果。变频浆液循环泵运行中，根据 SO_2负荷和脱硫效率波动变化情况，及时调整变频浆液循环泵电机频率（尤其是在 SO_2负荷降低时，要及时调低变频浆液循环泵频率），通过对吸收塔液气比的微调使脱硫效率在满足环保要求的适当范围内。

（5）在 FGD 启动过程中，浆液循环泵的启动要放在增压风机启动准备的最后一步，在增压风机启动前的 10min 内启动浆液循环泵；在 FGD 停运过程中，增压风机停运后 30min 内停运全部浆液循环泵。

氧化风机的作用是向吸收塔底部浆池鼓入空气，为浆池中的亚硫酸钙氧化成硫酸钙供氧，氧化空气喷口都布置在吸收塔的下部。氧化空气要从管道喷口喷出，必须克服吸收塔浆液高度与喷口之间的高度差所对应的液柱压力，该压力越大，氧化风机的电耗就越大。从这个角度讲，降低吸收塔浆池高度有利于减少氧化风机的电耗。为了满足亚硫酸钙在吸收塔浆池中有充足的氧化、结晶时间，对吸收塔浆池容积有严格的要求，要降低浆池高度，就必须相应增大浆池直径。可见从降低氧化风机电耗角度看，“矮胖形”的吸收塔比“瘦高形”的更节能。

一般情况下，每套吸收塔的氧化空气系统由 3 台罗茨式氧化风机（2 运 1 备）及氧化空气分布系统组成。氧化风量是否充足对脱水系统运行效果及脱硫石膏品质有较大的影响。但是相比 1 台运行，2 台氧化风机运行，其电耗大大增加，经济性下降。因此，实际中应结合烟气负荷情况，灵活调整氧化风机运行台数。但在电厂脱硫系统实际运行中，氧化空气量往往是不进行调节的，存在一定的过量，尤其在脱硫系统低负荷运行时，这种过量更为严重。因此应根据脱硫系统负荷情况，动态调节氧化空气量，是节电的另一主要途径。例如某发电厂三期 2×600MW 机组脱硫系统，5、6 号机组每台吸收塔设浆液循环泵 3 台，罗茨型氧化风机 3 台（2 用 1 备）。当机组低负荷运行的条件下，停运一台氧化风机的实验数据见表 6-16。

表 6-16 5号吸收塔停运一台氧化风机实验

机组负荷(MW)	入口 SO_2浓度(mg/m³)	pH值	$CaSO_3 \cdot 1/2H_2O$ 质量分数
550	1200	5.6	未检出
370	1000	5.4	未检出
550	1100	5.6	0.02%
370	1000	5.5	未检出
550	1300	5.8	未检出
580	1400	5.6	0.06%

试验结果表明，在低负荷、低入口 SO_2浓度的情况下，停运一台氧化风机（同时停运一台浆液循环泵）可以满足环保排放和吸收塔浆液氧化的要求。因此，日常运行中可以通过调整浆液循环泵及氧化风机的运行方式来节约脱硫系统厂用电量。

此外，氧化风减温水量调整对于氧化风机电耗也有一定的影响，是氧化风机优化运行的另一工作点。以某发电公司为例，脱硫系统氧化风机出口设计有喷水减温装置，该装置投入运行时，氧化风机电流为27A，取消喷水减温装置后，氧化风机电流为20A；而且，取消喷水减温后，吸收塔反应区温度在50℃左右，对氧化效果基本上没有影响，石膏中亚硫酸钙含量小于0.25%。

4. 制备系统

制备系统中，磨粉机的电耗占总电耗的3%～5%。磨粉机主要有两种，一种是湿式球磨机，一种是干式辊磨机。湿式球磨机是将石灰石与水或滤液直接在球磨机中混合，制出细度、浓度合格的石灰石浆液，供吸收塔脱硫使用。干式辊磨机是将石灰石送入辊磨机，在辊磨机中通过磨辊和磨盘的碾磨及风力筛选，粒度合格的石灰石粉被送入石灰石粉仓，然后通过给粉机进入石灰石浆液箱，加入一定比例的水制成浓度合格的石灰石浆液，供吸收塔脱硫使用。无论是湿式球磨机还是干式辊磨机，在设备选型时都留有一定的出力裕量，通常单台磨机的出力为单套脱硫系统需要的150%。根据这个特点，在制浆系统运行时，可以采用间歇运行模式，并且尽可能以磨粉机满负荷最大出力运行，这样可以缩短磨制运行时间，减少制浆系统的总体电耗。降低制浆系统电耗的其他措施有：

(1) 优化运行方式，尽量在额定负荷下运行。磨机给料的多少对电耗影响不大。因此除特殊情况外，脱硫制浆系统不得采用降低给料来调节出力，而是采用启停整个系统来控制石灰石浆液箱液位。

(2) 控制进料粒径。若进料粒径超标，制浆系统电耗将增大。

(3) 选用适当的石灰石。若石灰石中 Fe_2O_3 和 SiO_2 含量变大，不但磨损性增强，而且会增加制浆电耗，运行中要密切关注石灰石化验报告。

5. 石膏脱水系统

常见的石膏脱水系统为真空皮带脱水系统，主要设备包括真空皮带脱水机、真空泵和石膏排出泵。

石膏排出泵的作用是将吸收塔内生成的石膏浆液排出吸收塔，并送入石膏脱水机进行脱水处理。脱硫系统一般设计成吸收塔连续排浆，即石膏排出泵连续运转，排出的浆液流量通过调节阀进行调节控制。每一时刻需要排出的石膏浆液量都是利用质量守恒原理，根据补入吸收塔的石灰石浆液流量计算得到的，这样可以基本保持吸收塔内浆液浓度不变。显然，这种运行方式是不节能的。在系统负荷小的时候，不需要大量向外排浆，但石膏排出泵依然在运转，大部分的浆液都经过石膏排出泵的再循环管流回吸收塔内，消耗电能。

石膏浆液排出系统可以设计成间歇排浆，即当吸收塔内浆液浓度达到设定的高限值时，打开去往脱水系统的阀门，向脱水系统排浆。随着排浆的进行，吸收塔内浆液浓度会下降，当浓度降低到设定的低限值时，关闭去往脱水系统的阀门，停止排浆，这样可以大大降低石膏排出泵电耗。

目前，大部分脱硫公司在设计系统时均将 pH 计布置在石膏排出泵出口管路上，造成吸收塔在密度低，不需脱水的情况下仍需要运行排出泵，以保证检测到浆液 pH 值及密度值。我们知道，在脱硫系统投运时，至少有两台循环泵运行，且其管道出口压力仅略大于排出泵管道出口压力。因此，现已将 pH 计、密度计改接入循环泵出口管道上。改造后，pH 计、密度计运行工况良好且测量准确，石膏排出泵总运行时间减少 2/3，大大节约了电量消耗。

此外，每一套真空皮带脱水系统最大出力都是单套脱硫系统所需要脱水量的 150%，为了降低真空皮带脱水系统，特别是真空泵的电耗，建议让真空皮带脱水系统间歇运行，运行时以最大出力满负荷运转，以缩短运行时间。

第四节　FGD 系统故障判断及处理

烟气脱硫系统主要包括：吸收剂制备系统——将石灰石制成浆液；烟气系统——提高烟气压头，克服系统阻力；GGH 系统——将净烟气加热；吸收系统（吸收塔）——吸收 SO_2，净化烟气；石膏脱水系统——回收吸收剂，再利用；工艺水系统——系统冲洗、补水等。

一、烟气系统

烟气系统主要包括增压风机、烟气挡板和旁路挡板等，烟气系统一般故障判断及处理方法见表 6-17。

表 6-17　增压风机一般故障判断及处理方法

故障现象	原　因	处理方法
增压风机电动机无法启动	电源断线故障	检查电源电压
	电缆断开	检查缆线及其连接
增压风机振动过大	叶片或轮毂积灰	清洁
	轴承故障	更换轴承
	部件松动	拧紧所有螺栓
	叶片磨损	更换叶片
	失速运行	断开电动机或风机控制系统
增压风机噪声过大	基础螺栓松动	把紧螺栓
	单相运行	检查故障原因并纠正
	转子和静态件间摩擦	检查叶片顶部间隙
	失速运行	断开电动机或风机控制系统
	导管堵塞或挡板未开启	检查风道是否堵塞，挡板是否打开
风机叶片控制失灵	伺服电动机故障	检查控制系统和伺服电动机功能
	无液压压力	检查液压站
	调节驱动装置故障	检查调节臂情况并调节驱动装置
增压风机电流偏大	与主机组联系，确认引风机开度是否小、电流大	调整引风机，增压风机恢复正常运行
“脱硫增压风机跳闸”声光报警发出	事故按钮按下	检查增压风机跳闸原因，若属连锁动作造成，应待系统恢复正常后，方可重新启动
	脱硫增压风机失电	

二、GGH系统

GGH系统主要包括烟气换热器、GGH吹扫系统等，GGH系统一般故障判断及处理方法见表6-18。

表6-18　　GGH系统一般故障判断及处理方法

现　象	原　因	处理方法
GGH停运	断电	检查主电机和备用电机电源是否正常。如电源正常而转子不转，电流读数显示过载或过载开关动作，则表明转子被卡住。关闭电源，通过手动盘车装置旋转转子以放松转子或确定故障位置。这样转子可能恢复自由旋转，否则应仔细查找GGH的机械故障或查看是否有异物进入GGH
	有异物进入GGH，机械卡塞	要求检查人员进入顶部和底部烟道，检查转子环向和顶底扇形板表面有无异物卡住 检查所有的径向、轴向及外缘环向密封片是否紧固在转子或转子外壳上
	电流上升，轴承油温高，保护动作	检查所有的初级、次级减速箱和驱动联轴器
GGH转子驱动装置主电机、备用电机同时故障	断电	检查是否过载或熔断器熔断
		检查转动部分是否被卡住。断开电机然后手动盘车，如果旋转自如，这时可以短时通上电源检查电机，如果电机验证无误，那么必须拆掉齿轮箱检查
GGH转子轴承或减速箱里润滑油温高报警	齿轮箱失油	检查油位视窗/注油口
		检查油封系统
吹灰蒸汽/空气压力正常，而吹扫气体较少	密封泄漏或喷嘴腐蚀	维修或更换
		检查控制系统有无故障
GGH出口烟温异常	GGH堵塞，GGH出口烟温低	核对压差并处理，如果压降增加到了设计值的1.5倍，而且吹灰器达不到清洗效果，则必须采用高压水冲洗
	脱硫系统入口烟温低，GGH出口烟温低	联系锅炉进行调整
	吸收塔循环浆泵停运，GGH出口烟温高	启动循环浆泵，温度升高至规定值

三、吸收系统

吸收系统主要包括吸收塔、除雾器、吸收塔搅拌器、氧化风机、浆液循环泵等，吸收系统一般故障判断及处理方法分别见表6-19～表6-22。

表 6-19　　吸收塔一般故障判断及处理方法

现　象	原　因	处理方法
吸收塔液位异常（过高、过低、波动过大）	液位计工作不良	冲洗、检查并调校液位计
	浆液循环管泄漏	检查并修补循环浆管
	各种冲洗阀关闭不严	检查更换阀门
	吸收塔泄漏	检查吸收塔及底部排污阀
	吸收塔液位控制模块故障	检查更换
脱硫效率下降	见表 6-2	
吸收塔出口 SO_2 浓度升高	吸收塔循环浆液量减少	联系集控值长，了解锅炉运行调整情况及燃煤分析
	吸收塔浆液流量减少	检查运行循环浆泵情况，必要时增开一台循环浆泵
	石灰石浆液浓度下降	检查并恢复石灰石浆液浓度
	表计不正确	校验表计
吸收塔入口烟温高	GGH 转动不良	查明原因后处理
	GGH 堵塞	核对压差进行处理

表 6-20　　除雾器一般故障判断及处理方法

现　象	原　因	处理方法
除雾器差压读数异常	仪表采样管堵塞	清理仪表采样管路
除雾器差压高	除雾器积灰	启动除雾器冲洗
除雾器冲洗水流量低	应处于开启状态的冲洗阀门未按照要求打开	按照要求打开
	开启状态冲洗阀对应的冲洗喷嘴可能有一部分堵塞	清理喷嘴
除雾器冲洗水流量高	处于关闭状态的冲洗阀门发生泄漏或损坏	检查修复阀门
	应处于关闭状态的冲洗阀门打开	关闭冲洗阀门
	开启状态冲洗阀对应的冲洗喷嘴丢失，或管道破裂	检查修复相关设备
除雾器结垢和堵塞	冲洗水流量、压力不足，频率低	运行人员应密切监视除雾器冲洗水流量、压力，根据流量和压力数值的变化，可以判断冲洗系统是否正常，除雾器要求至少 8h 冲洗一次
	石膏垢、混合垢沉积形成硬垢	如果除雾器冲洗无法降低除雾器压差，应检查压差测量元件和回路是否正常，必要时应停机检查，并对除雾器进行彻底清洗
CRT 上报警，除雾器压差大于 200Pa	除雾器清洗不充分引起结垢	运行人员确认后手动对其清洗

表 6-21　　氧化风机一般故障判断及处理方法

现　　象	原　　因	处理方法
氧化风机流量低	风机故障	停机检查氧化风机
	氧化风管道或氧化风机入口堵塞	检查氧化风机进口过滤器，冲洗吸收塔的空气管道
	吸收塔液位过低	增加吸收塔液位
氧化风机流量高	氧化风管道泄漏	检查修复管道
减温水后氧化风温度高	减温水流量低	检查减温水系统
	喷嘴雾化不好	检查减温水压力和喷嘴，进行修复
风机保护停，事故按钮动作	风机出口风温大于115℃	查明原因并处理。若氧化空气喷嘴长时间没有氧化空气，则管道必须冲洗
	电动机三相绕组温度大于140℃	
	电动机轴承温度大于85℃	

表 6-22　　浆液循环泵一般故障判断及处理方法

现　　象	原　　因	处理方法
循环泵出口压力低	浆池内浆液含固量偏高	注意观察吸收塔浆液密度，进行排浆或补水
	管线堵塞	清理管线
	泵叶轮磨损	更换叶轮
脱硫效率低，循环泵流量下降	见表 6-4	
	泵磨损，出力下降	对泵解体检修，必要时更换叶轮
泵电流指示为0，CRT上报警	入口压力小于50kPa，泵保护停	立即就地查明原因并作出相应处理，如1台泵故障则启动备用泵；如2台泵均故障则停止FGD运行
	电动机绕组温度大于140℃，泵保护停	
	电动机轴承温度大于85℃，泵保护停	
	吸收塔液位小于5m，泵保护停	
吸收塔循环泵全停	6kV电源中断，循环泵跳闸，全跳	确认连锁动作正常。旁路挡板门自动开启，增压风机跳闸，若连锁不良应手动处理
	吸收塔液位过低，循环泵电动机停转	查明循环泵跳闸原因，检修人员处理
	吸收塔液位控制回路故障，保护开启旁路挡板门，增压风机停运	若短时间不能恢复运行，按短时停运处理

四、石灰石浆液制备系统

石灰石浆液制备系统主要包括计量皮带给料机、磨粉机和石灰石浆液泵等，磨粉机和石灰石浆液泵一般故障判断及处理方法见表6-23和表6-24。

表 6-23　　磨粉机一般故障判断及处理方法

现　　象	原　　因	处理方法
磨粉机堵料	石灰石中杂物（如塑料麻绳、粉尘等）常造成球磨机进料口堵塞	控制石灰石来料质量
	石灰石给料量的增加过快导致下料口堵塞或堵塞在球磨机进料口	清理球磨机进料口，减少进料

续表

现　　象	原　　因	处理方法
磨粉机堵料	石灰石不均匀性会增加堵料的机会	保证石灰石颗粒的均匀性，不能太大或者太小，石灰石粉尘不能太多
	计量皮带给料量超出球磨机出力，造成球磨机进料口堵塞	运行中避免计量皮带给料量大于球磨机最大出力
	启停球磨机及计量皮带顺序不当也会造成球磨机进料口堵塞	球磨机启动顺序应该为在球磨机运转正常后，再启动计量皮带。停磨顺序要求先将计量皮带停运后，确保没有石灰石进入球磨机后，才可停止球磨机运转。连锁跳球磨机前先跳计量皮带，延时一两分钟再停运球磨机

表 6-24　　石灰石浆液泵一般故障判断及处理方法

现　　象	原　　因	处理方法
石灰石浆液浓度增大	吸收塔浆液循环管道堵塞	检查循环泵出口压力和流量
	石膏水力旋流器运行的数目太少	增多旋流器运行的数目
	石膏浆液浓度过低	检查排出泵出口压力和流量
石灰石浆液浓度下降	石灰石给粉机堵塞	清理给粉机
	粉仓内石灰石粉搭桥	清理堵塞，增加粉仓出粉量
	阀门控制失灵	对阀门检查和维修
	石灰石浆罐进水过量	检查相关的管道、阀门
石灰石浆液流量降低	管道堵塞	清理管道
	阀门控制失灵	对阀门检查和维修
	流量计失灵	检查和更换流量计
	石灰石浆泵故障	切换备用泵运行
	相关阀门开闭不到位	检查并校正阀门状态

五、石膏脱水系统

石膏脱水系统主要包括石膏排出泵、水力旋流器、真空脱水机、真空泵等。石膏脱水系统一般故障判断及处理方法见表 6-25。

表 6-25　　石膏脱水系统一般故障判断及处理方法

现　　象	原　　因	处理方法
石膏品质差	吸收塔石膏浆液品质差	检查吸收塔浆液
	进给浆料不足	检查石膏旋流器
	真空密封水量不足	检查真空密封水
	皮带轨迹偏移	检查皮带
	真空泵故障	检查维修真空泵
	真空管线系统泄漏	消除泄漏
	FGD 入口烟气含尘量偏高	控制入炉煤质
	皮带机带速异常	控制带速

续表

现　　象	原　　因	处理方法
真空泵压力低	真空泵工作水流量低	检查工作水管路
	真空泵工作水温度过高	检查工作水
	真空管路泄漏	检查修复管路（真空泵、气液分离器、真空皮带脱水机的真空管路）
	真空泵皮带松	拉紧皮带
脱硫石膏含水率高（石膏浆液脱水功能不足）	原烟气中飞灰浓度高	对除尘器进行改造
	FGD废水排放过少	加大废水排放量可以减少浆液中细颗粒的比例
	真空度低，造成脱水困难	严格真空泵运行管理，保证真空度。如果有结垢现象，对真空泵系统进行清洗
	GGH阻塞	核对压差进行处理
	石灰石原料中SiO_2含量高	更换石灰石来料
	石膏浆液中亚硫酸钙含量偏高	检查氧化风系统
	皮带脱水机滤布堵塞	加大滤布冲洗水量，更换滤布
	石膏旋流器磨损	更换旋流子
	石膏浆液浓度不够	暂停脱水，待吸收塔浓度提高后再进行
	吸收塔排出泵压力低	检查排出泵出口压力和流量
	石膏旋流器运行数目少	增多旋流器运行的数目
	旋流器结垢	清洗
水力旋流器底流减小	旋流器结垢，管道堵塞	停运石膏浆液泵，清洗旋流器和管道
石膏排出泵故障，CRT发出报警信号	泵保护停	应确认备用泵已经启动，并汇报班长，联系检修前来处理
	事故按钮动作	
石膏排出泵出口压力低	泵叶轮磨损	更换叶轮
	旋流器入口节流孔板磨损严重	更换孔板
	旋流子磨损	更换旋流子

第七章　烟气脱硫技术经济分析

第一节　脱硫初投资成本分析

由于烟气脱硫装置投资巨大，因此必须对各种脱硫工艺进行投资分析。对工程投资分析一般采用初投资成本这一指标进行对比分析。初投资成本（单位容量造价）是指机组单位脱硫容量的工程总投资，计算公式为

$$脱硫初投资成本=\frac{脱硫工程总投资（元）}{脱硫机组容量（kW）}$$

脱硫机组容量是指脱硫处理烟气量对应的机组容量。

例 7-1：某 360MW 锅炉烟气量为 1 087 200m^3/h，如果机组安装脱硫系统处理烟气量仅为 800 000m^3/h，投资额为 10 000 万元，求脱硫机组容量和初投资成本。

解：脱硫机组容量

$$360\times\frac{800\ 000}{1\ 087\ 200}=264.9\ (MW)$$

$$初投资成本=\frac{10\ 000}{26.49}=377.5\ (元/kW)$$

工程总投资是指与 FGD 工程有关的固定资产投资总和，它与电厂及机组的状况、容量、场地、脱硫方式等因素有关，主要是指工程建设费和建设期贷款利息构成。工程建设费包括主要设备购置费、辅助设备购置费、土建工程费和设备安装的工程费、工程征地拆建费、管理费、前期费、设计和监理费技术服务费、系统调试费，以及对现有设备进行必要改造的费用等。若为进口设备，还应包括设备进口费，如设备进口关税、设备增值税、国内运输费等。有的还包括专利费，如喷雾干燥工艺的专利费为总投资的 1%。旧机组改造工程还应包括对现有机组相关设备的改造费用。

从投资角度综合分析各种脱硫工艺如下：

(1) 投资和运行费用与装机容量的关系很大，一般容量越大，投资和运行费用越大。以石灰石法为例，容量增加 1 倍，投资和运行费用增加 50%～60%，见表 7-1。当容量较小时，各种装置的投资和运行费用相差不大（W-L 钠法除外）。

表 7-1　不同规模机组脱硫系统投资预算　（万元）

项　目	2×135MW	2×300MW	2×600MW
FGD 装置设备	8000	14 500	20 000
建筑工程费	1100	1500	2000
安装工程费	700	1100	1300
工程技术服务费	1000	1350	2800
合　计	10 800	18 450	26 100
初投资成本（元/kW）	400	307.5	217.5

(2) 投资费用与燃料含硫量有关。投资费用随着燃料含硫量的升高而略有增加。

(3) 一般来说，湿法脱硫投资大，干法最小，见表7-2。在20世纪90年代初国际市场上，WFGD工艺投资约为190美元/kW，喷雾干燥工艺约为150美元/kW，LIFAC工艺约为100美元/kW，而CFB的投资费用约为70美元/kW。目前，这些工艺的市场价格均有大幅度降低，如WFGD工艺投资已降到100美元/kW左右。

表7-2 各种脱硫工艺的烟气脱硫系统占机组总投资比例

湿法洗涤法	喷雾干燥法	LIFAC	CFB	炉内喷钙
15%	12%	5%～7%	5%～7%	<5%

(4) 在进行各种脱硫方法的技术经济分析时，理论上，应将工程偿还贷款利息计入。但为了分析方便，一般仅考虑静态投资。

第二节 脱硫运行成本分析

一、脱硫成本

运行成本主要采用脱硫成本、单位售电脱硫成本和电价增加值这三项指标进行分析。

脱硫成本是在FGD系统寿命期内所发生的包括投资还贷、运行费用在内的一切费用与此期间的脱硫总量之比，即寿命期间每脱除1t SO_2 所需的费用（元/t）。它综合、全面地反映了FGD工艺在电厂实施后的经济性，计算公式为

$$\text{脱硫成本}=\frac{\text{FGD年运行费用}\times\text{寿命}+\text{FGD工程总投资}}{\text{年脱硫量}\times\text{寿命}}$$

但是为了计算方便，一般将脱硫成本定义为：在寿命期内每脱除1t二氧化硫所需要的运行费用，它反映了FGD工艺在电厂实施后的经济性，也叫脱硫单位成本，计算公式为

$$\text{脱硫单位成本(元/tSO}_2\text{)}=\frac{\text{FGD年运行费用}}{\text{年脱硫量}}$$

二、单位售电脱硫成本

单位售电脱硫成本是指因脱硫装置投用而增加的单位售电成本，计算公式为

$$\text{纯凝机组单位售电脱硫成本(元/kWh)}=\frac{\text{FGD年运行成本(万元)}-\text{脱硫副产物收益(万元)}}{\text{年售电量(万 kWh)}}$$

热电联产机组单位售电脱硫成本(元/kWh)

$$=\frac{[\text{FGD年运行成本(万元)}-\text{脱硫副产物收益(万元)}]\times\text{发电成本分摊比(\%)}}{\text{年售电量(万 kWh)}}$$

发电成本分摊比(%)

$$=\frac{\text{年发电用标准煤量(t)}}{\text{年发电用标准煤量(t)}+\text{年供热用标准煤量(t)}}\times 100\%$$

三、电价增加值

电价增加值是指单位发电量的FGD系统运行成本，即FGD系统投用后而引起的发电成本增加值，也叫发电运行成本，计算公式为

$$脱硫电价增加值(元/kWh)=\frac{FGD年运行费用(元)-脱硫副产物收益(元)}{FGD机组容量(kW)\times24(h)\times365\times锅炉可用系数}$$

$$=\frac{FGD年运行费用(元)-脱硫副产物收益(元)}{FGD机组容量(kW)\times机组年利用小时(h)}$$

年运行费用是FGD系统运行1年所发生的全部费用，包括脱硫装置运行消耗性费用(吸收剂、水、电、蒸汽、压缩空气)、设备大修费、折旧费、材料费、福利基金、运行人员工资奖金、教育经费等。

银行贷款计算复杂，而且每年数量都不相同，不是专业财务人员，根本无法计算分析。因此为了分析简单，年运行费用一般不考虑支付贷款利息，但需要考虑设备折旧费。

湿法脱硫由于初投资大，设备折旧高，因此年运行费用一般比干法高。

湿法脱硫由于吸收剂(石灰石约为40～60元/t)价格低廉，而干法采用价格较高的消石灰(是石灰石价格的7倍，约为300～400元/t)，因此湿法脱硫吸收剂费用低。

湿法脱硫副产品为石膏，经脱水的二水石膏可直接销售(约为50元/t)，通过进一步加工可制成石膏板等建筑材料；而干法的副产物构成复杂，难以获得高附加值的利用。

湿法脱硫效率比干法高，相应减少了缴纳的排污费，间接地减少了治理费用。煤的含硫量变化对脱硫成本的影响比较敏感。以含硫量1%为基准，当含硫量增加1倍(2%)，则湿法每脱除1kg的费用减少42%，电价增量增加13%；当含硫量降低50%(0.5%)，则湿法每脱除1kg的费用增加80%，电价增量减少仅为4%，含硫量越高，电厂脱硫越经济。因此应首先在燃用高硫煤的电厂进行烟气脱硫，对于特低硫煤(含硫量小于0.5%)的电厂实施烟气脱硫，不论是政府还是企业都应当慎重决策。

应注重考虑各种脱硫方式的能耗，它直接关系到运行费用，电力消耗和设备折旧是运行费用的主要因素。300MW机组配套的FGD的各种工艺动力消耗见表7-3。

表7-3　300MW机组配套的FGD的各种工艺动力消耗

工艺流程	水　耗(t/h)	蒸　汽(t/h)	电耗(kWh)	厂用电量率(%)
石灰石/石膏法	50	2	5000	1.7
海水脱硫	8	2	4500	1.5
喷雾干燥法	40	—	3000	1.0
LIFAC	40	—	1500	0.5
CFB	40	—	1200	0.4

例7-2：发电机组容量为2×300MW，年利用行时间为6000h，年发电量为36亿kWh，处理烟气量为2×1 234 500m^3/h，入口SO_2浓度为3417mg/m^3，脱硫效率为95%，每台炉每小时脱除SO_2量为4.01t，2套脱硫装置年脱除SO_2量为48 088.5t。石灰石消耗量为2×5.35t/h，价格为40元/t(现在已达60元/t)；电耗为9710kW，电费为0.4元/kWh；工艺水耗量为2×50t/h，水费为2元/t；废水排放量为2×6t/h，废水处理所需药剂费用为1.6元/t。脱硫工程造价为16 000万元，设备维护费按脱硫工程造价的1.5%计，折旧费按折旧年限10年计（不考虑残值)，脱硫系统定员25人，石膏产量为2×8.5t/h，石膏销售价格为50元/t。求其年运行费用、单位售电脱硫成本、脱硫成本和电价增加值。

解：(1) 石灰石成本：2×5.35t/h×40元/t=428.0元/h

年石灰石成本：428.0元/h×6000h=256.8万元

(2) 废水处理成本：2×6t/h×1.6元/t=19.2元/h

年废水处理成本：19.2元/h×6000h=11.52万元

(3) 电耗成本：9710kW×0.4 元/kWh＝3884 元/h

年电耗成本：3884 元/h×6000h＝2330.4 万元

(4) 工艺水耗成本：2×50t/h×2 元/t＝200 元/h

年水耗成本：200 元/h×6000h＝120.0 万元

(5) 工资福利成本：每人按 3 万元/年考虑，则年工资福利成本为

3 万元/年×25＝75.0 万元

(6) 设备维护费：16 000 万元×1.5%＝240 万元

(7) 折旧费：16 000 万元×1/10＝1600 万元

(8) 石膏综合利用效益：2×8.5t/h×50 元/t×6000h＝510.0 万元

则

年运行费用成本＝年石灰石成本＋年废水处理成本＋年电耗成本
＋年水耗成本＋年工资福利成本＋设备维护费
＋折旧费
＝256.8 万元＋11.52 万元＋2330.4 万元＋120.0 万元＋75.0 万元
＋240 万元＋1600 万元＝4633.7 万元

$$\text{脱硫单位成本(元/tSO}_2\text{)}=\frac{\text{FGD 年运行费用}}{\text{年脱硫量}}=\frac{4633.7\text{ 万元}}{48\ 088.5\text{t SO}_2}=963.6\text{ 万元/tSO}_2$$

$$\text{电价增加值(元/kWh)}=\frac{\text{FGD 年运行费用(元)}-\text{石膏综合利用效益(元)}}{\text{FGD 机组容量(kW)}\times\text{机组年利用小时(h)}}=\frac{46\ 337\ 000\text{ 元}-5\ 100\ 000\text{ 元}}{2\times300\ 000\text{kW}\times6000\text{h}}=0.011\ 45\text{ 元/kWh}$$

$$\text{单位售电脱硫成本}=\frac{\text{FGD 年运行成本}-\text{脱硫副产物收益}}{\text{年售电量}}=\frac{4633.7\text{ 万元}-510\text{ 万元}}{360\ 000\text{ 万 kWh}}=0.0115\text{ 元/kWh}$$

美国 TVA（田纳西工程管理局）曾对 8 种 FGD 流程的技术经济状况进行过评价分析，虽然时间地点都受到很大的局限性，但从中可以看到一些规律性的问题，至今仍有一定的参考价值。设定的前提条件是：

机组容量：500MW；

燃料：烟煤、褐煤、油；

烟煤含硫：3.5%；

烟煤灰分：16%；

烟煤热值：24.9MJ/kg；

褐煤含硫量：0.5%；

燃油含硫量：2.5%；

脱硫效率：90%；

前置电除尘器除尘效率：99.2%（其费用不计入 FGD)；

烟气温度：149℃；

吸收温度：53℃（海水 27℃，但增加了一个再加热至 53℃的装置)；

再热温度：79℃。

8 种代表性 FGD 工艺流程的基本情况见表 7-4。8 种代表性 FGD 工艺经济分析见表 7-5 和表 7-6。

表 7-4　8 种代表性 FGD 工艺流程的基本情况（500MW，煤含硫为 3.5%）

流程名称	主要特点	吸收塔			化学计量比	能耗			副产物	
		类型	液气比（L/m^3）	空速（m/s）		再热（MJ/h）	电力（kW）	电耗占电厂容量（%）	组分	产量（kg/h）
石灰石抛弃法	淤渣含固体40%，其中80%为$CaSO_3 \cdot 1/2H_2O$	湍流塔（TCA）	6.7	3.8	1.4（$CaCO_3/SO_2$）	74 000	7995	1.6	$CaSO_3 \cdot 1/2H_2O$	16 500
									$CaSO_4 \cdot 2H_2O$	5670
									$CaCO_3$	6448
									其他	1857
									总计	30 525
石灰抛弃法	15%石灰浆液吸收	喷淋塔	7.4	3.8	1.05（CaO/SO_2）	73 750	7448	1.5	$CaSO_3 \cdot 1/2H_2O$	16 550
									$CaSO_4 \cdot 2H_2O$	5670
									Ca（$OH)_2$	451
									其他	807
									总计	23 478
双碱抛弃法	钠碱吸收，消石灰再生	双格式洗涤塔	0.4～0.5	2.1	1.0（CaO/SO_2）	73 920	3981	0.8	$CaSO_3 \cdot 1/2H_2O$	18 266
									$CaSO_4 \cdot 2H_2O$	2158
									Ca（$OH)_2$	209
									Na_2SO_3	319
									Na_2SO_4	148
									其他	820
									总计	21 920

续表

流程名称	主要特点	吸收塔			化学计量比	能耗			副产物	
		类型	液气比（L/m^3）	空速（m/s）		再热（MJ/h）	电力（kW）	电耗占电厂容量（%）	组分	产量（kg/h）
海水	以27℃海水吸收，总碱度为2mmol/L	填充塔	8.0	1.8	—	120 540	7012	1.4	排放总量	72 124 300
									SO_4^{2-}	4040
									SO_3^{2-}	1110
									HCl	470
									飞灰	50
									COD	3.1mg/L
石灰石膏法	消石灰加$CaCl_2$溶液吸收，氧化槽中添加甲酸	Rotopart 吸收塔		12.2	1.01（CaO/SO_2）	74 340	9701	1.9	$CaSO_4 \cdot 2H_2O$	27 640
									$CaSO_3 \cdot 1/2H_2O$	82
									$CaCl_2$	440
									其他	546
									总计	28 708
氧化镁	镁乳吸收，加热再生副产物H_2SO_4，煅烧温度为871℃	格栅喷淋塔	3.0	3.5	1.05（MgO/SO_2）	76 100	9101	1.8	98% H_2SO_4	16 300
									其他	480
									总计	16 780
W-L（亚硫酸钠循环法）	亚硫酸钠吸收，回收H_2SO_4	三段式浮阀塔	0.4	3.0	2.0（Na_2CO_3/Na_2SO_4）	63 420 再生 195 720	11 300	2.3	98% H_2SO_4	15 100
									Na_2SO_4	680
									其他	2110
									总计	17 890
干式活性炭吸附	活性炭吸附，热再生，回收硫	两段式立式移动床，移动速度为0.3～0.911m/s		0.3（床层速度为7.6）	饱和吸附量为7.5kg硫/100kg碳	无再热，再生用油的能耗11 380，回收能62 240	2650	0.53	硫	4900
									炭末	1660
									Resox 废物	2600
									飞灰	150
									总计	9310

表 7-5　　8 种代表性 FGD 工艺原材料和副产物经济分析（500MW）

FGD 名称	燃　料	烟　煤	烟　煤	烟　煤	烟　煤	褐　煤	燃　油
	硫分(%)	0.8	1.4	2.0	3.5	0.5	2.5
石灰石抛弃法	石灰石(kg/h)	6000	8900	14 000	25 500	4300	1200
	淤渣(kg/h) 含水率(%)	17.6 60	26.1 60	41.4 60	75.1 60	12.8 60	35.3 60
石灰抛弃法	石灰(kg/h)	2400	3500	5000	10 200	1700	4800
	淤渣(kg/h) 含水率(%)	13.4 60	19.9 60	31.6 60	57.3 60	9.8 60	26.9 60
双碱抛弃法	碱灰(kg/h) 石灰石(kg/h)	186 2277	277 3381	439 5363	797 9737	136 1660	374 4572
	淤渣(kg/h) 含水率(%)	9.1 45	13.5 45	21.4 45	32.3 45	6.6 45	18.2 45
海　水	海水(t/h)	5 2041	72 124			36 062	84 072
石灰石膏法	石灰(kg/h) 甲酸(kg/h)	2255 1.8	3344 2.7	5297 4.3	9625 7.9	1634 1.3	4525 3.7
	石膏(kg/h) 含水率(%)	8.3 20	12.3 20	19.5 20	36.3 20	6 20	16.6 20
氧化镁	氧化镁(kg/h)	51	76	119	218	38	103
	100% H_2SO_4(t/h)	3.7	5.5	8.8	16	2.7	7.5
W-L	碳酸钠(kg/h) 天然气(m^3/h)	218 —	323 —	512 —	930 (2311)	159 —	437 —
	100% H_2SO_4(t/h) 硫磺(t/h) Na_2SO_4(t/h)	3.5 — 0.3	5.1 — 0.4	8.1 — 0.7	14.8 (4.8) 1.2	2.5 — 0.2	6.9 — 0.6
干式活性炭吸附	砂(kg/h) 焦炭(kg/h) 无烟煤(kg/h)	106 544 1179	151 1300 1255	257 1300 1255	454 2359 5035	76 408 862	212 1104 2359
	硫磺(t/h) 碳粉和 Resox 废物(t/h)	1.2 1.0	1.7 1.5	2.8 2.4	4.9 4.4	0.9 0.7	2.3 2.1

表 7-6　　8 种代表性 FGD 工艺投资和运行费用分析（500MW）

FGD 名称	燃　料	烟　煤	烟　煤	烟　煤	烟　煤	褐　煤	燃　油
	硫分(%)	0.8	1.4	2.0	3.5	0.5	2.5
石灰石抛弃法	投资(万美元) 单位投资(美元/kW)	3999.5 80	4163.4 83.3	4551.6 91	5308.3 106.2	3903.6 78.1	4064.3 81.3
	年运行费用(万美元) 脱硫成本(美元/t)	1115.2 556	1153.9 388	1257.4 266	1453.8 170	1094.5 750	1138.5 253

续表

FGD名称	燃　料	烟　煤	烟　煤	烟　煤	烟　煤	褐　煤	燃　油
	硫分(%)	0.8	1.4	2.0	3.5	0.5	2.5
石灰抛弃法	投资(万美元)	3779.5	3891.2	4195.2	4774.3	3716.5	3728.6
	单位投资(美元/kW)	75.6	77.8	83.9	95.5	74.3	74.6
	年运行费用(万美元)	1106.4	1149.8	1264.5	1497.2	1283.6	1138.8
	脱硫成本(美元/t)	724	507	351	229	1149	371
双碱抛弃法	投资(万美元)	4053.7	4217.9	6404.5	5323.1	3959.5	4065.9
	单位投资(美元/kW)	81.1	84.4	92.1	106.5	79.2	81.3
	年运行费用(万美元)	1117.3	1179.3	1308	1601	1082.8	1138
	脱硫成本(美元/t)	787	560	392	268	1052	401
海　水	投资(万美元)	2959	3004.8	—	—	2916.8	2793.7
	单位投资(美元/kW)	59.2	60.1	—	—	58.1	55.9
	年运行费用(万美元)	865.7	870.7	—	—	851.7	857.6
	脱硫成本(美元/t)	610	414	—	—	828	320
石灰石膏法	投资(万美元)	3547.1	3548.2	3917.3	4402.4	3490.5	3480.2
	单位投资(美元/kW)	71	73.9	78.9	88.1	60.8	69.6
	年运行费用(万美元)	982.6	1030.4	1144.3	1370.6	957.1	1034.8
	脱硫成本(美元/t)	658	465	326	210	886	346
氧化镁	投资(万美元)	4896.6	5204.8	5810.8	6843.4	4711.5	4459.1
	单位投资(美元/kW)	97.9	104.1	116.2	136.9	94.2	89.2
	年运行费用(万美元)	1294.9	1365.1	1511.4	1754.7	1257.4	1178.5
	脱硫成本(美元/t)	897	636	440	281	119	410
W-L	投资(万美元)	4683.6	5030.7	5693.9	6872.2	4483.7	4421.5
	单位投资(美元/kW)	93.7	101.1	113.9	137.4	89.7	88.4
	年运行费用(万美元)	1221.8	1308.1	1480.2	1788.6	1175.5	1180.2
	脱硫成本(美元/t)	841	623	441	293	1139	413
干式活性炭吸附	投资(万美元)	5119.5	5422	6083.4	7351.1	4948.5	5373
	单位投资(美元/kW)	102.4	108.4	121.7	147	99	107.5
	年运行费用(万美元)	1389.9	1580.3	1998.3	2848.9	1278	1754.2
	脱硫成本(美元/t)	965	775	595	485	1183	636

从以上8种FGD工艺的分析比较可以得出：

(1) 对某一种工艺而言，当煤的含硫量升高时，各项指标也相应上升。当煤的含硫量不变时，投资费用和年运行费用随着机组容量的增大而增大。在相同情况下，当燃料含硫量从3.5%降至2.0%时，投资费用减少18%～19%；当燃料含硫量从3.5%增至5.0%时，投资费用增大12%～15%。

(2) 海水工艺在8种工艺中无论投资费用和运行费用均有竞争优势，但仅濒临海的电厂有条件实施。

(3) 石灰—石灰石工艺在经济指标方面占有较大优势，主要原因是吸收剂价格低，而且容易获得。

(4) 在相同情况下，投资最小的是石灰法，运行费用最低的是石灰石法。

(5) 烧煤锅炉烟气的脱硫装置投资比烧油的高1/3左右，这是因为前者的过量空气系数比后者大。500MW的石灰石或石灰法装置，如将3.5%的含硫煤改为2.5%的油，则投资可降低20%，采用氧化镁法装置，投资可降低36%。

(6) 喷雾干燥法的运行费用受燃料含硫量影响十分敏感，这是由于SO_2浓度增加，反应器必须采用高化学计量比操作，因而需要动力消耗剧增的缘故。由500MW石灰喷雾法和石灰石洗涤法比较可知，如果将低硫煤改为高硫煤，则石灰喷雾法的投资增加24%，运行费用增加71%；而石灰石洗涤法则分别增加30%和44%。因此鼓励发展石灰喷雾法，并且强调应用于低硫煤的锅炉。

(7) 湿法工艺水电费明显高于干法，脱硫投资也高于干法。

第三节　各种脱硫技术的特点

脱硫装置的投资费用较高，一般约占电厂投资的5%～8%。我国的脱硫技术经历了几十年的发展壮大，现在各种脱硫技术水平基本上与西方一些发达国家及日本、韩国相当。

1. 石灰石(石灰)—石膏法

石灰石(石灰)—石膏法主要优点：吸收剂价廉、来源广泛，且吸收剂利用率高；系统运行稳定可靠，对煤种的适应性强，对高硫煤大容量机组优势突出；脱硫效率高，一般可达95%以上。

该法的主要缺点：占地面积大，设备多，投资大；耗水量相对较大，有少量污水排放；系统复杂，运行维护量大，运行费用高。

简易的湿法石灰石法省略了烟气再加热系统，采用小直径喷雾塔，吸收剂粒径较粗，因此脱硫效率不高。

以石灰为吸收剂的湿法工艺，在化学上比石灰石有利，但是工程建设或运行费用比石灰石法的高，而且容量大，煤含硫量越高，越不经济。

石灰石(石灰)—石膏法工艺是工业上应用最多、最成熟的脱硫技术，是新建及大型火电机组首选脱硫方案，也是世界上大容量机组通行的湿法脱硫形式。

2. 喷雾干燥法

喷雾干燥法的主要优点：系统简单，设备重量只及传统湿法的一半，能耗比湿法少20%；占地面积小，投资费用相对湿法较低；副产物是干灰，便于处置，耗水量较小，无污水排放。

该法的主要缺点：利用率较低，钙硫比一般为1.3～1.6；增加了除尘器除灰量，塔壁易积灰，塔底易堵灰；石灰作吸收剂，对吸收剂品质要求较高，价格及运行费用较高，运行费用为石灰石法的80%；效率较低，一般在70%左右。虽然该技术成熟，但是其运行费用很高，不宜再在我国大型火电厂机组上推广，特别禁止在燃煤含硫量高于2%的大容量机组上应用。

3. 炉内喷钙尾部增湿活化法

炉内喷钙尾部增湿活化法的主要优点：系统简单，占地面积小，投资少，可分阶段进行改造；能耗低，耗水量小，无污水排放；吸收剂一般为石灰石，价格低、来源广，运行费用低；脱硫渣为中性固态物，无二次污染。

该法的主要缺点：钙硫比高，吸收剂利用率较低，约为2.5%；对锅炉和烟气处理系统略有影响，锅炉效率下降约 0.5 个百分点；副产品为 $CaSO_3$ 和 $CaSO_4$ 固体，虽然对环境无影响，但对粉煤灰利用有影响，副产品难以利用；脱硫效率较低，一般为 70%。

炉内喷钙尾部增湿活化法以芬兰的 LIFAC 装置为代表，在炉膛内脱硫率可达 20%～50%，总脱硫率可达 70%。这种方法在加拿大小型机组中应用较多，在我国已逐渐淘汰。

4. 电子束照射法

电子束照射法的主要优点：能够同时高效地脱除烟气中的 SO_2 和 NO_x，脱硫率高（可达 90%以上），脱硝率可达 80%以上；工艺简单，运行维护方便；对烟气条件变化适应性强；耗水量小，无污水排放；副产品为硫酸铵和硝酸铵，是利用价值较高的农业肥料。

该法的主要缺点：需要一定量的氨水，不但价格高，而且由于液氨物理化学特性特殊，对运输储存应用有一定要求；运行能耗高，运行成本较高；投资较大，占地面积大；设备体积庞大，电子束要防辐射；出口烟气中氨含量没有保证措施，厂区要有防氨泄漏措施；副产品淡季销路不好。据了解，山东省内很少生产和销售硫酸铵肥料，硫酸铵只能作为复合肥原料，市场需求较少。

根据目前该工艺运行情况，副产品硫铵和硝铵物料在电除尘极板上的黏结和腐蚀问题较大，而且存在液氨泄漏的危险，建议最好是等该工艺有一定业绩和运行经验后予以考虑。

5. 海水脱硫法

海水脱硫法的主要优点：海边电厂附近有足够的海水资源，不需要制备吸收剂，节省淡水；工艺简单，系统不结垢，运行可靠性高，运行维护费用低；脱硫效率高（90%以上），处理烟气量大；不需要其他添加剂和吸收剂，无需陆地处理的废弃排放物；投资费用低，只有传统湿法的 2/3。

该法的主要缺点：投资较大，占地面积大；只适用于中低硫煤，在高硫煤条件下，脱硫成本显著增加；电耗高；对海水的远景影响需进一步论证。

海水脱硫需要很少的脱硫剂甚至不需要另购脱硫剂，运行成本低。该工艺只适用于燃中低硫煤的海边电厂，电厂的燃煤含硫量不宜过高，约 1%为宜，而且对除尘效率要求高，否则会对海洋造成污染。

6. 荷电干式喷射法

荷电干式喷射脱硫工艺的主要特点：工艺简单，投资少，占地面积小，运行成本低；吸收剂一般为干粉状熟石灰，利用率中等，为 1.2%～1.5%。

该法主要缺点：供料系统易堵塞；脱硫效率低，对高硫燃料，脱硫效率更差；较多的吸收剂未经反应便由电除尘器排出，增加了运行费用，恶化了引风机运行工况，增加了除尘器除灰量，对烟气系统和粉煤灰的利用有影响；要求高特性指标的吸收剂。

7. 循环流化床脱硫法

循环流化床法的主要优点：工艺简单，占地面积小，投资少（是各种脱硫工艺中最廉价的工艺）；钙利用率高，脱硫效率高（90%以上），运行成本低；对煤种的适应性强，既可处理低硫煤的烟气，也可处理高硫煤的烟气；节能，无废水，烟气不需再加热；系统基本不存在腐蚀，设备可用碳钢制造。

循环流化床法以熟石灰粉为脱硫剂，脱硫剂价格相对较高；吸收塔出口粉尘浓度高，除尘器的负荷重，为此往往需要在设计上增加预除尘。脱硫灰含飞灰和多种钙基化合物，综合利用受到一定影响。系统虽然无腐蚀问题，但为了维护高循环倍率，磨损比较严重，是我国 300MW 及以下中小型机组烟气脱硫的首选工艺。

各种主要脱硫工艺技术比较见表 7-7。

表 7-7 各种主要脱硫工艺技术比较

工艺名称	石灰石—石膏法	简易湿法	磷铵肥法	喷雾干燥法	LIFAC	海水洗涤	RCFB	电子束	荷电式
工艺原理	用20%～30%的石灰石或石灰浆液作吸收剂与SO_2反应生成亚硫酸钙固体，然后氧化成硫酸钙石膏	用20%～30%的石灰石或石灰浆液作吸收剂与SO_2反应生成亚硫酸钙固体，然后氧化成硫酸钙石膏	电烟气经过除尘、调温调湿后送入载有活性炭的吸收塔中，烟气中的SO_2在通过活性炭时被吸附，吸附在活性炭表面的SO_2在活性炭强有的催化氧化作用下，被活化氧化成三氧化硫	将熟化的30%石灰浆液在高速旋转的离心喷雾机作用下，以雾状喷入到脱硫反应塔内，吸收剂雾滴吸收烟气中二氧化硫，反应生成的副产品被烟气余热干燥，以干态形式排除被除尘器收集	将石灰石于锅炉的1000℃左右段喷入，石灰石迅速分解成氧化钙并和煤中的硫反应，未反应完全的氧化钙进入尾部的活化器中增湿活化成氢氧化钙，进一步和二氧化硫反应	利用海水中碳酸氢钙和碳酸氢镁等呈碱性物质来吸收烟气中的二氧化硫，经空气氧化，使其成为稳定的SO_4^{2-}，然后排入大海	用石灰作为吸收剂，从锅炉尾部出来的烟气引入到循环流化床反应塔中，增湿的石灰和烟气中二氧化硫反应，生成亚硫酸钙，未反应完全的吸收剂颗粒经除尘器收集再回到循环流化床循环利用	利用高能量电子产生的活性氧化基团将烟气中的SO_2和NO_x氧化成中间产物H_2SO_4和HNO_3，这些中间产物和注入的氨吸收剂反应，生成硫酸铵和硝酸铵	将带电的吸收剂喷入烟道，与烟气中的二氧化硫发生反应，达到脱硫目的
工艺流程	主流程简单，制浆系统复杂	流程简单	脱硫系统简单，制肥系统复杂	制浆系统复杂	流程简单	流程简单	流程简单	流程较简单	流程简单
适用机组	大中	大中	中小	中小	中小	大中	中小	中小	中小
适用煤种	无限制	无限制	高硫煤	中低硫小于2%	中低硫小于2%	中低硫小于1.5%	无限制	中低硫小于2%	低硫小于1%
脱硫成本（元/tSO_2）	800～1200	700～1000	1400～1800	1200～2200	1000～1500	700～1100	1000～1500	900～1000	900
吸收剂	石灰石	石灰石	液氨	石灰	石灰石	海水	消石灰	氨	熟石灰
脱硫效率（%）	95	80	95	75	70	90	90	90	75
设备投资（元/kW）	500	450	750	850	400	500	250	900	200
占地面积（m^2/kW）	0.025	0.01	0.04	0.02	0.012	0.03	0.015	0.02	0.014
烟气再热	需	需	需	不需	不需	需	不需	不需	不需
副产品	石膏			亚硫酸	亚硫酸	无	亚硫酸	硫酸铵	硫酸铵
电耗占发电容量（%）	1.2～1.8	1	1～1.2	1	0.5	1～1.5	0.5	1.8～2	
水耗	高	高	低	低	低	无	低	低	低
技术成熟度	商业化	示范	中试	示范	示范	商业化	示范	示范	示范

第四节 对脱硫工程的几点建议

一、选择脱硫工艺时应考虑的因素

1. 技术成熟程度

由表7-7可知，技术成熟程度最高的是石灰石—石膏法和海水洗涤工艺。因此，建议我国主要推广应用石灰石(石灰)—石膏法脱硫工艺和海水洗涤工艺。

电厂单机容量在200MW以下时，采用石灰法比石灰石法经济。容量超过200MW，特别是300MW以上，煤含硫高于2%时，宜选用石灰石法。

氧化镁法工艺虽然脱硫效率高，但在我国仍处于工业试验阶段，不宜推广。华能辛店电厂2007年安装了氧化镁法脱硫装置后，至今不能正常运行。

2. 脱硫效率

烟气脱硫工艺的脱硫效率决定了烟气二氧化硫排放浓度。虽然磷铵肥法脱硫效率最高。但是磷铵肥法的腐蚀问题仍没有解决好，加上工艺复杂、运行费用高，因此，建议我国电厂最好不采用该工艺。

喷雾干燥法、荷电干式喷射法、LIFAC工艺和简易湿法石灰石法工艺的脱硫烟气二氧化硫排放浓度不能满足我国环保标准（二氧化硫最高允许排放浓度为400mg/m^3），华能某厂(220MW，脱硫装置于2006年8月投产）已决定将炉内喷钙装置拆除，重新安装石灰石脱硫工艺。德州热电厂的荷电干式喷射脱硫装置基本处于常年停运状态。而且喷雾干燥法的运行费用偏高，因此我国大型机组不宜推广应用喷雾干燥法、LIFAC工艺、荷电干式喷射法脱硫工艺。

只有在对脱硫效率要求不高，而又没有脱硫场地的小型机组改造中才可以考虑安装简易湿法石灰石法工艺。

选择脱硫工艺，不仅要考虑选择效率较高的脱硫工艺，同时应尽可能考虑能同时脱除NO_x的工艺，因为大气中的SO_2在大量除掉后，NO_x就要成为主要控制目标。尽管电子束法和活性炭法初投资和运行费用较高，但是，这两种工艺均能同时脱除SO_2和NO_x，综合投资反而很低。

3. 投资费用因素

经济账在发电企业选择脱硫工艺时起决定性的因素，应在各脱硫工艺初投资和年运行费用之间做综合平衡比较。各脱硫装置在初投资和年运行费用上差别很大，单位千瓦投资一般为200～1000元/kW。因此要根据可用资金情况及还本付息能力做仔细的分析比较，这是脱硫装置经济运行的重要一环。

国内应用的脱硫工艺技术都是比较成熟的，但是许多脱硫工艺是国内第一套，带有试验性质，所以投资远远大于其应有价值。烟气脱硫的基本投资约占电厂总投资的8%～10%。由表7-7可知，技术比较成熟、投资最低的是烟气循环流化床法。该工艺脱硫效率也在90%以上，建议我国电厂推广烟气循环流化床脱硫工艺。

4. 运行费用因素

国内多数脱硫工艺90%采用国产设备，有些产品质量不过关，运行不正常，导致运行费用增高。运行费用约占电厂总运行的10%～15%，一般每度电增加0.01～0.03元，电耗增加0.5～2个百分点。喷雾干燥法的运行费用最高，LIFAC运行费用比较高，而且两者脱硫效率均在80%以下，因此我国不宜推广这两种脱硫工艺。

5. 能耗问题

SCR脱硝工艺由于电耗增加厂用电0.15个百分点，SCR反应器及其烟道部分散热导致锅炉效率降低0.15～0.3个百分点，使单机供电煤耗增加1.2～1.6g/kWh；机组采用SNCR工艺后，锅炉效率降低0.45个百分点，使单机供电煤耗增加1.5g/kWh。

电子束法脱硫工艺厂用电率最高，约为1.8%～2.0%；石灰石—石膏法厂用电率较高，约为1%～1.8%；海水洗涤法次之，约为1.2%～1.6%；喷雾干燥法和烟气循环流化床法最低，约为0.5%～1.0%。石灰石—石膏法或海水洗涤法脱硫使单机供电煤耗增加3.5～6.0g/kWh。

国内外主要采用石灰石—石膏法烟气脱硫工艺，影响脱硫厂用电率的因素很多，主要是吸收塔形式的不同，使浆液循环泵功率有一定变化，在相同条件下，600MW机组采用液柱塔厂用电率为1.0%左右，而采用喷淋塔厂用电率为1.2%左右。另外，影响脱硫厂用电率的因素还有烟气量和燃煤含硫量。当烟气量增加时，增压风机容量增加，当收到基硫分增加时，则SO_2质量浓度增加，需要的石灰石浆液量增加，液气比增加，浆液循环泵流量加大，氧化空气量增加，主要辅机的电耗增加。影响烟气脱硫装置厂用电率因素分析见表7-8。

表7-8　　　　影响烟气脱硫装置厂用电率因素分析

主要参数	江苏某厂1×600MW		内蒙古某厂1×600MW		重庆某厂1×600MW	
燃用煤种	山西神府煤		霍林河煤		重庆松藻煤	
设计煤种硫分（%）	0.70		0.75		4.02	
烟气再热器	不设GGH		设置GGH		设置GGH	
FGD入口SO_2质量浓度（mg/m^3）	1571		2700		10010	
FGD入口标准烟气量（m^3/h）	2 069 200		2 590 000		1 950 000	
FGD入口实际烟气量（m^3/h）	2 993 873		3 940 000		3 000 000	
增压风机轴功率（kW）	单台容量 1090	运行台数与连接台数 2/2	单台容量 4340	运行台数与连接台数 1/1	单台容量 1780	运行台数与连接台数 2/2
低泄漏风机轴功率（kW）	—	—	200	1/1	200	1/1
吸收塔再循环泵轴功率（kW）	776	3/3	850	4/4	900	4/4
氧化风机轴功率（kW）	142	1/2	370	1/2	760	2/3
挡板门密封气加热器（kW）	120	1/1	300	1/1	120	1/1
折算成单台脱硫装置石灰石磨粉机轴功率（kW）	220		800		1520	
折算成单台脱硫装置真空泵轴功率（kW）	110		300		400	
380V电动机功率（kW）	1000		1000		1000	
单台脱硫装置轴功率（kW）	6100		10 710		11 920	
每台装置对应厂用电率（%）	1.01		1.79		1.98	

表7-8表明：

（1）江苏某电厂燃用山西神府煤，低位发热量高于22154kJ/kg，当不设GGH时，由于燃煤含硫量较少，每套烟气脱硫装置厂用电率为1.01%；当增设GGH时，脱硫风机增加500 kW，烟气脱硫装置厂用电率增加到1.09%。

（2）内蒙古某厂燃用霍林河煤，虽然燃煤含硫量较少，但低位发热量低于12 540kJ/kg，燃煤量大，烟气量很大，每套烟气脱硫装置厂用电率达到1.79%。

（3）重庆某厂燃用松藻煤，由于燃煤含硫量较大，因此每套烟气脱硫装置厂用电率达到1.98%。

6. 当地的自然资源

选择脱硫工艺时应结合当地的自然资源。脱硫工艺首先应考虑所需要的吸收剂在当地容易获得，自然资源丰富、储量大、产量高、品质好（如石灰石、石灰、海水、氨水等），以满足脱硫的需要，降低运行成本。

脱硫剂按其来源分为天然产品、化学制品和碱性废料三类。天然产品如石灰石、石灰、白云石、海水等。化学制品如碳酸钠、烧碱、氢氧化镁、活性炭等。碱性废料如电石渣、除尘灰、废氨水等。选择脱硫剂时，应根据脱硫流程需要、资源条件和运输条件进行选择。选择脱硫剂一般遵循如下原则：

（1）吸收能力强。要求脱硫剂必须对SO_2的反应性好，具有较强的吸收和吸附能力，可以减少脱硫剂耗量及设备体积。

（2）挥发性和凝固点低，不易燃烧，黏度小，容易再生。

（3）不腐蚀设备或腐蚀性小，以减少设备维护费用。

（4）来源丰富，价廉易得，最好就地取材，减少运费。

（5）容易形成脱硫副产品，销路广。

（6）不产生二次污染。

完全满足上述要求的脱硫剂很难得到，只能根据实际情况，权衡多方面因素有所侧重地加以选择。其中，石灰石和石灰是最常用的脱硫剂，它资源丰富，价格低廉，吸收性能好。烟气脱硫常用的脱硫剂及主要技术性能见表7-9。

表7-9　烟气脱硫常用的脱硫剂及主要技术性能

脱硫剂名称	分子式	性　能
氧化钙	CaO	生石灰的主要成分，白色立方晶体或粉末，露置于空气中渐渐吸收CO_2而形成$CaCO_3$，密度为3.35g/cm^3，熔点为2850℃，易溶于酸，难溶于水，但能和水化合成$Ca(OH)_2$
碳酸钙	$CaCO_3$	石灰石的主要成分，白色晶体或粉末，密度为2.7～2.95g/cm^3，溶于酸而放出CO_2，极难溶于水，加热至825℃左右分解为CaO和CO_2
氢氧化钙	$Ca(OH)_2$	又称消石灰或熟石灰，电石渣的主要成分，白色粉末，密度为2.24g/cm^3，堆积密度为360kg/m^3，在580℃时失水，吸湿性很强，放置空气中能逐渐吸收CO_2而成$CaCO_3$，难溶于水，具有中强碱性，对皮肤和织物有腐蚀作用
碳酸钠	Na_2CO_3	又称纯碱，无水碳酸钠是白色粉末或细颗固体，密度为2.532g/cm^3，堆积密度为980kg/m^3，熔点为851℃，不溶于乙醇、乙醚。易溶于水，水溶液呈强碱性。吸湿性强，在空气中吸收水分和CO_2生成$NaHCO_3$
氢氧化钠	$NaOH$	又称烧碱，无色透明晶体，密度为2.13g/cm^3，熔点为318.4℃，沸点为1390℃，固碱吸湿性很强，易溶于水，溶于乙醇、甘油。对皮肤和织物有腐蚀作用。在空气中吸收CO_2生成Na_2CO_3
氨	NH_3	无色，有强刺激性。密度为0.771g/cm^3，熔点为－77.74℃，沸点为－33.42℃，常温下加压即可液化成无色液体，能溶于水、乙醇、乙醚

续表

脱硫剂名称	分子式	性　能
氢氧化铵	NH_4OH	氨水溶液，密度小于 $1g/cm^3$，随氨含量而降低，氨易从氨水中挥发
碳酸氢铵	NH_4HCO_3	白色晶体，密度为 $1.573g/cm^3$，含硫时呈青灰色，吸湿性和挥发性强，热稳定性差，受热(35℃以上)或接触空气时，易分解成 NH_3、CO_2 和水。溶于水，不溶于乙醇
氧化锌	ZnO	白色六角晶体或粉末，密度为 $5.606g/cm^3$，熔点为2800℃，沸点为3600℃，溶于酸和铵盐，不溶于水和乙醇，能缓慢从空气中吸收水和 CO_2
氧化铜	CuO	黑色立方晶体，密度为 $6.40g/cm^3$，堆积密度为 $890kg/m^3$，在1026℃时易分解，不溶于水和乙醇，溶于稀酸和碳酸铵溶液
氧化镁	MgO	白色粉末，难溶于水，碱性，溶于稀酸和碳酸铵溶液。易吸收空气中的水和 CO_2，生成碱式碳酸盐
氢氧化镁	$Mg(OH)_2$	白色粉末，碱性，不溶于水，易吸收 CO_2，350℃时易分解成 MgO
活性炭	C	粒状或粉状，堆积密度小于 $0.6g/cm^3$，水分含量小于10%，比表面积为 $700\sim1000m^2/g$，碘吸附率不小于30%
海水	H_2O	含有 HCO_3^- 和 K、Na、Mg、Ca 等组分，还有 Cl^-、SO_4^{2-} 等，可以吸收 SO_2，pH值为8～8.3，碱度为1.2～2.5mol/L

石灰石在大自然中有丰富的储藏量，其主要成分是 $CaCO_3$。我国石灰石不但储藏量大，且矿石品位高，$CaCO_3$ 含量一般大于93%。石灰石用作脱硫吸收剂时必须磨成粉末。石灰石无毒无害，在处置和使用过程中十分安全，是烟气脱硫的理想吸收剂。但是，在选择石灰石作为吸收剂时必须考虑两点：①石灰石的纯度，即 $CaCO_3$ 的含量。②石灰石的活性，即石灰石与 SO_2 反应速度，取决于石灰石粉的粒度和颗粒比表面积。

石灰的主要成分是CaO，大自然中没有天然的石灰资源。烟气脱硫工艺所使用的石灰都是石灰石在窑中燃烧后生成的。石灰的优劣完全取决于煅烧过程的质量控制。控制不好，石灰中就会混有大量的过烧或欠烧杂质，既影响脱硫率增加投资和运行费用，又会造成固体废弃物的污染。同时在燃烧过程中，每生产1t石灰大约需要200kg的煤，产生约4kg的 SO_2 气体，从而造成一定的空气污染。石灰有很强的吸湿性、遇水后会发生剧烈的水合反应，对人体皮肤、眼睛有强烈的烧灼和刺激作用。石灰作为吸收剂要比石灰石有更高的活性，其分子质量比石灰石几乎小50%，因此单位质量的脱硫效果比石灰石高约1倍，是一种高效的脱硫剂。石灰主要用在石灰—石膏湿法脱硫、喷雾干燥半干法脱硫和烟气循环流化床脱硫工艺中。

消石灰[$Ca(OH)_2$]是石灰加水经过消化反应后的生成物，主要成分为 $Ca(OH)_2$。在消化过程中石灰粉化，成品一般为粉末状，消石灰粉的颗粒非常细(约为 $10\mu m$)作为吸收剂使用无需经过磨粉工艺。$Ca(OH)_2$ 分子质量比CaO大，即单位质量中Ca的含量比CaO少。消石灰容易吸湿，与空气中 CO_2 反应还原成活性低的 $CaCO_3$，因而在运输储藏中应避免长期与空气接触，以免使其失去活性。消石灰一般用在炉内喷钙、烟气循环流化床脱硫工艺中。由于它在低温时有很高的与 SO_2 反应活性，也可作管道喷射工艺的吸收剂。

钠基化合物用于湿法洗涤工艺(Na_2CO_3)和炉内喷射及管道喷射($NaHCO_3$)工艺中作吸收剂。钠基吸收剂湿法洗涤工艺主要在美国使用，尤其在较小的电厂和工业锅炉上。使用钠基吸收剂的问题：①吸收剂来源困难。②脱硫产物中的钠盐易溶于水，造成灰场水体的污染。③在干法喷射工艺中，由于钠基吸收剂使NO转换成 NO_2，致使排烟的颜色变黄，影响电厂形象。

7. 考虑副产品综合利用

脱硫副产品是吸收剂与 SO_2 反应后的产物，是硫或硫的化合物，如硫黄、硫酸、硫酸钙、亚硫酸钙、硫酸铵、硫酸钠等。

选用的脱硫工艺副产物应具有以下性质：

（1）副产品得到综合利用。可作为其他制造业的原料，或用于农业。最理想的是生成硫单质或硫酸，因为许多国家和地区缺少硫资源，而硫酸又是化学工业的重要原料，有很高的附加值。

（2）如果不能综合利用，只能考虑堆放，则要求脱硫副产品性能稳定，对环境不产生二次污染。

（3）脱硫副产品便于运输，最好为干态。

石灰石—石膏或石灰—石膏法副产品是石膏（$CaSO_4 \cdot 2H_2O$），喷雾干燥法和烟气循环流化床脱硫工艺副产品是 $CaSO_4$ 和 $CaSO_3$ 的混合脱硫灰渣，炉内喷钙加炉后增湿活化工艺的副产品是飞灰、$CaSO_4$ 和 $CaSO_3$ 的混合灰渣。

选择脱硫工艺，不但要考虑初投资费，还要考虑脱硫副产品是否能得到综合利用。力求所产生的副产品容易处理，可用性好的副产品（当地自然资源缺乏）社会需求量大，以增加经济收入，整体降低运行费用。日本比较倾向于石灰石—石膏法，一个重要原因是其国内缺乏天然石膏矿，其脱硫石膏占领了大部分日本石膏市场。我国特别是山东具有丰富的石膏矿资源，这必然影响脱硫石膏的综合利用。

但是，实践中真正做到脱硫副产品的综合利用并非易事。因为电厂以发电为主，其他辅助设备（包括烟气脱硫）都应以机组的经济安全运行为前提。烟气脱硫产物的质量与机组其他设备的运行状况密切相关，因此这些设备运行状况的变化将影响脱硫副产品质量的稳定性。石灰石/石灰—石膏法的副产品石膏的质量受到石灰石/石灰的杂质含量和进入吸收塔的烟尘含量的影响。当烟尘浓度大于 300mg/m^3 时，燃用含硫量为 1.5%的煤的 FGD 系统，所产生的石膏中烟尘含量将达到 4%左右，加上未反应的吸收剂等，最后的副产品石膏的纯度将低于 90%，很难作为建材石膏使用。而烟尘浓度则受到除尘器效率的影响，除尘器效率又受到锅炉燃烧、磨煤机性能等因素影响，因此，很难使脱硫副产品的性能保持稳定；如果一个产品的质量不能保持稳定，就很难拥有一批长期而稳定的用户群体，况且副产品综合利用的市场受到资源状况和政策法规的限制。如果石膏副产品采用抛弃法，运行费用会相对提高，黄岛电厂脱硫工艺年运行费用高达 2200 多万元，远远超出了相应缴纳的二氧化硫排放费用，同时超出了企业的经济承受能力，造成设备经常停运。如果脱硫产物无出路，就不得不作为固体废物抛弃，例如重庆珞璜电厂每年就有 25 万 t 固体物排放。“建不起、用不起、还有越来越重的包袱背起”，使得国内许多企业在应用烟气脱硫技术方面望而却步。

8. 燃煤含硫量和机组条件

燃煤含硫量和机组容量直接决定着二氧化硫和烟气的产生量。要维持相同的大气质量，燃煤含硫量高或机组容量大的电厂，应考虑选择系统稳定、吸收剂利用率高、效率高、烟气处理能力大的脱硫装置；燃煤含硫量低或机组容量不大的电厂，应考虑选择系统简单、投资少、能耗低、运行灵活、效率适中的脱硫装置。

由于以前对环保要求不高，我国大多数已建的燃煤火电厂在设计时并未考虑脱硫装置的场地条件及要求，成为选择脱硫工艺的制约因素。因此在选择脱硫工艺时，应根据现有电厂可利用场地的情况、工艺系统布置，结合机组寿命和烟气系统设备等因素综合考虑。如对一些中小老机组，应采用经济有效的脱硫工艺，例如改造成循环流化床锅炉。对一些中型新机组，应着眼于脱硫工艺低价格、系统简化和规模经济性，如采用循环流化床烟气脱硫工艺。对一些大型新机组，应着眼于高效率、高可靠性，选用石灰石和海水脱硫等。

9. 不应对环境造成影响

选择一种脱硫工艺，除了工艺可行、经济合算外，还要考虑环保要求，产生的废水废物是否对附近环境造成危害或超过国家排放标准等。我国各地的环保要求不同，地势低、靠近大城市、人口密集的地区环保要求相对较高，地势高、偏远、人口稀少的地区环保要求相对较低。在环保要求较低的地区，可考虑选择效率较低的脱硫工艺。

FGD装置在脱硫的同时，生成一定的固态物或液态物，而这些物质往往会形成一定的二次污染，因此在选择脱硫工艺时，必须考虑二次污染问题，将其影响限制在环境质量标准限值之内，不能减少了一次污染，增加了二次污染。

湿法脱硫可能产生的环境问题包括：

（1）吸收剂制备过程中发生的噪声、粉尘、石灰石浆液槽冲洗废水。

（2）吸收塔和石膏制备系统的废水，主要是石膏脱水的溢流水和冲洗水。脱硫废水主要超标项目是pH、COD、悬浮物及汞、铜、镍、锌、砷、氟等。汞、砷、镍等均为严格限制排放的物质，脱硫废水属于对环境产生长远不利影响的第一类污染物。

脱硫废水的处理有3种方法：

（1）与石膏混合后存放灰场。

（2）将脱硫废水喷入空气预热器与静电除尘器之间，使其完全蒸发。

（3）建设废水处理车间，经中和、沉淀、混凝、澄清等工序处理合格后排放。烟气脱硫系统中废水处理的投资费用约占整个脱硫装置总投资的5%。

湿法脱硫对于脱硫副产品采用抛弃方式处理的工艺，要注意堆放场地底部必须进行防渗处理，埋设多孔疏水管等以防污染地下水体。

喷雾干燥半干法及常规CFB烟气脱硫工艺用石灰作为吸收剂。石灰具有强烈的刺激性，对人的皮肤、眼睛和黏膜会造成伤害；石灰在消化过程中会产生大量热量和蒸汽，对人身安全和环境会造成不良影响。为防止石灰运输、制备、储存和输送过程中的污染，应采用密闭的运输工具如罐车或用密封袋运输。在卸车过程中要考虑消除扬尘措施。石灰的储存应采用密闭储仓，尽量减少石灰吸收空气中水分的可能。出于同样的原因，石灰仓底部的流化装置不应采用气力流化，石灰的输送也慎用气力输送装置，如仓泵、气力斜槽等。在所有存在石灰对人体发生伤害的场合，必须装设紧急喷淋设备，包括淋浴和眼睛冲洗设备，并且配备必要急救药品。所有可能触及石灰的工作人员均应穿着专门的工作服及使用规定的劳保防护用品。

该类工艺脱硫系统停用时吸收剂罐槽冲洗水会污染环境和水体，因此必须设计冲洗水的回收系统和处理系统。冲洗水主要是含石灰的废水，不会造成严重的污染问题，但如使用管道输送时要注意会形成管道硬结，如果冲洗水与其他排水混合在一起排放，要注意总排水的pH值变化。

脱硫产物如不能完全综合利用，就必须堆放。这些脱硫产物主要成分是$CaSO_3$、$CaSO_4$、$Ca(OH)_2$、CaO、$CaCO_3$等无毒无害的物质，有可能包括一定量的飞灰。按一般灰场要求设计堆场，对环境不会造成有害的影响。如果作为吸收剂的石灰质量不好，就会含有大量的废渣或烧死的石灰块。有的石灰纯度只有40%～60%，因此在消化过程中会留下大量固体废弃物，应该对这些废弃物的运输和堆放做适当处理。

10. 可以考虑删除烟气脱硫中的氧化部分

我国有丰富的石膏资源，且回收的石膏质量不高，可以考虑采用抛弃法，让脱硫塔排除的脱硫渣连同灰水一起流入灰场堆放，从而省去氧化工艺。删除氧化工艺后，石灰石浆液吸收二氧化硫后生成的亚硫酸钙，可直接排放到灰场，原因是电厂有专门的灰场；排放物中未反应的碳酸钙和排放物中剩余二氧化硫在堆放过程中继续反应，形成亚硫酸钙；在堆放过程中，这些亚硫酸钙会逐渐被大气所氧化，形成稳定的硫酸钙；特别是像山东这样的省份，具有丰富的石膏矿资源，会影响到脱硫石膏的综合利用。因此，删除氧化部分，可以减少设备投资，大大减少基建投资，简化了系统。

11. 干法和湿法的选择

干法最突出的优点是无湿法的废水处理问题，烟气脱硫系统相对湿法回收法简单。但是干法最突出的问题是干法是气—固之间的反应，反应效率不高，脱硫效率偏低，脱硫后的烟气二氧化硫浓度仍然偏高，因此我国今后不宜再采用干法脱硫工艺。

湿法最突出的优点：一是用石灰石作吸收剂，而石灰石远比石灰便宜，我国石灰石资源最为丰富；二是湿法是液—固之间的反应，反应速率快，脱硫效率高；三是液—固反应，石灰石颗粒表面生成的亚硫酸钙能迅速进入到液相中，使裸露出的新石灰石继续与二氧化硫反应，提高了石灰石的利用率；四是湿法可以适用于各种低、中、高硫的煤种，工艺上只需改变石灰石的加入量即可。但是湿法也有自己的缺点：所排酸性废水需要处理。就我国目前经济情况看，可以不设专门的废水处理设施，原因是酸性废水可以直接排到电厂的专用灰场；脱硫废水中含有一定数量未反应的石灰石，可继续在灰场与酸性废液反应；电厂灰场灰水 pH 值较高，呈碱性，可中和部分酸性物。

湿法脱硫技术是世界上应用最多、最为成熟的技术，适用范围宽，其造价正在逐步降低，因此我国应重点发展湿法脱硫技术。

二、当前脱硫方面的问题

1. 二氧化硫收费问题

我国 2004 年前，仅对“两控区”的二氧化硫排放实行控制和收费，对其他地区则无束缚，这就造成我国脱硫工艺发展缓慢，而且收费标准是 0.21 元/kg SO_2。国家已经逐步提高了 SO_2 排污收费标准：2004 年 7 月 1 日～2005 年 6 月 30 日，收费标准为 0.42 元/kg。

从 2010 年起，我国废气排污费征收额＝1.2 元×(二氧化硫污染当量数＋氮氧化物污染当量数＋一氧化碳污染当量数)

$$污染当量数=\frac{该污染物的排放量(kg)}{该污染物的污染当量值(kg)}$$

污染物的污染当量值见表 7-10。

表 7-10 大气污染物的污染当量值

污染物	污染当量值(kg)
二氧化硫	0.95
氮氧化物	0.95
一氧化碳	16.7
烟尘	2.18

也就是说，每千克 SO_2 排污收费 1.2 元/0.95＝1.263 元，每千克 NO_x 排污收费 1.2 元/0.95＝1.263 元，每千克烟尘排污收费 1.2 元/2.18＝0.55 元。

据有关人员 2003 年底对我国燃煤电厂采用石灰石—石膏湿法脱硫费用的测算，如果在燃煤含硫量为 0.5%的 2 台 300 MW 机组上安装烟气脱硫装置，脱除 SO_2 费用为 2.79 元/kg；如燃煤含硫量提高到 1%，脱除 SO_2 费用下降至 1.5 元/kg，都远远高于我国 SO_2 排污费的征收标准 1.263 元/kg，显然如果没有相关的较为稳定的激励政策，燃煤电厂宁愿缴纳排污费，也不愿安装烟气脱硫装置，更不用说在不少地区还存在着协商收费的现象。即使不考虑烟气脱硫装置的投资，燃煤含硫量为 0.5%的电厂，其脱除 SO_2 的经营成本(包括电、石灰石、水费，维修费，运行人员工资及福利费等)就达 1.50 元/kg，远高于 SO_2 的排污收费标准。当燃煤含硫量提高到 1%时，脱除 SO_2 的经营成本为 0.83 元/kg，低于 SO_2 排污费的征收标准，但总成本仍高于 SO_2

排污收费标准(见表 7-11)。

表 7-11　　脱除每千克 SO_2 费用及脱硫电价增量

煤硫含量(%)	总投资(万元)		单位投资(元/kW)	脱除每千克 SO_2 费用(元/kg)			电价增加(元/kWh)
	总投资	建设期利息		总成本	经营成本	折　旧	
0.5	23 883	1083	398	2.79	1.50	0.97	0.017 7
1.0	25 140	1140	419	1.50	0.83	0.51	0.018 4
2.0	28 911	1311	482	0.88	0.49	0.29	0.020 8

在国家发展与改革委员会、国家环保总局 2007 年下发的《燃煤机组脱硫电价及脱硫设施运行管理办法》中“安装脱硫设施后，其上网电量执行在现行上网电价基础上每千瓦时加价 1.5 分钱的脱硫加价政策”。从表 7-11 不难看出，脱除每千克二氧化硫需要 1.5 元人民币左右，低的不到 0.5 元，高的可达 3 元以上。因此建议我国分煤种确定脱硫电价。

2. 电厂、机组该不该脱硫的问题

目前，有一些错误的认识是所有电厂、机组都要脱硫，特别是新建电厂，无论燃煤含硫量多低，都要脱硫，这是没有法律依据的，也是缺乏科学态度的行为。在实际的行政审批中，也存在着不是按污染物排放标准和环境要求控制二氧化硫排放，而是为脱硫而脱硫的现象。电厂、机组该不该脱硫应依据《大气法》和《火电厂大气污染物排放标准》，如果依据法律和标准，电厂、机组排放不超标，就可以不脱硫。如果电厂不超标排放，想为社会作贡献，也可以脱硫，但电价不能涨。目前，一些地方以总量超标要求电厂脱硫，这是不太合适的，主要原因是：①国家没有法律、法规的要求，短时间内不可能出台总量控制条例；②总量核定标准、原则都没有。最关键的是环境容量是多少都不知道。中西部地区燃煤含硫 1%以上的电厂应该脱硫，东部沿海发达地区燃煤含硫 0.8%的电厂也可以考虑脱硫，但燃煤含硫 0.5%及以下的电厂就不需要脱硫。最近一个燃煤含硫 0.3%的电厂也要求安装脱硫设施。另外，电厂都脱硫，就不存在排污交易的问题。这是美国非常成功的经验，也是国家环保总局积极想推动的一项工作。美国采取了排污交易的方式控制二氧化硫排放量，促进了燃用中高含硫煤的电厂采用烟气脱硫方式，到 2010 年，美国烟气脱硫机组容量约为 1.86 亿 kW，占煤电机组容量的比例约为 58.8%（见表 7-12），远低于中国。

表 7-12　　美国近几年烟气脱硫机组容量

年　份	2005	2007	2008	2009	2010
煤电装机容量（万 kW）	31 338	31 274	31 332	31 429	31 680
煤电占总装机容量之比（%）	32.04	31.43	31.02	30.65	30.49
烟气脱硫机组数量（台）	248	278	327	384	431
烟气脱硫机组装机容量（万 kW）	10 164	11 902	14 022	16 751	18 626
烟气脱硫机组占煤电装机容量之比（%）	32.43	38.06	44.75	53.30	58.80

另外烟气脱硫表面上看，排放烟气中的确减少了二氧化硫，但是却消耗了大量的淡水，并排放出大量石膏，石膏多了又无法处理，造成二次污染。

国家必须通过燃煤电厂脱硫工程减排总量，通过关停不符合产业政策的小火电腾出总量。要开展二氧化硫排放指标有尝取得和排污交易试点，充分利用市场机制配置资源的基础性作用，以最小的治理成本达到最优的减排效果，使那些脱硫机组经济上有利可图，使那些技术落后、规模不经济的机组因承受较高的经济负担，迫使其少发电或关停。

3. 旁路挡板设置问题

关于是否应该设置旁路挡板问题，首先应明确脱硫烟道旁路挡板设置的作用：

（1）烟道脱硫系统故障，有可能引起进口烟道压力大幅度波动，直接影响炉膛压力，严重时甚至会引起锅炉主燃料跳闸（MFT）保护动作，导致锅炉熄火。此时立即打开旁路挡板门，使烟气绕过FGD而通过旁路直接排入烟囱，保证主机的安全运行。

（2）当锅炉煤质含硫量超过设计要求，原设计浆池体积就小，氧化风量不足，制浆、脱水能力不足等，不仅影响脱硫效率和石膏品质，而且加剧系统内设备的腐蚀、磨损、堵塞等，此时应打开旁路挡板门，使得部分烟气通过FGD，保证FGD的安全运行。

（3）当锅炉烟气超温时，打开旁路挡板门，使烟气直接排入烟囱，不进入吸收塔，保证FGD的安全运行。

（4）机组启动、停机过程中，由于机组投油助燃等因素，此时FGD停运，旁路挡板门开启，不让未燃尽油污、碳粒进入到脱硫系统，对脱硫系统设备和浆液造成污染。待机组负荷稳定后再投FGD，关闭旁路挡板门。

近十几年来，日本、美国、德国等脱硫工程可用率达到了95%以上，因此大多数工程取消了旁路烟道，而欧洲大部分工程仍保留旁路烟道。实际上，旁路烟道取消的主要前提是FGD可用率应不低于主机的可用率。FGD旁路是机组及FGD系统的最后一道安全防线，设备投资费用并不高，但带来的优点是明显的，例如在机组调试和投运初期，锅炉和FGD系统可分别调试，可减少相互之间的影响；有了旁路，FGD系统运行更安全灵活，当出现故障或超出FGD系统实际处理能力时，可及时开启旁路，保护锅炉和FGD系统。增加一个FGD旁路费用不会太多（1台600MW机组设置FGD旁路增加的一切投资约为1500万元），相反，取消旁路后要充分考虑FGD系统的安全性，由此系统的冗余配置、设备质量、防腐等级等各方面都将大大提高，其基建投资决不会比设置旁路低。但取消旁路后如出现因FGD系统导致机组跳闸事故的发生，这在经济上将得不偿失。对于电厂开旁路运行偷排SO_2却拿电价补贴现象，可通过加大监督、加大罚款力度等进行避免。因此设立旁路不是为了偷排SO_2，而是确保机组和FGD系统的安全运行，目前在我国FGD可用率低于90%的情况下不宜取消FGD旁路。

4. GGH设置问题

对于是否配置GGH问题，从国际上看，德国环保法规规定烟气排放温度不得低于72℃，因此德国的脱硫设备一般均配有GGH，只是后来才出现了采用冷却塔排放烟气的技术；而美国则没有这方面的规定，允许脱硫后烟气直接排放，因此美国很多电厂不配置GGH。以美国B&W公司为例，其在全球脱硫系统60%不设GGH。DL/T 5196—2004《火力发电厂烟气脱硫设计规程》第6.2.3规定，烟气系统宜设烟气换热器，设计工况下烟气排放温度达到80℃及以上。但早期建设的电厂一般都配置了GGH，只是从常熟电厂不设置GGH开始有些新上脱硫设备取消了GGH，将脱硫后低温烟气直接排放。不设置GGH的烟气排放温度约为50℃，设置了GGH后的烟气排放温度一般均大于80℃，从露点来说，50℃基本上就是水露点，不设置GGH会导致烟气在后面烟道的流动过程中析出液态水，而80℃就基本没有这个问题；一般认为无论是50 ℃还是80℃都在酸露点以下，因此防腐的压力差别不大，特别是对于配钢烟囱的机组。因此取消GGH的优点非常明显，系统投资、运行费用、占地面积均可有效降低，烟气流程也变得非常简洁，主要缺点如下：

（1）与设置GGH相比，烟气温度较低，在环境温度未饱和条件下，烟气的抬升力不足，烟气抬升高度会下降1/3～1/2，烟气扩散面积减小，这可能会导致烟气落地点NO_x的排放超标

(特别是在熏烟模式或气温较高的夏天等气象条件不利的情况下)。

(2) 湿烟气在传输过程中会发生水汽凝结，从而使烟囱出口容易出现白雾现象，这种现象在北方环境温度较低的地区出现几率很大，但它对环境质量基本没有任何影响，属于视角污染。

(3) 凝结水形成降水影响局部环境。FGD系统中不设置GGH，由于吸收塔出口净烟气温度较低，当在环境空气中的水分接近饱和，而且气象扩散条件不好时，烟气离开烟囱出口时会形成冷凝水滴，形成所谓的“烟囱雨”，在烟囱周围的地面上，有细雨的感觉。

有资料表明，在通常的 H_2SO_4 蒸汽浓度范围（$10\times10^{-6}\sim50\times10^{-6}$），最大的酸沉积速度发生在露点以下15～26℃；受热面低温腐蚀的实测结果表明，金属最大腐蚀速度发生在露点以下15～30℃；还有资料表明，酸露点以下15～40℃腐蚀性最大。因此可看出，烟气再热温度也不是越高越好，应根据酸露点温度选择一个合适的范围，过高时（在仍低于露点的前提下）反倒会加速再热后烟气对尾部烟道和烟囱的腐蚀。

国家环保总局于2004年5月召开专题会议，对火电厂湿法烟气脱硫后是否需要烟气升温（安装GGH）提出了意见：①烟气升温可以改善烟气扩散条件，消除石膏雨、白烟，而对污染物的排放浓度和排放量没有影响；②在燃煤电厂较为密集的地区，对环境质量有特殊要求的地区（京津地区、城区及近郊、风景名胜区或有特殊景观要求的区域），以及位于城市的现有电厂改造等，均应采取加装GGH；③在有环境容量的地区，比如农村地区、部分海边地区的火电厂，可暂时不采取烟气升温措施；④新建、扩建、改造的火电厂，其烟气是否需要采取升温措施，应通过项目的环境影响评价确定。

一台600MW机组不设立GGH将使投资费用节省1180万元，年运行费用节省350万元，况且我国GGH质量很不关过，频频出现问题，因此建议我国目前尽量不设置GGH。

5. 关于二氧化硫新排放限值问题

火电厂是烟尘、SO_2和NO_x等大气污染物排放的主要来源，《火电厂大气污染物排放标准》（GB 13223—2003）的实施，对控制火电厂大气污染物的排放、保护生态环境和推动电力行业的技术进步发挥了重要作用。预计到2015年和2020年，我国火电装机容量将分别达到10亿kW和12亿kW。按照目前的排放控制水平，到2015年，火电排放的NO_x、SO_2、烟尘将分别达到1310万t、1049万t、544万t以上。由此可见，火电厂大气污染物的排放对生态环境的影响将越来越严重。《火电厂大气污染物排放标准》（GB 13223—2011）则要求自2014年7月，开始执行100mg/m³标准排放限值（广西、重庆、四川、贵州执行200mg/m³标准排放限值）。

从世界各国的经验来看，美国、日本和欧盟国家均对新建电厂提出了严格的要求，美国2005年的电站锅炉SO_2排放标准要求新建锅炉排放限值（1.4lb/MWh，约折合184mg/m³）。欧盟现行的《大型燃烧装置大气污染物排放限制指令》（2001/80/EC）要求新建大型燃烧装置的排放浓度必须小于200mg/m³。日本目前也执行排放浓度必须小于200mg/m³标准排放限值。总之，我国目前SO_2排放浓度100mg/m³标准限值是世界上最为严厉的规定，这导致发电企业亏损或者用电价格上涨的风险，许多电厂原来配置的干法或半干法脱硫装置必须拆除，重建高效的湿法脱硫装置，才能满足新标准要求。考虑到我国目前的经济实力，建议国家执行欧盟现行的《大型燃烧装置大气污染物排放限制指令》（2001/80/EC）。

6. 设备国产化问题

技术和设备的国产化，不单纯是降低造价的简单概念，更涉及企业和行业长期、稳定、健康、可持续发展的战略概念，需要政府、企业和各相关方共同努力才能取得较好的效果，其中政府的政策导向对国产化工作起决定性作用。

经过多年努力，我国烟气脱硫设备的国产化率有了很大提高。目前，30万kW机组的烟气脱硫设备国产化率可达到90%以上（按设备价核计），一些关键设备如石灰石—石膏湿法工艺的大型循环浆液泵、真空皮带脱水机、增压风机、气气换热器、烟气挡板等已实现了国产化，60万kW也可达到85%左右。例如，石家庄泵业有限公司生产的系列浆液循环泵已应用于100多套脱硫工程，成都电力机械厂生产的增压风机业已应用于100多套脱硫工程，上海锅炉厂生产的气气换热器已应用80套脱硫工程。但与多数业主的接触中发现，对国产设备仍不是很信任，都愿意用国外的设备。不能否认，国产设备在质量上与国外的设备有一定的差距，有的差距还很大。但目前技术工艺无法实现自主化的情况下，设备都不能实现国产化，我国的烟气脱硫完全拉动了国外市场，这是每一个有责任心的中国人不愿看到的。如果大家都不用，如何实现国产化，如何提高我国装备制造业，这是一个很大的，也是需要解决的问题。所以如何进一步提高设备国产化率还要做大量的工作，需要各方面的共同努力。为了提高脱硫系统的可靠性，建议表7-13所示的设备最好进口。

表7-13 进口范围清单

序号	项目	备注
1	设备	
1.1	吸收塔除雾器及清洗喷嘴	
1.2	侧进式搅拌器及驱动头	
1.3	石灰石旋流器	采用湿磨方案
1.4	石膏水力旋流器	旋流子进口
1.5	废水旋流器	旋流子进口
1.6	浆液调节阀（含执行机构）	
1.7	循环泵入口浆液阀门（含执行器）	DN>800
1.8	吸收塔浆液循环泵（容量>12 000m^3/h）	仅泵进口，电机国产
1.9	石膏筒仓刮刀卸料装置	采用石膏仓方案
2	部件	
2.1	旁路烟道挡板门执行机构	
2.2	增压风机（轴承、失速报警、电动执行机构）	
2.3	GGH关键部件（至少包括密封装置、轴承及驱动装置等）	
2.4	真空皮带脱水机（滤布、驱动减速箱、变频器及关键仪表）	
3	材料	
3.1	吸收塔内玻璃鳞片及黏结剂	原材料
3.2	吸收塔内丁基胶板及黏结剂	原材料
3.3	吸收塔内FRP	原材料
3.4	镍基合金材料	
4	仪表	
4.1	pH计、废水处理系统化学分析仪表	
4.2	石灰石浆液、石膏浆液密度计	

7. 关于洁净煤技术

我国是一个以煤为主要能源的国家，即使再过半个世纪，煤炭在我国一次能源中的比例仍将不低于40%。因此，煤炭的洁净使用和发展洁净煤技术在未来我国可持续发展中将占有举足轻重的地位。我国是发展中国家，面临经济建设的任务很重，不可能拿出大量的资金用于环境治理。为此，发展洁净煤技术应遵循技术上的可行性与经济上的合理性，推广300MW级循环流化床锅炉、100MW级煤气化联合循环发电（IGCC）和增压流化床联合循环发电（PFBC）等。

总之，要选择一种脱硫工艺，就要结合脱硫工艺自身特点和外围因素进行综合考虑。目前，我国的经济相对较落后，是发展中国家。不能生搬硬套西方发达国家的脱硫模式、方法，要在吸收它们先进技术和经验的基础上，结合我国的国情、地理资源、社会环境及企业的既有条件，因地制宜，进行多方面的权衡论证比较。在保护环境的同时，最大限度地减少发电成本增幅，以保证企业的经济效益。我们认为在目前国家经济实力还比较薄弱的今天，在海滨电厂推广海水脱硫工艺，在内陆电厂推广流化床脱硫技术，在国富民强之时，再发展石灰石脱硫技术是明智的。

目前，我国烟气污染控制技术正在试图通过“高效化、资源化、综合化、经济化”走适合中国国情的道路。通过装置国产化和技术改进，以高效化减少设备投资和原材料费用；通过回收副产品，以资源化减少二次污染。通过改变对烟气污染物进行单一处理为综合处理硫氮尘等污染，以综合化减少设备总投资和运行费用。通过“高效化、资源化、综合化”道路实现“经济化”目标。这是目前世界各国烟气净化技术发展的大趋势，我们应把握这一机会，利用我国现有引进技术，形成烟气脱硫产业化发展的良好环境和机制。

第二篇

烟气脱硝技术

第八章　氮氧化物的控制技术概述

第一节　氮氧化物的生成机理

煤炭是当今世界主要能源之一，随着全球经济的高速发展，煤的开发利用已经给环境带来了严重污染，特别是燃煤电厂锅炉排放大量的硫氧化物和氮氧化物更进一步加剧了环境恶化。一方面氮氧化物 NO_x 在一定条件下可以和碳氢化合物一起形成光化学烟雾破坏大气环境，严重危害人类健康，恶化人类赖以生存的环境。NO_2 被吸入人肺后能与肺部的水结合成可溶性硝酸，严重时会引起肺气肿。在大气中的氮氧化物达到 100～150ppm 的高浓度时，人连续呼吸 30～60min 便会中毒；另一方面，硫氧化物和氮氧化物又是形成酸雨的主要因素；同时 NO_x 参与臭氧层的破坏。目前，世界各地都有大片酸雨地带。我国酸雨的发展也异常迅速，严重的酸性降雨和脆弱的生态系统使我国经济遭受严重损失。因此，降低 NO_x 的排放量是当前亟待解决的首要问题之一。降低 NO_x 生成的方法目前已有多种，如对烟气进行脱硝或分级燃烧技术等。

在燃煤火电厂 NO_x 排放控制方面，工业发达国家普遍采用各种先进的低 NO_x 燃烧技术，同时还安装选择性催化还原（以下简称 SCR）烟气脱硝装置。日本到 1997 年已有 61 个电厂约 2300 万 kW 的燃煤火电厂安装了 SCR 脱硝装置，新建燃煤火电厂几乎全部安装了 SCR 脱硝装置。欧洲约有 5500 万 kW 的燃煤火电厂安装了 SCR 脱硝装置，其中德国有约 3300 万 kW 的烟煤锅炉火电厂安装了 SCR 烟气脱硝装置。美国到 2004 年已累计对近 200 台总容量约 1×10^5 万 kW 的燃煤火电厂安装了 SCR 烟气脱硝装置。

我国 SCR 技术研究开始于 20 世纪 90 年代。在 1995 年，台湾台中电厂 5～8 号 4×550MW 机组就安装了 SCR 脱硝装置。20 世纪 90 年代，福建后石电厂采用日立技术在 600MW 火电机组上率先建成了我国第一套 SCR 烟气脱硝装置。国华太仓发电有限公司 7 号机组、浙江乌沙山电厂、宁海电厂、福建嵩屿电厂采用的 SCR 法烟气脱硝装置也先后投入运行。到 2010 年，共有 200 多台套的脱硝装置投入运行。2011 年 9 月中旬，环保部发布了新的《火电厂大气污染物排放标准》，相较 2003 年第二次修订的排放限值更为严苛，其中氮氧化物排放执行“史上最严”标准。标准规定的 100mg/m³ 排放限值低于欧洲和美国规定的限值，体现了我国政府治理火电尾气污染物排放的决心，也极大促进了烟气脱硝装置的推广应用。

2013 年，配套烟气脱硝的新投运火电机组容量约 20 500 万 kW，其中，采用选择性催化还原技术（SCR 工艺）的脱硝机组容量占当年投运脱硝机组总容量的 98%。截至 2013 年底，已投运火电厂烟气脱硝机组总容量超过 4.3 亿 kW，占全国现役火电机组容量的 50%，比 2012 年提高 22 个百分点。

一、氮氧化物特性和危害

1. 氮氧化物的特性

我们通常所说的氮氧化物（Nitrogen Oxides）包含多种化合物，比如一氧化二氮（N_2O）、一氧化氮（NO）、二氧化氮（NO_2）、三氧化二氮（N_2O_3）、四氧化二氮（N_2O_4）和五氧化二氮（N_2O_5）等。除二氧化氮外，其他的 NO_x 都极不稳定，遇光、湿或热变成二氧化氮及一氧化氮，一氧化氮又变为二氧化氮。因此，常规职业环境中接触的是几种气体的混合物，常称为硝烟

(气)，主要为一氧化氮和二氧化氮，并以二氧化氮为主。总之，NO_x 种类很多，造成大气污染的主要是一氧化氮（NO）和二氧化氮（NO_2）。

一氧化氮为无色气体，分子量为30.01，熔点为－163.6℃，沸点为－151.5℃，蒸汽压力为101.31kPa（－151.7℃）。溶于乙醇、二硫化碳，微溶于水和硫酸，水中溶解度为4.7%（20℃），性质不稳定，在空气中易氧化成二氧化氮。

二氧化氮（NO_2）在21.1℃时为红棕色刺鼻气体；在21.1℃以下时为暗褐色液体；在－11℃以下时为无色固体，加压液化为四氧化二氮。NO_2 的分子量为46.01，熔点为－11.2℃，沸点为21.2℃，蒸汽压力为101.31kPa（21℃），溶于碱、二硫化碳和氯仿，微溶于水，性质较稳定。

可以通过烟气颜色判断脱硝设施运行情况，未投运脱硝装置的烟尘排放出来的烟气呈灰黄色。试验表明，当排放烟气中的 NO_x 含量低于250mg/m^{3}时，烟气颜色为灰白色；当排放烟气中的 NO_x 含量大于250mg/m^{3}时，烟气呈灰黄色。烟气呈灰黄色的原因有二：一是脱硫后的烟气温度较低，加上脱硫后烟气湿度较高（净烟气含湿量约为13%），排烟温度的降低和烟气含湿量的增高使烟气扩散能力降低，尤其是在阴雨天气，黄色现象尤为明显。二是脱硫后烟气中含有的 SO_3 在酸露点以下形成硫酸气溶胶，烟气中的亚微米粉尘颗粒作为硫酸的凝结中心，加强了凝结过程；由于硫酸气溶胶的直径很小，对光线容易产生散射作用，太阳光经过硫酸气溶胶的散射作用而形成黄色的烟羽。

2. 氮氧化物排放量

到2012年底，全国火电装机容量81 968万kW，NO_x 排放总量约为1018.7万t，约占全国的43.55%，见表8-1。如果全国包括电力行业，按照目前的排放情况，预计到2020年 NO_x 排放总量为3000万t，电力行业则下降到全国的30%左右。

表8-1　　近几年中国 NO_x 排放总量（万t）

年份	1990					1995				
全国 NO_x 排放总量	910					1000				
火电厂 NO_x 排放总量	228.7					327.1				

年份	2000	2001	2002	2003	2004	2005	2006	2007	2010	2011	2012
全国 NO_x 排放总量	1200	1300	1400	1500	1600	1700	1900	2100	2273.6	2404.3	2337.8
火电厂 NO_x 排放总量	469.0	497.5	536.8	597.3	665.7	721.5	786.7	838.4	910 (1055)	913 (1106.8)	948 (1018.7)

注　括号内数据为环保部统计数据，括号外数据为电力部门统计数据。

3. 氮氧化物对人体的伤害

人为排放的氮氧化物（NO_x）中90%以上来源于煤、石油、天然气等化石燃料的燃烧产生。我国大气污染物中 NO_x 的60%来自于煤的燃烧，燃煤产生的 NO_x 中90%的成分是NO，其余的是 NO_2 和 N_2O。

化石燃料燃烧产生的氮氧化物与人体血红蛋白结合的能力远远大于氧气，且能生成不可逆转的变性血红蛋白，造成血液缺氧，严重损害人体呼吸及中枢神经系统。NO_2 会造成哮喘和肺气肿，破坏人体的心、肺、肝、肾，以及造血组织的功能丧失，其毒性比NO更强。无论NO、NO_2 或 N_2O_4，还是 N_2O，在空气中的最高允许浓度均为5mg/m^3（以 NO_2 计）。另外 N_2O 是破坏臭氧层的主要物质，也是形成酸雨的主要物质之一。臭氧层可以吸收太阳辐射中对人类、动物、植物有害的紫外线中的大部分，是地球防止太阳辐射的屏障，臭氧浓度降低 0.1%，地面的紫外线辐射强度将提高 2.0%，使皮肤癌患者大量增加。

同时，NO_x 中的 N_2O 也是引起全球气候变暖的因素之一，虽然其数量极少，但其温室效应的能力是 CO_2 的 200～300 倍。

二、NO_x 生成机理

在煤炭燃烧过程中产生的氮氧化物 NO_x 主要包括一氧化氮（NO）、二氧化氮（NO_2），以及少量 N_2O 等。目前，燃煤电厂按常规燃烧方式所生成的 NO_x 中，NO 占 90%，NO_2 占 5%～10%，N_2O 仅占 1%。因此，NO_x 的生成与排放量主要取决于 NO。根据 NO_x 生成机理，煤炭燃烧过程中所产生的氮氧化物量与煤炭燃烧方式、燃烧温度、过量空气系数和烟气在炉内停留时间等因素密切相关。煤炭燃烧产生 NO_x 的机理主要有以下 3 个方面。

1. 热力型 NO_x

氮的氧化机理是由前苏联科学家 Zeldovich 提出的，因而称为捷里德维奇 Zeldovich 机理。热力型 NO_x（Thermal NO_x）的生成是主要由空气中氮在高温条件下氧化而成，氮氧化物的生成可用如下链反应来说明

$$O+N_2 \longrightarrow NO+N$$

$$N+O_2 \longrightarrow NO+O$$

$$N+OH \longrightarrow NO+H$$

$$4O+N_2 \longrightarrow 2NO_2$$

$$O+N_2 \longrightarrow N_2O$$

其中，前三式是主要反应，被称为捷里德维奇模型；$O+N_2 \longrightarrow NO+N$ 是控制步骤，因为它需要很高的活化能，基本发生在 2000～5000K 温度范围内；最后两个反应是少量的，对 NO 的生成过程几乎不产生影响。

高温下，N_2 和 O_2 可以反应生成氮氧化物：

$$N_2+O_2 \longrightarrow 2NO$$

$$2NO+O_2 \longrightarrow 2NO_2$$

热力型 NO_x 生成量主要取决于温度和氧浓度，图 8-1 所示为 NO_x 生成量与温度的关系。由图 8-1 可知，在相同条件下 NO_x 生成量随温度增高而增大。当温度低于 1350℃时，几乎不生成热力 NO_x，且与介质在炉膛内停留时间和氧浓度平方根成正比。当温度高于 1350℃时，这一反应才变得明显，并按指数规律迅速增加；而当温度高于 1500℃时，温度每增加 100℃，反应速率增大 6～7 倍。热力型 NO_x 的生成是一种缓慢的反应过程，温度是影响 NO_x 生成最重要和最显著的因素，其作用超过了 O_2 浓度和反应时间。热力型 NO_x 生成速率与温度 T(K) 的关系呈指数关系：NO_x 生成量$\propto \exp(0.009T)$

随着温度的升高，NO_x 达到峰值，然后由于发生高温分解反应而有所降低，并且随着 O_2 浓度和空气预热温度的增高，NO_x 生成量存在一个最大值。由图 8-2 可知，当过量空气系数等于 1 时，若烟气在高温区的停留时间为 0.01～0.1s，NO_x 的浓度约为 70～700mg/m^3。实际锅炉中 NO_x 的排放浓度也差不多处于同等水平。当过量空气系数小于 1，随着氧气浓度的增大，NO_x 生成量成比例增大；当过量空气系数为 1 或稍大于 1 时达到最大。当 O_2 浓度过高时，由于存在过量氧对火焰的冷却作用，NO_x 值有所降低。因此，尽量避免出现氧浓度、温度峰值是降低热力型 NO_x 的有效措施之一。

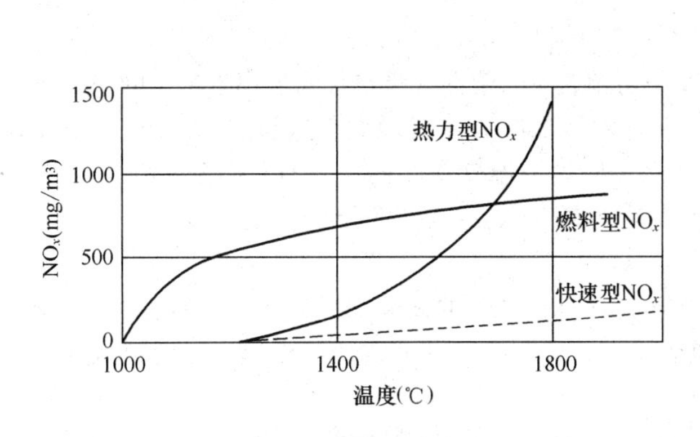

图 8-1 NO_x 生成量与温度的关系

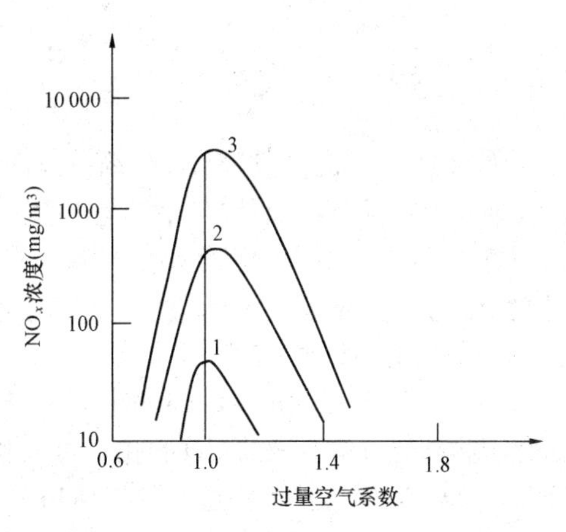

图 8-2 NO_x 浓度与过量空气系数和停留时间的关系

1—t=0.01s；2—t=0.1s；3—t=1s

燃烧过程中，N_2的浓度基本不变，因而影响热力 NO_x 生成量的主要因素是温度、氧气浓度和停留时间。综上所述，控制 NO_x 生成量的方法如下：

（1）降低燃烧温度。

（2）降低氧气浓度。

（3）使燃烧在远离理论空气比的条件下进行。

（4）缩短在高温区的停留时间。

2. 燃料型 NO_x

燃料型 NO_x(Fuel NO_x)是燃料中有机氮化合物(煤炭含氮量一般为 0.5%～2.5%，重油含氮量一般为 0.08%～0.4%)在燃烧过程中热分解且氧化而生成的。由于煤中含氮有机化合物的 C—N 结合键[(25.3～63)×10^7 J/mol]比空气中氮分子的 N≡N 键的键能(94.5×10^7 J/mol)小得多，因此更容易被氧所破坏生成 NO。由于燃料中氮化合物的热分解温度低于煤粉的燃烧温度，因此在 600～800℃时氮化合物就会首先被热分解成氰(HCN)、氨(NH_3)及 CN 等中间产物随挥发分一起从燃料中析出，即所谓挥发分 N，然后再分别被氧化成燃料型 NO_x。残留在焦炭中的氮化合物称为焦炭 N。在通常的燃烧温度 1200～1350℃下，燃料中的氮 70%～90%都是通过挥发分 N 氧化而成的，由此形成的 NO_x 约占燃料型 NO_x 的 60%～80%，其与温度的关系如图 8-1 所示。

对于电厂动力燃料煤炭而言，燃料氮向 NO_x 转化的过程可分为三个阶段：首先是有机氮化合物随挥发分析出一部分；其次是挥发分中氮化物燃烧；最后是焦炭中有机氮燃烧，挥发有机氮生成 NO_x 的转化率随燃烧温度上升而增大。当燃烧温度水平较低时，燃料氮的挥发分份额明显下降。

研究表明，燃料氮的系列反应是从燃料中的氮化物迅速而大量地转化为 HCN（氰）和 NH_3 开始的。当燃料氮和芳香环结合时，HCN 是主要的初始产物；当燃料氮是胺的形式时，则 NH_3 是主要的初始产物。燃料型 NO_x 的生成反应比较复杂，HCN 被氧化成 NO 的反应式简化为

$$N+CH \longrightarrow HCN$$

$$HCN+O \longrightarrow NCO+H$$

$$NCO+O \longrightarrow NO+CO$$

$$NCO+OH \longrightarrow NO+CO+H$$

$$N+O_2 \longrightarrow NO$$

NH_3被氧化成 NO 的反应式简化为

$$NH_3+OH \longrightarrow NH_2+H_2O$$

$$NH_3+O \longrightarrow NH_2+OH$$

$$NH_3+H \longrightarrow NH_2+H_2$$

燃料型 NO_x 的生成量与火焰附近氧浓度密切相关。通常在过量空气系数小于 1.4 的条件下，挥发有机氮生成 NO_x 的转化率随着 O_2 浓度上升而呈二次方曲线增大，这与热力型 NO_x 不同，燃料型 NO_x 生成过程的温度水平较低，且在初始阶段，温度影响明显，而在高于 1400℃之后，即趋于稳定，如图 8-1 所示。燃料型 NO_x 生成转化率还与燃料品种和燃烧方式有关。

3. 快速型 NO_x

1971 年，费尼莫尔（Fenimore）根据碳氢燃料生成 NO_x 的试验结果认为，燃料挥发物中碳氢化合物高温分解生成的 CH 自由基可以和空气中氮气反应生成 HCN 和 N，在反应区附近会快速生成 NO_x，因此称为快速型 NO_x（Prompt NO_x）。

由空气氮 N_2 分子和燃料中碳氢原子团如 CH 等撞击，生成 CN 类化合物，再进一步被氧化生成 NO_x，其转化率取决于过程中空气过剩条件和温度水平。由图 8-1 可知，快速型 NO_x 生成强度在通常炉温水平下是微不足道的，尤其对大型锅炉燃料的燃烧更是如此。所谓快速型 NO_x 是与燃料型 NO_x 缓慢反应速度相比较而言的，快速型 NO_x 生成量受温度影响不大，而与压力关系比较显著，且成 0.5 次方比例关系。另外，研究表明，快速型 NO_x 还与 CH 原子团的浓度及其形成过程、N_2 分子反应生成氮化物的速率等有关。快速型 NO_x 形成的主要反应途径为

$$N_2+CH \rightarrow HCN \xrightarrow{+O} NCO \xrightarrow{+H} NH \xrightarrow{+H+OH} N \rightarrow N_2$$

$$NH \xrightarrow{+OH、+O} NO;\quad NO \xrightarrow{+C} CH \xrightarrow{+H} HCN$$

碳氢化合物燃烧时，分解成 CH、CH_2 和 C_2 等基团，与 N_2 发生反应，其简化过程为

$$N_2+CH \longrightarrow HCN+N$$

$$N_2+CH_2 \longrightarrow HCN+NH$$

$$N_2+CH_3 \longrightarrow HCN+NH_2$$

$$N_2+C_2 \longrightarrow 2CN$$

火焰中存在大量 O、OH 基团，与上述产物反应：

$$HCN+OH \longrightarrow CN+H_2O$$

$$CN+O_2 \longrightarrow CO+NO$$

$$CN+O_2 \longrightarrow CO+N$$

$$NH+OH \longrightarrow N+H_2O$$

$$NH+O \longrightarrow NO+H$$

$$N+OH \longrightarrow NO+H$$

$$N+O_2 \longrightarrow NO+O$$

对于大型电厂锅炉，在此 3 种类型的 NO_x 中，燃料型 NO_x 是最主要的，占总生成量的 60% 以上（一般说来，煤燃烧时约 60%～80%的 NO_x 来自燃料型 NO_x；重油燃烧时约40%～50%的 NO_x 来自燃料型 NO_x）；热力型 NO_x 生成量与燃料温度的关系很大，在温度足够高时，热力型 NO_x 生成量可占总量的 20%；快速型 NO_x 在煤燃烧过程中的生成量很少，约占生成总量的 5%。

为了确定 NO_x 生成浓度，理论计算通常可采用泽利多维奇公式，即

$$C_{NO_x}=K\ (C_{N_2}C_{O_2})^{1/2}\exp\left(\frac{-21\ 500}{RT_T}\right)$$

式中 C_{NO_x}、C_{N_2}，C_{O_2}——NO_x，N_2，O_2 浓度，m/m^3；

R——气体常数；

T_T——温度，K；

K——系数，在0.023～0.069范围内。

根据理论与锅炉炉膛的实际状况分析可得，NO_x 浓度随着炉膛温度和氧浓度的增高而增加，影响 NO_x 生成量的主要因素是温度。由于氮氧化物生成的温度条件较难确定，理论计算也就相对较困难，为此，西加尔提出了在锅炉炉膛设备中氮氧化物浓度的半经验公式为

$$C_{NO_x}=0.16D_a^{0.8}Q_u^{0.5}\alpha_T^3$$

式中 Q_u——锅炉容积热强度，W/m^3；

D_a——炉膛当量直径，m；

α_T——过量空气系数。

在我国，NO_x 浓度（干基、标态、6%O_2）计算方法如下：

$$C_{NO_x}=\frac{C_{NO}}{0.95}\times 2.05\times\frac{21-6}{21-O_2}$$

式中 C_{NO_x}——标准状态，6%氧量、干烟气下 NO_x 浓度，mg/m^3；

C_{NO}——实测干烟气中NO体积含量，$\mu L/L$（ppm）；

O_2——实测干烟气中氧含量，%；

0.95——经验数据（在 NO_x 中，NO占95%，NO_2 占5%）；

2.05——NO_2 由体积含量 $\mu L/L$ 到质量含量 mg/m^3 转换系数。

三、影响 NO_x 生成的因素

燃烧过程中氮氧化物的生成量和排放量与燃烧方式及燃烧条件密切相关，主要影响因素如下：

（1）煤种的特性，如煤的含氮量、挥发分含量以及固定碳与挥发分的比例。

（2）燃烧温度。

（3）过量空气系数。

（4）炉膛内反应区中烟气的组成，即烟气中 O_2、N_2、NH_i、CH_i 及CO与C的含量。

（5）燃料与燃烧产物在火焰高温区的停留时间。其中燃烧温度和过量空气系数是两个最主要的燃烧条件。

1. 燃料特性影响

由于 NO_x 主要来自燃料中的氮，从总体上看燃料氮含量越高，NO_x 的生成量也就越大。在过量空气系数大于1的氧化性气氛中，煤挥发分越高，其挥发分氮释放得越多，NO_x 生成量越多。

煤挥发成分中的各种元素比也会影响 NO_x 生成量，煤中O/N比值越大，NO_x 排放量越高，即使在相同O/N比值条件下，转化率还与过量空气系数有关，过量空气系数大，转化率高，使 NO_x 排放量增加。

2. 过量空气系数影响

当空气不分级时，降低过量空气系数，烟气中的氧量浓度越低，生成 NO_x 的浓度越低。降低过量空气系数对热力型 NO_x 和燃料型 NO_x 的生成都有明显的控制作用，采用这种方法可使 NO_x 生成量降低15%～20%。图8-3表示采用低氮燃烧措施的锅炉 NO_x 生成浓度与过量空气系数的关系，过量空气系数越高，NO_x 生成浓度就越高。

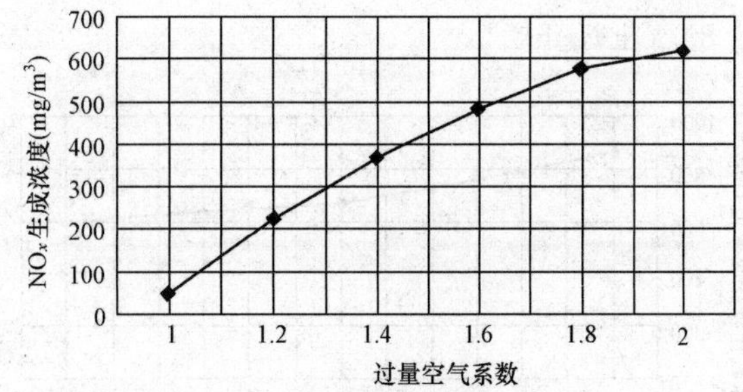

图8-3 采用低氮燃烧措施的 NO_x 生成浓度与过量空气系数的关系

3. 燃烧温度影响

随着炉内燃烧温度的提高，NO_x 排放量上升。这就是循环流化床锅炉的 NO_x 比煤粉炉要低的原因。锅炉炉膛在燃烧温度小于 1350℃时，几乎没有热力型 NO_x，近 100%是燃料型 NO_x。当锅炉炉膛中的温度升高到1600℃时，热力型 NO_x 可占到炉内 NO_x 总量的25%～30%。这就是液态排渣锅炉的 NO_x 比固态排渣锅炉要高的原因。燃烧温度影响 NO_x 的关系见图 8-4。

4. 一次风率影响

为了有效控制 NO_x 排放，削弱 NO_x 生成环境，二次风送入点上部应维持富氧区，下部应维持富燃料区。当一次风率提高时，二次风送入点的下部还原性气氛减弱，CO 浓度下降，NO_x 被还原分解的速率降低，使 NO_x 生成量增加。某电厂 600MW 机组二次风门开度从 80%减小到 60%时，NO_x 排放量增加 100mg/m^3。

5. 负荷率影响

增大负荷率，增加给煤量，燃烧室及尾部受热面处的烟温随之增高，生成的 NO_x 随之增加，见图 8-5。

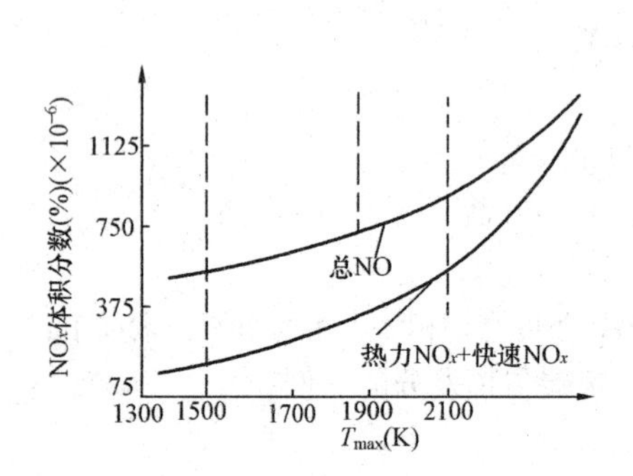

图 8-4 炉内温度 T 与氮氧化物产生量的关系

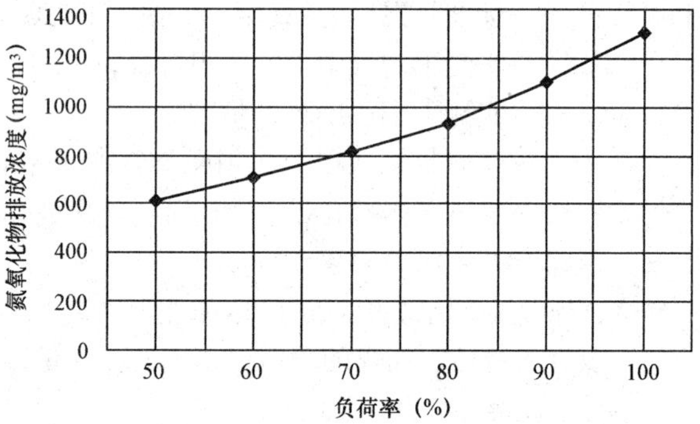

图 8-5 NO_x 排放浓度与负荷率的关系

6. 停留时间影响

在 800～1000℃温度范围内，停留时间越长，NO_x 浓度越高。随着温度的升高，停留时间对 NO_x 浓度的影响越来越小。当温度超过 1000℃时，由于生成的 NO_x 浓度很低，所以停留时间对 NO_x 浓度几乎没有影响。对固态排渣炉尽可能地减少烟气在高温区的停留时间，可有效抑制热力型 NO_x 的生成。

7. 燃烧器摆角

某电厂 600MW 机组，当燃烧器摆角从 50%的水平位置，向上摆动至 60%时，NO_x 排放量增加 50mg/m^3。

8. 火上风开度

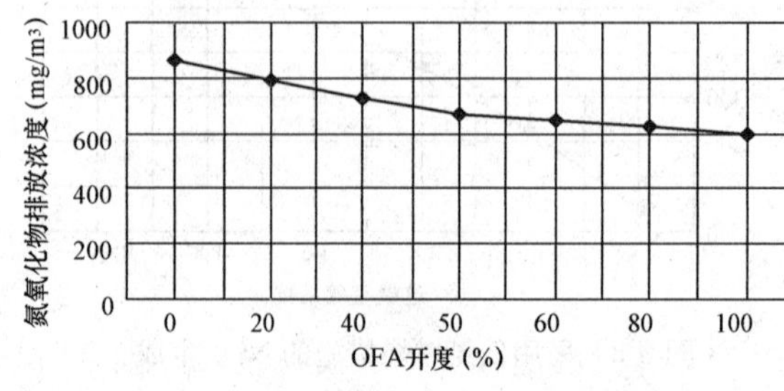

图 8-6 NO_x 排放量与 OFA 开度的关系

增大火上风开度 OFA（Over Fire Air，称为火上风喷口，或燃尽风喷口），NO_x 的排放量减少。某电厂 600MW 机组在额定负荷情况下，当火上风开度 OFA 为 50%时，烟气中 NO_x 排放量为 728.5mg/m^3。当开打 OFA 开度至 80%，NO_x 排放量下降到 600mg/m^3。当持 OFA 全关，NO_x 排放量上升到 860mg/m^3，见图 8-6。

第二节　火电厂氮氧化物的控制技术

控制与降低 NO_x 生成技术措施有很多种，如使用低 N 含量的煤、降低过量空气系数和燃烧用热空气温度、烟气再循环、浓淡偏差燃烧、空气分级燃烧等方法。根据降低 NO_x 生成的技术措施，如果锅炉煤种可选，则可以在适量范围内考虑低含氮量煤种，以控制 NO_x 的生成；如果炉型可选，采用 IGCC 是一种有效的降低污染的方法；如果是新机组投运或老机组改造，则在低氧燃烧基础上采取各种低 NO_x 燃烧设计方案将是切实可行的有效措施。目前，低 NO_x 燃烧技术主要包括低氧燃烧、分级燃烧、浓淡分离等。这些低 NO_x 燃烧技术都是力求在挥发分析出和燃烧初期，促进煤粉气流与热烟气尽快混合，以创造局部低氧环境。在局部低氧环境中，使前期生成的 NO 在焦炭燃烧阶段被还原成 N_2。控制 NO_x 生成的技术措施是低 NO_x 燃烧技术和烟气脱硝技术。烟气脱硝技术包括湿法烟气脱硝技术和干法烟气脱硝技术。湿法烟气脱硝技术包括选择性催化还原法（SCR）和选择性非催化还原法（SNCR）等；干法烟气脱硝技术包括活性炭吸收法和电子束法等。

一、空气分级燃烧技术

实施低 NO_x 燃烧切实有效的方法是炉内空气分级燃烧技术。炉内空气分级燃烧技术，即煤炭分别在欠氧和富氧条件下进行燃烧，可以有效防止 NO_x 瞬间增大现象的产生，有利于 NO_x 还原和阻滞中间反应基团的进一步氧化，最终起到控制和降低 NO_x 生成的目的。该技术只需对锅炉燃烧器喷口位置稍作改造就能满足低 NO_x 燃烧要求，达到低污染排放的目的。因此，炉内空气分级燃烧技术是比较经济的。

空气分级燃烧是 20 世纪 50 年代在美国首先发展起来的，后来德国和日本做了改进并有了较快的发展。这是目前国内外应用最广、技术最成熟的低 NO_x 燃烧技术。国内现有的电站锅炉几乎都是采用这种原理与技术来控制 NO_x 的产生。虽然各锅炉制造厂家采用的空气分级燃烧锅炉结构形式多种多样，但其中的控制基本原理大致相同，无论是前后墙布置还是切向燃烧锅炉，在进行了空气分级燃烧之后都可使 NO_x 的排放浓度降低 20%～40%。

1. 空气分级燃烧原理

空气分级燃烧是将燃烧过程分阶段完成，故也称为分段燃烧。实施空气分级燃烧的具体做法：将 80%～85%燃烧所需的空气量从燃料器下部喷口送入，使炉膛下部区域风量小于完全燃烧所需风量（富燃料燃烧），目的在于控制燃烧区域温度，降低过量空气系数，此时 $\alpha<1$，阻止氮的氧化，使 NO_x 的转化率下降，从而减少 NO_x 生成量；剩余 15%～20%燃烧所需的空气量从燃烧器上部喷口 OFA 送入，使炉膛上部区域风量大于燃烧所需风量（富空气燃烧），以达到风煤燃烧平衡、燃料完全燃烧的目的。

在过量空气系数相同的情况下，火焰温度越高，则 NO_x 的生成量越大，而在相同的温度下，过量空气系数越大，则 NO_x 的生成量越大，当分级燃烧下部送风空气过量系数降为 0.8 时，NO_x 的生成量明显减少。由此可见，火焰温度与过量空气系数对于 NO_x 的生成量都具有显著的影响。为此，降低 NO_x 生成量就必须控制其温度与过量空气系数，在理论上使其尽可能地小。但实际运行状况表明，过小的过量空气系数将造成燃料不完全燃烧损失，以及结渣和腐蚀等。因此，在实施空气分级燃烧技术时，过量空气系数应控制在某一范围内。

在分级燃烧时，炉膛内会形成富燃区和燃尽区两个区域。在缺氧富燃料条件下燃烧（一次燃烧区），燃料中 N 分解生成大量活性中间产物 HN、HCN、CN 和 NH_3 等含氮产物，它们相互复合或将已有 NO_x 还原分解成 N_2，从而抑制了燃料 NO_x 的生成。同时，由于燃烧速度和温度峰值的降低也减

少了热力 NO_x 的生成，燃烧所需的其余空气以二次风（或三次风）形式送入，使燃料进入空气过剩区域（二次燃烧区）燃尽。虽然这时空气量多，但由于火焰温度较低，在二次燃烧区内不会生成较多的 NO_x，因而总的 NO_x 生成量得以控制。因此，分级燃烧有利于降低 NO_x 的生成。

对于实际燃煤锅炉，空气分级燃烧分为上层分级、中层分级及下层分级，分级风的喷入位置对 NO_x 排放浓度有明显影响，随着分级风喷入位置的降低，NO_x 排放浓度逐步降低，在不同的分级风位置下，调整炉内送风量的配比与一次风空气系数，以降低燃煤锅炉 NO_x 排放浓度。因此，分级燃烧技术用于大型燃煤锅炉，不但能抑制燃料型 NO_x 的生成，而且也能抑制热力型 NO_x 和快速型 NO_x 的生成，总转化率能减少 30%以上。采用空气分级燃烧技术后，与原先未采取此措施的 NO_x 排放量相比，燃烧天然气时可降低 60%NO_x，燃烧煤或油时可降低 40%NO_x。

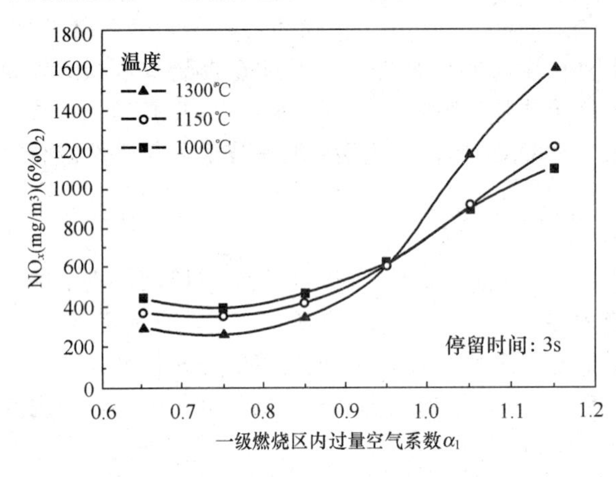

图 8-7 NO_x 的排放浓度与一级燃烧区内温度和过量空气系数的关系

2. 影响空气分级燃烧的因素及控制范围

（1）一级燃烧区内的过量空气系数。为有效控制 NO_x 的生成量，需要正确地选择一级燃烧区内的过量空气系数（α_1），当 α_1 为 0.8 时，NO_x 的生成量比 1.2 左右时降低 50%，而且此时的燃烧工况也稳定。如继续下降，虽然可进一步减少 NO_x 的生成，但烟气中 HCN、NH_3 和煤中的焦炭 N 的含量也会随之增加，继而在第二级燃烧区（燃尽区）氧化成 NO，使总的 NO_x 排放量增加。因此一级燃烧区内的过量空气系数一般不低于 0.7。对于具体的燃烧设备和煤种应通过试验确定。

（2）燃烧温度的影响。图 8-7 是燃烧挥发分为 32.4%、氮含量为 1.4%、固定碳与挥发分的比例（FC/V）为 1.78 的烟煤时，一级燃烧区不同的燃烧温度条件下 NO_x 的浓度随 α_1 的变化。图 8-7 曲线表明，在 $\alpha_1<1$ 时温度越高，对 NO_x 的降低幅度越高，但在 $\alpha_1>1$ 的氧化性条件下，NO_x 的排放浓度随温度的升高而增加。在燃烧褐煤时也得出同样结论。

因此在组织空气分级燃烧时，需要根据煤种特性，将一级燃烧区的温度控制在最有利于降低 NO_x 排放浓度的范围内。

（3）停留时间的影响。图 8-8 是烟煤在 1300℃下不同的一级反应区停留时间的 NO_x 排放浓度。当停留时间从 1s 增加到 4s，NO_x 浓度明显减少，降低幅度最大可达 60%（$\alpha_1=0.85$ 时），但在 4s 以后继续延长停留时间，则继续降低的作用不明显。

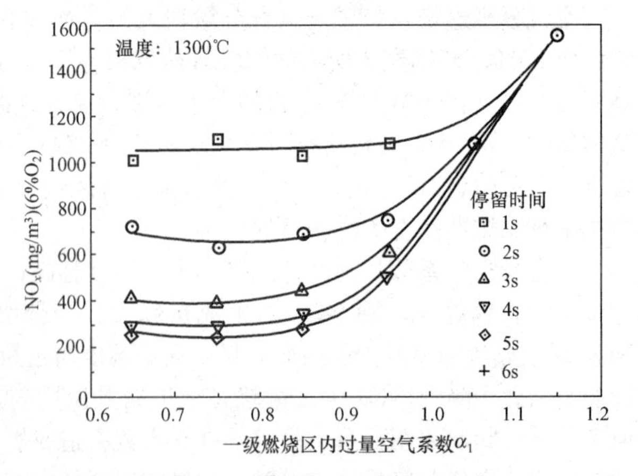

图 8-8 一级燃烧区内停留时间与 NO_x 的排放浓度的关系

（温度为 1300℃，烟煤、挥发分为 23.8%，氮含量为 1.8%，FC/V 为 2.57）

烟气在一级燃烧区的停留时间取决于“火上风”喷口的位置，即“火上风”喷口距主燃烧器的距离。如果在一级燃烧区的停留时间足够长，则可使一级燃烧区出口处烟气中的燃料 N 基本反应完全，不会带到燃尽区，否则在燃尽区还会生成一定量的 NO_x。因此，“火上风”喷口的位置和过量空气系数一起，共同决定了一级燃烧区内 NO_x 能够降低的程度。“火上风”喷口的位置不仅与 NO_x 的排放值有关，还直接关系到在第二级燃烧区（燃尽区）内燃料的完全燃烧与炉膛出口烟气温度。

（4）煤种和煤粉细度的影响。空气分级燃烧降低 NO_x 的原理就是尽量减少煤中的挥发分 N 向 NO_x 的转化，因此煤种的挥发分含量越高，对 NO_x 的降低效果就越明显，对减少高挥发分煤种的 NO_x 排放效果尤为显著。

在未采取分级燃烧时，细煤粉的 NO_x 排放浓度高于粗煤粉，在采用空气分级燃烧技术后，当 $\alpha_1<1$ 时，细煤粉 NO_x 的排放值明显低于粗煤粉，并且烟煤粒度的降低对抑制 NO_x 的生成效果优于贫煤。

虽然空气分级燃烧弥补了由早期简单的低过量空气燃烧所导致的未完全燃烧损失与飞灰含碳量增加的缺点，但值得注意的是若第一级与第二级的空气比例分配不合理，或炉内混合条件不好，也会增加不完全燃烧损失。同时，在煤粉炉第一级燃烧区内的还原性气氛也存在着使灰溶点降低而引起的结渣与受热面腐蚀的问题。因此，在采用空气分级燃烧原理设计锅炉低 NO_x 燃烧器和锅炉的日常运行中，有一些技术参数需特别注意，如果选取不恰当，不但得不到理想的 NO_x 控制效果，同样会影响锅炉燃烧效率。

3. 腐蚀或结渣的防治

在采用空气分级燃烧时，随着氧浓度的降低，第一级燃烧区内出现了还原性气氛。在还原性气氛中，煤的灰熔点会比在氧化性气氛中降低 100～120℃，因而容易引起炉膛受热面结渣与腐蚀，故应采取措施防止高温下还原性烟气与炉壁的接触。“边界风”系统则是一个有效的解决办法，具体措施是在炉底冷灰斗和侧墙上布置空气槽口，以很低的流速向炉内送入一层称为“边界风”的空气流，总流量约占总空气量的 5%，这些边界风进入锅炉后沿炉壁上升，使水冷壁表面保持氧化性气氛，可有效防止炉膛水冷壁腐蚀或结渣。

二、烟气再循环

除了空气分级燃烧以外，烟气再循环是目前使用较多的低氮燃烧技术。它是在锅炉的空气预热器前通过烟气循环风机抽取温度较低的一部分烟气，送入混合器中与空气混合，然后再一起返回炉内。一方面由于低温的烟气可以降低火焰总体温度；另一方面利用烟气中的惰性气体冲淡氧的浓度，从而导致热力型 NO_x 的生成。抽取的烟气可直接送入炉内，也可以和一次风或二次风混合后送入炉内。图 8-9 所示为锅炉烟气再循环系统示意。实践证明，NO_x 降低率随着烟气再循环率的增加而增加（见图 8-10），并且燃烧温度越高，烟气再循环率（烟气循环量占全部烟气量的体积百分比）对 NO_x 的影响越大。当烟气再循环率为15%～20%时，煤粉炉的 NO_x 排放浓度可降低 25%左右。

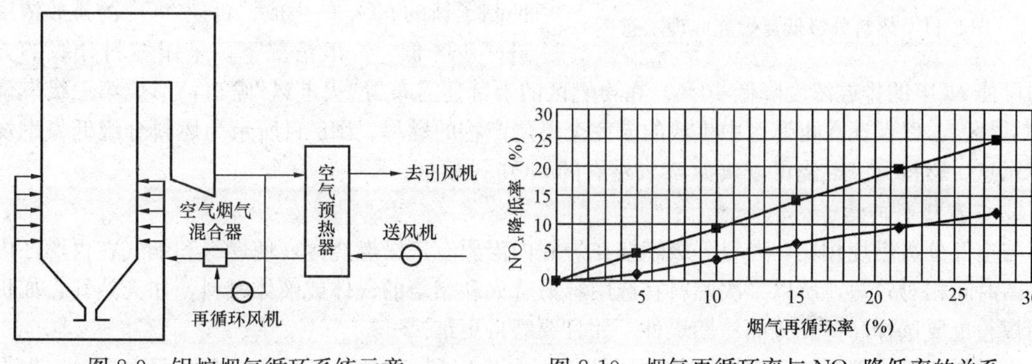

图 8-9 锅炉烟气循环系统示意　　图 8-10 烟气再循环率与 NO_x 降低率的关系

将再循环烟气送入炉内的方法很多，如通过专门的喷口送入炉内，或者用来输送二次燃料。但更有效的方法是采用空气烟气混合器，把烟气掺混到燃烧空气中去。

采用烟气再循环法时，由于烟气量增加，将引起燃烧状态不稳定，从而增加未完全燃烧热损失，因此烟气再循环率的增加幅度是有限度的；另外，受燃烧火焰稳定性的限制，电站锅炉的再循环率一般不超过20%。如果再循环率低于15%，降低NO_x的作用还没有显现出来，因此再循环率一般要大于15%，小于20%。

这一技术既可在一台锅炉上单独使用，也可和其他低氮燃烧技术配合使用。可用来降低主燃烧器空气的浓度，在与燃料分级技术联合使用时还可用来输送二次燃料。

采用烟气再循环技术需要安装再循环风机、循环烟道，这些都需要场地，从而在现有电站进行改造时对锅炉附近的场地条件有一定的要求，占地面积大，投资和运行费用高。

烟气再循环技术可以防止锅炉运行中的结焦问题，对于燃烧无烟煤和煤质不太稳定的锅炉则不易采用。

三、燃料分级燃烧

1. 基本原理

由NO_x的还原机理可知，已生成的NO_x在遇到烃根C_nH_m和未完全燃烧产物CO、H_2、C及O_2时，会发生NO的还原反应，从而将已生成的NO还原成N_2，即

$$4NO+CH_4 \longrightarrow 2N_2+2H_2O+CO_2$$

$$2NO+2C_nH_m+(2n+m/2-1)O_2 \longrightarrow N_2+mH_2O+2nCO_2$$

$$2NO+2CO \longrightarrow N_2+2CO_2$$

$$2NO+2C \longrightarrow N_2+2CO$$

$$2NO+2H_2 \longrightarrow N_2+2H_2O$$

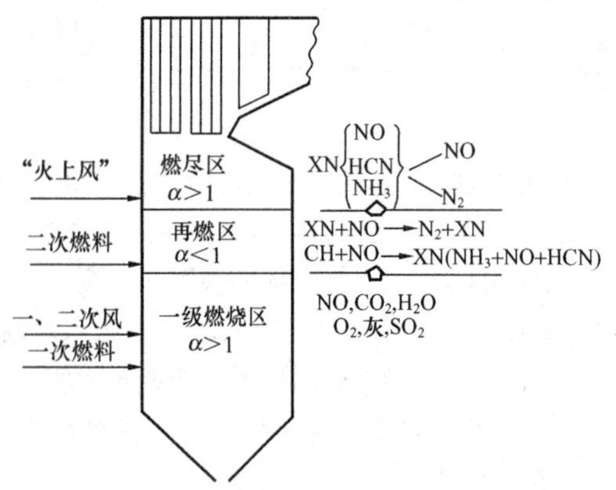

图8-11 燃料分级低氮燃烧原理示意

利用这一原理，将80%～85%的燃料送入第一级燃烧区(主燃烧区)，在$\alpha>1$的条件下与燃料充分混合，燃烧并生成NO_x，送入一级区的燃料称为一次燃料。其余15%～20%的燃料则在主燃烧器的上部送入二级燃烧区，在$\alpha<1$的条件下形成很强的还原性气氛，使得在一级燃烧区中生成的NO_x在二级燃烧区内被还原成氮气分子(N_2)。二级燃烧区称为再燃区，送入二次燃烧区的燃料称为二次燃料。在再燃区中不仅使得已生成的NO_x得到还原成N_2，而且还抑制了新的NO_x的生成，可使NO_x的排放浓度进一步降低。一般情况下，采用燃料分级的方法均可使NO_x的排放浓度降低40%。在再燃区的上部还需布置"火上风"喷口，形成第三级燃烧区(燃尽区)，以保证在再燃区中生成的未完全燃烧产物的燃尽。图8-11所示为燃料分级低氮燃烧原理示意。燃料分级燃烧可以减少50%左右的NO_x排放量。

2. 二次燃料的选择

与空气分级燃烧相比，燃料分级燃烧在炉膛内需要有三级燃烧区，使燃料和烟气在再燃区内的停留时间相对较短，所以二次燃料宜选用容易着火和燃烧的气体或液体燃料，如天然气，如仍采用煤粉也要选择高挥发分的易燃煤种，并且要磨得更细。

由燃料分级原理可知，再燃区的还原性气氛中最有利于NO_x还原的成分是烃(CH_i)。根据

这一原理，选择二次燃料时应采用能在燃烧时产生大量烃根而又不含氮的燃料，如丙烷(C_3H_8)在再燃区内能有效地降低 NO_x 的浓度。图 8-12 所示为不同二次燃料再燃区内的过量空气系数(α_2)对 NO_x 产生量的影响。

各种煤种产生 CH_i 的情况及含氮量的不同，其降低 NO_x 的效果也不同，而氢气(H_2)由于本身不能产生烃根，因此效果最差。研究表明，与煤和油相比，天然气是最有效的二次燃料，并且其中碳原子数目较多的烃的含量越多，其降低 NO_x 的效果越明显。

当以甲烷作二次燃料时，尽管不同的煤种在过量空气系数 $\alpha_1>1$ 的一级燃烧区内所生成的 NO_x 各不相同，但当再燃区的温度达 1300℃、停留时间达 1s 时，最终的 NO_x 浓度值非常接近(见图 8-13)。这说明采用了合适的二次燃料，特别是烃类气体燃料，只要再燃区内有足够高的温度和停留时间，就可在再燃区内基本完成 NO_x 的还原，而与一次燃烧区内的 NO_x 初始值无关。

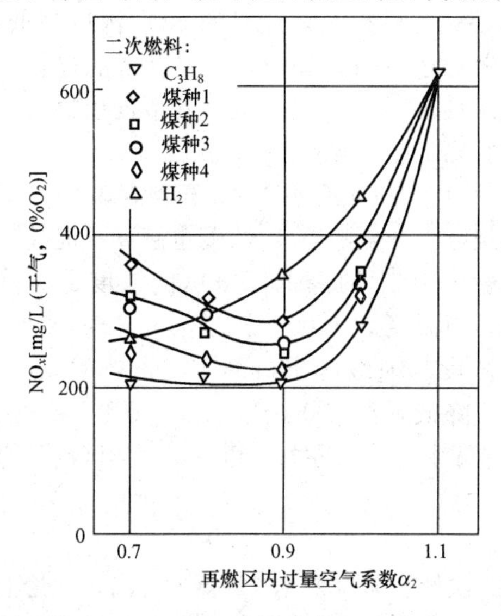

图 8-12 不同二次燃料再燃区内的过量空气系数(α_2)对 NO_x 产生量的影响

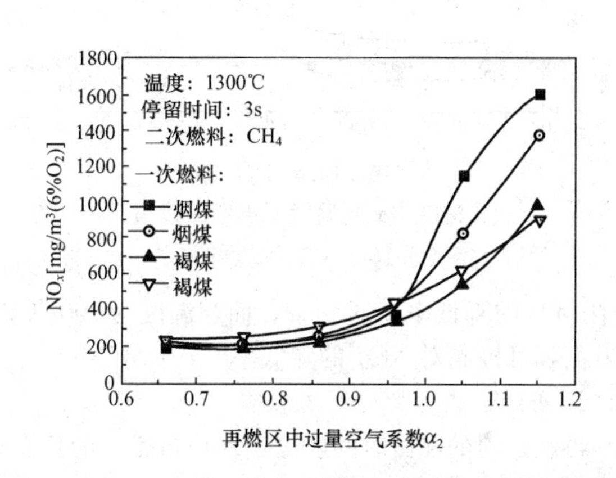

图 8-13 甲烷作二次燃料时不同煤种再燃区中 NO_x 的浓度

3. 二次燃料的比例

为保证再燃区 NO_x 的还原效果，需要送入足够的二次燃料，以提供还原 NO_x 所需的烃根。图 8-14 所示为以煤和天然气作为二次燃料时，二次燃料的比例对 NO_x、CO 的浓度以及烟气中飞

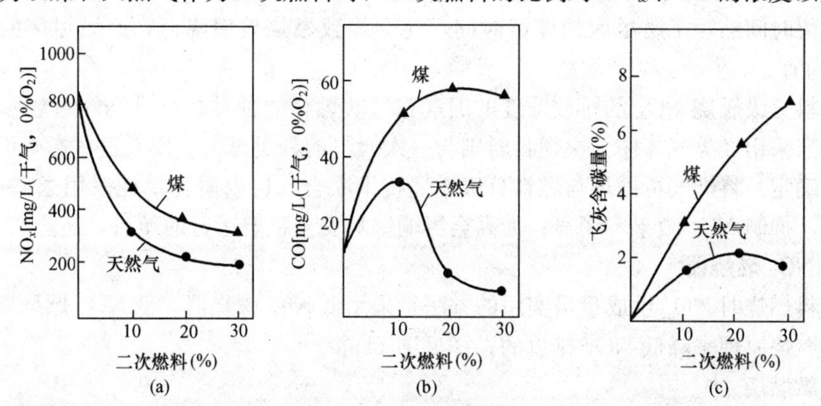

图 8-14 二次燃料的比例对 NO_x、CO 的浓度及烟气中飞灰含碳量的影响

灰含碳量的影响。

由图 8-14 可知，在相同的二次燃料比例下，天然气可达到更好的 NO_x 的降低效果，但在其比例达 20%以上时，继续增加二次燃料的比例降低 NO_x 的效果增加不再明显。所以一般二次燃料的比例在 10%～20%。当以煤作二次燃料时，烟气中的 CO 浓度和飞灰含碳量将随比例的增加显著增加，故对具体的某一个二次燃料，其比例需要由试验确定。

4. 再燃区内过量空气系数与温度的影响

图 8-15 所示为以甲烷为二次燃料时，不同温度下再燃区过量空气系数与 NO_x 的浓度的影响。图 8-15 表明，在一定的燃烧温度与停留时间条件下，存在一个最佳的过量空气系数 α_2，此时的 NO_x 浓度最低。一般对于不同燃烧设备，再燃区的过量空气系数在 0.7～1.0 之间，其最佳值也需由试验确定。

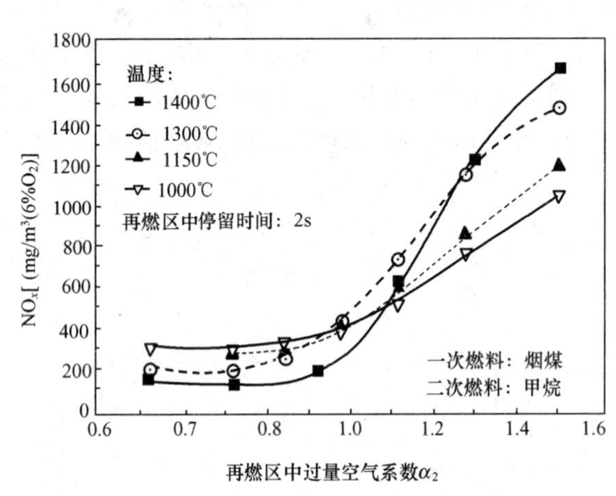

图 8-15　不同温度下再燃区过量空气系数与 NO_x 浓度的关系

由图 8-15 还可看出，温度越高，一级燃烧区中产生的 NO_x 浓度也越高，但随着再燃区中 α_2 的降低，NO_x 的浓度也会降低。当温度为 1400℃、α_2 为 0.8 时，NO_x 的浓度从一级区出口的 1700mg/m^3 ($\alpha_1=1.5$)降低到约 100mg/m^3 ($\alpha_2=0.8$)，再燃区中 NO_x 的降低率高达 94%。而当温度为 1000℃时，降低率为 70%左右。可见，再燃区内的温度升高，可提高对 NO_x 的降低率。

5. 再燃区内停留时间的影响

再燃区内的停留时间取决于锅炉再燃区的长度，即二次燃料喷口距主燃烧器的距离。理论上再燃区内的温度越高、停留时间越长，还原反应则越充分，NO_x 的降低率就越高。但实际上烟气在再燃区内的停留时间由二次燃料入口和火上风喷口的位置所决定，而二次燃料喷口的位置还影响一级燃烧区的停留时间，如一味地延长再燃区的停留时间而减少了一级燃烧区的停留时间，不仅会降低燃料的燃尽率，还会使过多的过量氧进入再燃区而减弱了还原气氛。因此一般再燃区中的温度为 1200℃时，停留时间在 0.7～1.5s 之间。试验表明，当再燃区的停留时间低于 0.7s 时，NO_x 的排放值会显著增加，而停留时间过长也不会进一步降低 NO_x 的浓度。此外，过长的再燃区的停留时间缩短了燃尽区的停留时间，还会导致燃烧效率降低，而燃尽区的停留时间在 0.7～0.9s 为宜。

影响燃料分级燃烧 NO_x 的排放浓度的因素有二次燃料的种类、过量空气系数 α_2、温度和停留时间等，当采用烃类气体作二次燃料时则与一次燃料的种类无关。所有这些影响因素的最佳值都需由试验确定。将烟气再循环与燃料分级燃烧技术联合，可以避免单纯采用烟气再循环技术，循环率太低，抑制 NO_x 效果不明显；太高会影响锅炉安全稳定运行的矛盾，还能产生协同作用。

四、低 NO_x 燃烧器

降低燃料燃烧时 NO_x 生成量最实用的方法是采用低 $N0_x$ 燃烧器，低 NO_x 燃烧器基本上是根据空气分级燃烧原理来降低 NO_x 排放的，详见第 11 章。

五、低氧燃烧

为了降低出口烟气 NO_x 浓度，锅炉燃烧过程中，应尽可能地降低过剩空气量，但需要保证燃烧稳定。通过燃烧调整，保持每只燃烧器喷口合适的风粉比，使煤粉燃烧尽可能在接近理论空气量条件下进行，以抑制 NO_x 的生成。二次风的配给应与各燃烧器的燃料量相匹配，对停运的燃烧器，在不烧火嘴的情况下，尽量关小该燃烧器的各次配风，使燃烧处于低氧燃烧。一般情况下，通过降低过剩空气量，可降低出口烟气 NO_x 放 15%～20%。但当炉膛内氧浓度过低（出口烟气应具有 3%的氧量）时，会造成 CO 浓度和飞灰含碳量的急剧升高，从而增加话不完全和机械不完全燃烧损失，降低锅炉的燃烧效率。此外，低氧燃烧会使炉膛内某些区域呈现还原性气氛，从而降低煤灰熔点引起炉膛水冷壁壁面结渣和高温腐蚀。

六、循环流化床燃烧技术

循环流化床（FBC）锅炉具有燃烧效率，燃料适应性好，SO_2、NO_x 污染物排放量低等特点。我国自 20 世纪 80 年代开始对循环流化床燃烧技术进行研究，通过自主研发和技术引进，目前已全面掌握了该清洁燃煤技术。目前，我国循环流化床锅炉容量覆盖 35～1025t/h，锅炉总安装容量达 5000 万 kW，居世界第一位。

FBC 锅炉一般均设计成空气分级燃烧方式，炉膛下部浓相区的一次风量从布风板送入，其余的燃烧空气由二次风在浓相区上面的炉膛送入，一、二次风的比例因不同的设计而不同，可以从 60%/40%至 40%/60%，从而有效地抑制 NO_x 的生成，NO_x 的排放浓度可以控制在 200～300mg/m^3。

七、整体煤气化联合循环洁净发电技术

世界上第一座整体式煤气化燃气联合循环（IGCC：Integrated Gasification Combined Cycle）装置是 1972 年在德国 Lunen 市的 Kellerman 电厂 170MW 机组。IGCC 由两大部分组成，即煤的气化和净化部分、燃气-蒸汽联合循环发电部分。第一部分的主要设备有气化炉、空分装置、煤气净化设备，第二部分的主要设备有燃气轮机发电机组、余热锅炉、汽轮机发电机组。IGCC 工艺过程：将先进的煤气化技术和联合循环发电技术结合起来，在气化炉中将煤炭气化成中低热值煤气，经过净化，除去煤气中的硫化物、氮化物、粉尘等污染物，转化成洁净的合成气（主要为 H_2 和 CO）作为燃气轮机/蒸汽轮机联合循环的燃料。然后送入燃气轮机的燃烧室燃烧，加热气体工质以驱动燃气透平做功，燃气轮机排气进入余热锅炉加热给水，产生过热蒸汽驱动汽轮机做功。采用这种“联合循环”，将燃煤电厂的污染物排放降低到接近燃烧天然气的水平。

与常规火电机组相比，IGCC 技术具有以下优点：

（1）供电效率高。IGCC 技术有效地实现了煤化学能的梯级转换，它结合了燃气轮机平均吸热温度高（1300～1500℃）和蒸汽轮机平均放热温度低（32℃左右）的优点，增大了热力系统平均吸热温度与平均放热温度之间的温差，从而提高了发电的效率，目前发电效率已经达到 42%～45%。随着燃气轮机叶片冷却技术的不断开发和应用，新型燃气轮机（如 GE 公司的 H 型燃气轮机）组成的联合循环热效率将达到 60%。

（2）燃料适应性强。同一设备可燃用多种燃料，对高硫煤有独特的适应性。如褐煤、烟煤、无烟煤、高低硫煤、油渣、生物质燃料等均可使用，能满足环保要求。

（3）IGCC 技术可以设计成生产其他产品，如氢、蒸汽、氨，甲醇和氧基化学品，可根据发电量和其他可售商品的规模大小的经济性来提高收益率。例如被荣誉为“世界上最清洁的燃煤电站”的冷水电站，脱硫效率为 96%～97%，可分离出 98.6%的 H_2S，生产出纯度为 98%～99%的元素硫作为商品出售。

（4）气体污染物排放量很小。IGCC 电厂的气态污染物排放量非常低。SO_2 排放 30～100mg/m^3，粉尘排放小于 20mg/m^3，氮氧化物排放 50～130mg/m^3；而 PC＋FGD 电厂 SO_2 排放小于

1200mg/m^3，粉尘排放 200mg/m^3，氮氧化物排放 1200mg/m^3（如考虑采用脱氮措施后可以达到 650mg/m^3，但费用较高）。当使用含硫量大于 3%的煤种时，IGCC 的优点更加突出。IGCC 机组 SO_x和 NO_x 的排放量分别是常规燃煤电站的 1/10 和 1/4，污染物排放的大大降低，很容易满足日益严格的环保标准要求。

第九章 烟气脱硝技术

第一节 选择性催化还原法

选择性催化还原（Selective Catalytic Reduction，SCR）烟气脱硝技术是由美国 Eegelhard 公司发明并于 1959 年申请了专利。1972 年，日本的日立造船株式会社开始研究和开发脱硝催化剂和脱硝装置，并于 1975 年在日本的 Shimoneski 电厂建立了第一个 SCR 系统的示范工程，其后 SCR 技术在日本得到广泛应用。到 2002 年，日本已经有 170 多套 SCR 装置在电站机组(231 00MW)上运行，约占日本燃煤机组容量的 93%。德国已有 120 多台大型 SCR 装置的成功应用经验（55 000MW），约占本国燃煤机组容量的 95%。到 2004 年底，美国有 100GW 的 SCR 系统被应用，约占美国燃煤机组容量的 33%。我国率先采用脱硝装置是福建后石电厂 1～6 号 6×600MW SCR 脱硝装置，自 1999 年起陆续投入运行，脱硝率达 65%以上，最终 NO_x 排放量为 185mg/m³。

一、SCR 脱硝工艺流程

选择性催化还原是基于在金属催化剂的作用下，喷入的氨（NH_3）把烟气中的 NO_x 还原成 N_2 和 H_2O。还原剂以 NH_3 为主，催化剂有贵金属和非贵金属两类。SCR 反应器置于锅炉之后的烟道上。根据 SCR 反应器布置位置分为三种方式，见图 9-1。

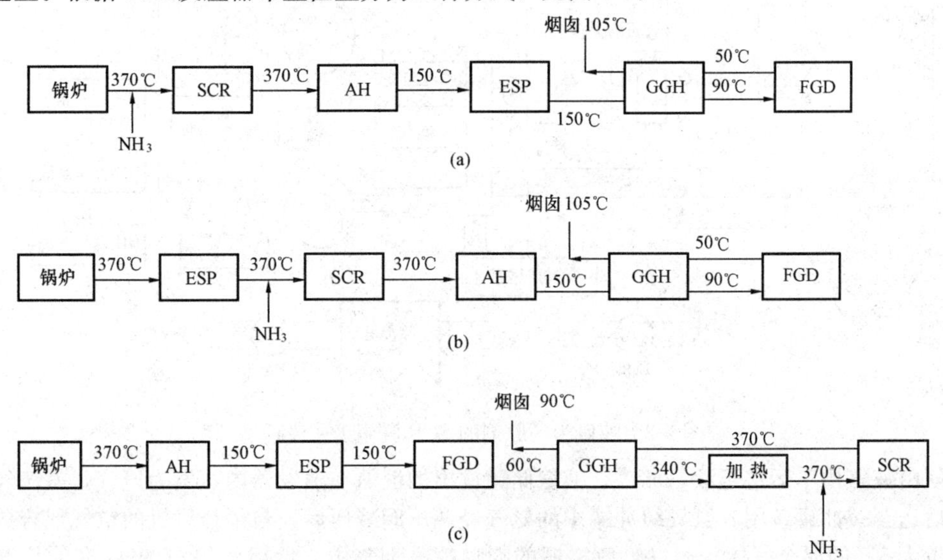

图 9-1 SCR 工艺流程布置图

(a) 高温高尘布置；(b) 高温低尘布置；(c) 低温低尘布置

AH—空气预热器；ESP—除尘器；FGD—脱硫装置；SCR—脱硝装置

图 9-1(a)高温高尘布置的优点是进入反应器烟气的温度达 300～500℃，多数催化剂在此温度范围内有足够的活性，烟气不需再次加热就可获得较好的 NO_x 净化效果，而且投资费用低。但催化剂处于高尘烟气中，寿命会受到下列因素影响：

(1) 飞灰中K、Na、Ca、Si、As会使催化剂污染或中毒。

(2) 飞灰磨损反应器并使蜂窝状催化剂堵塞。

(3) 若烟气温度过高会使催化剂烧结或失效。

(4) 烟气中的SO_2、SO_3存在对催化剂毒化的问题。

图9-1(b)高温低尘布置的优点是催化剂不受飞灰的影响，可降低催化剂消耗量。但高温静电除尘器对除尘器的设计与材料有严格的要求，必须使用高温电除尘器；而且烟气中的SO_2、SO_3也存在对催化剂毒化的问题。

图9-1(c)低温低尘布置的优点是催化剂不受飞灰的影响，并不受SO_2、SO_3等气态毒物的影响。烟气比较干净，催化剂体积小，退化慢，还可以避免砷中毒，这种布置方式的催化剂使用寿命至少5年。但是由于烟温较低，一般需要用气—气换热器或采用燃料气燃烧的方法将烟气温度提高到催化剂还原反应所必需的温度。但由于目前成熟的SCR商业催化剂的运行温度一般为300～400℃，大量的烟气加热引起成本增加很多，而且电站锅炉省煤器出口温度为320～400℃，可满足常见催化剂运行所需的温度条件，因此在工业应用常常采用第一种高温高尘布置方式，这种布置方式的催化剂使用寿命一般为3年。

液氨作为还原剂的SCR脱硝系统由催化反应器、氨储存及供应系统、氨喷射系统及相关的测试控制系统等组成，如图9-2所示。

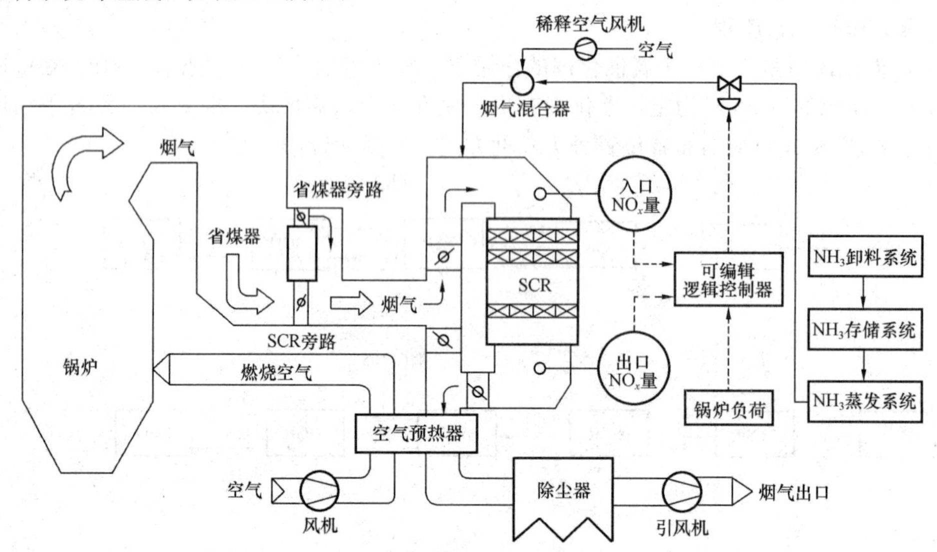

图9-2 液氨为还原剂的SCR脱硝工艺流程

液氨由液氨槽车运送至液氨储罐，液氨储罐输出的液氨在蒸发器内蒸发为氨气，氨气经加热至常温后送至缓冲罐备用。氨气缓冲罐中的氨气经调压阀减压后，与稀释风机的空气混合成氨气体积含量为5%的混合气体，通过喷氨格栅的喷嘴喷入烟气中，然后氨气与NO_x在催化剂的作用下发生氧化还原反应，生成N_2和H_2O。

二、系统构成

1.SCR反应器

SCR反应器的水平段安装有烟气导流叶片和导流板，以及喷氨格栅。在反应器的竖直段装有催化剂床。催化剂床底部安装气密装置，防止未处理的烟气泄漏。

导流叶片和导流板的作用是使烟气和氨的混合更加充分，烟气进入反应器的分布也更加均匀。

反应器采用固定床平行通道形式，催化剂以单元模块形式叠放在若干层（一般为2～4层）托架上，并预留一层位置，作为将来脱硝效率低于需要值时增装催化剂用。反应器采用直立式焊接钢结构容器，内部设有催化剂支撑结构。催化剂通过反应器外的催化剂填装系统从侧门放入反应器内。

脱硝系统压降一般为1kPa，由于SCR脱硝装置反应器催化剂本身阻力、烟道阻力增加，一般需要增压风机，导致电耗增加0.15个百分点。

2. SCR催化剂

催化剂是SCR系统中的主要设备，其组成、结构、寿命及相关参数直接影响SCR系统脱硝效率。催化剂的投资占了整个脱硝系统投资的60%左右。目前，工业中应用最多的SCR催化剂大多是以TiO_2为载体，以V_2O_5或V_2O_5-WO_3、V_2O_5-MoO_3为活性成分。其中，TiO_2具有较高的活性和抗SO_2性能；V_2O_5是最重要的活性成分，具有较高的脱硝效率，但同时也促进了SO_2向SO_3的转化。另外，活性材料WO_3的添加，有助于抑制SO_2的转化；其他活性材料钼（Mo）可起到助催化剂和稳定剂的作用。

3. 氨储存和供应系统

在SCR脱硝系统构成中，氨储存和供应系统最复杂，主要包括液氨卸料压缩机、液氨储罐、液氨蒸发器、氨气缓冲罐、氨气稀释槽、废水泵和废水池等。

液氨（纯氨）的供应由液氨槽车运送，利用液氨卸料压缩机将液氨由槽车输入液氨储罐内，液氨储罐输出的液氨在蒸发器内蒸发为氨气，再将氨气送到氨气缓冲罐备用。缓冲罐的氨气经调压阀减压后送入氨气/空气混合器中，与来自送风机的空气充分混合后，通过喷氨格栅（AIG）的喷嘴喷入烟气中，与烟气混合后进入SCR催化反应器。因事故，系统紧急排放的氨气则导入氨气稀释槽中，经水的吸收排入废水池，再经废水泵送至废水处理厂处理。

4. 氨/空气喷雾系统

氨和空气在混合器和管路内充分混合后进入氨气分配总管。氨/空气喷雾系统包括供应箱、喷氨格栅（Ammonia Injection Grid，AIG）和雾化喷嘴等。每一供应箱安装一个节流阀及节流孔板，可使氨混合物在喷氨格栅达到均匀分布。氨/空气混合物喷射根据NO_x浓度分布，通过雾化喷嘴来调整。

5. 吹灰和灰输送系统

为了防止由飞灰引起催化剂的堵塞，必须除去烟气中硬而直径较大的飞灰颗粒，在省煤器之后设有灰斗，当锅炉低负荷运行或检修吹灰时，收集烟道中的飞灰，始终保持烟道中的清洁状态。

在每个SCR装置之后的出口烟道上设有灰斗，当烟气经过SCR装置时由于流速降低（省煤器烟气流速约为10m/s，SCR反应器内气流速约为5m/s），烟气中的飞灰会在SCR装置内及出口处沉积下来，部分自然落入灰斗中。

在反应器内设置吹灰器，以除去可能遮盖催化剂活性表面及堵塞气流通道的颗粒物。吹灰器一般采用蒸汽吹灰器和声波吹灰器。日本和美国SCR系统采用声波吹灰器较多，欧洲SCR系统采用蒸汽吹灰器较多。

6. SCR旁路

日本电厂均设置旁路烟道，欧洲SCR通常不设旁路烟道。设置旁路的主要优点如下：

（1）在锅炉被迫停运期间，催化剂的温度会保持几天，这对有积灰的SCR系统非常重要，避免了飞灰的硬化。

（2）锅炉不停运，也可以更换或维护SCR反应器中的催化剂。

(3) 在锅炉低负荷时，通过旁路减少 SCR 催化剂的损耗。

设置旁路烟道的弊端：加大投资，增加布置难度，加大运行阻力（必须设置烟气挡板）。

不设置旁路的原因主要如下：

(1) 烟道复杂，导致压损升高，使水平烟道有积灰的危险，并导致催化剂或空气预热器堵塞。

(2) 需要性能可靠且紧密的烟道挡板来关闭旁路，而有些电厂出现过旁路烟道挡板磨损而无法再紧密关闭的问题。

(3) 维护或更换催化剂的时间可安排与锅炉大、小修停炉期间进行。

7. SCR 控制系统

SCR 烟气脱硝控制系统依据确定的 NH_3/NO_x 摩尔比来提供所需要的氨气流量，进口 NO_x 浓度和烟气流量的乘积产生 NO_x 流量信号，此信号乘上所需的 NH_3/NO_x 摩尔比就是基本氨气流量信号。

根据程序计算出的氨气流量需求信号送到控制器并与真实氨气流量信号相比较，所产生的误差信号经比例加积分动作处理，去定位氨气流量控制阀，若氨气因为某些连锁失效造成喷雾动作跳闸，届时氨气流量控制阀关断。

对于一个给定的 NO_x 脱除效率来说，NH_3/NO_x 摩尔比不应超过理论值的±5%。过大的偏差可能会降低脱硝反应，导致逸出氨的浓度增大，并需要更大的催化剂体积。

三、SCR 的化学反应

SCR 的化学反应机理比较复杂，但主要的反应是 NH_3 在一定的温度和催化剂的作用下，有选择性地（只与烟气中的 NO_x 反应，而不单独与 O_2 反应）把烟气中的 NO_x 还原为 N_2，即

$$4NH_3+4NO+O_2 \longrightarrow 4N_2+6H_2O$$

$$4NH_3+2NO_2+O_2 \longrightarrow 3N_2+6H_2O$$

$$8NH_3+6NO_2 \longrightarrow 7N_2+12H_2O$$

同时还存在以下副反应

$$4NH_3+4O_2 \longrightarrow 2N_2O+6H_2O$$

$$4NH_3+5O_2 \longrightarrow 4NO+6H_2O \text{（氨的氧化反应）}$$

$$2NH_3 \longrightarrow N_2+3H_2 \text{（氨的分解反应）}$$

上面第一个反应是主要的，因为烟气中几乎 95%的 NO_x 是以 NO 的形式存在的。在没有催化剂的情况下，上述化学反应只在很窄的温度范围内（980℃左右）进行，即选择性非催化还原(SNCR)。通过选择合适的催化剂，反应温度可以降低，并且可以扩展到适合电厂实际使用的 290～430℃范围内。

氨的分解反应和氨的氧化反应 $4NH_3+5O_2 \longrightarrow 4NO+6H_2O$ 都是在 350℃以上才进行的，450℃以上才激烈起来。在一般的选择性催化还原工艺中，反应温度常控制在 350℃以下，这时仅有 NH_3 氧化成 N_2 的副反应发生。

选择适当的催化剂可使反应在 200～400℃的温度范围内进行，并能有效地抑制副反应的发生，在 NH_3 与 NO 化学计量比为 1∶1 的情况下，可以得到 80%～90%的 NO_x 脱除率，NO_x 排放浓度可降到 200mg/m^3 以下。

在某些条件下，SCR 系统中还会发生如下不利反应

$$SO_2+1/2O_2 \longrightarrow SO_3$$

$$NH_3+SO_3+H_2O \longrightarrow NH_4HSO_4$$

$$2NH_3+SO_3+H_2O \longrightarrow (NH_4)_2SO_4$$

$$SO_3+H_2O \longrightarrow H_2SO_4$$

反应生成的硫酸氢铵 NH_4HSO_4 和硫酸铵 $(NH_4)_2SO_4$ 很容易对空气预热器造成沾污。

NH_3 和 NO_x 在催化剂上的反应过程见图 9-3，主要由以下步骤组成：

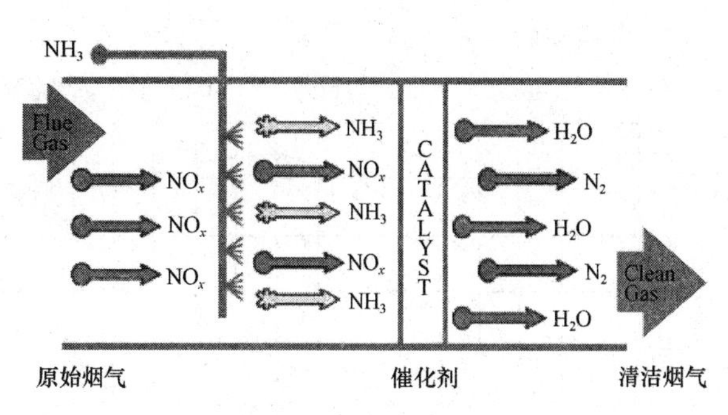

图 9-3 脱硝原理

（1）NO、NH_3、O_2 从烟气流主体扩散到催化剂的外表面。

（2）NO、NH_3、O_2 进一步向催化剂的微孔内扩散进去。

（3）NO、NH_3、O_2 在催化剂表面上被吸附。

（4）被吸附的 NO、NH_3、O_2 转化成反应的生成物。

（5）H_2O 和 N_2 从催化剂表面上脱附下来。

（6）脱附下来的 H_2O 和 N_2 从微孔内向外扩散到催化剂外表面。

（7）H_2O 和 N_2 从催化剂外表面扩散到烟气流中被带走。

四、影响脱硝系统的因素

影响脱硝效率的因素主要取决于反应温度、NH_3 与 NO_x 的化学计量比、烟气中氧气的浓度、催化剂数量和性质等。

1. 反应温度的影响

在管式固定床反应器中，采用 TiO_2/V_2O_5 催化剂，在 200～210℃范围内，随着反应温度的升高，NO_x 脱除率急剧增加；升至 310℃时，达到最大值（90%），随后 NO_x 脱除率随温度的升高而下降。在 SCR 过程中温度的影响存在两种趋势：一方面是温度升高使 NO_x 脱除速率增加，使 NO_x 脱除效率升高；另一方面随着温度的升高，NH_3 开始发生氧化副反应，使 NO_x 脱除效率下降。因此，最佳温度是这两种趋势对立统一的结果。由图 9-4 可知，试验制备的 TiO_2/V_2O_5 催化剂最佳反应温度为 310℃。为了避免在催化剂表面生成硫酸铵和硫酸氢铵，SCR 的最低工作温度必须比生成硫酸铵和硫酸氢铵的温度高出 120～140℃，一般控制在 300～400℃。

2. NH_3/NO_x 摩尔比

在 310℃温度下，NH_3 与 NO_x 摩尔比对脱硝效率的影响，见图 9-5，SCR 的脱硝效率随 NH_3/NO_x 摩尔比的增加而增加。当 NH_3/NO_x 摩尔比小于 1 时，其影响幅度更为明显。但 NH_3 投入量超过需要量时，NH_3 氧化等副反应的速率将增大，从而降低了 NO_x 脱除效率，同时也增加了净化气中未转化的 NH_3 排放浓度，造成二次污染。在 SCR 工艺中，一般控制 NH_3/NO_x 摩尔比在 1.0 以下，氨的排放浓度控制在 $3mg/m^3$ 以下。

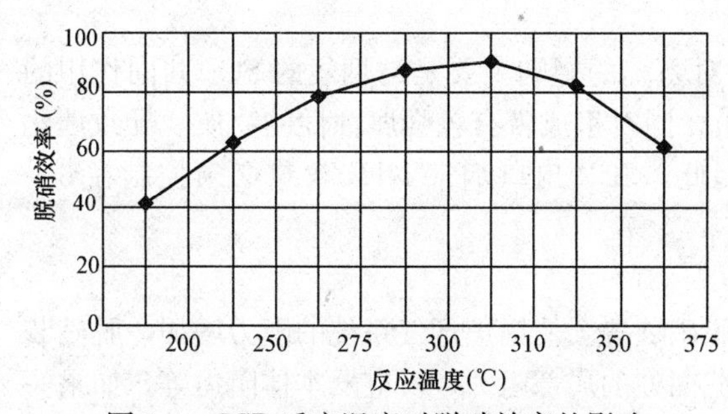

图 9-4 SCR 反应温度对脱硝效率的影响

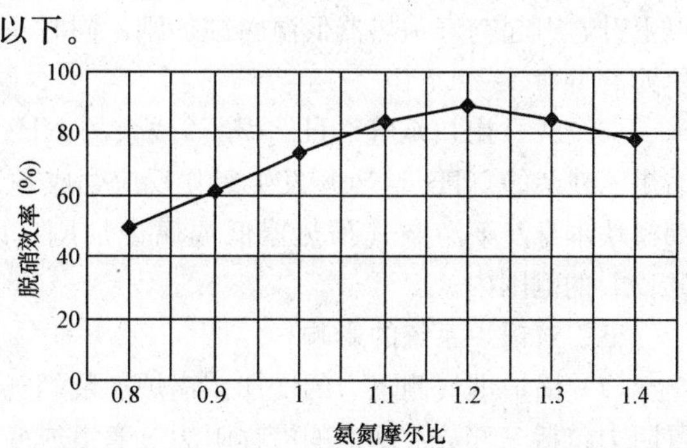

图 9-5 NH_3/NO_x 摩尔比对脱硝效率的影响

3. 接触时间

在反应温度为310℃，NH_3/NO_x 摩尔比=1的条件下，反应器与催化剂的接触时间对脱硝效率的影响见图9-6。图9-6表明，脱硝效率随着接触时间 t 的增加而迅速增加，t 增加到200ms左右时，脱硝效率达到最大，随后脱硝效率下降。这主要是由于反应气体与催化剂的接触时间增大，有利于反应气在催化剂微孔内的扩散、吸附、反应和产物的解吸、扩散，从而使 NO_x 脱除效率提高。但是接触时间过大，NH_3 开始发生氧化副反应，使 NO_x 脱除效率下降。试验确认最佳接触时间为200ms。

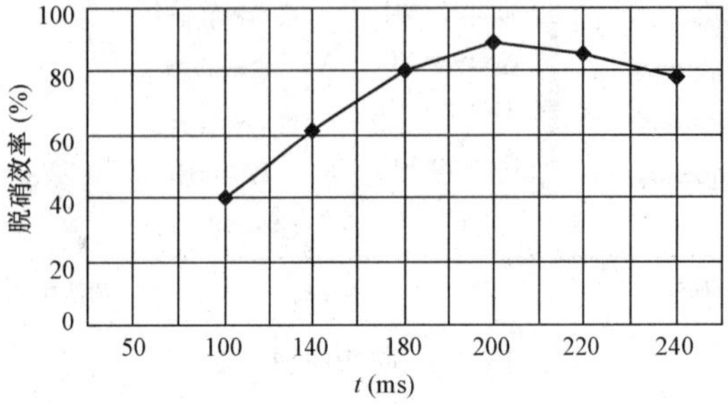

图9-6 接触时间对脱硝效率的影响

4. 催化剂 V_2O_5 的含量

催化剂 V_2O_5 的含量对脱硝效率的影响见图9-7。图9-7表明，催化剂 V_2O_5 的含量增加，催化效率增加，脱硝效率提高。但是当 V_2O_5 含量达到6.6%时，催化效率及脱硝效率反而下降。这主要是因为 V_2O_5 在 TiO_2 载体上的分布不同造成的。红外光谱表明，当 V_2O_5 含量在1.4%～4.5%时，V_2O_5 均匀分布 TiO_2 载体上，并且以等轴聚合的钒基形式存在；当 V_2O_5 含量为6.6%时，V_2O_5 在载体 TiO_2 上形成新的结晶区——V_2O_5 结晶区，从而降低了催化剂的活性。

5. 烟气性质

（1）入口烟气含尘量。在燃煤锅炉烟气脱硝系统中，由粉尘带来的脱硝系统操作恶化主要体现在3个方面：首先是由粉尘引起的催化剂单元堵塞导致的压损增大；其次，粉尘含有的碱分以及其他有害物质覆盖在催化剂表面，并随着表面扩散附着在活性点上，可能引起催化剂中毒；第三，随着烟气中含尘量的增加，对催化剂的磨损加剧，主要包括催化剂端部的直接碰撞、气体流过部位的粉尘碰撞以及粉尘的摩擦作用，因此必须采取措施，对入口烟气含尘量加以控制。

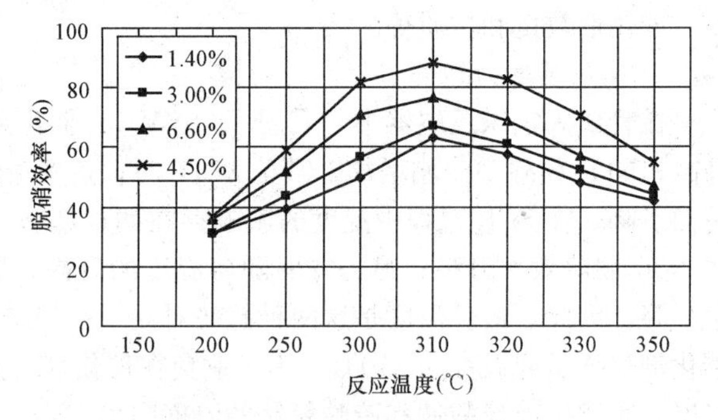

图9-7 催化剂 V_2O_5 的含量对脱硝效率的影响

（2）入口烟气 SO_2 含量。与 NO_x 共存的 SO_2 部分转化为 SO_3，与残余的 NH_3 发生反应，在脱硝反应器内以及脱硝反应器下游的空气预热器传热面上，析出硫酸铵和硫酸氢铵，导致酸露点上升，引起空气预热器低温腐蚀加剧。同时对脱硝反应器的催化剂载体产生腐蚀，影响催化剂单元的寿命。

（3）SCR出口烟气 NH_3 含量。残余的 NH_3 对系统的影响主要是与烟气的 SO_2 共同作用的结果。残余的 NH_3 与 SO_2 发生氧化反应生成 SO_3，同时生成带有较强腐蚀性的物质，导致催化剂模块本身及下游空气预热器低温腐蚀加剧。因此，SCR出口烟气 NH_3 含量必须控制在3～5μL/L的范围内。

五、对锅炉系统的影响

（1）锅炉烟气侧阻力的增加。锅炉加装烟气脱硝装置会使锅炉烟气系统的阻力增加，脱硝装置阻力包括三部分：烟道的沿程阻力、弯道或变截面处的局部阻力、反应器木体阻力等。如果一层催化剂一般阻力为600Pa，2层催化剂一般阻力为1000Pa，则在夏季温度高，机组满负荷时，引风机有可能容量不足，增加增压风机会导致厂用电增加0.15个百分点。

(2) 喷入烟气中的还原剂会吸收一部分烟气的热量，从而影响下游受热面的换热量，但由于喷入的还原剂量与烟气流量相比很小，还原剂的影响可以忽略。烟气脱硝装置的安装，使锅炉尾部烟道加长，使从锅炉主烟道到空气预热器入口的烟道增加；同时，SCR反应器及其烟道部分安装在温度较低处，其散热损失略有增加，从而导致锅炉效率降低0.15～0.3个百分点。

第二节 选择性非催化还原法

选择性催化还原脱硝的运行成本主要受催化剂寿命的影响，从而迫使人们将目光转移到不需要催化剂的选择性还原脱硝技术，即选择性非催化还原（Selective Non-Catalytic Reduction, SNCR）烟气脱硝技术。该技术把含有NH_x基的还原剂，喷入炉膛温度为800～1100℃的区域，该还原剂迅速热分解成NH_3并与烟气中的NO_x进行SNCR反应生成N_2。该方法以炉膛为反应器，可通过对锅炉进行改造来实现。SNCR技术是由美国Exxon研究和工程公司于1975年开发并获得专利（用氨作吸收剂）。但SNCR技术的工业应用是在20世纪70年代后期日本的一些燃油燃气电厂开始的，在欧盟国家从80年代末一些燃煤电厂也开始SNCR技术的工业应用。美国的SNCR技术在燃煤电厂的工业应用是在90年代初开始的，到2005年底美国共282台机组安装了脱硝装置，其中90台机组为SNCR工艺，192台机组为SCR工艺。目前，世界大约有300套SNCR装置，其中30多个为电站锅炉，容量约8000MW。

在国内目前有六七家电厂采用了SNCR烟气脱硝技术（见表9-1）。这些机组基本燃用烟煤，均采用了先进的低氮燃烧技术，炉膛出口NO_x浓度约300～400mg/m³，配合SNCR装置，可达到200～260mg/m³的NO_x控制水平，适用于NO_x控制要求相对较低的工程。

表9-1　国内SNCR业绩统计

序号	项　　目	利港三期	华能伊敏	国华北京	广州恒运
1	机组容量（MW）	600	600	100	200
2	入口NO_x浓度（mg/m³）	400	400	350	300
3	出口NO_x浓度（mg/m³）	300	260	200	195
4	脱硝效率（%）	25	35	43	35
5	氨逃逸浓度（μL/L）	5	10	10	8
6	对锅炉效率影响（%）	<0.5	0.5	<0.3	<0.3
7	工程承包商	南京龙源	大唐环境	浙江大学	同方环境
8	技术来源	美国Fuel Tech	Fuel Tech	浙江大学	GE

一、SNCR工艺流程

图9-8所示为典型的SNCR工艺流程，它由还原剂储槽、多层还原剂喷入装置和与之相匹配的控制仪表等组成。SNCR反应物储存和操作系统是与SCR系统相似的，但它所需的氨或尿素的量比SCR工艺要高一些。

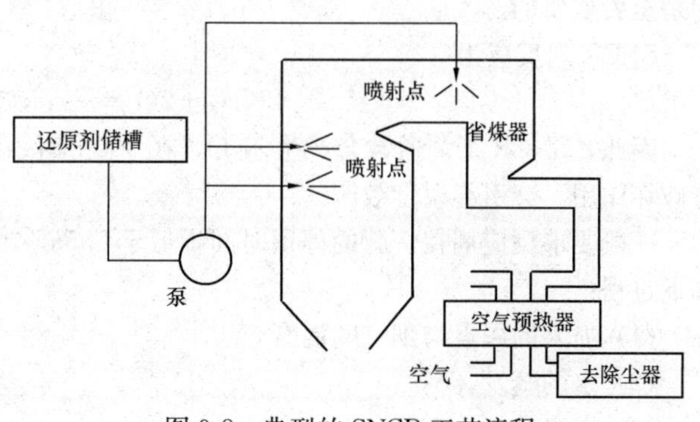

图9-8　典型的SNCR工艺流程

从SNCR系统逸出的氨可能来自两种情况：一种是喷入的温度低，影响了

氨与 NO_x 的反应；另一种可能是喷入的还原剂过量，从而导致还原剂不均匀分布。由于很难得到有效喷入还原剂量的反馈信息，所以在出口烟管中加装一个能连续准确测量氨的逸出量的装置，可以减少 SNCR 系统氨的逸出量。

还原剂喷入系统必须能将还原剂喷入到锅炉内最有效的部位，如果喷入控制点太少或喷到锅炉整个断面上的氨不均匀，则会出现分布率较差和较高的氨逸出量。为了保证脱硝反应能充分地进行，以最少的喷入 NH_3 量达到最好的还原效果，必须设法使喷入的 NH_3 与烟气良好地混合。若喷入的 NH_3 不充分反应，则逃逸的 NH_3 不仅会使烟气中的飞灰容易沉积在锅炉尾部的受热面上，而且烟气中 NH_3 遇到 SO_3 会生成 $(NH_4)_2SO_4$，易造成空气预热器堵塞，并有腐蚀的危险。

SNCR 法的喷氨点应选择在锅炉的炉膛上部相应位置，并保证与烟气良好地混合。如喷入的是氨水，一般采用 29.49%的水溶液，也有采用 19%的氨水。液氨和氨水都必须经过一个蒸发器，以气态形式喷入炉膛，而且氨水比液氨需要消耗更多的蒸发热量。如喷入的为尿素溶液，其浓度为 50%左右。由于尿素的冰点仅为 17.8%，因此，较冷的季节应对尿素溶液进行加热和循环。尿素可采用固体颗粒运输，但在厂内必须设置溶解装置。

二、SNCR 化学反应

研究发现，在炉膛 900～1100℃这一狭窄的温度范围内，在无催化剂作用下，NH_3 或尿素等氨基还原剂可选择地还原烟气中的 NO_x，基本上不与烟气中的 O_2 作用，据此发展了 SNCR，NH_3 或尿素还原 NO_x 的主要反应为

NH_3 为还原剂

$$4NH_3+4NO+O_2 = 4N_2+6H_2O$$

$$4NH_3+6NO = 5N_2+6H_2O$$

尿素为还原剂

$$(NH_2)_2CO+H_2O = 2NH_3+CO_2$$

$$4NH_3+6NO = 5N_2+6H_2O$$

$$2NO+2CO = N_2+2CO_2$$

尿素为还原剂总的反应式为

$$NO+CO(NH_2)_2+\frac{1}{2}O_2 \longrightarrow 2N_2+CO_2+2H_2O$$

从以上反应方程式可以看出，在适当的炉膛温度下 NO_x 与还原剂（尿素）的反应，生成无害的氮气、二氧化碳和水。但在温度过高的情况下（>1100℃），尿素本身也会被氧化成 NO_x，反而会增加 NO_x 的排放，即

$$4NH_3+5O_2 = 4NO+6H_2O$$

当温度低于 900℃时，NH_3 的反应不完全，会造成所谓的“氨穿透”，所以 SNCR 的温度控制是至关重要的。

SNCR 副反应为

$$2NH_3+2O_2 = N_2O+3H_2O$$

因此，SNCR 工艺通常会产生 N_2O，在 900℃时，副反应比较明显，N_2O 对气候和臭氧层具有破坏作用，会引起温度效应。

一般要求反应剂在炉膛的停留时间不低于 0.5s，当反应剂离开锅炉前，SNCR 系统必须完成如下过程：

（1）喷入的尿素与烟气的混合。

（2）水的蒸发。

（3）尿素分解成 NH_3。

（4）NH_3 再分解成 NH_2 和自由基等。

（5）NO_x 的还原反应。

三、影响 NO_x 脱除的因素

1. 负荷变化

负荷变化影响 NO_x 的脱除效果是由反应温度的变化引起的。负荷越低，炉膛温度越低，NO_x 脱除效果越差。因此必须在炉膛几个不同高度处安装喷射器，以适应锅炉负荷的波动情况下的反应温度变化，一般设立 2～5 个喷射区，每个喷射区设 4～12 个喷射器。如图 9-9 所示，当反应温度增加到 1000℃以上时，NO_x 的脱除率由于氨的热分解而降低；在 1000℃以下时，NH_3 的反应速率下降，NO_x 的脱除率也下降，同时氨的逸出量可能增加。

因为纯氨的最佳反应温度为 870～1100℃，因此炉膛喷氨点应选取在炉膛上部的再热器处。但是当负荷变化时，此处的温度也是变化的。国外 Mercer 电站 321MW 的燃煤液体排渣锅炉，在正常满负荷情况下，实际还原剂喷入点的下边缘处的三个窗口的烟气温度范围为 1090～1230℃。在最小负荷为 81MW 时，这些窗口的烟气温度就降为 650～840℃。烟气温度场随着负荷的变化而产生移动。

喷入尿素区域的最佳温度比喷入氨区域的最佳温度大约高 40℃。尿素的最佳反应温度为 900～1150℃。

2. 停留时间

停留时间也叫滞留时间，是指反应剂在化学反应区，即炉膛上部对流区存在的总时间。还原剂在喷入点的停留时间越长，NO_x 的脱除效果越好，见图 9-10。

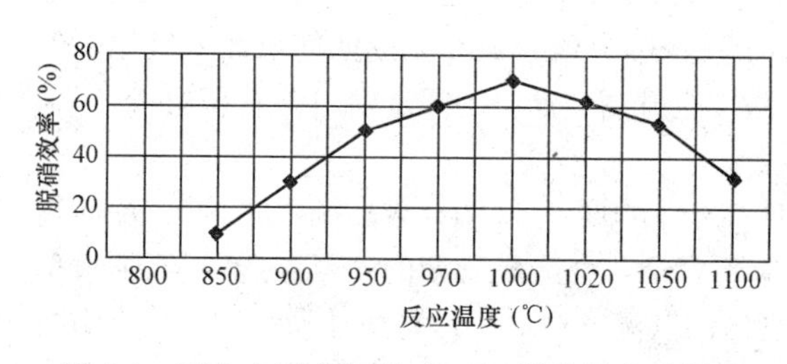

图 9-9 喷入点反应温度对 NO_x 脱除效率的影响

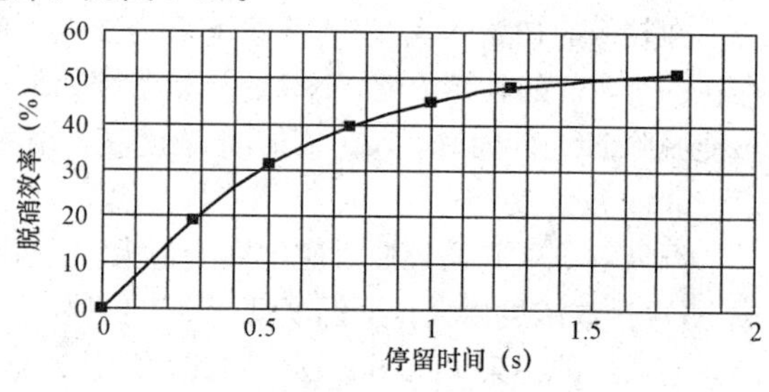

图 9-10 停留时间对 NO_x 脱除效率的影响

停留时间 t 超过 1s，SNCR 的 NO_x 脱除效果达到最佳。在 1000℃、NO_x 为 300mg/m³、NH_3/NO_x 摩尔比为 1.5 的条件下，NO_x 脱除效率随着停留时间 t 的增加而增加，在初始的 0.5s 内，NO_x 脱除速率非常快，随后反应速率明显下降。若想获得理想的脱硝效率，还原剂的停留时间至少需要 0.5s。

3. NH_3/NO_x 摩尔比

NH_3/NO_x 摩尔比是指脱除 1mol NO_x 所需要的 NH_3（其他还原剂用氮的摩尔数）的摩尔数，也叫氨氮比。根据化学反应方程，氨氮比应该为 1，但实际上都要比 1 大才能达到较理想的 NO_x 还原率。氨氮比大，虽然有利于 NO_x 还原率增大，但氨逃逸加大又会造成新的问题，同时还增加了运行费用。当氨氮比较小时，NO_x 还原率降低。随着 NH_3/NO_x 摩尔比的增加，NO_x 脱除效率增加，但是当 NH_3/NO_x 摩尔比超过 1.5 时，NO_x 脱除效率增加幅度减缓，见图 9-11。因此，一般控制 NH_3/NO_x 摩尔比在 1.0～1.4 范围内。

4. 处理前烟气中 NO_x 的浓度

随着 NO_x 体积浓度的增加，脱硝反应最佳温度降低，NO_x 脱除效率增加，见图 9-12。

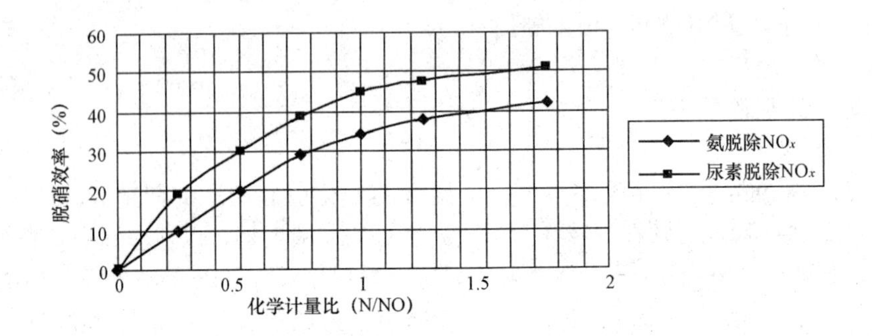

图 9-11 NH_3/NO_x 摩尔比对 NO_x 脱除效率的影响

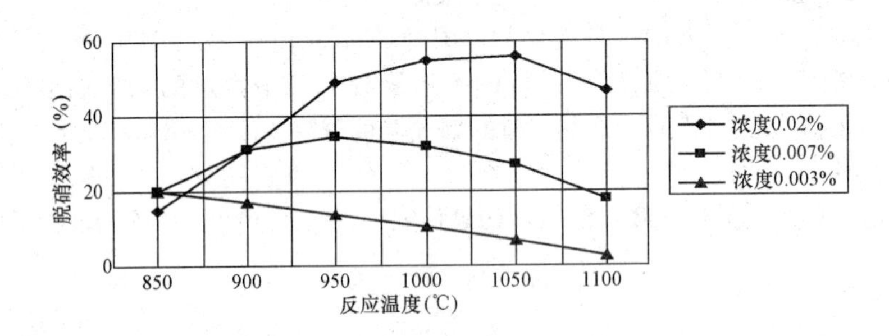

图 9-12 入口 NO_x 浓度对 NO_x 脱除效率的影响

在较低的初始 NO_x 浓度条件下，最佳温度降低，所以反应效率也就下降了。有研究表明，存在一个 NO 的临界浓度，NO 的初始浓度如果小于这个临界值，那么无论如何增加氨氮比，也不能脱除 NO_x。同时，NO_x 的初始浓度高，临界浓度也升高，反应的温度窗口向右移动。

5. 反应温度

温度对 SNCR 的还原反应的影响最大。当温度高于 1100℃时，NH_3 会被氧化成 NO，反而造成 NO_x 排放浓度增大；而温度低于 900℃时，反应不完全，会造成所谓的“氨穿透”，氨逃逸率高，造成新的污染，见图 9-13。因此，最佳的温度区间（温度窗口）是这两种趋势对立统一的结果。对于锅炉烟气处理最佳的温度窗口通常出现在蒸汽发生器和对流热交换器所在区域。不同反应器中的烟气流场和燃烧器几何结构的不同，导致不同类型反应器中的温度窗口和最佳还原温度会有差异。

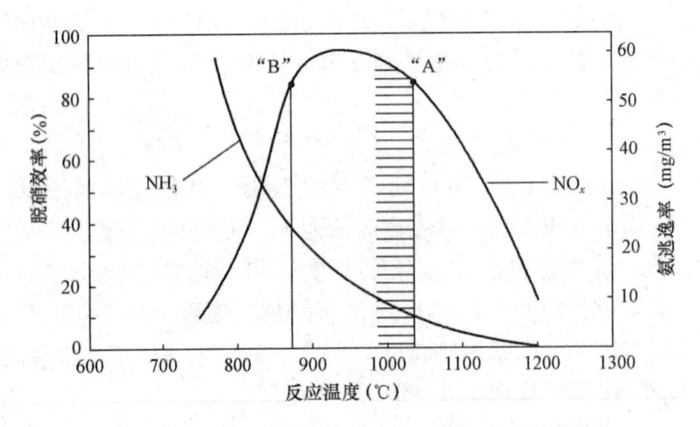

图 9-13 反应温度与脱硝效率、氨逃逸率的关系

四、SNCR主要优缺点

1. 主要缺点

(1) 还原剂要在锅炉折焰角上方或过热器、再热器等烟道位置喷入，由于适宜的反应温度为900～1100℃，因此，当温度高于此反应温度时，NH_3 被氧化成 NO_x；当温度低于此反应温度时，NO_x 还原效率很低。

(2) SNCR工艺在 NH_3/NO_x 摩尔比大于1.5的情况下，脱硝效率也仅为30%～50%，因此大量的 NH_3 逃逸，将造成新的环境问题。SNCR工艺可允许的氨逃逸量为8μL/L。

(3) 脱硝剂耗量大。

(4) 影响锅炉效率。尿素水溶液和氨水的蒸发会吸收一些烟气热量，相当于煤的水分增加，使水蒸气吸收的汽化潜热总量增加。由于锅炉排烟温度高于水的蒸发温度，所以这部分热量未被锅炉受热面回收，从而增加锅炉排烟热损失，使锅炉热效率降低。某600MW机组采用SNCR工艺后，锅炉效率降低0.45个百分点。

2. 主要优点

(1) 投资少，是SCR法的20%～30%。

(2) 设备少，工艺简单，维护方便，运行费用低。

(3) SNCR一般采用无毒、低挥发的尿素作还原剂，在运输和储存方面比氨更为安全；此外，尿素溶液喷入炉膛后在烟气中扩散较远，可改善大型锅炉中吸收剂和烟气的混合效果。

日本松岛火电厂的1～4号燃油锅炉均采用SNCR工艺。

第三节 脱硫脱硝一体化技术

脱硫脱硝一体化技术按脱除机理的不同可分为两大类：联合脱硫脱硝技术和同时脱硫脱硝技术。联合脱硫脱硝技术是指将单独脱硫和脱硝技术进行整合后而形成的一体化技术，如NFT、LNB/SCR、活性炭脱硫脱硝技术等；同时脱硫脱硝技术是指用一种反应剂在一个过程内将烟气中的 SO_2 和 NO_x 同时脱除的技术，如钙基同时脱硫脱硝技术、NOXSO、电子束法、电晕放电法等技术。

一、电子束法同时脱硫脱硝技术

该技术是在烟气进入反应器之前先加入氨气，然后在反应器中用高能电子撞击烟气中的 N_2、O_2 和 H_2O，生成大量O、OH、O_3、HO_2、O_2^+、N等氧化性很强的自由基，将烟气中的 SO_2 氧化成 SO_3，SO_3 和 H_2O 反应生成 H_2SO_4；同时也将烟气中的NO氧化成 NO_2，NO_2 和 H_2O 反应生成 HNO_3。生成的 H_2SO_4 和 HNO_3 与喷入的 NH_3 反应生成硫酸铵和硝酸铵 NH_4NO_3 化肥。脱硝反应式为

$$NO+OH \longrightarrow HNO_2$$

$$HNO_2+O \longrightarrow HNO_3$$

$$NO+HO_2 \longrightarrow NO_2+OH$$

$$NO+O \longrightarrow NO_2$$

$$NO_2+OH \longrightarrow HNO_3$$

上述生成的硝酸 HNO_3 与氨 NH_3 反应生成硝酸铵

$$HNO_3+NH_3 \longrightarrow NH_4NO_3$$

氨 NH_3 除了充当吸收中和剂外，还产生氨自由基（NH_2），将 NO_x 还原成 N_2。氨自由基（NH_2）可由氨气或尿素产生，其反应过程为

$$OH+NH_3 \longrightarrow NH_2+H_2O$$

$$OH+NH_3 \longrightarrow NH_2+H_2$$

$$O+NH_3 \longrightarrow NH_2+OH$$

$$NH_3+e \longrightarrow NH_2+H+e$$

然后

$$NH_2+NO \longrightarrow N_2+H_2O$$

需要指出的是，NO_x 还原反应只能在低氧浓度条件下发生，在有氧的条件下，氧化反应大于还原反应。试验证实，在一般烟气条件下，NO_x 脱除反应中，80%的 NO_x 生成硝酸和硝酸铵，另外 20%的 NO_x 被还原成 N_2，主要问题是耗电量大，占发电量的 2%左右，运行费用高。1970 年日本荏原公司首先提出了电子束烟气脱硫技术，1974 年该公司通过在中试实验中加氨证明了电子束烟气脱硫脱硝的可能，1977 年该公司与新日铁联合建立烧结机烟气处理示范厂并进一步证明了电子束技术在商业应用方面的可能。1980—1992 年，美国、德国、波兰等国也先后进行了电子束法的研究，我国从 20 世纪 80 年代中期开始了电子束辐照烟气脱硫脱硝技术的研究。中国工程物理研究院建造的烟气处理量为 12 000m^3/h 的工业性试验装置的成功，标志着我国燃煤烟气电子束辐照脱硫脱硝技术进入工业化阶段。

该技术在四川省成都电厂的示范项目中脱硫率可达 90%左右，脱硝率达 18%左右，在运行中无废水废渣排放，不会造成二次污染，副产物可作为农业肥料的加工原料，具有很大的综合效益。系统操作方便简单，过程易于控制，运行可靠，无堵塞、腐蚀和泄漏等问题，对负荷的变化适应性强，处理后烟气无需加热可直接排放，占地面积小。缺点是能耗较高，要考虑对 X 射线的防护，可能在工程实际中造成污染转嫁，另外液氨储运困难。

二、活性炭吸附烟气脱硫脱硝技术

该技术是在活性炭吸附烟气脱硫工艺上增加了脱硝工艺。德国 Bergbau-Forschung 公司最早开发的活性炭烟气脱硫脱硝工艺被日本的三菱公司做了进一步的改进。1981 年，日本对这个 Mitsui-BF 工艺进行了示范试验（处理烟气量为 1 万 m^3/h），1987 年在瑞士 Arzberg 燃煤电厂的 107MW（处理烟气量为 450 000m^3/h）和 130MW（处理烟气量为 660 000m^3/h）两台机组上应用了该工艺。1989 年，德国 Hoechst 燃煤电厂的 77MW（处理烟气量为323 000m^3/h）机组上也应用了该工艺。德国 WKV 公司开发的活性焦炭硫脱硝一体化（CSCR）技术在 Arzberg 燃煤电厂 300MW 机组得到应用，处理烟气量为 110 万 m^3/h。

1. 脱硝原理

利用活性炭进行烟气同时脱硫脱硝技术于 1978 年由日本首先开始研究与开发。活性炭吸附烟气脱硫脱硝技术主要由吸附、解吸和硫回收三部分组成。最主要的设备含有活性炭的流化床吸收塔，该塔由两段组成，在吸收塔的第一段内，从空气预热器出来的 120～160℃的烟气，在烟气中有氧和水蒸气的条件下，SO_2 和 SO_3 被活性炭吸附后生成硫酸，活性炭吸收 SO_2 的主要化学反应为

$$SO_2(\text{气态}) \longrightarrow SO_2(\text{物理吸附})$$

$$O_2(\text{气态}) \longrightarrow O_2(\text{物理吸附})$$

$$SO_2(\text{吸附态})+O_2(\text{吸附态}) \longrightarrow 2SO_3(\text{化学吸附})$$

$$SO_3(\text{吸附态})+H_2O(\text{吸附态}) \longrightarrow H_2SO_4(\text{化学吸附})$$

化学吸附总的反应式为

$$SO_2+H_2O+O_2 \longrightarrow H_2SO_4$$

当烟气进入吸收塔的第二段内，活性炭又充当了 SCR 工艺中的催化剂，在温度为120～160℃时向烟气加入 NH_3 就可脱除 NO_x，即

$$4NO + 4NH_3 + O_2 \longrightarrow 4N_2 + 6H_2O$$

$$2NO_2 + 4NH_3 + O_2 \longrightarrow 3N_2 + 6H_2O$$

在再生阶段，饱和态吸附剂被送到再生器加热到 400～500℃，解吸出浓缩后的 SO_2 气体。1mol 的再生活性炭可以解吸出 2mol SO_3。再生后的活性炭又通过循环送到反应器，即

$$H_2SO_4 \longrightarrow SO_3 + H_2O$$

$$SO_3 + 1/2C \longrightarrow SO_2 + 1/2CO_2$$

浓缩后的 SO_2 气体在用冶金焦炭作还原剂的还原反应器中转化成单质硫，即

$$SO_2 + 2H_2S \longrightarrow 3S + 2H_2O$$

在该工艺中，SO_2 的脱除反应优先于 NO_x 的脱除反应。在含有高浓度 SO_2 的烟气中，活性炭进行的是 SO_2 脱除反应；在 SO_2 浓度较低的烟气中，NO_x 的脱除反应占主导地位。

2. 影响活性炭脱硝效率的因素

活性炭吸附烟气脱硫脱硝工艺，可以达到 90%以上的 SO_2 脱除率和 80%以上的 NO_x 脱除率。影响活性炭脱硝效率的因素为吸收塔温度和活性炭结构。

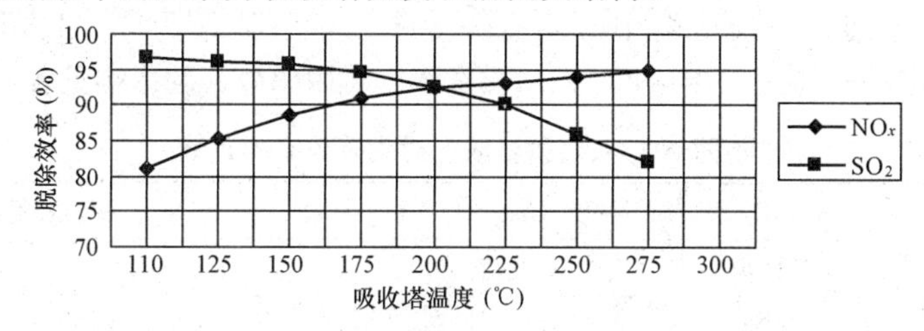

图 9-14 吸收塔温度与脱除效率的关系

（1）吸收塔温度。图 9-14 所示为在吸收塔进口 SO_2 浓度为 300mg/m^3、NO_x 浓度为 200mg/m^3、NH_3 浓度为 200mg/m^3 时吸收塔温度与脱除效率的关系。

（2）催化剂结构。活性炭是一种低温催化剂，活性炭的催化活性随反应温度的升高而降低，也随着催化剂结构性质的不同而不同。当 NO_x 入口质量浓度为 700mg/m^3、烟气流量为 2.51L/min、NH_3/NO_x 为 1.2、氧气体积分数为 6%时，不同烟气温度和活性炭结构对脱硝效率的影响见表 9-2。

表 9-2　不同烟气温度和活性炭结构对脱硝效率的影响

烟气温度（℃）	NO_x 出口质量浓度（mg/m^3）		脱硝效率（%）	
	活性炭 1	活性炭 2	活性炭 1	活性炭 2
45	50	56	92.9	92.0
65	68	86	90.3	87.7
85	178	230	74.6	67.1
105	200	375	71.4	46.4
125	224	525	68.0	25.0

由表 9-2 可知，烟气温度对脱硝效率有很大的影响。随着烟气温度的升高，活性炭的活性降低，脱硝效率下降。同时，活性炭 1（直径为 8～9mm 的圆柱体，富含微孔结构）的脱硝效率明显高于活性炭 2（直径为 3～5mm 的颗粒，以大中孔为主）。当烟气温度低于 85℃时，两者的脱硝效率差别很大。

(3) 氧气体积分数。当反应器中心温度为80℃、NO_x入口质量浓度为700mg/m^3、烟气流量为2.51L/min、NH_3/NO_x为1.2时，不同氧气体积分数对脱硝效率的影响见表9-3。

表9-3　不同氧气体积分数对脱硝效率的影响

氧气体积分数(%)	NO_x出口质量浓度(mg/m^3)		脱硝效率(%)	
	活性炭1	活性炭2	活性炭1	活性炭2
2	280	315	60.0	55.0
4	247	259	64.7	63.0
6	175	224	75.0	68.0
8	222	242	68.3	65.4
10	258	276	63.1	60.6

由表9-3知，氧气体积分数对脱硝效率有一定的影响，基本上是随着氧气浓度的增加，脱硝效率增加，这是因为随着氧气浓度增加，有利于碳表面上NO向NO_2的转化，而活性炭对NO_2具有更高的催化还原活性。当氧气体积分数达到6%时，脱硝效率达到最大值；超过6%之后，脱硝效率下降，这是因为过量的氧气会导致氨的氧化，抑制了NO_x的还原反应。

(4) NO_x入口浓度。当反应器中心温度为80℃、烟气流量为2.51L/min、NH_3/NO_x为1.2、氧气体积分数为6%时，不同NO_x入口质量浓度对脱硝效率的影响见表9-4。

表9-4　不同NO_x入口质量浓度对脱硝效率的影响

数NO_x入口质量浓度为(mg/m^3)	NO_x出口质量浓度(mg/m^3)		脱硝效率(%)	
	活性炭1	活性炭2	活性炭1	活性炭2
300	90	135	70.0	55.0
500	140	189	72.0	62.2
700	175	224	75.0	68.0
900	243	277	73.0	69.2
1100	318	322	71.1	70.7

由表9-4知，在试验范围内，脱硝效率随着NO_x入口浓度的增加变化不大，其中活性炭1尤为明显。但总的趋势是随着NO_x入口浓度的增加而增加，达到最大值后，然后减小。

3. 应用实例

根据CSCR在300MW应用案例可知，对于300MW机组，吸收塔由6组模块组成，每组有8个模块，因此一个吸收塔需要48个模块，吸收塔尺寸为36m(长)×42m(宽)×33m(高)，采用德国进口活性焦炭(D-45139)。D-45139活性焦炭为圆柱形，直径为4.8m，密度为600±30kg/m^3。烟气从吸收塔首先进入，二氧化硫被活性焦炭吸收。NH_3从吸收塔中部喷入，与反应后烟气中的氮化物发生反应。

活性焦炭既是优良的吸收剂，又是催化剂与催化剂载体。脱硫是利用活性焦炭的吸附特性；氮是通过氨、NO_x和活性焦炭催化剂催化发生还原反应而去除。CSCR工艺流程见图9-15。

吸收塔分为两部分，烟气由下部往上部流，活性焦炭在重力作用下从上部往下部降落，与烟气进行逆流接触，烟气从空气预热器中出来的温度在120～180℃之间，该温度是该工艺的最佳反应温度。烟气首先进入吸收塔下部，在这一段SO_2被脱除去。烟气进入上面部分，喷入氨与NO_x反应脱硝。饱含SO_2的焦炭从吸收塔底部排放并且通过振动筛，这样小尺寸的焦炭催化剂就可以在进入解吸塔之前被筛选出来。经过筛选的活性焦炭然后被送到解吸塔顶部，利用价值较低的活性焦炭被送回燃煤锅炉中，重新作为燃料燃烧。

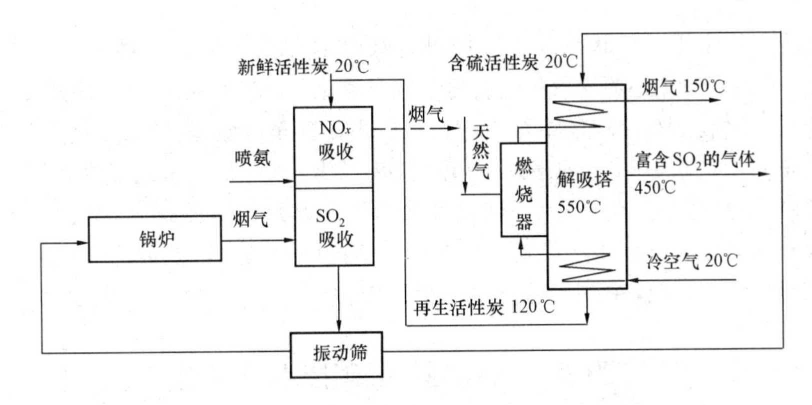

图 9-15 CSCR 工艺流程

解吸塔包括 3 个主要区域：上层区域是加热区，中间部分是热解吸区，下面部分是冷却区。天然气燃烧器用来加热间接与活性焦炭接触的空气，被加热的空气温度上升到 550℃，热空气通过换热器在中间解吸区再生活性焦炭。排出的富含 SO_2 的气体将会达到 450℃，从解吸塔的解吸区送到指定地点，用来生产硫酸。

300MW 机组煤的含硫量为 0.8%，入口 SO_2 浓度为 1500mg/m³，入口 NO_x 浓度为850mg/m³，总投资为 2.7 亿元，水耗为 10t/h，天然气消耗为 219m³/h，氨消耗为 0.309t/h，催化剂为 3095t/年（可循环利用），电耗为 3238kW，脱硝效率为 90%，脱硫效率为 98%，年运行费用为 12 000万元，占地面积为 5000m²。

三、循环流化床联合脱硫脱氮技术

循环流化床传热效率高，温度分布均匀，气固相有很大的接触面积，因此人们将其应用到烟气的净化处理中。Lurgi GmbH 研究开发了烟气循环流化床（CFB）脱硫脱氮技术，该方法用消石灰作为脱硫的吸收剂，氨作为脱氮的还原剂，$FeSO_4 \cdot 7H_2O$ 作为脱氮的催化剂。该系统已在德国投入运行，结果表明，在 Ca/S 摩尔比为 1.2～1.5，NH_3/NO_x 为 0.70～1.03 时，脱硫率为 97%，脱氮率为 88%。

华北电力大学黄建军等在借鉴国内外先进 CFB-FGD 的技术基础上，研制开发了具有特殊内部结构的循环流化床烟气悬浮脱硫脱氮装置，并在 500m³/h 实验装置上进行了较细致的实验研究。运行结果表明，装置运行可靠，工艺简单，投资成本和运行费用低，在最佳运行工况条件下可达 90%的脱硫率，脱氮率也达到了 60%。

四、SNOX 技术

该技术在美国的 Ohio Edison Nile 电站 2 号炉 108MW 的旋风炉上实施。SNOX 的关键技术包括 SCR（选择性催化还原），SO_2 的转化和 WSA（湿式烟气硫酸塔）。该项目是在小容量机组上实现的，其中布袋除尘室的纤维过滤器的尺寸和所有过程中使用的设备都是完全商业化的，同时在脱硝、脱硫过程中的化学原理、酸的凝结都与尺寸无关，所以该示范项目的结果完全适用于任何类型和尺寸的锅炉。该项目应用取得了显著效果，脱硫效率一般可达 95%，脱硝率平均能达到 94%，硫酸纯度超过Ⅰ级酸的美国联邦标准。该技术除氨气外不消耗其他化学品，SO_2 的催化剂在 NO_x 的下游，保证了未反应完的 NH_3 再继续反应完全，NH_3/NO_x 在大于 1.0 时也不会有 NH_3 的逃逸，较高的 NH_3/NO_x 值保证了效率比传统的 SCR 高。总之，该技术运行和维护费用低，可靠性高，但是能耗大，投资费用高。

五、NOXSO 技术

NOXSO 工艺是一种干式吸附再生工艺，在电除尘器的下游设置流化床吸收器，用碳酸钠浸

渍过的 γ-Al_2O_3（氧化铝）球状颗粒作吸收剂，吸收剂在流化床吸收塔中同时脱除烟气中的 NO_x、SO_2后，在高温下用还原性气体进行再生生成硫化氢，然后在 Clause 装置（辅助装置）中反应回收元素硫。吸收剂在冷却塔中被冷却，然后再循环至吸收塔。NOXSO 工艺从 1979 年开始开发，首先进行的是 0.75MW 的小试。1993 年规模为 5MW 的试验装置在美国建成，试验结果表明，该装置经过 10 000h 的运行，SO_2的脱除率达到 95%，NO_x 脱除率达到 85%。该工艺不仅效率高而且还能产生副产品硫酸或硫，但是反应后的吸收剂要加热或化学反应后才能重新使用，故成本较高，工艺复杂，因此限制了其广泛应用。

第四节　SCR 烟气脱硝技术的应用

一、以液氨为还原剂的 SCR 工艺

（一）设计参数

国华太仓发电有限责任公司 2×600MW（7、8 号机组）超临界机组锅炉采用美国阿尔斯通技术设计制造的 SG-1913/25.40-M950 型锅炉，是国内首台自行设计的超临界机组。脱硫部分采用石灰石/石膏湿法脱硫工艺，分别与主体工程于 2005 年 11 月和 12 月同时并网发电运行。脱硝部分于 2005 年 2 月开始项目启动，由江苏苏源环保工程股份有限公司承包建设，采用高尘布置方式选择性催化还原法（SCR）脱硝工艺（见图 9-16），总投资为26 400万元（建筑工程费为 2112 万元、设备购置费为 13 992 万元、安装工程费为 4488 万元、其他费用为 5808 万元），仅催化剂购置费就高达10 067.8万亿元。设计脱硝效率不低于 80%。2006 年 1 月，7 号机组脱硝系统投入运行；2007 年 3 月，8 号机组脱硝系统投入运行。脱硝系统有关设计参数见表 9-5 和表 9-6。

表 9-5　600MW 机组脱硝系统入口前的设计参数（BMCR 工况）

项　　目	单　　位	设计煤种	校核煤种
锅炉最大连续蒸发量	t/h	1913	
过热蒸汽压力	MPa	25.4	
过热蒸汽温度	℃	571	
省煤器出口烟气量	m^3/h	4 487 885	4 500 592
省煤器出口烟气温度	℃	378	379
省煤器出口烟气平均流速	m/s	9.85	
锅炉耗煤量	t/h	230	251
干燥无灰基挥发分	%	33.64	23.0
收到基灰分	%	15	27.95
收到基氮	%	0.70	0.98
收到基硫	%	0.41	0.64
收到基低位发热量	kJ/kg	21 805	19 988
烟气 N_2 体积比	%	73.31	74.11
烟气 O_2 体积比	%	3.894	3.934
烟气 CO_2 体积比	%	13.826	13.904
烟气水蒸气体积比	%	8.930	7.988
除尘器入口含尘量	g/m^3	11.76	23.43
过量空气系数		1.2	1.2
引风机轴功率	kW	2×1941	

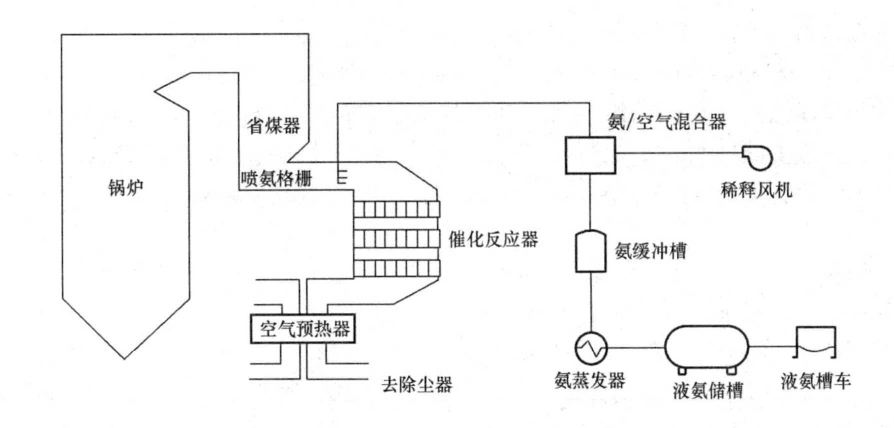

图 9-16 SCR 烟气脱硝系统示意图

表 9-6 600MW 机组脱硝系统 SCR 反应器的设计参数（BMCR 工况）

序号	项目		单位	规范
1	燃料			烟煤
2	SCR 反应器数量		套	2（1 炉配 2 反应器）
3	催化剂类型			蜂窝式
4	烟气流量		m^3/h	1 900 000
5	反应器入口烟气	烟气温度	℃	378
		SO_2 浓度	mg/m^3	1700
		NO_x 浓度	mg/m^3	500
		烟尘浓度	g/m^3	11.76
6	反应器出口 NO_x 浓度		mg/m^3	50
7	反应器压力		kPa	−7.5～+4.5
8	SCR 装置压降		Pa	＜1000
9	脱硝效率		%	80～90
10	氨消耗量		t/h	0.412～0.464
11	电耗		kW	800
12	脱硝剂			液氨
13	氨的逸出率		μL/L	≤3
14	NH_3/NO_x 摩尔比			1∶1
15	流过反应器烟气流速		m/s	5

（二）工艺流程

氨气进入 SCR 反应器的上方，通过一种特殊的喷雾装置和烟气均匀混合。混合后烟气通过反应器内催化剂层进行还原反应，并完成脱硝过程。脱硝后的烟气再进入空气预热器继续进行热交换。

1. 液氨储存与供应系统

脱硝还原剂采用液氨，液氨储存与供应系统设备占地面积约为 40m×30m。液氨储存与供应系统包括液氨卸料压缩机、液氨储罐、液氨蒸发器、气氨储罐、氨气稀释槽（1 台）、废水泵和废水池等。7、8 号机组共用一套液氨储存与供应系统，外购液氨通过液氨槽车运至液氨储存区，通过往复式卸氨压缩机将液氨储罐（2 个）中的气氨压缩后送入液氨槽车，利用压差将液氨槽车中的液氨输送到液氨储罐中；液氨经氨蒸发器（3 个）蒸发成气氨后进入气氨储罐（3 个），气氨通过稀释风机（每台锅炉 2 台）稀释后，分别经过两台机组的喷氨格栅送入 SCR 反应器（每台锅炉 2 个）。

卸料压缩机 1 台，为往复式压缩机，压缩机抽取液氨罐中的气氨，压入槽车，将槽车中液氨推挤入液氨储罐中，氨压缩机电动机功率为 18.5kW。

液氨储罐 2 个，每个容积为 106m^3，设计压力为 2.16MPa。一个液氨储罐可供应一套 SCR 机组脱硝反应所需氨气一周。储罐上安装有超流阀、止回阀、紧急关断阀和安全阀作为储罐液氨泄漏保护所用。储罐还装有温度计、压力表液位计和相应的变送器将信号送到主体机组 DCS 控制系统，当储罐内温度或压力高时报警。储罐四周安装有工业水喷淋管线及喷嘴，当储罐槽体温度过高时自动淋水装置启动，对槽体自动喷淋降温。

从蒸发器蒸发的氨气流进入气氨储罐，再通过氨气输送管线送到锅炉侧的脱硝系统。气氨储罐的作用即稳定氨气的供应，避免受蒸发器操作不稳定所影响。气氨储罐上也有安全阀可保护设备。气氨储罐 3 个，每个容积为 8.27m^3，设计压力为 0.9MPa。

液氨蒸发器为螺旋管式。管内为液氨，管外为温水浴，以蒸汽直接喷入水中加热至 40℃，再以温水将液氨汽化，并加热至常温。蒸汽流量受蒸发器本身水浴温度控制调节。当水的温度高过 45℃时则切断蒸汽来源，并在控制室 DCS 上报警显示。蒸发器上装有压力控制阀将氨气压力控制在 0.21MPa。当出口压力达到 0.37MPa 时，则切断液氨进料。在氨气出口管线上装有温度检测器，当温度低于 10℃时切断液氨进料，使氨气至缓冲槽维持适当温度及压力。蒸发器也装有安全阀，可防止设备压力异常过高。液氨蒸发器 3 台，每台容积为 5.6m^3、设计压力为常压。

氨气稀释槽为立式水槽，水槽的液位由满溢流管线维持。液氨系统各排放处所排出的氨气由管线汇集后从稀释槽底部进入。通过分散管将氨气分散入稀释槽水中，利用大量水来吸收安全阀排放的氨。

2 台锅炉共用 1 个废水池，容积为 14.4m^3。废水泵 1 台，功率为 5.5kW，流量为 25m^3/h。

氨和空气在混合器和管路内借流体动力原理将两者充分混合，再将混合物导入氨气分配总管内。氨/空气混合物喷射配合 NO_x 浓度分布靠雾化喷嘴来调整。

氨气供应管线上提供一个氨气紧急关断装置。系统紧急排放的氨气则排放至氨气稀释槽中，经水的吸收排入废水池，再经废水泵送至废水处理厂进行处理。

液氨储存与供应系统周边设有 6 个氨气检测器，以检测氨气的泄漏，并显示大气中氨的浓度。当检测器测得大气中氨浓度过高时，在机组控制室会发出报警，操作人员采取必要的措施，以防止氨气泄漏的异常情况发生。

2. SCR 反应器

每套脱硝系统设计 2 个平行布置的反应器，SCR 反应器设置于一级省煤器之后、空气预热器之前，这里的烟气温度为 378℃，正好满足脱硝反应的温度要求。反应器的水平段安装有烟气导流、优化分布装置以及喷雾格栅。反应器的竖直段则安装有催化剂床。设计安装三层催化剂，运行初期先安装两层，待上两层催化剂逐渐失效时再将第三层催化剂装上以保证脱销效果，催化剂的设计工作温度为 280～420℃。每套 SCR 反应器、连接烟道及检修维护通道等占地面积约为 860m^2，SCR 反应器尺寸为 10 100mm × 16 100mm × 18 000mm。流过反应器烟气流速为 4～6m/s。催化剂造成的烟气阻力为 1000Pa。

每个反应器按3层催化剂设计，运行初期仅装上2层。每层布置75个催化剂模块（5×15），层间高度为2.5m，其中第一层催化剂前端有耐磨层，减弱飞灰对催化剂的冲刷作用。由于本工程采用的是高灰型布置，催化剂容易中毒失效，按催化剂制造商的说明，催化剂的使用寿命为3～5年。

反应器为直立式焊接钢结构容器，内部设有催化剂支撑结构，能承受内部压力、地震负荷、烟尘负荷、催化剂负荷和热应力等。反应器壳外部设有加固肋及保温层。催化剂顶部装有密封装置，以防止未处理过的烟气短路。催化剂通过反应器外的催化剂填装系统从侧门放入反应器内。

本工程采用日立造船株式会社生产的NO_xNON700S-3型脱硝催化剂，其催化剂形状为陶瓷质地的三角间距蜂窝状，主要成分为Ti-V-W(钛-钒-钨)。

3. 氨/空气喷雾系统

烟气脱硝装置中，氨和空气在混合器和管路内依据流体动力原理将两者充分混合，再将混合物导入氨气分配总管内。氨和空气设计稀释比为5%。氨/空气喷雾系统包括供应箱、喷氨格栅和喷嘴等。同时将烟道截面分成20～50个大小不同的控制区域，每个区域有若干个喷射孔，每个分区的流量单独可调，以匹配烟气中NO_x浓度分布。氨/空气混合物喷雾配合NO_x浓度分布靠雾化喷嘴来调整。

4. 稀释风系统

稀释风的作用有三个：①在气氨进入烟道之前进行稀释，使之处于爆炸浓度范围之内；②便于得到更加均匀的喷氨效果；③增加能量，使混合更充分。

稀释风机将空气送入烟道，在烟气进入反应器前将NH_3经稀释风稀释后，通过分配器蝶阀调节流量，经过喷氨格栅均匀地喷入烟气中，在反应器中催化剂的作用下与NO_x反应生成氮气和水，最终达到降低NO_x排放的目的，并在途中混入一定量的气氨，进入喷氨格栅，再以一定速度进入烟道。本工程2台锅炉增加4台稀释风机，以满足2开2备的需要。稀释风机为9-19-12.5D离心式风机，介质体积流量为17 200m^3/h，出口升压为7000Pa，电动机额定功率为75kW。

5. SCR的吹灰和灰输送系统

为了防止由飞灰产生催化剂堵塞，必须除去烟气中硬而直径较大的飞灰颗粒，因而在省煤器之后设置灰斗，当锅炉低负荷运行或检修吹灰时，收集烟道中的飞灰，以保持烟道中的清洁状态。

在每层催化剂之前设置吹灰器，可随时将沉积于催化剂入口处的飞灰吹除，防止堵塞催化剂通道。

在每个SCR装置之后的出口烟道上设有灰斗，烟气经过SCR装置，流速降低，烟气中的飞灰会在SCR装置内和SCR装置出口处沉积下来，部分自然落入灰斗中。

SCR设置有吹灰装置。根据SCR装置的情况，及时进行吹扫，吹扫的积灰落入灰斗中。

SCR设置独立的气力除灰系统，将集灰输送到电厂的粗灰库。

6. 电气系统

电气系统包括低压开关设备、直流控制电源、不停电电源、动力和照明设施、接地和防雷保护、控制电缆和电动机配置等。电气系统中的低压开关设备提供了脱硝系统内的所有动力中心（PC）及电动机控制中心（MCC），照明、检修等供电的箱柜以及相关的测量、控制和保护柜等。在脱硝控制室内配置直流自动切换馈电柜，并留有20%的备用分支回路，由电厂主厂房向脱硝控制室提供两路直流电源，满足负荷要求。同时脱硝系统配置一套不间断电源装置。

（三）设备改造技术

1. 锅炉钢架结构改造及SCR反应器加固

由于省煤器与空气预热器之间的空间十分紧凑，根本无法布置SCR反应器，因此只能将烟道由钢架内引出，通过SCR反应器后再返回空气预热器。在反应器形状和位置确定后，需要进行进出口烟道的布置。进出口烟道尺寸较大，必须对原锅炉炉后 N 排钢架进行改造，改造的内容包括拆除 SCR 反应器进出口连接烟道处的斜撑及下移中间的横梁，并对两边的附炉架进行适当的加固。SCR 反应器装置支撑框架 24.5m 标高以下采用钢筋混凝土框架结构，以上采用钢结构。上部钢结构在适当轴位设横向垂直支撑。

2. 空气预热器改造

烟气中含有 SO_2、SO_3，容易和从 SCR 反应器中逃逸出来还原剂氨发生反应生成硫酸氢氨。而硫酸氢氨在空气预热器的中温和低温段的温度区间内具有很强的黏性，容易吸附灰尘堵塞空气预热器。为了防止空气预热器在运行中发生硫酸氢氨堵塞，除了控制氨逃逸量外，还必须对已有的空气预热器进行改造，改造的主要内容包括传热元件部分、吹灰器部分等。传热元件采用高吹灰通透性的 NF 波形搪瓷蓄热板，以保证吹灰介质动量在元件层内不迅速衰减，从而提高吹灰有效深度。为了防止空气预热器堵灰，减少了部分蓄热板。一方面，由于 NF 元件不如原 DU 板型的换热性能，而且搪瓷厚度减小了原空气预热器的通流面积；另一方面，SCR 反应器的保温不良造成的散热损失导致空气预热器入口烟温下降 8℃。上述两种因素造成：排烟温度在同样负荷下比原排烟温度高 10℃左右；空气预热器出口一次风温度比原 50%负荷下低 20℃，100%负荷时低 50℃，空气预热器出口二次风温度低 20～30℃，导致锅炉再热蒸汽温度低于设计温度 15℃左右，主蒸汽温度也低于设计值 10℃左右运行。因此，为了维持空气预热器排烟温度不上升，必须增加换热面积，在空气预热器上部增加 200mm 高的换热模块，并且改变空气预热器的转动方向，使在烟气侧吸热后的蓄热板先加热一次风、后加热二次风，以提高一次风温。空气预热器采用双介质（蒸汽、高压水）吹灰器，蒸汽用作常规吹灰；在空气预热器的压降超过设计压降数值时，可以用高压水在空气预热器正常运行或停机时清洗。

3. 引风机改造

对锅炉进行脱硝改造后，一方面脱硝剂的喷入量相对较少，对引风机风量的影响可忽略不计；另一方面，因 SCR 的阻力增加约 1000Pa，使引风机的风压相应提高，其功率也要相应增加，因此必须对引风机进行增容改造，使其在改造后 TB 点及 BMCR 点效率都很高。其中，风机转数提高，叶轮直径变小，叶片的型线变成高效叶片；将原 2800kW 的引风机改造为 3700kW 的引风机，用以克服 SCR 形成的阻力。

4. 烟道改造

烟道改造时应尽可能优化设计压降、烟道走向、形状和内部构件（如导流板和转弯处导向板）等，并在导向板和转弯处考虑适当的防磨措施。烟道外部充分加固和支撑，以防止过度的颤动和振动。烟道用足够强度的钢板制成，以保证其能承受所有荷重条件（一般反应器总载荷达到几百吨）。所有烟道有外部加强筋，并且统一间隔排列。

5. 喷氨自动控制逻辑

由于原设计喷氨量是根据 SCR 反应器出入口 NO_x 浓度计算出脱硝率来控制喷氨量，实际运行中要经过逻辑运算，而入口 NO_x 测点装设在喷氨格栅之后，不能显示实际烟气中的 NO_x 浓度，自动投入效果较差；同时由于该公司后来进行低 NO_x 燃烧调整后，锅炉的 NO_x 排放浓度实际降到 300mg/m^3，原有的控制逻辑无法满足实际运行需要。因此该公司分析讨论后将喷氨逻辑优化为用 SCR 出口 NO_x 排放浓度控制喷氨量，由于优化后的逻辑减少了中间运算环节，消除了入口仪表的误差影响，在实际运行中收到了较好的效果，基本控制在 80mg/m^3，远低于国家目前的 450mg/m^3 的排放标准。

（四）运行数据

单位造价为 196.4 元/kW；每台炉年吸收剂为 2552t 液氨(5500h)，吸收剂价格为 2500 元/t，年吸收剂费用为638万元；电耗为800×5500kWh=4 400 000kWh，电费为171.6万元；每台炉脱硝投资为13 200万元，按20年折旧为660万元；催化剂的使用寿命按4年计算。每台炉4层，每层2000万元，催化剂每年的成本为(2000万元/层×4层)÷4年=2000万元/年；年总运行费用为3469.6万元，年脱除NO_x为4510t，每吨NO_x脱除费用为7693元。600MW机组的SCR脱硝系统运行数据见表9-7。

表9-7　　600MW机组的SCR脱硝系统运行数据

项　目	保 证 值	实 际 值	国际先进水平
反应器出口NO_x浓度（mg/m^3）	≤50	40	≤30
反应器入口NO_x浓度（mg/m^3）	500	300	
脱硝效率	≥80%	86%	>85%
氨逸出率（μL/L）	≤5	1.2	<2

二、以尿素为还原剂的SCR工艺

（一）SCR工艺的设计

华能北京热电厂一期工程总装机容量845MW，4台锅炉均为德国巴布科克设计，在初设时就考虑了氮氧化物的排放，设置了低氮燃烧器，因此在很长一段时间，北京热电厂的排放始终可以满足地方标准。但随着北京市环保要求的提高，电厂大气污染物的排放浓度已不能全部满足北京市排放标准，因此北京热电厂于2007年12月正式投运了SCR脱硝装置，脱硝效率为90%。热电厂脱硝系统由清华同方环境有限责任公司引进意大利TKC公司技术，与意大利TKC公司进行配合设计。每台锅炉根据其原有烟道情况，在省煤器和空气预热器之间分别安装了两台反应器，每个反应器采用3+1布置，进入喷氨格栅的氨气通过10组喷氨阀组进入反应器入口烟道的烟气中，含有氨气的烟气通过静态混合器充分混合后进入催化剂入口整流器，整流器将氨气烟气混合气体进行整流后均匀进入反应器的第一层催化剂，接着进入第二和第三层催化剂。在各层催化剂的表面，氨气和氮氧化物反应生成氮气，从而达到脱除氮氧化物的目的。脱硝系统在烟道中的布置见图9-17。SCR设计参数见表9-8。

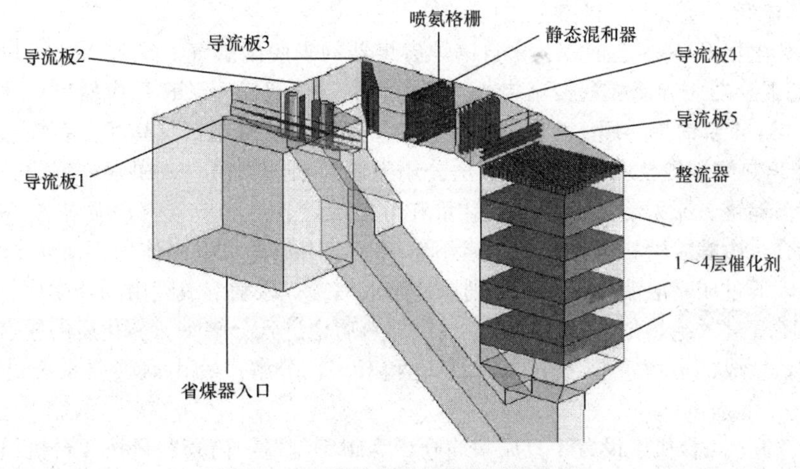

图9-17　脱硝系统在烟道中的布置

表 9-8　　单台锅炉 SCR 设计参数

项　　目	参　　数	项　　目	参　　数
脱硝效率（%）	≥90	热解产物 NH_3 浓度（%）	≤5
氨逃逸率（μL/L）	≤3	热解产物温度（℃）	260～350
NH_3/NO_x 摩尔比	0.92	尿素制氨装置电耗（kW）	150
尿素耗量（kg/h）	250	除盐水耗量（kg/h）	250
氨需求量（kg/h）	142	热解柴油需量（kg/h）	90
尿素溶液浓度（%）	40～50	SCR 出口 NO_x 浓度（mg/m^3）	50
SO_2/SO_3 转化率（%）	<1		

为了保证烟气均匀进入反应器，在省煤器入口至喷氨格栅之间安装了 3 道导流板。为了保证氨气和烟气的混合气体能均匀进入反应器，又安装了 2 道导流板和 1 套整流器。

从经济性分析来看，脱硝还原剂选择液氨是最好的，尿素次之，氨水最差。但从安全性来考虑，尿素最好，氨水次之，而液氨最差。由于北京热电厂地处首都，又在城市之内，安全无疑是设计时考虑最多的因素，因此选择尿素作为脱硝系统还原剂。

尿素制氨工艺有热解法和水解法两种。热解法尿素制氨工艺具有如下特点：尿素溶液的浓度可达 40%～50%，经过特殊的喷嘴雾化后喷入热解室；热解室内只有气体与雾化液滴，温度约 300～600℃，压力为常压；与水解法相比，热解法反应完全，不易产生中间聚合物，不易堵塞管道；与水解法工艺相比，热解法对负荷变化的响应快，只需 5～10s；从对烟气温度的影响看，热解法尿素制氨喷入烟道的氨气混合物温度约为 300℃，对 SCR 入口烟气温度的影响很小；从年度运行费用来看，氨水的运行费用最高，次之为水解法尿素制氨，热解法尿素制氨较低，液氨法最低；从安全性角度考虑，热解法尿素制氨工艺最安全。因此综合考虑，最终选择采用热解法尿素制氨工艺。热解法尿素制氨原理如下：

$$CO(NH_2)_2(\text{尿素}) \xrightarrow{300\sim600℃} NH_3(\text{氨}) + HNCO(\text{异氰酸})$$

$$HNCO(\text{异氰酸}) + H_2O \xrightarrow{300\sim600℃} NH_3(\text{氨}) + CO_2$$

（二）工艺流程

华能北京热电厂 SCR 工艺流程：来自锅炉省煤器的未脱硝烟气→SCR 系统入口→喷氨格栅→烟气/氨静态混合器→导流板→整流装置→催化剂层→净烟气→SCR 反应器出口→空气预热器入口，见图 9-18。4 台锅炉共用 1 个尿素储存与供应系统，热解制氨及其配套系统选用美国 Fuel Tech 公司的尿素热解制氨技术。尿素热解法公用系统包括尿素筒仓、尿素溶解罐、尿素溶液混合泵、尿素溶液储罐、尿素溶液循环泵、计量和分配装置、热解炉（内含喷射器、燃烧器）等。尿素储存于储仓，由螺旋给料机输送到尿素溶解罐里，用除盐水将固体尿素溶解成 50%质量浓度的尿素溶液，通过尿素溶液给料泵输送到尿素溶液储罐；尿素溶液经由循环模块、计量与分配模块、雾化喷嘴等进入绝热分解室，稀释空气经加热后也进入分解室。雾化后的尿素液滴在绝热分解室内分解，生成的分解产物为 NH_3、H_2O 和 CO_2，分解产物由氨喷射系统进入锅炉脱硝烟道。

（1）尿素筒仓。4 台机组设置 1 只尿素筒仓，为碳钢制造，筒仓容量按 4 台机组满负荷 3 天运行设计。筒仓配备防止尿素吸潮、架桥及堵塞等装置。筒仓配有布袋过滤器，洁净气中最大含

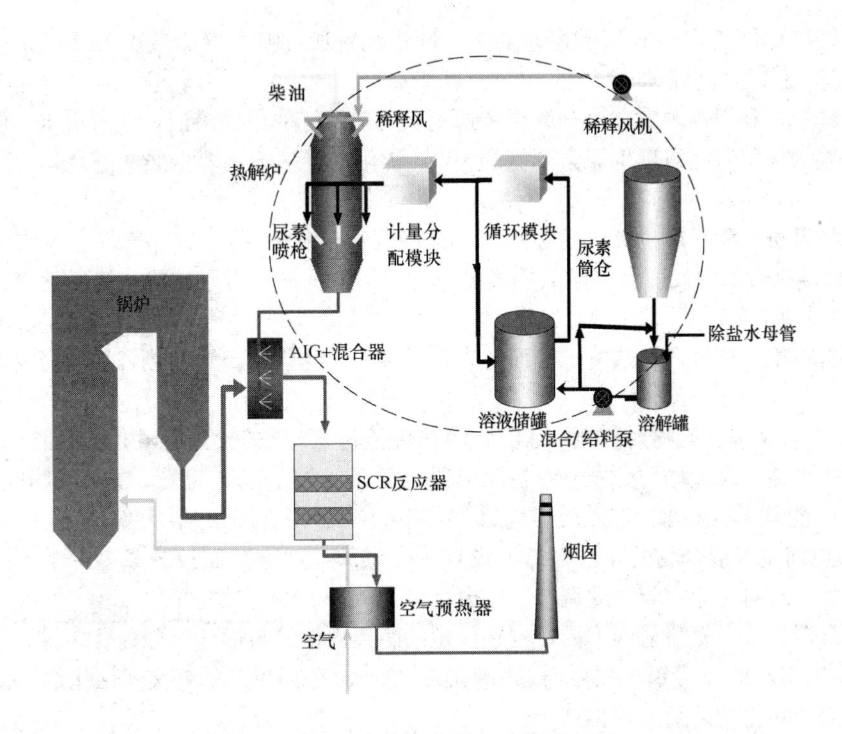

图 9-18　尿素热解法脱硝流程示意图

尘量不超过 50mg/m³。在筒仓的卸料口装有关断装置和卸料装置，筒仓出口依靠两道闸板门控制尿素输送量，同时可以避免堵料。在筒仓出口设有取样口和取样装置，以便化验和控制尿素量。

(2) 尿素溶解罐。4 台机组设置 1 个尿素溶解罐，体积为 20m³。在溶解罐中，用除盐水制成浓度为 40%～50%的尿素溶液。当尿素溶液温度过低时，蒸汽加热系统启动使溶液的温度保持在合理的温度，防止特定浓度下的尿素结晶。溶解罐除设有水流量和温度控制系统外，还采用输送泵系统将尿素颗粒从储罐底部向侧部进行循环，使尿素溶液得到更好的混合。溶解罐由 304L 不锈钢制造，内衬防腐材料，罐体保温。

(3) 尿素混合泵。尿素混合泵为不锈钢本体碳化硅机械密封的离心泵，两台泵一运一备，并列布置。此外，混合泵还利用溶解罐所配置的循环管道将尿素溶液进行循环，以获得更好的混合。混合泵设计出口压力 0.16MPa，流量 4m³/h，功率 1kW。

(4) 尿素溶液储罐。设置两只尿素溶液储罐，为立式平底结构。总容量按 4 台机组满负荷运行 5 天（每天 24h）用量设计，每个罐的体积为 150m³。罐体材料采用不锈钢，内衬乙烯树脂涂层，使用蒸汽加热来维持储罐内尿素溶液的温度正常。

(5) 尿素溶液循环模块。尿素溶液循环系统设立 4 台尿素循环泵（每只溶液储罐各 2 台），可以使尿素溶液不断的在计量/分配装置和储罐之间循环；可以过滤尿素溶液以保证喷射装置的稳定运行；补充溶液输送途中损失的热量以防还原剂结晶；提供内部冗余系统以保证持续不间断的运行。

(6) 计量和分配模块。计量/分配模块主要是用于精确测量，并独立控制输送到每个喷射器的尿素溶液，布置在热解室附近。分配模块通过 5 个独立的流量和区域压力控制阀门来控制通往对应喷射器的尿素和雾化空气的喷射量。空气和尿素量通过这个装置来进行调节以得到适当的气液比，并最终得到最佳的 SCR 所需还原剂量。计量装置通过接受脱硝效率信号或是反应器出口 NO_x 信号，来调节热解所制的氨量。

(7) 热解炉。利用热源来完全分解要传送到氨喷射系统的尿素溶液，在所要求的温度下，热解炉提供足够的停留时间以确保尿素到氨的 100%转化。热解炉主要由柴油燃烧器、燃烧室、分解室组成。

(8) 稀释风机。稀释风机提供足够的空气量将氨气充分稀释，氨/空气混合物中的氨体积含量应小于 5%。每台锅炉设两台高压离心式鼓风机，一运一备。为尿素热解提供助燃空气，并用于氨的稀释。

(9) 尿素喷枪。喷枪通过热解炉侧面的入口孔插入，均匀的布置在热解炉的周围，喷枪由不锈钢制造。

(10) 氨喷射系统。氨喷射格栅（AIG）的作用是将氨与空气的混合物注入烟道，喷射格栅上的氨喷嘴在烟道截面上均匀分布（每台反应器配置 200 个喷嘴），母管、支管及喷嘴内的氨/空气流量应尽可能均匀，以使 SCR 反应器入口 NH_3/NO_x 摩尔比的最大偏差不大于平均值的 ±5%，每根氨与空气混合物的注入管道上设置一个碟阀，烟道截面被分成多个小区，每个小区内的氨喷射量通过对应的碟阀独立调节，每台反应器配有 10 个碟阀。

静态混合器设置在氨喷射区下游，可在较短的距离内使氨与烟气充分混合。

(11) 催化剂。1、4 号锅炉催化剂采用奥地利 Corme 公司生产的蜂窝式催化剂，2、3 号锅炉采用日本日立公司生产的板式催化剂。

(三) 运行中遇到的主要问题及解决办法

(1) 热解炉内部结晶堵塞。试运行期间，发现热解炉内部有白色的结晶物，大量的结晶物沉积在热解炉底部，造成热解炉堵塞，无法正常运行。热解炉内部结晶的原因如下：

1) 尿素溶液雾化所用的压缩空气品质差，造成尿素喷枪的雾化喷嘴堵塞，使尿素溶液无法充分雾化，尿素液滴在热解炉内不能充分分解，未分解的尿素溶液附着在热解炉壁，降温后形成固体结晶物。雾化空气的品质以及合适的压力是保证尿素溶液由喷枪喷出后能充分雾化、充分热解最为主要的因素之一。当采用含有较多油污和杂质的压缩空气时，非常容易造成空气流量计及其下游管路以及喷枪喷嘴的堵塞。系统长时间在雾化空气压力和流量不满足设计工况的情况下运行，造成了雾化不够充分，尿素液滴过大，不能在热解炉直段进行有效分解，从而会造成尿素在水平段的结晶。另外，雾化空气在没有压力或者压力很低的情况下，尿素溶液会进入喷枪内雾化空气腔内，高温的情况下尿素溶液很快烧结，从而造成喷枪的喷嘴局部堵塞（导致尿素雾化效果下降），甚至于完全堵塞。

2) 油品恶化或人为减油，造成燃烧器出力不足。热解系统不满足喷射要求的情况下进行尿素溶液的喷射，持续数小时，这会导致尿素溶液的严重结晶。需要特别指出的是，尿素溶液结晶的产生和发展是一个愈演愈烈的递增过程，一旦存在尿素结晶因素并持续运行时，由于结晶的积累，会导致流场热流分配的破坏，结晶物会在某一个时间骤然猛增，严重的时候，会在很短的时间内堵塞整个热解炉尾管。

或者热解系统在超过设计负荷下运行，造成热解炉内部温度下降，降低到尿素分解温度以下，相对的尿素热解热量不足，会造成尿素结晶。

3) 对喷枪没有进行定期的检查，系统在雾化空气压力/流量不够、雾化空气较脏的情况下，对堵塞的尿素喷枪没有进行及时清理，出现喷枪雾化空气管烧穿，这种情况下空气从破损位置喷出，该喷枪的尿素溶液未经雾化而直接喷入热解炉内。这种情况下，会造成在很短的时间大量尿素沉积结晶在热解炉内。

为避免尿素热解系统结晶，可采取以下处理措施：

a. 尿素溶液雾化所用的压缩空气采用无油压缩空气，并配置干燥器，保证雾化空气清洁、压缩空气压力达到设计要求。

b. 根据现场负荷情况，合理调配尿素溶液浓度。

c. 严禁在热解炉内部温度不满足要求的情况下喷入尿素溶液。

d. 运行巡检时，必须对尿素喷枪雾化空气运行状态进行检查。如出现管路堵塞或压力不够，及时采取措施予以解决；运行监盘时要注意雾化空气报警情况，出现流量低报警时，及时退出该尿素喷枪运行。

e. 定期对尿素喷枪进行雾化试验，观察雾化效果，保证尿素喷枪雾化良好。

（2）喷氨格栅部分喷嘴堵塞。脱硝投运初期，系统启停相对较多，喷氨停止后没有气流从喷嘴流出，烟气中的粉尘很容易进入喷嘴内部形成堵塞，造成 SCR 反应器入口烟气中氨气浓度分配不均。当喷氨系统再次投入时，通过氨气的压力（4kPa）可以将疏松的积灰冲开，部分喷嘴保持畅通。采取的措施为：

a. SCR 反应器通烟状态下保持稀释风连续运行，保证喷氨格栅的喷嘴处有气流连续喷出。

b. 在反应器的喷氨格栅阀门后增加一路杂用压缩空气，定期对喷氨阀门管道进行吹扫。通过以上两种措施，基本保证了喷氨格栅的正常运行。

（四）节能改造

（1）用一次风取代尿素热解炉阻燃风和稀释风，取消稀释风机，可以起到节能的作用。

尿素热解系统原设计稀释风采用室内空气加蒸汽加热方式。电厂于 2009 年 4 月实施了热解炉稀释风系统改造，从空气预热器后一次母管引热一次风，取消原稀释风管道，将进入热解炉的稀释风温度由 150℃提高到 310℃，因一次风的含尘量比空气中含尘量大，所以改造后热解炉内部的飞灰存积量比改造前有所增加，但不会影响热解炉正常运行，只需每次停炉检修过程中对积灰进行清理即可，从而实现了节油的目的。

（2）热解炉采用电加热代替现有的燃油加热方式，不仅经济，而且安全。

原设计使用柴油作为热源分解尿素，每台炉设计工况下柴油耗量为 90kg/h，按照利用小时 6000h 计，每台炉每年燃油量 540t，按 6500 元/t 计算，每台炉每年仅热解柴油一项成本就高达 351 万元。因此应采用电加热代替现有的燃油加热方式。

第五节 SNCR 烟气脱硝技术的应用

一、设计参数

江苏利港电力有限公司三期 2×600MW 燃煤发电机组于 2006 年 12 月同时投产。该机组锅炉采用 Alstom 技术设计，由上海锅炉厂生产。脱硝前锅炉设计参数见表 9-9，锅炉 BRL 工况烟气成分见表 9-10，600MW 超临界机组燃煤工业分析数据见表 9-11。

锅炉采用炉膛分级燃烧以及燃尽风的低 NO_x 切圆燃烧技术，此外还配备了以尿素作为还原剂的 SNCR 脱硝装置，2×600MW 机组 SNCR 脱硝装置投资约为 4500 万元，由南京龙源环保工程有限公司总承包。由于锅炉本身装有低 NO_x 燃烧器，NO_x 的排放浓度已低于现行环保排放标准，所以利港电厂要求 SNCR 的脱硝效率仅在 25%以上。设计要求：脱硝装置在机组负荷 70%～100%BMCR 范围内投用，75%～100%BMCR 脱硝效率不低于 25%。当脱硝装置的运行不超出设备保证条件时，第一年脱硝装置可用率不小于 95%。脱硝装置主要设计参数见表 9-12。实践证明，低 NO_x 燃烧器与 SNCR 技术相结合产生了良好的脱硝效果。

表 9-9 脱硝前锅炉设计参数

项　目	单　位	BMCR 定压	BRL 定压
过热蒸汽流量	t/h	1953	1860
过热蒸汽出口压力	MPa	25.4	25.28
过热蒸汽出口温度	℃	543	543
再热蒸汽流量	t/h	1611.0	1539.5
再热蒸汽进口压力	MPa	4.42	4.23
再热蒸汽出口压力	MPa	4.23	4.04
再热蒸汽进口温度	℃	291	287
再热蒸汽出口温度	℃	569	569
给水温度	℃	282	279
锅炉热效率	%	94.53	94.61
保证热效率	%	94.53	94.61
燃料消耗量（实际）	t/h	239.64	230.19
排烟温度（修正前）	℃	133	131
排烟温度（修正后）	℃	128	126
省煤器出口烟气量	m^3/h	2 458 217	2 361 294
NO_x 排放浓度	mg/m^3	400	400

表 9-10 锅炉 BRL 工况烟气成分（标准状态，干基，6%O_2）

项　目	单　位	数据（干基）	数据（湿基）
CO_2	Vol%	14.94	12.815
O_2	Vol%	5.507	5.062
N_2	Vol%	80.49	74.982
SO_2	Vol%	0.061	0.056
H_2O	Vol%		8.086
SO_2	mg/m^3		1571
SO_3	mg/m^3		95
Cl（HCl）	mg/m^3		50
F（HF）	mg/m^3		25
烟尘浓度（引风机出口）	mg/m^3		＜200

表 9-11 600MW 超临界机组燃煤工业分析数据

项 目	符 号	单 位	设计煤种	校核煤种	备 注
收到基全水分	M_{ar}	%	10～14	6.73	最高值为 14.00%
空气干燥基水分	M_{ad}	%	1.68±0.5	1.15	
收到基灰分	A_{ar}	%	7.5～14.5	27.45	最高值为 27.45%
收到基挥发分	V_{ar}	%	30.31±2.50	24.76	最高值为 32.81% 最低值为 24.76%
收到基固定碳	FC_{ar}	%	47.19	44.16	
收到基低位热值	$Q_{net,ar}$	MJ/kg	22 999±2091	21 326	最低值为 20 908
收到基全硫	$S_{t,ar}$	%	0.70	1.00	
收到基碳	C_{ar}	%	60	54.06	
收到基氢	H_{ar}	%	4.86	4.99	
收到基氮	N_{ar}	%	1.03	0.90	
收到基氧	O_{ar}	%	9.45	5.87	

表 9-12 脱硝装置主要设计参数（每台机组）

项 目	常规 SNCR（二层喷射）数据
入口 NO_x 浓度	400mg/m^3
出口烟气 NO_x 浓度	300mg/m^3
氨的逃逸率	小于 5μL/L（平均值）
电源负荷	380V、80kW，220V、35kW
稀释水（工业水）	最大为 19.9t/h，通常为 13.8t/h（100% MCR）
雾化空气耗量（厂用压缩空气）	（0.55～0.69MPa）最大为 25.5 m^3/min
仪用压缩空气耗量	最大为 2.0 m^3/min
MNL 冷却水	最大为 123t/h
尿素化学剂（100%）	最大为 0.563t/h，100%尿素（使用 50%尿素溶液最大为 1.19m^3/h）
蒸汽（罐加热）	1t/h
SNCR 脱硝装置对锅炉效率的影响	小于 0.5%
NO_x 脱除率（设计最大脱硝效率）	35%
NO_x 脱除率（系统保证性能值）	25%

二、系统组成

为便于现场设备的安装，制造商采用模块化的供货方式。每个模块在脱硝流程中都具备一定的功能。SNCR 烟气脱硝工艺见图 9-19。

1. 化学剂制备和储存输送系统

化学剂制备和储存输送系统包括接收和储存还原剂，以及还原剂的计量输出、与水混合稀释等设施。

纯度大于或等于 99%的农业合格品等级尿素，稀释成 50% 尿素溶液，经尿素输送泵送到尿素储存罐，然后经循环模块送至计量模块。2×600MW 机组有 2 套碳钢制成的还原剂料斗，尺寸为 1.20m×0.779m×0.3m；有 2 套 316 不锈钢制成的尿素水溶液制备罐；有 2 个 7.5kW316L 不锈钢

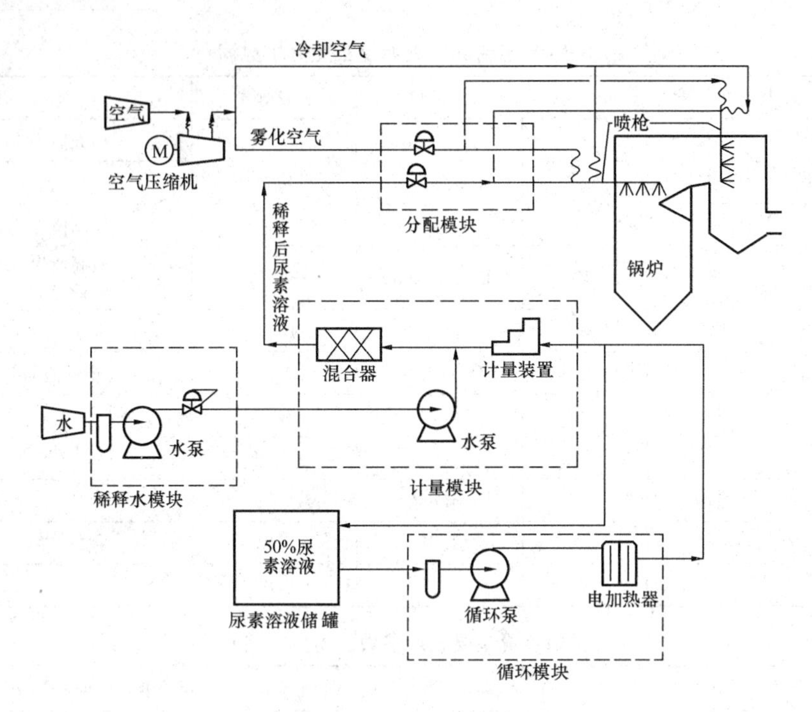

图 9-19 SNCR 烟气脱硝工艺

制成的搅拌器；有 4 个尿素溶液输送泵，电动机功率为 3kW，流量 $Q=40m^3/h$，扬程为 20m。

2. 高流量循环模块

2 台机组合用 1 套循环模块，循环模块的作用将储存罐中 50％浓度的尿素溶液输送至锅炉上部平台的分配模块并在尿素溶液储罐和计量模块之间循环，以保证反应剂的持续供应并保持尿素溶液一定的温度。

3. 喷射模块

喷射模块包括墙式喷射器与多喷嘴喷射器。每台机组有 10 只墙式喷射器，2 台机组共有 20 只墙式喷射器。由于尿素溶液存在一定的腐蚀性，尿素溶液喷入炉膛的喷射器全部用 316L 不锈钢制造。墙式喷射器分布在锅炉前墙、燃烧器的上方，每台锅炉共 2 层，其外形类似于锅炉短式吹灰器，多只喷射器成为组。由于前墙墙式喷射器无法使还原剂在炉膛内均匀混合，所以必须增加多喷嘴喷射器。

每台机组有 6 只多喷嘴喷射器，2 台机组共 12 只多喷嘴喷射器，每台锅炉共 3 层。多喷嘴喷射器分布在锅炉两侧墙，其外形类似于锅炉伸缩式吹灰器。为保证还原剂在整个锅炉宽度方向对 NO_x 进行有效拦截，多喷嘴喷射器设若干对喷嘴，喷嘴数量视炉膛内管屏间距而定。通过雾化空气，形成雾化颗粒状的尿素被送入锅炉烟气中。由于多喷嘴喷射器在炉膛中的工作温度较高，所以在喷射器内部通有除盐水作为多喷嘴喷射器冷却水。多喷嘴喷射器配带减速箱的电动伸缩机构。当喷射器不使用、喷射器套管冷却水流量不足、冷却水温度高或雾化空气流量不足时，多喷嘴喷射器会自动从锅炉中退出。

4. 计量模块

每台机组有 1 套计量模块，2 台机组共 2 套计量模块。模块喷射区计量模块是脱硝控制的核心装置，用于精确计量和独立控制到锅炉或焚化炉内每个喷射区的尿素溶液浓度。该模块采用独立的化学剂流量控制，通过区域压力控制阀与就地 PLC 控制器的结合并响应来自于机组燃烧控制系统、NCEMS 烟气监测装置引来的 NO_x 和氧监视器的控制信号，自动调节反应剂流量，对

NO_x浓度、锅炉负荷、燃料或燃烧方式的变化做出响应，打开或关闭喷射区或控制其质量流量。

5. 稀释水模块

稀释水模块的功能是为计量模块提供所需要的稀释水，稀释水采用电厂的工业水，它是一个全套的高流量、高压力的输送和控制系统，将稀释水与质量浓度为50%的尿素溶液一起进入喷枪。稀释水模块安装在锅炉零米。在不同工况下，该模块通过背压控制器和多级离心泵提供稳定不间断的满足设计压力的稀释水。该模块包括两个全流量多级的不锈钢离心泵，两个并联的滤网，就地控制和监测的压力控制阀门、仪表和一个就地的PLC控制装置。

6. 多喷嘴喷射器分配模块

每台机组有2套多喷嘴喷射器（MNL）分配模块，2台机组共4套分配模块。多喷嘴喷射器分配模块用来控制到每两个MNL的雾化/冷却空气、混合的化学剂和冷却水的流量。空气、混合的化学剂可以在该模块上调节，达到适当的空气/液体质量比率，取得最优的NO_x还原效果。该系统可以在就地控制盘上操作，也可以从计量模块PLC或用户DCS系统进行远方操作。MNL-DM3控制MNL的伸缩和到每个MNL的雾化/冷却空气、混合的化学剂和冷却水的流量。

7. MNL冷却水控制系统

MNL冷却水：采用从凝结泵出口后的管路上提供，经MNL管后（自动化调控的保持约30℃温差），回流到除氧器。

冷凝水压力控制回路调节MNL的冷却水压力，维持适当的流量与温度。该压力回路维持MNL下游的足够的冷却水压力，通过调整MNL分配模块的调节器维持适当的流量与温度。

8. 温度监测系统

温度监测系统为一连续性光学监视器，设计用来监测炉膛内烟气温度。温度监测器感应从飞灰粒子所发出的可见光，来决定炉膛内烟气温度。温度不受炉墙壁面温度的影响，对于燃烧煤、木废料、城市固体垃圾、垃圾燃料、重油或任何其他在燃烧过程中产生飞灰颗粒的燃料的锅炉能提供温度数据。

监视器所感应的温度，将用来决定适当的喷射区域。基于炉膛内烟气温度选择喷射区域可得到最佳化的NO_x还原、化学剂流量与氨泄漏量。该温度控制信号为Fuel Tech工程师优化系统运行提供手段，并为用户提供最有效的SNCR系统。

9. 控制系统

SNCR的控制系统包括与系统控制有关的所有控制仪器、分析仪器、最后控制组件、现场控制盘及控制系统等，还包括压缩空气系统、厂用水系统及尿素储存设备等。

锅炉在不同负荷时的反应剂喷射量，由流体力学模型、动力学模型及物料平衡的计算获得，并通过前馈控制参数（锅炉负荷和蒸汽生产率、炉内及催化剂的温度）以及反馈控制参数（烟囱出口的NO_x）来进行连续不断的调整，以达到要求的NO_x控制值。

三、选择SNCR工艺需注意的问题

（1）目前国内没有现成的50%尿素溶液采购，所以电厂需从化肥厂买来袋装尿素自行配制成尿素溶液。由于尿素在溶解过程是吸热反应，其溶解热高达－241.8J/g（负号代表吸热）。也就是说，当1g尿素溶解于1g水中，仅尿素溶解，水温就会下降57.8℃，而50%的尿素溶液的结晶温度是16.7℃。所以，在尿素溶液配制过程中需配置功率强大的热源，以防尿素溶解后的再结晶。在北方寒冷地区的气象条件下，该问题将会暴露的更明显。

（2）在整个脱硝工艺中，尿素溶液总是处于被加热状态。若尿素的溶解水和稀释水（一般为工业水）的硬度过高，则在加热过程中水中的钙、镁离子析出会造成脱硝系统的管路结垢、堵塞。否则，必须在尿素中添加阻垢剂或采用除盐水作为脱硝工艺水。

（3）由于多喷嘴喷射器工作在炉膛内部高温区，为防止喷射器冷却水管路内部结垢。需采用除盐水作为多喷嘴喷射器冷却水。一般来说，除盐水来自凝汽器，凝水泵送并经减压后进入多喷嘴喷射器，与多喷嘴喷射器换热、减压后再返回凝汽器。单个多喷嘴喷射器所需冷却水在10～15t之间。所以，在老机组改造中必须考虑是否有除盐水的富余量。

（4）在SNCR脱硝工艺中，厂用气的耗量也是较大的。喷射雾化需要厂用气，设备的冷却需要厂用气，管路吹扫也需要厂用气。有资料表明，2×600MW机组SNCR脱硝平均需消耗气量为50m^3/min。在老机组改造中也需要考虑厂用气的富余量。

（5）电厂对粉煤灰有较好的综合利用能力或燃煤的硫分较高时，则SNCR工艺的氨逃逸率不宜超过10μL/L。

四、运行数据

利港电厂三期2×600MW机组脱硝工程在不同的锅炉负荷条件下的脱硝效率见表9-13。可见，脱硝系统运行良好，锅炉的负荷在50%～100%的变化范围内，脱硝效率均大于25%，达到并优于性能保证值。

表9-13　2×600MW机组不同锅炉负荷条件下的脱硝效率

锅炉负荷（%）	入口NO_x浓度（mg/m^3）	出口NO_x浓度（mg/m^3）	氨氮比	氨逃逸率（μL/L）	NO_x脱除效率（%）
50	386	273	1.05	3.6	29.3
60	396	295	0.84	2.8	25.6
70	391	280	0.53	1.85	28.3
80	293	202	1.10	4.45	31.1
90	360	243	1.12	4.2	32.4
100	347	236	0.92	3.1	31.9

五、总结

SNCR脱硝技术占地面积小、对锅炉改造的工作量少、施工安装周期短、节省投资，较适合于老厂改造。

尿素颗粒或尿素溶液在运输和储存的安全性远远高于液氨，以尿素作为还原剂的SNCR技术对于场地受限的电厂的脱硝改造将有一定优势。

由于SNCR脱硝效率较低，SNCR可以协同低NO_x燃烧器改造或简易SCR等其他脱硝方式，在优化投资成本的前提下以期获得满意的脱硝效率。

如果没有进行低NO_x燃烧器改造，则采用SNCR脱硝系统的脱硝效率较低，一般不能满足环保排放要求。

如果单独采用SNCR脱硝系统，则效果不如采用低NO_x燃烧器改造方式来降低烟气氮氧化物。因为低NO_x燃烧器脱硝效率比SNCR脱硝效率高10个百分点。例如，该厂设计初衷是经低NO_x燃烧器后，NO_x排放浓度为400mg/m^3，实际上NO_x排放浓度达到了300mg/m^3，因此SNCR脱硝系统就没有运行的必要了。

低NO_x燃烧器改造费用低，2台600MW锅炉低NO_x燃烧器改造投资不足1000万元，仅是SNCR脱硝系统投资的20%。低NO_x燃烧器运行维护费用低，而且SNCR脱硝系统运行费用很高，2台600MW锅炉每年脱硝量为2800t，仅每年喷射尿素约为6000t，费用达1140万元，这还没有考虑其他因素的影响。

第六节 SNCR/SCR联合烟气脱硝技术的应用

一、SNCR/SCR联合烟气脱硝技术原理

SNCR/SCR联合烟气脱硝技术是把SNCR工艺的还原剂喷入炉膛技术与SCR工艺利用逸出氨进行催化反应结合起来，从而进一步脱除NO_x，见图9-20。

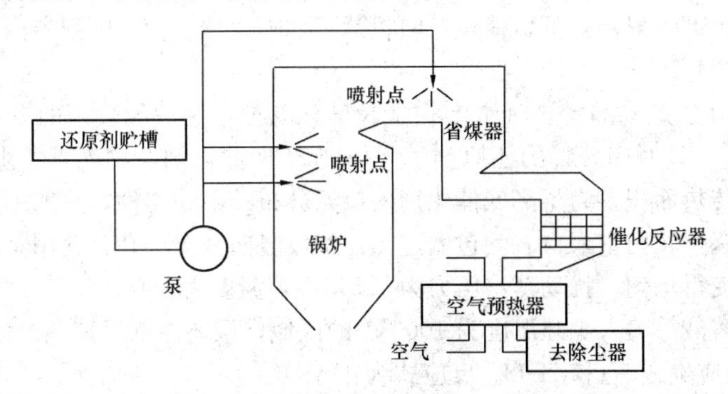

图9-20 SNCR/SCR联合烟气脱硝工艺流程

联合烟气脱硝工艺具有两个反应区，通过布置在锅炉炉墙上的喷射系统，首先将还原剂喷入第一个反应区——炉膛。在1000℃高温下，还原剂与烟气中的NO_x发生非催化还原反应，实现初步脱氮。然后，未反应完的还原剂进入联合工艺的第二个反应区——反应器，进一步脱氮。SNCR/SCR联合烟气脱硝工艺最主要的改进就是省去了SCR设置在烟道里的复杂的AIG（氨喷射格栅）系统，并减少了催化剂的用量。该工艺于20世纪70年代首次在日本的一座燃油装置上进行试验，试验结果表明了该技术是可行的。当要求总脱硝效率为60%时，SCR阶段的催化剂用量可以节省70%；而且反应塔体积小，便于在烟道上布置；SCR工艺需要采用尿素热解制氨系统，联合工艺通过直接将尿素溶液喷入炉膛，利用锅炉的高温将尿素溶液分解为氨，既方便又安全；为了防止排烟温度过高或过低对SCR工艺中催化剂的影响，一般SCR工艺设置了旁路系统，由于联合工艺催化剂用量大大降低，因此可以不设置旁路系统，减低了设备投资和系统控制的复杂性。SNCR/SCR联合烟气脱硝技术最重要的问题是将逸出氨与NO_x充分混合。SNCR体系能够向SCR催化剂提供充足的氨，但是想要控制好氨的分布能适应NO_x分布的改变，却是非常困难的。如果SCR催化剂上的氨得不到充足的NO_x，那么一部分氨没有发生反应就通过了催化剂。相反，如果高浓度NO_x区域处烟气中没有充足的氨，则在这些催化剂区域没有NO_x还原反应发生。

二、SNCR/SCR联合脱硝工艺在国华北京热电分公司的应用

1. 联合烟气脱硝工艺简介

国华北京热电分公司HG-410/9.8-YM15型锅炉采用四角切圆燃烧方式，每炉配2台单进单出钢球磨煤机，燃用神华准格尔混煤，混合比例为神华煤70%，准格尔煤30%。锅炉在2007年加装了SNCR脱硝系统，系统主要包括尿素溶液配制、在线稀释和喷射3部分。尿素溶液配制系统实现尿素储存、溶液配制和溶液储存的功能。尿素溶液由系统根据锅炉运行、NO_x排放浓度及氨逃逸等情况，在线稀释成所需的浓度，送入喷射系统。喷射系统实现各喷射层的尿素溶液分配、雾化喷射和计量。在炉膛燃烧区域上部和炉膛出口1000～1150℃烟气温度区域，由上至下分6层布置了63支墙式尿素溶液喷射器（以下简称喷射器）。其中，第6层（最上层）在36.5m

标高处，前墙布置5支喷射器，左、右墙各布置1支喷射器。第5层在35m标高处，第4层在32m标高处，其喷射器布置均与第6层相同。第3层在28.5m标高处，前、后墙各布置2支喷射器、左、右墙各布置5支喷射器。第2层在26 m标高处，第1层在24m标高处，其喷射器布置均与第3层相同。尿素溶液喷射器采用双流体雾化墙式喷嘴，利用蒸汽雾化低浓度尿素溶液，尿素溶液压力约0.3～0.6MPa，雾化蒸汽压力约0.3～0.7MPa。所有的墙式喷射器配有推进与缩回机构，每层喷射器可单独控制。在SNCR系统投运时，一般投运1层或2层喷射器即可，锅炉高负荷运行时投运上部喷射器，低负荷运行时投运下部喷射器。停运喷射器由控制系统控制退出炉膛，以避免受热损坏。

2009年5月，在锅炉尾部受热面加装了SCR催化剂。利用炉膛喷入的尿素溶液高温热解产生的NH_3气体作为SCR脱硝装置的还原剂。为加装SCR催化剂，将光管省煤器换成H型省煤器，增加了省煤器传热面积。为了降低催化剂入口氨分布的不均匀性，采取了加装蒸汽扰动系统以促进混合，即在锅炉转向室入口右侧包墙过热器炉墙竖向开5个孔，使用蒸汽喷嘴喷入蒸汽扰动烟气而使氨分布变得均匀。扰动蒸汽压力为1.5MPa，温度为350℃。

还原剂尿素稀溶液等喷入炉膛温度为1000℃的区域，该还原剂迅速热分解出NH_3。并与烟气中的NO_x进行反应生成N_2和H_2O。反应式为：

$$2NO+CO(NH_2)_2+\frac{1}{2}O_2\rightarrow 2N_2+CO_2+2H_2O$$

在联合脱硝系统中，氨气作为脱硝剂被喷入高温烟气脱硝装置中，多余的氨气在催化剂的作用下，可以在300～430℃的烟气温度范围内将烟气中NO_x分解成为N_2和H_2O，其反应式如下：

$$4NO+4NH_3+O_2=4N_2+6H_2O$$

$$NO+NO_2+2NH_3=2N_2+3H_2O$$

2. 性能考核试验

2009年6月完成了2台锅炉的SCR脱硝改造，试运行后进行了SNCR/SCR联合脱硝性能考核试验。结果（折算到氧量6%，标准状态）见表9-14。

表9-14　　热态调整试验数据

锅炉负荷(t/h)	运行磨煤机	SCR入口NO_x浓度(mg/m^3)	SCR出口NO_x浓度(mg/m^3)	SCR出口NH_3浓度(μL/L)
430	AB	123.1	43.16	3.32
430	B	81.43	23.44	3.0
430	A	99.26	39.62	2.44
410	B	81.1	20.6	0.56
410	A	106.38	44.75	0.78
410	AB	134.76	46.59	1.06
350	A	116.84	47.97	3.8
350	B	73.5	37.94	0.83
300	A	130.15	15.76	3.98
300	B	95.28	31.89	3.06

由表9-14可见，SNCR/SCR联合脱硝系统运行后，锅炉各负荷点NO_x最终排放浓度在15.76～47.97mg/m^3之间，氨逃逸浓度小于4μL/L（ppm）。SCR系统投运前锅炉NO_x排放浓度

约 247～318mg/m³，SNCR 的脱硝效率为 35%～40%，SNCR/SCR 联合脱硝系统的脱硝效率大于 80%。

3. 存在问题及处理

SNCR 脱硝系统试运行后，出现尿素溶液喷射器孔附近水冷壁的腐蚀问题，引起数次锅炉水冷壁的泄漏，被迫停炉检修。检查发现其主要由尿素喷射器泄漏引起，为此采取了如下措施：

(1) 改进喷射器结构，将喷射器混合部分设置在炉外；优化喷射器的雾化形式，克服喷射器头部漏流的缺陷。

(2) 改变喷射器与水冷壁面的夹角，使喷射器下倾 7°，同时在保证喷射器不被烧损的条件下，增加喷射器伸进炉膛的深度。

(3) 在喷孔下部水冷壁弯管部位加装不锈钢护板，外部敷耐火塑料，防止 SNCR 系统启停时喷射器未建立良好的雾化状态而出现的漏流与水冷壁管直接接触。

采取以上措施后，彻底消除了尿素喷射器液滴对水冷壁腐蚀的问题，未再发生过因水冷壁腐蚀泄漏而停炉的事故。

第七节 SCR 系统的优化运行及故障处理

一、优化运行调整的主要原则

(1) 在烟气脱硝装置正常运行的条件下，氮氧化物排放量接近 GB 13223 规定和当地环保部门要求的上限。

(2) 脱硝装置相关的所有设备与管路系统正常稳定投入运行，所有监测参数准确可靠。

(3) 脱硝装置的运行调整服从于机组负荷的变化，且宜在机组负荷稳定运行的条件下进行调整。

(4) 在满足排放指标的前提下，优化运行参数，提高经济性。

二、还原剂系统主要优化运行内容

1. 液氨蒸发系统主要优化运行内容

液氨蒸发器的运行调整目的是产生合适压力和流量的氨气，相应的调整项目主要包括媒介液位、加热蒸汽流量、蒸发器气态氨压力等。

当液氨蒸发器采用蒸汽盘管式加热时，蒸汽盘管与液氨盘管外的加热媒介常采用除盐水或乙二醇，需要监测媒介液位，并根据需要经常补充媒介。对于蒸汽采用喷射式直接加热液氨盘管外的媒介时，可通过溢流阀门控制媒介液位。

液氨蒸发器正常运行过程中，通过调节加热蒸汽的流量来控制加热媒介的温度，媒介温度通常控制在 30～60℃之间，且维持稳定。当加热媒介温度过低时，应关小或切断蒸发器的液氨供应阀门；当加热媒介温度过高时，应关小蒸汽流量阀门。

从液氨蒸发器出来的气态氨减压进入氨气缓冲槽，在缓冲槽内维持设定压力（通常为 0.2MPa）。

2. 尿素热解系统主要优化运行内容

尿素热解制氨系统的优化调整内容主要包括尿素公用系统和尿素溶液雾化热解系统。

(1) 尿素公用系统。

尿素公用系统需要监测与调整的参数包括：尿素溶解罐液位与温度、尿素溶液储罐液位与温度、疏水箱液位、尿素循环泵回流溶液温度与压力、尿素溶液浓度。

在尿素溶解罐中，用除盐水或冷凝水配置浓度为 40%～50%的尿素溶液，溶液浓度可根据需要调节。当尿素溶液温度过低时，蒸汽加热系统启动，使溶液的温度保持在82℃以上（与尿素溶液浓度相关），防止特定浓度下的尿素结晶，影响尿素溶解。

尿素溶液进入溶液储罐后，溶液浓度约40%～50%。为防止尿素溶液低温结晶，需要控制溶液温度高于26℃。溶液温度越高，相应的溶液维持温度越高。

通过变频式尿素溶液给料泵与压力控制回路，调节尿素溶液供应管道上的尿素溶液流量、压力与循环回路的回流量，以维持尿素热解炉的溶液供应量平稳。

（2）尿素溶液雾化热解系统。

调节尿素溶液压力、流量及雾化空气的压力与流量，控制尿素溶液雾化喷入热解炉后的液滴粒径在合适的范围。

调节尿素溶液雾化液滴上游的加热媒介温度与流量，使雾化液滴能够完全蒸发热解成气态含氨产物。加热媒介采用冷空气时，需要采用燃烧天然气或柴油方式，首先将空气加热到足够高的温度，然后与稀释空气混合，混合后的媒介温度控制在500～600℃。当采用高温一次风做加热媒介时，需要采用电加热（或燃烧天然气、柴油）方式，将一次风温度提高到500～600℃。媒介加热升温过程需要调节稀释风与助燃风比例、燃油（天然气）量或电功率。

在加热媒介作用下，雾化成液滴状的尿素溶液被分解成氨气混合物，需要根据尿素溶液浓度调节加热媒介的流量与压力，以控制尿素热解炉出口分解产物的压力、温度，以及氨气浓度及氨气流量。其中压力应不低于4.5kPa（主要取决于热解炉与喷氨AIG之间的管道阻力），温度不低于350℃（主要取决于热解炉与喷氨AIG之间的保温，使进入AIG的氨气混合物温度不低于175℃），氨气体积浓度不大于5%。

三、脱硝装置主要运行调整内容

SCR装置运行过程中需进行调整的内容主要包括：运行烟气温度、氨喷射流量、稀释风流量、AIG喷氨平衡优化、吹灰器吹灰频率等。

1. 运行烟气温度优化

SCR喷氨最低连续运行温度通常为300℃，受锅炉燃煤硫含量及SCR入口NO_x浓度影响而变化。在最低设计运行烟气温度下，喷入烟道内的NH_3易与NO_x反应生成硫酸铵盐，铵盐沉积在催化剂中会引起催化剂失去活性，且大量没反应的氨气会造成空气预热器低温段严重积灰堵塞。

在机组低负荷下，当SCR入口烟气温度低于最低设计烟气温度时，如果设计了省煤器烟气旁路，可通过调整省煤器烟气旁路与省煤器出口烟道挡板的开度，使SCR入口烟气温度高于最低连续喷氨温度，保障SCR正常运行。

当SCR入口烟气温度低于最低设计烟气温度时，如果没有设计省煤器烟气旁路，则需要停止氨喷射。否则，在低温下喷氨短暂运行一段时间后，应根据催化剂供货商的要求，尽快提高机组负荷，通过高温烟气来消除硫酸铵盐的影响。

SCR入口烟气温度大于450℃时，容易引起催化剂烧结，降低脱硝性能。通常，锅炉满负荷运行时的省煤器出口烟气温度小于400℃，SCR设计连续运行的最高温度在此基础上增加30℃。在脱硝系统运行中，还应注意烟气温度过高的问题。

2. 氨喷射流量优化

喷氨流量是通过锅炉负荷、燃料量、炉膛出口NO_x浓度及设定的NO_x去除率的函数值作为前馈，并通过脱硝效率或出口NO_x浓度作为反馈来修正。

当氨逃逸浓度超过设定值，而SCR出口NO_x浓度没有达到设定要求时，不要继续增大氨气的注入量，而应先减少氨气注入量，把氨逃逸浓度降低至允许的范围后，再查找氨逃逸高的原因，将氨逃逸率高的问题解决后，才能继续增大氨气注入量，以保持 SCR 出口 NO_x 在期望的范围内。

喷氨流量调节的前提是 SCR 反应器进出口的氮氧化物分析仪、氨气分析仪、氧量分析仪工作正常，测量准确。如有问题，需及时处理。

3. 稀释风流量优化

稀释风流量通常是根据设计脱硝效率对应的最大喷氨量设定，以使氨与空气混合物中的氨体积浓度小于 5%。

在氨/空气混合器内，氨与空气应混合均匀，并维持一定的压力。

对于喷嘴型氨喷射系统，当停止氨喷射时，为避免氨喷嘴飞灰堵塞，应一直伴随锅炉运行而投运稀释风机。

4. AIG 喷氨平衡优化

当脱硝效率较低，而局部氨逃逸浓度过高时，应考虑对喷氨格栅（AIG）的手动流量控制阀门进行调节。

机组负荷的变化对 SCR 入口烟气 NO_x 浓度有一定影响，AIG 的优化调节应在机组习惯运行负荷下进行。

AIG 喷氨平衡优化调整易采取顺序渐进的方式进行：首先将脱硝效率调整到设计值的 60% 左右，根据 SCR 出口截面的 NO_x 浓度分布调节 AIG 阀门；然后，在 SCR 出口 NO_x 浓度分布均匀性改善后，逐渐增加脱硝效率到设计值，并继续调节喷氨支管手动阀门，最终使 SCR 出口 NO_x 浓度分布比较均匀。

5. 吹灰器吹灰频率优化

在 SCR 注氨投运后，要注意监视反应器进出口压损的变化。若反应器的压损增加较快，与注氨前比较增加较多，此时要加强催化剂的吹灰。

对于声波式吹灰器，通常每个吹灰器运行 10s 后，间隔 30s 后运行下一个吹灰器，所有的吹灰器采取不间断循环运行。

对于耙式蒸汽吹灰器，为大幅度改善 SCR 系统阻力，需要检查耙的前进位移是否能够到达指定位置，并适当增加吹灰频率。

对于采用耙式蒸汽吹灰器的脱硝装置，应在检修期间注意检查催化剂表面的磨损状况并评估磨损起因。如果磨损是由于吹灰造成，应调整吹灰器减压阀后的吹灰压力或者加大吹灰器喷嘴与催化剂表面的距离。

四、脱硝装置运行故障处理对策

脱硝装置运行故障处理对策见表 9-15。

表 9-15　　脱硝装置运行故障处理对策

项　目	原　因	措　施
脱硝效率低	即使氨流量控制阀门开度很大，氨量供应也还是不充足	检查氨逃逸率； 检查氨气供应压力； 检查管道堵塞情况和手动阀门的开度； 检查氨流量计及相关控制器； 检查液氨品质
	出口 NO_x 设定值过高	检查氨逃逸率； 调整出口 NO_x 设定值为正确值

续表

项目	原因	措施
脱硝效率低	催化剂失效	增加喷氨量； 取出一些催化剂测试片，寄给厂家，并附带历史运行数据，以便检验失效情况
	氨分布不均匀	重新调整氨喷射格栅节流阀，以便使氨与烟气中的 NO_x 均匀混合； 检查氨喷射管道和喷嘴的堵塞情况
	NO_x/O_2 分析仪给出信号不正确	检查 NO_x/O_2 分析仪是否校准过； 检查烟气采样管是否堵塞或泄漏； 检查仪用气
	氨供应量减少	检查液氨是否泄漏，氨的供应压力是否过低； 检查氨供应管道是否堵塞
氨供应切断，阀门不断跳闸	仪用气压低	检查仪用气压
	氨/空气稀释比高	降低稀释空气流量； 检查氨气流量
	烟气流量低和烟气温度低	检查锅炉的负荷和性能； 检查温度监视器
压损高	积灰	用真空吸尘装置清理催化剂表面； 检查烟气流量
	取样管道的堵塞	吹扫取样管，清除管内杂质
氨泄漏	阀门管道、密闭容器的制造安装质量不佳	轻微泄漏：撤离区域内所有无关人员，处置人员正确使用正压式呼吸器和保护手套，对泄漏位置阀门管道进行大量喷水吸收，同时切断泄漏源，在保证安全情况下堵漏。如果是运输车辆泄漏，对泄漏部位大量喷水，同时将车转移到安全地带，在确保安全的情况下打开阀门泄压
	运行操作有误，造成管路或容器压力过高	
	卸氨操作过程中软管连接不牢靠	
氨逃逸率增加	混合喷嘴处氨的质量浓度测量装置失灵，造成供氨质量浓度过大	加强现场技术管理，形成对氨质量浓度测量装置和氨逃逸监测仪表的定期校验制度，保证监测仪表可靠
吹灰器无法投入	供汽汽源压力低于1.18MPa，且持续时间达10s以上	根据不同原因对照进行处理：确认吹灰控制屏上位机切换到DCS远控，提高吹灰供汽压力和供汽母管温度，处理吹灰器机械部分卡涩情况
	吹灰蒸汽母管温度小于350℃或疏水门没有关闭	
	吹灰器机械部分卡涩	

第十章 脱硝催化剂与还原剂

第一节 催化剂的应用

一、催化剂特性

催化剂是能提高化学反应速率，而自身结构不发生永久性改变的物质。在化学反应过程中，催化剂自身不参加物质的交换。

SCR催化剂失活：由于外部各种物理和化学作用的束缚，使得催化剂提高化学反应速率的能力降低。

SCR工艺中，催化剂的投资占整个系统投资的30%～40%，因此催化剂的性能是整个SCR的重点。国产催化剂平均价格一般为35 000元/m^3，使用寿命一般为2～3年。1台300MW机组，采用“2+1”模式布置时一般需要260m^3催化剂，也就是说需要900万元人民币。SCR工艺要求催化剂能达到如下几点要求：

(1) SO_2向SO_3转换率低，具有较高NO_x选择性；

(2) 在较低的温度下和较宽的温度范围内，具有较高的催化活性；

(3) 具有较好的化学稳定性，具有较强的抗中毒性；

(4) 使用寿命长，价格低；

(5) 反应器出口烟气中未反应的氨气量较少。

二、SCR催化还原反应过程

以氨为还原剂的SCR反应为

$$4HN_3+4NO+O_2 \rightarrow 4N_2+6H_2O$$

$$4HN_3+2NO_2+O_2 \rightarrow 3N_2+6H_2O$$

其中第一式是主要反应，因为烟气中几乎95%以上的NO_x是以NO的形式存在的。在没有催化剂的情况下，上述反应只在很窄的温度范围内（980℃）发生；当在合适的催化剂条件下，反应温度可以降低到300～420℃范围。

1. 催化剂化学构成

催化剂载体成分：TiO_2（>80%）是活性载体，钒的氧化物在TiO_2表面具有很大的分散度，以TiO_2为载体的催化剂获得的活性是最高的，而且TiO_2能抑制SO_2氧化成SO_3。

主要活性成分：V_2O_5（<2%）。钒（V）、钨（W）、钼（Mo）在SCR中均是活性成分，钒是最主要的活性成分。V_2O_5作为SCR催化剂的活性成分具有以下优点：①催化剂的表面呈酸性，容易将碱性的氨捕捉到催化剂表面进行反应；②抗SO_2中毒能力强；③工作温度较低，约为350～450℃。但是V_2O_5具有催化氧化SO_2的能力，能使烟气中的SO_2氧化成SO_3，进而与氨反应生成铵盐等固体颗粒，引起SCR反应器、催化剂等磨损和堵塞，所以钒含量通常不能超过1%（质量分数）。

WO_3（5%～10%）：主要作用是提高高温区段催化剂的活性，同时抑制SO_2氧化率，增强热稳定性，防止烧结造成比表面积减小。

MoO_3：主要作用是增加催化剂的活性，并能防止烟气中的砷（As）导致催化剂中毒。

结构成分：玻璃纤维等（增强），聚环氧乙烯等（黏结剂）。

2. 催化还原反应过程

催化还原反应过程见图 10-1。当活性颗粒被其他化学物质反应占据，或者 NH_3、NO_x 扩散通道被堵塞后，催化剂无法起到催化作用，则表现为活性的降低。

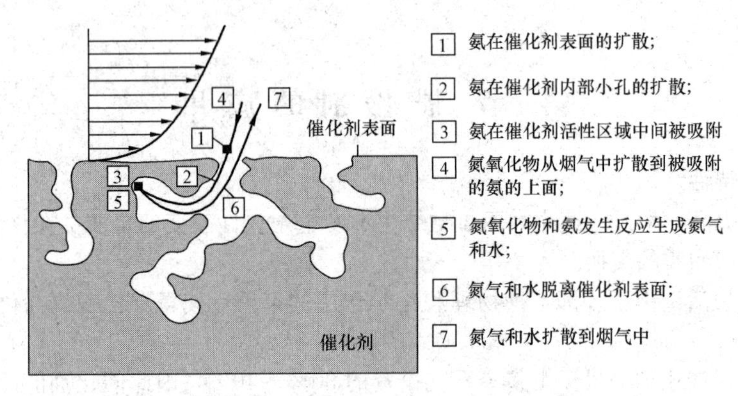

图 10-1　催化还原反应全过程

三、催化剂的分类

用于 SCR 系统的商业催化剂主要有贵金属催化剂、金属氧化物催化剂、钙钛矿型催化剂、沸石催化剂及碳基催化剂等几种类型。

早期的 SCR 催化剂是贵金属催化剂，出现于 20 世纪 70 年代。贵金属类催化剂是将少量贵金属如铂（Pt）、铑（Rh）和铅（Pd）等分散在载体（如 TiO_2、Al_2O_3 等）上。该类催化剂活性高，低温特性好；但是由于贵金属与硫氧化物和 NH_3 反应，并且昂贵，反应温度一般在 300℃以下。因此在 20 世纪 90 年代，贵金属催化剂逐渐被金属氧化物催化剂所取代。目前的贵金属催化剂主要用于天然气及低温的 SCR 催化方面。

金属氧化物催化剂主要是氧化钛基 $V_2O_5-WO_3$（MoO_3）/TiO_2 系列催化剂。该类催化剂中活性物质 V_2O_5 占 1%～5%，WO_3 占 4%～10%，载体 TiO_2 占绝大部分比例，添加少量的 MoO_3 不仅可以提高催化剂活性，而且可以提高耐 As_2O_3 中毒能力。V_2O_5 催化剂被广泛应用于 300～400℃的 SCR 脱硝装置中。

钙钛矿型催化剂：因贵金属资源紧缺、价格昂贵，人们一直在寻找具有高净化效率的不含贵金属的催化剂。在 20 世纪 70 年代初，钙钛矿结构的氧化物代替贵金属开始用于汽车尾气净化催化剂。钙钛矿型催化剂主要是 $CaTiO_3$ 型。其突出的优点是热稳定性好且反应温度下容易脱附氧，价格低。不足之处是催化剂必须经过高温焙烧，使得比表面积较小，这在很大程度上限制了催化剂性能。

沸石催化剂：沸石催化剂是一种陶瓷基的催化剂，由带碱性离子的水和硅酸铝的一种多孔晶体物质制成丸状或蜂窝状，具有分子筛的作用，只有那些能穿过沸石微孔进入催化剂孔穴内的分子才有机会参加化学反应过程。

碳基催化剂：活性炭以其特殊的孔结构和大的比表面积成为一种优良的固体吸附剂，通常采用 Mn_2O_3、V_2O_5 作为活性组分，该类催化剂最佳反应温度通常比较低，约为 100～200℃。但由于这种用于催化剂的活性炭与氧接触时具有较高的可燃性，因此其不被广泛应用。

四、催化剂的结构形式

最常用的金属氧化物催化剂含有氧化矾 V_2O_5、氧化钛 TiO_2。催化剂结构一般有蜂窝式、平板式（板式）和波纹式3种形式。

1. 蜂窝式催化剂

蜂窝式催化剂采用二氧化钛作骨架材料，将 V_2O_5 和 TiO_2 混合挤压成型，经干燥、烧结后裁剪装配而成，其端面呈蜂窝状，市场占有份额约60%～70%。蜂窝式催化剂的特点是比表面积大，相同参数情况下，催化剂体积小，质量轻，适用范围广，内外介质均匀，市场占有率高。但蜂窝式催化剂防积尘和堵塞性能较差，阻力损失大。蜂窝式催化剂主要供应商为德国KWH/DKC公司、德国BASF公司、美国康美泰克Cormetech公司、奥地利Ceram/Frauenthal公司、德国亚吉隆Argillon公司、韩国的SK公司、日本日立造船所、日本三菱MHI公司（Mitsubishi Heavy Industries）、日本触媒化成（Catalysts & Chemicals Ind. Co.，Ltd. 简称CCIC）公司等。活性炭以其特殊的孔结构和大的比表面积成为一种优良的固体吸附剂，用于空气或工业废气的净化由来已久。在低温下和 NH_3、CO存在的情况下能选择还原 NO_x，所以活性炭在治理 NO_x 污染方面前途广阔。但是活性炭做催化剂活性很低，在实际应用中，常常需要经过预活化处理。图10-2为蜂窝式催化剂单元体。

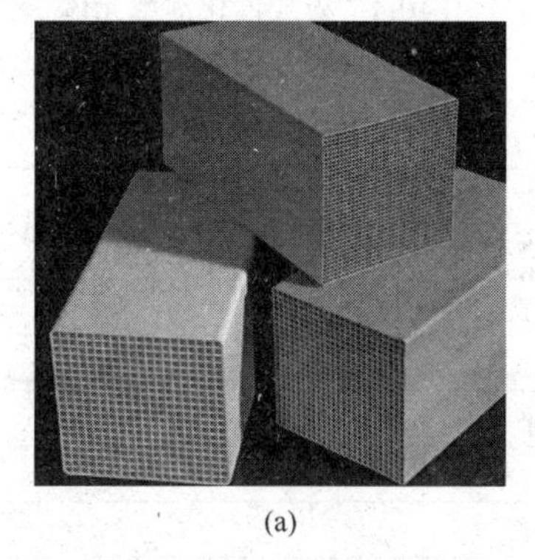

(a)

(b)

图10-2 蜂窝式催化剂单元体

(a) 立体图；(b) 横截面

2. 波纹式催化剂

波纹式催化剂采用玻璃纤维板或陶瓷板作为基材，浸渍催化剂后烧结成型（见图10-3），市场占有份额约5%～10%。波纹式催化剂孔径相对较小，比表面积最高，在相同脱硝效率情况下，所需催化剂体积最小。波纹式催化剂主要供应商为丹麦托普索Harld Topson公司和日本Hitachi Zosen公司等。

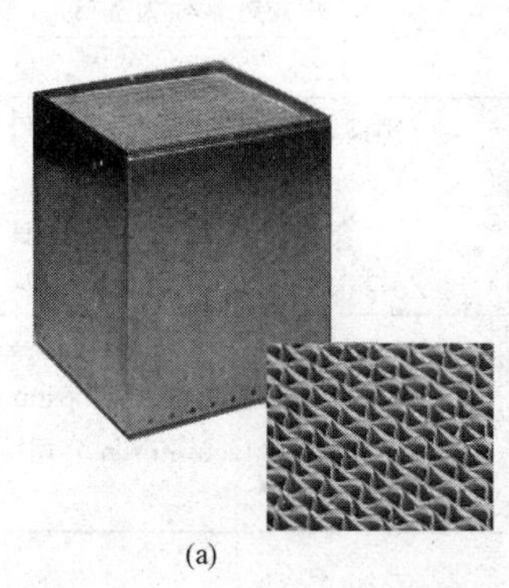

(a)

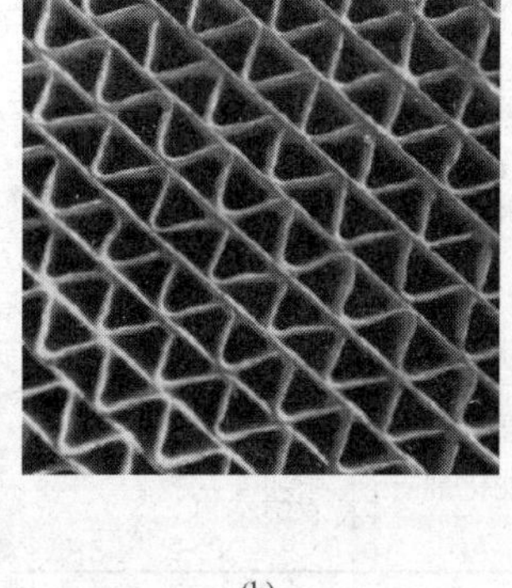

(b)

图10-3 波纹式催化剂单元体

(a) 立体图；(b) 横截面

3. 板式催化剂

板式催化剂（又称平板式催化剂）采用不锈钢金属网格作为基材，压制催化剂后烧结成型（见图10-4），市场占有份额约20%～30%。板式催化剂的特点是开孔率较高，比表面积小，相同参数情况下，催化剂体积较大，防堵灰能力较强，生产周期快。但板式催化剂受到机械或热应力作用时，活性层容易脱落，且活性材料容易受到磨损。板式催化剂主要供应商为德国亚吉隆Argillon公司、日本BHK（Hitachi）公司等。

由于板式催化剂为非均质催化剂，其表面遭到灰分等的破坏磨损后就不能维持原有的催化性能，催化剂再生几乎不可能。

三种催化剂的优缺点见表10-1。

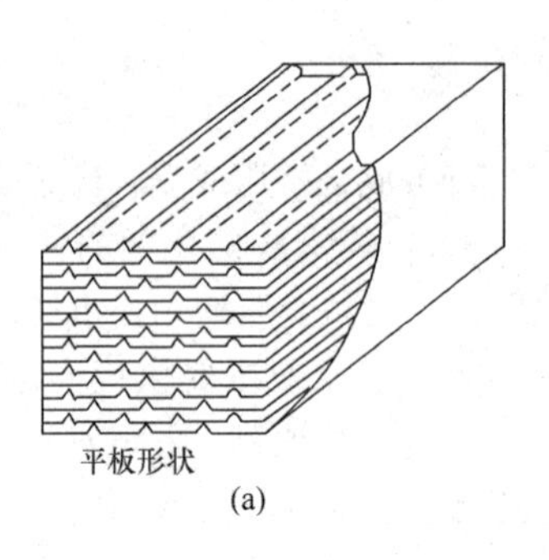

(a)

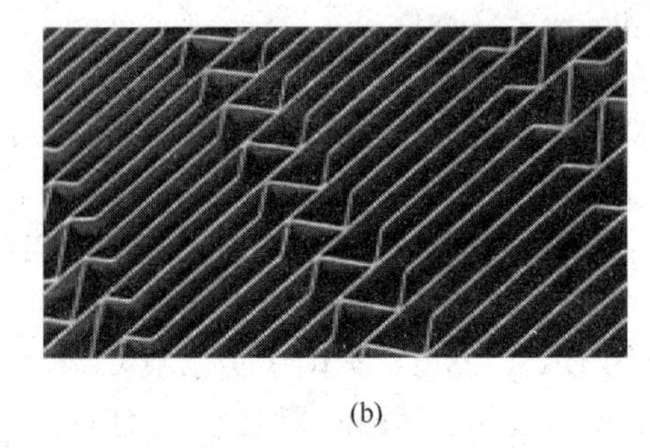
(b)

图 10-4 板式催化剂单元体

(a) 立体图；(b) 横截面

表 10-1 三种催化剂的优缺点

项目	蜂窝式	平板式	波纹式
催化剂活性	中等	低	高
抗飞灰磨损能力	一般	优	一般
抗堵塞能力	一般	优	良
烟气阻力	高	中	低
催化剂体积	小	大	中
抗腐蚀性	一般	高	一般
抗砷中毒性	中	低	高
比表面积	高	低	中等
耐热性	优	中	优
抗冲刷能力	中等	高	中等
SO_2/SO_3氧化率	高	高	较低
催化剂再生	有效	无效	有效
初始建设成本	中等	高	中等
基材	二氧化钛为载体整体挤压	不锈钢板为基材	陶瓷纤维板为基材
市场占有率	60%～70%	20%～30%	10%
业绩代表	嵩屿电厂 2×300MW（美国康美泰克）、乌沙山电厂 2×600MW（奥地利 Ceram）	宁海电厂 1×600MW（日本 BHK）	阳城电厂 1×600MW（丹麦 Topson） 太仓电厂 2×600MW（日本 Zosen）
主要供应商	成都东方凯特瑞环保催化剂有限责任公司、重庆远达催化剂制造有限公司、江苏龙源催化剂有限公司	中国大唐集团环境技术有限公司、北京迪诺斯环保科技有限公司	丹麦托普索 Harld Topson 公司、日本 Hitachi Zosen 公司

第二节 SCR 脱硝催化剂的重要指标

催化剂作为 SCR 脱硝反应的核心，其质量和性能直接关系到脱硝效率的高低；所以，在火电厂脱硝工程中，除了反应器及烟道的设计不容忽视外，催化剂的参数设计同样至关重要。一般来说，脱硝催化剂都是为项目量身定制的，即依据项目烟气成分、特性，效率以及客户要求来定。催化剂的性能（包括活性、选择性、稳定性和再生性）无法直接量化，而是综合体现在一些参数上，主要有寿命参数、几何特性参数、机械强度参数、化学成分含量、工艺性能指标等。

一、几何特性参数

1. 节距/间距

这是催化剂的一个重要指标，通常以 P 表示。其大小直接影响到催化反应的压降和反应停留时间，同时还会影响催化剂孔道是否会发生堵塞。对蜂窝式催化剂，节距是指催化剂蜂窝孔径与内壁厚度之和，如蜂窝孔宽度为（孔径）d，催化剂内壁壁厚为 t（见图 10-5），则

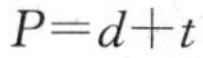

$$P=d+t$$

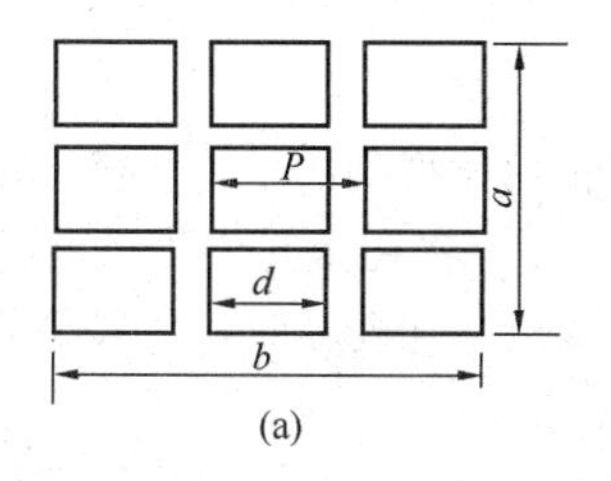

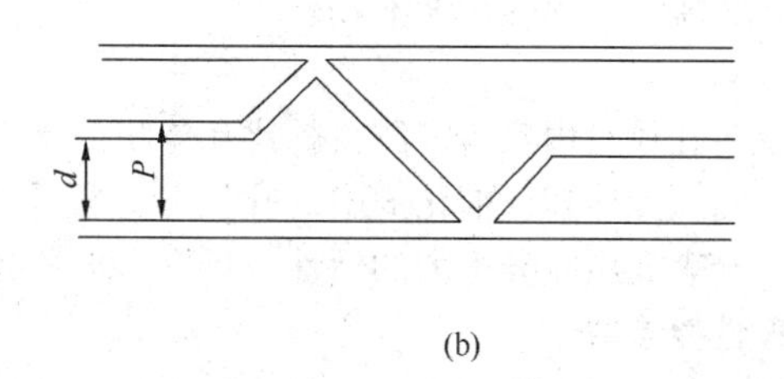

图 10-5　SCR 催化剂节距/间距示意

（a）蜂窝式催化剂；（b）平板式催化剂

对平板和波纹式催化剂，间距是指催化剂相邻两壁中心层之间的距离或层间宽度与内壁厚度之和，如板与板之间宽为 d，板的厚度为 t，则

$$P=d+t$$

由于 SCR 装置一般安装在空气预热器之前，飞灰浓度可大于 15g/m^3（干，标态），如果催化剂间隙过小，就会造成飞灰堵塞，从而阻止烟气与催化剂接触，导致效率下降，磨损加重。一般情况下，蜂窝式催化剂堵灰要比平板式严重些，需要适当地加大孔径。同等条件下，平板式催化剂间距可以比蜂窝式稍小些。烟尘浓度大于 40g/m^{3}时，蜂窝式催化剂孔数应不大于 18 孔，节距不小于 8.2mm，壁厚不小于 0.8mm；平板式催化剂板间距不小于 6.7mm，板厚不小于 0.7mm。

烟尘浓度在 20～40g/m^{3}之间时，蜂窝式催化剂孔数应不大于 20 孔，节距不小于 7.4mm，壁厚不小于 0.7mm；平板式催化剂板间距不小于 6.0mm，板厚不小于 0.7mm。

烟尘浓度小于 20g/m^{3}时，蜂窝式催化剂孔数应不大于 22 孔，节距不小于 6.9mm，壁厚不小于 0.6mm；平板式催化剂板间距不小于 5.6mm，板厚不小于 0.6mm。

2. 比表面积

比表面积是指单位质量催化剂所暴露的总表面积，或用单位体积催化剂所拥有的表面积来表示，即烟气流通孔道的总面积与催化剂体积的比值。前者叫质量比表面积，后者叫几何比表面积或体积比表面积。由于脱硝反应是一个多相催化反应，且发生在固体催化剂的表面，所以催化剂表面积的大小直接影响到催化活性的高低，将催化剂制成高度分散的多孔颗粒，为反应提供了巨大的表面积。蜂窝式催化剂的比表面积比平板式的要大得多，前者一般在 427～860m^2/m^3，后者约为其一半。计算公式为

$$A=\frac{4Pn^2\times 1000}{ab}$$

式中　A——蜂窝催化剂几何比表面积，m^2/m^3；

P——蜂窝催化剂节距，mm；

a——蜂窝催化剂单元体横截面高度（见图 10-5），mm；

b——蜂窝催化剂单元体横截面宽度（见图 10-5），mm；

n——蜂窝催化剂单元体端面上的一排孔道数量（图 10-5 中 $n=3$）。

3. 孔隙率

孔隙率也叫开孔率，是指烟气流通孔道的总截面积与催化剂的截面积之比。孔隙率是催化剂结构最直接的一个量化指标，决定了孔径和比表面积的大小。一般催化剂的活性随孔隙率的增大而提高，但机械强度会随之下降。计算公式为

$$\delta = \frac{P^2 n^2}{ab}$$

式中 δ——蜂窝催化剂的孔隙率，%。

4. 平均孔径

通常所说的孔径是由实验室测得的比孔体积与比表面积相比得到的平均孔径。比孔体积指单位质量催化剂的孔隙体积。催化剂中的孔径分布很重要，反应物在微孔中扩散时，如果各处孔径分布不同，会表现出差异很大的活性，只有大部分孔径接近平均孔径时，效果最佳。

二、物理性能参数

物理性能参数主要体现了催化剂抵抗气流产生的冲击力、摩擦力、耐受上层催化剂的负荷作用、温度变化作用及相变应力作用的能力。物理性能参数共有 3 个指标，即轴向机械强度、径向机械强度和磨损强度。

1. 轴向机械强度

常温下，当施加的压力方向与烟气流通孔道的方向平行时，按规定条件加压，催化剂试样发生破坏前单位面积上所能承受的最大压力，为轴向机械强度，单位 MPa。

2. 径向机械强度

常温下，当施加的压力方向与烟气流通孔道的方向垂直时，按规定条件加压，催化剂试样发生破坏前单位面积上所能承受的最大压力，为径向机械强度，单位 MPa。

3. 磨损强度

磨损强度也叫磨耗率，是指用一定的试验仪器和方法测试得到的催化剂经磨损前后质量损失的百分比，与所消耗的磨损剂质量的比值，单位%/kg。计算公式为

$$\xi = \frac{1 - \frac{m_1}{m_2} \times \frac{m_4}{m_3}}{m}$$

式中 ξ——磨损强度，%/kg；

m——测试后收集到的磨损剂（高硬度石英矿砂）质量，kg；

m_1——催化剂对比样品测试前质量，g；

m_2——催化剂对比样品测试后质量，g；

m_3——催化剂测试样品测试前质量，g；

m_4——催化剂测试样品测试后质量，g。

三、化学成分含量

化学成分含量即指活性组分及载体，如 $V_2O_5-WO_3/TiO_2$ 催化剂中各成分的质量百分数。这其中关键为起催化作用的量，助催化与载体的配比量也同样重要。根据不同用户的情况，化学成分含量会有所不同。一般情况下，V_2O_5 占 1%～5%，WO_3 占 5%～10%，TiO_2 占其余绝大部分比例。

四、工艺性能指标

工艺性能指标包括体现催化剂活性的脱硝效率、SO_2/SO_3 转化率、NH_3 逃逸率以及压降等综合性能指标。这些指标一般在催化剂成品完成后需要在实验室实际烟气工况下进行检测，以确认

各指标符合要求。

1. 脱硝效率

指进入反应器前、后烟气中 NO_x 的质量浓度差除以反应器进口前的 NO_x 浓度（浓度均换算到同一氧量下），直接反映了催化剂对 NO_x 的脱除效率。一般情况下，脱硝工程会设计初期脱硝率和远期脱硝率，通过初置 和预留若干催化剂层，今后逐层添加来满足未来可能日益严格的排放要求。计算公式为

$$\eta=\frac{C_1-C_2}{C_1}\times 100\%$$

式中 η——脱硝效率，%；

C_1——脱硝装置运行时 SCR 反应器入口烟气中 NO_x 含量，mg/m^3；

C_2——脱硝装置运行时 SCR 反应器出口烟气中 NO_x 含量，mg/m^3。

2. SO_2/SO_3 转化率

SO_2是燃煤锅炉排放烟气中的主要污染物之一，是 SCR 烟气脱硝设计中必须考虑的气体物质。如果 SCR 脱硝反应发生在含有 SO_2的烟气中，SO_2会在催化剂的作用下被氧化成 SO_3。这一反应对于 SCR 脱硝反应而言是非常不利的。因为 SO_3可以与烟气中的水以及 NH_3反应，从而生成硫酸铵和硫酸氢铵。而这些硫酸盐，尤其是硫酸氢铵可以沉积并积聚在催化剂表面，引起催化剂的失活。另外，SO_3会使空气预热器的堵塞更加严重；在酸的露点以下，SO_3会形成硫酸并在空气预热器的下游管道形成严重腐蚀。在气体混合物中，SO_2转变成 SO_3的体积浓度与 SO_2起始状态的体积浓度之比，称为转化率。计算公式为

$$k=\frac{\varphi_0(SO_3)-\varphi_i(SO_3)}{\varphi_i(SO_2)}$$

式中 k——SO_2/SO_3转化率，%；

$\varphi_0(SO_3)$——反应器出口 SO_3体积浓度，mg/m^3；

$\varphi_i(SO_3)$——反应器入口 SO_3体积浓度，mg/m^3；

$\varphi_i(SO_2)$——反应器入口 SO_2体积浓度，mg/m^3。

SO_2/SO_3转化率是 SCR 系统中的重要指标之一。SO_2/SO_3转化率越高，说明催化剂的活性越好，所需要的催化剂量越少。但高尘布置的脱硝反应器 SO_2/SO_3转化率越高，则越易发生烟道、空气预热器乃至电除尘器被硫酸腐蚀的危险。因此，SCR 系统中严格控制 SO_2/SO_3转化率，目前国内要求 SO_2/SO_3转化率不大于 1%。

可以从以下两个方面考虑降低 SO_2/SO_3的转化率：

（1）严格控制 SCR 的反应温度。

（2）合理调整催化剂成分，减少作为 SO_2氧化的主要催化剂 V_2O_5在催化剂中的含量。在钒钛催化剂中加入钨、钼等成分，可有效地抑制 SO_2转化成 SO_3。

（3）所有的 SCR 系统的催化剂使烟气中的部分 SO_2向 SO_3的转化率与催化剂的体积成正比，降低催化剂的量将会减少 SO_3的生成。

3. NH_3逃逸率

SCR 系统在正常运行时，喷入反应器内的氨不能 100%地与 NO_x 进行反应，未参加化学反应的氨会随着烟气或飞灰从反应器的出口被带入下游的空气预热器，这种现象称为氨的逃逸。通常所说的氨的逃逸率（或称 NH_3逃逸浓度）是指反应器出口烟气中氨的浓度（$\mu L/L$），转换成 6%氧量、标态、干基的数值。NH_3 逃逸率计算公式为

$$\varphi_0(NH_3)=\frac{\varphi_i(NH_3)\times(21-6)}{21-O_2}$$

式中 $\varphi_0(NH_3)$——折算到基准氧量下 NH_3 逃逸率，μL/L；

$\varphi_i(NH_3)$——实测 NH_3 逃逸率，μL/L；

O_2——实测氧的含量，%。

催化剂反应器出口烟气中 NH_3 的体积分数，它反映了未参加反应的 NH_3。如果该值高，一是会增加生产成本，造成 NH_3 的二次污染；二是 NH_3 与烟气中的 SO_3 反应生成 NH_4HSO_4 和 $(NH_4)_2SO_4$ 等物质，会腐蚀下游设备（如腐蚀空气预热器管板），同时 NH_4HSO_4 和 $(NH_4)_2SO_4$ 通过与飞灰表面物反应而改变飞灰颗粒物的表面形状，最终形成一种大团状黏性的腐蚀性物质。这种飞灰颗粒物和在管板表面形成的 NH_4HSO_4 会导致空气预热器的压损急剧增大。当氨气逃逸浓度在 1μL/L 以下时，硫酸氢铵生成量很少，空气预热器堵塞现象不明显；NH_3 逃逸浓度增加到 2μL/L 时，日本 AKK 的测试表明，空气预热器在运行 6 个月后，阻力约增加 30%；如果 NH_3 逃逸浓度增加到 3μL/L，空气预热器运行 6 个月后阻力约增加 50%。压损增大造成频繁地清洗空气预热器，这种情况对风机的影响较大。

因此，必须对 NH_3 逃逸浓度进行严格的监测和控制。我国目前已建、在建和科研设计中的 NH_3 逃逸浓度一般要求不超过 3μL/L。

一般来说，氨逃逸的影响因素为喷氨的不均匀性和催化剂层的活性下降。在实际运行中，这两者均无法及时发现，而通过脱硝效率又不能很好地反映氨逃逸率。这时利用分析飞灰中的含氨量，能及时、准确获知氨逃逸率。根据国外火电厂运行经验，SCR 正常运行下，飞灰中含氨量控制在 50mg/kg 以下时，可有效控制氨逃逸率在安全运行范围之内。

4. 压降

SCR 系统的压力损失是指烟气由 SCR 系统入口经反应器，到反应器后空气预热器入口烟道之间的压力降。计算公式为

$$\Delta p = p_{out} - p_{in}$$

式中 Δp——催化剂单元体的烟气压降，Pa；

p_{out}——单只反应器出口烟气静压，Pa；

p_{in}——单只反应器入口烟气静压，Pa。

整个脱硝系统的压降是由催化剂压降以及反应器及烟道等压降组成。SCR 系统压力损失的大小，将直接影响到锅炉主机及引风机的安全运行和厂用电的多少。SCR 系统的压力损失可以通过压力测量仪表测得，一般在 800～1000Pa 左右。每增加一层催化剂，阻力一般增加 200Pa。这个压降应该越小越好，否则会直接影响锅炉主机和引风机的安全运行。在催化剂设计中合理选择催化剂孔径和结构形式，是降低催化剂本身压降的重要手段。

5. 空塔速度

空塔速度也叫空间速度（简称空速），是 SCR 的一个关键的设计参数，它是烟气体积流量（标准状态下的湿烟气）与 SCR 反应塔中催化剂体积的比值，反映了烟气在 SCR 反应塔内停留时间的长短，即烟气流量与催化剂体积之比，一般用符号 SV 表示，即

$$SV = \frac{q}{V}$$

式中 SV——空塔速度，1/h；

q——催化剂处的烟气流量，m^3/h；

V——催化剂体积，m^3。

通常，SCR 的脱硝效率将随烟气空塔速度的增大而降低。空塔速度通常是根据 SCR 反应塔的布置、脱硝效率、烟气速度、允许的氨逃逸量以及粉尘浓度来确定的。一般 SCR 脱硝系统的

空塔速度在标态下为2500～5500$m^3/(h \cdot m^3)$。

空塔速度大，烟气在反应器内的停留时间就短，导致NO_x与NH_3的反应不充分，NO_x的转化率低，氨的逃逸量大，同时烟气对催化剂骨架的冲刷也大。但若烟气流速小，所需的SCR反应器的空间增大，催化剂和设备不能得到充分利用，不经济。空塔速度在某种程度上决定反应是否完全，同时也决定着反应器的沿程阻力。

6. 面积速度

面积速度是指烟气体积流量（标准状态下的湿烟气）与SCR反应塔中催化剂总表面积的比值，简称面速度，一般用符号AV表示，即

$$AV = \frac{q}{F}$$

式中 AV——催化剂的面积速度，m/h；

q——催化剂处的烟气流量，m^3/h；

F——催化剂总表面积，m^2。

7. 烟气线速度

烟气线速度是指烟气体积流量（标准状态下的湿烟气）与SCR反应塔中催化剂通流面积的比值，简称线速度，一般用符号LV表示，即

$$LV = \frac{q}{3600F_t}$$

式中 LV——催化剂内的烟气线速度，m/s；

q——催化剂处的烟气流量，m^3/h；

F_t——催化剂通流面积，m^2。

例10-1：某反应器内催化剂层数是2层，每层催化剂模块数量是5×8=40（块），催化剂模块是20×20孔布置，节距7.4mm，壁厚0.9 mm，每个模块包含小块数量是7×10根=70根，设计烟气量为2 274 991m^3/h。求其催化剂内烟气线速度。

解：催化剂通流面积

$$F_t = 2\times40\times20\times20\times70\times(7.4\text{mm}-0.9\text{mm})^2$$
$$=94\ 640\ 000\text{mm}^2=94.64\text{m}^2$$

催化剂内的烟气线速度

$$LV = \frac{q}{3600F_t} = \frac{2\ 274\ 991}{3600\times94.64} = 6.68\ (\text{m/s})$$

8. 催化剂活性

催化剂活性是指催化剂与氮氧化物反应的综合能力，以K表示，它主要由烟气组分、烟气温度、烟气速度和催化剂性能来决定。催化剂活性是体现催化反应系统传质和化学反应速率的综合性特征值，计算公式为

$$K = \frac{q}{F}\ln\frac{1}{1-\eta} = -AV\ln(1-\eta)$$

$$\eta = \frac{C_1 - C_2}{C_1}$$

式中 AV——催化剂面积速度，m/h；

K——催化剂活性，m/h；

C_1——催化剂入口处氮氧化物浓度，mg/m^3；

C_2——催化剂出口处氮氧化物浓度，mg/m^3；

η——催化剂脱硝效率，%。

考核再生后的催化剂活性或者使用后的催化剂活性，一般考核相对活性指标。计算公式为

$$k=\frac{K}{K_0}$$

式中 k——相对活性，一般要求设计阈值为0.7；

K——催化剂使用后或再生后活性，m/h；

K_0——使用前的新鲜催化剂活性，m/h。

例10-2：某催化剂设计参数见表10-2，脱硝效率93.3%，求其催化剂活性。

表10-2　某烟气与催化剂设计参数

温度（℃）	O_2（%）	H_2O（%）	NO（μL/L）	SO_2（μL/L）	NH_3（μL/L）	体积比面积（m^2/m^3）	SV（1/h）
380	2.0	10.23	237	498	245	478.7	4500

解：面积速度 $AV=\frac{q}{F}=\frac{SV}{A}=\frac{4500}{478.7}=9.40$（m/h）

催化剂活性 $K=-AV\ln(1-\eta)=-9.4\times\ln(1-0.933)=25.41$(m/h)

9. 催化剂寿命

（1）催化剂化学寿命。催化剂的化学寿命是指催化剂的活性自系统投运开始能满足脱硝设计性能（阈值为$k\geqslant0.7$）的时间，简单地说，就是从开始使用到需要更换的累计运行时间。催化剂运行一段时间以后，由于催化剂的中毒及烧结，其活性会逐渐下降，当不能满足设计效率时，氨的逃逸率会增大，此时必须进行再生或更换。通常催化剂的化学寿命为16 000～24 000h。

（2）催化剂机械寿命。也叫使用寿命，是指长期使用造成的自然机械损坏，不能再继续使用的累计运行时间。催化剂机械使用寿命一般为60 000～80 000h。

例10-3：某催化剂设计活性 $K_0=42$m/h，催化剂化学寿命 $T=24\ 000$h，实测催化剂活性 $K_{01}=37.6$m/h，如果设计阈值 $k=0.7$，催化剂失活速率不变，求催化剂实际化学寿命。

解：初始活性 K_0 为42m/h的催化剂使用了24 000h后的活性 K：

$$K=K_0k=42\times0.7=29.4\ \text{(m/h)}$$

在催化剂失活速率一样的条件下，催化剂实际化学寿命：

$$T_{01}=\frac{37.6-29.4}{42-29.4}\times24\ 000=15\ 619\ \text{(h)}$$

10. 活性温度

活性温度是指催化剂反应活性最大的温度，催化剂按照催化剂活性温度分为高温、中温和低温3种，高温催化剂的活性温度一般为400℃以上，中温催化剂的活性温度一般为300～400℃，低温催化剂的活性温度一般在300℃以下。催化剂的活性温度范围是最重要的指标。反应温度不仅决定反应物的反应速度，而且决定催化剂的反应活性。如 $V_2O_5-WO_3/TiO_2$ 催化剂，反应温度大多设在300～420℃。如果温度过低，反应速度慢，甚至生成不利于 NO_x 降解的副反应；如温度过高，则会出现催化剂活性微晶高温烧结的现象。一般将催化剂活性温度设计为380～385℃。

11. 反应器潜能

反应器潜能是指催化剂活性与面积速度的比值，计算公式为

$$P=\frac{K}{AV}$$

式中 P——反应器潜能；

K——催化剂活性，m/h；

AV——催化剂面积速度，m/h。

例 10-4：某催化剂设计比表面积 $A=410.6\text{m}^2/\text{m}^3$，催化剂体积 $V=480.2\text{m}^3$，烟气流量 $q=1\ 695\ 580\text{m}^3/\text{h}$，脱硝效率 90%，求催化剂的空塔速度、面积速度、初始活性和反应器潜能。

解：空塔速度 $SV=\dfrac{q}{V}=\dfrac{1\ 695\ 580}{480.2}=3530.99\ (1/\text{h})$

催化剂总表面积 $F=410.6\times480.2=197\ 170.1\ (\text{m}^2)$

面积速度 $AV=\dfrac{q}{F}=\dfrac{1\ 695\ 580}{197\ 170.1}=8.60\ (\text{m/h})$

催化剂活性 $K=-AV\ln(1-\eta)=-8.6\times\ln(1-0.90)=19.80(\text{m/h})$

反应器潜能 $P=\dfrac{K}{AV}=\dfrac{19.8}{8.6}=2.3$

五、催化剂指标实例

1. 催化剂技术数据

日立 BHK 板式催化剂和美国 Cormetech 蜂窝式催化剂技术数据见表 10-3。

表 10-3　　催化剂技术数据

技术参数	单位	数据	
制造商		日立 BHK	美国 Cormetech
化学使用寿命	h	24 000	24 000
形式		板式	蜂窝式
基材		不锈钢网格	不锈钢网格
活性化学成分		V_2O_5/TiO_2	V_2O_5/TiO_2
反应器内催化剂层数（初始+将来）		2+1	2+1
每层催化剂模块数量		48	48
模块类型		箱式	箱式
每个模块的尺寸（长×宽×高）	mm	TypeA：948×1881×1280 TypeB：948×1881×742	1910×970×1144
每个模块的质量	kg	TypeA：1070 TypeB：620	1001
节距（pitch）	mm	6	6.9
壁厚	mm	0.7	0.6
催化剂比表面积	m^2/m^3	350	539
催化剂体积密度	g/cm^3	TypeA：0.62 TypeB：0.71	
催化剂空隙率	%	83	81.4
模块外壳材料		碳钢	碳钢
每个模块包含小块数量		TypeA：16 TypeB：8	72
每一小块尺寸（长×宽×高）	mm	464×464×538	150×150×750
允许使用温度范围	℃	320～420	320～427
运行温度变化速率	℃/min	60	60
催化剂机械寿命		9 年	50 000h
初始催化剂体积（单个反应器/单机组）	m^3/m^3	125.25/250.5	175.1/350.2
催化剂内烟气线速度	m/s	6.5	6.88

例 10-5：某 SCR 蜂窝式脱硝催化剂的主要规格见表 10-4。求第一行催化剂的空隙率和比表面积。

表 10-4　　某 SCR 蜂窝式脱硝催化剂的主要规格

孔　数	截面尺寸（mm×mm）	壁厚（mm）	节距（mm）	空隙率（%）	比表面积（m^2/m^3）
15×15	150×150	1.30	8.50	72.25	340
18×18	150×150	1.20	7.00	70.56	403
20×20	150×150	1.10	6.30	70.56	448
22×22	150×150	1.00	5.70	69.88	490
25×25	150×150	0.90	5.00	69.44	556
30×30	150×150	0.80	4.13	68.00	661
35×35	150×150	0.70	3.52	67.46	766
40×40	150×150	0.65	3.05	66.15	868

解：蜂窝式催化剂几何比表面积

$$A=\frac{4Pn^2\times 1000}{ab}=\frac{4\times 8.5\times 15^2\times 1000}{150\times 150}$$

$$=340\ (m^2/m^3)$$

孔隙率 $\delta=\frac{P^2n^2}{ab}=\frac{8.5^2\times 15^2}{150\times 150}=0.7225=72.25\%$

2.1000MW 机组 SCR 脱硝参数

某 2×1 000MW 超超临界机组 SCR 脱硝工程，SCR 脱硝系统设计 2+1（预留）催化剂层，初期脱硝效率为 60%，采用美国 Cormetech 公司蜂窝式催化剂，每台炉每个反应器催化剂用量为 273.7m^3，活性温度为 280～420℃，节距 6.9 mm。催化剂质检报告中的主要指标见表 10-5。

表 10-5　　催化剂理化检测结果

项　目	设计值	检测值
催化剂长度（mm）	772±2	772
孔径（mm）	6.25	6.30
内壁厚（mm）	0.59±0.05	0.60
节距（mm）	6.84	6.90
孔隙率（%）	≥80	82
比表面积（m^2/m^3）	≥539	543
横向机械强度（kg/m^2）	≥4	7
轴向机械强度（kg/m^2）	≥10	36
磨损率（%/kg）	≤0.25	0.08
SO_2/SO_3转化率（%）	≤1	1
系统压降（Pa）	≤320	245
出口 NO_x 浓度（mg/m^3）	≤240	237.8
NH_3逃逸率（mg/m^3）	≤2.28	1.44
脱硝效率（%）	≥60	60.3

第三节　催化剂的失活与再生

一、影响催化剂寿命的因素

运行过程中，催化剂会因各种原因而中毒、老化，活性会逐渐降低。当反应器出口烟气中氨的浓度升高到一定程度时，必须用催化剂的备品替换。按设计要求，燃油和燃煤电厂每年要更换1/3的催化剂。影响催化剂使用寿命的因数如下：

(1) 飞灰成分对催化剂的磨损，或其他原因引起的机械破损，见图10-6。

活性成分均匀分布的催化剂，受磨损的影响较小，而活性成分主要集中在表面的催化剂，受磨损的影响较大。催化剂磨损程度的影响因素有烟气流速、飞灰特性、冲击角度和催化剂本身特性等。一般来说，烟气流速越大，磨损越严重；冲击角度越大，磨损越严重。通过合理设计脱硝反应器流场，避免在反应器局部出现高流速区，可以避免催化剂出现较严重的磨损。此外带硬边的催化剂也可以有效减少飞灰对催化剂的磨损。

(2) 飞灰颗粒在催化剂表面沉积（见图10-7），会堵塞催化剂的有效体积。

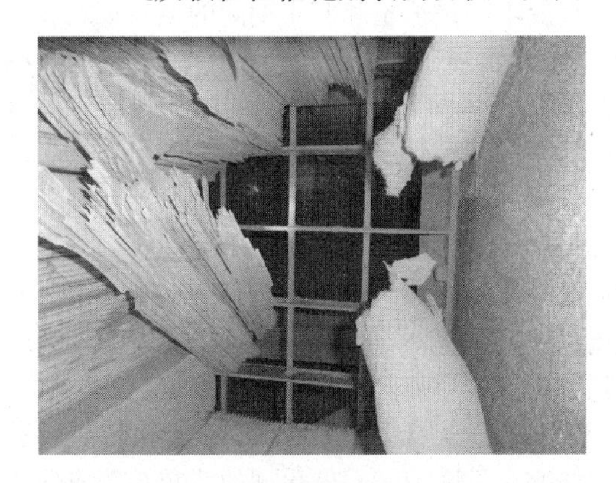

图10-6　催化剂的机械破损

图10-7　脱硝催化剂堵塞

(3) 催化剂孔中的硫酸铵和硫酸氢铵冷凝会减小催化剂活性表面积。

(4) 催化剂的烧结会减小催化剂活性表面积。当催化剂长时间暴露在最佳工作温度范围以上时，高温环境可引起催化剂活性表面积的烧结，导致催化剂颗粒增大，见图10-8，表面积减少，催化剂活性降低。一般在烟气温度高于400℃时，烧结就开始发生。按照常规催化剂的设计。烟气温度低于420～430℃，催化剂烧结速度处于可以接受的范围。一般催化剂连续运行最高允许温度不能超过450℃，一旦超过450℃，将导致催化剂损毁。

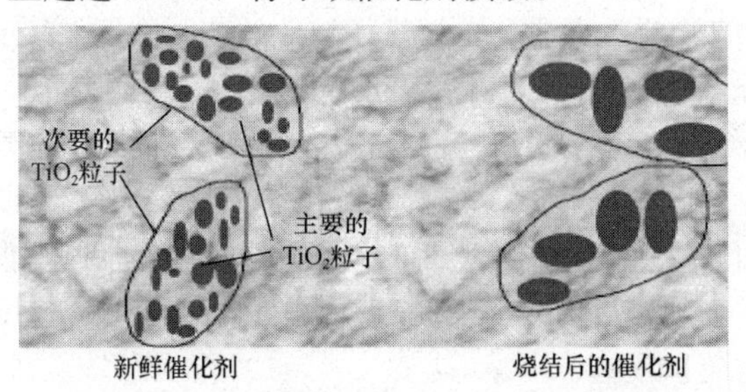

图10-8　催化剂的热力烧结TiO_2粒子的变化

二、影响催化剂性能的因素

对催化剂性能影响较大的因素是活性成分、反应温度、催化剂剂量和 NH_3 的注入量等。催化剂在300～450℃有最佳活性，通常脱硝反应设定在这个温度范围内。当反应温度不在这个温度范围内，催化剂性能将会降低，尤其是在高温区域使用时，会造成催化剂表面被烧结，使催化剂寿命降低。已经开发应用的催化剂及其使用温度见表10-6。

表10-6　　催化剂及其使用温度

催化剂	沸石催化剂	氧化钛基催化剂	氧化铁基催化剂	活性炭催化剂
使用温度（℃）	345～590	300～400	380～430	100～200

催化剂剂量是根据脱硝装置的设计能力和操作要求来决定的，增加催化剂剂量可以提高脱硝性能。在给定的 NH_3 浓度下、入口 NO_x 浓度下，可得到给定的脱硝效率下所需要的催化剂表面积，进而可计算需要的催化剂体积。SCR催化剂体积越大，NO_x 的脱除率越高，同时氨的逃逸率越低，然而SCR工程费用会显著增加，因此在SCR系统优化设计中，催化剂剂量（催化剂体积）是一个很重要的参数。催化剂的初期充填量是设计要求的最适量和使用期间的损失量之和。

如果 NH_3 太少，不能满足脱硝需求；增加 NH_3 的注入量可以提高 NO_x 的脱除率，同时氨的逃逸率也会增加。在脱硝装置的使用中，一般根据 NH_3 的注入量与烟气中 NO_x 的物质摩尔质量为1∶1加入 NH_3。

三、催化剂的堵灰及其防治

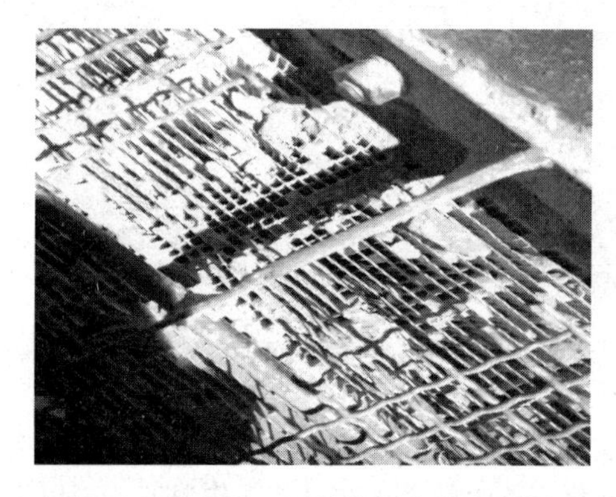

图10-9　某锅炉上层催化剂孔道堵塞情况

煤燃烧后所产生的飞灰绝大部分为细小灰粒，由于烟气流经催化反应器的流速较小，一般为6 m/s左右，气流呈层流状态，细小灰粒聚集于SCR反应器上游，到一定程度后掉落到催化剂表面。由此，聚集在催化剂表面的飞灰就会越来越多，最终形成搭桥造成催化剂堵塞，见图10-9。催化剂的堵灰会造成催化剂的活性降低。严重的堵灰，除了使催化剂失活以外，催化剂内烟气流速还会大大增加，使催化剂磨蚀加剧以及烟气阻力升高，除了影响脱硝性能外，对锅炉烟风系统的正常运行也会带来不利的影响。催化剂的堵灰主要是由于铵盐以及飞灰的小颗粒沉积在催化剂小孔中，阻碍 NH_3、NO_x、O_2 到达催化剂活性表面，引起催化剂钝化。因此在脱硝装置运行时，需要根据设计条件，考虑防止催化剂堵灰的措施，确保脱硝装置的性能。

（1）要防止催化剂堵灰，首先是催化剂要选用较大的节距。例如某项目燃用设计煤种时，烟气中灰的浓度为14.67mg/m^3，属于中等偏低灰分。在催化剂设计时，平板式选用7.0mm的节距，蜂窝式选用6.9mm×0.6mm的规格，可以完全满足SCR长期运行要求。

（2）选用合适的催化剂内烟气速度。较高的催化剂内烟气速度有助于减轻催化剂的积灰情况，但是，如果催化剂内烟气速度过高，那么催化剂的磨蚀就会加剧，催化剂内烟气阻力也会增加。一般平板式催化剂内烟气速度为6.3m/s，蜂窝式催化剂内烟气速度为5.95m/s，这样可有效地利用烟气的流动，避免积灰。

（3）对于任何形式、任何规格的催化剂，只要燃煤中的灰分在10%以上，灰颗粒在催化剂表面的聚集就不可避免。采用烟气的自吹灰能力不能解决问题，应在每层催化剂上布置多台伸缩式蒸汽吹灰器或声波吹灰器，根据煤质的变化以及实际运行的效果等因素，每班或者每天吹扫一次或多次，每次吹灰从垂直向下的方向覆盖整个催化剂表面。

声波吹灰器是一种新技术，通过发射低频、高能声波，在吹扫过程中产生振动力，以清除设备积灰。声波吹灰器具有前期投入少，安装费用低，运行成本低，维护费用低等优点，代表产品有 GE 公司下属的 BHF 开发的 Power Wase 声波吹灰器。运行经验表明，当催化剂表面沉积灰尘较少时，蒸汽吹灰器和声波吹灰器的吹扫效果是一样的。当催化剂表面沉积灰尘较多时，蒸汽吹灰器具有更高效的吹扫效果。声波吹灰器对于已经积存于金属表面上的灰几乎没有太多的吹扫作用。

（4）设置和调整导流板（烟气整流器），确保整个反应器内烟气流速均匀分布，并设置灰斗，以便在 SCR 反应器上游将这些飞灰颗粒分离出去。

（5）加装大颗粒灰滤网。

四、催化剂的失活及其防治

在 SCR 的运行中，由于催化剂长期暴露在高温且含有污染物的烟气中，随着时间的推移，其催化剂活性会慢慢降低。引起催化剂活性降低的因素很多，除了上述催化剂堵灰、磨蚀外，主要有催化剂的烧结、水的毒化、碱金属及砷中毒、钙腐蚀等。防止催化剂失活的措施见表 10-7。

表 10-7　防止催化剂失活的措施

因素	中毒物质	现　象	对抗措施
烟气	SO_3	由于硫酸氢铵沉淀，堵塞催化剂微孔；棕色烟雾	尽量保持 SCR 最小运行温度；湿法脱硫
	SO_2	二氧化硫与碱反应而引起微孔堵塞	采用 TiO_2 基催化剂；降低催化剂中 V_2O_5 含量，增加 WO_3 含量
	卤化物（HCl，HF）	由于 NH_3 与卤化物的化合物堵塞催化剂微孔	采用合适的催化剂；设置省煤器旁路以维持合适的烟气温度
	湿气或水分	由于湿度关系，可溶性盐被溶解后，进入催化剂	避免飞灰沉积在催化剂上（采用板式催化剂，并在 SCR 反应器中设置飞灰沉积板等）
	高温	催化剂烧结和重结晶	在最高允许运行温度以下运行
灰分	碱金属（Na，K）	减少催化剂的活性	采用合适的催化剂余量，添加钨
	砷	减少催化剂的活性	采用合适的催化剂体积，添加 As
	钙	钙与硫反应形成 $CaSO_4$ 覆盖住催化剂表面	采用合适的催化剂体积、安装吹灰器
	灰	堵塞催化剂	采用高孔隙度的催化剂（板式催化剂）；周期性地吹灰去除沉积在催化剂表面的飞灰
	SiO_2 等	磨蚀催化剂	采用坚固的催化剂（板式催化剂）
	燃烧残留物（未燃烧的碳或油雾）	过度的热量和燃烧将会使催化剂遭受物理和化学损坏	应当小心运行锅炉，从而最大程度减少该类混合物的产生

1. 催化剂的烧结

催化剂的烧结会减小催化剂活性。防治高温烧结首先要保证进入催化剂的烟气温度不高于催化剂的允许温度，并且在锅炉的启动和运行中避免油滴、未燃碳等可燃物颗粒堆积在催化剂表面；因为它们在烟温增高的情况下会燃烧，造成催化剂物理结构破坏、催化剂活性表面积减少。同时应选择合适的催化剂成分，承受可能出现的温度偏差。例如适当提高催化剂中 WO_3 的含量，可以提高催化剂的热稳定性，从而提高其抗烧结能力。

目前国内SCR烟气脱硝系统基本不设旁路，即使进入SCR烟气脱硝系统的烟气温度超出了催化剂所能承受的最高温度，烟气也只能流经催化剂。因此，在锅炉炉膛吹灰器不能正常吹灰、脱硝系统入口烟气温度大幅度上升等故障工况下，为了避免催化剂的烧结失活，应当果断降低锅炉负荷，以保护脱硝催化剂。

2. 水的毒化

水在烟气中以水蒸气的形式出现，水蒸气在催化剂表面的凝结一方面会加剧K、Na等碱金属可溶性盐对催化剂的毒化；另一方面凝结在催化剂毛细孔中的水蒸气，在温度增加的时候，会汽化膨胀，损害催化剂微细结构，最终导致催化剂的破裂。

在催化剂运输、储存中，应严格防止催化剂被水淋；在催化剂停运后，启用催化剂停运保护系统，严格控制反应器中气体的相对湿度。

3. 碱金属使催化剂中毒

钾（K）、钠（Na）等腐蚀性混合物如果直接与催化剂表面接触，有可能直接与催化剂活性组分反应，致使它们失去活性。这是由于K、Na等可溶性的碱金属盐的碱性比 NH_3 的大，碱金属盐与催化剂活性成分反应，造成催化剂中毒，见图10-10。对于大多数应用，避免水蒸气的凝结可以排除这类危险的发生。对于燃煤锅炉，这种危险比较小，因为在煤灰中碱金属含量较少；对于燃油锅炉，中毒的危险较大，主要是因为烟气中碱金属的含量较高，因此要尽量缩短锅炉燃油的时间。

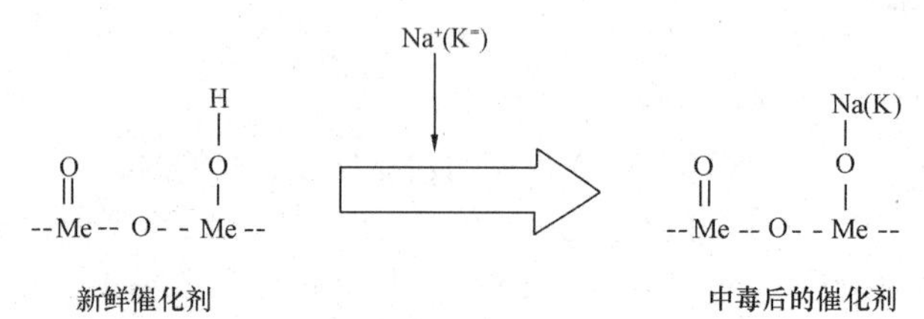

图10-10　催化剂碱金属中毒

4. 砷使催化剂中毒

砷（As）使催化剂中毒主要是由烟气中的气态 As_2O_3 引起的。烟气中的气态 As_2O_3 扩散进入催化剂表面以及堆积在催化剂小孔中，然后在催化剂活性位置与其他物质发生反应，引起催化剂活性降低。催化剂砷中毒机理见图10-11。运行实践证明，当煤中As的浓度低于5mg/m^3，可以不考虑As的毒化。对于高As煤（5～30mg/m^3），或者固态排渣锅炉中，由于静电除尘器后飞灰的再循环，或者烟气再循环，以及液态排渣锅炉中，烟气中的As含量会大大提高，从而引起较严重的催化剂As的毒化。如果在催化剂中加入 MoO_3，与催化剂表面的 V_2O_5 形成复合型氧化物，可以防止As的毒化。

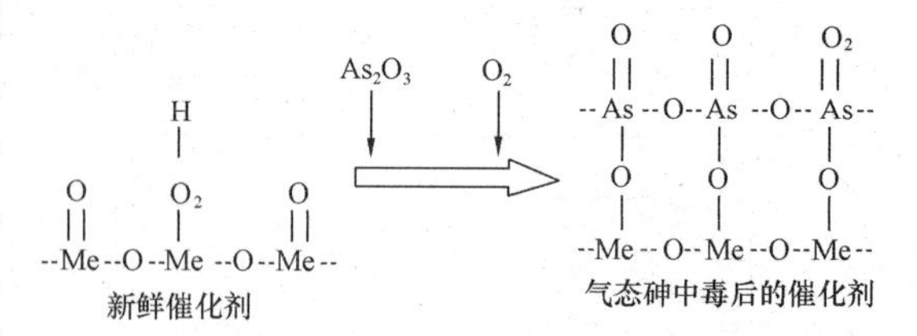

图10-11　SCR脱硝催化剂砷中毒机理

通过优化催化剂的微孔结构，可以减少砷中毒影响。此外，烟气中的CaO可以将气态 As_2O_3 固化成 $Ca_3(AsO_4)_2$。因此燃烧高钙煤的锅炉，SCR脱硝催化剂受砷中毒的影响较小；在低飞灰状况下，砷中毒是催化剂活性降低的主要原因。

现阶段去除砷对催化剂影响的方法主要有：①在减少原煤中灰分的同时，应尽量减少富集在灰分中的As含量；②洗涤尾气，除去吸附在飞灰颗粒上的As及水溶性的As化合物；③在燃烧和反应过程中，加入石灰石、白云石等添加剂，通过物理和化学吸附控制气态As的排放量；④

降低反应炉温度，用除尘器捕集自然凝聚成核的气态 As，从而减少 As 的挥发量。

5. 钙的毒化

飞灰中游离的 CaO 和 SO_3 反应，可吸附在催化剂表面形成 $CaSO_4$，$CaSO_4$ 覆盖在催化剂表面微孔上，使颗粒体积增大 14%，从而把催化剂微孔堵死，使 NH_3 和 NO_x 无法扩散到催化剂微孔内部，导致催化剂失活。钙的毒化机理见图 10-12。

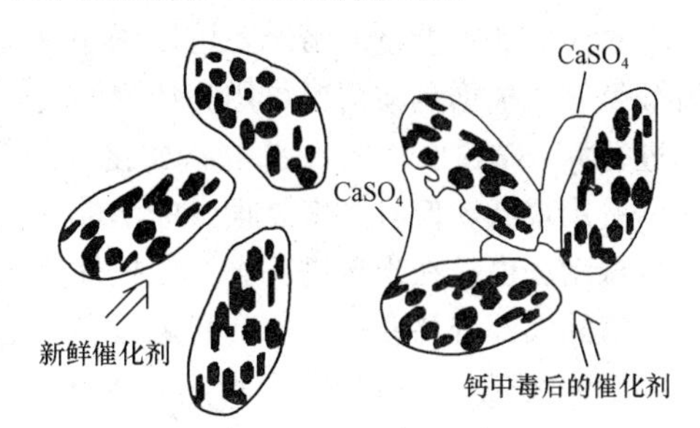

图 10-12 钙中毒机理

钙的毒化易发生在固态排渣锅炉中，这是因为固态排渣锅炉中的游离 CaO 浓度几乎是液态排渣锅炉的两倍。

烟气中的 CaO 可以将气态 As_2O_3 固化，从而缓解催化剂砷中毒的影响，但是 CaO 浓度过高又会加剧催化剂的 $CaSO_4$ 堵塞。在一定的砷浓度下，随着煤中 CaO 含量的增大，催化剂寿命先增大后减小。这是由于在 CaO 含量较低时，催化剂寿命主要受砷中毒影响，当 CaO 含量较大时，催化剂寿命主要受 $CaSO_4$ 堵塞影响。因此，在 SCR 烟气脱硝工程中，应针对具体的燃料特性和灰成分来制定延长催化剂寿命的措施。高飞灰状况下，硫酸钙引起的堵塞又是引起催化剂失活的主要原因。

6. SO_3 的毒化

烟气中的 SO_2 在钒基催化剂作用下被催化氧化为 SO_3，与烟气中的水蒸气以及 NH_3 反应，生成一系列硫酸盐 $(NH_4)_2SO_4$ 和 NH_4HSO_4，这样不仅会造成 NH_3 的浪费，而且还会导致催化剂的活性位被覆盖，导致催化剂失活。此外，SO_2 与催化剂中的金属活性成分（如 CaO、MgO 等）发生反应，生成金属硫酸盐[$(NH_4)_2SO_4$ 和 NH_4HSO_4]，这些产物会堵塞催化剂表面微孔，导致催化剂失活。为防止 $(NH_4)_2SO_4$ 和 NH_4HSO_4 的生成，需要避免催化剂运行温度低于喷雾点。

为防止硫酸盐的生成，减轻 SO_3 的毒化，延长催化剂的使用寿命，应采用的措施包括：①设置预除尘装置和灰斗，降低进入催化剂区域的烟气的飞灰量；②加强吹灰频率，降低飞灰在催化剂表面的沉积；③增加催化剂表面的光滑度，减缓飞灰在催化剂表面的沉积；④选择合适的催化剂量，增加催化剂的体积和表面积；⑤SCR 反应的温度至少要高于 300℃；同时，对于 V_2O_5 类商用催化剂，钒的担载量不能太高，通常在 1%左右，以防止 SO_2 的氧化。

7. 催化剂钝化

硫酸铵盐及飞灰的小颗粒沉积在催化剂小孔中，阻碍 NO_x、NH_3、O_2 到达催化剂活性表面，引起催化剂钝化。另一方面，飞灰的冲刷磨蚀，也会降低催化剂的活性，引起催化剂钝化。因此要定期对催化剂进行吹灰。

五、失效催化剂处理

通常，在活性“损失”不到一半的情况下，催化剂就被认为失活了。所谓失活，实际上是催化剂本身的化学能力和反应所需要的物理面积的失去。催化剂的寿命一般在 3～5 年，3～5 年之后需要进行更换或再生。几乎所有的商用 SCR 催化剂都可以被再生；但是由于磨损、过热引起烧结过程是不可逆的，因此磨损和烧结引起的催化剂失活，是不可再生的。因此，对于失效催化剂的处理方式，可分为催化剂再生和无害化处理。

1. 催化剂再生

再生（Regeneration）是指清除所有物理和化学的限制物，并且补充活性成分。催化剂再生的方法分为现场清理法、振动法和热还原法。SCR 催化剂一般可以再生三次，有记录的再生历史表明，同一批催化剂被反复再生的次数最多达四次。

对于失活不严重的情况，可以采用现场水洗再生，在SCR反应器内清洗催化剂上的粉尘和硫酸氢铵。根据具体情况可用高压水清洗，并在水中充入空气，使其产生漩涡或气泡，对蜂巢内部进行深入清洗。同时在水中添加化学药剂，药剂随气泡能更好地附在孔内。这种方法简便易行，费用很低，但只能恢复很少的活性。

振动法也是在现场进行再生。把催化剂模块从SCR反应器中拆除，放进专用的振动设备中，可以清除大部分堵塞物，如硫酸氢铵和其他可溶性物质以及爆米花灰。在振动设备中将采用专用的化学清洗剂，从而产生废水，废水成分和空气预热器清洗水相似，可以排入电厂废水处理系统。

对于深度失去活性的催化剂，可运送回原厂进行处理，即基地再生法，见图10-13。对于蜂窝式和平板式的催化剂，都可以进行再生，一般再生时间是2～3个星期，催化剂再生所需的费用为购买全新催化剂费用的1/2，再生以后的催化剂活性一般相当于原始催化剂活性的30%～50%。返厂再生，也要首先经过冲洗、化学药剂浸泡、重新加入活性物质（如钒、钨等）等处理过程后，将其催化效率提高。但对于碱金属中毒比较严重的催化剂，可以考虑采用酸液再生，但必须考察催化剂骨架的抗酸性能。

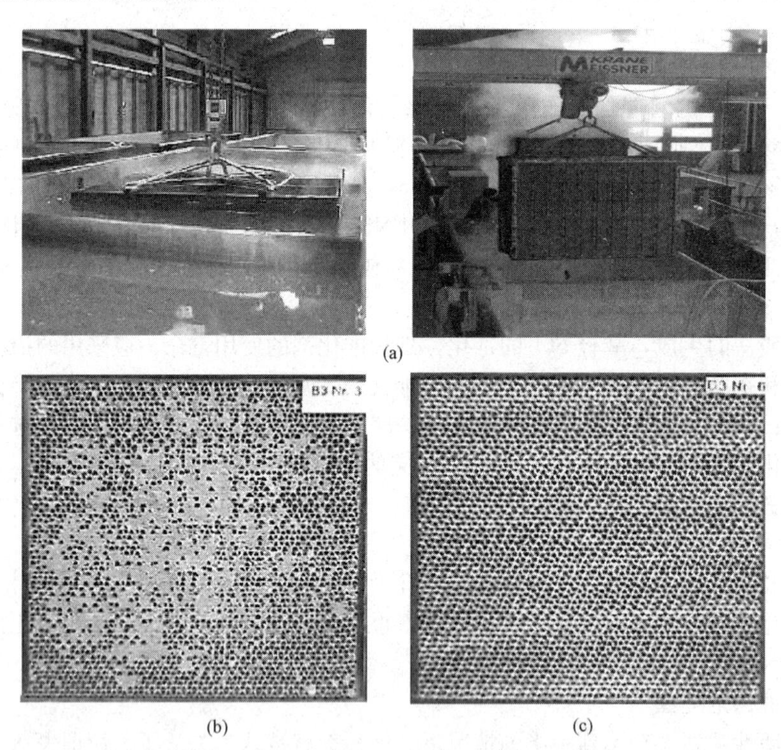

(a)

(b) (c)

图10-13 返厂催化剂再生

(a) 某催化剂再生车间；(b) 催化剂再生前外观；(c) 催化剂再生后外观

基地再生法的一般步骤如下：

(1) 催化剂再生分析。

了解失效催化剂的设计寿命和初始性能、运行时间及条件，掌握催化剂失效的具体原因，并将催化剂试块进行进一步物理及化学的测试和分析，确定失效的SCR催化剂失活度。

(2) 水洗处理。

将拟处理模块送入自动清洗槽，通过高压水自动喷淋，而后进入人工清洗池，进行第1次人工清洗，以去除催化剂孔道中堵灰。

（3）深度清洁。

1）清洗液清洗。用专用清洗液进行清洗，通过专用清洗液中的表面活性剂、乳化剂等成分，将堵灰从废弃催化剂模块中清洗出来，该部分灰分与清洗剂中有效成分结合形成沉淀，随清洗液清洗废水排出。而后再次进行人工清洗，以完全清除催化剂表面堵灰。

2）超声波清洗。有研究者采用超声波清洗设备辅助水洗再生SCR催化剂，加强去离子水的冲洗效果。国内某些再生厂试验数据表明，采用超声波辅助清洗后，催化剂的脱硝活性从30%提高至中毒前的60%以上。

3）酸液清洗。酸液处理对于提高碱中毒SCR催化剂的脱硝活性效果显著。试验结果表明，采用0.5mol/L的稀硫酸对催化剂进行清洗，是最为有效的再生方法，催化剂的脱硝活性能够达到中毒前的80%以上。

（4）活化处理。

经过深度清洁后，催化剂清洗模块可完全去除堵灰等杂质。通过添加草酸氧钒溶液调节催化剂模块中的活性，以满足SCR脱硝系统要求。

（5）烘干。

添加活性物质后的催化剂进入干燥房，干燥温度控制在70℃，清洗工序带出水分以水蒸气形式去除，形成再生催化剂成品。

现场再生清洗有毒物质的过程中，会产生大量的含有砷及钒、钼、钨、铬、镍等重金属的废气、废水、废液、废渣，加之现场没有无害化处理设备和系统，极易对电厂周边环境和水质形成二次污染，对电厂工作人员产生较大的健康风险。因此美国和欧洲等主要国家在2005年以后已经不再采用现场再生方法，主要采用基地再生方法。

2. 催化剂无害化处理

如果催化剂失活后，不能再生，由于催化剂的主要成分是TiO_2、V_2O_5、WO_3、MoO_3等重金属，其中TiO_2属于无毒物质，V_2O_5为微毒物质，属于吸入有害；MoO_3也为微毒物质，长期吸入或者吞服对人体有严重危害，对眼睛和呼吸系统有刺激。因此，被更换下来的催化剂应进行专门的无害化处理。根据国外的经验，废弃催化剂的无害化处理费用高达500欧元/m^3。

对于蜂窝式SCR催化剂，一般的处理方式是把催化剂压碎后进行填埋。填埋按照微毒化学物质的处理要求，在填埋坑底部铺设塑料薄膜。板式催化剂除了采用压碎填埋的方式外，由于催化剂内含有不锈钢基材，并且催化剂活性物质中有Ti、Mo、V等金属物质，因此可以送至金属冶炼厂进行回用。采用对催化剂钢体结构和催化剂模块分离处理的方法，把钢体结构送去熔融后再循环使用，催化剂模块则放入焚烧炉中焚烧。在卸除了钢体结构之后，催化剂模块及尘物进入焚烧炉中焚烧至1200～1300℃。催化剂模块进入焚烧炉中焚烧，是因为未经处理的模块会产生难以处理的灰尘，并且保证了炉渣中的重金属氧化为可熔的金属氧化物，从而使炉渣得到最终处理。

第四节 脱 硝 还 原 剂

一、三种脱硝还原剂比较

在SNCR或SCR烟气脱硝工艺中，最常见的脱硝还原剂是液氨、氨水和尿素，3种脱硝剂（还原剂）的比较见表10-8。

表 10-8　　SCR 系统中常见的脱硝剂的比较

项　目	液　氨	氨　水	尿　素
分子式	NH_3	NH_4OH	$(NH_2)_2CO$
分子量	17.03	17.03	60.06
氨含量（%）	99.5	29.4	28.3
17℃时的密度（g/L）	0.614	0.90	1.14
爆炸极限浓度（vol,%）	35	35	无
爆炸燃烧浓度（vol,%）	16～25	16～25	18
运输费用	便宜	贵	便宜
安全性	有毒	有害	无害
储存条件	高压（储罐能承受1.7MPa压力）	常压（储罐能承受0.2MPa压力）	常压，干态
室温下状态	液态	液态	微粒状
储存方式	液态罐，不可使用铜和铜合金	液态罐，不可使用铜和铜合金	塑料微粒仓
气味	超过5μL/L有刺激性气味	超过5μL/L有刺激性气味	轻微氨味
反应剂费用	便宜（100%）	较贵（约150%）	最贵（180%）
生成1kg氨气需要的原料量	1.01kg（99%液氨）	4.0kg（25%氨水）	1.76 kg
初投资费用	便宜	贵	贵
运行费用	便宜，需要热量蒸发氨	贵，需要高热量蒸发水和氨	稍贵，需要高热量水解尿素和蒸发氨
设备安全要求	有毒，属于危险品，需十分注意安全防护，有法律规定	有害，需要一定安全要求。20%浓度以下不属于危险原料，比液氨安全	无害，容易运输，基本上不需要安全防护
优点	还原剂消耗量最低，运输和使用成本低，初投资低	如果泄漏，氨蒸汽浓度较低，相对液氨比较安全	无毒、无危险、运输方便、便宜
缺点	具有腐蚀性，且容易挥发，有安全隐患，需要严格的安全措施及防火措施	相对液氨，其还原剂的成本高约2～3倍，蒸发量也高10倍左右，储存的成本也较高	需要解决尿素的吸潮问题，相对液氨成本高3～5倍，更高的蒸发能量消耗和更高的储存成本；需要整套技术进口
建议	在危险管理许可条件下，对于大型机组，建议采用，以节约成本	考虑到无水氨危险性而不使用时，可使用氨水。对于小型机组，建议采用	在法律不允许使用液氨的情况下，推荐使用

对于单机容量为600MW的燃煤机组，在省煤器出口的 NO_x 浓度为500mg/m³，脱硝率为80%的情况下，各种脱硝剂耗量见表10-9。

表10-9　　600MW的燃煤机组脱硝剂耗量

项　目	耗量（kg/h）	项　目	耗量（kg/h）	项　目	耗量（kg/h）
液氨	300～460	氨水	1100～1800	尿素	500～820

在工程中以无水液氨、尿素和氨水作为还原剂的SCR系统都有成熟的运行业绩，且各有自己的特点：液氨的投资、运输和使用的成本为三者最低，但液氨属于易燃易爆物品，必须有严格的安全保证和防火措施，其运输、存储需满足当地的法规和劳动卫生标准。使用氨水时其质量百分比一般为20%～30%，较液氨安全，但其运输体积大，运输成本相对较高。尿素是一种颗粒状的农业肥料，安全无害，但用其制取氨的系统复杂，设备大，初投资大，大量尿素的存储还存在潮解问题。

在日本和我国台湾地区，普遍使用液氨作为脱硝剂。但在美国，由于政府对公路运输液氨实行管制，因此一般采用尿素作为脱硝剂。在实际工程中具体采用何种方式制氨，需要进行详细的技术经济比较，并结合当地的法律法规要求，以及考虑氨的来源地可靠性和稳定性，才能最后确定采用何种制氨方法。

二、氨的特性和危害

1. 氨水

在大气环境压力条件下，氨存储在水溶液中（NH_4OH），商业上一般运用浓度为20%～29%。氨水呈强碱性和强腐蚀性，对人体有害。氨水使用较液氨更为安全，但运输时体积大、重量增加（与无水氨相比，提供相同量的氨，如果氨水的浓度为29%时，所需的氨水体积为无水氨的3.4倍；如果氨水的浓度为19%时，所需的氨水体积为无水氨的5.3倍），且蒸发过程需要消耗大量的电力，运行费用和投资费用处于其他两种脱硝剂之间。

2. 液氨

液氨是一种危险的化学品，具有较强的腐蚀性，又称为无水氨，是一种无色液体，有强烈刺激性恶臭气味，极易汽化为气氨。液氨是由合成氨经压缩制得。一般采用纯度为99.6%的液氨（$H_2O<0.4\%$），无杂质。液氨分子式 NH_3，分子量17.03，不同温度下的相对密度见表10-10，20℃时相对密度为0.610 258kg/L。低于－77.7℃可成为具有臭味的无色晶体，需要存储在压力容器中才能使其保持液态。无水氨气体分子在催化剂下比氨水具有更大的穿透力，因此比氨水具有更好的还原能力。液氨变为气态氨时会膨胀850倍，并形成氨云。

液氨的汽化热值较高，汽化热值达到23.35kJ/mol，可以作为工业制冷剂使用。人员直接接触液氨，就会造成身体皮肤低温冻伤。

液氨容易发生物理爆炸，由于液氨极易汽化，而且罐体内的压力与罐体温度不是正比关系，温度由20℃升高到25℃，压力会从8.71升高到92.72标准大气压。所以过量充装是物理爆炸的首要原因。

液氨泄入空气中，会形成液体氨滴，放出氨气，其比重比空气重，虽然它的分子量比空气小，但它会和空气中的水形成水滴的氨气，而形成云状物。所以当氨气泄漏时，氨气并不自然的往空气中扩散，而会在地面滞留，给附近民众及现场工作人员带来伤害。

液氨会侵蚀某些塑料制品（如橡胶），不能与乙醛、硝酸、双氧水等多种物质共存。

表 10-10 液氨密度表

温度（℃）	密度（kg/L）	温度（℃）	密度（kg/L）	温度（℃）	密度（kg/L）
−50	0.701 997	−16	0.659 846	18	0.613 188
−49	0.700 807	−15	0.658 546	19	0.611 726
−48	0.699 614	−14	0.657 243	20	0.610 258
−47	0.698 419	−13	0.655 936	21	0.608 784
−46	0.697 221	−12	0.654 625	22	0.607 303
−45	0.696 020	−11	0.653 310	23	0.605 817
−44	0.694 816	−10	0.651 991	24	0.604 324
−43	0.693 610	−9	0.650 668	25	0.602 824
−42	0.692 400	−8	0.649 341	26	0.601 318
−41	0.691 188	−7	0.648 009	27	0.599 805
−40	0.689 973	−6	0.646 673	28	0.598 285
−39	0.688 755	−5	0.645 333	29	0.596 759
−38	0.687 534	−4	0.643 989	30	0.595 225
−37	0.686 309	−3	0.642 640	31	0.593 684
−36	0.685 082	−2	0.641 287	32	0.592 136
−35	0.683 852	−1	0.639 929	33	0.590 581
−34	0.682 618	0	0.638 567	34	0.589 018
−33	0.681 382	1	0.637 200	35	0.587 447
−32	0.680 142	2	0.635 828	36	0.585 869
−31	0.678 899	3	0.634 451	37	0.584 283
−30	0.677 653	4	0.633 070	38	0.582 688
−29	0.676 404	5	0.631 684	39	0.581 086
−28	0.675 151	6	0.630 293	40	0.579 475
−27	0.673 895	7	0.628 897	41	0.577 855
−26	0.672 635	8	0.627 496	42	0.576 227
−25	0.671 372	9	0.626 089	43	0.574 590
−24	0.670 106	10	0.624 678	44	0.572 945
−23	0.668 836	11	0.623 261	45	0.571 290
−22	0.667 562	12	0.621 838	46	0.569 625
−21	0.666 285	13	0.620 411	47	0.567 951
−20	0.665 005	14	0.618 978	48	0.566 268
−19	0.663 721	15	0.617 539	49	0.564 574
−18	0.662 433	16	0.616 094	50	0.562 871
−17	0.661 141	17	0.614 644		

由于液氨的危害性，在液氨存储和使用过程中，要重点注意以下几点：

(1) 液氨罐中的液氨不允许超过液氨罐容积的 85%，至少留有 15%的容积给予液氨的蒸发。

(2) 系统及管道充入液氨前，必须利用氮气把系统及管道中的空气置换至氧含量在 1%～2%。

(3) 要保证整个氨区的喷淋及氨气检漏装置工作正常。

(4) 要经常对整个氨气系统进行巡视，发现氨气泄漏要及时处理。

(5) 烟气脱硝系统中液氨储存及供应系统布置必须符合安全要求。在必要场合必须设置警告招牌，指出危险的存在或可能存在。

3. 氨气

氨气为无色有强烈刺激性气味气体，有毒，分子式 NH_3，分子量 17.03。相对密度 0.771 4g/L，熔点 −77.7℃，沸点 −33.35℃，自燃点 651.11℃。在 1 标准大气压和 20℃条件下，

1体积水可溶解702倍体积氨气，水溶液呈强碱性，空气中最高允许浓度为30mg/m^3。氨气容易压缩：20℃条件下，加压到8.71倍的大气压力，就可以液化。通常加压液化储存，当液氨泻入空气中时会与空气中的水形成云状物，在地面滞留，并不自然向空中扩散，从而会给现场人员造成伤害。

氨气在空气混合物中体积含量超过16%～25%，就会形成爆炸混合物，遇有明火就会发生爆炸。按照GB 50160《石油化工企业设计防火规范》中的有关规定，爆炸浓度下限≥10%的气体为乙类火灾危险的可燃气体，所以氨气属于乙类火灾危险气体。由于氨气具有十分强烈的亲水性、亲脂性、渗透性、腐蚀性，如果防护不当会对人体产生伤害。长期暴露在氨气中，会对肺部造成损伤，导致支气管炎；直接与氨接触会刺激皮肤和眼睛，导致头疼、恶心、呕吐等。氨气对人体的危害见表10-11。

表10-11　　氨气对人体的危害程度

浓度（mg/m^3）	时间（s）	症状	浓度（mg/m^3）	时间（s）	症状
3500～7000	30	立即死亡	140	30	眼及呼吸不适，恶心
1750～4000	30	危及生命	70～140	30	可以工作
700	30	立即咳嗽	67.2	45	鼻咽刺激感
553	30	强烈刺激	9.8	45	无刺激作用
175～350	28	鼻眼刺激，呼吸脉搏加速	0.7～3.5	45	可以识别气味
140～210	28	明显不适，尚可工作	<0.7	45	感觉到气味

三、尿素的特性和危险性

1. 理化特性

尿素分子式为CO（NH_2）$_2$，分子量为60.06，密度为1.335g/cm^3，熔点为132.7℃。尿素化学名称为碳酰二胺，别名脲（与尿同音）。尿素呈颗粒状，显白色或浅黄色的结晶体，无味无臭，稍有清凉感，易溶解于水，在20℃时100ml水中可溶解105g，水溶液呈中性。尿素在20℃时临界吸湿点为相对湿度80%，但30℃时，临界吸湿点降至72.5%，故尿素要避免在盛夏潮湿气候下敞开存放。在尿素生产中加入石蜡等疏水物质，其吸湿性大大下降。

尿素加热至160℃分解，产生氨气同时变为氰酸，因为在人尿中含有这种物质，所以取名尿素。尿素是一种酰胺态氮肥，含氮量（N）约为46.67%，是固体氮肥中含氮量最高的，是硝酸铵的1.4倍，硫酸铵的2.2倍，碳酸氢铵的2.7倍。

2. 生产方法

1773年，伊莱尔·罗埃尔（Hilaire Rouelle）发现尿素。1828年，德国化学家弗里德里希·维勒首次使用无机物质氰酸铵（NH_4CNO，一种无机化合物，可由氯化铵和氰酸银反应制得）与硫酸铵人工合成了尿素。本来他打算合成氰酸铵，却得到了尿素。尿素的合成揭开了人工合成有机物的序幕。

工业上用液氨和二氧化碳为原料，在高温高压条件下直接合成尿素，化学反应如下：

$$2NH_3+CO_2 \rightarrow NH_2COONH_4 \rightarrow CO(NH_2)_2+H_2O$$

3. 危险性

与无水氨及有水氨相比，尿素是无毒、无害的化学品，无爆炸可能性，完全没有危险性。

尿素在运输、储存中无需安全及危险性的考量，更不需任何的紧急程序来确保安全。使用尿素取代液氨运用于脱硝装置中可获得较佳的安全环境，因为尿素是在喷进混合燃烧室之后转化成氨，实现氧化还原反应的，因此，可以避免氨在电厂储存及管路、阀门泄漏而造成的人体伤害。

尿素需要加热蒸发出氨，制氨方法最为安全，但是使用尿素作为还原剂需要安装水解转换装置，从尿素中制取氨。尿素转换氨系统每提供1kg氨大约需要1.8kg的尿素。因此烟气脱硝工艺采用尿素作为还原剂时，系统复杂、设备占地大，而且大量尿素储存还存在潮解问题，运行费用和投资费用最高。目前国内已在华能北京热电厂4×200MW等少数机组上应用。

四、脱硝还原剂市场

1. 合成氨市场

2012年，我国合成氨能力约6730万t，其中产能在30万t及以上的企业达到82家，合计产能达到3708万t，占合成氨总产能的55.1%。2012年合成氨生产量5458.95万t（其中合成氨产量大省为山东省709.61万t，其次是山西省474.35万t），能力闲置在1000万t左右。我国产能约占世界的1/3，是世界第一大合成氨生产国。目前我国仍有合成氨企业400家左右，广泛分布于全国各地，平均一个地市就有一个合成氨厂。“十二五”期间，煤炭资源丰富的地区仍将规划建设众多合成氨、化肥生产项目，包括现有企业的技术改造和扩建，预计到2015年，我国合成氨产能将达到7000万t左右，继续呈现产能过剩的态势。

2012年各地的主流出厂报价均比2011年下降100元/t，其中报价：江苏为3250～3400元/t，安徽为3250～3350元/t，河南为2900～3050元/t，河北为2900～3200元/t，山西为3050～3200元/t，宁夏为2900～3000元/t，山东为3100～3300元/t，湖南为3150～3300元/t，黑龙江为3400～3800元/t，浙江为3400～3500元/t。进入2013年，由于货源充裕，全球经济不景气，下游需求不佳，市场行情清淡，价格再下跌150元/t左右。例如河北地区目前主流出厂报价稳定在2750～2850元/t，河南地区液氨出厂价在2750～2800元/t，山东地区液氨出厂主流价在2950元/t左右，浙江地区主流价在3000～3350元/t，江苏地区主流价在2900～3000元/t。

2. 尿素市场

2012年底全国尿素产能7130万t（实物量，比2011年增加821万t），其中产能在50万t及以上的企业达到57家，合计产能4170万t，占尿素总产能的58.4%。2012年全国尿素生产量3003.83万t（折纯，其中尿素产量大省为山东省465.18万t，其次是山西省331.88万t）。这几年尿素价格波动比较大，2005—2007年连续三年全国液氨平均价格均为1500元/t，2011—2013年国内尿素价格上涨，并稳定在1900～2100元/t。

第十一章 低氮燃烧器的应用

第一节 低氮燃烧器简介

一、低氮燃烧器概述

降低燃料燃烧时NO_x生成量的最实用的方法是采用低NO_x燃烧器（LNB）。低NO_x燃烧器基本上是根据空气分级燃烧原理来降低NO_x排放的。世界各大锅炉生产厂商分别开发了不同类型的低NO_x燃烧器，如德国斯坦米勒（Steinmuller）公司的SM型低NO_x燃烧器、美国巴布科克·威尔科克斯（Babcock & Wilcox）公司的DRB-4Z型低NO_x燃烧器（燃烧中等挥发分烟煤的锅炉NO_x排放浓度仅为197～300mg/m³）、美国福斯特·惠勒（Foster Wheeler）公司的CF/SF低NO_x燃烧器（燃烧中等挥发分烟煤的锅炉NO_x排放浓度仅为260mg/m³）、美国CE公司（前美国燃烧工程公司，现为Alstom Power Inc. 的一个部门）WR燃烧器（带浓淡分离的宽调节比燃烧器）、德国巴布科克（Deutche Babcock）公司的WS和DS型低NO_x燃烧器、美国瑞利斯多克（Riley Stoker）公司的CCV型低NO_x燃烧器和日本三菱公司开发的PM型低NO_x燃烧器（燃烧中等挥发分烟煤的锅炉NO_x排放浓度仅为130～500mg/m³）等。据B&W公司介绍，采用DRB型低NO_x燃烧器一般可降低NO_x排放50%～60%，排放浓度在500 mg/m³左右。上海石洞口二厂2台600MW超临界机组采用CE公司的CFSI（双切圆燃烧系统）＋WR燃烧器，机组排放NO_x浓度低于650mg/m³；上海吴泾电厂11、12号300MW机组锅炉引进CE公司OFA（炉膛内整体空气分级）＋CFSII＋WR燃烧器，NO_x排放浓度仅为420mg/m³；华能高碑店电厂从德国Deutche Babcock公司引进的250MW机组的闭式液态排渣烟煤锅炉，在采用低NO_x燃烧器的同时，又进行炉内整体分级送风，使NO_x排放浓度达到550mg/m³。国内低NO_x燃烧技术的应用始于20世纪80年代，在引进消化国外技术的基础上，已经成功掌握了多种低氮燃烧技术，开发了若干低NO_x燃烧装置。目前，哈尔滨锅炉厂、上海锅炉厂、东方锅炉厂、武汉锅炉厂都拥有了低NO_x燃烧技术。除此之外，哈尔滨工业大学、阿米娜能源环保公司（简称阿米娜）、摩博泰柯环保科技有限公司（简称摩博泰柯）、浙江ABT环保科技股份公司（简称ABT）、北京国电科环洁净燃烧工程有限公司（简称国电科环）、烟台龙源环保工程有限公司（简称烟台龙源）、西安热工研究院（简称TPRI）等公司也研发了具有自主知识产权的低NO_x燃烧技术，并在几百台锅炉上应用成功，国内低氮燃烧锅炉案例统计见表11-1。

表11-1　国内低氮燃烧锅炉案例统计

序号	电厂名称	容量(MW)	燃烧方式	燃用煤种	改前NO_x(mg/m³)	改后NO_x(mg/m³)	承担公司
1	国电西固6～10号	50	切圆	烟煤		320～350	烟台龙源
2	国华一热1～4号	100	切圆	神华烟煤		<350	浙江大学
3	京能热电1号	200	切圆	大同小峪煤和混合烟煤	700～800	300～350	烟台龙源
4	京能热电2～4号	200	切圆	大同小峪煤和混合烟煤	700～800	300～350	哈尔滨工业大学

续表

序号	电厂名称	容量（MW）	燃烧方式	燃用煤种	改前 NO_x（mg/m³）	改后 NO_x（mg/m³）	承担公司
5	国电大同1～4号	200	切圆	烟煤	800～100	380～450	烟台龙源
6	国电靖远1～4号	200	切圆	烟煤		380～450	烟台龙源
7	富拉尔基6号	200	切圆	扎赉诺尔褐煤		360～400	哈尔滨工业大学
8	河南首阳山	220	切圆	烟煤		360～400	哈尔滨工业大学
9	深圳妈湾1号	300	切圆	晋北烟煤	600	300	烟台龙源
10	外高桥一厂2号	300	切圆	神华烟煤		350～450	上海锅炉厂
11	利港1～2号	350	前墙	雁北混煤	＞1200	360～400	西门子
12	宜兴协联7号	135	切圆	烟煤		300～350	阿米娜
13	大唐禹州电厂	660	切圆	贫煤		＜500	哈尔滨工业大学＋上海锅炉厂
14	安阳（无SOFA）	350	切圆	贫煤		＜580	哈尔滨工业大学
15	浙江钱清	125	切圆	贫煤	500～700	400	摩博泰柯
16	华能南京	320	前后墙	贫煤	1320	＜850	TPRI
17	江苏利港一期	350	前墙	烟煤	1250	＜400	ABT
18	华能铜川	600	切圆	烟煤	500	＜250	烟台龙源
19	马鞍山万能达	300	切园	贫改烟	100	＜250	TPRI
20	华电青岛	300	切圆	贫混煤	700	＜400	哈尔滨工业大学

需要说明的是：虽然低 NO_x 燃烧技术具有系统简单、投资少等优点，但部分改造工程出现汽温降低、飞灰增加、减温水量增加、结渣腐蚀加剧等问题；而且一般情况下最多只能降低 NO_x 排放量的50%。随着环境保护标准的日益严格，对 NO_x 排放标准越来越高，这就需要考虑采用效率更高的烟气脱硝技术。

二、低 NO_x 燃烧器种类

1. SM型低 NO_x 燃烧器

SM型低 NO_x 燃烧器属于旋流燃烧器范畴，适用于燃烧器前墙或前后墙布置的燃烧方式。它的一次风——煤粉混合物不旋转，二次风通过轴向叶片形成旋转气流。其一次风加二次风的风量占燃烧总风量的80%左右，因此，在燃烧器喷口处的着火区形成了 $\alpha<1$ 的富燃料燃烧。同时，当二次风掺混到一次风气流以后，仍然维持着富燃料燃烧工况，可进一步抑制 NO_x 的生成。燃料完全燃烧所需要的其余空气，则从燃烧器喷口周边外一定距离处对称布置的四个二级燃烧喷口送入炉膛。此二级燃烧空气为不旋转的自由射流，具有较长的射程和穿透性，它与来自喷口的富燃料燃烧的一次火焰在一定距离后混合，以保证燃料的燃尽。因此，二级燃烧空气实际上和炉膛空气分级燃烧时的“火上风”的作用是完全一样的。显然，这些抑制 NO_x 生成的措施延迟了燃烧过程，也降低了火焰的温度，因此在炉膛设计高度上要考虑这一因素。

2. PM型低 NO_x 燃烧器

PM型燃烧器属于直流燃烧器范畴，适用于炉膛四角的切向燃烧方式。它是在燃烧器内将一次风煤粉气流先经过一个弯头进行惯性分离，煤粉比重大，在弯头处转弯时因惯性而多数进入上面的富燃料喷口（即浓煤粉气流在上），而少量煤粉则随空气进入下面的贫燃料喷口（即淡煤粉气流在下)，如图 11-1 所示。

这时，从富燃料喷口进入炉膛的煤粉气流是在 $\alpha<1$ 的条件下着火燃烧，而从贫燃料喷口进入的则在 $\alpha>1$ 的条件下着火燃烧，因此这种燃烧器也叫水平浓淡煤粉燃烧器。浓煤粉气流在向火侧而且偏离主气流方向（见图 11-2)，这样既可强化燃烧，又可降低着火燃烧区域内的氧气浓度，有利于着火稳定和降低 NO_x 排放量。浓一次风煤粉气流着火后，淡一次风煤粉气流逐渐混入，符合随燃烧进行供风的原则，有利于煤粉的燃尽。淡一次风煤粉气流和侧二次风在背火侧喷入，从而在炉膛水冷壁附近形成氧化性气氛和较低的温度环境，可以防止结渣，还可以抑制炉内受热面的高温腐蚀，有利于降低氮氧化物的生成排放。

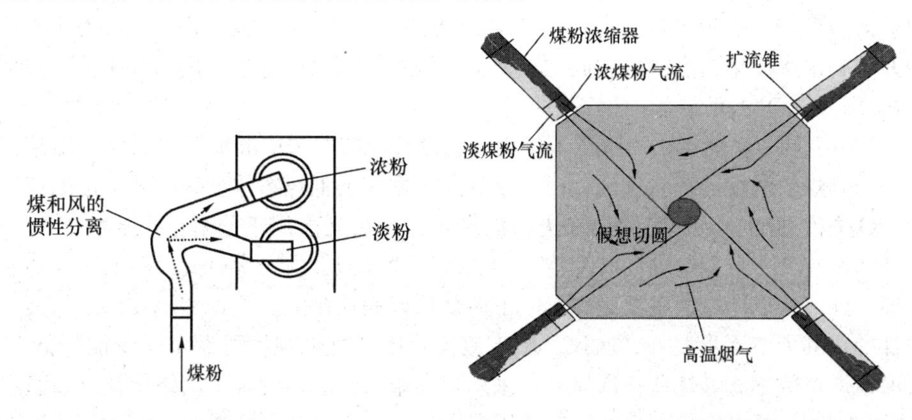

图 11-1　PM 型燃烧器　　图 11-2　水平浓淡燃烧原理

另外，水平浓淡煤粉燃烧器具有增强低负荷稳燃的能力。水平浓淡煤粉燃烧器在向火侧形成了高温、高煤粉浓度区域，随着浓缩比的增加，煤粉气流的温度水平升高，距燃烧器喷口更近，有利于火焰的稳定。在高温回流区边缘附近形成了高温、高煤粉浓度区域，除了可以降低着火温度、缩短着火时间、提高火焰传播速度、降低煤粉气流的着火热外，随着煤粉浓度的提高，煤粉气流的黑度增加，浓煤粉气流吸收高温回流区及炉内高温火焰的辐射热量增加，温升加快，有利于稳燃。依靠高温回流区作为稳定的热源，使煤粉气流及时着火并稳定燃烧。一次风煤粉燃烧器采用水平浓淡形式，形成两股气流喷入炉膛，浓相煤粉首先燃烧着火，然后点燃淡相使燃烧稳定。在煤粉喷嘴内装设波形钝体结构，一次风混合物射流通过钝体时，下游产生一个稳定的回流区，使着火点稳定。钝体前端阻挡块也有利于形成稳定回流区。波形结构具有增大一次风与炉内热烟气接触面积、增强扰动等优点。总之，水平浓淡煤粉燃烧器提高了煤粉的燃烧能力，为煤粉的稳定燃烧创造了有利条件。

为解决锅炉存在的水冷壁高温腐蚀问题及提高锅炉不投油低负荷稳燃性能，1998 年 8 月在山东某发电厂 2 号炉大修期间，首先对 2 号炉进行煤粉燃烧器改造，将四角共 16 只 WR 型煤粉燃烧器全部更换为“摆动式水平浓淡风煤粉燃烧器”。在 2 号炉燃烧器改造完成并运行半年之后，取得了显著的经济效益，同时由于该燃烧器的设计简单，改造工作量很小，很好地满足了实际施工的要求。随后又在 1999 年 3 月 1 号炉小修期间，对 1 号炉进行了相同的煤粉燃烧器改造。

经改造的燃烧器运行 1 年后，进行停炉检查，没有发现水冷壁的高温腐蚀现象，同时由国家电力公司热工研究院对该炉进行了严格的锅炉考核性热力性能试验，得出了以下结论：

(1) 锅炉燃烧稳定性大幅度提高，在燃用挥发分为 12.21%，灰分为 26.14%的贫煤时，可以在 50%额定负荷（ECR）下断油稳燃。

(2) 锅炉效率有较大提高，240～300MW 负荷时的锅炉效率达 92.9%。

(3) 锅炉炉膛原水冷壁高温腐蚀得到控制。

(4) 锅炉 NO_x 排放量在 240～300MW 负荷下为 627～768mg/m^3（标况）。

(5) 燃烧器经改造运行一年后，按电厂提供的经济效益报告，水平浓淡风煤粉燃烧器改造给电厂带来了直接的经济效益如下：

1) 燃油费用大幅度降低，按每吨燃油 5000 元计算，节约费用约 806 万元/年。

2) 锅炉效率提高使燃煤量降低，从 1、2 号锅炉开始投运至今，按电厂标准煤耗统计数据，年节约标准煤约 50 048t，标准煤价按 500 元/t 计算，年节约资金约 2500 万元/年。

3) 高温腐蚀造成的人工及材料费用明显降低，由于高温腐蚀，从 1997 年 1 月—1998 年 5 月，在锅炉大修期间共更换水冷壁管 272 根，总费用为 124.47 万元。而采用浓淡风喷燃器后，由于能较好地解决水冷壁的高温腐蚀问题，使上述因高温腐蚀而发生费用的几率大大降低。

3. DRB-4Z 型低 NO_x 燃烧器

DRB-4Z 型低 NO_x 燃烧器在一次风入口弯头后设有导向器和锥形扩散器，其作用是在管道近壁处形成一个高煤粉浓度的环状气流，而在中间形成富氧的低煤粉浓度区。着火区的还原性气氛可以减少 NO_x 的生成量。还原性物质在进入焦炭氧化区后又能用于分解已生成的 NO_x。燃烧器一次风管外围设有 2 个分别由轴向叶片控制的二次风调风器：内二次风调风器的主要功能是促进着火和稳燃；外二次风调风器主要是在火焰下游供风以完成燃烧。这种燃烧器形成的火焰，其核心是还原性的，其下游逐步混入二次风。由于旋流强度和燃烧强度可调节，既能降低 NO_x 生成量，又可保证燃烧效率。燃烧器一次风喷口采用耐高温、耐磨损的稀土高铬镍锰氮高温耐热铸钢 ZG8Cr26Ni4Mn3N，可以满足燃烧器喷嘴使用寿命不低于 50 000h 的要求。燃烧器结构充分考虑了检修的方便，每台燃烧器均装有观察孔，并留有安装火焰检测器的位置。

燃烧器自身构成一个独立的燃烧单元，其内、外二次风形成良好的空气动力场，卷吸着火、稳燃所必需的高温烟气，并适时补充燃烧所需的氧气和产生必需的气流扰动。当锅炉负荷变化较小时，可适当调整燃烧器的风、粉供给量和燃烧器的二次风量。当锅炉负荷变化较大时，可切除或投入 1 层燃烧器及相应的磨煤机，并相应地减少或增加总二次风量。燃烧器具有对单只燃烧器进行二次风量控制的调风挡板。当锅炉负荷变化时，燃烧系统和燃烧器只需做少量调整工作，就可以适应锅炉负荷变化。燃烧器改造后能够确保在 30%BMCR 负荷下不投油稳燃。

例如国内某 600MW 等级、前后墙对冲燃烧方式的锅炉，共配备 24 只双调风旋流燃烧器，采用前后墙对冲布置方式；直吹式制粉系统配备 6 台 MBF-23 型中速磨煤机，额定工况下 1 台磨煤机备用。运行中，燃烧器一次风进口蜗壳、中心筒、消旋槽等部位磨损严重，使用寿命一般在 2 年内，远低于锅炉的大修周期。由于磨损造成煤粉频繁泄漏，并已数次发生燃烧器着火险情，对锅炉安全运行构成了严重威胁。另外 NO_x 排放浓度过高，额定工况下达 700～800mg/m^3。为此必须进行燃烧器改造，改造方案是在燃烧器原有位置上，用 24 只 DRB-4Z 燃烧器替代现有的燃烧器，并将煤粉进口更换成 90°弯头。改造后，600MW 锅炉 NO_x 排放浓度可达 349mg/m^3。

第二节 OPCC 型低氮旋流煤粉燃烧器

一、OPCC 型低 NO_x 旋流煤粉燃烧器原理

东方锅炉厂制造的 OPCC 型低 NO_x 旋流煤粉燃烧器是在日立燃烧器基础上改进而成的，见图 11-3。采用径向煤粉浓缩器，获得外浓内淡的煤粉气流，一次风管出口外设计了稳焰齿环及一、二次风导向锥，可以在喷口附近获得环形回流区和较高的一次风湍动度，极大地提高了燃烧器的低负荷稳燃性能。

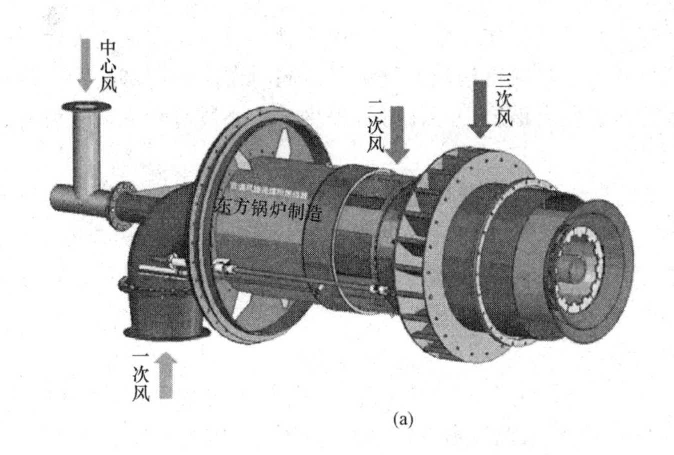

(a)

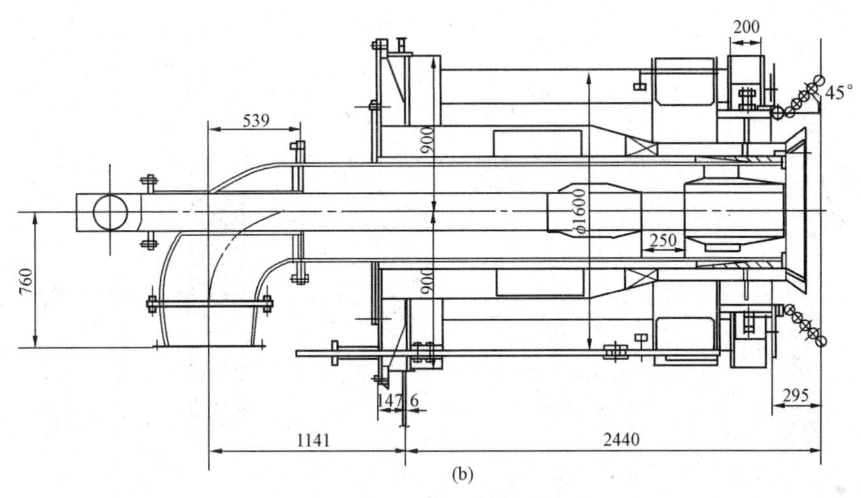

(b)

图 11-3 低 NO_x 旋流煤粉燃烧器

(a) 煤粉燃烧器外形图；(b) 煤粉燃烧器结构示意图

OPCC 型低 NO_x 旋流煤粉燃烧器结构特点如下：

(1) 采用分级供给燃烧用风，将燃烧用空气分成一次风、二次风、三次风和中心风四个部分，以降低 NO_x 排放量，同时保证煤粉的燃尽效率。

(2) 采用径向煤粉浓缩器，一次风管出口处设置了稳焰齿环及一、二次风导向锥（见图 11-4)，保证燃烧稳定。稳焰结构在一次风出口处外周产生一个环形回流区，为浓煤粉气流提供着火热；一、二次风扩锥延迟了内、外二次风在燃烧初期的混入；稳焰齿环可以增加煤粉气流的着火速度。这种结构可强化燃烧，促使挥发分快速析出，同时控制一次燃烧区域氧量，有效减少 NO_x 的生成。

图 11-4 独特的稳焰结构

（3）煤粉燃烧器设置中心风管，在油枪运行时用作燃油配风；在油枪停运时用作调节燃烧器中心回流区的位置，控制着火点，获得最佳燃烧工况；同时还起到冷却、防止烟气倒灌及灰渣积聚的作用。每个燃烧器的中心风由该层中心风母管提供，中心风母管入口处设有风门挡板用以调节中心风风量。

（4）二次风风门开度，三次风旋流器强度及风量可调，可以获得希望的汽流旋流强度和风量的大小，以保证各燃烧器之间配风均匀和调节燃烧器内的配风。二次风、三次风设计为旋流风，二次风旋流器为固定式，不作调节，叶片倾角60°。三次风旋流器设计为可调切向旋流器，在0°～75°间可调。

二、燃尽风调风器

为进一步降低NO_x排放量，在OPCC型煤粉燃烧器上方设置了燃尽风，燃尽风调风器（OFA）结构简图见图11-5。燃尽风调风器（OFA）结构特点如下：

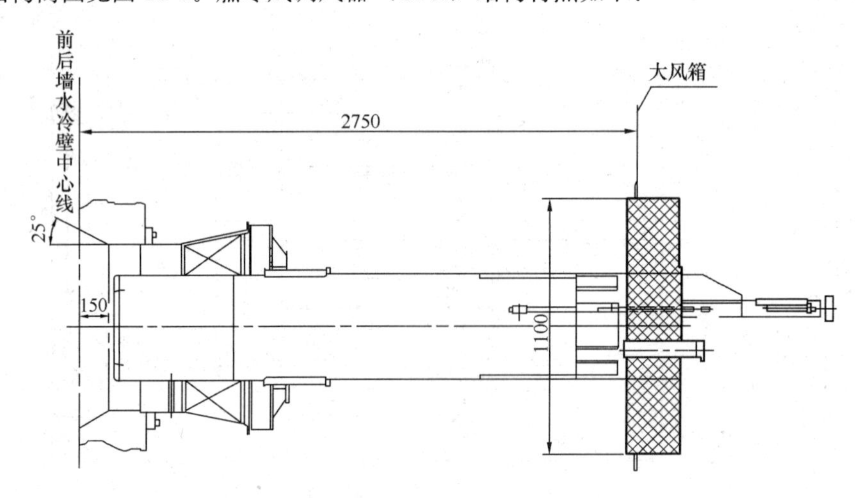

图11-5 燃尽风调风器（OFA）结构示意图

（1）OFA的设计尺寸将能保证最适宜的风速，达到合适的燃烧器区域化学当量，降低NO_x生成量和最小的CO含量。

（2）燃尽风调风器将燃尽风分为两股独立的气流送入炉膛，中央部位的气流为直流气流，它速度高、刚性大，能直接穿透上升烟气进入炉膛中心区域；外圈气流是旋转气流，离开调风器后向四周扩散，用于和靠近炉膛水冷壁的上升烟气进行混合。

（3）每个燃尽风调风器均配置有旋流风和直流风调节挡板及套筒，一方面可进行外圈气流的旋流强度和中央部位直流气流两股气流之间的风量分配的调节；另一方面可以调节控制各喷口之间的风量平衡，使进入炉膛的燃尽风穿透能力和混合程度均匀、适宜。它们的最佳状态应在改造投运后的燃烧调整试验时确定。

（4）为达到分级燃烧降低NO_x的效果，在最上层燃烧器A、E的上方，在利于控制NO_x排放的位置各增加一层燃尽风。

三、OPCC型低NO_x旋流煤粉燃烧器的应用

某电厂一期2号锅炉为加拿大B&W公司设计制造的600MW亚临界、自然循环、对冲燃烧煤粉锅炉（设计低位发热量22 413.4kJ/kg），于1994年投运。由于设计上的原因，该锅炉日常运行中NO_x排放量为600～700mg/m^3（O_2=6%），远高于国家日益严格的环保要求。电厂希望对锅炉燃烧系统进行技术改造，降低锅炉氮氧化物的排放量。为此东方锅炉厂利用自身成熟的锅炉设计

技术和改造经验，对锅炉进行了燃烧系统改造的可行性分析及充分论证，进行了燃烧系统改造。

1. 改造前基准试验数据

锅炉改造前进行了基准试验，表 11-2 列出了基准试验报告中的代表工况（工况 3：机组负荷 601.6MW、停运磨煤机 A）的主要测试数据。

表 11-2　　改造前基准试验数据汇总

氮氧化物浓度（mg/m^3）		一氧化碳浓度（mg/m^3）		飞灰含碳量（%）	底渣含碳量（%）	锅炉效率（%）	
空气预热器进口	空气预热器出口	空气预热器进口	空气预热器出口			修正前	修正后
679.25	679.85*	305.25	199.85	3.36	1.8	93.83	93.12

* 由于空气预热器存在漏风，空气预热器进口处的测量浓度应该高于出口处，此数据可能存在测量误差。

由表 11-2 可以看到，该锅炉的整体运行情况还是比较好的，唯一的不足就是氮氧化物排放超标。因此，改造的着重点就在于在维持锅炉效率等基本不变的前提下降低氮氧化物的排放。

2. 改造方案

（1）在不改变原有燃烧器的整体布置形式及燃烧方式条件下，在原燃烧器中心标高和开孔中心位置对原 36 只双调风燃烧器进行改造，更换为东方锅炉厂自主开发设计的新型 OPCC 型低 NO_x旋流煤粉燃烧器。

锅炉前后墙各布置三层煤粉燃烧器，每层布置 6 只煤粉燃烧器。各层煤粉燃烧器中心距为 4.875m（见图 11-6）；煤粉燃烧器水平间距为 2.775m。

（2）采用全炉膛分级燃烧技术，合理布置燃尽风，同时也尽可能减少炉膛结构框架的改造，在 A、E 层煤粉燃烧器（标高：30850mm）上方，在有利于控制 NO_x的位置增加一层燃尽风，共 12 只燃尽风调风器，使炉膛划分为燃烧区域和燃尽区域两大部分，以达到分段燃烧的效果。燃尽风调风器中心布置在 35 100mm 标高位置，距最上层煤粉燃烧器中心线距离为 4.25m。

（3）为解决燃烧系统低 NO_x改造后带来的火焰中心上移，炉膛出口温度升高引起的过热器减温水增大等问题，在燃烧系统低 NO_x改造取得成效后，对受热面进行置换改造，缓解了增设燃尽风引起的减温水量大幅升高的问题。

部分低温过热器置换省煤器方案实施前的后竖井烟道布置图如图 11-7 所示，前烟道内布置低温再热器和低温再热器侧省煤器（2 根绕），后烟道内布置低温过热器（4 根绕）和低温过热器侧省煤器（2 根绕）。在低温过热器侧省煤器蛇形管出口管子通过三通合并后形成吊挂管，低温再热器侧省煤器管子通过三通合并后穿过隔墙进入后烟道形成吊挂管。

置换方案为：将两侧省煤器蛇形管分别与下组低温过热器的 2 根管子连接，把部分低温过热器置换成省煤器，以减少过热器的换热面积。经过受热面改造，将减温水量控制在合适的范

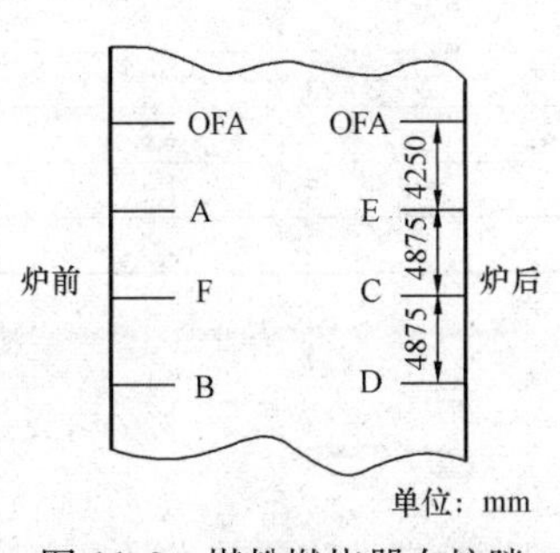

图 11-6　煤粉燃烧器在炉膛分层布置示意图

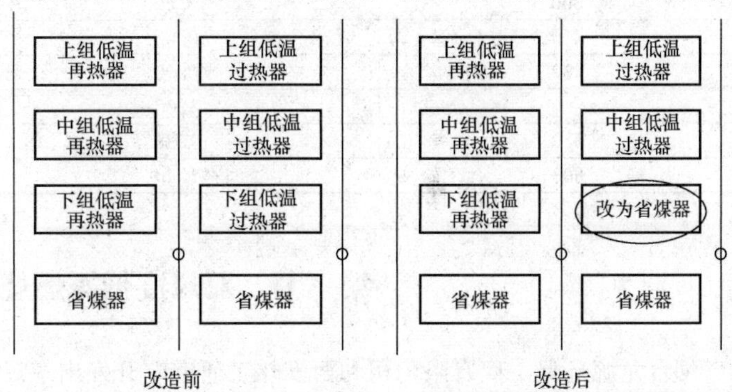

图 11-7　改造前后受热面调整示意图

围内。

3. 改造后试验结果

本次受热面调整后性能考核试验的锅炉热效率（修正后）平均值为93.44%，比燃烧器改造前基准试验值略有提高。两个工况的锅炉 NO_x 排放值平均值为291.8mg/m³，NO_x 排放浓度下降50%左右，见表11-3。

表11-3　　锅炉热效率计算结果

项　目	工况1	工况2
机组负荷（MW）	600.2	599.9
停运磨煤机	A	A
修正前锅炉热效率（%）	93.90	93.82
修正后锅炉热效率（%）	93.45	93.42
飞灰含碳量（%）	2.87	2.96
氮氧化物排放浓度（空气预热器进口，mg/m³）	305.0	278.6
一氧化碳排放浓度（空气预热器进口，mg/m³）	308.1	647.7

试验表明，锅炉效率与氮氧化物的排放的确存在一定的矛盾，当追求较低的氮氧化物排放时，锅炉的飞灰含碳量和CO的排放均会增加。在采用较大的燃尽风量，氮氧化物排放指标能够控制在300mg/m³之下，但其飞灰含碳量及CO都明显增加，锅炉效率也略为降低。因此，锅炉运行时需找准平衡点，在保证氮氧化物满足环保要求的前提下，尽可能地提高锅炉效率。受热面置换后，由于省煤器受热面增加、低温过热器受热面减少、低温过热器出口汽温下降，在600MW工况下过热器减温水流量下降50t/h左右，基本达到电厂可以接受的程度。

4. 锅炉优化运行建议

在日常的运行中，要尽量提高热二次风风箱的母管压力，提高二次风的送入能力，并要控制好炉膛出口氧量，提高锅炉的燃烧效率。

对二次风母管压力的控制方式进行调整，确定不同负荷下的二次风母管压力控制值，并投入自动，减少运行人员的操作和干预，同时提供不同负荷下的氧量控制值以及燃烧器层二次风小风门的控制参数。推荐的不同负荷下二次风母管压力、炉膛出口氧量参数见表11-4。

表11-4　　二次风母管压力、炉膛出口氧量参数

机组负荷（MW）	二次风母管压力（kPa）	氧量（%）
300	0.60	5.5
350	0.65	5.0
450	0.90	4.0
500	1.05	3.5
550	1.25	3.3
600	1.40	3.2

第三节　双尺度低氮燃烧器

烟台龙源环保工程有限公司和西安热工研究院开发出双尺度低氮燃烧器，主要技术是在普通燃烧器上方增加高位分离燃尽风，实现炉内整体空气分级。

一、技术原理

双尺度低氮燃烧技术以炉内影响燃烧的两大关键尺度（炉膛空间尺度和煤粉燃烧过程尺度）为重点关注对象，全面实施系统优化，达到防渣、燃尽、低氮一体化的目的。首先将炉内大空间整体作为对象，通过炉内射流合理组合及喷口合理布置，炉膛内中心区形成具有较高温度、较高煤粉浓度和较高氧气区域，同时炉膛近壁区形成较低温度、较低颗粒浓度的区域。在燃烧过程尺度上通过对一次风射流特殊组合，采用低氮喷口、等离子体燃烧器或热烟气回流等技术，强化煤粉燃烧、燃尽及 NO_x 火焰内还原，并使火焰走向可控，最终形成防渣、防腐、低 NO_x 及高效稳燃多种功能的一体化。

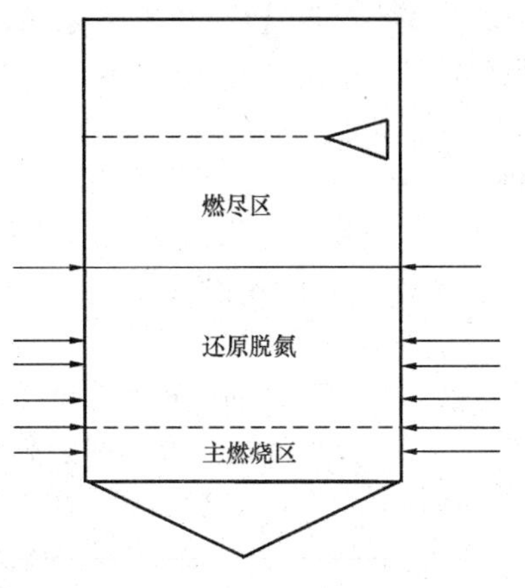

图 11-8　还原氧化区示意图

降低氮排放的具体措施如下：

1. 纵向三区分布

如图 11-8 所示，通过在主燃烧器上方合适位置引入适量的燃尽风 OFA（总风量的 20%～30%），燃尽风采用多喷口多角度射入，燃烧器改造后沿高度方向从下至上形成三大区域，分别为主燃烧区（即主氧化区，总风量的 70%～80%）、还原脱氮区（即主还原区）、燃尽区（SOFA 燃尽区）。主氧化区有助于煤粉初期燃烧，炉温升高，促进煤粉着火、燃烧及燃尽。由于有较大燃尽风量的存在，主燃烧器区内也会存在氧化还原交替存区，通过控制高度方向的配风，可形成局部还原区，可以初步还原产生的 NO_x，使 NO_x 在初始燃烧时就得到抑制，在主还原区内已生成的 NO_x 还可得到更充分还原。通过纵向三区布置，形成纵向空气分级，NO_x 将得到极大抑制，飞灰可燃物也会得到控制。

由于实现纵向空气分级，相对燃烧器区域有所扩大，燃烧器区域热负荷降低，炉内温度峰值降低，可以减少或消除热力型 NO_x 产生。

2. 横向双区分布

保留一次风射流顺时针方向不变，二次风逆时针与一次风偏向布置，一二次射流偏角调小，只有 10°角。由于一次风与二次风偏向布置，一次风与二次风会在炉膛内产生反向射流，从而可防止切圆过大，更加易于控制煤粉气流冲壁，熔融灰渣不易甩向水冷壁，从而达到强防渣的效果。

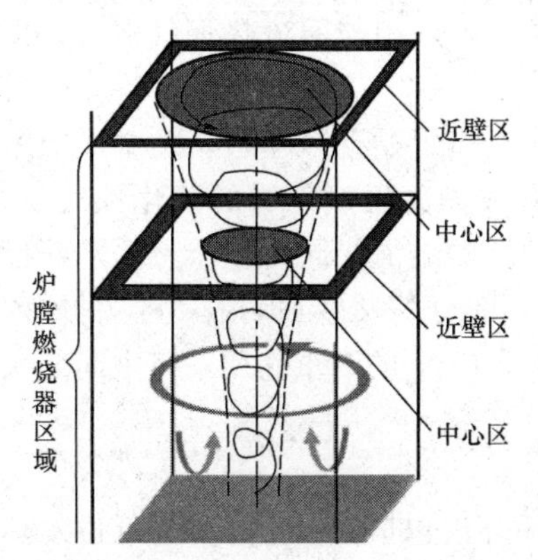

图 11-9　双区燃烧示意图

两层一次风之间还会布置贴壁风喷口，形成横向空气分级。这种横向空气分级布置，可使沿炉膛截面形成中心区和近壁区两区分布，见图 11-9，中心区较高的煤粉浓度、较高的温度水平；近壁区较低的颗粒浓度、较低的温度水平，由于贴壁风的存在，近壁区可保留足够的氧存在。一二次风偏置后可使一次风初始燃烧时，二次风不能过早混合进来，稳燃效果得到强化，煤种适应性更好，可形成局部缺氧燃烧，在火焰内就进行 NO_x 还原，抑制 NO_x 产生。在火焰末端，二次风再及时掺混合进来，使缺氧燃烧时产生的焦炭再燃烧。横向空气分级与纵向空气分级一起形成空间空气分级。

3. 一次风采用空间浓淡分布技术（过程尺度）

所有一次风设计喷口为上下浓淡分离形式，中间加装较大的稳燃钝体形式，浓淡燃烧除可降

低 NO_x 外，还可对煤粉稳燃、提前着火有积极作用。同时钝体能优先增加卷吸的高温烟气量，进一步强化稳燃。一次风沿高度方向分为两组，下三层为一组，上三层为一组，两组功能不同。最下层为上浓下淡方式，第二层为水平浓淡且浓侧在向火侧，第三层为下浓上淡，这样在最下层就组成了高稳燃特性的空间组合浓淡分布，此区域过量空气系数在1左右。满足基本燃烧需要，保证锅炉炉膛具有足够高的温度。第四层一次风为上浓下淡。其余两层都为下浓上淡，这样上三层组成了新的浓淡分布。特别是上两层采用下浓上淡，保证浓侧煤粉向下集中，对着火燃尽有利，运行时通过调整可以适当降低此区域的过量空气系数，此区域炉温达到较高水平，在缺氧的状态下，NO_x 还原物大量析出，还原已生成的 NO_x，特别是最上层一次风适当上移，更能起到这个效果，而且不用增加燃尽高度。

4. 高位燃尽风布置

燃尽风 SOFA 的布置是低氮燃烧技术的最关键所在，燃尽风量的选取、燃尽风喷口标高位置及燃尽风喷口风速、形状都会影响最终的低 NO_x 效果及锅炉效率。燃尽风采用较高位布置，在主燃烧器上方，布置类椭圆形穿透性强的燃尽风喷口。

适量的高位燃尽风量将对炉内火焰中心位置及炉膛出口烟温偏差带来影响，通过将燃尽风喷口设计成上下左右摆动燃烧器，可以同时实现炉膛出口温度及烟温偏差同时调整，还可强化飞灰可燃物燃尽。在燃尽风上方的高位燃尽风布置在两侧墙的炉膛中心，在扩大还原区的同时，能有效保证射流对火焰气流的穿透性。运行时调整手段灵活，通过不同层的搭配组合，寻求最优燃尽风位置。燃尽风设计为喷口可以上下左右摆动，运行时通过喷口摆动实现燃尽区内合理的空气分布，降低飞灰可燃物含量，保证降低 NO_x 的同时取得较高的锅炉经济性。

5. 节点功能区的建立

如图11-10所示，作为节点功能区的相邻两层一次风喷口，下层一次风设计为上浓下淡燃烧器喷口，上层一次风布置为下浓上淡一次风喷口，两层一次风喷口中间的二次风小角度与一次风射流偏置。由于节点功能区的建立，实现了两层一次风及其间的二次风功能组合，通过一二次风射流偏置，实现功能区内的浓相与回流热烟气混合，促进及早着火。

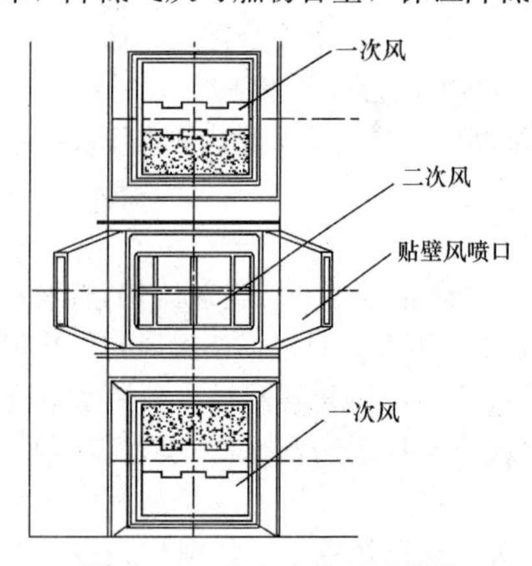

图11-10　节点功能区示意图

一二次风喷口之间同时布置贴壁风喷口，贴壁风向水冷壁表面补充氧气，能有效提高近壁区域的氧化性气氛，提高灰熔点，大大缓解炉膛的结渣。同时，作为水平断面分级燃烧中后期掺混的一部分，贴壁风可作为控制炉内 NO_x 的生成的有效手段。这样的喷口组合，同时具有稳燃、降低 NO_x 的双重作用，将中间二次风和贴壁风风门开大，可实现 NO_x 和飞灰可燃物同时降低。

二、应用案例

华能某电厂300MW锅炉为亚临界压力一次中间再热自然循环汽包炉，设计煤种为低位发热量20850kJ/kg的烟煤。锅炉燃烧系统采用四角布置，切圆燃烧、摆动式燃烧器，在炉膛中心形成 $\phi772$ 与 $\phi681$mm 的两个假想切圆，喷口采用一、二次风间隔布置方式，每角燃烧器分上下两组。燃烧器每角喷燃器共布置15层喷口，其中6层一次风喷口（WR），9层二次风喷口，其中3层布置有燃油装置，上组燃烧器最上层为顶二次风喷口，有利于降低 NO_x 的生成量；一次风喷口布置有周界风。改造前，测试了锅炉300MW、225MW以及150MW典型负荷工况下的锅炉效率和氮氧化物排放浓度，各工况下的实验结果见表11-5。从测试结果可以看出：

（1）T-01 和 T-02 为变磨运行方式工况，在运行氧量相同的情况下，下层燃烧器运行（A/B/C）时的 NO_x 排放浓度为 575mg/m³，上层燃烧器（A/B/D）运行时的 NO_x 排放浓度为 699mg/m³，上层燃烧器运行时 NO_x 排放浓度明显较高。

（2）工况 T-03 和 T-02 相比，运行氧量、磨运行方式相同，燃尽风风门 OFA 开度从 0%增加到 50%，相应地，NO_x 排放浓度从 575mg/m³ 降低到 527mg/m³，增大 OFA 风比例可以有效地降低 NO_x 排放浓度。但是飞灰含碳量随 OFA 开度增加而增加，锅炉效率有所降低。

同时还可以看出，不同磨运行方式对锅炉效率有一定影响。下层燃烧器运行（工况 T-03：A/B/C）时，排烟温度比上层燃烧器运行（工况 T-01：A/B/D）时低，固体未完全燃烧热损失也较小，锅炉效率有所提高。

（3）工况 T-04 和 T-05 为变氧量工况，随着运行氧量的提高，NO_x 排放浓度有所上升；但是固体未完全燃烧热损失有所减少，但排烟热损失也有所增加，锅炉效率无明显变化。

表 11-5　改造前各工况下的锅炉效率和 NO_x 排放浓度

工况	负荷（MW）	燃烧器组合	飞灰可燃物含量（%）	预热器入口氧量（%）	修正后排烟温度（℃）	固体未完全燃烧热损失（%）	排烟热损失（%）	修正后的热效率（%）	NO_x 排放浓度（mg/m³）
T-01	300	A/B/D	2.68	3.51	140.5	1.21	6.23	91.95	699
T-02	300	A/B/C	2.71	3.39	138.5	1.12	6.15	92.12	575
T-03	300	A/B/C	3.44	3.45	140.7	1.50	6.25	91.64	527
T-04	300	A/B/C	3.14	2.94	142.2	1.31	6.19	91.89	560
T-05	300	A/B/C	2.19	3.82	142.6	0.93	6.50	91.96	606
T-06	300	A/B/C/D	1.91	4.03	148.8	0.43	7.20	91.82	834

（4）T-06 为变差煤种工况，从试验结果可以看出，在煤质稍差的情况下，NO_x 排放浓度较高，达 834mg/m³。主要是因为燃烧器运行方式为 A/B/C/D，上层燃烧器的运行会使 NO_x 排放浓度增加。

2013 年，电厂采用双尺度低氮燃烧器进行改造。燃烧器改造采取整体改造方案，即更换现有全部主燃烧器，燃烧器由两组变为整体一组，与原燃烧器相比，最上层一次风通过重新布置，与后屏下部距离增加约 1m 多，有利于较大的还原区建立，同时燃尽高度较改造前增加，避免改造后飞灰可燃物增加及炉膛出口烟温增加，有利于保证汽水参数正常。

在原主燃烧器上方约 7.385m 处布置 4 层分离 SOFA 喷口，分配足量的 SOFA 燃尽风量，SOFA 喷口可同时做上下左右摆动。燃尽风设计采用 3 层，实际布置 4 层，其中 1 层备用。燃尽风设计为喷口可以上下左右摆动，喷口上下可摆±30°，左右可摆±15°。

改造后进行了有关测试，测试结果见表 11-6，NO_x 排放浓度不大于 240mg/m³，CO 浓度不大于 35μL/L。

表 11-6　改造后测试结果

序号	项　目	单位	保证值	试验值
			100%及 75%BRL 负荷	100%负荷
1	NO_x 排放浓度	mg/m³	≤250	237～239
2	CO 排放浓度	μL/L	≤100	35

续表

序号	项　　目	单位	保证值	试验值
			100%及75%BRL负荷	100%负荷
3	锅炉效率	%	≥92.52	92.2
4	脱硝效率	%	—	≥50
5	飞灰可燃物含量	%	≤1.5	1.5～3
6	炉渣可燃物含量	%	≤2	1.5～4
7	过热、再热汽温	℃	541	537
8	过热器减温水量	t/h	≤30	0
9	再热器减温水量	t/h	0	0

注　CO排放浓度和NO_x排放浓度为省煤器出口浓度。

第十二章　烟气脱硝技术分析

第一节　脱硝初投资成本分析

由于烟气脱硝装置投资巨大，因此必须对各种脱硝工艺进行投资分析。对工程投资分析一般采用初投资成本这一指标进行对比分析。初投资成本（即单位容量造价）是指机组单位脱硝容量的工程总投资，计算公式为

$$脱硝初投资成本=\frac{脱硝工程总投资（元）}{脱硝机组容量（kW）}$$

工程总投资是指与脱硝工程有关的固定资产投资总和，它与电厂及机组的状况、容量、场地、脱硝方式等因素有关，主要是指工程建设费和建设期贷款利息。工程建设费包括主要设备购置费、辅助设备购置费、土建工程费和设备安装的工程费、工程征地拆建费、管理费、前期费、设计和监理费技术服务费、系统调试费以及对现有设备进行必要改造的费用等。若为进口设备，还应包括设备进口费，如设备进口关税、设备增值税、国内运输费等。有的还包括专利费等。旧机组改造工程还应包括对现有机组相关设备的改造费用。

脱硝机组容量是指脱硝处理烟气量对应的机组容量。

例 12-1：某新建 2×660MW 锅炉烟气脱硝系统投资额为 11 800 万元，各项投资结构见表 13-1，求脱硝初投资成本。

解：$脱硝初投资成本=\frac{11\ 800(万元)}{2\times 66(万\ kW)}=89.4\ 元/kW$

表 12-1　　某新建 2×660MW 机组的烟气脱硝系统投资构成

烟气脱硝机组规模	脱硝方法	项目投资费用（万元）	投资构成（万元）					催化剂体积（m^3）
			建筑工程费	设备费	催化剂	安装费	其他	
2×660MW	SCR 法	11 800	486	5083	3459	1640	1132	864.8

例 12-2：某现役 2×320MW 机组增加烟气 SCR 脱硝系统和低氮燃烧器改造，工程的投资包括燃烧器、SCR（两台炉催化剂用量约为 520m^3）、空气预热器局部更换及引风机改造等。工程静态投资为 15 881 万元（见表 12-2），其中，LNB 投资为 1219 万元，SCR 投资为 8708 万元。求其脱硝初投资成本。

解：$脱硝初投资成本=\frac{15\ 881(万元)}{2\times 32(万\ kW)}=248.1\ 元/kW$

表 12-2　　某电厂 2×320MW 机组 LNB＋SCR 工程投资概况　　万元

序号	项目名称	建筑工程费	设备购置费	安装工程费	其他费用	合　计	各项占总计的百分比（%）	单位投资（元/kW）
一	主辅生产过程	611	11 067	2463	0	14 141	89.04	221.0
Ⅰ	脱硝工程	611	6151	1946		8708	54.83	136.1

续表

序号	项目名称	建筑工程费	设备购置费	安装工程费	其他费用	合　计	各项占总计的百分比（%）	单位投资（元/kW）
1	工艺系统	611	3646	1538		5796	36.49	90.6
2	催化剂		2016	62		2078	13.08	32.5
3	电气系统		18	174		192	1.21	3.0
4	热工控制系统		471	172		643	4.05	10.0
Ⅱ	配套改造	0	4916	517		5433	34.21	84.9
1	空气预热器改造费用	0	1816	289		2105	13.25	32.9
2	引风机改造费用（含变频器）	0	2081	29		2110	13.28	33.0
3	燃烧器改造	0	1020	199		1219	7.67	19.0
二	编制年价差	73		102		174	1.10	2.7
三	其他费用				1565	1565	9.86	24.5
1	建设场地划拨及清理费				40	40	0.25	0.6
2	项目建设管理费				199	199	1.25	3.1
3	项目建设技术服务费				592	592	3.73	9.3
4	整套启动试运费				243	243	1.53	3.8
5	生产准备费				34	34	0.21	0.5
6	大件运输特殊措施费				0	0	0.00	0.0
7	基本预备费（3%）				457	457	2.88	7.1
四	工程静态投资	684	11 067	2564	1565	15 881	100.00	248.1
五	动态费用							
1	价差预备费					0		
2	建设期贷款利息（2年期）				1242	1242		
3	工程动态投资	684	11 067	2564	2807	17 123		268
	各类费用占静态投资的百分比（%）	4	65	15	16	100		

目前，世界各国应用比较广泛的脱硝技术主要有SCR法、SNCR法、天然气再燃法、低NO_x燃烧器和燃烧优化调整（含空气分级燃烧）等，各种脱硝技术投资见表12-3。

表12-3　　几种脱硝技术的经济比较

指　　标	SCR	SNCR	天然气再燃	低NO_x燃烧器	燃烧优化调整
投资成本（元/kW）	75	55	70	50	10
运行成本（元/kW）	0.05	0.02	0.01	0.005	0.002
脱硝效率（%）	>80	50	60	50	40
技术成熟度	高	高	中等	高	高

由于SCR具有占地面积小、脱硝效率高、技术成熟、运行可靠性好等优点，被世界各国青睐。对于SCR烟气脱硝，新建国产全套设备在80～100元/kW，改造则为150～200元/kW。而SNCR工艺由于其采用低NO_x燃烧器，燃烧优化调整投资高，运行费用高，而脱硝效率并不高，因此被逐渐淘汰。

第二节 脱硝运营成本分析

运营成本主要采用脱硝成本、单位售电脱硝成本和脱硝电价增加值这三项指标进行分析。脱硝成本是在脱硝系统寿命期内所发生的包括投资还贷、检修费用、运行费用在内的一切费用与此期间的脱硝总量之比，即寿命期间每脱除1t NO_x 所需费用（元/t）。它综合、全面地反映了脱硝工艺在电厂实施后的经济性。计算公式为

$$脱硝成本=\frac{脱硝系统年运行费用\times寿命+脱硝工程总投资}{年脱硝量\times寿命}$$

但是为了计算方便，一般将脱硝成本定义为：在寿命期内每脱除1t氮氧化物所需要的运行费用（运行成本），它反映了脱硝工艺在电厂实施后的经济性，也叫单位脱除成本，计算公式为

$$脱硝单位成本（元/t）=\frac{脱硝系统年运行费用}{年脱硝量}$$

脱硝电价增加值是指单位发电量的脱硝系统运行成本，即脱硝系统投用后而引起的发电成本增加值，也叫单位脱硝费用，计算公式为

$$脱硝电价增加值(元/kWh)=\frac{脱硝系统年运行费用(元)-脱硝副产物收益(元)}{脱硝机组容量(kW)\times锅炉利用小时}$$

$$=\frac{脱硝系统年运行费用(元)-脱硝副产物收益(元)}{机组年均发电量(kWh)}$$

单位售电脱硝成本是指因脱硝装置投用而增加的单位售电成本，计算公式为

$$单位售电脱硝成本（元/kWh）=\frac{脱硝系统年运行成本-脱硝副产物收益}{年售电量}$$

一般来说，锅炉年利用时间按5500～6000h计为宜。

例12-3：某新建2×660MW锅炉烟气脱硝系统投资额为11 800万元，固定资产总额8120万元，折旧年限按15年计为541.2万元，机组利用时间按5500h计，财务费按总投资额的80%、利率为6.5%测算为613.6万元；脱硝系统入口氮氧化物浓度为650mg/m³，出口氮氧化物浓度为98mg/m³，脱硝效率85%，氨氮摩尔比0.86，液氨纯度为99.8%，氨逃逸量为3ppm（1.67%），氮氧化物产生量15 298t/年，脱硝系统投运率95%，脱硝耗电率按0.25%，厂用电率按4%，电价按0.5元/kWh计，年运营成本结构见表12-4。求脱硝年运营费用、单位脱硝费用和单位售电脱硝成本。

解：每年脱硝量=15 298×85%×95%=12 353.1（t）

每年还原剂消耗量$=12\ 353.1\times(1+1.67\%)\times\frac{17}{46}\div99.8\%\div0.86=5407.9(t)$

年消耗电能量＝2×66×5500×0.25％＝1815 万（kWh）

年纯运行成本合计＝1784.6＋907.5＋3.6＋41.4＋160＝2897.1（万元）

检修成本合计＝1533＋541.2＋590＋100＝2764.2（万元）

财务及其他费用合计 1287.5 万元

年运营费用（运行成本）＝2897.1＋2764.2＋1287.5＝6948.8（万元）

$$\text{则单位脱硝费用(脱硝电价增加值)}=\frac{6948.8(\text{万元})}{2\times66\times5500(\text{万 kWh})}=0.0096\ \text{元/kWh}$$

$$\text{单位售电脱硝成本}=\frac{(6948.8-0)\text{万元}}{(2\times66\times5500)\times(1-0.04)\text{万 kWh}}=0.010\ \text{元/kWh}$$

表 12-4　　2×660MW 机组 SCR 脱硝年运营成本结构

烟气脱硝机组规模（MW）	2×660	工业水费（万元/a）	3.6
年利用小时（h）	5500	蒸汽用量（万 t）	0.69
发电量（万 kWh）	726 000	蒸汽价格（元/ t）	60
NO_x 原始浓度（mg/m³）	650	蒸汽费用（万元/a）	41.4
NO_x 排放浓度（mg/m³）	98	人工费（万元/a）	160
氨氮摩尔比	0.86	年纯运行成本合计（万元）	2897.1
NO_x 产生量（t）	15 298	催化剂体积（元/t）	864.8
NO_x 年脱除量（t）	12 265.9	催化剂单价（元/t）	3500
脱硝效率（％）	85	催化剂费用（万元）	3066
还原剂种类	液氨	催化剂更换费用（2 年一次）（万元）	1533
还原剂年用量（t）	5407.9	设备折旧（万元）	541.2
还原剂单价（元/t）	3300	设备维护（万元）	590
还原剂成本（万元/a）	1784.6	其他物耗（万元）	100
电能用量（万 kWh）	1815	检修成本合计（万元）	2764.2
电价（元/kWh）	0.5	财务费用（万元）	613.6
电费（万元/a）	907.5	增值税（万元）	594.7
工业水用量（万 t）	1.27	其他费用（万元）	79.2
工业水价格（元/ t）	2.8	财务及其他费用合计（万元）	1287.5

例 12-4：某现役 2×320MW 机组增加烟气 SCR 脱硝系统和进行低氮燃烧器改造，运行成本分析主要基础数据如下：

机组年利用时间按 5500h 计。年运行维护及材料费按照设备费用的 2.0％计算。增加定员 6 人，职工年薪（含其他各项税收）10 万元/年・人。耗品价格：蜂窝催化剂单价为 40 000 元/m³、成本电价 0.46 元/kWh、液氨 4000 元/t、低压蒸汽 148 元/t、NO_x 排污费 1.2 元/kg。年减排 NO_x 约 7877t，年耗液氨 1293t。2 台炉 SCR 用蜂窝催化剂 520m^3，3 年换一层，年替换折合约 86.7m^3。采用液氨时，单位时间新增加电耗 1400kW。资产折旧年限为 15 年，残值率 5%，采用等额直线折旧法计算。5 年以上银行贷款利率为 6.55%。求脱硝改造工程年运行成本和单位脱硝费用，并进行敏感性分析。

解：根据以上主要计算参数，测算出脱硝改造系统的年运行成本见表 12-5，脱硝改造工程年运行成本为 3200 万元，单位脱硝费用 0.009 7 元/kWh。表 12-6 为改造工程（液氨）敏感性分析。

表 12-5　　经济效益分析汇总表

序号	内　容	单位	LNB+SCR	序号	内　容	单位	LNB+SCR
1	项目总投资	万元	15 881	3	设备修理费（设备费的 2.0%）	万元	221
2	变动成本	万元	1317		人工	万元	60
	还原剂——液氨	万元	517	4	财务费用	万元	596
	电耗	万元	354		贷款利息（年平均）	万元	596
	蒸汽	万元	116	5	年运行总成本	万元	3200
	催化剂（每 3 年换一层）	万元	329		系统年成本(变动+固定+财务)	万元	3200
3	固定成本	万元	1287	6	单位 NO_x 减排成本	元/kg	4.06
	折旧费（10 年折旧，残余 5%）	万元	1006		单位供电增加成本（不含税）	元/kWh	0.0097

注　运行成本没有考虑电能增加和锅炉效率下降等因素，否则单位供电增加成本应大于 0.01 元/kWh。

表 12-6　　改造工程（液氨）敏感性分析

项　目	单位	液氨价格			年利用小时数		
		100%	10%	−10%	100%	+10%	−10%
年运行总成本	万元	3148	3200	3252	3110	3200	3290
单位 NO_x 减排成本	元/kg	4.00	4.06	4.13	4.34	4.06	3.83
单位供电增加成本	元/kWh	0.009 5	0.009 7	0.009 8	0.010 3	0.009 7	0.009 1

第三节　各种脱硝技术的特点

一、不同燃烧设备的低 NO_x 燃烧技术的特点

不同的燃煤锅炉，由于其燃烧方式、煤种特性、锅炉容量以及其他具体条件的不同，在选用不同的低 NO_x 燃烧技术时，必须根据具体的条件进行技术经济比较，使所选用的低 NO_x 燃烧技术、锅炉的具体设计和运行条件相适应，不仅要考虑锅炉降低 NO_x 的效果，而且还要考虑在采用低 NO_x 燃烧技术以后，对火焰的稳定性、燃烧效率、过热蒸汽温度的控制、受热面的结渣和腐蚀等可能带来的影响。表 12-7 为煤粉锅炉和流化床锅炉在采用不同的低 NO_x 燃烧技术时的优缺点比较，可作为在选用低 NO_x 燃烧技术时的参考。

表 12-7　　不同燃烧设备的低 NO_x 燃烧技术比较

	低 NO_x 燃烧技术	降低 NO_x 排放的百分数	优　点	缺　点
煤粉锅炉	低过量空气系数	最多可降低 20%	投资最少，有运行经验	导致飞灰含碳量增加
	降低投入运行的燃烧器数目	15%～30%	投资少，易于锅炉改造，有运行经验	导致飞灰含碳量增加，并有可能引起结渣和炉内腐蚀
	空气分级燃烧（OFA）	最多可降低 30%	投资少，有运行经验	并不对所有锅炉都适用，有可能引起结渣和腐蚀，并降低燃烧效率
	低 NO_x 燃烧器	与 OFA 合用时，可达 60%	适用于新的和现有锅炉的改装，中等投资，有运行经验	结构比常规燃烧器复杂，有可能引起结渣和腐蚀，并降低燃烧效率
	烟气再循环（FGR）	最多可降低 20%	能改善混合和燃烧，中等投资	增加再循环风机，使用不广泛
	燃料分级燃烧	最多可降低 50%	适用于新的和现有锅炉的改装，中等投资	可能需要第二种燃料，运行控制要求高，没有工业运行经验
流化床锅炉	烟气再循环（FGR）	最多可降低 20%	能改善混合和燃烧，中等投资	增加再循环风机，使用不广泛
	燃料分级燃烧	最多可降低 50%	适用于新的和现有锅炉的改装，中等投资	可能需要第二种燃料，运行控制要求高，没有工业运行经验
	低过量空气系数	最多可降低 20%	投资最少，有运行经验	导致飞灰含碳量增加
	降低流化床燃烧温度	最多可降低 20%		可能影响用石灰石在床内脱硫，运行控制要求高，使用不广泛
	空气分级燃烧（OFA）	最多可降低 50%	投资少，适用于新的和现有锅炉的改装	有可能降低燃烧效率，有可能引起结渣和腐蚀

二、主要脱硝工艺的特点

各种烟气脱硝方法由于所采用的 NO_x 控制技术不同，在脱硝效率、工程造价、运行费用等方面存在很大差异，见表 12-8。

表 12-8　　各种脱硝工艺特点

项　目	SCR	SNCR	LNB/SCR 联合	SNCR/SCR 联合	低氮燃烧器
脱硝效率（%）	70～90	50	60～80	60～80	30～50
工程造价	高	低	中等	较高	最低

续表

项　目	SCR	SNCR	LNB/SCR 联合	SNCR/SCR 联合	低氮燃烧器
运行费用	高	中等	中等	高	低
还原剂	以 NH_3 为主	以 NH_3 或尿素为主	以 NH_3 或尿素为主	以 NH_3 或尿素为主	无
还原剂喷射位置	省煤器与 SCR 反应器间的烟道	炉膛内喷射	SCR 反应器入口段烟道	综合 SCR 和 SNCR	无
催化剂	TiO_2、V_2O_5、WO_3	不使用催化剂	后段加少量 TiO_2	后段加少量催化剂	无
反应温度（℃）	310～400	850～1100	前段 850～1100，后段 310～400	前段 850～1100，后段 310～400	—
SO_2/SO_3 氧化	会导致 SO_2/SO_3 氧化，控制在 1%以下	不会导致 SO_2/SO_3 氧化，SO_3 浓度不增加	会导致 SO_2/SO_3 氧化，控制在 1%以下	SO_2/SO_3 氧化较 SCR 低	—
NH_3 逃逸率（μL/L）	≤5	≤15	≤5	3～10	无
系统压力损失	催化剂会造成压力损失（800～1000Pa）	没有压力损失	压力损失较小（800Pa）	压力损失较小（400～600Pa）	无
受燃料影响	高灰分会磨耗催化剂，碱性氧化物会使催化剂钝化	无影响	影响同 SCR	影响同 SCR	无影响
对空气预热器的影响	NH_3 和 SO_3 易形成 NH_4HSO_4，造成堵塞或腐蚀	不会因催化剂导致 SO_2/SO_3 氧化，造成的堵塞或腐蚀概率最低	易造成堵塞或腐蚀	SO_2/SO_3 氧化率较 SCR 低，造成的堵塞或腐蚀概率较 SCR 低	无影响
占地空间	大（需要增加大型催化剂反应器和供氨系统）	小（锅炉无需增加催化剂反应器）	较小	较小（需增加一个小型催化剂反应器）	不占地

SCR 技术的还原剂以 NH_3 为主，反应温度为 310～400℃，催化剂成分主要为 TiO_2、V_2O_5、WO_3，脱硝效率为 70%～90%，还原剂喷射位置多选择于省煤器与 SCR 反应器之间的烟道内，NH_3 易与 SO_3 形成铵盐，造成空气预热器堵塞或腐蚀。NH_3 逃逸率为3～5μL/L。

SNCR 技术的还原剂以 NH_3 或尿素为主，反应温度为 900～1100℃，不使用催化剂，脱硝效率为 50%左右，还原剂喷射位置多选择于炉膛内，造成空气预热器堵塞或腐蚀的可能性很小。NH_3 逃逸率为 10～15μL/L。由于该技术脱硝后烟气氮氧化物浓度超过国家标准，因此不宜推广该技术。

SNCR/SCR 联合技术的还原剂以 NH_3 或尿素为主，前段反应温度为 900～1100℃，后段反应温度为 310～400℃，后段反应器加装少量催化剂，脱硝效率为 60%～80%，NH_3 逃逸率为5～10μL/L。在环境要求不严的情况，可以先实施 SNCR 部分，待环境要求严格的时候，再实施 SCR 部分。综合来说，SNCR/SCR 联合技术具有很好的应用技术经济比。

第四节 对脱硝工程的几点建议

一、对脱硝项目方面的建议

1. 技术路线的选择

低氮燃烧技术的脱硝效率为25%～50%，工程造价较低，运行费用较低；SNCR技术的脱硝效率为25%～40%，工程造价低，运行费用中等；LNB＋SNCR技术脱硝效率为50%～70%，工程造价中等，运行费用中等；SCR技术脱硝效率为80%～90%，工程造价较高，运行费用中等。因此，低氮燃烧技术（LNB）应作为燃煤电厂氮氧化物控制的首选技术。但是经过低氮燃烧器改造后，氮氧化物排放浓度最好水平只能达到250mg/m^3，氮氧化物排放浓度不达标，因此建议同时建设SNCR型烟气脱硝设施。目前新投产的660MW超超临界锅炉设计之初就采用低氮燃烧器＋SCR方案。从实际应用看，采用先进的低氮燃烧器后，脱硝效率可以达到50%，氮氧化物排放浓度可以从600mg/m^3降到300mg/m^3以下。

新建、改建、扩建的燃煤机组，宜选用LNB＋SCR工艺；小于等于600MW的机组，也可选用LNB＋SNCR工艺。燃用无烟煤或贫煤且投运时间不足20年的在役机组，宜选用SCR或SNCR/SCR工艺。燃用烟煤或褐煤且投运时间不足20年的在役机组，宜选用SNCR或其他烟气脱硝技术。

2. 催化剂的选择

SCR系统中重要组成部分是催化剂，催化剂的选择应根据烟气具体工况、飞灰特性、反应器形状、脱硝效率、NH_3逃逸率、SO_2转化率、系统压降、使用寿命以及业主要求等条件来考虑。当煤质含硫量高时，可选择二氧化硫转化率低的催化剂，防止对下游设备产生影响；当粉尘含量高时，可选择具有高耐磨损性的催化剂。含有SO_2或者SO_3的烟气中，应避免使用多孔质氧化铝（矾土）作为催化剂载体，以避免与SO_2和SO_3作用形成硫酸盐，此时，可选用钛或硅的氧化物作为催化剂载体。

当前流行的成熟催化剂有蜂窝式和平板式。蜂窝式催化剂一般是把载体和活性成分混合物整体挤压成型。其特点是比表面积大，相同参数情况下，催化剂体积小，质量轻，适用范围广，内外介质均匀，市场占有率高。平板式催化剂一般是以不锈钢金属网格为基材负载上含有活性成分的载体压制而成。其特点是比表面积小，相同参数情况下，催化剂体积较大，防堵灰能力较强，生产周期快；主要问题是上下两个催化剂篮子之间的缝隙容易积灰，而且不容易清除，切割后裸露的金属网容易发生腐蚀现象。由于平板式催化剂为非均质催化剂，其表面遭到灰分等的破坏磨损后就不能维持原有的催化性能，催化剂再生几乎不可能。

3. 关于烟气旁路设置问题

旁路的设置是SCR脱硝一个较有争议的问题。增加SCR反应器旁路系统，主要是因为当锅炉处于低负荷运行的时候，反应器入口的温度可能会下降到低于催化剂的最佳反应温度区间；此外在锅炉的停机以及开机运行期间，其温度也会产生很大的波动，因此需要SCR反应器的旁路使烟气绕过反应器，以避免在非活性温度区间内使催化剂中毒或使催化剂的表面受到污染。同时，该系统要进行密闭以防止烟气进入SCR的反应器中。

20世纪80年代，由于当时的催化剂不能很好地适应启动和停运期间温度梯度的变化，日本电厂均设置了旁路烟道；但随着催化剂性能等的提高，目前倾向于不加设旁路。在美国，由于立法要求仅在臭氧季节（5—10月）减少NO_x排放量，其东北部地区许多电厂设置了旁路。欧洲的SCR反应器通常不设旁路。

在全年运行的系统中加设 SCR 旁路，具有如下优点：

(1) 在锅炉被迫停炉期间，催化剂的温度会保持几天，这对于有积灰的 SCR 系统非常重要，避免了飞灰的硬化。

(2) 锅炉不停运，也可以更换或维护 SCR 反应器中的催化剂。但是，通常不推荐系统设置旁路，原因如下：

1) 烟道复杂，压损升高，增加了运行费用。同时，水平烟道有积灰的危险，导致催化剂或空气预热器的堵塞。

2) 由于烟道等钢结构的增加导致费用增加。

3) 需要性能可靠且紧密的烟道挡板门来关闭旁路，而该挡板门的费用较高。

4) 挡板门附近灰的沉积将影响挡板门的运行，需要安装灰斗或吹灰器。美国的一些装置出现过沉积灰硬化阻碍挡板门运行的现象。

5) 旁路烟道运行期间百叶挡板门有磨损问题，导致挡板门无法再紧密关闭，美国一些电厂曾出现过此类情况。

可见，设置 SCR 旁路，虽然可以在锅炉低负荷时减少 SCR 催化剂的损耗，有利于 SCR 的检修；但旁路挡板的密封和积灰问题严重，投资、运行和维护费用较高。是否设置 SCR 旁路一般主要依据 SCR 的年投运率以及锅炉启动的次数，若每年锅炉启动的次数低于 10 次，则无需设置旁路。

4. 关于省煤器旁路设置

虽然 SCR 反应的最佳温度范围在 320～400℃附近，但对于某个特定的装置，其催化剂的设计温度范围会窄一些，通常是按锅炉正常运行状态下的省煤器出口烟气温度范围设计。保持烟气温度在设计温度范围内，对于优化脱硝反应是非常重要的。当锅炉低负荷运行时，省煤器出口烟气温度下降，这时可以采用省煤器旁路来提升 SCR 入口烟气温度。省煤器旁路烟道通常使用一个可调节的挡板，来调整经过旁路的热烟气与省煤器出口的冷烟气比率。锅炉负荷越低，挡板的开度就越大，旁路的热烟气就越多。省煤器出口烟道也需要安装调节挡板来提供足够的压力，使烟气从旁路经过。

在设计省煤器旁路时主要考虑下面两个问题：一是保持烟气的最佳反应温度；二是保证两股气流在进入 SCR 反应器之前均匀混合。数值模拟技术可以解决气流在进入 SCR 反应器之前均匀混合的问题，并且已经在国外的一些 SCR 设计中取得了很好的应用成果。省煤器旁路的主要作用是当烟气的温度较低时，引一路烟气绕过省煤气直接进入 SCR 的反应器中，以保证烟气的温度处于 SCR 催化剂的活性温度区间之内。脱硝系统可以根据需要设置省煤器烟气旁路。

5. 烟气脱硝还原剂的选择

SCR 脱硝工艺中还原剂的选择应综合考虑安全、环保、经济等多方面因素。液氨应作为还原剂首选方案，但应符合《重大危险源辨识》(GB 18218) 及《建筑设计防火规范》(GB 50016) 中的有关规定。采用液氨作为还原剂时，应根据《危险化学品安全管理条例》的规定编制本单位事故应急救援预案，配备应急救援人员和必要的应急救援器材、设备，并定期组织演练。

对于位于人口稠密区的 SCR 烟气脱硝设施（如市区供热机组），宜选用尿素作为还原剂。例如，华能北京热电厂一期装机 845MW，4 台锅炉均为德国巴布科克设计，电厂 1～4 号锅炉烟气脱硝工程于 2007 年 12 月正式投入运行。脱硝装置采用选择性催化还原脱硝（SCR）工艺，脱硝效率 90%。由于北京热电厂地处首都，又在城市之内，安全无疑是初步设计时考虑最多的因素，因此选择了尿素作为脱硝系统还原剂。电厂 4 台锅炉共用一个还原剂储存与供应系统，还原剂为尿素热解所得到的氨气。尿素溶液制备、储存与供应系统由国电龙源设计、供货、安装及调试。

还原剂绝热分解及计量分配由国电龙源选用美国 Fuel Tech 公司的 NO_x OUT ULTRA® 尿素热解制氨技术，由美国 Fuel Tech 公司提供有关设备，国电龙源负责安装调试。

对于 SNCR 烟气脱硝设施，宜选用尿素作为还原剂。用于 SNCR 脱硝工艺中常使用的还原剂有尿素、液氨和氨水。若还原剂使用液氨，其优点是脱硝系统储罐容积可以较小，还原剂价格也最便宜；缺点是氨气有毒、可燃、可爆，储存的安全防护要求高，需要经相关消防安全部门审批才能大量储存、使用；另外，输送管道也需特别处理；需要配合能量很高的输送气才能取得一定的穿透效果，一般应用在尺寸较小的锅炉或焚烧炉上。若还原剂使用氨水，氨水有恶臭，挥发性和腐蚀性强，有一定的操作安全要求，但储存、处理比液氨简单；由于含有大量的稀释水，储存、输送系统比氨系统要复杂；喷射刚性，穿透能力比氨气喷射好，但挥发性仍然比尿素溶液大，应用在墙式喷射器的时候仍然难以深入到大型炉膛的深部，因此一般应用在中小型锅炉上。若还原剂采用尿素，尿素不易燃烧和爆炸，无色无味，运输、储存、使用比较简单安全；挥发性比氨水小，在炉膛中的穿透性好；效果相对较好，脱硝效率高，适合于大型锅炉设备的 SNCR 脱硝工艺。

6. 失效催化剂的处理和利用

催化剂再生在国外虽然有过成功运行的经验，但国内电厂尚未有相关的催化剂再生经验，并且国内电厂燃煤的品质和特性等与国外有较大差异，催化剂再生的效果和经济性可能会有很大的不同。而且失效催化剂的再生成本非常昂贵，因此出于经济及其他方面的考虑，对废旧催化剂进行处理或利用也是一项重要的工作。在美国，由于失效的催化剂含有危险成分（V_2O_5），催化剂必须在获得许可的危险废弃物填埋处理厂进行处理。在韩国，一些用户自己负责保管失效催化剂，定期到获得许可的危险废物填埋处理厂进行处理。在日本，失效催化剂经破碎处理，密封入混凝土中，由专业固废处理公司在填埋场处理。国家应该出台相关的法规来合理处置燃煤电厂 SCR 装置的失效催化剂，以免这些失效催化剂对环境造成二次污染。

7. 对空气预热器的影响

在 SCR 装置脱硝过程中，烟气在通过 SCR 催化剂时，将进一步强化 $SO_2 \rightarrow SO_3$ 的转化，形成更多的 SO_3。在脱硝过程中，由于 NH_3 的逃逸是客观存在的，它可能在空气预热器处与 SO_3 形成硫酸氢铵，其反应式如下：

$$NH_3 + SO_3 + H_2O \longrightarrow NH_4HSO_4$$

硫酸氢铵（NH_4HSO_4）会对空气预热器中温段和冷段形成强腐蚀。硫酸氢铵具有很强的黏结性，通常迅速黏在传热元件表面进而吸附大量灰分，造成空气预热器堵灰。同时，烟气中有部分 SO_2 被 SCR 催化剂转化为 SO_3，加剧了空气预热器冷端腐蚀和堵塞的可能。

(1) SCR 脱硝运行时，由于烟气中约有 1% 的 SO_2 转化为 SO_3，SO_3 与烟气中的 H_2O 和从 SCR 反应器后烟气中残存的还原剂氨（NH_3）发生反应生成硫酸氢铵。而硫酸氢铵在 230℃时开始从气态凝结为液态，空气预热器的中温段和低温段的温度区间约为 250～130℃，正是硫酸氢铵的相变区，它极易黏附于换热元件表面，进而吸附飞灰，危及空气预热器的正常运行，会迫使锅炉机组停运次数增加。据国外的运行经验，在残留氨浓度为 3～5μL/L 时，3～6 个月就能使空气预热器阻力上升一倍，迫使停炉停机清理空气预热器的堵灰。

(2) 由于烟气中 SO_3 浓度增大，使得烟气的硫酸露点温度有所提高，空气预热器低温腐蚀较以前加剧。除此之外，硫酸氢铵本身具有腐蚀性，会对空气预热器中的低碳钢及低合金钢部分产生腐蚀作用。

(3) 换热元件表面集灰，将使元件的换热能力大为降低，降低了预热器的功能。

为了适应锅炉加装 SCR 的需要，避免空气预热器冷端传热元件的腐蚀和堵塞，有 SCR 脱硝设备情况下的空气预热器在防止堵塞和冷段清洗方面需作特殊设计，主要包括：热元件采用高吹灰通透性的波形替代原有空气预热器波形，以保证吹灰和清洗效果；冷段层采用搪瓷表面传热元件，采用此传热元件可以隔断腐蚀物和金属接触，而且表面光洁，易于清洗干净。搪瓷层稳定性好，耐磨损，使用寿命长（一般不低于50 000h）。增加转子清洗措施，提高空气预热器的可靠性和经济性，必须对空气预热器进行改造。其主要内容为空气预热器受热元件和吹灰系统改造两部分。

更换冷段传热元件。一般来说，回转式空气预热器的传热元件分为高、中温段和低温段。高、中温段一般选用低碳钢；低温段的腐蚀性较强，一般选用搪瓷传热元件或考登钢等低合金钢传热元件。由于空气预热器的绝大部分中温段和部分低温冷段处于产生硫酸氢铵堵塞的温度区间内，所以为了避免两段的连接间隙内的硫酸氢铵堵塞搭桥，可以考虑将传统的低温冷段和中温段合并为一段。同时，为了有效清灰，该段内的传热元件采用高吹灰通透性的波形如NF替代原来的DU等波形。这种波形的内部气流通道为局部封闭型，可以保证吹灰介质动量在元件层内不迅速衰减，从而提高吹灰有效深度。NF波形的吹灰穿透性远远优于传统中间层用的DU波形。这种NF波形虽然能保证吹灰和清洗效果，但换热性能（单位容积中受热面面积）不如原空气预热器用的DU等板型，因此要维持空气预热器排烟温度不上升，须视情况增加换热面积，如增加换热元件高度。

8. 关于增加脱硝装置后对机组能耗的影响

（1）增加脱硝装置后，系统压损将增加1000Pa左右，因此引风机需相应增加压头与电动机功率。SCR反应器（各层催化剂压降在200～300Pa左右）、烟道、弯头增加的阻力约为1000Pa，空气预热器重新选型后新增阻力约为500Pa，故引风机需增加压头1500Pa左右。现有引风机可能达不到系统需要的压力。为了保持安装SCR系统前后的烟气压力相同，需要改造现有引风机或安装新的引风机。引风机增加的电耗是SCR系统运行的主要能耗之一，在大多数情况下，反应器区域各设备电耗、氨站电耗、引风机改造或新增增压风机电耗等合计约占机组电功率的0.2%。

（2）对多台SCR烟气脱硝的锅炉进行试验，结果表明锅炉效率降低0.5个百分点。

二、对国家层面上的建议

1. 脱硝电价核定原则问题

2011年11月，国家发展改革委员会出台燃煤发电厂机组试行脱硝电价政策，对北京、天津、河北、山西、山东、上海、浙江、江苏、福建、广东、海南、四川、甘肃、宁夏14个省（区、市）符合国家政策要求的燃煤发电机组，上网电价在现行基础上每千瓦时加8厘钱，用于补偿企业脱硝成本。例如，2011年11月29日国家发展改革委《关于调整华东电网电价的通知》（发改价格〔2011〕2622号）规定：为鼓励燃煤发电企业落实脱硝要求，上海、浙江、江苏、福建省（市）安装并运行脱硝装置的燃煤发电企业，经国家或省级环保部门验收合格的，报省级价格主管部门审核后，试行脱硝电价，电价标准暂按每千瓦时0.8分钱执行。2012年12月国家发展改革委颁布了《国家发展改革委关于扩大脱硝电价政策试点范围有关问题的通知》（发改价格〔2012〕4095号），规定：自2013年1月1日起，将脱硝电价试点范围由现行14个省（自治区、直辖市）的部分燃煤发电机组，扩大为全国所有燃煤发电机组，脱硝电价标准为每千瓦时0.8分钱。2013年8月27日国家发展改革委又颁布了《关于调整可再生能源电价附加标准与环保电价有关事项的通知》（发改价格〔2013〕1651号），将燃煤发电企业脱硝电价补偿标准由每千瓦时0.8分钱提高至1分钱。

根据实际情况，通过综合考量火电机组加装脱硝设施的建设成本和运营成本两部分因素，初步测算同步建设脱硝设施的单位脱硝费用为0.01元/kWh；由于安装脱硝设施，引起锅炉效率下降0.5个百分点，导致煤耗增加1.7g/kWh，按照每千克标准煤0.8元计算，锅炉效率下降导致单位脱硝费用额外增加0.000 7×1.7g/kWh=0.001 19元/kWh，这两项导致脱硝电价至少增加0.01+0.001 19=0.011（元/kWh）；技改加装脱硝设施的单位总成本约为0.012 5元/kWh。这显然与发改委提出的0.008元/kWh的补贴标准相差不少。因此建议，未来同步建设脱硝设施机组电价加价1.1分/kWh，而技改加装脱硝设施的机组电价加价1.2分/kWh。

2. 关于NO_x排放标准问题

GB 13223—2003中NO_x的浓度限值为450～1100mg/m³，《火电厂大气污染物排放标准》（GB 13223—2011）则要求，自2014年7月新建机组执行100mg/m³标准限值（现役机组、新建W型火焰炉膛、循环流化床锅炉执行200mg/m³标准限值）。这些规定都严于西方发达国家，例如美国2005年修订《新固定源国家排放标准》（NSPS）规定2005年2月28日后新建的电站锅炉NO_x排放不得超过1.0lb/MWh（约折合135mg/m³），扩建和改建电站锅炉采用达到基于电量输出排放限值和热量输入排放限值两者之一即可。扩建电站锅炉不得超过1.0 lb/MWh或0.11 lb/MBtu（约折合135mg/m³），改建的电站锅炉不得超过1.4 lb/MWh或0.15 lb/MBtu（约折合184mg/m³）。欧盟《大型燃烧企业大气污染物排放限制指令（2001/80/EC）》规定：2002年11月27日后获得许可证的新建燃烧装置，对于热功率大于300MW、燃用固体燃料的大型新建燃烧装置，执行200mg/m³的限值；热功率在100～300MW之间的，执行300mg/m³的限值；热功率在50～100MW之间的，执行400mg/m³的限值。日本在1979年就制定了《排烟脱氮设备指针》（JEAG 3604），2002年日本《排烟处理设备指针》（JEAG 3603—2002）规定新建大型燃煤电厂的NO_x排放浓度小于100ppm（约折合200 mg/m³）。其他国家NO_x的排放浓度都远远高于200mg/m³的限值。考虑到我国目前的经济实力，建议执行欧盟《大型燃烧企业大气污染物排放限制指令（2001/80/EC）》为宜。

根据目前排放水平，预测到2015年火电NO_x产生量达到1310万t、标排放量1140万t。由于GB 13223—2011新标准的实施，火电机组NO_x排放量将由1140万t削减到795万t，削减率为30.26%。那么NO_x减排量将达到345万t。根据化学反应式，1mol NO需要1mol纯氨，相应液氨需量约$345\times\frac{10}{23}=150$（万t/年）。如按一般液氨运输车为7t载重，每年按300天计算，每天约有714辆液氨车次运输这些液氨，这些车辆随时都面临交通事故的危险，而一旦发生交通事故导致液氨泄漏，后果将不堪设想。

另外，脱硝必然带来氨污染，NH_3逃逸量过高，导致灰中氨味较大，造成二次污染大气。因此建议GB 13223《火电厂大气污染物排放标准》修改新建机组NO_x排放浓度执行100mg/m³标准限值，现役机组执行450mg/m³标准限值。这样一改，对于现役机组只要进行低氮燃烧器改造，即可满足环保要求。

3. 关于要不要脱硝问题

美国到2010年约有1.72亿kW机组安装脱硝装置，占煤电机组容量的比例约为54.29%，其中82.56%是SCR装置。

我国要求新上机组必须同时安装烟气脱硝装置，现役机组也要分批安装烟气脱硝装置，这在全世界都是独一无二的，最后全转嫁到用户身上。烟气脱硝表面是减轻了烟气污染，实际上需要上游企业生产、运输氨，而且发电企业在烟气脱硝过程中又会溢出部分氨，这些都会造成更大的污染或人身安全威胁。建议对于2000年前老机组织要求进行低氮燃烧器改造，循环流化床锅炉由于燃烧温度较低，产生的氮氧化物较少，不需要安装低氮燃烧器或烟气脱硝装置。只有新上单机 3000MW 及以上常规燃煤机组才要求同时安装烟气脱硝装置，且不可一刀切，增大发电企业负担。

4. 催化剂技术自主化问题

催化剂是烟气脱硝的核心产品，其质量优劣直接决定了烟气脱硝效率的高低。其中蜂窝式催化剂的应用最为广泛，占全球“选法”催化剂供货总量的 80%左右。但是，国内生产催化剂用的钛白粉制作技术掌握在国外少数厂家手中，因此原料必须进口，这也就造成了脱硝催化剂的制造成本居高不下。

由于不能掌握脱硝催化剂核心技术，目前国内企业多选择从国外厂家手中引进催化剂生产线。江苏龙源催化剂有限公司引进日本触媒化成公司生产线生产的催化剂产品。据江苏龙源催化剂有限公司介绍，公司引进的是日本触媒化成公司的生产线，但是催化剂设计技术是装在一个黑匣子里面的，绝对保密。经分析，催化剂所需要的主要原料是超细晶型钛白粉，并在生产工艺中加入钨、钡、硅等成分，来提高产品热稳定性和成型性能，而这项技术目前国内钛白粉厂商并没有掌握。

中国钒资源丰富，并且在磷肥和尼龙行业所用的 V_2O_5 催化剂的国产化开发方面具有一定的经验，应充分利用这些优势，突破行业壁垒，实现优势资源组合，开发适合中国国情的 SCR 催化剂。

国内要掌握脱硝催化剂生产核心技术还得从长计议，下大力气。过去由于认识不足，国内最大的催化剂生产企业也被国外收购，至今国内催化剂行业实力还比较薄弱。从长远发展来看，一方面国内脱硝催化剂生产企业应联合科研院所，开展脱硝催化剂的研发攻关，注重在引进国外催化剂产品的基础上消化吸收，逐步掌握其核心技术。另一方面，鉴于国内烟气脱硝市场巨大，同时大气环保也是各国共同受益的事业，政府可考虑以市场换技术的办法，组织国外脱硝催化剂核心技术的引进。

5. 关于催化剂产业

2011 年我国现役火电机组 76 546 万 kW，全国已经投运 250 台的烟气脱硝机组容量仅占 18%，按照“十二五”后期新增火电机组 25 000 万 kW，到 2015 年烟气脱硝容量将达到 92 400 万 kW。若都按采用 SCR 脱硝技术来计算，SCR 催化剂初装量按照国外平均值 6～7m^3/万 kW 估算，则共需要安装催化剂约 60.1 万 m^3，平均每年安装 15 万 m^3，按年更换量为初装量的 1/3 来算年更换量约为 5 万 m^3。由此可以估算出在“十二五”期间国内催化剂市场的年需求量约为 20 万 m^3。

国内 SCR 催化剂开发和起步较晚，从 2006 年开始引进德国 KWH 脱硝催化剂技术，后来又引进了日本触媒化成（CCIC）公司的脱硝催化剂技术和装置，国内现有已建和在建生产厂家大约 25 家，平均年产规模为 15 万 m^3。其中在行业比较有影响的有东方凯特公司、江苏龙源环保催化剂公司、重庆远达催化剂公司和江苏万德电力环保有限公司。目前国内脱硝催化剂年产量大约在 12 万 m^3，距离年需求量 20 万 m^3 还存在较大差距。

虽然火电厂脱硝市场刚刚起步，但已发现它存在类似脱硫产业化过程中发生的诸多问题。首先是脱硝技术的重复引进，不仅给国家造成一定损失，加剧了脱硝市场无序竞争的局面，而且不利于资源的优化配置。其次是脱硝市场一开始就呈现低价竞标情况，给脱硝装置投运后的稳定运行埋下隐患。还有招投标过程不规范、招投标文件不规范等，给不公平竞争提供了机会。最后一点，缺乏火电厂脱硝市场的准入要求。由于烟气脱硝设备的性质，尤其是采用高尘段布置的 SCR 工艺，对锅炉以及脱硝反应器后的烟道、除尘器、脱硫装置都有影响，这就决定了脱硝设备要与锅炉等发电设备一样具有高可靠性，需要烟气脱硝公司在具备脱硝相关技术、人才、经验、经济实力的同时，必须兼有锅炉等专业知识和相关能力，但是由于我国并没有针对这一特征的市场准入要求，导致脱硝公司良莠不齐。

为避免恶性竞争、确保工程质量、提高运行可靠性与稳定性，建议由国家相关部门组织专家或委托行业协会对从事烟气脱硝工程建设和相关产业领域的企业从注册资金、资质、业绩、市场信誉等方面，设立脱硝的行业准入门槛，制定准入办法，进行资格准入。从事火电厂烟气脱硝工程的总承包公司，必须是具有法人资格的经济实体；所具有的脱硝技术应是先进的、完整的、成熟的，具有合法使用该项技术的权力和能力；具有相应的脱硝工程设计、工程承包的能力；具有履行项目工程承包所必需的经济实力，财务状况良好；内部组织机构完善、管理体系健全、专业技术人员和管理人员配备齐全，有组织工程建设和现场施工管理的经验，有完整的质量保证体系。

6. 鼓励开发脱硫脱硝一体化技术

近年来，由于环保要求的提高，燃煤锅炉都要求同时控制 SO_2 和 NO_x 的排放。若用两套装置分别脱硫脱硝，不但占地面积大，而且投资、操作费用高，而使用脱硫脱硝一体化工艺则结构紧凑，投资与运行费用低、效率高，应鼓励研发脱硫脱硝一体化技术。

第三篇 除尘技术

第十三章 除尘基本原理与运行

第一节 除尘器的分类与特点

除尘器的主要作用是捕集烟气中的粉尘，减少引风机的磨损，减少粉尘对环境和人类的污染和伤害。除尘器一般分为机械除尘器、过滤式除尘器和电除尘器等3大类。

一、机械除尘器

机械除尘器是利用重力、惯性、离心力等方法来去除尘粒的，包括重力除尘器、惯性除尘器、旋风除尘器等类型。

1. 重力除尘器

重力除尘器除尘原理：当含尘气体进入沉降室后，利用尘粒自身的重力作用使之自然沉降，并与气流分离，如图13-1所示。这种除尘器构造简单、造价低，便于维护管理，而且可以处理高温气体，阻力一般为50～130Pa，但只能去除大于50μm的大颗粒，除尘效率低，一般为60%左右。

2. 惯性除尘器

惯性除尘器除尘原理：利用气流方向急剧转变时，尘粒因惯性力作用而从气体中分离出来。惯性除尘器阻力一般为750～1500Pa，只能去除大于10～30μm以上的尘粒，除尘效率一般为70%。火电厂中最常见的惯性除尘器是百叶窗型除尘器，见图13-2。

3. 旋风除尘器

旋风除尘器除尘原理：利用旋转的含尘气体所产生的离心力，将粉尘从气流中分离出来的一种干式气—固分离装置，见图13-3。旋风除尘器结构简单，无运动部件，占地面积小，操作维护简便，压力损失中等（阻力一般为500～1500Pa），不受含尘气体的浓度、温度限制，对于捕集5～15μm以上的尘粒效率较高，除尘效率在90%以上。

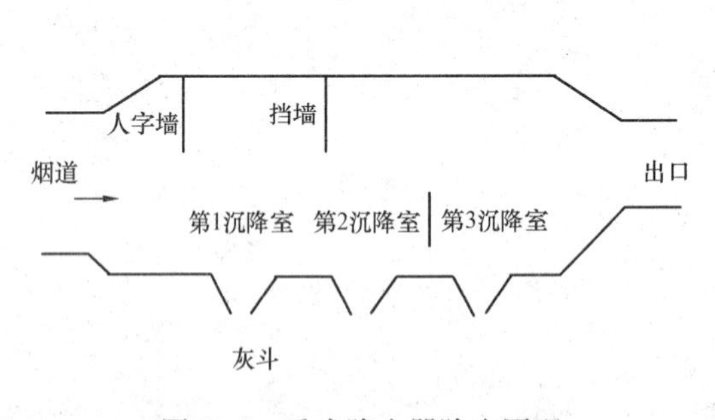

图13-1 重力除尘器除尘原理

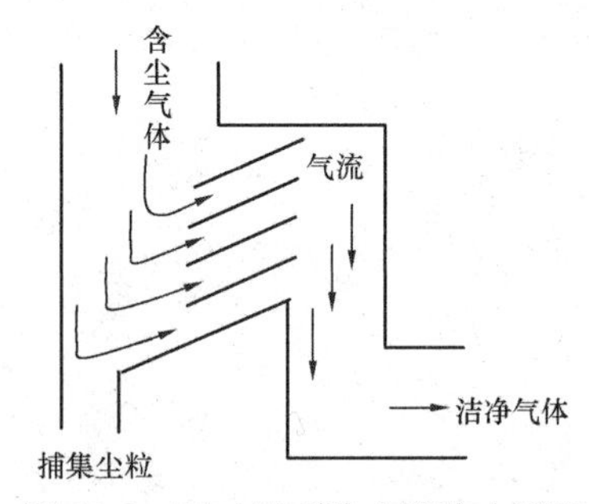

图13-2 百叶窗型除尘器除尘原理

4. 文丘里除尘器

文丘里除尘器是旋风除尘器中效率最高的一种除尘器，也是过去老电厂最常用的锅炉除尘器。它的优点是除尘效率高，可达98%，结构简单，造价低廉，维护管理简单。它不仅可用作除尘，而且还可用于除雾、降温和吸收有毒有害气体等。它的缺点是动力消耗和水量消耗都比较大，阻力一般为2000～8000Pa，水量的液气比为0.7kg/m^3左右。

文丘里除尘器由文丘里管和旋风除尘器组成，如图13-4所示。文丘里管由收缩管、喉管、渐扩管和喷水装置组成。文丘里管实际上就是整个装置的预处理部分，当烟气进入收缩管后，气流的速度随着截面的缩小而骤增，这股高速气流冲击从喷水装置喷出的液体，使其泡沫化。然后，气、液、固三相流进喉管，使流速达到最大值。在气、液、固三相间由于惯性力的不同，存在着相对运动，于是产生了固体烟尘大小颗粒间、液体和固体间，以及液体不同直径水滴间的相互碰撞，其结果是出现颗粒之间互相捕集，使烟尘的有效尺寸增大。

经文丘里管预处理后的烟气以切向速度进入旋风除尘器，在离心力的作用下，将烟尘和水流抛向旋风除尘器的器壁，烟尘被壁面上流下的水膜所黏附，随含尘废水经下部灰斗排至沉淀池，净化后的烟气从除尘器上部排出。

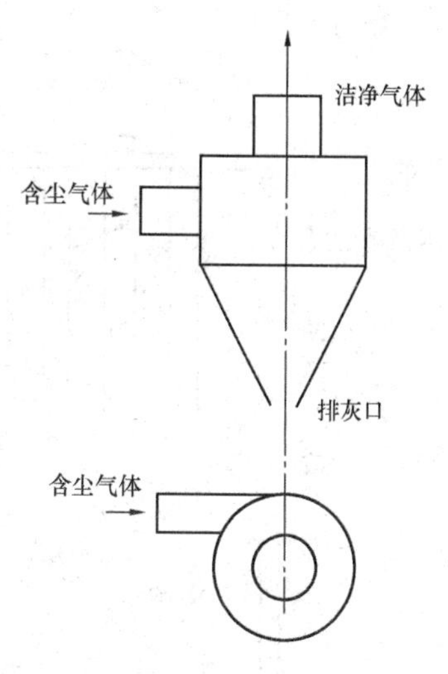

图13-3 旋风除尘器除尘原理

二、过滤式除尘器

过滤式除尘器是使含尘气体通过一定的过滤材料来达到分离气体中固体粉尘的一种高效除尘设备。目前，常用的过滤式除尘器有袋式除尘器和颗粒层除尘器。

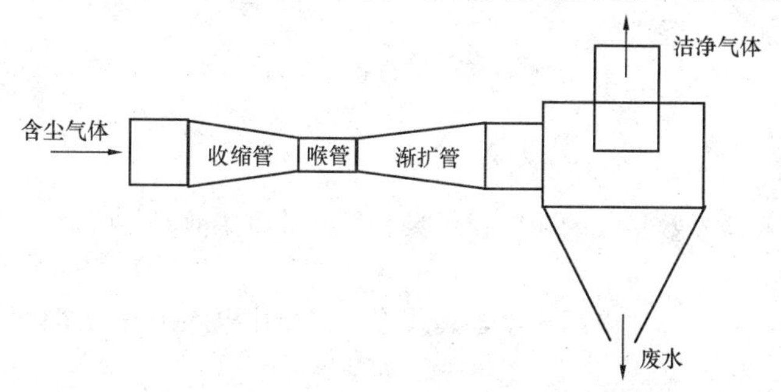

图13-4 文丘里除尘器除尘原理

（一）颗粒层除尘器

颗粒层除尘器除尘原理：利用颗粒过滤层使粉尘与气体分离，达到净化气体的目的。由于颗粒层除尘器一般采用石英砂、卵石等材料作为滤料，因此该类除尘器不仅具有耐高温性，而且具有滤料价廉、耐用、耐腐蚀等优点。但它也存在设备体积大，占地面积大，对微细粉尘的除尘效率不够高等缺点，除尘效率约为90%。

（二）袋式除尘器

1. 袋式除尘器除尘原理

袋式除尘器除尘原理：含尘气体通过滤袋滤去其中粉尘，使粉尘分离捕集，见图13-5。袋式除尘器对粉尘的分离捕集包括以下2个过程：

（1）过滤材料对粉尘的捕集。当含尘气体通过过滤材料时，滤料层对尘粒的捕集是惯性碰撞、扩散、静电和筛滤等综合作用的结果。

1）惯性碰撞效应。一般粒径较大粉尘主要依靠碰撞效应捕集。当含尘气体接近过滤材料的纤维时，气流流线围绕捕集纤维迅速拐弯，其中较大的粒子（$\geqslant 1\mu m$）由于惯性力的作用，仍然保持直线运动撞击到纤维上而丧失能量，从而被捕集。

2）筛分效应。当尘粒的粒径大于滤料网孔（滤料网孔一般为5～50μm）时，尘粒即被滤料筛滤下来，黏附在滤袋上。

3）扩散效应。当粉尘粒径在0.5μm以下时，由于粉尘极为细小而产生如气体分子热运动的布朗运动。这种尘粒无规则的运动，除了可能产生尘粒之间的凝聚外，还有向低浓度区扩散的趋势。由于捕集纤维表面的浓度较低，所以小尘粒向着纤维表面扩散，并与纤维碰撞而被捕集。

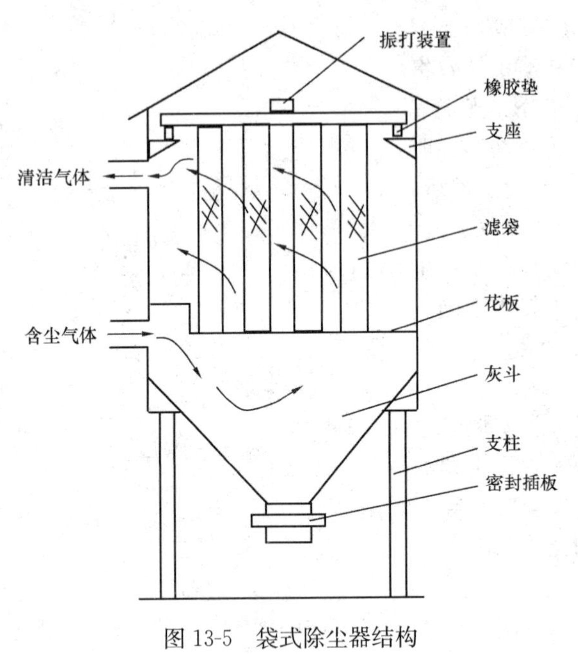

图 13-5 袋式除尘器结构

4）静电效应。对于绝缘体滤料纤维，当气流穿过时，由于摩擦产生静电现象，如果粉尘与滤袋所带的电荷相反时粉尘被吸附在滤袋上，从而提高过滤效率。

5）重力沉降效应。对于粒径大、密度大的尘粒，在重力作用下可以自然沉降到滤料上。

6）黏附作用。当部分含尘气体接近滤料时，细小的粉尘仍随气流一起运动，如粉尘的半径大于粉尘中心到滤料表面的距离时，则粉尘被滤料黏附而被捕集。滤料的空气越小，这种黏附作用越显著。

（2）粉尘层对粉尘的捕集。袋式除尘器运行一段时间后，由于筛分黏附等作用，尘粒在滤料网孔间产生架桥现象，使气流通过滤料的孔径变得很小，从而使滤料网孔及其表面迅速黏附粉尘形成粉尘层。粉尘层使黏附、扩散、惯性和筛滤等作用都有所增加，使除尘效率显著提高。

2. 袋式除尘器的主要特点

袋式除尘器的主要优点如下：

（1）除尘效率较高，一般可达99%，甚至可达99.99%。

（2）袋式除尘器对净化含微米级或亚微米数量级的粉尘粒子具有很好的收集效果，因此，除尘器出口的气体含尘浓度都能低于30mg/m^3。

（3）可以捕集多种干性粉尘，特别是对于高比电阻粉尘，袋式除尘器要比电除尘器的净化效率高很多。

（4）处理的气体量和含尘浓度的允许变化范围大，而且除尘效率稳定。

（5）袋式除尘器运行稳定可靠，没有污泥处理和废水等问题，操作和维护简单。

但袋式除尘器也存在如下一些缺点：

（1）袋式除尘器的应用受滤料的耐温和耐腐蚀等性能的影响。目前，通常应用的滤料可耐温250℃。

（2）不适于含黏性和吸湿性强的粉尘气体。净化烟尘时的温度不能低于露点温度，否则会产生结露而堵塞滤料孔隙。

（3）袋式除尘器净化大于17 000m^3/h的含尘烟气量所需的投资费用要比电除尘器高；而净化小于17 000m^3/h的含尘烟气量所需的投资费用要比电除尘器省。

（4）阻力大，一般为1000～1500Pa；能耗大，运行费用高。

（5）滤袋寿命有限；更换费用高，工作量大。

3. 影响袋式除尘器除尘效率的因素

（1）粉煤灰的颗粒粒径。粉尘粒径对袋式除尘器的除尘效率有一定影响。粉尘的颗粒较粗时，除尘效率相对较高；当粉尘的颗粒很细，尤其是低于0.5μm时，除尘效率相对较低。

（2）滤料。滤料本身的纤维过滤性能及厚度对袋式除尘器的除尘效率有很大的影响。同样的烟气使用环境下，选择不同材质的滤料，或者选择相同材质，不同厚度的滤料，袋式除尘器的除尘效率有较大的差别。例如，薄滤料的除尘效率相对较低，厚滤料的除尘效率相对较高；短纤维比长纤维过滤效率高，针刺毡比织物过滤效率高。

（3）过滤风速。若粉尘粒径为1μm以下的微尘，借助扩散效应能有效捕集，适当降低过滤风速，可以提高除尘效率；若粉尘粒径在5～15μm以内，借助惯性效应能有效捕集，适当提高过滤风速，可以提高除尘效率。燃煤电站袋式除尘器过滤风速选择范围一般为0.8～2.0m/min。

（4）运行工况。袋式除尘器主要通过滤料表面形成的粉尘层捕集尘粒，过度的清灰，将会减少滤料表面的粉尘层厚度，降低除尘效率。

三、电除尘器

电除尘器是使含尘气体在通过高压电场进行电离的过程中，使粉尘荷电，并在电场力的作用下，使粉尘沉积于电极上，将粉尘从含尘气体中分离出来的一种除尘设备。

1. 电除尘器构造与原理

电除尘器是利用高电压产生的强电场使气体局部电离并利用电场力实现固体粒子与气流的分离，如图13-6所示。

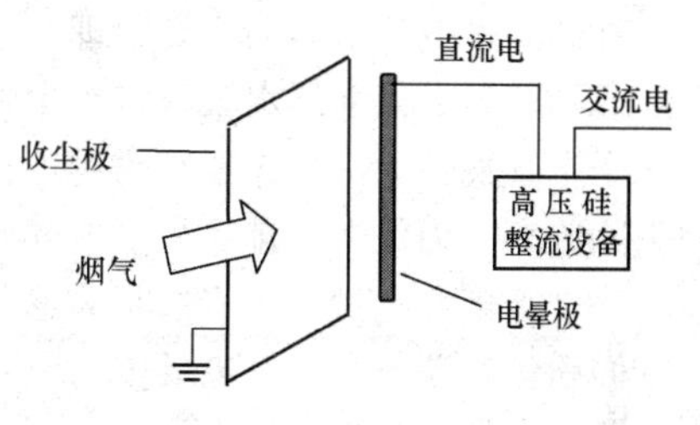

图13-6 电除尘器原理

接地的金属板称收尘极（或阳极或集尘极），与直流高压电源输出相连的曲率较大的细金属线（如芒刺线、锯齿线等）称电晕极（或阴极或放电极）。在收尘极和电晕极之间施加足够高的直流电压（一般为），两极间产生极不均匀的电场，电晕极附近的电场强度最高，使电晕极周围的气体电离，即产生电晕放电。电压越高，电晕放电越强烈。气体电离产生大量的自由电子和正离子。自由电子在电场力的作用下向收尘极运动，当含尘烟气通过电场时，自由电子与尘粒碰撞并附着其上，使尘粒带负电荷。

荷负电尘粒在电场中受电场力的作用被驱往收尘极，经过一定时间后到达收尘极表面，释放出所带负电荷而沉积其上。收尘极表面上的尘粒沉积到一定厚度后，用机械振打等方法将其清除掉，使之落入下部灰斗中。收尘极振打周期的选择应使极板沉积一定厚度的粉尘，当被敲击时，能破碎成可能大的块体沿板面落下，振打周期的数值可通过试验确定。

电晕区内的正离子在电场力的作用下向附近的电晕极运动，在运动过程中与烟气中的尘粒碰撞并附着其上，使尘粒带正电荷。荷正电荷的尘粒受电场力的作用被驱往并沉积在电晕极，只是电晕极上附着的粉尘量比收尘极少得多，电晕极需要隔一定时间进行轻微的振打清灰。

电除尘器的高压供电装置的主要功能是根据烟气和粉尘的性质，随时调整供给电除尘器的最高电压，使之能够保持平均电压稍微低于即将发生火花放电的电压下运行。国内通常采用的晶闸管自动控制高压硅整流设备，由高压硅整流器、电抗器和晶闸管自动控制系统组成，它可将工频交流电转换成高压直流电，一般输出电压为40、60、80、90、100、120kV和150kV等，输出电流为0.05、0.1、0.2、0.3、0.4、0.5、0.6、0.7、0.8、0.9、1.0～2A。

2. 电除尘器的特点

电除尘器的主要优点如下：

（1）除尘效率高，可达99%以上；对于粒径小于0.1μm的粉尘仍有较高的除尘效率。

（2）能耗低，处理1000m^3/h烟气约需0.2～0.8kW。

（3）本体压降小，一般为100～295Pa。

（4）处理烟气量大，单台电除尘器处理烟气量可达$3.5\times10^6 m^3/h$。

（5）处理烟气温度高，可以处理温度为350℃的烟气。

（6）为回收干灰创造条件。

(7) 可以实现微机控制，远距离操作。

在众多类型的除尘器中，电除尘器是一种最为理想的除尘设备。

电除尘器的主要缺点如下：

(1) 一次投资费用高，平均每平方米集尘面积所需钢材质量约为3.5～4t。

(2) 除尘效率受粉尘物理性质影响很大，特别是粉尘的比电阻的影响更为突出。电除尘器最适合于捕集比电阻为10^4～10^{10}Ω·cm的粉尘粒子；当净化比电阻小于10^4Ω·cm或大于10^{10}Ω·cm的粉尘粒子时，除尘效率是很低的。

(3) 电除尘器不适合于直接净化高浓度含尘气体。

(4) 需要高压变电及整流控制设备，占地面积大。

四、高效湿式电除尘器

高效湿式电除尘器的主要原理与电除尘器的机理基本相同，在最后一级电除尘器的收尘极板上形成均匀向下流动的水膜，将粉尘颗粒形成泥浆去除。针对现役电除尘器保留前端电场，利用前几个电场去除大部分大颗粒粉尘，将末端电场改造为湿式电除尘器，可以提高对微细粉尘颗粒的去除效率，确保烟尘排放小于30mg/m^3，如图13-7所示。对于新建电除尘器，还可以在电场前端将水雾化，电晕放电将水雾荷电，一方面水滴与气体中的粉尘碰撞，凝聚成较粗的颗粒；另一方面粉尘颗粒与水滴在电场中荷电，荷电粒子在电场力的作用下，被收尘极捕集。被捕集的水滴和粉尘在整个收尘极板上形成连续向下流动的一层水膜，粉尘从收尘极上流到灰斗中，然后通过灰斗排入沉淀池，从而达到净化的作用。沉淀池收集的水，随时都可以适当排出。

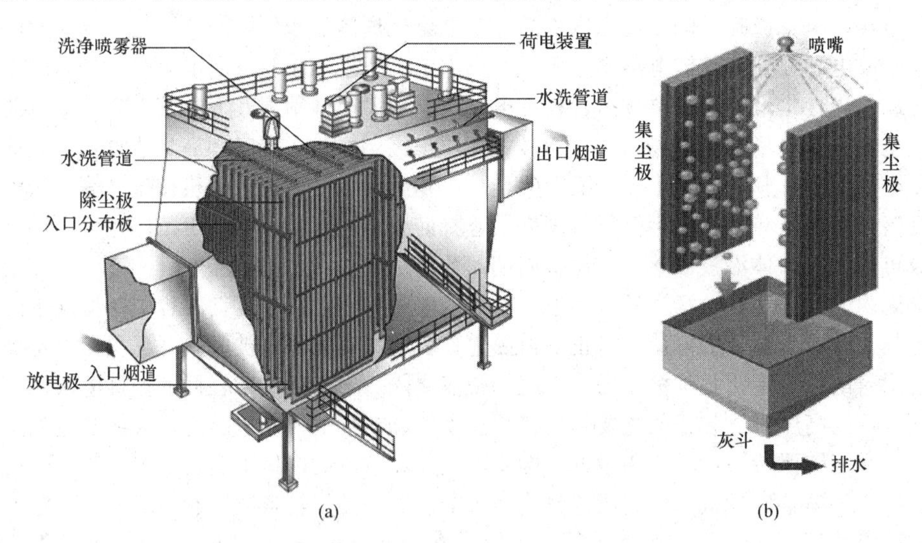

图13-7 高效湿式电除尘器

(a) 湿式电除尘器布置；(b) 除尘原理

湿式静电除尘器的特性如下：

(1) 湿式静电除尘器利用水处理被收集的粉尘，其不受高比电阻粉尘的影响，可达到很高的除尘效率（湿式静电除尘器除尘效率可达70%～80%）。

(2) 放电极采用独特的形状和安装方法，不会由于振动或腐蚀而损坏。

(3) 采用特定形式的电极及最佳的喷嘴排列，使其达到最有效的清洗效果。

(4) 无运动部件、基本没有易损件。

(5) 无二次扬尘。湿式静电除尘装置中，由于除尘极被水膜覆盖，可防止高比电阻粉尘造成的反电晕以及低比电阻粉尘造成的二次扬尘，所以不会受到电阻率的影响。另外，还具有除尘性能极佳的特点。根据所选择的洗净液，可同时吸收 SO_2、HCl 等气体。

湿式静电除尘器的特殊性：

（1）其与烟气接触后，势必形成酸性腐蚀，而湿式静电除尘器的循环水中已加入 pH 调整剂，极大地降低了其腐蚀。因此湿式静电除尘器的外壳材料应选择树脂衬底，内部为不锈钢部件，以具有良好的防腐性能。

（2）内部同时存在放电现象，因此会涉及绝缘问题。因此湿式静电除尘器应通过对其结构设计以及核心技术手段，保证其绝缘无问题。

五、各种除尘装置性能比较

不同除尘设备对不同粒径的粉尘除尘效率是不同的，选择除尘器时，必须了解粉尘的粒径、分布和除尘效率，表 13-1 和表 13-2 提供了各种除尘装置的性能比较，以方便了解和选型参考。

表 13-1　各种除尘装置的性能比较

名称	适用粒径（μm）	粉尘浓度（g/m^3）	效率（%）	不同粒径效率（%）		压力损失（Pa）	设备费	运行费
				50μm	5μm			
重力沉降室	>40	>10	<60	96	16	50～200	少	少
惯性除尘器	10～30	<100	50～70	95	20	300～1200	少	少
旋风除尘器	5～15	<100	60～90	94	27	500～2000	少	中
文丘里除尘器	0.05～1.0	<100	90～98	100	99	3000～10 000	少	大
静电除尘器	0.1～1.0	<30	98～99	>99	99	100～300	大	中上
袋式除尘器	0.1～1.0	3～10	99～99.9	>99	>99	800～2000	中上	大

表 13-2　电袋复合除尘器、布袋除尘器和电除尘器特性比较

项目	电袋复合除尘器	布袋除尘器	常规电除尘器	转动电极除尘器
除尘效率	除尘效率 99.9%以上，烟尘排放浓度≤$30mg/m^3$，对微细颗粒和重金属颗粒脱除效率较高	除尘效率 99.9%以上，烟尘排放浓度≤$30mg/m^3$，对微细颗粒和重金属颗粒脱除效率较高	除尘效率 98%以上，烟尘排放浓度≤$300mg/m^3$，对微细颗粒和重金属颗粒脱除效率较低	除尘效率 99%以上，烟尘排放浓度≤$50mg/m^3$
适应性	适应多种煤种，煤质不受限制	适应多种煤种，煤质不受限制	受煤种变化影响大	受煤种变化影响较小
运行阻力（Pa）	800～1500	1000～2000	200～300	200～300
结构	技术结构较复杂	技术结构简单	技术结构较复杂	技术结构较复杂
可靠性	布袋每 4～5 年更换 1 次	布袋每 2～3 年更换 1 次	极板、极线 15 年更换一次	移动电极除尘器 4 年需要更换转动设备
清灰	吹扫清灰，清灰间隔 90～240min	吹扫清灰，清灰间隔 30～120min	机械振打清灰，周期可调	前电场机械振打清灰，末电场清灰刷清灰
阻力导致引风机功率消耗（kW）	560	840	175	175
空压机功率消耗（kW）	40	110	0	0
投资成本（万元）	2100	1650	2000	2200
运行费用比	1.8	2.3	1.0	1.2

表 13-2 中在烟尘排放为 30mg/m^3，以新建一套 300MW 配套除尘设备为例，处理烟气量按 210 000m^3/h 计，对旋转电极式电除尘器采用 3 个固定电极电场加 1 个旋转电极电场的配置型式；常规电除尘器为双室 5 电场，电袋除尘器中电除尘为 2 个电场，除尘效率 90%，滤袋为 PPS；袋式除尘器的过滤速度为 1.0m/min，滤袋为 PPS、进口纤维、550g/m^2、PTFE 表面处理。

第二节　提高电除尘器除尘效率的措施

一、电除尘器效率

在电除尘器中，尘粒的捕集与许多因素有关，如尘粒的比电阻、介电常数和密度、气流速度、温度和湿度、电场的伏安特性以及收尘极的表面状态等。要导出上述各种因素的数学表达式是很困难的。1922 年，多依奇（Deutsch）从理论上推导出电除尘器捕集效率公式。但在公式推导中，他做了一系列基本假设，其中主要有 5 条：

（1）气流的紊流扩散使尘粒得以完全混合，因而在任何断面上的粉尘浓度都是均匀的。

（2）除尘器壁边界以外的气流速度都是均匀的，同时不影响尘粒的驱进速度。

（3）尘粒一旦进入除尘器内就认为已经完全荷电。

（4）收尘极表面附近尘粒的驱进速度对于所有粉尘都为一常数，与气流速度相比是很小的。

（5）不考虑冲刷、二次飞扬、反电晕和粉尘凝聚等因素的影响。

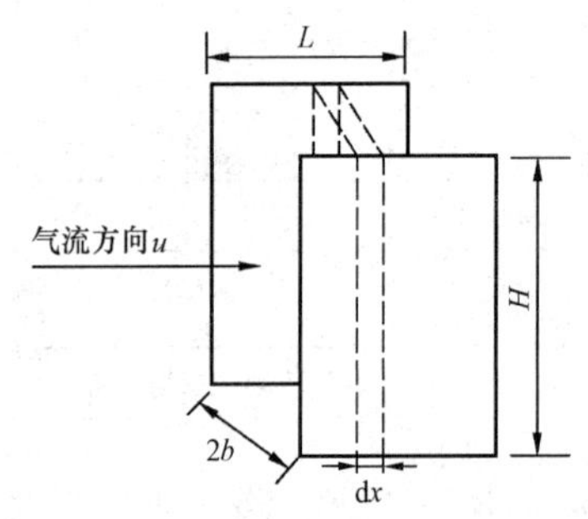

图 13-8　电除尘器粉尘捕集示意

设极板高度为 H(m)，宽度为 L(m)，极板间距为 $2b$(m)，烟气沿坐标 x 方向通过电场，速度为 u(m/s)，也就是说荷电尘粒沿 x 方向的速度分量为 u。尘粒在电场力作用下向收尘极运动速度即 y 方向的速度分量为 ω。荷电尘粒沿 u、ω 合成速度方向向收尘极运动。沿 x 方向取一横截面积，其大小为 F，见图 13-8。

则长度为 dx 的微元体积为

$$\mathrm{d}V = F\mathrm{d}x = 2bH\mathrm{d}x$$

微元体积中悬浮尘粒的质量为

$$\mathrm{d}M = C_\mathrm{p}\mathrm{d}V$$

式中　dV——微元体积，$\mathrm{d}V=2bH\mathrm{d}x$；

C_p——微元体积中的含尘浓度，$C_\mathrm{p}=\dfrac{M}{\mathrm{d}V}$。

在研究的体积单元和时间间隔 dt 内，沉积在收尘极板上的粉尘层的质量为

$$\mathrm{d}M = C_\mathrm{p}\mathrm{d}V = C_\mathrm{p}\omega\mathrm{d}t\mathrm{d}A$$

式中　dA——收尘极板的微元面积，$\mathrm{d}A=2H\mathrm{d}x$。

所以 $\mathrm{d}M=C_\mathrm{p}\omega\mathrm{d}t\mathrm{d}A=2HC_\mathrm{p}\omega\mathrm{d}t\mathrm{d}x$

由于粉尘被收尘极捕集，在所研究的体积单元内，含尘浓度将减少，其含尘浓度的改变为 dC_p，即

$$\mathrm{d}C_\mathrm{p} = -\frac{\mathrm{d}M}{\mathrm{d}V} = -\frac{2HC_\mathrm{p}\omega\mathrm{d}t\mathrm{d}x}{2bH\mathrm{d}x} = -\frac{C_\mathrm{p}\omega\mathrm{d}t}{b}$$

则得

$$\frac{dC_P}{C_P}=-\frac{\omega dt}{b}$$

两边积分，并带入边界条件：当 $t=0$ 时，$C_P=C_E$；当 $t=t$ 时，$C_P=C_0$。

两边积分 $\int_{C_E}^{C_0}\frac{dC_P}{C_P}=-\int_0^t\frac{\omega dt}{b}$ 得

$$\ln\frac{C_0}{C_E}=-\frac{\omega t}{b}$$

由于

$$t=\frac{L}{u}$$

所以

$$\frac{C_0}{C_E}=e^{-\frac{\omega t}{b}}=e^{\frac{\omega}{b}\times\frac{L}{u}}$$

除尘效率在数值上近似等于标准状态下，电除尘器进口、出口烟气含尘浓度之差与进口烟气含尘浓度之比，即

$$\eta=1-\frac{C_0}{C_E}$$

因为

$$2HL=A,2Hbu=Q$$

所以

$$\eta=1-\frac{C_0}{C_E}=1-e^{-\frac{A}{Q}\omega}=1-e^{-f\omega}=1-\exp(-f\omega)$$

这就是著名的多依奇效率公式。

式中 η——除尘效率，%，含尘烟气流经除尘器时，被捕集的粉尘量与原有粉尘量之比，称为除尘效率；

A——总收尘极面积，m^2，指收尘极板的有效投影面积，由于极板的两个侧面均起收尘作用，所以两面的极板面积均应计入；

Q——烟气流量，m^3/s，通常指工作状态下，电除尘器入口与出口的烟气流量的平均值；

ω——尘粒驱进速度，m/s，荷电悬浮尘粒在电场力作用下向收尘极表面运动的速度称为尘粒的驱进速度；

f——比收尘面积，$m^2/m^3/s$，$f=\frac{A}{Q}$，即 1s 净化 $1m^3$ 烟气所需要的收尘面积。

除尘效率与电除尘器漏风率有关，必须用漏风率进行修正，即

$$\eta=1-\frac{C_0}{C_E}(1+\Delta\alpha)$$

式中 $\Delta\alpha$——电除尘器漏风率，%；

C_0——电除尘器出口标准状态下烟气含尘浓度，mg/m^3；

C_E——电除尘器进口标准状态下烟气含尘浓度，mg/m^3。

多依奇除尘效率公式共用 4 个量，若已知其中任意 3 个量，就可根据公式求出第 4 个量，因此多依奇除尘效率公式可以有以下四个方面的应用。

（1）根据给定的有效驱进速度 ω、所处理的烟气量 Q 和总收尘极面积 A，推算电除尘器的除尘效率，即 $\eta=1-e^{-\frac{A}{Q}\omega}$。

（2）根据对一定的电除尘器测得的除尘效率 η 和烟气量 Q，计算有效驱进速度 ω，即 $\omega=\frac{Q}{A}\ln\frac{1}{1-\eta}$。

（3）根据给定的有效驱进速度 ω、所处理的烟气量 Q 和需要达到的除尘效率，计算电除尘器所需的收尘极板面积，即 $A=\frac{Q}{\omega}\ln\frac{1}{1-\eta}$。

（4）根据给定的有效驱进速度 ω、收尘极板面积 A 和需要达到的除尘效率，计算电除尘器所能处理的烟气量 Q，即 $Q=\frac{A\omega}{\ln\frac{1}{1-\eta}}$。

由除尘效率公式可知，除驱进速度 ω 外，其他 3 个参数均比较容易确定。只要正确选定驱进速度值，则保证电除尘器达到预期的性能是完全可靠的。但是单纯从理论上确定驱进速度不仅极为困难，而且也很不可靠。因为驱进速度受烟气成分、温度、黏度、含湿量和含尘浓度、粉尘的粒径分布、化学成分和比电阻以及电除尘器内的气流速度、气流分布、电极构造和荷电条件等诸多因素的影响。所以在实际应用中，一般都是应用有效驱进速度来计算。所谓有效驱进速度是指通过测量实际运行中的电除尘器其除尘效率和处理烟气量，应用已知的收尘极板总面积，利用公式 $\omega=\frac{Q}{A}\ln\frac{1}{1-\eta}$ 反算出来的驱进速度。

二、影响除尘效率的主要因素

1. 比电阻对效率的影响

一种物质的比电阻是指其长度和横截面各为 1 单位时的电阻，比电阻实际上就是电阻率，如果用 R 表示一种材料在某一温度下的电阻，用 ρ 表示一种材料在某一温度下的比电阻，则两者存在如下关系

$$R=\rho\frac{L}{A}$$

式中 R——材料在某一温度下的电阻，Ω；

ρ——材料的比电阻，或称电阻率，Ω·cm；

L——材料的长度，cm；

A——材料的横截面积，cm^2。

粉尘的比电阻对电除尘器的影响主要有以下两个方面：

（1）由于电晕电流必须通过极板上的粉尘层才能传导电晕放电到大地（收尘极），若粉尘的比电阻超过临界值 5.0×10^{10} Ω·cm 时，则电晕电流通过粉尘层就会受到限制，这将影响到粉尘粒子的荷电量、荷电率和电场强度。如不采取必要的措施，将导致除尘效率下降。

（2）粉尘的比电阻对粉尘的黏附力有较大的影响，高比电阻导致粉尘的黏附力增大，以致清除电极上的粉尘层要提高振打强度，这将导致二次飞扬大，使电除尘器除尘效率降低。

根据现场粉尘的比电阻对电除尘器性能的影响，大致可将比电阻分为三个范围：

（1）$\rho<5\times10^4$ Ω·cm，比电阻在这一范围内的粉尘称为低比电阻粉尘。低比电阻粉尘到达收尘极表面不仅会立即释放负电荷，而且会由于静电感应获得和收尘极同极性的正电荷，若正电荷形成的排斥力大得足以克服粉尘的黏附力，则已经沉积的粉尘将脱离收尘极而重返气流，重返

气流的粉尘在空间又与离子相碰撞，重新获得负电荷再次向收尘极运动，再次脱离收尘极而重返气流，结果形成在收尘极上的跳跃现象，而影响除尘效果。

（2）$10^4\Omega\cdot cm<\rho<5\times10^{10}\Omega\cdot cm$，比电阻在这一范围内的粉尘称为中比电阻粉尘，比电阻在这一范围内除尘效果最好。

（3）$\rho>5\times10^{10}\Omega\cdot cm$，比电阻在这一范围内的粉尘称为高比电阻粉尘。

对于工业中的高比电阻粉尘，当它们到达阳极形成粉尘层时，所带电荷不易释放，这样在阳极粉尘层面上形成一个残余的负离子层，使粉尘层与极板之间出现一个新电场，这个新电场使粉尘牢牢地吸附在收尘极表面，不易振落。一方面，这一负离子层阻碍粉尘向收尘极运动，影响收尘效果；另一方面，随着阳极表面积灰厚度增加，由于残余电荷分布的不均匀性，就会使阳极局部的粉尘层的电流密度与比电阻的乘积超过粉尘层的绝缘强度而局部击穿，发生局部电离。通常将发生在收尘极板上的粉尘层的局部电离称为“反电晕”。反电晕发生后，局部电离产生了大量电子和离子，电子进入阳极，而正离子则进入电场中和电晕区带负电荷的粒子，使除尘效率大大下降。

发生反电晕的条件为

$$\frac{\Delta U}{\delta}=\rho j\geqslant E_{ds}$$

式中 δ——粉尘层厚度；

ρ——粉尘的比电阻；

ΔU——粉尘层表面残余电荷形成的电位差；

E_{ds}——粉尘层临界击穿场强。

为了防止“反电晕”发生，通常设计者要考虑选取较保守的驱进速度，采用宽极距、脉冲电源等形式，或采用调质处理，采用微机控制最佳火花电压及振打清灰周期等。所谓调质处理就是向烟气中加入导电性好的物质，如 SO_3 和 NH_3 等合适的化学调质剂，以及向烟气中喷水或水蒸气等，降低比电阻。

2. 粉尘粒径分布

荷电粉尘的驱进速度随粉尘粒径的不同而不同，驱进速度与粒径的大小成正比。有效驱进速度、除尘效率和粉尘粒径的关系见图 13-9，从图中可以看出，若其他操作条件没有大的变化，其除尘效率和有效驱进速度随粉尘粒径的增大而提高。

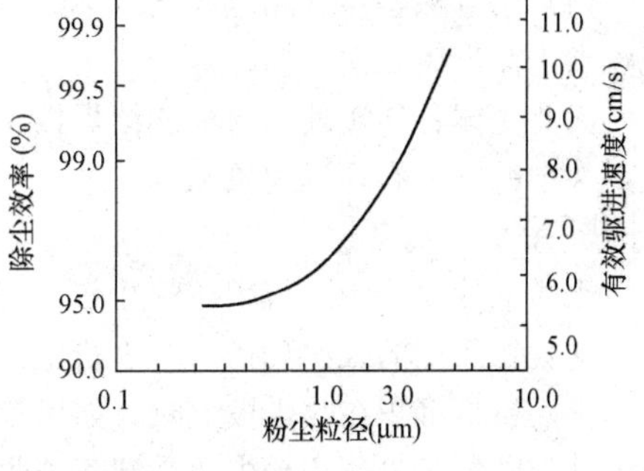

图 13-9 驱进速度、粉尘粒径和除尘效率的关系

粒径小于 0.2μm 的粉尘，可以认为驱进速度与粉尘粒径无关，但是粉尘粒径越细，其附着性越强，因此吸附在电极上的细粉尘不容易振打下来，从而使电除尘器性能降低。

3. 气流分布

电除尘器进口处的气体流速，一般为 10～15m/s，而在电除尘器内部则只有0.5～2m/s。若不采取必要的分布措施，气体在除尘器内会很不均匀。气流不均匀分布对电除尘器性能的降低主要有以下几个方面：

（1）在气流速度不同的区域内所捕集的粉尘量是不一样的，气流速度低的地方可能除尘效率高，捕集的粉尘量也多；气流速度高的地方（如气流中心部分）可能除尘效率低，捕集的粉尘量也少。

（2）局部气流速度高的地方会出现冲刷现象，将已经沉积在收尘极板上和灰斗内的粉尘再次大量扬起。

(3) 除尘器进口的烟气浓度可能不均匀，导致除尘器内某些部位堆积过多的粉尘。如果在管道、弯头和分布板等处存积大量粉尘，会反过来进一步破坏气流的均匀性。

(4) 如果通道内气流显著紊乱，则振打清灰时粉尘容易被带走。

改善气流质量的方法如下：

(1) 在电除尘器入口设置气流分布板。这种分布板通常是在平面钢板上冲出许多直径约为25～50mm的小孔构成，小孔的总面积约为分布板总面积的25%～50%。分布板上也会有粉尘黏附，时间长了容易将小孔堵塞，因此，分布板应有振打装置。

(2) 在电除尘器管道系统中安装导流叶片。因为管道截面或方向突然改变时气流会被严重地扰乱，形成大的涡流，这种气流往往有沿管道内侧表面引起逆向流动的特性。当气体含尘时，这些涡流就能在局部形成高的含尘浓度，如果速度慢就会形成异常的粉尘沉积。安装导流叶片可以改善这种情况。

4. 漏风

(1) 电除尘器一般是负压运行，如果壳体的连接处密闭不严，就会从外部漏入冷空气，使通过电除尘器的风速增大，导致除尘性能恶化。有的电厂为了防止电除尘器被高温损坏，在入口管道处开设冷风门，这是很不合适的。掺入的冷风越多，除尘效果就越坏。

(2) 此外，电除尘器捕集的粉尘一般都比较细，如果从灰斗或排灰装置漏入空气，将会造成被收集下的粉尘再次飞扬，也会使除尘效果降低。

(3) 若从检查门、烟道、伸缩节、绝缘套管等处漏入冷空气，不仅会增加电除尘器的烟气处理量，而且会由于温度下降出现冷凝水，引起电晕极结灰肥大、绝缘套管爬电和腐蚀等后果。

(4) 当电除尘器有漏风或气流不经电场而是通过灰斗出现旁路现象时，灰斗中的粉尘直接被气流卷走而产生二次飞扬。

因此壳体各连接处都要求连续焊接，以保证有良好的密封性。为了防止二次飞扬，应严格防止灰斗中的气流有环流现象和漏风。

5. 粉尘二次飞扬

干式电除尘器中，沉积在除尘极上的粉尘如果黏附力不够，容易被通过电除尘器的气流带走，这就是所谓的二次飞扬。产生粉尘二次飞扬的原因有：

(1) 粉尘沉积在收尘极上时，如果粉尘的荷电是负电荷，就会由于感应作用而获得与收尘极板极性相同的正电荷，粉尘便受到离开收尘极的吸力作用，所以粉尘所受到的净电力是吸力和斥力之差。如果离子流或粉尘比电阻较大，净电力可能是吸力，如果离子流或粉尘比电阻较小，净电力就可能是斥力，这种斥力就会使粉尘产生二次飞扬，当粉尘比电阻很高时，粉尘和收尘极之间的电压降使沉积粉尘层局部击穿而产生反电晕时，也会使粉尘产生二次飞扬。

(2) 电除尘器中的气流速度分布以及气流的紊流和涡流都能影响粉尘二次飞扬。电除尘器中，如果局部气流很高，就有引起紊流和涡流的可能性，而且烟道中的气体流速一般为10～15m/s，而进入电除尘器后突然降低到1m/s左右，这种气流突变的情况也很容易产生紊流和涡流。

(3) 振打电极清灰，沉积在电极上的粉层由于本身重量和运动所产生的惯性力而脱离电极。振打强度或频率过高，脱离电极的粉尘不能成为较大的片状或块状，而是成为分散的小的片状单个粒子，很容易被气流重新带出电收尘器。

(4) 除尘器有漏风或气流不经电场而是通过灰斗出现旁路现象，也容易产生二次飞扬。

(5) 电场风速不适当，会产生粉尘二次飞扬。在干式电除尘器中，沉积在收尘极板上的粉尘如果黏附力不够，容易被通过电除尘器的气流带走，这就是通常所说的粉尘二次飞扬。

电场风速高，可以降低电除尘造价，但是电场风速不能过高，因为粉尘在电场中荷电后沉积到收尘极板上需要一定的时间，如果电场风速过高，荷电粉尘来不及沉降就被气流带出。同时电场风速过高，也容易使已经沉积在收尘极板上的粉尘层产生二次飞扬。

防止二次飞扬的措施如下：

（1）使电除尘器内保持良好的气流分布。

（2）使设计出的收尘极具有充分的空气动力学屏蔽性能。

（3）选择合适的电场风速，燃煤电站的电除尘器电场风速的取值范围在0.6～1.5m/s之间，同时保证烟气在电除尘器中的停留时间（停留时间＝集尘极长度/电场风速）在6～12s之间。

6. 清灰

（1）当振打电极清灰时，沉积在电极上的粉尘层由于本身重量和运动所产生的惯性力而脱离电极。若振打强度或频率过高，脱离电极的粉尘不能成为较大的片状或块状，而是成为分散的小片状或单个粒子，则很容易被气流重新带出电除尘器。

（2）当灰斗满灰时，进入电场的烟气会扬起灰斗上部已满出的粉尘，从而在电场下部造成一个局部烟气浓度特别大的区域使二次电压下降，闪络非常频繁且杂乱无章。如不及时采取疏通出灰措施，一般半小时内电场就会出现二次电压完全到零的电场灰短路故障，使该电场失去除尘作用，总的除尘效率下降。因此采取的措施如下：

1）采用足够数量的高压分组电场，并将几个分组电场串联。对高压分组电场进行轮流均衡振打。使电除尘器内保持良好的气流分布。

2）在灰斗中加设搅拌装置或灰斗壁加设振动器，以保证粉尘能顺畅地从排灰器排出。

3）加强灰斗保温，否则在灰斗中由于烟气中水分的冷凝致使粉尘结块、架桥，甚至堵塞，影响粉尘的排出。

7. 气体的含尘浓度

如果气体含尘浓度很高，电场内尘粒的空间电荷很高，会使电除尘器的电晕电流急剧下降，严重时可能会趋于零，这种情况称为电晕闭塞。为了防止电晕闭塞的情况发生，处理含尘浓度的气体时，必须采用一定的措施，如提高工作电压，采用放电强烈的芒刺型电晕极，电除尘器前增设预净化设备等。一般当气体含尘浓度超过30g/m^{3}时，应装设预净化设备。表13-3为某电厂在不同锅炉负荷下的一组实测数据，电除尘器入口的烟气含尘浓度设计为10.8g/m^3（干态），而实际运行时，由于煤种变化，入口的烟气含尘浓度经常在16～30g/m^{3}范围内波动。表13-3中数据表明，在不同含尘浓度下电除尘器的实测除尘效率相差1个百分点以上。

表13-3　不同含尘浓度下电除尘器的除尘效率

入口烟温（℃）	入口含尘浓度（g/m^3）	烟气量（m^3/h）	除尘效率（%）
137	14.33	2 442 599	98.01
136	15.23	2 297 794	98.53
138	17.66	1 982 104	98.47
136	21.46	1 630 789	97.96
138	22.98	1 582 931	97.88
138	24.90	1 505 905	97.79
138	27.40	1 477 279	97.54
137	28.65	1 421 555	97.48
137	31.45	1 412 842	97.35

8. 电晕线肥大

电晕线越细，产生的电晕越强烈，但因在电晕极周围的离子区有少量的粉尘离子获得正电荷，便向负极性的电晕极运动并沉积在电晕线上。如果粉尘的黏附性很强，不容易振打下来，于是电晕线上的粉尘越积越多，即电晕线变粗，大大地降低了电晕放电效果，这就是所谓的电晕线肥大。电晕线肥大的原因如下：

（1）粉尘因静电荷作用而产生附着力。

（2）当锅炉低负荷运行或停止运行时，电除尘器温度低于露点，水或硫酸溶液凝结在尘粒之间或尘粒与电极之间，在其表面溶解，当锅炉再次正常运行时，溶解的物质凝固或结晶产生较大的附着力。

（3）粉尘由于分子力、毛细黏附力和静电力而具有黏附性。一方面，粉尘黏附性可使细微的粉尘粒子凝聚成较大的粒子，这对粉尘的捕集有利；另一方面，若黏附力太强，粉尘会黏附在电极上，即使加强振打，也不容易将粉尘振打下来，就会出现电晕线肥大。

为了消除电晕线肥大现象，可适当增大电极的振打力，或定期对电极进行清扫，使电极保持清洁。

9. 气流旁路

所谓气流旁路是指电除尘器的气流不通过收尘区，而是从收尘极板的顶部、底部和极板左右最外边与壳体壁形成的通道中通过。

发生气流旁路的原因主要是由于气流通过电除尘器时产生的压力降，气流分离在某些情况下则是由于抽吸作用所致。防止气流旁路的一般措施是采用常见的阻流板迫使旁路气流通过除尘区，将除尘区分成几个串联的电场，以及使进入电除尘器和从电除尘器出来的气流保持良好的状态等。如果不设置阻流板，即使所有其他因素都合乎理想，只要气流有5%的气体旁路，收尘效率就不太可能大于95%。对于要求高效率的电除尘器来说，气流旁路是一个特别严重的问题，只要有1%～2%的气体旁路，就达不到所要的除尘效率。装有阻流板，就能使旁路气流与部分主气流重新混合。因此，由于气流旁路，对收尘效率的影响取决于设阻流板的区数和每个阻流的旁路气流量，以及旁路气流重新混合的程度，气流旁路会导致气流紊乱，并在灰斗内部和顶部产生涡流，其结果是使灰斗的大量集灰和振打时的粉尘重返回气流。因此，阻流板应予合理设计和布置。

第三节　除尘器的运行与维护

一、电除尘器的运行与维护

电除尘器每次投运前都要对绝缘瓷支柱、瓷套管、瓷轴、聚四氟乙烯护板等部位擦拭干净。锅炉点火时，烧油阶段和油煤混烧阶段，不能投入电除尘器运行。锅炉点火的同时，电除尘器虽不能投运，但阴极悬吊绝缘子、灰斗及阴极振打保温箱处的电加热器均应在锅炉点火启动前12～24h启动。当锅炉负荷达到额定负荷70%或排烟温度高于110℃（超过露点温度）以后，才可使电除尘器投入运行。

1. 电除尘器的日常维护

检修人员每班应按岗位责任制对所辖的设备系统地进行全面检查，发现缺陷及时消除。电除尘器日常维护范围如下：

（1）振打系统及驱动装置。

（2）电加热或蒸汽加热系统。

（3）灰斗及卸（输）灰系统。

（4）高压硅整流变压器及电除尘器控制室。

（5）烟尘连续监测仪清扫设备。

（6）控制、测量、记录仪表等。

2. 电除尘器的定期维护

（1）定期对控制柜内的干燥剂进行复原或更换。检查温度控制、热风吹扫、灰斗加热和灰位报警应正常。

（2）定期对高压硅整流变压器、高压套管、低压套管、电缆头、瓷轴、绝缘轴、绝缘子擦拭，并清扫配电柜、控制柜上的灰尘脏物。

（3）定期对控制柜冷却风机加润滑油。

（4）定期检查电极振打传动瓷轴，应无松动、破损和积灰，有破裂损伤必须更换。

（5）定期检查电加热元件。

（6）每年检查一次接触开关及继电器，进行清扫、调整或更换。

（7）每年对高压硅整流变压器油进行一次化验和做耐压试验，要求5次瞬时平均击穿电场场强应大于40kV/2.5min，必要时换油。

（8）每年做一次高压绝缘预防性试验，测量泄漏电流介电损失角，试验合格后才可继续运行。

（9）定期对高压硅整流变压器做测试检测，测量绝缘电阻。方法是用2500V绝缘电阻表测量高压侧对地正向电阻接近于零，反向电阻应不小于高压电压取样保护电阻值（一般为1000MΩ），高压硅整流变压器一次侧对地绝缘电阻值应大于5MΩ。

（10）每年测试电除尘器壳体、高压硅整流变压器外壳、高压电缆头、各控制柜等接地部分，其接地电阻应小于1Ω。

（11）每年检查一次电除尘器本体内部，清扫绝缘子室，擦拭绝缘瓷轴、振打绝缘轴和聚四氟乙烯护板，检查电气接头和绝缘接头，要求接触良好、紧固。

（12）定期对高压隔离开关进行检查调整。

（13）定期对烟尘连续监测系统进行检查调整。

（14）定期对上位机控制系统进行检查调整。

3. 电除尘器运行故障及处理方法

某些原因可能造成电除尘器的电压下降、除尘效率降低，或电除尘器停运。对发生的故障必须及时判断处理，才能确保安全运行。电除尘器运行中一般故障及处理方法见表13-4。

表13-4　　电除尘器运行中一般故障及处理方法

序号	故障现象	主要原因	处理方法
1	控制柜内空气开关跳闸或合闸后再跳闸	（1）电场内有异物造成两极短路。 （2）电晕极线断裂或内部零部件脱落导致短路。 （3）料位计失灵、卸灰机故障灰斗满灰，造成电晕极对地短路。 （4）电晕极顶部绝缘子因积灰而产生沿面放电，甚至击穿。 （5）绝缘子加热元件失灵或保温不良，使绝缘支柱表面结露绝缘性能下降而引起闪络。 （6）欠压、过电流或过电压保护误动	（1）停炉检查清除异物。 （2）停炉剪掉断线，取出脱落物。 （3）恢复料位计，排除积灰。 （4）清除积灰，擦拭绝缘子。 （5）修复加热元件或保温。 （6）分析原误动因，调节有关电位器，修复保护系统

续表

序号	故障现象	主 要 原 因	处 理 方 法
2	运行电压低、电流很小，或电压升高就产生严重闪络而跳闸	（1）烟气温度低于露点温度，造成高压部件绝缘能力降低，引起低电压下严重闪络。 （2）振打机构失灵，极板、极线严重积灰，造成击穿电压下降。 （3）电晕极振打磁轴聚四氟乙烯护板处密封不严，或保温不好，造成积灰结露而产生沿面放电。 （4）电场异极间距局部变小。 （5）集尘极板排定位销轴断而移位	（1）调整锅炉燃烧工况，提高烟气温度。 （2）修复有故障的振打装置。 （3）清除积灰，修复保温。 （4）停炉调校局部间距小的故障点。 （5）停炉处理定位销轴，极板排复位
3	一次电压较低，二次电流过大	（1）高压部分绝缘不良。 （2）放电极与收尘极间距局部变小。 （3）电场内有异物。 （4）放电极磁轴室绝缘部位温度偏低，而造成绝缘性能下降。 （5）电缆或终端盒绝缘严重损坏而泄漏电流。 （6）反电晕现象产生。 （7）电场顶部阻尼电阻脱落而接地	（1）用绝缘电阻表测试绝缘电阻，改善绝缘情况或更换损坏的绝缘部件。 （2）调整极距。 （3）清除异物。 （4）检查电加热器和漏风情况，清除积灰。 （5）改善电缆与终端盒的绝缘。 （6）控制火花率，改变供电方式。 （7）恢复或更换阻尼电阻
4	二次电流指向最高，二次电压接近零	（1）放电极断线造成短路。 （2）电场内有金属异物。 （3）高压电缆或电缆终端盒对地短路。 （4）绝缘子损坏对地短路。 （5）高压隔离开关接地	（1）剪掉放电极的断线。 （2）清除异物。 （3）修复损坏的电缆和终端盒。 （4）修复或更换绝缘子。 （5）高压隔离开关置于电场位置
5	二次电流周期性摆动	（1）放电极框架振动。 （2）放电极线折断后，残余段在框架上晃动	（1）消除框架振动。 （2）剪掉残余线段
6	二次电流表指示不规则摆动	（1）放电极变形。 （2）尘粒黏附于极板或极线，造成极间距变小，产生火花	（1）消除变形。 （2）清除积灰
7	二次电流表指示激烈摆动	（1）高压电缆对地击穿。 （2）电极弯曲造成局部短路	（1）确定击穿部位并修复。 （2）校正弯曲电极
8	二次电压正常，二次电流很小	（1）极板或极线积灰太多。 （2）放电极或收尘极振打装置未启动或部分失灵。 （3）电晕极肥大，放电不良	（1）清除积灰。 （2）启动或修复振打装置。 （3）找出肥大原因并予以解决
9	二次电压和一次电流正常，二次电流表无读数	（1）与二次电流表（毫安表）并联的熔断器击穿。 （2）整流变压器至二次电流表在某处断线。 （3）整流变压器至二次电流表的连接导线接地。 （4）二次电流表测量回路短路。 （5）二次电流表指针卡住	（1）更换熔断器。 （2）确定断线部位并修复。 （3）处理连接导线。 （4）检查测量回路。 （5）修复或更换二次电流表

续表

序号	故障现象	主要原因	处理方法
10	振打电动机运转正常，振打轴不转	(1) 熔片（销）拉断。 (2) 传动链条断裂。 (3) 电磁轴扭断	(1) 更换熔片。 (2) 更换链条。 (3) 更换电磁轴
11	振打电动机的机械熔片经常被拉断	(1) 振打轴安装不同轴。 (2) 运转一段时间后，支撑轴承的耐磨套损坏严重，造成振打轴同轴度超差。 (3) 振打锤头卡死。 (4) 熔片安装不正确或熔片质量差。 (5) 停炉时间长，锤头转动部位锈蚀	(1) 按图纸要求，重新调整各段振打轴的同轴度。 (2) 更换耐磨套，检查振打轴的同轴度。 (3) 清除锤头转轴处的积灰及锈斑。 (4) 按图纸要求，重新安装熔片。 (5) 除锈
12	振打、卸灰电动机温度高，声音异常，甚至有绝缘焦煳味	(1) 拖动的机械卡涩。 (2) 电动机转子与定子间有摩擦。 (3) 电动机两相运行。 (4) 绝缘损坏	(1) 立即停止运行。 (2) 处理机械故障。 (3) 检查熔断器若一相熔断或接触不良时修复、更换。 (4) 电动机解体大修
13	电压突然大幅度下降	(1) 放电极断线，但尚未短路。 (2) 收尘极板排定位销断裂，板排移位。 (3) 放电极振打磁轴室处的聚四氟乙烯护板积灰、结露。 (4) 放电极小框架移位	(1) 剪除断线。 (2) 将收尘极板排重新定位，焊牢固定位销。 (3) 检查电加热器及绝缘子室的漏风情况，排除故障。 (4) 重新调整并固定移位的小框架
14	进出口烟气温差大	(1) 保温层脱落。 (2) 人孔门等部位漏风严重	(1) 加强保温。 (2) 消除漏风
15	卸灰器卡死	(1) 卸灰器及其电动机损坏。 (2) 灰中有振打零件、锤头、极线等异物。 (3) 积灰结块未清除	(1) 修复或更换损坏部件。 (2) 清除异物。 (3) 清除块状积灰
16	灰斗不下灰（棚灰）	(1) 有异物将出灰口堵住。 (2) 灰温降低，灰结露而形成块状物。 (3) 热灰落入水封池的水中，水蒸气上升，使灰受潮造成棚灰	(1) 清除异物。 (2) 检查并修复灰斗加热系统。 (3) 检查锁气器，改善排灰情况
17	电压正常或很高，电流很小或电流表无指示	(1) 煤种变化，粉尘比电阻变大，造成反电晕。 (2) 高压回路不良，如阻尼电阻烧坏，造成高压硅整流变压器开路。 (3) 电场入口粉尘浓度过高	(1) 烟气调质，改造电除尘器。 (2) 更换阻尼电阻。 (3) 联系锅炉调整燃烧与制粉

续表

序号	故障现象	主 要 原 因	处 理 方 法
18	电压、电流全正常，但除尘效率差	(1) 设计电除尘器容量小。 (2) 实际烟气流量超过设计值。 (3) 振打周期不合适，造成二次飞扬。 (4) 冷空气从灰斗侵入，出口电场尤为严重。 (5) 燃烧不良，粉尘含碳量高。 (6) 设计煤种与实际煤种差别大。 (7) 入口导流板、气流分布板脱落	(1) 对电除尘器进行改造。 (2) 消除漏风。 (3) 调整振打周期。 (4) 加强灰斗保温。 (5) 改善锅炉燃烧工况。 (6) 改换煤种或对电除尘器进行改造。 (7) 调整或修复气流分布板
19	低电压下产生电火花，必要的电晕电流得不到保证	(1) 因极板弯曲、极板不平、电晕极线弯曲、锈蚀以及极板、极线黏满灰而引起极距变化。 (2) 局部窜气。 (3) 振打强度极大，造成二次扬尘	(1) 调整极距。 (2) 改善气流工况。 (3) 调整振打力和整振周期，减少二次扬尘
20	高电压、低电流时产生火花放电，除尘性能恶化	比电阻相当高时发生反电晕	(1) 控制火花率，调节最大电压。 (2) 烟气调质。 (3) 改变供电方式（脉冲供电）
21	一次电压较低，一次电流接近零，二次电压很高，二次电流为零	(1) 高压隔离开关不到位。 (2) 电场顶部阻尼电阻烧断。 (3) 高压整流变压器出口限流电阻烧断	(1) 高压隔离开关置于电场位置。 (2) 更换阻尼电阻。 (3) 更换限流电阻
22	电流极限失控，调整其旋钮电流电压无输出变化	(1) 硅整流电流反馈信号没进入调整器。 (2) 调整器有关触点接触不良或电流极限环节的元件有问题	(1) 检查处理信号线路。 (2) 检查处理极限环节电路
23	电场闪络过于频繁，除尘效率降低	(1) 隔离开关、高压电缆、阻尼电阻、支持绝缘子等处放电。 (2) 控制柜火花率没有调整好。 (3) 前电场的振打时间周期不合适。 (4) 电场内有异常放电点。 (5) 烟气工况波动大	(1) 处理放电部位。 (2) 调整火花率的电位器。 (3) 调整振打周期。 (4) 停炉处理电场异常放电点。 (5) 锅炉调整烟气工况
24	报警响，跳闸指示灯亮，高压硅整流变压器跳闸，再次启动无二次电压，手动或自动升压均无效	(1) 调节回路故障，晶闸管控制极无触发脉冲。 (2) 晶闸管熔断器容量小，熔断或接触不良。 (3) 高压硅整流变压器一次侧回路故障	(1) 检修处理调节回路。 (2) 修复或更换熔断器。 (3) 检修一次侧回路

续表

序号	故障现象	主要原因	处理方法
25	报警响，跳闸指示灯亮，再次启动，一、二次电压电流迅速上升并超过正常值发生闪络而跳闸，整流变压器在启动、运行中有较大的振动和响声	(1) 高压硅整流变压器的晶闸管或其他保护元件击穿。 (2) 一次侧回路有过电压	(1) 查清击穿原因并更换晶闸管或其他保护元件。 (2) 查清过电压原因并处理
26	烟尘连续监测仪无信号	(1) 监测仪供电不正常，仪器未工作。 (2) 输出信号衰减大。 (3) 监测仪故障	(1) 监测仪正常供电。 (2) 检查输出阻抗是否匹配，调整其阻抗值或增加信号放大器。 (3) 请厂家检查、修理
27	烟尘连续监测仪信号始终最大	(1) 监测仪探头被严重污染。 (2) 清扫系统损坏或漏风。 (3) 仪器测试光路严重偏离。 (4) 含尘气体浓度过大	(1) 清除探头污染。 (2) 检查清扫系统并及时维修。 (3) 检查测试光路，按仪器说明书调整。 (4) 检查除尘器是否发生故障，并及时处理
28	烟尘连续监测仪信号无法调整到零点	(1) 仪器零点调节漂移。 (2) 仪器测试光路偏离	(1) 按仪器说明书重新调整零点。 (2) 检查测试光路，按仪器说明书重新调整
29	上位机控制系统检测信号失误	(1) 有关信号采集和传输有误。 (2) 信号源输出有误。 (3) 高、低压柜向上位机输出有误。 (4) 上位机对检测信号数据处理有误	(1) 检测上位机的采集板、接口和有关信号传输电缆，及时修理、调试和更换。 (2) 检查并处理有关信号源（如电压、电流、温度、料位、浓度、开关等信号）。 (3) 检查、调整高、低压柜向上位机输出信号值。 (4) 依据实际值重新计算设定
30	上位机控制系统不能正常启动	(1) 上位机自身发生故障。 (2) 计算机发生电脑病毒	(1) 按计算机有关说明检查处理或请厂家解决。 (2) 清除电脑病毒

注 二次电压是指整流电压，二次电流是指整流电流。

二、袋式除尘器运行与维护

袋式除尘器的运行、检修和维护等方面的管理应满足《火电厂烟气治理设施运行管理技术规范》(HJ 2040—2014) 的要求。运行人员应定期巡查袋式除尘设备运行情况，发现异常应找出原因，排除故障；应每小时记录 1 次袋式除尘器运行参数。发现参数异常应采取相应措施解决问题，确保袋式除尘器安全运行。袋式除尘器运行中一般故障及处理方法见表 13-5。

表 13-5　　袋式除尘器运行中一般故障及处理方法

序号	故障现象	主要原因	处理方法
1	空气预热器出口烟气温度短时过高	烟气温度高的原因有锅炉实际蒸发量超过额定蒸发量、燃烧调整不正常、受热面积灰结渣或空气预热器故障	喷雾降温系统启动，紧急喷水降温，联系锅炉，进行燃烧调整或停机处置
2	空气预热器出口烟气温度突然持续快速上升，控制系统发出超温报警	锅炉可能出现尾部燃烧	根据设定温度打开旁路阀，关闭提升阀，如温度还是持续上升且超过滤袋最高允许温度，应立即停炉
3	空气预热器出口烟气温度短时过低	烟气温度低的原因有锅炉尾部漏风、燃烧不合理、冬季空气温度低等	投入空气预热器旁路烟道；减少尾部吹灰次数；尽量投用上排制粉系统；在低负荷情况下开启暖风器一次风机热风再循环门，提高冷风入口温度；正常运行时开启低温烟侧的送风机热风再循环；尽量提高低谷负荷等。如果仍存在问题，则有待于进一步改进锅炉
4	空气预热器出口烟气温度突然持续快速上升，控制系统发出超温报警	锅炉可能出现爆管事故	联络集控室，超过露点温度以下，应果断停炉，以防止发生结露引起的湿壁、糊袋现象
5	袋式除尘器出口烟尘浓度高	1. 在线监测仪表误差或是否损坏。 2. 滤袋破损。 3. 花板厚度不够且不平整，滤袋与花板连接处有烟尘泄漏	1. 校准或修复烟尘在线监测仪表。 2. 更换滤袋。 3. 更换平整光洁、厚度符合要求的花板
6	清灰阻力高、清灰频率高	1. 清灰系统设计不当，清灰能力不足，或者清灰不均匀。 2. 清灰用的电磁阀故障。 3. 清灰用压缩空气脱油、脱水效果差。 4. 压缩空气压力不足。 5. 锅炉烟气中的湿度过大。 6. 锅炉燃油。 7. 煤种灰分超出设计值。 8. 烟气温度偏低。 9. 雨水漏入除尘器	1. 调整喷嘴方位。 2. 检修或更换电磁阀。 3. 检查油水分离器。 4. 提高压缩空气压力。 5. 锅炉发生四管爆漏时及时停机处理。 6. 在锅炉投油运行期间启动预涂灰系统。 7. 合理配煤。 8. 调节烟气温度在酸露点 20℃以上运行。 9. 检查除尘器外壳，及时补漏
7	滤袋寿命短	1. 滤料的选用不当。 2. 受除尘器入口气流的冲刷。 3. 滤袋与锈蚀了的笼骨钢筋摩擦。 4. 安装时操作不合理。 5. 滤袋安装后垂直性和平行性不好，相互碰擦。 6. 清灰空气压力过大。 7. 清灰频率过高。 8. 频繁在结露状况下使用除尘器。 9. 烟气温度持续超温。 10. SO_2、NO_x、O_2 中一个或多个参数超标	1. 更改滤料材质。 2. 除尘器入口设多重导流叶片。 3. 更换袋笼，并保证新的袋笼表面光滑、无毛刺。 4. 更换滤袋，注意安装验收。 5. 手动微调，使滤袋间保持合适距离，更换变形的袋笼。 6. 调节清灰压力。 7. 设置合理的清灰参数。 8. 调节烟气温度在酸露点 20℃以上运行。 9. 启动喷水降温系统，通知值长降负荷运行。 10. 合理配煤、调节燃烧，或降负荷运行

续表

序号	故障现象	主要原因	处理方法
8	运行阻力小	1. 滤袋破损。 2. 测压装置失灵	1. 排放浓度增加，应更换或修补滤袋。 2. 更换或修理测压装置
9	脉冲阀不动作	1. 电源断电或清灰控制器失灵。 2. 电磁阀线圈通电，电磁阀线圈烧坏。 3. 脉冲阀外室卸压气路堵塞	1. 恢复供电，修理清灰控制器。 2. 更换电磁阀线圈。 3. 检查或清理脉冲阀外室卸压气路
10	后级滤袋阻力上升很快	前级电除尘器的除尘效率下降，进入后级滤袋的烟尘浓度加大	1. 调整电场的二次电压电流，缩短振打周期。 2. 如前级电除尘器部分故障无法立即排除，则适当缩短清灰脉冲间隔
11	烟囱出口有明显的可见烟	1. 新滤袋尚未进入除尘稳定期。 2. 个别滤袋发生破损	1. 持续使用新滤袋数周，观察除尘效果是否趋于稳定。 2. 检查差压小于正常值的分室，关闭该室提升阀进行封堵，或更换破损的滤袋
12	某室差压明显小于正常值	该室个别滤袋发生破损	检查差压小于正常值的分室，关闭该室提升阀进行封堵，或更换破损的滤袋
13	提升阀不能动作	1. 电磁阀不能导通。 2. 提供的气压不够	1. 更换电磁阀。 2. 检查气路
14	滤袋燃烧	可能存在可燃烧的颗粒物	可通过加长烟气连接管，或在烟气连接管较短且没有足够空间加长的情况下设置必要的阻火装置等方式来解决
15	花板积灰	滤袋破损、滤袋与花板之间密封不好	更换破损滤袋，加强滤袋与花板之间的密封
16	糊袋严重	1. 燃油时操作不当导致烟气带油。 2. 烟气中水蒸气含量大，烟气温度低于露点温度，导致烟尘与滤袋的黏性大，引起糊袋	1. 锅炉燃油期间投运预涂灰。 2. 调整烟气温度不低于露点温度，消除结露现象
17	烟气流速突然增大	1. 破袋情况严重。 2. 除尘器密封不严	1. 检测破袋原因，更换破损滤袋。 2. 检查除尘器密封情况，出现问题及时修复
18	单元箱室风量分配不均，风阻增大	设计不合理、气流均布板磨损严重，或调节挡板门/阀密封性和灵敏度降低	经常对系统调节挡板门/阀进行维护、保养，保持其灵活性和可靠性。更换磨损的气流均布板
19	灰斗上料位报警	1. 卸灰时间短。 2. 卸灰阀故障。 3. 振打器故障	1. 调整卸灰周期。 2. 检修或更换故障卸灰阀。 3. 检修或更换故障振打器
20	在顶部储气罐处可以听到明显漏气声	1. 顶部储气罐的底部球阀未完全关闭。 2. 顶部储气罐的连接件未封闭。 3. 脉冲阀膜片出口有杂物	1. 关闭顶部储气罐的底部球阀。 2. 紧固顶部储气罐的连接件。 3. 手动清除脉冲阀膜片出口杂物；必要时关掉顶部储气罐气源，降压后拆下脉冲阀去除杂物

三、电袋除尘器运行与维护

电袋除尘器运行过程中应控制的关键参数包括进出口烟气温度、烟尘浓度、高温报警信号、低温报警信号、灰斗高料位报警信号、清灰压力报警信号、二次电压、二次电流等。

电袋除尘器运行中电区一般故障及处理方法见表13-4，袋区一般故障及处理方法见表13-5。

第十四章　除尘器改造技术

第一节　电除尘器增容改造

电除尘器在火电行业的用量约占全国的75%。2003年以前火电厂烟尘排放标准相对宽松，投产的机组配套电除尘器多为三电场，设计效率均小于99%，烟尘排放浓度普遍大于150mg/m^3，远远不能满足新的烟尘排放标准要求。造成电除尘器效率低下的原因一般有：

(1) 运行时间长，漏风增加，造成比集尘面积减小，场内烟气流速增大，停留时间短，影响粉尘的沉积。

(2) 极板腐蚀变形；极板表面锈蚀，存在氧化皮，造成积灰污染；阳极板之间连接松动，同极距发生变化，二次电压降低。

(3) 阴极芒刺线磨损、腐蚀，二次电流低。

(4) 振打效果不佳。

(5) 气流分布设计不合理，分布不均。

(6) 电气元件老化，继电器、接触器老化，故障增加等。

针对上述原因，通常可采取以下改造措施：

(1) 提高除尘器高度，扩大入口面积，使流通面积增加，烟速降低，延长停留时间。

(2) 除尘器加长，由三电场扩为四、五电场，比除尘面积减小。

(3) 入口设均流装置，出口加装槽形板，使气流分布均匀。

一、概况

华北某厂2号炉为北京巴·威有限公司制造的B&WB-670/13.7-M超高压中间再热煤粉炉，过热蒸汽流量为670t/h，过热蒸汽压力为13.7MPa，过热蒸汽温度为540℃，排烟温度为133℃，设计煤种为山西雁北煤，设计煤种收到基灰分为17.85%，水分为9.64%，硫分为0.57%，干燥无灰基挥发分为30.52%，低位发热量为22384kJ/kg，并配有宣化冶金环保公司的XKD160×3/2型双室三电场静电除尘器。电除尘器除尘效率低，实际运行效率仅为98%，达不到设计要求，更不能满足GB 13223—2003《火电厂大气污染物排放标准》中规定的烟尘最高允许排放浓度300mg/m^3（1996年标准规定为700mg/m^3）要求。因此需要对该静电除尘器进行增容改造。

二、改造前后的电除尘器主要设计参数

改造前后的每台电除尘器主要设计参数见表14-1。

表14-1　改造前电除尘器主要设计参数

序号	内容	单位	原电除尘器	新电除尘器
1	机组容量	MW	200	200
2	除尘器型号		XKD160×3/2	2F1×40.2×95.2×40M-2×60-150
3	锅炉烟气量	m^3/h	1 266 050	1 500 000
4	烟气温度	℃	133	140

续表

序号	内容	单位	原电除尘器	新电除尘器
5	每台炉配电除尘器台数	台	2	2
6	单台电除尘器流通面积	m^2	160	192
7	电场风速	m/s	1.099	1.086
8	电场内烟气停留时间	s	9.65	7.1
9	同极间距	mm	400	400
10	单电场长度	m	3.5+3.5+3.5	4+3.5+3.5+4+4
11	总电场长度	m	10.5	19
12	极板高度	m	12.47	15
13	阳极振打形式		旋转锤侧部振打	旋转锤侧部振打
14	阳极板形式		520C 波形板	480C 波形板
15	阴极振打形式		旋转锤侧部振打	旋转锤顶部振打
16	阴极线形式		锯齿线	管状芒刺线
17	单台电场数	个	3	5
18	每台电除尘收尘面积	m^2	8400	18240
19	比收尘面积	$m^2/(m^3/s)$	47.77	87.5
20	驱进速度	cm/s	9.64	7.1
21	本体阻力	Pa	≤295	≤260
22	本体漏风率	%	≤5	≤3
23	入口含尘浓度	g/m^3	20	20
24	除尘效率	%	≥99	≥99.85
25	额定直流输出电压	kV	72	72
26	额定直流输出电流	mA	700	1000、1600
27	高压硅整流设备台数	台	6	6

三、电除尘器改造前的运行情况

电除尘器改造前除尘效率低，主要有以下几个方面的因素：

（1）烟气量选取不当造成电除尘器设计容量偏小，而且选择的有效驱进速度偏大，造成收尘面积小，因而设计除尘效率低。

（2）电除尘器高低压供电装置质量有问题，经多次改进效果不明显。

（3）极线极板配合方式不合适，采用520C型极板配长、短锯齿线使用效果不佳。

（4）由于长期运行造成除尘器本体设备腐蚀老化严重。

四、电除尘器的改造方案

在保证2台引风机位置不变的情况下，将原3电场进行大修改造，并在引风机与电除尘器出口之间增加两个电场，使其成为相当于双室五电场的电除尘器。

原电除尘器内极线改为芒刺线，极板改为480C型极板。极板高度由12.47m增加到15m。

由于电除尘器改造场地有限，因此原阴极侧部旋转锤振打改为顶部旋转锤振打，这样可在有限的空间相应增加电场有限长度及收尘面积。

改造后，电除尘器的整流变压器供电方式为1～3电场供电方式不变，第4、5电场为1台整流变压器带2室的供电方式。原有整流变压器经检修处理后保留。

五、改造效果

（1）测试结果表明，锅炉在满负荷运行情况下，电除尘器在电场全部投入工况下，电除尘器最高除尘效率达到99.87%，达到设计要求的99.85%。

（2）电除尘器出口粉尘浓度小于设计50mg/m^{3}的要求。

（3）电除尘器烟气量小于设计烟气量，电场风速为1.06m/s。

（4）电除尘器漏风率和阻力均符合设计要求。

但运行之后也发现了一些问题，如：

（1）从二次电压、电流运行参数来看，整流变压器容量不足。因为每个电场增加了收尘面积，整流变压器输入功率势必增大。

（2）对于要求除尘效率更高的电除尘器，第4、5电场不应由1个整流变压器带2个室，应每个整流变压器带一个室。

（3）同一台电除尘器两个进口烟箱烟气温度相差近20℃，会对电除尘器的除尘效率有些不利影响。

第二节　电除尘器改成袋式除尘器

国外工业发达国家早在20世纪70年代就已将袋式除尘设备应用于燃煤电厂，如美国圣波雷燃煤电厂在1973年将4台锅炉静电除尘器改为袋式除尘器，从此袋式除尘器在燃煤电厂逐步推广开来。澳大利亚是采用袋式除尘器最多的国家，这是因为当地电厂燃煤普遍含硫低，大多在0.4%～0.5%，而SiO_2和Al_2O_3含量在85%左右，煤灰的比电阻高，若用电除尘器，则除尘效果很差。国内在20世纪80年代，开展了袋式除尘器的推广试验工作，先后在12台不同规模机组上安装了袋式除尘器，但受当时工艺水平限制、滤料质量不过关等原因，均以失败告终。直到2001年，国内又开始引进和研发燃煤锅炉应用的袋式除尘技术。2001年底，德国lurgi公司袋式除尘技术首次在我国内蒙古丰泰电厂200MW机组上使用。此后，袋式除尘器在我国得到广泛推广应用。截至2013年底，我国火电厂运用袋式除尘器、电袋复合式除尘器的机组容量超过1.6亿kW，占全国燃煤机组容量的20%以上；其中，袋式除尘器容量约0.7亿kW，占全国燃煤机组容量的9%左右；电袋复合式除尘器机组容量超过0.9亿kW，占全国燃煤机组容量的11.5%以上。

一、概况

河南某电力有限公司5号机组锅炉超高压中间再热、自然循环煤粉炉，其额定蒸发量为670t/h，过热蒸汽压力为13.7MPa，过热蒸汽温度为540℃，给水温度为243.8℃，燃煤量(BMCR)为99.89t/h，锅炉出口烟气量为1 600 000m^3/h，出口烟尘浓度为29g/m^3。设计煤种为密县煤：义马煤＝7：3，设计煤种收到基灰分为30.07%，水分为2.56%，硫分为0.40%，干燥无灰基挥发分为25.03%，低位发热量为196 800kJ/kg。该机组尾部安装2台ZHZH 165-3×2三电场静电除尘器，单台电除尘器流通面积为165m^2，设计除尘效率为99%，自1995年投入运行一段时间后，除尘效率甲侧为98.15%，乙侧为98.18%。效率明显下降，达不到设计和环保要求。2003年该公司将原有的电除尘器改造为袋式除尘器。

二、改造后袋式除尘器设计指标

除尘器烟气处理量　　1 600 000m^3/h

除尘器出口烟尘浓度　　≤50mg/m^3

除尘器运行阻力　　≤1500Pa

本体漏风率　　≤1%

滤袋使用寿命　　　　　　　　30 000h

三、改造设计原则

改造中尽可能利用原有的电除尘器的框架结构、支架、进口烟箱、基础、灰斗及其以下部分的现有设施。

（1）电除尘器壳体基本不变，对锈蚀和破损的部位做适当的修补、更新和加固处理。

（2）滤袋采用国外进口产品，确保滤袋使用寿命达到30 000h或4个自然年。

（3）在机组锅炉不停机的情况下，能够做到对袋式除尘器进行在线检修。

（4）保留原有的水力输灰系统。

（5）保留原有的空气预热器出口烟道、引风机进口烟道及除尘器后部的连通烟箱。

四、改造方案

（1）在原电除尘器2个通道之间加装支撑立柱及分隔钢板，将原电除尘器的2个相互连通的通道改造为袋式除尘器所需的2个独立的除尘室。使2台双室电除尘器内部形成4个独立的除尘室。

（2）将原电除尘器的尾部加装隔板，使之成为一个密封的箱体。

（3）每个除尘室由3个除尘单元组成。每个除尘单元安装648条滤袋，共安装滤袋7776条，总过滤面积为25 194.24m^2。

（4）在原电除尘器箱式梁的上部安装袋式除尘器所需的净气室、旋转清灰机构、储气罐等设备。

（5）在净气室的尾部安装新设计的出口烟箱。

（6）在原进口烟箱内部安装新的气流分布装置。

（7）增加袋式除尘器进口连通烟箱。

（8）改造后袋式除尘器在顺烟气方向上分为4个独立的除尘室。每个除尘室进出口烟道上分别设有进出口挡板阀，可以将每个室分别隔离。

（9）将原电除尘器的所有箱式梁改造，使之能够适应花板安装所需的空间。滤袋吊挂在花板上以同心圆状布置，每个滤袋由3节拆卸的袋笼所支撑。

（10）为了避免机组运行中出现短时间的超温对滤袋的损伤，在空气预热器出口烟道上，设置2套紧急喷水降温装置，降温能力不小于30℃。

（11）净气室内部安装旋转清灰机构。每个除尘单元设有1套脉冲清灰装置，整个袋式电除尘器共有12套脉冲清灰装置。

（12）滤袋由德国Gutsche公司生产的OptivelPI滤料制成，采用整袋进口方式。滤料的性能参数见表14-2。

表14-2　　OptivelPI滤料的性能参数

序号	项目		单位	数据
1	单位面积质量		g/m^2	570
2	厚度		mm	1.9
3	密度		g/cm^3	0.30
4	抗拉强度	径向	MPa	1.2
		纬向	MPa	1.4
5	最高连续运行温度		℃	180
6	抗酸性			好
7	抗碱性			好
8	抗水解性			好

（13）袋笼由20号钢制成，分3段设计，3段的连接采用简单的内锁装置。顶部连接1.6mm厚的碳钢环，可以将滤袋的袋口锁在花板孔上。袋笼的主要参数见表14-3。

表14-3　袋笼的主要参数

序号	项目	数据	序号	项目	数据
1	材质	20号钢	4	连接方式	弹簧卡子，4点固定
2	钢丝直径	4mm	5	水平间距	200mm
3	分段	3段	6	纵筋数量	10个

（14）除尘器的脉冲清灰采用PLC控制。设计中采用3种脉冲清灰模式：慢速、正常、快速，以适应滤袋上灰尘负荷的变化，来保证在滤袋整个寿命期内维持合适的除尘器阻力。PLC根据除尘器滤袋内外压差大小启动慢速（0.8～1.0kPa）、正常（1.01～1.40kPa）、快速（≥1.41kPa）的清灰模式，并给清灰电磁阀发出清灰指令。当压差达到设定的压差值时电磁阀膜片自动打开，进行脉冲清灰。

五、袋式除尘器的性能参数

袋式除尘器型号　LXMC（648）-12

处理烟气量　1 600 000m^3/h

烟气温度　177℃

除尘器除尘室数　4个

花板数量　12块

脉冲阀数量　12个

滤袋数量　7776条

单条滤袋过滤面积　3.24m^2

除尘器总过滤面积　25 194.24m^2

除尘器的气布比　1.058$m^3/(m^2 \cdot min)$

清灰空气压力　0.08～0.12MPa

压缩空气耗量　20～25m^3/min

除尘器本体阻力　≤1500Pa

除尘器本体漏风率　≤1%

除尘器出口烟气浓度　≤50mg/m^3

六、袋式除尘器运行情况

机组满负荷时，袋式除尘器运行在正常清灰状态，脉冲时间间隔为30s左右，滤袋前后压差维持在800Pa左右，粉尘排放浓度最高为28mg/m^3，最低为17mg/m^3。

机组低负荷时，袋式除尘器运行在缓慢清灰状态，脉冲时间间隔为60s左右，滤袋前后压差维持在800Pa左右。

运行3年半后，全部使用中的滤袋共破损6条，粉尘排放浓度稳定在30mg/m^3以下。

第三节　电袋复合式除尘器

电袋复合式除尘器是将静电除尘器和布袋除尘器两种成熟的技术相结合而产生的一种新型高效的除尘技术。它结合了静电除尘和布袋除尘的优点，除尘效率高（排放质量浓度可以低于30mg/m^3）。它可以在现役的静电除尘器上进行改造，对滤料的质量要求也不是很高，既能满足新的环保标准，又增加运行可靠性，降低电厂除尘成本。因此，“静电—布袋”联合除尘对现役电厂静电除尘器改造和新建电厂除尘设备的选择具有重要意义。

一、静电—布袋联合除尘方式

1. 静电—布袋并列式

这种方式是将1排袋滤器和1组电极相间排列。实现了电除尘与袋式除尘机理的有机融合，其形式如图14-1所示。它既适用于新建的设备，也适用于老电除尘器的改造。

2. 静电—布袋串联式

这种形式的联合除尘方式，前级收尘为电除尘，后级为袋式除尘（如图14-2所示）。这种除尘器特别适用于已投产不达标，场地受到限制的电除尘器的改造，一般情况是保留原电除尘器的前级电场，将后级电场改为袋式除尘。由于不增加原电除尘器的宽度、高度，改造的工作量小，施工周期短，投资可低于单独采用袋式除尘器或电除尘器的费用，同时排放质量浓度可长期稳定保持在50mg/m^{3}以下，性能优越。

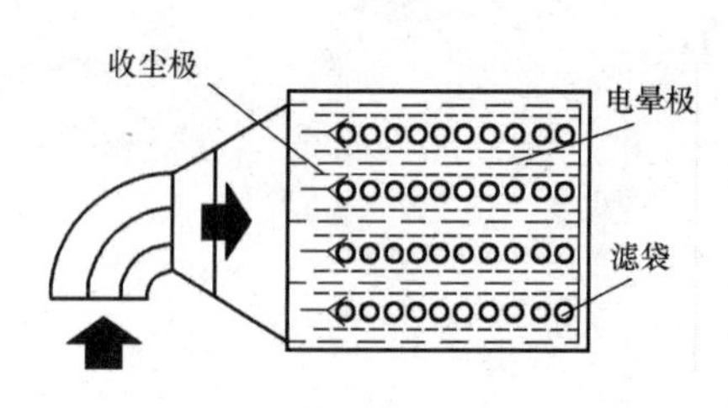

图14-1 静电—布袋并列式

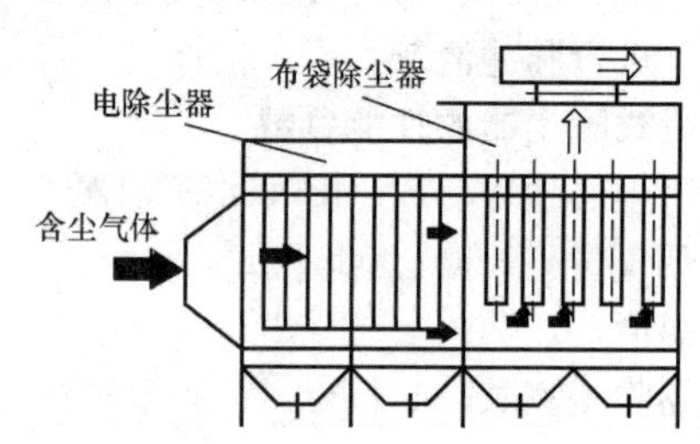

图14-2 静电—布袋串联式

目前，电厂普遍采用静电—布袋串联式。常规静电除尘器第一电场通常能除去烟气中80%～90%的粉尘，剩余电场用来除去剩下的10%～20%的粉尘。复合除尘器充分利用了静电除尘器的这一特性，只采取第一电场，余下的细微粉尘由布袋除尘单元过滤掉，这就发挥了布袋除尘器对超细粉尘除尘效率高的特点。

二、电袋复合式除尘器的特点及优势

电除尘器因其处理烟气量大，压力损失小，除尘效率高等特点而被广泛应用。袋式除尘器的优点：除尘效率不受粉尘电阻率特性的影响；捕集微米、亚微米级粉尘效率高；装置大小（过滤面积）只取决于过滤烟气量，效率并不是最重要的决定因素等。与常规电除尘器、布袋除尘器相比，静电—布袋联合除尘具有以下优点。

（1）除尘效率不受粉尘特性影响，效率稳定，适应性强。与电除尘器相比，静电—布袋除尘器对粉尘电阻率有很宽的适用范围。常规静电除尘器的除尘效率受煤种、锅炉负荷和工况、粉尘电阻率等因素的影响，运行稳定性差，甚至不能正常工作。而联合除尘能发挥布袋除尘器对煤种适应范围广，受锅炉负荷变化及烟气量波动影响小，不受粉尘电阻率影响等特性，使电除尘器在运行过程中，不必考虑捕集电阻率小于$10^4\Omega\cdot cm$和大于$10^{11}\Omega\cdot cm$的粉尘效率低的问题。可见，后续布袋除尘器使得电除尘器本身的技术瓶颈不再那么明显，有效解决了由于煤种变化或燃用低硫煤而导致电除尘器除尘效率降低的问题，使电除尘器对于煤质变化不再敏感，而且提高了整体除尘设备运行的稳定性、可靠性。

（2）结构紧凑，占地面积小。与布袋除尘器相比，静电除尘器已经除去了大部分粉尘，大大降低了滤袋负荷，因而可以选择较高的过滤风速，需要较少的滤袋，结构紧凑，降低占地面积。同时，可以选择较大的滤袋间距，解决了脉冲布袋除尘器因滤袋较密而在清灰时引起的二次扬尘问题。

(3) 过滤阻力减小，滤袋寿命增长。电除尘器作为布袋除尘器的一级除尘系统，可以大幅降低袋式除尘器入口烟气的含尘浓度，与普通布袋除尘器相比，“静电—布袋”联合除尘器的布袋单元负荷大大降低，因而可以选择较长的清灰周期和较低的喷吹压力，从而延长滤袋的使用寿命。另外，由于静电作用，滤袋表面沉积的粉尘层具有松散的组织，过滤阻力低。

(4) 对微细粉尘的捕集效率高。袋式除尘器对微米或亚微米数量级的粉尘粒子捕集率较高，一般可达到99%，甚至99.99%，而除尘效率为99.5%的电除尘器只能捕集20%的0.5μm的粉尘。由此可见，袋式除尘器可以有效地捕集电除尘器未能捕集的大量超细粉尘，可以实现出口粉尘排放质量浓度低于30mg/m³ 甚至更低，有效减小超细粉尘排放对大气环境和人体健康所产生的危害。另外，粉尘经过静电除尘器荷电后，静电力作用增强，布袋除尘器对微细粉尘的捕集效率也得到提高。

三、电袋复合式除尘器的实际应用

陈塘热电厂一期工程总装机容量为100MW，共装有4台220t/h高温高压燃煤液态排渣炉，每台锅炉装设1台电除尘器（3电场）及2台引风机，于1996年全部建成投产。随着环保标准日益提高，其除尘效率达不到环保要求。为了达到排放要求，陈塘热电厂决定采用电袋复合除尘器对其1、2号（2×220t/h）炉配备的2台静电除尘器实施改造。

1. 改造内容

(1) 保留原来的基础、钢柱、钢梁、烟道、输灰系统、进口烟箱。

(2) 保留电除尘器第一电场，将第二、三电场改为布袋除尘器。

(3) 在原静电除尘器第一电场和第二电场之间加装烟气导流和整流装置，在其壳体内的第二、三电场空间布置布袋及脉冲清灰系统，在原静电除尘器的外壳顶部增设净气室，在净气室尾部设出口烟箱。

(4) 袋式除尘采用定阻力清灰程序自动控制。

(5) 除尘器设置喷水降温装置，烟气在正常条件时，喷枪内通入微量的压缩空气，使喷孔内保持微正压，以防止烟尘堵塞喷孔，同时，在进水管路上设置过滤器，以防管路中的铁锈等杂质堵塞管路。

(6) 除尘器设有旁路烟道，当遇到突发锅炉故障，特别是产生高温烟气时，可保护滤袋不受影响（旁路为电动双挡板阀门，并采用密封风机系统进行补气密封）。

(7) 除尘器做了适当的加强，通过强度计算，保证壳体有足够的强度和刚度。

(8) 壳体设计在内部采用斜边角，防止出现死角或灰尘积聚区。

(9) 除尘器的壳体及灰斗利用了原有静电除尘器的壳体和灰斗，脉冲喷吹袋式除尘器的喷吹气源采用低压压缩空气，脉冲阀为进口产品。

(10) 利用原有静电除尘器6个灰斗，每个灰斗增加1个密封性能良好的捅灰孔，并设置1组气化板，每组2块。

2. 改造后电袋除尘器的性能指标

处理烟气量：450 000m³/h；

电除尘器入口烟尘浓度：550g/m³；

电除尘器效率：≥80%；

电除尘器烟速：1.11～1.14m/s；

电除尘器集尘总面积：1774m²；

袋式除尘入口烟尘浓度：100g/m³；

袋式除尘效率：≥99.97%；

电袋除尘器出口排放浓度及保证值：≤30mg/m^3；

电袋除尘器本体阻力：≤1500Pa；

电袋除尘器本体漏风率：≤3%；

袋式除尘器总过滤面积：8600m^2；

袋式除尘的气布比：0.87m^3/（m^2·min）。

项目实施后，1、2号锅炉烟气脱硫后排放的烟尘浓度达到天津市锅炉大气排放标准，减轻了陈塘热电厂对当地大气环境的污染。

四、电袋复合除尘器在燃煤电厂推广应用中需解决的问题

电袋复合除尘器是解决燃煤电厂粉尘排放的有效措施。从国内燃煤电厂的应用来看，目前主要集中在除尘器的改造上，主要业绩仍然为50MW左右规模的小机组。电袋复合除尘器在燃煤电厂推广应用中主要克服以下问题：

（1）静电除尘单元和布袋除尘单元的结合形式。大型静电除尘器通常采用卧式，但在布袋除尘单元，烟气要求从下向上流动。气流的均匀性不仅影响静电除尘单元的除尘效率，而且由于局部流速过高而对布袋除尘单元造成冲刷磨损，从而影响布袋除尘单元中布袋的寿命。因此，需要研究烟气流场的分布特点，采取适当的布风措施，使烟气在静电除尘单元和布袋除尘单元中都能均匀分布，同时还能尽量减少压力损失。

（2）供电条件和电极配置结构及结构参数的优化。选择合适的供电条件和电极配置结构及参数，使其有利于降低设备费用；合理分配静电除尘单元和布袋除尘单元的负荷，以便于系统的整体优化。

（3）布袋单元的优化设计。根据进入布袋除尘单元烟气的粉尘浓度、粒度选择气布比，确定喷吹压力、清灰周期、脉冲宽度。合理的参数选择有利于确保除尘效率，降低运行费。

（4）粉尘荷电对布袋除尘的影响。从静电场来的粉尘往往带有一定的电荷，荷电后的尘粒对过滤压降和穿透率的影响应值得研究。

（5）复合除尘器的控制与运行模式。烟尘的化学、物理性质对除尘效率有很大的影响。静电除尘单元，对烟气的性质很敏感，往往需要调质处理。布袋除尘单元滤袋要求烟温不能过高，另外湿度过高也容易引起堵袋。

五、电袋复合式除尘器的应用现状和前景

国内第一台电袋复合除尘器于2002年在水泥工业中得到应用。2004年，这种新型的复合除尘器应用到了燃煤电厂的改造工程中。目前，国内已有十余家燃煤电厂应用了该技术。从这十余家电厂的应用来看，将电除尘器改造为电袋复合除尘器无论是技术指标还是其经济性都具有极大的优势。我国燃煤电厂的装机容量中95%采用静电除尘方式，随着环保排放标准的提高，脱硫设施的普及等，大约60%的电除尘器都将面临改造，电袋复合除尘器在这些改造工程中将有广阔的应用前景。同时，在新建电厂中，电袋复合除尘器也有较好的应用前景。安庆石化首次在125MW机组上采用了电袋复合除尘技术。辽宁宏晟机械制造有限公司300MW燃煤机组电袋复合除尘器设计方案通过了中国电力工程顾问集团公司组织的专家评审。

可以预见，随着滤料价格的下降，一些关键技术的解决，电袋复合除尘器在我国将有广阔的应用前景。

六、节能及经济性分析

国内火电厂90%以上采用的是静电除尘器，但是由于各种原因，现役的静电除尘器很难达到新的粉尘排放标准。所以对现役的静电除尘器进行改造是必然的。目前，有三种改造静电除尘器的方案：

（1）增加电场。

（2）改造为袋式除尘器。

（3）改造为电袋复合式除尘器。

其中，增加电场是最容易实现的改造方案。但对于较难收集的低硫煤、高铝、高硅、低钠粉尘时，即使静电除尘器增加至5、6个电场，也很难达到新的排放标准。因此，增加电场的改造方案有较大的局限性。与静电除尘器相比，袋式除尘器不受粉尘特性的影响。它具有除尘效率高、对亚微米粒径的细微颗粒有较高的分级除尘效率、结构简单、维护方便等优点；但也存在运行阻力大、滤袋容易腐蚀、受烟气温度条件限制大等局限性。在改造为袋式除尘器时，可充分利用原有静电除尘器的壳体等材料。静电袋式复合除尘器是静电除尘器和袋式除尘器的有机结合，前电后袋，既具有静电除尘器压力降小、运行成本低的优点，又具有袋式除尘器对煤种不敏感、微细粉尘收集效率高的优点。它占地面积小、除尘效率高。在应用于静电除尘器改造时，可充分利用原有材料，且不受场地条件制约。

静电除尘器改造方案的经济性主要体现在设备投资费用、运行维护费用及排污（烟尘）收费等方面。增加电场的方案和改造为袋式除尘器的方案都能利用原有的一些材料，在设备投资方面两者相差不大，改造为电袋复合除尘器的方案由于使用的滤袋数量少设备投资大大降低（约是改造为袋式除尘器费用的80%）。静电除尘器虽然风机能耗较小，但电场能耗大；袋式除尘器运行阻力大，滤袋寿命相对较短、风机能耗也大；静电袋式复合除尘器与袋式除尘器相比，可减少滤袋、袋笼、脉冲阀的数量，其运行阻力、清灰压缩空气耗量、滤袋寿命等均低于袋式除尘器，所以运行维护费用较低。静电除尘器效率一般约为99%，烟气出口含尘质量浓度通常高于100mg/m^3，袋式除尘器的烟气出口含尘质量浓度一般为50mg/m^3，静电袋式复合除尘器的烟气出口含尘质量浓度更低，可达到30mg/m^3，因此它在排污收费方面也有较大优势。

至2011年底，全国约有400台燃煤机组应用了静电袋式复合除尘器，其中300MW以上机组162台。近几年对部分静电袋式复合除尘器烟尘排放浓度实测结果见表14-4。同时，静电袋式复合除尘器电耗比静电除尘器降低20%左右。

表14-4　部分静电袋式复合除尘器烟尘排放浓度实测结果

序号	机组编号	机组容量（MW）	烟气量（万 m^3/h）	入口浓度（mg/m^3）	排放浓度（mg/m^3）	运行阻力（Pa）
1	大坝电厂1号	300	264.43	35 000	28	716
2	大坝电厂2号	300	221.87	26 150	20.6	554
3	大坝电厂3号	300	254	28 200	19.8	622
4	大坝电厂4号	300	250.19	32 860	23	820
5	中孚电厂6号	300	191.22	28 510	22	748
6	黔北电厂1号	300	212.44	50 000	20	768
7	黔北电厂2号	300	212.44	36 607	22	902
8	黔北电厂3号	300	212.44	42 500	17	983
9	黔北电厂4号	300	212.44	50 000	20	820
10	包头电厂4号	300	106.07	33 460	20	891

第四节 转动极板电除尘器

从1979年日本日立公司（Hitachi）研制出首台转动极板电除尘器至今，转动极板电除尘器已经有30多年应用历史。到目前为止，该设备约有60多台套的销售业绩，主要用于日本本土，如东北电力公司原町2号机组（容量1000MW）采用了转动极板电除尘器，处理烟气量2 872 200m^3/h，1998年投产应用，入口粉尘浓度14 900mg/m^3，出口粉尘浓度50mg/m^3。除燃煤电厂外，在冶金、建材和垃圾焚烧行业也有不少应用。国内采用该技术起步较晚，部分环保公司（引进技术或独自开发出转动极板电除尘器。例如，2007年安徽艾尼科环保技术有限公司（EETC）引进日立（Hitachi）公司技术，在常州广源热电厂75t/h锅炉除尘系统上，采用日本日立移动电极技术和EETC公司固定电极技术设计安装的75m^2三电场新型静电除尘器顺利通过国家环保部门的验收，出口烟尘排放浓度仅为21mg/m^3。浙江菲达环保科技股份有限公司从2004年3月起就着手调研转动极板电除尘技术，于2009年完成研究及相关试验，并于2010—2011年相继在包头第一热电厂300MW机组和达拉特发电厂330MW机组上得到了成功应用。

一、转动极板电除尘器的工作原理

转动极板电除尘器也叫旋转电极电除尘器，是一种高效电除尘设备，其收尘机理与常规电除尘器相同，仍然是依靠静电力来收集粉尘，由前级固定电极电场（常规电场）和后级转动极板电场组成。转动极板电场中阳极部分采用回转的阳极板和旋转的清灰刷。附着于回转阳极板上的粉尘在尚未达到形成反电晕的厚度时，就被布置在非电场区的旋转清灰刷彻底清除。

转动极板一般设在电除尘器末级电场。极板平行于烟气布置，链条传动。极板清灰不是依靠振打，而是凭借设置在极板下端的清灰刷。当极板旋转到电场下端时，清灰刷在远离气流的位置对板面的黏灰实行刷除，见图14-3。转动极板电除尘器结构部件如下：

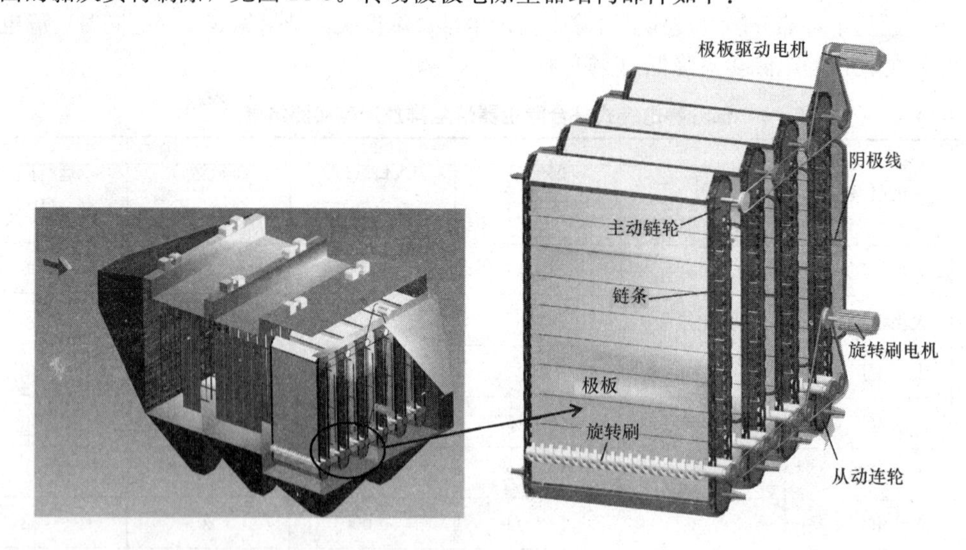

图14-3 转动极板电除尘器

（1）极板。采用钢骨架蒙皮结构，轻便、坚固，表面平整；调整骨架材料规格，可以适应不同电场长度的需要。

（2）清灰刷。刷丝采用不锈钢丝制造，弹性柔韧，经久耐磨。清灰刷采用三排板刷螺旋状交错排列。调节极板移动速度和清灰刷转速就可以达到刷丝与板面100%接触，能够保证把板面积灰全部刷除。

(3) 传动机构。所有传动减速机、轴承等精密部件均设置在除尘器壳体之外，既避开了高温、多尘，高电压、有腐蚀性气体的电场的不利环境，又可以方便对其进行巡查和维护检修。转动极板电场的顶部采用密封性可拆卸式顶面盖板，能方便实现设备大修，具有与常规电除尘器同等的检修条件。

二、转动极板电除尘器的特点

虽然静电除尘器的商业应用已有100年历史，是目前处理工业粉尘污染的主要设备，但是电除尘器的三个固有问题——振打扬尘、极板粘灰和反电晕，制约着除尘效率的进一步提高。

(1) 振打扬尘。传统电除尘器的极板清灰依靠振打，将粉尘层从极板表面剥离，落入灰斗。在这一过程中，有相当一部分灰尘会再次被气流带走，成为再飞扬粉尘。这种再次被气流带走的粉尘，就称为振打扬尘。无论采用何种振打方式清灰，都必然引起振打扬尘。这些扬尘发生在前级电场，其后级的电场对它将还有一次再收集的补救机会，但是发生在最末级电场时，常规电除尘器就只能任其随气流逃逸，造成除尘器出口排放量增加。研究表明，对于除尘效率98%～99.5%的电除尘器，这部分振打扬尘可以占出口总排放粉尘量的30%～50%。

(2) 极板粘灰。常规电除尘器在荷电粉尘到达极板后，由于静电吸附力，粉尘成分的化学黏合力，和粉尘表面范德华力等多重作用，使粉尘颗粒发生凝聚并黏附在极板上。当清灰不力时，将造成极板粘灰。严重的粘灰会极大地妨害电场正常收尘。

(3) 反电晕。高比电阻粉尘被吸附到常规电除尘器极板上以后释放电荷比较困难。当积尘达到了一定厚度，就会形成电位差，建立粉尘层电场。当粉尘层电场足以将尘层气隙击穿时，就发生反电晕。反电晕现象导致电场空间负电荷极大减少，运行电压降低，除尘效率急剧下降。

转动极板电除尘器在克服常规电除尘器固有缺陷方面具有综合效能。

1. 消除二次扬尘

转动极板电除尘器的极板清灰不是依靠振打，而是凭借设置在非烟气流场中的旋转刷，可以有效地避免振打扬尘，显著减少电除尘器出口的粉尘器排放浓度。

2. 清灰彻底

依靠振打清灰的电除尘器极板表面往往有一层清不掉的灰，这部分灰紧贴极板金属表面，是电除尘器在常温状态开始通烟气时，烟气中的水分和酸露与粉尘结合所形成。在高比电阻工况下，传统电除尘器往往存在清灰不彻底和振打扬尘增加的问题。而转动极板电除尘器采用钢丝刷清灰．可以彻底刷除极板表面的粉尘层，露出金属表面。

3. 避免反电晕

转动极板电场，由于极板清灰彻底，使极板一直处于清洁状态。在两次刷灰的间隔时间里，极板表面还不能形成连续的粉尘层，建立不起强的粉尘层电场，也就不会出现由于粉尘层气隙击穿所引发的反电晕，有效地解决了高比电阻收尘难的问题。

因此，转动极板电除尘器具有以下优点：

(1) 高效：转动极板电除尘器能够消除二次扬尘，避免反电晕，实现电极优化匹配，因此可以取得更高的除尘效率。

(2) 节能：转动极板电除尘器一个电场能够发挥1.5～2个电场的作用，既减小了建设占地又节约了除尘功耗，再加之它消除了反电晕，因此可以显著地减小用电量，实现节能。

与排放浓度为30mg/m^{3}的常规6电场静电除尘器相比，转动极板电除尘器只有2～3个常规电场加1个转动极板，占地面积仅为67%～75%，运行能耗为68%～76%。

(3) 安全：转动极板电除尘器耐高温、耐高湿、抗腐蚀、免拆换、少维修、易操作、安全可靠性好。

(4) 特别适合老机组电除尘器改造，在很多场合，只需将末电场改成旋转电极电场，不需另占场地，改造工作量较小，无需更换引风机等相关设备。

三、转动极板电除尘器的应用

1. 电除尘器改造和转动极板电除尘器部件设计

转动极板电除尘器的特别设计如下：

(1) 阳极板设计。

1) 阳极板型式选择。480C型阳极板的板面压有沟槽，使之易于吸附粉尘。两旁的折边不仅增加了极板的刚性，而且作为防风沟还可以防止粉尘的两次飞扬。由于它结构合理，优点十分突出，所以转动极板电场选择480C型阳极板。

2) 极板间距设计。极板间距直接决定了收尘面积大小。但是在安装转动极板后，转动极板电场较常规电场收尘面积略有减少。因此应设计成偏心链条结构，使极板间距达到430～460mm。

3) 极板采用钢骨架蒙皮结构，轻便坚固，表面平整。调整骨架材料规格，可以适应不同电场长度的需要。调整蒙皮材料和厚度，可以适应不同腐蚀性和耐磨度的要求。

4) 转动极板电场的顶部，采用密封性可拆卸式顶面盖板，能方便实现设备大修，具有与常规电除尘器同等的检修条件。

(2) 刺线设计。

RS阴极线是目前国内应用最成功的线型之一，其较大的横截面保证了足够的强度，相比其他线型更坚固，不易断线。因此，RS线是适合在转动极板电场和常规静电除尘电场中使用。但RS型阴极线存在电流密度为零的“死区”，目前已经开发出不存在电流密度为零的“死区”的“RSB”芒刺线。

(3) 清灰刷设计。

1) 刷丝采用不锈钢丝制造，弹性柔韧，经久耐磨，保证使用寿命8年以上。

2) 清灰刷采用三排板刷螺旋状交错排列。调节极板移动速度和清灰刷转速，就可以达到刷丝与100%板面接触，能够保证将板面积灰全部刷除。

3) 每对刷轴的中心距可调，能实现刷丝与板面的适宜接触。

(4) 极板链条设计。

1) 链轮采用高强度耐磨材料40Cr材质制造，齿面热处理硬度高，经久耐磨。使用寿命长达8年。

2) 链条采用标准传动加厚输送链，链条采用40Cr、40Mn材质制造，具有高强度、高硬度的特点。

3) 极板链条具有自由垂吊张紧装置，保证链条能在不同温度下自由伸展和收缩而不被卡死或掉链。

通过近几年电除尘器改造经验，综合比较各方面因素，转动极板电除尘器典型改造方案是：

1) 对第一电场工频电源改造成高频电源，同时实现该供电分区高、低压一体化控制。

2) 原来电场RS型阴极线全部拆除，更换为“RSB”芒刺线，从而消灭了原来“RS”线存在的极板上电流密度为零的“死区”。

3) 采用480C型阳极板，抗变形能力强。

4) 在原3个（或4个）电场后面再增加一个转动电极电场，形成四（或五）电场除尘器，再配合湿法脱硫系统，具有40%的收尘效率，烟尘排放浓度基本上可以达到40mg/m^3（或

30mg/m³）以下。

2. 包头第一热电厂1号炉330MW机组配套电除尘器改造

（1）改造前电除尘器参数。

北方联合电力包头第一热电厂1号锅炉300MW机组锅炉烟气除尘设备为某除尘器厂家生产的双室四电场电除尘器（主要设计参数见表14-5），流通面积为2×288m²，设计出口烟尘浓度≤100 mg/m³，实际出口烟尘浓度≥200 mg/m³。

表14-5 原双室四电场电除尘器设计参数

序号	项目	参数
1	每台炉配ESP数量（台）	2
2	进口烟气量（m³/h）	2 194 600
3	烟气温度（℃）	146
4	流通面积（m²）	2×288
5	电场数量（个）	4
6	电场有效长一宽一高（m）	4×4.5—2×9.6—15
7	总集尘面积（m²）	51840
8	比集尘面积［m²/（m³/s）］	85.04
9	同极间距（mm）	400
10	烟气流速（m/s）	1.06
11	极板、极线型式	第一、二电场：480C形极板+BS芒刺线 第三、四电场：480C形极板+螺旋线
12	本体阻力（Pa）	≤245
13	出口烟尘浓度（mg/m³）	≤100

（2）改造后电除尘器参数。

改造方案：在原电除尘器基础、外形尺寸不变的情况下，保留前3个电场，更换前2个电场的阴极，阴极线采用放电性能好的RSB线，对其原阳极板进行检修；将第四电场改造成转动极板电场；由于第四电场改造成转动极板电场，荷载有所增加，对钢支架进行强度校核。改造后电除尘器主要技术参数见表14-6。

（3）运行情况。

改造后，转动极板电除尘器于2010年1月1日投运，运行正常，效果良好。2010年12月17日，经国内某权威检测机构测试，电除尘器出口粉尘浓度为38mg/m³，各项性能指标满足设计要求。

表14-6 改造后电除尘器主要技术参数

序号	项目	参数
1	每台炉配ESP数量（台）	2
2	进口烟气量（m³/h）	2 194 600
3	烟气温度（℃）	146
4	流通面积（m²）	2×288
5	电场数量（个）	4

续表

序号	项　目	参　数
6	进口烟尘浓度（mg/m^3）	35 000
7	总集尘面积（m^2）	第一、二、三电场：38 880 转动极板电场：8664
8	同极间距（mm）	第一、二、三电场：400 转动极板电场：460
9	极板、极线型式	第一、二电场：480C形极板+RBS芒刺线 第三、四电场：转动阳极板+新RS芒刺线
10	本体阻力（Pa）	≤245
11	出口烟尘浓度（mg/m^3）	≤50

第五节　电除尘高压电源的选择

电除尘器电源经过多年的发展，已从最早的调压器调整高压输出、电抗器调整高压输出、分离元器件调整高压输出和集成电路调整高压输出，发展到现在的微电子智能控制和上位机远控调整高压输出。目前电除尘器主要采用以下几种类型高压电源：单相可控硅电源、三相可控硅电源、三相中频电源和三相高频电源。后三种都属于三相电源，前者叫传统电源，后三者统称为新型电源。在同等条件下，三相电源要比单相电源的相电流小；同样频率下，输出纹波小，转换效率高。

一、各种高压电源原理

1. 单相SCR电源

单相可控硅电源即单相SCR电源，也叫单相工频电源，常规电除尘器常采用单相SCR电源，即高压供电设备接入单相50Hz、380V交流电源，经过两只可控硅（晶闸管）移相调压后，单相SCR电源原理图如图14-4所示，主回路基本原理：单相380VAC/50Hz或60Hz工频交流信号输入，经过两只可控硅移相调压后，再输入硅整流变压器，进行升压、整流后形成72kV/100Hz负直流电压，加到电除尘器。如果在正半波发生闪络，只要等到过零时，就可以利用可控硅换相，封锁下一个半波的输出；相反，在负半波发生闪络时，也在过零点换相时输出封锁下一个半波的信号。该技术已经相当成熟，在世界范围内得到普遍推广。

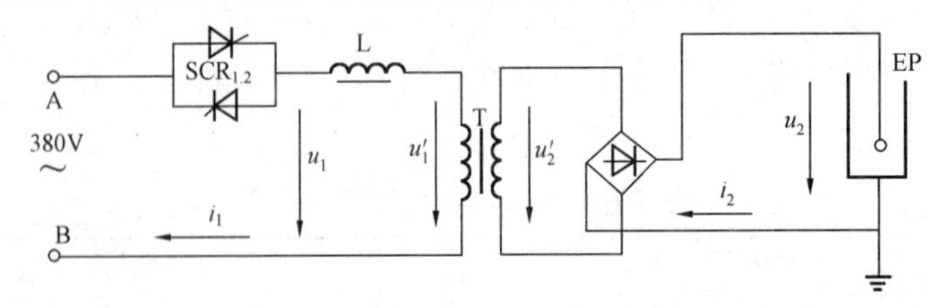

图14-4　单相SCR电源主回路原理图

SCR—可控硅（晶闸管）；L—线形电抗器；T—硅整流变压器；EP—电除尘器

单相SCR电源的基本工作频率即为电网频率，其产生的峰值电压比平均电压高约25%，容易在电除尘器的电场中触发电火花，导致电除尘器的运行效率降低。电除尘器的这种传统的低频整流电源主要有以下缺点：

（1）输入交流电源为单相，转换效率低至75%以下，耗费电能。

（2）工作频率低，变压器和滤波器体积大，重量重，耗费大量的铜和铁，性价比低。

（3）电源输入为两相380V交流工频电源，又是工频相位调节，致使输入功率因数低至0.7以下，对电网造成很大的电磁干扰。

（4）体积庞大的电源控制箱和隔离升压用的工频变压器分居两处，耗费空间，增加基建费用。

（5）输出纹波大，致使电晕电压低下，波形又是单一的工频波，使得无法适应高比电阻的工况，达不到环保领域粉尘排放标准的新要求。

2. 三相SCR电源

三相可控硅电源即三相SCR电源，简称三相电源，针对单相可控硅电源存在的不足，国内众多厂家先后开发出了三相可控硅电源。现场应用表明，三相SCR电源比单项SCR电源有更高的除尘效率，而且有一定的节能效果，它解决了单项SCR电源输出电压波动大、三相输入不平衡、功率因数低、相电流大等问题，提高了输出平均电压和电流。三相可控硅高压电源技术更适合设计生产大功率和超大功率的产品，可以弥补单相SCR电源在大功率和性能上的不足。

三相SCR电源原理框图如图14-5所示，主回路基本原理：三相380VAC/50Hz工频交流信号输入，通过6只可控硅同步移相调压，经三相整流变压器升压后，三相桥式整流器整流成一路300Hz直流高压信号输出，加到电除尘器。如果A相正半波发生火花闪络放电击穿，等到A相正半波的过零换相时，B相的可控硅已经开通，这时输出火花封锁信号，可以关断A、C相的负半波，却无法及时关断B相已经导通的信号，一直要持续到B相的过零点，才得以完全封锁输出。A相闪络冲击也许只有瞬态导通电流的1.5～2.0倍；但B相是在A相对介质击穿的状态下继续导通的，实际上所产生的闪络火花瞬态冲击电流，有可能是瞬态导通电流的3.0～5.0倍，给控制系统带来强烈干扰，是成倍递增的。因此，三相电源最核心的技术，就是在强干扰冲击、强火花冲击下，提高抗干扰能力，实现可靠动态的火花闪络跟踪控制技术。

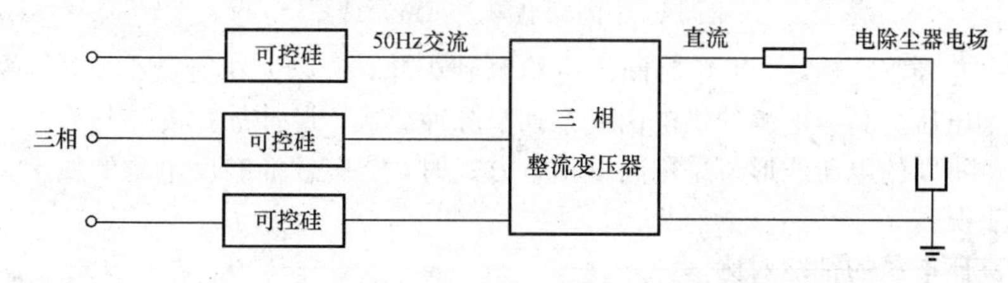

图14-5　三相SCR电源主回路原理图

3. 中频电源

三相中频电源简称中频电源，中频电源原理如图14-6所示：由三相380VAC/50Hz的工频低压交流电输入，经过全波整流桥和滤波电路，得到510V左右的直流电压，送至由4只绝缘栅双极晶体管（IGBT）组成的全桥中频逆变器。直流电压经中频逆变器产生工作频率为400Hz的三相交流电，经过三相滤波电路产生400Hz的正弦交流电压，送至中频整流变压器一次侧，经

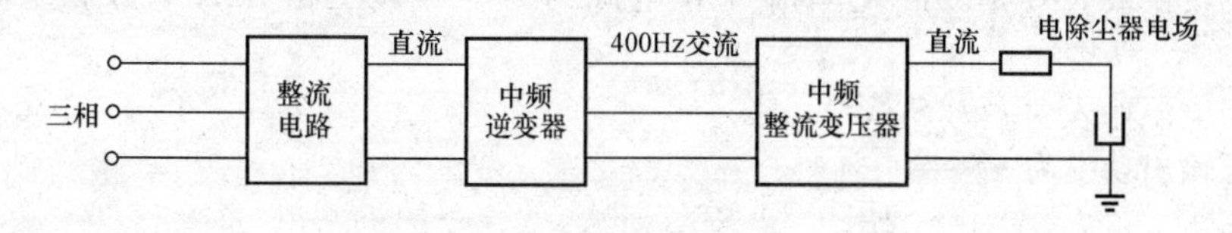

图14-6　中频电源主回路原理图

中频整流变压器二次侧升压，再经过三相桥式整流器整流后输出 80kV 的高压直流电，最后加至静电除尘器。

400Hz 中频电源在航天、雷达、航空和电信等领域已经有几十年的广泛应用，可靠性等同于工频 50Hz 单相电源。由于采用 400Hz 和 IGBT 等技术，中频电源的变压器较单相 SCR 电源体积要小（比单相可控硅高压电源变压器体积减少 1/2～1/3 ）。其供电性能和控制特性与高频电源基本相当。由于控制柜与变压器可分离，与传统工频电源布置和安装位置相同，运行条件好，便于维修和保养，可靠性相对较高。三相中频电源变压器运行时有一定的噪声。

4. 高频电源

三相高频电源简称高频电源，20 世纪 90 年代初，瑞典等西方国家在电除尘器高频电源的研究取得突破。高频电源（SIR 电源）是先将三相工频电源通过全波整流形成 520V 左右的直流电，然后通过 IGBT 高频逆变器形成 10～20kHz 高频交流电，再经整流变压器升压、整流后形成高频脉动直流电流送除尘器，见图 14-7。高频电源为电除尘器提供一个接近于从纯直流方式到脉动幅度很大的各种电压波形，其恒流特性可以迅速地熄灭火花并快速恢复电场能量，因而可以针对特定的工况提供最合适的电压波形来提高电除尘器的除尘效率。采用高频电源可以大幅度提高电除尘器捕集中、低比电阻粉尘效率，又能很好克服高比电阻粉尘“反电晕”的特殊现象。在电源本身电能转换效率上，工频电源只有 70%左右，而高频电源可达 90%以上。高频电源既能提高除尘效率；又能大幅度地节约能耗。

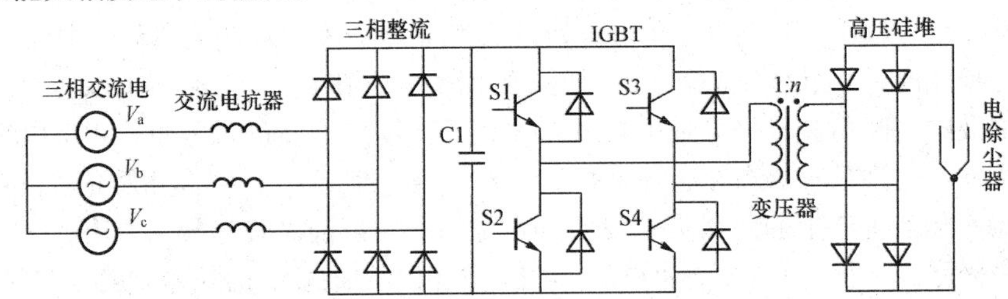

图 14-7　高频电源主回路原理图

高频电源火花控制特性好，很短时间即可检测到火花，所以火花能量小，电场恢复快，从而提高电场的平均电压。高频电源的供电由一系列窄脉冲组成，脉冲的宽度和频率可以调整，可以给电除尘器提供不同的电压波形。采用间歇供电方式时，能有效抑制反电晕的发生，特别适用于高比电阻粉尘工况。

二、各种高压电源的性能对比

常规电除尘器常采用基于美国学者怀特（H. J. White）电除尘理论的火花自动跟踪方式的单相 SCR 电源，其结构简单、投资少，且电压的脉动峰值有利于末电场收尘，但从除尘效率、电能转换效率、综合性价比上考虑，常规单相 SCR 电源明显劣于三相 SCR 电源和高频电源。下面从几个方面对各类电源的性能进行对比。

（1）输入电源类型特点。常规单相 SCR 电源为单相，三相负荷不平衡；三相 SCR 电源为三相，三相负荷平衡；高频电源为三相，三相负荷平衡。

（2）电能转换最大效率。常规单相 SCR 电源约为 70%，三相 SCR 电源和中高频电源大于 90%。

由于三相电源输入功率为 $S_{13}=1.05S_{23}$

三相电源输出功率为 $S_{23}=I_2U_2$

所以三相电源设备效率 $\eta=\dfrac{S_{23}}{S_{13}}=\dfrac{S_{23}}{1.05S_{23}}=95.2\%$

式中 S_{13}——三相电源交流输入功率，W；

S_{23}——三相电源直流输出功率，W；

I_2——直流输出平均电流（有效值），A；

U_2——直流输出平均电压（有效值），V。

（3）输出电压、电流。常规单相 SCR 电源因输出电压的峰值与平均值有较大差异，故施加到电场上的电压有效值受到一定限制，但脉动峰值较大，有利于末级电场收尘；相对单相 SCR 电源，三相 SCR 电源在相同二次电流下施加到电场上的电压可提高约 25%，电场输入功率可提高 30%；高频电源类同于三相 SCR 电源，但高压电流的脉动系数更小，二次电压更高。工频电源输出电压波形和高频电源输出电压波形比较见图 14-8，从图 14-8 中可以看出，在相同峰值电压时，高频高压电源的平均电压比常规单相 SCR 电源要高很多。中频电源在该特性上与高频电源类似，该特性也是中高频电源与单相 SCR 电源的最显著区别。

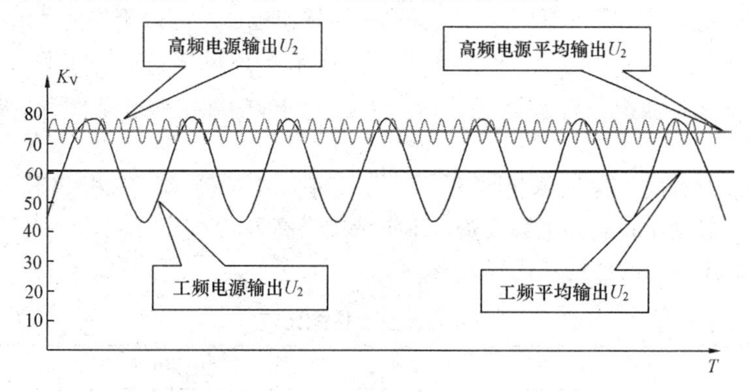

图 14-8 高频电源和单相工频电源二次电压波形对比

图 14-8 为相同电场下，某三相电源和单相电源分别供电时的电压波形。从图 14-8 可以看出，对于单相电源，其二次电压平均值 U_2 为 61kV；而对于三相电源，由于其输出波形波动小，其电压平均值接近与峰值电压，平均电压可以升到 74kV，二次平均电压提高了（74－61）/61＝21%。

三相/单相额定输入电流之比：$I_{23}=\frac{1}{\sqrt{3}}I_{21}=0.577I_{21}$

因此，三相额定输入电流 I_{3d} 降低 42.3%，具有明显的节能效果。

高频电源 $U_{23}=\sqrt{2}U_{21}=1.41U_{21}$，对于常规 400mm 间距的本体，额定电压应取 95kV 或 100kV，可比单相额定输出电压 U_{21} 提高 30%～38%。

（4）对除尘效率的影响。常规单相 SCR 电源因电场电压有效值受限而影响了粉尘荷电率的增大，即影响了除尘效率的提高；相对单相工频电源，三相 SCR 电源可使除尘器运行在一个较高的电压水平，提高了收尘功率，进而提高了除尘效率；高频电源类同于三相 SCR 电源，同时在电场闪络控制方面具有快速的优势。

（5）体积及安装场所。相对高频电源，常规单相 SCR 电源和三相 SCR 电源体积大，控制柜需装于室内；高频电源体积小，其控制柜常与高频变压器合为一体，不需专门的控制室。

单相电源峰值电压 U_{p1} 与平均值电压 U_{21} 是 $\sqrt{2}$ 倍的关系；而三相电源峰值电压 U_{p3} 与平均值电压 U_{23} 是 1.0468 倍的关系。假定平均值电压 $U_{23}=U_{21}$，则 $\frac{U_{p3}}{U_{p1}}=\frac{1.0468}{\sqrt{2}}=0.740$，因此三相电源平均值电压可以比单相 SCR 电源提高 26%，对于常规 400mm 间距的本体，额定电压应取

90kV或95kV。

根据驱进速度ω公式：

$$\omega=\frac{0.11\lambda E^2}{k}$$

式中　0.11——相对介电常数系数；

ω——荷电尘粒的驱进速度，m/s；

λ——尘粒的粒径，m；

E——电场强度，kV/m；

k——介质的黏度，V/m。

三相电源的额定电压按125%代入ω计算公式，

$$\omega_3=1.25^2\omega_1=1.56\omega_1$$

这就是新型三相高压电源的意义所在：提高额定输出电压，等效于提高了电场的场强；如果输出额定电压比提高25%，则荷电尘粒的驱进速度就提高1.56倍，根据除尘效率公式：$\eta=1-e^{-\frac{A}{Q}\omega}$，等效于把比集尘面积提高1.56倍，这意味着在同样的除尘效率条件下，电除尘器的尺寸可以缩小1/3。

（6）投资、维护费用。常规单相SCR电源投资小，维护简单；三相SCR电源投资较单相SCR电源高，维护较简单；高频电源投资、维护费用最高。

电除尘各种高压电源的特性及比较见表14-7。

表14-7　　几种电源主要性能比较

项目	单相SCR电源	三相SCR电源	中频电源	高频电源
电源类型	单相	三相	三相	三相
电源频率	工频	工频	中频	高频（20～50kHz）
三相平衡性	不平衡	三相平衡	三相平衡	三相平衡
峰值电压（72kV时）	大于100kV	约80kV	76kV	约75kV
二次平均电压和峰值电压之间的波动范围	25%～40%	2%～5%	2%～5%	小于1%
电能利用率	<70%（理论70.7%）	约90%（理论95.2%）	>90%	>90%
功率因数	0.63	0.92	0.92	0.92
装置（控制与整流变压器）	分体	分体	分体	一体
整流变压器	体积重量大	体积重量较大	体积重量较小	体积重量小
火花特性	火花冲击较大	火花冲击大	火花冲击小	火花冲击小
供电方式	容易实现间隙供电、脉冲宽度宽	较难实现间隙供电、脉冲宽度宽	容易实现间隙供电、脉冲宽度窄	容易实现间隙供电、脉冲宽度窄
整流变压器噪声	小	小	较大	很小
实现大功率	容易	容易	容易	困难
价格	低	中	较高	高

三、电除尘高压电源的选择思路

在实际应用中，电源应根据不同工况和工程投入来选择，主要包括以下三个方面：

1. 节能分析

电除尘高压电源的节能有两个方面，一方面是电源本身的效率，即电源的电能利用率，另一方面是运行过程的电场实际耗电量。高压电源电能利用率从高到低是高频电源>中频电源>三相SCR电源>单相SCR电源；而电场实际耗电量与电除尘工况、电源供电方式、控制模式等有关，不同厂家的产品可能会有不同效果。

电除尘器正常耗电量取决于多种因素，在达到电除尘设计除尘效率前提下，耗电量主要取决于电源的智能控制系统。一般来说，一台火电机组的电除尘器高压供电设备的耗电量不应超过0.5kW/MW。在降低电除尘器的耗电量时，应充分考虑低压加热部分的能耗，尽量优化加热策略，减少不必要的加热能耗。在缺少自动优化手段的情况下，也可以从电除尘运行管理方面进行优化。

2. 除尘效率分析

高频电源供给电场的是一系列的电流窄脉冲（脉冲宽度在5～20μs），能提高烟尘的荷电效率和粉尘迁移速度，从而提高除尘效率。同时，在烟尘带有足够电荷的前提下，可尽量减少无效的电场电离，从而大幅度减少电除尘器电场供电能量损耗。

从电除尘效率角度，考虑高压电源的选择主要取决于工况。如果电场的实际运行火花电压低，电场的电流小，应尽量选用二次电压纹波系数小的电源，即可选择三相SCR电源、中频电源、高频电源等，与单相SCR电源相比，该三种电源能大大提高电场的输入电能，提高运行参数，有利于提高电除尘的效率；如果单相SCR电源运行时，电场的运行电流大、电压高，接近额定值，并且火花少，则可选择较大功率的三相电源进一步提高电源的输入功率来提高除尘效率。

3. 投资运行分析

（1）常规单相SCR电源电能转换效率低，难以克服反电晕危害，二次电压电流脉动大、平均值低，不利于提高总体除尘效率（特别是对前级电场），研发方向是高压电源提效及其智能优化控制的脉冲供电。

（2）三相SCR电源的生产工艺与常规单相电源完全一致。设备成套性方面：高压控制柜（户内）与整流变压器（户外）分开安装；调试和操作方式、环境要求与常规单相SCR电源完全一致。对于使用过常规单相SCR电源的电厂，升级改造方式一一对应，只需在高压控制柜与整流变压器之间增加一根动力电缆，如果原来预留备用电缆，即可直接使用；单台电源的动力输入电流平均减少57%，三相负荷完全平衡，一年节省的电费，即可弥补设备所增加的投资；现场操作人员无须任何培训，可直接适应操作新设备。

三相电源技术难度主要取决于火花闪络放电的可靠控制，以及三相的系统同步。这两项关键技术已经得到完整解决。目前研发方向是提高三相可控硅控制的快速性、可靠性。

（3）中频电源为了提高除尘效率，静电除尘器电源必须动态跟踪负载的击穿电压。中频电源的关键技术是在频繁火花闪络的情况下，如何降低IGBT器件损耗，提高设备的可靠性。

（4）高频电源受高频信号传输的影响，高压控制柜与高频高压变压器必须组合在一起，同时安装在户外（电除尘器顶部）；由于我国地域辽阔，东西南北温差大，户外季节温度变化很大，要求设备能满足−40℃低温与+60℃高温的考验；需要满足外壳防护等级IP55的严格要求，既要防止冬天冰雪，又要防止夏天的暴雨；防尘防水与散热通风是完全矛盾的，要彻底解决好这些问题，对设备工艺要求很高。

高频电源技术难度。800mA以上的大容量高频变压器制造工艺的难度大，可靠性较低（特别是IGBT主器件易受运行工况影响）。另外，现有产品没有提高额定输出电流/电压的应用案例，实际改善除尘效率不明显，有待于新的设计来提高除尘效率。

高频电源设备一次性投资最高，比单相SCR电源高7%，但运行费用每年节省50%以上。

对于一台300MW机组配套2室/5电场电除尘器，保证效率99.81%，每个电场的有效长度4m，烟气流速0.96m/s，最大运行负荷小于2877kVA，按电费0.4元/kWh、年运行7500h计，投资及运行见表14-8。

表14-8 电源投资及运行比较

项　目	使用单相SCR电源装置	使用高频电源装置
设备一次性投资费用（万元）	3000	3200
易损件的更换费用（万元）	39	39
除尘器运行功率消耗（kW）	1200	500
电耗费用（万元/年）	360	150
运行费用合计（万元/年）	399	189

四、新型电源改造案例

1. 中频电源改造案例

国电汉川电厂自2009年5月起，选用三相中频电源对2号300MW锅炉电除尘器进行技术改造。1号锅炉电除尘器仍采用单相工频电源，改造完成后，对1号、2号锅炉出口烟尘排放浓度和运行参数进行对比，如表14-9所示。

表14-9 汉川电厂2号锅炉改造后，1、2号锅炉出口烟尘排放参数对比

项　目	1号锅炉电除尘器	2号锅炉电除尘器
电源配置	单相可控硅电源	三相中频电源
出口烟尘浓度（mg/m^3）	A侧：92.47 B侧：99.52	A侧：24.10 B侧：21.10
除尘效率（%）	A侧：99.75 B侧：99.77	A侧：99.94 B侧：99.95
平均二次电压（kV）	49.56	59.44
平均二次电流（mA）	411.75	896.06

从表14-9中可以看到，采用三相中频电源的2号锅炉电除尘器出口烟尘平均浓度比1号锅炉降低73.4mg/m^3，除尘效率提高0.185个百分点。

2. 高频电源改造案例

国电长源荆门电厂2×600MW工程7号锅炉电除尘器于2010年6月进行改造，是将原16套GGAJ02K型高压控制系统及整流变压器全部更换为16台高频高压电源柜。除尘器电源改造前、后实际运行状况见表14-10。

表14-10 长源荆门电厂7号锅炉电除尘器改造前、后运行参数对比

项　目	改造前（工频单相SCR电源）			改造后（三相高频电源）		
	A侧除尘器	B侧除尘器	平均	A侧除尘器	B侧除尘器	平均
出口烟尘浓度（mg/m^3）	70.4	78.2	74.3	72.7	63.0	67.8
除尘效率（%）	99.80	99.79	99.79	99.79	99.83	99.81
除尘耗电（kW）			1585.21			260.0
除尘耗电率（%）			0.26			0.02

对比7号锅炉改造前后运行数据，7号锅炉电除尘改造前后的除尘效率、出口含尘浓度基本没有太大变化，而改造后平均节电却达到了84%。

3. 三相SCR电源改造案例

浙江台州电厂2006年用三相SCR高压电源对8号锅炉原单相高压电源实施了改造，改造前后的运行数据对比，见表14-11。试验结果表明，三相SCR电源改造后的电除尘器，其烟尘排放浓度平均为37mg/m³，除尘效率平均为99.60%，达到了改造要求。通过对表14-11数据计算表明：单相工频电源正常运行模式时，锅炉的输入总视在功率为485 270VA，输出总功率为279 482W，功率因数为0.7，电源转换效率为82%。当单相工频电源用三相SCR电源改造后，在烟尘排放基本相同情况下，锅炉的输入总视在功率为237 965VA，降低了51.0%；输出总功率为217 986W，降低了22.0%；功率因数为0.88，提高了24%；电源转换效率为94%，提高了12个百分点。

表14-11　台州电厂8号锅炉电除尘器改造前、后运行参数对比

项目		改造前（工频单相SCR电源）		改造后（三相SCR电源）	
		A侧除尘器	B侧除尘器	A侧除尘器	B侧除尘器
一电场	输入电压（V）	317	327	279	311
	输入电流（A）	243	250	54	80
	输入视在功率（VA）	77 031	81 750	26 094	43 092
	输出电压（kV）	59	58	56	60
	输出电流（mA）	780	830	379	694
	输出功率（W）	46 020	48 140	21 224	41 640
二电场	输入电压（V）	321	350	298	309
	输入电流（A）	250	230	80	85
	输入视在功率（VA）	80 250	80 500	41 291	45 491
	输出电压（kV）	60	60	57	58
	输出电流（mA）	733	810	696	695
	输出功率（W）	43 980	48 600	39 672	40 310
三电场	输入电压（V）	353	363	334	329
	输入电流（A）	233	230	59	84
	输入视在功率（VA）	82 240	83 490	34 131	47 866
	输出电压（kV）	66	65	65	65
	输出电流（mA）	637	780	505	651
	输出功率（W）	42 042	50 700	32 825	42 315

第六节　电厂除尘器选型建议

一、新烟尘排放标准的内容

2012年1月1日实施的新标准《火电厂污染物排放标准》（GB 13223—2011），该标准修订调整了大气污染物排放浓度限值，规定自2014年7月1日起，现有火力发电锅炉及燃气轮机组烟尘排放浓度限值将全部执行30mg/m³要求；自2012年1月1日起，新建火力发电锅炉及燃气轮机组烟尘排放浓度限值将全部执行 30 mg/m³要求；重点地区的火力发电锅炉及燃气轮机组烟尘排放浓度限值将全部执行大气污染物特别排放限值要求，即 20mg/m³。

随着世界各国燃煤电厂烟尘排放标准的日趋严格，对微细粉尘控制水平要求逐步提高，燃煤电厂除尘技术也不断得到发展和应用。2005 年，美国燃煤电厂烟尘排放标准提高到 20mg/m³，可吸入颗粒物 PM10、PM2.5 成为燃煤电厂重点控制的污染物。美国燃煤电厂一般都燃烧优质煤且煤质稳定，煤中灰分基本小于 10%，除尘器入口烟气含尘浓度较低，基本小于 8mg/m³，电除尘器只能达到 99.5%（五电场）的除尘效率，但是由于电除尘器对微细粉尘去除率不高，难以满足排放要求。2005 年后袋式除尘器开始在美国电厂推广应用，微细粉尘控制效果明显提高。

国际上部分国家和地区新建大型燃煤电厂烟尘排放浓度限值比较如图 14-9 所示，我国新修订的火电厂烟尘排放标准将处于国际先进水平行列。从 2003 年的 50mg/m³到 2011 年的 30mg/m³，随着烟尘排放标准越来越严格，必然会推动火电厂除尘行业不断发展升级，对火电厂现有除尘技术的发展同样带来机遇和挑战。预计到 2015 年，我国火电厂除尘和脱硫设施的改造和新建投资费用约 650 亿元。

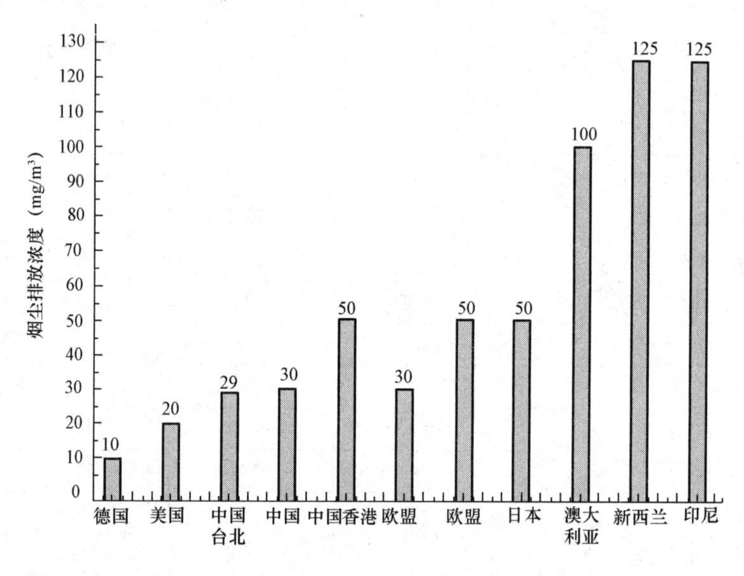

图 14-9　部分国家和地区火电厂烟尘排放浓度限值

二、火电厂除尘技术现状

静电除尘器是 1824 年由德国人霍菲尔德（M. Hohlfeld）发明的，直到 1907 年，美国加利福尼亚大学化学教授科特雷尔（F. G. Cottrell）将第一台静电除尘器成功应用于工业气体净化，之后在冶金、水泥行业得到推广，1923 年电除尘器开始在火电厂应用。美国、德国、荷兰等欧美国家，以及亚洲国家大部分电厂采用电除尘器。我国从 20 世纪 50 年代起开始电除尘的研究工作，1954 年葫芦岛锌厂与北京有色院合作，自行设计和制造了我国第一台 12.6m²的四电场电除尘器，用于炼锌氧化多膛焙烧炉。70 年代电除尘技术开始在我国电厂中应用，80 年代快速推广，到 90 年代末，已基本赶上同期国际先进水平。2003 年以前火电厂烟尘排放标准相对宽松，即使电除尘器达不到设计效率，有时也能满足排放标准要求。电除尘器烟尘排放浓度大于 200mg/m³的机组约占 76%左右，排放浓度在 150～200mg/m³之间的机组约占 10.8%；排放浓度小于 150mg/m³的机组仅占 13.2%。2004 年排放标准实施以后，新建机组锅炉配套的电除尘器多为 4～5 电场，设计效率大于 99.2%～99.5%，2004 年以后投产的电除尘器，由于燃煤电厂煤种多变，运行工况恶劣，设备老化等原因，50%以上的电除尘器达不到设计效率值，烟尘排放浓度普遍大于 100mg/m³。2011 年新标准要求烟尘排放限值为 30mg/m³，电除尘器效率需要达到 99.9%以上。对目前常规电除尘技术来说，电除尘器的除尘效率受到其工作原理和诸多影响因素的限制，难以做到达标排放。

三、各种高效除尘器的适用性

近些年随着烟尘排放标准日益严格，常规电除尘器所占的市场比重逐渐下降，电除尘技术仍是我国目前火电厂最主要的除尘技术，占总装机容量的 70%以上。电除尘技术还逐步开发了高频电源、三相电源、高效控制模式、转动极板等新技术形式，提高除尘效率，降低烟尘排放，扩大了电除尘器适用范围；2003 年以后，大型袋式除尘技术开始逐步应用于我国火电厂锅炉烟气除尘，并逐步发展完善，除尘效果显著；近几年研究开发的大型电袋复合除尘技术逐渐应用于火电厂锅炉烟气除尘，并且特别适用于新建机组和原有机组改造，同样具有较大的市场空间。这几种除尘技术是目前火电厂主要采用的除尘技术，在新标准下这几种除尘技术具有各自的技术特点和适用范围。几种除尘器实测电耗对比见表 14-12。

1. 电除尘器的适应性

电除尘器经过电晕放电、气体电离过程使粉尘粒子荷电，荷电粉尘粒子在电场库伦力的作用下，被收集在收尘极板上，通过周期性地振打清灰后去除。电除尘器本身的工作原理决定了影响其高效运行的因素较多，主要概括为外在影响因素和内在影响因素。外在影响因素主要由于我国电煤市场波动较大，燃煤电厂燃用煤种复杂多变，电厂锅炉运行差别很大，煤种变化和锅炉机组运行工况变化对电除尘器除尘效率造成的影响较大，特别是针对高比电阻、高灰分煤种，灰分中 Al_2O_3 和 SiO_2 这两种成分含量较高，目前普遍应用四电场、五电场电除尘器难以有效去除，对微细粉尘、可吸入颗粒物（PM10）的去除效率低。内在影响因素主要包括电除尘器本体选型设计参数、结构安装质量、气流流场分布、高压电源性能、振打清灰效果、运行控制操作等方面影响电除尘效率。诸多影响因素决定了电除尘器适应机组工况变化的能力差，燃煤电厂已投运的电除尘器大多达不到设计效率。

表 14-12　几种除尘器实测电耗对比（300MW 机组）

电　厂	河南中孚电力有限公司		包头第二热电厂		某电厂
机组	6 号	4 号	4 号	4 号	2 号
除尘器型式	1+3 电袋除尘器	5 电场除尘器	改造后电袋除尘器	改造前 4 电场除尘器	4 电场移动电极除尘器
试验负荷（MW）	300	300	253～260	253～260	280
排放浓度（mg/m³）	21.8	>150	<20	230	60.2
除尘器电耗（kW）	131.97	791.67	104	598	925
A/B 引风机电耗（kW）	935/920	814/754	2417	2200	2200
系统总电耗（kW）	1986.97	2359.67	2521	2798	3125
节电（kW）	327.80	0	277	0	与电袋比+604

我国燃煤电厂燃烧高灰分的劣质煤，平均灰分 30%以上，是欧美等国的 3～5 倍，如果再考虑燃煤发热量小于欧美等国，折算灰分差别更大。即采用先进的电除尘技术，烟尘排放浓度也会高于国外；或者说排放标准相同时，我国需要投入更大容量的电除尘设备，付出更大的经济代价。随着排放标准越来越严格，燃烧煤种和处理粉尘特性的差别成为决定电除尘器能否做到达标排放的关键。当排放限值为 100mg/m³时，对于煤种灰分为 20%左右，比电阻适宜的粉尘，采用

四电场或五电场电除尘器，可以满足排放要求。当排放限值为30mg/m³时，考虑到我国大多数电厂混烧劣质煤，烟尘工况条件恶劣，目前电除尘技术将难以做到达标排放。

2. 转动极板电除尘器的适应性

转动极板电除尘器是将传统电除尘器末级电场的阳极板改造成可以回转的形式，将传统的振打清灰改造为旋转刷清灰，当极板旋转到电场下端的灰斗时，清灰刷在远离气流的位置把板面的粉尘刷除，达到比常规电除尘器更好的清灰效果，该技术在国内已经有工程应用实例。但是该技术降低烟尘排放的能力有限，据对国内火电厂已投运的转动极板电除尘器考察和调研，出口烟尘排放仍难以达到≤30mg/m³的要求。这种技术的缺点仍然是对煤种工况的适应性差，并且运行过程中转动极板转动机构可靠性、稳定性还有待进一步检验。在内蒙古某电厂实际工程应用中出现传动链条卡涩问题，由于煤种含硫量高，烟气酸性成分高，转动极板电除尘器传动链条容易腐蚀磨损失效，传动机构容易卡涩，使用寿命难以保证，只能停炉更换，不仅影响机组运行，还增加了设备运行维护费用。

3. 高频电源技术的适应性

高频电源技术也是高效电除尘技术之一，高频开关电源目前在欧洲得到较好的应用，在我国近年来也在开始尝试使用，特别是在高粉尘浓度及不易荷电的工作条件，其供电能力明显比晶闸管控制高压直流电源强，除尘效率得到提高。高频电源电除尘器可适用于多种不同工况，有效减少电场火花闪络次数，使电场一直处于最佳状态，改善电场放电效果。它可以根据烟气工况要求，调整输出电压的波形、电压峰值、平均值及平均电流值。采用高频电源技术和三相平衡供电技术，能提高电源转换效率（>93%），三相供电平衡且功率因数高（>0.9），降低运行电耗。高频电源电除尘器对于高浓度粉尘、高比电阻粉尘等工况的适应性好。通过对多台300MW、600MW机组电除尘器高频电源改造前后跟踪测试得到，应用国内、外高频电源电除尘器虽然节能效果明显，但是仅依靠高频电源来提高电除尘效率的能力有限，降低烟尘排放浓度的效果不显著，不能确保满足新排放标准≤30mg/m³的要求。

4. 袋式除尘器的适应性

袋式除尘器在无烟煤电厂锅炉、循环流化床锅炉及干法、半干法脱硫装置的烟气除尘中具有技术经济优势。袋式除尘技术能够适用于排放标准严格的地区，保证烟尘排放浓度小于30mg/m³甚至20mg/m³。虽然袋式除尘器效率较高，但是在大型化应用过程中滤袋使用寿命短和设备运行阻力高造成其运行维护费用过高。适用于火电厂高温烟气除尘的滤袋材质主要依赖进口，滤袋平均使用寿命小于30 000h，遇到恶劣工况下使用寿命还会缩短，大批量更换滤袋的费用较高。大型袋式除尘器设备运行阻力较高，一般在1500Pa左右，有时还会更高，造成运行能耗过高，特别是对于灰分高于20%的煤种，一旦清灰不利，就会导致设备阻力急剧增大，严重时直接影响锅炉运行。实际应用证明：袋式除尘器一般应用在燃烧低灰分煤种（灰分<15%）的锅炉烟气除尘上最经济稳妥。煤种灰分超过20%时不适宜应用袋式除尘器，因为烟气含尘浓度愈高，过滤风速的选择愈低，投资费用相应增加；烟气含尘浓度愈高，设备运行阻力愈大（一般为1500Pa～2000Pa），对喷吹系统的要求愈高，造成运行维护费用增加；烟气含尘浓度愈高，对滤袋的磨损冲刷加剧；同时在保证阻力一定的条件下，滤袋喷吹清灰周期愈短，滤袋清灰频繁，滤袋的使用寿命愈短。如内蒙丰泰电厂200MW机组布袋除尘器因长期运行阻力大和频繁破袋等问题，于2009年在布袋除尘器进口前段增加了一个电场。

5. 电袋复合除尘器的适应性

结合我国火力发电厂锅炉烟气除尘大都采用3～4电场卧式电除尘器的现状，在大型卧式电除尘器基础上，研究开发出串联一体式电袋复合除尘器，国内目前应用的电袋复合除尘器几乎全部采用串联一体式。这种串联一体式电袋复合除尘器比分体式结构更紧凑，特别适用于已有机组电除尘器提效改造和新建机组配套高效除尘，不受场地限制、施工周期短、设备投资和维护费用相对较低。它能够解决电除尘器对煤种适应性差；除尘效率不稳定；对高比电阻、高 Fe_2O_3、微细粉尘难以去除等问题，保证烟尘排放浓度达到 30mg/m³ 以下；它还能够解决袋式除尘器运行能耗高的问题，比袋式除尘器运行阻力低 300～500Pa，减少引风机电耗。

国内第 1 台电袋复合除尘器于 2002 年在水泥工业中得到应用。2004 年，这种新型的复合除尘器被安庆石化首次在 125MW 机组上采用。目前我国 100MW 以上已建和在建机组配套电袋复合除尘器已超过百余台。可以预见，随着滤料价格的下降，一些关键技术的解决，电袋复合除尘器在我国将有广阔的应用前景。

电袋复合除尘器具有以下显著优点：对细微粒子，特别是 0.01～1μm 的气溶胶粒子有很高的捕集效率；由于电除尘已去除 80%～90%的烟尘，烟尘量减小，加上由于静电作用，滤袋表面沉浸的粉尘层具有松散的组织，过滤阻力小；与电除尘相比，烟气粉尘性质的适用范围更广，对任何煤质的烟气，烟尘均可达标排放；与普通袋式除尘器相比，工作负荷低，运行阻力低，清灰次数减少，滤袋的使用寿命延长。

6. 高效湿式电除尘器的适应性

湿式电除尘器是一种新型的除尘技术，它是电除尘技术和湿式除尘技术的结合与发展，它解决了电除尘器在处理了高浓度粉尘可能出现的高压电晕闭塞问题，不受粉尘浓度的限制；解决了电除尘器处理高比电阻粉尘出现的反电晕及高压电绝缘易遭破坏等问题，不受粉尘比电阻的限制；可以在电除尘器内提高电场风速，减小灰斗的倾斜角，使设备的布置更紧凑，节省投资；取消所有振打装置的运动部件，可靠性高，节能降耗。湿式电除尘器冲洗表面在湿的环境中操作，在处理烟气有很高的湿度或者低于露点温度的情况下都可以适用。

但是湿式电除尘器也有技术局限性，它必须将烟气温度降低到饱和温度以下，有足够强的冲洗水，以保证黏附在收尘极放电极上的粉尘很好地被冲下来，需要配备废水处理设备及采取较好的防腐措施。设备防腐和使用寿命是技术关键；它不适合处理憎水性和水硬性气体粉尘；对制造、安装、运行技术要求高，设备造价高，有些地区冬天设备可能会冻冰，应用范围受到限制。

四、建议

(1) 我国燃煤电厂袋式除尘器的核心技术与国外先进水平还有一定差距，需要不断引进和自主研发，提高整体技术水平。我国燃煤电厂排烟温度高，烟气中 NO_x、SO_2、O_2 含量高，含尘浓度高，滤袋使用寿命普遍达不到 30 000h，需要不断完善，力争使滤袋使用寿命达到 4～6 年，国外运行良好的设备 5～8 年更换一次滤袋。国内燃煤锅炉袋式除尘器最常用的滤料为 PPS、PPS+PTFE。我国高温滤料纤维市场供不应求，基本都从日本、欧洲等国进口。国内企业应尽快打破国外技术垄断，研发高温滤料生产技术，大幅度降低滤袋费用。清灰技术是袋式除尘器的关键技术之一，清灰效果决定袋式除尘器整个系统的成败。过分清灰会导致滤袋过早失效，清灰不足又会增加运行能耗，因此需要进一步研究开发高效清灰系统。对于灰分大于 20%的煤种，袋式除尘器存在运行阻力高，清灰周期短的问题，应优化运行控制，使袋式除尘器设备运行阻力降低 300～500Pa，既能确保达标排放，又能做到节能降耗。

(2) 国内开发应用的电袋复合除尘器大都是将电除尘器和袋式除尘器简单串联，造成一些设备投运初期效果很好，运行一段时间后陆续出现一些技术问题：有的设备电场运行控制不良，造成电场内粉尘荷电和去除效果不佳，滤袋区粉尘负荷过高，滤袋磨损严重，运行阻力偏高；有的设备内部流场分布设计不合理，烟气粉尘冲刷严重磨损滤袋，造成滤袋过早失效；有的设备电场区、滤袋区清灰系统设计和运行参数选取不当，造成设备阻力较高，能耗增加；有的设备控制系统不完善，遇到锅炉工况异常时不能及时调整运行模式，造成设备损伤；有的在设备选型时对烟气粉尘性质认识不清，造成滤袋选型偏差，滤袋过早破损失效；还有的设备本体设计参数不合理，造成设备过小或者余量过大，投资费用不合理。

这些都是目前国内电袋复合除尘器应用过程中出现的问题，对于关键技术问题急需研究解决和优化完善。进一步提高电袋复合除尘器性能的同时降低运行维护费用，使电袋复合除尘技术不仅应用在电力行业，在冶金、建材、化工、轻工等其他行业烟尘净化领域具有更广阔的应用前景。

电袋复合除尘器、袋式除尘器解决了我国以下几种情况燃煤电厂除尘问题：一是针对地方排放标准较为严格地区的燃煤电厂，如北京、上海、广州等地执行 $20mg/m^3$，甚至 $10mg/m^3$ 排放标准，必须应用更高效稳定的除尘技术，确保达标排放；二是针对我国燃烧准格尔煤或者类似煤种的电厂，煤种灰分大、粉尘比电阻较高的电厂；三是燃烧煤矸石的循环流化床锅炉和常规煤粉锅炉，或者采用干法、半干法脱硫技术，除尘器进口粉尘浓度高的电厂。

（3）国家应鼓励开发高效湿式除尘技术。湿式除尘技术效率高，能够满足新排放标准要求，确保烟尘排放小于 $30mg/m^3$；对可吸入粉尘颗粒、亚微米级粉尘颗粒的去除效率大大提高；重要的是湿式除尘技术还可以去除 SO_3 酸雾和烟气中的重金属汞等污染物，能够同时适应新标准要求；酸性气溶胶通常易溶于水，可以更有效的荷电，因此可更容易用湿式电除尘来去除，因此面对日益严格的烟尘排放标准，湿式电除尘也是火电厂高效除尘技术的发展方向之一。湿式电除尘技术要实现大型化工程应用，必须解决如下关键技术：

1）极板极线配置。由于清灰方式不同，湿式电除尘器与干式电除尘器极配截然不同。湿式电除尘器收尘极板极线选择首要考虑防腐抗锈问题，收尘极板受到腐蚀后影响均匀水膜的形成，影响除尘器效果。放电极也要求采取特殊的预防措施，这是因为湿式电除尘器中会产生局部腐蚀，避免放电极线易于折断而失效。需要研究放电极和收尘极板的清灰控制方式。

2）水膜形成技术。水膜形成技术包括喷嘴布置和型式、喷水量的大小、喷水管路设计与水冲洗控制方法的确定。收尘极板是否有利于水膜的形成，水膜形成是否均匀是关键。大多数收尘极表面通常的形式是一个固体的，连续的金属或塑料，由于液体表面张力作用以及收尘极板表面不会绝对光滑，存在凹凸，加上大型化应用时极板有十几米高，收尘极上部流下的水流不能均匀分布在极板上，在极板上容易形成局部干燥区，粉尘难以清除。如果电除尘器的收尘板面上所累积的粉尘颗粒不能被冲刷，就会产生局部电阻，导致反电晕现象的产生，破坏电场运行的稳定性。

（4）结合湿法脱硫，选用五电场或六电场电除尘器。近几年，由于国家环保政策要求，安装脱硫装置的机组急速增加。石灰石—石膏法和海水脱硫法的脱硫塔，在吸收液喷淋过程中对烟尘具有捕集作用，除尘效率为50%～80%，一般设计上按50%考虑、现有烟气净化流程为烟气首先经过电除尘器，然后进入脱硫吸收塔。前面设置五电场或六电场电除尘器。如果烟尘比电阻适中，除尘效率可达到99.7%～99.8%，烟尘出口浓度能控制在 $60mg/m^3$ 左右，加上脱硫装置的50%以上除尘效率，最终烟尘排放浓度可控制在 $30mg/m^3$ 以内。但如果烟尘比电阻过高，或由于烟用煤品质变化大，烟气净化系统的除尘效率也可能无法保证达标排放。

第四篇

灰渣综合利用

第十五章　粉煤灰的综合利用

第一节　粉煤灰的特性

粉煤灰是燃煤电厂的副产品，是在燃煤供热、发电过程中，一定细度的煤粉在锅炉中经过高温燃烧后，由烟道带出并经除尘器收集的粉尘，以及由炉底排出的炉渣的总称。随烟气带出的部分灰称为飞灰。2011年，全国燃煤发电机组耗煤为20.06亿t，产生灰渣量为5.48亿t，其中灰渣年利用量为3.73亿t。一般情况下，煤粉炉灰与渣的比例大致为80%∶20%；循环流化床锅炉灰与渣的比例大致为40%∶60%；液态排渣锅炉灰与渣的比例大致为30%∶70%。我国燃煤机组历年灰渣量见表15-1。

表15-1　我国燃煤机组历年灰渣量

年份	火电装机容量（MW）	燃原煤量（万t）			平均灰分（%）	产生灰渣量（万t）	综合利用量（万t）	综合利用量（%）
		发电	供热	合计				
2000	237 540	52 810	6382	59 192	23.5	13 910	8760	63
2001	253 140	57 637	6924	64 561	23.9	15 430	9721	63
2002	265 550	65 594	7689	73 283	24.7	18 100	11 946	66
2003	289 770	76 543	8550	85 093	25.5	21 700	14 105	65
2004	324 900	89 512	9878	99 390	26.5	26 338	17 119	65
2005	391 376	100 907	11 747	112 654	26.8	30 191	19 926	66
2006	484 050	118 241	13 157.4	131 398.4	26.8	35 108	23 171	66
2007	556 070	128 811.6	14 909.4	143 721	26.9	38 650	25 700	66.5
2008	602 860	131 902.7	14 732.2	146 634.9	26.9	39 440	26 230	66.5
2009	652 050	139 669.6	14 959.97	154 629.6	27.1	41 900	28 000	67
2010	709 670	158 970.9	16 769.4	175 740.3	27.3	47 980	32 620	68
2011	768 340	183 282	18 262	200 644	27.3	54 770	37 250	68

我国火电厂粉煤灰的主要成分是SiO_2、Al_2O_3、Fe_2O_3、CaO、TiO_2、MgO、K_2O、Na_2O、SO_3、MnO等。其中，氧化硅、氧化铝和氧化钛来自黏土、页岩；氧化铁主要来自黄铁矿；氧化镁和氧化钙来自与其相应的碳酸盐和硫酸盐，主要化学组成见表15-2。

表15-2　粉煤灰的主要化学组成　%

SiO_2	Al_2O_3	Fe_2O_3	CaO	MgO	SO_3	K_2O+Na_2O	烧失量
38～58	12～38	4～18	3～12	0.5～4	0.1～1.5	0.5～1.5	1～15

（1）SiO_2、Al_2O_3和Fe_2O_3。粉煤灰中的$SiO_2+Al_2O_3+Fe_2O_3$占化学成分的70%以上，尤其SiO_2和Al_2O_3是粉煤灰玻璃体的组成物质。粉煤灰的利用在很大程度上取决于这三种氧化物的含量和反应活性。

(2) CaO。CaO是粉煤灰中的重要成分，是粉煤灰的主要胶凝组分。由于CaO对粉煤灰作为建筑材料的影响很大，常根据CaO的含量大小把粉煤灰进行分类：低钙粉煤灰——CaO含量在10%以下；高钙粉煤灰——CaO含量在10%以上。

(3) SO_3。粉煤灰中并不存在SO_3，SO_3仅是粉煤灰中硫酸盐的表示形式。粉煤灰中的硫酸盐（如$CaSO_4$、Na_2SO_4）大都是可溶性的组分，这对粉煤灰混凝土的早期强度的发展，具有重要的促进作用。因此，按硫酸盐含量大小把粉煤灰进行分类：低硫酸盐粉煤灰——SO_3含量在1%以下；中硫酸盐粉煤灰——SO_3含量在1%～3%；高硫酸盐粉煤灰——SO_3含量在3%以上。

(4) K_2O+Na_2O。粉煤灰中的K_2O+Na_2O虽然不多，但它们能加速水泥的水化反应，而且对激发粉煤灰活性以及促进粉煤灰与$Ca(OH)_2$的二次反应有利，因此K_2O和Na_2O是有利的化学成分。

粉煤灰如果得不到综合利用，就会带来以下不利影响。

(1) 粉煤灰排放到储灰场，占用大量可耕地。1MW机组年平均排放灰渣量为800t。

(2) 水力除灰耗用大量水资源。如果采用稀浆输灰，每输送1t灰渣需要消耗10～15t的水。

(3) 污染环境。储灰场的粉煤灰在干燥状态时若未经表面固化处理，会随风飞扬，污染大气。空气中的飞灰对人体健康危害极大。

(4) 放射性污染。粉煤灰中的放射性物质起源于原煤，煤中含Ra^{226}、Th^{232}、U^{238}等多种天然放射性核素，这些核素具有自发地放出粒子，或γ射线、β射线。由于Th^{232}和U^{238}元素在燃烧过程中形成不溶解、不挥发的化合物，几乎全部进入灰渣中。粉煤灰的天然放射性核素的浓度大约是母煤的3倍，因此，粉煤灰放射性应受到重视。

第二节 粉煤灰的综合利用

粉煤灰综合利用内容包括用于生产建材（水泥、砖瓦、砌块、陶粒），建筑工程（混凝土、砂浆），筑路（路堤、路面基层、路面），回填（结构回填、建筑回填、低洼地回填、矿井回填、海涂等），农业（改良土壤、生产复合肥、造地），以及从粉煤灰中回收有用物质及其制品等。近几年我国粉煤灰综合利用途径见表15-3。

表15-3　近几年我国粉煤灰综合利用途径

年份	建材		筑路		建工		回填		其他	
	用量（万t）	比例（%）	用量（万t）	比例（%）	用量（万t）	比例（%）	用量（万t）	比例（%）	用量（万t）	比例（%）
2001	2916	30	3499	36	1166	12	1263	13	875	9
2002	3345	28	4061	34	1553	13	1792	15	1194	10
2003	4090	29	4372	31	1693	12	1975	14	1975	14
2004	5135	30	5478	32	2396	14	2225	13	2225	13
2005	6376	32	6177	31	2989	13	2381	12	1993	10

一、代替黏土生产水泥

粉煤灰的主要成分是SiO_2、Al_2O_3，这些化学成分类似于黏土，因此可以代替黏土组分进行配料，生产水泥。每生产1t水泥可吃掉粉煤灰0.16t，降低了成本，减少了污染。同时粉煤灰中含有一定数量的未完全燃烧的碳粒，在水泥生产中就得到应用，节省燃料。

二、作为水泥混合材料

用粉煤灰作为混合材料可以生产硅酸盐水泥，这种水泥称为粉煤灰水泥。水泥中粉煤灰掺加量按质量百分比计为20%～40%。粉煤灰水泥的早期强度随粉煤灰掺入量的增加而下降。当粉煤灰掺入量小于25%时，强度下降幅度较小；当粉煤灰掺入量超过30%时，强度下降幅度增大。粉煤灰水泥虽然早期强度较低，但后期强度较高，而且可以超过硅酸盐水泥。粉煤灰水泥和硅酸盐水泥强度比较见表15-4。

表15-4 粉煤灰水泥和硅酸盐水泥强度比较

水泥品种	抗压强度（MPa）					
	3天	7天	28天	3个月	6个月	1年
硅酸盐水泥	29.8	38.1	46.5	53.8	57.0	55.2
粉煤灰水泥	16.4	23.5	37.3	52.3	65.7	66.5

三、蒸制粉煤灰砖

蒸制粉煤灰砖是以电厂粉煤灰和生石灰或其他碱性激发剂为主要原料，也可掺入适量的石膏以及一定量的煤渣等骨料，按一定比例配合（粉煤灰掺量约为65%），经过搅拌、消化、压制成型、常压或高压蒸汽养护下制成一种墙体材料。在湿热条件下，粉煤灰能与石灰、石膏等胶凝材料反应，生成具有一定强度的水化产物。

四、蒸压粉煤灰砌块

粉煤灰砌块使以粉煤灰、水泥、石灰、石膏作为主要材料，用铝粉作发气剂，按一定比例[粉煤灰∶水泥∶石灰∶石膏＝70∶(10～20)∶(10～20)∶(3～5)]经配料搅拌、浇筑、发气、切割、高压蒸汽养护下制成一种墙体材料。它具有质轻（0.5～0.7g/cm^3），防或性能好，抗压强度高、保温隔声性能好等优点。

五、用于混凝土的掺料

粉煤灰作为水工混凝土的掺合料，在国内外得到广泛应用，一般在水工混凝土中掺20%～35%的粉煤灰。掺入粉煤灰虽然能降低混凝土的早期强度，但掺20%粉煤灰的混凝土的抗压强度91天即与无粉煤灰的混凝土相等，且逐渐增高。掺入粉煤灰的混凝土干缩率减少，掺40%粉煤灰的混凝土的干缩率减少20%。掺入粉煤灰的混凝土后期抗渗性好。

六、修建道路基层

粉煤灰道路基层包括三渣土、二灰土和二灰石。三渣土是以粉煤灰、石灰、碎石按照一定比例配合（碎石∶粉煤灰∶石灰＝4∶2∶1），加水拌匀碾压而成。三渣土可以作为城市道路或公路干道路面的基层使用。二灰土是以粉煤灰、石灰、黏土按照一定比例配合［黏土∶粉煤灰∶石灰＝(1～2)∶2∶1］，加水拌匀碾压而成。二灰土可以作为市郊交通干道或一般公路基层使用。

七、用于回填

粉煤灰用于结构回填和建筑回填是非常理想的，因为它的自重轻，可减轻对结构的侧压力；有一定的自硬性，可减小回填的沉降，剪切强度较好。

八、覆土造田，改良土壤

利用山谷、洼地、低坑作为灰场，待储满灰后在上面覆盖20～30cm厚的土层，即可成为田地。粉煤灰疏松多孔、比表面积大，能保水，透气好，可以明显改善土壤结构增加孔隙度，调节土壤温度。

粉煤灰的pH值一般在8.6左右，很适合在南方的酸性土壤中使用，调节土壤pH值。

九、粉煤灰造肥

利用液态排渣炉的热态排渣经淬火磨细，可得到含有硅、钙、铝、铁为主要成分的玻璃相，以及以可溶性硅酸钙为主的多种微量元素的碱性肥料——粉煤灰硅钙肥。粉煤灰硅钙肥要求可溶性硅含量达到20%以上。粉煤灰硅钙肥对水稻、甘蔗等需要硅作物提供有效硅，同时还能使酸性土壤的pH值提高，改善作物的生长条件。

粉煤灰具有一定的钙、镁，只要加适量的磷矿粉，并利用白云石作为助熔剂，然后通过适当的生产工艺进行加工，即可获得钙镁肥料。

十、粉煤灰陶粒

粉煤灰陶粒是用粉煤灰作为主要原料，掺加少量黏结剂（如黏土、页岩、煤矸石等）和固体燃料（如煤粉），经混合、成球、高温焙烧（1200～1300℃）而制得的一种人造轻骨料。粉煤灰陶粒密度轻、强度高、热导率低、耐火度高、化学稳定性好等，因而比天然石料具有更为优良的物理力学性能。粉煤灰陶粒常用来配置强度为100～500号各种用途的轻质混凝土和陶粒粉煤灰大型墙板等。当用它制作建筑构件时，可缩小截面尺寸，减轻下部结构及基础荷重，节约钢材和其他材料采用量，降低建筑造价。同时，由于粉煤灰陶粒混凝土还具有隔热、抗渗、抗冲击、耐热、抗腐蚀等优点，目前已被广泛应用于高层建筑、桥梁工程、地下建筑工程等。

第十六章 脱硫副产品的综合利用

第一节 脱硫副产品的特性

一、脱硫石膏的特性

湿法脱硫工艺如石灰石/石灰—石膏烟气脱硫工艺中，在吸收塔内钙基脱硫剂吸收二氧化硫，生成亚硫酸钙，在氧化风机作用下，亚硫酸钙氧化成石膏，吸收塔浆池内石膏浆液经排出泵送到石膏脱水系统，最终获得含水率10%左右的石膏。湿法脱硫工艺的副产品成分主要是石膏，其次是少量未反应石灰石、亚硫酸钙、灰等杂质。

脱硫石膏和天然石膏的主要成分一样，都是二水硫酸钙晶体（$CaSO_4 \cdot 2H_2O$），呈白色状，呈较细颗粒状，颗粒粒径为1～250μm，主要集中在30～60μm。与天然石膏相比，脱硫石膏中还含有少量粉煤灰、未反应的碳酸钙（$CaCO_3$）以及未被完全氧化的亚硫酸钙（$CaSO_3$），脱硫石膏颜色将发灰。表16-1为脱硫石膏与天然石膏的成分对比。碳酸钙是脱硫石膏的主要杂质，大约为5%。未氧化的$CaSO_3 \cdot 1/2H_2O$很容易在石膏晶体上结晶，很多细小的$CaSO_3 \cdot 1/2H_2O$成簇结块在石膏表面上，这一方面使得石膏粒径分布变宽，粒径参差不齐，降低了石膏脱水强度；另外，包裹在石膏晶体表面的细小颗粒靠毛细作用吸附着大量的浆液，使石膏脱水性能变差。

表16-1　　脱硫石膏与天然石膏的成分　　%

石膏种类	$CaSO_4 \cdot 2H_2O$	$CaSO_3 \cdot 1/2H_2O$	$CaSO_3$	MgO	H_2O	SiO_2	Al_2O_3	Fe_2O_3	Cl^-
脱硫石膏	85～95	1.2	2～6	0.86	10～15	1.2	2.8	0.6	0.01
天然石膏	70～74	0.5	2～4	3.8	5～10	3.49	5.04	1.3	0.01

由表16-1可知，脱硫石膏和天然石膏的主要成分是相似的。但作为工业副产品，和天然石膏又有些差别。脱硫石膏与天然石膏相比，具有以下特点：

（1）脱硫石膏成分稳定，纯度高于天然石膏，当石灰石（石灰）的纯度较高时，脱硫石膏的纯度一般在90%～95%之间，含有害杂质少。采用白云石—石膏法，脱硫石膏的纯度在96%以上。

（2）脱硫石膏含水率较高，可达5%～15%，由于其含水率高、黏性强，在装载、提升、输送的生产过程中极易黏附在各种设备上，造成积料堵塞，影响生产过程的正常进行。

（3）质地优良的脱硫石膏近似白色，但常见的呈深灰色或带黄色，其主要原因是烟气除尘系统效率不高，致使脱硫石膏含有较多的粉煤灰，其次是由于石灰石不纯含有铁等杂质。

（4）颗粒较细。脱硫石膏颗粒直径一般为30～50μm，而天然石膏的杂质以黏土矿物为主，经粉碎磨细后，细度约为140μm。

（5）脱硫石膏的堆积密度较大，一般为1000kg/m^{3}左右。脱硫石膏硬化体的表观密度比天然石膏硬化体的表观密度大10%～20%。

（6）脱硫石膏含有某些杂质，含有Na^+、Mg^{2+}、Cl^-、F^-等水溶性离子成分等，对其综合利用有不同程度的不利影响。

（7）脱硫石膏的强度较大。由于脱硫石膏晶体呈柱状，颗粒结构紧密，使水化硬化体有较高的强度。脱硫石膏的表面强度比天然石膏硬化体表面强度大10%～20%。脱硫石膏硬化体表面强度比天然石膏高。

（8）脱硫石膏含水率高，一般达到10%～15%，黏性强，在装载、提升、输送的生产过程中极易黏附在各种设备上，造成积料堵塞，运输比较困难。

（9）脱硫石膏水化性能好。脱硫石膏中由于反应过程中部分颗粒未参与反应，一部分碳酸钙以石灰石颗粒形态单独存在；另一部分由于碳酸钙与SO_2反应不完全，碳酸钙则以核形式存在于二水硫酸钙颗粒中心，这就增加了有效参与水化反应的硫酸钙颗粒数量，使其有效组分高于天然石膏，而天然石膏杂质在水化时一般不能参加反应，在一定程度上使天然石膏性能不及脱硫石膏。

天然石膏是自然界中分布比较广泛的一种矿物，由于它易于开采和加工，人们从很早以前就开始利用石膏了。多年来，石膏较多的用于水泥缓凝剂、石膏墙体材料、胶凝材料等。

我国天然石膏资源丰富，在一定程度上影响了脱硫石膏的综合利用。我国除了浙江、福建、黑龙江3省外的其他地区都有非常丰富的天然石膏资源，已探明的天然石膏资源储量约为570亿t，居世界首位。我国现有石膏开采矿山有500多个，分布在全省23个省、市、自治区，年产量10万t以上的大型矿山有50多个。目前，我国石膏消费结构大致是84%用于水泥，6.5%用于陶瓷模型，4.0%用于墙体材料和建筑灰泥，4.0%用于轻工业，其余1.5%则用于农业和出口。

石膏是一种用量大、运输量也大而价格低廉的矿产品，往往运输费用大大超过石膏本身的价格。因此，运输费用在很大程度上决定脱硫石膏能否代替天然石膏。为了推动我国脱硫石膏的综合利用，国家有必要出台限制天然石膏开采鼓励脱硫石膏利用的法规和政策，如开采天然石膏资源应附加资源税，而对进行脱硫石膏综合利用的企业适当减免税收等。

二、干法脱硫灰渣的特性

在干法和半干法工艺中，由于脱硫吸收剂的加入，脱硫灰渣的物理、化学特性与传统意义上粉煤灰相比发生了很大的变化。它是一种干态的混合物，包含有飞灰、$CaSO_3$、$CaSO_4$以及未完全反应的吸收剂，如CaO、Ca（OH）和$CaCO_3$等。表16-2给出了南京下关电厂LIFAC脱硫灰渣的化学成分，它属于高硫高钙型脱硫灰。

表16-2　　脱硫灰渣的化学成分　　%

SiO_2	Al_2O_3	Fe_2O_3	CaO	MgO	SO_3	$CaSO_3$	$CaSO_4$	$CaCl_2$	烧失量
41.2	23.5	4.0	14.4	1.0	7.4	5.6	6.1	0.4	7.7

干法和半干法产生的脱硫灰渣中所含未反应的CaO和Ca（OH）$_2$，会使脱硫灰渣硬结，与空气中CO_2反应生成稳定的$CaCO_3$。脱硫灰渣的碱性和硬结性对防止堆放场地地下水污染有极大帮助。脱硫灰渣的碱性使其重金属不易溶出；而脱硫灰渣的硬结性使得堆放层底部的防渗漏特性大为改善。但是由于脱硫灰渣具有较多的钙基化合物和较细的粒径，因而影响到它的处置和应用。

三、循环流化床脱硫灰渣的特性

循环流化床燃烧器排放以渣为主，渣占总灰渣量的50%～80%。脱硫灰渣的主要成分是硫酸钙、亚硫酸钙和残余脱硫剂等，循环流化床脱硫灰渣的成分见表16-3。

表 16-3　循环流化床脱硫灰渣的成分　%

成分	脱硫渣	脱硫灰	成分	脱硫渣	脱硫灰
SiO_2	46.6～60.6	35.7～50	CaO	1.5～11.8	3.4～18.2
Al_2O_3	25.3～33.5	19.7～31.5	SO_3	0.3～3.9	1.0～10.3
Fe_2O_3	4.9～7.7	4.5～6.7	C	1.1～8.2	5.4～21.6

循环流化床脱硫灰渣与常规粉煤灰相比具有如下特点：

(1) 烧失量高。由于炉温相对较低，在900℃下有大量的惰性碳没有被充分燃烧，导致循环流化床脱硫灰渣烧失量高，一般都在5%以上，有的高达20%。高含量的碳会影响一些添加剂的使用效果，而且碳是一种片状结构，与其他物质的结合能力差。

(2) CaO含量高。为了达到一定的脱硫效率，CFB锅炉设计的钙硫比一般为2∶1，因此脱硫灰渣中含有大量未与SO_2反应的CaO。由于CaO的水化反应比水泥中其他物质反应时间长，所以CaO含量高最终给建筑产品带来较大的体积膨胀，是建筑制品中的致命隐患。

(3) SO_3质量浓度高。CaO与SO_2反应生成硫酸盐，而留在硫灰渣中。在硫酸盐含量比较高的情况下会产生不利的体积膨胀，导致建材制品稳定性差，同时对结构混凝土中的钢筋具有腐蚀作用。

(4) 自硬性。脱硫灰渣中含有大量$CaSO_4$和游离的CaO。游离的CaO可激发脱硫灰渣中SiO_2和活性Al_2O_3，生成具有一定水硬性的凝胶类物质，因而脱硫灰渣具有一定的自硬性，但强度低。

第二节　脱硫副产品的综合利用

随着火力发电厂烟气脱硫项目实施的进程加快和脱硫设施的逐步投入运行，生产出越来越多的脱硫副产物，特别是脱硫石膏，对其进行综合利用，以防止二次污染已成为目前急需研究的重要课题。国家发展和改革委员会《关于印发加快火电厂烟气脱硫产业化发展的若干意见的通知》(发改环资〔2005〕757号）中明确指出，“进一步开展烟气脱硫副产物综合利用，推动循环经济发展。组织建材、农林、电力等部门、科研院所对脱硫副产物，尤其是脱硫石膏，进行深入的研究，提出各种利用途径的指导意见，组织实施脱硫副产物综合利用示范工程”。DL/T 5196—2004《火力发电厂烟气脱硫设计技术规程》规定，“脱硫工艺设计应尽量为脱硫副产物的综合利用创造条件，经技术经济论证合理时，脱硫副产物可加工成建材产品，品种及数量应根据可靠的市场调查结果确定”。

一、脱硫石膏的综合利用

根据德国OneStone咨询公司的资料，全球天然石膏开采量约45%被加工成熟石膏。世界熟石膏年产量大约7000万t，其中60%即4000万t来自于天然石膏，40%即2800万t来自于工业副产品石膏及回收重复利用的废石膏。据估计，世界工业副产品石膏年产量大约22 000万t，其中，大约5000万t来自于发电站脱硫系统生产的脱硫石膏，约15 000万t是磷肥生产的副产品磷石膏，约2000万t是钛石膏及其他化学石膏。石膏工业所利用的工业副产品石膏有90%来源于脱硫石膏。

对于石灰石—石膏法烟气脱硫工艺而言，每脱除1tSO_2可以相应产生脱硫石膏2.7t。1台300MW的燃煤火电机组，按燃煤硫分1.0%计算，每年排出的脱硫石膏约为3万t。2006年，我国烟气脱硫机组总容量已达160 000MW，其中采用石灰石—石膏法按80%计算，一年脱硫石膏产生量约为1600万t。因此，石灰石—石膏法烟气脱硫工艺副产物脱硫石膏量十分巨大。目前，石灰石湿法烟气脱硫技术在我国火电厂得到大规模的应用，在FGD装置设计中均采用石膏脱水工艺，以便综合利用。如果利用脱硫石膏替代天然石膏，一方面可以减少天然石膏的开采，节约资源，减少开采过程中对生态环境的破坏和环境污染；另一方面，可以减少灰渣的占地面积，减轻对生态环境的破坏和环境污染；最主要的是变废为宝，可以为电厂创造一定的经济效益，弥补脱硫带来的发电成本的上涨。2010年，全国燃煤电厂采用石灰石—石膏湿法烟气脱硫等工艺产生的副产品石膏约5230万t，是2005年的10多倍，脱硫石膏综合利用率约69%，比2005年提高近60个百分点。脱硫石膏的综合利用主要有4个方面：

1. 利用脱硫石膏生产水泥附料

在水泥生产时，为了调节和控制水泥的凝结时间，一般掺入石膏作为缓凝剂。石膏还可以促进硅酸三钙和硅酸二钙矿物的水化，从而提高水泥的早期强度及平衡各龄期强度。目前，我国水泥产量每年达12亿t以上，若有一半水泥以脱硫石膏代替天然石膏作为缓凝剂，以掺入4%二水石膏计算，每年需使用2400万t石膏。为了防止含有一定游离水的脱硫石膏在输送提升设备中积料堵塞，因此在向水泥掺加前，需将脱硫石膏造粒ϕ20～40的球状，先自然干燥，然后预热烘干，制得具有一定强度的粒状脱硫石膏。粒状脱硫石膏与天然石膏对水泥性能的影响见表16-4。

表16-4　粒状脱硫石膏与天然石膏对水泥性能的影响

种类	初凝时间（min）	抗折强度（MPa）	抗压强度（MPa）
脱硫石膏原状湿料	159	7.6	48.1
脱硫石膏100℃烘干	225	8.2	49.5
天然石膏	196	7.3	49.4
国家标准	≥45	≥7.0	≥42.5

2. 利用脱硫石膏生产建筑材料

脱硫石膏品位高、杂质较少，尤其可溶性杂质少（Cl^-、Na^+、K^+的含量均不高于0.01%），可以替代天然石膏作为建筑材料。用脱硫石膏生产的建筑石膏是由二水脱硫石膏在不饱和水蒸气气氛中经回转窑燃烧脱水（130℃）、干燥、磨粉制成。资料表明，用脱硫石膏生产的建筑石膏性能优异，强度比国家标准规定的优等品的强度值高40%～60%，生产成本是天然石膏成本的70%～80%。建筑石膏的性能比较见表16-5。

表16-5　建筑石膏的性能比较

种类	初凝时间（min）	终凝时间（min）	抗折强度（MPa）	抗压强度（MPa）
脱硫石膏	6.2	11.5	3.9	8.3
天然石膏	7.1	12.3	2.5	4.4
国家标准	>6	<30	2.1	3.9

（1）脱硫石膏可以制作粉刷石膏。在天然石膏中掺入30%～70%的脱硫石膏，经过煅烧可以制作成粉刷石膏，价格比用天然石膏生成的粉刷石膏（380元/t）低40%。脱硫粉刷石膏具有和易性好，硬化快，黏力强，体积变形很小，抹灰层不空鼓、开裂，可吸湿、排潮，调节室内空气湿度等特点。

（2）脱硫石膏可以制作石膏砌块。脱硫石膏可以制作石膏砌块作为建筑隔墙材料。脱硫石膏砌块是以脱硫石膏为主要原料，根据不同型号和种类的要求，掺加适量水泥、珍珠岩、纤维、矿渣、粉煤灰、无机和有机增强剂、防水剂等辅助原料，经烧筑或压制成型、自然干燥等工艺制成的轻质隔墙材料。脱硫石膏砌块质轻、绝热，施工快捷、方便，产品尺寸精确，安装后场面平整不需抹灰，可有效降低墙体自重。脱硫石膏砌块性能见表16-6。

表16-6 脱硫石膏砌块性能

种类	养护方式	密度（kg/m^3）	抗压强度（MPa）	热导率[W/(m·K)]	软化系数
脱硫石膏砌块	干燥处理	720	≥7	0.24	0.50

（3）脱硫石膏可以制作石膏板。纤维石膏板以脱硫石膏粉为主要原料，配以适量的化学添加剂，经过一定生产工艺而得的一种优质板材。它的强度高，握钉力强，具有良好的防潮功能，适用于装修、天花板等。

3. 脱硫石膏在农业上的应用

脱硫石膏含有丰富的S和Ca等元素，可以作为肥料。S是排在N、P、K之后的第四种植物营养素，其需要量与磷相当。由于我国农业生产密集，加上氮肥施用的比例失调，致使耕地严重缺硫。用脱硫石膏可以生产硫酸铵肥料，特别适合在我国北方碱性土壤中使用。Ca是作物的第五种植物营养素，可以增强对病虫害的抵抗能力，使作物茎叶粗壮、籽粒饱满。同时，利用脱硫石膏中的钙离子与土壤中的游离碳酸氢钠、碳酸钠作用，生成硫酸氢钙和硫酸钙，可以降低碱性土壤的碱性。

4. 利用脱硫石膏生产路基回填材料

目前，公路建设路基回填材料的需求和质量要求越来越高。充分利用脱硫石膏（占回填材料配比50%）作为修筑道路的回填材料，即可为修筑公路提供材料来源，又可以解决脱硫石膏的处理问题。

日本是世界上最主要的脱硫石膏生产国和利用国。日本每年产生脱硫石膏250万t，全部得到利用，其主要的用途是建筑制品和水泥缓凝剂。我国脱硫石膏的综合利用尚处于初期阶段，目前大多数电厂的脱硫石膏经脱水后直接销售外卖，主要用于建筑石膏和水泥缓凝剂。不具备综合利用条件的电厂一般将脱硫石膏运送灰场临时堆放。

二、脱硫灰渣的综合利用

干法/半干法烟气脱硫工艺主要指喷雾干燥法、炉内喷钙尾部增湿活化法、烟气循环流化床法等。这几种脱硫工艺均采用钙基吸收剂，因此，其副产物的化学组成较为接近，该类工艺所产生的副产物，俗称脱硫灰渣。

脱硫灰渣的主要成分为亚硫酸钙、硫酸钙、粉煤灰、未利用的钙基吸收剂等，其中以亚硫酸钙占较大比例，它含有比湿法脱硫废渣较高量的粉煤灰，并伴有较高比例的微量元素。脱硫灰渣的物理形态是含水率为1%～3%的干态粉料。亚硫酸钙与硫酸钙的比例在2∶1到3∶1之间。

亚硫酸钙为半水盐，相对密度为2.59，分子质量为129，溶解度在30℃时为5mg/100g水；在90℃时为2mg/100g水。半水亚硫酸钙在360～400℃脱水，在450～550℃可氧化成无水石膏。

亚硫酸钙具有以下特点：

（1）易水化。在自然条件下因溶于水而流失。

（2）在酸性环境下易分解，重新释放出二氧化硫。

（3）亚硫酸钙化学性质不稳定，在自然条件下会逐渐氧化成硫酸钙。

由于亚硫酸钙的特点，给脱硫灰渣的综合利用带来不利影响。目前，国内外对干法/半干法烟气脱硫产生的脱硫灰渣多以抛弃方式处理，如回填废矿坑、选择专门的抛弃场地堆放等。建议国内加大对脱硫灰渣的综合利用方式的研究。

掺加部分脱硫灰渣生产水泥，既降低了成本，又不会对水泥的凝固和其他技术特性产生消极影响。

对脱硫灰渣、水泥进行混合，通过固化可以制造墙体建筑材料。

用脱硫灰与水泥制造混凝土砖，加灰约60kg/m³，可得到与普通水泥混凝土砖同样的质量。

用脱硫灰生产的矿棉同用岩石或矿渣生产的矿棉具有一样好的性能。

在国外，有用脱硫灰渣制作人造礁石，置于海水中，或作为常规建筑填料。在美国，用脱硫灰渣制作矿棉，质量可与工业用矿棉相当。

三、其他湿法脱硫副产品

1. 氨法脱硫副产品

氨法脱硫副产品主要是硫酸铵。通常情况下，氨法脱硫副产品的硫酸铵纯度大于或等于99%，其中氮含量为21.0%～21.1%，硫含量为24.0%～24.2%，颜色由白色到浅褐色。造粒后的硫酸铵颗粒尺寸为1.0～3.5mm。

硫酸铵是我国最早生产和使用的一个氮肥品种。硫酸铵产品物理性质稳定，分解温度高（≥280℃），不易吸潮。硫酸铵易溶于水，20℃时溶解度为70%。

作为脱硫副产品的硫酸铵，为了得到有利用价值的化肥，需要在脱硫吸收塔前增设高效率的除尘装置。这种脱硫化肥可直接用于农田施肥或进一步生产复合肥。

2. 氧化镁法脱硫副产品

氧化镁法脱硫副产品是硫酸镁溶液，为了对副产品综合利用，通常将硫酸镁溶液制成七水硫酸镁颗粒。七水硫酸镁颗粒过程复杂，后处理设备多，需经过脱水、冷凝、干燥、分选、造粒等流程。

七水硫酸镁也称工业硫酸镁，无色细小的针状或斜柱状结晶，无臭，味苦，相对密度为1.68。易溶于水，受热易分解，在70～80℃时失去4分子结晶水，在150℃时失去6分子结晶水，在200℃时失去全部结晶水而成无水硫酸镁。

镁是农作物生长所必需的主要元素，利用硫酸镁溶液可以生产含镁复合肥。而七水硫酸镁又是医药、印染、制革的主要原料。

另外，硫酸镁可以直接煅烧生成纯度较高的二氧化硫气体来制硫酸——主要化工原料。

总之，我国应加大对脱硫石膏的综合利用，促进电力生产循环经济链的形成，减少二次污染和资源浪费；推进对其他脱硫副产品综合利用的研究，开发出具有自主知识产权的综合利用技术；对脱硫副产品综合利用实行强制性措施，并实行更优惠的税收政策，进一步促进我国脱硫副产品综合利用的研究与推广。

第五篇

节水技术与应用

第十七章　锅炉补给水的预处理

天然水体中的杂质是多种多样的，这些杂质按其颗粒大小的不同，可分成三类：颗粒最大的称为悬浮物，其次是胶体，最小的是离子和分子，即溶解物质。悬浮物是颗粒直径约为0.1μm以上的微粒，主要包括泥沙、黏土、藻类等；胶体是颗粒直径在0.1～0.001μm之间的微粒，是许多离子和分子的集合体，主要包括腐殖质有机胶体和铁、铝、硅的化合物；溶解物质主要包括溶解盐类和其他。悬浮物和胶体在水中具有一定的稳定性，是造成水体混浊、颜色和异味的主要原因。除去这些杂质的混凝、澄清和过滤等工艺称为水的预处理。预处理的目的主要是去除水中悬浮物、有机物和胶体，防止Ca、Mg沉淀，抑制微生物生长等，为其后阶段的离子交换、反渗透处理等创造有利条件。预处理是锅炉补给水处理工艺流程中的一个重要环节。

第一节　混凝澄清处理

一、混凝澄清处理的机理

水中胶体物质的自然沉降速度十分缓慢，不易沉降的原因是由于同类胶体带有相同的电荷（天然水和废水中胶体带负电），彼此之间存在着电性斥力，使之不能聚合，保持其原有颗粒的分散状态。胶体颗粒保持其稳定性的另一个原因是，表面有一层水分子紧紧地包围着，称为水化层，它阻碍了胶体颗粒间的接触，使得胶体颗粒在热运动时不能彼此碰撞而黏合，从而使其颗粒保持悬浮状态。因此必须添加混凝剂，以破坏胶体的稳定性，使细小的胶体凝聚再絮凝成较大的颗粒而沉淀。

在布朗运动的作用下，相互凝聚成细小絮凝物的反应过程称为凝聚。凝聚的主要机理是向水中加入电解质混凝剂后，电解质被水解和电离成高价阳离子。水中带负电荷的胶体被带正电荷的高价阳离子吸引而发生中和作用，促使它们黏结并析出。

细小絮凝物在布朗运动的作用下，相互碰撞而形成更大的颗粒，或在絮凝剂的吸附架桥作用下黏合成较大絮状物的过程称为絮凝。向水中加入有机高分子絮凝剂，利用絮凝剂长链分子的吸附架桥作用提高碰撞产生黏合的几率。

向水中投加混凝剂后，经过混合、凝聚、絮凝等综合作用，可使胶体颗粒和其他微小颗粒聚合成较大的絮状物。凝聚和絮凝的全过程称为混凝。在混凝过程中，含有微小悬浮微粒和胶体杂质被聚集成较大的固体颗粒，使颗粒性的杂质与水分离的过程，称为混凝澄清处理。混凝后使这些微小杂质聚结成较大的颗粒迅速沉降下来，从而使水得到澄清，这一过程习惯上称沉淀，因此澄清池也叫沉淀池。

二、常用的混凝药剂简介

为了提高混凝处理的效果，必须选用性能良好的药剂。常用的混凝剂主要分为铝盐和铁盐两类，铝盐中以硫酸铝和聚合铝为主，铁盐中以三氯化铁和聚合硫酸铁居多。铁盐与铝盐相比，铁盐生成的絮凝物密度大，沉降速度快，pH值适应范围宽；混凝效果受温度的影响比铝盐小；但投加铁盐时要注意，设备运行不正常时，带出的铁离子会使出水带色，并可能污染后续除盐设备。常用混凝剂名称及性质见表17-1。

表 17-1　　　　　　　　　　**常用混凝剂名称及性质**

名称	别　名	英文名称	分子式	一　般　性　质
硫酸铝	明矾	Aluminium sulfate	$Al_2(SO_4)_3 \cdot 18H_2O$	（1）含无水硫酸铝 52%～57%。 （2）pH＝6～8 的原水。 （3）投加量较大时，处理后水中强酸阴离子含量明显增加。 （4）不适用于低温、低浊度的原水
聚合氯化铝	碱式氯化铝，PAC	Poly aluminium chforide	$[Al_2(OH)_nCl_{6-n}]_m$	（1）是无机高分子化合物。 （2）适用原水浊度范围较宽，可用于低温、低浊水的处理，pH 值适用范围为 5～9。 （3）净化效率高，投药量少，出水水质好。 （4）使用时操作方便，腐蚀性小，劳动条件好。 （5）有固体产品和液体产品之分
聚合氯化铁	聚合铁	Poly ferric chforide	$[Fe_2(OH)_nCl_{6-n}]_m$	
硫酸亚铁	绿矾	Ferrous sulfate, copperas	$FeSO_4 \cdot 7H_2O$	（1）适用碱度高、浊度高、pH＝8.1～9.6 的原水，或与石灰处理配合使用。 （2）原水 pH 值较低时，常采用加氯氧化方法，使二价铁变成三价铁。 （3）原水色度较深或有机物含量较高时，不宜采用。 （4）对加药设备的腐蚀性较强
三氯化铁		Ferric chloride	$FeCl_3 \cdot 6H_2O$	（1）适用于高浊度、pH＝6.0～8.4 的原水。 （2）易溶解、易混合、残渣少，但对金属腐蚀性大，对混凝土也有腐蚀性。因发热容易使塑料容器和设备变形。 （3）形成矾花大而致密，沉降速度快，不受水温影响。 （4）不宜用于低浊度原水
聚合硫酸铁	聚铁，PFS	Poly ferric sulfate	$[Fe_2(OH)_n(SO_4)_{3-n/2}]_m$	（1）是无机高分子化合物。 （2）适用于有机物含量较高的原水或有机废水的处理，pH 值适用范围为 4.5～10。 （3）净化效率高，形成的矾花大而致密，沉降速度快。 （4）缺点是投加量较大时处理后水的 pH 值低于 6，如过滤效果不好，则水中铁含量有所升高
聚丙烯酰胺	PAM	Polyacrylamide	$—CH_2—CH—$ | $CONH_2$	（1）水溶线型有机高分子化合物。 （2）溶于水中但不会电离，通过加碱可水解，水解混凝效果提高 1 倍。 （3）阳离子型聚丙烯酰胺混凝效果更好。 （4）有毒。 （5）加入混凝剂的时间不宜小于 3min

目前，火电厂常用的无机混凝剂主要是聚合硫酸铁和聚合氯化铝。

1. 聚合硫酸铁

我国从20世纪80年代开始研制无机高分子混凝剂聚合硫酸铁。20多年来，我国聚合硫酸铁生产技术得到了长足发展。目前，生产聚合硫酸铁的方法有空气（氧气）催化氧化法、硝酸氧化法、过氧化氢氧化法、四氧化三铁矿石酸溶氧化法，无论以何种原料生产，均采用控制SO_4^{2-}/Fe（摩尔比）小于3/2的方法，制得不同盐基度的聚合硫酸铁。

聚合硫酸铁分子式为$[Fe_2(OH)_n(SO_4)_{3-n/2}]_m$，可看作是$Fe_2(OH)_n(SO_4)_{3-n/2}$为单体的一类聚合物。聚合物中[OH]与[1/3Fe]的相对比值称为盐基度(碱化度)，它在一定程度上反映了聚合硫酸铁的成分。我国标准规定盐基度大于8%的聚铁为合格产品，大于12%的聚铁为一级品。

使用聚合硫酸铁的优点是其加药量少，生成絮凝物密度大，沉降速度快，对COD、BOD以及色度、微生物等有较好的去除效果，对所处理水的pH值和温度的适应范围广；但若运行不正常时，出水中会因有铁离子而带色。

虽然聚铁有上述优点，但它并不适用于所有水质。为了确定水的絮凝过程的工艺参数，如使用药剂的种类、药剂用量、水的pH值、温度及各种药剂的投加顺序等，一般要做模拟试验。通过测定水样在试验后的浊度、色度、有机物的去除率来判断混凝效果，选用适合原水水质的混凝药剂及各项参数。

2. 聚合氯化铝

从1971年采用“酸溶铝灰一步法”生产聚合氯化铝获得成功后，我国就开始使用无机高分子混凝剂聚合氯化铝，目前生产聚合氯化铝的原料多种多样，但主要是以廉价的铝渣、铝灰、铝矿石为主，它们的主要成分为Al和Al_2O_3。聚合铝的生产过程包括溶出、水解、聚合三个过程。由于反应是放热反应，如果控制盐酸浓度、投料顺序和速度，就能合理利用反应热，不利用热源而进行自热反应，也不必耗碱进行盐基度的调整，从而制备合格的聚合铝。

聚合氯化铝结构式为$[Al_2(OH)_nCl_{6-n}]_m$或$Al_n(OH)_mCl_{3n-m}$。聚合物中[OH]与[1/3Al]的相对比值称为盐基度(碱化度)，它在一定程度上反映了聚合氯化铝的成分。盐基度越高，越有利于吸附架桥凝聚，但盐基度越高越容易沉淀，目前生产的聚合氯化铝盐基度一般控制在45%～85%。

市场销售的聚合氯化铝有固体和液体两种，固体外观呈无色或淡黄色、棕褐色晶粒或粉末，液体外观呈无色、淡黄色、淡灰色、棕褐色透明或半透明液体，无沉淀。

聚合氯化铝与硫酸铝相比有以下的优点：加药量少，生成絮凝物密度大，沉降速度快，对低浊水、高浊水、低温水及高色度水均有较好的去除效果，适宜的pH值范围较宽，药液对设备的侵蚀作用小。

聚合氯化铝的盐基度、用量、混凝温度、混凝pH值等对水处理效果都有影响，必须参照GB/T 16881—2008《水的混凝、沉淀试杯试验方法》进行试验，再综合矾花沉降速度、处理后的效果及经济各方面因素确定各项参数。

3. 无机高分子复合混凝剂

复合混凝剂含有多种成分，其主要原料是铝盐、铁盐和硅酸盐。它们可以预先分别经羟基化聚合后再加以混合，也可以先混合再加以羟基化聚合，但最终要形成羟基化的更高聚合度的无机高分子形态才会达到优异的絮凝效果，从而大大提高其混凝效果。应用这类混凝剂，加药量低、絮体沉降迅速、混凝效果好，在处理低温低浊水和脱色及除COD方面有明显的优势。常见的复合混凝剂见表17-2。

表 17-2　　　　　　　　　　　　　　**常见的复合混凝剂**

类　型	名　称	简　称	类　型	名　称	简　称
Al+Fe+Cl	聚合氯化铝铁	PAFC	Fe+Cl+SO_4	聚合氯化硫酸铁	PFCS
Si+Al+SO_4	聚硅硫酸铝	PSiAS	Al+PAM	聚合铝—聚丙烯酰胺	PACM
Al+Si+Cl	聚合硅酸铝	PASiC	Fe+PAM	聚合铁—聚丙烯酰胺	PFCM
Al+Fe+Si+Cl	聚合氯化铝铁	PAFSi			

4. PAC(PFS)+有机高分子絮凝剂

有机高分子絮凝剂具有高聚合度和长分子链，其吸附架桥作用均优于无机絮凝剂。PAC（PFS）与有机高分子絮凝剂复配可优势互补，使絮凝效果更佳，处理成本更低。常见的有机高分子絮凝剂有聚丙烯酰胺类和聚二甲基二烯丙基氯化铵（PDMDAAC）。

5. $FeCl_3$凝聚/絮凝剂

SWRO大都采用$FeCl_3$凝聚/絮凝剂，它具有不受水温变化的影响，矾花大而结实，沉降速度快，价格便宜等优点。

三、助凝剂

当由于原水水质等方面的问题，单独采用混凝剂不能取得良好的效果时，需要投加一些辅助药剂来提高混凝处理效果，这种辅助药剂称为助凝剂。助凝剂分无机类和有机类，见表17-3。在无机类的助凝剂中，有的用来调整混凝过程中的pH值，有的用来增加絮凝物的密度和牢固性。典型的无机助凝剂有氧化钙、水玻璃等；有机类的助凝剂大都是水溶性的聚合物，分子呈链状或树枝状，其主要作用有：①离子性作用，即利用离子性基团进行电性中和，起絮凝作用。②利用高分子聚合物的链状结构，借助吸附架桥起凝聚作用。典型的有机助凝剂有聚丙烯酰胺（PAM），有毒，它可作为混凝剂，也可作为助凝剂。它的混凝原理：PAM是一种人工合成的高分子聚合物，其分子一端是憎水的，另一端是亲水的。憎水的一端牢固地吸附胶体颗粒，亲水的一端伸在水中，整个胶体颗粒增大便很快沉降，使水得以净化。PAM在使用时应先将其水解后再投加，效果能够提高一倍。将PAM固体加入到20%的NaOH溶液中，放置一段时间，待30%～40%转化为羟酸基团，再转入计量箱后向水中投加，加入PAM的时间不宜小于3min。

表 17-3　　　　　　　　　　　　　　**助　凝　剂**

中文名称	别　名	英文名称	分子式
氧化钙	生石灰	Quicklime	CaO
碳酸钠	纯碱、苏打	Sodium carbonate	$Na_2CO_3 \cdot xH_2O$
次氯酸钙	漂白粉	Calcium hypochlorite	$Ca(ClO)_2$
次氯酸钠	漂白水	Sodium hypochlorite	NaClO
硅酸钠	水玻璃	Sodium metasillicate	$Na_2O \cdot xSiO_2 \cdot yH_2O$
聚丙烯酰胺	PAM	Polyacrylamide	

四、混凝澄清处理的主要影响因素

混凝澄清处理包括了药剂与水的混合，混凝剂的水解、羟基桥联、吸附、电性中和、架桥、凝聚及絮凝物的沉降分离等一系列过程，因此混凝处理的效果受到许多因素的影响，其中影响较大的有水温、pH值、碱度、混凝剂剂量、接触介质和水的浊度等。

（1）水温。水温对混凝处理效果有明显影响。因高价金属盐类的混凝剂，其水解反应是吸热反应，水温低时，混凝剂水解比较困难，不利于胶体的脱稳，所形成的絮凝物结构疏松，含水量多，颗粒细小。另外，水温低时，水的黏度大，颗粒的布朗运动强度减弱，不利于胶体脱稳和紊凝物的成长。

在电厂水处理中，为了提高混凝处理效果，常常采用生水加热器对来水进行加热，也可增加投药量来改善混凝处理效果。采用铝盐混凝剂时，水温对混凝效果有较大影响，水温为20～30℃比较适宜。相比之下，铁盐混凝剂受温度的影响较小，针对低温水处理效果较好。

（2）水的pH值。混凝剂的水解过程是一个不断放出H^+离子的过程，会改变水的pH值。反过来，水中pH值对混凝剂的水解及其形成的难溶盐溶解度、凝聚效果等有直接影响。不同的混凝剂，对其产生混凝作用的最佳pH值有不同的要求。当pH＜4时，所有混凝剂的水解都受到影响，从而影响絮凝反应的效果。各种混凝剂都有一定的pH值适应范围，见表17-1。

（3）水的浊度。原水浊度小于50FTU时，浊度越低越难处理。当原水浊度小于20FTU时，为了保证混凝效果，通常采用加入黏土增浊、泥渣循环及加入絮凝剂助凝等方法；当原水浊度过高（如大于3000FTU）时，则因为需要频繁排渣而影响澄清池的出力和稳定性。我国所用地表水大多属于中低浊度水，少数高浊度原水经预沉淀后也属于中等浊度水。

（4）混凝剂剂量。混凝剂剂量是影响混凝效果的重要因素。若加药量不足，尚未起到使胶体脱稳、凝聚的作用，出水浊度较高；若加药量过大，会生成大量难溶的氢氧化物絮状沉淀，通过吸附、网捕等作用，会使出水浊度大大降低，但经济性不好。另外，混凝剂剂量过大，由于胶体颗粒吸附了过量的混凝剂水解中间产物，则引起胶体颗粒电性变号，发生再稳现象。因此混凝剂剂量必须适中，一般情况下：硫酸亚铁为40～100mg/L；PFS加药量为20～70mg/L；三氯化铁为25～60mg/L；硫酸铝为35～80mg/L；聚合铝为5～10mg/L；PAM加药量为0.1～2.0mg/L。要求加药地点设在进入滤池前的一定距离处，以便药液与水有3～5min的混合反应时间。表17-4提供了不同悬浮物含量对应的铝盐加药量。对于不同的原水水质，需通过烧杯试验确定最佳混凝剂剂量。

表17-4　铝盐加药量

水中悬浮物含量（mg/L）	100	200	400	600	800
硫酸铝用量（mg/L）	25～35	30～45	40～60	45～70	55～80

第二节　水的过滤处理

水经过澄清处理后，其浊度仍然比较高，通常为10～20mg/L。这种水还不能直接送入后续除盐系统，而需要进一步降低水中浊度，最有效的方法就是过滤处理。水的过滤是一种去除水中悬浮颗粒状杂质的操作过程，过滤不仅可以降低水的浊度，而且还可以除去水中的部分有机物、细菌甚至病毒。

一、过滤的基本概念

过滤是杂质脱离流线在滤料颗粒表面被截流（大颗粒）、吸附（小颗粒或带电粒子）的过程，即水通过过滤介质除去悬浮物等颗粒性物质的过程。用于过滤的材料称为滤料或过滤介质。石英砂是最常用的粒状过滤材料，过滤设备中堆积的滤料层称为滤层或滤床。装填粒状滤料的钢筋混凝土构筑物称为滤池。装填粒状滤料的钢制设备称为过滤器，运行时相对压力大于零的过滤器称为压力式机械过滤器。悬浮杂质在滤床表面截留的过滤称为表面过滤；而在滤床内部截留的过滤称为深层过滤或滤床过滤。水通过滤床的空塔流速简称滤速。

二、过滤工艺的类型

过滤池（器）按水流方向可分为下向流、上向流、双向流等；按构成滤池（器）中填充滤料的种类可分为单层滤料、双层滤料和三层滤料滤池；按阀门可分为单阀滤池、双阀滤池、无阀滤池等。过滤设备通常位于澄清池或沉淀池之后，过滤浊度一般在15mg/L以下，滤出浊度一般在

2mg/L以下。当原水浊度低于150mg/L时，也可以采用原水直接过滤或接触混凝过滤。有的地下水，虽然浊度较低（一般在5mg/L以下），但为了除去铁和锰等金属化合物，常用接触混凝或者锰砂过滤。

常见的过滤工艺的分类及说明见表17-5。

表17-5　常见的过滤工艺分类及说明

分类方法	工艺类型	简要说明
按进水水质分类	直接过滤	原水不经过混凝澄清而直接通过滤池（器）。这种过滤形式只能除去水中较粗的悬浮杂质，对于胶体状态的杂质去除能力低。适用于原水常年浊度低，对胶体杂质的去除要求不高的情况
	混凝澄清过滤	原水经混凝处理后，絮凝物主要在澄清设备中除去，滤池（器）进水中只含微量絮凝物。在澄清良好时，滤池（器）进水是近乎恒定的低浊度水。过滤速度一般为5～20m/h。适用于各种水源
	凝聚过滤（接触凝聚）	原水经过滤料层前，向水中投加混凝剂（有时同时投加絮凝剂），使水中胶体脱稳凝聚形成初始矾花。水进入滤料层前的凝聚反应时间一般为5～15min。这种过滤形式的特点是省去了专门的混凝澄清设备，混凝剂投加量少。适用于常年原水浊度小于50mg/L，有机物含量中等以下的水源和地下水除铁、锰、胶体硅
按水流方向分类	下向流过滤	运行时进水自上而下通过滤料层，清洗时冲洗水向上通过滤料层。因为反冲洗时的水力筛分作用，这种形式的滤池（器）的滤料层是由小到大自上而下排列的。这是一种最常见的工艺形式，其优点是设备结构简单，运行管理方便；缺点是单层滤料时过滤周期较短，滤料层的截污能力不能得到充分利用
	上向流过滤	运行时进水自下而上经过滤层，清洗时冲洗水和空气也是自下而上。这种滤料层粒度分布是由小到大自上而下排列的，运行时进水先通过较粗的滤料，因而阻力小，运行周期长，滤料层的截污能力高；缺点是运行流速必须严格控制在滤料层膨胀流速以下，并要求滤速稳定，因而对运行管理要求严格
	双向流过滤（对流）	这种滤池（器）同时采用向下和向上流的过滤方式，过滤水从滤层中部引出，因而相当于两个并列的滤池（器），出水量相当于单向流滤池（器）的2倍。反洗时冲洗水和空气自下而上。要求反洗后的滤料层粒度分布均匀，避免细滤料集中于滤层上部致使上下部配水不均
按滤层结构分类	单层非均质过滤	运行时进水自上而下通过滤料层，清洗时冲洗水向上通过滤料层。因为反冲洗时的水力筛分作用，这种形式的滤池（器）的滤料层是由小到大自上而下排列的。这是一种最常见的工艺形式，其优点是设备结构简单，运行管理方便；缺点是单层滤料时过滤周期较短，滤料层的截污能力不能得到充分利用
	单层均质过滤	在整个滤层深度内滤料粒径分布是均匀的。这种过滤工艺在反冲洗时增加了滤料混合过程（常用压缩空气）和不使滤层膨胀的漂洗过程，而使反冲洗后的滤料层粒度分布均匀。所谓变空隙或变粒度过滤就属于这种类型。运行时杂质可渗入滤层深部，水流阻力小，过滤周期较长
	多层过滤	采用不同材质的滤料组成双层或三层滤料层（极少用三层以上），密度较小的滤料在上层，密度较大的滤料在下层。双层滤料一般采用无烟煤和石英砂，三层滤料一般采用无烟煤、石英砂和磁铁矿砂。反冲洗时因为滤料密度不同而自动分层。这种过滤方式具有截污能力大，过滤周期长，出水水质好，允许采用较高的滤速等优点

三、滤料的种类

可以作为滤料的材料很多，常用的滤料有天然砂、人工破碎的石英砂、无烟煤、磁铁矿砂、石榴石、大理石、白云石、花岗石等，其中石英砂、无烟煤和磁铁矿砂较为常用。

常用的过滤方式有单层滤料、双层滤料（如石英砂和磺化煤）及三层滤料等。不同过滤形式对应不同的滤速，见表 17-6。按过滤速度大小，过滤可以分为快速过滤和慢过滤。通常快速过滤流速为 6～25m/h。对于原水经过混凝处理，使用快速过滤效果最好，因此电力系统中一般采用快速过滤。慢过滤流速一般为 0.05～0.4m/h，因其占地面积大，生产效率低，现已越来越少使用。

表 17-6　　快速过滤器的滤料级配与滤速

过滤器形式	滤　料	滤料组成		滤速（m/h）
		粒径（mm）	厚度（mm）	
单滤料（砂滤器）	石英砂	0.55	700	8～10
双介质滤器	无烟煤	1.2～3.0	320	10～14
	无烟煤	1.2～3.0	200	10～14
	石英砂	0.55	460	10～14
多介质滤器	石英砂	0.6～0.8	400	7～11
	石英砂	0.7～1.3	150	7～11
	砾石	0.3～1.0	180	7～11
	砾石	0.3～1.5	150	7～11

（1）单层滤料。单层滤料经反洗后，由于水力筛分的作用，滤层颗粒成“上小下大”排列。上层砂最细，吸附表面积也最大。当水自上而下进入滤层时，水中部分悬浮物由于吸附和机械阻留作用，被滤层表面截留下来，此时悬浮物之间会发生彼此重复和架桥等作用。所以运行一段时间后，会在滤层表面形成一层由悬浮物构成的“滤膜”，在以后的过滤作用中，这层滤膜起了主要的过滤作用，也就是通常所说的“薄膜过滤”。

生产实践表明，薄膜过滤的设备运行周期短，制水量少。由于过滤仅在表面滤层进行，下面大量的床层滤砂并未发生吸附和截留作用，因而经济性也差。但是单层滤料级配简单，滤料可以采用无烟煤，也可以采用石英砂，铺筑简单，检修维护容易，反洗强度也好掌握。

（2）双层滤料。双层滤料的出现是为了使过滤作用在较深的床层中进行，提高过滤速度和截污能力，延长工作周期，目前使用的双层滤料，一般都是由无烟煤和石英砂组成。无烟煤的密度为 1.5～1.8g/cm^3，石英砂的密度为 2.65g/cm^3。由于无烟煤比石英砂轻，所以它的滤料粒径可以选得比石英砂大些，形成“上大下小”的级配。因而当反洗时，颗粒较大而密度较小的无烟煤在上层，颗粒较小而密度大的石英砂在下层，两种砂层基本不混层。双层滤料与单层滤料相比，由于过滤时，水中大部分杂质被截留在煤层及煤砂交界处，因而截污能力约增加 1 倍以上。在相同的滤速下，工作周期增长，出水量约增加 0.5～1 倍。因此，滤速可以提高，水头损失增加也比较缓慢。

（3）三层滤料。三层滤料的原理和结构与双滤料相似。在三层滤料过滤器中，大粒径、小密度的滤料在上层；中粒径、中密度的滤料在中间；小粒径、大密度的滤料在下部。滤层的三种滤料平均粒径由上而下逐渐变小，形成一个“上大下小”的滤层，使滤层的截污能力可以得到充分的发挥。目前三层滤料大都由轻质滤料（无烟煤或焦炭）、石英砂、重质滤料（通常为磁铁矿）

组成。而在三层滤料中，由于滤料分为三层，上层可以采用较大粒径的滤料以发挥其“接触混凝过滤”的作用，提高截留量，下层则可以采用较小粒径的滤料以除去水中细小的悬浮物，保证出水浊度。

四、主要的过滤设备

1. 重力式无阀滤池

重力式无阀滤池示意见图17-1。重力式无阀滤池的工作原理：水由进水管送入滤池，经过滤层自上而下地过滤，滤后的清水即从连通管注入清水箱内储存。水箱充满后，水从出水槽溢流入清水池。滤池运行中，滤层不断截留悬浮物，造成滤层阻力的逐渐增加，促使虹吸上升管内的水位不断升高。当水位达到虹吸辅助管管口时，水自该管中落下，通过抽气管，借以带走虹吸下降管中的空气，当真空达到一定值时，便发生虹吸作用，这时，水箱中的水自下而上地通过滤层，对滤料进行反冲洗，此时滤池仍在进水，反冲洗开始后，进水和冲洗水同时经虹吸上升管、下降管排至排水井排出。当冲洗水箱水面下降到虹吸破坏管管口时，空气进入虹吸管，破坏虹吸作用，滤池反洗结束，滤池进入下一周期的工作。

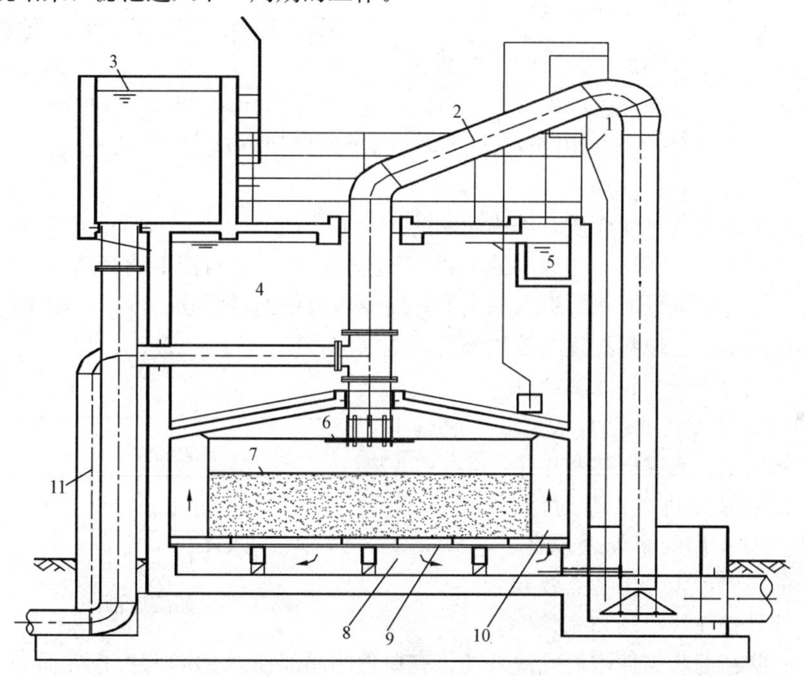

图17-1　重力式无阀滤池示意

1—辅助虹吸管；2—虹吸上升管；3—进水槽；4—清水箱；5—出水堰；6—挡板；7—滤池；8—集水区；9—滤板；10—连通渠；11—进水管

无阀滤池主要优点是节省大型阀门，造价较低；运行和冲洗可完全自动，也可进行强制冲洗，因而操作管理较为方便。但池体土建结构较为复杂，滤料处于封闭结构中，装卸较为困难，而且冲洗时自耗水量较大。

2. 压力式过滤器

压力式过滤器（也称机械过滤器）外壳为一个密闭的钢罐，在一定压力下进行工作，其结构见图17-2。压力过滤器的滤料层可以是单层、双层或三层的，它的适用范围广，主要用于除去用沉淀方法不能除去的悬浮固形物、胶体物和未沉淀下来的沉积物，以避免其后处理步骤中所用的活性炭或离子交换树脂受污染。

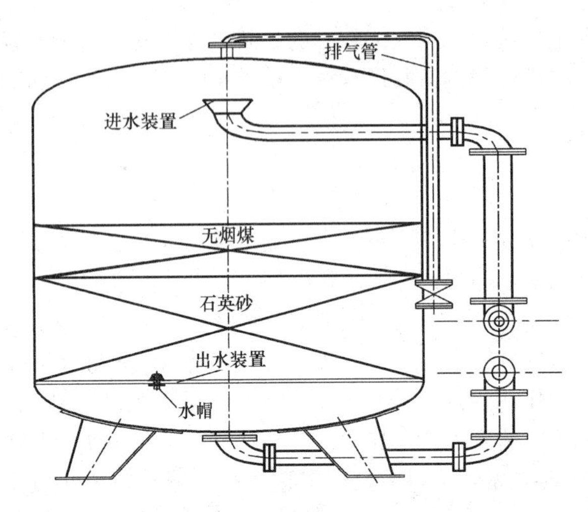

图 17-2 双层滤料压力式过滤器结构

运行时，进水自进水管进入过滤器后经进水挡板均匀配水，自上而下通过过滤层。清水经过水帽进入下部配水空间，然后由出水管引出。当过滤阻力达到极限值时（压差大于 0.1MPa），停止运行进行冲洗。冲洗方式可根据需要采用水冲洗或辅助空气擦洗。冲洗时一般是先将过滤器内的垫层水放到滤层边缘，然后从底部送入压缩空气冲洗滤层，再用气、水同时冲洗，最后单用水冲洗。待滤料洗净后停止冲洗进行正洗，待正洗水质合格后进入下一周期运行。

3. 超滤

超滤，又称超过滤（Ultra Filtration，UF），是分离膜技术中的一部分，它是介于微滤和纳滤之间的一种膜处理。超滤膜孔径通常在 2nm 和 0.1μm 之间。由于超滤的出水水质稳定良好，可满足火力发电厂反渗透进水，一般用在反渗透前的预处理；从发展趋势和节水工作的严峻程度来看，将来可能主要应用于循环水排污水的回用和市政污水处理厂二级排放的中水回用。

超滤是利用超滤膜为过滤介质，以膜两侧的压力差为驱动力的一种膜分离过程，见图 17-3。超滤的原理：在压力 p 作用下，当原料液流过 UF 膜表面时，原料液中的溶剂和小的溶质粒子从高压料液侧透过超滤膜到低压侧，形成滤出液，而原料液中的悬浮物、胶体、微生物等大分子及微粒组分被超滤膜阻挡，原料液逐渐被浓缩后以浓缩液排出。

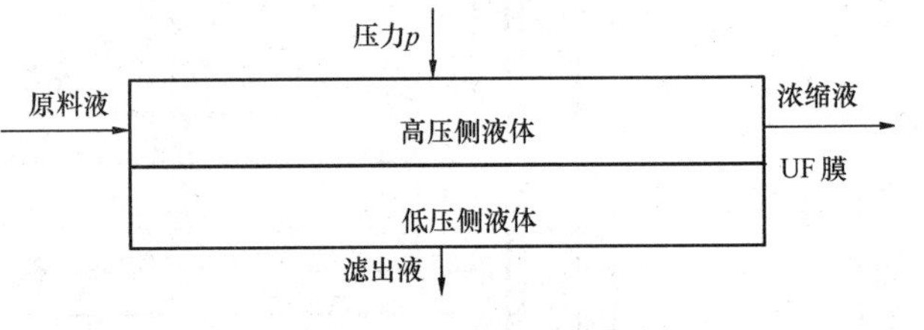

图 17-3 超滤原理图

超滤装置是指将若干个超滤膜组件并联组合在一起，并配备相应的水泵、自动阀门、检测仪表、支撑框架和连接管路等附件，能够独立进行正常过滤、反洗、化学清洗等工作的水处理装置。通常根据用户的需要，设计出特点各异的超滤装置，如具备在线检测和完整性测试的功能；有些超滤膜组件需要气洗系统；有单独的局部控制 PLC 和操作界面等。

超滤装置的工作过程见图 17-4。过滤时，缓慢打开供水阀，使原水通过膜组件内，将内部的空气排除。当膜组件内的空气全部排除后，将反冲洗阀置于“关”的状态，根据原水性质和运行条件确认过滤水流量。停机时，缓慢将供水阀置于“关”的状态。

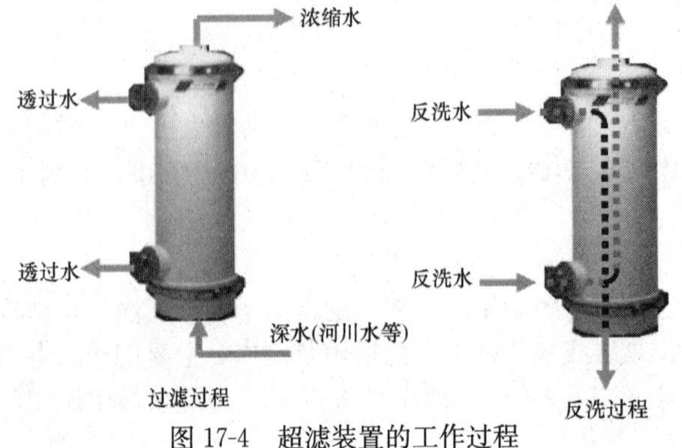

图 17-4 超滤装置的工作过程

反冲洗时，停止供水水泵，将供水阀置于“关”的状态，将反冲洗阀置于“开”的状态。运行反冲洗水泵，反冲洗水箱中的水由反冲洗水泵注入膜组件，并持续一段时间。反冲洗流量为过滤流量的 1.5～2 倍。

超滤具有如下特点：

（1）可以将直径为 0.002～0.1μm 的杂质除去，对有机物胶体相对分子质量为10 000～100 000的物质也能除去。

（2）当运行压力、流量稳定时，能达到一定平衡值，而不会连续衰减。

（3）对原水水质适应能力差，特别是有机物胶体含量略高的水。

（4）化学清洗频繁，一般 7～10d 清洗一遍。

（5）产水水质：浊度小于或等于 1.0mg/L，产水污染指数 SDI 为 0.5～2.0，COD 脱除率为 0～30%。

第三节 水的杀菌和除氯

生物污染是 RO/NF 系统操作中最常见和最严重的问题之一，特别是当水源为地表水或富含细菌的进水，控制水中微生物的活动尤为重要。通过混凝澄清与过滤等处理已除去天然水中的部分（40%～50%）有机物和微生物，但剩余的仍会造成后续离子交换树脂的污染，或者使水达不到饮用水标准。因此，在锅炉补给水的预处理中，常常需要考虑水的吸附与杀菌消毒处理。

一、水的杀菌消毒处理

水的杀菌消毒处理分为化学法和物理法：化学法包括加氯、次氯酸钠、二氧化氯或臭氧处理等；物理法包括加热、紫外线处理等。

1. 氯杀菌原理

氯（Cl_2）易溶于水，并与水发生复分解反应形成 HCl 和 HClO，即

$$Cl_2 + H_2O \longrightarrow HCl + HClO$$

氯的杀菌消毒作用有两种观点：一种认为是 HClO 分子起消毒作用，因为 HClO 是一个很小的中性分子，比较容易扩散到带有负电荷的细菌表面，并通过细胞壁到达菌体表面，进而到达菌体内部，氧化分解细菌的酶系统使细菌死亡，而 ClO^- 带负电荷，不宜扩散到菌体表面，所以杀菌效果差；另一种观点认为是生成物中的 HClO 能分解出原子氧，能对细菌的酶系统起氧化作用，使细菌死亡。

生产实践表明，加氯处理不仅有消毒作用，使水中的病原微生物控制在水质标准以下，而且能明显降低水的色度和有机污染物含量。另外，还能除去水中的臭味。pH 值低时氯的杀菌消毒能力较强。

2. 次氯酸钠杀菌原理

当向水中投加次氯酸钠 NaClO 时，其氧化能力取决于水中 HClO 与 ClO^- 所占的比例，NaClO在水中发生水解为

$$NaClO + H_2O \rightleftharpoons HClO + NaOH$$

HClO 是弱酸，在水中电离为

$$HClO \rightleftharpoons H^+ + ClO^-$$

起杀菌消毒作用的主要是 HClO，HClO 和 ClO^- 均有较强的氧化能力，但 HClO 的氧化能力比 ClO^- 要强得多，ClO^- 杀菌强度只有 HClO 的 1%～2%。为了达到良好的杀菌效果，pH 值不宜过高。pH 值在 5～6.5 时，水中氯含量 90%以上以 HClO 形式存在，具有较好的杀菌效果。当 pH 值大于 9 时，尽管水中仍有 0.2～1mg/L 的残余氯，但此时水中氯主要以 ClO^- 形式存在，因而杀菌效果极差。

为了维持灭菌效果，管网水中始终要保持余氯量为 0.5～1mg/L，在管网末端也要保持余氯

量为0.05～0.1mg/L。

液氯和次氯酸钠虽然是较好的消毒灭菌消毒剂，但存在三方面问题：①可能造成细菌的后繁殖，即脱氯之后在保安过滤器或膜组件里细菌反而大量繁殖。②产生消毒附产物，即卤代烷，这是致癌物质。虽然反渗透膜对卤代烷的脱除率大于90%，但产水总卤代烷约为0.001mg/L，远远低于饮用水标准（<0.1mg/L）。浓水也会对环境造成污染。采用氯胺作消毒剂，则不会产生卤代烷。③膜元件可以在出现短暂性接触自由氯的系统里仍有良好的运行性能表现，大约与1ppm自由氯接触200～1000h之后，会发生实质性的降解。液氯和次氯酸钠还会缓慢地破坏膜，因为它们会与少量的余氯存在平衡。

3. 紫外线处理

目前，实用的物理消毒方法是紫外灯管辐射，所用波长为2540nm，剂量为300J/m^2。在美国的Diablo Canyon核电厂的SWRO系统上采用紫外线消毒方法效果比较好。这种方法较少采用，因为紫外灯管易受海水中悬浮物、胶体等物质吸附，价格也比化学法高。

二、水的脱氯

我国饮用水卫生标准中，管网末端水中余氯不低于0.05mg/L，以防止残存的病原微生物在输水管网中再度繁殖。但是由于某些反渗透膜和离子交换树脂无法忍受残余氯，因此必须对反渗透膜进水进行脱氯。脱氯方法有如下两种。

1. 加亚硫酸钠

为保证反渗透进水余氯小于0.1mg/L，需要在活性炭过滤器出水母管上加药进行还原，以满足反渗透的要求。向含有残余氯的水中投加一定量的还原剂亚硫酸钠（Na_2SO_3）或焦亚硫酸钠（$NaHSO_3$），使之发生脱氯反应，反应式为

$$Na_2SO_3 + HClO = Na_2SO_4 + HCl$$

$$NaHSO_3 + HClO = NaHSO_4 + HCl$$

亚硫酸钠的加药量可按下式估算，即

$$C(Na_2SO_3) = 63k_c\left[\frac{C(O_2)}{8} + \frac{C(Cl_2)}{71}\right]$$

式中 $C(Cl_2)$——水中残余氯含量，mg/L；

$C(O_2)$——水中溶解氧浓度，mg/L；

$C(Na_2SO_3)$——亚硫酸钠的加药量，mg/L；

k_c——加药系数，可取2～3；

63、8、71——$\frac{1}{2}Na_2SO_3$、$\frac{1}{2}O_2$、Cl_2的摩尔质量。

由于Na_2SO_3有较强的还原性，它还能与水中的溶解氧发生反应，反应式为

$$2Na_2SO_3 + O_2 = 2Na_2SO_4$$

因此在上式估算中，应考虑溶解氧的含量。这就是为什么理论上1.34mg Na_2SO_3可除去1mg余氯，实际上需要加入3mg的原因所在。

2. 采用活性炭

（1）活性炭除氯原理。采用活性炭吸附处理工艺是除去水中余氯和有机物的主要方法之一。活性炭是由多种含碳原料经脱水、碳化、活化、筛分加工制成。活性炭具有不规则的结晶或无定形结构。活性炭不仅吸附能力强，而且吸附容量大，主要原因就是它的多孔结构，比表面积可达到500～1500m^2/g（1g活性炭有500～1500m^{2}的表面积）。这是由于活性炭在制造过程中，一些挥发性有机物去除以后，在活性炭粒中形成形状和大小不同的细孔，这些细孔的构造和分布与活

性炭的原料、活化方法和活化条件等因素有关。

实践证明，用活性炭过滤法能比较彻底地除去水中游离氯。活性炭脱氯并不是单纯的物理吸附作用，而是在其表面发生了催化作用，促使游离氯在通过活性炭滤层时，很快水解并分解出原子氧，其反应式为

$$Cl_2 + H_2O \rightleftharpoons HCl + HClO$$

$$HClO \longrightarrow HCl + [O]$$

原子氧与碳原子由吸附状态迅速地转化为化合状态，即

$$C + 2[O] \longrightarrow CO_2\uparrow$$

综上所述，氯与活性炭的反应可用下式表示为

$$C + 2Cl_2 + 2H_2O \longrightarrow 4HCl + CO_2\uparrow$$

此外，活性炭还能除去水中的臭味、色度和有机物等。当活性炭使用到一定时间后，应进行再生或更换，以便恢复其吸附活性。活性炭过滤器一般运行流速为8～15m/h。

（2）活性炭过滤器。活性炭过滤器结构见图17-5。当水通过活性炭过滤器时，由于活性炭具有发达的细孔结构和巨大的比表面积，因此对水中溶解性的各种有机物具有很强的吸附能力，而且对用生物法或其他化学法难以去除的有机物如色度、异臭、表面活性剂、合成洗涤剂和染料等都有较好的去除效果。活性炭还有去除余氯的作用，其对Cl_2的吸附不仅有物理吸附作用，而且也有化学吸附作用。

（3）主要工艺参数。

1）通水空塔流速为8～15m/h。

2）进水浊度小于5FTU。

3）活性炭层厚度为1～2m，粒径为0.8～2m。

4）COD吸附量为200～800mg/kg碳。

5）反冲洗水流速为28～32m/h。

6）反冲洗历时为10～20min。

7）反冲洗周期为6～10d。

（4）影响活性炭吸附性能的因素。因活性炭对水中有机物的吸附量与很多因素有关，去除率约在20%～80%之间，差别很大。

1）活性炭的结构及特性。活性炭的孔径、空容分布及比表面积影响吸附容量。因活性炭吸附有机物主要在微孔中进行，微孔所占空容和表面积的比例越大，吸附容量就越大。

由于活性炭表面带微弱的电荷，因此水中极性溶质竞争活性炭表面的活性位置，导致活性炭对非极性溶质的吸附量降低，而对某些金属离子产生离子交换吸附或络合反应。

2）有机物的溶解度。活性炭在本质上是一种疏水性物质，因此被吸附有机物的疏水性越强越易被吸附。换言之，在水中溶解度越小的有机物越易被活性炭吸附。

3）水中有机物的浓度。大多数的有机物在

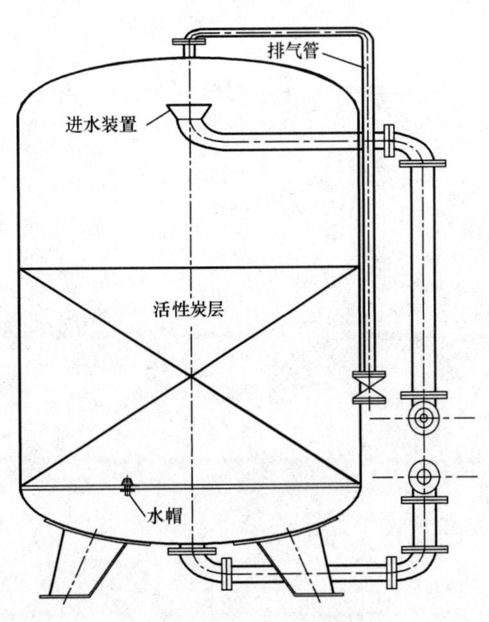

图17-5 活性炭过滤器结构

浓度和吸附量之间存在特定的关系，而且一般是浓度增加，吸附量则按指数关系增加。但也有例外，例如对 ABS（烷基苯磺酸）的吸附，浓度改变对吸附量基本无影响。

4）pH 值。在多数情况下，先把水的 pH 值降低到 2～3，然后再进行活性炭吸附往往可以提高有机物的去除率。这是因为水中的有机酸在低 pH 值下电离的比例较小，为活性炭提供了容易吸附的条件。

5）接触时间。因为吸附是液相中的吸附质向固相表面的一个转移过程，所以吸附质与吸附剂之间需要一定的接触时间，才能使吸附剂发挥最大的吸附能力。在处理水量一定的情况下，增加接触时间，就意味着增加设备或增大设备，而且接触时间太长时，吸附量的增加并不明显。因此，一般设计时接触时间按 20～30min 考虑。

第十八章 水的化学除盐

第一节 离子交换水处理

一、离子交换水处理原理

原水经过各种水处理工艺处理后，其水质符合补给水水质要求，用来补充锅炉汽水损失的水，称为锅炉补给水。没有经过处理的天然水含有许多杂质，这种水如进入水汽循环系统，将会造成热力设备结垢、腐蚀、积盐等诸多危害。因此为了保证锅炉等热力设备安全运行，必须对锅炉用水进行化学除盐，即水处理。

离子交换水处理是指水中所含的各种离子和离子交换树脂进行交换反应而被除去的过程，又称化学除盐处理。离子交换软化水处理是利用阳离子交换树脂中可以交换的阳离子（如 Na^+、H^+），把水中所含的钙、镁离子交换出来，这一过程称为水的软化过程，所得到的水称为软化水。当水中的各种阳离子和阳离子交换树脂反应后，水中就只含一种从阳树脂上被交换下来的阳离子；而水中的各种阴离子和阴离子交换树脂反应后，水中就只含一种从阴树脂上被交换下来的阴离子。如果水中仅存在的这种阴离子和阳离子能结合成水，则就能实现水的离子交换除盐。显然这种阳离子和阴离子一定分别是氢离子和氢氧根离子，所用的阳树脂一定是氢型的，所用阴树脂一定是氢氧根型的。这就是离子交换除盐水处理的原理。

在 H 型阳离子交换后，水中存在大量的 H^+，并与 HCO_3^- 结合生成难解离的 H_2CO_3。它可以用真空脱碳器或大气式除碳器除去，也可以用强碱性阴离子交换树脂交换除去。前者操作简单，能节约运行费用，因此在化学除盐系统中，一般均设有除碳器。

二、常用的除盐系统及适用情况

表 18-1 列出了常用离子交换除盐系统、适用情况及特点。

表 18-1　　常用离子交换除盐系统、适用情况及特点

序号	系统组成	出水水质		适用情况及简要特点
		电导率（25℃）（μS/cm）	SiO_2（mg/L）	
1	H—C—OH	<10	<0.1	中压锅炉
2	H—C—OH—H/OH	<0.2	<0.02	高压及以上汽包炉、直流炉
3	H_R—H—C—OH	<10	<0.1	中压锅炉；进水碳酸盐硬度大于 3mmol/L
4	H_R—H—C—OH—H/OH	<0.2	<0.02	高压及以上汽包炉、直流炉；进水碳酸盐硬度大于 3mmol/L
5	H—C—OH—H—OH	<1.0	<0.02	较高含盐量水
6	H—C—OH—H—OH—H/OH	<0.2	<0.02	高压及以上汽包炉、直流炉；较高含盐量水
7	H—C—OH_R—OH	<10	<0.1	中压锅炉；进水强酸阴离子大于 2mmol/L

续表

序号	系统组成	出水水质		适用情况及简要特点
		电导率（25℃）（μS/cm）	SiO_2（mg/L）	
8	H—C—OH_R—H/OH	＜0.2	＜0.05	进水强酸阴离子含量较高，但 SiO_2 含量低
9	H—C—OH_R—OH—H/OH	＜1.0	＜0.02	高压及以上汽包炉、直流炉；进水强酸阴离子大于 2mmol/L 或进水有机物较高
10	H_R—H—C—OH_R—OH	＜10	＜0.1	中压锅炉；进水碳酸盐硬度、强酸阴离子都较高
11	H_R—H—C—OH_R—OH—H/OH	＜0.2	＜0.02	高压及以上汽包炉、直流炉；进水碳酸盐硬度、强酸阴离子都较高
12	RO—H/OH	＜1.0	＜0.02	高含盐量水或苦咸水

注 H—强酸 H 型离子交换器；H_R—弱酸 H 型离子交换器；OH—强碱 OH 型离子交换器；OH_R—弱碱 OH 型离子交换器；H/OH—混合离子交换器；C—除碳器；RO—反渗透装置。

三、化学除盐系统的出水水质

混合离子交换器简称混床，它是将阴、阳两种离子交换树脂按一定比例混合装填于同一交换床中。由于运行时混床中阴、阳树脂颗粒互相紧密排列，所以阴、阳离子交换反应几乎是同时进行的，经阳离子交换所产生的氢离子和经阴离子交换所产生的氢氧根都不会积累起来，而是立即生成水，基本上消除了反离子的影响，因此交换反应进行彻底，出水水质好，常串接在一级复床后用于初级纯水的进一步精制，处理后的纯水可作为高压及以上锅炉的补给水。化学除盐系统的出水水质指标见表 18-2。

表 18-2　化学除盐系统的水水质指标

项　目	一级除盐水	混床出水
电导率（μS/cm）（25℃）	＜10	＜0.2
SiO_2（μg/L）	＜100	＜20
pH 值	8～9.5	7.0±0.2

第二节　电渗析水处理

离子交换除盐的经济性取决于酸碱再生剂的消耗。对于高含盐量的水单独进行离子交换除盐就很不经济。因此，对于含盐量大于 500mg/L 的原水，往往采用电渗析法除盐或反渗透法除盐与离子交换除盐相结合的水处理工艺，以提高除盐水处理工艺的经济性。

一、电渗析原理

电渗析是在直流电场的作用下，溶液中的离子有选择性地通过离子交换膜的迁移过程，电渗析通常简写为 ED（electrodialysis）。电渗析基本原理：①水中阴、阳离子在直流电场中会做定向迁移，阳离子向阴极迁移，阴离子向阳极迁移；②由于离子交换膜上有供离子进出和通过的孔隙与膜上的活性基团起作用，使离子交换膜具有选择透过性，阳离子交换膜（简称阳膜）只允许水中的阳离子透过，阴离子交换膜（简称阴膜）只允许水中的阴离子透过。

电渗析工作原理以双膜电渗析槽为例（如图 18-1 所示）。电渗析槽被阳膜、阴膜分隔成三室，在中室中充满 NaCl 溶液。在直流电场的作用下，中室溶液中的 Na^+ 透过向阴极方向迁移，并通过阳膜进入阴极室，同时发生电极反应：$2H^+ + 2e^- \longrightarrow H_2$，则阴极室 OH^- 浓度增加，呈碱性，并有氢气逸出。相反，中室溶液中的 Cl^- 向阳极方向迁移，并通过阴极膜进入阳极室，发生电极反应：$2Cl^- \longrightarrow Cl_2 + 2e^-$。同时，阳极室 H^+ 浓度增加，呈酸性，并有氯气放出。由此可见，中室内的溶液因 NaCl 不断电离而淡化，这是基于电解质在直流电场中的定向迁移和离子交换树脂膜的选择渗透性同时作用所致。

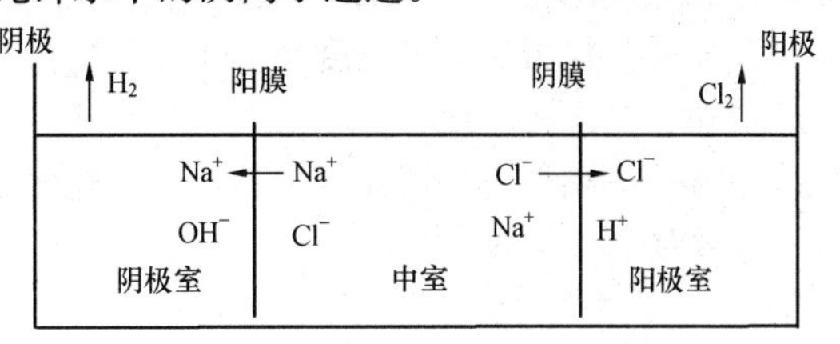

图 18-1 双膜电渗析槽工作原理

电渗析特点：①除盐过程中没有物相的变化，因而能量消耗低，在自来水除盐时，与蒸馏法相比，电渗析的能耗约为蒸馏法的 1/40；②在电渗析过程中，不需要从外界向工作液体中添加任何物质，也不需要使用化学药剂，因而保证了工作液体的原有纯净程度，也没有对环境污染；③电渗析是在常温常压下进行的，与反渗透相比处理自来水，电渗析只需要 0.2MPa 左右的水压。电渗析的适用范围见表 18-3。电渗析用于电厂水处理的工艺流程主要为原水→电渗析器→钠离子交换器→锅炉补给水。

表 18-3　电渗析的适用范围

用　途	除盐范围			成品水的直流耗电量（kWh/m³）	说　明
	项　目	起始	终止		
海水淡化	含盐量(mg/L)	35 000	500	15～17	规模较小时如 500m³/d，建设时间短，投资少
苦咸水淡化	含盐量(mg/L)	5000	500	1～5	淡化到饮用水，比较经济
水的除氟	含氟量(mg/L)	10	1	1～5	在咸水除盐过程中，同时去除氟化物
淡水除盐	含盐量(mg/L)	500	5	<1	将饮用水除盐到相当于蒸馏水的初级纯水，比较经济
水的软化	硬度($CaCO_3$)(mg/L)	500	<15	<1	除盐过程中同时去除硬度
纯水制取	电阻率(MΩcm)	0.1	>5	1～2	采用树脂电渗析工艺，或电渗析+混床离子交换工艺
废水的回收利用	含盐量(mg/L)	5000	500	1～5	废水除盐，回收有用物质和除盐水

二、电渗析器的设计计算

1. 进水水质指标

为了保证电渗析器的稳定运行，进水水质指标必须满足《电渗析技术》(HY/T 034.1～5—1994)的要求：水温为 5～40℃，耗氧量小于 3mg/L($KMnO_4$法)，游离氯含量小于 0.2mg/L，铁含量小于 0.3mg/L，锰含量小于 0.1mg/L，浊度小于 3.0mg/L(1.5～2.0mm 隔板 ED)，浊度小于 0.3mg/L(0.5～0.9mm 隔板 ED)。淤塞密度指数 SDI 小于 5。

2. 隔板的流量

一个淡水隔室的流量为

$$Q_D = LH_Dv \quad (m^3/s)$$

式中 Q_D——阳膜与阴膜之间隔板的流量，m^3/s；

L——隔板流水道宽度，m；

H_D——隔板厚度，m；

v——隔板内无填充网时的计算水流速度，m/s，一般取0.05～0.1m/s。

3. 并联的膜对数

$$N_D = \frac{Q}{Q_D \times 3600}$$

式中 Q——淡水产量，m^3/h；

N_D——每台电渗析需要并联的膜对数，膜对。

4. 脱盐率

脱盐率为给水中总溶解固体物（TDS）中的未透过膜部分的百分数，脱盐率又称除盐率，其计算公式为

$$\varepsilon = \frac{\text{给水中总溶解固体物} - \text{产品水总溶解固体物}}{\text{给水中总溶解固体物}} = \frac{C_{di} - C_{d0}}{C_{di}}$$

式中 C_{di}——电渗析器进口浓度，mg/L；

C_{d0}——电渗析器出口浓度，mg/L；

ε——电渗析器脱盐率，%。

电渗析一段流程的除盐率与设备、组装、工艺等诸多因素有关，比较正确的除盐率只有通过试验来确定，实用上常采用经验数据，见表18-4。

表18-4　采用国产膜和0.8mm网式隔板时的除盐率

隔板外形长度（mm）	一段流程的除盐率（%）	隔板外形长度（mm）	一段流程的除盐率（%）
1600	40～50	800	23～30

5. 电渗析的电流密度

$$i = K_D C_{in}$$

式中 i——电渗析的电流密度，mA/cm^2；

C_{in}——每段进口处的淡水含盐量，mg/L；

K_D——电流密度经验系数，对天然水来说，按表18-5取值。

表18-5　采用国产膜和0.8mm网式隔板电流密度经验系数

每段进口处的淡水含盐量（mg/L）	0～1000	>1000～10 000
电流密度经验系数	2×10^{-3}	1.8×10^{-3}

6. 电渗析的工作电压

$$U = U_D N_D$$

式中 U_D——膜对的工作电压，V，可采用经验数据，见表18-6；

U——电渗析的工作电压，V；

N_D——每台电渗析需要并联的膜对数，膜对。

表 18-6　　采用国产膜和 0.8mm 网式隔板膜对电压

每段进口处的淡水含盐量（mg/L）	<500	500～5000	>5000
膜对电压（V/膜对）	1.2～1.0	1.0～0.8	0.8～0.6

7. 水头损失

水头损失影响因素很多，如与隔板种类、膜的种类、水的温度和组装质量工艺等因素有关。水流阻力经验公式为

$$\Delta p = aLv^b$$

式中　Δp——除盐流程的综合水头损失，MPa；

L——除盐流程的总长度，m；

a、b——经验系数，由试验确定。

电渗析器供水压力不宜超过 0.3MPa，电渗析器出水剩余压力一般为 0.02MPa。

对 400mm×1600mm×0.8mm 网式隔板来说，可按表 18-7 选取。

表 18-7　　400mm×1600mm×0.8mm 网式隔板的电渗析水头损失

水流速度（m/s）	水头损失（MPa）	水流速度（m/s）	水头损失（MPa）
0.05	0.05	0.10	0.09
0.07	0.06		

8. 电流效率

电渗析的电流效率为实际用于除盐的电量与输入电渗析器的电量之比，即

$$\eta = \frac{ZQ(C_{di,mol} - C_{d0,mol})F}{3600IN_D}$$

式中　η——电流效率，%；

Z——离子电价数；

Q——淡水产量，m^3/h；

N_D——每台电渗析需要并联的膜对数，膜对；

$C_{di,mol}$——电渗析器进口溶液的摩尔浓度，mmol/L；

$C_{d0,mol}$——电渗析器出口溶液的摩尔浓度，mmol/L；

I——电流强度，A；

F——法拉第常数，96500/mol。

9. 含盐量的折算

总含盐量为水中阴离子与阳离子含量的总和，一般用总溶解固体来近似表示总含盐量。在进行电流效率计算时，需要使用物质的摩尔浓度，这就需要将以毫克表示的总溶解固体浓度折算到以摩尔表示的含盐量，两者近似地有如下关系

$$C_{mol} = \frac{C_{mg}}{65}$$

式中　C_{mol}——以摩尔表示的含盐量，mmol/L；

C_{mg}——以总溶解固体表示的含盐量，mg/L。

例如，如果进水含盐量为 3000mg/L，即 C_{mg}=3000mg/L，则

$$C_{mol} = \frac{3000}{65} = 46.15\text{mmol/L}$$

实际上常遇到的浓度单位还有 ppm，1ppm=1mg/L。

有时还会看到以水的导电率表示总含盐量。两者之间的关系式为

$$1.006\lg k_{H_2O} = \lg TDS + 0.215$$

式中 k_{H_2O}——水的导电率，mS/cm；

TDS——水的溶解固形物总量，mg/L。

例如，某溶解固形物总量为1088mg/L，则 $1.006\lg k_{H_2O} = \lg 1088 + 0.215$，所以水的导电率为1710.0mS/cm。

10. 直流耗电

$$W = \frac{\sum UI}{Q} \times 10^{-3}$$

式中 U——实际施加膜堆的直流电压，V；

I——实际施加膜堆的电流强度，A；

Q——电渗析器产水量，m^3/h；

W——直流耗电，kWh/m^3。

例如：原水含盐量为3000mg/L，要求淡水含盐量为400mg/L，淡水产量为$10m^3/h$，采用厚度为0.9mm，宽度×长度为400mm×1600mm的网式隔板，隔板有效面积$S=4800cm^2$。设计计算如下：

一段的除盐率按40%计算，则必须经过4级电渗析才能达到出水小于400mg/L的要求。一级进水含盐量为3000mg/L，一级出水含盐量为1800mg/L，二级进水含盐量为1800mg/L，二级出水含盐量为1080mg/L，三级进水含盐量为1080mg/L，三级出水含盐量为648mg/L，四级进水含盐量为648mg/L，四级出水含盐量为388.8mg/L。总除盐率为

$$\varepsilon = 1 - \frac{388.8}{3000} = 87\%$$

考虑到压力损失不要过大，淡水隔板水流速度选择0.05m/s，已知隔板厚度为0.9mm，隔板水道宽度为350mm，则每张淡水隔板的流量为

$$Q_D = LH_D v = 0.9 \times 10^{-3} \times 0.35 \times 0.05 = 1.575 \times 10^{-5}(m^3/s)$$

由于淡水产量为$10m^3/h$，$N_D = \dfrac{Q}{Q_D \times 3600} = \dfrac{10}{15.75 \times 10^{-5} \times 3600} = 176$膜对，取180膜对。

以第一级为例计算电流和电压。因为原水含盐量为3000mg/L，取电流密度经验系数为1.8，则电渗析的电流密度为

$$i = K_D C_{in} = 1.8 \times 10^{-3} \times 3000 = 5.4(mA/cm^2)$$

电流 $I = iS = 5.4 \times 4800mA = 25.9A < 30A$

选取膜对的电压为0.8V，则电渗析器工作电压$U = U_D N_D = 0.8 \times 180 = 144V$，

同理，其他各级电流和电压计算数据见表18-8。

表18-8 电渗析器各级电流和电压计算数据

项　目	第一级	第二级	第三级	第四级
每级进口处淡水含盐量（mg/L）	3000	1800	1080	648
电流密度经验系数	0.18	0.18	0.18	0.18
电流密度（mA/cm^2）	5.4	3.24	1.944	1.166
工作电流（A）	25.92	15.55	9.33	5.60
选取膜对电压（V）	0.8	0.8	0.9	1.0
工作电压（V）	144	144	162	180

根据工作电压180V，考虑到安全系数和极区电压15V，可选用额定输出为200V、30A的整流器共4台，其中第一级、第二级分别用一台整流器供电，第三级和第四级共用一台整流器并联供电，备用一台整流器。

第三节 反渗透水处理装置

反渗透技术（Reverse Osmosis，RO）是以压力为驱动力的膜分离技术。反渗透作为一项新型的膜分离技术最早是在1953年由美国C. E Reid教授在佛罗里达大学首先发现醋酸纤维素类具有良好的半透膜性为标志的。与此同时，美国加利福尼亚大学的Yuster，Loeb和Sourirsjan等对膜材料进行了广泛的筛选工作，采用氯酸镁水溶液为添加剂，经过反复研究和试验，终于在1960年首次制成了世界上具有历史意义的高脱盐率（98.6%）、高通量[10.1MPa下渗透通量为0.3×10^{-3}cm/s，合259L/(d·m^2)]、膜厚约100μm的非对称醋酸纤维反渗透半透膜，大大促进了膜技术的发展。从此，反渗透技术开始作为经济实用的苦咸水和海水的淡化技术进入了实用和装置的研制阶段。20世纪70年代初期，杜邦公司的芳香族聚酰胺中空纤维反渗透器“Permasep B-9”问世，使反渗透的性能有了大幅度的提高；80年代初，全芳香族聚酰胺复合膜问世；80年代末高脱盐全芳香族聚酰胺复合膜工业化；90年代，陶氏化学公司的全资子公司FilmTec公司在世界上首先发明了全芳香高交联度聚酰胺复合膜，并开始进入市场。正是因为这种高度交联和全芳香结构，决定了其高度的化学物理稳定性和耐久性，它能够承受强烈的化学清洗；其高密度的亲水性酰胺基团的特点，使其具有高产水量和高脱盐率的综合膜性能，从而为反渗透技术的进一步发展开辟了广阔的前景。1979年，我国在电厂水处理领域开始采用反渗透技术，在以含盐量为1000mg/L左右苦咸水作为水源的离子交换补给水处理中取得了良好的效果。80年代，又有多家电厂相继采用反渗透作离子交换的预脱盐处理。90年代，反渗透技术在电厂水处理锅炉补给水处理系统中已得到广泛应用。2000年以后，随着火电厂节水工作的开展，反渗透技术在海水淡化、电厂循环水排污水回收利用以及城市中水作为火电厂补充水源处理系统中也逐渐得到了应用。

一、反渗透脱盐的原理

在一定的温度下，用一张易透水而难透盐的半透膜将淡水和盐水隔开［见图18-2（a）］，淡水即透过半透膜向盐水方向移动，随着右室盐水侧液位升高，将产生一定的压力，阻止左室淡水

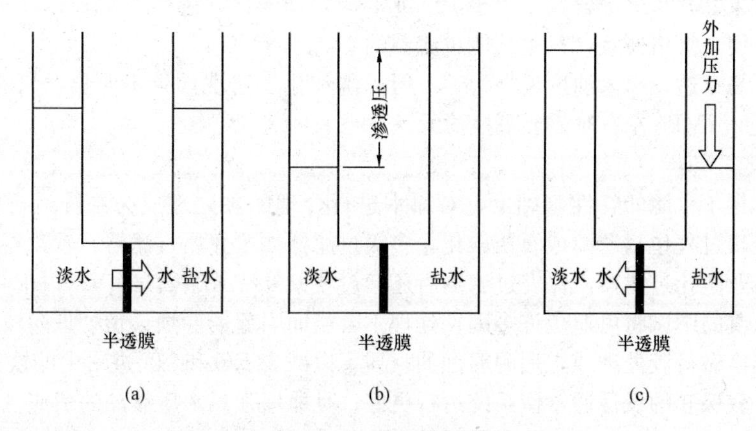

图18-2 反渗透现象图解

（a）渗透；（b）渗透平衡；（c）反渗透

向盐水侧移动，最后达到平衡，如图 18-2（b）所示。此时的平衡压力称为溶液的渗透压，这种现象称为渗透现象。若在右室盐水侧施加一个超过渗透压的外压［见图 18-2（c）］，右室盐溶液中的水便透过半透膜向左室淡水中移动，使淡水从盐水中分离出来，此现象与渗透现象相反，称反渗透现象。

盐水室的外加压力大于盐水室与淡水室的渗透压力，提供了水从盐水室向淡水室移动的推动力。上述用于隔离淡水与盐水的半透膜称为反渗透膜。反渗透膜多用高分子材料制成，目前，用于火电厂的反渗透膜多为芳香聚酰胺复合材料制成。

二、反渗透系统主要设备

1. 保安过滤器

为保证反渗透本体的安全运行，即使有良好的预处理系统，仍需要设置精密过滤设备，起安全保障作用，故称为保安过滤器（也有技术资料中称精密过滤器）。在反渗透系统中，保安过滤器不应作为一般运行过滤器使用，仅应作保安过滤使用，通常设在高压泵之前。保安过滤器有多种结构形式，常用的如图 18-3 所示，滤元固定在隔板上，水自中部进入保安过滤器内，隔板下部出水室引出，杂质被阻留在滤元上。

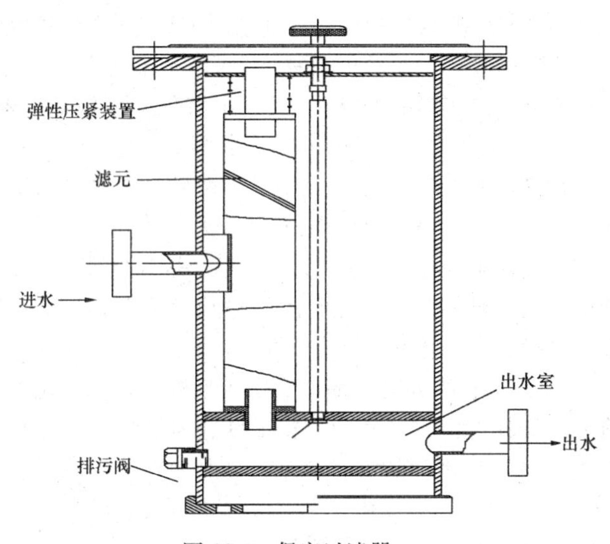

图 18-3 保安过滤器

滤元的种类也有多种，常见的有线绕式、熔喷式和碟片式。线绕式滤元又称蜂房式滤元，它是由聚丙烯纤维纺成的线，按照一定规律缠绕在聚丙烯多孔管上制成。目前，国内生产的线绕式滤元尺寸为 ϕ65×(250～1000)mm，其中 250mm 长的滤芯最大出水量约为 $1m^3/h$。反渗透水处理系统选择的过滤精度一般为 5μm。这种滤元的优点如下：

（1）可去掉细菌微生物、大分子有机物胶体等，是普通过滤器效率的 2～4 倍。

（2）除铁效果好，当进水含铁量大于 100μg/L 时，产水含铁量小于 3μg/L。

（3）制造方便，价格便宜，只是其他过滤器的 1/2。

（4）杂质不易穿透，出水浊度近乎为零。但反洗和化学清洗效果不明显，只能一次性使用，当运行压差达到 0.2MPa 左右时需要更换滤元。

2. 预处理设备

在已完全掌握了水源的特性基础上，对原水进行合理的预处理成为系统运行成功与否的关键。一般的预处理过程包括澄清或石灰软化，多级过滤器如多介质过滤器、软化器、活性炭过滤器、保安过滤器及微孔过滤器，保安过滤器后还会设置紫外线杀菌器（UV）以消除细菌的滋生。正确的分析和认真的中试将可避免许多因预处理不合格而引起的麻烦。预处理阶段的所有过滤器或软化器的容器需做衬胶处理或采用耐腐蚀的材质，以减少 RO 和 NF 进水中的铁离子含量。

实践证明，较保守的设计通常使系统运行更好，且能增强对水质波动的适应性。尽管保守的设计带来初期投资费较高，但其长年累月的总运行成本减低。成功的经验表明，投资费和运行费应综合考虑，合理的保守设计所造成的较高的投资费是有价值的。表 18-9 列出了在 RO 和 NF 预处理过程中常见设备的合理设计数据。

表 18-9　　预处理设备设计参数

设备类型	主要工艺参数	备　注
澄清池	1.83～2.07m/h	去除浊度物质，悬浮物和胶体
多介质过滤器	地表水 5～8m/h 地下水 7～10m/h	精制石英砂和无烟煤；合理级配和填充高度；要求过滤精度优于 10μm
软化器	15～25m/h	需高质量再生剂，脱除硬度物质
活性炭过滤器	10～15m/h	精制粒状果壳活性炭，脱除有机物和游离氯

投加化学药剂也会影响预处理，对于澄清及过滤时添加的阳离子混凝剂、絮凝剂一定要严格控制，谨防过量。如果混凝剂和絮凝剂添加量合理，它们会在澄清或过滤过程中随污泥排出，但若投加过量，残余溶解状混凝剂和絮凝剂就会附着在膜表面造成膜的污染。另外还有一个问题是，当阳离子混凝剂与阴离子阻垢剂相遇时，常会发生反应，产生沉淀并污染膜元件。如果采用 $NaHSO_3$ 对原水做除氯处理，它的投加点应在整个预处理流程中尽可能靠后，通常位于保安滤器前，预处理过程中的 pH 值也应该严格控制，因为它们会影响絮凝和氯化杀菌效果。

3. 高压泵

高压泵是反渗透系统的主要组成部分，它为膜组件提供合适的流量和压力。对于 A 膜，高压泵需要提供 2.8MPa 的压力；对于常规的复合膜，高压泵需要提供 1.7MPa 的压力。由于水温、水质变化等原因，需要调节高压泵的运行工况，以满足反渗透装置运行的需要。改变工况点的方法一般采用变频调节方式。高压泵在确定给水水质、膜组件形式、膜组件的排列方法、回收率后，用反渗透设计软件可以方便地计算出需要的给水压力等参数，然后根据反渗透装置的进水流量和给水压力等数据进行高压泵的选型。

选择高压泵时，应使泵的扬程、流量和材质符合要求。泵的扬程应根据反渗透组件的操作压力大小及高压泵后沿水流程的阻力损失来计算。泵的材质不仅对泵运行寿命有影响，而且对保证反渗透入口水质有很大关系，一般水泵过流部件选用不锈钢材质，以防止高含盐量和低 pH 值的原水对钢材发生腐蚀，增加铁对膜的污染。

目前，海水淡化高压泵主要有柱塞泵和多级离心泵两类。柱塞泵最大出水量约为 $200m^3/h$，超过此范围就要选用多级离心泵。大容量柱塞泵机械效率高达 85%～90%，而且出水量比较稳定，不像离心泵那样出水流量随压力增大而降低，但往复泵出水压力有脉冲，可能会造成膜元件的损坏，因而常在该泵出口装设一缓冲器。多级离心泵效率在 70%～85%范围内，体积小，质量轻。因此，对于大型的海水淡化装置，一般采用的高压泵是离心泵或高速泵。离心泵的结构形式有水平中开式的多级串联泵，以丹麦格兰富、瑞士英格索兰为代表，结构特点是上下两个壳体对接，进出口管嘴铸造在下部泵壳体上；径向平衡的双蜗壳设计，转子使用叶轮背向布置，能最大限度减少轴向负荷，降低轴向推力，泵的止推轴承处理所有轴向负荷；叶轮热装在轴上；检修维护方便，寿命较长，有高效率覆盖宽阔的流量范围，整个操作区域的振动较低，维修时，不需拆卸泵的下半壳和管线，易拆卸泵。另外一种是多级串联组装泵（见图 18-4），类似于串糖葫芦结构，以苏尔寿、KSB 为代表，其结构特点：每一级由一个位于扩散器壳体内的叶轮组成，扩散器用螺栓和连杆连在一起，所有各级以串联方式由长固定杆固定在一起；叶轮按一个方向组装，用滑销固定叶轮；在最佳效率

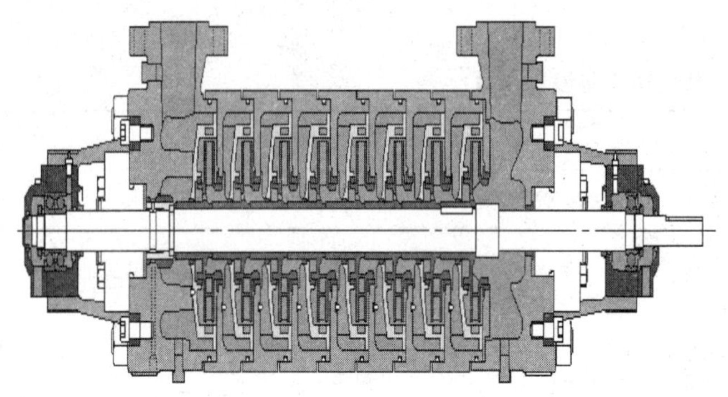

图 18-4 多级串联组装泵

点有较高的效率，但偏离较高的效率点时效率较低，偏离较高的效率点增加振动；检修维护量比较大。

4. 反渗透本体

反渗透本体是将反渗透膜组件用管道按照一定排列方式组合、连接而成的组合式水处理单元（如图 18-5 所示）。单个反渗透膜称膜元件，将一只或数只反渗透膜元件按一定技术要求串接，与单只反渗透膜壳组装构成膜组件（如图 18-6 所示）。

反渗透膜元件是反渗透膜和支撑材料等制成的具有工业使用功能的基本单元。目前，在火电厂中应用的主要是卷式膜元件。

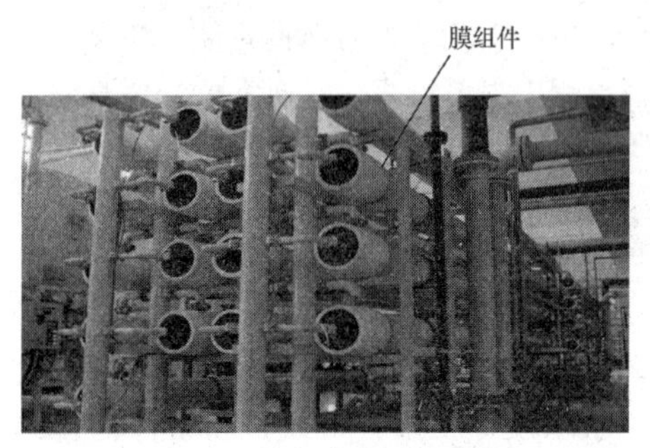

图 18-5 某火电厂反渗透本体装置照片

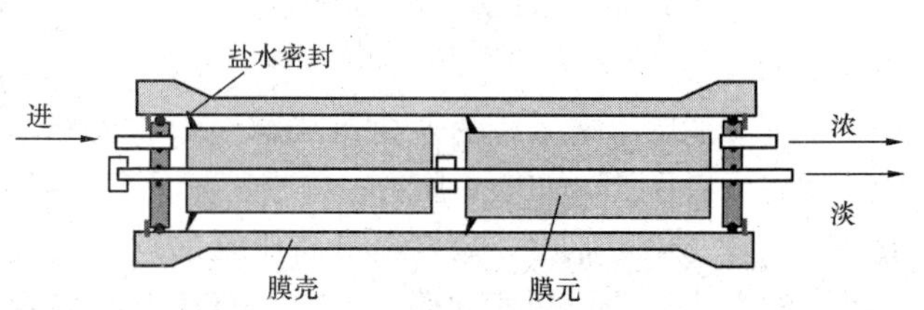

图 18-6 反渗透膜组件内部结构

目前，各膜制造商针对不同行业用户，生产出多种用途的膜元件。在火电厂应用的膜元件按照水源特点大致可分为高压海水脱盐反渗透膜元件、低压和超低压苦咸水脱盐反渗透膜元件、抗污染膜元件。表 18-10 中分别列出了这几种膜的性能参数对比。

表 18-10 部分 FILMTEC 膜元件性能参数

膜元件类型	海水膜元件 SW30HR 系列	低压苦咸水膜元件 BW30 系列	XLE 系列	NF270 系列
进水压力（MPa）	2.5	1.0	0.5	0.35
脱盐率（%）	99.7	99.4	98.6	50
测定条件	膜通量为 30L/(m^2·h)，2000mg/L NaCl 溶液，25℃，pH=7～8，回收率为 10%，40in 长膜元件			

注 1. NF270 为超低压中等脱盐率和硬度透过率的纳滤膜，脱除有机物高，产水量高。

2. XLE 为超低压极低能耗（压）反渗透元件，主要用于商用或大型市政水处理。

3. BW30 为低压玻璃钢缠绕标准低压苦咸水反渗透膜元件，主要用于多支串联高脱盐率反渗透系统。

4. SW30HR 为 高压标准高脱盐率（单级海水淡化）海水反渗透元件。

陶氏 FILMTEC™系列产品命名规则如下：

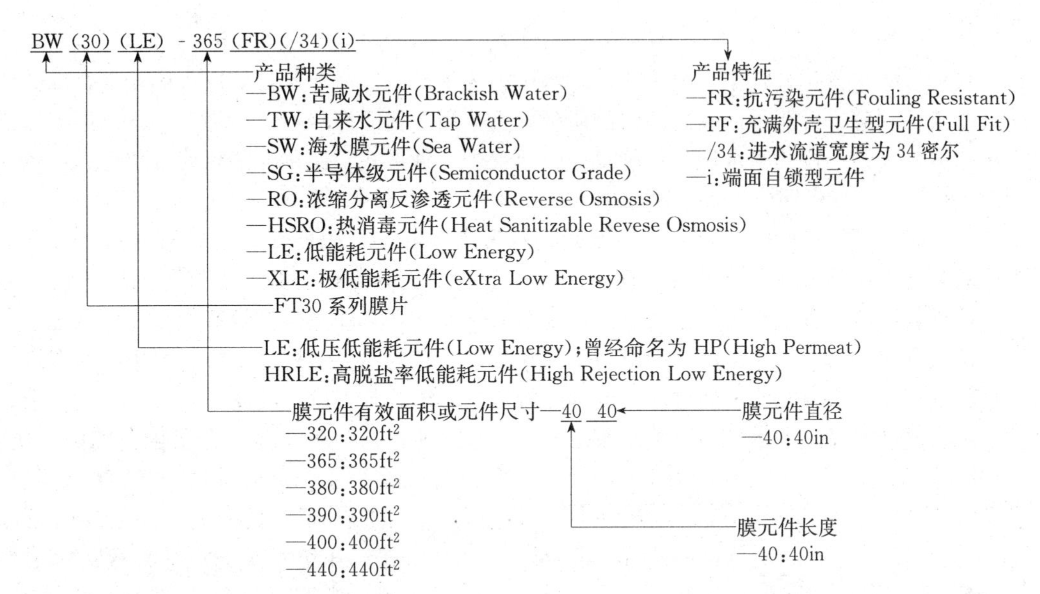

陶氏膜片为复合结构，它由三层组成（见图 18-7）。其中，聚酯材料增强无纺布，约 120μm 厚，提供复合膜的主要结构强度，它具有坚硬、无松散纤维的光滑表面；聚砜材料多孔中间支撑层，约 40μm 厚。设计多孔中间支撑结构的原因是如超薄分离层直接复合在无纺布上时，表面不太规则，且孔隙太大，因此需要在无纺布上预先涂布一层高透水性微孔聚砜作为支撑层；聚酰胺材料超薄分离层，约 0.2μm 厚。超薄分离层是反渗透和纳滤过程中真正具有分离作用的功能层，它的高交联度性质决定了其具有极高的物理强度和抗化学生物降解的性能。

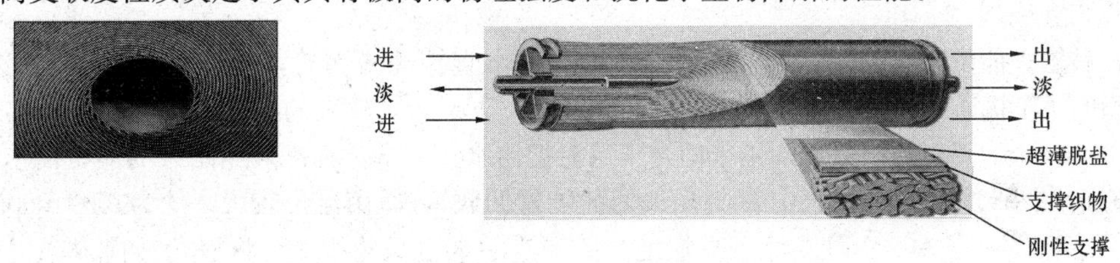

图 18-7　卷式膜元件断面图

反渗透本体装置中用来装载反渗透膜元件的承压容器称为膜壳，在有些文献中又称“压力容器”。

膜壳的外壳一般由环氧玻璃钢布缠绕而成，外刷环氧漆，也有部分生产商的产品为不锈钢材质的膜壳。玻璃钢具有较强的耐腐蚀性能，目前，国内大多数火电厂选用玻璃钢材质的膜壳。在 2000 年以前，膜壳大部分为进口产品，随着生产工艺的提高，目前国内也有不少生产商生产的产品在火电厂得到广泛的应用。表 18-11 为某生产商的膜壳产品参数。

表 18-11　　某生产商的膜壳产品参数

直径（in）	工作压力 MPa（psi）	装填膜元件根数（根）	适应膜种类
8	1.05（150）	1～7	超低压反渗透膜元件
8	2.1（300）	1～7	低压反渗透膜元件
8	6.9（1000）	1～7	海水反渗透膜元件
4	150（1.05）	1～4	超低压反渗透膜元件
4	2.1（300）	1～4	低压反渗透膜元件
4	6.9（1000）	1～4	海水反渗透膜元件

5. 能量回收装置

反渗透海水淡化系统中，由于排放浓水压力还很高，同时还蕴涵着巨大的能量，因此为了节约系统能耗，应进行能量回收。回收的能量可直接用于提高海水给水压力，也可以用于提高第一段出来并进入第二段的给水压力。能量回收装置分三种形式：佩尔顿能量回收装置、涡轮式能量回收装置和 PX 能量回收装置。

(1) 佩尔顿能量回收装置。佩尔顿回收装置（Pelton），也叫多级反转泵能量回收装置。多级反转泵是与反渗透高压给水泵放在同一基座上的卧式分体离心泵，直接与高压给水泵的轴连接，使回收的能量直接作为反渗透高压给水泵的驱动能量，能量转换效率较高，可达 85%。

该装置在 20 世纪 80 年代早期应用于海水淡化。它的主要结构是 2 台转向相反的多级高压离心泵，并配备 1 台补充能量的电动机同轴运行。从反渗透装置排出的高压浓海水在反转泵中冲击叶片，将能量通过泵轴带动高压给水泵运行，给水泵所需能量的不足部分靠配置的电动机补充。多级反转泵的特点是需要配置具有一定转速和足够功率的电动机，以保证反渗透高压给水泵的运行参数；盐水系统的设计需要和运行中的电动机转速一致，因而要在进入反转泵的盐水系统中设置旁路，以协调能量回收与电动机运行。此种回收装置由于是压力较高的多级泵，功率大，泵体结构较复杂，高压管路、阀门设置复杂，因而需要配置较大容量和高压力的给水泵。图 18-8 所示为佩尔顿（多级反转泵）能量回收装置原理。

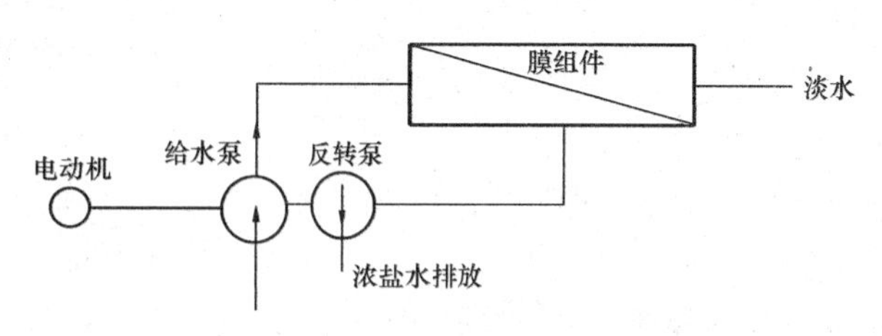

图 18-8 佩尔顿能量回收装置原理

(2) 涡轮式能量回收装置。水力涡轮机利用高压水直接冲击涡轮，使其高速旋转产生机械能，小型的涡轮机通常在高转速（5000～10 000r/min）下运行，较大的涡轮机则在相对低的转速（200～1000r/min）下运行，采取同轴带动升压涡轮把给水压力升高而减轻给水泵的能量需求，其效率约为 60%～80%（可将浓水中 60%～80%的能量回收），适用流量较大，约为10～1000m^3/h（给水）。近期Calder. AG 公司设计了高精度、低转速的水力涡轮机，可将涡轮转换效率提高到 90%。涡轮式能量回收装置于 20 世纪 80 年代末开始应用，起初由镍铝青铜合金制造，为提高耐腐蚀能力，1991 年改用超级耐腐蚀的双相合金钢，此装置在中东、威海、大连、沧州等地曾应用。该种回收装置结构简单、运行可靠，易于维护修理，由于只有单级涡叶，因此效率低。

涡轮式能量回收装置（Turbo）的工作原理是原水经高压泵增压后，进入涡轮式能量回收装置，与经反渗透的高压浓水进行能量交换后，使原水进一步增压至海水反渗透装置所需的运行压力。涡轮式能量回收装置接触原水与浓水。图 18-9 所示为涡轮式能量回收装置原理。

(3) PX 能量回收装置。液塞式水压能直接转换器，简称 PX 能量回收装置。该装置是单体的组件，大容量者需要多个并联。PX 能量回收装置外形结构是一个筒状的衬有耐蚀陶瓷的压力容器，其内部装有无轴的、多通道的陶瓷转子。它在流体静力学的作用下，在陶瓷套筒内以悬浮的状态转动。该转子的功能是使海水反渗透浓水的压力经过直接置换为海水反渗透给水的压力，能量损失很小，由于其没有任何机械传动，因此 PX 能量回收装置回收效率高达 94%。

该装置的工作原理是进入反渗透装置的原水分成 2 路，一路是 40%～45%的水量通过高压泵增压至反渗透的运行压力，另外一路 55%～60%的水量通过 PX 装置进行能量交换，使给水的压力增加接近反渗透的运行压力，不足部分由增压泵升压补偿达到与高压泵出口相同的压力。图 18-10 所示为 PX 能量回收装置原理。

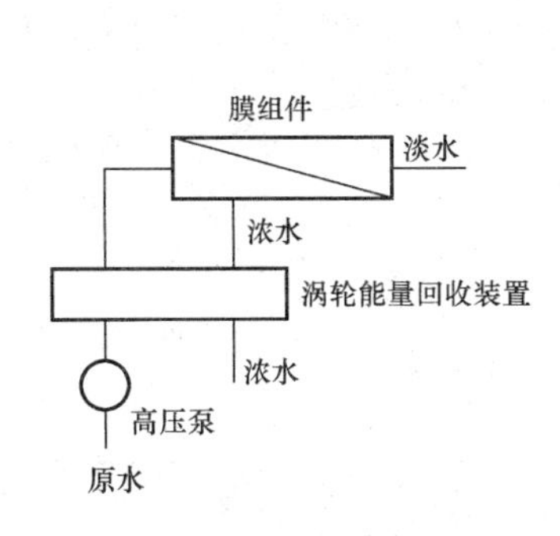

图 18-9 涡轮式能量回收装置原理

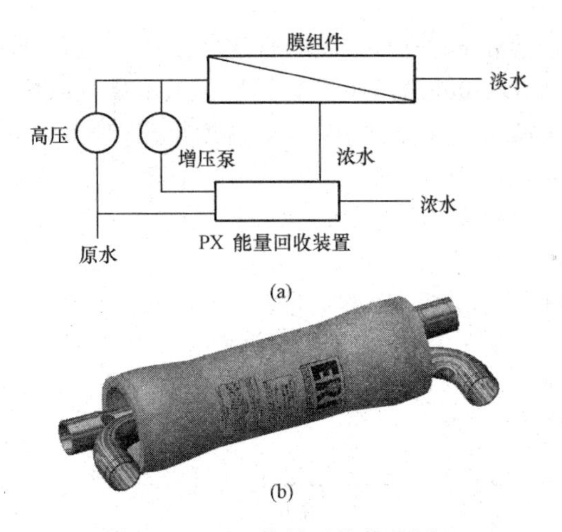

图 18-10 PX 能量回收装置原理

(a) 原理图；(b) 美国 ERI 公司的 PX220 型压力转换器

因 PX 能量回收装置运行费用低、能量转换率高、多个串联可承受无限制的流量、维护量少及装置占地面积小等优点，目前，在国内海水反渗透淡化系统有一定的应用业绩。

如果产水量为 $2000m^3/d$，则采用涡轮式能量回收方式的耗电量为 $3.86kWh/m^3$，采用 PX 能量回收方式的耗电量为 $2.79kWh/m^3$，佩尔顿能量回收方式的耗电量为 $3.52kWh/m^3$。

第四节 影响反渗透水处理系统性能的因素

一、影响反渗透水处理系统性能的因素

1. 压力的影响

反渗透进水压力直接影响反渗透膜的膜通量和脱盐率。如图 18-11 所示，产水通量的增加与反渗透进水压力呈直线关系；脱盐率与进水压力开始呈线性关系，但压力达到一定值后，脱盐率变化曲线趋于平缓，脱盐率不再增加。由于透水量与运行压力成正比，因此提高运行压力将增大透水量，并且将提高脱盐率。当压力达到一定值时，增大压力对水通量几乎没有影响。对于新的膜元件（组件），由于膜压密没有那么严重，膜的阻力小些，透水量较大。因此，对运行初期的膜，在满足产水量和脱盐率的情况下，运行压力宜采用比正常压力较低的为好。增加压力的后果是系统运行能耗增加，反渗透装置膜组件内部密封圈寿命变短，增大了设备的维护量。运行压力 p_{CF} 对透水量影响系数为

$$p_{CF}=0.00275\left(p_j-\frac{\Delta p_{fb}}{2}-p_c-\Delta H\right)$$

式中 p_{CF}——运行压力对透水量影响系数；

ΔH——反渗透器进水考虑浓水影响时的平均渗透压，psi；

Δp_{fb}——中空纤维束压降，psi；

p_j——进水平均压力，psi；

p_c——产品水压力，psi。

2. 温度的影响

如图 18-12 所示，脱盐率随反渗透进水温度的升高而降低，而产水通量则几乎呈线性地增大。这主要是因为，温度升高，水分子的黏度下降，扩散能力强，因而产水通量升高；随着温度

的提高，盐分透过反渗透膜的速度也会加快，因而脱盐率会降低。膜元件（组件）标明的透水量一般是在25℃的情况下，其他温度下透水量可以根据制造商提供的设计资料做适当的校正。在进水温度高于20℃条件下运行，温度每升高1℃，透水量约增加2.5%～3%。

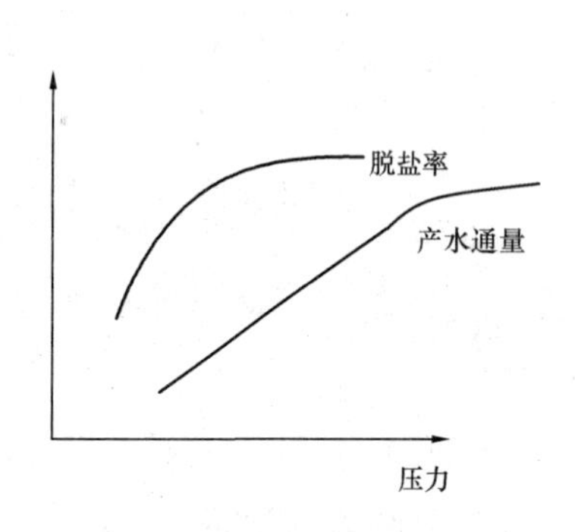

图 18-11 压力对膜通量和脱盐率的影响趋势

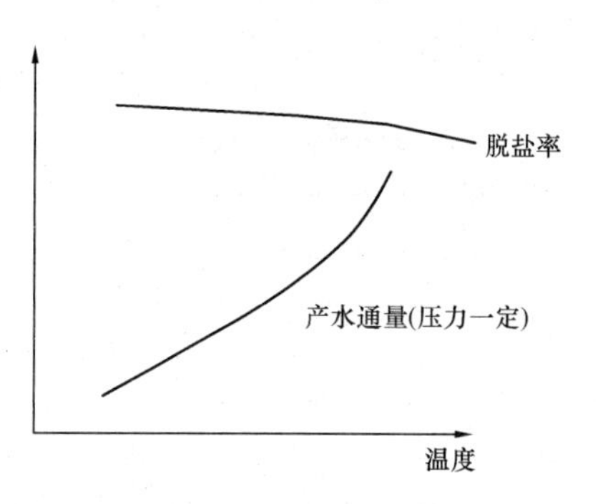

图 18-12 温度对膜通量和脱盐率的影响趋势

温度对透水量影响系数为

$$T_{CF}=1.03^{(t-25)}$$

式中 T_{CF}——温度对透水量影响系数；

t——进水口温度,℃。

适当提高原水温度，可以提高膜产水通量，减少膜元件的数量，降低了设备一次投资费用。在工程实践中，反渗透装置的进水水温一般控制在15～25℃。

3. 含盐量的影响

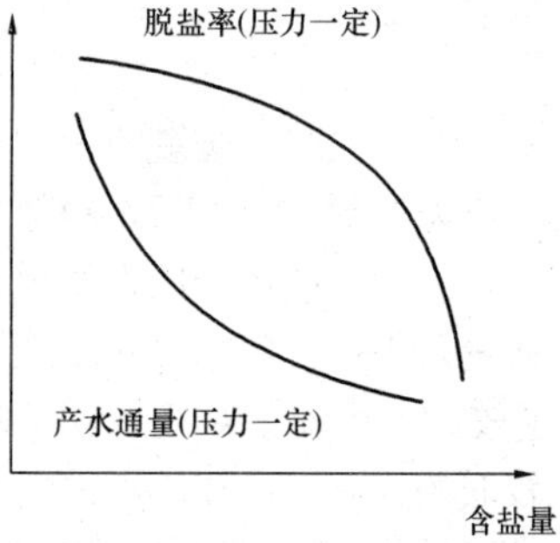

水中盐浓度是影响膜渗透压的重要指标，随着进水含盐量的增加，膜渗透压也增大。如图18-13所示，在反渗透进水压力不变的情况下，进水含盐量增加，因渗透压的增加抵消了部分进水推动力，因而通量变低，同时脱盐率也变低。

图 18-13 含盐量对膜通量和脱盐率的影响趋势

4. 回收率的影响

反渗透系统回收率的提高，会使膜元件进水沿水流方向的含盐量更高，从而导致膜渗透压增大，这将抵消反渗透进水压力的推动作用，从而降低了产水通量。图18-14所示为回收率对膜通量和脱盐率的影响趋势。在反渗透除盐过程中，由于反渗透膜对于水中CO_2的透过率几乎为100%，而对Ca^{2+}的透过率几乎为零，因此进水被浓缩时，将导致碳酸钙沉淀加剧。例如，当回收率为75%时，浓水浓度约比进水浓度高四倍（忽略渗过反渗透膜的离子浓度），将会导致浓水侧的pH值升高和Ca^{2+}浓度增加，而pH值的升高，会引起水中HCO_3^-转化为CO_3^{2-}，这样，极容易造成碳酸钙$CaCO_3$在反渗透膜上析出，损坏膜元件，造成反渗透膜透水率和脱盐率的下降。在反渗透系统中，防止$CaCO_3$在膜上沉淀的常用方法是加酸调节进水的pH值，加酸量的大小就是要使浓水中朗格里尔指数LSI小于或等于零，使$CaCO_3$无法在膜上沉淀出来。

5. pH值的影响

不同种类的膜元件适用的pH值范围差别较大，如醋酸纤维膜在pH值4～8的范围内产水通量和脱盐率趋于稳定，在pH值低于4或高于8的区间内，受影响较大。目前，工业水处理使用的膜材料绝大多数为复合材料，适应的pH值范围较宽（连续运行情况下，pH值可以控制在3～10的范围内），在此范围内的膜通量和脱盐率相对稳定，如图18-15所示。

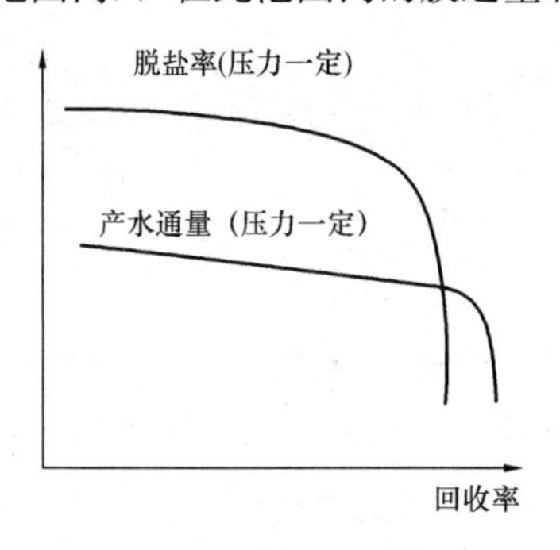

图18-14 回收率对膜通量和脱盐率的影响趋势

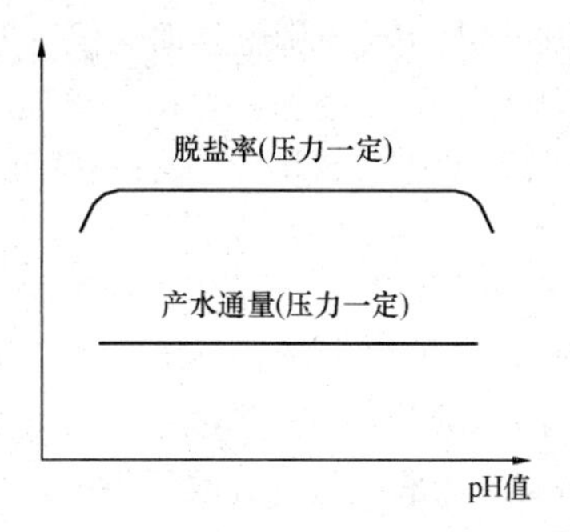

图18-15 pH值对膜通量和脱盐率的影响趋势

6. 污垢

在反渗透除盐过程中，由于反渗透膜对于水中CO_2的透过率几乎为100%，而对Ca^{2+}的透过率几乎为零，因此进水被浓缩时，将导致碳酸钙沉淀加剧，例如当回收率为75%时，浓水浓度约比进水浓度高四倍（忽略渗过反渗透膜的离子浓度），将会导致浓水侧的pH值升高和Ca^{2+}浓度增加，而pH值的升高，会引起水中HCO_3^-转化为CO_3^{2-}，这样极容易造成碳酸钙$CaCO_3$在反渗透膜上析出，损坏膜元件，造成反渗透膜透水率和脱盐率的下降。反渗透系统中，防止$CaCO_3$在膜上沉淀的常用方法是加酸调节进水的pH值，加酸量的大小就是要使浓水中朗格里尔指数LSI小于或等于零，使$CaCO_3$无法在膜上沉淀出来。一般情况下，所加的酸为盐酸或硫酸。由于加入硫酸，会增大Ca^{2+}和SO^{2-}的浓度乘积，造成硫酸钙$CaSO_4$在膜上的沉淀，因此在反渗透系统中加盐酸调节pH值为多。

在原水污染较大时，容易形成硫酸盐（如$CaSO_4$）结垢，防止硫酸盐结垢的方法是在给水中加入阻垢剂（如六偏磷酸钠SHMP）。

二、反渗透水处理系统的预处理

进入反渗透装置的水应满足表18-12的要求。为了满足进水水质的要求，必须对反渗透装置的进水进行预处理。

表18-12 反渗透膜元件对进水水质的要求

水源类型	地表水	地下水	海 水	废 水
SDI（淤泥密度指数）	≤5.0	≤4.0	≤4.0	≤5.0
浊度	≤1.0NTU	≤1.0NTU	≤1.0NTU	≤1.0NTU
游离氯	复合膜<0.1mg/L，中空纤维膜元件<0.5mg/L			
pH值	复合膜为3～10，中空纤维膜元件为4～9			
温度	<40℃			
其他要求	化学耗氧量COD（$KMnO_4$法）<1.5mg/L，Fe<0.1mg/L			

1. 结垢控制

反渗透处理时，水中绝大部分盐类保留在浓水中，导致浓水含盐量上升，而Ca^{2+}、CO_3^{2-}、SO_4^{2-}几乎不透过反渗透膜，随着盐水的浓缩，且超过其溶解度极限时，它们就会在反渗透膜表面上沉淀，称为“结垢”。在以海水或苦咸水作为水源的反渗透系统，可能产生$CaCO_3$、$CaSO_4$、$BaSO_4$、$SrSO_4$和$Ca_3(PO_4)_2$沉淀。预处理系统中，常见防止结垢的措施主要有加药、水质软化。

（1）加酸调整 pH 值。为防止 $CaCO_3$ 沉淀，通常方法是加酸降低水的 pH 值，使 $CaCO_3$ 无法在膜表面上沉淀出来。在苦咸水系统中，一般采用盐酸调整水的 pH 值，而海水反渗透系统，一般加入硫酸进行 pH 值调整。加酸仅对控制碳酸盐垢有效。

（2）加阻垢剂。阻垢剂可以用于控制碳酸盐垢、硫酸盐垢、氟化钙垢和硅垢，通常有 3 类阻垢剂：六偏磷酸钠（SHMP）、有机磷酸盐和多聚丙烯酸盐。

相对聚合有机阻垢剂而言，六偏磷酸钠（SHMP）价廉，但它能少量的吸附于微晶体的表面，阻止结垢晶体的进一步生长和沉淀，此时需使用食品级六偏磷酸钠，还应防止 SHMP 在计量箱中发生水解，一旦水解，不仅会降低阻垢效率，同时也有产生磷酸钙沉淀的危险。因此，目前极少使用 SHMP，有机磷酸盐效果更好也更稳定，适应于防止不溶性的铝和铁的结垢，高分子量的多聚丙烯酸盐通过分散作用可以减少 SiO_2 结垢的形成。但六偏磷酸钠的最大弱点不稳定，在水中易发生水解，必须当日配制使用。

聚合有机阻垢剂是目前在火电厂反渗透系统使用最为广泛的阻垢剂，针对不同的原水水质，产品开发商开发出适应不同水质特点的多类产品。聚合有机阻垢剂具有以下特点：具有极佳的溶解性和稳定性；在很宽的 pH 值范围内有效；在不加酸的情况下，能够有效地控制 $CaCO_3$ 结垢；不会造成环境污染。

早期进入市场上的聚合有机阻垢剂大都为国外产品，目前市场上也出现了大量国内厂家生产的产品。阻垢剂在反渗透系统中至关重要，许多大的膜生产商也把阻垢剂选型作为产品性能担保的条件，为慎重起见，建议用户在选择阻垢剂时，应与膜供应商或工程承包方沟通，避免影响其对反渗透膜的产品性能担保和售后技术服务。正规的反渗透透阻垢剂生产商除了能够提供相关机构的检测证书外，通常还为用户提供计算软件，以便当水质恶化时，用户能够通过计算，即时调整加药量，以保证系统运行稳定。国外常见的专用阻垢剂见表 18-13。

表 18-13　　国外常见的专用阻垢剂

制造公司	牌号	功能	投加量（mg/L）
法国巴斯夫公司（BASF）	Sokalan PM101	阻垢剂	3
美国大湖化工（Biolab）公司	Flocon135/ Flocon100	阻垢剂	3
	Flocon260	抗污染剂	3
美国高科公司（KOCH）	AF-200	阻垢剂	3
	AF-600	阻垢剂	3
	AF-1000	阻垢剂	3
	AF-800	抗污染剂	3
美国纳尔科公司（NALCO）	7295/7306	阻垢剂	3
美国清力公司（King Lee Technologies）	PTP800/900	絮凝剂	3
	PTP0100/PTP2000	阻垢剂	3
英国 POLYMER 公司	TRISPE1600/1700	阻垢剂	3
美国 SOAP 公司	BSS200	阻垢剂	3
美国阳光（SUNLIGHT）公司	PH-191/PH-010	阻垢剂	3
美国贝迪（Argo Scientific）公司	Hypersperse MDC120/MDC150	阻垢剂	3
英国 Housemae 公司	Perma treat191/391	阻垢剂	3

2. 水质硬度的控制

当原水水质比较恶劣时，靠加酸和加阻垢剂也无法控制水中盐类结垢时，则需要对原水采取软化处理。用于反渗透预处理的软化工艺包括石灰软化、钠软化和弱酸阳树脂软化。

(1) 石灰软化。石灰软化主要可以去除碳酸盐硬度，同时也能够显著降低钡、锶和有机物含量。另外，采用石灰—碳酸钠联合处理的工艺，不但可以降低非碳酸盐硬度，还可以进一步降低水中 SiO_2 的浓度。目前，火电厂在城市中水和高浓缩倍率循环水排污水作为反渗透系统水源时，多用石灰处理工艺，即

$$Ca(HCO_3)_2+Ca(OH)_2 \longrightarrow 2CaCO_3+2H_2O$$

$$Mg(HCO_3)_2+2Ca(OH)_2 \longrightarrow Mg(OH)_2+2CaCO_3+2H_2O$$

(2) 钠软化。钠离子软化器能够去除水中的结垢阳离子如 Ca^{2+}、Ba^{2+} 和 Sr^{2+}。采用钠离子软化器软化可以消除各种碳酸盐硬度和硫酸盐硬度，是非常有效和保险的阻垢方法，但这需要相当高的 NaCl 消耗，存在环境污染问题，运行也不经济，在大型常规反渗透水处理系统中很少应用，仅对特殊水源才考虑此软化工艺。

(3) 弱酸软化。对于重碳酸根含量很高的原水，可采用弱酸软化脱除水中碱度，它能够实现部分软化已达到节省再生剂的目的。弱酸树脂的饱和度在运行时会发生变化，因而其出水 pH 值将在 3.5～6.5 的范围内变化，这种周期性 pH 值的变化，会影响反渗透系统的脱盐率。采用弱酸阳树脂软化时，通常需要在弱酸软化出水投加 NaOH 调整 pH 值，或并联弱酸软化器在不同时间进行再生，以均匀弱酸软化出水 pH 值。

3. 胶体和固体颗粒污染的控制

胶体和颗粒污堵会严重影响反渗透膜元件的性能，如大幅度降低淡水产量，有时也会降低脱盐率，胶体和颗粒污染的初期症状是反渗透膜组件进出水压差增加。

判断反渗透膜元件进水胶体和颗粒最通用的办法是测量水中的 SDI 值，有时也称 FI 值（污染指数），它是监测反渗透预处理系统运行情况的重要指标之一。

防止反渗透进水中的胶体和颗粒物的主要方法有混凝澄清、石灰处理、砂滤、超滤和微滤以及滤芯过滤，这些处理技术已在本教材其他章节论述了，这里不再一一介绍。

4. 膜微生物污染控制

原水中微生物主要包括细菌、藻类、真菌、病毒和其他高等生物。反渗透过程中，微生物伴随水中溶解性营养物质会在膜元件内不断浓缩和富集，成为形成生物膜的理想环境与过程。反渗透膜元件的生物污染，将会严重影响反渗透系统的性能，出现反渗透组件间的进出口压差迅速增加，导致膜元件产水量下降，有时产水侧会出现生物污染，导致产品水受污染。例如，某些火电厂反渗透装置在检修时发现，膜元件及淡水管侧长满绿青苔，这是一种典型的微生物污染。

膜元件一旦出现微生物污染并产生生物膜，对膜元件的清洗就非常困难。此外，没有彻底清除的生物膜将引起微生物再次快速地增长。因此，微生物的防治也是预处理的最主要任务之一，尤其是对于以海水、地表水和废水作为水源的反渗透预处理系统。

防止膜微生物的方法主要有加氯、微滤或超滤处理、臭氧氧化、紫外线杀菌、投加亚硫酸氢钠。火电厂水处理系统常用的方法是加氯杀菌和在反渗透前采用超滤水处理技术。

氯作为一种灭菌剂，它能够使许多致病微生物快速失活。氯的效率取决于氯的浓度、水的 pH 值和接触时间。在工程应用中，水中余氯一般控制在 0.5～1.0mg/L 以上，反应时间控制在 20～30min，氯的加药量需要通过调试确定，因为水中有机物也会耗氯。采用加氯杀菌，最佳实用 pH 值为 4～6。

在海水系统中采用加氯杀菌与苦咸水中的情况不同。通常海水中还有 65mg/L 左右的溴，当

海水进行氯的化学处理时，溴首先与次氯酸反应生成次溴酸，这样起杀菌作用的是次溴酸而不是次氯酸，而次溴酸在pH值较高的情况下不会分解，因此，海水采取加氯杀菌效果比在苦咸水中要好。

由于复合材质的膜元件对进水余氯有一定要求，因此，采用加氯杀菌后，需要进行脱氯还原处理。

5. 有机物污染控制

有机物在膜表面上的吸附会引起膜通量的下降，严重时会造成不可逆的膜通量损失，影响膜的实用寿命。

对于地表水来说，水中大多为天然物，通过混凝澄清、直流混凝过滤及活性炭过滤联合处理的工艺，可以大大降低水中有机物，满足反渗透进水要求。而对于废水尤其是含有工业生产过程中产生的工业有机物的去除，则需要结合具体情况进行模拟小试后确定预处理工艺方案。

三、故障的排除

在多数情况下，产水量、脱盐率和压降的变化是与某些特定故障原因相关联的症状，虽然实际系统中不同的故障原因会有重复相同的症状，但在很多特定的情况下，个别症状却多少起主导作用，表18-14汇总了这些症状、可能的原因及纠正措施。

表18-14　故障症状，起因和纠正措施

故障症状			直接原因	间接原因	解决方法
产水流量	盐透过率	压差			
↑	⇑	→	氧化破坏	余氯、臭氧、$KMnO_4$等	更换膜元件
↑	⇑	→	膜片渗漏	产水背压 膜片磨损	更换膜元件 改进保安滤器过滤效果
↑	⇑	→	O形圈泄漏	安装不正确	更换O形圈
↑	⇑	→	产水管泄漏	装元件时损坏	更换膜元件
⇓	↑	↑	结垢	结垢控制不当	清洗；控制结垢
⇓	↑	↑	胶体污染	预处理不当	清洗；改进预处理
↓	→	⇑	生物污染	原水含有微生物 预处理不当	清洗、消毒 改进预处理
⇓	→	→	有机物污染	油、阳离子聚电解质	清洗；改进预处理
⇓	→	→	压密化	水锤作用	更换膜元件或增加膜元件

注　↑表示增加；↓表示降低；→表示不变；⇑⇓表示主要症状。

第五节　反渗透水处理装置的清洗

反渗透膜在运行过程中，会受到各种各样的污染问题，如胶体、微生物、结垢、金属氧化物污染，当膜受到污染后，会引起脱盐率、产水量的下降和膜组件压差的上升，影响工业安全生产，为了恢复膜元件的初始性能，需要对膜元件进行化学清洗。化学清洗一般3～6个月进行一次，若过于频繁，则需要对预处理系统进行检查。

一、清洗的条件

当遇到下述情况，则需要清洗膜元件：

(1) 产水量低于初始运行值的10%～15%。

(2) 反渗透本体装置进水压力与浓水压力差值超过初始运行值的10%～15%。

(3) 脱盐率增加初始运行值的5%以上。

注意：上述数据应在系统运行条件与初始运行条件相同的情况下进行比较。

二、清洗系统设备选择

化学清洗装置系统流程如图18-16所示。化学清洗装置主要由清洗箱、清洗泵、5μm精密过滤器、系统管道、阀门、流量计、pH计及温度计组成。清洗液的pH值可能在1～12之间，因此清洗装置的材料应当具有相应的防腐能力。

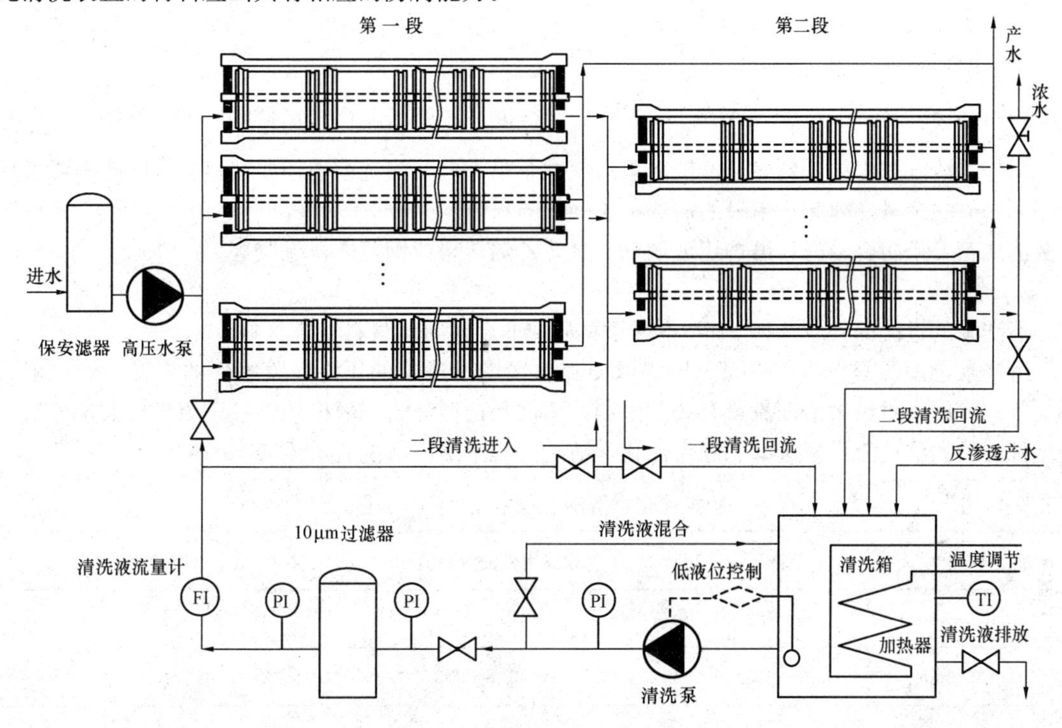

图18-16 化学清洗装置系统流程

清洗箱可选用玻璃钢、聚氯乙烯或钢衬胶等，因有些污染物的化学清洗对清洗温度有一定的要求，因此清洗箱应设置加热器并设有温度控制装置，一般清洗温度不低于15℃。

1. 清洗箱

清洗箱的体积根据膜组件的数量、精密过滤器的体积及清洗循环管线的长度计算得到。

例如，某厂反渗透本体装置膜组件排列方式为一级二段，膜组件直径为8in，每支膜组件内包含6根膜元件，膜组件按8∶4排列，系统精密过滤器直径为800mm，有效高度为1.0m，化学清洗管线为ϕ89×3.5mm的不锈钢管，长约30m。

清洗箱体积确定计算如下：

(1) 每支膜壳的体积为

$$V_1 = \pi r^2 L = 3.14 \times \left(\frac{25.4 \times 8}{2 \times 1000}\right)^2 \times 6 = 0.1945(\mathrm{m}^3)$$

则 12 支膜组件的总体积为

$$V_2 = 0.1945 \times 12 \times 70\% = 1.6334(m^3)$$

注：70%是考虑膜元件占 30%的体积后剩余充水体积占的百分比。

（2）精密过滤器体积为

$$V_3 = \pi r^2 H = 3.14 \times \left(\frac{800}{2 \times 1000}\right)^2 \times 1.0 = 0.5024(m^3)$$

（3）管线体积为

$$V_4 = \pi r^2 L = 3.14 \times \left(\frac{82}{2 \times 1000}\right)^2 \times 30 = 0.1584(m^3)$$

（4）清洗箱体积为

$$V = 1.25 \times (V_2 + V_3 + V_4) = 1.25 \times (1.6334 + 0.5025 + 0.1584) = 2.87(m^3)$$

另外，清洗过程中，要保证清洗水泵的气蚀余量，同时清洗箱内还要储存水，因此需要考虑增加 0.8m^3的余量，因此水箱最终需选择 4.0m^3的水箱。

清洗箱要求防腐，材料可选用玻璃钢、聚氯乙烯塑料或钢罐内衬橡胶等。

2. 清洗泵

清洗泵的过流部件应选择 316L 不锈钢材质或非金属防腐材料复合材料。

清洗泵选型扬程为 0.3～0.5MPa，以便克服精密过滤器的压降、膜组件的压降、管道阻力损失等。膜厂家对最大清洗流量有一定限制，清洗泵选型流量一般按照第一段膜组件数量×每根膜组件的最大清洗流量来选型。膜组件化学清洗过程中最高清洗流量见表 18-15。

表 18-15　膜组件化学清洗过程中最高清洗流量

压力容器直径(in)	清洗压力(MPa)	每根膜组件的流量值(m^3/h)	最高清洗流量(m^3/h)
2.5(63.5mm)	0.3～0.5	0.7～0.9	0.9
4(101.6mm)	0.3～0.5	1.8～2.3	2.3
6(152.4mm)	0.3～0.5	3.6～4.5	4.5
8(203.2mm)	0.3～0.5	6.0～9.1	9.1

上例每支膜组件内包含 6 根 8in 的膜元件，则清洗泵流量可选为 9.1×6=54.6m^3/h。

3. 精密过滤器

精密过滤器结构与本章第四节保安过滤器相同，材质应选择牌号为 316L 的不锈钢，过滤精度为 5μm。

三、清洗药剂的选择

反射透膜元件发生的污染主要有碳酸钙结垢、硫酸钙结垢、有机物污染、微生物污染及铁氧化物污染等，不同种类的污染，选择的清洗药剂种类也不尽相同，各膜生产商在产品技术手册中也各自推荐了相应的清洗配方。但是总的来说，酸清洗除去无机沉淀物，如 Fe、$CaCO_3$，pH 值调至 2～4；碱清洗除去有机物和微生物，pH 值调至 10～12。膜污染与对应的清洗药剂配方见表 18-16。

表 18-16　　膜污染与对应的清洗药剂配方

膜元件污染类型	对膜性能的影响	清洗药剂配方	清洗方法	运行措施
碳酸钙、磷酸钙、金属氧化物（铁）、无机胶体	脱盐率明显下降，系统压降很快增加，系统产水量稍降	pH 值为 2.5～4，2%柠檬酸溶液＋NH_4OH，温度为 40℃	维持压力 0.4MPa、流速 15L/min，循环 2h；保持压力 1.0MPa，冲洗约 30min	给水酸化、控制运行回收率
碳酸钙、无机胶体	脱盐率稍有下降，系统压降逐渐增加，系统产水量逐渐减少	pH 值为 4，0.5%盐酸水溶液清洗		给水酸化、控制运行回收率
硫酸钙、有机物、微生物	脱盐率可能下降，系统压降逐渐增加，系统产水量逐渐减少	pH 值为 10.0，2%三聚磷酸钠溶液＋0.8% Na-EDTA 钠盐，温度为 40℃		运行中加阻垢剂
		用 pH 值小于 10 的 0.1% NaOH ＋ 0.1% Na-EDTA 碱液清洗		
细菌、微生物	脱盐率可能下降，系统压降逐渐增加，系统产水量逐渐减少	pH 值为 8～10，0.5%～1%甲醛，温度为 40℃	维持压力 0.4MPa、流速 40L/min，循环 2h；冲洗约 30min	预处理中除去、给水加氯杀菌

四、清洗过程的注意事项

对于 8in 多段膜元件，对反渗透本体装置各段组件应能够分段清洗，清洗水流方向与运行水流方向一致。若污染较轻，仅为定期的保护性清洗，则可以将各段串洗。

膜元件污染严重时，清洗液在最初几分钟可排地沟，然后再循环。一般情况下，污染不严重，清洗液可不排地沟，直接循环。

用于配置清洗药剂的水应为反渗透淡水或除盐水，清洗过程中应检测清洗液的温度、pH 值、运行压力以及清洗液颜色的变化。运行压力以能完成清洗过程即可，压力容器两端压降不应超过 0.35MPa。

一般情况下，清洗每一段循环时间为 1.5h，污染严重时，可适当延长半小时。清洗完毕后，应用反渗透出水冲洗 RO 装置，时间不少于 20min。

在酸洗过程中，应随时检查清洗液 pH 值的变化，在溶解无机盐类沉淀消耗掉酸时，如果 pH 值的增加超过 0.5 个 pH 值单位，就应该向清洗箱内补充酸，酸性清洗液的总循环时间不应超过 20min，超过这一时间后，清洗液可能会被清洗下来的无机盐所饱和，而污染物就会再次沉积在膜表面，此时应用合格预处理产水将膜系统及清洗系统内的第一遍清洗液排放掉，重新配置清洗液进行第二遍酸性清洗操作。如果系统必须停机 24h 以上，则应将元件保存在 1%（质量比）的亚硫酸氢钠水溶液中。在对大型系统清洗之前，建议从待清洗的系统内取出一支膜元件，进行单元件清洗效果试验评估。

清洗 pH 值与清洗温度应严格遵照各膜厂家规定的范围，一般不应超过 40℃。表 18-17 为 FILMTEC 系列膜元件产品规定的清洗 pH 值与清洗温度要求。

表 18-17　　FILMTEC 系列膜元件清洗 pH 值和温度要求

膜元件类型	最高温度为 50℃时的 pH 值范围	最高温度为 35℃时的 pH 值范围	连续操作时的 pH 值范围
SW30，SW30HR	3～10	1～12	2～11
BW30，BW30LE，TW30，XLE，LP	2～10	1～12	2～11

五、清洗步骤

一般采取如下六个步骤清洗膜元件：

(1) 配制清洗液。

(2) 低流量输入清洗液。首先用清洗水泵混合一遍清洗液，预热清洗液时应采用低流量（表18-18 所列值的一半）。然后以尽可能低的清洗液压力置换元件内的原水，其压力仅需达到足以补充进水至浓水的压力损失即可，即压力必须低到不会产生明显的渗透产水。低压置换操作能够最大限度地减低污垢再次沉淀到膜表面，视情况而定，排放部分浓水以防止清洗液的稀释。

表 18-18　　高流量循环期间每支压力容器建议流量和压力

清洗压力		元件直径 (in)	每支压力容器的流量值	
(psi)	(MPa)		(gpm)	(m^3/h)
20～60	0.15～0.4	2.5	3～5	0.7～1.2
20～60	0.15～0.4	4^2	8～10	1.8～2.3
20～60	0.15～0.4	6	16～20	3.6～4.5
20～60	0.15～0.4	8	30～40	6.0～9.1
20～60	0.15～0.4	8^3	35～45	8.0～10.2

注　国际文献上经常用到压力单位 psi，1psi=1bf/in^2（磅/英寸^2）=0.006 9MPa。

(3) 循环。当原水被置换掉后，浓水管路中就应该出现清洗液，使清洗液循环回清洗水箱并保证清洗液温度恒定。

(4) 浸泡。停止清洗泵的运行，使膜元件完全浸泡在清洗液中。有时元件浸泡大约 1h 就足够了，但对于顽固的污染物，需要延长浸泡时间，如浸泡 10～15h 或浸泡过夜。为了维持浸泡过程的温度，可采用很低的循环流量（约为表 18-18 所示流量的 10%）。

(5) 高流量水泵循环。按表 15-18 所列的流量循环 30～60min。高流量能冲洗掉被清洗液清洗下来的污染物。如果污染严重，请采用高于表 18-18 所规定的 50%的流量将有助于清洗，在高流量条件下，将会出现过高压降的问题，单元件最大允许的压降为 0.1MPa（15psi），对多元件压力容器最大允许压降为 0.35MPa（50psi），以先超出为限。

(6) 冲洗。预处理的合格产水可以用于冲洗系统内的清洗液，除非存在腐蚀问题（如静止的海水将腐蚀不锈钢管道）。为了防止沉淀，最低冲洗温度为 20℃。

第六节　反渗透水处理装置的设计计算

一、膜元件设计原则

反渗透系统设计的首要问题是选择反渗透膜的产水量。在给定的膜元件数量的条件下，要提高透水量，必须提高运行压力。虽然大多数反渗透膜元件允许的最大运行压力远远大于 7MPa，但在实际设计过程中，最大允许运行压力为 1000psi（6.9MPa）。因为依靠提高运行压力来提高透水量，将会导致膜表面污染速度加快，从而造成频繁的清洗。另一方面，有些设计者和承包商，为了降低工程造价，按照膜元件透水量的规定极限选取较少的膜元件数量，缩短了膜的使用寿命。因此膜供应商从实践中总结出来的设计导则必须遵守。根据进水类型，Filmtec/DOW 膜元件设计推荐导则见表 18-19。

表 18-19　　　**Filmtec8in 元件在水处理应用中的设计导则**

给水类型	RO 产水	井水	地表水		废水（过滤市政污水）		海水	
			连续微滤	传统过滤	连续微滤	传统过滤	沉井取水	表面取水
给水 SDI	＜1	＜3	＜3	＜5	＜3	＜5	＜3	＜5
元件最大回收率（%）	30	19	17	15	14	12	13	10
典型通量（GFD）	23	19	16	15	12	10	8.8	7.3
最大产水流量	GPD							
320ft² 元件	10 000	7500	6500	5900	5300	4700	7500	6400
365ft² 元件	10 000	8300	7200	6500	5900	5200	—	—
380ft² 元件	12 000	8600	7500	6800	5900	5200	8800	7600
390ft² 元件	10 600	8900	7700	7000	6300	5500	—	—
400ft² 元件	11 000	9100	7900	7200	6400	5700	—	—
440ft² 元件	12 000	10 000	8700	7900	71 00	6300	—	—
元件类型	最小浓水流量/最大给水流量（m³/h）							
BW365ft²	3.6/17	3.6/15	3.6/14	4.1/13	3.6/12	3.6/12	—	—
BW400ft²	3.6/19	3.6/17	3.6/17	4.1/15	4.1/14	4.6/14	—	—
NF400ft²	3.6/19	3.6/17	3.6/17	4.1/15	4.1/14	4.1/14	—	—
BW440ft²	3.6/19	3.6/17	3.6/17	4.1/15	4.1/14	4.6/14	—	—
Full-Fit390ft²	5.7/19	5.7/17	5.7/17	5.7/15	5.7/14	5.7/14	—	—
SW320ft²	3.6/17	3.6/15	3.6/14	4.1/13	3.6/12	4.1/12	3.6/14	4.1/13
SW380ft²	3.6/18	3.6/16	3.6/16	4.1/15	3.6/13	4.1/13	3.6/16	4.1/14

注　1GFD=1.70L/(m²·h)，1GPD=0.003 785m³/d，1ft=0.304 8m，1ft²=0.092 9m²。

美国 UOP 公司提供了其生产的卷式膜元件的设计导则，对不同的 RO 给水，要求不同的透水量，见表 18-20。本导则中的透水量同表 18-19 中的典型通量。

表 18-20　　　**不同给水不同膜元件的水通量**

水通量 / 项目		不同给水条件下允许的水通量（GFD）			
RO 给水类型		市政废水	河水	井水	RO 渗透水
水通量（GFD）		8～12	10～14	17～20	20～30
膜元件类型	膜表面积（ft²）	不同膜元件允许的产水量，m³/d			
直径 4in，长度 40in	80	2.4～3.6	3.0～4.2	5.1～6.1	6.1～9.1
直径 4in，长度 60in	120	3.6～5.5	4.5～6.4	7.7～9.1	9.1～13.6
直径 8in，长度 40in	325	10～15	12～17.2	21～25	25～37
直径 8in，长度 60in	525	16～24	20～28	34～40	40～60

1. 原水的渗透压力

为了使反渗透装置正常运行，盐水侧的压力必须高于渗透压力 ΔH。渗透压可用范德华

(Vant Hoff) 方程计算，即

$$\Delta H = R_C T \Sigma c_i \ (\text{atm}) = 0.101 R_C T i c_i \quad (\text{MPa})$$

式中 Σc_i——各离子浓度 c_i 总和，mol/L；

T——进水绝对温度，273+t（℃），K；

R_C——理想气体常数，又叫摩尔气体常数，R_C=8.314 4J/(mol·K)= 0.082 056atm·L/(mol·K)≈0.082atm·L/(mol·K)；

i——渗透系数，对于非电解质 $i=1$，对于完全电解的电解质溶液 $i=2$；

ΔH——溶液的渗透压，atm 或 MPa。

例如 25℃时，浓度为 2000mg/L 的 NaCl 溶液渗透压计算如下：

设电离出 x(mg/L)Na^+、y(mg/L)Cl^-，则

$$NaCl \longrightarrow Na^+ + Cl^-$$

58.5　　23　　35.5

2000　　x　　y

所以 x=786.3mg/L，y=1213.7mg/L

$$c_{Na^+} = \frac{786.3}{23 \times 1000} = 0.034\ 2(\text{mol/L})$$

$$c_{Cl^-} = \frac{1213.7}{35.5 \times 1000} = 0.034\ 2(\text{mol/L})$$

$$\Sigma c_i = c_{Cl^-} + c_{Na^+} = 0.068\ 4(\text{mol/L})$$

$$\Delta H = 0.101 \times 0.082 \times (273+25) \times 0.034\ 2 \times 2 = 0.169\text{MPa}$$

又如 25℃时，浓度为 3.5%的 NaCl 溶液（相当于海水）渗透压计算如下：

$$c_{Na^+} = \frac{35\ 000}{58.5 \times 1000} = 0.598(\text{mol/L})$$

$$\Delta H = 0.101 \times 0.082 \times (273+25) \times 0.598 \times 2 = 2.95(\text{MPa})$$

在实际应用中，由于浓水侧浓度很大，因此加在溶液上的压力必须远远大于按淡水侧浓度计算的渗透压，例如海水淡化反渗透压力一般在 5.2～6.9MPa 范围内，苦咸水反渗透压力在 1.0～2.5MPa 范围内。

以山东中部某电厂反渗透水处理装置为例，说明其设计计算方法，设计参数为：25℃时河水含盐量浓度为 900mg/L，操作压力 1.2MPa，水的回收率 75%，产品水含盐量18mg/L，产品水产量为 45m³/h，选用 BW30-365FR 膜元件，采用传统过滤方式。

2. 脱盐率

脱盐率是指进水浓度和产品水浓度之差与进水浓度的比值，其计算公式为

$$\varepsilon = \frac{\rho_f - \rho_p}{\rho_f} \times 100\%$$

式中 ρ_f——给水进口浓度，mg/L；

ρ_p——产品水出口浓度，mg/L；

ε——反渗透器脱盐率，%。

本例脱盐率 $\varepsilon = \frac{900-18}{900} \times 100\% = 98\%$，因为是处理河水，考虑到河水受工业污染日益严重，因此可以选择 BW30-365FR 抗污染高脱盐率复合膜元件。

3. 盐透过率

盐透过率是指产品水出口浓度与进水浓度之比。其计算公式为

$$S_P=\frac{\rho_P}{\rho_f}\times 100\%=1-\varepsilon$$

式中 ρ_f——给水进口浓度，mg/L；

ρ_P——产品水出口浓度，mg/L；

S_P——盐透过率，%；

ε——脱盐率，%。

一般地讲盐透过率随离子的不同而不同，单价离子的透过率大于二价离子的透过率，而二价离子的透过率又大于三价离子的透过率。表 18-21 为标准条件（5.515MPa、25℃、30%回收率、300 00mg/LNaCl）下 B-10 反渗透器的盐透过率。

表 18-21　标准条件下 B-10 反渗透器的盐透过率

成分	Na^+	K^+	Ca^{2+}	Mg^{2+}	Ba^{2+}	Fe^{2+}	Sr^{2+}	NO_3^-	Cl^-	SO_4^{2-}	CO_2
盐透过率（%）	1.5	1.5	0.6	0.6	0.6	0.6	0.6	2.3	1.5	0.6	100

以井水为原水时 Hydranautics 复合膜的盐透过率每年增长 3%～10%，醋酸膜的盐透过率每年增长 17%～33%。

本例盐透过率 $S_P=1-\varepsilon=1-98\%=2\%$。

4. 产水率

产水率也叫回收率，是产品水流量与给水流量之比，即

$$Y=\frac{Q_P}{Q_f}\times 100\%=\frac{Q_P}{Q_P+Q_m}\times 100\%$$

式中 Q_P——淡水（产品水）流量，m^3/h；

Q_f——进水（给水）流量，m^3/h；

Q_m——浓水流量，m^3/h；

Y——水的回收率或产水率（系统的回收率一般在 75%左右），%。

本例 $Q_P=45m^3/h$，$Y=\frac{Q_P}{Q_f}\times 100\%=75\%$

所以给水流量为

$$Q_f=\frac{45}{0.75}=60\ (m^3/h)$$

浓水流量为

$$Q_m=Q_f-Q_P=60-45=15\ (m^3/h)$$

5. 膜进水侧的溶质平均浓度

由于进水在反渗透膜表面上流动时间较长，在流动过程中，必须考虑进水由于渗出淡水而导致进水侧盐浓度逐渐增加的情况，根据物料平衡关系，可算出膜进水侧的溶质平均浓度为

$$\rho_{av}=\frac{Q_f\rho_f+(Q_f-Q_P)\rho_b}{Q_f+(Q_f-Q_P)}$$

$$\rho_b=\frac{Q_f\rho_f-Q_P\rho_p}{Q_f-Q_P}$$

式中 ρ_f——给水进口浓度，mg/L；

ρ_p——产品水出口浓度，mg/L；

ρ_b——浓水的含盐量，mg/L；

ρ_{av}——膜进水侧的溶质平均浓度，mg/L。

本例 $\rho_b=\dfrac{Q_f\rho_f-Q_P\rho_P}{Q_f-Q_P}=\dfrac{60\times900-45\times18}{60-45}=3546$（mg/L）

$$\rho_{av}=\frac{Q_f\rho_f+(Q_f-Q_P)\rho_b}{Q_f+(Q_f-Q_P)}=\frac{60\times900+(60-45)3546}{60+(60-45)}=1429.2\ (\text{mg/L})$$

6. 膜的平均渗透压 ΔH

$$c_{Na^+}=\frac{\rho_{av}}{58.5\times1000}=\frac{1429.2}{58.5\times1000}=0.02443(\text{mol/L})$$

平均渗透压为

$\Delta H=0.1013iR_CTc_{Na}^+(\text{MPa})=0.101\times2\times0.082\times(273+25)\times0.02443=0.121(\text{MPa})$

操作压力 1.2MPa>0.121MPa，满足反渗透压力要求。

7. 透水量

单位时间内透过膜元件单位膜面积的产品水量叫透水量，是设计和运行都要加以控制的重要指标，它取决于膜元件类型和原水性质。

透水量与膜的水渗透系数关系如下，即

$$Q_W=K_W(\Delta p-\Delta H)\approx p_1K_W$$

式中 Q_W——透水量，$m^3/(m^2\cdot s)$；

Δp——膜两侧压力差，MPa；

p_1——操作压力，MPa；

ΔH——膜两侧溶液渗透压差，MPa；

K_W——膜的水渗透系数，也叫水透过系数，膜类型不同，膜的水渗透系数不同，$m^3/(m^2\cdot s\cdot MPa)$。

查设计导则表 18-19，本例 BW30-365 膜元件的透水量为

$Q_W=15GFD=25.5L/(m^2\cdot h)=0.0255m^3/(m^2\cdot h)=7.08\times10^{-6}m^3/(m^2\cdot s)$。

8. 通量衰减系数

通量衰减系数是指反渗透装置在运行过程中水通量衰减的程度，即运行一年后水通量下降值与初始运行时的水通量的比值，例如 Hydranautics 的膜以井水为原水时，每年衰减 4%～7%。

9. 产水量

产水量是指单位时间内透过膜元件的水量。产水量计算公式为

$$Q_{pd}=K_W(\Delta p-\Delta H)A_S\times86400$$

式中 Q_{pd}——反渗透器每天的产水量，m^3/d；

A_S——膜的表面积，m^2；

Δp——膜两侧压力差，MPa；

ΔH——膜两侧溶液渗透压差，MPa；

K_W——膜的水渗透系数，$m^3/(m^2\cdot s\cdot MPa)$。

每一类型的膜元件均有其允许的最大产水流量 Q_{pmax}，也叫最高水通量，设计时不能超过此极限。考虑到组合成系统运行一年后膜的污染等因素，设计膜的平均产水量 $\overline{Q}_{pd}$ 通常按 75% Q_{pmax}计算。

查设计导则表 18-19，BW30-365 膜在地表水处理时的最大产水量 6500GPD，设计时一般以平均产水量为设计依据。平均产水量为

$$\overline{Q}_{pd}=0.75\times6500GPD=0.75\times6500\times0.003785m^3/d=18.45m^3/d$$

10. 膜元件数

根据平均产水量求出需要的膜元件数为

$$N_{\mathrm{Y}}=\frac{Q_{\mathrm{P}}}{Q_{\mathrm{pd}}}=\frac{45\times24}{18.45}=58.5\ (只)$$

实际设计时元件数量应考虑取大于58.5的整数，且是4或6的倍数，此例取60只。

压力容器个数计算：每个压力容器一般装有膜元件数为4只（60in长/膜元件）。本设计膜元件长60in，每个压力容器装4只膜元件，共需压力容器个数为

$$N_{\mathrm{Z}}=\frac{N_{\mathrm{Y}}}{4}=\frac{60}{4}=15\ (个)$$

二、电导率与浓度的换算

通常我们还会遇到原水含盐量，不是由浓度来表示的，而是由水的电导率来表示的，那么浓度与电导率的关系是什么呢？电阻的计算公式为

$$R=\rho\frac{L}{S}$$

式中 ρ——电阻率，Ω·cm（欧姆·厘米）。

$\frac{1}{\rho}$称为电导率，单位为欧姆$^{-1}$·厘米$^{-1}$，即西门子/厘米（S/cm）。但由于这个单位太大，在实际中常用微欧姆$^{-1}$·厘米$^{-1}$，即μS/cm，1S/cm=$10^6\mu$S/cm。

在同一浓度下，温度不同，电导率也不同，二者之间的关系为

$$x_{\mathrm{t}}=x_{\mathrm{t0}}[1+\beta(t-t_0)]$$

式中 x_{t}、x_{t0}——温度为t、t_0时的电导率，μS/cm；

β——在温度t下的溶液电导率的温度系数，查表18-22取值，1/℃。

表18-22 不同电导率溶液在一定温度范围下的浓度和温度系数

温度/浓度/β \ 电导率范围		μS/cm	<57.5	>57.5	>114	>226	>556	>2140	>5140
0℃	x_{t}	μS/cm	—	—	1.125	1.117	1.100	1.055	1.020
	β	1/℃	—	—	0.0205	0.0204	0.0204	0.0204	0.0202
20℃	x_{t}	μS/cm	1.936	1.916	1.906	1.886	1.854	1.782	1.711
	β	1/℃	0.0217	0.0219	0.0224	0.0223	0.0223	0.0219	0.0217
25℃	x_{t}	μS/cm	2.14	2.13	2.125	2.10	2.065	1.98	1.90
	β	1/℃	0.0211	0.0223	0.0229	0.0227	0.0228	0.0223	0.0221
50℃	x_{t}	μS/cm	3.46	3.37	3.34	3.30	3.25	3.07	2.93
	β	1/℃	0.0263	0.0253	0.0251	0.025	0.0251	0.0241	0.0238
100℃	x_{t}	μS/cm	6.10	6.05	6.01	5.95	5.85	5.65	5.28
	β	1/℃	0.0269	0.027	0.027	0.0269	0.0269	0.0265	0.0261

若溶液偏离基准温度（20℃），应对所测的电导率进行修正，即要换算到基准温度下的电导率，换算公式为

$$x_{20}=\frac{x_{\mathrm{t}}}{1+\beta(t-20)}$$

然后根据1mg/L浓度的氯化钠的电导率为1.886μS/cm，即可求得氯化钠溶液的浓度。

例如：用电导率仪表测得50℃的氯化钠溶液22μS/cm，求氯化钠溶液的浓度。

解 根据表18-22，当被测电导率在0～57.5μS/cm范围内时，在50℃的β=0.026 3。则

$$x_{20}=\frac{22}{1+0.0263\times(50-20)}=12.30\ (\mu\mathrm{S/cm})$$

在20℃时，每1mg/L浓度的氯化钠的电导率为1.886μS/cm，因此基准温度下的氯化钠溶液的浓度为

$$c=\frac{12.30}{1.886}=6.52\ (\mathrm{mg/L})$$

三、膜元件的排列与组合

为了防止浓差极化，引起膜表面溶液的渗透压增大，从而导致水透过反渗透膜的阻力增加，降低膜的透水量，或者使难以溶解的盐类沉淀在膜表面上，因此生产膜元件的制造商对膜组件或膜元件的最大回收率都做了规定，在设计中应严格遵守，UOP和DOW公司生产的卷式膜组件最大回收率见表18-23。

表18-23 UOP和DOW公司生产的卷式膜组件最大回收率

膜 规 格	膜组件数/每个压力容器	1	2	3	4	5	6
8221HR 直径8in，长度40in UOP公司CA膜	最大回收率（%）	16	29	39	44	49	53
8231HR 直径8in，长度60in UOP公司CA膜	最大回收率（%）	20	36	47	55		
BW30-8040 直径8in，长度40in DOW公司复合膜	井水最大回收率（%）	19					
BW30-8040 直径8in，长度40in DOW公司复合膜	地表水最大回收率（%）	15					

如果膜元件排列组合不合理，则将造成某一段内的膜元件的水通量过大，另一段内的膜元件的水通量又可能太小，不能充分发挥各段膜元件的作用，这样水通量超过规定的膜元件的污染速度将加快，造成膜元件被频繁清洗，甚至提前报废，因此合理排列膜组件在设计中至关重要。

膜组件是由一个或多个膜元件串联起来，放置在压力容器内组成。为了达到一定的回收率，必须在装置内将膜组件分段。根据表18-23可知水流经过内装4个40in（1016mm）长膜元件的组件（称4m膜组件），回收率可达40%；水流经过内装6个40in（1016mm）或4个60in（1524mm）长膜元件的组件，回收率可达50%。

假设6m长膜元件组成一段，并设进水流量为Q_{V}，由于6m长（6个40in膜元件或4个60in膜元件）膜元件回收率可达50%，则第一段浓水流量为$\frac{1}{2}Q_{\mathrm{V}}$，第二段浓水流量为$\frac{1}{4}Q_{\mathrm{V}}$，第三段

浓水流量为$\frac{1}{8}Q_V$，因此水经过两段处理后的回收率为

$$Y=\frac{Q_V-\frac{1}{4}Q_V}{Q_V}=75\%$$

水经过三段处理的回收率为

$$Y=\frac{Q_V-\frac{1}{8}Q_V}{Q_V}=87.5\%$$

通过类似计算，可以得出 6m 或 4m 长的膜组件，水流过的长度与回收率的关系见表 18-24，每段相对系统的回收率可通过表 18-24 计算出来，段与回收率的关系见表 18-25。从上述分析可知，反渗透装置要达到 75%的回收率，水流必须经过 3 段 4m 长的膜组件（每个膜组件内装 4 个 1016mm 长的膜元件）；对于 6m 长的膜组件，必须有 2 段，方可达到 75%的回收率。

表 18-24　水流过膜组件的长度与回收率的关系

膜类型	长度与回收率的关系				
6m	流过膜长度（m）	—	6	12	18
	系统回收率（%）	—	50	75	87.5
4m	流过膜长度（m）	4	8	12	18
	系统回收率（%）	40	64	78.4	87

表 18-25　段与回收率的关系（系统回收率 75%）

膜类型	段与回收率的关系			
6m	段　数	第一段	第二段	第三段
	每段相对于系统回收率（%）	50	25	12.5
	每段膜数量比	2/3	1/3	
4m	段数	第一段	第二段	第三段
	每段相对于系统回收率（%）	40	24	14.4
	每段膜数量比	0.510 2	0.306 1	0.183 7

对于 6m 长的膜组件，当系统回收率为 50%，膜组件的排列仅需并联。当系统回收率为 75%，因第一段的出力为第二段的 2 倍，因此膜元件总数的 2/3 应布置在第一段，其中 1/3 布置在第二段。

对于 4m 长的膜组件，当系统回收率为 75%时，应把膜元件总数的$\frac{40}{40+24+14.4}$倍布置在第一段，把膜元件总数的$\frac{24}{40+24+14.4}$倍布置在第二段，把膜元件总数的$\frac{14.4}{40+24+14.4}$倍布置在第三段。

例如：某电厂两台 45m^3/h 的反渗透装置，系统回收率为 75%，每台装置共需膜组件 15 个，每个组件内装 4 个 DOW 公司生产的 BW30-365 型膜元件，试计算膜组件的排列组合。

解　由于 BW30-365 型膜元件的长度为 6m，而且回收率要达到 75%，因此必须排列成两段。第一段所需膜组件数量为 15×2/3=10，第二段所需膜组件数量为 15×1/3=5，所以可以采用 10-5 排列方式，即第一段有 10 个膜组件采用并联，第二段有 5 个膜组件采用并联，然后两段串联起来。

如果上列采用DOW公司生产的BW30-8040型膜元件（其中80表示膜元件直径8in，40表示膜元件长度40in），而且每个组件内装4个膜元件，则膜组件的排列组合方式为：

第一段所需膜组件数 15×0.510 2=7.7；

第二段所需膜组件数 15×0.306 1=4.6；

第三段所需膜组件数 15×0.183 7=2.8。

考虑到给水浓度随着段数增加而增加，所以可采用7-5-3排列方式。

第十九章　火力发电厂废水处理

第一节　火电厂废水特点与处理方式

一、火电厂废水的种类

火电厂的废水来源主要包括循环水排污水、灰渣废水、机组杂排水、煤系统废水、油库冲洗水、化学除盐系统的再生废水、生活污水、脱硫废水等。

按照流量特点，废水分为经常性废水和非经常性废水。经常性废水指的是火电厂在正常运行过程中，各系统排出的工艺废水，这些废水可以是连续排放的，也可以是间断性排放的；非经常性废水是指在设备检修、维护、保养期间产生的废水，如化学清洗排水、锅炉空气预热器冲洗排水、机组启动时的排水、锅炉烟气侧冲洗排水等。与经常性排水相比，非经常性排水的水质较差而且不稳定。

1. 循环水排污水

循环水排污水来源于循环冷却水系统的排污，是系统在运行过程中为了控制冷却水中盐类杂质的含量而排出的高含盐量废水。由于在循环过程中有大量的水蒸气逸出，使得循环系统的水被逐渐浓缩，其中所含的低溶解度盐分，如$CaCO_3$等，会逐渐达到饱和状态而析出。因此，循环水的水质特点是含盐量高、水质安定性差，容易结垢，有机物、悬浮物也比较高。除此之外，因为循环水的富氧条件和温度（30～40℃）条件适合于细菌生长，再加上含磷水质稳定剂的使用，大部分电厂的循环水系统含有丰富的藻类物质。

从排放角度来看，除了总磷的含量有可能超标外，循环水中的其他污染物一般都不超过国家污水排放标准的规定，大部分废水可以直接排放。由于循环水系统大多采用间断排污，因此，其排污水的水量变化较大；排污量的大小与蒸发量、系统浓缩倍率等因素有关。在干除灰电厂中，这部分废水约占全厂废水总量的70%以上，是全厂最大的一股废水。

2. 灰渣废水

大多数电厂的冲灰废水来自灰场的溢流和灰系统的渗漏。在20世纪80年代以前，多数火电厂采用低浓度水力冲灰系统，排入灰场的水量很大，超过了灰场的蒸发量和渗漏量，因此产生了灰场溢流水。这些水因pH值（pH值一般大于9，有时达到10.5以上）较高，含盐量也较高，直接排入外部水体会对环境造成污染。为了节约用水，减少外排水量，很多电厂将这部分水用水泵送回电厂继续冲灰，并随之产生了多种防止灰场回水管结垢的技术。也有一些地区的电厂尽管已经改为干除灰，但因干灰的需求量不大，还在采用水力冲灰。尤其是冬季，因使用粉煤灰的水泥厂限产，干灰的需求减少，使用水力冲灰的电厂更多。

灰渣废水有以下特点：

（1）由于灰分经过长时间的浸沥，灰中的无机盐充分溶入水中，灰水的含盐量很高。

（2）pH值较高，最高可大于11；水质不稳定，安定性差。pH值的高低主要取决于煤质和除尘的方式；燃煤中的钙、硫等元素的含量，对灰水的pH值影响很大：钙含量越高，pH值越高；硫含量越高，pH值越低。采用电除尘时，灰水的pH值高于水膜除尘。

对于pH值较高的冲灰废水，由于不断地吸收空气中的CO_2，在含钙量较高的条件下，会在设备或管道表面形成碳酸钙的垢层。

（3）灰场的灰水因为长时间沉淀的缘故，其溢流水的悬浮物含量大多很低。但厂内闭路灰浆浓缩系统的溢流水或排水，由于沉降时间短，悬浮物含量仍然比较高。这部分水经常会从灰水池溢流进入厂区公用排水系统，造成外排水悬浮物含量超标。

3. 机组杂排水

这股废水的来源最为复杂，分经常性废水和非经常性废水两类。

经常性废水主要来自锅炉排污、蒸汽系统排放的疏水、工业冷却水系统排污、厂房的地面冲洗排水等，其特点是废水的来源比较复杂，水质、水量和水温波动很大。这种废水的含盐量通常不高；有时因为混合了锅炉排出的低含盐量水，其含盐量比工业水还低。但采用海水冷却凝汽器的电厂，有时会因为海水漏入排水系统而使废水的含盐量升高。由于地面冲洗、设备油泄漏等的影响，水中经常含有油及悬浮物，而且含量波动较大（见表19-1）。

非经常性废水主要来自空气预热器冲洗、省煤器冲洗、锅炉化学清洗等排水，这些废水的特点是悬浮物、COD、Fe含量很高，达到数千毫克/升，Fe甚至会达到10 000mg/L（见表19-2）。

表19-1　　某2×300MW电厂经常性排水的水量和水质

废　水	废水流量（m^3/d）	废水主要污染成分				
		pH值	悬浮物（mg/L）	COD（mg/L）	Fe（mg/L）	油（mg/L）
除盐系统再生废水	100	6～9	50～200	10～30	1	—
凝结水精处理再生废水	170	2～12	20～80	5～15	1	1
主厂房设备地面及设备的疏水和排水	50	6～9	5～10	1～3	—	1～2
取样排水	40	5～9	1～5	1～20	0.5～2.0	—
锅炉连续污水	125	8.8～10.0	1～2	<1～20	1～3	—

注　化学除盐系统再生废水的悬浮物含量一般不高，通常小于50mg/L；但如果混入了过滤器的反洗排水或其他高悬浮物废水后会很高。

表19-2　　某2×300MW电厂非经常性排水的水量和水质

废　水	废水流量［m^3/（次·台）］	废水主要污染成分				
		pH值	悬浮物（mg/L）	COD（mg/L）	Fe（mg/L）	油（mg/L）
锅炉化学清洗废水（无机酸）	2000	2～12	100～2000	2000～4000	50～6000	1
除尘器冲洗水	1000	2～6	3000	1000	500～5000	1～2
空气预热器冲洗水	2000	2～6	3000	1000	500～10 000	1～2
炉管冲灰排水	1000	3～6	10～50	10～20	10～20	1～2
凝汽器管泄漏检查排水	800	6～9	1～5	1～10	1～3	—
烟囱冲洗排水	200	2～6	3000	1000	500～5000	1～2

4. 化学除盐系统的再生废水

化学除盐系统的废水主要包括锅炉补给水处理系统、凝结水精处理系统和反渗透化学清洗的再生废水，其特点是废水显酸性或碱性，含盐量很高。废水的流量与生产规模、原水水质有关，属间断性废水。从排放角度来讲，超标的项目一般只有pH值一项，其处理方式为，在废水池内直接进行中和处理，运行方式多为批量中和。直接排放的pH值标准为6～9。

5. 煤系统废水

煤泥废水为煤码头、煤场、输煤栈桥等处收集的雨水、融雪以及输煤系统的喷淋、冲洗排水等，为间断性废水，其特点是水中煤粉含量很高，呈黑色；大部分含有油污。由于煤中盐分的溶解，煤泥废水的含盐量也比工业水高。废水收集点比较分散。

6. 脱硫废水

在各种烟气脱硫系统中，湿法脱硫工艺因其脱硫效率高在国内外应用比较多。但湿法脱硫在生产过程中，需要定时从脱硫系统中的持液槽或者石膏制备系统中排出废水，即脱硫废水，以维持脱硫浆液物料的平衡。脱硫废水的水质较差，含有高浓度的悬浮物、盐分以及各种重金属离子。其中，可沉淀物一般超过10 000mg/L；很多无机离子的浓度很高，包括钙离子、镁离子、氯离子、硫酸根离子、亚硫酸根离子、氟离子、磷酸根等。由于水质极差，脱硫废水不考虑回用，一般处理后外排。脱硫废水中超过排放标准的项目很多，包括COD、pH值、重金属离子、F^-等。

从回用角度来看，可以将废水分为低含盐量废水，高含盐、低悬浮物废水和高悬浮物废水。

（1）低含盐量废水。包括机组杂排水、工业冷却水系统排水、生活污水等。只要去除废水中的悬浮物、油等杂质，处理后的水质就可以达到或接近工业水的水质标准，甚至可以替代新鲜水，由于回用处理成本较低。目前很多电厂已经将这类废水实现了回用。

（2）高含盐、低悬浮物废水。包括化学除盐系统的再生废水、反渗透浓排水和循环水排污水。在现有的技术条件下，回用这类水存在建设投资大、运行费用高的问题，所以目前这种水除了用于冲灰、冲渣系统外，大部分是达标排放。

（3）高悬浮物废水。包括含煤废水、冲灰渣废水、脱硫废水等。另外，酸洗废液、空气预热器冲洗、省煤器冲洗等非经常性废水也属于这一类。由于这类水质复杂多变，建议不混合处理。

二、火电厂的废水处理

1. 废水的集中处理

在20世纪90年代以前，火电厂大都没有考虑废水回用的问题。早期投产的电厂一般采用集中处理方式。集中处理是将各种来源的废水集中收集，然后进行处理。这种方式的特点是处理工艺和处理后的水质相同，一般适用于废水的达标排放处理。例如，华能某电厂废（污）水集中处理站（见图19-1），该站所处理的废水来源有各种经常性排水和非经常性排水，包括锅炉补给水处理系统再生排水、凝结水精处理系统再生排水、锅炉化学清洗系统排水、锅炉空气预热器冲洗排水、机组启动时的排水、锅炉烟气侧冲洗排水、原水预处理系统的排水和化验室排水。有时还收集经初沉不合格的煤场、输煤系统的排水。

典型的废水集中处理站设有多个废水收集池，根据水质的差异分类收集废水。高含盐量的化学再生废水、锅炉酸洗废液、空气预热器冲洗废水等，都是单独收集的。各池之间根据实际用途也可以互相切换。

废液池容积的设计原则是在满足储存所有机组正常运行产生的废水量的基础上，再加上1台最大容量机组维修或化学清洗产生的废水量。因为锅炉化学清洗、空气预热器冲洗等非经常性废水的瞬时流量很大，因此废水处理站的废液池的容积一般较大。实质上，集中处理站的废液池平

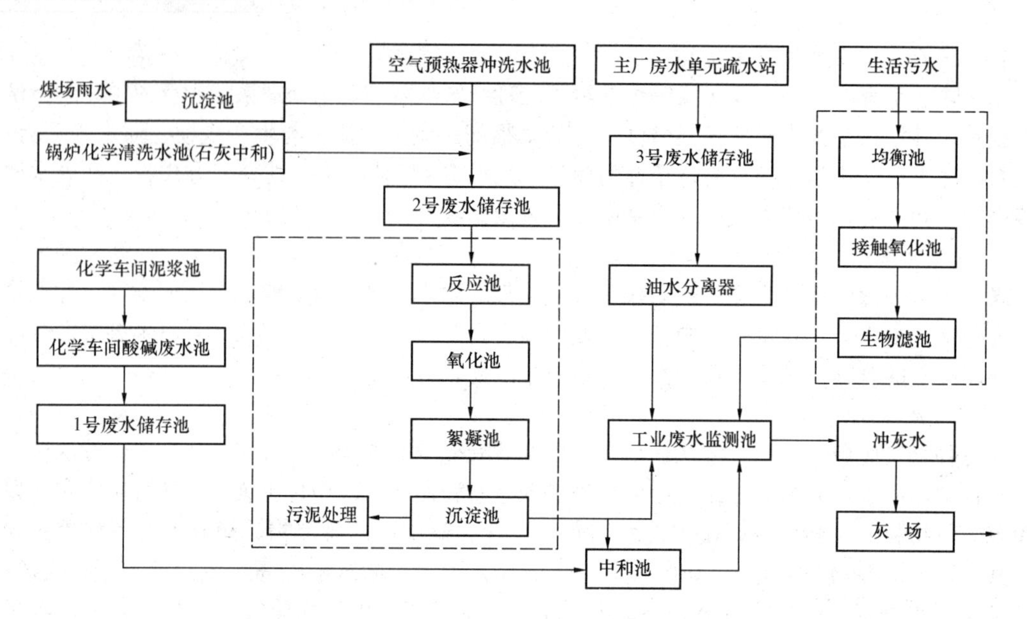

图 19-1 华能某电厂废（污）水处理站工艺流程

时利用率很低，大部分时间处于闲置状态，对场地的浪费很大。

废液池的主要设施包括废水收集池，曝气风机和水泵，酸、碱储存罐，清水池，pH 值调整槽，反应槽，絮凝槽，澄清器，加药系统等。

集中处理站针对不同的废水常采用的处理工艺如下：

（1）经常性排水的处理。该站收集的经常性排水包括锅炉补给水处理系统再生排水、凝结水精处理系统再生排水、原水预处理系统的排水和化验室排水、锅炉排污、汽水取样系统排水等。这部分废水典型的处理流程是废水储存池 → pH 值调整池 → 混合池 → 澄清池（器）→ 最终中和池 → 清水池 → 排放或回用。

处理系统产生的泥渣可以直接送入冲灰系统，也可以先经过泥渣浓缩池增浓后再送入泥渣脱水系统处理；浓缩池的上清液返回澄清池（器）或者废水调节池。

澄清分离设备一般选用泥渣悬浮型澄清池或者斜板澄清器。由于所收集的废水在大部分时间内悬浮物含量较低，澄清设备大部分时间在低浊条件下运行，为了保证处理效果，泥渣悬浮型澄清池的上升流速比较低，一般为 0.8～1.2m/h。池中心设置刮泥耙，有效水深一般为 2～4m，废水停留时间为 2～2.5h。

（2）非经常性排水的处理。除了经常性排水之外，集中处理站还承担非经常性排水的处理。主要的非经常性排水包括化学清洗排水（包括锅炉、凝汽器和热力系统其他设备的清洗）、锅炉空气预热器冲洗排水、机组启动时的排水、锅炉烟气侧冲洗排水等。与经常性排水相比，非经常性排水的水质较差而且不稳定。通常悬浮物浓度、COD 值和铁含量等指标都很高。由于废水产生的过程不同，各种排水的水质差异很大，有时悬浮物很高，有时 COD 值很高。在这种情况下，针对不同来源的废水需要采用不同的处理工艺。

1）锅炉停炉保护和采用化学清洗废水（有机清洗剂）的处理。在停炉保护废水中，联氨的含量较高；柠檬酸或 EDTA 化学清洗废液中，其残余清洗剂量很高。因此，与经常性废水相比，这类废水除了悬浮物含量高外，其 COD 值也很高。为了降低过高的 COD 值，在处理工艺中，在常规的 pH 值调整、混凝澄清处理工艺之前，还增加了氧化处理的环节。通过加入氧化剂（通常是次氯酸钠）氧化，分解废水中的有机物，降低其 COD 值，其工艺流程是高 COD 值废水→ 废水储存池（压缩空气搅拌）→ 氧化槽 → 反应槽 → 同经常性排水。

2）空气预热器、省煤器和锅炉烟气侧等设备冲洗排水的处理。空气预热器、省煤器、锅炉炉管（烟气侧）、烟囱和送引风机等设备的冲洗排水也是重要的非经常性排水，其水质特点是悬浮物和铁的含量很高，不能直接进入经常性排水处理系统。需要先进行石灰处理，在高 pH 值下沉淀出过量的铁离子并去除大部分悬浮物，然后再送入中和、混凝澄清等处理系统，其工艺流程是高铁和高悬浮物废水 →废水储存池（压缩空气搅拌）→ 加入石灰，将 pH 值提至 10 左右 →沉淀分离→同经常性排水。

2. 废水的分类处理

废水回用是火电厂节水减排的重要途径。通过火电厂自身的废水回用，既可以替代大量的新鲜水，又可以减少电厂的外排废水量，减轻对环境的污染。因此，对废水进行综合利用，实现废水资源化，已经成为电力行业实现可持续发展的必由之路。近年来，由于水资源费的日益增长，电厂废水回用的市场被激活，废水资源化的进程逐渐加快。废水处理的重点逐渐由达标排放转为综合利用，相应地处理工艺也发生了很大的变化，在减少废水排放、污水回用处理等方面都有了长足的进步。

废水回用的前提是废水的分类处理。分类处理就是只将水质类型相似的废水收集在一起进行处理。不同类型的废水采用不同的工艺处理，处理后的水质可以按照不同的标准控制。这种方式一般适用于以综合利用为目标的废水处理。对于火电厂而言，由于废水的种类很多，水质差异很大，有些废水需要回用，而有些则直接排放。因此，大部分采用分类处理的方案。

根据废水不同处理程度，废水处理系统可分为一级处理、二级处理和三级处理（或深度处理）等不同处理阶段。

一级处理主要解决悬浮固体、胶体、悬浮油类等污染物的分离，多采用物理法，如格栅、沉淀、过滤、混凝、浮选、中和等方法。一级处理后的废水一般达不到规定的排放要求，需要进行二级处理，可以说一级处理是二级处理的预处理阶段。

二级处理主要解决可分解或氧化的呈胶状或溶解状的有机污染物的除去问题，多采用较为经济的生物化学处理法。经过二级处理后，一般能达到规定的排放要求，但可能会残存微生物以及不能降解的有机物和氮、磷等无机盐类。

三级处理主要用以处理难以分解的有机物和溶液中的无机物等，处理方法为吸附、离子交换、电渗析、反渗透、超滤等，使处理后的水质达到工业用水标准。

随着国家节水政策的实施和环保法规的日益完善，火电厂废水的处理方式及处理工艺正在由过去以达标排放为主向综合利用为主转化，火电厂的大部分废水将考虑回收，进行三级处理，梯级使用。

（1）酸碱性废水。化学车间的再生废水一般设有单独的中和池处理装置，主要用来处理锅炉补给水处理系统产生的酸碱性废水。现在很多电厂将这部分废水送往废水集中处理站进行中和处理。总体来讲，这部分废水的悬浮物、COD 值等一般都不高，但含盐量很高。由于 GB 8978—1996 对排水的含盐量不做要求，因此超过排放标准的项目主要是 pH 值，采用酸碱中和处理即可达到排放标准。

酸碱废水中和系统一般包括中和池、酸储槽、碱储槽、在线 pH 计、中和水泵和空气搅拌系统等组成。运行方式大多为批量中和，即当中和池中的废水达到一定容量后，再启动中和系统。

电厂酸碱废水目前一般采用废水储存池→反应池→pH 值调节池→混合池→澄清池→最终中和池→清水池→回收利用方案。该方案中由澄清设备排出的泥浆废水和除盐设备排出的冲洗水、再生废水，是一种经常性废水，首先需要在 pH 值调节池投加碱性或酸性药剂调节至合适的 pH

值，同时投加铝盐混凝剂（或称凝聚剂），使之形成絮凝体，进入混合池后再投加助凝剂，使之絮凝体进一步长大，并流入澄清池，上部清水用泵送入最终中和槽，再次投加碱性或酸性药剂调节 pH 值在 6～9 范围内。

酸性废水中和处理经常采用的中和剂有石灰、石灰石、白云石、氢氧化钠、碳酸钠等。碱性废水中和处理经常采用的中和剂有盐酸和硫酸。选用何种中和剂要进行经济比较，表 19-3 和表 19-4 列出了常用中和剂的参考数据。

表 19-3　　碱性中和剂的单位消耗量

废水含酸名称	中和 1g 酸所需的碱性物质的量(g)				
	CaO	$Ca(OH)_2$	$CaCO_3$	$MgCO_3$	$CaCO_3-MgCO_3$
硫酸 H_2SO_4	0.571	0.755	1.02	0.86	0.94
盐酸 HCl	0.77	1.01	1.37	1.15	1.29
硝酸 HNO_3	0.445	0.59	0.795	0.668	0.732
醋酸 HCH_3COOH	0.466	0.616	0.83	0.695	

表 19-4　　酸性中和剂的单位消耗量

废水含碱名称	中和 1g 碱所需的酸性物质的量(g)					
	硫酸 H_2SO_4		盐酸 HCl		硝酸 HNO_3	
	100%	98%	100%	36%	100%	65%
NaOH	1.22	1.24	0.91	2.53	1.37	2.42
KOH	0.88	0.90	0.65	1.80	1.13	1.74
$Ca(OH)_2$	1.32	1.34	0.99	2.74	1.70	2.62
HN_3	2.88	2.93	2.12	5.90	3.71	5.70

为了尽量减少新鲜酸、碱的消耗，离子交换设备再生时应合理安排阳床和阴床再生时间以及再生酸碱用量，尽量使阳床排出的废酸与阴床排出的废碱相匹配，使其能够相互中和，以减少直接加入中和池的新鲜酸、碱量。例如在再生阳床、阴床时，有意地增加阴床的碱耗或者阳床的酸耗（可以提高离子交换树脂的再生度，增加周期制水量），使得酸碱再生废液混合后的 pH 值维持在 6～9 之间，而不再将新鲜的酸碱加入中和池，这也是一种经济合理的方法。

采用反渗透预脱盐系统的水处理车间，由于反渗透回收率的限制，排水量较大。如果反渗透回收率按照 75%设计，则反渗透装置进水流量的 1/4 以废水的形式排出，废水量远大于离子交换系统，但其水质基本无超标项目，可以直接排放。

（2）含油废水处理系统。火电厂产生含油废水的主要有油罐脱水、冲洗含油废水、含油雨水等。其中，油罐脱水是由于重油中含有一定量的水分，在油罐内发生自然重力分离，从油罐底部定时排出的含油污水。冲洗含油废水来自对卸油栈台、点火油泵房、汽机房油操作区、柴油机房等处的冲洗水。含油雨水主要包括油罐防火堤内含油雨水、卸油栈台的雨水等。

火力发电厂由于含油废水产生点比较分散，含油废水水质受使用油的品质、收集方案等因素影响，含油废水处理系统的进水设计含油量范围很大，大多在 100～1000mg/L 之间。一般油罐场地、卸油栈桥、燃油加热等处的含油量较高，其他产生点的含油废水的含油量较低。

火电厂含油废水的处理工艺有以下几种：

1）含油废水 → 隔油池 → 油水分离器或活性炭过滤器 → 排放或回收。

2）含油废水 → 隔油池 → 气浮分离 → 生物转盘或活性炭吸附 → 排放或回收。

气浮除油在电厂应用得较为广泛，其典型的系统为含油废水 → 混凝 → 气浮池 → 中间水箱 → 过滤 → 排放。

华能某电厂含油废水处理工艺为（见图 19-2）废水→集水池→油水分离器→工业废水监测池→外排。

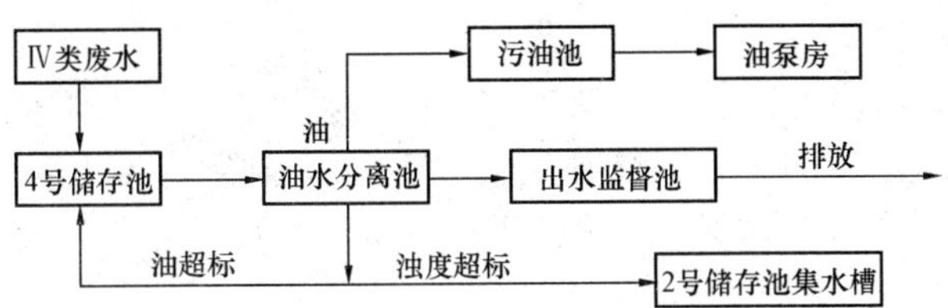

图 19-2 某电厂含油废水处理系统

生活污水处理、灰渣废水处理、脱硫废水处理等在本章中将逐一介绍。

总之，随着水资源费和排污费的日益提高，火电厂废水处理的重点已由达标排放转为综合利用。不同回用目标对水质的要求也完全不同，因此，今后新建电厂不宜采用集中处理的方式。分类处理、分类回用是火电厂确定废水处理与回用方案的原则。

在制定达标排放和废水回用方案前，首先应通过水平衡试验查清全厂的用水、排水状况，通过测定火电厂各系统水的取、用、排、耗量以及水质要求，在优化的水平衡方案之上确定最佳的废水回用方案，用最小的回用成本实现废水合理的回用。

第二节 废水零排放技术

废水零排放（Zero Liquid Discharge，ZLD），是自 1970 年代以来首先由经济发达国家提出、研究和应用的，是目前仍在不断进步着的一项综合性应用技术。ZLD 一般是指工厂的用水除蒸发、风吹等自然损失以外，全部（通过各种处理）在厂内循环使用，不向外排放任何废水，水循环系统中积累的盐类通过蒸发、结晶以固体形式排出。因为火电厂耗水量大，且有大量的余（废）热可供利用，因而 ZLD 的主要应用领域是火力发电厂。我国电力行业自“九五”（1995—2000 年）开始，在水资源紧缺和水污染形势的日益严重的形势迫使下开始投入力量进行 ZLD 的试验研究，并开始在火电厂中实际应用。到目前为止，已有十余家火电厂实施了不同方式的 ZLD，基本上都是以处理和回用循环水排水为主要内容。从已经投入的 ZLD 系统的运行效果来看，均能取得较好的节水效果，有的电厂确能因此而做到不排放任何废水。然而，和国际先进水平相比，我国现有的和在建的 ZLD 系统在设计合理性、运行稳定性、运行效果等方面均存在较大的差距。同时也还存在一些有待改进的问题。

国外经济发达国家进行废水零排放（ZLD）的研究和应用已有 30 余年的历史，目前已基本形成了一套较完整的设计和应用的经验体系。ZLD 典型系统如图 19-3 所示。

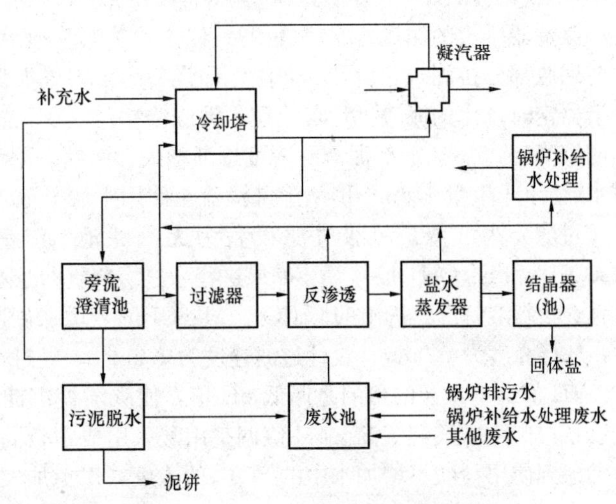

图 19-3 火电厂 ZLD 典型系统示意图

ZLD 系统一般包含下列子系统：

（1）补充水处理系统。

（2）循环冷却水旁流处理系统。

（3）循环水排水反渗透脱盐处理

系统。

（4）高浓度盐水蒸发浓缩、结晶系统。

（5）污泥和盐浆脱水系统。

（6）生活污水处理系统。

目前，大多数电厂已经对冲灰水、煤泥废水进行了循环利用，其处理工艺前面已经讲过，在此不再赘述。本节重点介绍循环水排水、生活污水的处理回用。

一、循环水系统排污水回用

循环水排污水的含盐量很高，而且为结垢性水质，过去一般直接用于对水质要求很低的场合，如冲灰、冲渣等。如果要扩大这部分废水的回用范围，必须将水中的过饱和盐类除去。随着火电厂干除灰技术的发展，采用水力冲灰的电厂越来越少，这部分水已经成为最大的一股排放废水。随着水价的上涨，再加上环保减排的要求，循环水排污水的回用将会成为火电厂废水综合利用的热点。

由于含盐量很高，在现有的各种除盐技术中，高效 RO 技术（High Efficiency Reverse Osmosis，HERO）是唯一的选择。但反渗透装置对进水有严格的水质要求，因此还要设置完善的预处理系统，以去除对反渗透膜元件有污染的杂质，包括有机物、悬浮物、胶体、低溶解度的致垢盐类等。HERO 技术应用于 ZLD 时，虽然在 RO 予处理阶段增加了建设投资和运行成本，但因为大幅度减少了高浓度盐水的产生量，从而减小了后续蒸发、结晶系统的设备规模，最终仍然可以节省 ZLD 的总费用。

反渗透的预处理有软化沉淀、微滤、超滤等工艺。

1. 软化沉淀工艺

这是比较传统的工艺，1999 年投产的西柏坡电厂循环水排水回收系统就是采用软化沉淀工艺，其二级循环水排水处理系统为一级循环水排水→碳酸钠软化澄清→泥渣浓缩器→一级过滤→pH 值调整单元→二级过滤→活性炭过滤→反渗透装置→锅炉补给水处理系统。

西柏坡电厂共 4 台机组，前 2 台机组组成第一级用水系统，使用新鲜水，称为一级循环水系统；后 2 台机组使用第一级循环水系统的排水，称为二级循环水系统。

碳酸钠软化在澄清器中进行，其目的是去除硬度，包括碳酸盐硬度和永久硬度，并除去一部分悬浮物、有机物和胶体。软化剂采用 Na_2CO_3 和 NaOH，加入 Na_2CO_3 的目的是将部分永久硬度转化为碳酸钙沉淀，降低水中总硬度的含量。经过碳酸钠软化澄清处理后，SiO_2 降至 20mg/L 以下，有机物除去 40%左右，COD_{Mn} 降至 4mg/L，浊度降至 10NTU。

澄清器排出的泥渣含水率在 98%以上，为了实现水"零"排放，需要进一步提高泥渣浓度，同时回收部分排泥水。设计的泥渣浓缩设备为重力式泥渣浓缩器。重力式泥渣浓缩器工作原理：澄清器定时排出的泥渣批量自流进入泥渣浓缩器，在此静止沉降，实现渣水的分层。通过一定时间的沉降(约 5h)，下部泥渣的浓度逐渐增大、浓缩。浓缩后的泥渣从浓缩器底部排至冲灰系统，清水(清水产生量 7.6m^3/h)从上部溢流至回用水调节池。

过滤分为二级。一级过滤设备为无阀滤池。澄清器出水含有悬浮物，如 $CaCO_3$ 微粒、$Mg(OH)_2$ 和 $Fe(OH)_3$ 胶体等。如果这些悬浮物杂质不滤除，可以消耗后级调整 pH 值所加的盐酸，并且会重新溶解已经析出的 $CaCO_3$、$Mg(OH)_2$，增加硬度。无阀滤池内装填0.6～1.2mm 的石英砂，滤层高度为 700mm，设计过滤速度为 7.2m/h，经过一级过滤，出水浊度降至 3NTU。

pH 值调整单元的目的是调低 pH 值，使碳酸盐沉淀平衡向沉淀溶解的方向移动，防止系统或设备中产生碳酸钙沉淀。pH 值调整用酸采用成本较高的盐酸，而不是相对便宜的硫酸，主要是考虑到使用盐酸不增加水中的 SO_4^{2-} 的浓度，以免加大 $CaSO_4$ 的过饱和度。

二级过滤设备为 6 台直径为 3000mm 的双层滤料机械过滤器，其中 5 台运行 1 台备用，其目的是除去澄清器漏出的悬浮物，进一步降低水中残余的悬浮物、有机物和胶体。滤料为无烟煤/石英砂，无烟煤粒径为 0.6～1.2mm，层高为 400mm；石英砂粒径为 0.3～0.6mm，层高为 800mm。设计过滤速度为 7.6m/h。凝聚剂为碱式氯化铝。

活性炭过滤器的目的是进一步降低有机物的含量。共 6 台直径为 3000mm 的活性炭过滤器，其中 5 台运行 1 台备用。炭层高为 1200mm，设计过滤速度为 7.3m/h。处理后的水质要求：SDI <5，$COD_{Mn}<1.5$mg/L，以满足抗污染反渗透膜的要求。

反渗透装置设置 3 列，单列出水量为 60m^3/h，回收率为 75%。反渗透装置进水的溶解固体物为 2644.7mg/L，其中，阳离子 Na^+ 浓度为 730mg/L，Ca^{2+} 浓度为 34.1mg/L，Mg^{2+} 浓度为 17.0mg/L；阴离子 SO_4^{2-} 浓度为 1200mg/L，Cl^- 浓度为 300mg/L，NO_3^- 浓度为 210mg/L。

2. 超滤工艺

超滤技术是近来发展的热点，超滤是利用超滤膜（超滤膜孔径通常为 5nm～0.1μm）为过滤介质，以压力差为驱动力的一种膜分离过程。在一定的压力下，当水流过膜表面时，只允许水、无机盐及小分子物质透过膜，而阻止水中的悬浮物、胶体、微生物等物质透过，以达到水质净化的目的。

为了简化预处理系统，国内已有部分电厂开始利用微滤或超滤作为反渗透的预处理回收循环水排污水。例如，华能沁北电厂利用超滤、反渗透处理循环水系统排污水，将得到的淡水作为锅炉补给水处理系统的原水，该系统已经于 2004 年投运。与传统工艺相比，超滤技术的优点是系统比较简单，产品水的 SDI、浊度较低，优于化学沉淀过滤工艺；缺点是目前工程经验不多，还没有到成熟应用的阶段。超滤膜容易污堵，需要频繁的化学清洗，清洗的频率依水质条件而变，工艺设计前需要进行模拟试验来确定其可行性以及运行工艺参数。

二、浓盐水蒸发、结晶技术

资料介绍的 ZLD 系统中浓盐水蒸发、结晶子系统主要分强制蒸发、结晶和自然蒸发、结晶两种形式，其中强制蒸发、结晶系统相当复杂。图 19-4 所示为美国一家中型发电厂的 ZLD 强制

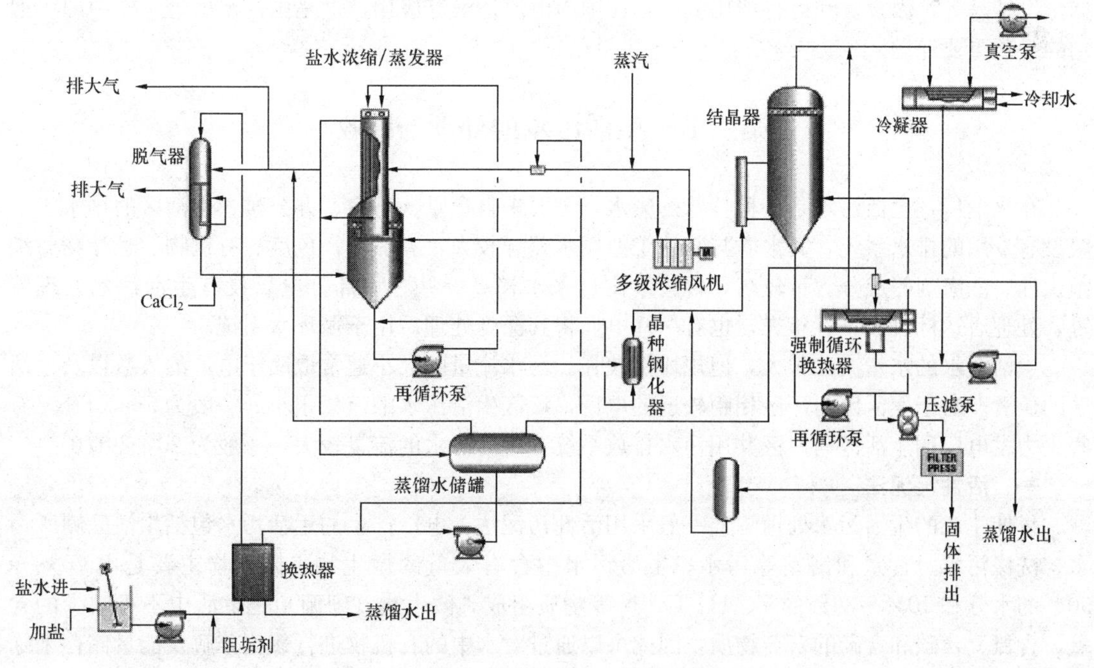

图 19-4 浓盐水强制蒸发、结晶系统示意

蒸发、结晶系统示意。自然蒸发、结晶系统则相对简单，是一种利用阳光和大气自然蒸发、结晶的曝晒池设施。自然蒸发、结晶系统的应用受到自然条件的限制。

三、厂区生活污水的回用

很多电厂有丰富的生活污水资源，因其含盐量不高，不用脱盐处理，因此回用的成本低，效益好。生活污水经过处理后一般回用于电厂循环冷却水系统。前面章节讨论的生活污水处理工艺一般只能达到污水排放标准；如果要进行回用，则还必须对污水进行深度处理，进一步降低污水中的氨氮、BOD、COD等。

污水回用至循环冷却水系统需要解决的问题包括：

(1) 污水中含有大量的细菌和有机物，有可能在系统中形成生物黏泥；如果黏泥沉积在凝汽器铜管（或不锈钢管）的表面，除了影响换热效果外，还有可能引起金属表面的腐蚀。

(2) 污水中氯离子浓度是否超过凝汽器管的耐受范围。

(3) 氨氮的浓度。近年来，越来越多的研究表明，污水中发生的硝化反应会大幅度降低循环水的pH值，进而引起系统的腐蚀；氨氮是进行硝化反应的重要条件。

过去认为控制氨氮含量的目的在于防止游离氨腐蚀凝汽器铜管以及减少氨氮对杀菌剂的消耗。但是从最新的研究成果来看，氨氮带来的主要问题是，在循环水系统的好氧条件下，氨氮进行硝化反应后产生了强酸，使得系统部分碳钢和铜质材料发生明显的酸性腐蚀。例如，邯郸发电厂，因为硝化反应的进行，循环水的pH值有时低达4.5左右，必须要向循环水中加碱调高pH值。

四、末端废水的处理技术

电厂各种废水经过多级使用后，末端废水的水质已非常恶劣，大多数指标都将超出排放标准，不能直接排放。对于采用水力冲灰系统的电厂这不成为问题；但对于干除灰电厂，这股废水除了用于煤场喷淋、干灰加湿等场合外，剩余的废水很难再利用。因此，末端废水的无害化处理技术，如固化处理，在未来电厂废水综合处理中将占有重要的地位。目前已有的固化处理技术，如蒸发结晶等，因投资和运行费用太高，在国内电厂还没有应用，这是国内水处理工作中即将遇到的一项重要课题。

第三节　生活污水的处理与回收

在火电厂，生活污水是一种特殊的废水，主要来自食堂、浴室、办公楼、生活区的排水，一般设有专用的排水系统，其水质与其他工业废水差异较大，有臭味，色度、有机物、悬浮物、细菌、油、洗涤剂等成分含量较高，含盐量比自来水稍高一些。大部分电厂设有生活污水处理装置，处理后达标排放。近年来，也有一些电厂将其深度处理后用于循环水系统。

生活污水的水量波动很大，但规律性较强。污水流量的大小通常取决于电厂的人数以及生活区的位置。对于生活区与厂区相距较远的电厂，厂区生活污水的流量很小，一般为5～20t/h。有些火力发电厂的生活区与厂区共用污水排放系统，生活污水的流量较大，一般为20～80t/h。

一、活性污泥法

早期建成的生活污水处理工艺一般采用活性污泥法。电厂产生的生活污水包括生活区厕所污水、洗涤污水、食堂和浴室等污水。生活污水中含有大量的微生物，微生物主要是由70%～90%的水分和10%～30%的C、H、O、N等物质组成。微生物（细菌）是生活中不可缺少的含氧、含氮、含碳和含磷的营养物质，因此可以通过对水中的有机物进行氧化分解及能量储存来除去水中的有机物质，即发生下列化学反应（EN表示能量）

$$CH + O_2 \xrightarrow{\text{好氧类菌}} CO_2 + H_2O + EN$$

$$NH_4^+ + O_2 \xrightarrow{\text{亚硝化杆菌}} NO_2^- + H_2O + EN$$

$$NO_2^- + O_2 \xrightarrow{\text{硝化杆菌}} NO_3^- + EN$$

当向曝气池废水中连续通入空气（有效成分是氧）时，废水中的好氧性细菌吸收有机物质和氧，使有机物质进行氧化分解，在废水中产生以各种细菌为主体的絮凝状小颗粒，并在小颗粒周围栖息着大量的原生动物。细菌对能量的储存是将有机物质以糖类等形式储存在细菌的表面，形成外壁层，当多个细菌通过外壁层连接在一起时逐渐形成菌胶团。外壁层多由糖类、蛋白质、核酸组成，含有大量的—OH、—CHO、—COOH 等基团，具有一定的活性，基团可以将水中的悬浮类有机物质、胶体有机物质吸附在菌胶团的表面，从而构成非生物的絮凝状小颗粒，细菌就生活在其中（称为活性污泥）。另外，通过细菌的氧化作用，又会除去它所吸附的有机物质，使活性污泥恢复活性，重新吸附大量的悬浮类有机物质和胶体有机物质。废水中的有机物质被活性污泥中的菌胶团表面吸附和微生物群体氧化分解，然后随废水进入沉淀池，由于絮凝物及其周围的原生动物具有重量，经沉降分离后，部分污泥回流到曝气池中，因而就能保证曝气池中的细菌数目稳定（保持曝气池中活性污泥的浓度），以便重复进行净化工作；其余污泥从曝气池进入沉淀池时，在澄清液中悬浮，并与澄清液一起进入下一道流程。活性污泥法（activated sludge）处理电厂生活污水流程如图 19-5 所示。其中主要工艺是曝气，曝气的主要作用是充氧、搅动和混合。充氧的主要目的是向活性污泥微生物提供所需的溶解氧，以保障微生物代谢过程的需氧量，通常曝气池出口的溶解氧浓度应控制在 2mg/L 以上；混合和搅动的目的是使曝气池中的污泥处于悬浮状态，从而增加废水与混合液的充分接触，提高传质效率，保证曝气池的处理效果。自 1916 年英国利用活性污泥工艺建成世界第一座活性污泥法污水处理厂以后，经过不断发展和演变，现有多种运行方式。但是活性污泥法处理前的生活污水需要 BOD_5 在 150～200mg/L 范围内，而电厂生活污水 BOD_5 平均在 50mg/L 以下，因此活性污泥法处理电厂生活污水是行不通的。

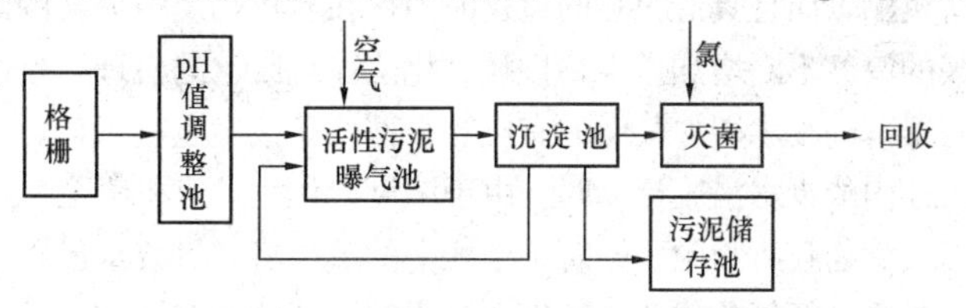

图 19-5　活性污泥法处理电厂生活污水流程

二、地埋式污水处理设备

采用传统的活性污泥法处理电厂生活污水，由于有机物浓度较低（一般情况下 COD_{Cr} < 100mg/L，见表 19-5），污泥量少，没有足够的营养，活性污泥难以培养和维持，达不到活性污泥运行的必要条件，形成的活性菌胶团数量很少，因此系统无法正常运行，处理效果较差。20 世纪 90 年代以后，一些环保设备厂开发了地埋式污水处理装置，这是一种集成化的小型污水处理设备，将生物接触氧化池、沉淀池、罗茨风机室集中布置，采用碳钢或玻璃钢制造。

表 19-5　　生活污水原水质情况

pH 值	COD_{Cr} (mg/L)	BOD_5 (mg/L)	SS (mg/L)	S (mg/L)	油 (mg/L)	硬度 (mmol/L)
7.8	81.6	38.1	36.7	1.0	<5	<2

注　1. BOD 为生物需氧量（Bio-chemical Oxygen Demand），在有氧的情况下，由于微生物的活动，被微生物氧化分解的那部分有机物量，生物需氧量越高，表示水中需氧有机污染物越多。

2. COD 为化学需氧量（Chemical Oxygen Demand），在一定严格条件下，用化学氧化剂氧化水中有机污染物时所需的氧量。化学需氧量越高，表示水中有机污染物越多。

3. SS 为悬浮物（Suspended Solids）。

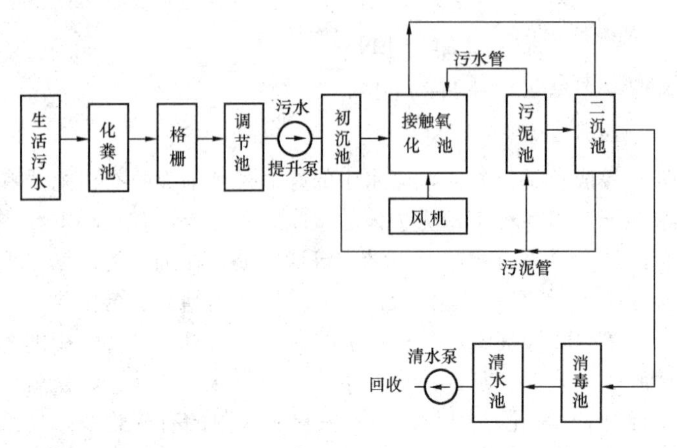

图 19-6 WSTI-20t/h 地埋式生活污水处理系统流程

生物接触氧化法是在有机物质浓度较低的情况下，利用载体（填料）形成菌胶团和生物膜，使有机物进行氧化分解的净化水方式。某电厂生活污水处理系统在省内首先采用了生物接触氧化技术。以生物接触氧化法为主体的污水处理系统为两套组地埋式 WSTI-20 型设备，并联运行，每套出力为 $20m^3/h$。设备为不锈钢结构，大部分埋入地下，其主要工艺流程如图 19-6 所示。

生物接触氧化池内安装梯形填料，当充氧的生活污水以一定的流速流经填料后，填料上将长满橙黄或橙黑色的生物膜，在显微镜下可观察到大量的好氧菌、菌胶团以及大量的后生动物，如豆形虫、草履虫、钟虫及线虫等，完成挂膜时间一般需 10～15 天左右，水温低挂膜时间长。生物膜不仅具有很大表面积，能够大量吸附废水中有机物，而且具有很强的氧化能力，在有机物质被分解的同时，微生物就不断增长繁殖，结果微生物膜的厚度不断增加。生物接触氧化法净化废水的机理，是由于生物膜的吸附作用，在它的表面吸附一层很薄的废水层，其中的有机物大部分已被微生物氧化，其浓度比进水的有机物浓度低得多，因此进入池内的废水沿膜流动时，由于浓度差作用，有机物会从运动着的废水中转移到附着的废水层中，进而被生物膜所吸附；同时，空气中的氧也将经过废水进入生物膜，在此条件下生物膜上的微生物对有机物质进行氧化代谢，产生二氧化碳及其他代谢产物，经过附着的废水层又回流到运动着的废水，如此循环往复，使废水中的有机物不断消耗减少，从而得到净化。

初沉后的污水流到接触氧化池进行生物化学处理，生化后的污水流到二沉池，沉淀下来的污泥进入污泥池内进行好氧消化，污泥池的澄清液回流到接触氧化池内进行再处理，消化后剩余的污泥很少，一般 1 年清理一次。接触氧化池分为三级，总停留时间为 2～3h，空气、污水和生物膜三者充分接触，气水比在 12∶1 左右，微生物在足够的氧气和营养物质供给的条件下，新陈代谢作用加快，生物膜的活性氧化能力加强，加速污水净化过程，从而达到生活污水处理回收再利用的目的。生活污水经过生物接触氧化处理系统后的清水水质见表 19-6。经过处理后的清水主要用于输煤系统和炉底密封系统。

表 19-6　生活污水经过生物接触氧化处理系统后的清水水质

pH 值	COD_{Cr}(mg/L)	BOD_5(mg/L)	SS(mg/L)	S(mg/L)	油(mg/L)	硬度(mmol/L)
7.5	18.2	<10	3.3	<0.6	<1.0	<2

WSTI 生活污水处理系统集全部装置于地下，不占地表面积，地表可覆土植草绿化，基本上无噪声、无异味，对周围环境无任何影响，设备配备全自动电气控制系统，可靠性高、运行简单、操作方便、维护费用低、净化程度高，污水经处理后 BOD_5 可降低为原来的 1/8，COD_{Cr} 可降低为原来的 1/5，悬浮物可降低为原来的 1/10。该项技术每天可为威海电厂节省淡水 960t。

三、地上式生活污水处理系统

由于地埋式生活污水处理系统片面追求体积小，不合理地减少了污水在接触氧化池中的停留时间，因此有些地埋式生活污水处理系统出水水质不稳定，现在一般采用地上式接触氧化技术或生物滤池工艺，接触氧化型污水处理工艺见图 19-7。

(1) 格栅。机械格栅用来除去污水中大尺寸的悬浮物，如树枝、漂浮物等。考虑到防腐要求，一般采用不锈钢材料。

(2) 调节池。调节池的主要作用是缓冲污水流量的变化，均化污水水质。

(3) 初沉池。初沉池的主要作用是将污水中携带的可直接沉淀的泥沙等杂质除去，减少进入后续设备的悬浮物和污泥量。初沉池中污水的停留时间一般为1.5h左右，上升流速为0.2～0.3mm/s。由于污水的上升流速缓慢，水中的悬浮物等杂质可沉降在池体的底部。底部泥渣自然浓缩后，由空气提升至污泥池。

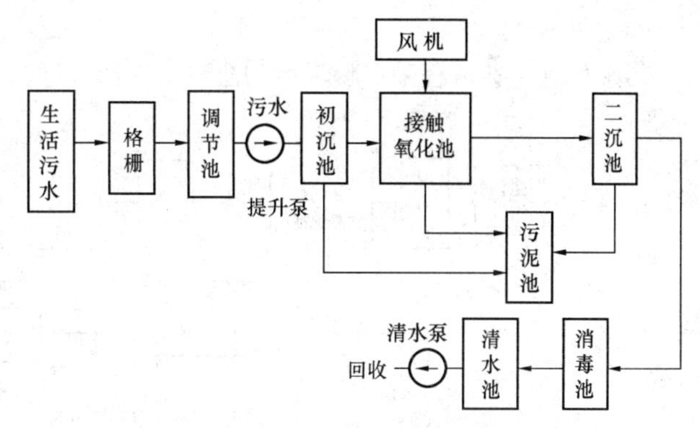

图 19-7　地上式生活污水处理系统

(4) 接触氧化池。接触氧化池是污水处理的核心，通过连续曝气，细菌在填料表面生长成膜，分解水中的有机物。填料的性质很关键，对填料的要求是比表面积大、空隙率高、易于挂膜，而且要耐腐蚀、强度好。常用的填料有直板、直管、半软性、软性和复合填料等。

(5) 斜管二沉池。二沉池内设置斜管，主要是为了增加沉淀面积提高沉淀效率。生活污水经接触氧化后，弹性填料上附着的生物膜由于新陈代谢，新的生物膜不断繁殖生长，老的生物膜就会不断老化脱落，脱落下的生物膜在水中形成悬浮物，随生活污水流入斜管沉淀池，通过斜管沉淀，进行沉淀固液分离，使悬浮物沉入沉淀池底变成污泥后进入排泥系统。水在沉淀池分离后，去除了悬浮物，溢流进入中间水池。斜管沉淀池的功能主要是通过沉淀分离去除悬浮物。

(6) 消毒池。在消毒池中加杀菌剂，如液氯、次氯酸钠、二氧化氯等。

中间水池：收集二沉池出水，通过中间水泵将生活污水输送到纤维球过滤器。

(7) 曝气风机。曝气风机采用罗茨风机，共2台，1用1备，风机向接触氧化池鼓风供氧。

(8) 污泥池。污泥池收集沉淀池和接触氧化池的污泥，目的是通过厌氧消化，使污泥不断进行浓缩、发酵，进一步讲解转化，减少剩余污泥的量。一般污泥池的清理周期为1年。污泥池的上清液可以送回污水调节池重新处理。

四、生物滤池在生活污水处理系统的应用

1. 污水水质

某电厂1期2台125MW机组，2期2台300MW机组。对厂区生活污水、部分工业杂排水及生活区的污水进行回收，经过深度处理后的水回用至电厂循环水系统。厂区及生活区的污水是两个独立的排水系统，厂区生活污水、部分工业杂排水设置一个污水收集点，生活区污水设置一个污水收集点，两股污水通过升压泵用管道送至污水处理站。污水处理系统设计进、出水水质见表19-7。

表 19-7　污水处理系统设计进、出水水质

项　目	单　位	污　水	处理后	项　目	单　位	污　水	处理后
外观		浑浊	清澈	COD_{Mn}	mg/L	≤15	≤4
气味		有臭味	无	氨氮	mg/L	≤10	≤2
浊度	NTU	≤30	≤2	余氯	mg/L	0	≤1.0
pH值		6～8	6～8	异养菌	个/mL	1×10^5	≤1000
电导率	μS/cm	1250～1350	1250～1350				

2. 工艺流程

污水处理工艺流程采用曝气生物滤池、气浮、过滤和杀菌处理工艺，见图19-8。

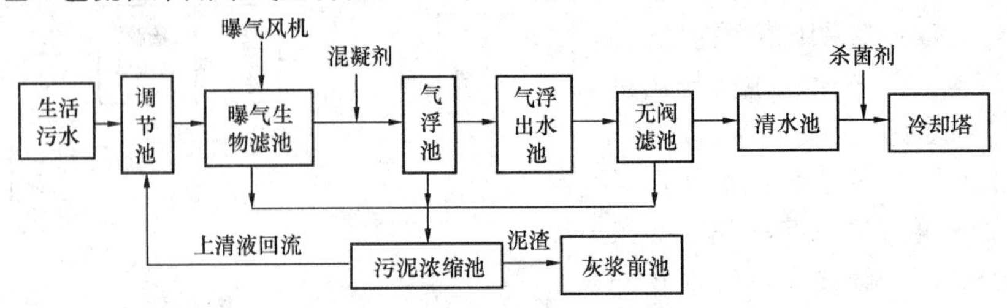

图19-8 生活污水处理系统

厂区和生活区污水通过污水泵送至污水调节池中充分混合后，由污水提升泵送入曝气生物滤池，在此利用生长在陶粒填料表面上的生物膜，将水中的有机物氧化、分解，同时进行生物脱氮，其出水投加混凝剂后，自流进入气浮单元的混凝反应器，然后进入气浮池。气浮池的出水通过中间升压泵送入无阀滤池过滤，滤池出水经杀菌后进入清水池，清水经清水泵送至循环水系统的补水点。

3. 各设备作用

曝气生物滤池：调试初期向曝气生物滤池投加少量的活性污泥，同时加入生活污水将滤料淹没，闷曝一段时间后开始小流量进水，然后逐渐加大进水流量直至满负荷运行。当有机物除去率达到40%～50%时，即可认为曝气生物滤池的调试结束。挂膜完成后的陶粒表面附着了一层黏滑的生物膜。曝气生物滤池的进、出水水质见表19-8。

表19-8 曝气生物滤池的进、出水水质

时间	进水			出水		
	浊度（NTU）	COD_{Mn}（mg/L）	氨氮（mg/L）	浊度（NTU）	COD_{Mn}（mg/L）	氨氮（mg/L）
时段1	12.1	6.02	10.42	8.3	2.26	1.85
时段2	19.6	8.0	9.04	11.7	3.15	1.53
时段3	18.6	7.62	8.88	12.6	2.32	1.17

经过曝气生物滤池处理后，COD_{Mn}降低了55%以上，浊度降低了30%左右，对氨氮的除去率大于70%。

气浮池为立式圆形的钢制设备，溶气压力为0.3MPa，回流比为20%～25%，回流水引自清水池。混凝剂为聚合铝，剂量为40mg/L。气浮池进、出水浊度见表19-9。

表19-9 气浮池进、出水浊度

时间	进水浊度（NTU）	出水浊度（NTU）	除去率（%）
时段1	8.3	1.42	82.9
时段2	11.7	2.2	81.2
时段3	12.6	2.1	83.3

无阀滤池内部装填石英砂，主要除去水中残余悬浮颗粒。

杀菌剂为ClO_2，具有杀菌安全可靠、杀菌效率高、适应pH值范围广、残留Cl^-量低等优点。ClO_2加在无阀滤池的出水管道上，进入清水池有足够的反应时间。

污水处理系统投运后，系统多日出水水质见表19-10。从测试数据来看，系统出水水质完全达到了设计要求。

表 19-10 生活污水处理系统出水水质

项目	单位	进水	出水	项目	单位	进水	出水
外观		浑浊	清澈	电导率	μS/cm	1300	1275
气味		有臭味	无	COD_{Mn}	mg/L	7.15	2.42
浊度	NTU	17.6	1.4	氨氮	mg/L	9.94	1.54
pH 值		7.5～8.5		余氯	mg/L	0	≤1.2

第四节 烟气脱硫废水的处理与回收

在各种烟气脱硫系统中，湿法脱硫工艺因其脱硫效率高，在国内外应用比较多。但湿法脱硫在生产过程中会产生脱硫废水。在脱硫系统运行过程中，需要定时从脱硫系统中的持液槽或者石膏制备系统中排出废水，以维持脱硫浆液物料的平衡。脱硫废水的水质较差，含有高浓度的悬浮物、盐分以及各种重金属离子，水质比较特殊；其中，重金属离子对环境有很强的污染性，处理难度较大，因此，必须对脱硫废水进行单独处理。

一、脱硫废水的产生和水质特点

1. 脱硫废水的来源

在湿式石灰石洗涤烟气脱硫工艺中，一般控制吸收液中氯离子含量低于 20000mg/L，但烟气中氯化物的溶解会提高脱硫吸收液中氯离子的浓度，氯离子浓度的增高带来两个不利的影响：一方面降低了吸收液 pH 值，从而引起脱硫率的下降和硫酸钙结垢倾向的增大；另一方面氯离子浓度过高将影响石膏的品质。因此必须从脱硫工艺系统中排出一定量的废水来维持吸收液中氯离子的平衡，这部分废水就是脱硫废水。脱硫系统排放的废水一般来自水力旋流器的溢流水，同时也包括清洗系统、皮带过滤机的滤液等废水。

2. 脱硫废水水质特点

从脱硫工艺系统中排出的脱硫废水的 pH 值在弱酸范围（5～6），所以许多重金属仍有良好的溶解性。脱硫废水的水量和水质，与脱硫工艺系统、烟气成分、灰及吸收剂等多种因数有关。表 19-11 和表 19-12 为国内某两个电厂的脱硫废水水质。

表 19-11 脱硫废水的参考水质

序号	项目	单位	废水水质	序号	项目	单位	废水水质
1	温度	℃	30～60	14	镉	mg/L	0.1
2	pH 值		4～6	15	钙	mg/L	1302
3	密度	kg/L	1.007	16	铬	mg/L	1
4	悬浮物	mg/L	9000～12 000	17	铜	mg/L	2
5	含盐量	mg/L	＞30 000	18	铁	mg/L	600
6	COD	mg/L	＜150	19	铅	mg/L	2
7	SO_3^{2-}	mg/L	100	20	镁	mg/L	5772
8	SO_4^{2-}	mg/L	2000～5000	21	汞	mg/L	0.3
9	F^-	mg/L	30～100	22	镍	mg/L	4
10	Cl^-	mg/L	20 000	23	硅	mg/L	50
11	CO_3^{2-}	mg/L	475	24	钛	mg/L	10
12	Al	mg/L	800	25	钒	mg/L	10
13	砷	mg/L	10	26	锌	mg/L	20

表 19-12　　某厂湿法脱硫产生废水的设计水质

温　度	40～50℃	PO_4^{3-}	100～200mg/kg
pH 值	5.5～6.5	总化学耗氧量（COD）	140～240mg/kg
可沉淀物（悬浮物）	10 000mg/L	总铁量	15mg/kg
Ca^{2+}	2000～16 000mg/kg	Al	60mg/kg
Mg^{2+}	500～6 000mg/kg	Cu	2mg/kg
NH_3/NH_4	500mg/L	Co	1mg/kg
Cl^-	1000～30 000mg/kg	Pb	1mg/kg
F^-	50～100mg/kg	Cd	0.2mg/kg
SO_4^{2-}	800～5000mg/kg	总 Cr	2mg/kg
SO_3^{2-}	200～700mg/kg（按照化学耗氧量计算 40～140mg/kg）	Ni	2mg/kg
NO_2^-	2mg/kg	Hg	0.1mg/kg
CN^-	0.1mg/kg	Zn	4mg/kg

根据 GB 8978—1996 中规定的污染物最高允许排放限值要求可以看出，脱硫废水的超标项目为 pH 值、悬浮物、汞等重金属元素，以及砷、氟等非金属元素。此外，钙、镁、氯离子、硫酸根、亚硫酸根、碳酸根、铝、铁等含量也较高。其中，汞、砷、铅、镍等均为我国严格限制排放，属于对人体、环境产生长远不利影响的第一类污染物，必须经处理合格后才能排放或回收利用。

二、脱硫废水处理方法

根据脱硫废水的水质特点和电厂的实际情况，脱硫废水的处理方法综合起来主要有如下三种：

（1）将脱硫废水与经浓缩的副产品石膏混合后排至电厂灰场堆放。

（2）将脱硫废水在 ESP（电气除尘器）和空气预热器之间的烟道中完全蒸发，所含固态物与飞灰一起收集处置。

（3）设置脱硫废水处理系统，处理后的水质满足国家规定的废水排放标准。

对于以上三种脱硫废水的处理方法都有不同的应用条件，第一种方法适用于石膏副产品完全抛弃，不综合利用的湿式石灰石洗涤烟气脱硫工艺系统。这种方法在我国珞璜电厂中采用。第二种方法因条件限制在国内很少采用。第三种方法适用于对石膏副产品进行脱水处理的湿式石灰石洗涤烟气脱硫工艺系统，产生的废水必须设置处理系统。目前，国内的北京第一热电厂、杭州半山电厂等脱硫装置的脱硫废水都设置单独的处理系统进行处理后排放或回收利用。

三、脱硫废水处理系统工艺设计

燃煤机组脱硫装置一般采用湿式石灰石洗涤烟气脱硫工艺系统，产生的脱硫废水设置一套处理系统，处理合格后回收利用。

针对脱硫废水 pH 值低、悬浮物含量高和重金属超标的特点，脱硫废水处理的系统包括三个分系统：①脱硫废水处理系统；②加药系统；③污泥处理系统。

（一）脱硫废水处理系统

1. 工艺流程

脱硫装置的废水连续排至废水处理装置，并采用以下处理步骤单流程连续处理：$Ca(OH)_2$ 加药中和系统，$Ca(OH)_2$、有机硫加药系统，聚合氯化铁(或聚合氯化铝 PAC)混凝剂、聚合电解质加药沉淀系统。脱硫废水处理工艺流程见图 19-9。

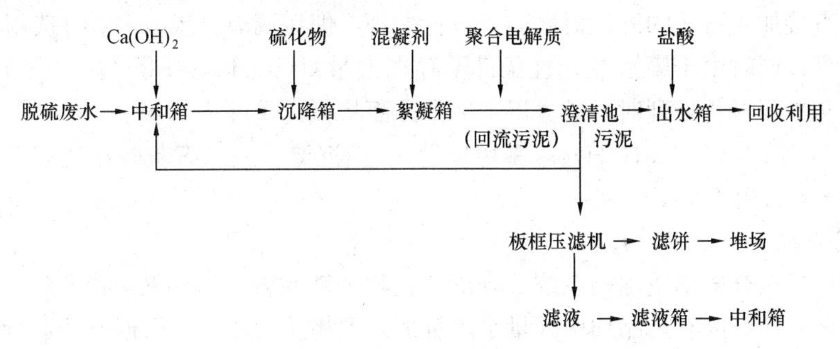

图 19-9 脱硫废水处理工艺流程

2. 工艺描述

(1) 石灰中和法。烟气脱硫设备产生的弱酸性废水通过管路流入中和箱，加入石灰浆使废水的 pH 值提高到 9.5±0.3。在此 pH 值范围内，使大多数重金属生成不溶于水的金属氢氧化物并以沉淀形式进行分离，而且，采用石灰作为中和剂时，对废水中的杂质有絮凝作用，还可以与废水中的氟反应生成 CaF_2 沉淀，与砷反应生成 $Ca_3(AsO_3)_2$、$Ca_3(AsO_4)_2$ 沉淀，将它们去除。由于采用石灰作为沉淀剂，因此该过程称为石灰中和法。它对重金属的除去率可达 99%，几乎可以除去镉、砷、汞以外的所有重金属离子。石灰中和法还具有废水处理工艺流程简单、运行费用低、设备简单等优点，被广泛应用于脱硫废水处理工程中。

(2) 硫化物沉淀法。并非所有的重金属都可通过与石灰浆作用形成氢氧化物的形式很好地沉淀出来，如废水中镉、砷和汞。为此，需在反应室中按比例加入重金属沉淀剂硫化物，该过程称为硫化物沉淀法。硫化物沉淀法是向废水中加入硫化氢、硫化铵或碱金属的硫化物（国内一般采用有机硫化剂 TMT15），使欲处理物质生成难溶硫化物沉淀，以达到分离净化的目的。

例如，在酸性废水中，砷与硫化物反应生成硫化砷沉淀，砷的除去率可达 94%以上，即

$$3H_2S + As_2O_3 = As_2S_3 \downarrow + 3H_2O$$

在酸性废水中，汞离子与二价硫离子有较强的亲和力，生成溶度积极小的硫化物，其化学反应式为

$$2Hg^{+} + S^{2-} = Hg_2S \downarrow$$

$$Hg^{2+} + S^{2-} = HgS \downarrow$$

由于硫化砷和硫化汞溶解度很小，生成后几乎全部从废水中沉淀析出，从而使上述反应不断地向右方进行，直到全部砷和汞生成沉淀为止。

(3) 絮凝。从废水中沉淀出来的氢氧化物、化合物及其他固形物，极细地分散悬浮在水体系中，难于沉降。为了改善絮凝行为，需向絮凝箱中按比例加入絮凝剂铁盐（如 $FeClSO_4$）或铝盐。废水一经流出絮凝箱，即加入助凝剂（聚合电解质，如 PAM），以产生易于沉降的大絮凝颗粒。由于水质、水温、pH 值、絮凝剂用量、搅拌强度和时间等都是影响絮凝的因数，所以应根据试验确定絮凝的最佳条件。

流入浓缩池的废水和固体物质的混合物通过降低混合物的流动速度，而使废水中的固体物质在浓缩池的较低部分沉降下来，澄清的废水从浓缩池上部流出，经溢流槽在无压力的条件下流入出水箱中。污泥经污泥泵送至压滤机脱水，污泥脱水后形成滤饼用卡车送至堆放场地，压滤机排出的滤液收集到滤液箱中用泵返回至中和箱重新进行处理。

（4）氟的处理。脱硫废水中的氟化物主要来源于煤燃烧后产生的 HF，其含量与煤质关系很大。一般采用直接加入石灰的方法对氟离子进行处理，即在调节废水 pH 值时选用石灰作为碱化剂进行除氟处理；同时由于废水在碱性条件下存在大量 $Ca(OH)_2$、$Mg(OH)_2$ 等氢氧化物沉淀。因此当采用石灰进行碱化处理时，通过以下 2 个方面将氟离子除去：第一，$Ca(OH)_2$ 与 F^- 直接反应生成 CaF_2 沉淀；第二 $Mg(OH)_2$ 絮凝物吸附 F^- 而沉淀。经过石灰碱化处理后，氟离子质量浓度可降至 10mg/L 以下。

（二）加药系统

加药系统包括聚合电解质加药系统、有机硫化物加药系统、$FeClSO_4$ 加药系统；盐酸加药系统及石灰浆加药系统。所有药品均由计量泵定量加入到相应加药点。根据已经运行的脱硫废水处理系统估算加药量（见表 19-13），具体的加药量需经试验确定。

表 19-13　各种药品的加入量

药品名称	石灰浆	有机硫	PAC	聚合电解质
浓度（%）	10～30	15	40	0.1
加药量（g/L）	10～15	0.06	0.04	1～5

已处理的废水在重力的作用下从絮凝箱经管道流出，废水一经流出絮凝箱，即向其中加入助凝剂，以产生易于沉降的更大絮凝粒子。随后废水进入澄清池，在此处固体物质与废水分离。经溢流槽沿边缘向下顺着管路自流进入出水箱中。为保证出水的 pH 值，出水箱上安装了 pH 值测量装置。如果所测的 pH 值在 6～9 范围内，则由出水泵送至冲渣或其他系统中。如果超过了 pH 值上限，需要加盐酸调节 pH 值至设定范围。

盐酸在系统中有以下三种用途：

（1）一部分盐酸加入出水箱中的废水中，以降低 pH 值至 9.0 以下满足排放标准。

（2）一部分盐酸用于在线的 pH 值电极的化学清洗。为了清洁 pH 值测量电极，化学清洗装置以时间控制方式产生 3%～5%的稀酸，并供至测量点。

（3）一部分盐酸用于板框压滤机的清洗，板框压滤机必须按预先设定的间隔时间用盐酸清洗，用于此目的的盐酸经喷射器稀释到 3%～5%后送至板框压滤机。

（三）污泥处理系统

脱硫废水处理系统产生的污泥可以与集中废水处理系统的污泥处理系统合用。但根据水质情况，脱硫废水的悬浮物的含量很高，在机组容量大或机组台数增多时脱硫废水量增大，污泥量增大，如果合用污泥处理系统，会造成设备选择不合理，所以在工程中应通过计算确定合用污泥处理系统是否合理。

（四）系统运行及工艺控制

脱硫废水处理系统控制为程序控制，主要的系统运行及工艺控制要求如下：

（1）石灰浆按 pH 值和流量的比例加入废水中，有机硫、混凝剂、聚合电解质按流量的比例加入废水中，所有药品由计量泵自动加入。将石灰浆配比成 20%左右的浓度通过加料管送入石灰浆制备箱。石灰浆浓度通过安装在石灰浆循环管中的密度测量装置来监测。石灰浆流量要求控制废水 pH 值为 9.5±0.3，因为在此 pH 值范围内适于沉淀大多数重金属。聚合电解质一般采用聚丙烯酰胺 PAM，剂量为 0.3mg/L。混凝剂选用聚合氯化铝时，剂量一般控制在 75～100mg/L 范围内。

（2）为了促进反应和加速中和箱、沉淀箱中絮凝粒子的形成，中和箱中需加入从澄清浓缩池中抽出的少量恒定量的接触泥浆。

（3）监测废水 pH 值的测量电极安装在沉降箱中，它需要用 3%～5%的盐酸定时清洗。

（4）对浓缩池的泥浆高度由污泥高度计进行监测。当超过设定范围时，多余的泥浆经泵送入板框式压滤机中脱水。

（5）出水池安装有 pH 值测量装置，如果所测的 pH 值在范围内，则输送至排水口。如果超过了 pH 值上限，需另加浓盐酸调节 pH 值至设定范围。如果相反，pH 值低于下限，需将废水返回中和箱中进行再处理。

（6）在出水管路上设浊度监测，如果浊度超出上限，即中止向排水口排放，废水返回中和箱中进行再处理。

（7）在浓缩池中絮凝体和水分离，絮凝体在重力的浓缩作用下形成浓缩污泥。泥浆由压滤机脱水。在沉淀系统中，一部分污泥通过污泥循环泵返回到中和箱，有助于提高净化效果，以便于更好地沉降。

（五）设备布置

脱硫废水处理设备布置在单独的脱硫废水处理车间内，为节省占地、减少转移废水的泵的数量和各种药品的运输、装卸设施等，脱硫废水处理系统一般采用立体三层布置，地面上两层、地下一层。主流程采用重力自流方式。

地下层布置石灰浆制备箱、石灰浆循环泵、盐酸储存箱及盐酸计量泵等，以便于石灰浆和盐酸的装卸。零米层室外布置浓缩池、出水箱等，室内布置各种加药装置和滤液箱等。第二层布置中和箱、沉降箱、絮凝箱（可以将三个箱体合为一个箱体）和压滤机及其配套设施，压滤机布置在第二层以便于滤饼的运输。同时在设备布置时候考虑脱硫废水处理车间的配电室和控制室。

四、脱硫废水处理工艺的应用

（一）脱硫废水处理工艺流程

钱清电厂是第一套国产化脱硫废水处理系统，设计处理废水量为 2.1m³/h。经过综合考虑确定工艺流程如图 19-10 所示，主要处理工艺设备及参数见表 19-14。

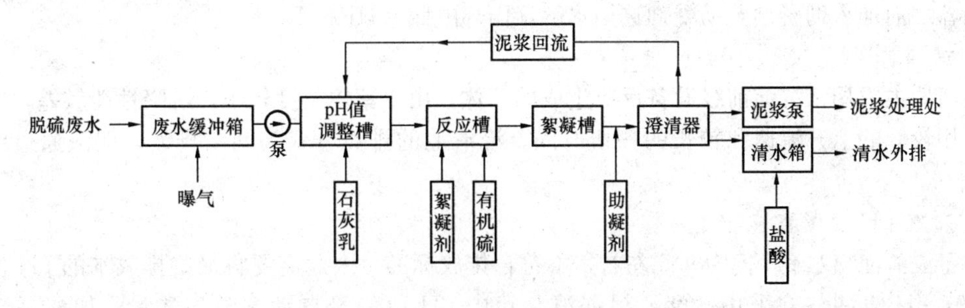

图 19-10　脱硫废水处理工艺流程

表 19-14　主要处理工艺设备及参数

名　称	规　格	数　量	名　称	规　格	数　量
废水缓冲箱	ϕ2500×3500	1 台	助凝剂加药装置	NTJY-Z	1 套
综合反应槽	4500×1300×2000	1 台	有机硫加药装置	NTJY-S	1 套
澄清器	ϕ3000×6500	1 台	石灰乳加药装置	NTJY-Ca	1 套
清水箱	ϕ1600×2282	1 台	曝气罗茨风机	JTS50	2 台
混凝剂加药装置	NTJY-N	1 套	盐酸加药泵	P136	1 台

脱硫废水首先在缓冲箱进行曝气处理，然后进入综合反应槽，主要完成废水的pH值调整、石灰沉淀反应、混凝反应等。反应后的水进入澄清器，进行沉淀物的分离；为提高澄清效率，在澄清器进口加入助凝剂。废水经过澄清池澄清后，上清液进入清水箱，在此加酸将pH值调整至6～9后外排；底部的泥渣通过泥浆泵送至电厂已有的泥浆处理系统进行处理。

1. 曝气

脱硫废水中的COD_{Cr}不同于通常的废水，其主要构成成分是还原态的无机物，主要是连二硫酸盐。这种物质主要通过氧化降低其含量，氧化剂通常采用空气。系统曝气在废水箱中完成，曝气时间为6～8h，气水为2∶1。曝气装置采用母支管结构。

系统运行过程中发现，每当废水箱低水位运行时，系统出水COD_{Cr}会偏高，这说明曝气时间对COD_{Cr}的去除率有重要影响。因此，运行过程中，废水箱液位应保持高水位运行，以保证废水的曝气时间。

经过现场取样分析，废水经曝气后，水中COD_{Cr}去除率可以达到8%～10%。

2. 综合反应槽

综合反应槽共分三格，由pH值调整槽、反应槽及絮凝槽连通构成，分别完成废水的pH值调整、沉淀反应和混凝澄清。

（1）pH值调整。由于溶解吸收了大量的SO_2气体，脱硫废水呈弱酸性，pH值在5.5～6之间；为了除去水中的大部分重金属离子、F^-等，加入石灰乳调整废水的pH值至9.5左右。

（2）反应槽。反应槽内主要投加两种药剂，一种是凝聚剂，通过混凝反应，去除水中的悬浮物和胶体等杂质，凝聚剂采用聚合氯化铝；另外一种是TMT15，主要目的是去除废水中的Hg、Pb等重金属离子。

（3）絮凝槽。絮凝槽内主要进行絮凝反应，使生成的活性絮体增大以利于沉淀分离。这些絮体可以吸附细小的金属氢氧化物沉淀，有利于重金属离子沉淀物的分离。为提高澄清效率，在进入澄清器之前加入助凝剂，助凝剂选用水解聚丙烯酰胺（HPAM）。

3. 澄清器

澄清器主要用于沉淀前级设备反应生成的絮体；由于絮体密度较小，沉降性能较差，因此澄清器采用较低的上升流速和较长的停留时间。澄清池的排泥方式为间断排泥，泥渣通过泥渣泵外排。

4. 最终pH值调整

由于澄清池出水pH值为9.5左右，不符合排放标准，因此需要将最终排放水的pH值调整至6～9，pH值调整剂采用盐酸，根据清水箱中pH值信号自动调整加酸量，加酸泵流量为1.6L/h。

5. 杂排水的收集处理

由于脱硫废水的特殊性，废水处理系统产生的杂排水不能排入电厂公用排水系统，因此，在废水处理站设有一座杂排收集水池，主要用于收集系统杂排水，并通过水泵送回至处理系统进行处理。

（二）处理效果

本项目工程设计于2003年3月完成，同时开工建设，2003年6月投产运行。在调试运行及验收期间，对出水水质几项关键指标的测试结果见表19-15。监测结果表明，系统出水水质完全达到了设计要求。

表 19-15 脱硫废水系统出水水质监测结果

项　目	单　位	数　值	项　目	单　位	数　值
碱度	mmol/L		Hg	mg/L	0.000 02
硬度	mmol/L		Cd	mg/L	0.004
Ca	mg/L		总 Cr	mg/L	0.05
Cl^-	mmol/L		F^-	mg/L	<10
As	mg/L	0.001 1	COD_{Cr}	mg/L	<100

曝气、pH值调整、石灰沉淀联合处理火电厂脱硫废水的工艺是合理的，处理系统的运行是成功的。经过处理，废水中的有机物去除率可以达到50%以上，悬浮物可以降低到20NTU以下。其他指标如氟化物、镉、汞、总铬、总砷、镍、铅、锌、硫化物等指标均未超出GB 8978《污水综合排放标准》第一类污染物最高允许排放浓度标准限值和第二类污染物最高允许排放浓度一级标准限值。

第六篇

清洁生产与循环经济

第二十章 清洁生产概论

第一节 清洁生产的定义

传统的工业生产是以最大限度地谋求经济效益为唯一目标的，因此不可避免地带来严重的环境污染问题。在使用资源和能源的过程中，如何在追求经济效益的同时，又将对环境的污染降到最低，这就需要目前在工业界正在大力推进的清洁生产技术。

一、清洁生产的国际定义

清洁生产（Cleaner Production 或 non-pollutionmanufacture）是随着工业化进程的不断发展和人类对生产与环境的认识日益提高而逐步产生的。人类社会的发展改变了人类自身，但人和自然的关系永远是一对矛盾的统一体。人类利用自然的赐予加速了文明的进程。但这种发展却付出了高昂的代价，自然平衡的破坏严重制约了这种“发展”，甚至影响到人类自身的生存。工业发展是人类社会发展和进步的重要标志，同时也是破坏自然、摧毁自然的主要力量，在最大利润的驱使下，资源的过度消耗、环境状况的恶化以及生态平衡的破坏出现在全球各个角落。世界工业化经历了粗放型生产—末端处理（End-of-Pipe Control）循环回收利用等过程，给自然资源和能源造成巨大的浪费，加重了环境污染和社会负担。人们开始采用从污染产生的源头减少废物产生量的办法来解决环境污染问题。

清洁生产的起源来自于1960年美国化工行业的污染预防（Pollution Prevention）审计，而清洁生产概念的出现，最早可追溯到1976年。当年，欧洲共同体在巴黎举行了“无废工艺和无废生产国际研讨会”，会上提出了“消除造成污染的根源”的思想，确立了在生产全过程和工艺改革中减少废物产生这一重要观点，标志着清洁生产的概念正式被提上议程。1979年11月，欧洲共同体理事会在日内瓦举行的“在环境领域内进行国际合作的全欧高级会议”上，通过了《关于少废无废工艺和废料利用的宣言》。1984年，美国国会通过了《资源保护与回收法——有害和固体废物修正案》，提出了包括源消减和废物回收利用的“废物最小量化”理论，引入了“源消减”的概念。废物最小量化强调了减少废物的产生和回收利用废物，忽略了自然资源和能源的合理利用和回收。1989年5月，联合国环境规划署（UNEP）制定了《清洁生产政策计划》，在全球推行清洁生产。1990年10月，美国国会通过了《污染预防法》，从法律上确认了应在污染产生之前削减或消除污染；将污染预防确定为美国国家目标和环境保护管理的最优先战略；在国家环境保护局成立了污染预防办公室，建立了污染预防信息交换中心和污染预防研究所；把污染预防作为国家政策，取代了长期采用末端治理的污染控制政策，要求工业企业通过节能降耗、节约原料、改造设备与技术、改进工艺流程、重新设计产品、寻找替代原材料以及促进生产各环节的内部管理，减少污染物的排放，并在组织、技术、宏观政策和资金投入等方面制定了具体的措施。

澳大利亚政府把清洁生产作为建立企业最佳环境管理的一种手段，在企业中积极宣传和推广。1992年，澳大利亚制订了国家清洁生产计划，明确提出通过给企业提供咨询服务和资助促进企业实施清洁生产。1993年，建立了国家清洁生产中心，全面开展清洁生产的技术转让、培训和示范项目。由制造工业部和环境部合作在汽车工业、玻璃工业、印刷工业和塑料工业等行业开展清洁生产试点和示范项目。设立“清洁生产奖”，表彰清洁生产经济和环境效益显著的企业。

采用赠款和低息贷款等经济手段刺激企业开展清洁生产。向企业免费提供清洁生产示范项目的信息资料。同行业协会合作编写行业清洁生产手册。加强同中国、泰国和印度尼西亚等国家的清洁生产领域的国际合作，促进清洁生产技术和信息的交流和推广。

波兰是发展中国家开展清洁生产的先锋国家。波兰工业部和环境部联合签署了《清洁生产政策》书，发表了《清洁生产宣言》，制定了清洁生产计划。波兰大约有670家企业参加了清洁生产活动，有130多家企业设立和实施了清洁生产项目，有440名专家获得了清洁生产专家资格。仅1992～1993年，因实施清洁生产项目，使全国固体废物消减22%，液体废物消减18%，气体废物消减24%，新鲜水用量消减22%。清洁生产已在波兰工业企业中广泛展开，并成为波兰工业企业走可持续发展道路的有利手段。

清洁生产在不同的发展阶段或者不同的国家有不同的叫法，如“废物减量化（Waste Minimization)”、“污染预防（Pollution Prevention)”等，但其基本内涵是一致的，都对产品和产品的生产过程采用预防污染的策略来减少污染物的产生。直到1989年，联合国环境规划署（United Nations Environment Programme，UNEP）巴黎工业与环境活动中心在总结了各国经验后，明确提出了清洁生产的概念（定义为清洁生产是对工艺、产品不断运用一种一体化的预防性环境战略，以减少其对人类和环境的风险。对于生产工艺，清洁生产应包括节约原材料和能源，消除有毒原材料，并在一切排放物和废物离开工艺之前，削减其数量和毒性；对于产品，战略重点是延长产品的整个寿命周期，即从原材料获取到产品的最终处理，减少其各种不利影响)，制定了全球清洁生产计划，率先在全球范围内实施推行清洁生产项目。目前，联合国环境规划署已在中国、印度和巴西等37个国家建立了国家清洁生产中心，成立了金属表面处理、皮革制造、纺织工业、食品工业、采矿工业和制浆造纸、政策与战略、教育与培训、数据联网和可持续产品开发等十个清洁生产工作小组，建立了国际清洁生产信息交换中心。自1989年以后，联合国环境规划署每年召开全球范围的推行清洁生产国际会议，评价各国清洁生产工作情况，建立清洁生产技术转让网络，促进各国清洁生产经验和信息交流。1992年6月，联合国在巴西里约热内卢召开的全球环境与发展首脑会议，会议发表了《里约环境与发展宣言》，将清洁生产列为可持续发展（Sustainable Development）的重要内容和一项重要措施，写入全球《21世纪议程》中。1994年，联合国工业发展组织（United Nations Industrial Development Organization，UNIDO）与联合国环境规划署联合成立了国际清洁生产中心（National Cleaner Production Centers，NCPCs)，得到了全球范围的广泛响应。NCPCs制定了国际清洁生产规划，并逐步推进帮助全球24个发展中国家建立了清洁生产中心，包括中国、印度、韩国、捷克、匈牙利、巴西等，这些清洁生产中心对于推动发展中国家实施清洁生产具有重要作用。

1996年，联合国环境规划署（UNEP）在总结了各国开展的污染预防活动，并加以分析提高后，提出了清洁生产的定义，并得到国际社会的普遍认可和接受，其定义为：清洁生产是一种新的创造性的思想，该思想将整体预防的环境战略持续应用于生产过程、产品和服务中，以增加生态效率和减少人类及环境的风险。对生产过程，要求节约原材料和能源，淘汰有毒原材料，减降所有废弃物的数量和毒性；对产品，要求减少从原材料提炼到产品最终处置的全生命周期的不利影响；对服务，要求将环境因素纳入设计和所提供的服务中。

1998年10月，联合国环境规划署在韩国首尔凤凰公园召开的第五次国际清洁生产研讨会上，出台了《国际清洁生产宣言》，清洁生产的定义得到进一步的完善：清洁生产是将综合性预防的环境战略持续地应用于生产过程、产品和服务中，以提高效率，降低对人类和环境的危害。对生产过程来说，清洁生产是指通过节约能源和资源，淘汰有害材料，减少废物和有害物质的产生和排放；对产品来说，清洁生产是指通过降低产品全生命周期（从原材料开采到产品生命终结处理的整个过程）对人类和环境的影响；对服务来说，清洁生产是指要求将预防性的环境战略环境结合到服务的设计和提供服务的活动中。

二、清洁生产的国内定义

我国政府十分重视在企业中推行清洁生产，已将清洁生产写入《中国21世纪议程》，优先安排在《中国21世纪议程》的第一批优先项目之中。

我国清洁生产思想的提出，起源于始20世纪70年代提出的“预防为主，防治结合”的工作方针。80年代中期全国举行过两次少废无废工艺研讨会。1992年5月，原国家环境保护局与联合国环境署在我国联合举办了第一次国际清洁生产研讨会，并制定了在我国企业推广《清洁生产行动计划（草案）》。1992年，党中央和国务院批准的《环境与发展十大对策》明确提出新建、扩建、改建项目，技术起点要高，尽量采用能耗物耗小、污染物排放量少的清洁工艺。1993年10月，在上海召开了第二次全国工业污染防治会议，会议提出了工业污染防治必须从单纯的末端治理向对生产全过程控制转变，充分肯定了当前我国工业企业开展清洁生产的重要性，明确了推行清洁生产是我国90年代工业持续发展的一项重要战略性举措。此后，国家环境保护局将清洁生产纳入到世界银行推进中国环境技术援助项目。

1993年，我国在北京、浙江绍兴、湖南长沙和山东烟台等地实施了推进我国清洁生产技术项目，建立了29个清洁生产示范企业和项目。通过为期三年（1993—1995年）的国际援助清洁生产项目实践，为我国培养了一批清洁生产专门人才，积累了我国企业开展清洁生产的经验，并为今后我国企业开展清洁生产起到了积极的宣传促进作用。1994年底成立国家清洁生产中心。1996年召开的第四次全国环境保护会议提出了到20世纪末把主要污染物排放总量控制在“八五”末期水平的总量控制目标，会后于当年8月颁发的《国务院关于环境保护若干问题的决定》，再次明确新、改、扩建项目，技术起点要高，尽量采取能耗小、污染排放少的清洁生产工艺。这些都为我国全面推行清洁生产，从目前的试点阶段逐步过渡到全面实施的阶段创造了有利的条件。1999年5月，国家确定了石化、冶金等5个行业和北京、上海等10个城市作为清洁生产的试点，并加强了在国际合作方面的清洁生产。2012年由中国电力企业联合会、华北电力科学研究院有限责任公司联合制定了《火电企业清洁生产审核指南》（DL/T 287—2012）和《燃煤发电企业清洁生产评价导则》（DL/T 254—2012）。我国对清洁生产有三个定义，但是具体内容基本相同：

（1）我国政府在1994年发表的《中国21世纪议程——中国21世纪人口、环境与发展白皮书》中对清洁生产首次提出官方定义：“清洁生产是指既可满足人们的需要又可合理使用自然资源和能源并保护环境的实用生产方法和措施，其实质是一种物料和能耗最少的人类生产活动的规划和管理，将废物减量化、资源化和无害化，或消灭于生产过程中。同时对人体和环境无害的绿色产品的生产也将随着可持续发展进程的深入而日益成为今后产品生产的主导方向。”

（2）中华人民共和国第九届全国人民代表大会常务委员会第二十八次会议于2002年6月29日通过了《中华人民共和国清洁生产促进法》，自2003年1月1日起施行。从此，我国清洁生产有了专门的法律保障。2012年2月29日，十一届全国人大常委会又通过了关于修改《中华人民共和国清洁生产促进法》的决定，修改后的《中华人民共和国清洁生产促进法》于2012年7月1日起施行。

《中华人民共和国清洁生产促进法》第二条规定：“清洁生产，是指不断采取改进设计、使用清洁的能源和原料、采用先进的工艺技术与设备、改善管理、综合利用等措施，从源头削减污染，提高资源利用效率，减少或者避免生产、服务和产品使用过程中污染物的产生和排放，以减轻或者消除对人类健康和环境的危害。”

(3) 中华人民共和国环境保护总局为了给燃煤电厂和企业自备燃煤电站开展清洁生产提供技术支持和导向，2003年国家环境保护总局公布了HJ/T 126—2003《清洁生产标准炼焦行业》和《清洁生产标准燃煤电厂》(征求意见稿HJ/T ××—2003)，给出了清洁生产的定义：不断采取改进设计、使用清洁的能源和原料、采用先进的工艺技术与设备、改善管理、综合利用等措施，从源头削减污染，提高资源利用效率，减少或者避免生产、服务和产品使用过程中污染物的产生和排放，以减轻或者消除对人类健康和环境的危害。

第二节 清洁生产的特点和意义

一、清洁生产的特点

(1) 战略性。清洁生产是污染预防战略，是实现可持续发展的环境战略，它有理论基础、技术内涵、实施工具、实施目标和行动计划。

(2) 预防性。传统的末端治理与生产过程相脱节，即先污染后治理。而清洁生产从源头抓起，实行生产全过程控制。

(3) 综合性。实施清洁生产的措施是综合性的预防措施，包括结构调整、技术进步和管理提升。

(4) 持续性。清洁生产是一个持续改进的过程，没有终极目标。

二、末端控制的弊端

末端控制存在如下弊端：

(1) 不利于原材料和能源的节约。末端控制方法是产品生产过程消耗过多的能源，同时，末端控制方法本身需要消耗各种原料，例如，对于酸、碱污染物需要中和剂，进行废气吸收处理需要各种吸收剂等，致使企业原材料、能源消耗增高，产品成本增加。

(2) 末端控制投资大。虽然工业生产的发展和经济水平的提高，人们的环境意识逐渐提高，污染物排放标准越来越严格，从而对污染治理与控制的要求也越来越高，末端处理设施的基建投资越来越大。2011年，全国工业污染源污染治理投资为444.4亿元，比上年增长11.9%。我国历年工业污染源污染治理投资情况见表20-1。

表20-1 我国历年工业污染源污染治理投资情况 万元

年度	废水治理	废气治理	固体废物	噪声治理	其他治理	投资合计
2001	729 214.3	657 940.4	186 967.2	6424.4	164 733.7	1 745 280
2002	714 935.1	697 864.3	161 287.3	10 463.5	299 112.6	1 883 663
2003	873 747.7	921 222.4	161 763.4	10 139.2	251 408.3	2 218 281
2004	1 055 868.1	1 427 974.9	226 464.8	13 416.1	357 335.6	3 081 060
2005	1 337 146.9	2 129 571.3	274 181.3	30 613.3	810 395.9	4 581 909
2006	1 511 164.5	2 332 697.1	182 630.5	30 145.1	782 847.9	4 839 485
2007	1 960 722	2 752 642	182 532	18 259	606 838	5 523 909
2008	1 945 977	2 656 987	196 851	28 383	598 206	5 426 404
2009	1 494 606	2 324 616	218 536	14 100	374 349	4 426 207
2010	1 295 519	1 881 883	142 692	14 193	620 021	3 969 768
2011	1 577 471	2 116 811	313 875	21 623	413 831	4 443 610

(3) 末端处理运行费用昂贵、操作和管理要求高。从经济效益分析，末端处理给企业增加了额外的经济负担，增加了生产成本，降低了经济效益，影响企业保护环境的积极性。例如，火电厂湿法烟气脱硫装置，将使厂用电率增加1个百分点，发电成本增加1.5～2分/kWh。

(4) 末端处理只是介质转移。有的末端治理方法实际上只是将污染物转移，废气变废水，废水变废渣，而废水废渣又会污染土壤和地下水，没有从根本上消除环境污染，只是使污染物在不同的环境介质中进行转移。例如，对废气采用末端脱硫和除尘，增加了大量的废渣；对废水的集中处理产生大量污泥。而且废物在收集、储藏、运输和回收加工处理过程中仍然可能会对人类与环境造成危害，因此它不能彻底解决环境污染问题。

(5) 末端处理只注重对排放污染物的控制，忽略了污染物的产生，只能治标不能治本。例如，有的污染物是不能生物降解的，只能稀释排放，仍会污染环境。

(6) 二次污染。人类采用各种化学、物理方法处理污染物，但很多污染物中的组分在处理过程中可能会转化为毒性更大的物质。最典型的如危险固废焚烧处理，多种不同类型含氯、含碳废弃物在焚烧处理过程中生成二噁英类物质。

清洁生产是控制环境污染有效的、经济的手段，它彻底改变了过去被动的、滞后的污染控制手段，强调在污染产生之前就予以削减。经过国内外多年来的实践证明，开展清洁生产可以提高生产效率，获得经济效益，大大降低末端处理负担，提高企业市场竞争力。清洁生产的意义如下：

(1) 实行清洁生产是可持续发展战略的要求。可持续发展，是指既满足当代人需求，又不对后代人满足其需要的能力构成危害的发展。自工业革命以来，工业现代化促进了全球经济的快速发展，创造了空前巨大的物质财富和前所未有的社会文明。但是，这种以过度开发自然资源和无偿利用环境为主要标志的经济增长方式，造成了全球性的生态破坏、资源短缺和环境污染等重大问题。1992年在巴西里约热内卢召开的联合国环境与发展大会是世界各国对环境和发展问题的一次联合行动。会议通过的《21世纪议程》制定了可持续发展的重大行动计划。可持续发展已取得各国的共识。《21世纪议程》将清洁生产看作是实现持续发展的关键因素，号召工业企业提高能源利用效率，开发更清洁的技术，更新、替代对环境有害的产品和原材料，实现环境和资源的保护和有效管理。

目前，我国工业企业生产能耗高、物耗大、管理粗放。从能源利用效率来看，我国国内生产总值约占世界的8.6%，但能源消耗占世界的19.3%，单位国内生产总值能耗仍是世界平均水平的2倍以上。主要污染物和温室气体排放总量居世界前列，大量水资源被消耗或污染，煤矸石堆积大量占用和污染土地，酸雨影响面积达120万km^2，国内生态环境难以继续承载粗放式发展，国际上应对气候变化的压力日益增大。显然，这种“高消耗、高污染”的粗放型生产方式严重地影响了我国工业的生产效率，制约着企业走可持续工业的发展道路。我国正处在一个推进工业化的阶段，国民经济将以较高的增长速度迅速发展。工业加速发展，必然会加大自然资源和能源的消耗，导致废物和污染物产生量和排放量的增加。如果仍然沿用过去那种粗放型的工业发展模式，不采取有效的预防措施，必将进一步加剧我国工业污染，使工业发展难以为继。这就要求我国工业摆脱过去那种以大量消耗资源、浪费能源，污染环境为代价的粗放型发展模式，走清洁生产的道路，节约自然资源和能源、降低物耗和能耗、减少废物和污染物的产生和排放的集约型发展模式，使我国工业经济增长方式由粗放型向集约型转变。

(2) 实行清洁生产是控制环境污染的有效手段。自工业革命至20世纪40年代，人类对自然资源与能源的合理利用缺乏认识，对工业污染控制技术缺乏了解，工业采用粗放型的生产方式生产产品，造成自然资源与能源的巨大浪费，由此引起的工业废气、废水和废渣主要靠自然环境的自身稀释和自净能力进行排放。这种“稀释排放”技术对当时的工业污染防治起到了一定的促进作用，但由于对污染物排放的数量和毒性未加处理，引起了较为严重的环境污染后果。进入60年代，工业化国家认识到稀释排放造成的危害，纷纷采取“废物处理”技术控制污染。废物处理注重了污染物的末端控制，强调减少污染物的排放量，但未能认识到可以在污染物排放之前消减其产生量。末端处理的环境政策在环境管理实践中面临着严峻的挑战。随着我国工业的迅速扩大和发展，如不采取其他先进的环境污染控制技术，必将继续加大末端处理的投入，使国家肩负上更沉重的经济负担。显然，末端处理在解决环境污染问题上存在严重的局限性。

人们回顾和总结了过去几十年的工业生产与环境管理实践，深刻地意识到“稀释排放”、“废物处理”和“循环回收利用”等“先污染、后治理”的污染防治政策不但不能解决日益严重的环境污染问题，反而继续造成自然资源和能源的巨大浪费，加重环境污染和社会负担。末端处理和处置环境污染的技术和管理政策虽然为解决我国环境污染问题起到了积极的促进作用，也是有效的；但已不是环境管理的最优战略和措施。人们开始思考在污染产生的源头减少废物产生量的办法来解决环境污染问题。

清洁生产不再局限于应用单一的末端技术处理环境污染问题，而是应用源消减和现场循环回收利用的方法寻求解决环境污染问题的最佳途径。清洁生产要求实现“低消耗、高产出”和“废物最小量化”，是以最小的投入获得最大的产出的现代企业管理思想。清洁生产在产品整个生命周期的各个环节采取“预防”污染物产生措施，将生命技术、生产过程、经营管理及产品等方面与物流、能量、信息等要素有机结合，优化运行方式，从而以最小的环境影响、最少的资源及能源消耗和最佳的管理模式实现最合理的经济增长，是防治生产与服务中环境污染的最佳模式，而且丰富和完善了工业生产管理技术。

（3）实行清洁生产可提高企业的市场竞争力。一方面，清洁生产可以促使企业改变生产工艺，以节约能源、降低消耗、提高产品质量、降低生产成本等。清洁生产可以使企业污染物排放量大大减少，末端处理建设投资和运行费用大大降低。另一方面，清洁生产可以促使企业提高企业整体管理水平。清洁生产是一个包括工业生产全过程，涉及各行业主管部门和企业的系统工程，既有技术问题，又有管理问题，它对企业的素质提出了更高的要求。同时，清洁生产还可以树立企业形象，促使公众对其产品的支持。

随着全球性环境污染问题的日益加剧和能源、资源急剧耗竭对可持续发展的威胁以及公众环境意识的提高，一些发达国家和国际组织认识到进一步预防和控制污染的有效途径是加强产品及其生产过程以及服务的环境管理。欧共体于1993年7月10日正式公布了《欧共体环境管理与环境审计规则》（EMAS），并定于1995年4月开始实施；英国于1994年颁布了BS7750环境管理标准；荷兰、丹麦同时决定执行BS7750标准；加拿大、美国也都制定了相应的标准。国际标准化组织（ISO）于1993年6月成立了环境管理技术委员会（TC207），要通过制定和实施一套环境管理的国际标准（IS）来规范企业和社会团体等所有组织的环境行为，以达到节省资源、减少环境污染、改善环境质量、促进经济持续、健康发展的目的。近几年来，在国际贸易中，环境壁垒日益成为发达国家中的一个贸易工具。由于我国尚处于发展初级阶段，产业结构不合理，高污染、高能耗、低产出行业较多，面对日益严峻的资源和环境形势，谁先走出清洁生产这一步，谁将在国际市场上占尽先机，在激烈的国际市场竞争中处于有利地位。

（4）清洁产品的使用有利于提高全民族的环境意识。环境意识是人脑对环境问题的感觉、思维和认知等各种心理总和的反映。清洁产品不仅是清洁生产各种效益的物质载体，而且是体现清洁生产与环境相互作用的自然单元。清洁产品通过市场衔接了清洁生产与产品消耗两大领域，清洁产品的市场取决于公众的环境意识，通过环境意识教育和清洁生产审核，使公众清楚地意识到当前所面临的严重的环境问题，意识到清洁产品的关系后代的巨大环境效益。使公众达到清洁产品的商业使用价值的同时，不断增长环境意识；反过来，又增强了公众清洁生产主观能动性，促进清洁生产进一步发展。

（5）清洁生产有助于保障人体健康。环境污染会影响人体的健康，严重的甚至影响到人的生命安全。因此，只有保护环境，控制污染物的产生才能真正保证人体健康。清洁生产从源头削减，采用无害的能源及原材料，并在生产过程中进行全程控制的污染预防措施，可以保证减轻和避免污染物的产生，从而避免或者减少对人体的危害。同时，清洁生产要求生产出的产品也要尽量减轻对环境的危害，符合环保的标准要求，使产品在使用过程中不对环境和人们的身体健康造成危害，保证人体的健康。

第三节　清洁生产的目的与内容

火电企业的清洁生产审核应依据《火电企业清洁生产审核指南》（DL/T 287—2012）、《燃煤发电企业清洁生产评价导则》（DL/T 254—2012），以及有关法律、法规、规章和标准要求进行。

一、清洁生产的目的

（1）自然资源和能源利用的最合理化。自然资源和能源的合理利用是指企业要用最少的原材料和能源消耗，生产尽可能多的产品，提供尽可能多的服务，这就要求企业在生产、产品和服务中，最大限度地做到：①节约能源，实施各种节能技术和措施；②利用可再生能源；③利用清洁能源；④开发新能源；⑤节约原材料；⑥减少使用稀有原材料；⑦现场循环利用物料。简言之：节能、降耗。

（2）对人类与环境的危害最小量化。减少生产对人类与环境造成的风险和危害是实现企业生产目标的重要保证，这就要求企业在生产、产品和服务中，最大限度地做到：①减少有害有毒物料的使用；②采用少废和无废生产技术和工艺；③减少生产过程的各种危险因素；④减少废物和污染物的排放，回收利用排放物；⑤合理包装产品，尽可能使用可降解材料；⑥合理利用产品功能；⑦延长产品生命。

简言之：减污、环保。

（3）经济效益最大量化。经济效益最大量化意味着企业在生产、产品和服务中，最大限度地做到：①减少原材料和能源的使用量；②采用高效的生产技术和工艺；③使用可回收利用的废材料；④减少残次品，提高产品质量；⑤合理安排生产进度；⑥培养高素质的职工队伍；⑦完善企业管理制度。简言之：管理、增效。

总之，清洁生产的目的是保护人类和环境，提高企业自身的经济效益。清洁生产的方针是节能、降耗、减污、增效。

二、清洁生产的目标

（1）通过资源的综合利用，短缺资源的高效利用或者代用，二次资源的利用及节能、降耗、节水，自然资源的合理利用，减缓资源的耗竭。

（2）减少废物和污染物的生成和排放，促进工业产品的生产、消费过程与环境相容，降低整个工业活动对人类和环境的风险。

简言之，清洁生产的两大目标为：①资源利用最大化；②污染物排放量最小化。用一句话概括为：保护人类与环境，提高企业自身的经济效益，实现环境和经济的可持续发展。

三、清洁生产的内容

清洁生产的内容包括清洁的产品、清洁的生产过程和清洁的服务三个方面，它包含了生产者、消费者、全社会对于生产、服务和消费的希望。清洁生产要求从资源节约和环境保护两个方面对工业产品生产从设计开始，到产品使用后直至最终处置，给予全过程的考虑；它不仅对生产，而且对服务也要求考虑对环境的影响；它着眼于全球环境的彻底保护，为全人类共建一个洁净的地球带来了希望。

1. 使用清洁的能源

在开发使用过程中，对环境无污染或污染程度很小的能源如太阳能、风能、水能、海洋能、核聚变能以及气体燃料等，属于清洁能源，具体如下：

（1）采用各种方法对常规的能源采取清洁利用的方法，如采用清洁煤技术，逐步提高液体燃料、天然气的使用比例。

（2）对再生能源的利用，如水资源、沼气等的充分开发和利用。

（3）对新能源的开发，如太阳能、风能、生物质能、地热能等的开发利用。

（4）各种节能技术的开发利用，如热电联产技术、热泵技术、循环水供热等，提高能源利用率。

2. 使用清洁的生产过程

（1）在工艺设计中应充分考虑尽量少用和不用有毒有害的原料。

（2）采用无毒、无害的中间产品，消除有害有毒的中间产品。

（3）选用少废、无废工艺和高效设备。

（4）尽量减少生产过程中的各种危险性因素，如高温、高压、低温、低压、易燃、易爆、强噪声、强振动等。

（5）采用可靠和简单的生产操作和控制方法。

（6）对物料进行内部循环利用。

（7）完善生产管理，不断提高科学管理水平。

3. 使用清洁的产品

（1）产品设计应考虑节约原材料和能源，少用昂贵和稀缺的原料。

（2）产品在使用过程中以及使用后不含危害人体健康和破坏生态环境的因素。

（3）产品的包装合理。

（4）产品使用后易于回收、重复使用和再生。

（5）使用寿命和使用功能合理。

（6）产品报废后易处理、易降解等。

清洁产品如无汞电池、节能灯、节水马桶、再生纸等。

4. 提供清洁的服务

（1）将环境因素纳入设计中，即环境设计。在产品设计和原料选择时，优先选择无毒、低毒、少污染的原辅材料，以防止原料和产品对人类和环境的危害；少用短缺的原材料，多用废料或再循环物料作为原料；减少零部件数目，简化产品结构；产品系列化，品种齐全，满足各种消费要求，避免大材小用，优品劣用。

（2）将环境因素纳入提供的服务中。开发对环境无害、低害的绿色产品或环境标志产品。

第四节 清洁生产的效益

实施清洁生产，可以带来经济效益、环境效益、无形资产、技术进步和管理改进五方面的效益。

一、经济效益

清洁生产既有直接的经济效益也有间接的经济效益，清洁生产的经济效益包括图 20-1 几方面的收益。

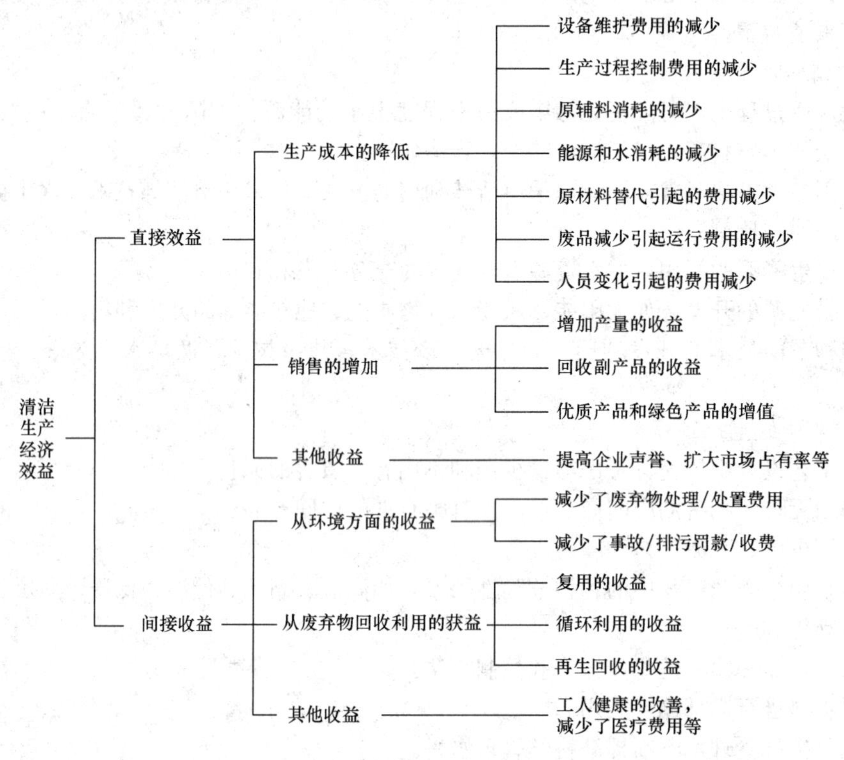

图 20-1 清洁生产效益分类

(1) 直接效益。通过实施清洁生产方案，原材料和能源消耗降低、废弃物的减少使生产成本的降低所得到的经济效益；或者在原材料输入不变的情况下，由于消耗降低使产品产量、销售增加的收益；或者由于采用了新技术、新工艺使产品质量提高得到的收益；或者由于改进工艺、设备和过程控制提高了劳动生产率，减少了操作人员而降低生产成本的收益等。

(2) 间接效益。由于减少了有毒有害原材料的使用，可以减少用于改善工人劳动条件、提高工人健康水平的费用；由于减少了废弃物产生量而降低的废弃物处理费用；因消除了环境问题而减少了环境污染罚款等费用；由于减少了废弃物排放量而降低的污染物排放费用等。

二、环境效益

(1) 各种废弃物的排放量减少。实施清洁生产后，减少了各种废弃物的排放量，直接减轻了环境压力。

(2) 为企业的发展扫清了环境障碍。根据总量控制的原则，企业在改建、扩建时排污总量不得增加，这可以采用末端控制和清洁生产两种方法解决。采用末端控制方法将增加物耗、能耗，使生产成本上升；而采用清洁生产方法，可以在生产量增加的情况下不增加排污量，从而为企业的发展扫清了环境障碍。

(3) 可以满足日益严格的环境要求。随着社会文明和公众环境意识的不断提高，国家对企业的环境管理要求将会越来越严格，企业达到的各类污染物排放标准越来越严格；企业需要考核的各类污染物控制项目也越来越多。这种越来越严格的环境要求如果靠末端控制方法，沉重的环境成本将使组织无法承受，只有依靠清洁生产方法，才能以最小投资来承受社会发展要求企业对环境越来越严格的责任要求。

三、无形资产

(1) 改善企业形象。通过实施清洁生产，企业消除了环境问题，成为环境友好实体，有利于改善企业形象，提高企业在市场竞争中的地位。

(2) 拥有良好的社区环境。通过实施清洁生产，不但企业内部环境得到改善，而且企业周围的环境也得到了改善，企业与周围群众的关系得到改善，为企业进一步发展创造了良好的社区环境。

(3) 员工素质得以提高。通过实施清洁生产，企业员工的综合素质得以提高，企业的社会意识、责任意识得到提高，为企业的发展增添了动力。

(4) 对国际社会问题的贡献。在世界经济一体化、信息化不断发展的今天，任何一个组织都不能仅仅是简单地从事生产、服务活动，而是与人口、资源、环境污染等国际社会问题密切相关，如燃烧燃料排放的二氧化硫扩散越过国界等，因此实施清洁生产，是企业对国际社会解决环境问题的贡献。

四、技术进步

(1) 在实施清洁生产过程中，可以发现组织存在的一些技术问题、管理缺陷，从另一个角度讲，发现问题、缺陷就是提供了改进的机会。

(2) 通过调查和专家咨询，组织获得了更多的先进的技术信息，为组织解决问题和缺陷提供了更多的选择机会。

(3) 各类清洁生产方案由于采用了新技术、新材料、新工艺、新设备，使组织生产设备技术水平和生产控制水平得到提高。

(4) 通过清洁生产方案的实施，组织的大批技术人员掌握了新的技术，技术人员的知识得到丰富，技能得到提高，为企业的进一步发展储备了技术人才。

五、管理改善

(1) 开展清洁生产时，通过宣传、培训，提高了广大员工的环境意识、技术素质和环境责任感，员工的综合素质得到提高。

(2) 组织的管理者关心员工的工作环境，可增强员工参与清洁生产的热情，改善员工与管理层的关系，提高员工对组织的责任感。

(3) 通过清洁生产，组织修订和完善了管理制度、技术规程，使组织的环境管理体系得以持续有效地运行，清洁生产成果得以巩固。

第五节 清洁生产的指标体系

清洁生产的指标体系是由一系列相互独立、相互联系、相互补充的单项评价活动指标组成的有机整体，它所反映的是组织或更高层面上的清洁生产综合和整体状况。一个合理的清洁生产指标体系可以有效地促进组织清洁生产活动的开展以及整个社会的可持续发展。

一、清洁生产指标体系确立过程

清洁生产的指标体系是随着清洁生产的发展而发展起来的，从20世纪70年代环境问题在全球引起关注，定量反应和评价生态环境质量的指标体系开始成为重要的研究课题。确立清洁生产指标体系一般包括如下几个过程：

(1) 收集能源、原材料消耗的基础数据，包括过程流程图、控制图，有害有毒情况，废物产生的数量和组成等。

（2）对收集的数据进行分析。

（3）根据数据分析结果提出指标体系建议。

（4）对提出的指标体系建议进行评估。

（5）报告结果。

二、清洁生产指标体系建立原则

清洁生产指标体系的建立一般遵循如下几个原则：

（1）考虑产品生命周期全过程。清洁生产指标应能够涵盖从原材料的采掘、产品的生产过程、产品的销售，直至产品报废后处置的产品整个生命周期对环境的影响。

（2）体现污染预防思想。清洁生产指标主要反映项目实施过程中所使用的资源量及产生的废物量，包括使用能源、水或其他资源的情况，通过对这些指标的评价，反映出项目的资源利用情况和节约的可能性，达到保护自然资源的目的。

（3）易量化。清洁生产指标涉及面比较广，有的难以量化，只能定性评价，在设计时要充分考虑到指标体系的可操作性，尽量选择容易量化的指标项，这样，可以给清洁生产指标的评价提供有利的依据。

（4）易获得性。有些指标比较直观，容易获得，而有些指标只有经过复杂的试验才能够确定，因此，在设计时要尽量选择容易获得的指标项。

（5）持续可行性。清洁生产的理论、实践与技术均在不断地发展中，清洁生产指标体系应体现清洁生产持续改进的特点，立足当前现状，并充分考虑其未来的发展。不能超越实际，把指标定的高不可攀。

三、清洁生产指标分类

清洁生产指标分类方法很多，如综合性指标和单项指标、数量指标和质量指标、定量评价指标和定性评价指标、正向指标和逆向指标、宏观指标和微观指标。

定量评价指标选取了有代表性的、能反映“节能”、“降耗”、“减污”和“增效”等有关清洁生产最终目标的指标，建立评价模式。通过对各项指标的实际达到值、评价基准值和指标的权重值进行计算和评分，综合考评企业实施清洁生产的状况和企业清洁生产程度。定性评价指标主要根据国家有关推行清洁生产的产业政策和技术进步政策、资源环境保护政策规定以及行业发展规划选取，用于定性考核企业对有关政策法规的符合性及其清洁生产工作实施情况。定量评价指标和定性评价指标分为一级指标和二级指标两个层次。一级指标为普遍性、概括性的指标，包括能源消耗指标、资源消耗指标、资源综合利用指标、污染物排放指标。二级指标为反映燃煤发电企业清洁生产特点的、具有代表性的技术考核指标。

正向指标是指指标值越大评价效果越好的指标，即数值越大越符合清洁生产的要求，如资源综合利用方面的指标均为正向指标。逆向指标是指指标值越小评价效果越好的指标，即数值越小越符合清洁生产的要求，如能源消耗、资源消耗、环保排放指标均为逆向指标。除了正向指标和逆向指标外，还有中向指标，如 pH 值大了小了均不合格。

宏观清洁生产指标主要用于社会和区域层面上，在此层面，清洁生产指标常与循环经济指标重叠。宏观清洁生产指标主要包括经济发展（如 GDP 年平均增长率、万元 GDP 能耗、万元 GDP 水耗等）、循环经济特征（如资源生产率、循环利用率等）、生态环境保护（环境绩效指标、生态建设指标、生态环境改善潜力等）、绿色管理（政策法规制度指标、管理意识指标等）四大类指标。

微观清洁生产指标主要用于组织层面上，微观清洁生产指标原则上分为生产工艺与装备要求、原材料指标、资源能源利用指标、产品指标、污染物产生指标、废物回收利用指标和环境管理要求七项指标。

四、清洁生产指标体系

燃煤电厂清洁生产评价指标体系结构见图 20-2 和图 20-3。燃煤电厂清洁生产评价指标体系说明见表 20-2。

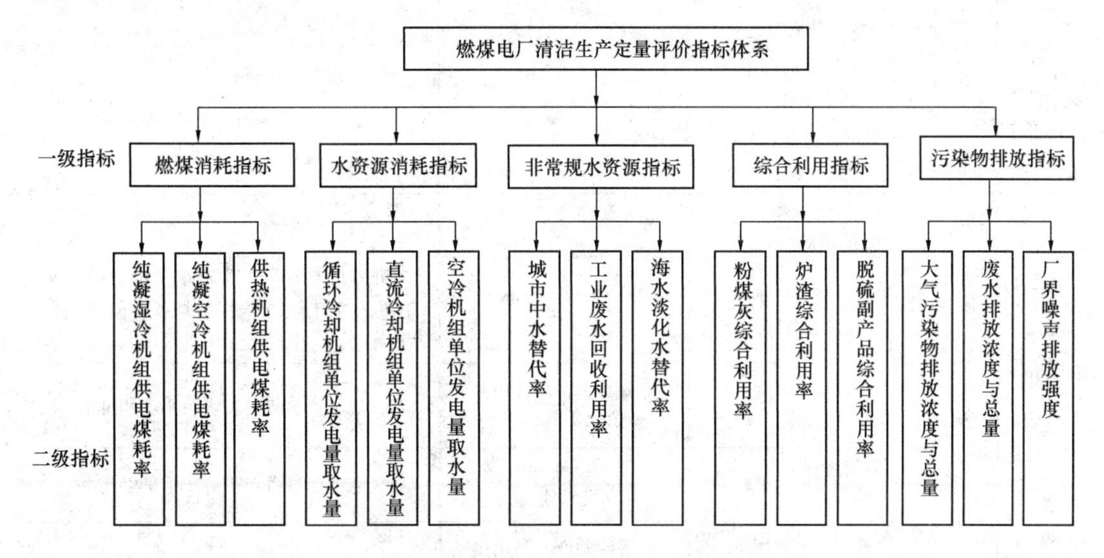

图 20-2 燃煤电厂清洁生产定量评价指标体系框架

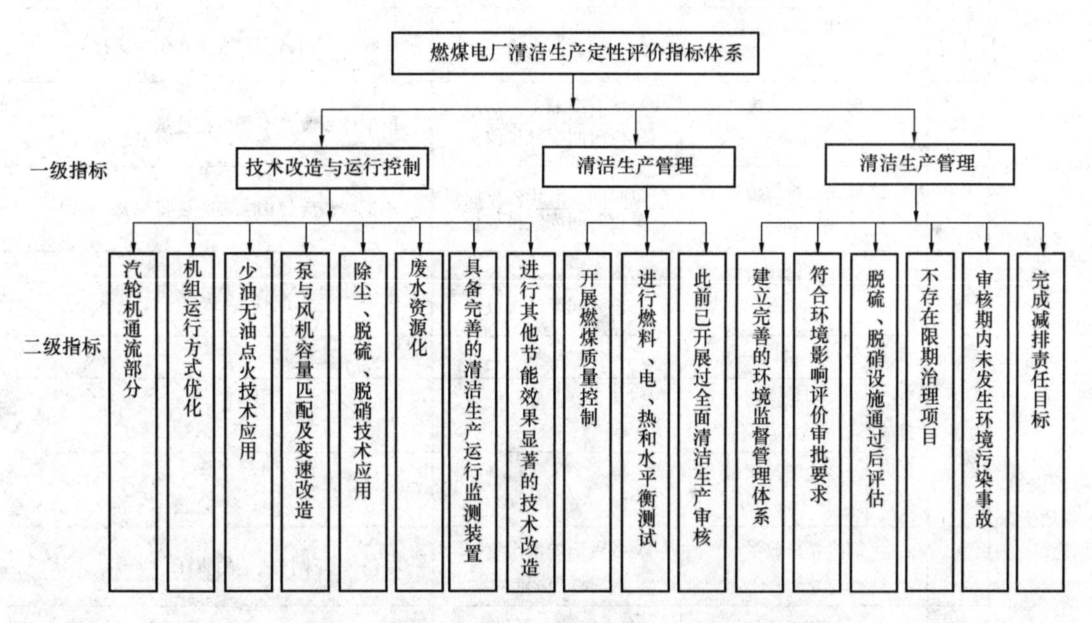

图 20-3 燃煤电厂清洁生产定性评价指标体系框架

表 20-2 燃煤电厂清洁生产评价指标体系说明

指标	序号	单项指标名称	含义与计算	说明
能源消耗指标	1	综合供电煤耗率(g/kWh)	$\frac{煤年用量之和}{年供电量}$	供电煤耗指在正常的操作下，单位供电消耗的燃煤量
	2	综合厂用电率(%)	$\frac{发电年消耗电量}{年发电量}$	电厂自用电占总发电量的比值

续表

指标	序号	单项指标名称	含 义 与 计 算	说 明
原辅材料消耗指标	3	脱硫剂消耗 (kg/kWh)		
	4	脱硝剂消耗 (kg/kWh)		
	5	阻垢剂、稳定剂消耗 (kg/kWh)		
	6	酸碱消耗 (kg/kWh)		
水资源消耗指标	7	单位发电量取水量 (m^3/MWh)	$\frac{\text{年取水量}}{\text{年发电量}}$	在正常的操作下，生产单位电量的取水量(不包括回用水)。指标值越低，说明工艺和产品越清洁
	8	非常规水资源替代率	$\frac{\text{非常规水资源使用量}}{\text{企业年取水量}}$	非常规水资源包括海水淡化水和再生水
环境经济效益指标	9	灰渣利用率 (%)	$\frac{\text{年灰渣利用量}}{\text{年灰渣产生总量}}$	年灰渣利用量占年灰渣产生量之比
	10	脱硫副产品利用率 (%)	$\frac{\text{年脱硫副产品利用量}}{\text{年脱硫副产品产生量}}$	
	11	废水回收利用率 (%)	$\frac{\text{废水回收量}}{\text{废水产生量}}$	回收废水量占全厂废水产生量之比
污染物排放指标	12	烟尘排放浓度 (mg/m^3)	$\frac{\text{单位时间烟尘排放量}}{\text{单位时间废气排放量}}$	单位体积废气中烟尘排放量
	13	二氧化硫排放浓度 (mg/m^3)	$\frac{\text{单位时间二氧化硫排放量}}{\text{单位时间废气排放量}}$	单位体积废气中二氧化硫排放量
	14	氮氧化物排放浓度 (mg/m^3)	$\frac{\text{单位时间氮氧化物排放量}}{\text{单位时间废气排放量}}$	单位体积废气中氮氧化物排放量
	15	废水排放浓度 pH值		
		废水排放浓度 悬浮物 (mg/L)		
		废水排放浓度 化学需氧量 (mg/L)		
	16	烟尘年排放量 (t/年)	各台锅炉烟尘年排放总和	一年内烟尘排放量的累计
	17	二氧化硫年排放量 (t/年)	各台锅炉二氧化硫年排放总和	一年内二氧化硫排放量的累计
	18	氮氧化物排放绩效 (t/年)		
	19	废水年排放量 (t/年)	电厂各废水外排口年排放总和	一年内废水排放量的累计
	20	厂界噪声 (dB)		

第六节 清洁生产评价

一、清洁生产评价的定义和原则

1. 清洁生产评价的定义

清洁生产评价包括项目清洁生产评价和企业清洁生产评价两种形式。

为使拟建项目达到清洁生产的目的，企业可提出多个清洁生产技术方案，在决策前，需要对各个方案进行科学客观评价。清洁生产评价是通过对企业的生产从原材料的选取、生产过程到产品服务的全过程进行综合评价，评定出企业清洁生产的总体水平以及每一个环节的清洁生产水平，明确该企业拟建生产过程、产品、服务各环节的清洁生产水平在国际和国内所处的位置。

对企业整体清洁生产水平也可以采用清洁生产评价方式。

2. 清洁生产评价的原则

(1) 系统的原则。评价必须具备系统的观点，必须强调生产工艺和目标的统一。系统分析是正确评价生产和管理结构是否合理、整个系统的功能是否协调统一、污染控制目标和措施是否协调的基础。

(2) 最小化原则。生产过程每一个相对集中的具有物质和能量转化功能的单元，都可以看作一个清洁生产评价对象。每一个单元以产出废物最小化为原则，对生产过程中操作行为、工艺先进性、设备有效性、技术合理性进行评价，提出清洁生产方案。

(3) 相对性原则。由于受生产规模、科技水平、工程复杂性、经济基础、生产者素质等各种因素制约，清洁生产具有相对意义。清洁生产评价的标准应把握一定的适用范围和条件，评价基准值（或树立的目标）应具有当时的先进性，评价中提出的清洁生产措施应本着因地制宜、适时适度、低费高效的原则推荐实施。

3. 清洁生产评价与常规环境影响评价的区别

清洁生产评价是目前公认的工业污染控制最佳途径，国家环保总局已明确要求将其纳入建设项目环境影响评价中。清洁生产评价与常规环境影响评价是相辅相成的，二者均追求对环境污染的预防，无论是预防污染物排放对环境的污染，还是预防污染物的产生，其最终目标是一致的。其主要区别在于：

(1) 从评价依据看，常规环境影响评价主要依据工程可行性研究或设计报告，清洁生产评价却不拘于此，而常常依据国家颁布的有关产业发展政策及法规、国家环保总局推荐的清洁生产技术，以及国际标准化组织 ISO 14000 系列标准中有关清洁生产标准。

(2) 从评价对象和内容看，常规环境影响评价主要针对拟定的整体工艺过程，进行末端产污、治污、排污评价。清洁生产评价主要针对生产过程单元的污染源头控制分析，并增加了原料和产品评价。

(3) 从评价重点看，常规环境影响评价以污染物达标排放为主，以污染治理为核心；清洁生产评价则以削减污染物排放量和降低废物毒性为主，以污染预防为核心。

(4) 从评价效果看，常规环境影响评价具有预防污染的功效，而清洁生产评价除此以外，还具有节能、降耗、增效、减污的功效。

4. 清洁生产评价与清洁生产审核的区别

对新、扩、改建项目进行清洁生产评价与对现有工程进行清洁生产审核是有区别的。清洁生产评价是针对拟建工程的计划和方案，以有效预防污染为主要目的，其评价结果主要以对策形式出现，带有明显的战略性。评价方法主要采用系统分析法、类比调查法、统计分析法、资料查询法、专家咨询法等；清洁生产审核是针对工程现状，以事实为依据，以现状整改、提高效益为主要目的，其审核结果主要以具体措施形式出现，带有明显的战术性。清洁生产审核主要采用现场监测考察、物料平衡、技术经济分析等方法。在实践操作中，清洁生产评价更注重筛选可比生产工艺，清洁生产审核则更注重确定审核重点和筛选清洁生产方案。

二、项目的清洁生产评价内容

项目的清洁生产评价基本内容包括如下几个方面：

（1）清洁原料评价。

1）评价原料毒性、有害性；

2）评价原料在包装、储运、进料和处理过程中是否安全可靠，有无潜在的浪费、暴露、挥发、流失等风险污染问题；

3）对大众化原料进一步分析纯度、成分与减污的关系；

4）对毒害性大、潜在污染严重的原料应提出更清洁的替代方案。

（2）清洁工艺评价。

1）指明拟选生产工艺与国家产业发展有关政策的关系；

2）指明拟选生产工艺的特殊性，如是否简捷、连续、稳定、高效，设备是否容易配套等；

3）筛选可比工艺方案，通过物耗、能耗、水耗、产污比、效益等指标比较分析，评价拟定工艺的先进性和合理性；

4）通过评价，对拟定工艺尚存的问题提出改进意见，对主要评价单元（如车间、工段、工序）生产过程进行剖析，采用化学方程式和流程图评价，包括废物在内的物流状况和特征，提出资源综合利用措施以及废物在生产过程中减量化的有效方案。

（3）设备配置评价。

1）评价主要生产设备的来源、质量和匹配性能；

2）分析拟定配置方案对原料转化的关系；

3）从节水、环保等角度评价设备的空间布置合理性。

（4）清洁产品评价。通过对产品性能、形态和稳定性分析，评价产品在包装、运输、储藏以及使用过程中是否安全可靠，评价产品在其全寿命周期中潜在的污染行为。

（5）污染治理评价。

1）分析废物在处理处置过程中的形态变化和二次污染影响问题；

2）评价污染治理工艺是否合理；

3）明确废物最终转化形态和毒害性；

4）分析废物最终处置方式对环境的累计污染影响。

（6）清洁生产管理评价。

1）对生产操作规范化、设备维护、物料和水量计量办法进行评述；

2）对原料和产品泄漏、溢出、次品处理、设备检修等造成的无组织排污提出监控措施；

3）对建立企业岗位环保责任制和审核制度提出要求。

（7）推进清洁生产效益和效果评价。

1）通过对比分析，说明拟建工程在节水、降耗、减污、增效方面可能产生的效益；

2）分析清洁生产对预防污染、减轻末端治理压力的可能贡献；

3）通过类比分析，提出拟建工程应达到的清洁生产目标。

三、企业的清洁生产评价

企业的清洁生产评价分为定量评价和定性评价两部分。定量评价根据一级定量指标和二级定量指标两个层次进行评分，定性评价根据一级定性指标和二级定性指标两个层次进行评分。然后按照权重得到综合评分。

1. 定量评价指标的考核评分计算

企业清洁生产定量评价指标的考核评分，以企业在考核年度（一般以一个生产年度为一个考核周期，并与生产年度同步）各项二级指标实际达到的数据为基础进行计算，得出该企业定量评价指标的考核总分值。在计算各项二级指标的评分时，应根据定量评价指标的类别采用不同的计算公式计算。

对正向指标，其单项评价指数按下式计算：

$$S_i = \frac{S_{xi}}{S_{oi}}$$

对逆向指标，其单项评价指数按下式计算：

$$S_i = \frac{S_{oi}}{S_{xi}}$$

式中 S_i——第 i 项评价指标的单项评价指数；

S_{xi}——第 i 项评价指标的实际值；

S_{oi}——第 i 项评价指标的基准值。

定量评价指标考核总分值按下式计算：

$$P_1 = \sum_{i=1}^{n} S_i \cdot K_i$$

式中 P_1——定量评价考核总分值；

n——参与考核的定量评价的二级指标项目总数；

S_i——第 i 项评价指标的单项评价指数；

K_i——第 i 项评价指标的分项分值。

由于企业因自身统计原因值所造成的缺项，该项考核分值为零。对于中向指标（如 pH 值）合格，该项得全分，不合格不得分。对于正向指标或逆向指标，S_i 值计算结果在 1.2 以下时取计算值，大于或等于 1.2 时 S_i 值取 1.2。

2. 定性评价指标的考核评分计算

定性评价指标考核总分值按下式计算：

$$P_2 = \sum_{i=1}^{n} F_i$$

式中 P_2——定性评价二级指标考核总分值；

F_i——定性评价指标体系中的第 i 项二级指标的分项分值；

n——参与考核的定性评价二级指标的项目总数。

3. 企业清洁生产综合评价指数的考核评分计算

为了综合考核燃煤发电企业清洁生产的总体水平，在对该企业进行定量和定性评价考核评分的基础上，将这两类指标的考核得分按权重（定量和定性评价指标分别占 70%和 30%）予以综合，得出该企业的清洁生产综合评价分值。

综合评价分值是评价被考核企业在考核年度内清洁生产总体水平的一项综合指标。综合评价分值之差可以反映企业之间清洁生产水平的总体差距。综合评价指数按下式计算：

$$P = 0.7P_1 + 0.3P_2$$

式中 P——企业清洁生产的综合评价分值；

P_1——定量评价指标中各二级评价指标考核总分值；

P_2——定性评价指标中各二级评价指标考核总分值。

4. 火电行业清洁生产企业的评定

对火电行业清洁生产企业水平的评价，是以其清洁生产综合评价分值为依据的。对达到一定综合评价分值的企业，分别评定为清洁生产先进企业、清洁生产合格企业和清洁生产不合格企业。

根据我国目前火电行业的实际情况，不同等级清洁生产企业的综合评价分值列于表 20-3。

表 20-3　燃煤发电企业不同等级的清洁生产企业综合评价分值

清洁生产企业等级	清洁生产综合评价分值
清洁生产先进企业	$P \geqslant 95$
清洁生产合格企业	$80 \leqslant P < 95$
清洁生产不合格企业	$P < 80$

按照现行环境保护政策法规以及产业政策要求，凡参评企业被地方环保主管部门认定为主要污染物排放未“达标”（指总量未达到控制指标或主要污染物排放超标），或不符合国家产业政策的小机组仍继续运行的，则该企业不能被评定为“清洁生产先进企业”或“清洁生产合格企业”。清洁生产综合评价分值低于 80 分的企业，应予整改。

5. 评价指标项目、权重及基准值

在定量评价指标体系中，各指标的评价基准值是衡量该项指标是否符合清洁生产基本要求的评价基准。确定各定量评价指标的评价基准值的依据是：凡国家或行业在有关政策、规划等文件中对该项指标已有明确要求的就选用国家要求的数值；凡国家或行业对该项指标尚无明确要求值的，则选用国内重点大中型火电企业近年来清洁生产所实际达到的中等以上水平的指标值。本定量评价指标体系的评价基准值代表了行业清洁生产的平均先进水平。

在定性评价指标体系中，衡量该项指标是否贯彻执行国家有关政策、法规的情况，按“是”、“否”或完成程度两种选择来评定。

清洁生产评价指标的分项分值反映了该指标在整个清洁生产评价指标体系中所占的比重，分项分值原则上是根据该项指标对火电行业清洁生产实际效益和水平的影响程度大小及其实施的难易程度来确定的。燃煤发电企业定量评价指标项目、权重及基准值见表 20-4，定性评价指标项目及分值见表 20-5。

表 20-4　燃煤发电企业定量评价指标项目、权重及基准值

一级指标	权重值	二级指标		单位	指标分项分值 K_i	评价基准值 S_{oi}	企业现状 修正前/修正后	评价结果
能源消耗指标	35	纯凝汽机组供电煤耗率			35			
		超超临界	1000MW 级	g/kWh		286		
			600MW 级	g/kWh		297	292.8/284.2	合格
		超临界	600MW 级	g/kWh		300		
		亚临界	600MW 级	g/kWh		313		
			300MW 级	g/kWh		323	332.8/323.1	超标
		超高压	200MW 级	g/kWh		355		
		空冷机组	直接空冷机组	g/kWh		湿冷+15		
			间接空冷机组	g/kWh		湿冷+10		
		循环流化床机组		g/kWh		湿冷+8		
		供热机组供电煤耗率				非供热工况供电煤耗率基准值同纯凝机组，供热工况参照纯凝机组并结合实际供热负荷情况进行评价		

续表

一级指标	权重值	二级指标		单位	指标分项分值 K_i	评价基准值 S_{oi}	企业现状修正前/修正后	评价结果
水资源消耗指标	15	单位发电量耗水量			15			
		循环冷却机组	600MW 级及以上	kg/kWh		1.68		
			300MW 级	kg/kWh		1.71		
			<300MW	kg/kWh		1.85		
		直流冷却机组	600MW 级及以上	kg/kWh		0.33	0.10	
			300MW 级	kg/kWh		0.34	0.13	
			<300MW	kg/kWh		0.41		
		空冷机组	600MW 级及以上	kg/kWh		0.37		
			300MW 级	kg/kWh		0.38		
			<300MW	kg/kWh		0.45		
非常规水资源指标	5	工业废水回收利用率		%	5	85	100	合格
		城市中水替代率或海水淡化水替代率		%		50	56.67	合格
综合利用指标	10	粉煤灰、渣（含干法脱硫副产品）综合利用率			5	东部地区 90%，其他地区 70%	100	合格
		脱硫副产品利用率		%	5	100	100	合格
污染物排放指标	35	烟尘排放浓度		mg/m^3	8	30	28	合格
		二氧化硫排放浓度		mg/m^3	8	200	65	合格
		氮氧化物排放浓度		mg/m^3	8	100	206	超标
		单位发电量废水排放量		kg/kWh	5	0.19	0	合格
		pH 值		—	3	6～9	8	合格
		悬浮物（SS）		mg/L		50	35	
		化学需氧量（COD）		mg/L		60	30	合格
		生物化学需氧量（BOD）		mg/L		20	15	合格
		厂界噪声		dB（A）	3	敏感点达标 65 dB（A）	50	合格

注 1. 清洁生产评价指标针对全厂清洁生产水平进行评定。包括不同类型发电机组时，按全年发电量加权平均，分别确定指标。

2. 如果企业设计无该分项，该项不参与评价。

3. 粉煤灰、渣（含干法脱硫副产品）、脱硫副产品综合利用必须要出具相关证明。

基准值只对供电煤耗率进行负荷系数修正，修正公式为

$$b_g = \frac{b'_g}{K_1 K_2 K_3}$$

式中 b'_g——实际工况下供电煤耗率，g/kWh；

b_g——修正后供电煤耗率基准值，g/kWh；

K_1——审核期机组负荷系数，%，当负荷系数≥86%时，$K_1=1$，当负荷系数为 75%～85%时，$K_1=1.015$，当负荷系数小于 75%时，每降 5 个百分点，K_1在 1.015 基

础上再加 0.015；

K_2——审核期脱硫修正系数，厂内制备脱硫剂时 $K_2=1.015$，厂内不制备脱硫剂时 $K_2=1.010$；干法脱硫时 $K_2=1.003$，无脱硫设施时 $K_2=1.0$；

K_3——审核期脱硝修正系数，有炉外脱硝时 $K_3=1.003$，无炉外脱硝时 $K_3=1.0$。

表 20-5　　燃煤发电企业定性评价指标项目及分值

一级指标	权重值	二级指标		分项分值 F_i	企业现状	评价结果
技术改造与运行控制	50	机组采用节能减排技术或改造	2000 年前投产汽轮机通流部分改造	5	没改造	不合格
			采用节油点火技术	5	采用	合格
			泵与风机容量匹配及变速改造	5	已改造	合格
			采用高效除尘技术，或者静电除尘系统进行了节能改造和调整	5	已改造	合格
			采用高效脱硫技术	5	采用	合格
			采用高效脱硝技术	5	采用	合格
			进行其他节能效果显著的技术改造	5	已改造	合格
		机组运行	机组运行方式优化	5	优化	合格
			按相关要求具备完善的运行监测装置	5	配备	合格
		废水资源化		5	采用	合格
清洁生产管理	20	开展燃料平衡、热平衡、电能平衡、水平衡测试		10	执行	合格
		开展燃煤质量控制，配煤掺烧		5	执行	合格
		本次审核前已开展全面清洁生产审核		5	已开展	合格
环境管理体系建立及贯彻执行环境保护法规的符合性	30	建立完善的环境管理体系		5	已建立	合格
		符合环境影响评价审批要求		5	符合	合格
		脱硫、脱硝设施通过环保部门验收		5	已验收	合格
		不存在限期治理项目或按时完成限期治理项目		5	不存在	合格
		审核期内未发生环境污染事故及环境纠纷		5	无	合格
		完成审核期内节能减排目标执行情况		5	执行	合格

注 1. 对一级指标“技术改造与运行控制”所属二级指标，凡达到或本身设计已经优于指标的按其指标分值给分，未采用的不给分。

2. 对其他一级指标所属各二级指标，如能按要求执行的，则按其指标分值给分，未采用的不给分。

第二十一章 清洁生产的审核

第一节 清洁生产的审核思路

一、清洁生产审核的定义

清洁生产审核（Cleaner Production Audit）是指按照一定程序，对生产和服务过程进行调查和诊断，找出能耗高、物耗高、污染重的原因，提出减少有害有毒物料的使用、产生，降低能耗、物耗以及废物产生的方案，进而选定技术经济及环境可行的清洁生产方案的过程，过去也称清洁生产审计，在国外也称为污染预防评估或废物最小化评价等。

《清洁生产审核暂行办法》（国家发展和改革委员会、国家环境保护总局令第 16 号 2004 年 8 月 16 日）确定了清洁生产审核的四项原则：

(1) 以企业为主。清洁生产审核的对象是企业，是围绕企业开展的，离开了企业，所有工作都无法开展，也失去了清洁生产审核的意义。

(2) 自愿审核与强制审核相结合。对污染物达标排放及满足总量控制的企业，可按照自愿的原则开展清洁生产审核；对于污染物排放超过国家和地方规定的标准或者总量控制指标的企业，以及使用有毒、有害原料进行生产或者在生产中排放有毒、有害物质的企业，应依法强制实施清洁生产审核。

(3) 企业自主审核与外部协助审核相结合。

(4) 结合本地实际情况因地制宜开展工作，并注重实效。

二、清洁生产审核的作用

企业清洁生产审核是企业实行清洁生产的重要前提，也是企业实施清洁生产的关键和核心。清洁生产审核的目的是提高资源利用效率，减少或消除废物的产生量。

(1) 核对有关单元操作、原材料、产品、用水、能源和废物的资料。

(2) 确定废物的来源、数量以及类型，确定废物削减的目标，制定经济有效的削减废物产生的对策。

(3) 提高企业对由削减废获得效益的认识和知识，强化污染预防的自觉性。

(4) 判定企业效率低的瓶颈部位和管理不善的地方。

(5) 提高企业经济效益和产品质量。

(6) 获得单元操作的最优工艺、技术参数。

三、清洁生产审核的内容

按照清洁生产审核的程序，对生产和服务过程进行调查和诊断，从原（辅）材料及能源、工艺技术与设计、生产设备、生产过程控制、维护与管理、污染物防治、综合利用、员工等方面，找出能耗高、物耗高、污染重的原因，确定清洁生产审核重点，制定清洁生产目标，提出降低能耗、物耗，减少有毒有害物料的使用及产生，减少污染物及废物产生，控制污染物排放，提高废物综合利用的方案，进而选定并实施技术经济及环境可行的清洁生产方案，推广清洁生产技术，持续清洁生产，编制清洁生产审核报告。

四、清洁生产审核思路

清洁生产审计的总体思路可以用一句话来介绍，即判明废弃物的产生部位，分析废弃物的产生原因，提出方案，减少或消除废弃物，即3W步骤，或者说3个层次。图21-1表述了清洁生产审计的思路。

（1）废弃物在哪里产生？通过现场调查和物料平衡找出废弃物的产生部位并确定产生量，这里的“废弃物”包括各种废物和排放物。同时确定物料流失量大、原辅料消耗高、能源消耗高等问题是在哪个生产单元或设备上产生的。

（2）为什么会产生废弃物？一个生产过程一般可以用图21-2简单地表示出来。

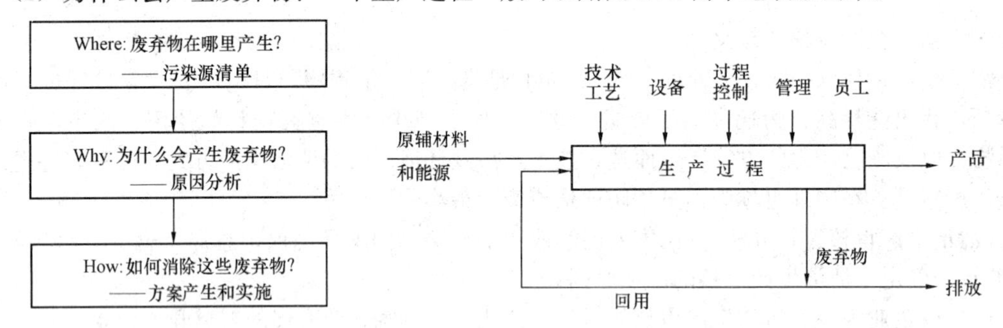

图21-1 清洁生产审计思路　　图21-2 生产过程

对废弃物的产生原因分析要针对以下八个方面进行：

1）原辅材料和能源。原材料和辅助材料本身所具有的特性，如纯度、毒性、难降解性等，在一定程度上决定了产品及其生产过程对环境的危害程度，因而选择对环境无害的原辅材料是清洁生产所要考虑的重要方面。同样，作为动力基础的能源，也是每个企业所必需的，有些能源（如煤、油等的燃烧过程本身）在使用过程中直接产生废弃物，而有些则间接产生废弃物（如一般电的使用本身不产生废弃物，但火电、水电和核电的生产过程均会产生一定的废弃物），因而节约能源、使用二次能源和清洁能源也将有利于减少污染物的产生。

除原辅材料和能源本身所具有的特性以外，原辅材料的储存、发放、运输，原辅材料的投入方式和投入量等也归为原辅材料和能源类可能导致废弃物的产生。

2）技术工艺。生产过程的技术工艺水平基本上决定了废弃物的产生量和状态，先进而有效的技术可以提高原材料的利用效率；从而减少废弃物的产生，结合技术改造预防污染是实现清洁生产的一条重要途径。

3）设备。设备作为技术工艺的具体载体，在生产过程中具有重要作用。产品依靠设备得以生产，污染物也随产品的产生而产生。设备的搭配（生产设备之间、生产设备和公用设施之间）、自身的功能、设备的维护保养等均会影响到废弃物的产生。

4）过程控制。过程控制对许多生产过程是极为重要的，如化工、炼油及其他类似的生产过程，反应参数是否处于受控状态并达到优化水平（或工艺要求），对产品的生产率和优质品的生产率具有直接的影响，因而也就影响到废弃物的产生量。

5）产品。产品的要求决定了生产过程。产品性能、种类和结构等的变化往往要求生产过程作相应的改变和调整，因而也会影响到废弃物的产生。此外，产品的包装、体积大小、产品报废后的处置方式以及产品储运和搬运过程的不当等也可能导致废弃物的产生。

6）废弃物。废弃物本身所具有的特性和所处的状态直接关系到它是否可现场再用和循环使用。“废弃物”只有当其离开生产过程时才称其为废弃物，否则仍为生产过程中的有用材料和物质。

7）管理。我国目前相当一部分企业管理水平还比较低，这一原因导致的物料、能源浪费和废弃物增加不可忽视。任何管理上的松懈和遗漏都会影响到废弃物的产生，如岗位操作过程不够完善、缺乏有效的奖惩制度等。通过组织的“自我决策、自我控制、自我管理”的方式，把环境管理融于组织全面管理之中。

8）员工。任何生产过程，无论其自动化程度多高，都离不开人的参与，因而员工素养的提高和积极性的激励也是有效控制生产过程废弃物产生的重要因素。缺乏专业技术人员、缺乏熟练的操作工人和优良的管理人员以及员工缺乏积极性和进取精神等都与导致废弃物的增加有关。

当然，以上八个方面的划分并不是绝对的，虽然各有侧重点，但在许多情况下存在着相互交叉和渗透的情况，例如一套大型设备可能就决定了技术工艺水平；过程控制不仅与仪器、仪表有关系，还与管理及员工有很大的联系等。唯一的目的就是为了不漏过任何一个清洁生产机会。对于每一个废弃物产生源都要从以上八个方面进行原因分析，这并不是说每个废弃物产生源都存在八个方面的原因，这可能是其中的一个或几个。

(3) 如何消除这些废弃物？针对每一个废弃物产生原因，设计相应的清洁生产方案，包括无/低费方案和中/高费方案，方案可以是一个、几个甚至十几个，通过实施这些清洁生产方案来消除这些废弃物产生的原因，从而达到减少废弃物产生的目的。当然，一次清洁生产审计不可能面面俱到，眉毛胡子一把抓，而是首先确定审计重点，依据审计重点，设计清洁生产方案。重点实施影响审计重点的清洁生产方案，以图达到清洁生产“节能、降耗、减污、增效”的目的。

第二节 清洁生产的审核程序

一、审核程序

根据上述清洁生产审计的思路，传统上，可以将整个审计过程分解为具有可操作性的 7 个阶段 35 个步骤：

(1) 审核准备（筹划和组织）。本阶段 4 个步骤，主要是进行宣传、发动和准备工作。该阶段重点是宣传清洁生产思想，取得领导支持，组建审核小组，制定审核工作计划。

(2) 预审核。本阶段 6 个步骤，主要是评价企业的产污排污状况，选择审计重点和设置清洁生产目标。该阶段确定审核重点；针对审核重点设置清洁生产目标。

(3) 审核。本阶段 5 个步骤，主要是建立审计重点的物料平衡，并进行废弃物产生原因分析。该阶段重点是实测输入输出物流，建立物料平衡，分析废弃物产生原因。

(4) 实施方案产生和筛选。本阶段 7 个步骤，主要是针对废弃物产生原因，产生相应的方案并进行筛选。重点是筛选确定出 2 个以上中/高费方案；核定与汇总已实施的无/低费方案的实施效果。

(5) 可行性分析（实施方案的确定）。本阶段 5 个步骤，主要是对阶段 4 筛选出的中/高费清洁生产方案进行可行性分析，从而确定出可实施的清洁生产方案。该阶段重点是技术评估、环境评估、经济评估。

(6) 方案实施。本阶段 4 个步骤，主要是实施方案并分析、跟踪验证方案的实施效果。该阶段重点是制订方案实施计划；进行方案实施效果的评估。

(7) 持续清洁生产。本阶段 4 个步骤，主要是制定持续清洁生产计划、措施，在企业中持续推行清洁生产，最后编制企业清洁生产审计报告。该阶段重点是建立促进实施清洁生产的管理制度；制定持续清洁生产计划；编写清洁生产审核报告。

这7个阶段的具体活动及产出工作程序见图21-3。在电力企业清洁生产审核中增加了验收阶段（行文申请验收和现场验收两个步骤），形成8个阶段37个步骤。

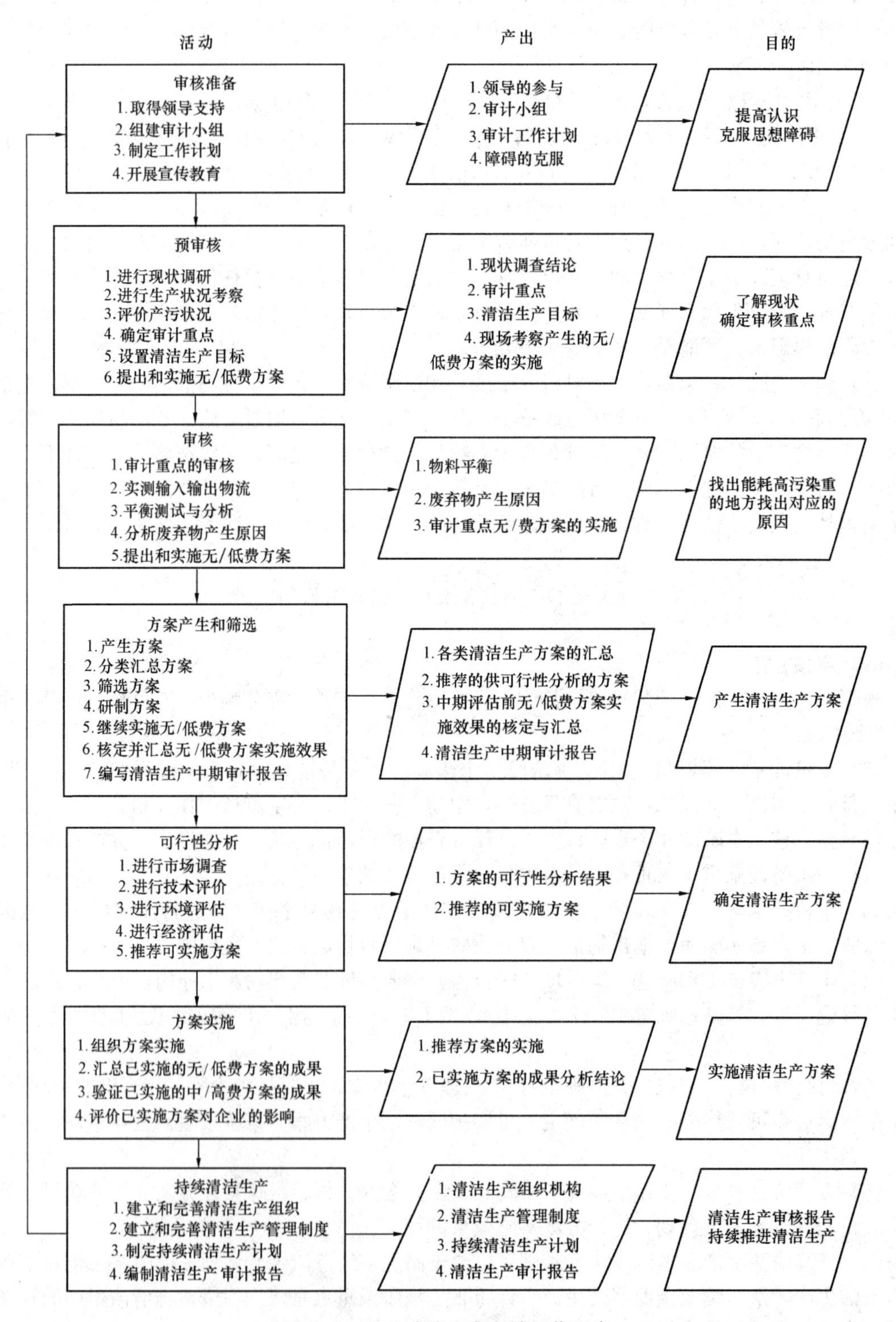

图21-3 企业清洁生产审计工作程序

二、审计特点

进行企业清洁生产审计是推行清洁生产的一项重要措施，它从一个企业的角度出发，通过一套完整的程序来达到预防污染的目的，同时具备如下特点：

(1) 鲜明的目的性。清洁生产审计特别强调节能、降耗、减污，并与现代企业的管理要求相一致，具有鲜明的目的性。

(2) 完整的系统性。清洁生产审计以生产过程为主体，考虑对其产生影响的各个方面，从原材料投入到产品改进，从技术革新到加强管理等，设计了一套发现问题、解决问题、持续实施的系统而完整的方法。

(3) 突出的预防性。清洁生产审计的目标就是减少废弃物的产生，从源头削减污染，从而达到预防污染的目的，这个思想贯穿在整个审计过程的始终。

(4) 明显的经济性。污染物一经产生需要花费很高的代价去收集、处理和处置它，使其无害化，这也就是许多企业难以承担末端处理费用的原因，而清洁生产审计倡导在污染物之前就予以削减，不仅可减轻末端处理的负担，同时污染物在其成为污染物之前就是有用的原材料，降低了污染物的产生就相当于增加了产品的产量，降低了生产成本，增加了经济效益。事实上，国内外许多经过清洁生产审计的企业都证明了清洁生产审计可以给企业带来经济效益。

(5) 可持续性。清洁生产审计十分强调持续性，无论是审计重点的选择还是方案的滚动实施均体现了从点到面、逐步改善的持续性原则。

(6) 可操作性。清洁生产审计的每一个步骤均能与企业的实际情况相结合，在审计程序上是规范的，不漏过任何一个清洁生产机会，而在方案实施上则是灵活的，即当企业的经济条件有限时，可先实施一些无/低费方案，以积累资金，逐步实施中/高费方案。

三、操作要点

企业清洁生产审计是一项系统而细致的工作，在整个审计过程中应充分发动全体员工积极参与，解放思想、克服障碍、严格按审计程序办事，以取得清洁生产的实际成效并巩固下来，具体操作要点如下：

(1) 充分发动群众献计献策。

(2) 贯彻边审计、边实施、边见效的方针，在审计的每个阶段都应注意实施已成熟的无/低费清洁生产方案，成熟一个实施一个。

(3) 对已实施的方案要进行核查和评估，并纳入企业的环境管理体系，以巩固成果。

(4) 对审计结论，要以定量数据为依据。

(5) 在方案产生和筛选完成后，要编写中期审计报告，对前四个阶段的工作进行总结和评估，从而发现问题、找出差距，以便在后期工作中进行改进。

(6) 在审计结束前，对筛选出来还未实施的可行的方案，应制定详细的实施计划，并建立持续清洁生产机制，最终编制完整的清洁生产审计报告。

第三节 清洁生产的审核准备

审核准备（preparation for audit）是企业进行清洁生产审核工作的第一个步骤，即筹划和组织阶段，目的是通过宣传教育使企业的领导和职工对清洁生产有一个初步的、比较正确的认识，消除思想上和观念上的障碍；了解企业清洁生产审核的工作内容、要求及其工作程序；成立由企业管理人员和技术人员组成的清洁生产审核工作小组，制订工作计划。本阶段主要工作步骤见图21-4。该阶段的目的是提高认识，克服思想障碍。

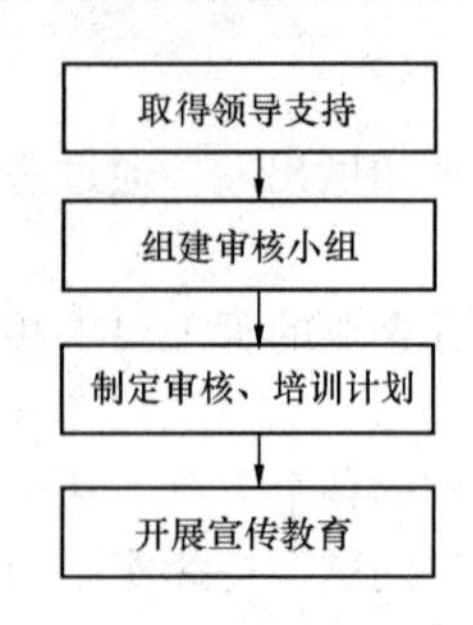

图 21-4 审核准备阶段的工作步骤

一、取得领导支持

清洁生产审核是一件综合性很强的工作，涉及企业的各个部门，而且随着审核工作阶段的变化，参与审核工作的部门和人员可能也会变化，因此，只有取得企业高层领导的支持和参与，由高层领导动员并协调企业各个部门和全体职工积极参与，审核工作才能顺利进行。另外，高层领导的支持和参与还是清洁生产方案实施的关键。

通过培训，让领导了解清洁生产审核可能给企业带来的巨大好处，清洁生产审核可能给企业带来经济效益、环境效益、无形资产的提高和推动技术进步等诸方面的好处，从而增强企业的市场竞争能力。

1. 宣讲效益

(1) 经济效益。经济效益包括由于减少废弃物所产生的综合经济效益；无/低费方案的实施所产生的经济效益；通过审核而得到国家相关资金扶持、免税等产生的效益。

(2) 环境效益。环境效益包括减少污染物的产生量和排放量，保护环境；提高环境形象是当代企业的重要竞争手段；对企业实施更严格的环境要求是国际国内大势所趋，有利于企业冲破贸易绿色壁垒。

(3) 无形资产。清洁生产审核有助于企业由粗放型经营向集约型经营过渡；树立企业形象，扩大组织影响；清洁生产审核是提高劳动者素质的有效途径。

(4) 技术进步。清洁生产审核的可行性分析，使企业的技改方案更加切合实际，使企业的技术改造更具有针对性；清洁生产的审核是一套包括发现和实施无/低费方案，以及产生、筛选和逐步实施技改方案在内的完整程序，促使企业掌握科学先进的企业管理方法；促使企业了解并充分利用国内外最新的科技成果。

2. 阐明投入

清洁生产审核需要企业的一定投入，包括管理人员、技术人员和操作工人必要的时间投入；监测设备和监测费用的必要投入；编制审核报告的费用；可能的聘请外部专家的费用，但与清洁生产审核可能带来的效益相比，这些投入是很小的。

二、组建审核小组

计划开展清洁生产审核的企业，首先要在本企业内组建一个有权威的审核小组，这是顺利实施企业清洁生产审核的组织保证。审核小组应采取企业红头文件的形式发布，并明确审核人员职责和权限。

1. 推选组长

审核小组组长是审核小组的核心，一般情况下，最好由企业高层领导人兼任组长，或由企业高层领导任命一位具有如下条件的人员担任，并授予必要权限。组长的条件是：

(1) 具备企业的生产、工艺、管理与新技术的知识和经验。

(2) 掌握污染防治的原则和技术，并熟悉有关的环保法规。

(3) 了解审核工作程序，熟悉审核小组成员情况，具备领导和组织工作才能，并善于和其他部门沟通和合作等。

2. 选择成员

审核小组的成员数目根据企业的实际情况来定，一般包括管理、技术、生产、节能、环保、财务、质量等方面专责人员，小组成员的条件是：

(1) 具备企业清洁生产审核的知识或工作经验。

(2) 掌握企业的生产、工艺、管理等方面的情况及新技术信息。

(3) 熟悉企业的废弃物产生、治理和管理情况以及国家和地区环保法规和政策等。

(4) 具有宣传、组织工作的能力和经验。

3. 明确任务

审核小组的任务包括：

(1) 制订工作计划。

(2) 开展宣传教育。

(3) 确定审核重点和目标。

(4) 组织和实施清洁生产方案。

(5) 编写审核报告。

(6) 总结经验，并提出持续清洁生产的建议。

审核小组成员职责与投入时间等应列表说明（见表 21-1 和表 21-2），表中要列出审核小组成员的姓名、职务、专业、职称、应投入的时间，以及具体职责等。

表 21-1　　审核领导小组成员及职责

姓名	分工	小组中的职责	职务职称	部门或专业	投入时间
（略）	组长	全面负责筹划与组织，协调各部门工作	厂长	厂部	某年某月至某年某月
（略）	副组长	协助组长做组织协调工作，参与现场调查，组织方案的产生、确定	生产副厂长	厂部	
（略）	副组长	协助组长做组织协调工作，参与现场调查，负责资金筹措、管理	经营副厂长	厂部	
（略）	成员	协调本部门工作，负责本专业方案的征集、汇总和实施	运行部专工	锅炉专工	
（略）	成员	协调本部至门工作，负责本专业方案的征集、汇总和实施	检修部专工	锅炉专工	
（略）	审核师	收集整理材料，清洁生产技术咨询与培训	咨询机构主任	咨询机构	

制表________ 审核________ 第______页 共______页

表 21-2　　审核工作小组成员及职责

姓名	分工	小组中的职责	职务职称	部门或专业	投入时间
（略）	组长	在领导小组的领导下，全面负责筹划与组织，协调各部门清洁生产工作	生产部主任	生产部	某年某月至某年某月
（略）	成员	专业技术负责，负责审核本专业技术资料，组织方案的产生、筛选、评估、确定，解决全过程中的技术问题	检修部锅炉主管	检修部	
（略）	成员	专业技术负责，负责审核本专业技术资料，组织方案的产生、筛选、评估、确定，解决全过程中的技术问题	检修部汽机主管	检修部	
（略）	成员	专业技术负责，负责审核本专业技术资料，组织方案的产生、筛选、评估、确定，解决全过程中的技术问题	检修部电气主管	检修部	

续表

姓名	分工	小组中的职责	职务职称	部门或专业	投入时间
（略）	成员	专业技术负责，负责审核本专业技术资料，组织方案的产生、筛选、评估、确定，解决全过程中的技术问题	运行部锅炉主管	运行部	某年某月至某年某月
（略）	成员	全面负责审核有关节能技术资料，组织方案的产生、筛选、评估、确定，解决全过程中的技术问题	节能专工	生产部	
（略）	成员	全面负责审核有关环保技术资料，组织方案的产生、筛选、评估、确定，解决全过程中的技术问题	环保专工	生产部	
（略）	审核师	收集整理材料，清洁生产技术咨询与培训	咨询机构成员	咨询机构	
（略）	行业专家	指导、讲解、提供生产工艺技术方面的咨询，介入分析高费方案		其他厂	

制表________ 审核________ 第______页 共______页

若仅设立一个审核小组，则依次填写即可，若分别设立了审核领导小组和工作小组，则可分成两表或在一表内隔开填写。

行业专家应从本行业知名节能减排专家中选取一人，行业专家不能当摆设，在企业要满足15个工作日，而且一般在方案产生和筛选、可行性分析过程中发挥重要作用，要从工艺、技术上给予指导。

三、制订工作计划

制订一个比较详细的清洁生产审核工作计划，有助于审核工作按一定的程序和步骤进行，组织好人力与物力，各司其职，协调配合，确保清洁生产审核工作按时保质顺利完成。

审核小组成立后，要及时编制审核工作计划表（见表21-3），该表应包括审核过程的所有主要工作，这些工作的序号、各阶段内容、时间进度、负责部门及负责人姓名、参与部门名称、参与人姓名以及各项工作的产出等。工作计划要求不少于6个月，一般不超过12个月。

表21-3　审核工作计划表

阶　段	工　作　内　容	完成时间	责任部门
一、筹划与组织	（1）厂内相关人员接受清洁生产审核相关知识培训。 （2）成立审核小组制定审核计划与培训计划。 （3）厂内宣传、教育，克服思想障碍。 （4）填写清洁生产审核表格。 （5）全厂范围内征集职工清洁生产方案	（四周）	审核领导小组、审核工作小组
二、预审核	（1）组织现状调研、进行现场考察。 （2）各类问题和建议的收集和汇总。 （3）污染物调查、原辅材料及能源消耗调查 （4）确定审核重点，设置清洁生产目标	（四周）	审核工作小组

续表

阶 段	工 作 内 容	完成时间	责任部门
三、审核	（1）准备审核重点资料。 （2）实测输入、输出物料，建立物料平衡。 （3）评估与分析废物产生原因。 （4）提出针对审核重点的无低费方案	（五周）	审核工作小组
四、备选方案的产生与筛选	（1）汇总清洁生产方案。 （2）分类汇总、推荐供可行性分析的方案。 （3）评估无低费方案实施效果。 （4）编写清洁生产审核中期报告	（五周）	审核工作小组
五、可行性分析	（1）进行市场调查。 （2）对备选方案进行技术、环境、经济评估。 （3）推荐可实施方案	（七周）	审核工作小组
六、方案实施	（1）组织方案实施。 （2）汇总清洁生产方案实施效果		审核领导小组、审核工作小组
七、持续清洁生产	（1）建立和完善清洁生产组织。 （2）建立和完善清洁生产管理制度。 （3）制订持续清洁生产计划。 （4）编写清洁生产审核报告	（五周）	审核工作小组
八、申请验收	正式行文申请验收，清洁生产审核报告报请地方主管部门，开审核验收会		审核领导小组、审核工作小组

制表________ 审核________ 第______页 共______页

四、开展宣传教育

广泛开展宣传教育活动，争取企业内各部门和广大职工的支持，尤其是现场操作工人的积极参与，是清洁生产审核工作顺利进行和取得更大成效的必要条件。

1. 确定宣传的方式和内容

高层领导的支持和参与固然十分重要，没有中层干部和操作工人的实施，清洁生产审核仍很难取得重大成果。只有当全厂上下都将清洁生产思想自觉地转化为指导本岗位生产操作实践的行动时，清洁生产审核才能顺利持久地开展下去。也只有这样，清洁生产审核才能给企业带来更大的经济和环境效益，推动企业技术进步。

宣传可采用下列方式：

（1）利用企业现行各种例会。

（2）下达开展清洁生产审核的正式文件。

（3）内部广播、黑板报。

（4）电视、录像。

（5）组织报告会、研讨班、培训班。

（6）开展各种咨询等。

宣传教育内容一般为：

（1）技术发展、清洁生产以及清洁生产审核的概念。

（2）清洁生产和末端治理的内容及其利与弊。

（3）国内外企业清洁生产审核的成功实例。

（4）清洁生产审核中的障碍及其克服的可能性。

（5）清洁生产审核工作的内容与要求。

（6）企业鼓励清洁生产审核的各种措施。

（7）本企业各部门已取得的审核效果，它们的具体做法等。

宣传教育的内容要随审核工作阶段的变化而做相应调整。

2. 克服障碍

企业开展清洁生产审核往往会遇到不少障碍，阻碍了企业领导和职工实施清洁生产的积极性，不克服这些障碍则很难达到企业清洁生产审核的预期目标。各个企业常见的障碍及克服办法见表21-4，各类障碍中思想观念障碍是最常遇到的，也是最主要的障碍。审核小组在审核过程中要及时发现不利于清洁生产审核的思想观念障碍，并尽早解决这些障碍。

表21-4　　各个企业常见的障碍及克服办法

障碍类型	障碍表现	解决对策
观念障碍	（1）由于清洁生产是一个比较新的概念，不少职工和组织对清洁生产缺乏必要的了解。 （2）将清洁生产等同于末端治理，不知道清洁生产是一种可以兼顾经济效益和环境效益的生产模式。 （3）清洁生产不会产生经济效益，将清洁生产视为企业的负担。 （4）担心清洁生产会影响生产，结果采取消极、被动的态度对待清洁生产	进行多形式、多层次清洁生产概念和知识的宣传培训，不断提高经济与环境可持续发展的环境意识。 提供实行清洁生产审核取得经济效益的例子。 分析末端治理的缺陷
技术障碍	（1）缺乏足够的分析测试设备。 （2）现行的行业清洁生产技术标准不够健全。 （3）缺乏适用的清洁生产技术，特别是对中小型企业和老企业而言，其设备陈旧、技术工艺落后。 （4）缺乏相应的技术人才，自主开发能力很弱。 （5）科研机构对清洁生产技术和清洁产品开发能力不足	增加计量仪表及测试设备，也可以使用审计机构测量仪表。 大力开展清洁生产技术的研究开发和推广转让，提高企业技术创新能力。 咨询政府和一些清洁生产咨询机构以及科研院所，了解清洁生产技术、信息等
组织障碍	（1）厂内无清洁生产部门。 （2）各部门间协调困难。 （3）企业全员参与程度低。 （4）没有成为企业管理者的重要工作内容，致使有关管理制度难以实施	建立一个规范化的环境管理体系（组织机构、运行机制），作为企业生产经营管理体系中的必要组成部分，从企业的管理制度、规划目标和制度措施上提供组织保证；提高职工的清洁生产意识，促进企业职工的普遍参与
资金障碍	（1）缺乏清洁生产方案实施的资金，目前清洁生产投资来源基本上局限于政府技术改造项目和国际援助项目，根本无法满足企业实施清洁生产的实际需要。 （2）政府缺乏有利的经济政策，在财政税收方面，对通过充分利用资源、节约资源以及废物回收利用生产的产品，几乎没有优惠措施，而投资末端治理的设施却可以享受有关政策优惠等	企业将清洁生产纳入自有资金使用安排决策中。 政府通过制定财税、金融等优惠政策，如建立清洁生产滚动基金等方式，切实为企业清洁生产提供资金支持
信息障碍	（1）缺乏清洁生产的信息支持。 （2）存在着尚未认识掌握的科学知识。 （3）缺乏选择采用清洁生产技术的机会	有计划、有组织地建立覆盖地区、部门的清洁生产信息网络，提供清洁生产的信息支持；际清洁生产的交流与合作，促进我国清洁生产的开展

第四节 清洁生产的预审核

预审核（Pre-assessment）过去也称预评估（Pre-evaluation），是清洁生产审核的第二阶段，目的是对企业全貌进行调查分析，分析和发现清洁生产的潜力和机会，从而确定本轮审核的重点。本阶段工作重点是从生产全过程出发，对企业现状进行调研和考察，摸清污染现状和产污重点，并通过定性比较或定量分析，找出明显的原辅材料及能源消耗环节，查找明显的物料流失点、污染物与废物排放确定出审核重点和企业清洁生产目标。本阶段主要工作步骤见图 21-5。

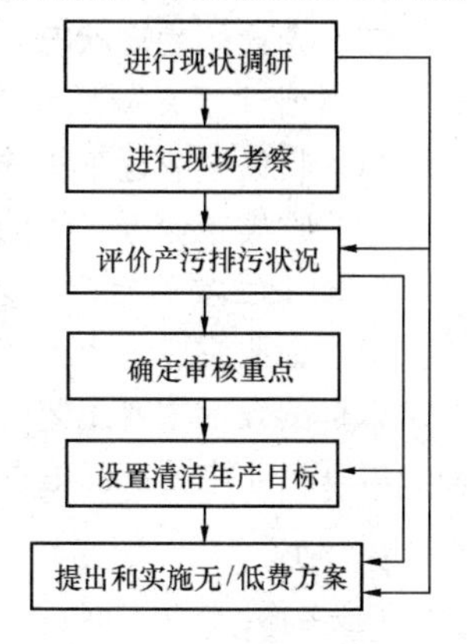

图 21-5 预审核阶段工作步骤

一、进行现状调研

本阶段搜集的资料，是全厂的和宏观的，主要内容如下：

1. 企业概况

阐述企业所在地的地理、地质、水文、气象、地形和生态环境；企业发展简史、规模、组织结构和人员状况及企业的发展规划等，绘制电厂组织机构图，组织机构图一般采用树状结构，某电厂组织机构见表 21-5，近 3 年企业产量和产值见表 21-6。

表 21-5　　企业部门设置与工作制度

序号	部　门	人　数	主要职责	全年工作日（d）	采用班制
1	运行部	250	全厂机、炉、电运行管理	365	五班三运转
2	检修部	250	全厂机、炉、电检修管理	365	白班 8h

制表________　审核________

表 21-6　　企业近三年产量、产值和利税

年份	年产量（万 kWh）	工业总产值（万元）	利税（万元）

制表________　审核________

注　利税＝利润总额＋增值税＋税金及附加。

2. 技术工艺及产业政策符合性

（1）介绍电厂发电和供热工艺。

（2）介绍现有机组是否符合国家产业政策。

（3）填写主要生产设备一览表，依据《高耗能落后机电设备（产品）淘汰目录（第二批）》（工信部公告 2012 年　第 14 号），对运行设备进行了实地调查，主要辅机有无落后淘汰设备。

3. 功能区划及执行标准

（1）介绍电厂地理位置，并画地理位图。

（2）绘制电厂平面布置图。

(3) 介绍电厂所处功能区域，以及必须遵守的国家和区域污染物排放标准。

4. 近三年节能减排工作情况

(1) 三年节能技术改造情况。

(2) 三年环保技术改造情况。

二、企业的生产状况

1. 企业主要原辅料和能源消耗

(1) 收集企业近三年的原辅料消耗情况，填写表21-7和表21-8。

(2) 收集企业近三年的能源消耗情况，填写表21-9～表21-11。

2. 企业主要的生产工艺流程

(1) 企业主要生产工艺。

以框图表示主要工艺流程，要求标出主要燃料、水及废弃物的流入、流出和去向（见图21-6）。填写企业主要产品汇总表，参见表21-12。

表21-7　　主要输入原辅料汇总表

工段名称：锅炉车间

项　目		物料号：1	物料号：2	物料号：3	物料号：4
名　称		煤	燃料油（燃气）	水	液氨
物料功能		燃料	燃料	介质	脱硝剂
有害成分及特性		S	S	无	残留物
有害成分浓度		0.74%	0.5%	无	0.4%
年消耗量	消耗量总计（t）	4 862 402	678.18	1 467 538	1102
	有害成分量总计（t）	35 981.8	3.39	无	4.41
单位价格（元/t）		460.03	6338.9	5.48	3003.6
年总成本（万元）		2 236 838	463.8	804.3	331.0
输送方法		火车	罐车	管线	罐车
包装方法		无	无	无	罐装
储存方法		煤场露天存放	油罐	蓄水池	储氨罐
内部运输方法		传送带	管线	管线	管道
包装材料管理		散装	罐装	无	无
库存管理		先进先出	先进先出	先进先出	先进先出
储存期限		三个月	半年	一个月	一个月
供应商是否回收	到储存期限的物料	否	否	否	否
	包装材料	无	无	无	无
可能的替代物料		无	无	无	无
可能选择的供应商					

制表________　审核________

注　1. 按工段分别填写。

2. 输入物料指生产中使用的所有物料，其中有些未包含在最终产品中，如清洁剂、润滑油脂等。

3. 物料号应尽量与工艺流程图上的号相一致。

4. 物料功能指原料、产品、清洁剂、包装材料等。

5. 输送方式指管线、槽车、卡车等。

6. 包装方式指容器、纸袋、罐等。

7. 储存方式指有掩盖、仓库、无掩盖、地上等。

8. 内部运输方式指用泵、叉车、气动运送、输送带等。

9. 包装材料管理指排放、清洁后重复使用、退回供应商、押金系统等。

10. 库存管理指先出或后进先出。

表 21-8　　主要输入原辅料汇总表

工段名称：化学（环保）车间

项　　目		物料号：5	物料号：6	物料号：7	物料号：8
名称		氢氧化钠	盐酸	阻垢剂	杀菌剂
物料功能		床再生	床再生	阻垢	杀菌
有害成分及特性		有腐蚀性	有腐蚀性	强酸性	强酸有腐蚀性
有害成分浓度		40%	31%	30%	42%
年消耗量	消耗量总计				
	有害成分量				
单位价格					
年总成本					
输送方法		槽车	槽车	货车	货车
包装方法		罐装	罐装	桶装	桶装
储存方法		地上	地上	仓库	仓库
内部运输方法		泵	泵	人力	人力
包装材料管理					
库存管理					
储存期限					
供应商是否回收	到储存期限的物料				
	包装材料				
可能的替代物料					
可能选择的供应商					

制表________　审核________

表 21-9　　近三年入炉煤煤质分析表

序号	指　　标	设计值	校核值	实际值		
				20××年	20××年	20××年
1	煤源/煤种					
2	全水分 M_t（%）					
3	收到基灰分 A_{ar}（%）					
4	干燥无灰基挥发分 V_{daf}（%）					
5	收到基固定碳 FC_{ar}（%）					
6	收到基碳含量 C_{ar}（%）					
7	收到基氢含量 H_{ar}（%）					
8	收到基氧含量 O_{ar}（%）					
9	收到基硫含量 S_{ar}（%）					
10	收到基氮含量 N_{ar}（%）					
11	收到基低位发热量 $Q_{net,ar}$（kJ/kg）					

表 21-10 **机组主要能源消耗性指标汇总**

机组编号	×号		20××年	20××年	20××年
1	机组综合厂用电率（%）				
2	其中（%）	锅炉主要辅机耗电率			
3		汽轮机主要辅机耗电率			
4		化学系统耗电率			
5		环保系统耗电率			
6		其他			
7	综合供电煤耗率（g/kWh）				
8	其中	原煤消耗量（t）			
9		标煤消耗量（t）			
10		年发电量（万 kWh）			
11		年供热量（GJ）			

注 锅炉主要辅机包括送风机、引风机、一次风机、磨煤机、排粉机等，汽轮机主要辅机包括给水泵、循环水泵、凝结水泵、空冷风机、流化风机等，化学系统主要包括制水系统、海水淡化系统等，环保系统主要包括电除尘、脱硫设施等。

表 21-11 **原辅料和能源消耗一览表**

主要原辅材料和能源	单位（t，kWh，m^3）	使用部位	单价（元/t，元/kWh，元/m^3）	近三年年消耗量（t，kWh，m^3）			近三年单位产品消耗量（g/kWh，%，m^3/kWh）		
脱硫用石灰石									
脱硝用液氨或尿素									
酸、碱									
其他化学药品									
煤									
油									
新鲜水									
再生水									
综合厂用电量									

制表________ 审核________

表 21-12 **企业主要产品汇总**

工段名称________

项目		产品		
		产品号:	产品号:	产品号:
名称		供电量	供热量	其他（如热水）
有害成分特性		无	无	无
年产量	总计（万 kWh，GJ）			
	有害成分			
运输方法		电线	管道	管道
包装方法		无	无	无
就地储存方法		无	无	无
包装能否回收（是/否）		无	无	无
储存期限		无	无	无
客户是否准备	接受其他规格的产品			
	接受其他包装方式			
其他资料（如供热期热电比）				

制表________ 审核________

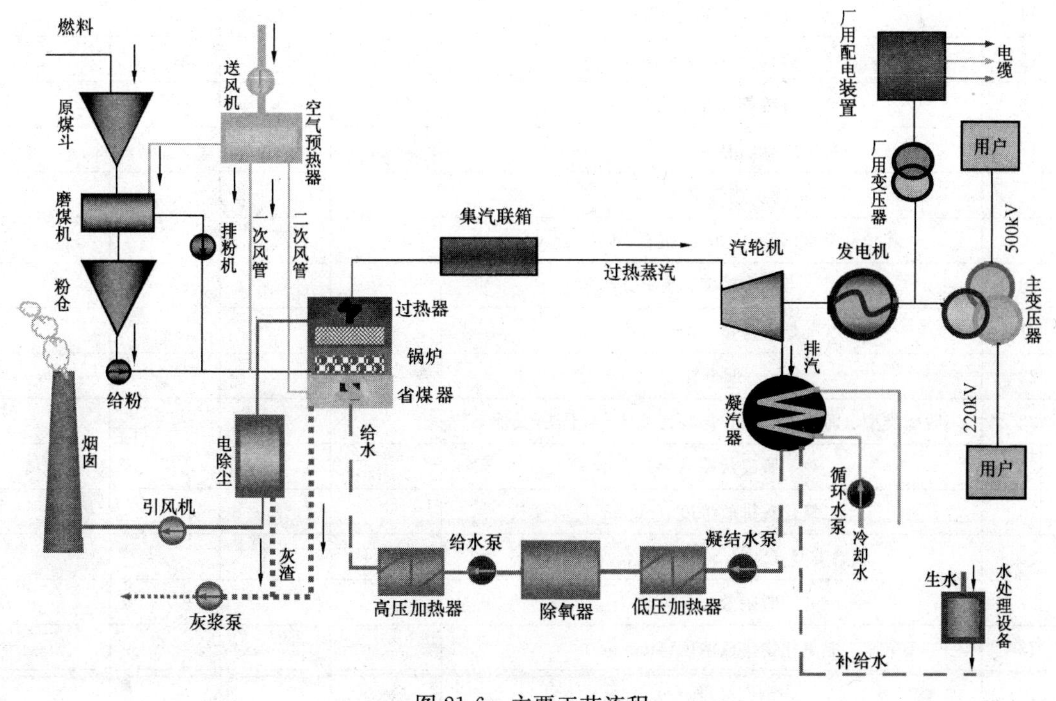

图 21-6 主要工艺流程

（2）各车间主要工艺流程。

主要车间介绍及各车间（工段）主要工艺流程介绍，各工段工艺流程图要求标出主要原辅料、水、能源及废弃物的流入、流出和去向。流程图后文字说明三废排放点。要文字说明各工段主要工艺流程，最好列表说明各工段主要设备设计参数。

主要生产设备规范见表21-13。主要生产工艺流程简要说明见表21-14。

表21-13　　主要生产设备规范

序号	机组编号	1号	2号	3号	4号
1	机组投运时间				
2	汽轮机型号				
3	蒸汽压力/温度（MPa/℃）				
4	排汽冷却方式（直流/循环）				
5	给水泵驱动方式（电动/汽动）				
6	汽轮机热耗率（kJ/kWh）				
7	发电机型号				
8	发电机效率（%）				
9	发电机输出电压（kV）				
10	锅炉型号				
11	炉水循环方式（自然、强制、混合）				
12	额定蒸发量（t/h）				
13	过热蒸汽压力（MPa）				
14	过热蒸汽温度（℃）				
15	再热蒸汽压力（MPa）				
16	再热蒸汽温度（℃）				
17	排烟温度（℃）				
18	锅炉热效率（%）				
19	除尘器类型（静电/布袋/混合/水膜/旋风）				
20	除尘效率（%）				
21	烟尘含量（mg/m^3）				
22	烟道数				
23	脱硫类型（海水/石灰石/循环流化床/半干法/其他）				
24	脱硫效率（%）				
25	二氧化硫排放浓度（mg/m^3）				
26	脱硝类型（SCR/SNCR/联合/其他）				
27	脱硝效率（%）				
28	氮氧化物排放浓度（mg/m^3）				
29	烟囱高度（m）				

表 21-14 主要生产工艺流程简要说明

车间或系统名称	主要生产过程	主要设备	产出	主要原辅材料及能源消耗	主要污染
燃料车间（输煤系统）	煤矿来煤卸存于煤场，煤场的煤经输煤皮带送至磨煤机	输煤皮带、碎煤机、燃料计量设备、采制样设备	煤粒	燃煤（化学能）、电能	扬尘、冲洗水
锅炉车间（燃烧系统）	磨煤机磨至煤粉送入锅炉燃烧，产生的热量使热水生成蒸汽	磨煤机、锅炉、引风机、送风机	煤粉、高温烟气	燃煤（化学能）、电能	对空排汽、炉渣、粉煤灰
汽机车间（热力系统）	高温高压蒸汽送入汽轮机做功，排汽送入凝汽器冷却	汽轮机、循环水泵、凝结水泵、给水泵	蒸汽、凝结水	蒸汽（热能）、除盐水	冷却水排污、噪声
电气车间（发电系统）	汽轮机驱动发电机旋转，将机械能转变成电能	发电机、变压器	电能	机械能	噪声、电磁辐射
化学车间（水处理及循环水系统）	地表水经化学水处理设备处理后制成除盐水，作为锅炉补给水和工业冷却水。提取河水送入凝汽器冷却排汽	水处理设备、除盐水箱（泵）；循环水泵、冷却塔	除盐水、循环水、工业水	水、电能、化学药品	污泥、酸碱再生废水、循环水排污水
环保车间（脱硫及脱硝系统）	烟气中的二氧化硫与石灰石浆液反应生成石膏，降低二氧化硫排放量。烟气中的氮氧化物与液氨反应，降低氮氧化物排放量	吸收塔、浆液泵、真空脱水机、增压风机；卸氨压缩机、储氨罐、喷氨混合器、稀释风机、催化剂	石膏	电能、液氨（尿素）	烟气、逃逸氨
灰水车间（灰渣系统）	灰浆泵和渣浆泵将冲渣水和冲灰水送入二级缓冲池后排入储灰场。粉煤灰经压缩空气送入仓泵	脱水仓、灰浆泵、渣浆泵；仓泵、储气罐、空气压缩机、输灰管	粉煤灰	水、电能	粉煤灰、悬浮物
环保车间（除尘系统）	烟气经过静电除尘器去除烟尘，净烟气从烟囱排入大气	除尘器、整流变压器	—	电能	烟尘
锅炉车间（燃油系统）	油罐内的油经燃油泵升压后为锅炉提供点火或助燃油	油罐、卸油泵、燃油泵	—	电能	油

1）燃料车间。燃料专业从码头煤船靠岸（或通过火车运煤入厂）接煤、计量、卸煤，并将燃料用输送带运送到锅炉煤筒或进入煤场储存。然后经燃料输送皮带送至锅炉原煤仓，经给煤机

送入磨煤机，然后经过磨煤机制成煤粉后进入锅炉燃烧。某电厂燃料车间主要工艺流程见图21-7。

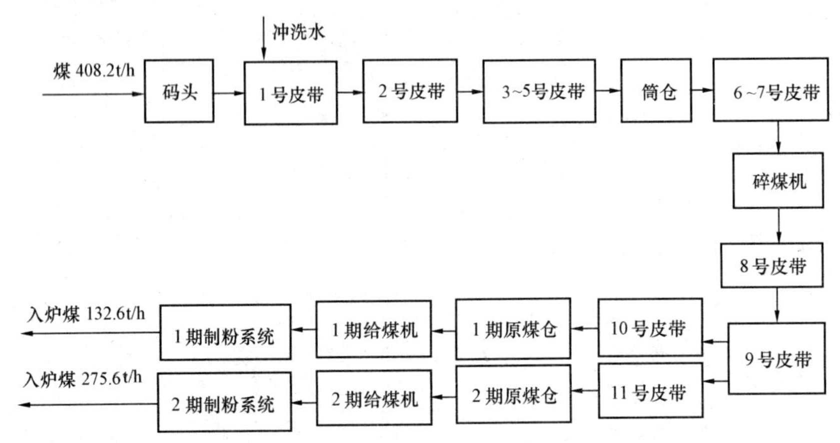

图 21-7 燃料车间工艺流程

2）锅炉车间。磨煤机将煤制成细煤粉送入炉膛进行燃烧，冷空气经送风机送入空气预热器加温后，进入锅炉助燃。汽包内的炉水由下降管分配给下联箱，下联箱内的水进入水冷壁在炉膛加热后，经水冷壁上联箱进入汽包，经管路引至各种过热器加热产生过热蒸汽，过热蒸汽送至汽轮机高压缸冲动汽轮机做功，高压缸乏汽再回到锅炉再热器进行加热。锅炉燃烧产生烟气经过锅炉各个换热面放热后，经电除尘器除尘后，通过烟囱稀释排放。某电厂锅炉车间主要工艺流程见图21-8。

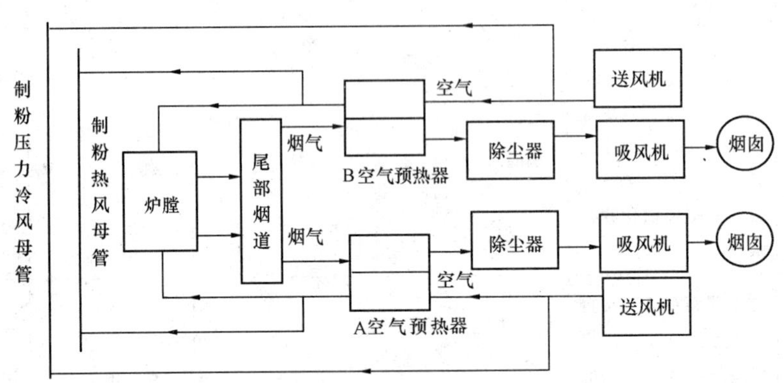

图 21-8 锅炉车间主要流程

3）汽机车间。从锅炉来的新蒸汽经过自动主汽门和高压主汽调节阀，分别进入高压缸。在高压缸做过功的蒸汽，经过两只高压缸排汽止回阀及管道回到锅炉再热器进行再热。再热后的蒸汽，经过两只中压联合汽门进入中压缸进行做功。做功后的蒸汽排入凝汽器内通过循环冷却水冷却后凝结成水，由凝结水泵升压后经轴封加热器、低压加热器进入除氧器，然后由给水泵将给水箱中的水打出经过三台高压加热器进入锅炉省煤器。某电厂汽机车间主要工艺流程见图21-9。

4）电气车间。发电机由联轴器与汽轮机连接，汽轮机带动发电机转子转动发出电力，电力除了厂用电之外，全部上网外供。发电机发出电能后绝大部分经主变压器送入升压站，然后经过高压输送线路送出。少部分电能由高压厂用变压器降压后给电厂辅机供电。某电厂电气车间主要工艺流程见图21-10。

5）化学车间。某电厂生水进入预处理系统，即机械过滤器、细砂过滤器等，用于去除水中

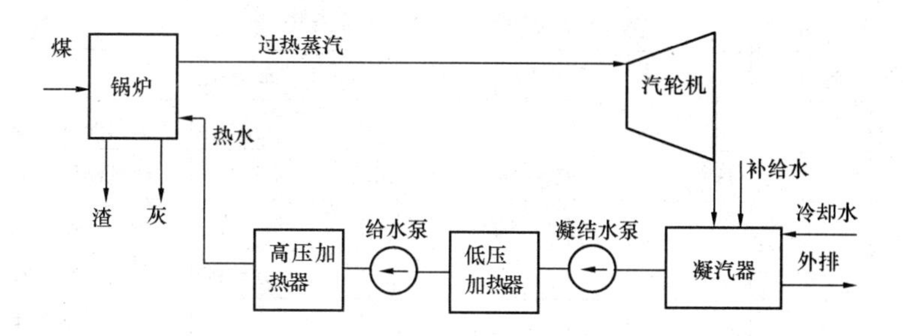

图 21-9　汽机车间主要流程

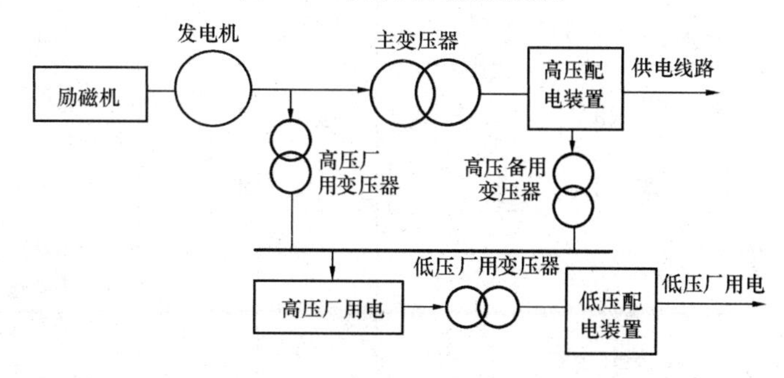

图 21-10　电气车间主要工艺流程

的悬浮物、胶体等，为后续的脱盐处理提供条件；然后进入反渗透（RO）脱盐系统，即保安过滤器、RO高压泵、RO膜组件等，能脱除水中97%以上的盐分；最后进入混床精处理系统，即阳离子交换床、阴离子交换床、除盐水箱等，保障出水水质满足锅炉补给水要求，产出合格的除盐水。化学车间主要工艺流程见图 21-11。

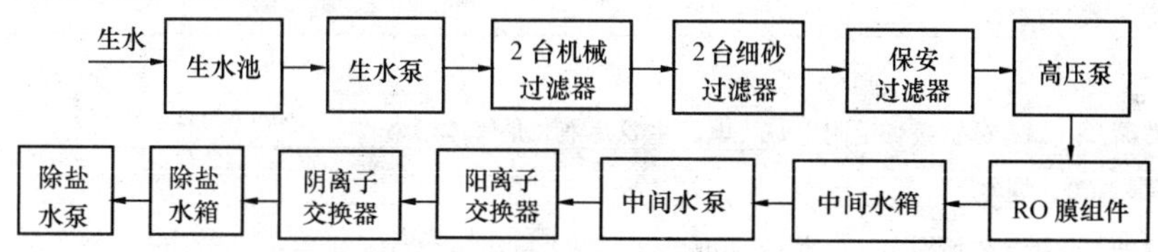

图 21-11　化学车间主要工艺流程

6）环保车间。环保车间主要负责本厂烟气的除尘、脱硫、脱硝设施的运行与维护。燃煤产生的烟气首先经过脱硝设施去除氮氧化物，然后经脱硫设施去除二氧化硫，最后经过静电除尘器去除烟尘，净烟气通过烟囱排入大气。

3. 企业的管理概况

包括从原料采购和库存、生产及操作、直到产品出厂的全面管理水平（含规章制度是否完善，与同行业相比如何，存在什么问题，问题属于什么性质等）。

制度的完善情况和执行情况。对初步了解的情况进行现场核实，发现明显的问题（如原材料仓储和运输存在的问题，跑冒滴漏等），产生无/低费方案。

三、评价产污排污状况

1. 企业的环境保护状况

（1）主要污染源及其排放情况。主要污染源及其排放情况包括状态、数量、毒性等。要绘制企业环保组织结构图，企业废水排放去向图。要填写发电过程中产生的主要污染物（见表 21-15），主要废弃物特性（见表 21-16 和表 21-17），企业历年废弃物排放情况（见表 21-18）。

表 21-15　发电过程中产生的主要污染物

污染类别	酸	碱	COD	油	SS	F	pH值	其他	产生方式	排放方式	备　注
化学处理废水	•	•			•		•		间歇	不外排	引至冲灰前池用于冲灰渣
含油废水				•	•				间歇	不外排	经气浮处理后回用
煤场废水			•		•		•		间歇	不外排	处理后循环使用
冲灰废水					•	•	•		间歇	部分外排	高位灰水回收引至冲灰前池
脱硫废水	•	•					•		间歇	不外排	处理后循环使用
生活污水			•	•	•		•		间歇	不外排	经生物氧化处理后回用至炉底密封水和煤场喷淋
锅炉烟气	主要有烟尘、二氧化硫、氮氧化物								连续	部分外排	所有锅炉安装电除尘器、脱硫设施和SCR脱硝设施
输煤栈桥粉尘	煤粉尘								连续	部分外排	采取喷淋装置和除尘器
汽轮机、锅炉机械噪声	噪声								连续	部分外排	采用基础减震、车间屏蔽和隔音罩等措施可明显减少噪声，排汽加消声器可降到90dB以下，车间外可降到60dB以下

注　用圆圈符号标出生产过程存在的污染物，产生方式填写“间歇”或“连续”，排放方式填写“不外排”或“部分外排”或“全部外排”。

表 21-16　废弃物特性

工段名称：锅炉

1. 废弃物名称：锅炉烟气

2. 废弃物特性

化学和物理特性简介（如有分析报告请附上）电厂主要污染源是气体污染物

有害成分 SO_2、NO_x、烟尘

有害成分浓度（如有分析报告请附上） SO_2：40mg/m^3；NO_x：150mg/m^3；烟尘：30mg/m^3

有害成分及废弃物所执行的环境标准/法规 GB 13223—2011《火电厂大气污染物排放标准》

有害成分及废弃物所造成的问题 烟气中的SO_2和NO_x易造成环境污染，是酸雨主要因素，烟尘易引起雾霾

3. 排放种类

☑ 连续

☐ 不连续

4. 产生量：SO_2为61 358.4t/a，NO_x为15 059.0t/a，烟尘为63.6万t/a

5. 排放量：SO_2为2830.2t/a，NO_x为10 112.45t/a，烟尘为1139.0t/a

6. 处理处置方式 静电除尘、海水脱硫后排放

7. 发生源 锅炉

8. 发生形式 煤燃烧产生高温烟气

9. 是否发分流

☑ 是

☐ 否，与何种废弃物合流

制表________ 审核________ 第________ 页 共________ 页

表 21-17　　废物特性表

工段名称：锅炉

1. 废物名称：粉煤灰

2. 废物特性：

物理和化学性质简介 煤中的灰分在高温燃烧时，生成固体细小废物，无味，灰白色。粉煤灰包括燃料燃烧后的煤灰、炉渣和收集的飞灰，它是工业排放量最大的一种固体污染物。

有害成分 微量重金属元素

有害成分及浓度 微量重金属元素

有害成分及污染物所执行的环境标准/法规 GB 18599—2001《一般工业固体废物贮存、处置场污染控制标准》

有害成分及污染物所造成的问题 原煤中含有的微量重金属元素在燃烧过程中残存在烟尘中，对水和土壤产生污染，并影响人体健康。例如砷会使人体细胞正常代谢发生障碍，导致细胞死亡；铅会抑制血红蛋白的合成代谢；镉会引起肾功能障碍；镍和某些铬化物可能致癌，等等。

3. 排放种类

☑ 连续

☐ 不连续

4. 产生量： 63.54 万 t/a

5. 排放量： 0 万 t/a

6. 处理处置方式 外卖给建材公司

7. 发生源 锅炉经静电除尘器除尘

8. 发生形式 锅炉燃煤随烟气排放

9. 是否分流：

☑ 是

☐ 否，与何种废弃物合流

制表______ 审核______ 第____页 共____页

表 21-18　　企业历年废弃物排放情况

类　别	名　称	近三年年排放量			备　注
		20××年	20××年	20××年	
废水	废水量（t）				
	pH 值				
	悬浮物（mg/L）				
	化学需氧量（mg/L）				
	生化需氧量（mg/L）				
	氨氮（mg/L）				

续表

类别	名称	近三年年排放量			备注
		20××年	20××年	20××年	
废气	烟气量（万 m^3）				
	烟尘浓度（mg/m^3）				
	二氧化硫浓度（mg/m^3）				
	氮氧化物浓度（mg/m^3）				
	烟尘、SO_2、NO_x 排放量（t）				
锅炉固废	总废渣产生量（t）				
	有毒废渣产生量（t）				
	炉渣产生量（t）				
	粉煤灰产生量（t）				
	炉渣利用量（t）				
	粉煤灰利用量（t）				
环保固废	生活垃圾产生量（t）				
	生活垃圾利用量（t）				
	脱硫副产品产生量（t）				
	脱硫副产品利用量（t）				
	失效脱硝催化剂产生量（m^3）				
	脱硝催化剂再生量（m^3）				

制表________ 审核________ 第______页 共______页

注 1. 备注栏中填写与国内同类先进企业的对比情况。

2. 其他栏中可填写物料流失情况。

（2）主要污染源的治理现状。主要污染源的治理现状包括处理设施（治理污染的主要设施包括废水、废气、固废、噪声处理设施以及综合利用设施，如除尘器、废水处理站、脱硫装置和脱硝装置等）、效果、问题及单位废弃物的年处理费等，填写环保设施状况表。例如，某电厂除尘设施状况见表 21-19，脱硫设施状况见表 21-20，脱硝设施状况见表 21-21。

2. 企业的环保执法情况

（1）企业近三年主要污染物排放浓度和排放总量。

（2）企业近三年主要污染物 COD、SO_2 总量削减量。

主要污染物 COD、SO_2 总量削减量、削减目标必须得到所在地市环保局的认可。

污染物排放浓度符合国家标准情况，污染物排放总量符合地方环保局总量控制要求。

表 21-19　　除尘设施状况表

设施名称：	1号锅炉电除尘器	处理废物种类：	烟尘
建成时间：	1993.11.25	设计除尘效率：	98.5%
建设投资：	2000（万元）	设计处理量：	$92.5\times10^4 m^3/h$
年运行费：	190（万元）	实际处理量：	$70\times10^4 m^3/h$
年耗电量：	480（万 kWh）	运行天数：	365（天/年）
监测频率：	每季度1次（次/月）	设施运行效果：	良好

污染物名称	实际处理量		入口浓度（mg/m^3）			出口浓度（mg/m^3）			污染物去除率（%）	说明
	平均值	最大值	平均值	最高值	最低值	平均值	最高值	最低值		
烟尘			11 281.1			147.4			98.7%	
SO_2			962.1			962.1			0	
NO_x			326			326			0	

（1）主要工艺流程图。

（2）设计参数。型号为 FAA3×37.5M-2×88-120，3 个电场，电场内烟气流速为 1.216m/s，总集尘面积为 11 880m^2，单个电场长度为 3.75 m，电除尘器有效长度为 11.25 m，同极间距为 400 m，电场有效宽度为 17.6 m，阴极线形式为 RS 线，阳极线形式为 735C 线，除尘效率为 98.6%。

（3）工作原理。电除尘器除尘原理是灰尘尘粒通过高压静电场时，与电极间的正负离子和电子发生碰撞或在离子扩散运动中荷电，带上电子和离子的尘粒在电场力的作用下向异性电极运动并吸附在异性电极上，通过振打等方式使电极上的灰尘落入灰斗中。

实践证明，静电场场强越高，负晕极捕集灰尘的效果越好。

表 21-20　　　　脱硫设施状况表

设施名称：	Ⅰ期脱硫设施	处理废物种类：	二氧化硫
建成时间：	2001.11.25	设计脱硫效率：	90%
建设投资：	13 000（万元）	设计处理量：	$92.5\times10^4 m^3/h$
年运行费：	（万元）	实际处理量：	$70\times10^4 m^3/h$
年耗电量：	（kWh）	运行天数：	360（天/年）
监测频率：	每季度1次（次/月）	设施运行效果：	良好

污染物名称	实际处理量		入口浓度（mg/m^3）			出口浓度（mg/m^3）			污染物去除率（%）	说明
	平均值	最大值	平均值	最高值	最低值	平均值	最高值	最低值		
SO_2			962.1			92	110	45	90.4	投运率（%）

（1）主要工艺流程图：

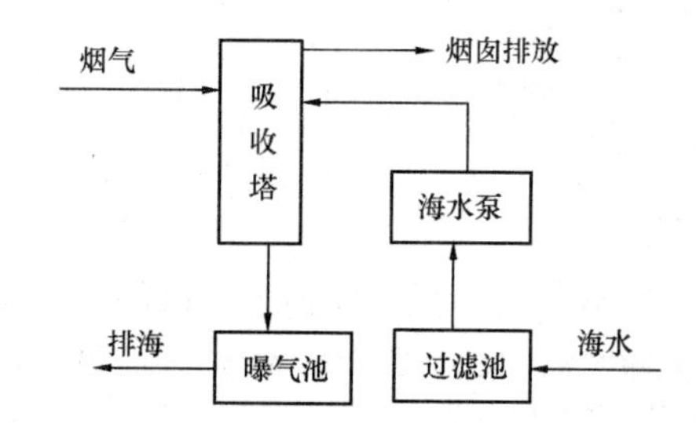

（2）工作原理：

锅炉排出的烟气经除尘器除尘后，送入吸收塔，在吸收塔中用海水洗涤烟气，烟气中的二氧化硫在海水中发生以下化学反应：

$$SO_2(气)+H_2O \longrightarrow H_2SO_3$$

吸收塔内洗涤烟气后的海水呈酸性，含有较多的SO_3^{2-}，废海水进入曝气池和新鲜海水混合，并通入大量空气，使SO_3^{2-}氧化成SO_4^{2-}，并将海水中的CO_2赶出，恢复脱硫海水中的pH值和含氧量。混合处理后的海水pH值、COD等达到排放标准后排入大海。

该工艺装置设在锅炉烟气排放通道中除尘设备的下游，主要组成部分为烟气系统、吸收塔系统、海水吸收剂供应系统、海水恢复（曝气）系统、工艺水系统等。

表 21-21　　脱硝设施状况表

设施名称：	Ⅱ期脱硝设施	处理废物种类：	氮氧化物
建成时间：	2011.1	设计脱硝效率：	70%
建设投资：	4800（万元）	设计处理量：	$183.39\times10^4 m^3/h\times2$
年运行费：	3900（万元）	实际处理量：	$102.09\times10^4 m^3/h\times2$
年耗电量：	400（万 kWh）	运行天数：	360（天/年）
监测频率：	每季度 1 次（次/月）	设施运行效果：	良好

污染物名称	实际处理量		入口浓度（mg/m^3）			出口浓度（mg/m^3）			污染物去除率（%）	说明
	平均值	最大值	平均值	最高值	最低值	平均值	最高值	最低值		
NO_x			134	171	107	94	120	75	54.3	投运率（%）

（1）主要工艺流程图：

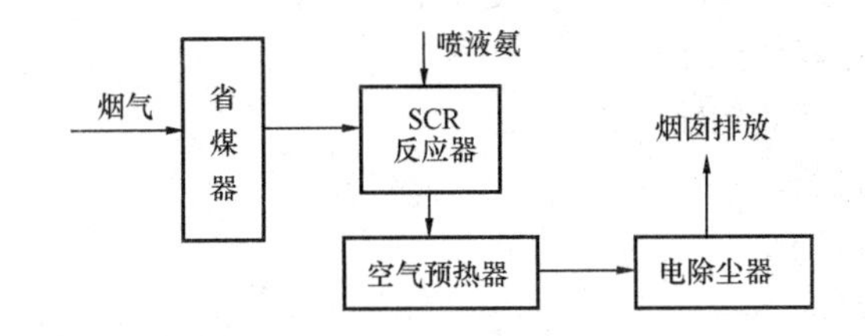

（2）工作原理：

锅炉采用低氮燃烧器+选择性催化还原法（SCR）去除烟气中的 NO_x。每台锅炉设置两个 SCR 反应器，反应器布置在锅炉省煤器与空气预热器之间，不设省煤器调温旁路和反应器旁路。

液氨由液氨槽车运送至液氨储罐，液氨储罐输出的液氨在蒸发器内蒸发为氨气，氨气经加热至常温后送至缓冲罐备用。氨气缓冲罐中的氨气经调压阀减压后，与稀释风机的空气混合成氨气体积含量为 5%的混合气体，通过喷氨格栅的喷嘴喷入烟气中，然后氨气与 NO_x 在催化剂的作用下发生氧化还原反应，生成 N_2 和 H_2O。

3. 初步分析产污原因

从影响生产过程的八个方面出发，对产污排污的实际状况进行初步分析，并评价在现状条件下，企业的产污排污状况是否合理。原因分析见表 21-22。原因分析不能只打对号，应用文字具体分析污染物排放原因，并予以初步评价。

（1）原辅料和能源。原辅料指生产中主要原料和辅助用料（包括添加剂、催化剂、水等）；能源指维持正常生产所用的动力源（包括电、煤、蒸汽、油等）。因原辅料及能源而导致产生废弃物主要有以下几个方面的原因：

1）原辅料不纯或（和）未净化。

2）原辅料储存、发放、运输的流失。

3）原辅料的投入量和配比的不合理。

4）原辅料及能源的超定额消耗。

表 21-22 企业废弃物产生原因分析

主要废弃物产生源	原因分析							
	原辅材料和能源	技术工艺	设备	过程控制	产品	废弃物特性	管理	员工
粉煤灰	燃煤含灰分	技术工艺落后	设备泄漏	工艺参数控制不当	×	废弃物未进行循环使用	没有管理制度	缺乏专业技术人员

制表________ 审核________ 第_____页 共_____页

5）有毒、有害原辅料的使用。

6）未利用清洁能源和二次资源。

（2）技术工艺。因技术工艺而导致产生废弃物有以下几个方面的原因：

1）技术工艺落后，原料转化率低。

2）设备布置不合理，无效传输线路过长。

3）反应及转化步骤过长。

4）连续生产能力差。

5）工艺条件要求过严。

6）生产稳定性差。

7）需使用对环境有害的物料。

（3）设备。因设备而导致产生废弃物有以下几个方面原因：

1）设备破旧、漏损。

2）设备自动化控制水平低。

3）有关设备之间配置不合理。

4）主体设备和公用设施不匹配。

5）设备缺乏有效维护和保养。

6）设备的功能不能满足工艺要求。

（4）过程控制。因过程控制而导致产生废弃物主要有以下几个方面原因：

1）计量检测、分析仪表不齐全。

2）某些工艺参数（如温度、压力、流量、浓度等）未能得到有效控制。

3）过程控制水平低，需要人工干预，不能满足技术工艺要求。

4）控制、监测精度差，废品率高。

（5）产品。产品包括审核重点内生产的产品、中间产品、副产品和循环利用物。因产品而导致产生废弃物主要有以下几个方面原因：

1）产品储存和搬运中的破损、漏失。

2）产品的使用寿命终结后难以回收、处理。

3）不利于环境的产品规格和包装。

（6）废弃物。因废弃物本身具有的特性而未加利用导致产生废弃物主要有以下几个方面原因：

1）对可利用废弃物未进行再用和循环使用。

2）废弃物的物理化学性状不利于后续的处理和处置。

3）单位产品废弃物产生量高于国内外先进水平。

（7）管理。因管理而导致产生废弃物主要有以下几个方面的原因：

1）有利于清洁生产的管理条例，岗位操作规程等未能得到有效执行。

2）现行的管理制度不能满足清洁生产的需要：岗位操作规程不够严格；生产记录（包括原料、产品和废弃物）不完整；信息交换不畅；缺乏有效的奖惩办法。

（8）员工。因员工而导致产生废弃物主要有以下几个方面原因：

1）员工的素质不能满足生产需求：缺乏优秀管理人员；缺乏专业技术人员；缺乏熟练操作人员；员工没有持续培训；员工的技能不能满足本岗位的要求。

2）员工缺乏主动参与清洁生产的热情：缺乏对员工主动参与清洁生产的激励措施；组织对员工关心不够，员工在组织里缺乏家的感觉；组织工作家长制，员工没有当家的感觉。

4. 企业清洁生产水平分析

采用《燃煤发电企业清洁生产评价导则》（DL/T 254—2012）提供的基准值作为评价值，对当前企业的清洁生产水平进行综合评价。

通过与DL/T 254清洁生产评价标准对比，根据表20-4，电厂实际生产情况的指标有2项不合格。其中定量评价指标总分值 $P_1=\sum_{i=1}^{n}S_i\cdot K_i=35/2\times\frac{297}{284.2}+35/2\times\frac{323}{323.1}+15/2\times1.2+15/2\times1.2+5/2\times\frac{100}{85}+5/2\times\frac{56.67}{50}+5\times\frac{100}{90}+5\times\frac{100}{100}+8\times\frac{30}{28}+8\times1.2+8\times\frac{100}{206}+5\times1.2+3/4+3/4\times\left(\frac{50}{35}+1.2+\frac{20}{15}\right)+3\times\frac{65}{50}=105.8$

根据表20-5，电厂定性评价指标总分值 $P_2=\sum_{i=1}^{n}F_i=100-5=95$

企业的清洁生产综合评价分值 $P=0.7P_1+0.3P_2=0.7\times105.8+0.3\times95=102.56\geqslant95$ 分

通过指标对比和计算可以看出，电厂目前已经属于国内清洁生产先进企业。

四、确定审核重点

通过前面三步的工作，已基本探明了企业现存的问题及薄弱环节，可从中确定出本轮审核的重点。审核重点的确定，应结合企业的实际综合考虑。

1. 确定审核重点的原则和考虑的因素

（1）污染物产生量大，排放量大，超标严重的环节。

（2）严重影响或威胁正常生产，构成生产“瓶颈”的环节。

（3）一旦采取措施，容易产生显著环境效益与经济效益的环节。

（4）物流进出口多、量大、控制较难的环节。

（5）污染物毒性大，难于处理、处置的环节。

（6）消耗大的环节或部位。

（7）环境及公众压力大的环节或问题。

有明显的清洁生产机会应优先考虑作为备选审核重点。

2. 确定审核重点的方法

通过前面三步的工作，已基本探明组织生产中现存的问题和薄弱的关键环节。接下来的工作是确定本轮审核重点。本轮审核重点的数量取决于企业的实际情况，一般一次选择一个审核重点。审核重点应符合组织的实际，可以是某一个分厂、某一个车间、某一个工段、某一个操作单元，也可以是某一污染物、某一资源或能源等。确定审核重点的主要方法如下：

（1）简单比较。根据各备选重点的废弃物排放量和毒性及消耗等情况，进行对比、分析和讨论，通常污染最严重、消耗最大、清洁生产机会最明显的部位定为本轮审核的重点。例如，火力发电厂锅炉车间既是能源消耗重点，又是污染物排放的主要来源，因此一般将火力发电厂的锅炉车间作为审核的重点。

（2）评价法。直接根据表 20-4 和表 20-5，从中找出最薄弱环节作为本轮审核的重点。一般将源控制作为审核的重点。例如，某电厂确定本轮清洁生产的审核重点为全厂范围内的烟气污染，减少氮氧化物排放量。

（3）权重总和计分排序法。工艺复杂，产品品种和原材料多样的企业，往往难以通过定性比较确定出重点。此外，简单比较一般只能提供本轮审计的重点，难以为今后的清洁生产提供足够的依据。为提高决策的科学性和客观性，采用半定量方法进行分析。

常用方法为权重总和计分排序法。

根据我国清洁生产的实践及专家讨论结果，并结合目前企业生产实际，在筛选审计重点时，通常考虑下述几个因素，对各因素的重要程度，即权重值（W），可参照以下数值：

表 21-23　　某厂备选审计重点情况汇总

序号	备选审计重点名称	废弃物量（万 t/a）			主要消耗									环保费用(万元/a)					
					原料消耗		取水		标煤或蒸汽消耗		电能消耗		小计（万元/a）						
		水	灰渣	烟气	总量（t/a）	费用（万元/a）	总量（万 t/a）	费用（万元/a）	标煤总量（万 t/a）	费用（万元/a）	电耗（万 kWh）	费用（万元/a）		厂内末端治理费	厂外处理处置费	排污费	罚款	其他	小计
1	锅炉车间	4.05	27	3.5			40.5	486	200（煤）	200 000	12 500	5000	205 486	7.3	灰渣处理 54	2205	0	0	2266.3
2	汽机车间	1200					60 000	30 000	39（汽）	468	8000	3200	33 668	0.1	0	0	0	0	0.1
3	化学车间	4.5			180（酸碱阻垢剂）	10.8	45	135					145.8	70	0	0	0	0	70
4	燃料车间	10					200	600	1.8（存储损失）	1800	380	152	2552	10					10

注　1. 以工业用水为 3 元/t，汽轮机凝汽器循环水取水价格为 0.5/t，酸碱平均价格为 600 元/t，电价为 0.4 元/kWh，标煤为 1000 元/t，除盐水价格为 12 元/t，烟气排污费为 630 元/t，灰渣处理费为 2 元/t 计算。

2. 化学车间水耗量－废水量＝锅炉车间水耗量。

3. 化学自用水率为 10%，锅炉排污率和汽水损失率为 1%。

4. 表 21-23 必须与表 21-7～表 21-11 数据一致。

废弃物量　　$W=10$

主要消耗　　$W=7\sim9$

环保费用　　$W=7\sim9$

市场发展潜力　W＝4～6

车间积极性　　W＝1～3

注：(1) 上述权重值仅为一个范围，实际审计时每个因素必须确定一个数值，一旦确定，在整个审计过程中不得改动。

(2) 可根据企业实际情况增加废弃物毒性因素等。

(3) 统计废弃物量时，应选取企业最主要的污染形式，而不是把水、气、渣累计起来。

审计小组或有关专家，根据收集的信息，结合有关环保要求及企业发展规划，对每个备选重点，就上述各因素，按备选审计重点情况汇总表提供的数据或信息打分，分值（R）从1～10，以最高者为满分(10分)。将打分与权重值相乘(R×W)，并求所有乘积之和(ΣR×W)，即为该备选重点总得分，再按总分排序，最高者即为本次审计重点，余者类推。

电厂有4个车间为备选重点（见表21-23）。主要环保费用依次为锅炉车间为2266.3万元/a，汽机车间为0.1万元/a，化学车间为70万元/a，燃料车间为10万元/a。因此，废弃物量锅炉车间最大，定为满分（10分），乘权重后为100；汽机车间废弃物量是一车间的0.1/2266.3，得分接近为零，取10，化学车间、燃料车间都很小取为10，其余各项得分以此类推，把得分相加即为该车间的总分，见表21-24。打分时应注意：

表21-24　　某厂权重总和计分排序法确定审计重点

因素	权重值 W(1～10)	备选审计重点得分							
		锅炉车间		汽机车间		燃料车间		化学车间	
		R(1～10)	R×W	R(1～10)	R×W	R(1～10)	R×W	R(1～10)	R×W
废弃物量	10	5	50	10	100	5	50	3	10
主要消耗	9	10	90	3	27	1	9	1	9
环保费用	8	10	80	1	8	1	8	2	16
废弃物毒性	7	7	49	1	7	3	21	3	21
市场发展潜力	5	0	0	0	0	0	0	0	0
车间积极性	2	10	20	20	20	8	16	10	20
总分 ΣR×W			289		162		104		76
排序			1		2		3		4

注　表21-24数据必须和表21-23数据一致。

(1) 严格根据数据打分，以避免随意性和倾向性。

(2) 没有定量数据的项目，集体讨论后打分。

五、设置清洁生产目标

1. 清洁生产指标体系的建立

(1) 简述清洁生产指标体系建立的原则（见第二十章）。

(2) 建立清洁生产指标体系。

发电企业是煤资源和水资源的消耗大户，通过对发电生产各个工艺过程的分析，并参考第二十章第五节内容，结合本次清洁生产审核重点，建立清洁生产指标体系，见表21-25。

表 21-25　　清洁生产指标体系

<table>
<tr><th>指标</th><th>序号</th><th colspan="2">单项指标名称</th><th>评价指标值</th><th>实际值</th></tr>
<tr><td rowspan="7">原辅材料及能源消耗指标</td><td>1</td><td colspan="2">综合供电煤耗率（g/kWh）</td><td></td><td></td></tr>
<tr><td>2</td><td colspan="2">综合厂用电率（%）</td><td></td><td></td></tr>
<tr><td>3</td><td colspan="2">单位发电量取水量（kg/kWh）</td><td></td><td></td></tr>
<tr><td>4</td><td colspan="2">脱硫剂消耗（kg/kWh）</td><td></td><td></td></tr>
<tr><td>5</td><td colspan="2">脱硝用液氨或尿素消耗（kg/kWh）</td><td></td><td></td></tr>
<tr><td>6</td><td colspan="2">阻垢缓蚀剂消耗（含磷等有毒有害成分）（kg/kWh）</td><td></td><td></td></tr>
<tr><td>7</td><td colspan="2">酸、碱消耗（kg/kWh）</td><td></td><td></td></tr>
<tr><td rowspan="3">环境经济效益指标</td><td>8</td><td colspan="2">粉煤灰、渣综合利用率（%）</td><td></td><td></td></tr>
<tr><td>9</td><td colspan="2">脱硫副产品综合利用率（%）</td><td></td><td></td></tr>
<tr><td>10</td><td colspan="2">废水回收利用率（%）</td><td></td><td></td></tr>
<tr><td rowspan="11">污染物排放指标</td><td>11</td><td colspan="2">烟尘排放浓度（mg/m^3）</td><td></td><td></td></tr>
<tr><td>12</td><td colspan="2">烟尘排放量（t/a）</td><td></td><td></td></tr>
<tr><td>13</td><td colspan="2">二氧化硫排放浓度（mg/m^3）</td><td></td><td></td></tr>
<tr><td>14</td><td colspan="2">二氧化硫排放量（t/a）</td><td></td><td></td></tr>
<tr><td>15</td><td colspan="2">氮氧化物排放浓度（mg/m^3）</td><td></td><td></td></tr>
<tr><td>16</td><td colspan="2">氮氧化物排放量（t/a）</td><td></td><td></td></tr>
<tr><td rowspan="3">17</td><td rowspan="3">废水排放浓度</td><td>pH 值</td><td></td><td></td></tr>
<tr><td>悬浮物（mg/L）</td><td></td><td></td></tr>
<tr><td>化学需氧量（mg/L）</td><td></td><td></td></tr>
<tr><td>18</td><td colspan="2">废水排放量（t/a）</td><td></td><td></td></tr>
<tr><td>19</td><td colspan="2">厂界噪声 dB（A）</td><td>60</td><td></td></tr>
</table>

注　评价指标值是指用于评价指标水平的基准值。烟尘、二氧化硫、氮氧化物排放基准值按照《火电厂大气污染物排放标准》GB 13223 执行，废水排放基准值按照《污水综合排放标准》GB 8978 执行。

2. 清洁生产目标的确定

设置定量化的硬性指标，才能使清洁生产真正落实，并能据此检验与考核，达到通过清洁生产预防污染的目的。当然这个清洁生产目标不仅仅是指审核的重点。也就是说，清洁生产目标是针对全厂而设立的，不仅仅针对审核重点而设立的。

清洁生产目标的设置应标明出处理由，具有信服力，目前各项指标所处的水平，找出目标与国内外的差距，说明国内外水平，如果没有或不可能也注明。

（1）设立清洁生产目标的原则。清洁生产审核目标设置要合理，依据要充分，要找到主要问题；应根据国家清洁生产标准和总量削减目标设置清洁生产审核目标。

设立清洁生产目标的原则如下：

1）容易被人理解、易于接受，且易于实现。

2）有激励作用，有明显的效益。

3）符合组织经营总目标。

4）能减轻对环境的危害程度。

5）能明显减少废物处理费用。

6）能减少物耗、能耗、水耗和降低生产成本。

7）具有定量性，要求不仅有减污、降耗或节能的绝对量，还要有相对量指标，并与现状对照。

8）具有时限性，一般分为近期、中期和远期。

（2）清洁生产目标的确立。根据外部的环境管理要求，如环境保护法规、标准要求等；根据本企业历史最高水平；参照国内外同行业、类似规模、工艺或技术装备的厂家的水平；组织发展远景和规划要求；能源、水资源消耗定额；区域总量控制规定；组织的能力。表21-26为某电厂设置的清洁生产目标。

表21-26　　某电厂设置的清洁生产目标

序号	项　　目		2013年	近期目标	远期目标
1	取水量	绝对量（kg/kWh）	0.12	0.12	0.10
		相对量（%）	100	91.7	83.3
2	废水排放量	绝对量（kg/kWh）	0	0	0
		相对量（%）	0	0	0
3	烟尘排放量	绝对量（t）	1139	1100	1050
		排放浓度（mg/m^3）	100	96.6	92.2
4	SO_2排放量	绝对量（t）	2830.3	2600	1800
		排放浓度（mg/m^3）	100	91.9	88.3
5	NO_x 排放量	绝对量（t）	10 112.5	6000	5000
		排放浓度（mg/m^3）	100	59.3	49.4
6	生产供电煤耗率	绝对量（g/kWh）	304.51	303.0	295
		相对量（%）	100	99.7	99.2
7	厂用电率	绝对量（%）	4.7	4.6	4.5
		相对量（%）	100	95.7	91.5

六、预审核阶段无/低费方案

在现场考察期间，会发现明显的无/低费清洁生产方案。这些方案一般有：完善原材料采购制度，尽量采购符合清洁生产原则的原料，如采购低硫煤；完善原材料质量制度，对纯度、水分、灰分进行控制；检查、改进原材料仓储和运输操作程序，防止能源和水的浪费；合理、适当地调整工艺流程、管线布置；完善定期巡检制度，正确维护保养设备，正确操作生产设备，减少跑冒滴漏；正确处理废弃物，综合利用；增加、校准检测计量仪表；加强员工的培训等。对可行的无/低费方案要尽快实施。

在预审核阶段征集合理化建议，并从中提取无/低费方案，汇总见表21-27。

表 21-27　　预审核阶段无/低费方案汇总

序号	姓 名	部门	无/低费方案内容	可能产生的效益	投资
1					
2					
3					
4					
5					
6					
7					

这里需要强调的是，无/低费方案的产生和实施应贯穿于清洁生产审核的始终。

第五节　清洁生产的审核

审核（Assessment）过去也称评估（Evaluation），是企业清洁生产审核工作的第三阶段。审核阶段的工作是通过对生产和服务过程的投入产出进行分析，建立物料平衡、水平衡、资源平衡以及污染因子平衡，找出物料流失、资源浪费和污染物产生的原因，寻找与国内外先进水平的差距，为清洁生产方案的产生提供依据。本阶段的目的是：发现审核重点在废弃物产生和资源利用效率方面存在的问题，并找出问题的原因。本阶段主要工作步骤见图 21-12。

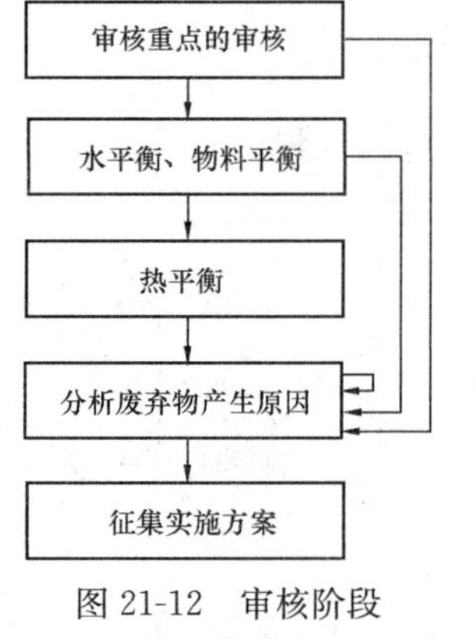

图 21-12　审核阶段的工作步骤

一、审核重点的审核

如果审核重点是水资源消耗，则不必进行审核重点的审核。

1. 编制审核重点的工艺流程图

为了更充分和较全面地对审核重点进行实测和分析，首先应绘制审核重点平面布置图、审核重点组织机构图；然后绘制审核重点工艺流程图。工艺流程图以图解的方式整理、标示工艺过程及进入和排出系统的物料、能源以及废物流的情况，见图 21-13。并对每个操作单元进行简单的功能说明，格式见表 21-28。

表 21-28　　审核重点单元操作功能说明表

序号	操 作 单 元	功　　能
1	汽轮机本体	高温高压蒸汽的热能转化为机械能
2	调节保安系统	调整汽轮机内功率满足外界负荷变化的需求，保证汽轮机转速不超标
3	油系统	供给调节、保安、轴承润滑、顶轴及发电机密封等系统用油
4	冷端系统	将汽轮机排汽凝结生成水，重新进入锅炉，并维持凝汽器真空
5	锅炉本体	使煤燃烧，以产生高压蒸汽
6	磨煤机	将煤磨成煤粉
7	一次风机	把煤粉送入锅炉
8	送风机	把空气送入锅炉

续表

序号	操作单元	功　能
9	引风机	将烟气引入烟囱
10	除尘系统	对锅炉烟气除尘
11	脱硫系统	将烟气中二氧化硫去除
12	脱硝系统	将烟气中氮氧化物去除

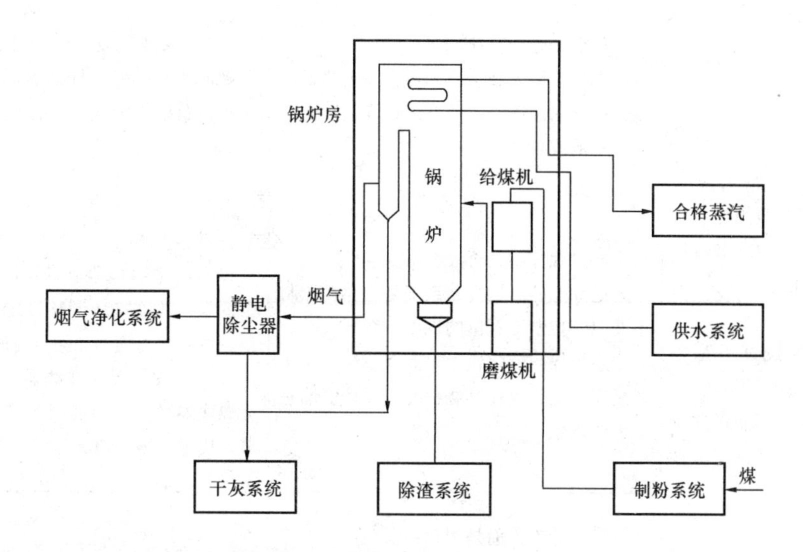

图 21-13　审核重点的工艺流程图

2. 审核重点分析

根据收资材料，阐述审核重点现状，并分析存在的问题。某电厂审核重点概况如下：

(1) 审核重点现状。审核重点现状：1 期 2 台 300MW 机组，汽轮机热耗率均为 7921kJ/kg，锅炉效率均为 92.4%，管道效率为 96%，因此设计发电煤耗率为 305g/kWh，根据平均厂用电率为 4.8%，设计供电煤耗率均为 320.4g/kWh。实际上，该厂 2 台 300MW 机组修正后供电煤耗率平均为 323.1g/kWh（修正前为 332.8g/kWh）。

(2) 存在问题。

1) 该型号机组设计年代早，制造和安装技术相对落后，试验热耗率一般为 8400kJ/kg，高出设计热耗率 479kJ/kg 左右。

2) 同型号机组一般都通过通流部分改造，将机组容量从 300MW 提高到 330MW，机组热耗率从 8400kJ/kg 降低到 8100kJ/kg，供电煤耗率可降低 12g/kWh 左右。

3) 虽然设计供电煤耗率可以达到 320.4g/kWh，但是由于实际负荷率在 75%左右，因此锅炉效率和汽轮机热耗率都偏离设计值很多，导致实际供电煤耗率更高。目前，我国 300MW 级机组实际最好供电煤耗率为 325g/kWh。因此，该厂供电煤耗率具有 7.8g/kWh 的潜力。

(3) 提出清洁生产典型方案。

清洁生产典型方案是针对企业存在的某一突出问题（如审核重点），从原材料及能源、工艺技术与设计、生产设备、生产过程控制、维护与管理、污染物防治与综合利用、员工及其他方面等八个方面提出的解决方法和措施。治理烟尘排放量大的典型方案见表 21-29。

表 21-29　　治理烟尘排放量大的典型方案

现象	初次排查	进一步排查	清洁生产典型方案
排放量较大	1. 进厂燃料煤是否存在质量问题： 煤的灰分含量高必然导致烟尘产生量大。 2. 燃烧过程对烟尘的控制是否有效： 除尘器不能正常高效运行导致烟尘排放量大	企业在原料管理上是否存在漏洞： 如在采购、检验等环节的质量检验及品质控制是否存在着或缺乏、或不充分、或不完善、或执行不到位等现象	针对存在的问题，补充完善煤质管理制度，严格执行煤质管理制度，改进控制措施，提高进厂原料品质
		生产设备是否存在缺陷： 如电除尘器阴极线、阳极板及附属设备是否存在腐蚀现象以及腐蚀程度，影响除尘效率的现象	针对存在的问题，改造更换电场阴极线、阴极框架及阴极悬挂装置，改造更换电场阳极板及结构型式，改造更换振打装置内部部件
		生产过程控制是否存在漏洞： 如电除尘器电场控制系统是否存在控制不及时、控制不到位的现象； 如燃煤煤质变化较大，混煤燃烧不能及时配比，是否存在燃烧状况与设计值偏差太大的现象	针对存在的问题： 1. 优化电除尘器电场控制系统，使之能根据烟气浊度自动调整设定各项技术参数范围以及振打周期和振打时间。 2. 通过安装煤质在线监测装置，及时掌握煤质参数，指导燃料配煤和锅炉燃烧调节，以最大限度地满足燃烧设计条件
		维护与管理方面是否存在漏洞： 如烟尘排放量是否存在无计量、无统计现象；计量装置是否定期维护；污染物排放无考核、无奖惩措施等现象	针对存在的问题，加强烟气在线监测装置的维护和管理工作，贯彻执行企业的清洁生产激励制度
		企业员工方面：是否存在节能降耗不够、或技能不足、或责任心不强导致操作不到位、操作失误，而对烟尘排放不能有效控制	针对存在的问题，加强员工的节能减排和技能培训，提高清洁生产意识，提高员工设备操作和运行控制调整水平

二、实测输入输出物流

为在评估阶段对审核重点做更深入更细致的物料平衡和废弃物产生原因分析应对审核重点全部的输入、输出物流进行实测，物流中组分的测定根据实际工艺情况而定，有些工艺应测，有些工艺则不一定都测。原则是监测项目应满足对废弃物流的分析。

输入物流指所有投入生产的输入物，包括进入生产过程的原料、辅料、水、汽以及中间产品及循环利用物等。监测项目包括输入物流数量、组分（应有利于废物流分析）。

输出物流指所有排出单元操作或某台设备、某一管线的排出物，包括产品、中间产品、副产品、循环利用物以及废弃物（废气、废渣、废水等）。监测项目包括输出物流数量、组分（应有利于废物流分析）等。

（1）汇总各单元操作数据。将现场实测的数据经过整理、换算，并汇总在一张或几张表上，具体可见表 21-30。

表 21-30　　审核重点物流实测数据

序号	物料名称	单位	输入				输出			
			时间 1	时间 2	时间 3	平均	时间 1	时间 2	时间 3	平均

制表________　审核________　第________页　共________页

注　备注栏中填写取样时的工况条件；数量按单位产品的量或单位时间的量填写。

（2）汇总审核重点数据。在单元操作数据的基础上，将审核重点的输入和输出数据汇总成表，使其更加清楚明了，表的格式见表 21-31。对于输入、输出物料不能简单相加的，可根据组分的特点自行编制类似表格。

表 21-31　　审核重点输入输出数据汇总

输入		输出	
输入物	数量	输出物	数量
原料 1		产品	
原料 2		副产品	
辅料 1		废水	
辅料 2		废气	
水		废渣	
…		…	
合计		合计	

注意：数据收集的单位要统一，并注意与生产报表及年、月统计表的可比性。

间歇操作的产品，采用单位产品进行统计，如 t/t、t/m 等，连续生产的产品，可用单位时间产量进行统计，如 t/a，t/月，m/d 等。

三、平衡测试与分析

1. 建立物料平衡

进行物料平衡的目的，旨在准确地判断审核重点的废弃物流，定量地确定废弃物的数量、成分以及去向，从而发现过去无组织排放或未被注意的物料流失，并为产生和研制清洁生产方案提供科学依据。

从理论上讲，物料平衡应满足以下公式

$$输入的物料量=输出的物料量+系统积累的物料量$$

这里的物料主要是指硫、氮、灰分等可引起污染的物质。

（1）进行预平衡测算。根据物料平衡原理和实测结果，考察输入、输出物流的总量和主要组分达到的平衡情况。一般说来，如果输入总量与输出总量之间的偏差在5%以内，则可以用物料平衡的结果进行随后的有关评估与分析，但对于贵重原料、有毒成分等的平衡偏差应更小或应满足行业要求；反之，则需检查造成较大偏差的原因，可能是实测数据不准或存在无组织物料排放等情况，这种情况下应重新实测或补充监测。

（2）编制物料平衡图。物料平衡图是针对审核重点编制的，即用图解的方式将预平衡测算结果标示出来。但在此之前需编制审核重点的物料流程图，即把各单元操作的输入、输出标在审核重点的工艺流程图上。当审核重点涉及贵重原料和有毒成分时，物料平衡图应标明其成分和数量。

物料流程图以单元操作为基本单位，各单元操作用方框图表示，输入画在左边，主要的产品、副产品和中间产品按流程标示，而其他输出则画在右边。

物料平衡图以审核重点的整体为单位，输入画在左边，主要的产品、副产品和中间产品标在右边，气体排放物标在上边，循环和回用物料标在左下角，其他输出则标在下边。

（3）阐述物料平衡结果。在实测输入、输出物流及物料平衡的基础上，寻找废弃物及其产生部位，阐述物料平衡结果，对审核重点的生产过程做出评估，主要内容如下：

1）物料平衡的偏差。

2）实际原料利用率。

3）物料流失部位（无组织排放）及其他废弃物产生环节和产生部位。

4）废弃物（包括流失的物料）的种类、数量和所占比例以及对生产和环境的影响部位。

对于发电企业，物料平衡可以仅对燃烧系统进行物料衡算，燃烧系统物料平衡见表21-32。对物料平衡审核结果应依据《企业清洁生产审核手册》进行分析，从表21-32可以看出，物料输入与输出误差为1.77%；误差值小于5%，符合要求。从物料平衡中可以看出，燃烧系统中消耗大量原煤，并产生了大量的大气污染物，给废气处理带来一定的难度。

表21-32　　燃烧系统物料平衡表

输入		输出		
物料	数量（万 t/a）	去向	数量（万 t/a）	备注
煤粉	415.21	除尘器收集的灰	54.50	（1235.47－1213.658）÷1235.47×100%=1.77%<5% 计算输出量和输入量之间的相对误差，误差值需小于5%，则符合清洁生产审核要求。
		炉渣	13.50	
		烟尘排放	0.428	
		二氧化硫排放	4.55	
		二氧化碳排放	902.66	
		二氧化氮排放	1.99	
		煤中的水分	49.83	
		燃烧产生的水分	133.78	
空气中的氧气	820.26	富余的氧气	14.18	
		煤燃烧所消耗的氧气	38.24	
合计	1235.47	合计	1213.68	

2. 水平衡

从严格意义上说，水平衡是物料平衡的一部分。水若参与反应，则是物料的一部分，但在许多情况下，它并不直接参与反应，而是作为清洗和冷却之用。在这种情况下，且当审核重点的耗水量较大时，为了了解耗水过程，寻找减少水耗的方法，应另外编制水平衡图。

有的企业，将水资源消耗作为本轮审核重点，但是审核重点的水平衡并不能全面反映问题或水耗在全厂占有重要地位，因此应进行全厂水平衡测试，并编制全厂水平衡图。

应按下列步骤进行分析审核，即审核报告必须包括水资源消耗和审核重点的审核。

（1）水资源利用现状，包括用水系统流程图。

（2）水平衡测试过程，包括测试数据，并绘制水平衡图。

（3）用水情况分析，包括存在的问题。

（4）应采取的措施。

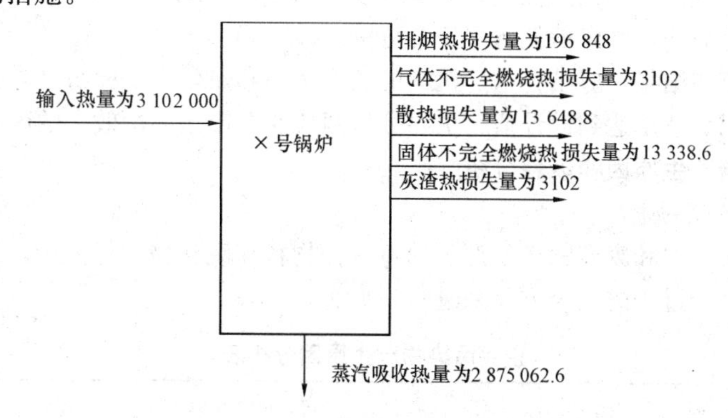

图 21-14　锅炉热量平衡图（单位 MJ/h）

3. 热量平衡

热量平衡仅对审核重点对象进行，例如，某厂本轮审核期间是×号机组大修，则×号机组是本轮审核重点对象。如果是本轮审核重点是锅炉车间，则热量平衡测试就是锅炉大修前的热效率测试。如果是本轮审核重点是汽轮机车间，则热量平衡测试就是汽轮机大修前的热效率测试。

例如，某电厂 300MW 锅炉设计燃煤消耗量为 121.2 t/h，含硫量为 0.88%，设计低位热量为21340kJ/kg，额定负荷下设计锅炉效率为 92.2%，70%负荷设计负荷为 90.5%。测试工况在 300、268.8MW 和 240.8MW 下分别进行。测试数据见表 21-33。锅炉热量平衡图见图 21-14。

表 21-33　　×号锅炉热量平衡测试数据结果

序　号	监测项目	单位	300MW	268.8MW	240.8MW
1	燃煤收到基发热量	kJ/kg	25 850.0	25 850.0	25 850.0
2	燃煤消耗量	t/h	120.0	100.0	72.0
3	输入热量	MJ/h	3 102 000	2 585 000	1 861 200
4	实际排烟过量空气系数		1.43	1.54	1.58
5	排烟带走的热量	MJ/h	196 848	159 243	117 133.2
6	排烟热损失	%	6.35	6.16	6.29
7	可燃气体未完全燃烧热损失量	MJ/h	0	0	0
8	可燃气体未完全燃烧热损失	%	0	0	0
9	固体未完全燃烧热损失量	MJ/h	13 338.6	10 857.0	5397.48
10	固体未完全燃烧热损失	%	0.43	0.42	0.29
11	散热损失量	MJ/h	13 648.8	11 374	8189.28

续表

序　号	监测项目	单位	300MW	268.8MW	240.8MW
12	散热损失	%	0.44	0.44	0.44
13	灰渣物理热损失量	MJ/h	3102	2585	1861.2
14	灰渣物理热损失	%	0.10	0.10	0.10
15	损失总和	MJ/h	226 937.4	184 059	132 581.2
16	锅炉热效率	%	92.68	92.88	92.88

根据测量数据可以知道，额定负荷时，锅炉热效率达到92.68%，高出设计效率0.43个百分点。因此锅炉没有缺陷，原煤消耗属于正常范围。

对热能平衡的审核结果，应结合电厂机组的热平衡图和热效率试验数据，分析影响锅炉效率的主要原因。即使锅炉效率达到设计值，也要分析两项左右影响锅炉效率的因素。

四、分析废弃物产生原因和能耗分析

1. 废弃物产生原因分析

针对每一个物料流失和废弃物产生部位的每一种物料和废弃物进行分析，找出它们产生的原因。分析可从影响生产过程的八个方面来进行，见表21-34。

表21-34　企业污染物产生原因分析表

序号	污染物源	污染物名称	原因分析							
			原辅材料和能源	技术工艺	设备	过程控制	产品	废弃物	管理	员工
1	燃烧系统	粉煤灰、炉渣	煤质变化大，影响电除尘效果		三电场除尘器效率不高	工艺参数控制不当，启停皮带频繁		全回收	运行调节不及时	缺乏专业技术人员
2	燃烧系统	烟尘、SO_2、NO_x	煤含硫量多	没有采用清洁燃烧技术	无FGD和SCR		高温烟气	SO_2、NO_x超标排放		没有开展有关培训
3	煤场及输煤系统	扬尘、冲洗水	燃煤含灰分	传统输煤工艺，易受风力、落煤高度和传输振动影响，容易产生扬尘	安装的除尘设备没有与皮带同步启动，煤场喷水设施不全	工艺参数控制不当，启停皮带频繁		废弃物未进行循环使用	没有严格执行管理制度	清洁生产意识不强
4	热力系统	冷却水排污水、噪声								
5	灰渣系统	灰渣、冲灰渣水	煤质灰分高，冲灰水SS浓度高	处理工艺不完善，循环水中SS偏高	没有采用干排渣设施	水力输送水灰比偏高		灰渣混排，无法利用	水质控制监测分析不够完善	对节水认识不足

续表

序号	污染物源	污染物名称	原因分析							
			原辅材料和能源	技术工艺	设备	过程控制	产品	废弃物	管理	员工
6	水处理系统	酸碱废水	污泥、酸碱再生液、SS等	使用酸碱，产生再生液	离子交换为常规工艺				管理规章不能满足清洁生产的要求	对节水认识不足
7	循环水系统	循环水排污水	河水用于冷却排汽	循环冷却方式导致循环水浓缩含盐量高		浓缩比控制不当，没有加阻垢剂防结垢		产生酸碱再生废液和废水	管理规章不能满足清洁生产的要求	对节水认识不足
8	辅机冷却水	温度	使用工业水冷却主要辅机	部分直排没有重复利用	没有安装小型闭式循环装置			蒸汽耗损量较大		对节水认识不足
9	脱硝系统	逃逸氨								
10	脱硝系统	氮氧化物								
11	脱硫系统	二氧化硫、脱硫废水								

制表________ 审核________ 第________页 共________页

2. 能耗问题分析

针对每个系统，分析企业能耗控制方面存在的主要问题，见表21-35。

表21-35 企业能耗控制存在的主要问题分析表

序号	系统名称	耗能设备		消耗能源种类	问题因素					
					设备缺陷	运行控制	检修控制	管理规范性	员工责任	其他
1	汽轮机系统	汽轮机本体		热能	通流部分结垢	—	汽封间隙大	—	—	通流部分技术落后
		回热系统	给水温度	热能	高压加热器堵管多	—	加热器可靠性差	—	—	
			高压加热器投入率	热能		水位低				
			加热器端差	热能						
		冷端系统	凝汽器真空度	热能						
			真空严密性	热能						
			胶球清洗装置投入率							
		主要辅机	汽动给水泵							
			循环水泵							
			凝结水泵							
			空冷风机							

续表

序号	系统名称	耗能设备		消耗能源种类	问题因素					
					设备缺陷	运行控制	检修控制	管理规范性	员工责任	其他
2	锅炉系统	锅炉本体		化学能						
		制粉系统	磨煤机	电能						
			排粉机	电能						
			一次风机	电能						
		风烟系统	送风机	电能						
			引风机	电能						
			流化风机	电能						
			空气预热器	电能						
3	公用系统	输煤系统		电能						
		除灰除尘系统		电能						
		脱硫系统		电能						
		脱硝系统		电能						
		水处理系统		电能						

五、审核阶段无/低费方案

通过前期的清洁生产审核工作，在全厂职工的积极参与和共同努力下，开展各生产工段进行自检自查的清洁生产审核活动，从原辅材料、技术工艺与设计、过程控制生产设备、维护与管理、污染物与防治、工作人员及其他等8个方面分析企业存在的问题，在全厂范围内征集合理化建议，并从中提取无/低费方案，汇总见表21-36。

表21-36　　审核阶段无/低费方案汇总

序号	姓 名	专业	无/低费方案内容
1			
2			
3			
4			
5			
6			
7			
8			
9			
10			

第六节 方案的产生和筛选

方案产生和筛选（Preliminary Option Screening）是企业进行清洁生产审核工作的第四个阶段。本阶段的目的是在对物料流失、资源浪费、污染物产生和排放分析的基础上，提出清洁生产实施的若干方案，并进行方案的初步筛选。通过方案的产生、筛选、研制，为下一阶段的可行性分析提供足够的中/高费清洁生产方案。本阶段的工作步骤见图 21-15。重点是在分类汇总基础上，经过筛选确定出两个以上中/高费方案供下一阶段进行可行性分析；同时对已实施的无/低费方案进行实施效果核定与汇总。

一、方案的产生

1. 方案的分类

清洁生产审计过程中，在全厂范围内各个环节发现的问题，有相当部分可迅速采取措施解决。对这些无需投资或投资很少，容易在短期（如审核期间）见效的措施，称为无/低费方案。需要投资较高，技术性较强，投资回收期较长的方案叫中高费用方案。

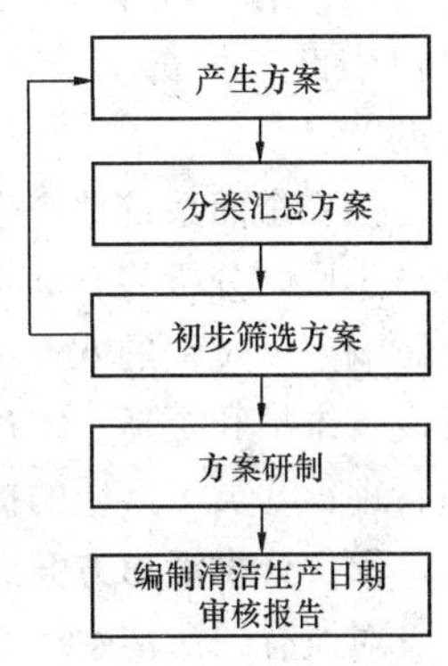

图 21-15　方案产生和筛选的工作步骤

对于电厂来说，一般将没有设备投资的项目称无费方案（Non Cost Cleaner Production Option）；设备投资额不大于 10 万元的项目称为低费方案（Low Cost Cleaner Production Option）；设备投资额在 10～400 万元的项目称为中费方案（Medium Cost Cleaner Production Option）；设备投资额大于 400 万元的项目称为高费方案（High Cost Cleaner Production Option）。

常见无/低费方案如下：

（1）原辅料及能源方面。采购量与需求相匹配；加强原料质量（如纯度、水分等）的控制；根据生产操作调整包装的大小及形式。

（2）技术工艺方面。改进备料方法；增加捕集装置，减少物料或成品损失；改用易于处理处置的清洗剂。

（3）过程控制方面。选择在最佳配料比下进行生产；增加检测计量仪表；校准检测计量仪表；改善过程控制及在线监控；调整优化反应的参数，如温度、压力等。

（4）设备方面。改进并加强设备定期检查和维护，减少跑冒滴漏；及时修补完善输热、输汽管线的隔热保温。

（5）产品方面。改进包装及其标志或说明；加强库存管理。

（6）管理方面。清扫地面时改用干扫法或拖地法，以取代水冲洗法；减少物料溅落并及时收集；严格岗位责任制及操作规程。

（7）废弃物方面。冷凝液的循环利用；现场分类收集可回收的物料与废弃物；余热利用；清污分流。

（8）员工方面。加强员工技术与环保意识的培训；采用各种形式的精神与物质激励措施。

2. 清洁生产方案产生的途径

清洁生产方案的数量、质量和可实施性直接关系到企业清洁生产审核的成效，是审核过程的一个关键环节，因而应广泛发动群众征集、产生各类方案。

（1）广泛采集，创新思路。在全厂范围内利用各种渠道和多种形式，进行宣传动员，鼓励全体员工提出清洁生产方案或合理化建议。通过实例教育，克服思想障碍，制定奖励措施以鼓励创造性思想和方案的产生。

（2）根据物料平衡和针对废弃物产生原因分析产生方案。进行物料平衡和废弃物产生原因分析的目的就是要为清洁生产方案的产生提供依据。因而方案的产生要紧密结合这些结果，只有这样才能使所产生的方案具有针对性。

（3）广泛收集国内外同行业先进技术进行对标分析。类比是产生方案的一种快捷、有效的方法。应组织工程技术人员广泛收集国内外同行业的先进技术，并以此为基础，结合本企业的实际情况，制定清洁生产方案。

（4）组织行业专家进行技术咨询。当企业利用本身的力量难以完成某些方案的产生时，可以借助于外部力量，组织行业专家进行技术咨询，这对启发思路、畅通信息将会很有帮助。

（5）全面系统地产生方案。清洁生产涉及企业生产和管理的各个方面，虽然物料平衡和废弃物产生原因分析将有助于方案的产生，但是在其他方面可能也存在着一些清洁生产机会，因而可从影响生产过程的八个方面全面系统地产生方案：①原辅材料和能源替代；②技术工艺改造；③设备维护和更新；④过程优化控制；⑤产品更换或改进；⑥废弃物回收利用和循环使用；⑦加强管理；⑧员工素质的提高以及积极性的激励。

二、分类汇总方案

对所有的清洁生产方案，不论已实施的还是未实施的，不论是属于审核重点的还是不属审核重点的，均按原辅材料和能源替代、技术工艺改造、设备维护和更新、过程优化控制、产品更换或改进、废弃物回收利用和循环使用、加强管理、员工素质的提高以及积极性的激励八个方面列表简述其原理和实施后的预期效果。某电厂清洁生产方案汇总见表21-37。

表21-37　某电厂清洁生产方案汇总

方案类型	编号	名称	内容	预计投资	预计效果	
					环境效益	经济效益
原辅材料和能源替代	A1	配煤掺烧	燃料运行要与锅炉运行及时沟通，要根据机组负荷的变化，及时调整配煤比例，同时化验人员要及时将化验结果提供给运行和管理部门，以便于掌握和控制煤炭质量，从而指导各机组的经济燃烧，要严格执行配煤掺烧实施细则	0	提高入炉煤质量，提高燃烧水平，降低煤耗0.10g/kWh，相当于减少二氧化硫10.4t	降低标准煤650t，年节约资金45万元
技术工艺改造	B1	采用高梯度强磁进行原煤脱硫	采用高梯度强磁进行原煤脱硫			
	B2	流化床燃烧技术应用	采用流化床燃烧技术，对现有煤粉炉进行改造			

续表

方案类型	编号	名称	内容	预计投资	预计效果	
					环境效益	经济效益
设备维护和更新	C1	制粉系统漏风治理	将锅炉制粉系统连接处、人孔门等漏风处堵一下	0.2	节电3万kWh	年节约资金1.5万元
	C2	×号汽轮机通流部分改造	结合A级检修，对×号汽轮机进行通流部分改造	5980	年节煤18 000t 减排$SO_2$288t	1260
	C3	×号炉顶密封改造	×号锅炉炉顶密封效果差，导致锅炉效率低，建议对×炉顶密封改造	60	年节煤320t 减排$SO_2$5.12t	22.4
	C4	×号引风机、增压风机合一改造	×号机组引风机、增压风机合并后再通过变频调节，并优化引风机出口烟道，节能效果进一步提高	617	年节电1280万kWh	512
	C5	暖风器改造	×号锅炉暖风器为固定式，在不运行期间存在阻力而消耗电能。拟更换为节能型旋转式暖风器，该暖风器可以在退出运行时，将暖风器蓄热片旋转成与风向成水平角度，从而使暖风器压损降低为零，降低暖风器阻力450Pa	78	年节约电量约120万kWh	60
	C6	×号锅炉脱硝改造	结合A级检修，×号锅炉采用低氮燃烧器+SCR脱硝方式，降低氮氧化物排放量	6146	年减排NO_x总量约4545t	−50
过程优化控制	D1	合理控制氧量	过量空气系数越大，排烟损失越大，如果过量空气系数过小，氧气供应不足，会造成化学不完全燃烧热损失。使全厂氧量从目前的6.1%降低到5.5%	0	减少二氧化硫10.1t	降低标准煤630t，年节约资金44.1万元
	D2	提高蒸汽运行参数	进一步加强对汽压、汽温参数的控制，压红线运行，尤其加强对低负荷时段的参数控制。同时加强汽温参数的指标管理及考核。使300MW机侧再热汽温从目前的520.3℃升高到525℃	0	减少二氧化硫15.2t	降低标准煤950t，年节约资金66.5万元
	D3	采用复合变压运行方式	低负荷时机组采用滑压运行方式，降低喷嘴节流损失，提高汽轮机热效率。300MW机组热耗降低200kJ/kWh	0	降低供电煤耗0.38g/kWh	降低标准煤1440t，年节约资金100.8万元

续表

方案类型	编号	名称	内容	预计投资	预计效果	
					环境效益	经济效益
产品更换或改进	E1	×号机改供热机组	将×号机改造为供热机组：可达到380t/h供汽能力	2700	年可减少二氧化硫排放量471.2t	相当于年节约标准煤29 450t，年节约资金2061.5万元
废弃物回收利用和循环使用	F1	污水沟回用水用于绿化	将电厂附近污水沟橡皮坝的回收水直接用绿化车拉回电厂进行厂内绿化	0	年节水3650t	年节水3650t，节约水费1.1万元
加强管理	G1	办公节电	保证人走灯灭、关微机、关饮水机。将办公室走廊、楼道照明下班后及时关闭。打印纸复印纸正反两面使用	0	年节电360万kWh	年节约资金180万元
加强管理	G2	加强煤场的日常管理	抓好煤场的日常喷水、测温、倒垛、整形、夏天防汛防洪等定期工作，抑制煤炭在储存过程中因海风侵袭、日晒雨淋、自燃等原因而损失热值，降低煤炭入厂煤与入炉煤的热值差，使其不超过一流企业标准规定的502J/g	0	减少二氧化硫7.2t	年节约标准煤450t，年节约资金31.5万元
	G3	实行运行分析例会制度	坚持每月由厂长助理主持的运行分析例会制度，对一个月来的各项运行指标、能耗指标和出现的问题进行专项讨论，找出原因和实施措施，有针对性地指导节能减排工作	0	减少二氧化硫3.6t	年节约标准煤225t，年节约资金15.7万元
员工素质的提高以及积极性的激励	H1	制定节能减排指标考核办法	制定详细的切实可行的节能减排指标考核办法	0	减少二氧化硫3.6t	年节约标准煤225t，年节约资金15.7万元

制表________ 审核________

三、筛选方案

在进行方案筛选时可采用两种方法：①用比较简单的方法进行初步筛选；②采用权重总和计分排序法进行筛选和排序。

1. 初步筛选

初步筛选是要对已产生的所有清洁生产方案进行简单检查和评估，从而分出可行的无/低费方案、初步可行的中/高费方案和不可行方案三大类。其中，可行的无/低费方案可立即实施；初步可行的中/高费方案供下一步进行研制和进一步筛选；不可行的方案则搁置或否定。

（1）确定初步筛选因素。初步筛选因素可考虑技术可行性、环境效果、经济效益、实施难易程度以及对生产和产品的影响等几个方面。

1）技术可行性。主要考虑该方案的成熟程度，例如是否已在企业内部其他部门采用过或同行业其他企业采用过，以及采用的条件是否基本一致等。

2）环境效果。主要考虑该方案是否可以减少废弃物的数量和毒性，是否能改善工人的操作环境等。

3）经济效果。主要考虑投资和运行费用能否承受得起，是否有经济效益，能否减少废弃物的处理处置费用等。

4）实施的难易程度。主要考虑是否在现有的场地、公用设施、技术人员等条件下即可实施或稍作改进即可实施，实施的时间长短等。

5）对生产和产品的影响。主要考虑方案的实施过程中对企业正常生产的影响程度以及方案实施后对产量、质量的影响。

（2）进行初步筛选。在进行方案的初步筛选时，可采用简易筛选方法，即组织企业领导和工程技术人员进行讨论来决策。方案的简易筛选方法基本步骤如下：第一步，参照前述筛选因素的确定方法，结合本企业的实际情况确定筛选因素；第二步，确定每个方案与这些筛选因素之间的关系，若是正面影响关系（符合条件），则打“√”，若是反面影响关系（不符合条件）则打“×”；第三步，综合评价，得出结论，具体见表21-38。

表21-38　清洁生产方案初步筛选表

序号	方案序号	技术可行性	环境效益	投资情况	经济效益	实施难易程度	筛选结果	方案类型
1	A1	√	√	√	√	√	选出	可行无低费方案
2	C1	√	√	√	√	√	选出	
3	C3	√	√	√	√	√	选出	
4	C5	√	√	√	√	√	选出	
5	D1	√	√	√	√	√	选出	
6	D2	√	√	√	√	√	选出	
7	D3	√	√	√	√	√	选出	
8	F1	√	√	√	√	√	选出	
9	G1	√	√	√	√	√	选出	
10	G2	√	√	√	√	√	选出	
11	G3	√	√	√	√	√	选出	
12	H1	√	√	√	√	√	选出	

续表

序号	方案序号	技术可行性	环境效益	投资情况	经济效益	实施难易程度	筛选结果	方案类型
13	C2	√	√	√	√	√	选出	可行中高费方案
14	C4	√	√	√	√	√	选出	
15	C6	√	√	√	√	√	选出	
16	E1	√	√	√	√	√	选出	
17	B1	×	√	×	×	淘汰		不可行方案
18	B2	×	√	×	×	淘汰		

制表________ 审核________

2. 权重计分排序法

权重计分排序法适合于处理方案数量较多或指标较多相互比较有困难的情况，一般仅用于中/高费方案的筛选和排序。权重因素和权重值的选取可参照以下执行。

(1) 环境效果，权重值 $W=8\sim10$。主要考虑是否减少对环境有害物质的排放量及其毒性；是否减少了对工人安全和健康的危害；是否能够达到环境标准等。

(2) 经济可行性，权重值 $W=7\sim10$。主要考虑费用效益比是否合理。

(3) 技术可行性，权重值 $W=6\sim8$。主要考虑技术是否成熟、先进；能否找到有经验的技术人员；国内外同行业是否有成功的先例；是否易于操作、维护等。

(4) 可实施性，权重值 $W=4\sim6$。主要考虑方案实施过程中对生产的影响大小；施工难度，施工周期；工人是否易于接受等，具体方法见表 21-39。

上述权重值仅为一个范围，实际审计时每个因素必须确定一个数值，一旦确定，在整个审计过程中不得改动。审计小组或有关专家，根据收集的信息，结合有关环保要求及企业发展规划，对每个初选方案，就上述各因素，按已知数据或信息打分，分值 (R) 从 1 至 10，以最高者为满分 (10 分)。将打分与权重值相乘 ($R\times W$)，并求所有乘积之和 ($\Sigma R\times W$)，即为初选方案总得分，再按总分排序，最高者即为优先实施项目，排在前面，余者类推。

表 21-39　　中高费方案的权重总和计分排序

权重因素	权重值 (W)	方案得分							
		C2		C4		C6		E1	
		R	$R\times W$	R	$R\times W$	R	$R\times W$	R	$R\times W$
环境效果	10	5	50	5	50	10	100	8	80
经济可行	8	10	80	10	80	1	8	8	64
技术可行	7	8	56	8	56	6	42	6	42
易于实施	5	4	20	6	30	5	25	5	25
发展前景	5	10	50	10	50	10	50	8	40
节约能源	5	8	40	8	40	1	5	8	40
总分		296		306		230		291	
排序		2		1		4		3	

制表________ 审核________

3. 汇总筛选结果

按可行的无/低费方案、初步可行的中/高费方案和不可行方案列表汇总方案的筛选结果。某电厂清洁生产方案初步筛选汇总见表 21-40，其中可行的无/低费方案几项，可行的中/高费方案几项（至少要有两个及以上中/高费方案）；不可行的无/低费方案几项，不可行的中/高费方案几项。不可行方案原因分析见表 21-41。

表 21-40　　清洁生产方案筛选结果汇总

类型	方案编号	专业	方案名称	方案内容	所需资金（万元）
可行的无/低费方案	A1	燃料专业	配煤掺烧	燃料运行要与锅炉运行及时沟通，要根据机组负荷的变化，及时调整配煤比例，同时化验人员要及时将化验结果提供给运行和管理部门，以便于掌握和控制煤炭质量，从而指导各机组的经济燃烧，要严格执行配煤掺烧实施细则	0
	C1	锅炉专业	制粉系统漏风治理	将锅炉制粉系统连接处、人孔门等漏风处堵一下	0.2
	C3	锅炉专业	×号炉顶密封改造	采用柔性密封技术，进行×号锅炉炉顶密封	60
	C5	锅炉专业	暖风箱改造	将固定式暖风器改为旋转式暖风器	78
	D1	运行部	合理控制氧量	过量空气系数越大，排烟损失越大，如果过量空气系数过小，氧气供应不足，会造成化学不完全燃烧热损失。因此要降低氧量运行	0
	D2	运行部	提高蒸汽运行参数	进一步加强对汽压、汽温参数的控制，压红线运行，尤其加强对低负荷时段的参数控制。同时加强汽温参数的指标管理及考核	0
	D3	运行部	采用复合变压运行方式	低负荷时机组采用滑压运行方式，降低喷嘴节流损失，提高汽轮机热效率	0
	F1	化水专业	污水沟回用水用于绿化	将电厂附近污水沟橡皮坝的回收水直接用绿化车拉回电厂进行厂内绿化	0
	G1	生产部	办公节电	保证人走灯灭、关计算机、关饮水机。将办公室走廊、楼道照明下班后及时关闭。打印纸复印纸正反两面使用	0
	G2	燃料专业	加强煤场的日常管理	抓好煤场的日常喷水、测温、倒垛、整形、夏天防汛防洪等定期工作，抑制煤炭在储存过程中因海风侵袭、日晒雨淋、自燃等原因而损失热值，降低煤炭入厂煤与入炉煤的热值差，使其不超过一流企业标准规定的502J/g	0

续表

类型	方案编号	专业	方案名称	建议内容	所需资金（万元）
可行的无/低费方案	G3	生产部	实行运行分析例会制度	坚持每月由生产厂长主持的运行分析例会制度，对一个月来的各项运行指标、能耗指标和出现的问题进行专项讨论，找出原因和实施措施，有针对性地指导节能减排工作	0
	H1	生产部	制定节能减排指标考核办法	制定详细的切实可行的节能减排指标考核办法	0
可行的中/高费方案	C2	汽机专业	×号汽轮机通流部分改造	更换高、中、低压转子	5980
	C4	锅炉专业	×号引用机、增压风机合一改造	将增压风机、引风机合二为一，增加引风机出力，并进行变频改造	617
	C6	环保专业	×号锅炉脱硝改造	更换锅炉燃烧器、炉外采用 SCR 工艺脱硝	6146
	E1	汽机专业	×号机改供热机组	将×号机改造为供热机组：可达到 380t/h 供汽能力	2700
不可行性方案	B1	化学专业	采用高梯度强磁进行原煤脱硫	采用高梯度强磁进行原煤脱硫	
	B2	化水专业	流化床燃烧技术应用	采用流化床燃烧技术，对现有煤粉炉进行改造	

制表________ 审核________

表 21-41 不可行方案原因分析

方案类型	方案编号	方案名称	技术可行性	环境可行性	经济可行性
无/低费方案					
中/高费方案	B1	采用高梯度强磁进行原煤脱硫	×	√	×
	B2	流化床燃烧技术应用	×	√	×

四、研制方案

经过筛选得出的初步可行的中/高费清洁生产方案，因为投资额较大，而且一般对生产工艺过程有一定程度的影响，因而需要进一步研制，主要是进行一些工程化分析，从而提供两个以上方案供下一阶段做可行性分析。

1. 研制内容

方案的研制内容包括以下四个方面。

（1）方案的工艺流程详图。

（2）方案的主要设备清单。

（3）方案的费用和效益估算。

（4）编写方案说明。

对每一个初步可行的中/高费清洁生产方案均应编写方案说明，主要包括技术原理、主要设备、主要的技术及经济指标、可能的环境影响等，格式见表21-42～表21-44。

表21-42　　通流改造方案说明表

方案编号及名称	C2　×号汽轮机通流部分改造
技术要点	将×号汽轮机高、中、低压缸通流部分进行改造，更换高压喷嘴室、喷嘴组、高中压内缸、高中压转子、低压内缸、低压转子、各级静叶持环、隔板静叶及动叶、汽封、轴封等；高压进汽由反流进汽改为顺流进汽；高压通流由原来的Ⅰ+11级增加至Ⅰ+13级，中压通流由原来的9级增加至10级；低压通流为2×7级（双流形式），末级叶片采用高效905mm末叶片
主要设备	高压喷嘴室、喷嘴组、高中压内缸、高中压转子、低压内缸、低压转子、各级静叶持环、隔板静叶及动叶、汽封、轴封等
主要技术经济指标（包括费用及效益）	投资需5980万元，改造后年可节省购煤费用1260万元
可能的环境影响	减少能源消耗，减少污染

制表________　审核________

表21-43　　脱硝改造方案说明表

方案编号及名称	C6　×号锅炉脱硝改造
技术要点	首先通过低氮燃烧器改造措施将NO_x排放浓度控制在$300mg/m^3$以下，再进一步采取SCR烟气脱硝技术将NO_x降低到$80mg/m^3$。SCR脱硝工艺按“2+1”模式布置催化剂，不设省煤器调温旁路和反应器旁路
主要设备	卸料压缩机、储氨罐、液氨气化器、氨气稀释槽等
主要技术经济指标（包括费用及效益）	工程需投入改造资金6146万元，年可减少排污费574万元，年增加经济支出50万元
可能的环境影响	液氨泄漏或逃逸

制表________　审核________

表21-44　　×号机组改供热机组方案说明表

方案编号及名称	E1　×号机改供热机组
技术要点	在×号汽轮机中压缸连通管上采用调节阀进行抽汽供热，可达到380t/h供汽能力
主要设备	调节阀、控制阀、管道、热交换站
主要技术经济指标（包括费用及效益）	投资需2061.5万元，年可节省购煤费用2061.5万元
可能的环境影响	回收利用余热，减少能源消耗，减少污染

制表________　审核________

2. 研制原则

一般说来，筛选出来的每一个中/高费方案进行研制和细化时都应考虑以下几个原则。

（1）系统性。考察每个单元操作在一个新的生产工艺流程中所处的层次、地位和作用，以及与其他单元操作的关系，从而确定新方案对其他生产过程的影响，并综合考虑经济效益和环境效果。

（2）闭合性。尽量使工艺流程对生产过程中的载体，如水、溶剂等，实现闭路循环。

（3）无害性。清洁生产工艺应该是无害（或至少是少害）的生态工艺，要求不污染（或轻污染）空气、水体和地表土壤；不危害操作工人和附近居民的健康；不损坏风景区、休憩地的美学价值；生产的产品要提高其环保性，使用可降解原材料和包装材料。

(4) 合理性。合理性旨在合理利用原料，优化产品的设计和结构，降低能耗和物耗，减少劳动量和劳动强度等。

五、继续实施无/低费方案

对于一些投资少、见效快的方案，要继续贯彻边审核边削减污染物的原则，组织人力物力进行实施，以扩大清洁生产的成果。

六、核定并汇总无/低费方案实施效果

对已实施的无/低费方案成果进行统计分析，并向全体职工公布提出人员名单、实施时间和取得的效果，以增强职工的节能减排意识，调动其参与清洁生产的积极性。

七、编写清洁生产中期审核报告

主要是对前四阶段清洁生产审核工作的总结，不作详细要求。

第七节　可 行 性 分 析

可行性分析（Feasibility Study）就是实施方案的确定，是企业进行清洁生产审核工作的第五个阶段。本阶段的目的是对筛选出来的中/高费清洁生产方案进行分析和评估，以选择最佳的、可实施的清洁生产方案。本阶段工作重点是：在结合市场调查和收集一定资料的基础上，对初步筛选的清洁生产方案进行技术、环境、经济的可行性分析，确定企业拟实施的最佳的清洁生产方案。

最佳的可行方案是指该项投资方案在技术上先进适用、在经济上合理有利，又能保护环境的最优方案。本阶段的主要工作步骤见图21-16。

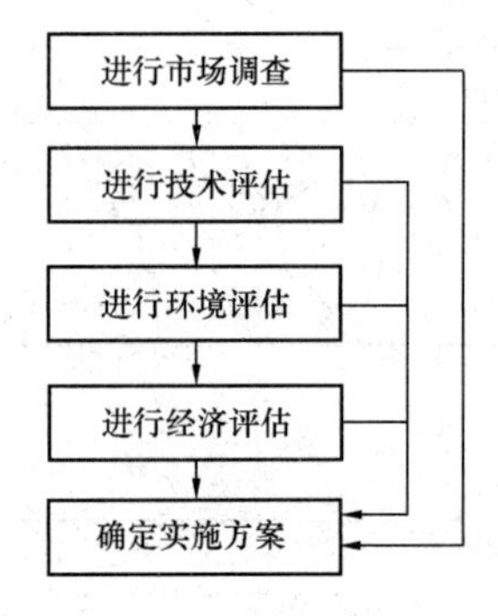

图21-16　可行性分析阶段的工作步骤

一、进行市场调查

清洁生产方案涉及以下情况时，需首先进行市场调查，为方案的技术与经济可行性分析奠定基础：

(1) 拟对产品结构进行调整。

(2) 有新的产品（或副产品）产生。

(3) 将得到用于其他生产过程的原材料。

否则不用编写市场调查内容。

1. 调查市场需求

(1) 国内同类产品的价格、市场总需求量。

(2) 当前同类产品的总供应量。

(3) 产品进入国际市场的能力。

(4) 产品的销售对象（地区或部门）。

(5) 市场对产品的改进意见。

2. 预测市场需求

(1) 国内市场发展趋势预测。

(2) 国际市场发展趋势分析。

(3) 产品开发生产销售周期与市场发展的关系。

3. 确定方案的技术途径

通过市场调查和市场需求预测，对原来方案中的技术途径和生产规模可能会做相应调整。在进行技术、环境、经济评估之前，要最后确定方案的技术途径。每一方案中应包括2～3种不同的技术途径，以供选择，其内容应包括以下几个方面：

（1）方案技术工艺流程详图。

（2）方案实施途径及要点。

（3）主要设备清单及配套设施要求。

（4）方案所达到的技术经济指标。

（5）可产生的环境、经济效益预测。

（6）方案的投资总费用。

二、进行技术评估（Technical Evaluation）

技术评估的目的是研究方案在预定条件下，方案所推选的技术与国内外相比其先进性，以及为达到投资目的而采用的工程是否可行。技术评估应着重评价以下几方面：

（1）方案设计中采用的工艺路线、技术设备在经济合理的条件下的先进性、适用性（与国内外先进技术对比分析）。

（2）与国家有关的技术政策和能源政策的相符性。

（3）技术引进或设备进口要符合我国国情，引进技术后要有消化吸收能力。

（4）资源的利用率和技术途径合理。

（5）对生产能力的影响（生产率、生产量、生产质量、劳动强度和劳动力等）。

（6）对生产管理的影响（操作规程、岗位责任制、生产检测能力、运行维护能力等）。

（7）技术设备操作上安全、可靠。

（8）工期长短，是否要求停工停产。

（9）有无足够的空间安装新的设备。

（10）技术成熟，国内有实施的先例。

三、进行环境评估（Environmental Evaluation）

任何一种清洁生产方案都应有显著的环境效益，但也要防止在实施后会对环境有新的影响，因此对一些复杂方案和设备、生产工艺变更、产品替代、原材料替代等清洁生产方案，必须进行环境评估。环境评估是方案可行性分析的核心。环境评估应包括以下内容：

（1）资源的消耗与资源可永续利用要求的关系。

（2）生产中废弃物排放量的变化。

（3）污染物组分的毒性及其降解情况。

（4）有无污染物的二次污染或交叉污染。

（5）对操作人员身体健康的影响。

（6）废物/排放物是否回用、再生或可利用。

四、进行经济评估（Economic Evaluation）

经济评估是对清洁生产方案的综合性全面经济分析，它应在方案通过技术评估和环境评估后再进行，若前两者通不过则不必进行方案的经济评估。本阶段所指的经济评估是从企业的角度，按照国内现行市场价格，计算出方案实施后在财务上的获利能力和清偿能力。

经济评估的基本目标是要说明资源的利用优势，它是以项目投资所能产生的效益为评价内容，通过分析比较，选择最少耗费和效益最佳的方案，为投资决策提供科学的依据。

1. 经济评估的内容

（1）总投资费用（I）。总投资费用（I）＝固定资产投资＋配套工程费＋设备安装费用＋技术转让费＋项目前期费＋项目贷款在建设期中的利息＋项目需要增加物料、原料费用－补贴。

补贴是针对有政策补贴或其他来源补贴的时候。

(2) 年费用总节省金（P）。由设备改造导致资金节省的来源有两个方面：①收入的增加；②总运行费用的减少。可分别计算后汇总

$$年费用总节省金(P)=收入增加额+总运行费用减少额$$

收入的增加主要是指产量增加的收入增加，由于质量提高、价格提高的收入增加。

总运行费用的减少主要是原材料消耗的减少额，动力和燃料费用的减少额，维修费用的减少额，废物处理费用的减少额，或者排污费用的减少额等。

运行费用一般不考虑技改设备的折旧。

(3) 新增设备年折旧额（D）为

$$新增设备年折旧额(D)=\frac{总投资费用(I)}{设备使用年限(Y)}$$

(4) 应税利润（T）。应税利润是指设备技术改造后导致的应该纳税的利润，即

应税利润（T）=年费用总节省金（P）-新增设备年折旧额（D）

(5) 净利润（E）。净利润是指从应税利润中，扣除组织应向国家和地方缴纳的各种税金以后，组织得以自行支配的利润。各种税的总额统称为公司税金，应按各组织所在地税务部门的规定，分别计算税金额。应税利润减去公司税金后才是清洁生产技改方案的利润。

各项现行税如下：

1) 增值税。销售、采购环节均发生增值税，应分别扣除。

2) 所得税。以技改增加的利润为基础计算。

3) 城建税和教育附加税。在销售环节中缴纳。

$$净利润(E)=应税利润(T)-各项应纳税金总和$$

(6) 年净现金流量（Net Annual Cash Flow，F）。组织从固定资产投资中提取的折旧费是组织现金流入的一个组成部分，可由组织自行经营支配，故应将折旧费作为年净现金流量的一部分。

$$\begin{aligned}年净现金流量(F)&=销售收入-经营成本-各类税+年折旧费\\&=年净利润+年折旧费\end{aligned}$$

(7) 投资回收期（Pay Back Period，N）。这个指标是指方案投产后，以项目获得的年净现金流量来回收项目建设总投资所需的年限。如果方案的每年收益相同，则可用下列简单公式计算投资回收期，即

$$N=\frac{I}{F}(年)$$

式中 I——总投资费用；

F——年净现金流量（年收益）。

(8) 净现值（Net Present Value，NPV）。净现值是指在项目经济寿命期内（或折旧年限内）按基准收益率 i_c，将每年的净现金流量按规定的贴现率折现到计算期初的基年（一般为投资期初）现值之和，其计算公式为

$$NPV=\sum_{j=1}^{n}\frac{F}{(1+i_c)^j}-I$$

式中 NPV——净现值，万元；

j——折旧年份；

n——计算期（项目寿命期），年；

i_c——基准收益率又叫标准投资效果系数，一般取当年银行贷款利率。

（9）净现值率（net Present Value Rate，*NPVR*）。净现值率为单位投资额所得到的净收益现值。如果两个项目投资方案的净现值相同，而投资额不同时，则应以单位投资能得到的净现值进行比较，即以净现值率进行选择，其计算公式是

$$NPVR=\frac{NPV}{I_{\mathrm{p}}}\times 100\%$$

式中　NPV——净现值，万元；

$NPVR$——净现值率，%；

I_{p}——全部投资现值（包括固定资产和流动资金），万元。

净现值和净现值率均按规定的贴现率进行计算确定的，它们还不能体现出项目本身内在的实际投资收益率。因此，还需采用内部收益率指标来判断项目的真实收益水平。

（10）内部收益率（Internal Rate of Return，*IRR*）。项目的内部收益率（*IRR*）是在整个经济寿命期内（或折旧年限内）累计逐年现金流入的总额等于现金流出的总额，即投资项目在计算期内，使净现值为零的贴现率，可按下式计算，即

$$IRR=i_1+\frac{NPV_1(i_2-i_1)}{NPV_1-NPV_2}$$

式中　i_1——当净现值 NPV_1 为接近于零的正值时的贴现率；

i_2——当净现值 NPV_2 为接近于零的负值时的贴现率；

NPV_1, NPV_2——分别为试算贴现率 i_1 和 i_2 时对应的净现值；

IRR——内部收益率，%。

i_1 和 i_2 可查年贴现值系数表 21-45 获得，i_1 与 i_2 的差值不应当超过 1%～2%。

表 21-45　　年贴现值系数表

年度	贴现率（%）									
	1	2	3	4	5	6	7	8	9	10
1	0.990 1	0.980 4	0.970 9	0.961 5	0.952 4	0.943 4	0.934 6	0.925 9	0.917 4	0.909 1
2	1.970 4	1.941 6	1.913 5	1.886 1	1.859 4	1.833 4	1.808 0	1.783 3	1.759 1	1.735 5
3	2.941 0	2.883 9	2.828 6	2.775 1	2.723 2	2.673 0	2.624 3	2.577 1	2.531 3	2.486 9
4	3.902 0	3.807 7	3.717 1	3.629 9	3.546 0	3.465 1	3.387 2	3.312 1	3.239 7	3.169 9
5	4.853 4	4.713 5	4.579 7	4.451 8	4.329 5	4.212 4	4.100 2	3.992 7	3.889 7	3.790 8
6	5.795 5	5.601 4	5.417 2	5.242 1	5.075 7	4.917 3	4.766 5	4.622 9	4.485 9	4.355 3
7	6.728 2	6.472 0	6.230 3	6.002 1	5.786 4	5.582 4	5.389 3	5.206 4	5.033 0	4.868 4
8	7.65 17	7.325 5	7.019 7	6.732 7	6.463 2	6.209 8	5.971 3	5.746 6	5.534 8	5.334 9
9	8.566 0	8.162 2	7.786 1	7.435 3	7.107 8	6.801 7	6.515 2	6.246 9	5.995 2	5.759 0
10	9.471 3	8.982 6	8.530 2	8.110 9	7.721 7	7.360 1	7.023 6	6.710 1	6.417 7	6.144 6
11	10.367 6	9.786 8	9.252 6	8.760 5	8.306 4	7.886 9	7.498 7	7.139 0	6.805 2	6.495 1
12	11.255 1	10.575 3	9.954 0	9.385 1	8.863 3	8.383 8	7.942 7	7.536 1	7.160 7	6.813 7
13	12.133 7	11.348 4	10.635 0	9.985 6	9.393 6	8.852 7	8.357 7	7.903 8	7.486 9	7.103 4
14	13.003 7	12.106 2	11.296 1	10.563 1	9.898 6	9.295 0	8.745 5	8.244 2	7.786 2	7.366 7
15	13.865 1	12.849 3	11.937 9	11.118 4	10.379 7	9.712 2	9.107 9	8.559 5	8.060 7	7.606 1
16	14.717 9	13.577 7	12.561 1	11.652 3	10.837 8	10.105 9	9.446 6	8.851 4	8.312 6	7.823 7
17	15.562 3	14.291 9	13.166 1	12.165 7	11.274 1	10.477 3	9.763 2	9.121 6	8.543 6	8.021 6
18	16.398 3	14.992 0	13.753 5	12.659 3	11.689 6	10.827 6	10.059 1	9.371 9	8.755 6	8.201 4
19	17.226 0	15.678 5	14.323 8	13.133 9	12.085 3	11.158 1	10.335 6	9.603 6	8.950 1	8.364 9
20	18.045 6	16.351 4	14.877 5	13.590 3	12.462 2	11.469 9	10.594 0	9.818 1	9.128 5	8.513 6

续表

年度	贴现率（%）									
	11	12	13	14	15	16	17	18	19	20
1	0.900 9	0.892 9	0.885 0	0.877 2	0.869 6	0.861 2	0.854 7	0.847 5	0.840 3	0.833 3
2	1.712 5	1.690 1	1.668 1	1.646 7	1.625 7	1.605 2	1.585 2	1.565 6	1.546 5	1.527 8
3	2.443 7	2.401 8	2.361 2	2.321 6	2.283 2	2.245 9	2.209 6	2.174 3	2.139 9	2.106 5
4	3.102 4	3.037 3	2.974 5	2.913 7	2.855 0	2.798 2	2.743 2	2.690 1	2.638 6	2.588 7
5	3.695 9	3.604 8	3.517 2	3.433 1	3.352 2	3.274 3	3.199 3	3.127 2	3.057 6	2.990 6
6	4.230 5	4.111 4	3.997 5	3.888 7	3.784 5	3.684 7	3.589 2	3.497 6	3.409 8	3.325 5
7	4.712 2	4.563 8	4.422 6	4.288 3	4.160 4	4.038 6	3.922 4	3.811 5	3.705 7	3.604 6
8	5.146 1	4.967 6	4.798 8	4.638 9	4.487 3	4.343 6	4.207 2	4.077 6	3.954 4	3.837 2
9	5.537 0	5.328 2	5.131 7	4.946 4	4.771 6	4.606 5	4.450 6	4.303 0	4.163 3	4.031 0
10	5.889 2	5.650 2	5.426 2	5.216 1	5.018 8	4.833 2	4.658 6	4.494 1	4.338 9	4.192 5
11	6.206 5	5.937 7	5.686 9	5.452 7	5.233 7	5.028 6	4.836 4	4.656 0	4.486 5	4.327 1
12	6.492 4	6.194 4	5.917 6	5.660 3	5.420 6	5.197 1	4.988 4	4.793 2	4.610 5	4.439 2
13	6.749 9	6.423 5	6.121 8	5.842 4	5.583 1	5.342 3	5.118 3	4.909 5	4.714 7	4.532 7
14	6.981 9	6.628 2	6.302 5	6.002 1	5.724 5	5.467 5	5.229 3	5.008 1	4.802 3	4.610 6
15	7.190 9	6.810 9	6.462 4	6.142 2	5.847 4	5.575 5	5.324 2	5.091 6	4.875 9	4.675 5
16	7.379 2	6.974 0	6.603 9	6.265 1	5.954 2	5.668 5	5.405 3	5.162 4	4.937 7	4.729 6
17	7.548 8	7.119 6	6.729 1	6.372 9	6.047 2	5.748 7	5.474 6	5.222 3	4.989 7	4.774 6
18	7.701 6	7.249 7	6.839 9	6.467 4	6.128 0	5.817 8	5.533 9	5.273 2	5.033 3	4.812 2
19	7.839 3	7.365 8	6.938 0	6.550 4	6.198 2	5.877 5	5.584 5	5.316 2	5.070 0	4.843 5
20	7.963 3	7.469 4	7.024 8	6.623 1	6.259 3	5.928 8	5.627 8	5.352 7	5.100 9	4.869 6

年度	贴现率（%）									
	21	22	23	24	25	26	27	28	29	30
1	0.826 4	0.819 7	0.813 0	0.806 5	0.800 0	0.793 7	0.787 4	0.781 3	0.775 2	0.769 2
2	1.509 5	1.491 5	1.474 0	1.456 8	1.440 0	1.423 5	1.407 4	1.391 6	1.376 1	1.360 9
3	2.073 9	2.042 2	2.011 4	1.981 3	1.952 0	1.923 4	1.895 6	1.868 4	1.842 0	1.816 1
4	2.540 4	2.493 6	2.448 3	2.404 3	2.361 6	2.320 2	2.280 0	2.241 0	2.203 1	2.166 2
5	2.926 0	2.863 6	2.803 5	2.745 4	2.689 3	2.635 1	2.582 7	2.532 0	2.483 0	2.435 6
6	3.244 6	3.166 9	3.092 3	3.020 5	2.951 4	2.885 0	2.821 0	2.759 4	2.700 0	2.642 7
7	3.507 9	3.415 5	3.327 0	3.242 3	3.161 1	3.083 3	3.008 7	2.937 0	2.868 2	2.802 1
8	3.725 6	3.619 3	3.517 9	3.421 2	3.328 9	3.240 7	3.156 4	3.075 8	2.998 6	2.924 7
9	3.905 4	3.786 3	3.673 1	3.565 5	3.463 1	3.365 7	3.272 8	3.184 2	3.099 7	3.019 0
10	4.054 1	3.923 2	3.799 3	3.681 9	3.570 5	3.464 8	3.364 4	3.268 9	3.178 1	3.091 5
11	4.176 9	4.035 4	3.901 8	3.775 7	3.656 4	3.543 5	3.436 5	3.335 1	3.238 8	3.147 3
12	4.278 4	4.127 4	3.985 2	3.851 4	3.725 1	3.605 9	3.493 3	3.386 8	3.285 9	3.190 3
13	4.362 4	4.202 8	4.053 0	3.912 4	3.780 1	3.655 5	3.538 1	3.427 2	3.322 4	3.223 3
14	4.431 7	4.264 6	4.108 2	3.961 6	3.824 1	3.694 9	3.573 3	3.458 7	3.350 7	3.248 7
15	4.489 0	4.315 2	4.153 0	4.001 3	3.859 3	3.726 1	3.601 0	3.483 4	3.372 6	3.268 2
16	4.536 4	4.356 7	4.189 4	4.033 3	3.887 4	3.750 9	3.622 8	3.502 6	3.389 6	3.283 2
17	4.575 5	4.390 8	4.219 0	4.059 1	3.909 9	3.770 5	3.640 0	3.517 7	3.402 8	3.294 8
18	4.607 9	4.418 7	4.243 1	4.079 9	3.927 9	3.786 1	3.653 6	3.529 4	3.413 0	3.303 7
19	4.634 6	4.441 5	4.262 7	4.096 7	3.942 4	3.798 5	3.664 2	3.538 6	3.421 0	3.310 5
20	4.656 7	4.460 3	4.278 6	4.110 3	3.953 9	3.808 3	3.672 6	3.545 8	3.427 1	3.315 8

续表

年度	贴　现　率（%）									
	31	32	33	34	35	36	37	38	39	40
1	0.763 4	0.757 6	0.751 9	0.746 3	0.740 7	0.735 3	0.729 9	0.724 6	0.719 4	0.714 3
2	1.346 1	1.331 5	1.317 2	1.303 2	1.289 4	1.276 0	1.262 7	1.249 7	1.237 0	1.224 5
3	1.790 9	1.766 3	1.742 3	1.718 8	1.695 9	1.673 5	1.651 6	1.630 2	1.609 3	1.588 9
4	2.130 5	2.095 7	2.061 8	2.029 0	1.996 9	1.965 8	1.935 5	1.906 0	1.877 2	1.849 2
5	2.389 7	2.345 2	2.302 1	2.260 4	2.220 0	2.180 7	2.142 7	2.105 8	2.069 9	2.035 2
6	2.587 5	2.534 2	2.482 8	2.433 1	2.385 2	2.338 8	2.293 9	2.250 6	2.208 6	2.168 0
7	2.738 6	2.677 5	2.618 7	2.562 0	2.507 5	2.455 0	2.404 3	2.355 5	2.308 6	2.262 8
8	2.853 9	2.786 0	2.720 8	2.658 2	2.598 2	2.540 4	2.484 9	2.431 5	2.380 1	2.330 6
9	2.941 9	2.868 1	2.797 6	2.730 0	2.665 3	2.603 3	2.543 7	2.486 6	2.431 7	2.379 0
10	3.009 1	2.930 4	2.855 3	2.783 6	2.715 0	2.649 5	2.586 7	2.526 5	2.468 9	2.413 6
11	3.060 4	2.977 6	2.898 7	2.823 6	2.751 9	2.683 4	2.618 0	2.555 5	2.495 6	2.438 3
12	3.099 5	3.013 3	2.931 4	2.853 4	2.779 2	2.708 4	2.640 9	2.576 4	2.514 8	2.455 9
13	3.129 4	3.040 4	2.955 9	2.875 7	2.799 4	2.726 8	2.657 6	2.591 6	2.528 6	2.468 5
14	3.152 2	3.060 9	2.974 4	2.892 3	2.814 4	2.740 3	2.669 8	2.602 6	2.538 6	2.477 5
15	3.169 6	3.076 4	2.988 3	2.904 7	2.825 5	2.750 2	2.678 7	2.610 6	2.545 7	2.483 9
16	3.182 9	3.088 2	2.998 7	2.914 0	2.833 7	2.757 5	2.685 2	2.616 4	2.550 9	2.488 5
17	3.193 1	3.097 1	3.006 5	2.920 9	2.839 8	2.762 9	2.689 9	2.620 6	2.554 6	2.491 8
18	3.200 8	3.103 9	3.012 4	2.926 0	2.844 3	2.766 8	2.693 4	2.623 6	2.557 3	2.494 1
19	3.206 7	3.109 0	3.016 9	2.929 9	2.847 6	2.769 7	2.695 9	2.625 8	2.559 2	2.495 8
20	3.211 2	3.112 9	3.020 2	2.932 7	2.850 1	2.771 8	2.697 7	2.627 4	2.560 6	2.497 0

2. 经济评估准则

(1) 投资回收期（N）应小于基准投资回收期（视项目不同而定）。基准投资回收期一般由各个工业部门结合企业生产特点，在总结过去建设经验统计资料基础上，统一确定的回收期限，有的也是根据贷款条件而定。

对于低费用方案，如果 $N \leqslant 5$ 年，则该方案是可行的；对于中/高费用方案，如果 $N \leqslant 7$ 年，则该方案是可行的。

(2) 净现值为正值：$NPV \geqslant 0$。此时，说明该方案除能满足预定的收益率要求外，还有赢利，方案可以接受。如净现值为负值，就说明该项目投资收益率低于贴现率，则应放弃此项目投资；在两个以上投资方案进行选择时，则应选择净现值为最大的方案。当然对于环保项目，不能以净现值为选择方案的依据，而是首先要以国家政策为准绳。

(3) 净现值率最大。当方案的 $NPVR \geqslant 0$ 时，表明收入超过成本，说明方案可以接受。在比较两个以上投资方案时，不仅要考虑项目的净现值大小，而且要求选择净现值率为最大的方案。

(4) 内部收益率（IRR）应大于基准收益率：$IRR \geqslant i_c$。内部收益率（IRR）是项目投资的最高盈利率，也是项目投资所能支付贷款的最高临界利率，如果内部收益率高于基准收益率（i_c 一般取 7%），则方案投资是可行的，内部收益率越高说明项目越好。

五、推荐可行的实施方案

对中高费方案进行可行性分析。某电厂部分可行的实施方案分析如下。

（一）方案名称

×号汽轮机通流部分改造（C2）。

1. 方案简述

更换高中低转子、内缸和汽封。

2. 技术评估

高压通流由原来的Ⅰ＋11级增加至Ⅰ＋13级，中压通流由原来的9级增加至10级；低压通流为2×7级（双流形式），末级叶片采用高效905mm末级叶片。300MW汽轮机通流部分改造在国内已经广泛应用，属于成熟技术，因此该方案在技术上可行。

3. 环境评估

不产生灰尘，不增加噪声。年节约标准煤18 000t，年可减少二氧化硫288t。

4. 经济评估

（1）总投资费用（I）为5980万元。

投资费用清单见表21-46。

（2）年运行费总节约金额为1260万元（P）（以年增加量计）。每年减少标准煤18 000t，以700元/t计算，每年减少燃料费1260万元。

（3）年增现金流量（F）万元。

年折旧费(D)：I/Y＝5980万元/10＝598万元，Y＝10年

应纳税利润(T)：$P-D$＝1260－598＝662万元

净利润(E)：T－各项应纳税金总和＝662(1－17%)＝549.5(万元)(17%为所得税率)

年增现金流量(F)：$E+D$＝549.5＋598＝1147.5(万元)

（4）偿还期（N）：I/F＝5980/1147.5＝5.21年

表21-46　×号汽轮机通流部分改造投资费用清单

序号		项目名称	规格型号	单位	数量	单价（万元）	合价（万元）
A	1	工程费	—	—	—	300	300
	2	土建费	—	—	—	16	16
	3	汽轮机通流部件	—	套	1	5200	5200
B		其他费用					464
C		合计					5980

制表________　审核________

（5）净现值（NPV）：$NPV=\sum_{j=1}^{n}\frac{F}{(1+i)^j}-I=7.3601\times1147.5-5980=2465.7$ 万元$\geqslant0$（i＝6%，n＝10），在经济可取。

（6）内部投资收益率（IRR）。由于偿还期（N）＝5.21年，查贴现率表21-44，折旧年限为10年（对应年度10），在贴现率为i＝14%时，年贴现值为5.2161；在贴现率为i＝15%时，年贴现值为5.0188。由于$5.0188\leqslant N<5.2161$，所以计算内部投资收益率（IRR）应贴现率应分别取14%和15%。

$$NPV_1=\sum_{j=1}^{n}\frac{F}{(1+IRR)^j}-I=5.2161\times1147.5-5980=5.47(\text{万元})$$

$$NPV_2 = \sum_{j=1}^{n} \frac{F}{(1+IRR)^j} - I = 5.0188 \times 1147.5 - 5980 = -220.93(\text{万元})$$

所以 $IRR = i_1 + \frac{NPV_1\ (i_2 - i_1)}{NPV_1 - NPV_2} = 14\% + \frac{5.47\times\ (15\% - 14\%)}{5.47 + 220.93} = 14.02\% > 7\%$，可取。

由以上计算可见，此方案在经济上是合理的，且技术性、工艺性可行，具有较高环境效益。

（二）方案名称

×号锅炉脱硝改造（C6）。

1. 方案简述

炉内采用低氮燃烧器，炉外采用SCR脱硝工艺，脱硝效率达到80%以上。

2. 技术评估

为了降低锅炉氮氧化物排放浓度，在×号锅炉上进行脱硝改造，首先通过低氮燃烧器改造措施将 NO_x 排放浓度控制在 $300mg/m^3$ 以下，再进一步采取SCR烟气脱硝技术将 NO_x 降低到 $80mg/m^3$。该技术在国内外已经广泛应用，属于成熟技术，因此该方案在技术上可行。

3. 环境评估

吸收剂液氨存在泄漏风险，液氨加入烟道较多可能会引起氨气逃逸到大气，但是每年可以减少 NO_x 排放量2454t。

4. 经济评估

（1）总投资费用（I）为6146万元。

投资费用清单见表21-47。

表21-47　×号锅炉脱硝改造投资费用一览表

序号		项目名称	规格型号	单位	数量	单价（万元）	合价（万元）
A	1	SCR设备	—	套	1	2950	2950
	2	低氮燃烧器	—	套	1	1050	1050
	3	催化剂	—	套	1	910	910
	4	建筑工程	—	—	—	250	250
	5	安装工程	—	—	—	750	750
	6						
	7						
B		其他费用					236
C		合计					6146

制表＿＿＿＿＿＿　　　　审核＿＿＿＿＿＿

（2）年运行费用1800万元，增加电价收益1440万元，排污费减少310万元，总节省 $P=1440+310-1800=-50$ 万元。

通过经济评估可见，投入6146万元，每年增加经济支出50万元。所以本项目经济效益很差，在经济上是不合理的，但是每年可以减少 NO_x 排放量2454t，具有良好的环境效益。且技术性、工艺性可行，可取。

六、汇总可实施方案评估结果

将上述的技术、环境、经济评估结果进行汇总列表。某电厂中/高费方案经济评估指标汇总见表 21-48。

表 21-48　　方案经济评估指标汇总

经济评价指标	方案：	方案：	方案：
1. 总投资费用（I）			
2. 年运行费用总节省金额（P）			
3. 新增设备年折旧费			
4. 应税利润			
5. 净利润			
6. 年增加现金流量（F）			
7. 投资偿还期（N）			
8. 净现值（NPV）			
9. 内部收益率（IRR）			

制表________　审核________

第八节　清洁生产方案的实施

方案实施（Project execution）是企业清洁生产审核的第六个阶段。目的是通过推荐方案（经分析可行的中/高费最佳可行方案）的实施，使企业实现技术进步，获得显著的经济和环境效益；通过评估已实施的清洁生产方案成果，激励企业推行清洁生产。本阶段工作重点是总结前几个审核阶段已实施的清洁生产方案的成果，统筹规划推荐方案的实施。本阶段的主要工作步骤见图 21-17。

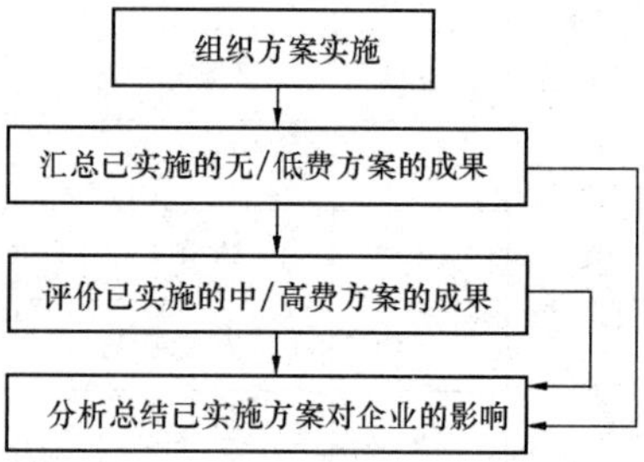

组织方案实施
汇总已实施的无/低费方案的成果
评价已实施的中/高费方案的成果
分析总结已实施方案对企业的影响

图 21-17　方案实施阶段的主要工作步骤

一、组织方案实施

推荐方案经过可行性分析，在具体实施前还需要周密准备。

1. 统筹规划

需要筹划的内容有：①筹措资金；②设计；③征地、现场开发；④申请施工许可；⑤兴建厂房；⑥设备选型、调研、设计、加工或订货；⑦落实配套公共设施；⑧设备安装；⑨组织操作、维修、管理班子；⑩制定各项规程；⑪人员培训；⑫原辅料准备；⑬应急计划（突发情况或障碍）；⑭施工与企业正常生产的协调；⑮试运行与验收；⑯正常运行与生产。

统筹规划时建议采用甘特图形式制定实施进度表。甘特图（Gantt Chart）是一种项目管理的图示方法，它分为两部分，左边的任务表显示任务清单，包括每项任务的名字和起止日期；右边的条形图形象地显示了每个任务的期限，它与其他任务的关系，以及它所分配的资源。表 21-49 是某电厂的实施方案进度表。

表 21-49　　　　方案实施进度表（甘特图）

编号方案	内容	期限	时标												负责部门	负责人
			1月	2月	3月	4月	5月	6月	7月	8月	9月	10月	11月	12月		
	申请立项		—	—												
	设计订货				—	—										
	设备安装						—	—								
	调试投运								—	—						
	申请立项															
	设计订货															
	设备安装															
	调试投运															

制表________　审核________　第________页　共________页

注　1.“时标”以条形图显示任务的起始日期和期限。

2. 两个任务间的联系用任务间所画箭头表示。

2. 筹措资金

（1）资金的来源。资金的来源有两个渠道。

1）企业内部自筹资金。企业内部资金包括两个部分：①现有资金；②通过实施清洁生产无/低费方案，逐步积累资金，为实施中/高费方案做好准备。

2）企业外部资金，包括国内借贷资金，如国内银行贷款等；国外借贷资金，如世界银行贷款等；其他资金来源，如国际合作项目赠款、环保资金返回款、政府财政专项拨款、发行股票和债券融资等。

（2）合理安排有限的资金。若同时有数个方案需要投资实施时，则要考虑如何合理有效地利用有限的资金。

在方案可分别实施，且不影响生产的条件下，可以对方案实施顺序进行优化，先实施某个或某几个方案，然后利用方案实施后的收益作为其他方案的启动资金，使方案滚动实施。

3. 实施方案

推荐方案的立项、设计、施工、验收等，按照国家、地方或部门的有关规定执行。无/低费方案的实施过程也要符合企业的管理和项目的组织、实施程序。

二、汇总已实施的无/低费方案的成果

0已实施的无/低费方案的成果有两个主要方面：环境效益和经济效益。通过调研、实测和计算，分别对比各项环境指标，包括物耗、水耗、电耗等资源消耗指标以及废水量、废气量、固废量等废弃物产生指标在方案实施前后的变化，从而获得无/低费方案实施后的环境效果；分别对比产值、原材料费用、能源费用、公共设施费用、水费、污染控制费用、维修费、税金以及净利润等经济指标在方案实施前后的变化，从而获得无/低费方案实施后的经济效益，最后对本轮清洁生产审核中无/低费方案的实施情况作一阶段性总结。

已实施的无/低费方案的环境效果对比一览表格式见表 21-50，已实施的无/低费方案的经济效益对比一览表格式见表 21-51。

表 21-50　　　　已实施的无/低费方案的环境效果对比一览表

方案编号	比较项目 方案名称		资源消耗				废弃物产生			
			煤耗（t）	水耗（t）	电能（kWh）	管材（m）	废水量（t）	废气量（t）	固体废物量（t）	废油量（t）
		实施前								
		实施后								
		削减量								
		实施前								
		实施后								
		削减量								
		实施前								
		实施后								
		削减量								
		实施前								
		实施后								
		削减量								
		实施前								
		实施后								
		削减量								
		实施前								
		实施后								
		削减量								
		实施前								
		实施后								
		削减量								

制表________　审核________

注　如果实施前、后资源消耗量和废弃物产生量实测比较困难，可以仅填写削减量。

三、评价已实施的中/高费方案的成果

对已实施的中/高费方案成果，进行技术、环境、经济和综合评价。已实施的中/高费方案的环境效果对比一览表格式见表 21-52，已实施的中/高费方案的经济效益对比一览表格式见表 21-53。

1. 技术评价

主要评价各项技术指标是否达到原设计要求，若没有达到要求，则如何进行改进等。

2. 环境效果评价

环境评价见表 21-52，主要对中/高费方案实施前后各项环境指标进行追踪并与方案的设计值

相比较，考察方案的环境效果以及企业环境形象的改善。

通过方案实施前后的数字，可以获得方案的环境效益，又通过方案的设计值与方案实施后的实际值的对比，即方案理论值与实际值进行对比，可以分析两者差距，相应地可对方案进行完善。

3. 经济效益评价

经济评价见表 21-53，是评价中/高费清洁生产方案实施效果的重要手段。分别对比产值、原材料费用、能源费用、公共设施费用、水费、污染控制费用、维修费以及净利润等经济指标在方案实施前后的变化以及实际值与设计值的差距，从而获得中高/费方案实施后所产生的经济效益情况。

表 21-51　　已实施的无/低费方案的经济效益对比一览表　　万元

方案编号	比较项目/方案名称		运行费用									产值	净利润	投资
			原材料费用	能源费用	公共设施费用	水费	污染控制费用	污染排放费用	维修费	税金	其他支出			
		实施前												
		实施后												
		经济效益												
		实施前												
		实施后												
		经济效益												
		实施前												
		实施后												
		经济效益												
		实施前												
		实施后												
		经济效益												
		实施前												
		实施后												
		经济效益												
		实施前												
		实施后												
		经济效益												
		实施前												
		实施后												
		经济效益												

制表________　审核________

注　如果实施前、后各种消耗费用详细分类比较困难，可以仅填写运行费用。

表 21-52　　已实施的中/高费方案的环境效果对比一览表

方案编号	方案名称 \ 比较项目		资源消耗				废弃物产生			
			煤耗（t）	水耗（t）	电能（kWh）	管材（m）	废水量（t）	废气量（t）	固体废物量（t）	废油量（t）
		实施前								
		实施后								
		削减量								
		实施前								
		实施后								
		削减量								
		实施前								
		实施后								
		削减量								
		实施前								
		实施后								
		削减量								
		实施前								
		实施后								
		削减量								
		实施前								
		实施后								
		削减量								
		实施前								
		实施后								
		削减量								

制表________　审核________

注　如果实施前、后资源消耗量和废弃物产生量实测比较困难，可以仅填写削减量。

表 21-53　　已实施的中/高费方案的经济效益对比一览表　　万元

方案编号	比较项目 方案名称		运行费用									产值	净利润	投资
			原材料费用	能源费用	公共设施费用	水费	污染控制费用	污染排放费用	维修费	税金	其他支出			
		实施前												
		实施后												
		经济效益												
		实施前												
		实施后												
		经济效益												
		实施前												
		实施后												
		经济效益												
		实施前												
		实施后												
		经济效益												
		实施前												
		实施后												
		经济效益												
		实施前												
		实施后												
		经济效益												
		实施前												
		实施后												
		经济效益												

制表________　审核________

注　如果实施前、后各种消耗费用详细分类比较困难，可以仅填写运行费用。

4. 综合评价

通过对每一中/高费清洁生产方案进行技术、环境、经济三方面的分别评价，可以对已实施的各个方案成功与否做出综合、全面的评价结论。

四、实施本轮清洁生产后企业情况评价

实施本轮清洁生产项目后，电厂在“节能、降耗、减污、增效”各方面取得了较大成果。参照《燃煤发电企业清洁生产评价导则》（DL/T 254—2012）给出的燃煤电厂生产过程清洁生产水平的技术指标，对该电厂实施清洁生产审核后的清洁生产水平进行定量评价和定性评价。

1. 汇总环境效益和经济效益

将已实施的无/低费和中/高费清洁生产方案成果汇总成表，内容包括实施时间、投资运行费、经济效益和环境效果，并进行分析，见表21-54。

表21-54　已实施清洁生产方案实施效果的核定与汇总

方案类型	方案编号	方案名称	实施时间	投资（万元）	经济效益（万元）	环境效果（t/a）				节能量	
					实施后	废水年减排	SO_2年减排	NO_x年减排	烟尘年减排	节电量（万kWh）	节约标准煤（t）
无/低费方案	A1	配煤掺烧		0	45	0	10.4	0	0		650
	C1	制粉系统漏风治理		0.2	1.5	0	0	0	0	3	
	C3	×号炉顶密封改造		60	22.4	0	5.1	0	0		320
	C5	暖风器改造		78	60	0	0	0	0	120	
	D1	合理控制氧量		0	44.1	0	10.1	0	0		630
	D2	提高蒸汽运行参数		0	66.5	0	15.2	0	0		950
	D3	复合变压运行		0	100.8	0	23.0	0	0		1440
	F1	污水回用绿化		0	1.1	3650	0	0	0		
	G1	办公节电		0	1	0	0	0	0	180	
	G2	加强煤场日常管理		0	31.5	0	7.2	0	0		450
	G3	实行运行分析例会制度		0	15.7	0	3.6	0	0		225
	H1	制定节能减排考核办法		0	15.7	0	3.6	0	0		225
小计				138.2	405.3	3650	78.2	0	0	303	4890

续表

方案类型	方案编号	方案名称	实施时间	投资（万元）	经济效益（万元）	环境效果（t/a）				节能量	
					实施后	废水年减排	SO_2 年减排	NO_x 年减排	烟尘年减排	节能量（万 kWh）	节约标准煤（t）
中/高费方案	C2	×号汽轮机通流部分改造		5980	1260	0	288	0	0		18 000
	C4	×号引风机增压风机合一改造		617	512	0	0	0	0	1280	
	C6	×号锅炉脱硝改造		6146	−50	0	0	4545	0		
	E1	×号机改供热机组		2700	2061.5	0	471.2	0	0		29 450
小计				15 443	3783.5	3650	759.2	4545	0	1280	47 450
合计				15 581.2	4188.8	3650	837.4	4545	0	1583	52 340

制表________ 审核________

2. 方案实施前后各项指标评价

虽然可以定性地从技术工艺水平、过程控制水平、企业管理水平、员工素质等众多方面考察清洁生产带给企业的变化，但最有说服力、最能体现清洁生产效益的是考察审核前后企业各项单位产品指标的变化情况。

通过定性、定量分析，企业可以从中体会清洁生产的优势，总结经验以利于在企业内推行清洁生产；另外，也要利用以上方法，从定性、定量两方面与国内外同类型企业的先进水平，进行对比，寻找差距，分析原因以利改进，从而在深层次上寻求清洁生产机会，见表 21-55。

3. 审核后全厂水平衡

绘制审核后全厂水平衡图。

4. 宣传清洁生产成果

在总结已实施的无/低费和中/高费方案清洁生产成果的基础上，组织宣传材料，在企业内广为宣传，为继续推行清洁生产打好基础。

表 21-55　方案实施后各项指标对比评价表

指标	审核前	目标	审核后	国内先进水平	国际先进水平
单位供电量产值（元/kWh）					
单位发电量取水量（kg/kWh）	0.12	0.12	0.12	0.10	
供电煤耗率（g/kWh）	304.51	303.0	299.53	295	
供热煤耗率（kg/GJ）					

续表

指标		审核前	目标	审核后	国内先进水平	国际先进水平
厂用电率（%）		4.7	4.6	4.56	4.5	
废水排放量（t/a）		0	0	0	0	
烟尘	排放浓度（mg/m^3）					
	排放量（t/a）	1139	1139	1139	1050	
二氧化硫	排放浓度（mg/m^3）					
	排放量（t/a）	2830.3	2600	1992.9	1800	
氮氧化物	排放浓度（mg/m^3）					
	排放量（t/a）	10 112.5	6000	5567.5	5500	
其他						

表 21-55 审核前和目标值必须与表 21-19 一致，审核后数值必须与 21-54 相呼应。例如经过审核后标准煤量节约 52 340t，而企业审核期年供电量 105 亿 kWh，折算成供电煤耗率降低量 52 340t/105 亿 kWh =4.98g/kWh，因此审核后供电煤耗率为 304.51－4.98＝299.53(g/kWh)，同理厂用电率降低 1583/[1 050 000/(1－0.047)]＝0.14 个百分点，审核后厂用电率为 4.7－0.14＝4.56(%)，其他数值依此类推。

第九节 持续清洁生产

持续清洁生产（Sustain Cleaner Production）是企业清洁生产审核的最后一个阶段，目的是使清洁生产工作在企业内长期、持续地推行下去。本阶段工作重点是建立推行和管理清洁生产工作的组织机构、建立促进实施清洁生产的管理制度、制定持续清洁生产计划以及编写清洁生产审核报告。本阶段工作步骤见图 21-18。

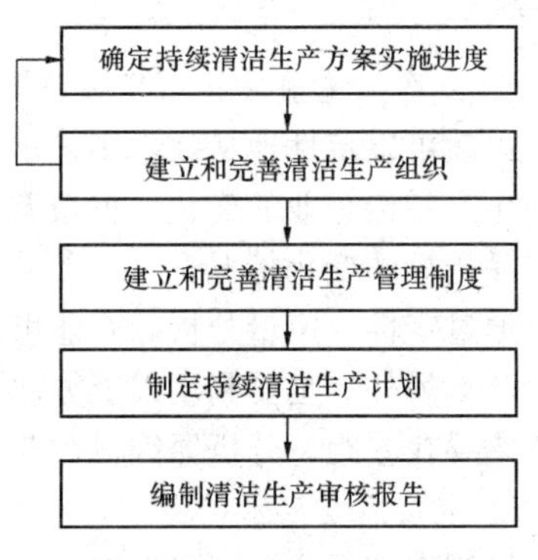

图 21-18 持续清洁生产阶段的主要工作步骤

一、建立和完善清洁生产组织

清洁生产是一个动态的、相对的概念，是一个连续的过程，因而需有一个固定的机构、稳定的工作人员来组织和协调这方面工作，以巩固已取得的清洁生产成果，并使清洁生产工作持续地开展下去。填写持续清洁生产审核领导小组成员表，见表 21-56。

表 21-56 持续清洁生产审核领导小组成员表

姓　名	工作小组职务	来自部门/职务	主 要 职 责

制表________ 审核________

1. 明确任务

企业清洁生产组织机构的任务有以下四个方面：

（1）组织协调并监督实施本次审核提出的清洁生产方案。

（2）经常性地组织对企业职工的清洁生产教育和培训。

（3）选择下一轮清洁生产审核重点，并启动新的清洁生产审核。

（4）负责清洁生产活动的日常管理。

2. 落实归属

清洁生产机构要想起到应有的作用，应及时完成任务，必须落实其归属问题。企业的规模、类型和现有机构等千差万别，因而清洁生产机构的归属也有多种形式，各企业可根据自身的实际情况具体掌握。可考虑以下几种形式：

（1）单独设立持续清洁生产办公室，直接归属厂长领导。

（2）在环保部门中设立持续清洁生产机构。

（3）在技术部门中设立持续清洁生产机构。

不论是以何种形式设立的清洁生产机构，企业的高层领导要有专人直接领导该机构的工作，因为清洁生产涉及生产、环保、技术、管理等各个部门，必须有高层领导的协调才能有效地开展工作。

3. 确定专人负责

为避免清洁生产机构流于形式，确定专人负责是很有必要的。该职员需具备以下能力：

（1）熟练掌握清洁生产审核知识。

（2）熟悉企业的环保情况。

（3）了解企业的生产和技术情况。

（4）较强的工作协调能力。

（5）较强的工作责任心和敬业精神。

二、建立和完善清洁生产管理制度

清洁生产管理制度包括把审核成果纳入企业的日常管理轨道、建立激励机制和保证稳定的清洁生产资金来源。

1. 把审核成果纳入企业的日常管理

把清洁生产的审核成果及时纳入企业的日常管理轨道，是巩固清洁生产成效、防止走过场的重要手段，特别是通过清洁生产审核产生的一些无/低费方案，如何使它们形成制度显得尤为重要。

（1）把清洁生产审核提出的加强管理的措施文件化，形成制度，并严格执行。

（2）把清洁生产审核提出的岗位操作改进措施，写入岗位的操作规程，并要求严格遵照执行。

（3）把清洁生产审核提出的工艺过程控制的改进措施，写入企业的技术规范。

（4）与 ISO 14000 密切结合，使清洁生产在高效的管理平台上进行的更加有效。

2. 建立和完善清洁生产激励机制

在奖金、工资分配、提升、降级、上岗、下岗、表彰、批评等诸多方面，充分与清洁生产挂钩，建立清洁生产激励机制，以调动全体职工参与清洁生产的积极性。

3. 保证稳定的清洁生产资金来源

清洁生产的资金来源可以有多种渠道，如贷款、集资等，但是清洁生产管理制度的一项重要作用是保证实施清洁生产所产生的经济效益，全部或部分地用于清洁生产和清洁生产审核，以持续滚动地推进清洁生产。建议企业财务对清洁生产的投资和效益单独建账。

三、制定持续清洁生产计划

清洁生产并非一朝一夕就可完成，因而应制定持续清洁生产计划，使清洁生产有组织、有计划地在企业中进行下去。持续清洁生产计划应包括：

(1) 下一轮清洁生产审核工作计划。下一轮清洁生产审核的启动并非一定要等到本轮审核的所有方案都实施以后才进行，只要大部分可行的无/低费方案得到实施，取得初步的清洁生产成效，并在总结已取得的清洁生产经验的基础上，即可开始新的一轮审核。

(2) 本轮清洁生产方案的实施计划。经本轮审核提出的可行的无/低费方案和通过可行性分析的中/高费方案。在审核过程中未能实施的方案进行实施。

(3) 清洁生产新技术的研究与开发计划。根据本轮审核发现的问题，暂时无法解决的，应与大专院校、科研院所进行联合研究与开发。

(4) 企业职工的清洁生产培训计划。随着清洁生产工艺的不断更新，以及清洁生产思想的不断发展、完善，组织职工的清洁生产培训也应该是一个相对更新的过程。因此，应定期对员工进行清洁生产的培训，使员工接受到最新的清洁生产的相关知识和动态，以不断提高组织清洁生产工作的水平和效率。

为此，应将培训纳入到组织的日常管理中，并与考核相结合，强化培训效果。

通常情况下，每年应对员工进行一次相关培训，并进行相关考核，以检验培训成效。下轮持续清洁生产计划见表 21-57。

表 21-57　　　　下轮持续清洁生产计划

计划分类	主　要　内　容	开始时间	结束时间	负责部门
本轮审核清洁生产方案的实施计划	本轮未实施的中高费方案的名称和内容			持续清洁生产审核小组
下一轮清洁生产审计工作计划	(1) 清洁生产方案的征集。 (2) 初步确定××作为下一轮清洁生产审核重点。 (3) 实测审核重点输入输出物料。 (4) 方案的产生和筛选与可行性分析。 (5) 方案的实施。 (6) 完善“清洁生产”工作方针目标，清洁生产岗位责任制，清洁生产奖惩制度，保证清洁生产工作持续有效地开展			持续清洁生产审核小组
清洁生产新技术的研究与开发计划	(1) 与生产密切相关的新技术、新工艺的研究与跟踪，如烟气脱氮技术。 (2) 增强清洁生产相关信息的收集，及时与经贸委和环保局进行沟通。 (3) 与科研院所建立长期的合作关系，共同解决再热蒸汽温度低的问题。 (4) 拿出专项资金，鼓励清洁生产相关技术的研究与开发			生产部
企业职工的清洁生产培训计划	(1) 职工定期培训。 (2) 职工的清洁生产业绩与年终考核结合，提高职工的主动性和积极性			持续清洁生产审核小组
下一轮清洁生产主要方案	(1) 另一台机组脱硝改造，脱硝效率不低于80%。 (2) 另一台汽轮机通流部分改造			生产部

制表________　审核________

四、编制清洁生产审纪报告（详见本章第十节）

五、持续清洁生产建议

（1）加强环保设备运行管理，确保正常运行。应加强环保设施系统运行管理和处理工艺研究工作，确保污染物达标排放。

（2）采取必要的节水措施，力争做到全厂废水“零排放”。

1）合理调整废水处理厂处理水的回用率，减少外排，增加回用量。

2）消除全厂因非正常运行或操作问题导致的跑、冒、滴、漏、溢水现象。

3）消除至灰场的水管泄漏问题，加强灰场澄清水的循环再利用。

4）加强宣传教育，提高职工的节水意识。建立节水单项奖惩制度，促进职工节水积极性。

5）通过工艺改进和管道改造，最大限度提高废水的回收处理和重复利用，减少废水对外排放，节省水资源。

（3）继续开展控制煤耗工作。虽然目前供电煤耗指标接近国内一流水平，但是由于机组脱硫设施的运行导致发电成本提高，电厂应一如既往继续大力开展控制煤耗工作，无论对企业降低生产成本，还是减少污染排放、保护环境都具有积极的意义。

（4）进一步开展降低氮氧化物排放的改造。通过一次燃烧设备的改造和调整优化锅炉燃烧工况等措施，降低锅炉氮氧化物的排放。

第十节　清洁生产审核报告的编写

清洁生产审核报告大纲和要求如下：

前　　言

一、企业基本信息

企业名称：

企业类型：

企业法人代表：

建厂时间：

投产时间：

主要产品：

生产能力：

所属行业：

通信地址：

邮政编码：

联 系 人：

电　　话：

传　　真：

二、企业简介

（1）简介电厂名称、性质、建设规模、机组建设生产情况等。企业经营理念，企业方针，企业环保、管理水平。企业部门设置和工作制度见表21-5。

（2）简介电厂地理位置、地理、地质、水文、气象、地形和生态环境等基本情况。

（3）技术工艺及产业政策符合性。

电厂使用的是煤粉锅炉，煤粉炉是以煤粉为燃料的锅炉设备。它具有燃烧迅速、完全、容量大、效率高、适应煤种广，便于控制调节等优点。煤粉炉的燃烧特点是燃料随空气一起进入燃烧室，并在悬浮状态下燃烧。适应煤种广泛，燃烧效率也比较高，约88%～93%。它可以完全实现机械化和自动化，煤粉燃烧几乎是所有大型燃煤锅炉的燃烧方式。煤粉锅炉在国内外得到广泛应用，属于成熟的技术。

电厂装机容量为2台300MW亚临界机组和2台660MW超超临界机组，根据《产业结构调整指导目录（2013年本）》，电力行业鼓励单机60万kW及以上超临界、超超临界机组电站的建设；采用30万kW及以上集中供热机组的热电联产，以及热、电、冷多联产。电力行业淘汰类型为大电网覆盖范围内，服役期满的单机容量在10万kW以下的常规燃煤凝汽式火电机组；单机容量5万kW及以下的常规小火电机组。限制类为小电网外，单机容量30万kW及以下的常规燃煤火电机组；小电网外，发电煤耗高于300g/kWh的湿冷发电机组，发电煤耗高于305g/kWh的空冷发电机组。因此电厂现有机组不属于淘汰类和限制类。电厂装机容量2台300MW亚临界机组已经实施了供热改造，2台660MW机组属于超超临界机组，符合国家产业结构调整指导目录的电力鼓励类产业。

（4）功能区划及执行标准。

电厂位于××市××区，公司地理位置图和平面布置图（略）。根据××市城市规划电厂处于大气环境功能二类区，城市区域环境噪声功能区中的三类功能区，近海水域功能四类水域。废气排放执行山东省《火电厂大气污染物排放标准》（DB 37/664—2013）和《火电厂大气污染物排放标准》（GB 13223—2011）。厂界噪声执行《工业企业厂界环境噪声排放标准》（GB 12348—2008）中3类标准。电厂生活废水经处理后用于煤场降尘，脱硫废水和海水淡化废水排入黄海，执行《海水水质标准》（GB 3097）以及《污水综合排放标准》（GB 8978）。

三、企业清洁生产相关背景情况

第1章 筹划和组织

1.1 组建审计小组。为使审核工作顺利开展，组建了清洁生产审核领导小组和审核工作小组，其成员和职责见表21-1和表21-2。

1.2 制定审计工作计划。依据国家发改委和国家环保局《清洁生产审核暂行办法》（2004年）的要求，编制了审核工作计划，其工作内容及进度见表21-3。

1.3 宣传和教育。审核领导小组和工作小组的成员首先通过加强自身的学习，统一思想认识，认识到清洁生产是一项既能进一步推进企业环保工作，实现两个转变，即污染物控制由浓度控制向浓度控制与总量控制相结合的转变，工业污染由末端治理向末端治理和生产全过程控制相结合的转变；又能有效地提高企业整个基础管理水平，实现减耗增效的目的。然后，在此基础上，某发电厂广泛开展宣传教育活动，利用各种例会、广播、黑板报、电视录像、知识讲座、组织学习、发放宣传材料等形式（图略），进行全员教育，以提高全员对清洁生产审核的认识，使企业职工对清洁生产有了一定的了解，并对厂部实施清洁生产，实现节能、减污、降耗目标和实现环境与经济协调发展充满信心。本次清洁生产审核宣传动员的主要形式有：

（1）发挥宣传条幅、电厂OAK等主要宣传工具覆盖面广、影响力大的优势，在厂主要区域挂宣传条幅；积极组织稿件，在OAK上刊登；使清洁生产的意识深入到广大职工的工作、生活中去。

（2）在厂部板报栏目中开辟清洁生产宣传专栏，系统介绍有关清洁生产的知识和开展清洁生产工作的方法，以及清洁生产审核工作的进展情况。

(3) 积极围绕清洁生产这一主题组织全厂职工，以班组为单位，进行清洁生产知识学习，为自觉按照清洁生产的要求进行生产打下基础。

(4) 在人员培训上采取集中和自学相结合的办法，将清洁生产宣传材料发放到电厂网站和职工手上，其内容包括清洁生产及审核的基本知识、审核的工作程序、工作重点和难点以及工作进度计划安排等，并举办了多个有工艺技术人员、环保管理人员、部门管理人员等参加的清洁生产集中培训活动和座谈交流活动。

(5) 制定可操作性强的激励措施，编印清洁生产建议表，鼓励全体职工特别是一线工人积极提出清洁生产改进建议和方案，对能认真提出建议和方案的，厂部给予一定的奖励。

(6) 选派人员参加环保部门组织的一系列清洁生产培训活动。

通过上述系列宣传教育工作，使广大干部职工对清洁生产有了一个较清楚全面的认识，分清了清洁生产与传统的末端治理的区别和利弊，提高了自觉参与清洁生产工作的积极性和责任感。

列表介绍企业清洁生产存在的障碍及克服方法，见表 21-4。

第2章 预 审 核

2.1 企业概况

全面分析企业能源、资源消耗现状，见表 21-7～表 21-11，以及各主要产品生产工艺和设备运行状况，包括产品、生产、人员及环保等概况。电厂生产工艺流程见图 21-6。企业主要产品汇总见表 21-12，其主要设备规范见表 21-13。

介绍企业近三年节能减排情况。

2.2 产污和排污现状分析

全面分析企业废弃物产生的种类、数量、产生原因，以及“三废”治理和环境管理现状，包括国内外情况对比、产污原因初步分析以及企业的环保执法情况等，并予以初步评价。填写表 21-15～表 21-21。

2.3 确定审计重点

填写表 20-4 和表 20-5。

2.4 建立清洁生产指标体系

清洁生产指标体系见表 21-25。

2.5 清洁生产目标

根据国家、地方环保法规、标准的要求，参照国内同行业类似规模的生产企业的产排污状况，通过采取节能、降耗、污染治理等措施，结合电厂燃料来源、设备状况等实际情况制定出电厂清洁生产近、中、远期目标，见表 21-26。

2.6 预审核阶段无/低费方案

汇总预审核阶段无/低费方案，见表 21-19。

第3章 审 核

3.1 审核重点概况

审核重点包括审核重点的工艺流程图、工艺设备流程图和各单元操作流程图，见图 21-13 和表 21-29。

3.2 输入输出物流的测定（见表 21-30 和表 21-31）

3.3 物料平衡（见表 19-32）

3.4 水平衡和热平衡（见图 21-14 和表 21-33）

3.5 废弃物产生原因分析

废弃物产生原因分析，填写表21-34。

3.6 企业能耗问题分析

填写企业能耗控制存在的主要问题分析表21-35。

3.7 无/低费方案汇总

填写无/低费方案汇总表21-36。

第4章 方案产生和筛选

4.1 方案汇总

通过前期的审核工作和大量细致的清洁生产宣传教育，共合理提出×项方案。其中原材料及能源方面提出了×条方案，工艺技术与设计方面提出了×条方案，生产设备方面提出了×条方案，生产过程控制方面提出了×条方案，维护与管理方面提出了×条方案，污染物综合利用与防治方面提出了×条方案，员工因素方面提出了×条方案，其他因素方面提出了×条方案，见表21-37，包括所有的已实施、未实施，可行、不可行的方案。

4.2 方案筛选

对于上述×个方案，审核工作小组首先组织全厂领导、工程技术人员和环保人员进行集中讨论，从技术可行性、环境效果、经济效果、实施的难易程度以及对生产和产品的影响等方面，结合生产实际情况，进行了简易筛选。将这些方案按难易程度分为无/低费用方案、中费方案、高费方案、暂缓方案和不可行方案，见清洁生产方案筛选结果汇总表21-38～表21-46。

4.3 方案研制

主要针对中/高费清洁生产方案，填表21-42～表19-44。

在本轮审核之前企业已经实施完成的中/高费方案，不能作为本轮审核所提的方案。

4.4 核定并汇总无/低费方案实施效果

第5章 可行性分析

5.1 市场调查和分析

仅当清洁生产方案涉及产品结构调整、产生新的产品和副产品以及得到用于其他生产过程的原材料时才需编写本节，否则不用编写。

5.2 技术评估

5.3 环境评估

5.4 经济评估

5.5 确定推荐方案

填写中/高费方案说明表，参见表21-46～表21-48。

第6章 方案的实施

6.1 方案实施情况简述

制定实施方案进度表21-49。

6.2 已实施的无/低费方案的成果汇总

已实施的无/低费方案的环境效果对比一览表格式见表21-50，已实施的无/低费方案的经济效益对比一览表格式见表21-51。

6.3 已实施的中/高费方案的成果验证

已实施的中/高费方案的环境效果对比一览表格式见表21-52，已实施的中/高费方案的经济效益对比一览表格式见表21-53。

6.4 实施本轮清洁生产后企业情况评价

汇总环境效益和经济效益，填写见表21-54。方案实施后各项指标对比评价，填写见表21-55。

第7章 持续清洁生产

7.1 清洁生产的组织（填写表21-56）

7.2 清洁生产的管理制度

7.3 持续清洁生产计划（填写表21-57）

7.4 持续清洁生产要针对企业实际情况提出进一步的建议和措施

第8章 结论

结论包括以下内容：

（1）本轮清洁生产方案产生及实施情况。例如，某电厂本轮清洁生产审核过程中共产生清洁生产方案18项，经过可行性分析、论证，采用情况及产生效益见图21-19。注意图21-19必须与表21-55相对应。

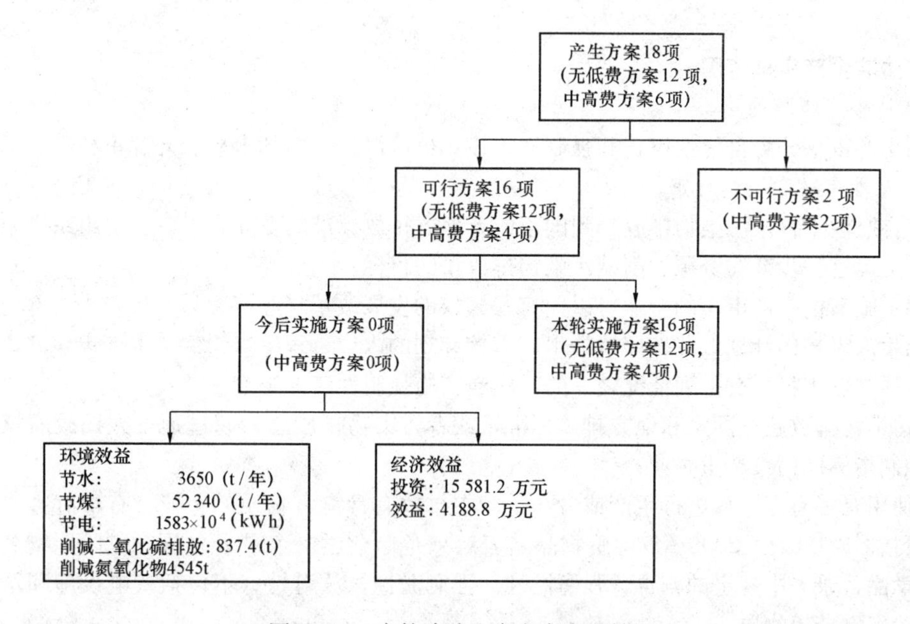

图21-19 本轮清洁生产方案实施情况

（2）是否达到所设置的清洁生产目标（主要分析审核重点的目标完成情况，如前面所说的减少二氧化硫排放量）。

本次审核共实施完成或即将完成几个方案，其中无/低费方案几个，中/高费方案几个。节约用水××万t，节电××kWh，节标煤××t，年获得效益××万元。减少废水排放××t/a，削减率×%；减少COD排放××t，削减率×%。减排SO_2××t（通过减少煤的燃烧），削减率×%，通过审核达到了节能、降耗、减污、增效的目的，较好地实现了预期的清洁生产目标。

（3）拟实施的清洁生产方案的效果预测。

（4）今后清洁生产工作建议，包括：

1）尽快建立厂内清洁生产组织机构。厂内清洁生产组织机构的建立，反映企业对清洁生产工作的态度，它决定清洁生产工作能否成为制度坚持下去。它的建立，同时会增强企业员工对清洁生产工作的重视程度。

2）组织内环境管理体系有待完善。组织内环境管理体系（ISO 14001）的建立是企业市场化，国际化的必然趋势，是企业外部形象的内部支撑。它有利于企业的长远发展。

3）职工的定期培训。定期培训的目的是强化职工的清洁生产观念和意识，使清洁生产深入人心；同时，将最新的清洁生产信息和技术传授给职工，也有利于企业清洁生产审核过程中方案的产生。

4）年初工作计划对清洁生产工作予以考虑。年初的工作计划是一年的工作指南，如果对清洁生产工作有所考虑和侧重，将有利于清洁生产方案的顺利实施。

5）清洁生产新工艺、新技术的申报与推广实施。企业在清洁生产审核过程中产生的有价值的方案和技术、工艺，组织可对其进行总结、归纳，到有关部门进行科技成果的申报，一方面可获得资金、技术方面的支持；另一方面也有利于新技术的推广、实施，为同类型生产工艺的企业清洁生产作出贡献。

第十一节　清洁生产审核的管理

一、清洁生产审核范围

1. 清洁生产审核的分类

清洁生产审核分为自愿性审核和强制性审核，也可以分为内部审核和外部审核。

2. 自愿性审核和强制性审核

（1）自愿性审核。污染物排放达到国家或者地方排放标准的企业，可以自愿组织实施清洁生产审核，提出进一步节约资源、削减污染物排放量的目标。

自愿实施清洁生产审核的企业可以向有管辖权的发展改革（经济贸易）行政主管部门提供拟进行清洁生产审核的计划，并按照清洁生产审核计划的内容、程序组织清洁生产审核。

（2）强制性审核。有下列情况之一的，应当实施强制性清洁生产审核：

1）污染物排放超过国家和地方排放标准，或者污染物排放总量超过地方人民政府核定的排放总量控制指标的污染严重企业。

2）使用有毒有害原料进行生产或者在生产中排放有毒有害物质的企业。有毒有害原料或者物质主要指GB 12268—2005《危险货物品名表》、《危险化学品名录》、《国家危险废物名录》和《剧毒化学品目录》中规定的剧毒、强腐蚀性、强刺激性、放射性（不包括核电设施和军工核设施）、致癌、致畸等物质。

3）各地也可以根据污染减排工作的需要，将国家、省级环保部门确定的污染减排重点污染源企业纳入强制性清洁生产审核的范围。

4）当地节能主管部门确定的超过单位产品能耗限额的，或者没有完成节能量目标的企业。

3. 内部审核和外部审核

（1）企业组织本企业职工进行的审核，称内部审核。清洁生产审核以企业自行组织开展为主。自行组织开展清洁生产审核的企业应具有5名及以上经国家培训合格的清洁生产审核人员并有相应的工作经验，其中至少有1名人员具备高级职称并有5年以上企业清洁生产审核经历。

（2）不具备独立开展清洁生产审核能力的企业，可以委托行业协会、清洁生产中心、工程咨询单位等咨询服务机构协助开展清洁生产审核。这种审核称为外部审核。

二、清洁生产的管理部门

清洁生产审核是实施清洁生产的前提和基础，督促重点企业实施强制性清洁生产审核，有效促进污染减排目标的实现，是环保部门和节能办的职责和任务。各级环保部门和节能办要依照《清洁生产促进法》的规定，监督污染物排放超过国家和地方规定的排放标准或者超过经有关地方人民政府核定的污染物排放总量控制指标的企业（通称“双超”企业），以及使用有毒、有害原料进行生产或者在生产中排放有毒、有害物质的企业（通称“双有”企业，需重点审核的有毒有害物质名录见附录及原国家环保总局环发〔2005〕151号文），实施强制性清洁生产审核。

根据2004年国家发展改革委员会同国家环保总局发布了16号令《清洁生产审暂行核办法》，规定重点用能企业的清洁生产自愿行动由国家发展改革委员会、各地经贸委（或发改委）组织实施；“双超、双有”企业的清洁生产强制审核由国家环保总局、各地环保局组织实施。

三、审核周期

自行组织开展清洁生产审核的企业应在当地政府主管部门公布清洁生产审核名单后45个工作日之内，将审核计划、审核组织、人员的基本情况报当地环境保护行政主管部门。

委托中介机构进行清洁生产审核的企业应在名单公布后45个工作日之内，将审核机构的基本情况及能证明清洁生产审核技术服务合同签订时间和履行合同期限的材料报当地环境保护行政主管部门。

拟进行清洁生产审核的企业应在名单公布后2个月内开始清洁生产审核工作，并在名单公布后1年内完成，为了保证质量清洁生产审核周期也不得少于半年。实施强制性清洁生产审核的企业，两次审核的时间间隔不得超过5年。

四、“双有”物质名录

“双有”物质是指有毒有害物质。使用或产生如下的有毒有害物质的企业，应实施强制性清洁生产审核。原国家环境保护总局在《关于印发重点企业清洁生产审核程序的规定的通知》（环发〔2005〕151号）文件中公布了第一批需重点审核的有毒有害物质名录：

医用药品的生产制作产生的医药废物；油墨、染料、颜料、油漆、真漆、罩光漆的生产配制和使用产生的染料、涂料废物；金属和塑料表面处理产生的废物；稀有金属冶炼及铍化合物生产产生的含铍废物；有色金属采选和冶炼，金属、塑料电镀，铜化合物生产等产生的含铜废物；产生含锌废物、含砷废物、含硒废物、含镉废物、含锑废物、含碲废物、含汞废物、含铊废物、含无机氰化物废物、含酚废物、含废卤化有机溶剂、含镍废物和含钡废物。

国家环境保护部在《关于进一步加强重点企业清洁生产审核工作的通知》（环发〔2008〕60号）文件中公布了第二批需重点审核的有毒有害物质名录：

炼焦制造、基础化学原料制造—有机化工及其他非特定来源等产生的精（蒸）馏残渣；印刷、专用化学产品制造、电子元件制造等产生的感光材料废物；在金属羰基化合物生产以及使用过程中产生的含有羰基化合物成分的废物、精细化工产品生产—金属有机化合物的合成等产生的含金属羰基化合物；有机化工行业产生的有机磷化合物废物；有机生产、配制过程中产生的醚类残液、反应残余物，废水处理污泥及过滤渣等产生的含醚废物；天然原油和天然气开采、精炼石油产品的制造、船舶及浮动装置制造及其他非特定来源等产生的废矿物油；从工业生产、金属切削、机械加工、设备清洗、皮革、纺织印染、农药乳化等过程产生的废乳化液等混合物；无机化工、钢的精加工过程中产生的废酸性洗液、金属表面处理及热处理加工、电子元件制造等产生的废酸；毛皮鞣制及制品加工、纸浆制造及其他非特定来源等产生的废碱；石油炼制、化工生产、制药过程等产生的废催化剂；石棉采选、水泥及石膏制品制造、耐火材料制品制造、船舶及浮动装置制造等产生的石棉废物；有机化工、无机化工等产生的含有机卤化物废物；杀虫、杀菌、除草、灭鼠和植物生物调节剂的生产等产生的农药废物；电子信息产品制造业及其他非特定来源等产生的多溴二苯醚（PBDE）或多溴联苯（PBB）废物。

五、重点企业清洁生产审核验收

清洁生产审核验收是指企业开展清洁生产的过程、审核报告，以及对清洁生产中/高费方案实施情况和效果的综合评估和确认，并做出结论性意见。

1. 申请清洁生产审核验收的企业必须具备的条件

（1）综合考虑当地政府、环保部门时限要求提出验收申请（一般要求从环保局公布清洁生产审核通知后一年内完成，最多不超过两年）。

（2）申请验收企业需填报《清洁生产审核验收申请表》（见表21-58），连同清洁生产审核报告、环境监测报告、清洁生产审核评估意见、清洁生产审核验收工作报告报送地方清洁生产主管部门组织验收。

表21-58　　清洁生产审核验收申请表

单位盖章　　　　填表日期　　　年　月　日

<table>
<tr><td>单位全称</td><td colspan="2"></td><td>单位地址及邮编</td><td colspan="2"></td></tr>
<tr><td>联系人</td><td></td><td>办公电话</td><td></td><td>移动电话</td><td></td></tr>
<tr><td>注册资本
（万元）</td><td></td><td>上年营业收入
（万元）</td><td></td><td>上年主营
业务收入
（万元）</td><td></td></tr>
<tr><td>所属行业</td><td colspan="2"></td><td>主要产品</td><td></td><td></td></tr>
<tr><td rowspan="2">开展审核方式</td><td>委托 □</td><td rowspan="2">咨询服务
机构全称</td><td rowspan="2"></td><td rowspan="2">机构在企业
现场工作量
（人日）</td><td rowspan="2"></td></tr>
<tr><td>自审 □</td></tr>
<tr><td>开始审核
时间</td><td colspan="2">年　月</td><td>完成审核时间</td><td colspan="2">年　月</td></tr>
<tr><td colspan="5">单位是否被列入强制实行清洁生产审核企业名单？
清洁生产审核过程中是否有限期治理项目？
清洁生产审核过程中限期治理项目是否已完成？</td><td>是□　否□
是□　否□
是□　否□</td></tr>
<tr><td colspan="5">符合国家和地方清洁生产相关产业政策，没有使用国家明令淘汰的落后生产工艺和设备，没有生产国家明令淘汰的落后产品
有国家明令限期淘汰的生产工艺和设备情况明细，并已列入整改计划</td><td>是□　否□

是□　否□</td></tr>
<tr><td>县（市、区）
清洁生产主管
部门意见</td><td colspan="2">年　月　日
（盖章）</td><td>市清洁生产
主管部门意见</td><td colspan="2">年　月　日
（盖章）</td></tr>
</table>

填表人：

注　单位将本表一式三份报送所在县（市、区）清洁生产主管部门，县（市、区）部门报市清洁生产主管部门二份，市报省清洁生产主管部门一份。

2. 重点企业清洁生产审核验收过程

（1）召开验收会议，企业主管领导介绍企业基本情况、清洁生产审核初步成果、无/低费方案实施情况、中/高费方案实施情况及计划等；企业清洁生产审核主要人员介绍清洁生产审核过程、清洁生产审核报告书主要内容等。

（2）资料查询。审阅第1条和第3条所列有关文件资料；审阅企业清洁生产审核报告等有关文字资料，查验、对比企业相关历史统计报表（企业台账、物料使用、能源消耗等基本生产信息）等；审阅企业资源能源消耗、污染物排放记录、环境监测报告、清洁生产培训记录等。

（3）现场考察。主要内容为现场问询无/低费和已实施中/高费方案实施情况，查看工艺流程、运行情况等。核查主要设备节能减排措施是否有效可行。

（4）考察现场管理状况，随机询问员工对清洁生产的认知度。

（5）专家质询，针对清洁生产审核报告、资料查询及现场考察过程中发现的问题进行质询。

（6）验收专家组根据现场考察结果及报告书质量，对企业清洁生产审核工作进行评定，并形成验收意见。

3. 重点企业清洁生产审核验收标准和内容

（1）清洁生产审核验收工作报告如实反映了企业清洁生产审核评估之后的清洁生产工作。企业持续实施了清洁生产无/低费方案，并认真、及时地组织实施了清洁生产中/高费方案，达到了“节能、降耗、减污、增效”的目的。

（2）根据源头削减、全过程控制原则实施了清洁生产方案，并对各清洁生产方案的经济和环境绩效进行了翔实统计和测算，其结果证明企业通过清洁生产审核达到了预期的清洁生产目标。

（3）有资质的环境监测站出具的监测报告证明自清洁生产中/高费方案实施后，企业稳定达到国家或地方的污染物排放标准、核定的主要污染物总量控制指标、污染物减排指标。对于已经发布清洁生产标准的行业，企业达到相关行业清洁生产标准的三级或三级以上指标的要求。

（4）企业生产现场不存在明显的跑、冒、滴、漏等现象。

（5）报告中体现的已实施的清洁生产方案纳入了企业正常的生产过程。

4. 验收结果

验收结果分为“通过”和“不通过”两种。对满足第 1 条和第 3 条全部要求的企业，其验收结果为“通过”。有下列情况之一的，验收不通过：

（1）不满足第 1 条和第 3 条中的任何一条。

（2）企业在方案实施过程中弄虚作假，虚报环境和经济效益的，包括相关数据与环境统计数据偏差较大的情况。

第十二节　火电厂实施清洁生产的主要途径

一、实施清洁生产的技术原则

清洁生产的三大技术方法是源头削减、过程控制、回收利用。实施清洁生产主要遵循的技术原则如下：

（1）减量化原则。资源消耗最小，污染物生产和排放量最小。

（2）资源化原则。“三废”最大限度地转化为产品或重新充当原料。

（3）再利用原则。对生产和流通中产生的废弃物作为再生资源充分回收利用。

（4）无害化原则。尽最大可能减少有害原料的使用及有害物质的产生和排放。

二、实施清洁生产的主要途径

实施清洁生产的主要途径是调整或优化产品结构和资源消耗结构、合理布局、改进产品设计、选择使用清洁的原辅材料、资源节约与综合利用、技术进步、加强管理等。从企业层次上来说，实行清洁生产要从以下几个方面的途径进行：

（1）企业在建设、设计中，采用产品生态设计技术。进行产品生态设计应遵循 7 个原则：

1）选择对环境影响小的原材料。尽量避免使用或减少使用有毒有害化学物质；如果必须使用有害材料，尽量在当地生产，避免从外地远途运来；尽可能改变原料的组分，使有害物质减少；选择丰富易得的材料；尽量从再循环中获取所需的材料，特别是利用固体废物作为建材。

2）减少原材料的使用。使用轻质材料，可以减少运输机械的油耗；使用高强度材料可以减轻产品重要；减小体积，便于运输。

3）生产技术优化。减少生产步骤，简化工艺流程；选择需要较少有害添加剂和辅助原料的清洁技术；选择能耗小和使用清洁能源的技术；采用少废、无废技术，减少废料产生和排放；通过生产过程的改进而使废物在特定的区域形成，从而便于废物的控制和处置以及清洁工作的进行。

4）建立有效的运销体系。选择高效节能的运输方式；减少运输过程中大气污染物的排放；确保有毒有害物质的正确装运。

5）减少使用阶段的环境影响。使用耗能最低的元件，设置自动关闭电源的装置；使用清洁能源；减少必需的消耗品；使用清洁产品。

6）延长产品初始生命周期。加强耐用性；提高可靠性；便于修复和维护；组建式的结构设计；加强产品和用户之间的联系。

7）优化产品末端处置系统。产品的再利用，淘汰产品和报废产品拆卸后，有些部件只需清洗、磨光，再次组装起来继续使用；再制造和再更新，磨损报废后的产品部件通过翻新再生后，即可恢复成新的产品；产品设计易于拆卸；材料的再循环；安全焚烧，减少最终进入外部环境的有害物数量；正确的废物处理，避免有害物渗透危害地下水和土壤。

（2）企业在进行技术改造过程中，应当采取以下清洁生产措施：

1）采用无毒、无害或者低毒、低害的原料，替代毒性大、危害严重的原料。

2）采用资源利用率高、污染物产生量少的工艺和设备，替代资源利用率低、污染物产生量多的工艺和设备。

3）对生产过程中产生的废物、废水和余热等进行综合利用或者循环使用。

4）采用能够达到国家或者地方规定的污染物排放标准和污染物排放总量控制指标的污染防治技术。

（3）企业在包装过程中，应当采取以下清洁生产措施：

1）产品和包装物的设计，应当考虑其在生命周期中对人类健康和环境的影响，优先选择无毒、无害、易于降解或者便于回收利用的方案。

2）生产、销售被列入强制回收目录的产品和包装物的企业，必须在产品报废和包装物使用后对该产品和包装物进行回收。

3）用料最少化。企业应当对产品进行合理包装，减少包装材料的过度使用和包装性废物的产生。

4）选择能够再利用的包装。例如，平时用的啤酒瓶子，用完后直接回收、清洗消毒即可再次使用。

5）使用单一化材料。包装材料的种类尽量要少，最好是由一种材料组成，这样回收后不需进行大量的材料分类工作，可大大节约成本。

（4）企业在服务过程中，应当采取以下清洁生产措施：

1）企业应当对生产和服务过程中的资源消耗以及废物的产生情况进行监测，并根据需要对生产和服务实施清洁生产审核。

2）污染物排放超过国家和地方规定的排放标准或者超过经有关地方人民政府核定的污染物排放总量控制指标的企业，应当实施清洁生产审核。

3）使用有毒、有害原料进行生产或者在生产中排放有毒、有害物质的企业，应当定期实施清洁生产审核。

4）设立专业服务中心。例如，有了价廉快捷的专业洗衣服务中心，也就没有了购买家用洗衣机的必要。

5）设立租赁中心。当有些产品的使用频率不高时，可以采用租赁模式。

（5）企业可以根据自愿原则，按照国家有关环境管理体系认证的规定，向国家认证认可监督管理部门授权的认证机构提出认证申请，通过 ISO 14000 环境管理体系认证，提高清洁生产水平。

三、发电企业清洁生产的途径

具体到发电企业，应主要采用如下途径，搞好清洁生产。

（一）清洁能源应用技术

1. 使用低等级能源

（1）采用循环流化床锅炉，以燃烧低发热量的煤炭。我国每年煤矸石的排放量为当年煤炭产量的10%，至2000年已累计堆存30多亿吨，占地1.2万 hm^2，因此发展煤矸石循环流化床电站具有显著的环保效益。

（2）煤粉炉进行配煤掺烧，将含硫量和灰分高的劣质煤与优质煤按一定比例进行配煤，不但可以提高锅炉燃烧稳定性，而且能减少排污量。

2. 开发再生或新能源

（1）新建机组尽量不采用燃煤机组，而是因地制宜地采用水力发电、风力发电、潮汐发电等技术。

（2）采用垃圾发电技术（如垃圾焚烧热能发电或垃圾填埋甲烷气体发电），即可消灭垃圾污染，又可提供电能。

（3）发展风力发电。东南沿海、山东、辽宁沿海及其岛屿年平均风速达到6～9m/s；内陆地区如内蒙古北部、甘肃、新疆北部以及松花江下游地区也属于风资源丰富区，在这些地区均有很好的开发利用风能的条件。

（4）发展太阳能。太阳能取之不尽，用之不竭，利用太阳能硅电池可以发电，它可以把15%的日光能转化为电能。

（5）发展核电。截至2012年底，我国拥有6家核电厂、15台运行机组，装机容量为1188.1万kW，约占总容量的1.85%，而世界平均水平为17%，因此我国应加快发展核电建设。

3. 煤的清洁利用

（1）利用煤炭气化技术，将煤转化为洁净的二次能源，应用推广IGCC整体式煤气化燃气—蒸汽联合循环发电技术。

（2）利用煤炭液化技术，将煤转化为洁净的二次能源，以煤代油。

（3）开发水煤浆技术，在水煤浆中添加固硫剂，减少气体污染物排放量。

（4）开发以煤为燃料的燃料电池，组成联合循环发电系统。

（二）生产过程控制技术

1. 燃烧后的净化技术

（1）采用湿法脱硫技术，减少二氧化硫的排放量。

（2）采用SCR脱氮技术，减少氮氧化物的排放量。

2. 采用高参数机组

（1）新建机组应采用超超临界（锅炉主蒸汽压力大于水的临界压力22.12MPa，称为超临界；锅炉主蒸汽压力大于27.0MPa，称超超临界）600MW及以上容量机组，提高机组效率。2007年11月全部建成投产的华能玉环电厂4台100万kW超超临界机组供电煤耗只有283.2g/kWh，比2006年全国平均供电煤耗低22.6%。如果全国燃煤电厂都能达到这一水平，每年可节约原煤1.6亿t。

（2）关闭小火电机组，鼓励通过兼并、重组或收购小火电机组，并将其关停后实施“上大压小”。“十一五”期间，全国共关停小火电机组7683万kW。到2012年，300MW及以上机组59 721MW，占总装机容量的73.6%，其中300MW及以上火电机组53 088MW，占火电装机容量73.1%。

3. 发电设备技术改造

国产200MW汽轮机组由于受当时设计和制造水平限制，其实际热耗为8500～8800kJ/kWh，比同型号国外先进机组高400～600kJ/kWh，高低压缸效率低7%～10%，中压缸效率低2%～3%。通流部分改造实践证明，高压缸效率可由改造前的80%～82%提高到85%～86%，中压缸效率可由改造前的89%～91%提高到92.2%～92.6%，低压缸效率可由改造前的76%～81%提高到85%～86%，热耗率降低为8200～8400kJ/kWh。

国产300MW汽轮机组由于受当时设计和制造水平限制，其实际热耗为8500～8700kJ/kWh，比同型号国外先进机组高400～500kJ/kWh，高低压缸效率低4%～8%，中压缸效率低1%～4%。通流部分改造实践证明，热耗率降低为8100～8400kJ/kWh。

4. 进行泵类、风机类辅机改造

水泵和风机是火电厂两大重要辅机，其特点是种类多、数量多，用电量约占厂用电的70%；设备陈旧，实际运行效率低。因此应更换为高效型水泵和风机，或对其进行变频调速改造，实践证明，水泵变频调速后节电率平均在35%左右，风机变频调速后节电率平均在45%左右。

（三）循环利用技术

1. 改革原有工艺

（1）冷却水闭式循环。

（2）一用多用，串级利用。

（3）废水资源化（中水回用），保护水体。建设部《城市中水设施管理暂行办法》中将中水定义为：部分生活优质排水经处理净化后达到GB/T 18920—2002《城市污水再生利用　城市杂用水水质》，可以在一定范围内重复使用的非饮用水。实际上，为了节约用水，减少水资源浪费，很多低污染的工业排水也作为中水回用的对象。采用中水回用技术既能节约水源，又能使污水无害化，是防治水污染的重要途径。

（4）采用高效除尘装置。

（5）采用高效吹灰装置。

（6）采用低氮燃烧器。

2. 综合利用

（1）发电粉煤灰和煤渣综合利用。2010年，全国电力行业共产生粉煤灰4.8亿t，是2005年的1.6倍；粉煤灰综合利用率约为68%，比2005年提高2个百分点。

（2）脱硫石膏综合利用。全国燃煤电厂采用石灰石—石膏湿法烟气脱硫等工艺产生的副产品石膏约5230万t，是2005年的10倍多，脱硫石膏综合利用率约69%，需要进一步提高粉煤灰综合利用率和脱硫副产品综合利用率。

（3）修旧利废，杜绝浪费。

（4）废热利用，如电厂废热为温室供暖，热电厂循环水供暖。

3. 工业固体资源化

工业固体资源化技术应针对各种废弃物的具体组分，充分利用沉淀、精馏、萃取等传统技术和离子交换、吸附、膜分离等高新技术发展新型微量物质分离技术，合理设计资源化方案，以最大限度地回收可利用物质，同时对残余物进行无害化处理。例如，废烟渣中有机毒物、重金属分离净化技术，废酸、废碱中微量有机毒物分离净化技术，各类蒸馏残渣、滤渣中少量有用组分的分离技术，各类有机溶剂中微量无机、有机杂质的分离技术等。

4. 能源的梯级利用

在热电联产系统中，高中温蒸汽先用来发电，或用于生产工艺，低温余热用来向住宅供热，实现能源的梯级利用。对于现有中小纯凝式机组科技进行供热改造，实现热电联产。

（四）采用先进的管理技术

1. 优化运行方式

（1）配煤掺烧，保障煤质，不能因为煤质差而使锅炉灭火停机，造成无谓的开停机烧油、放水等。

（2）采用深度调峰技术措施，尽量少停机。

（3）合理分配机组负荷，实行厂内经济调度，保证最大限度地降低燃料消耗。

2. 节能发电调度

开展电网的节能发电调度。对于风能、太阳能、海洋能、水能、生物质能、地热能等可再生能源发电机组，由于发电时不消耗或消耗非常少量的不可再生资源，对环境污染或只有非常小的污染，属于清洁能源，排在发电序列的前两位，其发电量将最优先地被电网企业按既定价格收购上网，发电企业销售风险降低为零。对于按“以热定电”方式运行的燃煤热电联产机组在供热的同时发出电量，其供电煤耗大大降低，接近或低于超超临界火电机组，因此，“以热定电”机组按供热量计算的发电量，可以优先于被收购上网，从而大大提高电网的能源利用效率。对于天然气、煤气化发电机组，由于发电清洁、环保、高效，但发电成本较高，难以与常规燃煤机组竞争，如果按竞价原则发电上网，将不可避免地造成资产闲置、企业亏损的不利局面，因此将该类型机组排在发电序列的燃煤机组前面。2007 年 12 月 30 日，贵州省开始在全国率先启动节能发电调度试点工作，预计年减少原煤 30 万 t。经过四川等省份测试，实现节能发电调度后可节煤 2.9g/kWh。

3. 强化平时管理

强化企业管理是推行清洁生产优先考虑的措施，因为管理措施一般不涉及基本的工艺过程，花费又少。经验表明，强化企业管理往往可能削减 40%的污染物。这些措施有：

（1）按照 GB/T 21369—2008《火力发电企业能源计量器具配备和管理要求》的要求，安装必要的检测仪表，加强计量管理。

（2）消灭或减少七漏（漏汽、漏水、漏油、漏煤、漏风、漏烟、漏灰）。

（3）按照 DL/T 254—2012《燃煤发电企业清洁生产评价导则》和 DL/T 287—2012《火电企业清洁生产审核指南》要求开展清洁生产。

（4）按照 DL/T 255—2012《燃煤电厂能耗状况评价技术规范》要求开展节能诊断与评价。

4. 在重点用能单位设立能源管理师

在重点用能单位设立能源管理师是日本、韩国节能管理的一项重要制度。日本《能源合理化利用法》规定，对第一类能源管理指定工厂，必须配备能源管理师，并建立能源管理师考试制度；对于第二类能源管理指定工厂，必须配备能源管理员。从 1979 年《能源合理化利用法》颁布到 2005 年，日本已经有 6 万多人取得了能源管理师资格证书，形成了一支专业化的节能管理人才队伍，为推进企业的节能工作奠定了良好的基础。

日本推行能源管理师制度的经验，为我们提供了重要的借鉴。虽然《节能法》没有明确规定建立重点用能单位能源管理师制度，但是在修订过程中，国家发改委、全国人大财经委和人事部就设立能源管理师制度的问题进行了多次协商和反复研究，原则上赞同先建立能源管理师职业水平评价制度，引导重点用能单位优先聘用具有能源管理师职业水平证书的能源管理人员，在积累经验的基础上再建立能源管理师制度。

（五）使用清洁产品

清洁产品应遵循3个原则：精简零件，容易拆卸；稍经整修可重复使用；省料、耐用、环保。清洁产品包括节能节水低耗性产品，可再生、可回用、可回收产品，清洁工艺产品，可生物降解产品等，在电厂主要包括：

（1）使用节能灯。

（2）使用节水产品。

第十三节　清洁生产与环境管理体系

环境管理体系（Environmental Management System，EMS）即ISO 14000环境管理标准体系，是国际标准化组织（International Organization for Standardization，ISO）发布的一个国际性管理系列标准。该系列目前包括环境管理体系标准、环境审核标准、环境标志标准、环境绩效标准、生命周期分析、产品标准中的环境指标等内容。作为管理体系标准，ISO 14000标准与一般理解的标准不同，它不设置具体的量化测试指标，也不具有任何强制性，而是要求企业和组织的环境管理体系程序化、规范化，同时要求企业组织承诺遵守环境法律、法规和标准，承诺进行清洁生产或污染预防，并根据自身的具体情况提出自己的环境标志。该系列标准与传统的环境标准不同，它强调采用预防性措施，强调持续改进，使企业在产品设计、原料采用以及整个生产过程中都主动考虑保护环境和资源，不断改善企业和组织的环境记录，实现一个又一个更高的环境目标。

一、ISO 14000系列标准的特点

ISO 14000系列标准是目前世界上最为全面和系统的环境管理的国际化标准，它吸收了世界各国多年来在环境管理方面的经验，是各ISO成员国对人类可持续发展的贡献和结晶。环境管理体系国际标准中最成熟的五个标准包括ISO 14001：2004环境管理体系——规范及使用指南，ISO 14004：2004环境管理体系——原则、体系和支持技术指南，ISO 14010：2004环境管理体系——通用原则，ISO 14011：2004环境审核指南——审核程序，ISO 14012：2004环境审核指南——环境审核员资格要求。ISO 14000系列标准的主要特点如下：

（1）自愿性。企业进行环境管理的动力由政府的强制管理转向社会的需求、相关方和市场的压力等。ISO 14000系列标准适应这种环境管理的主要自愿形式，满足企业环境管理的需要，为企业提供了自我约束的手段，可以明显改进企业的环境绩效。

（2）广泛适用性。ISO 14000系列标准适用于任何规模的组织，并适用各种地理、文化和社会条件，适用于各类组织的环境管理体系及各类产品的认证。任何组织都可以建立自己的环境管理体系，并按标准所要求的内容实施，也可向认证机构申请认证。

（3）预防性。ISO 14000系列标准强调预防为主，强调从污染的源头削减，强调全过程污染控制，保证企业环境目标的实现。

（4）持续改进性。持续改进是ISO 14000系列标准的灵魂，它强调企业或组织通过对环境管

理体系的不断评审，取得不断改进和提高的客观证据，也就是说，改进是无止境的。

二、ISO 14001 标准的主要内容

ISO 14001 标准是 ISO 14000 系列标准中最基本的，也是其精华所在。ISO 14001 标准用于对各类组织机构的环境管理体系的认证、注册和自我声明进行客观的审核。ISO 14001 标准包括导言、范围、引用标准、术语定义和环境管理体系原则及要素五个部分。第五部分最重要，提出了环境管理体系的五大要素，这五大要素构成了一个具有连贯逻辑的动态环，具体如下：

(1) 环境管理方针与承诺。组织应根据自身的特点来确定环境管理方针。环境管理方针反映了组织的环境发展方向及其总目标，并具有对持续改进和污染预防以及对符合法律法规两项基本承诺，为制定环境目标和环境措施提供依据。

(2) 策划方案。包括环境因素、法律和其他要求、目标和对策及环境方案等。建立环境管理体系的最终目的是控制组织的环境问题，实现环境行为的持续改进。

(3) 实施与运行。包括组织结构与职责、培训、意识与能力、信息沟通、环境管理体系文件、文件控制、运行控制、应急准备及反应等。

(4) 测量与评价。由于执行人员的素质、技术能力和其他一些不可预见的因素，在实施过程中很有可能会发生方针目标的偏离，因此要求有自我检查的纠正机制，对不符合情况及时纠正，同时对体系的整体运行情况进行评价。

(5) 管理评审。管理评审是组织者的最高管理者在内审基础上对体系的持续适用性、充分性和有效性进行评价，确定其环境管理体系中存在的主要问题和有可能改进的领域，并以此作为环境管理体系下一次循环进行持续改进的基础，可用以保证其持续有效性。

三、实施 ISO 14001 的指导原则

实施 ISO 14001 的指导原则主要有：

(1) 环境管理服务于社会环境问题的改善，企业必须实施环境管理。

(2) 企业的最高管理层的高度重视和强有力的领导是企业实施环境管理的保障。

(3) 全体职工都参与环境管理工作。

(4) 实施全过程控制。

(5) 环境管理的目标是持续改进。

四、建立环境管理体系的目的

建立环境管理体系的目的有以下 4 个方面：

(1) 提高组织对环境影响的控制水平。

(2) 促进组织达到环保法规的要求。

(3) 在产品生产全过程及服务中最大限度地减少对环境的危害。

(4) 促进企业的持续发展，树立绿色形象。

五、清洁生产与 ISO 14000 环境管理体系的关系

清洁生产与 ISO 14000 环境管理体系共同体现了污染预防的思想，两者相辅相成，互相促进。两者都是以控制和减少污染、保护环境为目的的。两者都是通过对生产原材料、工艺流程、资源消费量等方面进行分析，提出控制措施，加强环境管理，预防并尽可能减少对环境的污染。

清洁生产与 ISO 14000 环境管理体系的主要区别在于：

(1) 两者的定义不同。ISO 14000 系列标准是一种操作层次的、具体性的、界面很明确的管理手段的体现。而清洁生产是一种新的、创造性的、高层次的、包含性极大、哲理性很强的环境战略思想。

（2）两者的主要内容不同。清洁生产主要强调技术的内容，主要包括源头规划的资源节约、原料代替、制造过程改变、产品替代、产品设计改变、产品生命周期评估，以及废弃物副产品产生后的回收、再利用等内容。而环境管理体系则主要强调管理的内容，主要包括管理阶层的承诺和环境管理规划、实际运作、检查与纠正、预防措施等。清洁生产与ISO 14000环境管理体系主要内容比较见表21-59。

表 21-59　　清洁生产与 ISO 14000 环境管理体系主要内容比较

因　素	工作内容	清洁生产技术	ISO 14000
生产方面	资源节约	△	×
	原料改变	△	×
	制造过程改变	△	×
	生产操作管理改善	△	×
产品方面	产品替代	△	×
	产品设计改变	△	×
	再利用	△	×
	回收	△	×
	废弃物交换	△	×
	产品生命周期评估	△	×
	环境标志	×	×
管理方面	环境方针	×	△
	规划	√	√
	环境因素	√	△
	法律规章及其他要求事项	×	△
	目标与指标	×	△
	环境管理方案	×	△
	实施与运作	△	△
	构架与责任	×	△
	训练、认知及能力	×	△
	沟通	×	△
	环境管理体系的文件化	×	△
	文件管制	√	△
	紧急事件准备与应备	×	△
	检查与纠正措施	×	△
	监督与量测	×	△
	不符合、纠正与预防措施	×	△
	记录	×	△
	环境管理系统审核	×	△
	管理评审	×	△
	第三方认证要求	×	△

（3）两者的实施手段不同。ISO 14000 系列标准是以国际的法律法规为依据，采用优良的管理方法来促进技术的改进；而清洁生产却主要采用技术改造的方法，以加强管理作为辅助方法来促进技术的改进。

（4）两者审核方法不同。ISO 14000 系列标准的审核必须由专门的审核人员和认证机构来对企业的环境管理体系进行审核；而清洁生产则尽可能地鼓励企业自主审核，审核机构是政府有关部门。

（5）两者审核内容不同。ISO 14000 系列标准的审核对象侧重于企业的环境管理状况，对象包括企业文件、记录和现场状况等内容；而清洁生产则是寻找排污部位、能源消耗部位和原因，确定审核重点，实施审核方案。

总之，ISO 14000 环境管理体系是清洁生产的主要保障体系，是清洁生产思想在管理体系上的有效展开。清洁生产为企业建立环境管理体系提供了方法，为 ISO 14000 系列标准的实行提供了技术支持。

六、实施 ISO 14000 系列标准的意义

（1）实施 ISO 14000 系列标准是国际贸易发展的需要，有利于消除贸易壁垒。1996 年 3 月 28 日，美国能源部向其主要的供应商，尤其是污染严重的厂家提出明确规定，其合约厂须建立并实施环境管理体系，并提供 ISO 14001 标准认证证明。由此可见，ISO 14000 系列标准的实施已成为国际贸易中不可缺少的一环，是实现国际接轨，消除绿色贸易壁垒的重要举措。

（2）实施标准是人类自身生存发展的需要。人类社会的发展要求不断提高人们的物质生活和精神生活水平，经济的发展必然导致资源的减少和能源的消耗，以往的粗放式生产经营和浪费型的生活方式造成了资源和能源的严重浪费，同时导致了环境污染的产生，最终必将导致资源的匮乏和生态环境的破坏。废气、废水、废渣和噪声的无限制排放也将导致人类生存环境的恶化和生存空间的减少，对人类的生存和发展带来了严重的威胁。通过 ISO 14000 系列标准的实施，可使环境保护工作贯穿于产品的设计、生产和流通的整个过程中，使企业能够自觉地节能降耗，消除污染。ISO 14000 系列标准是一体化的国际标准，其作用是减少人类活动对环境的污染和破坏，实现可持续发展。

（3）实施 ISO 14000 系列标准是企业自身发展提高竞争力的需要。ISO 14001 标准要求在企业内部建立和保持一个符合标准的环境管理体系，通过不断的审核评价活动推动这个体系有效地运行。由于从产品的原料到成品及流通的整个过程考虑了环境问题，使企业尽量采用清洁工艺和高新技术，尽量节约资源和能源，最大限度地降低产品的成本，提高了产品在市场上的竞争能力，使企业获得最佳的经济效益，促进企业自身的可持续发展。目前许多海外公司来中国物色合作伙伴时，在要求有 ISO 9000 证书的同时，还要看有无 ISO 14000 环保证书，对于产品质量不相上下的企业，通常是优先挑选那些两证齐全者，因为这表明产品符合国际环保潮流，在国际贸易中容易成交。

（4）实施 ISO 14000 系列标准有利于提高全社会的环保意识，为环境管理创造一个良好的社会气氛。ISO 14000 标准实施的对象的广泛性，正是此标准的魅力所在，组织按照标准要求建立环境管理体系，组织内部横向的不同岗位及纵向的不同层次形成一个全方位的环境管理网络，相关人员均受到岗位培训，了解各自岗位的环境因素、岗位责任和相关方的环境责任。这样的结果使组织的员工的环境意识得到了普遍的提高，使人们自觉重视和参与环境保护工作，为环境保护工作创造一个良好的社会气氛。环境意识的普遍提高反过来推动 ISO 14000 标准的实施。通过 ISO 14000 标准的实施，能够使我国的环境意识适当超前于我国的发展现状，为我国的可持续发展创造良好的气氛。

第二十二章 循 环 经 济

第一节 循环经济的发展

一、循环经济的定义

循环经济（recycling economy）是对物质闭环流动型经济的简称，就是在可持续发展的思想指导下，按照清洁生产的方式，对能源及其废弃物实行综合利用的生产活动过程。《中华人民共和国循环经济促进法》把循环经济定义为：是指在生产、流通和消费等过程中进行的减量化、再利用、资源化活动的总称。

循环经济倡导的是一种建立在物质不断循环利用基础上的经济发展模式，它要求把经济活动按照自然生态系统的模式，组织成一个"资源—产品—再生资源"的物质反复循环流动的过程，使得整个经济系统以及生产和消费的过程基本上不产生或者只产生很少的废弃物。只有放错了地方的资源，而没有真正的废弃物，其特征是自然资源的低投入、高利用和废弃物的低排放，从根本上消解长期以来环境与发展之间的尖锐冲突。

循环经济把清洁生产、资源综合利用、生态设计和可持续消费等融为一体，运用生态学规律来指导人类社会的经济活动，因此循环经济的本质是一种生态经济。它要求运用生态学规律而不是机械论规律来指导人类社会的经济活动。循环经济的基本要点是以生态思维作经济活动全过程的总体设计，使经济活动像生态系统那样，自我调节控制能量流动和物质循环，做到综合、反复利用资源，变以往末端治理污染为源头消除或最大限度减少污染，保护自然环境，从而产生最大社会效益。

二、循环经济的发展过程

循环经济的思想萌芽可以追溯到环境保护兴起的20世纪60年代。随着20世纪60年代以来生态学的迅速发展，使人们产生了模仿自然生态系统，按照生态系统物质循环和能量流动规律重构经济系统的想法，以使经济系统被和谐地纳入到自然生态系统的物质循环过程中，建立一种新的经济形态。在20世纪60年代中叶，"循环经济"一词首先由美国经济学家肯巴斯·波尔丁提出的"宇宙飞船理论"发展起来的，该理论指出：地球就像一艘在太空中飞行的孤立无援的宇宙飞船，要靠不断消耗其内部的有限资源来维持，一旦资源殆尽，即会毁灭，为了生存，必须不断重复利用自身有限的资源，才能延长运转寿命。它要求在人、自然资源和科学技术的大系统内，在资源投入、企业生产、产品消费及其废弃的全过程中，把传统的依赖资源消耗的线型增长经济，转变为依靠生态型资源循环来发展的经济。1965年，美国就制定了《固体废弃物处理法》，是第一个以法律形式将废弃物利用确定下来的国家；1976年又颁布了《资源保护回收法》，1990年又通过《污染预防法》，提出用污染预防方法补充和取代以末端治理为主的污染控制方法。

到20世纪90年代，随着可持续发展战略的普遍倡导、采纳，发达国家正在把发展循环经济、建立循环型社会，作为实现环境与经济协调发展的重要途径。德国在发展循环经济方面走在世界前列，是世界公认的发展循环经济起步最早、水平最高、法制最完备的国家之一。1972年，德国制定了《废弃物处理法》，但当时立法的目的仅仅是为了"处理"生产消费中所产生的废弃物，仍然属于环境末端处理方式。1986年修正后改称为《废弃物限制及废弃物处理法》，从"怎样处理废弃物”的观点提高到了“怎样避免废弃物的产生”。1991 年，德国通过了《包装条例》，要求将各类包装物的回收规定为国民义务，设定了包装物再循环利用的目标：自 1995 年 1 月 1 日起，玻璃、马口铁饮料容器、铝制饮料容器、厚硬纸板和塑料等包装材料回收率必须达到 80%。1994 年，德国又颁布了《循环经济和废弃物管理法》，把循环经济的思想从商品包装扩展到社会所有领域，规定每年总计产生超过 2000t 以上废物的制造者，必须对避免、利用、消除这些废物制定完备的经济方案。该法规定，工业和生活废料的清除优先顺序是“避免产生—循环使用—最终处理”，使消费和生产系统在资源消费和环境污染上降至最低值。在德国的影响下，欧盟和北美国家相继制定旨在鼓励二手副产品回收、绿色包装等法律，同时规定了包装废弃物的回收、复用或再生的具体要求。法国法律规定，2003 年应有 85%的包装废弃物得到循环使用，奥地利的法规要求对 80%的回收包装材料进行再利用。

在发达国家中，日本是循环经济立法最全面、建设循环型社会水平最高的的另一个国家，1970 年制定、1991 年修订的《固体废弃物管理和公共清洁法》，1995 年颁布了《促进容器与包装分类回收法》，1998 年颁布了《日本特定家用电器回收和再商品化法》，2000 年 6 月公布实施了《循环型社会形成推进基本法》，标志着日本已经成为世界循环经济法制化先进国家，其环境保护技术和产业经济发展进入了新的发展阶段，其社会结构开始从过去“大量生产、大量消费、大量废弃”传统经济社会，向降低环境负荷、实现经济可持续发展的循环经济社会转变。2001 年 4 月修订了《促进资源有效利用法》和《食品循环资源再生利用促进法》，2001 年制定、2002 年实施的《建筑工程资材再资源化法》。日本所有相关的法律精神，集中体现为“三个要素、一个目标”，即资源再利用，旧物品再利用，减少废弃物，最终实现“资源循环型”的社会目标。

循环经济的概念在 20 世纪 90 年代末引入我国，1996 年 8 月，国务院颁发的《关于环境保护若干问题的决定》中规定：所有大、中、小型新建、扩建、改建的技术改造项目，要提高技术起点，采用能耗小、污染物排放量少的清洁生产工艺。1997 年 4 月，国家环保总局制定并发布了《关于推行清洁生产的若干意见》，要求地方环境保护主管部门将清洁生产纳入已有的环境管理政策，以便更深入地促进清洁生产。1998 年引入德国循环经济概念，确立“3R”原理的中心地位。1999 年，国家环保总局在广西贵港市建立了国内第一个生态工业园区——广西贵港国家生态工业（制糖）示范园区，正式开始启动全国循环经济和生态工业建设试点工作，并逐渐开展和完善生态工业示范园区的工作，如天津经济技术开发区、苏州高新区等。2002 年，我国在辽宁省开展了循环经济的试点工作，并逐渐在江苏、山东等省开展了循环经济建设试点。2004 年，国家环保总局召开了“国家环保总局推进循环经济试点经验交流会”，这是全国第一个有关循环经济经验的交流会。2005 年 7 月，国务院发布了我国发展循环经济的纲领性文件——《关于加快发展循环经济的若干意见》。“十一五”规划纲要把发展循环经济作为“十一五”的重大战略任务。国务院召开常务会议和电视电话会议，对发展循环经济工作进行专题研究和部署。国家发展改革委组织召开了全国循环经济工作会议，对发展循环经济做了全面部署，会同国家环保总局等有关部门组织实施了国家循环经济试点，并召开了全国循环经济试点工作会议，总结了各行业循环经济发展模式。党的十七大首次把资源环境问题列为我国面临的首要问题，并提出了循环经济要形成较大规模、建设生态文明的目标，再生金属产业发展环境进一步完善。

在全国人大财经委、环资委的组织领导下，新修订的《节约能源法》和新制定的《循环经济法》已正式颁布。与发展循环经济有关的配套法规正在抓紧制定，《废弃电子电器回收处理管理条例》即将颁布。国家发展改革委会同有关部门修订调整了《资源综合利用目录》，修订和实施了《国家鼓励的资源综合利用认定管理办法》，加大了国债和中央预算内投资对发展循环经济重点项目的支持力度。2007 年，中央财政新增 70 亿元节能奖励资金，通过“以奖代补”方式支持企业节能技术改造。2008年，中央财政安排270亿元专项资金支持推动节能减排工作。国务院发布了关于建立政府强制采购节能产品制度的通知，有关部门发布了环境标志产品政府采购实施意见。相关政策的不断完善，促进了循环经济发展。

2008年8月29日第十一届全国人民代表大会常务委员会第4次会议通过了《中华人民共和国循环经济促进法》，自2009年1月1日起施行。2011年10月国家发展改革委发布了《关于印发循环经济典型模式案例（简本）的通知》（发改环资〔2011〕2232号），把从2005年以来我国组织开展的两批国家循环经济示范试点中涌现出的60个循环经济典型案例进行了宣传，以充分发挥典型的示范引导和辐射带动作用，大力发展循环经济，促进循环经济形成较大规模。

2012年7月财政部、国家发展改革委联合印发《循环经济发展专项资金管理暂行办法》（财建〔2012〕616号）：为促进循环经济发展，提高资源利用效率，保护和改善环境，实现可持续发展，由中央财政预算安排财政专项资金，专项用于支持循环经济重点工程和项目的实施、循环经济技术和产品的示范与推广、循环经济基础能力建设等方面。2012年12月国务院讨论通过《“十二五”循环经济发展规划》，规划从以下几个方面明确了发展循环经济的主要目标、重点任务和保障措施：①构建循环型工业体系；②构建循环型农业体系；③构建循环型服务业体系，推进社会层面循环经济发展；④开展循环经济“十百千”示范行动，实施十大工程，创建百座示范城市（县），培育千家示范企业和园区。中国的循环经济从此走上加快建设资源节约型、环境友好型社会，提高生态文明水平的快速道路。

三、发展循环经济的意义

1. 发展循环经济是促进资源永续利用，实现可持续发展的重大战略措施

发展循环经济是实现可持续发展的一个重要途径，同时也是保护环境和削减污染的根本手段。从资源拥有角度看，我国的资源总量和人均资源量都严重不足。在资源总量方面，我国石油储量仅占世界总储量的1.8%，天然气占0.7%，铁矿石不足9%，铜矿不足5%，铝土矿不足2%。在人均资源量方面，我国人均矿产资源是世界平均水平的1/2，人均耕地、草地资源是世界平均水平的1/3，人均水资源是世界平均水平的1/4，人均森林资源是世界平均水平的1/5，人均能源占有量是世界平均水平的1/7，其中人均石油占有量仅为世界平均水平的1/10。从资源的对外依赖度看，未来一个时期，中国的产业结构仍然处于重化工主导的阶段，高能耗、高污染产业仍然具有高需求。由于国内资源不足，到2015年，我国的石油对外依存度将达到58%，铁矿石将达到58%，铜将达到70%，铝将达80%。到2020年，中国石油的进口量将超过5亿t，天然气将超过1000亿m^3，两者的对外依存度分别将达70%和50%。

总之，我国的国内资源已难以支撑传统产业的持续增长。同时，我国的生态环境状况也难以支撑当前这种高污染、高消耗、低效益生产方式的持续扩张。循环经济倡导的是一种建立在物质不断循环利用基础上的经济发展模式，组织成一个“资源—产品—再生资源”的物质反复循环流动的过程，使得从整个经济系统以及生产和消费的过程，基本上不产生或只产生很少的废弃物。另一方面，发展循环经济就是要倡导人们建立“自然资源—产品和用品—再生资源”的经济新思维，而且要求在从生产到消费的各个领域，倡导新的经济规范和行为准则。

2. 发展循环经济是产业调整的重要手段

我国人口众多，资源相对贫乏，生态环境脆弱。在资源存量和环境承载这两个方面都经不起传统经济形式下高强度的资源消耗和环境污染。如果继续走传统经济发展之路，沿用“三高”（高消耗、高能耗、高污染）粗放型模式，以末端处理为环境保护的重要手段，那么只能延缓我国现代化速度。从长期角度来看，良性循环的社会，应从发展阶段开始塑造，才不会走弯路，才会得到更快的发展。我国消费体系仍在形成阶段，建立一个资源环境低负荷的社会消费体系，走

循环经济之路，已成为我国社会经济发展模式的必然选择。

随着未来工业化、城市化的快速发展以及人口的不断增长，也必然要求我国选择建立循环经济。根据“十五”计划，到2010年，我国国内生产总值要在2000年的基础上再翻一番，今后10年的经济依然需要保持较快的增长速度。很显然，如果继续沿用传统“三高”发展模式来带动经济增长，那么只能继续削弱我国社会经济发展的可持续性。换言之，我国现有的资源和能源供给几乎不可能满足传统“三高”模式下的未来10年经济的高速发展。

现阶段，我国循环经济的进展，更多地还停留在概念层次上，发展循环经济，需要政府、企业界、科学界以及公众的共同努力，通过建章立制，推行绿色核算，开发绿色技术等措施来推动。在建立绿色资源、绿色产权、绿色产业、绿色消费等保障体系中，试点并总结推行绿色国民经济核算体系；结合我国产业实际，开发建立绿色技术支撑体系，推行清洁生产技术，把循环经济着眼点由目前单个企业延伸到工业园区，建立一批生态工业示范园区，真正在绿色生产、绿色需求和绿色消费的产业链中，推动循环经济的发展。

3. 发展循环经济是防治污染、保护环境的重要途径

我国长期以来的城市化和工业化过程所引发的环境问题愈来愈不容忽视，再加上经济、科技和历史等多方面的原因，污染问题并没有得到很好的解决，当前我国所面临的环境形势十分严峻。因此，转变经济增长方式，缓解生态压力，遏止环境恶化，加快实施可持续发展战略刻不容缓，发展循环经济势在必行。转变生产方式，从源头上减少污染物的产生，是保护环境的治本措施。各种产品和废弃物的循环和回收再利用也可大大减少固体污染物的排放。据测算，固体废弃物综合利用率每提高1个百分点，每年就可减少约1000万t废弃物的排放。

4. 发展循环经济是应对世界经济贸易，增强企业竞争力的重要途径和客观要求

当前发达国家在资源、环境等方面，设置了发展中国家目前难以达到的技术标准，不仅要求末端产品符合环保要求，而且规定从产品的研制、开发、生产到包装、运输、使用、循环利用等各环节都要符合环保要求。以节能为主要目的的能效标准、标识已成为新的非关税壁垒。目前我国已成为“绿色壁垒”等非关税壁垒的最大受害者之一。发展循环经济、跨越绿色壁垒成为保持经济持续增长的当务之急。目前急需采用符合国际贸易中资源和环境保护要求的技术法规与标准，扫清我国产品出口的技术障碍；研究建立我国企业和产品进入国际市场的“绿色通行证”，包括节能产品认证、能源效率标识制度、包装物强制回收利用制度，以及建立相应的国际互认制度等。

5. 发展循环经济是创造新的经济增长点、扩大就业，使人力资源优势得到充分发挥的有效途径

循环经济通过开发利用再生资源、延伸产业链，可以开辟新的生产领域，增加就业岗位，为企业增加经济效益，为群众增加收入。如日照市岚山办事处安东卫北村，近年来通过回收利用废旧塑料发展绳网加工业，年生产网绳1.2t，新增就业人员1000多人，创利税200多万元，人均增收1000多元。

6. 发展循环经济是全面建设小康社会的客观要求

十六大确定的全面建设小康社会，是以全面发展、协调发展、可持续发展为目标的，它包括物质文明、精神文明、政治文明和生态文明四个方面。从现在的经济发展趋势来看，到2020年实现国内生产总值翻两番将不容置疑，但是如果继续沿袭传统经济发展模式，资源将难以为继，环境将不堪重负，生态危机日益严重。因此，走以最有效利用资源和保护环境为基础的循环经济之路，是全面建设小康社会、加快现代化建设的客观要求。

四、发展循环经济的最终目标

发展循环经济的最终目标是要构建人与自然之间的和谐社会。发展循环经济，就要保护和节

约资源，减少经济活动给人类生存环境带来的危害，并在此基础上增加社会财富，体现人与自然的和谐发展。

第二节 循环经济理论

一、循环经济的3R原则

1. 减量化

循环经济遵循减量化（Reduce）、再利用（Reuse）和再循环（Recycle）的3R原则，这是德国首先提出来的。

减量化（Reduce）原则属于输入端控制法，是指在生产、流通和消费等过程中减少资源消耗和废物产生。要求用较少的原料和能源投入来达到既定的生产目的或消费目的，在经济活动源头就注意节约资源和减少污染，在生产中，它常表现为产品体积小型化和质量轻便化。例如，产品的包装是保护产品在运输、储存、使用中不被损坏，同时也是美观甚至艺术的表现，但目前存在的过度包装浪费资源并产生大量废物，因此过度包装是不符合减量化原则的。

减量化原则是一种“事前”的、预防性的控制资源使用和污染排放的方式。既要保证产品和服务质量满足消费者的需要，又要节约和减少资源的使用，这只能通过运用科学技术手段来改进产品设计、改进生产工艺、提高产品质量。减量化主要体现在如下几个方面：

从事工艺、设备、产品及包装物设计，应当按照减少资源消耗和废物产生的要求，优先选择采用易回收、易拆解、易降解、无毒无害或者低毒低害的材料和设计方案，并应当符合有关国家标准的强制性要求。

对在拆解和处置过程中可能造成环境污染的电器电子等产品，不得设计使用国家禁止使用的有毒有害物质。设计产品包装物应当执行产品包装标准，防止过度包装造成资源浪费和环境污染。在有条件使用再生水的地区，限制或者禁止将自来水作为城市道路清扫、城市绿化和景观用水使用。推广节能、节水、节地、节材的技术工艺。有条件的地区，应当充分利用太阳能、地热能、风能等可再生能源。

2. 再利用

再利用（Reuse）原则属于过程性控制法，是指将废物直接作为产品或者经修复、翻新、再制造后继续作为产品使用，或者将废物的全部或者部分作为其他产品的部件予以使用，以抵制当今世界一次性用品的泛滥。例如，在汽车生产中，对许多零配件制定统一标准，或生产方以便捷的方式提供零配件，使产品因个别零配件损坏，而不需要整体抛弃，只需要更换个别零件即可正常使用。

再利用原则是从经济过程控制资源使用和污染物排放，它既要对生产过程中的资源使用和污染物排放进行控制，又要提高产品和服务的使用频率和利用效率。后者要求产品和包装物能够以初始形式多次使用，避免制成品过早地成为垃圾，把一次性用品的污染减少到最低限度。再利用主要体现在如下几个方面：

企业应当发展串联用水系统和循环用水系统，提高水的重复利用率。企业应当采用先进或者适用的回收技术、工艺和设备，对生产过程中产生的余热、余压等进行再利用。建设利用余热、余压、煤层气以及煤矸石、煤泥、垃圾等低热值燃料的发电项目。对废电器电子产品、报废机动车船、废轮胎、废铅酸电池等特定产品进行拆解或者再利用。

3. 再循环

再循环（Recycle）原则（也称资源化）属于输出端控制法，是指将废物直接作为原料进行利用或者对废物进行再生利用。要求生产出来的物品在完成其使用功能后能重新变成可以利用的资源而不是垃圾，实现垃圾形式的循环经济。例如，煤炭燃烧后，产生灰渣，而灰渣又可以制造水泥和建筑用砌块。

再循环原则是从经济系统的产出端控制污染物的排放，提高资源的利用效率，实现废弃物的资源化。它要求运用科学技术手段，把完成使用功能和某种效用后的物品变成再生资源，再用这些资源生产出新的产品和服务。这种废弃物的资源化有两种方式：一种是“资源产品还原”——例如用废纸生产纸，用废钢铁生产钢铁。另一种是“资源→产品转化”——例如用废布生产纸，污水经过处理后变成中水。再循环主要体现在如下几个方面：

企业应当采用先进技术、工艺和设备，对生产过程中产生的废水进行资源化利用。对生产过程中产生的粉煤灰、煤矸石、尾矿、废石、废料、废气等工业废物应进行综合利用。对农作物秸秆、畜禽粪便、农产品加工业副产品等进行综合利用，开发利用沼气等生物质能源。电厂煤炭燃烧后产生的灰渣，用于制造水泥和建筑用砌块。

3R 原则在循环经济中的作用、地位并不是并列的，地位是依次降低的，在 3R 原则中最基本的是减量原则。由于再利用和资源化过程本身需要消耗资源和能源，再利用和资源化过程的效益总小于 100%，同时受产品质量的限制，再利用和资源化的循环次数不可能无限制继续。因此，再利用和资源化都应建立在对经济过程进行了充分的源削减的基础之上。只有最大限度地削减废弃物，才能最大限度地实现理想的循环经济。

在市场经济日臻完善、政府职能转变的条件下，我国推进循环经济发展的实质，是用发展的思路解决资源约束和环境污染矛盾，降低发展成本，以尽可能少的资源消耗、尽可能小的环境代价实现我国的工业化、城市化和现代化。

二、循环经济的 5R 原则

由阿拉伯联合酋长国教育部于 2005 年 3 月在首都阿布扎比举行的“思想者论坛”大会，提出了 5R 循环经济的新思想，其主要内容如下：

（1）再思考（rethink）。循环经济理论的重点是不但要研究资本循环和劳力循环，更重要的是研究资源循环。

（2）减量化（reduce）。

（3）再利用（reuse）。

（4）再循环（recycle）。

（5）再修复（repair）。指不断地修复被人类活动破坏的生态系统，促进人与自然的和谐。

三、循环经济与清洁生产的关系

清洁生产是循环经济的基石，是循环经济的一种措施，循环经济是清洁生产的扩展，是清洁生产的升华。在理念上，它们有共同的时代背景和理论基础；在实践中，它们有相通的实施途径，应相互结合。

（1）这两个概念的提出都基于相同的时代要求。工业社会由于以指数增长方式无情地剥夺自然，已经造成全球环境恶化，资源日趋耗竭。在可持续发展战略思想的指导下，1989 年联合国环境规划署制定了《清洁生产计划》，在全世界推行清洁生产。1996 年德国颁布了《循环经济与废物管理法》，提倡在资源循环利用的基础上发展经济。两者都是为了协调经济发展和环境资源之间的矛盾应运而生的。

我国的生态脆弱性远在世界平均水平之下，人口趋向高峰、耕地减少、用水紧张、粮食缺口、能源短缺、大气污染加剧、矿产资源不足等不可持续因素造成的压力将进一步增加，其中有些因素将逼近极限值。面对名副其实的生存威胁，推行清洁生产和循环经济是克服我国可持续发展“瓶颈”的唯一选择。

(2) 有共同的目标和实现途径。虽然清洁生产在产生初始时，着重的是预防污染，在其内涵中包括了实现不同层次上的物料再循环外，还包括减少有毒有害原材料的使用，削减废料及污染物的生成和排放以及节约能源、能源脱碳等要求，与循环经济主要着眼于实现自然资源，特别是不可再生资源的再循环的目标是完全一致的。

从实现途径来看，循环经济和清洁生产也有很多相通之处。清洁生产的实现途径可以归纳为两大类，即源削减和再循环，包括减少资源和能源的消耗，重复使用原料、中间产品和产品，对物料和产品进行再循环，尽可能利用可再生资源，采用对环境无害的替代技术等，循环经济的3R原则就源出于此。

(3) 两者的区别。两者最大的区别是在实施的层次上。在企业层次实施清洁生产就是小循环的循环经济，一个产品，一台装置，一条生产线都可采用清洁生产的方案，在园区、行业或城市的层次上，同样可以实施清洁生产。也就是说，清洁生产是循环经济在企业层面上的实现形式，是点的问题，是一种先进的生产方式，清洁生产是循环经济的前提和基础。

循环经济表示在区域、国家层面上是否具备生态经济的特征，一些发达国家已把循环经济看作是实施可持续发展的重要途径。而循环经济将环境保护延伸到国民经济的一切有关领域。循环经济是需要相当大的范围和区域的，如日本称为建设“循环型社会”。推行循环经济由于覆盖的范围较大，链接的部门较广，涉及的因素较多，见效的周期较长，不论是哪个单独的部门恐怕都难以担当这项筹划和组织的工作，是国家层面上的经济形态，是面的问题。各种产业的、区域的生态链和生态系统则构成清洁生产到循环经济系统的中间环节。

第三节　循环经济的主要特征

一、循环经济的重要概念

1. 循环经济发展的根本目标——经济与生态的协同发展

生态经济循环圈（系指生态经济再生产的循环往复和周而复始的转化过程）的矛盾，既由人类的生产和消费活动引起，也是由人类的生产和消费活动而激化，也就是说，生态经济循环圈的资源消耗和环境污染主要是通过经济循环圈的生产和消费活动引起的。而循环经济以“三R”原则，作为指导人类社会经济活动的准则，来强化生态经济圈的循环转换功能，通过强化生态循环圈和经济循环圈的双重转换机制，以寻求生态循环圈和经济循环圈的协同发展。

环境和资源是循环经济的核心。无论从哪个角度、哪个方面，以什么作为切入点来诠释循环经济，都不能离开环境和资源。在循环经济状态下或循环经济活动过程中，无论人们采用什么活动方式，其终极目标是在获取物质产品的同时，资源必须得到最大限度地利用，环境必须得到充分有效地保护。

2. 循环经济发展的重要手段——清洁生产

循环经济的具体活动主要集中在三个层次：企业层次、企业群落层次和生活垃圾层次。清洁生产在组织层次上，恰恰将环境保护延伸到生产的整个过程，它通过采用清洁生产审计、环境管理体系、生态设计、生命周期评价、环境标志和环境管理会计等工具，渗透到生产、营销、财务和环保等各个领域，将环境保护与生产技术、产品和服务的全部生命周期紧密结合。因此可以说，清洁生产是发展循环经济的重要手段。

3. 循环经济发展的内在要求——物质资源减量化

循环经济发展的内在要求是追求经济过程中的物质资源减量化，循环经济要实现经济的非物质化和减物质化主要通过两个途径：其一是信息技术和信息经济，以信息技术为代表的现代高技术及其在经济中的应用，可形成经济过程中无形资源对有形资源的替代，是经济的非物质化或所谓“软化”的发展方向。而信息经济通过用无形资源取代有形资源，在经济流程中注入智力因素，将从很大程度上推进环境友好型经济的发展。其二是生态技术，以清洁技术为代表的现代生态技术及其在经济中的应用，可形成物质资源在经济过程中的有效循环，是经济的减物质化或所谓“绿化”的发展方向。

二、循环经济的主要特征

1. 新的系统观

循环经济的系统是一种由人、自然资源和科学技术等要素组成的系统，这是一个比传统的经济系统大得多的系统，它把生态环境、经济社会和科学技术看作是三个有机联系、相互依存、相互影响的子系统。在这个大系统内，从资源投入到产品产出不再是一种单向的线形过程，而是一种循环的再利用过程。要求人类在考虑生产和消费时不能把自身置于这个大系统之外，而是将自己作为这个大系统中的一部分来研究符合客观规律的经济原则。要从自然——经济大系统出发，对物质转化的全过程采取战略性、综合性、预防性措施，降低经济活动对资源环境的过度使用及对人类所造成的负面影响，使人类经济社会的循环与自然循环更好地融合起来，实现区域物质流、能量流、资金流的系统优化配置。

传统的经济系统是利用资源的高投入、低利用、废弃物的高排放和环境的高污染来维持经济的高增长，其结果必将是生态环境的破坏和自然资源的日益枯竭。传统的经济系统是靠不断加速消耗地球上的有限资源来维持其存在的，因此，它是不可持续的，是不会长久的。

循环经济系统是建立在资源节约和资源再利用的基础上，它通过运用现代科学技术手段和循环生产方法，实现资源的低投入、高利用、低排放和低污染，把人类的经济活动对自然环境的负面影响降低到最小程度，实现人与环境的和谐发展。将“退田还湖”、“退耕还林”、“退牧还草”等生态系统建设作为维持大系统可持续发展的基础性工作来做。因此，循环经济系统是可以持续的，是可以长久存在的。

2. 新的经济观

西方经济学的一个基本假设是人是理性的，理性人从事经济活动的目的是追求自身利益的最大化——消费者追求效用最大化，生产者追求利润最大化，经济学家们则研究如何充分地把资源投入使用（full employment），如何最大限度地增加国民财富，如何提高经济增长率。效用最大化、利润最大化、产量最大化和成本最小化，是西方经济学传统的经济观。

在传统工业经济的各要素中，资本在循环，劳动力在循环，而唯独自然资源没有形成循环。循环经济观要求运用生态学规律，而不是仅仅沿用19世纪以来机械工程学的规律来指导经济活动。不仅要考虑工程承载能力，还要考虑生态承载能力。在生态系统中，经济活动超过资源承载能力的循环是恶性循环，会造成生态系统退化；只有在资源承载能力之内的良性循环，才能使生态系统平衡地发展。循环经济是用先进生产技术、替代技术、减量技术和共生链接技术以及废旧资源利用技术、“零排放”技术等支撑的经济，不是传统的低水平物质循环利用方式下的经济。要求在建立循环经济的支撑技术体系上下功夫。

3. 新的价值观

传统经济的价值观是把自然环境看作是独立于人的经济活动之外的，大自然仅仅被看作是人类的衣食之源，大自然为人类服务，向人类的经济活动提供自然资源，人类活动的目的是向大自然索取，是要征服自然。将自然作为“取料场”和“垃圾场”，视其为可利用的资源。

循环经济的价值观把人与自然环境的关系看作是相互依存、相互影响的，人和人类的经济活动不能脱离自然环境，而是融入自然环境之中的；人类不能简单地向大自然索取，而是要保护自然，维持自然生态的平衡；人类不能仅仅把大自然看作是可利用的资源，而是要维持自然生态系统的良性循环；人类发展科学技术的目的是要节约自然资源，更有效地利用资源，使之成为有益于环境的技术；在发展科学技术、提高生产力的过程中，要充分考虑它们对生态环境系统的保护和修复能力；在考虑人自身的发展时，不仅考虑人对自然的征服能力，而且更重视人与自然和谐相处的能力，促进人的全面发展。一句话，人与自然必须和谐相处，实现人与自然的和谐发展和共同发展。

4. 新的生产观

清洁生产是循环经济的生产理念。清洁生产不但是指生产场所清洁，而且包括生产过程对自然环境没有污染，生产出来的产品是清洁产品和绿色产品。要实现清洁生产，必须走新型工业化道路。传统的工业化道路是“先发展，先污染，后治理”，或者是“边发展；边污染，再治理”，19世纪英国的伦敦“雾都”就是这样形成的。新型工业化道路是在经济“起飞”之初就考虑到生态环境的保护问题，就考虑到污染预防和控制问题；通过知识化、技术化和信息化来促进工业化，节约资源的使用，减少污染物的排放，使整个工业化的过程是一个清洁生产的过程。

循环经济的生产观要求生产单位在做出生产决策时，不能只考虑企业内部的成本——收益分析，还必须把社会成本和机会成本也纳入决策之中；不能只考虑企业自身的短期利益和短期发展，更要关注社会利益和长期可持续发展。企业在生产经营过程中不能仅仅追求利润最大化或成本最小化，要充分考虑自然生态系统的承载能力，尽可能多地节约自然资源，最大限度地减少废弃物的排放，不断提高自然资源的利用效率，循环使用资源。这就要求企业在进行生产时，要最大限度地利用可循环再生的资源来替代不可再生的资源，例如更多地利用太阳能和风能；尽可能多地利用科学技术手段，对不可再生的资源进行综合开发利用；用知识投入来替代物质资源投入，努力使生产建立在自然生态良性循环的基础之上。

5. 新的自然观

传统的自然观是把自然环境看作是独立于人的经济活动之外的，大自然仅仅被看作是人类的衣食之源，大自然为人类服务，向人类的经济活动提供自然资源，人类活动的目的是向大自然索取，是要征服自然。

循环经济追求的是人与自然的和谐发展，因此循环经济的自然观是“天人合一”、“天人和谐”。循环经济要求在组织生产、发展经济的过程中不但要遵循机械工程学的规律，更要遵循生态学的规律；人类在从事经济活动时，不但要考虑工程承载能力，更要考虑生态环境的承载能力。经济活动超过工程设备的承载能力将会导致生产成本急剧上升，甚至会引发生产事故；而经济活动超过生态环境的承载能力将会导致生态系统的破坏，直至经济系统因资源枯竭而崩溃。早在20世纪70年代初，美国麻省理工学院的经济学家梅多斯等人（Donella H. Meadows，Dennis L. Meadows，Jorgen Randers and William W. BehrensⅢ）在罗马俱乐部的第一份研究报告《增长的极限》（1972年）中就提出了如下的警告：“如果世界人口、工业化、污染、粮食生产以及资源消耗按现在的增长趋势继续不变，这个星球上的经济增长就会在今后100年内某一个时候达到极限。最可能的结果是人口和工业生产能力这两方面发生很突然的、无法控制的衰退或下降。”

6. 新的消费观

循环经济的消费理念是绿色消费。绿色消费是一种适度消费、节俭型消费、健康消费、安全消费和无污染消费。这种消费不仅要满足我们这一代人的消费需求，保证这一代人的消费安全和身心健康，而且要满足我们子孙后代的消费需求，并且不减少他们的消费需求，保证他们的消费安全和身心健康。

循环经济的消费观要求走出传统工业经济“拼命生产、拼命消费”的误区，提倡物质的适度消费、层次消费，在消费的同时就考虑到废弃物的资源化；对环境污染最小，对人的身心健康损害最小的绿色产品的需求成为消费者需求结构中的主要内容。绿色消费要求消费者在消费过程中选择环保产品、节能产品和安全产品，努力减少一次性消费，克服“用毕即扔”的消费习惯，如宾馆的一次性用品、餐馆的一次性餐具和豪华包装等，积极推动废弃物的再资源化和再利用，把环保意识落实到日常的消费活动中去。

第四节　循环经济评价指标体系

发展循环经济是一项涉及面广、综合性很强的系统工程。为了科学地评价循环经济的发展状况，利用相应的数据信息资料，建立一套设计合理、操作性较强的循环经济评价指标体系，为循环经济管理及决策提供数据支持是十分必要的。循环经济评价指标既是国家建立循环经济统计制度的基础，又是政府、园区、企业制定循环经济发展规划和加强管理的依据。因此，循环经济评价指标体系的建立对于发展循环经济具有重要意义。

一、循环经济评价指标体系

2007 年 6 月国家发展与改革委员会发布了《关于印发循环经济评价指标体系的通知》（发改环资〔2007〕1815 号），编制了《循环经济评价指标体系》（见表 22-1）和《关于循环经济评价指标体系的说明》，该循环经济评价指标体系是按照循环经济的基本特征，充分利用现有的数据信息基础，主要从宏观层面和工业园区分别编制的。宏观层面用于对全社会和各地发展循环经济状况进行总体的定量判断，为制定循环经济发展规划提供依据。工业园区评价指标主要用于定量评价和描述园区内循环经济发展状况，为工业园区发展循环经济提供指导。《关于循环经济评价指标体系的说明》是对该循环经济指标体系的详细解释和阐述。重点行业特别是电力行业的循环经济评价指标体系则未涉及。但是电力企业可以借鉴，也可以把清洁生产指标体系进行增减作为循环经济评价指标体系。

表 22-1　　循环经济评价指标体系

一级指标	宏观二级指标	工业园区二级指标	笔者建议指标
1. 资源产出指标	主要矿产资源产出率 能源产出率	主要矿产资源产出率 能源产出率 土地产出率 水资源产出率	综合供电煤耗率 综合厂用电率 供热煤耗率
2. 资源消耗指标	单位国内生产总值能耗 单位工业增加值能耗 重点行业主要产品单位综合能耗 单位国内生产总值取水量 单位工业增加值取水量 重点行业单位产品水耗 农业灌溉水有效利用系数	单位生产总值能耗 单位生产总值取水量 重点产品单位能耗 重点产品单位水耗	单位发电量取水量 单位生产总值取水量
3. 资源综合利用指标	工业固体废物综合利用率 工业用水重复利用率 城市污水再生利用率 城市生活垃圾无害化处理率 废物回收利用率	工业固体废物综合利用率 工业用水重复利用率	非常规水资源替代率（中水替代率、海水淡化替代率） 工业废水回收利用率 脱硫副产品综合利用率 粉煤灰综合利用率

续表

一级指标	宏观二级指标	工业园区二级指标	笔者建议指标
4. 废物排放指标	工业固体废物处置量 工业废水排放量 二氧化硫排放量 COD排放量	工业固体废物处置量 工业废水排放量 二氧化硫排放量 COD排放量	工业废水排放量 二氧化硫排放量（浓度） 氮氧化物排放量（浓度） 烟尘排放量（浓度）

二、循环经济评价指标体系的说明

（1）主要矿产资源产出率：是指主要矿产资源物量消耗与国内生产总值的比值。该项指标越大，表示矿产资源利用的经济效益越好。主要矿产品包括：铁矿石原矿、铜矿石、铅矿石、锌矿石、锡矿石、锑矿石、钨矿石、钼矿石、硫铁矿石、磷矿石。计算公式为

$$\text{主要矿产资源产出率}=\frac{\text{国内生产总值(亿元不变价)}}{\text{主要矿产资源消费总量(万 t)}}$$

（2）能源产出率：指能源消费总量与国内生产总值的比值。该项指标越大，表明能源利用效率越高。能源主要包括原煤、原油、天然气、核电、水电、风电等一次能源。计算公式为

$$\text{能源产出率}=\frac{\text{国内生产总值(亿元,不变价)}}{\text{能源综合消耗总量(万 t 标准煤)}}$$

（3）单位国内生产总值能耗：指每产出万元国内生产总值所消耗的能源。该项指标越低，表明能源的使用效率越高，资源“减量化”得到体现。计算公式为

$$\text{单位国内生产总值能耗}=\frac{\text{能源消费总量(t 标准煤)}}{\text{国内生产总值(万元,不变价)}}$$

（4）单位工业增加值能耗：指工业生产创造每万元增加值所消耗的能源。该项指标越低，表明能源的使用效率越高，资源“减量化”得到体现。计算公式为

$$\text{单位工业增加值能耗}=\frac{\text{工业能源消费总量(t 标准煤)}}{\text{工业增加值(万元,不变价)}}$$

（5）重点行业主要产品单位综合能耗：指工业重点行业生产单位产品所消耗的能源。重点行业包括：采矿业、制造业（石油加工及炼焦业、化学原料及制品制造业、非金属矿物制品业、黑色金属冶炼及压延加工业、有色金属冶炼及压延加工业）、电力燃气及水的生产和供应业。主要产品指钢、铜、铝、水泥、化肥、纸（浆）、电等。该项指标越低，表明能源的使用效率越高。计算公式为

$$\text{重点行业主要产品单位综合能耗}=\frac{\text{生产过程中能源消耗量(t 标准煤)}}{\text{供电量(铜、铝、水泥、化肥、纸)产量(kWh,t)}}$$

（6）单位国内生产总值取水量：指每产出万元国内生产总值所消耗的水资源。取水量指各种水源工程为用户提供的包括输水损失在内的新鲜水量之和，包括地表水源、地下水源和其他水源（污水处理再利用、集雨工程、海水淡化等水源工程的供水量），不包括海水直接利用量。该项指标越低，表明水资源利用效益越好。计算公式为

$$\text{单位国内生产总值取水量}=\frac{\text{取水总量(亿 m}^3\text{)}}{\text{国内生产总值(万元)}}$$

（7）单位工业增加值取水量：指工业每生产万元增加值所消耗的水资源。取水量指工矿企业在生产过程中用于制造、加工、冷却、空调、净化等方面的用水，按新鲜水取用量计，不包括企业内部的重复利用水量。该项指标越低，表明工业水资源利用效益越好。计算公式为

$$\text{单位工业增加值取水量}=\frac{\text{工业取水总量(亿 m}^3\text{)}}{\text{工业增加值(万元)}}$$

（8）重点行业单位产品水耗：指工业重点行业生产单位产品所消耗的水资源。重点行业包

括：石油加工及炼焦业、化学原料及制品制造业、黑色金属冶炼及压延加工业、纺织业、食品饮料制造业、造纸及纸制品业、电力燃气及水的生产和供应业；主要产品指钢、铜、铝、水泥、化肥、纸等产品。用水（新鲜水）量是指工业企业所用的自来水、地下水、地表水及其他外购水及水产品的数量。该项指标越低，表明水资源利用效益越好。计算公式为

$$\text{重点行业单位产品水耗}=\frac{\text{用水(新鲜水)量(亿 m}^3\text{)}}{\text{供电量(铜、铝、水泥、化肥、纸)产量(kWh,t)}}$$

（9）农业灌溉水有效利用系数：指田间实际净灌溉用水总量与毛灌溉用水总量的比值。毛灌溉用水总量指在灌溉季节从水源引入的灌溉水量；净灌溉用水总量指在同一时段内进入田间的灌溉用水量。该项指标越大，表明农业用水效益越好。计算公式为

$$\text{农业灌溉水有效利用系数}=\frac{\text{净灌溉用水总量(亿 m}^3\text{)}}{\text{毛灌溉用水总量(亿 m}^3\text{)}}$$

（10）工业固体废物综合利用率：指工业固体废物综合利用量占工业固体废物产生量的比值。该项指标越高，表明工业固体废物综合利用程度越高。计算公式为

$$\text{工业固体废物综合利用率}=\frac{\text{工业固体废物综合利用量(t)}}{\text{工业固体废物产生量(t)}}\times 100\%$$

（11）工业用水重复利用率：指工业重复用水量占工业用水总量的比值。工业重复用水量指工业企业生产用水中重复再利用的水量，包括循环使用、一水多用和串级使用的水量（含经处理后回用量）。工业用水总量指工业企业厂区内用于生产和生活的水量，等于工业用新鲜水量与工业重复用水量之和。该项指标越高，表明工业用水循环利用程度越高。计算公式为

$$\text{工业用水重复利用率}=\frac{\text{工业重复用水量(m}^3\text{)}}{\text{工业用水总量(m}^3\text{)}}\times 100\%$$

（12）城市污水再生利用率：指城市再生水利用量占城市污水处理总量的比值。城市再生水利用量指城市生活污水和工业废水，经过污水处理厂（或污水处理装置）净化处理，达到再生水水质标准和水量要求，并用于农业、绿地浇灌和城市杂用（洗涤、冲渣和生活冲厕、洗车、景观等）等方面的水量。城市污水处理量指污水处理厂（或污水处理装置）实际处理的污水量，包括物理处理量、生物处理量和化学处理量。该项指标越高，表明城市污水处理与循环利用程度越高。计算公式为

$$\text{城市污水再生利用率}=\frac{\text{城市再生水利用量(m}^3\text{)}}{\text{城市污水处理总量(m}^3\text{)}}\times 100\%$$

（13）城市生活垃圾无害化处理率：指城市生活垃圾资源化量占城市生活垃圾清运量的比值。计算公式为

$$\text{城市生活垃圾资源化率}=\frac{\text{城市生活垃圾资源化量(t)}}{\text{城市生活垃圾清运量(t)}}\times 100\%$$

（14）废物（废钢铁或废有色金属、废纸、废塑料、废橡胶）回收利用率：指废物（废钢铁或废有色金属、废纸、废塑料、废橡胶）回收利用量占生产量的比值。计算公式为

$$\text{废物回收利用率}=\frac{\text{废物回收利用量(t)}}{\text{废物(废钢、有色金属、纸、玻璃、塑料、橡胶)生产量(t)}}\times 100\%$$

（15）工业固体废物处置量：指报告期内企业将工业固体废物最终置于符合环境保护规定要求的处置场的总量。

（16）工业废水排放量：指报告期内工业废水的最终排放量。

（17）二氧化硫排放量：指报告期内二氧化硫的最终排放量。

（18）COD 排放量：指报告期内 COD 的最终排放量。

对于工业园区增加了如下两个指标：

（1）土地产出率：指工业园区单位面积产出的生产总值。该比值越大，表明园区土地利用效率越高。计算公式为

$$土地产出率=\frac{工业园区生产总值(万元)}{园区用地面积(公顷)}$$

（2）水资源产出率：指消耗水资源所产出的工业园区生产总值。该项指标越高，表明水源利用效益越好。计算公式为

$$水资源产出率=\frac{工业园区生产总值(万元)}{取水总量(m^3)}$$

第五节　循环经济实施方案编制大纲

一、前言

（1）企业简介。企业简介包括名称、性质、主要产品产能及其市场情况、资产及经营情况、人员及构成等。

（2）企业开展循环经济相关背景情况。

二、企业基本情况

（1）能源消费情况。资源条件、能源、水资源和主要原材料消耗情况，消耗水平与国内外同行业的比较。

（2）资源综合利用和废物排放处置情况。包括清洁生产实施情况，“三废”综合利用情况，再生资源回收利用情况，废物排放和处置（污染防治）情况。

（3）发展循环经济的核心技术、研发能力。

（4）企业发展面临的主要问题。

三、发展循环经济的工作基础

（1）在产业（产品）结构调整、资源节约、资源综合利用、推行清洁生产、推进绿色消费、构建循环经济发展模式等方面已开展的工作及其进展情况。

（2）已经采取的相应的管理、制度和政策、法规等措施，如以ISO 14000贯标认证推进环境治理工作。建立健全管理制度，为循环经济工作提供了有力的组织保障。

（3）已实施循环经济项目。在节约资源、保护环境方面，所掌握的核心技术及技术应用情况。

四、发展循环经济的指导思想、原则和目标主要任务

（1）指导思想。认真贯彻《国务院关于加强节能工作的决定》，认真树立和落实以人为本、全面协调、可持续的科学发展观。

以与政府签订了节能责任书为目标，以提高煤炭、水资源的利用效率为核心，以降低煤耗、水耗、油耗为重点，以加快技术改造为根本，创新机制，强化宣传，加强管理，形成全员自觉节约的机制，提高机组安全经济运行水平，为公司的发展和社会的可持续发展作出贡献。

（2）基本原则。坚持科学发展观，加快技术进步，加强监督管理，提高资源利用效率，实现资源投入最小化。

坚持减量化、再利用、资源化，在生产过程中重视废物多级利用，实现废弃物的最小排放。

（3）发展目标。各单位要提出需要达到的具体目标，包括资源产出率、单位产品资源消耗（能耗、水耗、主要原材料消耗）、资源综合利用、废物排放等方面的目标（建议编制最主要原材料和能源消耗流程）。各单位提出的发展目标应高于国发〔2005〕22号文的指标要求；企业在资

源产出率、单位产品资源消耗方面要力争达到相关行业和领域的国际国内先进水平；企业在固废和废水排放方面要以实现“零”排放为目标，例如：

1）供电煤耗率20××年达到××g/kWh。

2）厂用电率20××年达到××。

3）单位发电量取水量20××年达到××kg/kWh。

4）节能量20××年达到××万t。

五、发展循环经济的主要任务和重点工作

（1）主要任务。要对目标进行分解落实。提出需解决哪些关键性问题；要提出与目标对应的主要任务。

（2）重点工作。突出工作重点和标志性工程。

六、项目规划和投资

做好项目规划工作。对构成循环经济产业链、构建循环经济发展模式中所涉及的各类项目要予以说明，包括已经建成、正在实施和规划中的项目。

对规划中的重点项目，要列出项目清单，其中的核心项目要达到项目建议书的深度要求，并说明项目对推进循环经济发展所起的作用，以及项目的技术和经济可行性。

对规划项目要做出投资估算，说明投资来源和资金安排计划。

七、保障措施

建立试点工作组织管理体系（如成立试点工作领导小组及办公室）、确定试点工作负责人和联络人；明确责任分工和技术支持单位；提出相关制度法规建设、配套政策等。

（1）宣传培训。要组织开展相关管理和技术人员的知识培训，增强意识，掌握相关知识和技能。

大力开展形式多样的节约资源和保护环境的宣传活动，提高全社会对发展循环经济重大意义的认识，把节约资源、保护环境变成全体职工的自觉行为。

（2）依法推行清洁生产。认真实施《中华人民共和国清洁生产促进法》，尽快完成清洁生产审核，积极实施清洁生产审核方案。积极开展创建清洁生产先进企业、环境友好企业活动。

（3）加强组织领导。各部门要从战略和全局的高度，充分认识发展循环经济的重大意义，增强紧迫性和责任感，结合本部门实际，采取切实有效措施，加快推进循环经济发展。电厂生产厂长负责循环经济发展工作，明确各部门的职责分工，做到层层有责任、逐级抓落实。

（4）建立健全资源节约管理制度。每年结合设备实际修订节能管理细则、节水管理细则、节油管理细则等。根据人员变动，每年调整循环经济和清洁生产领导小组和工作小组成员。

八、实施规划和期限

企业实施期限为20××～20××年。各单位要制定分阶段实施计划，至少要提出20×（×+2）年的目标、计划。

第二十三章　燃煤污染物排放量的计算与核查

在工业化的发展道路上，几乎每个国家都遭遇过经济发展、资源利用和环境保护之间的失衡。这一失衡在国际上被称为“增长的代价”。有些国家较好地补偿了“增长的代价”，而走上了持续发展的道路。今天的中国也来到了这一历史性关口，历史经验表明，通关的唯一秘诀就是实现经济结构转型，将高消耗型转为“节约型”，将高污染型转为“清洁型”。企业节约了能源，就会减少污染物的排放，节能减排是一对孪生姊妹。

第一节　烟气量的计算

一、理论空气量的计算

1. 固体燃料理论空气量

在计算烟气量时，先计算理论空气量（以标准状态 273K，101 325Pa 条件下计算），再推算出实际烟气量，单位 km^3/h。理论空气量计算公式为

$$V_{oi}=0.0889\times(C_{ar}+0.375S_{ar})+0.265H_{ar}-0.0333O_{ar}$$

当理论空气量没有元素分析时，按以下经验公式计算：

$$V_{oi}=2.63\times\frac{Q_{net,ar}}{10000}$$

如果知道收到基挥发分 $V_{ar}>15\%$（即烟煤），则

$$理论空气量\ V_{oi}=2.51\times\frac{Q_{net,ar}}{10000}+0.278$$

式中　V_{oi}——每千克燃煤需要的理论空气量（标态），m^3/kg；

C_{ar}、S_{ar}、H_{ar}、O_{ar}——燃煤收到基含碳量、含硫量、含氢量、含氧量，%；

$Q_{net,ar}$——燃料收到基低位发热量（标态），kJ/kg 或 kJ/m^3。

如果知道收到基挥发分 $V_{ar}<15\%$（即贫煤或无烟煤），则

$$理论空气量\ V_{oi}=\frac{Q_{net,ar}}{4182}+0.606$$

当 $Q_{net,ar}<12546$kJ/kg（劣质煤）时，理论空气量

$$V_{oi}=\frac{Q_{net,ar}}{4182}+0.606$$

对于燃料收到基低位发热量 $Q_{net,ar}$，可以取全年测定值的平均值。如果没有测定值，可按表 23-1 选取。

表 23-1　各类燃料的 $Q_{net,ar}$ 值对照表（标态）　kJ/kg

燃料类型	$Q_{net,ar}$值	燃料类型	$Q_{net,ar}$值
煤矸石	8374	柴油	46 057
无烟煤	22 051	重油	41 870
烟煤	17 585	天然气	35 590
褐煤	11 514	煤气	16 748
贫煤	18 841	一氧化碳	12 636

2. 其他燃料理论空气量

对于液体燃料，每千克燃料需要的理论空气量（标态）

$$V_{oi}=2.03\times\frac{Q_{net,ar}}{10\ 000}+2.0\ (m^3/kg)$$

对于气体燃料，每立方米燃料需要的理论空气量（标态）

当 $Q_{net,ar}<10\ 455kJ/m^3$ 时，$V_{oi}=2.09\times\frac{Q_{net,ar}}{10\ 000}\ (m^3/m^3)$

当 $Q_{net,ar}>14\ 637kJ/m^3$ 时，$V_{oi}=2.60\times\frac{Q_{net,ar}}{10\ 000}-0.25\ (m^3/m^3)$

式中　V_{oi}——每千克燃油或每立方米燃气需要的理论空气量，m^3/kg 或 m^3/m^3。

二、单位燃料湿烟气量的计算

对于无烟煤、烟煤及贫煤，实际烟气量 V_{si}（标态）计算公式为

$$V_{si}=1.04\times\frac{Q_{net,ar}}{4187}+0.77+1.0161(\alpha-1)V_{oi}\ (m^3/kg)$$

对于 $Q_{net,ar}<12\ 546kJ/kg$（劣质煤）时，实际烟气量 V_{si}（标态）计算公式为

$$V_{si}=1.04\times\frac{Q_{net,ar}}{4187}+0.54+1.0161(\alpha-1)V_{oi}\ (m^3/kg)$$

对于液体燃料，实际烟气量 V_{si}（标态）计算公式为

$$V_{si}=1.11\times\frac{Q_{net,ar}}{4187}+(\alpha-1)V_{oi}\ (m^3/kg)$$

对于气体燃料，实际烟气量 V_{si}（标态）计算公式为

当 $Q_{net,ar}<10\ 455kJ/m^3$ 时，$V_{si}=0.725\times\frac{Q_{net,ar}}{4187}+1.0+(\alpha-1)V_{oi}\ (m^3/m^3)$

当 $Q_{net,ar}>10\ 455kJ/m^3$ 时，$V_{si}=1.14\times\frac{Q_{net,ar}}{4187}-0.25+(\alpha-1)V_{oi}\ (m^3/m^3)$

$$\alpha=\alpha_0+\sum\Delta\alpha$$

式中　V_{si}——每千克或每立方米燃料排放实际湿烟气量（标态），m^3/kg 或 m^3/m^3；

α——尾部烟道出口过量空气系数，根据 GB 13223，取 1.4；

α_0——炉膛出口过量空气系数，取值见表 23-2；

$\Delta\alpha$——尾部烟道各设备漏风系数，取值见表 23-3。

表 23-2　炉膛出口过量空气系数 α_0

锅炉类型	烟煤	无烟煤	油	燃气
链条炉	1.40	1.65	1.20	1.10
煤粉炉	1.20	1.25		
流化床炉	1.25	1.25		

表 23-3　尾部烟道各设备漏风系数 $\Delta\alpha$

漏风部位	过热器	再热器	省煤器	预热器	除尘器	每 10m 烟道
$\Delta\alpha$	0.03	0.03	0.05	0.1	0.05	0.01

三、实际烟气流量

1. 公式法

实际湿烟气量计算公式为

$$Q_{总}=B_iV_{si}$$

干烟气量计算公式为

$$Q_{干}=B_i\ (V_{si}-V_{H_2Oi})$$

$$V_{H_2Oi}=0.1116H_{ar}+0.0124W_{ar}+0.0161\alpha V_{oi}$$

除尘器处理湿烟气总量计算公式为

$$Q_{si}=B_i\left(1-\frac{q_4}{100}\right)\left[\frac{Q_{net,ar}}{4026}+0.77+1.0161\ (\alpha-1)\ V_{oi}\right]$$

式中 V_{si}——湿烟气排放量，m^3/kg 或 m^3/m^3；

V_{oi}——每千克燃煤需要的理论空气量，m^3/kg 或 m^3/m^3；

V_{H_2Oi}——每千克燃煤排放湿烟气中水蒸气含量，m^3/kg；

W_{ar}——燃煤收到基水分，%；

q_4——机械未完全燃烧热损失，%（若无最近实测值，可按表 23-4 选取）；

B_i——每台锅炉年平均负荷下每小时燃用原煤量，kg/h 或 m^3/h。

表 23-4 q_4的一般数值范围

锅炉形式	煤种	q_4（%）
固态排渣煤粉炉	无烟煤	4.0～6.0
	贫煤	2.0
	烟煤	1.0～1.5
	褐煤	0.5～1.0
液态排渣煤粉炉	无烟煤	3.0～4.0
	贫煤	1.0～1.5
	烟煤	0.5
	褐煤	0.5
卧式旋风炉	烟煤	1.0
	褐煤	0.2
抛煤炉	烟煤、贫煤	8～12
	无烟煤	10～15

2. 经验法

在役火电机组在 100%BMCR 工况下，其烟气量经验参数可参照表 23-5 取值。由于机组规模、燃烧器类型、燃料类型、燃料分析成分（如水分、收到基低位发热量等）和系统漏风系数等差异，相同规模机组实际产生烟气量可能有一定的差异。

表 23-5 在役火电机组烟气量经验值

序号	机组规模	烟气量*	序号	机组规模	烟气量*
1	125MW	50	6	300MW	110
2	130MW	53	7	330MW	120
3	135MW	55	8	600MW	200
4	149MW	60	9	660MW	220
5	215MW	61	10	1000MW	340

* 烟气量单位为万 m^3/h（标态、干基）。

例 23-1：某锅炉最大蒸发量 1025t/h，燃煤消耗量 137.1t/h，燃煤收到基低位发热量 $Q_{net,ar}=21\ 340kJ/kg$，干燥无灰基挥发分 $V_{daf}=29.82\%$，收到基含碳量 $C_{ar}=55.21\%$，收到基含硫量 $S_{ar}=0.88\%$，收到基含氢量 $H_{ar}=3.34\%$，收到基含氧量 $O_{ar}=6.34\%$。炉膛出口过量空气系数 $\alpha_0=1.2$，各段漏风系数 $\Sigma\Delta\alpha=0.2$，求该锅炉每小时排放的实际烟气量。

解：1）理论空气量

$$V_{oi}=0.088\ 9(C_{ar}+0.375S_{ar})+0.265H_{ar}-0.033\ 3O_{ar}$$
$$=0.088\ 9\times(55.21+0.375\times0.88)+0.265\times3.34-0.033\ 3\times6.34$$
$$=5.67(m^3/kg)$$

或者采用经验公式

$$V_{oi}=2.63\times\frac{Q_{net,ar}}{10\ 000}=2.63\times\frac{21\ 340}{10\ 000}=5.61(m^3/kg)$$

或 $$V_{oi}=2.51\times\frac{Q_{net,ar}}{10\ 000}+0.278=2.51\times\frac{21\ 340}{10\ 000}+0.278=5.63\ (m^3/kg)$$

大量计算表明，元素法和经验法的计算结果基本一致。

2）单位燃料湿烟气量：

$$V_{si}=1.04\times\frac{Q_{net,ar}}{4187}+0.77+1.016\ 1(\alpha-1)V_{oi}$$
$$=1.04\times\frac{21\ 340}{4187}+0.77+1.016\ 1\times(1.2+0.2-1)\times5.67$$
$$=8.38(m^3/kg)$$

大量计算表明，单位燃料湿烟气量 V_{si} 在 8～9m^3/kg 范围内，很少发现 $V_{si}\geqslant10m^3/kg$ 的情况，因此当前环保部门对所有炉型都是简单的按照煤燃烧排放 $10m^3/kg$ 的烟气量作为实际烟气量的计算依据，显然偏大。

3）锅炉每小时排放的烟气量：

$$Q_{总}=B_iV_{si}=137\ 100\times8.66=1\ 187\ 286\ (m^3/h)$$

第二节 二氧化硫排放量的计算

一、二氧化硫排放量实测法

二氧化硫排放量是指被脱硫设备或除尘设备处理后，全年的二氧化硫量。当燃煤有实测数据时，二氧化硫排放量 M_{so_2i} 计算公式为

$$M_{so_2i}=\rho_{so_2i}V_it_i\times10^{-6}$$

式中 M_{so_2i}——各锅炉脱硫装置（除尘器）出口全年二氧化硫排放量，kg；

ρ_{so_2i}——各锅炉脱硫装置（除尘器）出口实测二氧化硫排放浓度，mg/m^3；

V_i——各锅炉实测除尘器处理烟气量，m^3/h；

t_i——各锅炉年运行小时，h。

例 23-2：某电厂 SO_2 排放浓度 1100mg/m³，实测除尘器处理烟气量 3300km³/h，锅炉年运行小时 6500h，求二氧化硫排放量。

解：二氧化硫排放量：

$$
\begin{aligned}
M_{so_2 i} &= \rho_{so_2 i} V_i t_i \times 10^{-6} \\
&= 1100 \times 3300 \times 10^3 \times 6500 \times 10^{-6} \\
&= 23\ 595(\text{t/年})
\end{aligned}
$$

二、公式法

在燃烧过程中，燃料中硫氧化为二氧化硫，1kg 硫燃烧后生成 2kg 二氧化硫，其化学反应方程式为

$$S + O_2 = SO_2$$

根据上述化学反应方程式，当无实测数据时，二氧化硫排放量 $M_{so_2 i}$ 计算公式为

$$M_{so_2 i} = 2B_i \times \left(1 - \frac{q_4}{100}\right)\frac{S_{ar}}{100} \times \left(1 - \frac{\eta_{so_2}}{100}\right)K_{so_2}\text{（中电联推荐公式）}$$

或

$$M_{so_2 i} = 2B_i \times \frac{S_{ar}}{100} \times \left(1 - \frac{\eta_{so_2}}{100}\right)K_{so_2}\text{（环保局推荐公式）}$$

式中 $M_{so_2 i}$——二氧化硫排放量，t/h；

K_{so_2}——燃煤中的含硫量燃烧后氧化成 SO_2 的份额，见表 23-6，一般认为煤炭中可燃硫约占全部硫成分的 80%～90%，因此 K_{so_2} 可取 0.85；

B_i——锅炉每小时的燃料消耗量，t/h；

η_{so_2}——脱硫装置或除尘器的脱硫效率，见表 23-7，%；

q_4——锅炉机械未完全燃烧的热损失，%；

2——SO_2 分子量与硫分子量的比值 64/32；

S_{ar}——燃料煤的收到基硫分，%。

表 23-6　　烟气中 SO_2 的份额

锅炉形式	链条炉	燃油炉	燃气炉	煤粉炉	旋风炉	
					增钙	不增钙
份额 K_{SO_2}	0.7～0.8	0.95	0.99	0.8～0.9	0.9	0.95

表 23-7　　除尘器或脱硫装置的脱硫效率

脱硫装置形式	湿法脱硫装置	循环流化床锅炉	干式除尘器	洗涤式水膜除尘器	文丘里水膜除尘器
η_{SO_2}（%）	实测	实测	0	5	15

因此每小时二氧化硫排放量为

$$M_{so_2} = 2B_i \times \frac{S_{ar}}{100}\left(1 - \frac{\eta_{so_2}}{100}\right) \times 0.85 = 1.7B_i \times \frac{S_{ar}}{100} \times \left(1 - \frac{\eta_{so_2}}{100}\right)$$

当锅炉燃油时，产生的二氧化硫排放量

$$M_{so_2} = 2B_i \times \frac{S_{ar}}{100} \times \left(1 - \frac{\eta_{so_2}}{100}\right) \times 0.95 = 1.9B_i \times \frac{S_{ar}}{100} \times \left(1 - \frac{\eta_{so_2}}{100}\right)$$

但是环保局推荐为锅炉燃油

$$M_{so_2}=2B_i\times\frac{S_{ar}}{100}\times\left(1-\frac{\eta_{so_2}}{100}\right)$$

当锅炉燃气时，产生的二氧化硫排放量

$$M_{so_2}=2.857B_{gi}\times\frac{H_2S_{ar}}{100}$$

式中 B_{gi}——气体燃料消耗量（标态），m^3；

H_2S_{ar}——气体燃料中 H_2S 的体积含量，%。

例如：当某煤粉炉烟煤收到基灰分 $A_{ar}=20\%$，收到基硫分 $S_{ar}=1.0\%$，收到基含碳量 $C_{ar}=58\%$，收到基含氮量 $N_{ar}=1.0\%$，烟煤收到基低位发热量 $Q_{net,ar}=23\ 470kJ/kg$，机械未完全燃烧热损失 $q_4=1\%$，采用电除尘器，无单独的脱硫装置，则二氧化硫排放量：

$$\begin{aligned}M_{so_2}&=1.7B_i\times\frac{S_{ar}}{100}\times\left(1-\frac{\eta_{so_2}}{100}\right)\\&=1.7B_i\times\frac{1.0}{100}\times\left(1-\frac{0}{100}\right)\\&=0.017B_i(kg/h)\end{aligned}$$

虽然除尘器具有一定的脱硫效率，但是由于烟气经过除尘器后，其二氧化硫的排放浓度依然很高，所以上述除尘器并不能称为脱硫设备。

三、排污系数法

由于污染源的生产工艺、生产规模、设备技术水平、运行操作水平、除尘器类型以及其他特征的多样性，使得精确计算某污染源污染物的排污量是极为困难的。因此污染物的排放量一般是在某些特征条件下的平均估算值。在估算过程中，需要使用到燃煤设备的排污系数。排污系数的物理意义是燃煤锅炉每耗用1t煤排放污染物的质量，可用下式来表示：

$$\text{燃煤设备的排污系数}(g_{so_2})=\frac{\text{统计期产生污染物的量(t)}-\text{捕集污染物量(t)}}{\text{统计期耗煤量(t)}}=\frac{M_{so_2}}{B_i}$$

燃煤设备的排污量（G）=燃煤设备的排污系数（g_{so_2}）×耗煤量（B_i）×$t_i\times10^{-3}=g_{so_2}\times B$

式中 G——二氧化硫年排污量，kg；

B_i——锅炉每小时耗煤量，kg/h；

g_{so_2}——二氧化硫排污系数，kg/t；

B——锅炉年耗煤量，t；

t_i——锅炉年运行小时，h。

当 K_{so_2} 取 0.85，无脱硫设施时，燃煤二氧化硫排污系数 $g_{so_2}=M_{so_2}/B_i=1.7\times\frac{S_{ar}}{100}\times\left(1-\frac{\eta_{so_2}}{100}\right)$ (tSO_2/t)

不同煤质的二氧化硫排污系数见表23-8。

表23-8　不同煤质的二氧化硫排污系数

S_{ar}（%）	0.5	1	1.5	2.0	2.5	3.0	3.5
g_{so_2}（tSO_2/t）	0.0085	0.017	0.0255	0.034	0.0424	0.051	0.0595

根据国务院第一次全国污染源普查领导小组办公室2008年2月颁布的《第一次全国污染源普查工业污染源产排污系数手册》（第十分册），火力发电行业根据单机容量、末端处理技术不同，其产排污系数不同，具体情况见表23-9。公式中只代入硫分 S_{ar} 的数值部分，%号不化为小数。

表 23-9　　火电二氧化硫产排污系数表

工艺名称	单机容量（MW）	污染物指标	单位	产污系数	末端处理技术	排污系数 g_{so_2}（$kgSO_2/t$）
煤粉炉	≥750	二氧化硫	kg/t 煤	$17.2S_{ar}+0.04$	石灰石—石膏法	$-0.227S_{ar}^2+1.789S_{ar}+0.002$
煤粉炉	450～749			$17.04S_{ar}$	石灰石—石膏法	$-0.224S_{ar}^2+1.771S_{ar}$
				$17.04S_{ar}$	直排	$17.04S_{ar}$
				$17.04S_{ar}$	海水脱硫	$1.704S_{ar}$
	250～449	二氧化硫	kg/t 煤	$16.98S_{ar}$	直排	$16.98S_{ar}$
				$16.98S_{ar}$	石灰石—石膏法	$-0.223S_{ar}^2+1.765S_{ar}$
				$16.98S_{ar}$	海水脱硫	$1.698S_{ar}$
				$16.98S_{ar}$	半干脱硫法	$1.698S_{ar}$
循环流化床炉	250～449			$4.25S_{ar}$	直排	$4.25S_{ar}$
				$4.25S_{ar}$	烟气脱硫	$0.64S_{ar}$
煤粉炉	150～249	二氧化硫	kg/t 煤	$16.96S_{ar}$	直排	$16.96S_{ar}$
				$16.96S_{ar}$	石灰石—石膏法	$-0.223S_{ar}^2+1.763S_{ar}$
				$16.96S_{ar}$	海水脱硫	$1.696S_{ar}$
				$16.96S_{ar}$	半干脱硫法	$4.24S_{ar}$
循环流化床炉	150～249			$5.09S_{ar}$	直排	$5.09S_{ar}$
				$5.09S_{ar}$	烟气脱硫	$0.76S_{ar}$
	75～249			$5.08S_{ar}$	直排	$5.08S_{ar}$
循环流化床锅炉	所有容量机组	二氧化硫	kg/t 煤矸石	9.47	直排	9.47
燃油锅炉	所有容量机组	二氧化硫	kg/t 油	4.21	直排	4.21
燃气轮机			g/m³气	0.070 7	直排	0.070 7

注　1. 表中数据是把 K_{so_2} 取 0.85，海水脱硫效率 90%，石灰石脱硫效率 92%后测算的结果。

2. 采用电子束照射法、脉冲电晕等离子体法脱硫末端治理技术时，二氧化硫的排污系数采用烟气循环流化床脱硫末端治理技术的排污系数。

3. 煤粉炉使用炉内喷钙加尾部增湿活化法末端二氧化硫治理技术，采用相应容量的烟气循环流化床脱硫末端治理技术的排污系数。

例 23-3：某 300MW 燃煤机组采用海水脱硫工艺，年消耗含硫量 0.88%的煤炭 85 万 t（燃煤消耗量 137.1t/h，年运行小时 6200h），求年二氧化硫排放量。

解：年二氧化硫排放量

$$
\begin{aligned}
G_{so_2} &= g_{so_2} B \\
&= 1.698\text{kg/t} \times S_{ar} \times 850\,000\text{t} = 1.698 \times 0.88 \times 850\,000\text{kg} \\
&= 1270.1\text{t}
\end{aligned}
$$

或者按下式计算

$$
\begin{aligned}
G_{so_2} &= g_{so_2} B_i \times 10^{-3} \times t_i \\
&= 1.698\text{kg/t} \times 0.88 \times 137.1\text{t/h} \times 6200\text{h} \\
&= 1\,269\,207\text{kg} = 1269.2\text{t}
\end{aligned}
$$

例 23-4：某 300MW 燃油机组无脱硫工艺，年消耗含硫量 0.2%的燃油 50 万 t，求年二氧化硫排放量。

解：年二氧化硫排放量

$$\begin{aligned}G_{so_2} &= M_{so_2} h \\ &= 2B_i \times \frac{S_{ar}}{100} \times \left(1 - \frac{\eta_{so_2}}{100}\right) \times h = 2 \times \frac{0.2}{100} \times 1 \times 500\,000 \\ &= 2000(t)\end{aligned}$$

根据表 23-9，二氧化硫排放量 G_{so_2} =4.21 kg/t×500 000t=2105t

四、单位发电量的二氧化硫排放量

通过技术改造，节电 1kWh，那么如何计算减少了多少二氧化硫排放量呢？

1kWh 发电量要消耗 0.355kg 标准煤，也就是说每节约 1kWh 的电能，就可以节约 0.355kg 标准煤，相当于 0.497kg 原煤。

而上述计算可知，每节约 1t 原煤，相当于减少二氧化硫排放量 16kg。可以很方便地计算出节约 1kWh 电量就等于减少二氧化硫排放量 0.497×10^{-3} t 原煤×16kg/t=0.008kg。

第三节 氮氧化物排放量的计算

一、实测法

氮氧化物排放量是指烟气经脱硫设备或除尘设备处理后，全年的氮氧化物排放量。

当燃煤有实测数据时，氮氧化物排放量 M_{NO_i} 计算公式为

$$M_{NO_i} = \rho_{NO_i} V_i t_i \times 10^{-6}$$

式中 M_{NO_i}——各锅炉脱硫装置（除尘器）出口全年氮氧化物排放量，kg；

ρ_{NO_i}——各锅炉脱硫装置（除尘器）出口实测氮氧化物排放浓度，mg/m³；

V_i——各锅炉实测除尘器处理烟气量，m³/h；

t_i——各锅炉年运行小时，h。

二、公式法

氮氧化物主要是由空气中的氮和燃煤中的氮与空气反应生成的，生成过程比较复杂，因此，用上述计算方法计算有困难。氮氧化物排放量可采用如下计算公式（包括燃料型氮氧化物和热力型氮氧化物）：

$$M_{NO_x} = 1.63 \times 1.53 \times B_i \left(K_{NO_x} \frac{N_{ar}}{100} + 1.53 \times 10^{-6} \times V_{si} C_{NO_x}\right)$$

式中 M_{NO_x}——氮氧化物（以 NO_2 计）排放量，kg/h；

B_i——锅炉燃料量，kg/h；

N_{ar}——燃煤收到基含氮量，%，不同燃料的含氮量见表 23-10；

V_{si}——每千克燃料生成的湿烟气排放量，m³/kg，通常为 10m³/kg；

C_{NO_x}——燃烧时生成的热力型氮氧化物 NO 的浓度，mg/m³，通常为 70ppm，即 93.8 mg/m³；

1.53——NO 浓度折算成 NO_2 浓度系数 $\frac{14+2\times16}{14+16}$；

K_{NO_x}——燃料氮向燃料型 NO 的转化率，与燃料和炉型有关，对于煤粉炉取 20%～25%，循环流化床锅炉取 16%～20%，燃油锅炉取 32%～40%。

表 23-10　　　　　　　　　　**不同燃料的含氮量**

燃料名称	含氮质量分数（%）	
	数值范围	平均值
无烟煤	1～2.5	1.7
贫煤（烟煤）	0.5～2	1.5
褐煤	0.4～1.35	0.9
劣质重油	0.2～0.4	0.20
一般重油	0.08～0.4	0.14
优质重油	0.005～0.08	0.02

因此上式简化为

$$M_{NO_x}=1.63\times1.53\times B_i\left(K_{NO_x}\frac{N_{ar}}{100}+10^{-6}\times10\times93.8\right)=1.63\times B_i\left(K_{NO_x}\frac{N_{ar}}{100}+0.000\,938\right)$$

例如某原煤含氮量为1.5%，无低氮和脱硝设施，则煤粉炉 NO_2 的排污系数为

$$g_{NO_x}=1.63\times1.53\times B_i(0.22\times0.015+0.000\,938)/B_i$$
$$=0.010\,6(tNO_2/t)=10.6kg/t$$

对于燃油锅炉，无低氮和脱硝设施，其 NO_2 的排污系数为

$$g_{NO_x}=12.47kg/t$$

对于安装脱硝设施的煤粉炉，其 NO_2 的排污系数为

$$g_{NO_x}=1.63\times1.53\times B_i(0.22\times0.015+0.000\,938)\times\eta_{NO_x}/B_i=10.6\eta_{NO_x}(kg/t)$$

式中　η_{NO_x}——脱硝设施的脱硝效率，%。

安装低氮燃烧器的锅炉，其脱硝效率 η_{NO_x} 一般按40%计算；对于安装SNCR烟气脱硝装置＋低氮燃烧器的锅炉，其脱硝效率一般按60%计算；对于安装SCR烟气脱硝装置的锅炉，其脱硝效率一般按80%计算。

三、排污系数法

根据2010年《火力发电行业产排污系数使用手册》，各种燃料和炉型的氮氧化物产排污系数见表23-11。注意，当产污系数、排污系数是一个以燃料的收到基灰分 A_{ar}(%)、燃料的收到基硫分 S_{ar}(%)为变量的公式时，需要将燃料的收到基灰分 A_{ar}(%)、收到基硫分 S_{ar}(%)数值部分代入表中相应的公式内进行计算取值(%号不化为小数)。例如燃料中灰分含量为20%，则 $A_{ar}=20$。

表 23-11　　　　　　　　　　**火电氮氧化物产排污系数表**

工艺名称	单机容量（MW）	污染物指标	单位	干燥无灰基挥发分（%）	产污系数	末端处理技术	排污系数 g_{NO_x}（kg/NO_x/t）
煤粉炉	≥750	氮氧化物	kg/t煤	$20<V_{daf}\leqslant37$	6.09（低氮燃烧）	直排	6.09
						烟气脱硝	2.13
				$V_{daf}>37$	4.10（低氮燃烧）	直排	4.10
						烟气脱硝	1.44
	450～749	氮氧化物	kg/t煤	$V_{daf}\leqslant10$	13.40	直排	13.40
					7.95（低氮燃烧）	直排	7.95
						烟气脱硝	2.79
					5.57（低氮燃烧＋SNCR）	直排	5.57
				$10<V_{daf}\leqslant20$	11.2	直排	11.2
					6.72（低氮燃烧）	直排	6.72
						烟气脱硝	2.35
					4.70（低氮燃烧＋SNCR）	直排	4.70

续表

工艺名称	单机容量（MW）	污染物指标	单位	干燥无灰基挥发分（%）	产污系数	末端处理技术	排污系数 g_{NO_x}（kg/NO_x/t）
煤粉炉	450～749	氮氧化物	kg/t 煤	$20<V_{daf}\leqslant 37$	10.11	直排	10.11
					6.07（低氮燃烧）	直排	6.07
						烟气脱硝	2.12
					4.25（低氮燃烧＋SNCR）	直排	4.25
				$V_{daf}>37$	6.80	直排	6.80
					4.08（低氮燃烧）	直排	4.08
						烟气脱硝	1.43
					2.86（低氮燃烧＋SNCR）	直排	2.8
煤粉炉	250～449	氮氧化物	kg/t 煤	V_{daf}（%）$\leqslant 10$	13.35	直排	13.35
					8.01（低氮燃烧）	直排	8.01
						烟气脱硝	2.80
					5.61（低氮燃烧＋SNCR）	直排	5.61
				$10<V_{daf}\leqslant 20$	11.09	直排	11.09
					6.65（低氮燃烧）	直排	6.65
						烟气脱硝	2.33
					4.66（低氮燃烧＋SNCR）	直排	4.66
				$20<V_{daf}\leqslant 37$	9.70	直排	9.70
					5.82（低氮燃烧）	直排	5.82
						烟气脱硝	2.04
					4.07（低氮燃烧＋SNCR）	直排	4.07
				$V_{daf}>37$	6.78	直排	6.78
					5.07（低氮燃烧）	直排	4.07
						烟气脱硝	1.42
					2.85（低氮燃烧＋SNCR）	直排	2.85
煤粉炉	150～249	氮氧化物	kg/t 煤	V_{daf}（%）$\leqslant 10$	12.8	直排	12.8
					7.68（低氮燃烧）	直排	7.68
						烟气脱硝	2.69
					5.38（低氮燃烧＋SNCR）	直排	5.38
				$10<V_{daf}\leqslant 20$	11.02	直排	11.02
					6.61（低氮燃烧）	直排	6.61
						烟气脱硝	2.31
					4.63（低氮燃烧＋SNCR）	直排	4.64
				$20<V_{daf}\leqslant 37$	9.35	直排	9.35
					5.61（低氮燃烧）	直排	5.61
						烟气脱硝	1.92
					3.93（低氮燃烧＋SNCR）	直排	3.93

续表

工艺名称	单机容量（MW）	污染物指标	单位	干燥无灰基挥发分（%）	产污系数	末端处理技术	排污系数 g_{NO_x}（$kg/NO_x/t$）
煤粉炉	150～249	氮氧化物	kg/t 煤	V_{daf}>37	6.57	直排	6.57
					3.94（低氮燃烧）	直排	3.94
						烟气脱硝	1.38
					2.76（低氮燃烧+SNCR）	直排	2.76
煤粉炉	75～149	氮氧化物	kg/t 煤	V_{daf}（%）≤10	12.31	直排	12.31
					7.49（低氮燃烧）	直排	7.49
						烟气脱硝	2.63
					5.24（低氮燃烧+SNCR）	直排	5.23
				10<V_{daf}≤20	10.97	直排	10.97
					6.58（低氮燃烧）	直排	6.58
						烟气脱硝	2.30
					3.61（低氮燃烧+SNCR）	直排	4.61
				20<V_{daf}≤37	9.13	直排	9.13
					5.48（低氮燃烧）	直排	5.48
						烟气脱硝	1.92
					3.84（低氮燃烧+SNCR）	直排	3.84
				V_{daf}>37	6.44	直排	6.44
					3.86（低氮燃烧）	直排	3.86
						烟气脱硝	1.35
					2.70（低氮燃烧+SNCR）	直排	2.70
循环床炉	所有容量机组	氮氧化物	kg/t 煤矸石		0.95	直排	0.95
燃油锅炉	所有容量机组	氮氧化物	kg/t 油		6.56	直排	6.56
					3.41（低氮燃烧）	直排	3.42
燃气轮机			g/m^3 气		9.82	直排	9.82
					1.66（低氮燃烧）	直排	1.66

注 1. 电子束照射法、脉冲电晕等离子体法脱硫末端治理技术，可同时脱硝。当氮氧化物无末端治理技术（直排）时，氮氧化物排污系数采用相应的产污系数乘以 0.8 取得。

2. 循环流化床锅炉氮氧化物的产污系数按相应容量的煤粉炉燃用煤炭干燥无灰基挥发分大于 37%的选取。

例 23-5：某 300MW 机组，燃煤 V_{daf}=32%，采用低氮燃烧器，年消耗含硫量 0.88%的煤 85 万 t，求年氮氧化物排放量。

解：根据表 23-11，$g_{NO_x}=5.82kg/t$

年氮氧化物排放量 $G_{NO_x}=g_{NO_x}B=5.82\times850\ 000=4947$（t）

四、单位发电量氮氧化物排放量

通过技术改造，节电 1kWh，那么如何计算减少了多少氮氧化物排放量呢？

1kWh 发电量要消耗 0.355kg 标准煤，也就是说每节约 1kWh 的电能，就可以节约 0.355kg

标准煤，相当于 0.497kg 原煤。

而上述计算可知，每节约 1t 原煤，相当于减少氮氧化物排放量 10.6kg/t。可以很方便地计算出节约 1kWh 电量就等于减少氮氧化物排放量 0.497t 原煤×10^{-3}×10.6kg/t=0.005 3kg。

第四节 温室气体排放量的计算

一、二氧化碳当量

1. 二氧化碳当量

按《京都议定书》规定，温室气体（GREEN HOUSE GAS，简称 GHG）包括二氧化碳（CO_2）、甲烷（CH_4）、氧化亚氮（N_2O）、氢氟碳化物（HFCs）、全氟化碳（PFCs）、六氟化硫（SF_6）等。CO_2 主要来自化石燃料的燃烧；CH_4 最主要的来源是农业、畜牧业的生产，以及煤炭生产过程等；N_2O 主要来自一些工业生产，如氮肥、乙二醇的生产等；HFCs 主要来源于制冷和空调系统，以及灭火器等；PFCs 主要来源于炼铝过程；SF_6 主要来自铝镁冶炼，以及绝缘器和高压转换器的消耗等，后三种则是温室效应能力最强的。二氧化碳是最重要的温室气体，但像甲烷、一氧化二氮等其他"非二氧化碳"气体的综合影响也相当巨大，再加上空气污染形成烟雾带来的升温，非二氧化碳气体的暖化效应大体上与二氧化碳相当。6 种温室气体的特征见表 23-12。

表 23-12　6 种温室气体的特征

种类	增温效应（%）	生命周期（年）	全球增温潜能值（GWP）	种　类	增温效应（%）	生命周期（年）	全球增温潜能值（GWP）
CO_2	77	50～200	1	氢氟碳化物 HFCs	1	13.3	1200*
甲烷 CH_4	14	12～17	25	全氟化碳 PFCs		50 000	12 200**
氧化亚氮 N_2O	8	90～150	298	六氟化硫 SF_6		3200	22 200

*　是指七氟丙烷 CHF_2CHFCF_3 的增温潜能值。

**　是指六氟乙烷 C_2F_6 的增温潜能值。

人们在谈论温室气体时，会提到二氧化碳当量。那么，什么是二氧化碳当量呢？各种不同温室效应气体对地球温室效应的贡献度皆有所不同。为了统一度量整体温室效应的结果，又因为 CO_2 是人类活动最常产生的温室效应气体；因此，规定以二氧化碳当量（carbon dioxide equivalent，用符号 CO_2e 表示）为度量温室效应的基本单位。一种气体的二氧化碳当量是通过把该气体的吨数乘以其全球增温潜能值（GWP，或称全球增温潜势）后得出。计算公式：

一种气体的二氧化碳当量＝ 该气体的质量（t）×其增温潜能值（GWP）

全球增温潜能值（GWP）是衡量一种物质产生温室效应的一个指数。GWP 是指在 100 年时间内，各种温室气体的温室效应对应于相同效应的二氧化碳的质量。即某一温室气体的 GWP 是指在某指定时间内，单位质量该气体吸收的热量与单位质量 CO_2 吸收的热量的比值。二氧化碳被作为参照气体，是因为其对全球变暖的影响最大，增温效应最显著。由此可见，减少 1t 甲烷排放就相当于减少了 25t 二氧化碳排放，即 1t 甲烷的二氧化碳当量是 25t；而 1t 一氧化二氮的二氧化碳当量就是 298t。

2. 燃料燃烧过程温室气体排放量的核算方法

为了遵守在温室气体排放量化核算时的保守性（即完整、全面）原则，对于各种燃料的燃烧，均认为是完全燃烧，即有机碳组分全部转化为二氧化碳。

反应式为：　$C + O_2 = CO_2$

分子量：　12　32　44

温室气体排放量的计算可通过实际监测温室气体浓度和废气排放量来计算。若监测条件不具备，则采用物料衡算或排放系数法来核算。排放系数法公式：

$$P=\sum[A_i \cdot \sum(EF_j \cdot GWP_j)]$$

式中　P——各种燃料燃烧产生的温室气体排放当量，tCO_2e；

A_i——某种燃料（i）消耗量，t；

EF_j——某种燃料（i）燃烧产生某种温室气体（j）的排放因子，kg/kg；

GWP_j——某种温室气体（j）的全球增温潜能值。

3. 温室气体排放因子

排放因子是指单位能源消耗量的温室气体排放量，即

排放因子 = 温室气体排放量/某一生产或者消费活动的能源消耗量

或者排放因子（$kgCO_2/kg$）=热值（MJ/kg）×碳排放系数（kgC/TJ）×氧化率（%）×44/12×10^{-6}

氧化率是指燃料在燃烧过程中的氧化程度，如果无法获取，可以直接取100%；44/12表示将C排放系数转化为CO_2排放系数。

例如煤矸石的排放因子和原煤的排放因子计算过程如下：

（1）煤矸石作为煤炭开采、洗选加工过程中产生的固体废弃物，其碳含量和热值一般都较低。当用作燃料时，一般使用含碳量和热值较高的四类煤矸石，其碳含量大于20%，低位热值介于6.270～12.550MJ/kg。取25%的碳含量以及热值平均值9.410MJ/kg，计算出基于热值的碳含量为：

$$25\%/9.410MJ/kg=0.026\ 57kgC/MJ=26.57gC/MJ$$

因煤矸石用吨标准煤作为计量单位，因此低位热值取29 307MJ/kg。因此1kg煤矸石的CO_2排放因子：

$$9410kJ/kg\times26.57gC/MJ\times44/12\times1kg=0.92kgCO_2/kg$$

（2）原煤平均低位热值20.908MJ/kg，碳含量平均54.8%，则基于热值的碳含量为：

$$54.8\%/20.908MJ/kg=0.026\ 2kgC/MJ=26.2gC/MJ$$

1kg原煤的CO_2排放因子：

$$20\ 908kJ/kg\times26.2gC/MJ\times44/12\times1kg=2.009kgCO_2/kg$$

以此计算，各种燃料的CO_2排放因子见表23-13。

表23-13　各种燃料的CO_2排放因子

燃料	碳含量（gC/MJ）	氧化率（%）	低位热值（MJ/t燃料，MJ/万m^3燃气）	排放因子（tCO_2/t或t CO_2/万m^3）	排放因子（tCH_4/t或t CH_4/万m^3）
原煤	26.2	100	20 908	2.009	2.09E-05
洗精煤	26.2	100	26 344	2.531	2.63E-05
其他洗煤	26.2	100	10 454	1.004	1.05E-05
煤粉	26.2	100	20933	2.011	2.09E-05
焦炭	29.2	100	28 435	3.044	2.84E-05

续表

燃料	碳含量（gC/MJ）	氧化率（%）	低位热值（MJ/t 燃料，MJ/万 m^3 燃气）	排放因子（tCO_2/t 或 t CO_2/万 m^3）	排放因子（tCH_4/t 或 t CH_4/万 m^3）
煤矸石	25.0	100	9410	0.92	0.96E-05
褐煤	27.5	100	11 900	1.20	1.19E-05
焦炉煤气	12.1	100	173 540	7.699	1.74E-04
高炉煤气	70.8	100	37 688	9.784	7.06E-05
天然气	15.3	100	38 931	2.184	3.72E-04
原油	20.0	100	41 816	3.067	1.25E-04
汽油	18.9	100	43 070	2.985	1.29E-04
煤油	19.6	100	43 070	3.095	1.32E-04
柴油	20.2	100	42 652	3.159	1.28E-04
液化石油气	17.2	100	50 179	3.165	5.02E-05

例 23-6：某电厂一年消耗原煤 200 万 t，柴油 250t，求电厂当年排放二氧化碳当量和甲烷当量。

解：原煤排放二氧化碳当量 $2.009\times200\times10^4=401.8$（万 t），排放甲烷当量 $2.09\times10^{-5}\times200\times10^4=41.8$（t）

柴油排放二氧化碳当量 $3.159\times250=631.8$（t），排放甲烷当量 $1.28\times10^{-4}\times250=0.032$（t）

因此电厂当年排放二氧化碳当量 401.8 万 t+631.85t=401.9 万 t

排放甲烷当量 41.8t+0.032t=41.8 万 t

二、二氧化碳排放量实测法

二氧化碳排放量是指经脱硫设备或除尘设备处理后，全年的二氧化碳排放量。

当燃煤有实测数据时，二氧化碳排放量 M_{co_2i} 计算公式为

$$M_{co_2i}=\rho_{co_2i}V_it_i\times10^{-6}$$

式中 M_{co_2i}——各锅炉脱硫装置（除尘器）出口全年二氧化碳排放量，kg；

ρ_{co_2i}——各锅炉脱硫装置（除尘器）出口实测二氧化碳排放浓度，mg/m^3；

V_i——各锅炉实测除尘器处理烟气量，m^3/h；

t_i——各锅炉年运行小时，h。

三、二氧化碳排放量公式法

当无实测数据时，二氧化碳排放量 M_{co_2} 计算公式为

$$M_{co_2}=3.668\times B_i\times\left(1-\frac{q_4}{100}\right)\frac{C_{ar}}{100}\times K_{co_2}$$

式中 M_{co_2}——二氧化碳排放量，kg/h；

K_{co_2}——燃煤中的含硫量燃烧后氧化成 CO_2 的份额（即碳的氧化率），查表 23-14；

B_i——锅炉额定负荷时的燃煤量，kg/h；

q_4——锅炉机械未完全燃烧的热损失，%，一般可取 1%；

3.668——CO_2 分子量与碳分子量的比值 44.01/12；

C_{ar}——燃料煤的收到基碳的含量，%。

表 21-14 碳的氧化率

行业	化工	钢铁	建材	石油			火电	纺织	铁路
碳氧化率(%)	92.7	91.1	98.0	89.9			94.4	88.9	80.0
燃烧设备	平炉	矿冶炉	石灰窑	电厂锅炉			轧钢加热炉	工业锅炉	蒸汽机车
	重油	焦炭	焦炭	煤炭	柴油	天然气	煤炭	煤炭	煤炭
碳氧化率(%)	97.6	95.5	99.6	94.7	98.2	99	89.8	86.9	75.0

二氧化碳排放量 $M_{co_2}=3.668\times B_i\times\left(1-\frac{q_4}{100}\right)\frac{C_{ar}}{100}\times 0.944$

$$=3.43\times B_i\times\frac{C_{ar}}{100}$$

则二氧化碳排污系数 $g_{co_2}=\frac{M_{CO_2}}{B_i}=3.43\times\frac{C_{ar}}{100}$ (tCO_2/t)

对于不同煤质，二氧化碳排污系数可查表 23-15。

表 23-15 不同煤质的二氧化碳排污系数

C_{ar} (%)	40	45	50	55	58	60	65	70
g_{CO_2} (tCO_2/t)	1.37	1.54	1.72	1.89	1.99	2.06	2.23	2.40

一般情况下，各种能源（物料）减排系数按表 23-16 选取即可。

表 23-16 各种能源的二氧化碳排放量

能源（物料）	节约能源		减排系数	
	kWh	kg（标煤）	kgC	$kgCO_2$
1kWh	1	0.400	0.287	1.05
1kgc（标煤）	2.5	1	0.67（发改委） 0.66（日本能源经济研究所）	2.46（发改委） 2.42（日本能源经济研究所）
1kg 水泥		0.144	0.103	0.376

注 本表数据来源于互联网。

四、单位发电量二氧化碳排放量

通过技术改造，节电 1kWh，那么如何计算减少了多少二氧化碳排放量呢？

1kWh 发电量要消耗 0.355kg 标准煤，也就是说每节约 1kWh 的电能，就可以节约 0.355kg 标准煤，相当于 0.497kg 原煤。

而上述计算可知，每节约 1t 原煤，相当于减少二氧化碳排放量 1.99t/t。可以很方便地计算出节约 1kWh 电量就等于减少二氧化碳排放量 0.497t 原煤$\times10^{-3}\times$1.99t/t=0.989kg，即电量 CO_2 排放因子为 0.989kg/kWh。

而日本规定火电单位电量平均排放系数为 0.69 $kgCO_2$/kWh。

很明显，电量 CO_2 排放因子与供电煤耗率有关，各区电量 CO_2 排放因子见表 23-17。

表 23-17 各区电量 CO_2 排放因子

电网名称	覆盖省市	外购电力 CO_2 排放因子（tCO_2/万 kWh）		2008 年外购电力 CH_4 排放因子（gCH_4/万 kWh）	2008 年外购电力 N_2O 排放因子（gN_2O/万 kWh）
		2008 年	2009 年		
华北区域电网	北京市、天津市、河北省、山西省、山东省、内蒙古自治区	11.232	9.247	122.043	169.560
东北区域电网	辽宁省、吉林省、黑龙江省	11.716	9.644	126.657	178.076
华东区域电网	上海市、江苏省、浙江省、安徽省、福建省	8.238	6.970	90.349	123.726
华中区域电网	河南省、湖北省、湖南省、江西省、四川省、重庆市	6.887	5.933	73.811	105.120
西北区域电网	陕西省、甘肃省、青海省、宁夏回族自治区、新疆维吾尔自治区	8.533	7.178	90.594	130.827
南方区域电网	广东省、广西壮族自治区、云南省、贵州省	6.590	5.735	76.938	97.769
海南电网	海南省	7.753	6.620	89.969	103.958

供热 CO_2 排放因子为 1.2tCO_2/GJ，或 1.22gCH_4/GJ。

五、一氧化碳排放量的计算

一氧化碳年排放量 $G_{CO}=Bg_{CO}$

式中 G_{CO}——各锅炉脱硫装置（除尘器）出口全年一氧化碳排放量，t；

B——锅炉年原煤耗量，t；

g_{CO}——标准煤的 CO 排放系数，tCO/t，可按表 23-18 取值。

表 23-18 锅炉 CO 的排放系数 tCO/t

炉型	CO	C_nH_m
电站煤粉炉	0.000 23	0.000 09
循环流化床炉	0.000 42	0.000 08
工业锅炉	0.001 3	0.000 45
电站燃油炉	0.000 005	0.000 38

如果要求以碳（C）计，则需要折算：首先根据原煤耗量，计算出一氧化碳年排放量 G_{CO}，然后按下式计算出碳（C）的排放量：

$$G_C = G_{CO} \times \frac{12}{12+16} = 0.428\,6G_{CO}$$

式中 G_{CO}——一氧化碳年排放量，t；

G_C——碳年排放量，t。

第五节 烟尘排放量的计算

一、实测法

烟尘排放量是指单位时间内（一般指一年），锅炉烟囱外排大气的烟尘量。当有近期除尘器出口烟尘排放浓度实测数据时，烟尘排放量M_{Ai}按公式计算：

$$M_{Ai}=\rho_{ai}V_i t_i\times10^{-6}$$

式中 M_{Ai}——各锅炉除尘器出口全年烟尘排放量，kg；

ρ_{ai}——各锅炉除尘器出口实测烟尘排放浓度，mg/m^3；

V_i——各锅炉实测除尘器处理烟气量，m^3/h；

t_i——各锅炉年运行小时，h。

例 23-7： 某电厂烟尘排放浓度 $100mg/m^3$，锅炉全年燃烧煤量 85 万 t，锅炉年运行小时 6200h，假定 1t 原煤产生烟气量 $V_{si}=8660m^3/t$，求烟尘排放量。

解： 除尘器处理烟气量

$$V_i=8660m^3/t\times850\ 000t/6200h=1\ 187\ 258m^3/h$$

烟尘排放量：

$$M_{Ai}=\rho_{ai}V_i t_i\times10^{-6}=100\times1\ 187\ 258\times6200\times10^{-6}(kg)=736.1t$$

二、公式法

当无近期除尘器出口烟尘排放浓度实测数据时，燃煤锅炉烟尘排放量M_{Ai}按公式计算：

$$M_{Ai}=\left[B_i\left(\frac{A_{ar}}{100}+\frac{q_4}{100}\times\frac{Q_{net,ar}}{33\ 913}\right)+Q_{增}\right]\left(1-\frac{\eta_c}{100}\right)a_{fh}$$

$$Q_{增}=Q_{石}\left(1-CaO\times\frac{44}{56}\right)+Q_{so_2}\times\frac{80}{64}$$

$$Q_{石}=B_iS_{ar}\times\frac{56}{32}\times\frac{R}{CaO}$$

式中 M_{Ai}——第 i 台锅炉的烟尘排放量，kg/h；

a_{fh}——烟气中烟灰占灰渣总量的重量份额，%，如无实测数据，可查表 23-19 选取；

A_{ar}——燃煤收到基灰分，%；

q_4——机械未完全燃烧热损失，%；

$Q_{net,ar}$——燃煤收到基低位发热量，kJ/kg；

$Q_{增}$——循环流化床锅炉掺烧石灰石增加的灰渣量，kg/h；

$Q_{石}$——循环流化床锅炉炉内掺烧石灰石的耗量，kg/h；

B_i——锅炉燃料量，kg/h；

S_{ar}——燃料的收到基硫分，%；

R——钙硫比，一般为 2 左右；

CaO——石灰石中氧化钙的百分含量，%；

Q_{so_2}——SO_2的脱除量，kg/h；

η_c——除尘器的除尘效率，%，如无实测效率可查表 23-20 选取。

表 23-19　　锅炉灰分平衡的推荐值

锅炉类型		a_{fh}	a_{lz}
固态排渣煤粉炉		0.90～0.95	0.05～0.10
液态排渣煤粉炉	无烟煤	0.85	0.15
	贫煤	0.80	0.20
	烟煤	0.80	0.20
	褐煤	0.70～0.80	0.20～0.30
卧式旋风炉		0.10～0.15	0.85～0.90
立式旋风炉		0.20～0.40	0.60～0.80

表 23-20　　计算用的除尘器效率 η_c

除尘器型式	多管式除尘器	高效旋风式除尘器	洗涤式水膜除尘器	文丘里式水膜除尘器	三电场静电除尘器	五电场静电除尘器	布袋除尘器
效率 η_c（%）	80	85	91	96	99	99.5	99.8

对于循环流化床锅炉烟尘排放量 M_{Ai}，计算公式可以简化为

$$M_{Ai}=B_i\left[\left(\frac{A_{ar}}{100}+\frac{q_4}{100}\times\frac{Q_{net,ar}}{33\ 913}\right)+3.12RS_{ar}\right]\left(1-\frac{\eta_c}{100}\right)a_{fh}$$

式中　R——循环流化床锅炉钙硫比，Ca/S；

S_{ar}——燃煤收到基含硫量，%。

因此锅炉通用的烟尘排放量计算公式为

$$M_{Ai}=B_i\left[\left(\frac{A_{ar}}{100}+\frac{q_4}{100}\times\frac{Q_{net,ar}}{33\ 913}\right)+3.12RS_{ar}\right]\left(1-\frac{\eta_c}{100}\right)a_{fh}$$

$$\approx B_i\left(\frac{A_{ar}}{100-C_{fh}}+3.12RS_{ar}\right)\left(1-\frac{\eta_c}{100}\right)a_{fh}$$

式中　C_{fh}——烟尘中可燃物的百分量，%。一般煤粉炉取 0.5%～4%，循环床锅炉取 4%～10%。

例 23-8：某 300MW 煤粉炉，燃煤收到基灰分 $A_{ar}=20\%$，收到基硫分 $S_{ar}=1.0\%$，收到基含碳量 $C_{ar}=58\%$，收到基含氮量 $N_{ar}=1.0\%$，烟煤收到基低位发热量 $Q_{net,ar}=23\ 470$kJ/kg，耗煤量 137.1t/h（年 85 万 t 原煤），机械未完全燃烧热损失 $q_4=1\%$，采用电除尘器，除尘效率 98.5%，求其烟尘排放量和烟尘排污系数。

解：烟尘排放量 $M_{Ai}=B_i\left[\left(\frac{A_{ar}}{100}+\frac{q_4}{100}\times\frac{Q_{net,ar}}{33\ 913}\right)+3.12RS_{ar}\right]\left(1-\frac{\eta_c}{100}\right)a_{fh}$

$$=137\ 100\times\left[\left(\frac{20}{100}+\frac{1}{100}\times\frac{23\ 470}{33\ 913}\right)+0\right]\times\left(1-\frac{99.5}{100}\right)\times 0.9$$

$$=123.4\ \text{(kg/h)}$$

年排放量 $G_{Ai}=M_{Ai}\ t_i=123.4\text{kg/h}\times\frac{850\ 000}{137.1}\text{h}=765.0\text{t}$

三、排污系数法

根据 2010 年《火力发电行业产排污系数使用手册》，各种燃料和炉型的烟尘产排污系数见表 23-21。公式中灰分 A_{ar} 只代入数值部分，%号不化为小数。

表 23-21　　　　火电烟尘产排污系数表

工艺名称	单机容量（MW）	污染物指标	单位	产污系数	末端处理技术	排污系数 g_{Ai}
煤粉炉	≥750	烟尘	kg/t 煤	$9.23A_{ar}+8.76$	静电除尘法+石灰石石膏法	$-0.000\ 26A_{ar}^2+0.022A_{ar}+0.01$
					静电除尘法	$(0.00\ 026A_{ar}^2+0.022A_{ar}+0.01)\times1.001$
	450～749			$9.2A_{ar}+9.33$	静电除尘法+石灰石石膏法	$-0.000\ 26A_{ar}^2+0.022A_{ar}+0.015$
					静电除尘法	$-0.000\ 5A_{ar}^2+0.042A_{ar}+0.041$
煤粉炉	250～449	烟尘	kg/t 煤	$9.21A_{ar}+11.13$	静电除尘法+石灰石石膏法	$-0.000\ 26A_{ar}^2+0.022A_{ar}+0.016$
					静电除尘法	$-0.000\ 5A_{ar}^2+0.042A_{ar}+0.057$
循环流化床炉				$6.31A_{ar}+7.54+61.94S_{ar}$	静电除尘法	$-0.000\ 4A_{ar}^2+0.035A_{ar}+0.034+0.124S_{ar}$
煤粉炉	150～249	烟尘	kg/t 煤	$9.33A_{ar}+7.77$	静电除尘法+石灰石石膏法	$-0.000\ 26A_{ar}^2+0.024\ 1A_{ar}+0.022$
					静电除尘法	$-0.000\ 5A_{ar}^2+0.042A_{ar}+0.098$
循环流化床炉				$6.24A_{ar}+7.57+61.94S_{ar}$	静电除尘法	$0.02A_{ar}+0.016+0.124S_{ar}$
煤粉炉	75～149	烟尘	kg/t 煤	$9.31A_{ar}+9.18$	静电除尘法+石灰石石膏法	$0.024A_{ar}+0.023$
					静电除尘法	$0.049A_{ar}+0.046$
					文丘里水膜除尘法	$0.49A_{ar}+0.46$
					湿式除尘法	$1.94A_{ar}+1.84$
循环流化床炉				$6.31A_{ar}+61.94S_{ar}+7.27$	静电除尘法	$0.048A_{ar}+0.046++0.31S_{ar}$
循环流化床炉	所有规模	烟尘	kg/t 煤矸石	$238.6+61.94S_{ar}$	静电除尘法	$1.67+0.43S_{ar}$
					文丘里水膜除尘法	$11.93+3.1S_{ar}$
					湿式除尘法	$47.72+12.39S_{ar}$
					多管或旋风除尘法	$59.65+15.49S_{ar}$
燃油炉	所有规模	烟尘	kg/t 油	0.25	直排	0.25
燃气轮机			g/m³气	0.103 9	直排	0.1039

例 23-9：某 300MW 煤粉炉，燃煤收到基灰分 $A_{ar}=20\%$，收到基硫分 $S_{ar}=1.0\%$，收到基含碳量 $C_{ar}=58\%$，收到基含氮量 $N_{ar}=1.0\%$，烟煤收到基低位发热量 $Q_{net,ar}=23\ 470$kJ/kg，耗煤量 137.1t/h(年 85 万 t 原煤)，机械未完全燃烧热损失 $q_4=1\%$，采用电除尘器，用排放系数法求其烟尘排放量

解：根据表 23-21 烟尘排污系数 $g_{Ai}=-0.0005A_{ar}^2+0.042A_{ar}+0.057$

$$=-0.0005\times20^2+0.042\times20+0.057=0.697(kg/t)$$

排放量 $G_{Ai}=g_{Ai}B=0.697(kg/t)\times850000t=592.5t$

从上面用经验公式和排污系数两个计算方法得到的结果看，使用公式法计算出的烟尘排放量明显偏大。

第六节　灰渣排放量的计算

一、粉煤灰

1. 公式法

燃煤锅炉粉煤灰排放量 M_{hi} 按公式计算：

$$M_{hi}=B_i\left[\left(\frac{A_{ar}}{100}+\frac{q_4}{100}\times\frac{Q_{net,ar}}{33913}\right)+3.12RS_{ar}\right]\times\frac{\eta_c}{100}a_{fh}$$

$$=B_i\left(\frac{A_{ar}}{100-C_{fh}}+3.12RS_{ar}\right)\times\frac{\eta_c}{100}a_{fh}$$

式中　a_{fh}——烟气中炉灰占灰渣总量的质量份额，%，如无实测数据，可查表 23-19 选取；

R——循环流化床锅炉钙硫比，Ca/S，对于煤粉锅炉 $R=0$。

2. 排污系数法

根据 2010 年《火力发电行业产排污系数使用手册》，各种燃料和炉型的粉煤灰产排污系数见表 23-22。

表 23-22　　**火电粉煤灰产排污系数表**

工艺名称	单机容量（MW）	污染物指标	单位	产污系数	末端处理技术	排污系数 g_{hi}(kg/t)
煤粉炉	≥750	粉煤灰	kg/t 煤	$9.22A_{ar}+8.58$		产污系数×除尘效率
	450～749			$9.19A_{ar}+8.95$		产污系数×除尘效率
煤粉炉	250～449	粉煤灰	kg/t 煤	$9.2A_{ar}+10.76$		产污系数×除尘效率
循环流化床炉				$6.29A_{ar}+7.26+61.82S_{ar}$		产污系数×除尘效率
煤粉炉	150～249	粉煤灰	kg/t 煤	$9.31A_{ar}+7.31$		产污系数×除尘效率
循环流化床炉				$6.22A_{ar}+7.551+61.75S_{ar}$		产污系数×除尘效率
煤粉炉	75～149	粉煤灰	kg/t 煤	$9.38A_{ar}+9.16$	静电除尘法+石膏法	产污系数×除尘效率
				$9.26A_{ar}+9.13$	静电除尘法	产污系数×除尘效率
				$9.02A_{ar}+8.72$	文丘里水膜除尘法	产污系数×除尘效率
				$7.47A_{ar}+7.35$	湿式除尘法	产污系数×除尘效率
循环流化床炉				$6.28A_{ar}+7.24+61.69S_{ar}$	静电除尘法	产污系数×除尘效率
循环流化床炉	所有规模	粉煤灰	kg/t 煤矸石	$236.9+61.5S_{ar}$	静电除尘法	产污系数×除尘效率
				$226.7+58.8S_{ar}$	文丘里水膜除尘法	产污系数×除尘效率
				$190.9+49.5S_{ar}$	湿式除尘法	产污系数×除尘效率
				$179+46.4S_{ar}$	多管或旋风除尘法	产污系数×除尘效率

根据公式法，锅炉通用的粉煤灰排污系数计算公式为

$$g_{hi}=M_{hi}/B_i=\left[\left(\frac{A_{ar}}{100}+\frac{q_4}{100}\times\frac{Q_{net,ar}}{33\,913}\right)+3.12RS_{ar}\right]\times\frac{\eta_c}{100}a_{fh}$$

$$=\left(\frac{A_{ar}}{100-C_{fh}}+3.12RS_{ar}\right)\times\frac{\eta_c}{100}a_{fh}$$

假设，300MW 煤粉炉，$R=0$，$A_{ar}=20\%$，$\eta_c=99\%$，$C_{fh}=1\%$，则粉煤灰排污系数为

$$g_{hi}=\left(\frac{A_{ar}}{100-1}+0\right)\times\frac{99}{100}\times0.9$$

$$=0.009A_{ar}(\text{t/tce})=9.0A_{ar}\ \text{kg/t}$$

$$=180\text{kg/t}$$

根据表 23-22，$g_{hi}=(9.2A_{ar}+10.76)\times0.9=(9.2\times20+10.76)\times0.9=175\text{kg/t}$

二、炉渣

1. 公式法

燃煤锅炉炉渣排放量 M_{zi} 按公式计算：

$$M_{zi}=B_i\left[\left(\frac{A_{ar}}{100}+\frac{q_4}{100}\times\frac{Q_{net,ar}}{33\,913}\right)+3.12RS_{ar}\right]a_{lz}$$

式中 a_{lz}——烟气中炉渣占灰渣总量的质量份额，%，如无实测数据，可查表 23-19 选取；

R——循环流化床锅炉钙硫比，Ca/S，对于煤粉锅炉 $R=0$。

2. 排污系数法

根据 2010 年《火力发电行业产排污系数使用手册》，各种燃料和炉型的炉渣产排污系数见表 23-23。

表 23-23　火电炉渣产排污系数表

工艺名称	单机容量（MW）	污染物指标	单位	产污系数	末端处理技术	排污系数 g_{hi}
煤粉炉	≥750	炉渣	kg/t 煤	$0.71A_{ar}+0.63$		产污系数
	450～749			$0.72A_{ar}+0.62$		产污系数
煤粉炉	250～449	炉渣	kg/t 煤	$0.715A_{ar}+0.61$		产污系数
循环流化床炉				$3.43A_{ar}+2.42+32.29S_{ar}$		产污系数
煤粉炉	150～249	炉渣	kg/t 煤	$0.712A_{ar}+0.407$		产污系数
循环流化床炉				$3.21A_{ar}+2.63+32.29S_{ar}$		产污系数
煤粉炉	75～149	炉渣	kg/t 煤	$1.08A_{ar}+1.02$		产污系数
循环流化床炉				$3.28A_{ar}+2.44+32.29S_{ar}$		产污系数
循环流化床炉	所有规模	炉渣	kg/t 煤矸石	180.3		180.3

根据公式法，锅炉通用的炉渣排污系数计算公式为

$$g_{zi}=M_{zi}/B_i=\left[\left(\frac{A_{ar}}{100}+\frac{q_4}{100}\times\frac{Q_{net,ar}}{33\,913}\right)+3.12RS_{ar}\right]a_{lz}$$

$$=\left(\frac{A_{ar}}{100-C_{fh}}+3.12RS_{ar}\right)a_{lz}$$

假设，300MW 煤粉炉，$R=0$，$A_{ar}=20\%$，$\eta_c=99\%$，$C_{fh}=1\%$，则粉煤灰排污系数为

$$g_{hi}=\left(\frac{A_{ar}}{100-1}+0\right)\times 0.1$$
$$=0.00101A_{ar}(\text{t/t 标煤})=1.01A_{ar}\ \text{kg/t}=20.2\text{kg/t}$$

根据表 23-19，$g_{hi}=0.715A_{ar}+0.61=0.715\times 20+0.61=15\text{kg/t}$

第七节 二氧化硫的核查核算方法

一、新建机组二氧化硫排放量核算

新建机组二氧化硫排放量核算公式为

$$G_{SO_2}=g_{SO_2}B=2\times\frac{S_{ar}}{100}\times\left(1-\frac{\eta_{SO_2}}{100}\right)K_{SO_2}B$$
$$=1.7\times\frac{S_{ar}}{100}\times\left(1-\frac{\eta_{SO_2}}{100}\right)B$$

式中 G_{SO_2}——二氧化硫排放量，t；

K_{SO_2}——燃煤中的含硫量燃烧后氧化成 SO_2 的份额，取 0.85；

B——核算期锅炉的燃料消耗量，t；

S_{ar}——核算期机组发电、供热燃用煤的平均收到基硫分，%；

η_{SO_2}——脱硫装置或除尘器的综合脱硫效率，%；

1.7——二氧化硫释放系数，燃煤机组取 1.7，燃油机组取 2.0；

g_{SO_2}——二氧化硫排污系数，t/t。

二、现役机组新投运脱硫设施二氧化硫排放量核算

现役机组新投运脱硫设施二氧化硫排放量核算公式为

$$G_{SO_2}=1.7\times\frac{S_{ar}}{100}\times\left[B_1+B_2\left(1-\frac{\eta_{SO_2}}{100}\right)\right]$$

式中 G_{SO_2}——二氧化硫排放量，t；

B_1——核算期锅炉脱硫设施投运前的燃料消耗量，t；

B_2——核算期锅炉脱硫设施投运后的燃料消耗量，t；

η_{SO_2}——脱硫装置或除尘器的综合脱硫效率，%；

1.7——二氧化硫释放系数，燃煤机组取 1.7，燃油机组取 2.0。

三、现役机组脱硫设施改造二氧化硫排放量核算

现役机组脱硫设施改造主要包括已运行的脱硫设施经过工艺改变、增加高效脱硫设施和实施脱硫设施增容改造等措施。增加高效脱硫设施二氧化硫排放量核算公式为

$$G_{SO_2}=1.7\times\frac{S_{ar}}{100}\times\left[B_1\left(1-\frac{\eta_1}{100}\right)+B_2\left(1-\frac{\eta_2}{100}\right)\right]$$

式中 G_{SO_2}——二氧化硫排放量，t；

B_1——核算期锅炉脱硫设施投运前的燃料消耗量，t；

B_2——核算期锅炉脱硫设施投运后的燃料消耗量，t；

η_1——核算期高效脱硫装置投运前的综合脱硫效率，%；

η_2——核算期高效脱硫装置投运后的综合脱硫效率，%；

1.7——二氧化硫释放系数，燃煤机组取 1.7，燃油机组取 2.0。

四、参数选取原则

(1)电厂燃煤硫分核算以电厂分批次入炉煤质数据为准，通过加权方法核算核查期平均硫分，

并通过现场一个月以上的烟气在线监测脱硫系统入口二氧化硫浓度进行校核。

(2)电厂燃煤消耗量 B 包括发电煤炭消耗量和供热煤炭消耗量，采用电厂生产报表数据，并根据核算期机组发电量、供热量数据进行校核，校核公式为：

$$B = B_{电} + B_{热} = P_{火} g\beta \times 10^2 + \Delta H \times 40\beta \times 10^{-3}$$

式中 $B_{电}$——机组新增发电用煤消耗量，t；

$B_{热}$——机组新增供热量用煤消耗量，t；

$P_{火}$——机组新增火力发电量，亿 kWh；

g——机组发电标准煤耗，g/kWh；

β——燃料与标煤转换系数，原煤与标煤转换系数取 1.4，燃料油与标煤转换系数取 0.7；

ΔH——新增供热量，GJ；如果无法提供新增供热量，按火力发电量增长速度与上(半)年供热量之积估算。

五、核查方法

1. DCS 系统数据核查

核查时，有 DCS 系统的，可以直接调阅历史趋势曲线，将多条历史曲线至于同一界面，分析其逻辑性，验证脱硫设施是否运行正常。比如，查看烟气量，根据锅炉负荷或燃煤用量，进行计算得出：烟气排放量(m^3/h)≈9000×耗煤量(t)(1t/h 耗煤量产烟气 9000m^3/h)，将计算值与 DCS 或在线监测数值进行比对，核查是否全烟气脱硫。

无 DCS 系统的，要查看企业脱硫设施运行记录、生产月报表、煤质化验单等材料，根据入炉煤硫分，出口 SO_2浓度等数据，反推其脱硫效率。通过主机某一时段的机组负荷、发电量和该时段燃煤含硫量，掌握该时段的耗煤量、石灰石耗量和石膏产量。

根据发电量、供热量、发电标准煤耗等，校核耗煤量、脱硫剂用量等，可以判断 DCS 系统参数的合理性、真实性：1t 标煤产生 29.26GJ 的热量、1t 蒸汽锅炉每小时耗煤量 120kg 标煤、燃用 1%的硫分的煤产生 SO_2浓度为 2100mg/m^3，硫分为 1.45%SO_2浓度平均为 3050mg/m^3。

2. 脱硫剂校核

炉内喷钙，去除 1tSO_2需要纯 $CaCO_3$ 约 4t；双碱法去除 1tSO_2需要纯 CaO 约 1.1t，$Ca(OH)_2$ 约 1.5t，见表 23-24。

表 23-24 各种脱硫方式脱硫剂核算对照表

序号	脱硫方式	钙(氨\镁)硫比	脱硫剂名称
1	石灰(石)—石膏湿法	1.03	氧化钙、碳酸钙(纯度 90%)
2	钠钙双碱法	1.2	氢氧化钠、氧化钙(纯度 90%)
3	氨法	2.02	液氨
4	炉内喷钙	2.5	碳酸钙(纯度 90%)
5	烟气循环流化床干法	1.3	氧化钙(纯度 90%)
6	烟气循环流化床半干法	1.8	氢氧化钙(纯度 90%)
7	氧化镁法	1.03	氧化镁(纯度 90%)

说明：此表为 1t 含硫量为 1%的煤所用的脱硫剂及相对应的脱硫副产品产生量。

例如，某电厂提供的燃煤数据为 500t/h，煤中含硫量为 1%，脱硫率 95%，根据测算公式可知，SO_2脱除量$=1.7\times\frac{1}{100}\times\frac{95}{100}\times500=8.08t/h$；纯石灰石耗量为：$8.08\times\frac{100}{64}=12.625t/h$，考虑石灰石纯度为90%，Ca/S为1.03，则石灰石耗量为：12.625×1.03÷90%=14.03t/h；折算到浆液时为每小时消耗$14.03t/h\times\frac{1}{1.233\times0.3}=37.9m^3/h$(30%浆液浓度)；石膏产量为：8.08÷64×172=21.72t/h(石膏的分子量为172)。

而该厂提供的石灰石耗量数据显示在该时段为28m^3/h，折算10.25t/h，明显低于实际需要。故可判断：该脱硫系统没有对全部烟气量进行脱硫。

第七篇 环境影响评价

第二十四章　企业环境报告书

第一节　企业环境报告书的意义

一、企业环境报告书的发展

21世纪被称为“环境的世纪”，这意味着在21世纪，人类在坚持可持续发展的同时，为了生存，必须解决环境问题。需要建立行政部门、公众、企业三位一体共同致力于的“三元管理”机制，由企业带头自觉贯彻环境管理，公开发布工作信息，并向行政部门、公众积极通报；而行政部门、公众则通过上述信息，在监督企业行为的同时，对其中优良的企业给予鼓励和支持；这些优良企业在行政部门和公众的支持下，不断发展壮大，进入可持续发展的良性循环模式。

“企业环境报告书”作为企业与外部之间的一种有效信息交流工具，其首要功能是向利益相关者提供企业环境信息，促进企业与外界的交流，履行企业的社会责任。企业环境报告制度在国外已经有30多年的发展历程，尤其是在20世纪90年代，国际环境管理体系认证工作的快速发展为企业环境报告书的发展提供了广阔的空间。1998年6月，在日本环境省的支持下，设立了民间组织“环境报告书协会”，目前已有约200家企业团体参加。在政府和民间的共同努力下，发表环境报告的企业迅速增加。据日本环境省调查，1997年在被调查的企业中，已有167家（6.5%）企业发表了企业环境报告，到2003年则猛增到743家（26.5%）。2000年，日本环境省及时组织企业家专家学者总结前期成果，借鉴国际经验，制定了《环境报告书指南2000年度版》于2001年2月正式发布，2001年6月日本经济产业省也发布了《利害关系者重视的环境报告指南2001》，这样，日本环境报告从最初的自发公布开始向制度化、标准化、科学化、普及化的健康轨道迅速发展。进入2003年，日本环境省对于2000版环境报告指南进行了修订，2003年3月发布《事业者的环境表现指标（2002年度版）》和《环境报告指南（2003年度版）》，为提高环境报告的可比性和可信性，引入了环境报告的审查登录制度，只有基本具备规定的环境报告结构内容的企业环境报告，才给予登录。并且制定了《环境报告书审查基准》，作为环境报告审核机构的标准。2004年6月2日日本国会公布了《关于为促进提供环境信息的特定组织环境经营的促进法案》，将披露公布环境信息上升为法律。

美国实施的《超级基金修正与重新审核法》通过建立有毒物质排放记录（TRI）重新定义美国企业报告的范围，建立了以生产设备的大气和废水排放以及有害废物使用信息为基础的基本报告体系；荷兰颁布实施环境报告书法案，明确了企业发布环境报告书的法律责任和应发布报告书的企业类型，同时逐步以网络和电子版年度企业环境报告书的形式进行环境信息披露，提高了企业环境报告书数据的可靠性。

从2000年开始，以我国的上海大众为代表的中外合资企业和外商独资企业，如诺维信、朝日啤酒、雅马哈、夏普集团等开始在我国公布包括中国子公司的集团环境报告，这些报告在中国的公布，对于我国的环境报告制度建设和企业自主进行环境报告起到重要的推动和示范作用。而真正首次全面反映中国企业环境信息的环境报告，则是中国石油天然气股份有限公司2001年公布的2000年环境报告，报告中承诺，作为制度今后每年公布环境报告，开了我国企业环境报告的先河。2003年6月，国家环保总局发布了101号文件，要求准备上市和增资上市的相关企业必须披露相关环境信息。这一制度推行以后，许多企业进行了环境信息的公布披露。2004 年宝山钢铁股份有限公司也自主公布了 2003 年度企业环境报告，该公司是继中国石油之后的第 2 个全面报告环境信息的企业。中国石油天然气股份有限公司和宝山钢铁股份有限公司都是我国优秀的上市公司，而他们的控股公司，中国石油集团和宝山钢铁集团公司在我国基础产业中有着举足轻重的地位。这两个企业率先公布环境报告，其引领和表率作用不可小视。2007 年 5 月 1 日我国开始实施了《环境信息公开办法》，该办法强制环保部门和污染企业向全社会公开重要环境信息，为公众参与污染减排工作提供了平台。2011 年 6 月，我国参考日本《环境报告指南（2003 年度版）》发布了《企业环境报告书编制导则》（HJ 617—2011），为企业发布环境报告提供有效的技术支持，提高可操作性。

二、企业环境报告书的定义

1. 我国定义

根据《企业环境报告书编制导则》（HJ 617—2011）：企业环境报告书主要反映企业的管理理念、企业文化、企业环境管理的基本方针以及企业为改善环境、履行社会责任所做的工作。它以宣传品的形式在媒体上公开向社会发布，是企业环境信息公开的一种有效形式。

2. 日本定义

根据日本《环境报告指南（2003 年度版）》：企业环境报告书是企业遵循报告的一般原则，综合、系统的汇总并向社会定期发布有关产业活动中环境行动方针、目标、活动内容、实际成效以及为此而建立的管理体制；伴随产业活动而产生的环境负荷情况以及所开展的环境保护活动状况的信息披露的载体。

三、企业环境报告书的基本功能

企业环境报告书具有外部（社会的）功能和推动企业自身环境保护活动开展的内部功能。

1. 企业环境报告书的外部功能

作为企业和社会间环境交流的工具，其外部功能有以下三个方面：

（1）企业向社会说明其责任的信息公开功能。作为社会经济活动主体的企业，因其产业活动而产生大量的环境负荷，因此，企业应当承担公开、说明对人类的公共财产——环境产生了哪些负荷，为此采取了哪些削减行动，承担了哪些环境保护活动信息的责任。

（2）为相关方判断选择提供信息的功能。相关方在选择产品或服务以及投资方向时，了解各种产品信息及经营情况是必不可少的，因此要求企业提供相关的有效的判断材料。随着绿色采购的发展，越来越多的企业将会在选择供应商的时候索要有关环境保护状况的信息，环境报告书可以作为相关方的说明资料使用。

（3）通过与社会的承诺推进企业环境活动的功能。企业通过环境报告书将其产业活动中的方针和目标向社会公开承诺，社会依此对其实施状况进行评价，由此可以推进企业环境活动扎实深入开展。

2. 企业环境报告书的内部功能

企业可以通过这个窗口，了解相关方对自己有什么要求和印象。

（1）自身环境保护活动相关的方针、目标、行动计划制定、评审的功能。

（2）促进经营者及员工的环境意识、行动的功能。为了使员工了解环境保护行动的内容，提高环境意识，可以把环境报告书作为员工培训的工具；同时，随着员工了解和参与相关活动，使员工对其所在的企业抱有强烈的自豪感。

四、编制企业环境报告书的意义

1. 有利于我国企业经济转型、实现可持续发展企业是社会经济发展的主体，企业可持续发展必须与社会、经济和环境可持续发展相协调。我国企业通过编制环境报告书如实地公开环境信息，既可以使公众充分了解企业的生产过程对环境产生的影响，也可以督促企业在生产经营过程中自觉地保护环境，防治污染，开展清洁生产，节约能源与资源，实现经济、社会与环境的可持续发展。

2. 促进企业环境信息公开，促进企业承担社会责任，同时为企业自身生存发展提供动力

通过规范企业环境报告书，能有效促进企业环境信息公开，促进企业对其经济、环境和社会业绩进行透明、公正、准确的披露，并确保将环境信息全面、及时地传递给公众。同时，企业环境报告书的发布及企业环境报告制度的推广能使公众对不同企业的经济、环境和社会业绩进行比较，有效地促进企业不断完善环境管理，勇于承担社会责任。

随着全球环境问题的日益突出，公众对企业的信息需求已不再局限于企业的生产能力和经济效益，而是更加关心企业环境友好性。《企业环境报告书》的发布可使公众详细了解企业的环境行为，环境表现好的企业在公众中能树立良好的形象，得到公众认可，社会竞争力提高。环境表现差的企业为了挽回消费者和投资者的信心，必然会促使企业投入更多的资金改善生产工艺，控制污染物排放，在改善企业形象的同时实现企业的可持续发展。

3. 为政府环境管理提供依据

当前，环境污染事故频繁发生，环境投诉不断增多，环境问题已经成为引发社会矛盾的主要因素之一。为建立企业环境信息公开制度，国家先后颁布了《中华人民共和国清洁生产促进法》、《中华人民共和国环境影响评价法》、《环境信息公开办法（试行）》、等一系列法律法规及政府规章，但这些法律法规和政府规章并未对一般企业环境信息公开形式和公开内容作出具体规定。《企业环境报告书编制导则》（HJ 617—2011）可为上述法律法规和政府规章的实施提供有效的载体。

另外，企业环境信息的公开有助于政府和企业间沟通，有助于政府将以指令性和强制性为主的环境管理方式，转变为以行政指导为主、市场管理和公众监督的三位一体的管理体系。

4. 为公众参与环境监督提供渠道，推动公众参与企业环保活动

随着我国环保事业的逐步推进，公众参与环保的深度和广度不断加强。但由于缺乏有效的制度保障，企业的环境信息对谁公开、公开什么、如何公开等一系列问题一直阻碍着企业环境报告制度的发展。公众由于缺乏相应的参与途径，其参与热情难以转化为环境保护强有力的推动力量。企业环境报告书成为企业与公众交流的桥梁，促进了企业自主环保、政府积极引导和公众广泛参与三元环境管理机制的形成，实现公众对企业环境行为进行有效的监督和管理。

另一方面，只有企业将环境信息公开，公众才能了解企业哪些行为对环境有负面影响，才能对企业的环境行为进行有效的监督，从而参与到企业环境管理当中，克服单纯政府环境管理制度所造成的弊端。

5. 促进我国和谐社会建设

近年来，随着我国工业化、城市化建设步伐的加快以及广大公众环境意识的不断提高，空气污染、水污染、噪声等影响公众健康和生活质量的环境问题正在成为环境信访的焦点。企业环境报告书为广大公众提供了企业详细的环境业绩信息，有利于反映企业的环保公众形象，建立起企业与公众之间的沟通与交流平台，不断消除企业和公众之间的误解，营造一个良好的社会氛围，促进我国和谐社会的建设。

第二节 企业环境报告书的编写

企业环境报告书分封面、扉页、目录和正文。

封面一般为企业巨幅彩色照片和“20××年度环境报告书”字样。

扉页一般为企业关联图，关联图中间为企业，外面为企业关联方，最外层是企业目的，例如某华能发电厂企业关联图见图 24-1。

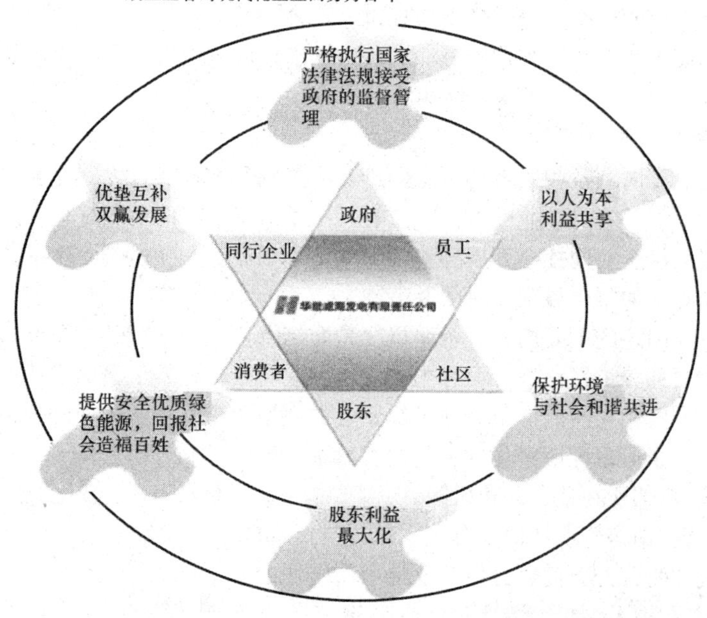

图 24-1 某华能发电厂企业关联图

企业环境报告书正文内容包括：

1. 高层致辞

高层致辞是指企业首席执行官或职位相当的高层管理人员在结合自身行业、产业特点的基础上，概括性地阐述企业环境管理理念、生产经营业绩、企业目前的环境状况及未来目标等信息。高层致辞应阐述的主要内容包括：

（1）对全球或地区环境问题、企业开展环境经营的必要性和企业可持续发展重要性的认识；

（2）企业环境经营方针及发展战略；

（3）结合行业及产业特点概述企业开展环境经营的主要途径及目标；

（4）向社会做出关于实施环保行动及实现期限的承诺；

（5）企业在经济、环境和社会业绩责任方面所面临的主要挑战及对未来企业发展的影响；

（6）致辞人的签名。

例如某公司高层致辞内容如下：

环境和资源问题已经成为全球关注的焦点和经济社会发展的瓶颈。作为华能集团下属大型企业和威海市最大的火电厂，多年来，我公司牢固树立大局意识和责任意识，始终切实认真履行企业环保责任、安全责任和社会责任；在为社会提供强劲电力支撑的同时，清洁生产、环境保护迈上了新的更高台阶。到2014年底，我公司4台火电机组将全部完成烟气脱硫改造、脱硝改造，降低大气污染物排放量30%以上。在“十二五”期间，我公司将严格遵守国家和地方环保法律法规，紧紧依靠严格管理，完善节约环保机制，加强技术创新，加快实施重要环保技术改造，不断提高资源利用效率，最大限度减少资源消费和污染物排放，为社会提供优质、可靠、清洁的电能，为推动经济、社会、环境全面协调可持续发展做出更大贡献。

高层致辞一般位于企业环境报告书的开篇处，是企业首席执行官或职位相当的高层管理人员对企业一年来生产经营、环保活动进行的概括性阐述，这种声明在某种意义上确定了报告的基调。作为企业高层领导，其陈述是代表企业向社会及利益相关者做出了关于服务社会、保护环境的承诺，也是企业勇于承担其社会责任，主动进行环境经营，提高企业经济、环境和社会绩效的集中体现，对整个企业的生产经营、环境管理也会有极大的促进作用。

高层致辞之前应先给出高层管理者近期工作照，高层致辞内容之后是高层管理者签字和签字时间。高层致辞包括工作照，至少为一页内容。

2. 企业概况和第三方验证

企业概况说明主要向利益相关者提供有助于其决策的基本信息，尤其是企业经营业绩及行业概况等内容，使利益相关者对企业的整体定位有一个基本了解，能够更好地理解和评估报告的其他部分；同时也提供了企业同社会开展环境信息交流所需信息（如企业的联系方式），并说明了整个报告的基本要点（如报告界限、时限及范围）。

（1）企业概况应阐述的主要内容。企业概况是介绍企业经济业绩的主要部分，也是提供整个报告背景信息的主要部分。在该部分内容中，应对企业所属行业、从事的产业活动及规模予以清晰的表述，从而使利益相关者能够更好地了解企业的环境负荷及应采取的环保措施，并与同行业其他企业进行比较。企业概况应阐述的主要内容如下：

1）企业名称、总部所在地、创建时间。

2）企业总资产、销售额或产值；员工人数，包括直接员工人数和间接员工人数（间接员工包括受雇于分包商、特许经营商、合资企业及附属企业的员工）。

3）企业从事的行业及规模、主要产品或服务。

4）企业经营理念和企业文化。

5）企业管理框架及相关政策。

6）员工对企业的评价（配职工照片）。

7）在报告时限内企业在规模、结构、管理、产权、产品或服务等方面发生重大变化的情况。

该部分涉及很多企业基础数据信息，如企业总资产、产品生产和销售额、员工人数等，在表述这些信息时应明确说明数据统计的截止时间（至少5年），相关者进行比较。该部分第1）、2）、7）是必须披露的基本指标，在介绍时建议采用通俗、易懂、直观的方式，如用图表或框图等形式阐述企业概况。

（2）第三方验证情况。第三方验证（必要时）指除企业及其利益相关者之外的独立专家学者或有影响力的个人及组织按照“公平、公开、公正”的原则，对企业环境报告书编制过程和报告内容进行审核和监督的行为，第三方验证结果一般刊载在企业环境报告书中，旨在提高企业环境报告书的可信性。

3. 环境管理状况

（1）环境管理结构及机制应阐述的主要内容。

环境管理结构及机制主要包括企业为贯彻其环境方针，实现既定环保目标而建立的环境管理机构数量、主要采取的环保机制及企业ISO 14001认证和清洁生产审核等信息。环境管理结构及机制应阐述的主要内容如下：

1）企业管理结构：企业管理结构图、分支机构数量、管理机构职能或责任及管理人员数量。

2）企业环境管理体制：企业内部环境管理体系建立情况，各部门权限及责任分工情况，环境监察员设置，管理体系运转流程图（某电厂环境管理组织机构见图 24-2），企业规定的环境管理制度及实施状况。

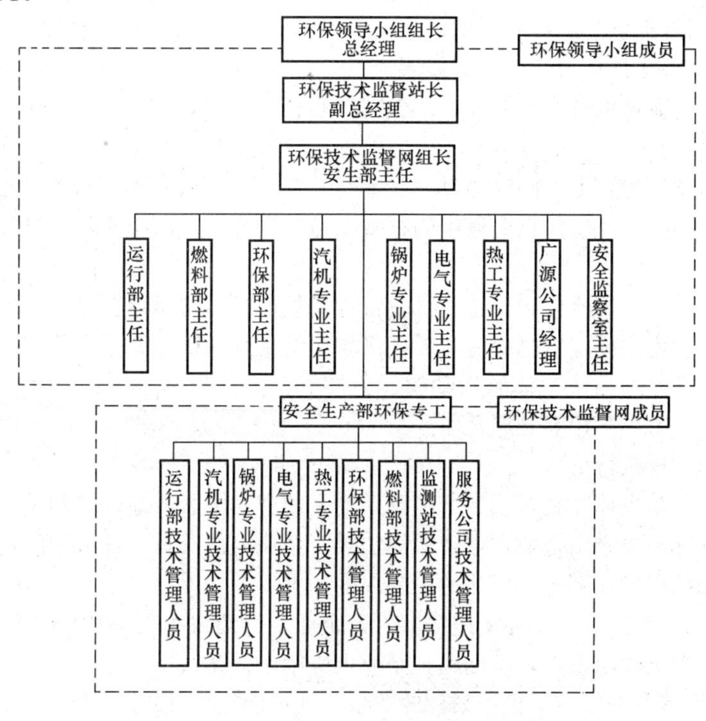

图 24-2 某电厂环境管理组织机构

3）企业环境经营项目：描述企业进行环境经营的领域及实施项目。环境经营指企业生产经营适于环境保护或有利于降低环境负荷的商品以及提供环境保护方面服务的经营活动。

4）企业进行 ISO 14001 认证及实施状况。如果企业是以分支机构为单位进行认证，应说明已获得 ISO 14001 认证的分支机构数量、所占机构总数比例和人员数量比例及通过认证时间；企业开展清洁生产的工作情况及绩效。

5）企业环境标志及意义说明；企业环境标志产品认证情况。

6）与环保相关的教育及培训情况；获得各级政府部门和行业协会颁发的环保荣誉和奖励情况。

环境管理体系的建立和完善是目前我国企业普遍面临的一个问题，企业只有建立了完善的环境管理体系，才能够结合企业特点制定明确的环保方针，有效收集环境统计数据，制定切实可行的环保措施，并实现企业的可持续发展和对地区环境的保护。第 2）、4）、6）条是必须披露的基本指标。环境管理的组织机构采用框图的形式表现出来。

企业环境经营项目包括防止气候变暖、资源有效利用、有毒有害化学物质管理、自然生态环境保护 4 个方面的环保活动。

（2）环境信息公开及交流情况应阐述的主要内容。

环境信息公开及交流情况主要描述在报告时限内，企业与利益相关者进行环境交流的情况。应阐述的主要内容如下：

1）企业公布环境信息的方式（例如发布企业环境报告书，网站发布信息或者召开环境信息发布会等方式）；

2）企业与利益相关者进行环境信息交流的方式、次数、规模和内容等情况，同时介绍通过交流获得的重要信息，企业如何处理这些信息等情况；

3）企业与社会有关部门合作开展的环保活动情况；

4）企业对内对外提供的环保教育项目；

5）公众对企业环境信息公开的感受或评价。

企业通过发布企业环境报告书和开展环保宣传教育等形式，积极有效地开展环境信息交流，对获得社会信赖、利益相关者的支持有着巨大的现实意义。利益相关者从该部分内容不但可以看到企业在环保方面做出的努力，同时通过积极参与，利益相关者也可以体会到自身的环保责任。另外，通过利益相关者在环境信息交流中的积极参与，也可以提高企业环境报告书的可信性和可验证性。

与利益相关者的信息交流情况随企业行业特点及规模的不同而存在差异，因此有必要结合各自的特点进行富有特色的环境信息交流活动，例如造纸企业可以开展公众参与的人造林活动，家电生产企业可开展环保产品研发体验活动等。另外，企业在开展环保活动时，应积极同环保团体、环保行政部门、中小学校等开展合作。第1）、2）、5）条是必须披露的基本指标。

（3）相关法律法规执行情况。

企业作为社会活动主体，其各项生产经营活动必须遵守国家或地区的相关环境法律法规。相关法律法规执行情况主要介绍企业在遵守法律法规、企业内部及具有环境检测资质的机构对企业排放污染物的检测情况。该部分应阐述的主要内容如下：

1）最近3年如果发生过严重环境违法事件，企业应介绍发生的原因及采取的补救措施；对主要产品或服务等曾出现的重大环境问题，企业也应给予披露。

2）企业与环境有关的信访、投诉案件的数量、处理措施与方式。

3）具有环境检测资质的机构对企业排放污染物的检测结果及评价。

4）企业应对环境突发事件的应急措施及应急预案（必要时包括事故应急池建设情况）。

5）企业新建、改建和扩建项目环境影响评价审批和“三同时”制度执行情况。

6）企业生产工艺、设备、产品与国家产业政策的符合情况。

对一般利益相关者来说，该部分是企业在生产经营过程中对环保工作的重视程度最直观、最直接的反映，因此本部分所有内容都是必须披露的基本指标。企业应全面、真实地介绍这部分内容，尤其是各种违法事件、事故、信访等信息及针对这些生产经营漏洞所采取的具体措施。对该部分内容的披露，不但不会影响公众对企业的信赖，相反可以提高企业的声誉。

4. 环保目标

（1）环保目标及完成情况。

环保目标及完成情况主要是对企业上一个财政年度环境业绩进行全面总结和分析，并公布企业下一个财政年度环保目标和企业长期环保目标。该部分应阐述的主要内容如下：

1）对上一年度企业制定的环保目标及完成情况进行量化说明；

2）完成年度环保目标所采取的主要方法与措施；

3）制定企业下一年度环保目标；

4）将企业报告时限内环境绩效与之前财政年度进行比较（首次编写报告书的企业应至少比较过去3年的环境绩效）。

该部分建议采用一览表的形式列出企业环境经营项目及对应的细分指标项目，并针对每个指标总结、评价上一个财政年度企业环保目标完成情况，说明企业为完成年度环保目标所采取的主要方法与措施；最后根据对上一个财政年度的相关分析，列出下一个财政年度企业各项环保目标，某发电厂环境目标见表24-1。

表24-1　　某发电厂环境目标

项目	项目名称	单位	2013年实际情况	2013年计划指标	2013年完成情况	2014年计划指标
资源投入指标	发电量	亿kWh	111.28	110	完成	115
	发电厂用电率	%	4.61	5.20	完成	4.60
	发电煤耗率	g/kWh	295	300	完成	293
	耗油量	t	543	600	完成	550
	发电耗水量	万t	121	130	完成	130
	发电水耗	g/kWh	110	130	完成	100
污染物产生与处理指标	二氧化硫排放量	t	3988	4000	完成	5000
	氮氧化物排放量	t	11 320	12 000	完成	11 000
	烟尘排放量	t	1856	2800	完成	2400
	COD排放量	t	不外排	不外排	完成	不外排
	工业废水处理回用率	%	100	100	完成	100
	生活污水处理回用率	%	100	100	完成	100
	粉煤灰综合利用率	%	100	100	完成	100
其他	略					

在目标制定过程中，应结合行业特点及目前技术水平制定切实可行的目标；在表述目标完成情况时，应尽可能使目标量化、具体化，同时采用易于理解的方式对目标完成情况进行具体阐述。

针对环境经营项目和环保指标项目，企业采取的环保措施应涉及企业生产经营活动的全过程，不仅包括企业生产或服务活动，还应覆盖原材料及零部件的采购、运输、产品或服务的使用、废旧产品回收等绿色产业链的上游和下游。原则上建议每个企业都应结合自身生产经营特点提出自己的环保目标。本部分所有内容都是必须披露的基本指标。

（2）物料平衡分析。

企业作为一个开放性的系统，不仅是一个产品产出系统，同时也是一个环境产出系统。作为产品产出系统，企业投入了资源与能源，生产出产品；作为环境产出系统，企业在生产产品或服务过程中也向环境排放了废气、废水和固体废物。物质流分析是指企业为使利益相关者能够从整体上把握企业的生产经营及环境影响状况，对生产、经营活动各个环节进行环境影响分析，使企业和利益相关者把握企业资源消耗和污染物排放的状况，以便企业对今后在能源和其他材料的采购、节约、循环利用等工作中进行适当调整，不断强化环境管理，降低各环节的环境负荷；让利益相关者把握企业在资源与能源的投入、环境负荷排出、产品产出等方面的情况。该部分应阐述的主要内容如下：

1）企业生产经营过程中原材料、燃料、水、化学物质、纸张及包装材料等资源和能源的消耗量；

2）企业产品或服务产出情况及废旧产品的回收利用情况（按产品总质量计算）；

3）企业生产经营过程中废气、废水、固体废物的产生及处理情况，主要污染物二氧化硫和化学需氧量的处理及排放情况；

4）能源消耗产生的温室气体排放量。

该部分建议采用图表的方式介绍企业物料平衡及流动情况。在表述企业生产经营过程中水资源消耗量时，要说明新鲜水、循环用水等物料的主要来源；在表述能源消耗量时，要明确表述能源投入的类型（风能、太阳能、电能、石油、天然气等），同时要标明各自单位（为了印刷美观，可以使用中文单位名称）。第1）、3）、4）条是必须披露的基本指标。某发电厂物料平衡分析见图24-3。

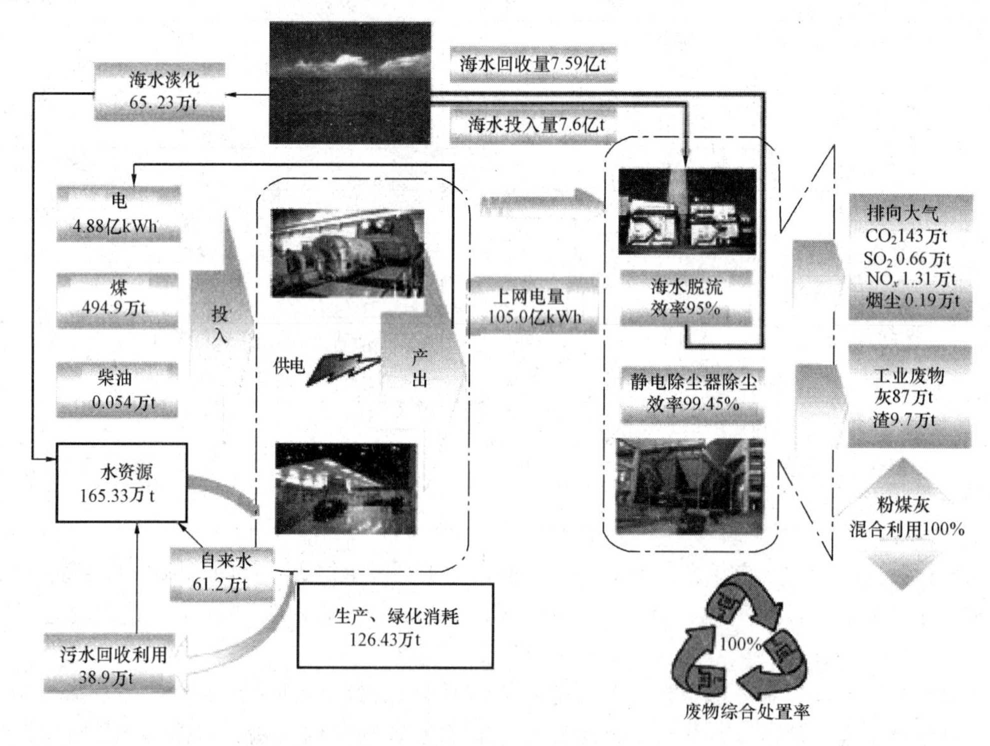

图24-3 某发电厂物料平衡

（3）环境会计。

指对企业的环境资产、生产活动中环保成本和环境绩效等进行核算与监督的会计方法，主要是指环保投资与分析。环境会计主要阐述企业进行环境经营、环境治理项目、开展环保活动的成本，及通过这些活动取得的环境效益、直接或间接经济效益。该部分应阐述的主要内容如下：

1）生产经营过程中环境管理费用，包括实施清洁生产的费用、ISO 14001认证的费用、环境友好产品研发费用、环保教育及培训等相关环保活动费用；

2）企业实施大气污染防治技改项目、新建大气污染治理设施费用；

3）企业防止地球温室效应费用；

4）企业实施资源保护费用。

环境会计的信息以表格的形式予以介绍。表格标题行内容包括上述四种环境会计项目、具体分项目、分项目投入资金、效益。在阐述环境会计部分内容时，应使用量化数据，对于相关环境效益可适当加以定性说明。企业开展环境经营过程中，通过分析环保成本与取得的经济和环境效益的关系，确定恰当的经营决策，可以引导企业进一步提高环境经营水平，有效开展环保活动；

此外，对环保投资与分析信息的披露，也使利益相关者能正确理解企业环保活动情况并予以客观评价。

5. 降低环境负荷的措施及绩效

(1) 与产品或服务相关的降低环境负荷的措施。

随着公众环保意识的不断提高和绿色消费的兴起，消费者在购买产品时已不再仅仅局限于对产品的性能、品质和价格的关注，同时也开始关注产品的耗电量、是否含有对人体有毒有害的化学物质、产品报废后能否回收利用等环保相关的各种要素。因此，应在企业环境报告书中披露企业的相关环保研发活动及取得的成果等内容。鼓励企业围绕防止气候变暖、资源节约、有毒有害化学物质替代、自然生态环境保护四个方面介绍企业在环境友好技术及产品的相关研发情况。该部分应阐述的主要内容如下：

1) 环境友好生产技术、作业方法、服务模式的研发状况如下；

2) 产品研发过程中生命周期评价；

3) 企业对环境友好产品的定义及标准；

4) 在产品节能降耗、有毒有害物质替代等方面的研发情况；

5) 举例说明产品或服务在节能、节材、模块化设计、可再生资源利用等方面取得的成就及产生的环保效果；

6) 产品或服务获得的环境标志认证情况等；

7) 环境标志产品的生产量或销售量。

产品或服务是企业形象的载体，其环保程度也是企业承担社会责任的体现。因此，企业应努力减少在生产及销售过程中产生的环境负荷，这也是建立资源节约型和环境友好型社会的重要内容。第 4) 条是必须披露的基本指标。

由于企业产品或服务的种类是多种多样的，因此在表述该部分内容时，企业应结合自身的行业特点、规模及产品特点阐述在环境友好技术及产品研发方面所采取的措施、取得的成果及产生的环境效益等。例如，冰箱生产企业可重点介绍产品在节能降耗、有毒有害化学物质替代方面取得的成就；洗衣机生产企业可重点介绍在节能、节水及降耗方面的研发成果。对于某些特殊行业，例如银行、证券、学校等服务型行业，大多数情况下并不直接从事生产活动，在表述该部分内容时，应更多结合自身行业特点来考虑所提供的服务对环境可能产生的影响。如金融机构在投融资时应考虑相关方的绿色形象等问题。

(2) 废旧产品的回收利用。

从物质流分析的角度看，产品的生产总量，或销售总量以及废物的排放总量均是表述整个系统输出的重要指标，因此，除在企业环境报告书中阐述企业在报告时限内产品生产总量，或销售总量及环境标志产品在其中所占比例之外，还应根据生产者责任延伸制度披露报告时限内企业回收废旧产品、包装材料的情况。该部分应阐述的主要内容如下：

1) 产品生产总量或商品销售总量；

2) 包装容器使用量；

3) 废旧产品及包装容器的回收量。

随着循环经济在国内的广泛开展、法律法规的不断完善以及欧盟《关于报废电子电气设备指令》(WEEE) 的实施，生产者责任延伸制度的不断强化，企业应该逐步开展废旧产品及包装容器的回收工作，并在企业环境报告书中披露相关内容。第 1)、3) 条是必须披露的基本指标。

(3) 能源消耗量及削减措施。

企业的正常运行离不开能源的供应，企业在大量使用石油、天然气、煤等化石燃料的同时，也向大气排放了大量导致地球变暖的温室气体。能源的高效利用产生节能减排的效果。该部分应阐述的主要内容如下：

1）能源消耗总量；

2）能源的构成及来源；

3）能源的利用效率及提高措施。

第（3）项所有内容都是必须披露的基本指标。能源消耗总量是指投入到企业生产经营活动中的煤、石油等各种燃料消耗量的总和，化石燃料包括煤、煤油、重油、汽油、轻油、城市燃气等。削减措施项目都要简单介绍一下项目概况和效果，并配有施工照片、设备投运后的运行照片，增加可信度。每个项目内容（包括照片）至少占一页内容。

（4）温室气体排放量及削减措施。

温室气体排放量及削减措施主要阐述了企业温室气体排放量、产生来源及削减措施等内容。该部分应阐述的主要内容如下：

1）温室气体产生种类、排放量；

2）削减温室气体排放量的措施，包括可再生能源的开发及利用情况。

第（4）项所有内容都是必须披露的基本指标。温室气体是指《京都议定书》所列的二氧化碳、甲烷、氧化亚氮、氢氟碳化物、全氟化碳和六氟化硫共6种气体。

温室气体排放量是指企业生产经营活动中所产生温室气体排放量的总和，通常情况下要将排放总量换算成二氧化碳排放量，最后以吨（t）为单位表示。当其他温室气体产生量很少时，可以只表述二氧化碳的排放量。当考虑其他温室气体时，应阐明其产生的主要工艺来源。在计算温室气体排放总量时，首先计算出各种温室气体的排放量，再分别乘以气候变暖系数换算成二氧化碳，最后累加得出温室气体排放总量；在计算二氧化碳排放量时，可先将各类能源使用量按照产热系数关系换算成标准煤的使用量，再根据煤的使用量按平均排放系数计算出二氧化碳的排放量，计算公式如下：

$$M_{CO_2} = 2.5B$$

式中 B——标准煤使用量，t；

M_{CO_2}——二氧化碳排放量，t。

温室气体中的二氧化碳主要来自化石燃料的燃烧。企业在削减能源消耗总量的同时，也应积极开发使用包括太阳能、风能、生物质能在内的可再生能源，从而降低二氧化碳的排放量。

（5）废气排放量及削减措施。

废气排放量及削减措施主要介绍二氧化硫和氮氧化物等气态污染物的排放量（吨）及削减措施等相关内容。该部分应阐述的主要内容如下：

1）废气排放种类、排放量及削减措施；

2）废气处理工艺和达标情况；

3）二氧化硫、氮氧化物排放情况及减排效果；

4）烟尘等污染物的排放及治理情况；

5）废气中特征污染物的排放及治理情况（包括重金属）。

第（5）项所有内容都是必须披露的基本指标。

（6）资源消耗量及削减措施。

随着自然资源开采量的逐年增加，资源短缺已经成为制约经济社会发展的瓶颈。作为资源消耗主体，企业如何转变生产模式、提高资源利用率、促进资源的循环利用已成为建设可持续发展社会的焦点。企业应在企业环境报告书中积极披露有关资源消耗总量和削减措施等信息。该部分应阐述的主要内容如下：

1）资源消耗总量及削减措施；

2）各种资源的消耗量及所占比例，水资源的来源、构成比例及消耗量；

3）主要原材料消耗量及削减措施；

4）资源产出率及提高措施；

5）资源循环利用率及提高措施，水资源的重复利用率及提高措施。

第（6）项所有内容都是必须披露的基本指标。资源消耗总量是指不包括能源在内的直接投入到企业生产活动中的物质总和，应在说明资源消耗总量的主要类别、消耗比例的基础上，以吨（t）为单位表述天然资源、循环资源的采购量和消耗量。

资源产出率是用企业销售总额除以物质总投入量表示。循环利用率是用资源循环利用量除以资源投入总量表示，其中循环利用量是指企业将部分自身产生的废物作为资源并加以利用的量，不包括企业内部循环使用的部分。

（7）废水产生总量及削减措施。

企业应当在企业环境报告书中对废水产生量、排放去向、废水水质及削减措施等予以介绍。该部分应阐述的主要内容如下：

1）废水产生总量及排水所占比例；

2）废水处理工艺、水质达标情况及排放去向；

3）化学需氧量、氨氮排放量及削减措施；

4）废水特征污染物排放量及削减措施（包括重金属）。

第（7）项所有内容都是必须披露的基本指标。

（8）固体废物产生及处理处置情况。

人类在获得产品满足自身需求的同时，也排出了大量的固体废物，不仅占用土地，污染水源地，释放有害气体，而且严重影响生态环境和人类健康。因此，企业在企业环境报告书中应介绍企业固体废物产生及最终处置情况。该部分应阐述的主要内容如下：

1）固体废物产生量及削减措施；

2）固体废物循环利用量及最终处置量；

3）固体废物构成及处理处置方式，包括相关管理制度情况；

4）危险废物管理情况。

第（8）项所有内容都是必须披露的基本指标。废物一般分为一般废物（生活垃圾）、工业废物（工业垃圾）及危险废物，在介绍固体废物产生总量时应按照类别分别予以介绍。在阐述该部分内容时，除介绍各类废物产生量之外，也应重点介绍固体废物的不同处置方式及各种方式（焚烧、填埋等）的最终处置量。

（9）有毒有害化学物质管理。

多种多样的化学物质被现代制造业广泛使用，如果不对这些化学物质的制造、运输、使用及废弃各阶段实施有效的管理，则会产生环境污染，对生态环境和人体健康产生潜在的影响。因此，企业在环境报告书中应披露化学物质购入量、使用量、迁移量、排放量等信息。该部分应阐述的主要内容如下：

1）购入量、产生量、使用量、迁移量、排放量及种类明细；

2）减少危险化学品向环境排放的控制措施，及持续减少有毒有害化学物质产生的措施；

3）运输、储存、使用及废弃等环节的环境管理措施。

第（9）项所有内容都是必须披露的基本指标。企业应通过规范化学物质的运输、储存、使用、废弃各阶段的管理控制，达到维护生产安全、保护生态环境的目的。国家安全生产监督管理局发布的《危险化学品名录》及国家环境保护部发布的《需重点审核的有毒有害物质名录》已明确规定了各行业在生产经营过程中应重点管理和处置的各类化学物质，在表述化学物质的排放量和转移量时，企业应列出相关的化学物质名称及使用量，并以吨（t）为单位进行表述。

（10）绿色采购状况及相关对策。

随着《环境标志产品政府采购实施意见》和首批《环境标志产品政府采购清单》的公布，企业绿色采购备受社会关注。企业通过对产业链上游的环境管理，不但可以减少有毒、有害化学物质的使用，从源头控制污染，同时也可以提升企业的绿色形象，获得消费者的青睐，同时也可能得到政府的支持。该部分应阐述的主要内容如下：

1）绿色采购的方针、目标和计划；

2）绿色采购相关管理措施；

3）绿色采购现状及实际效果；

4）环境标志产品或服务的采购情况。

企业应结合行业特点介绍绿色采购的状况，介绍企业如何评估、选择供应商等重要内容。此外，如建筑等依托承包方从事土木或建筑工程、机械设备制造活动的企业，应在可行的范围内分别表述自身直接使用原材料的绿色采购状况和承包方使用原材料的绿色采购状况。第1）、3）条是必须披露的基本指标。

6. 与社会及利益相关者关系

企业的利益相关者几乎涉及社会各个领域的个人或团体，与企业关系的差异也决定了各利益相关者所关心企业信息的迥异，如对消费者而言最为关心的是与企业产品或服务和环境标志相关的提示及安全说明等信息，员工则更多地关心劳动环境等方面的信息。对企业所在地的市民而言，企业污染物排放、有毒有害化学物质管理、企业参与地区的环保活动是他们更为关心的问题。该部分内容按照企业所面向利益相关者的不同而划分，分为企业与消费者、企业与员工、企业与公众、企业与社会四部分内容。

（1）与消费者的关系。主要介绍产品或服务信息和环境标志相关的提示及安全说明。

（2）与员工的关系。主要介绍企业完善员工劳动环境安全或卫生的方针、计划及相关行动。

（3）与公众的关系。主要介绍企业与公众相互交流活动情况，企业为地区所做的环保工作及取得的成绩。

（4）与社会的关系。主要介绍企业参与的环保社会公益活动及所取得的成绩。

第（3）项是必须披露的基本指标。

7. 第三方验证情况

第三方验证（必要时）指除企业及其利益相关者之外的独立专家学者或有影响力的个人及组织按照“公平、公开、公正”的原则，对企业环境报告书编制过程和报告内容进行审核和监督的行为，第三方验证结果一般刊载在企业环境报告书高层致辞之后，或者企业环境报告书正文内容结束之后（参见图24-4《海尔环境报告书2011》第三方验证），旨在提高企业环境报告书的可信性。

8. 企业环境报告书编制说明

企业环境报告书编制说明应在目录页的右下方（参见图24-5《海尔环境报告书2011》编制说明），或者在封皮处介绍编制说明。编制说明是对整个企业环境报告书基本要点的说明，具体包括报告界限、时限、编制依据及采用指标等信息。编制说明应阐述的主要内容如下：

（1）报告界限：对结构复杂的企业，即由多个分支机构组成的企业，应明确企业环境报告书

第三方话海尔

金鉴明

中国工程院 院士

海尔集团连续七年发布环境报告书，向世界公开环境信息，展示其承担节能减排、环境保护责任所作的努力以及探索企业可持续发展的实践形式和成果，是中国企业的典范。

图 24-4 《海尔环境报告书 2011》第三方验证

内容是否涵盖各分支机构的信息。

（2）报告时限：明确企业环境报告书所提供信息的时间范围、企业环境报告书发行日期及下次发行的预定日期。报告周期原则为一个财政年度，所采集信息主要来自上一个财政年度企业的相关活动。如果某项环保措施的完成周期超过一年，企业应对项目完成后可能取得的效果或达到的目标予以披露，并注明数据的不确定性及原因。

（3）用以保证和提高企业环境报告书准确性、完整性和可靠性的措施。

（4）编制人员及联系方式（电话、传真、电子邮箱及网址）；意见咨询及信息反馈方式。

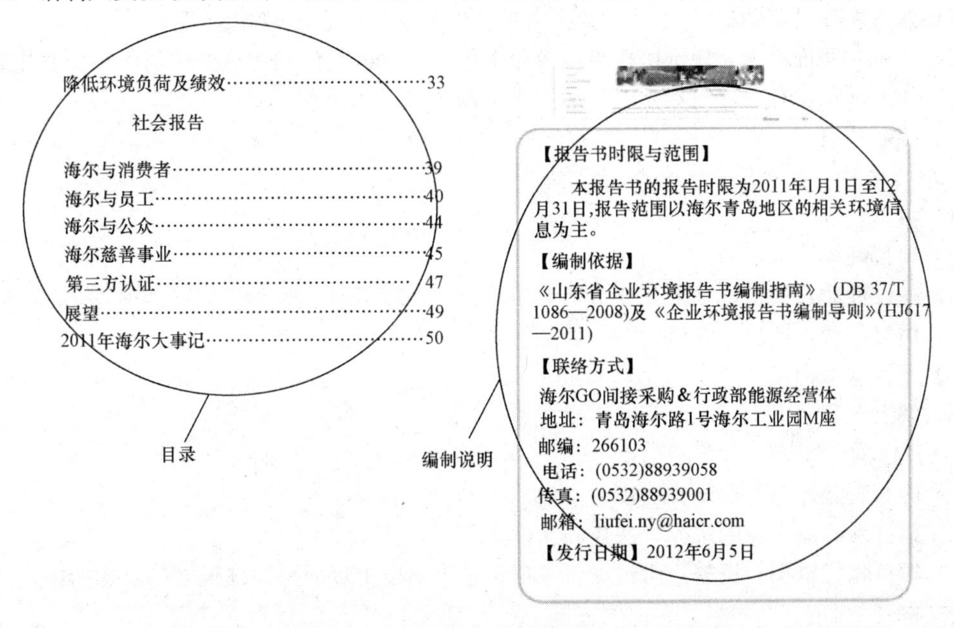

【报告书时限与范围】

本报告书的报告时限为2011年1月1日至12月31日，报告范围以海尔青岛地区的相关环境信息为主。

【编制依据】

《山东省企业环境报告书编制指南》（DB 37/T 1086—2008）及《企业环境报告书编制导则》（HJ617—2011）

【联络方式】

海尔GO间接采购&行政部能源经营体
地址：青岛海尔路1号海尔工业园M座
邮编：266103
电话：(0532)88939058
传真：(0532)88939001
邮箱：liufei.ny@haicr.com

【发行日期】2012年6月5日

图 24-5 《海尔环境报告书 2011》编制说明

第二十五章　环境影响评价

第一节　环境影响评价书的编制规范

环境影响评价（简称环评）是指对规划和建设项目实施后可能造成的环境影响进行分析、预测和评估，提出预防或者减轻不良环境影响的对策和措施，进行跟踪监测的方法与制度。

环境影响报告书是指对建设项目进行环境影响评价后形成的书面文件，内容有项目概况、环境现状、环境影响、环保措施、经济论证等。环境影响报告书主要是预测和评价建设项目对环境造成的影响，提出相应对策措施。由建设项目承担单位委托评价单位编写，环境保护行政主管部门审批。根据《火电厂建设项目环境影响报告书编制规范》（HJ/T 13），环境影响评价书应包括如下内容：

一、前言

简述业主新项目前的已有工程，简述由来、性质、规模、项目中主要的环保设施，可研单位、委托单位、评价单位、评价协作单位及分工情况。评价单位和评价协作单位接受委托后进行的主要工作。环保及有关部门对项目环境报告书的技术评估情况。

二、编制依据

1. 项目名称、规模及基本构成

（1）项目名称。

（2）项目规模。

（3）建设性质：如扩建（或新建、上大压小等）。

（4）项目位置：项目地理位置图，厂址及灰场具体位置图。

（5）项目基本构成。

填写现有工程和上大压小工程基本组成表。

2. 编制依据

（1）国家有关环保的法律、法规和文件。

（2）地方性有关环保的法律、法规和文件。

（3）项目相关申报、批复、协议材料（项目建议书及批复文号，环保部门对本期工程的批复和有关文件）。

（4）环评技术规范（标准名称、标准号）。

3. 评价目的、指导思想和评价重点

（1）评价目的：提出污染物总量控制措施及减轻或防治污染的建议，为扩建工程环保设施的设计和环保部门提供决策依据。

（2）指导思想：贯彻国家产业政策、城市总体规划、环境功能要求、清洁生产和循环经济、达标排放的原则，提出技术可靠、经济合理的环保措施。

（3）评价重点：以大气环境影响、海洋环境影响、噪声环境影响和风险评价作为评价工作重点，注重公众参与意见。

4. 评价因子、评价等级和评价范围

（1）评价因子：电厂对环境的影响主要表现为废气、废水、灰渣、噪声以及煤码头运营期产生的煤粉尘等，应列表说明主要污染源、环境因素和污染因子。

（2）评价等级：根据《环境影响评价技术导则》的要求及工程所处地理位置、环境状况、所排污染物量、污染物种类等特点，确定本期工程环境影响评价等级。

（3）评价范围：环境空气、海洋、地下水、噪声、电子辐射等项目的评价范围边界。

5. 环境敏感区域和保护目标

主要根据环保部门的文件和环评大纲中的规定，从大气、水体、声学、生态等环境要素，以及国家或地方政府批准的自然保护区、人文遗迹等方面考虑。用表列出重点保护目标。

6. 评价标准

（1）环境质量标准：标准名称、标准号，空气、海水、地下水、废气、噪声的环境质量标准值及其分级。

（2）污染物排放标准：标准名称、标准号，二氧化硫、烟尘、氮氧化物、废水的最高允许排放限值。

三、电厂概况及工程分析

1. 现有电厂概况

本部分针对扩、改建工程而设。包括厂址地理位置概述、占地概要（简要描述现有电厂厂区、生活区、灰渣场、煤场等占地面积及与本期工程的关系）。

2. 现有工程分析

（1）现有工程平面布置：绘制现有电厂平面布置图，应重点画出电厂主要设备和构筑物，并特别注意画出报告书中提出的主要污染治理设施，图中应标明比例尺、方向，并列出主要设备和构筑物一览表。

（2）生产工艺：绘制现有电厂工艺流程图，流程图应围绕电厂主要污染物产生、流转、治理、排放的过程进行绘制，图中应包括燃烧系统、汽水系统和发送电系统，图中应反映出设备表中的主要设备和环保设施。

（3）现有工程环保竣工验收情况，列表说明现有污染源、污染物、环保治理设施、污染物排放去向。

（4）现有工程燃料：现有工程燃料运输及消耗量。

（5）现有工程水源：现有工程水源取水口及消耗量。

（6）现有工程灰渣储存场。

（7）现有工程存在的主要环保问题：从三个方面论述，一是污染物排放是否满足排放标准；二是污染治理方案是否符合现行的技术政策，是否需要结合本期工程一同综合治理；三是公众对电厂环境保护方面的意见，主要从环保部门了解。

3. 拟建工程分析

（1）拟建工程基本情况。

（2）项目建设的必要性。

（3）产业政策与规划符合性分析。

（4）工程选址合理性分析：从燃料、水源、占地、运输、灰场、环保等方面进行简要描述，每个方面用一句话概括即可。如果在工程上有多厂址方案的比较，应说明推荐厂址的主要理由，如该区域扩散条件好，厂址地址条件好，交通运输方便等。

（5）厂区总平面布置：提出三个不同的平面布置方案，分析优缺点，推荐方案，绘制推荐方案的厂区平面布置。

(6) 拟建工程新建内容和主要的经济技术指标。

(7) 主要设备选型、概况及环保设施。

(8) 拟建工程生产工艺流程。

(9) 燃料：燃料供应、煤质分析和煤耗量。

(10) 水源：循环冷却水、脱硫用水、生产用水。电厂用水涉及的水源种类（地表水、地下水、海水、其他如中水）、名称、用途，水源的位置及基本情况。简要描述水源的位置、基本功能，一般应附水源位置图。并绘制本期水量平衡图和包括本期和现有的全厂水量平衡图。

4. 拟建项目环保措施及环境影响预测

(1) 拟建项目污染源强分析：电厂对环境的影响主要表现为废气、废水、灰渣及噪声。

1) 废气。拟建工程锅炉大气污染物排放浓度达标情况。

2) 废水：冷却水排水、海水淡化浓水、一般废水等处理工艺和排放情况。对于冷却水，用文字描述冷却方式（循环冷却或直流冷却）；取、排水口位置；与电厂的相对位置；垂直取水范围；取水流速和取水量、排水量，排水管及排水渠的基本情况（长度、流经地等）；排入水体的方式（表层、深层）；排水流速。

3) 固体废弃物。固体废弃物主要是灰渣、脱硫石膏和脱硝副产品。

4) 噪声。

(2) 污染物总量变化及达标排放情况（本部分只针对改、扩建电厂）。

5. 建设计划

(1) 建设期内容及进度：绘制建设进度计划表。

(2) 施工方法及规模：列出主要的土石方工程，树木采伐，植被剥离，建筑材料开采，材料运输，灰场筑坝、防渗，施工机具配置情况，施工场地平面布置规划等，进行简要描述。

四、受拟建项目影响地区区域环境状况

(1) 地形：包括厂址地区地形特征、灰场地形特征。

(2) 陆地水文状况。

(3) 海洋水文状况。

(4) 气象。

(5) 环境空气现状调查与评价：如拟建厂址周围环境质量较好，夏季、冬季污染因子浓度均达标。比较评价区域冬季和夏季的监测数据，可以看出区域内夏季的环境空气质量略好于冬季，这与冬季燃煤采暖、气候干燥有一定的关系。

(6) 海洋环境现状调查与评价。

(7) 陆地水环境现状调查与评价。

(8) 噪声环境现状调查与评价。

(9) 自然景观、旅游资源、文化遗产和自然保护区现状调查与评价。

五、运行期环境影响预测及评价

(1) 环境空气影响：污染源分析，预测项目 SO_2、NO_x、PM_{10} 与内容，预测方法，污染物浓度预测，环境空气影响评价，对环境空气影响评价应进行小结。

(2) 海洋环境影响。

(3) 淡水环境影响。

(4) 声环境影响。

(5) 固体废物影响。

（6）升压站电磁影响：电磁辐射产生源、影响分析、电磁辐射防护措施。

六、电厂建设期污染防治对策

1. 环境空气污染防治对策

（1）基本原则：污染防治要使得施工中排放的环境空气污染物满足国家有关的排放标准。

（2）具体对策：锅炉的烟尘与粉尘防治措施及施工中的粉尘防治对策。

2. 水污染防治对策

（1）基本原则。

（2）具体对策。

3. 噪声防治对策

（1）基本原则：从施工机械、运输工具的噪声控制，防振降噪，作业时间限制等方面，论述控制、防治噪声的原则。

（2）具体对策。

4. 扬尘、固体废弃物防治对策

七、污染防治对策

（1）二氧化硫防治对策：脱硫工程设计参数、脱硫方案、低硫煤。

（2）氮氧化物防治对策：脱硝工程设计参数、脱硝方案、低氮燃烧器。

（3）烟尘防治对策：简要说明烟囱高度、组合形式，除尘工程设计参数、除尘方案。

（4）水污染防治对策：简要说明有无温排水，减少温度影响范围及防止对生物损伤的措施，工业废水是分散处理还是集中处理，以及具体达标处理的措施及重复利用情况，有无灰水、灰水回收循环利用情况，灰场防渗、截渗情况，以及处理达标后排放情况，生活污水排放途径、处理达标排放的措施等。对各种废水处理回收，其他节水措施。

（5）噪声污染防治对策。

（6）固体废弃物及煤场扬尘防治对策。

八、生态影响评价（生态现状调查、生态影响评价）

生态影响评价应进行小结。

九、环境风险评价

1. 危险源风险评价

2. 环保设施故障环境风险评价

十、清洁生产分析

国家环保局《关于推行清洁生产若干意见的通知》（环控〔1997〕232号）中，明确提出建设项目的环境影响评价应包括清洁生产内容。《中华人民共和国清洁生产促进法》第18条规定：新建、改建和扩建项目应进行环境影响评价，优先采用资源利用率高以及污染物产生量少的清洁生产技术、工艺和设备。

十一、环境经济损益分析

1. 环保措施与投资

2. 效益分析

（1）环境效益：主要说明建厂前哪些不利环境条件通过电厂建设而得以改善，如自然景观布局、对污染物排放的削减等。

（2）社会效益（主要从供电、供热状况的改善，文化、教育、医疗、娱乐设施优先发展和健全，提供就业机会等方面进行论述）。

（3）综合利用效益。

(4) 经济效益。根据电厂建设的经济效益指标，结合当地或行业经济发展现状和有关政策，简要分析经济效益。

十二、环境管理及监测计划

十三、公众参与

1. 公众参与的目的、形式和内容

2. 参与公众的情况

3. 参与调查的公众对该项目环境情况的有关观点汇总

4. 公众观点分析

十四、环境影响评价结论

1. 评价结论

2. 建议

第二节　环境影响评价书的编制举例

某海滨电厂三期扩建项目的环境影响评价书编制内容简述如下：

一、前言

某电厂由××公司和××市合资兴建。电厂一期工程建有两台 420t/h 煤粉炉，配置一套双室三电场静电除尘器进行除尘，两台锅炉共用一座 180m 高、出口内径为 5m 的烟囱将烟气高空排放；二期工程建有两台 1025t/h 煤粉炉，配置一套双室三电场静电除尘器进行除尘，两台锅炉共用一座 240m 高、出口内径 7.5m 的烟囱高空排放烟气。现有一、二期工程均燃烧大同煤，SO_2、烟尘排放总量符合××市分配给电厂的总量控制指标要求。

为满足“十二五”期间××省及××市用电的需要，××公司与××市拟共同出资建设电厂三期扩建工程。三期扩建工程充分利用现有工程辅助设施和规划场地，可研设计单位为山东电力工程咨询院。

三期工程拟扩建 2×660MW 超超临界燃煤汽轮发电机组，配置 2 台蒸发量为 2001t/h 超超临界燃煤锅炉。本期工程同步建设除尘效率为 99.6%的四电场静电除尘器，脱硫工艺拟采用海水脱硫，脱硫设施脱硫效率 90%、除尘效率 50%，锅炉采用低氮燃烧器，并对两台机组同步建设脱硝装置，脱硝工艺采用 SCR 法，实际运行脱硝效率为 50%。除尘、脱硫、脱硝后的烟气通过新建 1 座 240m 高双管集束烟囱排放，单管内径 5.9m。厂区各类污（废）水经处理后回用。工程产生的固体废弃物均综合利用，××海域灰场将分格进行防渗改造作为全厂备用灰场。

按照《中华人民共和国环境影响评价法》、《建设项目环境保护管理条例》要求，电厂委托××大学承担本项目的环境影响评价工作，中国科学院海洋研究所、××项目咨询有限公司、××市环境监测站为本次评价的协作单位，主要分工如下：××大学总体负责报告书的编制工作，中国科学院海洋研究所负责海洋部分的环境影响评价工作，××项目咨询有限公司协助××市环境监测站负责现状监测、污染源调查、公众参与等工作。

二、编制依据

1. 项目名称、规模及基本构成

(1) 项目名称：如某电厂 2×660MW 三期扩建工程。

(2) 项目规模：2×660MW 超超临界机组。

(3) 建设性质：扩建。

(4) 项目位置：(略)。

（5）项目基本构成。

填写现有工程和上大压小工程基本组成见表25-1。

表25-1　　某电厂现有工程和扩建工程基本组成

项目名称		某电厂2×660MW三期扩建工程	
建设性质		扩建工程	
建设地点		电厂现有厂区东部扩建端，属于临港工业区	
建设单位		某电力股份有限公司	
规模（MW）	项　目	单机容量（MW）及台数	总容量（MW）
	一期工程	2×125	250
	二期工程	2×300	600
	三期工程（拟建）	2×660	1320
	全　厂	2×125+2×300+2×660	2170
本期主体工程		锅炉	2×2001t/h超超临界锅炉，过热器出口蒸汽压力为26.25MPa
		汽轮机	主汽门前额定蒸汽压力为26.25MPa，额定功率660MW
		发电机	额定功率为660MW
辅助工程	淡水供水系统	三期扩建工程主要采用海水淡化水，还有一部分来自现有工程废水处理系统处理后的回用水，不占用淡水资源	
	循环水供排水系统	本期新建一座循环水泵房和取水头，新建一条引水暗沟和一条循环水排水管沟，取水口位于现有码头西侧，排水口位于原一二期排水口东侧	
	循环水处理系统	三期工程采用电解海水制氯装置进行循环冷却水处理	
	化学水处理系统	本期工程将新建锅炉补给水处理系统和凝结水精处理系统	
	除灰系统	三期工程新建一套除灰渣系统，干灰采用罐式汽车运输，除渣系统采用水封式渣斗+脱水仓方案或刮板捞渣机+渣仓方案，灰渣全部综合利用。三期工程将采取“以新带老”措施，将一期工程改为干除灰，以实现粉煤灰的综合利用	
储运工程	煤码头	现有工程已建成2个泊位（均为2万t级）的电厂专用卸煤码头，本期工程对其扩容改造以满足全厂用煤要求	
	煤场及运煤系统	本期新建煤场为并列布置的斗轮机条形煤场，煤场长280m，总宽170m，堆高12m，可储煤约20万t，可供本期工程锅炉燃用约18天，同时，煤场内设推煤机、装载机等辅助设备，煤场四周设自动喷淋装置及防风抑尘网，防止煤尘飞扬	
	灰场	二期工程储灰场为位于厂区以东约2km的龙羊湾海域灰场，占地69.2ha，库容469万m^3，本期工程建设的同时对其分格防渗改造，作为三期工程的备用灰渣场	
	灰渣利用	目前电厂产生的灰渣均全部综合利用，事故状态下输送至二期羊龙湾海域灰场储存。本期扩建工程粉煤灰产生量为17.37万t/a，炉渣产生量为1.93万t/a，均可全部得到综合利用，综合利用困难时输送至羊龙湾灰场储存	
环保工程	烟气脱硫	本期拟采用海水脱硫工艺，脱硫效率达90%以上，同时具有50%的除尘效率	
	烟气除尘	三期扩建工程将选用一套除尘效率为99.6%（设计）四电场静电除尘器	
	烟气脱硝	本期采用烟气触媒还原法SCR进行脱硝，脱硝工艺采用SCR法，实际运行脱硝效率50%	

续表

项目名称		某电厂 2×660MW 三期扩建工程
环保工程	废水处理	三期工程只新建专门含煤废水处理系统，生活污水和酸碱废水均利用原有污水处理设施处理，处理后的废水全部综合利用
	噪声治理	选用符合噪声限制要求的低噪声设备，并加装消音、隔音装置；尽量使主要工作和休息场所远离强声源；统筹规划、合理布局，注重防噪声间距，在厂区、厂前区及厂界围墙内外设置绿化带降低电厂噪声对环境的影响；在锅炉排汽口安装高效排汽消声器，可使吹管噪声降低 20～30dB，确保吹管噪声小于 95dB
	扬尘治理	三期工程煤场拟建设防风抑尘网，设专管人员，有自动喷淋装置定期喷水抑尘。各转运站、煤仓间、皮带机栈桥设水冲洗设施、设备，并设污水收集设施、设备。落差较大处安装缓冲锁气器，以减少煤流的冲击和煤尘飞扬；斗轮堆取料机设机上喷雾除尘装置
	以新带老	对现有工程进行低氮燃烧改造；将一期工程水力除灰系统改为干除灰；对二期某海域灰场分格防渗改造；对现有煤场靠海一侧加装防风抑尘网
厂外配套工程	电厂出线及升压站	三期新建 220kV 配电装置，新建 4 回 220kV 出线，两回至 500kV 某配电站，两回至 220kV 某配电站，出厂后线路由当地电网负责建设

注 1. 现有工程容量及投产日期。
2. 本期工程容量、开工日期及计划投产日期。
3. 热电厂的供热能力。

2. 编制依据

(1) 国家法律、法规和文件（略）。

(2) 地方法规和文件（略）。

(3) 电厂项目相关材料（略）。

3. 评价目的、指导思想和评价重点（略）

4. 评价因子、评价等级和评价范围

(1) 评价因子。电厂主要污染因子见表 25-2。

表 25-2 主要污染因子

主要污染源		环境因素和污染因子			
		大气	水	固体废弃物	噪声
运输系统	煤码头	TSP	煤尘		L_{eq}
生产系统	循环冷却系统		温升、余氯		
	脱硫系统		COD、SO_4^{2-}、SS、pH、重金属		
	锅炉及主厂房	烟尘、SO_2、NO_x	COD、SS、pH、石油类		L_{eq}
	灰场	TSP	COD、SS、pH、SO_4^{2-}	灰渣	
	煤场及输煤系统	TSP		粉尘	L_{eq}
	化学水处理系统		COD、SS、pH、Cl^-		
	油罐区		石油类		
	升压站	电磁辐射			L_{eq}
办公、生活区（污水）			SS、BOD、COD		

（2）评价等级。根据 HJ 2—2011《环境影响评价技术导则》的要求及工程所处地理位置、环境状况、所排污染物量、污染物种类等特点，确定该项目环境影响评价等级。

（3）评价范围。环境影响评价范围见表 25-3。

表 25-3　　环境影响评价范围

项目		评价范围	备注
环境空气	厂址	根据导则要求，本项目评价范围确定为以厂址为中心，向西、向北各 10km 和向东、向南各 8km 的矩形范围	详见图×
	灰场	灰渣场边界外 1km 范围	—
海洋	黄海	以取水口向东 10km，排水口向北 10km，与岸线形成封闭的海域。评价海域面积共约 200km^2	详见图×
地下水	厂址	厂址周围 2km 范围内	详见图×
	灰场	灰场周围 2.5km 范围内	
噪声	厂址	厂界外 1m 及附近 200m 范围内的居民区	详见图×
	运灰道路	运灰道路两侧 100m 范围	
生态	灰场、厂址	分别以灰场和厂址边界外 1km 范围为评价范围，评价范围为 12km^2	详见图×
风险	厂址	以液氨储罐为中心 3km 半径的圆形范围	详见图×
电磁辐射	厂址	升压站厂界及附近居民区	

5. 环境敏感区域和保护目标

某市属于二氧化硫污染控制区，不属于酸雨控制区。工程拟选厂址取排水口所在海域功能区划为港口预留区，项目所在地不属于国家环保部公布的湿地保护区，属生态环境非敏感区。厂址位于某市经济技术开发区，根据当地气象、水文、地质、地形条件和该工程“三废”排放情况，以及厂址周围企事业单位、居民分布特点，判定评价区重点保护目标。

6. 评价标准

（1）环境质量标准（略）。

（2）污染物排放标准（略）。

三、电厂概况及工程分析

1. 现有电厂概况（略）

2. 现有工程分析

（1）现有工程平面布置，绘制现有电厂平面布置图（略）。

（2）生产工艺。绘制现有电厂工艺流程图见图 25-1。

（3）现有工程环保竣工验收情况见表 25-4。

表 25-4　　现有工程环保措施

污染源		污染物	环保设施	排放去向
废气	锅炉废气	烟尘	根据除尘器改造后的监测报告，一期三电场电除尘器除尘效率为 99.015%，二期三电场电除尘器除尘效率为 99.185%	一期经 180m、出口内径 5m 的单筒烟囱排放，二期经 240m、出口内径 7.5m 的单筒烟囱排放。两烟囱间距 158m
		SO_2、NO_x	无	

续表

污染源		污染物	环保设施	排放去向
废水	酸碱废水	pH、SS	经曝气池曝气后进入pH调节池，然后进入絮凝池；絮凝沉淀后的废水经斜板澄清池及中和池处理后，进入清水池回用	经絮凝池处理后的废水用于冲洗及喷淋
	输煤系统冲洗废水	SS	相继进入调节池、管式静态混合器、气浮池、水箱和活性炭过滤器处理后进入清净水池回用	处理后用于冲洗及喷淋
	含油废水	石油类	相继进入含有污水调节池、前级过滤器和油水分离器处理后进入清净水池回用	处理后用于冲洗及喷淋
	生活污水	COD、BOD_5、SS、氨氮、动植物油、LAS等	汇集进入生活污水处理系统处理后进入清净水池回用	处理后用于冲洗及喷淋及厂区绿化
	冲灰水	SS、F、碱等	汇入灰浆前池，由泵提升至灰浆池	输送至灰场
	循环冷却温排水	水温	无	排海
固体废废弃物	锅炉及除尘器	灰渣	一期灰渣混除、海水冲刷；二期灰渣混除及分除，气力除灰	一期至灰场，二期综合利用
噪声	气动力及机械噪声	噪声	安装消声器、隔声罩、吸音墙等	

(4) 现有工程燃料（略）。

(5) 现有工程水源（略）。

(6) 现有工程灰渣储存场。

(7) 现有工程存在的主要环保问题。

目前存在如下问题：

1) 目前一、二期机组均没安装脱硫、脱硝设施，在“十二五”期间大气污染物排放浓度将超过标准限值。

2) 一期工程除灰渣系统仍然采用水力输灰方式，不利于灰渣综合利用，拟建工程“以新带老”将水力除灰系统改为干除灰系统。

3) 现有工程两座烟囱均未安装烟气在线连续监测仪器，根据GB 13223《火电厂大气污染物排放标准》中要求，现有工程两座烟囱须按GB 5468和GB/T 16157的规定安装固定的连续监测烟气中烟尘、SO_2和NO_x排放浓度的仪器，必须按要求设置永久采样孔。

3. 拟建工程分析

(1) 拟建工程基本情况。拟建项目总投资44.35亿元，其中环保投资54 605万元。拟建项目在原厂址东侧，项目选址在某市经济技术开发区某处；厂址、灰场用地符合城市规划要求，取排水海域符合海洋功能区划和近岸海域环境功能区划。

项目所在区域交通运输便利，电厂所需煤炭采用铁路、海运联合运输方式，卸船后经由皮带直接运至电厂。本项目利用海水淡化作为锅炉用水和工业用水，利用海水作为循环冷却水，节约淡水资源，符合国家节水政策。

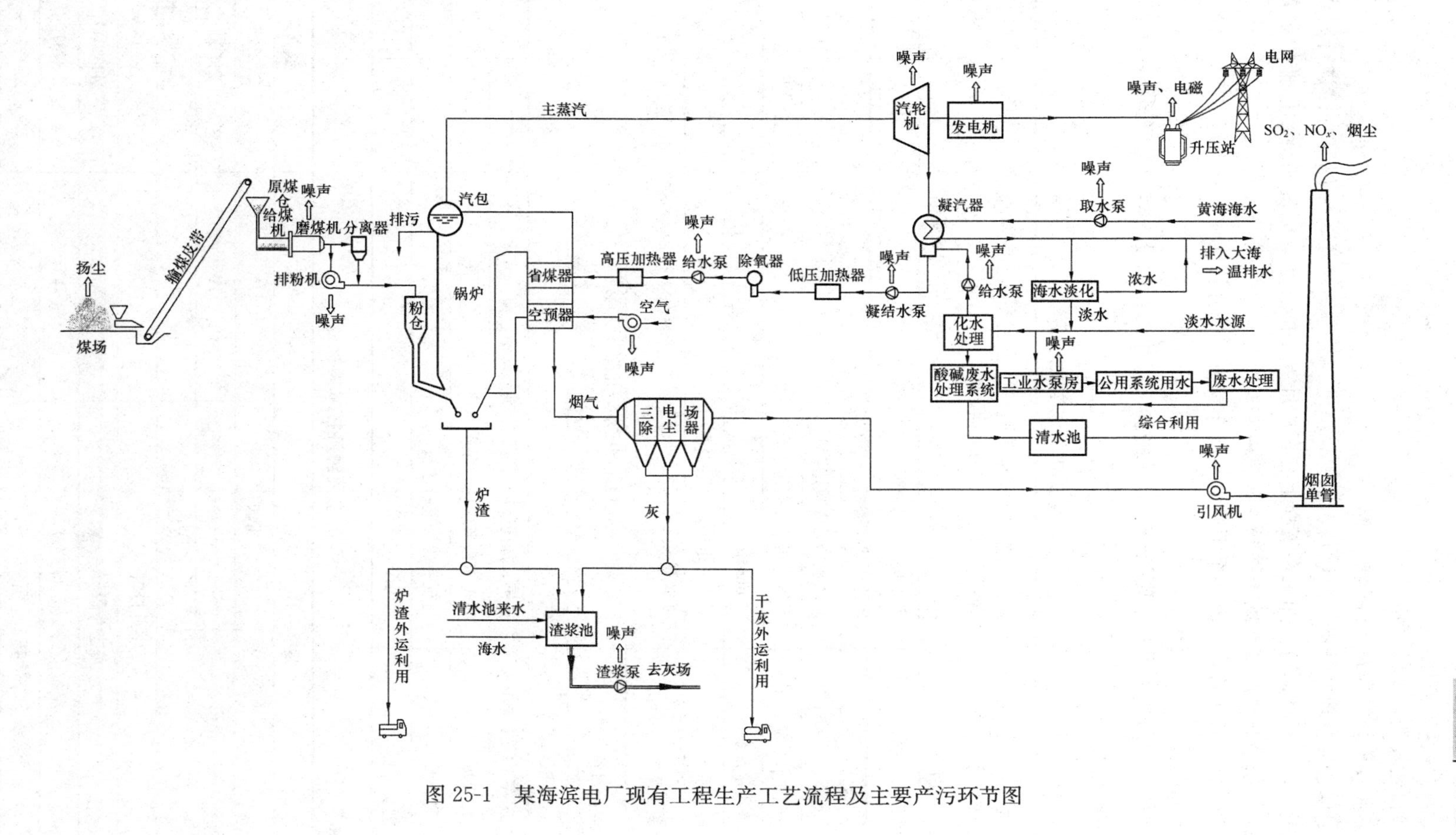

图 25-1 某海滨电厂现有工程生产工艺流程及主要产污环节图

(2) 项目建设的必要性（略）。

(3) 产业政策与规划符合性分析（略）。

(4) 工程选址合理性分析：从燃料、水源、占地、运输、灰场、环保等方面进行简要描述，每个方面用一句话概括即可。如果在工程上有多厂址方案的比较，应说明推荐厂址的主要理由，如该区域扩散条件好，厂址地址条件好，交通运输方便等。

(5) 厂区总平面布置：提出三个不同的平面布置方案，分析优缺点，推荐方案，绘制推荐方案的厂区平面布置。

(6) 拟建工程新建内容和主要的经济技术指标。拟建项目建设内容和主要经济技术指标，见表 25-5 和表 25-6。

表 25-5　　三期扩建工程建设内容

<table>
<tr><th colspan="2">建设内容</th><th>型　式</th><th>单位</th><th>数量</th></tr>
<tr><td colspan="2">主厂房</td><td>锅炉房、汽机房、煤仓间、除氧间</td><td>—</td><td>—</td></tr>
<tr><td colspan="2">烟囱</td><td>高 240m、单管出口内径 5.9m 的单筒双管集束烟囱</td><td>座</td><td>1</td></tr>
<tr><td colspan="2">正压干除灰系统</td><td>由输灰系统与灰库组成</td><td>座</td><td>3</td></tr>
<tr><td colspan="2">炉底除渣系统</td><td>风冷干式排渣机、渣仓方案</td><td>套</td><td>2</td></tr>
<tr><td colspan="2">灰渣场</td><td>海域灰场防渗改造</td><td>—</td><td>—</td></tr>
<tr><td colspan="2">循环水供水系统</td><td>系统采用单元制海水直流供水系统</td><td>套</td><td>1</td></tr>
<tr><td colspan="2">海水淡化系统</td><td>$290m^3/h$</td><td>—</td><td>—</td></tr>
<tr><td colspan="2">除尘系统</td><td>双室五电场静电除尘器</td><td>套</td><td>2</td></tr>
<tr><td colspan="2">脱硫系统</td><td>海水湿法脱硫工艺（一炉一塔，不设 GGH 和烟气旁路）</td><td>套</td><td>2</td></tr>
<tr><td colspan="2">脱硝系统</td><td>采取低氮氧化物燃烧技术，并配置脱硝效率≥80%的 SCR 脱硝系统（不设旁路）</td><td>套</td><td>2</td></tr>
<tr><td rowspan="2">污水处理系统</td><td>酸碱废水</td><td>中和池</td><td>套</td><td>1</td></tr>
<tr><td>输煤系统冲洗用水</td><td>初沉、加药絮凝、沉淀、高效多级澄清、清滤</td><td>套</td><td>1</td></tr>
<tr><td colspan="2">储煤场</td><td>斗轮机条形煤场，存煤 20 万 t</td><td>座</td><td>1</td></tr>
<tr><td colspan="2">煤码头</td><td>对现有码头进行改造</td><td>—</td><td>—</td></tr>
<tr><td colspan="2">配套工程</td><td>220kV 配电装置</td><td>座</td><td>1</td></tr>
</table>

表 25-6　　主要经济技术指标

<table>
<tr><th>序号</th><th colspan="2">指标名称</th><th>单位</th><th>数据</th></tr>
<tr><td rowspan="3">1</td><td rowspan="3">建设规模</td><td>锅炉</td><td>t/h</td><td>2×2001</td></tr>
<tr><td>汽轮机</td><td>MW</td><td>2×660</td></tr>
<tr><td>发电机</td><td>MW</td><td>2×660</td></tr>
<tr><td>2</td><td colspan="2">动态总投资</td><td>万元</td><td>440 159</td></tr>
<tr><td>3</td><td colspan="2">静态总投资</td><td>万元</td><td>414 041</td></tr>
<tr><td>4</td><td colspan="2">单位千瓦投资（静态）</td><td>元/kW</td><td>3137</td></tr>
<tr><td>5</td><td colspan="2">劳动定员</td><td>人</td><td>122</td></tr>
<tr><td>6</td><td colspan="2">施工期（含建设期和投产期）</td><td>个月</td><td>36</td></tr>
<tr><td>7</td><td colspan="2">机组年利用小时数</td><td>h</td><td>5500</td></tr>
</table>

续表

序号	指标名称	单位	数据
8	年发电量	kWh	7.26×10^{9}
9	厂用电率	%	4.8
10	发电标煤耗率	g/kWh	275.9
11	全年耗水量指标	m^3/（s·GW）	0.046
12	内部收益率（全部投资）	%	8.52
13	投资利润率	%	4.27
14	投资利税率	%	7.95
15	投资回收期（全部投资）	年	11.17
16	净现值（全部投资）	万元	46 566.83

（7）主要设备选型、概况及环保设施见表25-7。

表25-7　　主要设备及环保设施情况表

<table>
<tr><th colspan="3">项　目</th><th>单位</th><th colspan="2">本期工程</th></tr>
<tr><td rowspan="2" colspan="2">出力及开始运行时间</td><td>出力</td><td>MW</td><td colspan="2">2×660</td></tr>
<tr><td>时间</td><td></td><td colspan="2">计划两台机组分别于2009年6月和2010年2月投产运行</td></tr>
<tr><td rowspan="2" colspan="2">锅炉</td><td>种类</td><td>—</td><td colspan="2">超超临界、一次中间再热、平衡通风、固态排渣</td></tr>
<tr><td>蒸发量</td><td>t/h</td><td colspan="2">2×2001</td></tr>
<tr><td rowspan="2" colspan="2">汽轮机</td><td>种类</td><td>—</td><td colspan="2">超超临界、一次中间再热、三缸、四排汽、
单轴、双背压、凝汽式</td></tr>
<tr><td>额定功率</td><td>MW</td><td colspan="2">2×660</td></tr>
<tr><td rowspan="2" colspan="2">发电机</td><td>种类</td><td></td><td colspan="2">自并励静态励磁、水氢氢冷却</td></tr>
<tr><td>容量</td><td>MW</td><td colspan="2">2×660</td></tr>
<tr><td rowspan="9">烟气治理设备</td><td rowspan="2">脱硝装置</td><td>方式</td><td>—</td><td colspan="2">对两台机组采用SCR工艺脱硝</td></tr>
<tr><td>脱硝率</td><td>%</td><td colspan="2">50</td></tr>
<tr><td rowspan="2">脱硫装置</td><td>方式</td><td>—</td><td colspan="2">海水脱硫</td></tr>
<tr><td>脱硫率</td><td>%</td><td colspan="2">90</td></tr>
<tr><td rowspan="3">除尘装置</td><td>方式</td><td></td><td>四电场静电除尘</td><td>海水脱硫</td></tr>
<tr><td rowspan="2">效率</td><td rowspan="2">%</td><td>99.6</td><td>50</td></tr>
<tr><td colspan="2">综合除尘效率为99.8</td></tr>
<tr><td rowspan="2">烟囱</td><td>高度</td><td>m</td><td colspan="2">240（双管集束烟囱）</td></tr>
<tr><td>出品内径</td><td>m</td><td colspan="2">单管内径为5.9</td></tr>
<tr><td colspan="4">煤场</td><td colspan="2">挡风墙、防风抑尘网、喷淋装置</td></tr>
<tr><td colspan="4">冷却水方式</td><td colspan="2">海水直流冷却</td></tr>
<tr><td rowspan="2" colspan="2">排水治理</td><td colspan="2">方式</td><td colspan="2">厂内设污水处理站，各类废水经分别处理后回用</td></tr>
<tr><td>处理量</td><td>m^3/h</td><td colspan="2">22</td></tr>
<tr><td rowspan="2" colspan="2">废渣治理</td><td colspan="2">方式</td><td colspan="2">灰渣分除、气力除灰，设渣仓、灰库</td></tr>
<tr><td>处理量</td><td>万t/a</td><td colspan="2">19.3</td></tr>
</table>

（8）生产工艺流程。煤场内干煤经输煤系统、制粉系统制成煤粉，送往锅炉燃烧。燃料的热能通过锅炉转变成高温高压的蒸气热能，锅炉生产的高温高压蒸汽进入汽轮机，推动汽轮机并带动发电机发电，电力经配电装置由输电线路送出。与此同时，经过汽轮机内的蒸汽，一部分抽出供工业热用户和采暖用户使用。锅炉产生的烟气进入尾部烟道，经省煤器、空气预热器、烟气脱硝、双室四电场静电除尘器除尘、脱硫塔脱硫后通过烟囱排入大气。炉底渣和除尘器捕集下来的灰进入除灰渣系统，外运综合利用。绘制拟建项目工艺流程及产污环节见在一张图上（与图27-1基本相同）。

（9）燃料供应、煤质分析和煤耗量（略）。

（10）水源（略）。

4. 拟建项目环保措施及环境影响预测

（1）拟建项目污染源强分析（略）

1）废气。拟建工程锅炉大气污染物排放浓度达标情况见表25-8。

表25-8　拟建锅炉废气排放情况

项目		设计煤种	校核煤种
烟气量	干烟气量	$418.42\times10^4m^3/h$，$23.0\times10^9m^3/a$	$418.03\times10^4m^3/h$，$24.8\times10^9m^3/a$
	湿烟气量	$454.08\times10^4m^3/h$，$25.0\times10^9m^3/a$	$450.54\times10^4m^3/h$，$24.8\times10^9m^3/a$
SO_2	产生量		
	产生浓度（mg/m^3）		
	排放量	288.1kg/h，1584.55t/a	846.6kg/h，4656.3t/a
	排放浓度（mg/m^3）	68.85	202.52
烟尘	产生量		
	产生浓度（mg/m^3）		
	排放量	63.3kg/h，348.15t/a	192.5kg/h，1058.75t/a
	排放浓度（mg/m^3）	15.13	46.05
NO_x	产生量		
	产生浓度（mg/m^3）		
	排放量	836.8kg/h，4602.4t/a	908.2kg/h，4602.4t/a
	排放浓度（mg/m^3）	200	200
汞及化合物	排放量	2.93g/h，0.016t/a	12.35g/h，0.068t/a
	排放浓度（mg/m^3）	0.0012<0.03	0.002<0.03

注　运行时数为5500h。脱硫效率按90%计，综合除尘效率按99.8%计；NO_x根据设计参数按低氮燃烧后排放浓度400mg/m^3计算，脱硝效率按50%计算，脱硫后烟气温度为45℃。

由表25-8可以看出，拟建项目二氧化硫排放总量为1584.55t/a，烟尘排放总量为348.15t/a，氮氧化物排放量为4602.4t/a。

2）废水。冷却水和一般废水排放情况见表25-9。

表25-9　本期工程废水排放情况

序号	废水项目		产生量（t/h）	排放量（t/h）	主要污染因子	处理方式	回用量（t/h）	去向
1	冷却水	夏季	2×61500	2×61500	排水温升8.9℃	—	0	大海
		冬季	2×36900	2×36900	排水温升14.8℃	—	0	大海

续表

序号	废水项目	产生量（t/h）	排放量（t/h）	主要污染因子	处理方式	回用量（t/h）	去向
2	生活污水	4	0	BOD、pH、SS	触氧化处理	4	斗轮机煤场除尘用水、皮带机喷雾抑尘除尘
3	输煤系统冲洗水	12	0	SS	絮凝沉淀	12	
4	酸碱废水	4	0	pH、SS	中和	4	
5	冷却塔排污水	—	—	盐类、温升	—	—	无
6	脱硫工艺水	2×66 000m^3/h	2×66 000m^3/h	温升、SO_3^{2-}	—	0	大海
7	灰水						无
8	总计	20	0			20	回用

注 海水无法利用，不计入总计量中。

如：本工程采用海水直流循环冷却系统，凝汽器管材按钛管考虑，无冷却塔排污水。拟建项目废水产生量为20万m^3/a，经处理后全部回用于生产，不外排。

3）固体废弃物。固体废弃物主要是灰渣、脱硫石膏和脱硝副产品。灰渣产生量参见表25-10。

表 25-10 本期工程的灰渣产生量

固废	设计煤种		校核煤种	
	小时产生量（t/h）	年产生量（×10^4t/a）	小时产生量（t/h）	年产生量（×10^4t/a）
灰量	31.59	17.37	96.06	52.83
渣量	3.51	1.93	10.67	5.87
灰渣量	35.1	19.3	106.73	58.7
脱硫石膏	—	—	—	—
合计	35.1	19.3	106.73	58.7

注 年利用时数按5500h计算，飞灰系数为0.9。

由表25-10可见，本工程燃烧设计煤种时，年产灰17.37万t、年产渣1.93万t、脱硫石膏0万t，共计19.3万t。电厂已经与××水泥有限公司、××新型建材联营公司等几家企业签订灰渣供销协议，以确保本期工程灰渣和脱硫石膏能够全部综合利用。

4）噪声。本项目新增噪声源主要为引风机、送风机、曝气风机、磨煤机、给水泵、机炉放空管瞬时排气、发电机、汽轮机等，噪声级一般在80～110dB（A）。主要噪声源及源强参见表25-11。

表 25-11 主要噪声源及源强

序号	主要噪声源	数量（台）	单机噪声级［dB（A）］	频谱特性	位置	降噪措施
1	汽轮机	2	90	中、低频	汽机房	室内、减震消声
2	发电机	2	90	中、低频		
3	磨煤机	12	95	中、高频	锅炉房	减震消声
4	一次风机	4	85	中、高频	室外	减震
5	送风机	4	85	中、高频		
6	引风机	4	85	中、高频		

续表

序号	主要噪声源	数量（台）	单机噪声级［dB（A）］	频谱特性	位置	降噪措施
7	碎煤机	2	95	中、高频	碎煤机室	室内
8	空压机	8	90	中、高频	除灰空压机房	室内、减震消声
9	循环水泵	4	85	中、低频	循环水泵房	室内、减震
10	海水升压泵	4	88	中、高频	海水升压泵房	室内、减震
11	海水淡化泵	2	90	中、高频	海水淡化车间	
12	曝气风机	2	90	中、高频	曝气池	基础减振，吸风口安装消声器，厂房隔声
13	锅炉排汽	—	110	中、高频	室外	室外、消声器
14	吹管	—	120	中、高频	室外	室外、消声器

（2）污染物总量变化及达标排放情况（略）。列表说明现役机组、新扩建机组的 SO_2、NO_x、烟尘，以及工业废水排放量和排放浓度。

5. 建设计划（略）

四、受拟建项目影响地区区域环境状况

1. 地形（略）

2. 陆地水文状况（略）

3. 海洋水文状况（略）

4. 气象（略）

5. 环境空气现状调查与评价

拟建厂址周围环境质量较好，夏季、冬季污染因子浓度均达标。比较评价区域冬季和夏季的监测数据，可以看出区域内夏季的环境空气质量略好于冬季，这与冬季燃煤采暖、气候干燥有一定的关系。

6. 海洋环境现状调查与评价（略）

7. 陆地水环境现状调查与评价

从评价结果看，各评价点除某村和某某村的总大肠菌群单因子指数大于 1 外，其余各污染物指数均小于 1，这与当地居民生活污水污染有关。扩建项目评价区内上述四个评价点地下水水质中的总大肠菌群不能满足 GB/T 14848《地下水质量标准》中Ⅲ类标准要求。

8. 噪声环境现状调查与评价

从评价结果看，噪声环境现状监测期间，各测点白天、夜间的噪声值均未超标，处于不同功能区的噪声现状值分别满足 GB 3096《城市区域环境噪声标准》中的 2 类、3 类标准。

9. 自然景观、旅游资源、文化遗产和自然保护区现状调查与评价（略）

五、运行期环境影响预测及评价

1. 环境空气影响

环境空气影响见表 25-12。

三期扩建工程对整个评价区及评价点的 NO_x 小时浓度、SO_2、NO_x、PM_{10} 日均、年均浓度贡献均很小，其中 SO_2 小时最大落地浓度 0.019 6mg/m^3，占标准的 3.9%，NO_x 小时最大落地浓度为 0.057 0mg/m^3，占标准的 23.75%；SO_2、NO_x、PM_{10} 日均浓度最大分别为 0.01、

0.029、0.002mg/m³，不超标，最大分别只占二级标准限值的 6.6%、24.2%、1.3%；SO_2、NO_x、PM_{10}年均浓度最大分别为 0.000 8、0.001 9、0.000 17mg/m³，分别占二级标准限值的 1.0%、2.4%、0.17%，可见三期工程对评价区域大气环境影响较小。

表 25-12　　全厂污染源参数及其变化情况

烟囱序号		烟气量 (m³/s)	烟尘 (kg/h)	SO_2 (kg/h)	NO_x (kg/h)	出口烟温 (℃)	烟囱高度 (m)	出口内径 (m)
现有改造前	1号	257.8	183.46	1294.5	802.77	127.5	180	5.0
	2号	572.9	337.4	2880.6	1848.1	135	240	7.5
现有改造后	1号	257.8	91.73	129.45	510.4	70	180	5.0
	2号	572.9	168.7	288.1	1134.4	70	240	7.5
扩建工程	3号设计	581.15（单管）	63.3	288.1	836.8	40	240	5.9（双管烟囱的单管内径）
	3号校核	580.6（单管）	192.5	846.6	836.0	40		

2. 海洋环境影响

脱硫工艺排水中 SO_4^{2-}、pH 值、DO、COD、SS、砷和重金属排放对海水水质影响较小，外排海水满足三类海水水质要求，在港池内海水除温升外仍符合 GB 3097《海水水质标准》三类标准限值的要求。工程区附近海域沉积物中各种污染物含量较低，脱硫工艺排水中的重金属到达海洋中，被水中的悬浮物吸附，或被生物吸收，最终将较均匀地沉积到周围的水下沉积物中。脱硫工艺排水中的重金属增量较小，对海域沉积物环境影响较小。

3. 淡水环境影响

扩建项目所排生产废水和生活污水分别进入污水处理站进行处理后回收利用，整个项目实现零排放，对地表水基本没有影响。对扩建工程厂址做硬化处理，对废水池、排水管道、污水处理装置加强防渗，采用天然或人工材料构筑防渗层，加强地基基础处理。对露天煤场要采用黏土或黏土与石灰石的混合层、水泥作防渗垫层，地面进行固化处理。对海域灰场采取防渗措施。扩建工程一般排水对地下水和周围海域影响较小。

4. 声环境影响

拟建工程建成投产后，正常工况下主要噪声设备的噪声贡献值各厂界均能够满足 GB 12348—2008《工业企业厂界环境噪声排放标准》3 类标准要求；对周围村庄的噪声贡献满足 GB 12348—2008《工业企业厂界环境噪声排放标准》2 类标准要求。夜间噪声除靠近主设备处厂界、某村、电厂宿舍区超标外，其余各评价点均不超标。排汽噪声属于偶发事件，持续时间较短，在排汽前对周围居民提前发布告示告知公众排汽时间和噪声强度，排汽口朝向北部海湾，对周围居民影响较小。

5. 固体废物影响

拟建工程产生的固体废物全部得到妥善处置。

6. 升压站电磁影响（略）

六、电厂建设期污染防治对策

1. 环境空气污染防治对策（略）

2. 水污染防治对策

（1）基本原则。对施工的主要污水排放要进行控制和处理，建设单位和施工单位要重视施工污水排放的管理，杜绝不处理和无组织排放，排放地域或水体应征得当地环保部门和有关方面的同意，以防止施工污水排放对环境的污染。

（2）具体对策。施工期生产废水含泥砂量较高，在施工现场设置沉淀池，废水经沉淀后悬浮物大幅度下沉，上清液回用于施工现场，既提高了水重复利用率，又可做到废水不外排。施工产生的生活污水汇集至现有厂区生活污水处理站，处理后用于厂区绿化。

3. 噪声防治对策

（1）基本原则（略）。

（2）具体对策。施工期间要严格控制施工时间，尽量避免夜间施工。锅炉吹管前应提前通知周围居民，并选择适当时间，排汽口方位尽量朝向海洋，避开居民区。

4. 扬尘、固体废弃物防治对策

建筑垃圾定点堆放，并及时清运，做到日产日清。为了减少工程扬尘对周围环境的影响，施工中遇到连续晴好天气又起风的情况下，对弃土表面洒水防止扬尘。在装运的过程中不要超载，沿途不洒落，车辆驶出施工场地前应将轮子的泥土去除干净，防止沿程弃土满地，同时施工者应对施工场地道路实行保洁制度，一旦有弃土、建材洒落，应及时清扫。

七、污染防治对策

1. 二氧化硫防治对策

海水脱硫工艺和石灰石—石膏湿法脱硫对于某扩建项目来说，都是可供选择的方案。

石灰石－石膏湿法脱硫工艺脱硫效率高，煤种适应范围广，工艺技术成熟，有良好的业绩，而且脱硫系统还能进一步降低烟尘（接近50%的除尘效率）等污染物的排放量。石灰石－石膏湿法脱硫工艺需要建设吸收塔系统、烟气系统、脱硫剂制备系统、石膏处理系统、废水处理等系统。本期工程烟气脱硫项目若采用石灰石－石膏湿法脱硫，燃用设计煤种时石灰石耗量和脱硫副产物产生量见表25-13。

表25-13　　石灰石用量和脱硫副产物产生量

项目	1×660MW		2×660MW	
	设计煤质	校核煤质	设计煤质	校核煤质
石灰石小时耗量（t/h）	2.76	8.68	5.52	17.36
石灰石日耗量（t/d）	60.72	190.96	121.44	381.92
石灰石年耗量（$\times10^4$t/a）	1.52	4.77	3.04	9.55
脱硫石膏小时产量（t/h）	5.86	17.77	11.72	35.54
脱硫石膏日产量（t/d）	128.92	390.94	257.84	781.88
脱硫石膏年产量（$\times10^4$t/a）	3.22	7.65	6.45	19.55

注　表中日利用小时按22h，年利用小时按5500h计。$CaCO_3$含量按90%、Ca：S=1.03：1。

海水脱硫工艺脱硫效率高，工艺技术成熟，对烟尘有进一步的去除效率，适宜煤种的含硫量$S_{ar}\leqslant1\%$，电厂三期工程设计煤种和校核煤种含硫量均满足该条件。采用海水脱硫工艺不需采购脱硫剂，无废渣排放、系统简单、运行可靠、投资较低、淡水耗量极少、运行维护费用较低、脱硫效率为90%以上。采用海水脱硫可比石灰石—石膏湿法脱硫节约淡水耗量约155t/h；海水脱硫吸收剂为天然的海水资源，可结合电厂循环水系统就地取材，而无需添加剂；若采用石灰石—石膏法脱硫工艺，本期工程设计煤质时石灰石消耗总量约3.04万t/a，校核煤种9.55万t/a；采用海水脱硫工艺不产生固体废弃物，采用石灰石—石膏法将产生脱硫石膏6.45万t/a。海水法脱硫初投资和运行费用均比石灰石—石膏湿法低。综上所述，本工程推荐采用海水脱硫工艺。本期工程 2×660MW 机组配套烟气脱硫系统的设计基础参数见表 25-14。

表 25-14　设计基础参数

项　　目	设计煤质	校核煤质
脱硫装置机组容量（MW）	2×660	2×660
锅炉额定蒸发量（t/h）	2×2001	2×2001
机组耗煤量　（t/h）	244	260
机械不完全燃烧损失（%）	0.6	0.6
煤含硫量　（%）	0.33	0.91
煤低位发热量（kJ/kg）	23 570	22 090
脱硫装置进口烟气温度（℃）	116.4	113.5
脱硫装置处理烟气量（湿态，m^3/h）	4 540 800	4 505 400
脱硫装置出口排烟温度（℃）	45	45
脱硫装置进口 SO_2 浓度（mg/m^3）	688.5	2025.3
脱硫装置进口烟尘浓度（mg/m^3）	<100	<100
脱硫装置的设计脱硫效率（%）	>90	>90
设备年利用小时数（h）	5500	5500

根据中国环境监测总站对电厂 1、2 号机组脱硫系统投入运行后项目竣工验收报告，“1 号锅炉海水脱硫装置 A 侧脱硫效率为 98.1%～99.4%、B 侧脱硫效率为 97.4%～98.9%，2 号锅炉海水脱硫装置 A 侧脱硫效率为 96.0%～98.1%、B 侧脱硫效率为 95.0%～98.2%；1 号锅炉除尘器出口实测烟尘浓度 27.0mg/m^3，烟囱实测烟尘浓度 3.3mg/m^3，2 号号锅炉除尘器出口实测烟尘浓度 71.9mg/m^3，烟囱实测烟尘浓度 21.4mg/m^3”，海水脱硫工艺脱硫效率达到 90%以上，除尘效率达到 50%以上。根据以上类比结果，本工程脱硫效率在 90%以上、除尘效率在 50%以上在技术上是有保障的。

2. 氮氧化物防治对策（略）

3. 烟尘防治对策（略）

4. 水污染防治对策（略）

5. 噪声污染防治对策

噪声防治从声源上进行控制，对于从声源上无法控制的噪声应采取有效的隔声、消声、吸声等控制措施。对于噪声超标的车间应设置隔声值班室。在锅炉排汽口处安装排汽消声器，在送风机吸风口安装消声器。

6. 固体废弃物及煤场扬尘防治对策

灰场达到堆灰标高后立即覆土还田，煤场内设置喷淋装置，定时向煤堆洒水，储煤场周围设排水沟及沉煤池，安装防风抑尘网，输煤系统中落差较大的转运站及碎煤机等地点均布设除尘装置，灰渣综合利用。

八、生态影响评价

从整体上分析，建设区域各个时期生物多样性的评价等级与项目所处的生态分区是相一致的，整体生物多样性等级偏低。在营运期，随着人工生物群落的恢复，并注重绿化树种的搭配，生物群落的功能可恢复到现状水平。从生态系统生产力考虑，营运期生态系统结构与功能的改变有利于提高生态系统的生产力，除建设用地外，生态系统平均的生产力不会发生显著变化。

九、环境风险评价（略）

十、清洁生产分析

国家环保局《关于推行清洁生产若干意见的通知》（环控〔1997〕232号）中，明确提出建设项目的环境影响评价应包括清洁生产内容。《中华人民共和国清洁生产促进法》第18条规定：新建、改建和扩建项目应当进行环境影响评价，优先采用资源利用率高以及污染物产生量少的清洁生产技术、工艺和设备。

（1）燃料、原辅料及产品分析：设计煤种含硫量0.33%，属于低硫煤；灰分6.79%低于全国平均25%水平；冷却水采用海水，锅炉补充水采用淡化水，节约淡水资源；产品是电和热，本身不具有污染性和毒性。

（2）生产工艺和设备分析：超超临界机组比同容量亚临界机组效率提高2%～2.5%；四电场高效静电除尘器加海水脱硫系统后综合除尘效率达到99.8%；低氮燃烧器加SCR系统综合脱硝效率达到80%；脱硫系统脱硫效率达到90%，大大降低大气污染。

（3）资源消耗性指标。拟建工程资源消耗性指标与同等规模电厂情况比较见表25-15。

表25-15　拟建工程资源消耗性指标与同等规模电厂情况比较

资源指标	拟建工程	现有工程	投产后全厂	省内平均	DL/T 254《燃煤发电企业清洁生产评价导则》	国家或地方限额值
供电煤耗率（g/kWh）	275.9	329.6	293.43	330	297	300
装机取水率［m^3/（s·GW）］	0.046 5	0.062	0.053	0.9	0.09	0.11

（4）污染物指标：与大气污染物排放标准比，与DL/T 254比，与全国或省内平均水平比。

（5）清洁生产方案。

1）节能措施：①采用超临界机组和DCS控制系统，提高机组经济性和可靠性；②启动电动给水泵采用液力耦合器，机组运行采用汽动给水泵，节约厂用电；③配电变压器采用高效干式变压器，低压电动机采用Y2（YE）系列电动机，其他辅机采用国家推荐的节能产品；④送风机、一次风机、引风机采用高效的轴流式风机；⑤凝结水泵、引风机驱动电动机采用高压变频器，节电；⑥照明系统选用气体放电灯和LED灯，降低照明损耗；⑦采用等离子点火措施，节油效果显著。

2）节水措施：①主机冷却水采用深部海水一次直流冷却，节约大量淡水资源；②主厂房主要辅机冷却水采用海水开式循环；③各种污废水全部回收利用；④干灰系统、干渣系统，耗水量大大减少。

3）综合利用措施：①生产用水采用海水淡化水，淡化后的浓盐水送入海水制氯系统，用以电解海水制氯，海水淡化浓盐水得到综合利用；②灰渣综合利用。

十一、环境经济损益分析

1. 环保措施与投资

本工程采取的各项环保措施及处理效果具体参见表25-16。本工程采取的各项环保措施投资54605万元，占工程总投资的12.31%。各项环保投资估算参见表25-17。

项目各项措施为成熟有效的污染物治理措施，能够达到设计效率，保证各类污染物稳定达标排放，项目的环保投资能够保证各项措施得到有效落实，各项措施经济上可行，技术上合理。

表 25-16　　主要环保措施和设施一览表

序号		环保措施	设施	效果
1	烟气处理系统	烟气脱硝	2套SCR烟气脱硝装置	脱硝效率不低于50%
		烟气脱硫	2套海水湿法脱硫系统	脱硫效率大于90%
		除尘	2套双室四电场静电除尘设施	湿法脱硫兼有除尘效果，综合除尘效率99.8%
		烟囱	1座双管集束烟囱、高240m，单管内径5.9m	—
		烟气在线监测系统	2套	—
2	粉尘无组织排放	灰库的库顶及磨煤机室顶均装设布袋收尘器		除尘效率不低于99%
		全封闭煤场和输煤系统		对周围环境影响较小
3	废水处理系统	建设脱硫废水、生活污水、含油废水和输煤冲洗水处理系统，规范化排水口标示，设置监测及计量装置		综合利用，不外排
4	噪声防治措施	降噪隔音及消声器		对周围环境影响较小
5	固体废物防治措施	灰渣和脱硫石膏作为建筑材料综合利用，生活垃圾由环卫部门清运处理		综合利用或妥善处置
6	备用灰场	干灰碾压，洒水，绿化等防尘措施，钻孔高压注浆防渗		渗透系数$k<1.0\times10^{-7}$cm/s

表 25-17　　各项环保投资估算

序　　号	项　　　目	金额（万元）
1	脱硫系统（包括烟气连续监测系统）	18 167
2	电除尘器	6667
3	脱硝系统	17 280
4	除灰渣系统（包括灰渣场改造）	6095
5	烟囱和烟道	3201
6	废水处理及回用系统	206
7	噪声治理	132
8	环境监测站及仪器设备	40
9	水土保持及绿化	552
10	防风抑尘网	1200
11	现有工程低氮燃烧改造	1000
12	环评费用	65
13	环保投资合计	54 605
14	工程总投资	443 543
15	环保投资占总投资的比例（%）	12.31

2. 效益分析

（1）环境效益：主要说明建厂前哪些不利环境条件通过电厂建设而得以改善，如自然景观布局、对污染物排放的削减等。

(2) 社会效益：主要从供电、热状况的改善，文化、教育、医疗、娱乐设施优先发展和健全，提供就业机会等方面进行论述。

(3) 综合利用效益。如：拟建工程全年产锅炉灰 17.37 万 t/a、渣 1.93 万 t/a，灰渣立足于综合利用，综合利用困难时调湿后经车运往灰场。按每吨灰渣 10 元，综合利用率 90%计算，每年可创造 173.7 万元的经济效益。

(4) 经济效益。电厂经济效益情况见表 25-18。

表 25-18　　电厂经济效益一览表

序号	指标	单位	数量
1	工程总投资	万元	443 500
2	流动资金	万元	
3	投资回收期	年	11.17
4	投资利税率	%	7.95
5	投资利润率	%	4.27
6	内部收益率	%	8.52
7	净现值	万元	46 566.83
8	售电单位成本	元/MWh	

拟建工程建设运行效率和自动化控制水平较高的大容量、超临界燃煤机组，符合国家产业政策和技术政策。工程建设有利于提高某电网大机组比例，使某省火电电源结构得到进一步优化；有利于满足某东部地区用电负荷增长需要，提高某电网安全稳定运行水平。

拟建工程的建设有利于带动地方经济发展，电厂充足的电力，可为省市工业生产提供可靠的电力保障，对改善当地经济结构及工业结构起着重要作用。

本工程投资效益显著，既减少了排污，又保护了环境和周围人群的健康，实现了环保效益与经济效益的最佳结合。

综上所述，电厂扩建机组工程具有投资省、建设快、综合效益好等优点，且建设单位具备较高的管理、运行水平，能够给当地居民提供必要的用电需要，有利于提高当地居民的生活质量，具有明显的社会效益。

十二、环境管理及监测计划

根据全厂开展环境保护工作的实际需要，电厂成立以厂长为组长，各部门负责人为成员的环保领导工作小组，安全与生产部是全厂环保领导部门的归口管理部门，专设环保专职工程师负责全厂环保日常管理工作。

电厂内设环保监测站，配备了专职环保监测人员 3 人，持证上岗，负责全厂各项监测工作。电厂将建立健全各项监测制度，拟建工程有关监测项目、监测点的选取及监测频率等的确定均按《火电厂环境监测条例》和 DL/T 414—2004《火电厂环境监测技术规范》执行，监测分析方法则按照现行国家、行业颁布的标准和有关规定执行。

十三、公众参与

按照《关于印发＜环境影响评价公众参与暂行办法＞的通知》要求，在报告书主要内容编制完成后，电厂于 2006 年 9 月 1 日在市日报发布了关于电厂上大压小机组工程环评公众参与公告，公告内容主要包括项目基本情况的简述、可能造成的环境影响和采取的环保措施、环境影响评价的主要结论、公众查阅报告书简本的方式和期限以及公众意见反馈的具体方式等。公告时间为

10个工作日。在项目公示期间，均未收到民众的电话、书面信件或其他任何关于本项目的环境保护方面的反馈意见。

电厂和环评单位于2006年9月3日—14日在项目厂址附近村庄、市经济开发区管委会、办事处发布公告，向公众介绍了本项目产生的环境影响，公告内容主要包括项目基本情况的简述、可能造成的环境影响和采取的环保措施、环境影响评价的主要结论、公众查阅报告书简本的方式和期限，以及公众意见反馈的具体方式等，并同时发放了30份调查问卷，收回30份调查问卷。其中93.33%的公众赞成工程建设，涉及本项目搬迁的养殖户均赞成项目建设，2位被调查公众不表态，调查结果表明绝大部分养殖户同意项目的建设。

十四、环境影响评价结论

1. 评价结论

(1) 该工程以老厂为依托，充分利用现有场地和公用工程，建设2×660MW超超临界凝汽式燃煤发电机组，属《产业结构调整指导目录》(2005年本) 中鼓励类项目；锅炉烟气采用海水脱硫，符合《关于加快火电厂烟气脱硫产业化发展的若干意见》(发改环资〔2005〕757号) 中有关要求，项目建设符合国家有关产业政策。

(2) 电厂所在市不属于国家划定的"两控区"。扩建项目厂址位于某省市长远规划区，临港工业区，项目选址符合城市总体规划的要求和某省电源建设规划。

(3) 该工程发电标准煤耗为275.9g/kWh，废水重复利用率为100%，取水量为0.0465m^3/(s·GW)，设计 (校核) 煤种的单位电量SO_2、NO_x、烟尘排放水平分别为0.163g/kWh (0.450g/kWh)、0.473g/kWh (0.482g/kWh)、0.036g/kWh (0.102g/kWh)，符合清洁生产水平。

(4) 拟建项目投产后，电厂各项污染物排放浓度符合环保要求，污染物排放总量符合总量控制要求。

(5) 公众参与调查结果表明，93.33%的公众赞成工程建设，涉及本项目搬迁的养殖户均赞成项目建设。

(6) 采取有效措施后，本工程风险影响能够有限控制，风险是可以接受的。

2. 建议

(1) 严格控制来煤质量，减少二氧化硫、烟尘产生量。

(2) 加强水务管理和废水处理设施维护。

(3) 投产前及早对脱硫和脱硝工艺进行培训。

(4) 制定清洁生产管理办法，定期开展清洁生产审核。

(5) 加强与当地环保部门、当地居民沟通，取得理解和支持。

参 考 文 献

[1] 綦升辉. 荷电干吸收剂喷射脱硫系统. 山东电力技术，1997，1：50-52.

[2] 李乐丰. 旋转喷雾半干法烟气脱硫工艺. 山东电力技术，1996，3：12-17.

[3] 顾咸志. 进口烟气脱硫设备的国产化改造实践. 四川电力技术，1998，2：27-30.

[4] 邵德荣. 电子束烟气脱硫示范工程. 华东电力，1999，3：5-8.

[5] 毛健雄，毛健全等. 煤的清洁燃烧. 北京：科学出版社，2000.

[6] 孙克勤，钟秦. 火电厂烟气脱硫系统设计、建造及运行. 北京：化学工业出版社，2005.

[7] 李爱民，雷军等. 中小型燃煤烟气脱硝实验研究. 煤化工. 2007，2：43-45.

[8] 南京龙源环保工程有限公司. 袋式除尘技术在燃煤电站上的应用. 北京：中国电力出版社，2007.

[9] 龙辉，钟明慧. 影响600MW机组湿法烟气脱硫装置厂用电率主要因素分析. 中国电力，2006，2：74-77.

[10] 乐园园．火电厂SCR法脱硝催化剂的几个重要指标介绍．电力科技与环保．2010.8：22-25.

[11] 周本省. 工业水水处理技术. 北京：化学工业出版社，2000.

[12] 冯逸仙，杨世纯. 反渗透水处理. 北京：中国电力出版社，1997.

[13] 王世昌. 海水淡化工程. 北京：化学工业出版社，2003.

[14] 原永涛. 火力发电厂气力除灰技术及其应用. 北京：中国电力出版社，2002.

[15] 李培元. 火力发电厂水处理及水质控制. 北京：中国电力出版社，2005.

[16] 张烨，徐晓亮等．SCR脱硝催化剂失活机理研究进展．能源环境保护．2011.8：14-18.

[17] 谢佳，佟晋原等．锅炉低氮燃烧改造．东方锅炉，2011.9：7-9.

[18] 杨宝红，汪德良等. 火力发电厂废水处理与回用. 北京：化学工业出版社，2006.

[19] 赵毅，王卓昆等. 电力环境保护技术. 北京：中国电力出版社，2007.

[20] 赵玉明. 清洁生产. 北京：中国环境科学出版社，2007.

[21] 国家环境保护局．企业清洁生产审计手册．北京：中国环境科学出版社，1996.

[22] 周国民，赵海军等．SNCR/SCR联合脱硝技术在410t/h锅炉上的应用．热力发电，2011.3：58-61.

[23] 王汝武. 节能技术及工程实例. 北京：化学工业出版社，2006.

[24] 张敏，姜丽杰，江敏. 火力发电厂全过程节能技术监督. 东北电力技术，2007，11：6-9+31.

[25] 北京博奇电力科技有限公司．湿法脱硫系统安全运行与节能降耗．北京：中国电力出版社，2010.

[26] 黎在时．电除尘器的选型安装与运行管理．北京：中国电力出版社，2005.

[27] 孙克勤，钟秦．火电厂烟气脱硝技术及工程应用．北京：中国电力出版社，2007.

[28] 乔世珊，田玉龙等. 海水淡化技术及应用. 北京：中国水利水电出版社，2007.

[29] 孙育文. 海水淡化预处理系统选择. 华电技术，2008，5：76-78.

[30] 杨宝红. 火电厂废水回用的方式及技术要点. 电力设备，2006. 9：6-8.

[31] 胡浩毅. 以尿素为还原剂的SNCR脱硝技术在电厂的应用. 电力技术，2009，3：22-24[33]，28.

[32] 环保部，国家统计局. 环境统计报表填报指南. 北京：中国环境科学出版社，2008.

[33] 何育东. 火电机组烟气脱硫装置运行优化. 热力发电，2010，39(4)：4-7.